BOUQUINS

COLLECTION DIRIGÉE PAR

GUY SCHOELLER

GEORGES IFRAH

HISTOIRE UNIVERSELLE DES CHIFFRES

L'INTELLIGENCE DES HOMMES
RACONTÉE PAR LES NOMBRES ET LE CALCUL

* *

REPÈRES CHRONOLOGIQUES
BIBLIOGRAPHIE GÉNÉRALE ET ANALYTIQUE
INDEX
TABLE ANALYTIQUE

ROBERT LAFFONT

Première édition 1994
Première réimpression 1994
Deuxième réimpression 1994
Troisième réimpression 1994

Les illustrations, les planches et les calligraphies – y compris les reproductions de gravures, de peintures et de documents – de cet ouvrage ont toutes été exécutées par l'auteur.

Illustration de couverture. – Les chiffres : langage universel, substance poétique, objet de spéculations, source de phantasmes et levier scientifique promettant à l'homme une maîtrise sur l'univers.

ISBN : 2-221-07837-3 (tome II)
ISBN : 2-221-07838-1 (édition complète)

SOMMAIRE

Tome I

Première partie

L'AVENTURE DES CHIFFRES OU L'HISTOIRE D'UNE GRANDE INVENTION

Tome II

Deuxième partie

L'ÉPOPÉE DU CALCUL
DES CAILLOUX A L'ORDINATEUR

Première partie (suite)

L'AVENTURE DES CHIFFRES
OU
L'HISTOIRE D'UNE GRANDE INVENTION

Chapitre 24
(Deuxième section)
DICTIONNAIRE DES SYMBOLES NUMÉRIQUES DE LA CIVILISATION INDIENNE

Comme on l'aura entrevu au fil des pages de la première section du chapitre 24 (tome I), l'esprit indien a toujours eu pour le calcul et le maniement des nombres un penchant, une facilité et une puissance tout à fait extraordinaires qu'aucune autre civilisation de l'histoire n'a jamais possédés au même degré. Au point que la culture indienne a fait de la science des nombres le premier et le plus noble de ses arts.

Et c'est justement ce penchant et cette aisance peu ordinaires qui ont conduit les savants de l'Inde à développer de bonne heure leurs très étonnantes **spéculations arithmétiques,* qui ont porté sur des nombres gigantesques (comprenant parfois plusieurs centaines d'ordres d'unités) ; et cela en sachant maintenir distincte et précise l'idée de la série régulière des puissances ascendantes de dix dans une nomenclature constituée pourtant de vocables très divers, fondés sur certaines étymologies bien particulières ou improvisés encore par une imagination symbolique fortement créatrice.

Et c'est ce même génie arithmétique qui leur a permis finalement de découvrir tout naturellement le *zéro abstrait* et le *principe de position,* et de caresser les limites mêmes de l'*infini mathématique.*

On ne sera donc pas étonné d'apprendre qu'avec mille ans d'avance sur les Européens, les savants indiens ont su que le zéro et l'infini sont des notions inverses l'une de l'autre. Et dans leur esprit, la division par zéro équivalait bien à l'infini : $a / 0 = \infty$, cette « quantité » ne subissant elle-même aucune modification si l'addition ou la soustraction lui est appliquée sur des nombres finis[1].

Ces découvertes essentielles, est-il besoin de le répéter, ne sont sûrement pas dues à l'inspiration individuelle d'un inventeur de génie et n'ont pas été le fait d'une caste de « mathématiciens », au sens où nous l'entendons aujourd'hui. Celles-ci, bien sûr, sont l'œuvre de « savants » indiens. Mais il convient de s'entendre sur ce terme : être « savant » à l'époque, c'était en fait être penseur, un peu comme l'Honnête homme du XVIe siècle européen, à ceci près que le mode de pensée du savant indien aura été très différent de

1. Autrement dit, les savants indiens ont connu de bonne heure les propriétés ainsi exprimées : $(a / 0) \pm k = k \pm (a / 0) = (a / 0)$, c'est-à-dire : $\infty \pm k = k \pm \infty = \infty$.

celui des savants occidentaux. C'était donc, certes, un homme à la réflexion soutenue et aux études touchant aux domaines les plus divers, mais il faut noter que les considérations mystiques, symboliques, métaphysiques et même religieuses ont joué, ici plus qu'ailleurs, un rôle de tout premier ordre.

« L'Inde n'ayant connu ni Aristote ni Descartes et ayant ignoré l'éthique judéo-chrétienne, il serait tout à fait insensé de vouloir mettre en parallèle ses civilisations avec celle au sein de laquelle nous avons grandi. Ses bases n'étant pas les mêmes, ses manières de penser sont donc nécessairement différentes, ainsi que ses coutumes. Il serait vain de vouloir faire des comparaisons, même si, en certains points, quelques-uns de ses aspects semblent coïncider avec ceux de notre propre culture » (L. Frédéric [1]).

Et ce qui est vrai pour la culture indienne tout entière, l'est forcément aussi pour les mathématiques indiennes, qu'il serait donc tout aussi vain de vouloir comparer aux mathématiques modernes, ce fruit très épuré de la civilisation occidentale contemporaine, qui en a fait un produit hautement abstrait et dépouillé de toute contingence mystique, philosophique ou religieuse.

Les pages qui suivent démontrent du reste que les préoccupations premières des savants indiens n'ont rien eu à voir avec ce que nous, Occidentaux, appelons aujourd'hui les « sciences positives ». On verra en effet que ces découvertes capitales ont été le fait d'érudits ayant souvent embrassé à la fois les domaines de l'astronomie, de la poésie, de la métrique, de la littérature, de la phonétique, de la grammaire, de la philosophie ou de la mystique, et même ceux de l'astrologie, de la cosmologie ou de la mythologie.

D'ailleurs, en Inde, l'aptitude pour l'étude des nombres et les recherches arithmétiques se combine bien souvent à une très surprenante tendance aux abstractions métaphysiques : celle-ci, en effet, est tellement ancrée dans la pensée et les traditions indiennes qu'on la retrouve partout et dans tous les domaines, depuis les créations mathématiques les plus avancées jusqu'aux élaborations les plus éloignées des sciences « exactes ».

Bref, la science indienne a germé et fleuri dans un terrain parsemé d'éléments mystiques et religieux, comme en témoigne d'ailleurs l'étymologie même des mots sanskrits exprimant le nombre et la science des nombres[1].

Autant dire que les découvertes en question ont constitué une œuvre collective, issue de tout ce qui a fait la spécificité, la richesse, la fécondité, l'exubérance même, et l'incroyable diversité de la culture indienne.

---

1. Le terme sanskrit pour dire « science des nombres » est **samkhyâna* (écrit encore **sankhyâna*), qui signifie proprement « arithmétique » et, par extension, « astronomie » (en souvenir des temps où la science des étoiles n'était pas encore considérée comme une discipline distincte du calcul et de l'arithmétique). Ce mot est fréquemment employé dans ce sens dans la littérature *jaina, qui considère la science des nombres comme l'une des conditions fondamentales de l'épanouissement du prêtre, ainsi que dans la littérature bouddhique, qui la considère (quoique plus tardivement) comme le premier et le plus noble des arts. Le mot « nombre », lui, est **samkhya* ou **samkhyeya*. Et il convient de remarquer que ce terme s'applique non seulement au concept du nombre, mais aussi à celui du symbole numérique. Quant à l'« expert-calculateur », c'est-à-dire indifféremment l'arithméticien et le mathématicien, il est désigné sous le nom de **samkhyâ*. Mais le **sâmkhya*, c'est également l'un des six systèmes orthodoxes (et aussi l'un des plus anciens) de la philosophie hindoue des six **darśhana* (« contemplations »), qui enseigne le « nombre » en tant que mode de pensée appliqué à la libération de l'âme, et selon lequel l'univers serait né de l'union du **prakriti* (la nature) et du *puruśha* (la conscience). Et il est significatif que le mot **sâmkhyâ*, qui désigne également l'adepte de cette philosophie, soit le terme employé pour exprimer aussi le « calculateur », mais dans un sens mystique cette fois.

C'est donc bien pour permettre au lecteur de mieux cerner les circonstances et l'environnement véritables de ces découvertes majeures qu'il nous a semblé utile de reprendre, dans un tout autre contexte, sous la forme originale d'un *dictionnaire sanskrit-français et français-sanskrit*, les principales notions déjà exposées, et de les compléter au besoin sous une forme plus analytique.

A ce titre, le dictionnaire qui suit pourra servir de glossaire des multiples notions impliquées au tome I, chapitre 24, où des renvois sont faits systématiquement à chacune des rubriques concernées, en munissant d'un astérisque l'entrée correspondante (en sanskrit ou en français).

Ce dictionnaire pourra donc aider le lecteur à se frayer un chemin vers une meilleure compréhension des points de détail dans le maquis des termes obscurs de la langue sanskrite et des concepts relativement complexes de la science et des philosophies indiennes.

Mais ce dictionnaire ne s'adresse pas qu'aux spécialistes : ses articles, rédigés dans un souci de clarté et de précision, sont aussi concis qu'accessibles aux profanes. Et il ne sera pas indispensable d'avoir lu ou même parcouru les pages du chapitre 24 (ni même celles de tous les chapitres précédents) pour être à même d'y accéder.

Ses entrées ont été ordonnées en un classement alphabétique absolu ne tenant compte ni des langues ni des contrées considérées, mais incluant les noms propres et les attributs personnels, ainsi que les mots composant certains noms. Ainsi sera-t-il toujours possible d'y retrouver une rubrique donnée, même si l'on ne connaît pas la langue correspondante, ou même si l'on ignore la nature de cette langue.

Il est vrai que le sanskrit, qui appartient à la famille des langues indo-européennes, possède pour ses mots des signes alphabétiques et syllabiques qui peuvent être aisément transcrits au moyen des lettres de l'alphabet latin.

Mais afin de faciliter le classement des entrées et permettre une lecture plus aisée des mots de cette langue, selon un mode qui correspond pour l'essentiel à la prononciation française habituelle, il a donc semblé utile et nécessaire d'opérer une simplification notable sur la transcription des termes sanskrits. Nous avons adopté unilatéralement le système de transcription du *Dictionnaire de la civilisation indienne*, de Louis Frédéric, non seulement pour préserver l'unité de la collection « Bouquins », mais aussi et surtout pour ne pas troubler le lecteur profane par le système scientifique un peu compliqué et quelque peu déroutant des spécialistes.

Ainsi indiquerons-nous toujours les voyelles longues par un accent circonflexe (exemples : *nâgarî, oriyâ, Âryabhata*, etc.).

Et pour faire la distinction, en dehors du S normal (qui représente la sifflante équivalente du français), entre les deux autres S (le S souscrit et le S suscrit), qui correspondent respectivement à une cérébrale et à une palatale, nous adopterons la notation que voici : le S suscrit (qui est souvent transcrit en français par un « Ç », mais que les spécialistes notent plutôt sous la forme : « Ś ») sera rendu ici par un « Śh » (avec un accent sur le S), tandis que le S souscrit (noté Ṣ par les sanskritistes) sera exprimé tout simplement par un « Sh » (avec un S non accentué). De même, le son français « Tch » (qui, dans les transcriptions savantes, est noté « C ») sera traduit ici par la notation

« Ch ». Quant au son français « ou », il sera toujours rendu par la lettre « u ».

Toujours dans le même souci, nous négligerons la notation intégrale des voyelles et des lettres suscrites ou souscrites (ṅ, ṇ, ṭh, ḍ, ḍh, etc.), pour ne conserver que la transcription des supports correspondants (n, th, d, dh, etc.).

Toutefois, dans les articles qui mettent directement à contribution les lettres de l'alphabet indien, nous serons bien obligés de restituer cette notation intégrale, car, autrement, les explications fournies seraient totalement incompréhensibles (voir par exemple **Numération d'Âryabhata*).

Ce dictionnaire pourra également servir d'index thématique et d'instrument de mise au point pour la plupart des notions abordées au tome I, chapitre 24 selon un système efficace de renvois aux rubriques générales ou de détail, avec non seulement des références aux pages et aux figures du chapitre 24, mais aussi à celles des chapitres 25 et 26, ci-après.

Ainsi, aux articles **Chhedi*, **Śhaka* ou **Vikrama*, on obtiendra des explications appropriées à chacune des ères envisagées.

Au mot **Asankhyeya*, nom sanskrit de l'« indénombrable », on verra que le même vocable a été utilisé quelquefois aussi pour exprimer une notion certes plus modeste, mais équivalant tout de même au nombre dix à la puissance 140.

La rubrique **Padma* ou **Paduma* montrera de même que le nom poétique du « lotus rose » a été employé pour exprimer tantôt le nombre dix à la puissance 14 (ou 29), tantôt le nombre dix à la puissance 119. Cette fleur, il est vrai, est le symbole de l'esprit pur sortant de la matière impure du corps. Elle est l'image même de la divinité, qui demeure intacte et n'est jamais souillée par les eaux troubles de ce monde. Toute une symbolique s'est développée par la suite autour de la fleur du lotus, selon sa couleur, le nombre de ses pétales, le fait qu'elle soit ouverte, à peine éclose ou fermée en bouton. Aussi n'est-il pas surprenant que l'arithmétique indienne se soit emparée du vocabulaire correspondant pour exprimer de très grands nombres, c'est-à-dire des concepts aussi inaccessibles que les éléments divins eux-mêmes. Et c'est ainsi que le nom du **lotus blanc* en est venu à symboliser le nombre dix puissance 27 ou dix puissance 112, celui du **lotus blanc rosé* le nombre dix puissance 21 ou dix puissance 105, et celui du **lotus bleu (à moitié épanoui)* le nombre dix puissance 25 ou dix puissance 98. (Voir : **Utpala*, **Pundarîka*, **Kumud* et **Kumuda* qui signifient tous littéralement « lotus », selon différentes nuances caractéristiques.)

Dans les articles **Grands nombres* figurent de nombreux autres exemples propres au symbolisme très particulier qui s'est sans doute trouvé à l'origine de la désignation de ces grandes quantités.

Et l'on découvrira par la même occasion qu'en Inde ancienne, la grammaire et l'interprétation furent intimement liées justement à la manipulation des grands nombres. De sorte que les études qui se rattachaient à la poésie et à la métrique sanskrite initiaient les savants indiens aussi bien à l'arithmétique qu'à la grammaire, et rendaient par conséquent les poètes, les grammairiens, les cosmologues, et tous les érudits aussi compétents en matière de calcul que les arithméticiens de profession eux-mêmes.

L'article **Ananta* montrera de même que le nom sanskrit de l'infini a été employé non seulement en tant que nom du nombre dix billions, mais aussi, curieusement, comme symbole du nombre zéro.

Les articles **Infini* et **Serpent* permettront d'établir une relation entre cet infini-là et l'univers mythologique hindou, et de comprendre qu'**Ananta*, souvent représenté lové sur lui-même en une sorte de « 8 » couché (à la manière de notre symbole ∞), n'est autre que l'immense serpent de l'infini et de l'éternité, selon un vestige manifeste des vieux mythes du serpent originel. Et l'on pourra dès lors mieux saisir le rapport symbolique et mathématique qui unit depuis longtemps cette notion à celle du zéro dans la pensée spécifiquement indienne.

On pourra mieux saisir du coup les circonstances véritables dans lesquelles les savants indiens ont découvert et élaboré leur zéro et leur numération de position. Voir **Noms de nombre*, **Numération sanskrite*, **Numération sanskrite simplifiée*, **Numération de position*, **Principe de position*, **Symboles numériques*, **Symboles numériques (Principe de la numération des)*, **Śhûnya*, **Zéro*, **Calcul* et **Arithmétique de position*.

Aux articles **Śhûnya* et **Śhûnyatâ*, on se fera justement une idée très nette des notions philosophiques du vide et de la vacuité de la culture indienne, et l'on pourra mesurer à quel point ces concepts, développés de bonne heure par les Indiens, ont surpassé de loin les notions hétérogènes, qui leur correspondaient dans les philosophies gréco-latines de l'époque.

On verra aussi comment le **śhûnya*, terme privilégié de la désignation du zéro indien, a constitué dès la haute époque, en tant que signifiant du vide et de la vacuité, l'élément central d'une véritable philosophie mystique et religieuse érigée en mode de pensée, à savoir la philosophie de la **śhûnyatâ*. Mis à contribution lors de la naissance de la numération de position, ce concept s'est donc inséré d'une manière très naturelle au sein même de la notion mathématique qui venait de naître. Et l'on verra aussi comment, par le jeu d'un symbolisme caractérisé, le même concept en est venu finalement à être représenté graphiquement par le petit cercle que l'on sait.

Aux mots **Yuga* et **Kalpa*, on recueillera de même des précisions inédites au sujet de ces étonnants cycles cosmiques indiens, sur lesquels furent développées des spéculations relevant, soit des cosmogonies indiennes, soit de l'astronomie savante inaugurée par *Âryabhata dès le début du VIe siècle. Voir aussi **Cycles cosmiques*, **Jour de Brahma*, **Astronomie indienne* et **Âryabhata*.

Quant à l'article **Numération d'Âryabhata*, il fournira une preuve supplémentaire de l'indianité de la découverte du zéro et de notre numération écrite actuelle. On verra en effet que ce savant, en élaborant sa propre notation numérique (une numération alphabétique très astucieuse), n'avait pas pu ne pas connaître le zéro et le principe de la position décimale des chiffres, en raison même de la structure conférée à cette dernière.

En se reportant aux rubriques débutant par l'expression **alphabet numéral*, on aura d'autre part toutes les précisions voulues au sujet des numérations indiennes de type alphabétique. On se fera aussi une certaine idée des systèmes et des pratiques qui ont découlé tout naturellement de leur usage : composition de chronogrammes, élaboration d'écritures secrètes, confection de talismans en relation étroite avec les mystiques indiennes des lettres et des nombres, développement d'interprétations homilétiques ou symboliques, calculs prévisionnels et pratiques magiques ou divinatoires.

Dans les rubriques appropriées, on trouvera de même de courtes notes biographiques à propos de grands savants indiens comme *Âryabhata, *Bhâskara, *Bhâskarâchârya, *Brahmagupta ou *Varâhamihîra, avec bien souvent des indications très précises (références bibliographiques comprises) au sujet des notations numériques adoptées par chacun d'eux.

En consultant les entrées **Chiffres brâhmî*, **Chiffres gupta*, **Chiffres nâgarî*, **Chiffres shâradâ*, etc., on aura également tous les détails concernant chacun des styles en question, selon l'impressionnante diversité des **Écritures indiennes*. Mais on pourra procéder à une récapitulation en se reportant à l'article **Chiffres indiens*.

On trouvera par ailleurs des détails complémentaires au sujet de l'**arithmétique indienne* ou des **ères* du sous-continent, ainsi que des précisions très utiles sur l'**astrologie*, l'**astronomie* et les **mathématiques* de cette même civilisation.

Il ne sera cependant pas nécessaire de rechercher dans cette introduction l'ensemble des indications thématiques de ce type : des entrées spécialement conçues dans ce but dressent en effet des listes récapitulatives permettant de retrouver les notions voulues.

L'article **Arithmétique de position* renverra ainsi à un tableau du chapitre 24, qui donne une récapitulation de l'ensemble des faits se rapportant à la découverte du zéro et de la numération indienne de position. Et aux entrées **Algèbre*, **Calcul*, **Grands nombres*, **Noms de nombre*, **Notations numériques*, etc., on trouvera, selon le cas, des listes alphabétiques ou numériques des termes se rapportant à chacune des notions concernées.

Et pour des renvois touchant cette fois à des domaines apparemment éloignés de l'arithmétique, on verra : **Bouddhisme*, **Brâhmanisme*, **Cosmogonies et cosmologies indiennes*, **Divinités indiennes*, **Hindouisme*, **Jaina*, **Mythologies indiennes*, **Pensée indienne*, **Philosophies et religions indiennes*, **Spéculations astronomiques*, **Spéculations cosmogoniques*, etc.

Mais ce dictionnaire n'a pas été seulement conçu pour cela. Il a été élaboré aussi et surtout pour permettre au lecteur de mieux saisir l'univers combien subtil et compliqué des nombres indiens : un univers (en vérité peu connu des lecteurs occidentaux) qui a touché de près le monde très étrange des légendes et des cosmogonies indiennes, et dont les multiples symboles, en dehors des signes graphiques et des noms de nombre ordinaires, ont été puisés, suivant une synonymie quasi illimitée, dans la nature, la morphologie de l'être humain, les représentations animales ou végétales, les actes de la vie courante et les règles issues des conventions sociales, ainsi que dans les traditions, les légendes, les religions, les philosophies, les littératures, la poésie, les attributs des divinités et les associations d'idées traditionnelles ou mythologiques.

Ainsi, selon le contexte, l'idée de **vent* symbolise-t-elle à la fois le nombre 5, le nombre 7 et le nombre 49. Il y a là manifestement une subtilité que l'Occidental ne pourra jamais saisir s'il ne se place dans l'optique véritable. Car le raisonnement tenu à cet effet offre un exemple saisissant d'une logique et d'un mode de pensée, caractéristiques de l'esprit indien, qui rendent souvent cohérents des éléments que la pensée régie par le cartésianisme peut, en raison même de son rationalisme, considérer comme totalement contradictoires. Pour saisir les véritables raisons qui ont présidé à de telles attributions numériques, il conviendra de se reporter aux articles **Vâyu*, **Pâvana* et **Mont Meru*.

Autres exemples : le terme **anga*, qui signifie mot à mot « membres, parties », est souvent employé comme symbole numérique représentant le nombre six ; le mot **rasa*, « sensations », est mis souvent à contribution en tant que symbole numérique représentant le même nombre ; le nom même de **Rudra*, ancienne divinité védique de la Tempête, est employé comme symbole numérique du nombre 11 ; etc.

On verra de même à l'entrée **Dieu de l'amour charnel* que le nom de **Kâma* fut un symbole du nombre 13 ; à **Dieu des eaux et des océans*, on comprendra de même que le nom de **Varuna* fut un symbole du nombre 4 ; à **Dieu des feux sacrificiels*, on verra aussi que le nom du dieu **Agni* fut un symbole du nombre 3 ; etc.

Ces exemples et bien d'autres encore permettront donc bien de mesurer toute la subtilité en même temps que l'un des traits les plus caractéristiques de la tournure d'esprit et de la symbolique indienne.

Le présent dictionnaire en contient une multitude : on les trouvera dans les articles signalés par un [S], abréviation de l'expression même du symbole numérique indien, qui y est défini d'abord par sa valeur numérique et sa signification littérale dans la langue sanskrite avant de recevoir, dans toute la mesure du possible, l'explication (ou, le cas échéant, l'interrogation) à propos du symbolisme qu'il recèle.

Afin de mieux saisir l'univers dans lequel les Indiens ont puisé ces différents symboles, il ne sera donc pas inutile de se reporter d'abord aux articles intitulés **Symboles* et **Symboles numériques*.

Pour retrouver la liste des symboles numériques utilisés dans leur abondante synonymie pour un nombre donné, il suffira alors de se reporter au nom français (ou sanskrit) correspondant : **Un*, **Deux*, **Trois*, etc. (ou encore **Eka*, **Dva*, **Tri*, etc.). A **Ashta*, par exemple, nom sanskrit ordinaire du nombre 8, on trouvera ainsi une liste de termes dans lesquels ce mot entre en composition selon un rapport direct avec l'idée de ce nombre (comme par exemple **ashtadiggaja*, les « huit éléphants », gardiens des huit horizons de la cosmogonie hindoue). Mais pour des mots ayant un rapport plus symbolique avec le même nombre, il conviendra de se reporter à l'entrée **Huit*, où l'on trouvera non seulement la liste des symboles numériques qui lui sont synonymes, mais aussi une explication sommaire de ses différents rapports symboliques : le serpent (**Ahi*, **Nâga*, **Sarpa*), le serpent des profondeurs (**Ahi*), l'éléphant (**Dantin*, **Dvipa*, **Gaja*), les huit éléphants (**Diggaja*), la chose de bon augure (**Mangala*), etc.

Naturellement, on pourra consulter aussi toutes les rubriques de détail, soit en version originale, par exemple **Hastin*, **Lokapâla*, **Mûrti*, **Tânu*, etc., soit encore dans les termes français qui traduisent respectivement les idées des divers symboles numériques indiens : **Ciel*, **Espace*, **Éléphant*, **Parole*, **Lune*, **Terre*, **Soleil*, **Zodiaque*, **Serpent*, etc.

L'article **Symboles numériques (Liste alphabétique générale des)* concerne, lui, tous les mots-symboles de la langue sanskrite inclus et décryptés dans ce dictionnaire, tandis que la rubrique **Symbolique des mots à valeur numérique* fournit une liste alphabétique des mots français correspondant aux associations d'idées contenues dans les symboles sanskrits.

Quant aux entrées **Symbolique des nombres*, elles donneront, dans l'ordre arithmétique cette fois, la liste des associations d'idées recélées dans le symbolisme des nombres ordinaires, des grands nombres, du concept de l'infini ou de celui du zéro.

Rien n'aura donc été épargné pour faciliter la tâche du lecteur, qui découvrira ainsi, au travers du nombre et de ses différents symboles, cette très fascinante civilisation en vérité mal connue du grand public occidental.

Ce *dictionnaire est totalement inédit.* C'est le premier du genre à explorer les multiples détours et méandres de l'imaginaire symbolique, propres à la pensée numérique indienne.

Selon une démarche pluridisciplinaire, mais guidée par un fil conducteur essentiellement régi par les nombres et leurs divers symboles, ce qui suit fournira donc une sorte de « lecture verticale » des différents éléments, littéraires, philosophiques, religieux, mystiques, mythologiques, cosmologiques, astronomiques et même mathématiques, qu'une multitude d'ouvrages disséminés dans les bibliothèques les plus spécialisées donnent, d'une manière horizontale cette fois, de cette civilisation si riche, si subtile, si féconde, si brillante et si exhubérante.

D'une certaine manière, ce dictionnaire viendra donc compléter non seulement *L'Inde classique* de L. Renou et J. Filliozat, mais encore le monumental *Dictionnaire de la civilisation indienne* de L. Frédéric (le premier de ce type, qui condense d'une manière simple et remarquablement documentée l'essentiel des connaissances de l'Inde d'hier et d'aujourd'hui, tant sur le plan historique que géographique, ethnographique, religieux, philosophique, littéraire et linguistique). Il viendra compléter aussi le *Dictionnaire de la sagesse orientale* de K. Friedrichs, I. Fischer-Schreiber, F. K. Erhard et M. S. Diener (qui, pour tous ceux qu'intéressent la philosophie, la mystique, la méditation et d'une manière générale les doctrines de l'Hindouisme, du Bouddhisme, du Taoïsme et de la religion Zen, constitue à la fois un vaste ouvrage de référence très accessible et l'occasion d'une lecture très enrichissante). Et il sera naturellement, pour ainsi dire, le complément direct de l'excellent *Dictionnaire des symboles* de J. Chevalier et A. Gheerbrant (qui permet non seulement de comprendre, à travers des aires culturelles recouvrant la durée de l'histoire et l'étendue du peuplement humain, le cours profond du langage symbolique, tel qu'il se ramifie dans les strates cachées de notre mémoire, mais ouvre également les portes de l'imaginaire et invite le lecteur à méditer sur les symboles, comme Bachelard invitait à rêver sur les rêves, afin d'y découvrir la saveur et le sens d'une réalité vivante). Ouvrages, il est vrai, dont nous avons beaucoup profité, et sans lesquels les développements qui suivent n'auraient sans doute pas vu le jour, tant les recherches auraient nécessité un temps considérable à travers une très importante bibliographie analytique, inaccessible au commun des mortels et caractérisée de surcroît par une absence totale de synthèse [1].

1. Ajoutons tout de même que pour les différentes listes de mots-symboles sanskrits, nos sources ont été les suivantes : Al Bīrūnī [2] ; Bühler ; Burnell ; Datta et Singh ; Fleet (in : CIIn, VIII) ; Jacquet (in : JA, XVI, 1835) ; Renou et Filliozat ; Sircar ; et Woepcke [2]. Quant aux explications des symbolismes correspondants, nous nous sommes beaucoup servi des ouvrages suivants (en plus des trois dictionnaires cités ci-dessus) : Al Bīrūnī [2] ; Renou et Filliozat ; et Sircar. Pour les

Que R. Billard, L. Frédéric, J. Chevalier, J. Filliozat et C. Jacques soient, en outre, chaleureusement remerciés ici pour toutes leurs précieuses communications personnelles (récentes ou passées), avec l'expression d'une gratitude toute particulière à l'adresse des deux premiers, qui ont bien voulu relire les diverses rubriques du présent dictionnaire et nous faire profiter de leurs réflexions, leurs observations et leurs remarques pertinentes et constructives.

Il faut dire que la prudence était rigoureusement de mise (surtout pour le néophyte que nous étions en la matière), et cela pour plusieurs raisons :

– Il fallait tout d'abord se méfier de son propre enthousiasme ; un enthousiasme pleinement justifié au demeurant, mais qui, dans son élan, pouvait conduire à des interprétations erronées.

– Ensuite, par la complexité même du monde vertigineux des symboles indiens.

– De plus, parce que la culture concernée (dont il convenait d'étudier les divers aspects et d'analyser surtout les innombrables symboles, souvent plurivalents), est non seulement d'une complexité inouïe, mais comporte aussi et surtout de multiples embûches. Voir **Documentation indienne* (*Pièges de la*).

– Enfin, parce que l'intuition indiquait à juste raison que l'astronomie indienne a joué dans cette historiographie un rôle non négligeable. (La documentation disponible n'offrait, à vrai dire, que de simples histoires de la littérature astronomique indienne, plutôt qu'une véritable histoire à la mesure de cette même astronomie. Il fallait donc une tout autre voie pour apprendre plus et mieux à ce sujet ; et il se trouve qu'il en était une étonnamment profitable, dont nous avons pris connaissance grâce à l'obligeance de C. Jacques : celle offerte par *L'Astronomie indienne* de R. Billard, qui a mis au point un puissant moyen pour analyser l'élément astronomique indien et du même coup révéler et mesurer une histoire de cette astronomie tout à fait insoupçonnée avant sa magistrale publication (voir tome I, chapitre 24, p. 928, n. 1).

Autant dire que le domaine ainsi inauguré par le présent dictionnaire aura été, lors de son élaboration, un peu semblable à ces dragons à têtes et à bras multiples, dont la discipline à laquelle il se rapporte relate les légendes et fantastiques mythologies : impitoyable, il s'apprêtait à tout instant à dévorer l'auteur, comme il l'a déjà fait avec tous ceux qui ont osé s'y aventurer sans faire preuve de toute la vigilance voulue. Mais une fois maîtrisé, le monstre, alors apaisé, apportera au lecteur toute la délectation de la subtilité orientale, et provoquera dans le même temps tout l'émerveillement pour une ingénieuse civilisation aux inestimables contributions.

(suite de la n. 1)
étymologies et les significations littérales, nous avons utilisé : pour le sanskrit en général les ouvrages de Renou et de Nitti et Stchoupak ; pour le sanskrit des termes proprement mathématiques celui de Datta et Singh ; pour le français le Littré, le *Grand Larousse de la langue française*, le Robert et même quelquefois le *Dictionnaire de la langue philosophique* de Foulquié ; pour le grec le Chantraine ; pour le latin classique l'Estienne, l'Ernout et Meillet, ainsi que le Gaffiot ; et pour le latin médiéval et celui des auteurs chrétiens le Blaise et le Du Cange. Pour les ères indiennes, nous avons fait appel aux ouvrages de Cunningham [2], de Frédéric, et de Renou et Filliozat. Pour l'histoire de l'astronomie indienne, notre source a été la publication de Billard. Enfin, pour les développements relatifs à l'histoire des mathématiques indiennes, nous avons beaucoup profité des ouvrages de Datta et Singh, et de Dvivedi.

Śhiva, dansant la création et la destruction du monde. D'après *Moor's Hindu Pantheon,* W.O. Simpson, s.d.

A

ABAB. Nom donné au nombre dix puissance 17 (= cent trillions). Voir **Abhabâgamana. Noms de nombre. Grands nombres.**

Source : **Lalitavistara Sûtra* (avant + 308).

ABABA. Nom donné au nombre dix puissance 77. Voir **Abhabâgamana. Noms de nombre. Grands nombres.**

Source : **Vyâkarana* (grammaire pâlî) de Kâchchâyana (+ XIe siècle).

ABBUDA. Nom donné au nombre dix puissance 56. Voir **Noms de nombre. Grands nombres.**

Source : **Vyâkarana* (grammaire pâlî) de Kâchchâyana (+ XIe siècle).

ABDHI. [S]. Valeur = 4. « Mer ». A cause des quatre mers qui sont censées entourer le **Jambudvîpa* (l'Inde). Voir **Sâgara. Quatre.** Voir aussi **Océan.**

ABHABÂGAMANA. « Ce qu'il est impossible d'atteindre ». Terme sanskrit utilisé pour exprimer l'indénombrable et l'illimité. Il n'est pas impossible que les mots **abab* (= dix puissance 17) et **ababa* (= dix puissance 77) en aient constitué des abréviations. Voir **Noms de nombre. Grands nombres. Infini.** Voir aussi **Asamkhyeya.**

ABHRA. [S]. Valeur = 0. « Atmosphère. » Ce symbolisme s'explique par le fait que l'atmosphère n'est autre que le « vide ». Voir **Shûnya. Zéro.**

ABJA. [S]. Valeur = 1. « Lune ». Ce symbolisme s'explique sans doute par l'unicité de l'astre. Mais il y a probablement une autre raison à cette attribution numérique. La Lune est en effet considérée par les traditions indiennes comme source et comme symbole de fécondité. Et elle est assimilée aux Eaux primordiales dont procède la manifestation : c'est le réceptacle des germes de la renaissance cyclique. C'est donc en somme l'unité en tant que point de départ. Voir **Un.**

ABJA. Mot à mot : « Lune ». Nom donné au nombre dix puissance 9 (= milliard). Voir **Noms de nombre.** Pour une explication de ce symbolisme : voir **Grands nombres (Signification symbolique des).**

Sources : **Lîlâvatî* de Bhâskarâchârya (+ 1150) ; **Triśhatikâ* de Śhrîdharâchârya (date incertaine).

ABSENCE. ABSENT. Voir **Śhûnyatâ. Zéro.**

ABSOLU. En tant que symbole de la grande quantité. Voir **Grands nombres (Signification symbolique des). Infini.**

ACHEVÉ. En tant que synonyme de zéro. Voir **Pûrna.**

ACHEVÉ. En tant que synonyme de la grande quantité. Voir **Grands nombres (Signification symbolique des).**

ADDITION. [Arithmétique]. Se dit **Samkalita.*

ÂDI. [S]. Valeur = 1. « Commencement, principe primordial ». Dans les philosophies hindoue et brâhmanique, ce principe est en effet censé se trouver en toutes choses avant la création ; c'est donc en somme l'unité en tant que point de départ. Voir **Un.**

ÂDITYA. [S]. Valeur = 12. « Fils d'Âditi ». Dans la cosmogonie brâhmanique et védique, *Âditi*, c'est le ciel sans limite, l'espace originel. Quant aux *Âditya*, ce sont ses enfants. Aux époques védiques, ceux-ci furent au nombre de cinq, ils devinrent ensuite sept, pour s'arrêter finalement à douze et être identifiés par conséquent aux douze mois de l'année et à la course du Soleil pendant ce laps de temps. Aussi le même mot désigne-t-il Sûrya, le dieu solaire des *Veda. Et comme *Sûrya* = 12, on a donc bien : *Fils d'Âditi* = 12. Voir **Douze. Sûrya.**

ADRI. [S]. Valeur = 7. « Montagne ». Allusion au *Mont Meru, montagne sacrée qui, selon l'ancienne représentation cosmologique indienne, serait située au centre de l'univers et constituerait le lieu de rencontre et la demeure des dieux : une représentation où, on le sait, le nombre 7 a joué un rôle prépondérant. Voir **Sept.**

AGA. [S]. Valeur = 7. « Montagne ». Voir **Adri. Sept.**

AGES (Les quatre). Voir **Chaturyuga.**

AGNI. [S]. Valeur = 3. « Feu ». Dans la mythologie brâhmanique, Agni est le dieu du feu sacrificiel (les trois feux védiques), que l'on représente comme un homme à trois têtes barbues qui apparaît sous trois formes différentes : au ciel comme le *soleil*, dans l'air comme l'*éclair* et sur terre comme le *feu*. D'où : « feu » = 3. Voir **Feu. Trois.**

AGNIPURÂNA. Voir **Purâna et numération de position.**

AHAHA. Nom donné au nombre dix puissance 70. Voir **Noms de nombre. Grands nombres.**

Source : **Vyâkarana* (grammaire pâlî) de Kâchchâyana (+ XIe siècle).

AHAR. [S]. Valeur = 15. « Jour ». Voir **Tithi. Quinze.**

AHI. [S]. Valeur = 8. Il s'agit d'une allusion probable à Ahirbudhnya (ou Ahi Budhnya) qui, dans la mythologie védique, désigne le serpent des profondeurs de l'océan, né des eaux sombres. D'où : *Ahi* = 8, puisque le serpent correspond symboliquement au nombre 8. Voir **Nâga. Huit.** Voir aussi **Serpent (Symbolique du).**

AHIRBUDHNYA. Voir **Ahi.**

AÏEUL. [S]. Valeur = 1. Voir **Pitâmaha. Un.**

AILE. [S]. Valeur = 2. Voir **Paksha. Deux.**

AILE. [S]. Valeur = 15. Voir **Paksha. Quinze.**

ÂKÂŚHA. [S]. Valeur = 0. Mot signifiant l'« éther », l'« élément qui pénètre tout », l'« espace ». C'est l'espace considéré comme le « vide » excluant tout mélange avec des choses matérielles, l'espace immuable et éternel se dérobant à toute description. L'association d'idées avec le vide (*śhûnya*) fut donc évidente bien avant que ce dernier fût identifié au concept du zéro. Mais dans la pensée indienne, l'éther, ce n'est pas seulement le vide ; c'est aussi et surtout le plus subtil des cinq éléments de la manifestation. Il est certes dépourvu de substance, mais en tant qu'éther, l'*âkâśha* est regardé comme la condition de toute extension corporelle et le réceptacle de toute matière se manifestant sous la forme de l'un des quatre autres éléments (la terre, l'eau, le feu ou l'air). Et là, l'association d'idées avec le zéro est devenue encore plus évidente dès lors que fut faite cette découverte fondamentale : non seulement le zéro signifie le vide et « ce qui est vide de tout sens », mais il n'en remplit pas moins un rôle majeur dans la numération de position et, en tant que nombre abstrait, un rôle tout aussi essentiel dans les mathématiques et toutes les autres sciences. D'où le symbolisme : *âkâśha* = « espace » = « vide » = « éther » = « élément qui pénètre partout » = 0. Voir **Śhûnya. Śhûnyatâ. Zéro.**

AKKHOBHINI. Nom donné au nombre dix puissance 42. Voir **Noms de nombre. Grands nombres.**

Source : **Vyâkarana* (grammaire pâlî) de Kâchchâyana (+ XIe siècle).

AKRITI. [S]. Valeur = 22. Il s'agit, relativement à la poésie d'expression sanskrite, du mètre de quatre fois 22 syllabes par vers. Voir **Métrique indienne.**

ÂKSHARA. [S]. Valeur = 1. « Indestructible ». Mot sanskrit qui, dans la philosophie hindoue, désigne la partie « impérissable » du son vocal correspondant à la manifestation du Brahman. Il s'agit ici d'une référence directe au mot **ekâkshara*, « l'Unique et impérissable », qui désigne souvent la Syllabe Sacrée *AUM. Voir **Trivarna. Mystique des lettres. Un.**

AKSHARAPALLÎ. Mot prâkrit signifiant « lettre-phonème, syllabe ». Désigne une notation numérique de type alphabétique fréquemment employée dans les manuscrits *jaina. Voir **Alphabet numéral.**

AKSHITI. Nom donné au nombre dix puissance 15 (= trillion). Voir **Noms de nombre. Grands nombres.**

Source : **Panchavimśha Brâhmana* (date incertaine).

AL BĪRŪNĪ (Muḥammad ibn Aḥmad Abū'l Rayḥān) (973-1048). Astronome et mathématicien musulman d'origine persane. Après avoir résidé pendant près de trente ans en Inde, et au terme d'une initiation aux sciences indiennes, il rédige de nombreux ouvrages, parmi lesquels on peut citer le *Kitāb al arqam* (« Livre des chiffres »), le *Tazkira fī'l ḥisāb wa'l mad bi'l arqam al Sind wa'l hind* (« Traité d'arithmétique et système de compte au moyen des chiffres du Sind et des Indes »), et surtout son *Kitāb fī taḥqīq i mā li'l hind* qui constitue l'un des plus importants témoignages sur l'Inde à l'époque médiévale.

Notons qu'Al Bīrūnī avait décrit minutieusement le système des symboles numériques sanskrits, en insistant bien sur l'importance du principe de position et du zéro. Il avait aussi donné beaucoup de détails sur la numération sanskrite, en attachant une attention toute particulière à la nomenclature indienne des grands nombres (voir fig. 24.81).

Liste des principaux noms de nombre mentionnés dans le *Kitāb fī taḥqīq i mā li'l hind* d'Al Bīrūnī (cf. Woepcke [2], p. 279) :

*Eka (= 1). *Daśhan (= 10). *Śhata (= 10^2). *Sahasra (= 10^3). *Ayuta (= 10^4). *Laksha (= 10^5). *Prayuta (= 10^6). *Koti (= 10^7). *Vyarbuda (= 10^8). *Padma (= 10^9). *Kharva (= 10^{10}). *Nikharva (= 10^{11}). *Mahâpadma (= 10^{12}). *Śhankha (= 10^{13}). *Samudra (= 10^{14}). *Madhya (= 10^{15}). *Antya (= 10^{16}). *Parârdha (= 10^{17}).

Voir **Chiffres indiens. Chiffres nâgarî. Noms de nombres. Grands nombres. Numération sanskrite. Symboles numériques. Arithmétique de position (Récapitulation des faits historiques se rapportant à la découverte de l').**

ALGÈBRE. Liste alphabétique des mots se rapportant à cette discipline, auxquels une rubrique est consacrée dans le présent dictionnaire :

*Avyaktaganita. *Bîja. *Bîjaganita. *Ghana. *Mathématiques indiennes (Histoire des). *Samîkarana. *Varga. *Varga-Varga. *Varna. *Vyavahâra. *Yâvattâvat.

ALPHABET BRÂHMÎ. Voir figure 24.28, et chap. 24, p. 840 *sq.*

ALPHABET KHAROSHTHÎ. Voir figure 24.28, et chap. 24, p. 842 et 866 *sq.*

ALPHABET NÂGARÎ. Voir figure 24.56. Voir aussi **Numération d'Âryabhata.**

ALPHABET NUMÉRAL. Système quelconque de représentation des nombres mettant à contribution les consonnes vocalisées de l'alphabet indien, auxquelles une valeur numérique est assignée dans un ordre régulier fixé à l'avance.

Concurremment à leurs diverses notations numériques (chiffrées, parlées ou symboliques), les Indiens connaissent et utilisent différents systèmes de ce type. C'est ce que l'on désigne sous le nom collectif de **varnasankhya*, ou systèmes des « lettres nombres ».

L'inventeur du premier alphabet numéral de l'histoire de l'Inde fut l'astronome *Âryabhata, qui imagina vers + 510 de mettre à contribution les 33 lettres de l'alphabet indien pour représenter tous les nombres de 1 à 10^{18}. En élaborant sa notation, il s'était fixé pour but d'exprimer les constantes de son **canon astronomique*, ainsi que les données numériques de ses diverses spéculations astronomiques sur les *yuga. Voir **Âryabhata (Notations numériques d'). Numération d'Âryabhata. Yuga (Spéculation astronomique sur les). Yuga (L'origine des spéculations sur les).**

Après Âryabhata, plusieurs autres alphabets numéraux ont été élaborés à partir des lettres indiennes. Ceux-ci varient non seulement selon les valeurs numériques des lettres, mais aussi selon les époques et les régions, parfois même suivant le principe mis en jeu dans les représentations numériques.

L'un d'eux est le système *katapayâdi*, encore appelé **varnasamjñâ* (ou « procédé des syllabes ») ; il fut imaginé sans doute par l'astronome *Haridatta au + IXe siècle et adopté ensuite par bon nombre d'astronomes, dont Shankaranârâyana (vers + 869). Il s'agit d'un système résultant d'une simplification notable de la numération d'Âryabhata, par suite de la suppression du principe des vocalisations successives des consonnes de l'alphabet indien. Il en est alors résulté le remplacement de chaque valeur supérieure ou égale à dix par un zéro ou l'une des neuf premières unités. L'auteur du système avait du coup transformé la notation initiale d'Âryabhata en une véritable numération alphabétique décimale de position munie d'un véritable zéro. Voir **Numération katapayâdi.**

Parmi les diverses notations de type alphabétique, mentionnons aussi le système appelé **aksharapallî*, fréquemment employé dans les manuscrits *jaina. De tels systèmes sont encore usités de nos jours dans différentes régions de l'Inde, depuis le Mahârâshtra, le Bengale, le Nepâl et l'Orissâ jusqu'au Tamilnâdu, au Kerala et au Karnâtaka. On en retrouve également l'usage chez les Singhalais, les Birmans, les Khmer, les Thai et les Javanais. On le retrouve aussi chez les Tibétains, qui, depuis longtemps, emploient souvent leurs lettres en tant que signes de numération, en particulier pour numéroter leurs registres et les différents feuillets de leurs manuscrits. Voir chapitres 17 à 20, pour des usages semblables dans d'autres cultures.

ALPHABET NUMÉRAL ET COMPOSITION DES CHRONOGRAMMES. Un procédé qui découle d'une manière tout à fait naturelle de l'usage des alphabets numéraux est celui de la composition des chronogrammes, que l'on trouve en effet sur certains monuments. Il s'agit de courtes phrases en langue sanskrite (ou en *prâkrit), dont les mots constitutifs, évalués puis totalisés suivant la valeur numérique de leurs lettres, fournissent la date d'un événement, passé ou futur. En Inde musulmane, le même procédé a été fréquemment employé, mais en mettant à contribution les lettres numérales de l'alphabet arabo-persan. On le trouve notamment sur un certain nombre d'épitaphes pour exprimer de la sorte la date de décès de l'individu enfoui dans la tombe. Voir **Alphabet numéral. Chronogramme. Chronogrammes (Système des lettres numérales).** Voir aussi chapitre 20, pour des usages semblables dans d'autres cultures.

ALPHABET NUMÉRAL ET ÉCRITURE SECRÈTE. Comme chez tous ceux qui ont fait usage d'une numération de type alphabétique, l'emploi des alphabets numéraux a conduit les Indiens, les Singhalais, les Birmans, les Khmer, les Thai, les Javanais et les Tibétains à en user comme écritures secrètes. Ainsi, utilise-t-on encore de tels systèmes pour noter des informations ou des formules incantatoires ou magiques. On écrit les séries numériques qui y correspondent par ce moyen, afin d'en tenir le sens caché et de ne pas les laisser tomber entre les mains des profanes ou des non-initiés. De même, en numérotant par ce moyen l'ordre des feuillets d'un ouvrage, on brouille les pages du manuscrit et l'on empêche donc les profanes de lire les textes, ainsi tenus secrets, d'une manière cohérente ; ce n'est qu'au moment de la lecture du document que l'initié se chargera de remettre les feuillets dans le bon ordre. Voir **Alphabet numéral.** Voir aussi chapitre 20, pour des usages semblables dans d'autres cultures.

ALPHABET NUMÉRAL, MAGIE, MYSTIQUE ET DIVINATION. Comme chez les Grecs, les juifs, les Syriaques, les Arabes et les Persans, l'usage de notations numériques de type alphabétique a inévitablement conduit les mystiques, les mages et les devins indiens à se saisir de leurs alphabets numéraux pour en faire des instruments de base à leurs interprétations ou à leurs pratiques magiques, divinatoires ou numérologiques.

Toute une pratique mystico-religieuse, pareille à celles de la gnose, de la kabbale judéo-chrétienne ou du sufisme musulman, en fut tirée de la sorte. Elle conduisit alors à toutes sortes d'interprétations homilétiques et symboliques, à divers calculs prévisionnels et à la confection de certains **kavacha*, talismans étrangement semblables aux pantacles kabbalistiques hébraïques et aux *ḥerz* musulmans d'Afrique du Nord.

La pratique repose en effet sur une doctrine du son et de l'alphabet sanskrit : celle des **bîja* ou « lettres-germes », où chaque syllabe de l'alphabet caractérise une divinité du panthéon brâhmanique (ou du panthéon du bouddhisme tantrique des écoles du Nord), que l'on est censé pouvoir invoquer par la seule prononciation de la lettre. Le son y est en effet considéré par définition comme l'élément créateur et évocateur par excellence. D'où la valeur mystique attachée à chaque lettre, mise elle-même en association avec la signification ésotérique de son propre équivalent numérique.

Pour résumer la doctrine, « le son externe de la voix prend naissance dans le centre secret de l'homme sous la forme d'essence du son et passe, par trois phases vibratoires avant de devenir audible : *parâ, paśhyantî* et *madhyamâ*. Venant sous une forme subtile, le son devient une des quarante-six lettres de l'alphabet sanskrit, différenciation dans la forme, d'une énergie d'origine informelle ». Or, « selon que le son se transmue par les **nâdî*, il devient l'une ou l'autre des lettres alphabétiques sanskrites. La matière est, dans la cosmologie hindoue, divisée en cinq états de manifestation : l'air, le feu, la terre, l'eau, l'éther. Et à chaque état correspond une lettre sanskrite selon le tableau suivant :

Air (**Vâyu*) :
ka, kha, ga, gha, ṅa,
a, â, ṛi, ha śha, ya.

Feu (**Agnî*) :
cha, chha, ja, jha, ña,
i, î, ṛi, ksa, ra.

Terre (**Prithivî*) :
ṭa, ṭha, ḍa, ḍha, ṇa,
u, û, ḷi, sha, va, ḷa.

Eau (**Âpa*) :
ta, tha, da, dha, na,
ê, ai, ḷî, sa.

Éther (**Âkâśha*) :
pa, pha, ba, bha, ma,
o, au, am, ah.

« On peut comprendre maintenant le principe de la création d'un **mantra*, qui est une combinaison de sons soigneusement étudiés selon leurs valeurs occultes. Le sens intelligible d'un mantra n'est pas à rechercher car tel n'est pas son but ; de même que certaines combinaisons numériques permettaient aux kabbalistes de découvrir des noms secrets de génies puissants, noms sans traduction possible, puisque, création artificielle, le mantra est une combinaison précise de sons pour un but occulte déterminé » (J. Marquès-Rivière).

Voir **Âkshara. Alphabet numéral. Bhûta. Mahâbhûta. Trivarna. Vâchana.** Voir aussi chapitre 20, pour des pratiques semblables chez des cultures étrangères.

AMARA. [S]. Valeur = 33. « Immortel ». Par allusion aux trente-trois dieux. Voir **Deva. Trente-trois.**

AMBARA. [S]. Valeur = 0. « Atmosphère ». Voir **Abhra. Zéro.**

AMBHODHA (AMBHODHI). [S]. Valeur = 4. « Mer ». A cause des quatre mers qui sont censées entourer le **Jambudvîpa* (l'Inde). Voir **Sâgara. Quatre.** Voir aussi **Océan.**

AMBHONIDHI. [S]. Valeur = 4. « Mer ». Voir **Sâgara. Quatre.** Voir aussi **Jala.**

AMBODHA (AMBODHI. AMBUDHI). [S]. Valeur = 4. « Mer ». Voir **Sâgara. Quatre.** Voir aussi **Océan.**

AMBURÂŚHI. [S]. Valeur = 4. « Mer ». Voir **Sâgara. Quatre.** Voir aussi **Océan.**

AME INDIVIDUELLE. [S]. Valeur = 1. Voir **Âtman. Un.**

AME SUPRÊME. [S]. Valeur = 1. Voir **Âtman. Parabrahaman. Un.**

AMRITA. Nectar de l'« Immortalité ». Voir **Soma. Serpent (Symbolique du).**

ANALA. [S]. Valeur = 3. « Mondes ». Voir **Loka. Mondes. Trois.**

ANANTA. Mot signifiant littéralement l'« infini ». Dans la mythologie hindoue, l'*ananta* désigne un immense serpent représentant l'éternité et l'immensité de l'espace ; il est montré repo-

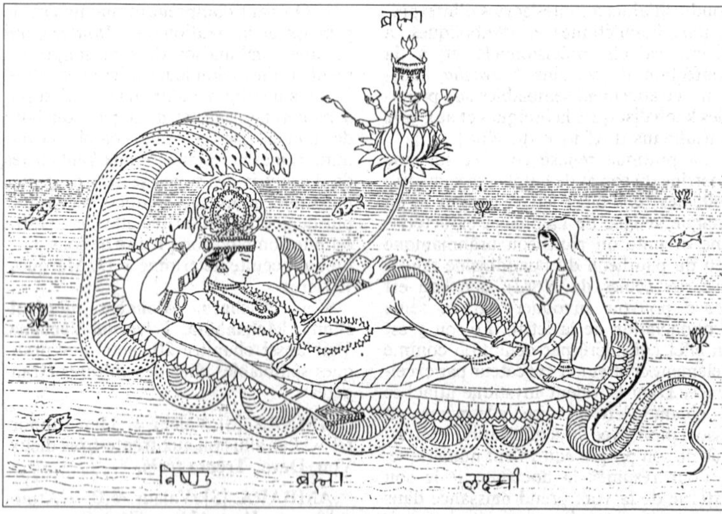

Fig. D. 1. – *Vishnu avec Lakshmi sur le serpent Ananta et Brahma sortant sur une fleur de lotus du nombril de Vishnu.* D'après M.-A. Dubois de Jancigny, *L'Univers pittoresque*, Hachette, Paris, 1846.

sant sur les eaux primordiales du chaos originel (fig. D.1). Il supporte *Vishnu couché, lorsque celui-ci se repose entre deux créations du monde, flottant ainsi sur l'« océan d'inconscience ». On le représente toujours lové sur lui-même, en une sorte de « 8 » couché (semblable au symbole ∞), et il a théoriquement mille têtes. Considéré comme le grand roi des **nâga* et seigneur de l'enfer (**pâtâla*). Chaque fois qu'il ouvre la gueule, un tremblement de terre se produit car, selon une croyance, il supporterait également la terre sur son dos. C'est lui qui, à la fin de chaque **kalpa*, crache le feu destructeur de toute création. Voir **Infini.** Voir aussi **Serpent.**

ANANTA. Mot à mot : « Infini ». Nom donné au nombre dix puissance 13 (= dix billions). Voir **Asamkhyeya. Noms de nombre.** Pour une explication de ce symbolisme : voir **Grands nombres (Signification symbolique des).**

Source : **Sankhyâyana Śhrauta Sûtra* (date incertaine), qui fixe ce nombre comme la « limite de ce qui est calculable ».

ANANTA. [S]. Valeur = 0. Mot à mot : « Infini ». Apparemment paradoxal, ce symbolisme provient en réalité de la mise en association d'**Ananta*, le serpent de l'infini, avec l'immensité de l'espace. Et comme « espace » = 0, le nom du serpent est ainsi devenu synonyme de zéro. Voir **Ananta** (premier article ci-dessus). **Zéro.**

ANGA. [S]. Valeur = 6. « Membre ». La raison est que le corps humain comporte justement six membres : la tête, le tronc, les deux bras et les deux jambes. Mais ce n'est pas l'unique raison : c'est aussi et surtout parce que les textes annexes des *Veda* (groupe de textes védiques et sanskrits appelés *Vedânga*, qui traitent principalement du rituel védique, de sa conservation et de sa transmission parfaite) sont justement au nombre de six. Et comme *Vedânga* signifie précisément les « membres des Veda », on comprend que l'idée de « membre » en soit venue à signifier le nombre 6. Voir **Veda. Vedanga. Six.**

ANGULI. [S]. Valeur = 10. « Doigt ». A cause des dix doigts. Voir **Dix.**

ANGULI. [S]. Valeur = 20. « Doigt ». A cause des dix doigts et des dix orteils. Voir **Vingt.**

ANKA. Mot à mot : « marque, signe ». Terme signifiant « chiffre », « signe de numération ». Voir **Anka** [S]. Voir aussi tous les articles qui débutent par **Chiffre** ou **Chiffres.**

ANKA. [S]. Valeur = 9. « Chiffres ». Allusion aux neuf chiffres significatifs du système positionnel décimal indien. Symbole attesté pour cette valeur au moins depuis *Bhâskara I (+ 629). Voir **Anka. Ankasthâna. Neuf.**

ANKAKRAMENA. Expression signifiant littéralement « dans l'ordre des chiffres », par allusion au principe auquel sont soumis des chiffres de la numération indienne de position. Voir **Anka. Sthâna.**

Source : **Lokavibhâga* (+ 458).

ANKÂNÂM VÂMATO GATIH. Expression signifiant « principe du mouvement des chiffres de la droite vers la gauche ». Nom de l'énoncé des nombres qui part des plus petites unités jusqu'aux plus grandes dans l'ordre des puissances croissantes de dix. Cet énoncé se fait donc au rebours des notations numériques indiennes (sens dirigé de la gauche vers la droite). Voir **Numération sanskrite. Symboles numériques.** Voir aussi chapitre 24, p. 971.

ANKAPALLÎ. Terme prâkrit signifiant mot à mot « chiffres, représentation ». Appliqué à tout système de représentation des nombres au moyen de chiffres proprement dits. Il s'agit donc d'une désignation de l'expression « notation numérique ».

ANKASTHÂNA. Mot à mot : « Chiffres (selon la) position ». Nom sanskrit de la numération de position. Voir **Anka. Sthâna. Numération de position.**

Source : **Lokavibhâga* (+ 458).

ANNÉE CÉLESTE. Voir **Divyavarsha.**

ANNÉE DIVINE. Voir **Divyavarsha.**

ANTA. Nom donné au nombre dix puissance 11 (= cent milliards). Voir **Noms de nombre. Grands nombres.**

Sources : **Vâjasaneyî Samhitâ* (début de notre ère) ; **Taittirîya Samhitâ* (début de notre ère) ; **Kâthaka Samhitâ* (début de notre ère) ; **Pañchavimśha Brâhmana* (date incertaine).

ANTARIKSHA. [S]. Valeur = 0. « Atmosphère ». Voir **Abhra. Zéro.**

ANTYA. Mot à mot : « dernier ». Nom donné au nombre dix puissance 12 (= billion). Voir **Noms de nombre. Grands nombres.**

Source : **Sânkhyâyana Śhrauta Sûtra* (date incertaine). L'allusion est faite ici au plus grand ordre d'unité de l'ancienne numération sanskrite du temps de la **Vâjasaneyî Samhitâ,* de la **Taittirîya Samhitâ* et de la **Kâthaka Samhitâ* (début de notre ère), où la nomenclature s'arrêtait justement à dix puissance 12.

ANTYA. Mot à mot : « dernier ». Nom donné au nombre dix puissance 15 (= trillion). **Noms de nombre. Grands nombres.**

Sources : **Lîlâvatî* de Bhâskarâchârya (+ 1150) ; **Ganitakaumudî* de Nârâyana (+ 1350) ; **Triśhatikâ* de Śhrîdharâchârya (date incertaine). A cette époque tardive où les noms de nombre sanskrits surpassaient, et de loin, la simple puissance quinzième, le nom de ce nombre renfermait encore un vestige de la limitation de la numération parlée des temps antiques. Voir **Antya** (premier article ci-dessus).

ANTYA. Mot à mot : « dernier ». Nom donné au nombre dix puissance 16 (= dix trillions). Voir **Antya** (articles ci-dessus, Sources). **Noms de nombre. Grands nombres.**

Source : **Kitāb fī taḥqīq i mā li'l hind* d'Al Bīrūnī (vers + 1030).

ANU. Nom sanskrit de l'« atome ». Voir **Paramanu.**

ANUSHTUBH. [S]. Valeur = 8. Nom donné à certains groupes de vers de la poésie védique. Allusion aux huit syllabes dont se compose chacun des quatre éléments qui constituent les stances appelées justement *anushtubh.* Voir **Huit. Métrique indienne.**

ANUYOGADVÂRA SÛTRA. Titre d'un traité de cosmologie *jaina donnant d'innombrables exemples de nombres gigantesques, les spéculations correspondantes atteignant (et même dépassant) facilement les unités de l'ordre de dix puissance 200 (nombre que nous écririons aujourd'hui au moyen d'un 1 suivi de deux cents zéros). Ainsi, le nombre censé exprimer la totalité des êtres humains de la création y est décrit comme la « quantité obtenue en multipliant la sixième puissance du carré de deux [$= (2^2)^6 = 2^{12}$] par la quatrième puissance du carré de deux [$= (2^2)^4 = 2^8$], c'est-à-dire le nombre qui peut être divisé par 2 quatre-vingt seize fois [$= (2^{12}) \times (2^8) = 2^{96}$] » (cf. Datta et Singh, p. 12). Il y a aussi la période de temps appelée **Shîrshaprahelikâ*, exprimée, selon Hema Chandra (+ 1089), au moyen de « 194 places de la numération décimale de position des chiffres » et qui correspond approximativement « au produit de 8 400 000 par lui-même vingt-huit fois » (cf. Datta et Singh, p. 12). Ce traité, parmi tant d'autres, montre que de tous les savants indiens qui s'étaient familiarisés le mieux et de bonne heure avec de telles spéculations arithmo-cosmogoniques, les *Jaina figurent incontestablement au premier rang. Voir **Noms de nombre. Grands nombres. Infini.**

ÂPA. Terme sanskrit désignant l'« eau ». Voir **Jala.**

APHORISME. [S]. Valeur = 3. Voir **Vâchana. Trois.**

ÂPTYA. [S]. Valeur = 3. « Esprit des Eaux ». Allusion à la divinité védique portant le nom de *Trita Âptya*, le « Troisième Esprit des Eaux », qui avait tué Viśhvarûpa, le démon à trois têtes. Voir **Trois.**

ARBUDA. Nom donné au nombre dix puissance 7 (= dix millions). Voir **Noms de nombre. Grands nombres.**

Sources : **Vâjasaneyî Samhitâ* (début de notre ère) ; **Taittirîya Samhitâ* (début de notre ère) ; **Kâthaka Samhitâ* (début de notre ère) ; **Pañchavimśha Brâhmana* (date incertaine) ; **Sankhyâyana Śhrauta Sûtra* (date incertaine) ; **Âryabhatîya* (+ 510).

ARBUDA. Nom donné au nombre dix puissance 8 (= cent millions). Voir **Noms de nombre. Grands nombres.**

Sources : **Lîlâvatî* de Bhâskarâchârya (+ 1150) ; **Ganitakaumudî* de Nârâyana (+ 1350) ; **Triśhatikâ* de Śhrîdharâchârya (date incertaine).

ARBUDA. Nom donné au nombre dix puissance 10 (= dix milliards). Voir **Noms de nombre. Grands nombres.**

Source : **Ganitasârasamgraha* de Mahâvîrâchârya (+ 850).

ARC AUX CINQ FLEURS. Voir **Pañchabâna.**

ARITHMÉTIQUE DE POSITION (Récapitulation des faits historiques se rapportant à la découverte de l'). Compte tenu de tout ce qui a été prouvé au chapitre 24, on trouvera au tableau de la page 933, dans l'ordre de la chronologie montante, les principaux faits établis au sujet de la découverte indienne du zéro et de la numération décimale de position. Voir aussi **Numération de position. Mathématiques indiennes (Histoire de l').**

ARITHMÉTIQUE INDIENNE. Liste alphabétique des mots se rapportant à cette discipline, auxquels une rubrique est consacrée dans le présent dictionnaire :

*Arithmétique de position (Récapitulation des faits historiques se rapportant à la découverte de l'). *Bhâgahâra. *Bhâjya. *Bhinna. *Calcul. *Chhedana. *Dashaguna. *Dashagunâsamjña. *Dhûlîkarma. *Ekadaśharâśhika. *Gananâ. *Ganita. *Ghana. *Ghanamûla. *Grands nombres. *Gunana. *Infini. *Kalâsavarnana. *Labhda. *Mathématiques indiennes (Histoire des). Méthodes de calcul indiennes. *Mudrâ. *Navarâśhika. *Noms de nombre. *Pañcharâśhika. *Pañcha jâti. *Parikarma. *Pâtî. *Pâtîganita. *Petits nombres. *Racines carrées (Comment Âryabhata calculait ses). *Raśhi. *Râśhividyâ. *Samkalita. *Samkhyâna. *Samkhyeya. *Saptarâśhika. *Sarvadhana. *Śhatottaraganană. *Śhatottaraguna. *Śhatottarasamjñâ. *Śhesha. *Trairâśhika. *Varga. *Varganmûla. *Vyaktaganita. *Vyastatrairâśhika. *Vyavakalita.

ARITHMÉTIQUE MANUELLE. Voir **Mudrâ.**

ARITHMÉTIQUE MENTALE. Voir **Ganană. Mnémotechnie et calcul.**

ARITHMÉTIQUE SPÉCULATIVE. Voir **Spéculations arithmétiques.**

ARJUNÂKARA. [S]. Valeur = 1000. « Mains d'Arjuna ». Allusion au souverain mythique Arjunakârtavîrya, chef des Haihaya et roi des « sept îles », qui, selon une légende du Mahâbhârata, aurait eu mille bras. Voir **Mille.**

ARKA. [S]. Valeur = 12. « Brillant ». Il s'agit d'une épithète donnée à Sûrya, la divinité solaire, qui représente symboliquement le nombre 12. Voir **Douze. Sûrya.**

ARNAVA. [S]. Valeur = 4. « Mer ». A cause des quatre mers qui sont censées entourer le **Jambudvîpa* (l'Inde). Voir **Sâgara. Quatre.** Voir aussi **Océan.**

ÂRYABHATA. Véritable pionnier de l'astronomie savante indienne, Âryabhata est sans aucun doute l'un des savants les plus originaux, les plus importants et les plus féconds de l'histoire de la science indienne. Il sera connu de bonne heure par les astronomes arabo-musulmans, sous le nom d'*Arjabhad*, et plus tard en Europe médiévale, où il recevra le nom latinisé d'*Ardubarius.* Il vécut à la fin du Ve et au début du VIe siècle de notre ère, dans la ville de Kusumapura, près de Pataliputra (l'actuelle Patna, dans l'État du Bihâr). Son œuvre, connue sous le titre de *Âryabhatîya*, fut composée aux alentours de + 510. C'est le premier texte indien faisant état de la plus avancée des astronomies de l'histoire de l'astronomie indienne ancienne. Mais cet ouvrage traite également de trigonométrie et donne un résumé des principales connaissances mathématiques indiennes du début du VIe siècle, constituant un témoignage du haut niveau atteint dès cette époque par la science indienne. Cette déclamation de *Bhâskara (l'un de ses disciples et de ses plus fervents admirateurs), tirée du Commentaire que celui-ci a fait en + 629 de l'*Âryabhatîya*, permettra de mesurer le très haut degré d'abstraction atteint par ce savant très en avance sur son temps (cf. R. Billard, p. 111) : « Âryabhata est le maître qui, ayant atteint les confins et le tréfonds de l'océan de la connaissance ultime de la mathématique, de la cinématique et de la sphérique, a livré les trois au monde savant. » Voir **Astronomie indienne (Histoire de l'). Mathématiques indiennes (Histoire des).**

ÂRYABHATA (Notations numériques d'). Pour ses nombreuses données numériques, Âryabhata s'est souvent servi de l'expression (« en toutes lettres ») au moyen des noms de nombre de la langue sanskrite : c'est en tout cas ce que laissent apparaître les parties de son **Âryabhatîya*, respectivement intitulées *Ganitapâda* (qui traite de la « mathématique »), *Kâlakriyâ* (qui concerne les « mouvements », en particulier l'appareil des longitudes vraies de son *Canon astronomique) et *Golapâda* (qui se rapporte à la « sphérique » et autres problèmes en trois dimensions, dont ceux des éclipses).

Liste des principaux noms de nombre mentionnés dans l'*Âryabhatîya* (cf. Ârya, II, 2) :

*Eka (= 1). *Daśha (= 10). *Śhata (= 10^2). *Sahasra (= 10^3). *Ayuta (= 10^4). *Niyuta (= 10^5). * Prayuta (= 10^6). *Koti (= 10^7). *Arbuda (= 10^8). Vrindâ (= 10^9).

Voir **Noms de nombre. Grands nombres.**

Mais il s'est servi aussi et surtout d'un autre genre de notation numérique, fruit de sa propre invention : un astucieux système de type alphabétique, quoique très peu pratique.

Il a toutefois sûrement connu le procédé des *symboles numériques. On relève en effet cet indice fort intéressant dans le *Ganitapâda*, où l'on trouve deux exemples de nombres ainsi exprimés (mentions dont l'interprétation arithmétique est parfaitement assurée par leur propre contexte) (cf. Ârya, II, vers 20 ; R. Billard p. 88) :

sarûpa, « ajouté de la forme »,

et :

râshiguna, « multiplié par le zodiaque ».

Or, l'addition et la multiplication se disent **samkalita* (mot à mot : « mis ensemble ») et **gunana*, dont des formes abrégées sont respectivement *sa* (« plus ») et *guna* (« multiplié par »). Or, **rûpa* et **râshi* sont des symboles numériques signifiant respectivement la « forme » et le « zodiaque », et ayant pour valeurs les nombres 1 et 12. Les deux expressions précédentes correspondent donc bien aux traductions suivantes :

sarûpa, « ajouté de 1 »,

et :

râshiguna, « multiplié par 12 ».

Il n'y a donc aucun doute : Âryabhata a fort bien connu le procédé de notation au moyen des symboles numériques.

Ce sont là cependant les deux seuls exemples que nous connaissons aujourd'hui d'Âryabhata. Mais, comme l'a montré R. Billard (p. 88-89), l'*Âryabhatîya*, dans sa version actuelle, est en fait la réunion de deux ouvrages, ou plutôt le résultat d'un remaniement effectué sur une première rédaction de son ouvrage. Certaines parties avaient été alors reconduites presque sans aucune modification. D'autres l'avaient été aussi, mais avec un certain nombre de remaniements aux endroits jugés nécessaires. En revanche, d'autres furent profondément modifiées dans leur fond comme dans leur forme ; et cela, non seulement par une transformation radicale des données numériques et des constantes de base, mais aussi suivant des changements de mètre dans la composition des vers, le tout se trouvant augmenté par des parties complètement originales. Or, le texte actuel de l'*Âryabhatîya* ne concerne, en fait, que les parties reconduites, remaniées ou profondément modifiées, alors que les autres n'ont pas été retrouvées. On peut donc raisonnablement penser que, dans la première rédaction de son œuvre, Âryabhata a utilisé la notation décimale au moyen des symboles numériques, mais que par la suite son mode de représentation des nombres a subi lui aussi les conséquences de ses remaniements.

Notons enfin qu'Âryabhata a très probablement connu le signe-zéro et les chiffres de la numération décimale de position. Cette supposition est fondée : d'une part, sur le fait que la conception de sa numération alphabétique nécessite une parfaite connaissance du zéro et du principe de position suivant une base décimale ; et d'autre part, sur le fait qu'il utilise dans son œuvre un remarquable procédé de calcul des racines carrées et cubiques, qu'il est impossible de pratiquer si les nombres envisagés ne sont pas exprimés par écrit selon ce même principe et à l'aide de dix chiffres, dont le zéro. Voir **Numérations écrites indiennes (Classification des). Numération sanskrite. Symboles numériques. Symboles numériques (Principe de la numération des). Numération d'Âryabhata.** Voir aussi **Racines carrées (Comment Âryabhata calculait ses).**

ÂRYABHATÎYA. Titre donné à l'ouvrage d'*Âryabhata par les successeurs de celui-ci.

ASAMKHYEYA (ou **ASANKHYEYA**). Mot à mot : « nombre impossible à compter » (de **samkhyeya* ou **sankhyeya*, « nombre », muni du « a » privatif). Terme sanskrit désignant l'« indénombrable », le « plus grand nombre qui se puisse concevoir ». Voir **Grands nombres. Infini.** Voir aussi chap. 24, p. 942.

ASANKHYEYA. Littéralement : « non-nombre ». Terme désignant l'indénombrable. Voir **Asamkhyeya.**

ASANKHYEYA. Mot à mot : « impossible à compter ». Nom donné au nombre dix puissance 140. Voir **Noms de nombre.** Pour une explication de ce symbolisme : voir **Grands nombres (Signification symbolique des).**

Source : **Vyâkarana* (grammaire pâlî) de Kâchchâyana (+ XIe siècle).

ÂŚHÂ. [S]. Valeur = 10. « Horizons ». Voir **Diśh. Dix.**

ASHÎTI. Nom sanskrit ordinaire du nombre quatre-vingts.

ASHTA (ou **ASHTAN**). Nom sanskrit ordinaire du nombre huit. Il entre dans la composition de plusieurs mots en rapport direct avec l'idée de ce nombre. Exemples : *Ashtadanda. *Ashtadiggaja. *Ashtamangala. *Ashtamûrti. *Ashtânga. *Ashtavimoksha.

Pour des mots ayant un rapport plus symbolique avec ce nombre : voir **Huit. Symbolique des nombres.**

ASHTACHATVÂRIMŚHATI. Nom sanskrit ordinaire du nombre quarante-huit. Pour des mots ayant un rapport plus symbolique avec ce nombre : voir **Quarante-huit. Symbolique des nombres.**

ASHTADANDA. « Huit parties ». Ce sont les huit parties du corps que l'on utilise lorsqu'on procède à une vénération profonde en allongeant complètement le corps face contre terre. Voir **Ashtânga.**

ASHTADAŚHA. Nom sanskrit ordinaire du nombre dix-huit. Pour des mots ayant un rapport plus symbolique avec ce nombre : voir **Dix-huit. Symbolique des nombres.**

ASHTADIGGAJA. « Huit éléphants ». Nom collectif des gardiens des huit « horizons » de la cosmogonie hindoue (à savoir : Airâvata, *Pundarîka, Vâmana, *Kumuda, Anjana, Pushpadanta, Sarvabhauma, Supratîka). Voir **Diggaja.**

ASHTAMANGALA. « Huit choses de bon augure ». Il s'agit des « huit joyaux » que le bouddhisme considère comme les témoins de la vénération dont le Bouddha fait l'objet. Voir **Mangala.**

ASHTAMÛRTI. « Huit formes ». Nom des formes les plus importantes de Shiva. Voir **Ashta. Mûrti.**

ASHTAN. Synonyme de **Ashta*.

ASHTÂNGA. « Huit membres ». Terme désignant les huit membres du corps humain que l'on met à contribution lors de la prosternation (la tête, la poitrine, les deux mains, les deux pieds et les deux genoux).

ASHTAVIMOKSHA. « Huit libérations ». Il s'agit d'un exercice de méditation exercé par les bouddhistes, qui comporte huit étapes de concentration successives, et dont le but est de libérer l'individu de tout attachement corporel et incorporel.

ASHTI. [S]. Valeur = 16. Il s'agit, relativement à la poésie d'expression sanskrite, du mètre de quatre fois 16 syllabes par vers. Voir **Seize. Métrique indienne.**

AŚHVA. [S]. Valeur = 7. « Cheval ». Allusion aux sept chevaux (ou au cheval à sept têtes) du chariot sur lequel *Sûrya, divinité brâhmanique du Soleil, parcourait le ciel. Voir **Sept.**

AŚHVIN. [S]. Valeur = 2. « Cavaliers ». Nom des deux dieux jumeaux Saranyû et Vivaśhvant (appelés aussi *Dasra et *Nâsatya) du panthéon hindou. Ceux-ci symbolisent les forces nerveuses et vitales, et sont censés représenter respectivement l'étoile du matin et l'étoile du soir. Ils seraient nés de chevaux, d'où leur nom (d'après **Aśhva*). Ces divinités sont considérées comme le « Couple primordial » qui apparaît dans le ciel avant l'aube dans un char doré tiré par des chevaux. D'où ce symbolisme semblable à celui des Dioscures. Voir **Deux.**

AŚHVINA. [S]. Valeur = 2. « Cavaliers ». Voir **Aśhvin. Deux.**

AŚHVINAU. [S]. Valeur = 2. « Cavaliers ». Voir **Aśhvin. Deux.**

ASIE DU SUD-EST (Civilisations indianisées de l'). Voir chap. 24, p. 901 *sq.*

ASTROLOGIE INDIENNE. Cette discipline a été longtemps désignée sous le nom de **Jyotisha*, qui signifie mot à mot : la « science des étoiles ». Mais ce terme sert aujourd'hui à désigner plutôt l'astronomie. Cette dénomination remonte à l'époque où l'astronomie n'était pas encore considérée comme une discipline distincte de l'arithmétique et du calcul.

Jusqu'aux premiers siècles de l'ère chrétienne, l'astrologie se confondait en effet le plus souvent avec l'astronomie, cette dernière n'ayant alors pour objectif que de servir la première. La connaissance des astres et de leurs mouvements permettait de prévoir l'avenir et de déterminer les dates et les heures propices à une action humaine quelconque : consécration d'un sacrifice rituel, transactions commerciales, début d'un voyage, mariage, etc. (cf. L. Frédéric).

Ainsi, au moment de la naissance d'un individu, les astrologues, après avoir déterminé l'heure exacte et la position des planètes et du soleil, établissaient l'horoscope, alors jugé indispensable pour connaître les « thèmes » du nouveau-né.

Parmi les astrologues les plus célèbres de l'histoire indienne, il faut mentionner particulièrement le nom de *Varâhamihîra, qui vécut dans la deuxième moitié du + VIe siècle. Celui-ci est connu surtout pour sa *Pañchasiddhântikâ* (les « Cinq *Canons astronomiques »), traité d'astronomie datant des alentours de + 575, où il est fait état d'un canon résultant d'observations et où une large place est accordée aux calculs relatifs aux éclipses de soleil (cf. R. Billard). Mais Varâhamihîra a laissé aussi plusieurs traités d'astrologie, de divination et de savoir pratique. Le plus important en est la *Brihatsamhitâ* (la « Grande compilation ») traitant un grand nombre de sujets : description des corps célestes, de leurs mouvements et conjonctions, des phénomènes météorologiques, indication des présages donnés par ces mouvements, conjonctions et phénomènes, des conduites à tenir et des opérations à accomplir, des signes à observer sur les humains, les animaux, les pierres précieuses, etc. (cf. J. Filliozat, in : HGS, I, p. 167-168). Voir **Astronomie indienne (Histoire de l'). Ganita. Râśhi. Tanu. Yuga.**

ASTRONOMIE INDIENNE (Histoire de l'). En prenant ce mot au sens large, on distingue traditionnellement trois périodes principales. La première correspond à une astronomie de calendrier et de rituel : un calendrier luni-solaire dépourvu d'échelle des temps et d'ère. Quant au « matériel » correspondant, il est caractérisé par les **nakshatra*, division de la sphère sidérale en 27 ou 28 constellations ou astérismes selon les 27 ou 28 jours de la révolution sidérale de la Lune. Les planètes (qui ne sont probablement pas encore toutes reconnues) n'ont alors qu'une part très réduite dans la divination. Puis, entre le IIIe siècle av. et le Ier siècle ap. J.-C., surviennent dans l'astronomie indienne des éléments et des procédés de l'astronomie d'origine babylonienne. Cette période est caractérisée notamment par l'apparition de l'unité de temps appelée **tithi*, qui approche la durée du jour ou nychthémère et correspond au 1/30 de la révolution synodique de la Lune. Et c'est justement à cette époque que l'on voit les planètes entrer dans le jeu de la divination et être assujetties au calcul arithmétique, fondé sur leurs levers et couchers héliaques, c'est-à-dire sur leurs révolutions synodiques apparentes. Mais ce n'est qu'à partir du début du + VIe siècle, que l'astronomie indienne connaîtra ses progrès les plus spectaculaires. Celle-ci relèvera alors de la science la plus avancée et la plus élaborée de cette histoire : l'*astronomie savante,* inaugurée par l'œuvre d'*Âryabhata, qui remonte aux alentours de l'an + 510. Dès son apparition, cette astronomie sera grevée d'une très étonnante spéculation sur les cycles cosmiques appelés **yuga*, de nature très différente des spéculations arithmo-cosmogoniques. Cette spéculation, en effet, est faite sur les éléments astronomiques, où le **mahâyuga* (ou **chaturyuga*), cycle de 4 320 000 ans, est posé comme la période au début et au terme de laquelle les neuf éléments (le Soleil, la Lune, ses apside et nœud, et les planètes) doivent se retrouver en conjonction moyenne parfaite au point origine des longitudes. Aussi les durées des révolutions, alors supposées commensurables, sont-elles astreintes à de communs multiples et à des conjonctions générales. Or, c'est précisément en cela que cette spéculation est aussi surprenante qu'audacieuse, car ce fait est évidemment dépourvu de toute signification physique. Ces supposées conjonctions générales confèrent en effet aux éléments moyens des valeurs aberrantes même à l'échelle d'approximation de l'astronomie ancienne. Et pourtant, par un véritable paradoxe, c'est cet étrange appareillage de la spéculation et de la réalité, réalité unique dans le temps, qui a permis à R. Billard d'élaborer une puissante méthode pour déterminer avec rigueur et précision des faits inconnus jusqu'ici et une chronologie le plus souvent inespérée dans les conditions très particulières du texte astronomique indien. Et il est intéressant d'observer que les éléments spéculatifs de cette astronomie ont été aussi profitables à la science historique contemporaine que jadis préjudiciables à la connaissance (voir chapitre 24, p. 928, n. 1).

Pour plus de détail voir : **Yuga (Spéculation cosmogonique sur les). Astrologie indienne. Yuga (Spéculation astronomique sur les). Mathématiques indiennes (Histoire des). Indianité (Mécanismes fondamentaux de l').**

Réf. : R. Billard [1].

ASTRONOMIE INDIENNE (Histoire de l'). Liste alphabétique des termes se rapportant à cette discipline, auxquels une rubrique est consacrée dans le présent dictionnaire :

*Âryabhata. *Astrologie indienne. *Bhâskara. *Bhâskarâchârya. *Bhoja. *Bîja. *Brahmagupta. *Canon astronomique. *Chaturyuga. *Ganita. *Govindasvâmin. *Grande Année de Bérose. *Grande Année d'Héraclite. *Haridatta. *Indianité (Mécanismes fondamentaux de l'). *Jyotisha. *Kalpa. *Kaliyuga. *Kamâlakara. *Karana. *Lalla. *Mathématiques indiennes (Histoire des). *Mahâyuga. *Nakshatra. *Nakshatravidyâ. *Nîlakanthasomayâjin. *Parameśhvara. *Putumanasomayâjin. *Samkhyâna. *Śhankaranârâyana. *Śhrîpati. *Siddhânta. *Symboles numériques. *Tithi. *Varâmihîra. *Yuga (Définition). *Yuga (Systèmes de computation des). *Yuga (Spéculation astronomique sur les). *Yugapâda. Voir aussi chap. 24, p. 928 *sq.*

ASURA. « Anti-dieu ». Nom donné aux Titans des mythologies indiennes.

ATATA. Nom donné au nombre dix puissance 84. Voir **Noms de nombre. Grands nombres.**

Source : **Vyâkarana* (grammaire pâlî) de Kâchchâyana (+ XIe siècle).

ATIDHRITI. [S]. Valeur = 19. Il s'agit, relativement à la poésie d'expression sanskrite, du mètre de quatre fois

19 syllabes par vers. Voir **Métrique indienne.**

ÂTMAN. [S]. Valeur = 1. Dans la philosophie hindoue, ce terme décrit le « Soi », l'« Ame individuelle », la « Réalité ultime », voire le *Brahman lui-même qui est censé posséder toutes les caractéristiques correspondantes. L'unicité du « Soi » et surtout le caractère premier du Brahman en tant que « grand ancêtre » expliquent donc le symbolisme considéré. Voir **Pitâmaha. Un.**

ATMOSPHÈRE. [S]. Valeur = 0. Voir **Infini. Shûnya. Zéro.**

ATOMISME INDIEN. Voir **Paramânu. Paramânu Râja. Paramabindu.**

ATRI. [S]. Valeur = 7. Nom propre désignant le septième des *Saptarishi* (les « Sept Grands Sages » de l'Inde védique), considéré comme le fondateur de la médecine indienne. Voir **Rishi. Sept.**

ATRINAYANAJA. [S]. Valeur = 1. « Lune ». Voir **Abja. Un.**

ATTATA. Nom donné au nombre dix puissance 19 (= dix quadrillions). Voir **Noms de nombre. Grands nombres.**

Source : **Lalitavistara Sûtra* (avant + 308).

ATYASHTI. [S]. Valeur = 17. Il s'agit, relativement à la poésie d'expression sanskrite, du mètre de quatre fois 17 syllabes par vers. Voir **Métrique indienne.**

AUM. Syllabe sacrée des hindous. Voir **Mystique des lettres. Ekâkshara.**

AVANI. [S]. Valeur = 1. « Terre ». Voir **Prithivî. Un.**

AVARAHAKHA. Nom générique des cinq éléments de la manifestation. Voir **Bhûta. Mahâbhûta.**

AVATÂRA. [S]. Valeur = 10. « Descente ». Il s'agit de l'incarnation d'une divinité brâhmanique, c'est-à-dire de sa naissance par une transformation, dans le but de remplir une tâche terrestre afin de sauver l'humanité d'un grand péril. L'allusion est faite ici aux *Dashâvatâra*, les « dix Avatâra », ou incarnations majeures de *Vishnu, attribués aux quatre « âges » du monde (**yuga*), selon la cosmogonie hindoue. Voir **Dashâvatâra. Dix.**

AVYAKTAGANITA. Nom donné à l'algèbre (mot à mot : « science du calcul sur les inconnues »), par opposition à l'arithmétique, appelée *vyaktaganita.* Voir **Vyaktaganita. Algèbre. Arithmétique.**

AYUTA. Nom du nombre dix puissance 4 (= dix mille). Voir **Noms de nombre. Grands nombres.**

Sources : **Vâjasaneyî Samhitâ* (début de notre ère) ; **Taittirîya Samhitâ* (début de notre ère) ; **Kâthaka Samhitâ* (début de notre ère) ; **Pañchavimsha Brâhmana* (date incertaine) ; **Sankhyâyana Shrauta Sûtra* (date incertaine) ; **Âryabhatîya* (+ 510) ; **Kitāb fī tahqīq i mā li'l hind* d'Al Bīrūnī (+ 1030) ; **Lîlâvatî* de Bhâskarâchârya (+ 1150) ; **Ganitakaumudî* de Nârâyana (+ 1350) ; **Trishatikâ* de Shrîdharâchârya (date incertaine).

AYUTA. Nom donné au nombre dix puissance 9 (= milliard). Voir **Noms de nombre. Grands nombres.**

Source : **Lalitavistara Sûtra* (avant + 308).

B

BÂHU [S]. Valeur = 2. « Bras ». A cause de la symétrie des deux bras. Voir **Deux.**

BAHULA. Nom donné au nombre dix puissance 23 (= cent quintillions). Voir **Noms de nombre. Grand nombres.**

Source : **Lalitavistara Sûtra* (avant + 308).

BÂNA. [S]. Valeur = 5. « Flèche ». Voir **Shara. Cinq.** Voir aussi **Pañchabâna.**

BASE CENT. Voir **Shatottaragananâ. Shatottaraguna. Shatottarasamjñâ.**

BASE DIX. Voir **Dashaguna. Dashagunâsamjñâ.**

BENGALÎ SÂL (Ère). Voir **Bengalî San.**

BENGALÎ SAN (Ère). Ère solaire particulière débutant en l'an + 593. Encore utilisée de nos jours au Bengale. Il suffit d'ajouter 593 à un millésime exprimé dans cette ère pour obtenir son correspondant dans notre calendrier. Appelée aussi *Bengalî Sâl.* Voir **Ères indiennes.**

BHA. [S]. Valeur = 27. « Étoile ». Allusion aux 27 **nakshatra*. Voir **Vingt-sept.**

BHÂGAHÂRA. Terme utilisé en arithmétique pour désigner la division, quoique ce mot s'emploie le plus souvent pour désigner le diviseur (qui se dit aussi *bhâjaka*). Voir **Chhedana.**

BHAGAVAD GÎTÂ. « Chant du Seigneur ». Long poème philosophique sanskrit contenant l'essence de la philosophie du *Vedânta, exposée par l'intermédiaire de Krishna et Arjuna dans un dialogue à propos de l'action, la discrimination et la connaissance. Texte relativement tardif (+ IVe siècle ?) inséré dans le 6e livre du **Mahâbhârata* (cf. L. Frédéric [1]).

BHÂJAKA. Terme employé en arithmétique pour désigner le diviseur. Voir **Bhâgahâra.**

BHÂJYA. Terme utilisé en arithmétique pour désigner le dividende. Synonyme : *hârya*. Voir **Bhâgahâra. Chhedana.**

BHÂNU. [S]. Valeur = 12. Il s'agit en effet d'une épithète de *Sûrya, le dieu-Soleil. D'où : *Bhânu* = *Sûrya* = 12. Voir **Douze.**

BHARGA. [S]. Valeur = 1. Il s'agit en effet de l'un des noms de *Rudra, dont la valeur en tant que symbole et égale à 11. Voir **Rudra-Shiva. Onze.**

BHÂSKARA. Mathématicien et calculateur indien, fidèle disciple d'*Âryabhata (à un siècle d'intervalle). Il vécut aux alentours de + 629. Auteur notamment d'un Commentaire de l'**Âryabhatîya*, dans lequel la notation décimale positionnelle des *symboles numériques sanskrits est très abondamment employée et où la traduction des nombres ainsi représentés est souvent donnée dans le système positionnel des neuf chiffres et du zéro (cf. Shukla et Sarma). On l'appelle « Bhâskara I » afin de ne pas le confondre avec l'autre mathématicien de même nom (*Bhâskarâchârya). Voir **Âryabhata (Notations numériques d'). Numération d'Âryabhata. Symboles numériques. Symboles numériques (Principe de la numération des). Arithmétique de position (Récapitulation des faits historiques se rapportant à la découverte de l'). Mathématiques indiennes (Histoire des).** Voir aussi chap. 24, p. 924 *sq.*

BHÂSKARA I. Voir **Bhâskara.**

BHÂSKARA II. Voir **Bhâskarâchârya.**

BHÂSKARÂCHÂRYA. Mathématicien, astronome et mécanicien indien, dit Bhâskara II. Il vécut aux alentours de l'an + 1150. Auteur notamment du *Siddhântaśhiromani,* traité d'astronomie assorti d'annexes se rapportant aux mathématiques, parmi lesquelles se trouve la **Lîlâvatî* (la « Joueuse »), qui contient de nombreux problèmes écrits sous une forme versifiée. Il emploie abondamment le zéro et la numération décimale positionnelle des *symboles numériques. Il y décrit aussi des méthodes de calcul très proches des nôtres, qu'il effectue au moyen des neuf chiffres et du signe zéro. Il donne, en outre, les règles algébriques fondamentales où le zéro est posé comme un concept mathématique, et définit l'*Infini mathématique* comme l'inverse de zéro (cf. B.D. Sastri).

Liste des principaux noms de nombre donnés dans la *Lîlâvatî* de Bhâskarâchârya (Lîl, p. 2) (cf. Datta et Singh, p. 13) :

*Eka (= 1). *Daśha (= 10). *Śhata (= 10^2). Sahasra (= 10^3). *Ayuta (= 10^4). *Laksha (= 10^5). *Prayuta (= 10^6). *Koti (= 10^7). *Arbuda (= 10^8). *Abja (= 10^9). *Kharva (= 10^{10}). *Nikharva (= 10^{11}). *Mahâpadma (= 10^{12}). *Śhanku (= 10^{13}). *Jaladhi (= 10^{14}). *Antya (= 10^{15}). *Madhya (= 10^{16}). *Parârdha (= 10^{17}).

Voir **Noms de nombre. Grands nombres. Numération de position. Symboles numériques (Principe de la numération des). Zéro. Infini. Calcul. Algèbre. Arithmétique de position (Récapitulation des faits historiques se rapportant à la découverte de l'). Mathématiques indiennes (Histoire des).** Voir aussi chap. 24, p. 950.

BHÂSKARÎYABHÂSYA. Voir **Govindasvâmin.**

BHAVA. [S]. Valeur = 11. « Eau ». Il s'agit en effet de l'un des noms de *Rudra, dont le sens étymologique est en rapport avec les larmes et dont la valeur en tant que symbole est égale à 11. Voir **Rudra. Rudra-Śhiva. Onze.**

BHAVISHYAPURÂNA. Voir **Purâna et numération de position.**

BHINNA. [Arithmétique]. Terme sanskrit utilisé pour désigner les « fractions » d'une manière générale (mot à mot : « brisé »). Autres mots synonymes : *bhâga, amśha,* etc. (littéralement : « portion », « partie », etc.).

BHOJA. Astronome indien qui vécut aux alentours de + 1042. Auteur notamment du traité intitulé *Râjamrigânka,* dans lequel la notation décimale positionnelle des symboles numériques sanskrits est très abondamment employée (cf. R. Billard, p. 10). Voir **Symboles numériques. Symboles numériques (Principe de la numération des). Arithmétique de position (Récapitulation des faits historiques se rapportant à la découverte de l'). Mathématiques indiennes (Histoire des).**

BHÛ. [S]. Valeur = 1. « Terre ». Voir **Prithivî. Un.**

BHÛBHRIT. [S]. Valeur = 7. « Montagne ». Allusion au *Mont Meru. Voir **Adri. Sept.**

BHÛDHARA. [S]. Valeur = 7. « Montagne ». Allusion au *Mont Meru. Voir **Adri. Sept.**

BHÛMI. [S]. Valeur = 1. « Terre ». Voir **Prithivî. Un.**

BHÛPA. [S]. Valeur = 16. « Roi ». Voir **Nripa. Seize.**

BHÛTA. [S]. Valeur = 5. « Élément ». Il s'agit en effet, selon les philosophies brâhmanique et hindoue, des cinq éléments (ou états) de la manifestation : l'air (**vâyu*), le feu (**agni*), la terre (**prithivî*), l'eau (**âpa*) et l'éther (**âkâśha*). Voir **Pañchabhûta. Cinq.** Voir aussi **Jala.**

BHUVANA. [S]. Valeur = 3. « Monde ». Le mot est pris ici dans le sens des « trois mondes » (**triloka*). Voir **Loka. Triloka. Mondes. Trois.**

BHUVANA. [S]. Valeur = 14. « Monde ». Selon le bouddhisme du Mahâyâna, il s'agit des treize « Terres d'élection » ou « paradis » dévolus au Jina et au Bodhisattva, auxquels vient s'ajouter le **Vaikuntha.* Voir **Mondes. Quatorze.**

BÎJA. Mot désignant les « lettres » en tant que *symboles religieux* (représentant notamment les divinités du panthéon brâhmanique ou du bouddhisme tantrique), et ésotériques (selon un pouvoir supposé créateur ou évocateur). Voir **Mystique des lettres.**

BÎJA. Mot utilisé pour désigner les « lettres » en tant que *symboles mathématiques* (avec l'usage de ces lettres pour exprimer les inconnues). Notons qu'en algèbre, le mot est utilisé également dans le sens d'« élément » ou encore d'« analyse ». Voir **Algèbre. Bîjaganita.**

BÎJA. Mot utilisé en astronomie pour désigner les termes correctifs exprimés numériquement et s'appliquant aux éléments d'un texte donné, modifiant ceux du *canon astronomique correspondant. Voir **Astronomie indienne (Histoire de l').**

BÎJAGANITA. Mot désignant la science algébrique ou science du calcul analytique et du calcul sur les éléments (de **bîja,* « lettre-symbole », « élément », « analyse » et de **ganita,* « science du calcul »). Employé dans ce sens au moins depuis Brahmagupta (+ 628). On remarquera cependant que les mathématiciens indiens n'ont jamais utilisé d'autres symboles algébriques que les premières syllabes des mots désignant les opérations concernées. Voir **Mathématiques indiennes (Histoire des).**

BILLION (= dix puissance 12). Voir **Antya. Kharva. Mahâbja, Mahâpadma. Mahâsaroja. Parârdha. Shankha.** Voir aussi **Noms de nombre.**

BINDU. [S]. Valeur = 0. Mot signifiant littéralement le « point ». Il s'agit du symbole de l'univers dans sa forme non manifestée, donc de celui-ci avant sa transformation en monde des apparences (*rûpadhâtu*). La comparaison de l'univers incréé avec le point tient au fait que celui-ci constitue la figure géométrique certes la plus élémentaire qui soit, mais capable d'engendrer toutes les lignes et toutes les formes (**rûpa*) possibles. D'où aussi une association d'idées avec le « zéro », qui est non seulement considéré comme la quantité la plus négligeable qui soit, mais regardé aussi et surtout comme le concept mathématique le plus fondamental et comme base de toutes les sciences abstraites. Voir **Zéro.**

BINDU. Mot à mot : « point ». Nom donné au nombre dix puissance 49. Voir **Noms de nombre.** Pour une explication de ce symbolisme : voir **Grands nombres (Signification symbolique des).**

Source : **Vyâkarana* (grammaire pâlî) de Kâchchâyana (+ XIe siècle).

BOUCHES DE JÂHNAVÎ. [S]. Valeur = 1 000. « Bouches du Gange ». Voir **Jâhnavîvaktra. Mille.**

BOUDDHA (Légende du). Légende rapportée par le **Lalitavistara Sûtra,* où il est toujours question de nombres gigantesques. Voir **Mathématiques indiennes (Histoire des).** Voir aussi chap. 24, p. 940.

BOUDDHISME. Liste alphabétique des termes se rapportant à ce thème, auxquels une rubrique est consacrée dans le présent dictionnaire :

*Ashtamangala. *Ashtavimoksha. *Bhuvana. *Bouddha (Légende du). *Chaturmukha. *Chaturyoni. *Daśhabala. *Daśhabhûmi. *Dharma. *Dvâdaśhadvârashâstra. *Dvâtrimśhadvaralakshana. *Gati. *Grands nombres (Signification symbolique des). *Indriya. *Jagat. *Kâya. *Loka. *Mangala. *Pañchâbhijñâ. *Pañcha Indriyâni. *Pañchachakshus. *Pañchakleśha. *Pañchânantaya. *Ratna. *Saptabuddha. *Śhûnya. *Śhûnyatâ. *Tallakshana. *Trikâya. *Tripitaka. *Vajra. Zéro.

BRAHMA. Nom du « Créateur universel », première des trois divinités majeures du panthéon brâhmanique (Brahma, *Vishnu, *Śhiva). Voir **Pitâmaha. Âtman. Parabrahman.**

BRAHMA. [S]. Valeur = 1. Voir **Âtman. Pitâmaha. Parabrahman. Un.**

BRAHMAGUPTA. Astronome indien qui vécut aux alentours de + 628. Auteur notamment des traités intitulés *Brahmasphutasiddhânta* et *Khandakhâdyaka,* où il emploie très abondamment la notation décimale positionnelle des neuf chiffres et du zéro, ainsi que celle des *symboles numériques sanskrits. Il y décrit aussi des méthodes de calcul très proches des nôtres au moyen des neuf chiffres et du zéro. De plus, il donne les règles algébriques fondamentales où le zéro est présenté comme un concept mathématique, et définit l'*Infini mathématique* comme le nombre dont le dénominateur est zéro (cf. Dvivedi [2]). Voir **Numération de position. Symboles numériques (Principe de la numération des). Zéro. Infini. Calcul. Algèbre. Arithmétique de position (Récapitulation des faits historiques se rapportant à la découverte de l'). Mathématiques indiennes (Histoire des).**

BRAHMAN. Voir **Âtman. Pitâmaha. Parabrahman. Paramâtman. Jour de Brahma. Grands nombres (Signification symbolique des).**

BRÂHMANISME. Voir **Philosophies et religions indiennes.**

BRAHMASPHUTASIDDHÂNTA. Voir **Brahmagupta. Mathématiques indiennes (Histoire des).**

BRAHMÂSYA. [S]. Valeur = 4. « Visages de *Brahma ». Ce dieu est en effet généralement représenté avec quatre visages. Notons qu'il a également quatre bras et qu'il est souvent figuré tenant l'un des quatre **Veda* dans chacune de ses quatre mains. Voir **Quatre.**

BRAS. [S]. Valeur = 2. Voir **Bâhu. Deux.**

BRAS D'ARJUNA. [S]. Valeur = 1 000. Voir **Arjunakara. Mille.**

BRAS DE KÂRTTIKEYA. [S]. Valeur = 12. Voir **Shanmukhabâhu. Douze.**

BRAS DE RÂVANA. [S]. Valeur = 20. Voir **Râvanabhuja. Vingt.**

BRAS DE VISHNU. [S]. Valeur = 4. Voir **Haribâhu. Quatre.**

BRILLANT. [S]. Valeur = 12. Voir **Arka. Douze.**

BUDDHAŚHAKARÂJA (Ère). Ère bouddhique, qui n'est pratiquement utilisée qu'à Ceylan et dans les pays bouddhiques du Sud-Est asiatique. Elle commence généralement en – 543 ; aussi suffit-il d'ajouter 543 à un millésime exprimé dans cette ère pour obtenir son correspondant dans notre calendrier. Voir **Ères indiennes.**

BUTS (Les quatre). Voir **Chaturvarga.**

BUTS (Les trois). Voir **Trivarga.**

C

CALCUL. Liste alphabétique des termes se rapportant à cette discipline, auxquels une rubrique est consacrée dans le présent dictionnaire :

*Addition. *Algèbre. *Alphabet numéral. *Anka. *Ankakramena. *Ankasthâna. *Arithmétique. *Arithmétique de position. *Âryabhata. *Âryabhata (Notations numériques d'). *Base cent. *Base dix. *Abhabâgamana. *Asamkhyeya. *Astronomie indienne (Histoire de l'). *Bhâskara. *Bhâskarâchârya. *Bîja. *Bîjaganita. *Brahmagupta. *Bouddha (Légende du). *Calcul (Science du). *Calcul (Méthodes de). *Calcul digital. *Calcul mental. *Calcul sur l'abaque à colonnes. *Calculateur. *Carré. *Chiffres. *Cube. *Daśhaguna. *Daśhagunâsamjñâ. *Dhûlîkarma. *Dividende. *Diviseur. *Division. *Équation. *Équation indéterminée. *Fractions. *Grands nombres. *Infini. *Jour de Brahma. *Kaliyuga. *Kalpa. *Khachheda. *Khahara. *Mahâvîrâchârya. *Mathématicien. *Mathématiques. *Mathématiques indiennes (Histoire des). *Multiplication. *Nârâyana. *Noms de nombre. *Nombres (Science des). *Numération d'Âryabhata. *Numération de position. *Numération katapayâdi. *Numération sanskrite. *Numération sanskrite simplifiée. *Opérations arithmétiques. *Pâtî. *Quotient. *Racine carrée. *Racine cubique. *Règle de Cinq. *Règle de Neuf. *Règle de Onze. *Règle de Sept. *Règle de Trois. *Reste. *Śhatottaragananâ. *Śhatottaraguna. *Śhatottarasamjñâ. *Śhrîdharâchârya. *Soustraction. *Sthâna. *Symboles numériques. *Symboles numériques (Principe de la numération des). *Total. *Yuga. *Zéro. Voir aussi chapitre 25, p. 299-340.

CALCUL (Méthodes de). Voir **Dhûlîkarma. Pâtî. Pâtiganita. Méthodes de calcul indiennes.** Voir aussi chapitre 25.

CALCUL (Science du). Voir **Ganita.**

CALCUL DIGITAL. Voir **Mudrâ.**

CALCUL MENTAL. Voir **Gananâ. Mnémotechnie et calcul.**

CALCUL SUR L'ABAQUE A COLONNES. Voir **Dhûlîkarma.**

CALCULATEUR. [Arithmétique]. Voir **Samkhya.**

CALENDRIERS INDIENS. Voir **Ères indiennes.**

CANON ASTRONOMIQUE. Ensemble d'éléments qui est conçu comme un tout par l'auteur d'un traité d'astronomie. Ces éléments sont toujours présentés conjointement dans un texte, un commentaire ou une citation, que ces éléments soient effectivement, astronomiquement, solidaires, ou censés être tels. Mais souvent, hormis toute information historique et quoique bien au complet, un canon ne nous est livré que sous la forme du jeu de **bîja*. Mathématiquement, un même canon peut donc être posé sur n'importe quelle époque et n'importe quelle unité de temps. Voir **Astronomie indienne (Histoire de l').**

CARACTÉRISTIQUE. [S]. Valeur = 5. Voir **Purânalakshana. Cinq.**

CARRÉ. [Arithmétique]. Voir **Varga.**

CARRÉ. En tant que représentation symbolique de la terre. Voir **Nâga.**

CAVALIERS. [S]. Valeur = 2. Voir **Aśhvin. Deux.**

CE QUI DOIT ÊTRE FAIT. [S]. Valeur = 5. Voir **Karanîya. Cinq.**

CE QUI EST A TOUS LES HOMMES. [S]. Valeur = 3. Voir **Vaiśhvânara.**

CELUI QUI A TROIS TÊTES. [S]. Valeur = 3. Voir **Triśhiras. Trois.**

CENT. Nom sanskrit ordinaire : **śhata*. Liste des symboles numériques correspondants :

Abjadala. *Dhârtarâshtra. Purushâyus. Śhakrayajña.

Réf. : Al Bîrûnî [2] ; Bühler, p. 84 *sq.* ; Burnell ; Datta et Singh, p. 54-57 ; Fleet, in : CIIn, VIII ; Jacquet, in : JA, XVI, 1835 ; Renou et Filliozat, p. 708-709 ; Sircar, p. 230-233 ; Woepcke [2].

CENT BILLIONS (= dix puissance 14). Voir **Jaladhi. Padma. Pakoti. Pârâvâra. Samudra. Saritâpati. Vâdava.** Voir aussi **Noms de nombre.**

CENT MILLE (= dix puissance 5). Voir **Lakh. Lakka. Laksha. Niyuta. Prayuta.** Voir aussi **Noms de nombre.**

CENT MILLIARDS (= dix puissance 11). Voir **Anta. Madhya. Nikharva. Ninnahut. Niyuta. Nyarbuda. Salila.** Voir aussi **Noms de nombre.**

CENT MILLIONS (= dix puissance 8). Voir **Arbuda. Daśhakoti. Nyarbuda. Vyarbuda.** Voir aussi **Noms de nombre.**

CENT QUADRILLIONS (= dix puissance 20). Voir **Kshiti.** Voir aussi **Noms de nombre.**

CENT QUINTILLIONS (= dix puissance 23). Voir **Bahula. Gundhika. Mahâkshobha.** Voir aussi **Noms de nombre.**

CENT TRILLIONS (= dix puissance 17). Voir **Abab. Kshobhya. Mahâkshoni. Parârdha. Vrindâ.** Voir aussi **Noms de nombre.**

CERCLE. En tant que représentation symbolique du ciel. Voir **Serpent (Symbolique du).**

CERCLE. En tant que représentation graphique du zéro. Voir **Śhûnya-chakra. Chiffre 0. Zéro.**

CHAKRA. [S]. Valeur = 12. « Roue ». Il s'agit en effet de la roue du zodiaque. Voir **Râśhi. Douze.**

CHAITRA. Mois luni-solaire correspondant à mars-avril.

CHAITRÂDI. « Commencement *Chaitra* ». Nom de l'année commençant au printemps par le mois de **Chaitra,* premier mois luni-solaire.

CHAKSKHUS. [S]. Valeur = 2. « Œil ». Voir **Netra. Deux.**

CHÂLUKYA (Ère). Ère de la dynastie des Châlukya orientaux, ayant débuté en l'an + 1075. Utilisée jusqu'au milieu du XIIe siècle (jusqu'aux environs de 1162). Il suffit d'ajouter 1075 à un millésime exprimé dans cette ère pour obtenir son correspondant dans notre calendrier. Voir **Ères indiennes.**

CHANDRA. [S]. Valeur = 1. « Lumineux ». Il s'agit en effet d'un attribut de la *Lune en tant que divinité (mâle) du panthéon brâhmanique. Voir **Abja. Soma. Un.**

CHATUR. Nom sanskrit ordinaire du nombre quatre, entrant dans la composition de plusieurs mots en rapport direct avec l'idée de ce nombre.

Exemples : *Chaturânavadana. *Chaturyuga. *Chaturanga. *Chaturangabalakâya. *Chaturâśhrama. *Chaturdvîpa. *Chaturmahârâja. *Chaturmâsya. *Chaturmukha. *Chaturvarga. *Chaturyoni. *Chaturyuga.

Pour des mots ayant un rapport plus symbolique avec le nombre considéré : voir **Quatre. Symbolique des nombres.**

CHATURANGA. « Quatre parties ». Nom donné à un ancien jeu indien, ancêtre du jeu des échecs : il se jouait à quatre sur un échiquier de 8 cases sur 8 au moyen de 8 pièces (le roi, l'éléphant, le cheval, le chariot et 4 soldats). Voir **Chatur.** Pour une légende correspondante, voir chapitre 23, p. 755 *sq.*

CHATURÂNANAVÂDANA. [S]. Valeur = 4. Les « quatre océans ». Voir **Chatur. Sâgara. Quatre.** Voir aussi **Océan.**

CHATURANGABALAKÂYA. « Quatre corps ». Nom donné à l'ancienne organisation de l'armée indienne, qui comprenait autrefois les éléphants (*hastikâya*), la cavalerie (*ashvakâya*), la charrerie (*râthakâya*) et l'infanterie (*pattikâya*). Voir **Chatur.**

CHATURÂŚHRAMA. « Quatre stades ». Il s'agit des quatre étapes de la vie des hommes selon l'hindouisme, conformément à la conception védique : la première (nommée *brahmâchârya*) est celle où l'homme développe ses capacités intellectuelles, reçoit une instruction profane et religieuse et cultive les vertus de la vie spirituelle ; à la deuxième (appelée *grihastha*), il se marie et fonde un foyer ; la troisième (*hânaprastha*) est celle où, après avoir rempli son rôle de maître de maison et servi la communauté, il se retire en solitaire dans la forêt pour se consacrer à la méditation intensive, aux études philosophiques et aux Écritures saintes ; et enfin à la quatrième (*sannyâsa*), il renonce à tout objectif individuel et se désintéresse des choses terrestres (cf. *Dictionnaire de la sagesse orientale*). Voir **Chatur.**

CHATURDAŚHA. Nom sanskrit ordinaire du nombre quatorze. Pour des mots ayant un rapport symbolique avec ce nombre : voir **Quatorze. Symbolique des nombres.**

CHATURDVÎPA. « Quatre îles ». Nom donné par la mythologie brâhmanique et la cosmologie hindoue aux quatre îles-continents censées entourer l'Inde (Jambudvîpa). Voir **Chatur.** Pour une explication du choix de ce nombre, il convient de se reporter à l'article **Océan**, qui fournit la même explication au sujet des quatre mers (**chatursâgara*).

CHATURMAHÂRÂJA. « Quatre grands rois ». Il s'agit des quatre divinités gardiennes des points cardinaux, censées vivre sur les pentes du *Mont Meru (Vaiśhravana au Nord, Virûpâksha à l'Ouest, Virûdhaka au Sud et Dhritarâshtra à l'Est). Voir **Chatur.**

CHATURMÂSYA. « Quatre mois ». Nom d'un rite indien exécuté tous les quatre mois, une fois au début du printemps, une autre fois au début de la saison des pluies et une troisième fois au début de l'automne. Voir **Chatur.**

CHATURMUKHA. « Quatre faces ». Nom donné à toutes les divinités brâhmaniques ou bouddhiques représentées avec quatre visages (*Brahma, *Śhiva, etc.). Voir **Chatur.**

CHATURSÂGARA. « Quatre Océans ». Ce sont les quatre mers censées entourer le Jambudvîpa (l'Inde). Voir **Sâgara.** Pour une explication du choix de ce nombre, voir **Océan.**

CHATURVARGA. « Quatre buts ». Il s'agit des **trivarga* de la philosophie hindoue (qui ne sont autres que les trois objectifs de l'existence humaine, à savoir : *artha,* la richesse matérielle, le **kama,* l'amour avec le désir, et le **dharma,* le devoir), que certains textes complètent par le *moskha,* la libération de l'âme. Voir **Chatur.**

CHATURVIMŚHATI. Nom sanskrit ordinaire du nombre vingt-quatre. Pour des mots ayant un rapport symbolique avec ce nombre : voir **Vingt-quatre. Symbolique des nombres.**

CHATURYONI. Les « quatre voies de la renaissance ». Il s'agit, selon les hindous et les bouddhistes, des quatre différentes manières d'entrer dans le cycle des renaissances (**samsâra*) : soit par naissance vivipare (*jarâyuva*), sous la forme d'un humain ou d'un mammifère ; soit par naissance ovipare (*andaja*), sous la forme d'un oiseau, d'un insecte ou d'un reptile ; soit encore par naissance dans l'eau et l'humidité (*samsvedaja*), sous la forme d'un ver ou d'un poisson ; soit encore par métamorphose (*aupapâduka*), sans la contribution d'une « mère », par la seule force du Karma (cf. L. Frédéric). Voir **Chatur.**

CHATURYUGA. Les « quatre périodes ». Cycle cosmique de 4 320 000 années humaines, subdivisé en quatre périodes. Synonyme de **mahâyuga.* Voir **Chatur. Yuga (Définition).**

CHATURYUGA. [Astronomie]. Selon la spéculation sur les *yuga, le *chaturyuga,* ou cycle de 4 320 000 ans, est posé par définition comme la période au début et au terme de laquelle les neuf éléments (à savoir le Soleil, la Lune, ses apside et nœud, et les planètes) doivent se retrouver en conjonction moyenne parfaite au point origine des longitudes. Voir **Chaturyuga** (article précédent). **Yuga (Spéculation astronomique sur les).**

CHATVÂRIMŚHATI. Nom sanskrit ordinaire du nombre *quarante.

CHEVAL. [S]. Valeur = 7. Voir **Aśhva. Sept.**

CHEVILLE. [S]. Valeur = 2. Voir **Gulpha. Deux.**

CHHEDANA. [Arithmétique]. Terme employé pour désigner la division (mot à mot : « briser en plusieurs fragments »). Autres termes synonymes : *bhâgahâra, bhâjana,* etc.

CHHEDI (Ère). Ère débutant le 5 septembre + 248, à laquelle on s'est référé dans la région du Mâlvâ et du Madhya Pradesh. Il suffit d'ajouter 248 à un millésime exprimé dans cette ère pour obtenir son correspondant dans notre calendrier. Parfois nommée *kalachurî.* Elle a été en vigueur jusqu'au XIIIe siècle. Voir **Ères indiennes.**

CHHIDRA. [S]. Valeur = 9. « Orifice ». Il s'agit en effet des neuf orifices du corps humain (la bouche, les deux yeux, les deux narines, les deux oreilles, l'anus et l'orifice sexuel). Voir **Neuf.**

CHIFFRE (au sens de signe de numération écrite). Voir **Anka. Signes de numération.**

CHIFFRE (au sens d'écriture et de numération secrètes). Voir **Alphabet numéral et écriture secrète.**

CHIFFRE. [S]. Valeur = 9. Voir **Anka. Neuf.**

CHIFFRE 1 (Origine et évolution du). Voir figure 24.61.

CHIFFRE 2 (Origine et évolution du). Voir figure 24.62.

CHIFFRE 3 (Origine et évolution du). Voir figure 24.63.

CHIFFRE 4 (Origine et évolution du). Voir figure 24.64.

CHIFFRE 5 (Origine et évolution du). Voir figure 24.65.

CHIFFRE 6 (Origine et évolution du). Voir figure 24.66.

CHIFFRE 7 (Origine et évolution du). Voir figure 24.67.

CHIFFRE 8 (Origine et évolution du). Voir figure 24.68.

CHIFFRE 8. En tant que représentation symbolique du **nâga*. Voir **Serpent (Symbolique du). Infini.**

CHIFFRE 9 (Origine et évolution du). Voir figure 24.69.

CHIFFRE 0 (en forme de petit cercle). Actuellement en usage dans presque toutes les notations numériques de l'Inde (chiffres modernes des types : nâgarî, gujarâtî, marâthî, bengâlî, oriyâ, panjâbi, sindhî, gurûmukhî, kaîthî, maithilî, tâkarî, telugu, kannara, etc.), de l'Asie centrale (chiffres nepâlî, tibétains) et de l'Asie du Sud-Est (chiffres thaikhmer, balinais, birmans, javanais, etc.). Signe attesté dès le + VIIe siècle dans les inscriptions indiennes et les inscriptions des civilisations indianisées de l'Asie du Sud-Est (Champa, Cambodge, Sumatra, Bali, etc.). Voir figures 24.3 à 24.13, 24.15, 24.16, 24.21, 24.24, 24.25, 24.26, 24.39, 24.41, 24.42, 24.48, 24.50, 24.51, 24.52, 24.78, 24.79 et 24.80. Voir **Numérations écrites indiennes (Classification des).** Voir aussi **Cercle. Zéro.**

CHIFFRE 0 (en forme de point). Autrefois en usage dans les régions du Kaśhmîr et du Panjâb (chiffres du type *śhâradâ*). Attesté aussi dès le + VIIe siècle dans les inscriptions khmer du Cambodge ancien. De nos jours, ce signe est encore utilisé dans l'Inde musulmane au sein de la numération arabe orientale (chiffres dits « hindi »). Voir figures 24.2, 24.14, 24.40, 24.78 et 24.80. Voir **Numérations écrites indiennes (Classification des).** Voir **Chiffres arabes orientaux. Point. Zéro.** Voir aussi chapitre 25.

CHIFFRES ÂNDHRA. Signes dérivés des *chiffres brâhmî, par l'intermédiaire des chiffres Śhunga, Śhaka et Kushâna, utilisés dans les inscriptions contemporaines de la dynastie des Ândhra (+ IIe / IIIe siècle). Ils sont attestés notamment dans les inscriptions de Jaggayyapeta. Le système correspondant ne reposait pas sur le principe de position et ne possédait pas de zéro à plus forte raison. Voir **Numérations écrites indiennes (Classification des).** Voir aussi figures 24.34, 24.36, 24.70, 24.52 et 24.61 à 24.69.

CHIFFRES ARABES ORIENTAUX. Signes dérivés des *chiffres brâhmî, par l'intermédiaire des chiffres Śhunga, Śhaka, Kushâna, Ândhra, gupta et nâgarî. Actuellement utilisés au Proche-Orient et au Moyen-Orient, ainsi qu'en Inde musulmane, en Indonésie et en Malaisie. Le système correspondant repose sur le principe de position et possède un zéro (autrefois en forme de petit cercle ou de point, mais aujourd'hui représenté exclusivement par un point). Voir **Numérations écrites indiennes (Classification des).** Voir figures 24.2, 24.52 et 24.61 à 24.69. Voir aussi chapitre 25, p. 245 *sq.*

CHIFFRES ARAMÉO-INDIENS. Voir **Chiffres kharoshthî.**

CHIFFRES BALINAIS. Signes dérivés des *chiffres brâhmî par l'intermédiaire des chiffres Śhunga, Śhaka, Kushâna, Ândhra, Pallava, Châlukya, Ganga, Valabhî, « pâlî », vatteluttu et kawi. Actuellement en usage à Bali, à Bornéo et aux îles Célèbes. Le système correspondant repose sur le principe de position et possède un zéro (en forme de petit cercle). Chiffres anciens : voir figures 24.50 et 24.80. Chiffres modernes : voir figure 24.25. Voir **Numérations écrites indiennes (Classification des).** Voir aussi figures 24.52 et 24.61 à 24.69.

CHIFFRES BENGÂLÎ. Signes dérivés des *chiffres brâhmî par l'intermédiaire des chiffres Śhunga, Śhaka, Kushâna, Ândhra, gupta, nâgarî et kutilâ. Actuellement utilisés au nord-est du continent indien, au Bângladesh, dans l'État indien du Bengale et dans une bonne partie du centre de l'État d'Assam (le long du fleuve Brahmaputra). Le système correspondant repose sur le principe de position et possède un zéro (en forme de petit cercle). Voir **Numérations écrites indiennes (Classification des).** Voir aussi figures 24.10, 24.52 et 24.61 à 24.69.

CHIFFRES BHATTIPROLU. Signes dérivés des *chiffres brâhmî, par l'intermédiaire des chiffres Śhunga, Śhaka, Kushâna, Ândhra, Pallava, Châlukya, Ganga et Valabhî. Utilisés dès le

+ VIIIe siècle par les peuples drâvidiens du sud de la péninsule indienne. Les chiffres kannara, telugu, grantha, malayâlam, tamil, sinhala, etc., en seront issus. Le système correspondant ne reposait pas sur le principe de position et ne possédait pas de zéro à plus forte raison. Voir **Numérations écrites indiennes (Classification des).** Voir aussi figures 24.52 et 24.61 à 24.69.

CHIFFRES BIRMANS. Signes dérivés des *chiffres brâhmî, par l'intermédiaire des chiffres Śhuga, Śhaka, Kushâna, Ândhra, Pallava, Châlukya, Ganga, Valabhî, « pâlî », vatteluttu et môn. Employés dès le + XIe siècle par les populations de l'actuelle Birmanie. Le système correspondant repose sur le principe de position et possède un zéro (en forme de petit cercle). Chiffres anciens : voir figure 24.51. Chiffres modernes : voir figure 24.23. Voir **Numérations écrites indiennes (Classification des).** Voir aussi figures 24.52 et 24.61 à 24.69.

CHIFFRES BRÂHMÎ. Chiffres dont dérivent toutes les séries de chiffres de 1 à 9 autrefois ou actuellement en usage en Inde, en Asie centrale et en Asie du Sud-Est. Ils sont attestés notamment dans les édits d'Aśhoka et dans les inscriptions bouddhiques de Nâna Ghât et de Nâsik. Le système correspondant ne reposait pas sur le principe de position et ne possédait pas de zéro à plus forte raison. Voir figures 24.29 à 24.31 et 24.70. Pour l'origine graphique de ces chiffres : voir figures 24.57 à 24.59. Pour les notations dérivées des chiffres brâhmî : voir figure 24.52. Pour leur évolution graphique : voir figures 24.61 à 24.69. Voir **Numérations écrites indiennes (Classification des).**

CHIFFRES CHÂLUKYA. Signes dérivés des *chiffres brâhmî par l'intermédiaire des chiffres Śhunga, Śhaka, Kushâna, Ândhra et Pallava. Contemporains de la dynastie dite « de Vâtâpî » des Châlukya du Dekkan (+ V^e / + VIIe siècle). Le système correspondant ne reposait pas sur le principe de position et ne possédait pas de zéro à plus forte raison. Voir figures 24.45 et 24.70. Voir **Numérations écrites indiennes (Classification des).** Voir aussi figures 24.52 et 24.61 à 24.69.

CHIFFRES CHAM. Signes dérivés des *chiffres brâhmî, par l'intermédiaire des chiffres Śhunga, Śhaka, Kushâna, Ândhra, Pallava, Châlukya, Ganga, Valabhî, « pâlî » et vatteluttu. Utilisés depuis le + VIIIe jusqu'au XIIIe siècle pour l'expression des dates de l'ère *Śhaka* dans les inscriptions vernaculaires du Champa (dans une partie de l'ancien pays du Viêt-nam). Le système correspondant reposait sur le principe de position et possédait un zéro (en forme de petit cercle ou de point). Voir **Numérations écrites indiennes (Classification des).** Voir figures 24.79 et 24.80. Voir aussi figures 24.52 et 24.61 à 24.69.

CHIFFRES DEVANÀGARÎ. Voir **Chiffres nâgarî.**

CHIFFRES DOGRÎ. Signes dérivés des *chiffres brâhmî, par l'intermédiaire des chiffres Śhunga, Śhaka, Kushâna, Ândhra, gupta et śhâradâ, et constituant une variante des chiffres du genre tâkarî. Actuellement utilisés dans la partie indienne du Jammu (dans la région sud-ouest du Kaśhmîr). Le système correspondant repose sur le principe de position et possède un zéro (en forme de petit cercle). Voir **Numérations écrites indiennes (Classification des).** Voir figures 24.13, 24.52 et 24.61 à 24.69.

CHIFFRES DRÂVIDIENS. Chiffres employés dans les régions du sud de l'Inde, c'est-à-dire le Tamilnâdu, le Karnâtaka, l'Andhra Pradesh et le Kerala, dont les populations, dites « drâvidiennes », contrairement aux peuples du Nord et du Centre du continent, ne parlent pas des langues d'origine indo-européenne. Ces signes dérivent tous des *chiffres brâhmî, par l'intermédiaire des chiffres Śhunga, Śhaka, Kushâna, Ândhra, Pallava, Châlukya, Ganga, Valabhî et bhattiprolu. Les systèmes correspondants n'ont pas toujours reposé sur le principe de position et n'ont donc pas toujours possédé de chiffre zéro. Voir **Chiffres tamil. Chiffres malayâlâm. Chiffres telugu. Chiffres kannara. Voir Numérations écrites indiennes (Classification des).**

CHIFFRES EUROPÉENS (Apices du Moyen Age). Chiffres utilisés par les calculateurs européens du Moyen Age (calcul sur l'abaque à colonnes). Ils dérivent des *chiffres brâhmî, d'abord par l'intermédiaire des chiffres indiens des types Śhunga, Śhaka, Kushâna, Ândhra, gupta et nâgarî, et ensuite par l'intermédiaire des chiffres ghubār des Arabes du Maghreb. La graphie de ces chiffres a beaucoup varié d'une école à l'autre. Le système correspondant ne comportait pas de zéro, en raison de leur usage sur l'abaque à colonnes. Voir chapitre 26, p. 348 *sq.* Voir **Numérations écrites indiennes (Classification des).** Voir aussi figures 24.52 et 24.61 à 24.69.

CHIFFRES EUROPÉENS (Algorismes). Chiffres utilisés depuis le XIIe siècle par les calculateurs européens (calcul écrit). Le système correspondant reposait sur le principe de position et possédait un zéro (en forme de petit cercle). Ces signes dérivent des *chiffres brâhmî, d'abord par l'intermédiaire des chiffres Shunga, Shaka, Kushâna, Ândhra, gupta et nâgarî, puis par l'intermédiaire des chiffres employés par les Arabes. La graphie de ces chiffres a beaucoup varié d'une école à l'autre. Certaines séries sont issues des chiffres dits « hindi » des Arabes orientaux, mais la plupart des autres séries dérivent des chiffres ghubār des Arabes du Maghreb. L'une d'elles, normalisée pour les besoins de la typographie, sera à l'origine de la forme graphique de nos chiffres actuels 1 2 3 4 5 6 7 8 9 0. Voir chapitre 26, p. 362 *sq.* Voir **Numérations écrites indiennes (Classification des).** Voir aussi figures 24.52 et 24.61 à 24.69.

CHIFFRES GANGA. Signes dérivés des *chiffres brâhmî, par l'intermédiaire des chiffres Shunga, Shaka, Kushâna, Ândhra, Pallava et Châlukya. Contemporains des débuts de la dynastie des Ganga du Mysore (+ VIe / VIIIe siècle). Le système correspondant ne reposait pas sur le principe de position et ne possédait pas de zéro à plus forte raison. Voir figures 24.46, 24.52 et 24.61 à 24.69. Voir **Numérations écrites indiennes (Classification des).**

CHIFFRES GHUBĀR. Signes dérivés des *chiffres brâhmî, par l'intermédiaire des chiffres Shunga, Shaka, Kushâna, Ândhra, gupta et nâgarî. Autrefois utilisés par les calculateurs arabes du Maghreb (calcul sur l'abaque à poussière). Le système correspondant n'a pas toujours comporté le chiffre zéro. Voir chapitre 25, p. 251 *sq.* Voir **Numérations écrites indiennes (Classification des).** Voir aussi figures 24.52 et 24.61 à 24.69.

CHIFFRES GRANTHA. Signes dérivés des *chiffres brâhmî par l'intermédiaire des chiffres Shunga, Shaka, Kushâna, Ândhra, Pallava, Châlukya, Ganga, Valabhî et bhattiprolu. Utilisés autrefois par les peuples drâvidiens du Kerala et du Tamilnâdu. Le système correspondant ne reposait pas sur le principe de position et ne possédait pas de zéro à plus forte raison. Voir **Numérations écrites indiennes (Classification des).** Voir figures 24.52 et 24.61 à 24.69.

CHIFFRES GUJARÂTÎ. Signes dérivés des *chiffres brâhmî par l'intermédiaire des chiffres Shunga, Shaka, Kushâna, Ândhra, gupta, nâgarî et kûtilâ. Actuellement utilisés dans l'État du Gujarât, en bordure de l'océan Indien, entre Bombay et la frontière du Pakistan. Le système correspondant repose sur le principe de position et possède un zéro (en forme de petit cercle). Voir **Numérations écrites indiennes (Classification des).** Voir figures 24.8, 24.52 et 24.61 à 24.69.

CHIFFRES GUPTA. Signes dérivés des *chiffres brâhmî, par l'intermédiaire des chiffres Shunga, Shaka, Kushâna et Ândhra. Contemporains de la dynastie des Gupta (inscriptions de Parivrâjaka et d'Uchchakalpa). Le système correspondant ne reposait pas sur le principe de position et ne possédait pas de zéro à plus forte raison. Ces chiffres seront à l'origine des notations nâgarî, shâradâ et siddham. Voir figures 24.38 et 24.70. Notations dérivées des chiffres gupta : voir figure 24.52. Évolution graphique : voir figures 24.61 à 24.69. Voir **Numérations écrites indiennes (Classification des).**

CHIFFRES GURKHALÎ. Voir **Chiffres nepâlî.**

CHIFFRES GURÛMUKHÎ. Signes dérivés des *chiffres brâhmî, par l'intermédiaire des chiffres Shunga, Shaka, Kushâna, Ândhra, gupta et shâradâ, et constituant une sorte de mélange entre les chiffres sindhî et panjâbî. Autrefois employés par les marchands de Shikarpur et de Sukkur. (Notons que ces mêmes marchands ont utilisé également tantôt les chiffres sindhî ou panjâbî, tantôt les chiffres dits « hindi » des Arabes orientaux.) Le système correspondant reposait sur le principe de position et possédait un zéro (en forme de petit cercle). Voir figure 24.7. Voir aussi figures 24.52 et 24.61 à

24.69. Voir **Numérations écrites indiennes (Classification des).**

CHIFFRES « HINDI ». Voir **Chiffres arabes orientaux.**

CHIFFRES INDIENS (ou d'origine indienne). Liste des principales séries de chiffres originaires de l'Inde (signes graphiques issus des chiffres de la notation brâhmî) :

Chiffres agni. *Chiffres Ândhra. *Chiffres arabes orientaux. Chiffres bâlbodh. *Chiffres balinais. Chiffres batak. *Chiffres bengâlî. *Chiffres bhattiprolu. *Chiffres birmans. Chiffres bisaya. *Chiffres brâhmî. Chiffres bugi. *Chiffres châlukya. *Chiffres cham. Chiffres chamealî. *Chiffres dogrî. *Chiffres drâvidiens. *Chiffres européens (*apices*). *Chiffres européens (*algorismes*). *Chiffres ganga. *Chiffres ghubār. *Chiffres grantha. *Chiffres gujarâtî. *Chiffres gupta. *Chiffres gurûmukhî. Chiffres jaunsarî. *Chiffres javanais (anciens). *Chiffres kaîthî. *Chiffres kannara. *Chiffres kawi. *Chiffres khudawadî. Chiffres khutanais. Chiffres kochî. *Chiffres kshatrapa. Chiffres kuluî. *Chiffres kushâna. Chiffres kutchéens. *Chiffres kutilâ. *Chiffres landa. Chiffres laotiens (anciens). Chiffres mahâjanî. *Chiffres mahârâshtrî. *Chiffres mahârâshtrî-jaina. *Chiffres maithilî. *Chiffres malayâlam. Chiffres mandealî. *Chiffres manipurî. *Chiffres marâthî. *Chiffres mârwarî. *Chiffres mathura. Chiffres modî. *Chiffres môn. *Chiffres mongols. Chiffres multânî. *Chiffres nâgarî. *Chiffres nepâlî. *Chiffres oriyâ. *Chiffres « pâlî ». *Chiffres pallava. *Chiffres panjâbî. *Chiffres râjasthanî. *Chiffres śhaka. Chiffres shan. *Chiffres śhâradâ. *Chiffres śhunga. Chiffres siamois. *Chiffres siddham. *Chiffres sindhî. *Chiffres sinhala. Chiffres sirmaurî. Chiffres tagala. *Chiffres tâkarî. *Chiffres tamil. *Chiffres telugu. *Chiffres thai-khmer. *Chiffres tibétains. Chiffres tulu. *Chiffres valabhî. *Chiffres vatteluttu. *Chiffres vieux khmer. Chiffres vieux malais.

Origine et évolution graphique : voir figures 24.61 à 24.69. Généalogie, classification et répartition géographique : voir figures 24.52 et 24.53. Pour l'ensemble des notations numériques de l'Inde antique et moderne : voir **Notation numérique.** Voir aussi **Écritures indiennes. Numérations écrites indiennes (Classification des).**

CHIFFRES INDUSIENS. Voir **Chiffres proto-indiens.**

CHIFFRES JAVANAIS (anciens). Voir **Chiffres kawi.**

CHIFFRES JAVANAIS (modernes). Chiffres actuellement en usage dans l'île de Java, à Bali, à Madura et à Lombock, ainsi que dans les îles Sounda. Le système correspondant repose sur le principe de position et possède un zéro (en forme de petit cercle). En dehors des chiffres 0 et 5 (dont l'origine graphique est évidente), cette notation correspond en fait à une création graphique relativement récente, le tracé de ces chiffres ayant été curieusement rapproché de la graphie de certaines lettres de l'alphabet javanais actuel. Mais autrefois, les Javanais employaient une notation dérivée des chiffres brâhmî, appartenant aux chiffres du groupe dit « pâlî ». Voir figures 24.26 et 24.52. Voir **Numérations écrites indiennes (Classification des).** Voir aussi **Chiffres kawi.**

CHIFFRES KAÎTHÎ. Signes dérivés des *chiffres brâhmî, par l'intermédiaire des chiffres Śhunga, Śhaka, Kushâna, Ândhra, gupta, nâgarî, kutilâ et bengâlî. Actuellement utilisés surtout dans l'État du Bihâr, dans l'est de l'Inde, et quelquefois aussi dans l'État du Gujarât. Le système correspondant repose sur le principe de position et possède un zéro (en forme de petit cercle). Voir figures 24.9, 24.52 et 24.61 à 24.69. Voir **Numérations écrites indiennes (Classification des).**

CHIFFRES KANNARA. Signes dérivés des *chiffres brâhmî, par l'intermédiaire des chiffres Shunga, Śhaka, Kushâna, Ândhra, Pallava, Châlukya, Ganga, Valabhî et bhattiprolu. Actuellement utilisés par le peuple drâvidien de l'État du Karnâtaka et d'une partie de l'Andhra Pradesh. On les appelle aussi les chiffres kannada (ou encore karnata). Le système correspondant repose aujourd'hui sur le principe de position et possède un zéro (en forme de petit cercle). Mais il n'en a pas toujours été ainsi. Chiffres anciens : voir figure 24.48. Modernes : voir figure 24.21. Voir aussi figures 24.52 et 24.61 à 24.69. Voir **Numérations écrites indiennes (Classification des).**

CHIFFRES KARNATA. Voir **Chiffres kannara.**

CHIFFRES KAWI. Signes dérivés des *chiffres brâhmî, par l'intermédiaire des chiffres Shunga, Shaka, Kushâna, Ândhra, Pallava, Châlukya, Ganga, Valabhî, « pâlî » et vatteluttu. Autrefois employés (dès le + VIIe siècle) à Java et à Bornéo. Ce sont les chiffres de l'écriture du vieux-javanais. Le système correspondant reposait sur le principe de position et possédait un zéro (en forme de petit cercle). Voir figures 24.50, 24.80, 24.52 et 24.61 à 24.69. Voir **Numérations écrites indiennes (Classification des).**

CHIFFRES KHAROSHTHÎ. Chiffres dérivés des notations numériques des peuples sémitiques occidentaux. Attestés notamment dans les édits d'Aśhoka en écriture araméo-indienne. Le système correspondant ne reposait pas sur le principe de position et ne possédait pas de zéro à plus forte raison. Voir **Numérations écrites indiennes (Classification des).** Voir figure 24.54. Voir aussi chapitre 18.

CHIFFRES KHMER. Modernes : voir **Chiffres thai-khmer.** Anciens : voir **Chiffres vieux khmer.**

CHIFFRES KHUDAWADÎ. Signes dérivés des *chiffres brâhmî, par l'intermédiaire des chiffres Shunga, Shaka, Kushâna, Ândhra, gupta et Shâradâ, et constituant une légère variante des chiffres de type sindhî. Autrefois employés par les négociants de la ville de Hyderâbâd (ville du Sind, construite sur le delta de l'Indus, à l'est de Karâchi, à ne pas confondre avec l'autre Hyderâbâd, capital de l'Andhra Pradesh). Le système correspondant reposait sur le principe de position et possédait un zéro (en forme de petit cercle). Voir **Numérations écrites indiennes (Classification des).** Voir figures 24.6, 24.52 et 24.61 à 24.69.

CHIFFRES KSHATRAPA. Signes dérivés des *chiffres brâhmî, par l'intermédiaire des chiffres Shunga, Shaka et Kushâna. Contemporains des Satrapes occidentaux (+ IIe/ + IVe siècle). Le système correspondant ne reposait pas sur le principe de position et ne possédait pas de zéro à plus forte raison. Voir figures 24.35 et 24.70. Voir **Numérations écrites indiennes (Classification des).** Voir aussi figures 24.52 et 24.61 à 24.69.

CHIFFRES KUSHÂNA. Signes dérivés des *chiffres brâhmî, par l'intermédiaire des chiffres Shunga et Shaka. Contemporains de la dynastie des Kushâna (+ Ier / + IIe siècle). Le système correspondant ne reposait pas sur le principe de position et ne possédait pas de zéro à plus forte raison. Voir **Numérations écrites indiennes (Classification des).** Voir figures 24.33, 24.70, 24.52 et 24.61 à 24.69.

CHIFFRES KUTILÂ. Signes dérivés des *chiffres brâhmî, par l'intermédiaire des chiffres Shunga, Shaka, Kushâna, Ândhra, gupta et nâgarî, et influencés par les chiffres siddham. Autrefois en usage au Bengale et dans l'Assam. Le système correspondant reposait sur le principe de position et possédait un zéro (en forme de petit cercle). Les chiffres bengâlî, oriyâ, gujarâtî, kaîthî, maithilî et manipurî en seront issus. Voir **Numérations écrites indiennes (Classification des).** Voir figures 24.52 et 24.61 à 24.69.

CHIFFRES MAHÂRÂSHTRÎ. Signes dérivés des *chiffres brâhmî, par l'intermédiaire des chiffres Shunga, Shaka, Kushâna, Ândhra, gupta et nâgarî. Autrefois en usage dans l'État du Mahârâshtra. Le système correspondant reposait sur le principe de position et possédait un zéro (en forme de petit cercle). Les chiffres marâthî, modî, mârwarî, mahâjanî et râjasthanî en seront issus. Voir **Numérations écrites indiennes (Classification des).** Voir figures 24.52 et 24.61 à 24.69.

CHIFFRES MAHÂRÂSHTRÎ-JAINA. Signes dérivés des *chiffres brâhmî, par l'intermédiaire des chiffres Shunga, Shaka, Kushâna, Ândhra, gupta et nâgarî, et constituant une variante des chiffres mahârâshtrî. Autrefois utilisés par les *Jaina (Shvetâmbara). Le système correspondant reposait sur le principe de position et possédait un zéro (en forme de petit cercle). Voir **Numérations écrites indiennes (Classification des).** Voir figures 24.52 et 24.61 à 24.69.

CHIFFRES MAITHILÎ. Signes dérivés des chiffres brâhmî par l'intermédiaire des chiffres Shunga, Shaka, Kushâna, Ândhra, gupta, nâgarî et bengâlî. Actuellement en usage surtout dans le nord de l'État du Bihâr. Le système correspondant repose sur le principe de position et possède un zéro (en forme de petit cercle). Voir **Numérations écrites indiennes (Classification des).** Voir figures 24.11, 24.52 et 24.61 à 24.69.

CHIFFRES MALAYÂLAM. Signes dérivés des *chiffres brâhmî, par l'intermédiaire des chiffres Shunga, Shaka, Kushâna, Ândhra, Pallava, Châlukya, Ganga, Valabhî, bhattiprolu et grantha. Actuellement utilisés par le peuple drâvidien de l'État du Kerala, sur l'ancienne côte de Malabar, au sud-ouest de l'Inde. Le système correspondant ne repose sur le principe de position et ne possède le zéro que depuis une date récente. Voir **Numérations écrites indiennes (Classification des).** Voir figures 24.19 et 24.52 et 24.61 à 24.69.

CHIFFRES MANIPURÎ. Signes dérivés des *chiffres brâhmî par l'intermédiaire des chiffres Shunga, Shaka, Kushâna, Ândhra, gupta, nâgarî, kutilâ et bengâlî. Actuellement utilisés dans l'État indien de Manipur, situé à l'est de l'Assam et contigu à la frontière de la Birmanie. Le système correspondant repose sur le principe de position et possède un zéro (en forme de petit cercle). Voir **Numérations écrites indiennes (Classification des).** Voir figures 24.52 et 24.61 à 24.69.

CHIFFRES MARÂTHÎ. Signes dérivés des *chiffres brâhmî, par l'intermédiaire des chiffres Shunga, Shaka, Kushâna, Ândhra, gupta, nâgarî et mahârâshtrî. Actuellement utilisé à l'ouest de l'Inde, dans l'État-province du Mahârâshtra. Le système correspondant repose sur le principe de position et possède un zéro (en forme de petit cercle). Voir **Numérations écrites indiennes (Classification des).** Voir figures 24.4, 24.52 et 24.61 à 24.69.

CHIFFRES MÂRWARÎ. Signes dérivés des *chiffres brâhmî, par l'intermédiaire des chiffres Shunga, Shaka, Kushâna, Ândhra, gupta, nâgarî et mahârâshtrî. Actuellement utilisés dans la région du nord-ouest de l'Inde (Râjasthân) et des Monts Arâvallî, entre ces derniers et le désert de Thar (Mârusthali). Le système correspondant repose sur le principe de position et possède un zéro (en forme de petit cercle). Voir **Numérations écrites indiennes (Classification des).** Voir figures 24.52 et 24.61 à 24.69.

CHIFFRES MATHURÂ. Signes dérivés des *chiffres brâhmî par l'intermédiaire des chiffres Shunga, Shaka, Kushâna et Ândhra. Contemporains d'une dynastie d'origine Shaka (+ Ier/+ IIIe siècle). Attestés notamment dans les inscriptions de Mathurâ (dans l'État de l'Uttar Pradesh). Le système correspondant ne reposait pas sur le principe de position et ne possédait pas de zéro à plus forte raison. Voir **Numérations écrites indiennes (Classification des).** Voir figures 24.32, 24.70, 24.52 et 24.61 à 24.69.

CHIFFRES MÔN. Signes dérivés des *chiffres brâhmî, par l'intermédiaire des chiffres Shunga, Shaka, Kushâna, Ândhra, Pallava, Châlukya, Ganga, Valabhî, « pâlî » et vatteluttu. Autrefois employés par les populations de la région du Pegu avant l'invasion birmane. Le système correspondant ne reposait pas sur le principe de position et ne possédait pas de zéro à plus forte raison. Voir figures 24.52 et 24.61 à 24.69. Voir **Numérations écrites indiennes (Classification des).**

CHIFFRES MONGOLS. Signes dérivés des *chiffres brâhmî, par l'intermédiaire des chiffres Shunga, Shaka, Kushâna, Âdhra, gupta, siddham et tibétains. Employés par les Mongols aux + XIIIe et XIVe siècles. Le système correspondant reposait sur le principe « de position » et possédait un zéro (en forme de petit cercle). Voir figures 24.42, 24.52 et 24.61 à 24.69. Voir **Numérations écrites indiennes (Classification des).**

CHIFFRES NÂGARÎ. Signes dérivés des *chiffres brâhmî par l'intermédiaire des chiffres Shunga, Shaka, Kushâna, Ândhra et gupta. Employés aujourd'hui le plus couramment en Inde, depuis l'État du Madhya Pradesh (Province centrale), jusqu'à l'Uttar Pradesh (Province du Nord), le Râjasthân, l'Haryana, l'Himâchal Pradesh (monts de l'Himâlaya) et le territoire de Delhi. On les appelle aussi les chiffres *devanâgarî*, parce que ce sont les chiffres les plus réguliers de l'Inde. Le système correspondant repose sur le principe de position et possède un zéro (en forme de petit cercle). Mais il n'en a pas toujours été ainsi, comme l'attestent un certain nombre de documents antérieurs au + VIIIe siècle. De ces signes naîtront plus ou moins directement les chiffres siddham, nepâlî, tibétains, mongols, kutilâ, bengâlî, oriyâ, kaîthî, maithilî, manipurî, gujarâtî, mahârâshtrî, marâthî, modî, mârwarî, mahâjanî, râjasthanî, etc., ainsi que les chiffres « hindi » des Arabes orientaux, les chiffres ghubār des Arabes du Maghreb, les *apices* et les *algorismes* des Européens du Moyen Age, sans parler de nos chiffres modernes. Pour les chiffres nâgarî anciens des chartes sur cuivre, voir figures 24.39 A et 24.75 ; pour ceux des manuscrits, voir figure 24.39 B ; et pour ceux des inscriptions de Gwâlior, voir figures 24.39 C et 24.72 à 24.74. Pour les chiffres nâgarî modernes : voir figure 24.3. Pour les notations dérivées des chiffres nâgarî : voir figure 24.52. Pour l'évolution graphique correspondante : voir figures 24.61 à 24.69. Voir **Numérations écrites indiennes (Classification des).**

CHIFFRES NEPÂLÎ. Signes dérivés des *chiffres brâhmî par l'intermédiaire des chiffres Shunga, Shaka, Kushâna, Ândhra, gupta, nâgarî et siddham. Actuellement utilisés surtout dans l'État indépendant du Nepâl. On les appelle aussi les chiffres *gurkhalî*. Le système correspondant repose sur le principe de position et possède un zéro (en forme de petit cercle). Chiffres anciens : voir figure 24.41. Chiffres modernes : voir figure 24.15. Voir **Numérations écrites indiennes (Classification des).** Voir aussi figures 24.52 et 24.61 à 24.69.

CHIFFRES ORISSÎ. Voir **Chiffres oriyâ.**

CHIFFRES ORIYÂ. Signes dérivés des *chiffres brâhmî par l'intermédiaire des chiffres Shunga, Shaka, Kushâna, Ândhra, gupta, nâgarî, kutilâ et bengâlî. Actuellement utilisés surtout dans l'État de l'Orissâ. On les appelle aussi les chiffres *orissî*. Le système correspondant repose sur le principe de position et possède un zéro (en forme de petit cercle). Voir **Numérations écrites indiennes (Classification des).** Voir figures 24.12, 24.52 et 24.61 à 24.69.

CHIFFRES « PÂLÎ ». Signes dérivés des *chiffres brâhmî et influencés par les chiffres Shunga, Shaka, Kushâna, Ândhra, Pallava, Châlukya, Ganga et Valabhî. Autrefois utilisés dans le Magadha (ancien royaume hindou du Bihâr actuel, au sud du cours du Gange) depuis l'époque des Maurya. De ces signes naîtront plus tard tous les chiffres de l'Est de l'Inde et du Sud-Est asiatique (môn, birmans, cham, vieux khmer, vieux malais, kawi, thai-khmer, balinais, etc.). Le système correspondant ne reposait pas sur le principe de position et ne possédait pas de zéro à plus forte raison. Voir **Numérations écrites indiennes (Classification des).** Voir figures 24.52 et 24.61 à 24.69.

CHIFFRES PALLAVA. Signes dérivés des *chiffres brâhmî, par l'intermédiaire des chiffres Shunga, Shaka, Kushâna et Ândhra, contemporains de la dynastie des Pallava (+ IVe / + VIe siècle). Le système correspondant ne reposait pas sur le principe de position et ne possédait pas de zéro à plus forte raison. Voir **Numérations écrites indiennes (Classification des).** Voir figures 24.37, 24.43, 24.70, 24.52 et 24.61 à 24.69.

CHIFFRES PANJÂBÎ. Signes dérivés des *chiffres brâhmî, par l'intermédiaire des chiffres Shunga, Shaka, Kushâna, Ândhra, gupta et shâradâ. Actuellement utilisés dans l'État du Panjâb au nord-ouest de l'Inde, à la limite du Pakistan. Le système correspondant repose sur le principe de position et possède un zéro (en forme de petit cercle). Voir **Numérations écrites indiennes (Classification des).** Voir figures 24.5, 24.52 et 24.61 à 24.69.

CHIFFRES PROTO-INDIENS. Ce sont les chiffres utilisés de 2500 environ à 1500 av. J.-C. par les représentants de l'ancienne civilisation de l'Indus (Mohenjo-Daro, Harappâ, etc.), qui a précédé celle des Âryens de l'Inde. On ne sait pas combler le large fossé qui sépare cette notation des premières traces de la numération brâhmî (la première notation numérique proprement indienne), si tant est qu'une filiation ait existé entre les deux systèmes. De toute façon, la documentation livrée par l'archéologie de cette civilisation est beaucoup trop lacunaire (nous n'en connaissons en fait que les signes des neuf unités) pour permettre de restituer la notation proto-indienne dans son intégralité. Voir chapitre 24, p. 842. Voir aussi chapitre 1, fig. 1.14.

CHIFFRES RÂJASTHANÎ. Signes dérivés des *chiffres brâhmî, par l'intermédiaire des chiffres Shunga, Shaka, Kushâna, Ândhra, gupta, nâgarî et mahârâshtrî. Actuellement utilisés à l'ouest de l'Inde, dans l'État du Râjasthân, situé à la frontière du Pakistan, bordé au nord par les États du Panjâb, du Haryana et de l'Uttar Pradesh, à l'est par celui du Madhya Pradesh et au sud par le Gujarât. Ces chiffres constituent une variante des chiffres mârwarî. Le système correspondant repose sur le principe de position et possède un zéro (en forme de petit cercle). Voir **Numérations écrites indiennes (Classification des).** Voir aussi figures 24.52 et 24.61 à 24.69.

CHIFFRES ŚHAKA. Signes dérivés des *chiffres brâhmî par l'intermédiaire des chiffres Śhunga. Contemporains de la dynastie des Śhaka (– IIe – Ier siècle). Le système correspondant ne reposait pas sur le principe de position et ne possédait pas de zéro à plus forte raison. Voir **Numérations écrites indiennes (Classification des).** Voir figures 24.52 et 24.61 à 24.69.

CHIFFRES ŚHÂRADÂ. Signes dérivés des *chiffres brâhmî, par l'intermédiaire des chiffres Śhunga, Śhaka, Kushâna, Ândhra et gupta. Employés au Kaśhmîr et au Panjâb du IXe au XVe siècle. Le système correspondant reposait sur le principe de position et possédait un chiffre zéro (en forme de point). De ces signes naîtront plus ou moins directement les chiffres tâkarî, dogrî, kuluî, sirmaurî, kochî, landa, multânî, khudawadî, sindhî, panjâbî, gurûmukhî, etc. Pour les chiffres anciens : voir figure 24.40. Pour les chiffres récents : voir figure 24.14. Pour les notations dérivées : voir figure 24.52. Pour l'évolution graphique correspondante : voir figures 24.61 à 24.69. Voir **Numérations écrites indiennes (Classification des).**

CHIFFRES ŚHUNGA. Signes dérivés des *chiffres brâhmî, contemporains de la dynastie des Śhunga (– IIe siècle). Le système correspondant ne reposait pas sur le principe de position et ne possédait pas de zéro à plus forte raison. Voir **Numérations écrites indiennes (Classification des).** Voir figures 24.30, 24.52 et 24.61 à 24.69.

CHIFFRES SIDDHAM. Signes dérivés des *chiffres brâhmî, par l'intermédiaire des chiffres Śhunga, Śhaka, Kushâna, Ândhra, gupta et nâgarî, utilisés au Nepâl ancien (+ VIe / + VIIIe siècle). Le système correspondant ne reposait pas sur le principe de position et ne possédait donc pas de zéro. De ces signes naîtront les chiffres nepâlî, tibétains, mongols, etc. Ils influenceront également la graphie des chiffres kutilâ, d'où sortiront les chiffres bengâlî, oriyâ, kaîthî, maithilî, manipurî, etc. Voir figure 24.41. Notations dérivées des chiffres siddham : voir figure 24.52. Évolution graphique : voir figures 24.61 à 24.69. Voir **Numérations écrites indiennes (Classification des).**

CHIFFRES SINDHÎ. Signes dérivés des *chiffres brâhmî, par l'intermédiaire des chiffres Śhunga, Śhaka, Kushâna, Ândhra, gupta et śhâradâ. Actuellement employés dans la région dont le nom dérive de celui du fleuve appelé *Sindh* (l'Indus). Le système correspondant repose sur le principe de position et possède un zéro (en forme de petit cercle). Voir **Numérations écrites indiennes (Classification des).** Voir figures 24.6, 24.52 et 24.61 à 24.69.

CHIFFRES SINGHALAIS. Voir **Chiffres sinhala.**

CHIFFRES SINHALA. Signes dérivés des *chiffres brâhmî par l'intermédiaire des chiffres Śhunga, Śhaka, Kushâna, Ândhra, Pallava, Châlukya, Ganga, Valabhî et bhattiprolu. Actuellement utilisés surtout à Srî Lankâ (l'île de Ceylan), dans les îles Maldives, à l'ouest de Ceylan, ainsi que dans les îles situées au nord de ces dernières. (Au nord et nord-ouest de Srî Lankâ, on emploie aussi les chiffres *tamil*, du fait de l'importante population du même nom vivant dans cette partie de l'île.) Le système correspondant ne repose pas sur le principe de position et ne possède donc pas de chiffre zéro. Voir **Numérations écrites indiennes (Classification des).** Voir figures 24.22, 24.52 et 24.61 à 24.69.

CHIFFRES TÂKARÎ. Signes dérivés des *chiffres brâhmî, par l'intermédiaire des chiffres Śhunga, Śhaka, Kushâna, Ândhra, gupta et śhâradâ. Actuellement usités au Kaśhmîr à côté des chiffres dits « hindi » des Arabes orientaux. On les appelle aussi les chiffres *tankrî*. Le système correspondant repose sur le principe de position et possède un zéro (en forme de petit cercle). Voir **Numérations écrites indiennes (Classification des).** Voir figures 24.13, 24.52 et 24.61 à 24.69.

CHIFFRES TAMIL. Signes dérivés des *chiffres brâhmî par l'intermédiaire des chiffres Shunga, Shaka, Kushâna, Ândhra, Pallava, Châlukya, Ganga, Valabhî, bhattiprolu et grantha. Actuellement utilisés par le peuple drâvidien du sud-est de l'Inde, dans l'État du Tamilnâdu. On les appelle aussi les chiffres *tamouls* (selon une mauvaise transcription). Le système correspondant ne repose pas sur le principe de position et ne possède donc pas de chiffre zéro. Chiffres modernes : voir figure 24.17. Chiffres anciens : voir figure 24.49. Voir **Numérations écrites indiennes (Classification des).** Voir aussi figures 24.52 et 24.61 à 24.69.

CHIFFRES TAMOULS. Voir **Chiffres tamil.**

CHIFFRES TANKRÎ. Voir **Chiffres tâkarî.**

CHIFFRES TELINGA. Voir **Chiffres telugu.**

CHIFFRES TELUGU. Signes dérivés des *chiffres brâhmî par l'intermédiaire des chiffres Shunga, Shaka, Kushâna, Ândhra, Pallava, Châlukya, Ganga, Valabhî et bhattiprolu. Actuellement utilisés par le peuple drâvidien de l'ancien Telingana (l'État indien de l'Andhra Pradesh). On les appelle aussi les chiffres *telinga.* Le système correspondant repose sur le principe de position et possède un zéro (en forme de petit cercle). Chiffres modernes : voir figure 24.20. Chiffres anciens : voir figure 24.47. Voir **Numérations écrites indiennes (Classification des).** Voir aussi figures 24.52 et 24.61 à 24.69.

CHIFFRES THAI. Voir **Chiffres thai-khmer.**

CHIFFRES THAI-KHMER. Signes dérivés des *chiffres brâhmî par l'intermédiaire des chiffres Shunga, Shaka, Kushâna, Ândhra, Pallava, Châlukya, Ganga, Valabhî, « pâlî » et vatteluttu. Actuellement utilisés en Thailande, au Laos et au Kampuchea (Cambodge). Le système correspondant repose sur le principe de position et possède un zéro (en forme de petit cercle). Voir **Numérations écrites indiennes (Classification des).** Voir figures 24.24, 24.52 et 24.61 à 24.69.

CHIFFRES TIBÉTAINS. Signes dérivés des *chiffres brâhmî par l'intermédiaire des chiffres Shunga, Shaka, Kushâna, Ândhra, gupta, nâgarî et siddham. En usage dans les régions du Tibet depuis le XIe siècle. Le système correspondant repose sur le principe de position et possède un zéro (en forme de petit cercle). Mais il n'en a pas toujours été ainsi, comme le prouvent plusieurs manuscrits tibétains, où le système possède encore la même structure que l'ancienne numération brâhmî. Voir figures 24.16, 24.52 et 24.61 à 24.69. Voir **Numérations écrites indiennes (Classification des).**

CHIFFRES VALABHÎ. Signes dérivés des *chiffres brâhmî par l'intermédiaire des chiffres Shunga, Shaka, Kushâna, Ândhra, Pallava, Châlukya et Ganga. Contemporains des inscriptions de Valabhî (capitale d'un royaume hindou et bouddhique comprenant les territoires des États actuels du Gujarât et du Mahârâshtrâ) (fin + V[e] / fin VIIIe siècle). Le système correspondant ne reposait pas sur le principe de position et ne possédait pas de zéro à plus forte raison. Voir **Numérations écrites indiennes (Classification des).** Voir figures 24.44, 24.52 et 24.61 à 24.69.

CHIFFRES VATTELUTTU. Signes dérivés des *chiffres brâhmî par l'intermédiaire des chiffres Shunga, Shaka, Kushâna, Ândhra, Pallava, Châlukya, Ganga, Valabhî, bhattiprolu et grantha, et influencés par le tamil ancien. En usage du + VIIIe au XVIe siècle, dans les pays drâvidiens du sud de la péninsule indienne, surtout sur la côte de Malabar. Le système correspondant ne reposait pas sur le principe de position et ne possédait pas de zéro à plus forte raison. Voir **Numérations écrites indiennes (Classification des).** Voir figures 24.52 et 24.61 à 24.69.

CHIFFRES VIEUX KHMER. Signes dérivés des *chiffres brâhmî par l'intermédiaire des chiffres Shunga, Shaka, Kushâna, Ândhra, Pallava, Châlukya, Ganga, Valabhî, « pâli » et vatteluttu. Utilisés depuis le + VIIe siècle dans l'ancien royaume du Cambodge. La notation utilisée pour les dates de l'ère **Shaka* reposait sur le principe de position et possédait un zéro (en forme de point ou de petit cercle), tandis que la notation vernaculaire était très rudimentaire. Voir **Numérations écrites indiennes (Classification des).** Voir figures 24.78, 24.80, 24.77, 24.52 et 24.61 à 24.69.

CHOSE DE BON AUGURE. [S]. Valeur = 8. Voir **Mangala. Huit.**

CHRONOGRAMME. Courte phrase dont la valeur numérique fournit la date d'un événement déterminé. En Inde, il existe plusieurs procédés de composition des chronogrammes.

CHRONOGRAMMES (Systèmes des lettres numérales). L'un des procédés de composition des chronogrammes repose sur l'usage d'un *alphabet numéral. La date considérée est obtenue en évaluant les diverses lettres constitutives de chacun des mots de la phrase en question, puis en totalisant les valeurs des différents mots qui composent cette même phrase. Il s'agit donc de tout un art arithméticopoétique où l'on doit déployer son imagination afin de forger des phrases ayant un sens à la fois littéral et numérique. De tels chronogrammes (dont le système d'évaluation varie bien évidemment selon le système d'attribution des valeurs numériques aux lettres alphabétiques) ont été composés non seulement en langue sanskrite, mais aussi en différents *prâkrits (dialectes locaux). On en trouve de nombreux exemples dans diverses régions de l'Inde, depuis le Mahârâshtra, le Bengale, le Nepâl ou l'Orissâ jusqu'au Tamilnâdu, au Kerala et au Karnâtaka. On en retrouve l'usage également chez les Singhalais, les Birmans, les Khmer, les Thai, les Javanais et les Tibétains. De nombreux autres exemples existent aussi en Inde musulmane et au Pakistan, mais il s'agit là surtout de chronogrammes mettant à contribution les lettres numérales de l'alphabet arabo-persan suivant le procédé dit de l'*Abjad.* Voir **Alphabet numéral et composition des chronogrammes.** Voir aussi chapitres 19 et 20.

CHRONOGRAMMES (Systèmes des symboles numériques). Un autre procédé de composition des chronogrammes concerne exclusivement l'expression des dates de l'ère **Shaka* : la langue utilisée est toujours le *sanskrit et ces dates y sont toujours exprimées d'une manière métaphorique, au moyen des *symboles numériques indiens régis par le principe de la position décimale. Ce procédé a été utilisé pendant de nombreux siècles en Inde et dans toutes les civilisation indianisées de l'Asie du Sud-Est (Royaumes khmer, cham, javanais, etc.). Voir **Symboles numériques. Symboles numériques (Principe de la numération des).** Voir aussi chapitre 24, p. 914 *sq.*

CIEL. [S]. Valeur = 0. Voir **Śhûnya. Zéro. Infini.**

CIEL. En tant que désignation d'un grand nombre. Voir **Parârdha.**

CINQ. Nom sanskrit ordinaire : **pañcha.* Liste des symboles numériques correspondants :

Artha. *Bâna. Bhâva. *Bhûta. *Gavya. *Indriya. *Ishu. *Kalamba. *Karanîya. Kshâra. Lavana. *Mahâbhûta. *Mahâpâpa. *Mahâyajña. *Mârgana. Pallava. *Pândava. Parva. Parvan. *Pâtaka. *Pâvana. *Prâna. *Purânalakshana. *Putra. *Ratna. *Rudrâsya. *Sâyaka. *Śhara. Śhastra. *Suta. Tanmâtra. Tata. *Tattva. *Tryakshamukha. *Vishaya. *Viśhikha.

Ces mots traduisent ou désignent symboliquement :

1. Les flèches (*Bâna. Ishu. Kalamba, Mârgana. Sâyaka. Śhara. Viśhikha*).
2. Les caractéristiques (*Purânalakshana*).
3. « Ce qui doit être fait » (*Karanîya*).
4. La Purification (*Pâvana*).
5. Les dons de la Vache (*Gavyâ*).
6. Les éléments, en allusion aux cinq éléments de la manifestation (*Bhûta*).
7. Les Grands Éléments, en allusion aux cinq éléments de la manifestation (*Mahâbhûta*).
8. Les facultés (*Indriya*).
9. Les grands péchés (*Mahâpâpa*).
10. Les grands sacrifices (*Mahâyajña*).
11. Les observances majeures (*Karanîya*).
12. Les principes fondamentaux, les réalités, les vérités, les « vraies natures » (*Tattva*).
13. Les Joyaux (*Ratna*).
14. Les Souffles (*Prâna*).
15. Les sens ou organes des sens (*Viśhaya*).
16. Les Fils de Pându (*Pândava*).
17. Les Fils, en allusion aux fils de Pându (*Putra*).
18. Les visages de Rudra (*Rudrâsya. Tryakshamukha*).

Voir **Symboles numériques.**

Réf. : Al Bīrūnī [2] ; Buhler, p. 84 *sq.* ; Burnell ; Datta et Singh, p. 54-57 ; Fleet, in :

CIIn, VIII ; Jacquet, in : JA, XVI, 1835 ; Renou et Filliozat, p. 708-709 ; Sircar, p. 230-233 ; Woepcke [2].

CINQ ÉLÉMENTS (Philosophie des). Voir **Bhûta. Pañcha Bhûta. Jala. Cinq. Alphabet numéral, magie, mystique et divination.**

CINQ POUVOIRS SURNATURELS. Voir **Pañchabhijñâ.**

CINQ VISIONS DU BOUDDHA. Voir **Pañchachakshus.**

CINQUANTE. Voir **Pañchâshat. Noms de nombre.**

CITÉ-FORTERESSE. [S]. Valeur = 3. Voir **Pura. Tripura. Trois.**

COBRA (Culte et symbolique du). Voir **Serpent (Symbolique du). Nâga.**

COMMENCEMENT. [S]. Valeur = 1. Voir **Âdi. Un.**

CONDITION D'EXISTENCE. [S]. Valeur = 4. Voir **Gati. Quatre.**

CONQUE MARINE. En tant que représentation des nombres dix puissance 13 et dix puissance 18. Voir **Shankha.** Voir aussi **Grands nombres (Signification symbolique des).**

CONSTELLATION. [S]. Valeur = 27. Voir **Nakshatra. Vingt-sept.**

CONTEMPLATION. [S]. Valeur = 6. Voir **Darśhana. Six.**

CORPS. [S]. Valeur = 1. Voir **Tanu. Un.**

CORPS. [S]. Valeur = 6. Voir **Kâya. Six.**

CORPS. [S]. Valeur = 8. Voir **Tanu. Huit.**

COSMOGONIES ET COSMOLOGIES INDIENNES. Liste alphabétique des termes se rapportant à ces thèmes, auxquels une rubrique est consacrée dans le présent dictionnaire :

*Âditya. *Adri. *Anuyogadvâra Sûtra. *Ashtadiggaja. *Avatâra. *Bhuvana. *Chaturânanavâdana. *Chaturdvîpa. *Chaturmahârâja. *Chaturyuga. *Dantin. *Diggaja. *Dikpâla. *Dvaparayuga. *Dvîpa. *Gaja. *Go. *Graha. *Grands nombres (Signification symbolique des). *Hastin. *Indra. *Jaina. *Jour de Brahma. *Kala. *Kaliyuga. *Kalpa. *Krita. *Kritayuga. *Kuñjara. *Lokapâla. *Mahâkalpa. *Mahâyuga. *Manu. *Mont Meru. *Océan. *Paksha. *Râhu. *Sâgara. *Serpent (Symbolique du). *Śhîrshaprahelikâ. *Spéculations arithmo-cosmogoniques. *Spéculations cosmogoniques. *Takshan. *Tretâyuga. *Tribhuvana. *Triloka. *Vaikuntha. *Vasu. *Vishnupada. *Viśhva. *Viśhvadeva. *Yuga.

COULEUR. [S]. Valeur = 6. Voir **Râga. Six.**

COUPLE PRIMORDIAL. [S]. Valeur = 2. Voir **Yama. Deux.**

COURAGE. [S]. Valeur = 14. Voir **Indra. Quatorze.**

CUBE. [Arithmétique]. Voir **Ghana.**

CYCLES COSMIQUES. La division et la durée des cycles cosmiques ont revêtu depuis longtemps une grande importance dans les milieux brâhmaniques : « Ces périodes, explique J. Filliozat, représentaient les tranches successives de la vie cosmique, conçue comme cyclique et en éternel retour. Les divisions du temps étaient tout naturellement les éléments constitutifs de la dimension de ces cycles. A cette dimension temporelle devait correspondre une étendue de la puissance créatrice et animatrice du cosmos, la "parole", le "verbe" (**vâchana*), que profère l'être suprême progéniteur du monde, Brahman-Prajâpati, et que recueille le "savoir" par excellence, le Veda. Aussi le progéniteur est-il assimilé à l'année prise pour unité de mesure de son activité cyclique, et le **Veda*, recueil de vers, est-il divisé en autant d'éléments métriques qu'il existe de moments dans l'année » (cf. HGS, I, p. 157-158). Naturellement, l'« année » dont il est ici question est l'année « divine » mise en correspondance avec les années humaines. Voir **Année divine. Yuga (Définition). Yuga (Systèmes de computation des). Yuga (Spéculations cosmogoniques sur les). Kalpa. Jour de Brahma.**

D

DAHANA. [S]. Valeur = 3. « Feu ». Voir **Agni. Trois.**

DANTA. [S]. Valeur = 32.

« Dents ». A cause des 32 dents. Voir **Trente-deux.**

DANTIN. [S]. Valeur = 8. « Éléphant ». Voir **Diggaja. Huit.**

DARŚHANA. [S]. Valeur = 6. « Vision », « contemplation », « système », et par extension « démonstration » et « point de vue philosophique ». Il s'agit ici des six principaux systèmes de la philosophie hindoue : la recherche mentale (*mîmâmsâ*) ; la méthode (*nyâya*) ; l'étude et description de la nature (*vaiśheshika*) ; le nombre en tant que mode de pensée appliqué à la libération de l'âme (**sâmkhya*) ; les philosophies et les pratiques de libération de l'esprit des liens matériels (*yoga*) ; et l'étude fondée sur les *Vedânta Sûtra* traitant de l'identité foncière de l'âme et du *Brahman (**vedânta*). Voir **Shaddarśhana. Six.**

DAŚHA (ou **DAŚHAN**). Nom sanskrit ordinaire du nombre dix, entrant dans la composition de plusieurs mots en rapport direct avec l'idée de ce nombre. Exemples : *Daśhabala. *Daśhabhûmi. *Daśhaguna. *Daśhagunâsamjñâ. *Daśhagunottarasamjñâ. *Daśhaharâ. *Daśhâvatâra.

Pour des mots ayant un rapport plus symbolique avec ce nombre : voir **Dix. Symbolique des nombres.**

DAŚHABALA. « Dix pouvoirs ». Il s'agit des facultés détenues par un bouddha, qui lui confèrent dix pouvoirs, à savoir : la connaissance intuitive du possible et de l'impossible, quelle que soit la situation ; le mûrissement des actions ; les facultés supérieures et inférieures des êtres vivants ; leurs inclinations ; les diverses composantes du monde ; les sentiers qui conduisent aux diverses destinées ; les sentiers qui conduisent à la pureté ou à l'impureté ; la contemplation, la concentration, la méditation et les trois délivrances ; la mort ; et l'épurement de toutes les souillures (cf. *Dictionnaire de la sagesse orientale*).

DAŚHABHÛMI. « Dix terres », « Dix paradis ». Il s'agit des « dix étapes » du Bouddha Śhâkyamuni.

DAŚHAGUNA. « Dix, propriété primordiale ». Nom sanskrit de la base décimale.

Mot attesté par exemple dans la **Triśhatikâ* de Śhrîdharâchârya (cf. TsT, R. 2-3) et dans la **Lîlâvatî* de Bhâskarâchârya (cf. Lîl, p. 2).

DAŚHAGUNÂSAMJÑÂ. « Mots en décuple ». Terme s'appliquant aux noms de nombre de la numération sanskrite, répartis suivant une échelle décimale (base dix). Voir **Daśhaguna. Noms de nombre. Grands nombres.**

Attesté par exemple dans la **Triśhatikâ* de Śhrîdharâchârya (cf. TsT, R. 2-3).

DAŚHAGUNOTTARASAMJÑÂ. « Mots en décuple ». Terme s'appliquant aux noms de nombre de la numération sanskrite, répartis suivant une échelle décimale (base dix). L'opposition est faite ici avec le sens du mot *śhatottarasamjñâ*, qui, lui, s'applique à l'échelle centésimale (base cent). Voir **Daśhaguna. Noms de nombre. Grands nombres. Śhatottarasamjñâ.**

Attesté par exemple dans la **Lîlâvatî* de Bhâskarâchârya (cf. Lîl, p. 2).

DAŚHAHARÂ. Nom de la Fête du dixième jour. Voir **Daśha. Durgâ.**

DAŚHAKOTI. Mot à mot : « dix **koti* ». Nom donné au nombre dix puissance 8 (= cent millions). Voir **Noms de nombre. Grands nombres.**

Source : **Ganitasârasamgraha* de Mahâvîrâchârya (+ 850).

DAŚHALAKSHA. Mot à mot : « dix **laksha* ». Nom donné au nombre dix puissance 6 (= million). Voir **Noms de nombre. Grands nombres.**

Source : **Ganitasârasamgraha* de Mahâvîrâchârya (+ 850).

DAŚHAN. Nom sanskrit ordinaire du nombre dix. Voir **Daśha.**

DAŚHASAHASRA. Mot à mot : « dix **sahasra* ». Nom donné au nombre dix puissance 4 (= dix mille). Voir **Noms de nombre. Grands nombres.**

Source : **Ganitasârasamgraha* de Mahâvîrâchârya (+ 850).

DAŚHÂVATÂRA. Nom des « dix incarnations » majeures de *Vishnu. Ces dix incarnations sont les suivantes : *Matsya* (l'incarnation en poisson) ; *Kûrma* (en tortue) ; *Varâha* (en sanglier) ; *Narasimha* (en homme-lion) ; *Vâmana* (en nain) ; *Paraśhu-Râma* (en Râma à la hache) ; **Râma* (en celui qui est le héros du Râmâyana) ; **Krishna* (le dieu) ; *Budha* (le dieu) ; et *Kalki* (cf. *Dictionnaire de la sagesse orientale*). Voir **Avatâra.**

DASRA. [S]. Valeur = 2. Nom de l'un des dieux jumeaux Saranyû et Vivaśhvant du panthéon hindou (appelés aussi Dasra et Nâsatya). Symbolisme par association d'idées avec les « Cavaliers ». Voir **Aśhvin. Deux.**

DÉLECTATION. [S]. Valeur = 6. Voir **Rasa. Six.**

DÉMONSTRATION. [S]. Valeur = 6. Voir **Darśhana. Six.**

DENT. [S]. Valeur = 32. Voir **Danta. Trente-deux.**

DESCENTE. [S]. Valeur = 10. Voir **Avatâra. Dix.**

DEUX. Noms sanskrits ordinaires de ce nombre : **Dva. Dve. Dvi.* Liste des symboles numériques correspondants :

Akshi. Ambaka. *Aśhvin. *Aśhvina. *Aśhvinau. Ayana. *Bâhu. *Chakshus. *Dasra. *Drishti. *Dvandva. *Dvaya. *Dvija. Grahana. *Gulpha. Îshana. Janghâ. Jânu. *Kara. Karna. Kucha. Kutumba. *Lochana. Nadîkûla. *Nâsatya. Naya. *Nayana. *Netra. Oshtha. *Paksha. Râmanandana. *Ravichandra. Vishuvat. *Yama. *Yamala. *Yamau. *Yuga. *Yugala. *Yugma.

Ces mots traduisent ou désignent symboliquement :

1. Des jumeaux, des paires ou des couples (*Aśhvin. Aśhvina. Aśhvinau. Dasra. Dvandva. Dvaya. Dvija. Nâsatya. Ravichandra. Yama. Yamala. Yugala. Yugma*).
2. Des organes symétriques (*Bâhu. Gulpha. Kara. Nayana. Netra. Paksha*).
3. Les ailes (*Paksha*).
4. Les bras (*Bâhu*).
5. Les Cavaliers (*Aśhvin. Aśhvina. Aśhvinau*).
6. Les chevilles (*Gulpha*).
7. La conception du monde, la contemplation, la révélation, la théorie (*Drishti*).
8. Le Couple primordial (*Yama*).
9. L'épithète « Deux Fois Né » (*Dvija*).
10. Les dieux jumeaux (*Aśhvin. Dasra. Nâsatya*).
11. La main (*Kara*).
12. La paire (*Dvaya*).
13. Le couple Soleil-Lune (*Ravichandra*).
14. L'œil (*Netra. Chakshus*).
15. Les yeux (*Lochana*).
16. La vision (*Drishti*).
17. Le troisième âge d'un mahâyuga (*Yuga*).

Voir **Symboles numériques.**

Réf. : Al Bīrūnī [2] ; Bühler, p. 84 *sq.* ; Burnell ; Datta et Singh, p. 54-57 ; Fleet, in : CIIn, VIII ; Jacquet, in : JA, XVI, 1835 ; Renou et Filliozat, p. 708-709 ; Sircar, p. 230-233 ; Woepcke [2].

« DEUX FOIS NÉ ». [S]. Valeur = 2. Voir **Dvija. Deux.**

DEVA. [S]. Valeur = 33. « Dieux ». C'est le nom général donné à l'ensemble des divinités des panthéons brâhmanique, védique, hindou et bouddhique. Ce sont des habitants du Mont Meru (montagne mythique, située à l'axe de l'univers), qui sont dirigés par un dieu. A l'opposé des grandes divinités (*Mahâdeva*) telles que *Brahma, *Vishnu et *Śhiva, ces dieux n'ont ni force ni pouvoir créateur. Théoriquement au nombre de 33 millions, ils sont réduits au nombre de 33 dans la cosmogonie hindoue, qui donne d'ailleurs à leur groupe le nom de **Trâiyastrimśha* (« trente-trois »). Voir **Trente-trois.** Voir aussi **Mont Meru.**

DEVAPÂRVATA. « Montagne des dieux ». L'un des noms du Mont Meru, demeure des dieux dans la mythologie brâhmanique et la cosmologie hindoue. Voir **Mont Meru. Adri. Dvîpa. Pûrna. Pâtâla. Sâgara. Pushkara. Pâvana. Vâyu.**

DHARÂ. [S]. Valeur = 1. « Terre ». Voir **Prithivî. Un.**

DHARANÎ. [S]. Valeur = 1. Littéralement : « Porteuse ». Le mot est ici un synonyme de la « terre », dans le sens de la « terre porteuse ». Voir **Prithivî. Un.**

DHARMA. Dans les philosophies indiennes, le *Dharma*, c'est la loi générale, le Devoir, la chose immuablement fixée, l'ensemble des règles et des phénomènes naturels régissant l'ordre des choses et des hommes. Dans les philosophies bouddhiques en particulier, le *dharma* est considéré comme l'un des trois Trésors (**Triratna*) et comme l'un des trois refuges du fidèle. C'est alors le devoir social du disciple. Il représente la Seule Réalité ultime, la Vertu, l'Ordre naturel de tout ce qui est, la Doctrine du Bouddha ainsi que toutes les perceptions (idées) cachées dans les Manas (cf. L. Frédéric). Voir **Śhûnyatâ.**

DHÂRTARÂŚHTRA. [S]. Valeur = 100. Il s'agit de la légende, rapportée dans le *Mahâbhârata*, du roi aveugle Dhritarâshtra, fils d'Ambîkâ et du roi Vichitravîrya, qui épousa Gandhârî, dont il eut cent fils, appelés *Dhârtarâśhtra.* Durant la Grande Bataille qui les opposa aux *fils de Pându, ces derniers furent tous tués et devinrent par la suite des démons (cf. L. Frédéric). Voir **Pândava. Cent.**

DHÂTRÎ. [S]. Valeur = 1. « Terre ». Voir **Prithivî. Un.**

DHRITI. [S]. Valeur = 18. Il s'agit, relativement à la poésie d'expression sanskrite, du mètre de quatre fois 18 syllabes par vers. Voir **Métrique indienne.**

DHRUVA. [S]. Valeur = 1. Il s'agit, selon la mythologie hindoue, du fils d'un roi nommé Uttânapâda et de sa reine Sunîtî, qui, par la puissance de sa volonté, serait devenu la *Sudrishti*, la « divinité qui ne bouge jamais » : l'étoile Polaire, dont l'unicité ainsi que la fixité sont sans doute à l'origine de ce symbolisme. Voir **Un.**

DHÛLÎKARMA. Mot à mot : « travail sur la poussière » (de *dhûlî*, « sable », « poussière », et de *karma*, « acte »). Terme utilisé par la littérature sanskrite ancienne pour désigner l'« action d'effectuer des opérations arithmétiques », en allusion à l'ancienne pratique indienne du calcul sur la planchette recouverte de sable. Aujourd'hui, ce mot n'est plus employé que dans le sens abstrait de « mathématiques supérieures ». Voir **Calcul (Méthodes de).** Voir aussi chapitre 25, p. 299-340.

DHVAJÂGRANIŚHÂMANI. Nom donné au nombre dix puissance 145. Voir **Noms de nombre. Grands nombres.**

Source : **Lalitavistara Sûtra* (avant + 308).

DHVAJÂGRAVATI. Nom donné au nombre dix puissance 99. Voir **Noms de nombre. Grands nombres.**

Source : **Lalitavistara Sûtra* (avant + 308).

DIAMANT. En tant que représentation du nombre dix puissance 13. Voir **Śhanku.**

DIEU DE L'AMOUR CHARNEL. [S]. Valeur = 13. Voir **Kâma. Treize.**

DIEU DES EAUX ET DES OCÉANS. Voir **Varuna.**

DIEU DES FEUX SACRIFICIELS. [S]. Valeur = 3. Voir **Agni. Trois.**

DIEU DU DÉSIR COSMIQUE. [S]. Valeur = 13. Voir **Kâma. Treize.**

DIEU-SOLEIL. Voir **Grahapati. Graharâja. Soleil. Sûrya. Douze. Grands nombres (Signification symbolique des).**

DIEU-SOLEIL. [S]. Valeur = 12. Voir **Ravi. Sûrya. Douze.**

DIEUX. [S]. Valeur = 33. Voir **Deva. Trente-trois.**

DIEUX JUMEAUX. [S]. Valeur = 2. Voir **Aśhvin. Dasra. Nâsatya. Deux.**

DIGGAJA. [S]. Valeur = 8. Il s'agit du nom collectif donné dans la cosmogonie hindoue aux *Ashtadiggaja*, les « huit Éléphants », qui sont censés garder les huit horizons de l'espace. Voir **Diśh. Huit.**

DIKPÂLA. [S]. Valeur = 8. « Gardien des points du compas ». Il s'agit du nom collectif donné dans la cosmogonie hindoue aux huit divinités considérées comme les gardiennes des horizons et des points du compas (*Indra à l'Est, *Agni au Sud-Est, *Yama au Sud, Nirritî au Sud-Ouest, *Varuna à l'Ouest, Kuvera au Nord, *Vâyu au Nord-Ouest et Îśhâna au Nord-Est). Voir **Diggaja. Diśh. Lokapâla. Huit.**

DIŚH. [S]. Valeur = 4. « Horizon ». Pour cette valeur, il s'agit en effet des quatre points cardinaux (nord, sud, est et ouest). Voir **Quatre.**

DIŚH. [S]. Valeur = 8. « Horizon ». Il s'agit ici des horizons correspondant aux huit points du compas : le nord, le nord-ouest, l'ouest, le sud-ouest, le sud-est, le sud, l'est et le nord-est. Voir **Huit.**

DIŚH. [S]. Valeur = 10. « Horizon ». Il s'agit cette fois des dix horizons de l'espace : les huit normaux, plus le *nadir* et le *zénith.* Voir **Dix.**

DIŚHÂ. [S]. Valeur = 4. « Horizon ». Voir **Diśh. Quatre.**

DIŚHA. Valeur = 10. « Horizons ». Voir **Diśh. Dix.**

DIVÂKARA. [S]. Valeur = 12. « Soleil ». Voir **Sûrya. Douze.**

DIVIDENDE. [Arithmétique]. Voir **Bhâjya.**

DIVINATION. Voir **Alphabet numéral, magie, mystique et divination. Astrologie indienne. Astronomie indienne (Histoire de l').**

DIVINITÉ SUPRÊME. [S]. Valeur = 11. Voir **Îśhvara. Onze.**

DIVINITÉS INDIENNES. Liste alphabétique des termes se rapportant à ce thème, auxquels une rubrique est consacrée dans le présent dictionnaire :
*Âditya. *Agni. *Amara. *Âptya. *Arka. *Ashtamangala. *Ashtamûrti. *Aśhva. *Aśhvin. *Âtman. *Avatâra. *Bhânu. *Bharga. *Bhava. *Bhuvana. *Bîja. *Bouddha (Légende du). *Brahma. *Brahmâsya. *Chandra. *Chaturmahârâja. *Chaturmukha. *Daśhabala. *Daśhabhûmi. *Deva. *Dhruva. *Dikpâla. *Durgâ. *Divâkara. *Dvâtrimśhadvaralakshana. *Dyumani. *Ekachakra. *Ekadanta. *Ganeśha. *Go. *Grands nombres (Signification symbolique des). *Hara. *Haranayana. *Haranetra. *Haribâhu. *Indra. *Infini (Représentation mythologique indienne de l'). *Îśha. *Îśhadriśh. *Îśhvara. *Jaina. *Kâma. *Kârttikeya. *Kârttikeyâsya. *Kâya. *Keśhava. *Krishna. *Kumârâsya. *Kumâravadana. *Lokapâla. *Lotus. *Mahâdeva. *Mârtanda. *Netra. *Pañchabâna. *Pañchânana. *Parabrahman. *Pâvana. *Pinâkanayana. *Pitâmaha. *Ravi. *Ravibâna. *Rudra. *Rudra-Śhiva. *Rudrâsya. *Sâgara. *Sahasrâmśhu. *Sahasrakirana. *Sahasrâksha. *Sahasranâma. *Śhakra. *Śhakti. *Śhatarûpâ. *Śhikhin. *Śhiva. *Śhukranetra. *Śhûla. *Śhûlin. *Sura. *Sûrya. *Tapana. *Triambaka. *Tribhuvaneśhvara. *Tripurasundarî. *Triśhûlâ. *Trivarna. *Tryakshamukha. *Tryambaka. *Turîya. *Vaikuntha. *Vaiśhvanara. *Varuna. *Vasu. *Vâyu. *Vrindâ. *Yama.

DIVISEUR. [Arithmétique]. Voir **Bhâgahâra.**

DIVISION. [Arithmétique]. Voir **Chhedana. Bhâgahâra. Labdha. Śhesha. Bhâjya.**

DIVYAVARSHA. « Année céleste, divine ». Pour convertir un nombre d'années divines en années humaines, il faut le multiplier par 360.

DIX. Nom sanskrit ordinaire : **daśha*.
Liste des symboles numériques correspondants :
*Anguli. *Âśhâ. *Avatâra. *Diśh. *Diśhâ. *Kakubh. Karman. Lakâra. Pankti. *Râvanaśhiras.

Ces mots traduisent ou désignent symboliquement :

1. Les descentes, les incarnations (*Avatâra*).
2. Les doigts (*Angulî*).
3. Les horizons (*Diśh. Diśhâ. Âśhâ. Kakubh*).
4. Les têtes de Râvana (*Râvanaśhiras*).

Voir **Symboles numériques.**

Réf. : Al Bīrūnī [2] ; Bühler, p. 84 *sq.* ; Burnell ; Datta et Singh, p : 54-57 ; Fleet, in : CIIn, VIII ; Jacquet, in : JA, XVI, 1835 ; Renou et Filliozat, p. 708-709 ; Sircar, p. 230-233 ; Woepcke [2].

DIX BILLIONS (= dix puissance 13). Voir **Ananta. Kankara. Khamba. Mahâkharva. Nikharva. Śhankha. Śhanku.** Voir aussi **Noms de nombre.**

DIX-HUIT. Nom sanskrit ordinaire : **ashtadaśha*. Symbole numérique correspondant : *Dhriti.

DIX MILLE (= dix puissance 4). Voir **Ayuta. Daśhasahasra.** Voir aussi **Noms de nombre.**

DIX MILLIARDS (= dix puissance 10). Voir **Arbuda. Kharva. Madhya. Samudra.** Voir aussi **Noms de nombre.**

DIX MILLIONS (= dix puissance 7). Voir **Arbuda. Koti.** Voir aussi **Noms de nombre.**

DIX-NEUF. Nom sanskrit ordinaire : **navadaśha*. Symbole numérique correspondant à ce nombre : **Atidhriti*.

Notons qu'au début de l'ère chrétienne, sans doute depuis les temps védiques, ce nombre se disait aussi : *ekânnavimśhati*, mot à mot : « un ôté de vingt » (cf. *Taittirîya Samhitâ*, VII, 2. 11) ; mais on trouve également l'emploi de la forme normale dès cette époque (Réf. : *Taittirîya Samhitâ,* XIV, 23) (cf. Datta et Singh, p. 14-15).

DIX QUADRILLIONS (= dix puissance 19). Voir **Attata. Mahâśhankha. Vivaha.** Voir aussi **Noms de nombre.**

DIX QUINTILLIONS (= dix puissance 22). Voir **Kshobha. Mahâvrindâ.** Voir aussi **Noms de nombre.**

DIX-SEPT. Nom sanskrit ordinaire : **saptadaśha.* Symbole numérique correspondant : **Atyashti.*

DIX TRILLIONS (= dix puissance 16). Voir **Antya. Madhya. Kshoni.** Voir aussi **Noms de nombre.**

DOCUMENTATION INDIENNE (Pièges de la). Cet article a pour but de mettre le lecteur en garde contre un certain nombre de textes sans aucune valeur historique, que des indianistes contemporains – sans doute par chauvinisme de matière ou par admiration excessive pour la culture indienne – ont mis en avant, par manque d'objectivité et d'esprit critique, pour faire remonter à la plus haute Antiquité l'invention du zéro et de la numération indienne de position. Ces documents sont, en effet, soit des faux, soit des œuvres résultant de compilations tardives, soit encore des textes anciens que des générations successives se sont employées à reproduire en y apportant inlassablement des corrections et des remaniements au fil des temps.

Parmi ces documents figure d'abord le manuscrit de Bakhśhâlî, découvert en 1881 dans le village de Bakhśhâlî, dans le Gandhâra, près de Peshâwar, au Pakistan actuel. Il s'agit d'un traité de mathématiques d'auteur anonyme, composé en sanskrit (en vers et en prose), se rapportant principalement à des problèmes algébriques.

Réf. : B. Datta, in : BCMS, XXI, p. 21 *sq.* ; IA, XVII, p. 33-48 ; Datta et Singh ; Kaye [7] ; Smith et Karpinski.

Ce document présente un intérêt du point de vue de l'histoire de la numération indienne, puisqu'il comporte plusieurs exemples de nombres écrits au moyen du signe zéro et de la *numération décimale de position, ainsi que plusieurs mentions numériques exprimées au moyen des *symboles numériques. Selon certains historiens des mathématiques, ce manuscrit daterait « du IVe siècle de notre ère, probablement même du IIe ». Ce document constitue certes une source très précieuse pour la connaissance des *mathématiques indiennes, mais le manuscrit lui-même, tel qu'il se présente aujourd'hui, ne saurait remonter à une pareille époque. La raison est que ses chiffres comme ses caractères d'écriture sont calligraphiés dans le style de l'écriture *śhâradâ,* dont on connaît à la fois l'origine et l'époque des premiers développements. Voir **Écritures indiennes. Chiffres śhâradâ.** Voir aussi les figures 24.38 et 24.40 A.

Donner le + IIe siècle ou même le + IVe comme date de ce document ferait ainsi aboutir à une évidente contradiction, à savoir qu'une dérivée septentrionale de l'écriture gupta est née deux ou trois siècles avant sa mère. La gupta en effet n'a, en réalité, commencé à se styliser dans le genre śhâradâ qu'à partir des alentours du + IXe siècle. Autrement dit, le manuscrit de Bakhśhâlî ne peut être antérieur au + IXe siècle. Mais compte tenu d'un certain nombre d'indices caractéristiques, il ne saurait, non plus, être postérieur au + XIIe siècle. Toutefois, si l'on prend en considération certains détails, probablement révélateurs d'archaïsmes de styles, de terminologie et de formulations mathématiques, on peut supposer que le manuscrit dans sa forme actuelle a constitué le commentaire ou la copie d'un ouvrage mathématique antérieur. Voir **Chiffres Śhâradâ. Écritures indiennes. Mathématiques indiennes (Histoire des).**

Autres soi-disant « preuves » avancées pour affirmer que le zéro et la numération indienne de position ont été découverts bien avant le début de l'ère chrétienne : les textes des **Purâna* (avec un accent tout particulier sur l'*Agnipurâna,* le *Shivapurâna* et le *Bhavishyapurâna*).

Les *Purâna,* il est vrai, accordent une place très importante à la numération décimale de position. Ainsi, dans l'*Agnipurâna,* le huitième texte de ce genre, on lit, au terme d'une explication du principe de position, qu'« à partir de la place des unités, la valeur de chaque place (**sthâna*) est dix fois celle de la place précédente ». De même, dans le *Shivapurâna,* il est précisé que d'ordinaire, « il y a dix-huit positions (*sthâna*) pour le calcul », le texte faisant observer en outre que « les Sages disent que dans cette voie, le nombre de ces places peut être égal à des centaines ».

On a souvent daté ces textes cosmologico-légendaires du IVe siècle avant notre ère, d'aucuns allant jusqu'à faire remonter leur rédaction à l'an 2000 av. J.-C. D'où la conclusion que l'on imagine sans difficulté.

Mais ces datations sont en réalité totalement fantaisistes, puisque ces textes sont de provenances diverses et issus d'incessants remaniements effectués dans un intervalle de temps oscillant entre le + VIe et le + XIIe siècle.

En fait, les *Purâna* ne semblent avoir pris place parmi les Écritures traditionnelles indiennes qu'à partir du + XIIe siècle. Nous avons là un trait caractéristique de l'esprit indien qui, pour donner plus de force à ses explications mythologiques et légendaires et pour bien appuyer sa forte tendance à sacraliser, immémorialiser et déformer certains éléments de la connaissance, aime généralement à invoquer une autorité scripturaire dont il suppose et fait supposer l'ancienneté. Voir **Indianité**.

Ces textes comportent, certes, un fonds relativement ancien. Mais celui-ci, qui s'est accru de diverses rubriques à des époques plus ou moins récentes, a été sans cesse remanié au fil des temps.

En voici un passage caractéristique :

ravivâre cha sande cha phâlgune
[chaiva pharvarî
shashtiśh cha siksatî jñeyâ tad
[udâhâram îdriśham

Traduction : « A savoir, par exemple, que *ravivâre* (dimanche) se dit *sande,* [le mois de] *phâlguna* (février) *pharvarî,* et soixante *siksatî.* »

Réf. : *Bhavishyapurâna* (III, *Pratisargapaparvan,* I, vers 37) ; éd. Shrivenkateśhvar, Bombay, 1959, p. 423) (Communication personnelle de R. Billard).

Voilà donc un passage extrait d'un texte présumé dater de l'an 2000 av. J.-C., où l'on cite textuellement une « langue barbare », dans laquelle dimanche, février et soixante se disent respectivement : *sande* (sunday), *pharvarî* (february) et *siksatî* (sixty) !

La conclusion qui s'impose donc d'après ce document est que les Anglais existaient déjà à l'époque des Sumériens ! On voit donc jusqu'où peut conduire la fantaisie de quelques auteurs chauvins exploitant ainsi des datations sans aucun fondement.

Précisons que le contexte indique clairement que ce vers (qui fut rajouté sans doute à l'époque de la domination britannique sur l'Inde) est tout à fait hors des propos qui l'entourent. Car il n'y est question que de « peuples barbares », non de leurs langues, ceux-ci, de toute évidence, n'ayant strictement rien à voir avec les Anglais ; ce qui est encore plus révélateur de la légèreté de la documentation constituée par les textes de cette catégorie.

Ce qui précède souligne donc la difficulté à traiter une discipline comme celle du domaine indien.

DOIGT. [S]. Valeur = 10. Voir **Anguli. Dix.**

DOIGT. [S]. Valeur = 20. Voir **Anguli. Vingt.**

DON DE LA VACHE. [S]. Valeur = 5. Voir **Gavyâ. Cinq.**

DONNÉE NUMÉRIQUE. Voir chapitre 24, p. 961.

DOUZE. Nom sanskrit ordinaire : **dvâdaśha.* Liste des symboles numériques correspondants :

*Âditya. *Arka. *Bhânu. *Chakra. *Divâkara. *Dyumani. *Jagatî. *Mârtanda. *Mâsa. *Râśhi. *Ravi. *Sahasrâmśhu. Sankrânti. *Senânînetra. *Shanmukhabâhu. *Sûrya. *Tapana. Vyaya.

Ces mots traduisent ou désignent symboliquement :

1. Le « brillant », en allusion au soleil (*Arka*).
2. Le dieu-Soleil (*Ravi. Sûrya*).
3. Le soleil (*Bhânu. Divâkara. Dyumani. Mârtanda*).
4. Le « feu » en tant que désignation solaire (*Tapana*).
5. Les rayons solaires (*Sahasrâmśhu*).
6. Les « mois » (*Mâsa*).
7. Le zodiaque (*Râśhi*).
8. La « roue », en allusion à celle du zodiaque (*Chakra*).
9. Les fils d'Aditî (*Âditya*).
10. Les yeux de Senânî (*Senânînetra*).
11. Les bras de Kârttikeya (*Shanmukhabâhu*).

12. Un élément de la métrique indienne (*Jagatî*).

Voir **Symboles numériques.**

Réf. : Al Bīrūnī [2] ; Bühler, p. 84 *sq.* ; Burnell ; Datta et Singh, p. 54-57 ; Fleet, in ; CIIn, VIII ; Jacquet, in : JA, XVI, 1835 ; Renou et Filliozat, p. 708-709 ; Sircar, p. 230-233 ; Woepcke [2].

DOUZE. En tant que mot-symbole signifiant l'« année ». Voir **Dvâdaśha.**

DRAVYA. [S]. Valeur = 6. « Substances ». Il s'agit en effet des six « corps » ou « substances » dont l'existence serait composée selon la philosophie *jaina (à savoir : le *dharmâshtikâya*, qui constitue le moyen du mouvement ; l'*adharmâshtikâya*, qui permet à l'animé de devenir inanimé ; l'*akshatikâya*, qui crée l'espace dans lequel les êtres animés et inanimés doivent vivre ; le *pudgalâshtikâya*, qui permet l'existence même de la matière ; le *jîvâshtikâya*, qui permet à l'esprit d'exister par inférences ; et le *kâla*, qui n'est que le temps) (cf. L. Frédéric). Voir **Six.**

Symbole attesté dans le **Ganitasârasamgraha* de Mahâvîrâchârya (cf. Datta et Singh, p. 55).

DRIGGANITA. Voir **Parameśhvara.**

DRISHTI. [S]. Valeur = 2. Ce terme est généralement utilisé dans le sens de « vision », « contemplation », « révélation », « conception du monde » et « théorie ». Mais son sens premier est l'« œil » ; d'où *drishti* = 2. Voir **Netra. Deux.**

DUALITÉ. Voir **Dvaita.**

DURGÂ. [S]. Valeur = 9. « Inaccessible ». C'est le nom d'une divinité hindoue, la « Divine Mère », épouse de Śhiva, à laquelle on rend un culte particulier lors de la « Fête des neuf jours » (*navarâtrî*), célébrée à la fin de la saison des pluies lors du mois d'Aśhvina (septembre-octobre).

Pour la valeur de Durgâ en tant que symbole numérique équivalent à 9, l'association d'idées est claire, mais le choix de cette valeur pour le nombre des jours de cette fête semble difficile à expliquer.

Cette divinité, à laquelle est attribué un pouvoir étendu, est souvent représentée avec dix bras ; de plus, elle est figurée debout sur un lion, qui symbolise précisément ce pouvoir. Or, la « Fête des neuf jours », qui marque la fin de la mousson, se termine le dixième jour par la grande fête de la *daśharâ* (de *daśha*, « dix »), qui est dédiée précisément à Durgâ. Les hindous y commémorent la victoire de leurs divinités sur les forces du Mal.

Dans ce double symbolisme religieux, on a peut-être, selon une caractéristique de la pensée indienne, mis en association ces neuf jours avec les neuf chiffres de la numération décimale de position, qui donne la possibilité d'écrire tous les nombres. Le dixième jour, lui, a alors peut-être été associé au dixième signe de cette numération : le zéro, qui correspond au concept le plus insaisissable, le plus « inaccessible » et le plus abstrait ; un concept dont l'invention, supposée faite par *Brahma, avait certainement constitué une grande victoire sur les difficultés du calcul numérique. Quant au dixième nombre entier, écrit justement dans cette numération au moyen d'un 1 et d'un 0, il aurait ainsi correspondu, dans la pensée symbolique indienne, à un achèvement, suivi du retour à l'unité, au terme du développement du cycle des neuf premiers nombres. Il ne s'agit là cependant que d'une simple conjecture sans preuve ni témoignage, fondée simplement sur l'une des attitudes possibles qui caractérisent si bien l'indianité. Voir **Numération de position (Sacralisation et Immémorialisation de la).** Voir aussi **Śhûnya. Śhûnyatâ. Zéro. Neuf.**

DVA (ou **DVE. DVI**). Nom sanskrit ordinaire du nombre deux, entrant dans la composition de plusieurs mots en rapport direct avec le concept de la dualité, de l'opposition, de la complémentarité, etc.

Exemples : *Dvaipâyanayuga. *Dvaita. *Dvandva. *Dvandvamoha. *Dvâparayuga. *Dvaya. *Dvija. *Dvivâchana.

Pour des mots ayant un rapport plus symbolique avec ce nombre : voir **Deux. Symbolique des nombres.**

DVÂDAŚHA. Nom sanskrit ordinaire du nombre douze. Pour des mots ayant un rapport symbolique avec ce nombre : voir **Douze. Symbolique des nombres.**

DVÂDAŚHA. Mot à mot : « douze ». Terme employé symboliquement dans le

Rigveda pour dire l'« année », par allusion aux douze mois de l'année.

Réf. : *Rigveda,* VII, 103, 1 ; Datta et Singh, p. 57).

DVÂDAŚHADVÂRAŚHÂSTRA. « Traité des douze portes ». Titre d'un ouvrage de Nâgârjuna, l'un des principaux philosophes du bouddhisme, fondateur de l'école du *Mâdhyamika. Voir **Dvâdaśha. Śhûnyatâ.**

DVAIPÂYANAYUGA. Synonyme de **dvâparayuga.*

DVAITA. « Dualité ». Terme appliqué à une philosophie dualiste, selon laquelle l'homme en tant que créature serait distinct du *Brahman, son créateur. Cette philosophie s'oppose donc à la pure doctrine des **Vedânta,* qui est moniste (*Advaitavedânta,* « *Vedânta* non dualiste »).

DVANDVA. [S]. Valeur = 2. « Couple, contraste ». Symbolisme évident. Voir **Deux.**

DVANDVAMOHA. De *dvandva,* « couple, contraste », et de *moha,* « illusion ». Nom donné par les hindous à ce qu'ils considèrent comme l'impression illusoire qu'il existe des couples composés de contraires, telles l'ombre et la lumière, la joie et la douleur, etc.

DVAPARAYUGA (ou **DVAIPÂYANAYUGA**). Nom de la troisième des quatre ères cosmiques qui composent un **mahâyuga.* Ce cycle, qui est censé comporter 864 000 années humaines, est regardé comme l'âge pendant lequel les êtres humains n'auraient vécu que la moitié de leur vie, et où les forces du bien auraient équilibré celles du mal. Voir **Yuga (Définition).**

DVÂTRIMŚHADVARALAKSHANA. « Trente-deux signes distinctifs de la perfection ». Selon les bouddhistes, ce sont les signes qui permettent au Bouddha de se différencier des hommes ordinaires sur un plan moral, spirituel ou physique (cf. *Dictionnaire de la sagesse orientale*). Voir **Dvatrimśhati.**

DVATRIMŚHATI (ou **DVITRIMŚHATI**). Nom sanskrit ordinaire du nombre trente-deux. Pour des mots ayant un rapport symbolique avec ce nombre : voir **Trente-deux. Symbolique des nombres.**

DVAVIMŚHATI (ou **DVIVIMŚHATI**). Nom sanskrit ordinaire du nombre vingt-deux. Pour des mots ayant un rapport symbolique avec ce nombre : voir **Vingt-deux. Symbolique des nombres.**

DVAYA. [S]. Valeur = 2. Mot signifiant « paire ». Symbolisme évident. Voir **Deux.**

DVE. Nom sanskrit ordinaire du nombre deux. Voir **Dva.**

DVI. Nom sanskrit ordinaire du nombre deux. Voir **Dva.**

DVIJA. [S]. Valeur = 2. « Deux fois né ». Épithète donné aux personnes appartenant aux trois premières castes brâhmaniques ayant le droit de porter le cordon sacré et qui, lors de la cérémonie de remise du cordon, sont considérées comme débutant une deuxième vie, d'ordre spirituelle celle-là (cf. L. Frédéric). Voir **Dva. Deux.**

DVIPA. [S]. Valeur = 8. « Éléphant ». Voir **Diggaja. Huit.**

DVÎPA. [S]. Valeur = 7. « Ile-continent ». Allusion aux sept îles-continents qui, dans la cosmologie hindoue, sont censées rayonner autour du *Mont Meru. Voir **Adri. Sept.** Voir aussi **Sapta Dvîpa.**

DVITRIMŚHATI. Synonyme de **dvatrimśhati.*

DVIVACHANA. Nom du duel des verbes sanskrits.

DVIVIMŚHATI. Synonyme de **dvavimśhati.*

DYUMANI. [S]. Valeur = 12. « Soleil ». Voir **Sûrya. Douze.**

E

EAU. [S]. Valeur = 4. Voir **Jala. Quatre.**

EAU. En tant que symbole mystique du nombre 4. Voir **Jala. Serpent (Symbolique du).**

ÉCRITURES INDIENNES. Les diverses écritures actuellement en usage en Inde, en Asie centrale et en Asie du Sud-Est dérivent toutes plus ou moins directement de l'ancienne écriture brâhmî, telle qu'elle est révélée par les édits de l'empereur Aśhoka et par toute une série d'inscriptions contemporaines des dynasties Śhunga, Kushâna, Ândhra, Kshatrapa, Gupta, Pallava, etc. Cette écriture a subi au cours des siècles plusieurs modifications successives plus ou moins sensibles, qui ont débouché sur le développement de divers types d'écriture très nettement individualisés. Les différences apparemment considérables que ces écritures présentent tiennent, soit au caractère spécifique des langues et des traditions auxquelles elles auront été adaptées, soit encore aux habitudes régionales et à la nature des matériels scripturaires employés. Voir **Écritures indiennes (Matériaux des).**

Ces écritures se répartissent en fait en trois groupes (fig. 24.28) : le groupe des écritures de l'Inde centrale et septentrionale et de l'Asie centrale (Tibet et Turkestan chinois) ; le groupe des écritures de l'Inde méridionale ; et enfin le groupe des écritures dites « orientales ». Voir chapitre 24.

Naturellement, la notation des neuf premiers nombres a suivi au cours des siècles une évolution tout à fait semblable à celle des écritures indiennes : toutes les séries de chiffres de 1 à 9 actuellement en usage en Inde, en Asie centrale et en Asie du Sud-Est dérivent en effet de l'ancienne notation brâhmî des unités correspondantes et se répartissent suivant la même classification que les écritures auxquelles elles se rattachent respectivement (fig. 24.52). Pour toutes les variétés correspondantes : voir **Chiffres indiens. Numérations écrites indiennes (Classification des).**

ÉCRITURES INDIENNES (Matériaux des). Les Indiens ont utilisé au cours de leur histoire un matériel scripturaire très varié, à commencer bien sûr par la pierre, qui a servi comme presque partout ailleurs aux inscriptions officielles et aux textes commémoratifs importants. Ce support a parfois été remplacé, quoique plus tardivement, par le cuivre et d'autres métaux.

On a utilisé également le parchemin, mais cela est vrai surtout pour l'Asie centrale, des raisons religieuses ayant probablement dû s'opposer à son usage en Inde.

On a employé aussi, principalement dans l'Assam ainsi que dans les régions méridionales, le *liber* du bois d'aigle, sur lequel on écrivait à l'encre.

Au Kaśhmîr et dans tout le nord-ouest de l'Inde, ainsi que dans les régions de l'Himâlaya, on a écrit aussi (et on écrit encore) à l'encre et au pinceau sur l'écorce de bouleau. C'est l'écriture des manuscrits appelés *bhûrjapattra,* dont Quintus Curtius avait mentionné l'usage dans cette région au temps d'Alexandre le Grand (citation d'après J.-G. Février) : *Libri arborum teneri, haud secus quam chartae, litterarum notas capiunt* (« La partie tendre de l'écorce des arbres peut recevoir l'écriture, comme le papyrus »). On s'est servi aussi de planchettes de bois, sur lesquelles les caractères d'écriture étaient non pas gravés, mais peints à l'encre. Autre support employé avec le même type d'outil traceur : le tissu de coton, dont l'emploi avait été signalé également dans la même région par Néarque, l'amiral d'Alexandre.

Pour l'écriture des manuscrits (dont les plus anciens spécimens connus remontent au Iᵉʳ siècle de notre ère), c'est toutefois la feuille de palmier parasol qui a recueilli la plus grande faveur en Inde et en Asie du Sud-Est. On en retrouve l'usage dès la haute époque, dans les régions du Nepâl, en Birmanie, au Bengale, ainsi qu'en Inde du Sud, à Ceylan, au Siam, au Cambodge et à l'île de Java. Ce succès s'explique par la facilité avec laquelle on peut se procurer ce matériau et par la commodité de son usage : « Les feuilles choisies pour écrire, explique J.-G. Février, sont cueillies jeunes, alors qu'elles ne sont pas encore dépliées. On leur enlève la nervure médiane et on les laisse sécher sous pression. Pour les relier, on les place entre deux planchettes ou entre deux grosses nervures séchées. Une ficelle traverse alors les feuilles et assure la cohésion du tout. On remarquera qu'il suffit d'un seul instrument, pourvu qu'il puisse à la fois percer et trancher pour préparer, relier et écrire un livre. L'extraordinaire simplicité d'un tel matériau a certainement joué un rôle important dans la diffusion de la culture indienne. » L'une des manières d'écrire sur la feuille de palmier consiste à graver les caractères à l'aide d'un poinçon : « Sans doute les caractères tracés à la pointe apparaissent blanchâtres et se détachent mal, mais il suffit de les saupoudrer de poussière pour qu'ils prennent une teinte noire, tandis que la poussière n'adhère pas au reste de la surface de la feuille, qui est comme glacée naturellement » (J.-G. Février).

Autre type d'outil traceur : le *calame*, sorte de roseau dont on trempe la pointe écrasée dans une matière colorante ; il est utilisé depuis un temps immémorial au Bengale, au Nepâl et dans toutes les régions de l'Inde septentrionale.

Les matériaux et les supports d'écriture sont donc en Inde, en Asie centrale et en Asie du Sud-Est aussi variés que les écritures elles-mêmes. On comprend mieux dans ces conditions les raisons de l'impressionnante diversité des écritures indiennes : ce qui n'est évidemment pas dû au hasard, puisque la nature des matériaux a certainement exercé une profonde influence sur la forme graphique des caractères des écritures correspondantes. Voir **Écritures indiennes** (article précédent).

EKA. Terme sanskrit ordinaire du nombre un, entrant dans la composition de plusieurs mots en rapport direct avec le concept de l'unité.

Exemples : *Ekachakra. *Ekadanta. *Ekâgratâ. *Ekâkshara. *Ekântika. *Ekatva.

Pour des mots ayant un rapport symbolique avec le nombre considéré : voir **Un. Symbolique des nombres.**

EKACHAKRA. « Qui n'a qu'une seule roue ». Attribut de *Sûrya (le dieu-Soleil).

EKADANTA. « Qui n'a qu'une seule dent ». Attribut de *Ganeśha, fils de *Shiva et Pârvati, que l'on représente avec un corps d'homme et une tête d'éléphant munie d'une défense unique. C'est notamment la divinité hindoue de la sagesse, garantissant le succès dans l'existence terrestre et la vie spirituelle.

EKADAŚHA. Nom sanskrit ordinaire du nombre onze. Pour des mots ayant un rapport symbolique avec ce nombre : voir **Onze. Symbolique des nombres.**

EKADAŚHARÂŚHIKA. [Arithmétique]. Nom sanskrit de la Règle de Onze.

EKÂDAŚHÎ. Nom du onzième jour après la nouvelle lune, que les hindous orthodoxes passent dans le jeûne, la méditation et le recueillement.

EKÂGRATÂ. Terme désignant dans les systèmes philosophiques hindous une forme ésotérique particulière au yoga, consistant en la concentration de toute l'attention du mental sur un seul point ou un seul objet, permettant d'atteindre le *dhyâna* ou « contemplation active ».

EKÂKSHARA. « Unique et impérissable ». Nom de la syllabe sacrée des hindous (*AUM).

EKÂNNACHATVÂRIMŚHATI. « Un ôté de quarante ». Ancienne forme du nom sanskrit du nombre trente-neuf (temps védiques). Voir **Noms de nombre.**

EKÂNNATRIMŚHATI. « Un ôté de trente ». Ancienne forme du nom sanskrit du nombre vingt-neuf (temps védiques). Voir **Noms de nombre.**

EKÂNNAVIMŚHATI. « Un ôté de vingt ». Ancienne forme du nom sanskrit du nombre *dix-neuf (temps védiques). Voir **Noms de nombre.**

EKÂNTIKA. Nom de la doctrine monothéiste de la tradition vishnuite.

EKATVA. Terme désignant, dans les systèmes philosophiques hindous, l'Unité, la contemplation du Tout. C'est la faculté de percevoir le Soi ou le Divin dans toute chose, et toute chose dans le Soi ou le Divin.

EKAVIMŚHATI. Nom sanskrit ordinaire du nombre vingt et un. Pour des mots ayant un rapport symbolique avec ce nombre : voir **Vingt et un. Symbolique des nombres.**

ÉLÉMENT. [S]. Valeur = 5. Voir **Bhûta. Cinq.** Voir aussi **Pañchabhûta.**

ÉLÉMENTS DE LA MANIFESTATION. Voir **Bhûta. Pañcha Bhûta. Jala. Cinq. Alphabet numéral, magie, mystique et divination.** Voir aussi **Océan.**

ÉLÉPHANT. [S]. Valeur = 8. Voir **Dantin. Diggaja. Gaja. Hastin. Kuñjara. Huit.** Voir aussi **Ashtadiggaja.**

ÉLÉPHANT. En tant que symbole de dix puissance 21, dix puissance 27, dix puissance 105 ou dix puissance 112. Voir **Kumud. Kumuda. Pundarîka. Grands nombres.**

ÉNERGIE (féminine). [S]. Valeur = 3. Voir **Śhakti. Trois.**

ENFER. Valeur = 7. Voir **Pâtâla.**

ENFLAMMÉ. [S]. Valeur = 3. Voir **Śhikhin. Trois.**

ENTRELACS. Voir **Infini (Représentation mythologique indienne de l'). Serpent (Symbolique du).**

ÉQUATION. [Algèbre]. Voir **Ghana. Varga. Vargavarga. Samîkarana. Vyavahâra. Yâvattâvat.** Voir aussi **Mathématiques indiennes (Histoire des).**

ÉQUATION DIOPHANTIENNE. Voir **Mathématiques indiennes (Histoire des).**

ÉQUATION INDÉTERMINÉE (Analyse d'une). Voir **Kuttakaganita. Mathématiques indiennes (Histoire des).**

ÈRES (de l'Asie du Sud-Est). Voir **Śhaka. Buddhaśhakarâja. Ères indiennes.**

ÈRES COSMIQUES. Voir **Cycles cosmiques. Yuga (Définition).**

ÈRES INDIENNES. L'Inde (qui n'a adopté le calendrier universel qu'en 1947) a connu au cours de son histoire un grand nombre de calendriers. Certaines ères, mythiques ou locales, ont eu une portée très limitée. D'autres, au contraire, ont reçu une plus grande diffusion au point d'être encore en usage de nos jours. La liste (non exhaustive) donnée à la rubrique suivante donnera une idée de cette multitude, et permettra dans le même temps une meilleure compréhension des éléments du chapitre 24, dont la documentation est souvent datée dans l'une de ces différentes ères.

ÈRES INDIENNES. Liste alphabétique des termes se rapportant à ces ères, auxquels une rubrique est consacrée dans le présent dictionnaire :

*Bengalî San. *Buddhaśhakarâja. *Châlukya. *Chhedi. *Gupta. *Harshakâla. *Ḥijra. *Kaliyuga. *Kollam. *Kristabda. *Lakshmana. *Laukikasamvat. *Marâtha. *Nepâlî. *Parthe. *Samvat. *Séleucide. *Śhaka. *Simhasamvat. *Thâkurî. *Vikrama. *Vilâyatî. *Vîrasamvat.

Réf. : A. Cunningham [2] ; L. Frédéric [1] ; L. Renou et J. Filliozat.

ÉSOTÉRISME. Voir **Akshara. Alphabet numéral et écriture secrète. Alphabet numéral, magie, mystique et divination. Âtman. AUM. Bîja. Ekâgratâ. Ekâkshara. Kavacha. Mantra. Trivarna. Vâchana.** Voir aussi **Serpent.**

ESPACE. [S]. Valeur = 0. Voir **Śhûnya. Zéro.**

ESPACE IMMUABLE ET ÉTERNEL. [S]. Valeur = 0. Voir **Âkâśha. Zéro.**

ESPRIT DES EAUX. Voir **Serpent (Symbolique du).**

ESPRIT DES EAUX. [S]. Valeur = 3. Voir **Âptya. Trois.**

ÉTAT. [S]. Valeur = 3. Voir **Purâ. Tripurâ. Trois.**

ÉTAT DE LA MANIFESTATION. [S]. Valeur = 5. Voir **Bhûta. Cinq.**

ÉTERNITÉ. Voir **Ananta. Infini.**

ÉTHER. [S]. Valeur = 0. Voir **Âkâśha. Śhûnya. Zéro.**

ÉTOILE. [S]. Valeur = 27. Voir **Bha. Uda. Vingt-sept.**

ÉTOILE POLAIRE. Voir **Dhruva. Grahâdhâra. Sudrishti. Mont Meru.**

F

FACE. [S]. Valeur = 4. Voir **Mukha. Quatre.**

FACULTÉ. [S]. Valeur = 5. Voir **Indriya. Cinq.**

FEU. [S]. Valeur = 3. Voir **Agni. Anala. Dahana. Hotri. Hutâśhana. Jvalana. Kriśhânu. Pâvaka. Śhikhin. Tapana. Udarchis. Vahni. Vaiśhvânara. Trois.**

FEU. [S]. Valeur = 12. Voir **Tapana. Douze.**

FIGURE DE LAPIN. [S]. Valeur = 1. Voir **Śhaśhadhara. Un.**

FILS. [S]. Valeur = 5. Voir **Putra. Cinq.**

FILS D'ADITÎ. [S]. Valeur = 12. Voir **Âditya. Douze.**

FILS DE PÂNDU. [S]. Valeur = 5. Voir **Pândava. Cinq.**

FINI (Nombre). Voir **Infini. Mathématiques indiennes (Histoire des).**

FIRMAMENT. [S]. Valeur = 0. Voir **Śhûnya. Zéro. Infini.**

FLÈCHE. [S]. Valeur = 5. Voir **Bâna. Ishu. Kalamba. Mârgana. Sâyaka. Śhara. Viśhika. Cinq.**

FLÈCHES DE RAVI. [S]. Valeur = 1 000. Voir **Ravibâna. Mille.**

FORCE. [S]. Valeur = 14. Voir **Indra. Quatorze.**

FORME. [S]. Valeur = 1. Voir **Rûpa. Un.**

FORME. [S]. Valeur = 3. Voir **Mûrti. Trimûrti. Trois.**

FORME. [S]. Valeur = 8. Voir **Mûrti. Huit.**

FRACTIONS. [Arithmétique]. Voir **Bhinna. Kalâsavarna. Pañcha Jâti.**

G

GAGANA. [S]. Valeur = 0. Mot signifiant « voûte céleste », « firmament ». Ce symbolisme s'explique par le fait que le ciel n'est autre que le « vide ». Voir **Zéro. Śhûnya.**

GAJA. [S]. Valeur = 8. « Éléphant ». Voir **Diggaja. Huit.**

GANANÂ. Mot désignant l'« arithmétique » dans l'ancienne littérature bouddhique. Mais le plus souvent, il a été employé dans le sens de l'« arithmétique mentale » (qui a été et reste particulièrement développée dans l'art du calcul indien).

GANANÂGATI. De **gananâ*, « arithmétique », et de **gati*, « condition d'existence ». Nom donné au nombre dix puissance 39. Voir **Noms de nombre.** Pour une explication de ce symbolisme : voir **Grands nombres (Signification symbolique des).**

Source : **Lalitavistara Sûtra* (avant + 308).

GANEŚHA. Divinité hindoue de la sagesse, appelée aussi **Ekadanta.* Voir **Eka.**

GANEŚHA. Mathématicien indien qui vécut aux alentours de + 1558. Auteur notamment d'un ouvrage intitulé *Ganitamañjarî.*

GANITA. Nom sanskrit des mathématiques. Dans la littérature védique, ce mot est employé dans le sens de « science du calcul », qui en est sans aucun doute le sens initial. Par extension, il a acquis par la suite le sens de « science de la mesure ». Dans la littérature bouddhique ancienne, on trouve trois sortes de *ganita* : la **mudrâ* ou « arithmétique manuelle », la **gananâ* ou « arithmétique mentale », et le **samkhyâna* ou « haute arithmétique ». Notons que le mot *ganita* a été souvent employé à la haute époque pour désigner également l'astronomie et même la géométrie (*kshetraganita*). Voir **Arithmétique. Calcul. Mathématiques indiennes (Histoire des).**

GANITAKAUMUDÎ. Voir **Nârâyana.**

GANITASÂRASAMGRAHA. Voir **Mahâvîrâchârya.**

GANITÂNUYOGA. Mot signifiant : « exposé des principes mathématiques ». Terme employé surtout dans les traités *jaina.

GARDIEN DES HORIZONS. [S]. Valeur = 8. Voir **Lokapâla. Huit.**

GARDIEN DES POINTS DU COMPAS. [S]. Valeur = 8. Voir **Lokapâla. Dikpâla. Huit.**

GATI. [S]. Valeur = 4. Littéralement : « condition d'existence ». Ce mot désigne les différentes formes d'existence dans lesquelles peuvent se réaliser les renaissances (**samsâra*). C'est donc dans ce sens que le mot en est venu à signifier 4 en tant que symbole numérique synonyme de **yoni,* « naissance » (cf. L. Frédéric). Voir **Chaturyoni. Quatre.**

Pour un exemple d'attestation de ce mot-symbole : cf. EI, XXV, p. 336.

GAUTAMA SIDDHÂNTA. (A ne pas confondre avec Gautama Siddhârtha, le Bouddha.) Astronome bouddhiste chinois d'origine indienne, auteur d'un traité d'astronomie et d'astrologie intitulé *Kai yuan zhan jing* (+ 718 / + 729), où il décrit le zéro, le système positionnel des neuf chiffres et les méthodes de calcul d'origine indienne. Voir **Numération de position. Zéro.** Voir **Arithmétique de position (Récapitulation des faits histori-**

ques se rapportant à la découverte de l'). Voir aussi chapitre 24, p. 913.

GAVYÂ. [S]. Valeur = 5. « Dons de la vache ». Il s'agit des **Pañchagavyâ,* les « cinq dons de la vache » (à savoir : le lait, le caillé, la bouse, le *ghî* et l'urine), servant à composer le breuvage sacré portant ce nom, qu'utilisent certains ascètes *samnyâsin* pour ses vertus supposées curatives et purificatrices (cf. L. Frédéric). Voir **Cinq.**

GÂYATRÎ. [S]. Valeur = 24. Il s'agit, relativement à la poésie d'expression sanskrite, de la stance composée de trois fois 8 syllabes. Voir **Métrique indienne.**

GÉOMÉTRIE. Voir **Kshetraganita. Mathématiques indiennes (Histoire des).**

GHANA. « Cube ». Terme sanskrit utilisé en arithmétique et en algèbre pour désigner l'opération d'élévation au cube.

GHANA. Mot utilisé en algèbre pour désigner le « cube », en allusion au troisième degré des équations de cet ordre. Voir **Varga. Varga-Varga. Yâvattâvat.**

GHANAMÛLA. Terme sanskrit employé en arithmétique et en algèbre pour désigner l'opération d'extraction de la racine cubique.

GIRI. [S]. Valeur = 7. « Montagne, colline ». Voir **Adri. Sept.**

GO. [S]. Valeur = 1. « Vache », « Terre ». C'est le nom de la vache sacrée des dévots hindous. Celle-ci est censée avoir été créée par *Brahma le premier jour du mois de *Vaiśhâkha* (avril-mai). Il entre dans la composition du nom *Govinda* (« Vacher ») attribué à *Vishnu en tant que « Sauveur de la terre ». Allusion aussi au fait que la terre (**Prithivî*) est parfois mise en association symbolique avec une vache nommée *Prishnî.* Une telle correspondance (qui explique aussi la grande vénération dont cet animal fait l'objet de la part des hindous) provient du fait que la vache, comme la terre, dispense la vie (cf. L. Frédéric). D'où le symbolisme considéré, puisque « terre » = 1. Voir **Un.**

GO. [S]. Valeur = 9. « Vache, Terre ». Un autre sens de ce mot est « rayonnement » et par extension « astre ». C'est pourquoi le mot est devenu synonyme de **graha,* « planètes » (dans le sens des **navagraha,* les « neuf planètes du système cosmologique hindou »). D'où *go* = 9. Voir **Neuf.**

GOOGOL. Terme d'origine anglaise inventé par le mathématicien américain Edward Kastner, dans les années quarante. Il désigne le nombre dix à la puissance 100. Ce nombre, qui ne représente plus rien de palpable, surpasse tout ce qu'il est possible de compter ou de mesurer dans le monde proprement physique. Voir **Infini.** Voir aussi **Grands nombres.**

GOUTTE. [S]. Valeur = 1. Voir **Indu. Un.**

GOVINDASVÂMIN. Astronome indien qui vécut aux alentours de + 830. Auteur notamment du traité intitulé *Bhâskarîyabhâsya,* dans lequel la notation décimale positionnelle des symboles numériques sanskrits est très abondamment employée (cf. Billard, p. 8). Voir **Symboles numériques. Numération des Symboles numériques. Arithmétique de position (Récapitulation des faits historiques se rapportant à la découverte de l').**

GRAHA. [S]. Valeur = 9. « Planète ». Allusion aux **navagraha,* les « neuf planètes » du système cosmologique des hindous (à savoir : **Sûrya,* le Soleil ; **Chandra,* la Lune ; *Angâraka,* Mars ; *Budha,* Mercure ; *Brihaspati,* Jupiter ; *Śhukra,* Vénus ; *Śhani,* Saturne ; et les deux démons des éclipses **Râhu et Ketu.* Voir **Paksha. Neuf.**

GRAHA. « Planète ». Voir **Graha** (premier article). Saptagraha. Navagraha.

GRAHACHÂRANIBANDHANA. Voir **Haridatta.**

GRAHÂDHÂRA. « Axe des planètes ». Nom donné à l'étoile Polaire. Voir **Dhruva. Sudrishti.**

GRAHAGANITA. Nom donné à l'astronomie par Brahmagupta (+ 628). Mot à mot : « calcul des planètes », et, par extension, « mathématique des astres ». Voir **Astronomie indienne (Histoire de l'). Ganita.**

GRAHAPATI. « Maître des planètes ». Nom parfois donné à *Sûrya, le dieu-Soleil. Voir **Graha.**

GRAHARÂJA. « Roi des planètes ». Nom parfois donné à *Sûrya, le dieu-Soleil. Voir **Graha.**

GRAND ANCÊTRE. [S]. Valeur = 1. Voir **Pitâmaha. Un.**

GRAND DIEU. [S]. Valeur = 11. Voir **Mahâdeva. Onze. Rudra-Shiva.**

GRANDE ANNÉE DE BÉROSE. Période cosmique mentionnée dans l'œuvre de l'astronome babylonien Bérose (–IVe / –IIIe siècle), comportant 432 000 ans. Il existe bien une « relation » arithmétique entre cette « Grande année » et les cycles cosmiques indiens appelés **yuga*, puisqu'elle correspond : à un **kaliyuga*, au 1/10 d'un **mahâyuga*, et aux 2/5 d'un **yugapâda*. Cependant, on ignore encore s'il existe ou non un lien historique entre cette période et les **yuga* indiens. Voir **Grande Année d'Héraclite. Yuga (Spéculation astronomique sur les).**

GRANDE ANNÉE D'HÉRACLITE. Période cosmique du monde méditerranéen ancien comportant, d'après Censorin, 10 800 ans. Il existe bien une relation arithmétique entre cette « Grande année » et les cycles cosmiques indiens appelés **yuga*, puisqu'elle correspond : au 1/40 d'un **kaliyuga*, au 1/100 d'un **yugapâda* et au 1/400 d'un **mahâyuga*. Cependant, on ignore encore s'il existe ou non un lien historique entre cette période et les **yuga* indiens. Voir **Grande Année de Bérose.**

GRAND ÉLÉMENT. Voir **Mahâbhûta.** Valeur = 5.

GRAND PÉCHÉ. [S]. Valeur = 5. voir **Mahâpâpa. Cinq.**

GRAND SACRIFICE. [S]. Valeur = 5. Voir **Mahâyajña. Cinq.**

GRANDS NOMBRES. La civilisation indienne a été prise très tôt par une sorte de « folie » des grands nombres. La *numération sanskrite, il est vrai, se prêtait admirablement à l'expression des grands nombres, puisqu'elle possédait un nom particulier pour chacune des puissances de dix. Nous en trouvons de nombreuses attestations aussi bien dans les ouvrages d'astronomie ou de mathématiques que dans les traités de cosmologie, les grammaires, les traités religieux et les récits légendaires ou mythologiques. Cela prouve donc que si l'emploi de ces noms n'a certes pas été d'un usage vulgaire en Inde, il a en revanche été assez familier aux divers représentants de la caste savante, et cela au moins depuis le début de notre ère. Voir **Noms de nombre.**

Dans la nomenclature des grandes quantités, ces traités sont allés généralement jusqu'à la limite des nombres les plus élevés employés dans les calculs. Et c'est ainsi que l'on a pu nommer individuellement chacune des puissances successives de dix jusqu'au *billion (= dix puissance 12), et même jusqu'au *quadrillion (= dix puissance 18).

Mais dans les traités de cosmologie, surtout ceux développés par les membres de la secte religieuse des *Jaina (comme par exemple dans l'**Anuyogadvâra Sûtra*), on a poussé beaucoup plus loin cette limite et fait preuve d'une extraordinaire fécondité dans le domaine des pures créations de l'imagination. Les Jaina, il est vrai, tentèrent de cerner leur vision d'un univers éternel et infini ; aussi entreprirent-ils pour cela d'étonnantes spéculations arithmétiques, où il est constamment question de nombres gigantesques atteignant aisément et dépassant même des nombres tels que dix puissance 190 ou dix puissance 250.

Toutefois, la manipulation des grands nombres ne fut pas l'apanage exclusif des Jaina. On la retrouve aussi dans le **Vyâkarana*, célèbre grammaire pâlî de Kâchchâyana, ou encore dans la fameuse légende du Bouddha, rapportée par le **Lalitavistara Sûtra*, qui va jusqu'à jongler avec des nombres de l'ordre de dix puissance 421.

Certes puérile à première vue, cette passion pour les grands nombres est toutefois très révélatrice du haut niveau conceptuel atteint de bonne heure par les arithméticiens indiens. On verra en particulier comment cet engouement a non seulement poussé la civilisation indienne à franchir, et de loin, les limites de l'univers « calculable », proprement physique, mais lui a aussi et surtout permis de concevoir, longtemps avant l'Occident, la notion même de l'infini mathématique. Voir **Googol et toutes les autres rubriques portant le titre de Grands nombres**, ainsi que les articles intitulés **Infini.**

GRANDS NOMBRES. Liste alphabétique (non exhaustive) des mots sanskrits représentant des grands nombres : *Abab (= 10^{17}). *Ababa (= 10^{77}). *Abbuda (= 10^{56}). *Abja (= 10^{9}). *Ahaha (= 10^{70}). *Akkhobhini (= 10^{42}). *Akshiti (= 10^{15}). *Ananta (= 10^{13}). *Anta (= 10^{11}). *Antya (= 10^{12}). *Antya (= 10^{15}). *Antya (= 10^{16}). *Arbuda (= 10^{7}). *Arbuda (= 10^{8}). *Arbuda (= 10^{10}). *Asankhyeya (= 10^{140}). *Atata (= 10^{84}). *Attata (= 10^{19}). *Ayuta (= 10^{4}). *Ayuta (= 10^{9}). *Bahula (= 10^{23}). *Bindu (= 10^{49}). *Daśhakoti (= 10^{8}). *Daśhalaksha (= 10^{6}). *Daśhasahasra (= 10^{4}). *Dhvajâgravati (= 10^{99}). *Dhvajâgraniśhâmani (= 10^{145}). *Ganânâgati (= 10^{39}). *Gundhika (= 10^{23}). *Hetuhila (= 10^{31}). *Hetvindriya (= 10^{35}). *Jaladhi (= 10^{14}). *Kankara (= 10^{13}). *Karahu (= 10^{33}). *Kathâna (= 10^{119}). *Khamba (= 10^{13}). *Kharva (= 10^{10}). *Kharva (= 10^{12}). *Kharva (= 10^{39}). *Koti (= 10^{7}). *Kotippakoti (= 10^{21}). *Kshiti (= 10^{20}). *Kshobha (= 10^{22}). *Kshobhya (= 10^{17}). *Kshoni (= 10^{16}). *Kumud (= 10^{21}). *Kumuda (= 10^{105}). *Lakh (= 10^{5}). *Lakkha (= 10^{5}). *Laksha (= 10^{5}). *Madhya (= 10^{10}). *Madhya (= 10^{11}). *Madhya (= 10^{15}). *Madhya (= 10^{16}). *Mahâbja (= 10^{12}). *Mahâkathâna (= 10^{126}). *Mahâkharva (= 10^{13}). *Mahâkshiti (= 10^{21}). *Mahâkshobha (= 10^{23}). *Mahâkshoni (= 10^{17}). *Mahâpadma (= 10^{12}). *Mahâpadma (= 10^{15}). *Mahâpadma (= 10^{34}). *Mahâsaroja (= 10^{12}). *Mahâśhankha (= 10^{19}). *Mahâvrindâ (= 10^{22}). *Mudrâbala (= 10^{43}). *Nâgabala (= 10^{25}). *Nahut (= 10^{9}). *Nahuta (= 10^{28}). *Nikharva (= 10^{9}). *Nikharva (= 10^{11}). *Nikharva (= 10^{13}). *Ninnahut (= 10^{11}). *Ninnahuta (= 10^{35}). *Nirabbuda (= 10^{63}). *Niravadya (= 10^{41}). *Niyuta (= 10^{5}). *Niyuta (= 10^{6}). *Niyuta (= 10^{11}). *Nyarbuda (= 10^{8}). *Nyarbuda (= 10^{11}). *Padma (= 10^{9}). *Padma (= 10^{14}). *Padma (= 10^{29}). *Paduma (= 10^{29}). *Paduma (= 10^{119}). *Pakoti (= 10^{14}). *Parârdha (= 10^{12}). *Parârdha (= 10^{17}). *Pârâvâra (= 10^{14}). *Prayuta (= 10^{5}). *Prayuta (= 10^{6}). *Pundarîka (= 10^{27}). *Pundarîka (= 10^{112}). *Salila (= 10^{11}). *Samâptalambha (= 10^{37}). *Samudra (= 10^{9}). *Samudra (= 10^{10}). *Samudra (= 10^{14}). *Saritâpati (= 10^{14}). *Saroja (= 10^{9}). *Sarvabala (= 10^{45}). *Ṣarvajña (= 10^{49}). *Ṣhankha (= 10^{12}). *Śhankha (= 10^{13}). *Śhankha (= 10^{18}). *Śhanku (= 10^{13}). *Śhatakoti (= 10^{9}). *Sogandhika (= 10^{91}). *Tallakshana (= 10^{53}). *Titilambha (= 10^{27}). *Uppala (= 10^{98}). *Utpala (= 10^{25}). *Utsanga (= 10^{21}). *Vâdava (= 10^{9}). *Vâdava (= 10^{14}). *Vibhutangamâ (= 10^{8}). *Visamjñagati (= 10^{51}). *Viskhamba (= 10^{47}). *Vivaha (= 10^{15}). *Vivara (= 10^{19}). *Vyarbuda (= 10^{15}). *Vrindâ (= 10^{9}). *Vrindâ (= 10^{17}). *Vyavasthânaprajñapati (= 10^{29}).

GRANDS NOMBRES (Signification symbolique des). La liste donnée à l'article précédent se suffit à elle-même pour donner une idée très nette du génie arithmétique des savants indiens. Mais elle pourrait fort bien laisser le lecteur sur sa faim, puisque des mots en question, elle ne donne, en dehors des traductions mathématiques correspondantes, ni de signification littérale ni de signification symbolique à plus forte raison.

Le signifiant devant être complété, au moins sommairement, par son signifié, les considérations développées ci-après vont permettre de se faire une idée précise des associations d'idées et du symbolisme impliqués dans cette terminologie bien singulière.

On observera d'abord que le mot **padma* (qui vaut dix puissance 9, dix puissance 14 ou dix puissance 29) signifie littéralement le « *lotus ».

Mais il y a aussi le mot **paduma* (égal tantôt à dix puissance 29, tantôt à dix puissance 119), ainsi que les termes **utpala* (= dix puissance 25), **uppala* (= dix puissance 98), **pundarîka* (= dix puissance 27 ou dix puissance 112), **kumud* (= dix puissance 21) et **kumuda* (= dix puissance 105), qui expriment tous également le « lotus ».

Pour mieux saisir la métaphore, il faut tout d'abord se rappeler que la fleur de lotus est le symbole le plus connu et le plus répandu de toute l'Asie (cf. L. Frédéric [9]).

« Née des eaux fangeuses, cette fleur garde une virginité immaculée et plane au-dessus des eaux dans toute sa beauté. Elle devint ainsi, très tôt, le symbole de l'esprit pur sortant de la matière impure du corps. La plupart des religions et philosophies indiennes l'adoptèrent, et la diffusion de ce symbole dans toute l'Asie se fit grâce au bouddhisme, bien qu'il soit à peu près certain que le lotus était déjà utilisé comme symbole par bon nombre de peuples avant l'avènement du bouddhisme. De même, les philosophes indiens le tinrent pour l'image même de la divinité, qui demeure intacte et n'est jamais souillée par les eaux troubles de ce monde. La fleur fermée du lotus, ayant la forme d'un œuf, figure le germe de la création qui surgit des eaux primordiales et qui, en éclosant, développe à la lumière toutes les possibilités latentes contenues dans le germe. C'est pourquoi, dans l'iconographie hindoue, on voit *Brahma naître d'une fleur de lotus surgissant du nombril de *Vishnu alors que celui-ci repose sur le serpent **Ananta* lové sur les eaux primordiales représentant l'infini [voir fig. D.1, p. 18, à la rubrique : **Ananta**]. De même, les bouddhistes en firent le "trône" du Bouddha et de la plupart des manifestations de celui-ci : le lotus représente alors la *bodhi*, la "nature de Bouddha" qui demeure pure alors qu'elle sort du **samsâra*, la roue des renaissances de ce monde. Toute une symbolique s'est par la suite développée autour de la fleur de lotus, considérant sa couleur, le nombre de ses pétales, le fait qu'elle soit ouverte, à peine éclose ou fermée en bouton. Dans la *Kundalinî Yoga*, c'est la tige du lotus qui forme l'axe spirituel du monde et sur laquelle viennent s'épanouir des fleurs de lotus de plus en plus ouvertes et au nombre de pétales de plus en plus grand jusqu'à l'illumination supérieure où la corolle, devenue divine et d'une brillance sans égale, possède mille pétales » (L. Frédéric).

Aussi l'art indien s'est-il emparé de la forme de cette fleur et l'a-t-il largement exploitée en peinture comme en sculpture. Et l'on comprend que les arithméticiens indiens, selon leur parfaite maîtrise de leur symbolisme caractéristique, se soient emparés eux aussi du lotus et de tous ses correspondants mystiques pour exprimer en sanskrit leurs gigantesques quantités.

Le *padma* (ou *paduma*), c'est le lotus de couleur rose. En plus de la pureté qu'il représente, celui-ci, dans la pensée indienne, symbolise la plus haute divinité, ainsi que la raison innée. Écrit *Padmâ* (avec un *a* long), le lotus rose est rangé parmi les noms de Lakshmî en tant qu'énergie féminine (**śhakti*) de *Vishnu. Et dans le mot **sahasrapadma* (le « lotus à mille pétales »), il représente le « troisième œil », celui de la Connaissance parfaite ; il désigne aussi l'illumination supérieure et la corolle divine, d'une brillance sans pareille, épanouie sur l'axe de la spiritualité du monde en un lotus rose à mille pétales (cf. L. Frédéric [9]).

C'est donc probablement cette idée d'absolu et de perfection divine qui a fait donner au *padma* une valeur aussi élevée que dix puissance 119.

Mais cela n'a sans doute pas été réalisé du premier coup. Selon l'accession progressive de l'esprit à une abstraction de plus en plus aisée du concept de la grande quantité, et au fur et à mesure que s'est développée l'idée de parfait et d'absolu, on a probablement commencé par assigner au lotus la valeur du milliard (dix puissance 9). On lui a fait franchir par la suite les différentes étapes d'une échelle qui lui a attribué successivement les valeurs de dix puissance 14, puis de dix puissance 29 pour terminer par dix puissance 119.

Il est vrai que le lotus dont il s'agit ici est pourvu de mille pétales.

Or, *Padmâ*, c'est aussi le nom d'un des bras du Gange dans son embouchure. Et il est intéressant de noter que ce delta très marécageux aux bras qui rayonnent autour de lui, comme les pétales d'une fleur de lotus, est souvent désigné sous le nom de **jahnavîvaktra*, mot à mot : les « bouches de *Jâhnavî* (= le Gange) ». C'est un nom qui, en tant que symbole numérique ordinaire, correspond d'ailleurs à la valeur du nombre *mille, en raison précisément des nombreuses centaines de bras qui le caractérisent.

On notera par ailleurs que *Vishnu est associé au lotus aux mille pétales et qu'il a mille attributs, parmi lesquels figure justement : **Sahasranâma*, « les mille noms (de Vishnu) ». Et c'est du reste des « pieds de *Vishnu » (**Vishnupada*) que, selon la mythologie hindoue, jaillit la *Gangâ* céleste (le Gange), considérée comme la « divine mère de l'Inde ».

Cette fleur a donc ainsi été associée,

à la fois au concept et au nom du millier (*sahasra*).

Mais la terminologie mise à contribution a recouru à un symbolisme secondaire : *mille n'était plus un concept proprement numérique ; il traduisait plutôt, en un sens figuré, l'idée de la pluralité, de la « multitude », un peu comme on le fait avec notre mot « beaucoup ». Et comme au début, le mot <u>padma</u> n'a signifié que le milliard, on comprend que le nom de cette multitude-là ait été donné, en croissant, au nombre dix puissance 12 ; d'où pour la valeur de dix puissance 15 un nom tel que **mahâpadma*, qui signifie « grand lotus ».

Par des associations d'idées du même type, on a assigné aux nombres dix puissance 13 et dix puissance 18 un vocable tel que le mot **śhankha*, qui exprime la « conque » marine. Celle-ci symbolise certaines divinités bouddhiques ou hindoues (comme *Vishnu ou *Varuna par exemple). Or, dans l'Inde, qui dit conque, dit justement richesse, fortune et beauté. Dans une telle nomenclature, on ne pouvait donc pas ne pas songer au diamant, dont on a apprécié, comme partout, l'inestimable éclat autant que la pureté. Et comme le diamant est éternel et brille de ses mille feux, cette beauté-là fut donc mise en rapport avec la pierre précieuse. D'où, pour certains arithméticiens indiens, l'égalité : **śhanku* (« diamant ») = dix puissance 13.

Mais en revenant à la conque, l'un des attributs de Vishnu est exprimé justement par le mot *śhankha* (« conque »), qui le symbolise en tant que principe conservateur de la manifestation, du fait que le son et la perle sont conservés dans la coquille.

Or, qui dit conque, dit aussi abondance, fécondité et fertilité, qui sont précisément les caractéristiques de la mer, dont elle est d'ailleurs issue. Aussi la conque est-elle en rapport avec l'Eau. D'où son attribution à *Varuna, le seigneur des Eaux. Et dans ce cas, elle est associée au lotus, qui symbolise ainsi non seulement l'abondance, mais aussi et surtout, aux yeux des humains, l'étendue apparemment sans limites. Et c'est pourquoi le mot **samudra*, qui signifie « océan », en est venu à exprimer, selon le même type de terminologie symbolique, le nombre dix puissance 9, dix puissance 10 ou dix puissance 14.

Et c'est sans doute la raison pour laquelle *Bhâskarâchârya a désigné ce dernier nombre (dix puissance 14) par le mot **jaladhi*, qui signifie lui aussi « *océan ». Sans doute le mathématicien a-t-il opté pour ce terme parce qu'il écrivait en vers et en sanskrit et qu'il choisissait ses mots en fonction de l'effet recherché, dans une synonymie quasi illimitée, suivant les règles précises de la versification sanskrite. Voir **Poésie et écriture des nombres.**

Toujours est-il que pour les Indiens, **samudra*, ce sont aussi les flots de la conscience supérieure qui se déversent de l'immortalité sur les simples mortels ; c'est l'existence éternelle et infinie.

D'où cette association d'idées avec le **soma*, qui n'est autre que l'**amrita*, la « boisson de l'immortalité ». Or, le *soma*, c'est aussi la *Lune, la métaphore faisant de celle-ci une coupe pleine de ce breuvage enivrant. Il était donc tout à fait naturel que l'astre fût associé lui aussi à l'idée de la multitude indénombrable. Et c'est ainsi que l'**abja* (« Lune ») et le **mahâbja* (la « grande Lune », selon une pure création de l'esprit, destinée à satisfaire les besoins d'une telle terminologie), en sont arrivés à signifier des quantités comme le milliard (dix puissance 9) ou le billion (dix puissance 12).

Il faut dire que la conque est censée entretenir des relations, non seulement avec l'eau, mais également avec cet astre, puisqu'elle est blanche, couleur de pleine lune. D'où une double justification de ces associations d'idées.

Mais l'étendue apparemment sans limites de la mer est, à peu de choses près, l'immensité du « monde terrestre ». Et comme la *terre se dit **kshiti* ou **kshoni*, on comprend que ces mots (avec leurs extensions artificielles **mahâkshiti* et **mahâkshoni*, qui signifient mot à mot : « grande terre ») aient acquis des valeurs aussi immenses que dix puissance 16, dix puissance 17, dix puissance 20 ou dix puissance 21.

Or, de l'immense on passe tout naturellement à l'illimité, et de celui-ci on passe à « ce qu'il est impossible d'atteindre ». Et, c'est justement ce qu'exprime le mot sanskrit **abhabâgamana*. Et comme le terme **ababa* est employé notamment dans le **Lalitavistara Sûtra* (avant + 308), pour exprimer un nombre aussi grand que dix puissance 70, il n'est donc pas impossible qu'il en ait constitué une simple abréviation. Quant au mot **ahaha*, utilisé dans le même texte pour dire « dix puissance 77 », il a sans doute résulté d'une simplification du mot *abaharaka*, qui, signifiant « extravagant », s'apparente à notre « abracadabra ».

De telles associations d'idées sont donc, en la matière, aussi riches que le symbolisme qui a fait également du lotus à mille pétales une représentation de la totalité de la révélation et de l'illumination.

Mais le lotus n'a pas toujours autant de pétales. C'est le cas du **pundarîka*, lotus blanc à huit pétales, symbole de la perfection mentale et spirituelle. Il est généralement réservé aux divinités ésotériques, au point qu'on l'a dédié à Śhikhin, le deuxième Bouddha du passé. Autant dire que ce lotus a autant de pétales que les huit directions de l'espace, les huit points du compas ou les huit éléphants (**diggaja*) de la cosmogonie hindoue. Or, parmi ces éléphants, il y a justement **Pundarîka* qui garde l'« horizon sud-est » de l'univers pour le dieu du feu *Agni. Quant à l'« horizon sud-ouest », il est gardé par l'éléphant **Kumuda*, dont le nom propre signifie également « lotus », mais le blanc rosé cette fois.

Mais avec le lotus, le soleil n'est pas très loin, puisqu'il se situe justement à la croisée de ces huit horizons. L'éléphant *Kumuda* symbolise d'ailleurs le dieu-Soleil *Sûrya, souvent désigné lui-même par des noms évocateurs du millier ou de la fleur de lotus : **Sahasrâmśhu* (« Mille du Brillant », en allusion à ses propres rayons), **Sahasrakirana* (« Mille rayons »), *Sahasrabhûja (« Mille bras ») et *Padmapâni* (« Porteur de lotus »). De la sorte, les Indiens ont exprimé l'omniscience et les innombrables pouvoirs prêtés à ce dieu.

Or, si le Soleil est une source de lumière, de chaleur et de vie, ses rayons, tels les pétales du lotus, sont censés figurer aussi toutes les influences spirituelles reçues par les êtres et les choses de ce monde. Et c'est pourquoi les noms de **Pundarîka*, **Kumud* et **Kumuda* ont fini par désigner des nombres aussi énormes que dix puissance 21, dix puissance 105 ou dix puissance 112.

Mais du Soleil à la voûte céleste, il n'y a qu'un pas, que ces arithméticiens forts en symbolisme ont vite fait de franchir. **Parârdha*, l'un des noms attribués à dix puissance 12 ou encore à dix puissance 17, provient en effet de *para*, « au-delà », et de *ardha*, « moitié » ; c'est donc, pour ainsi dire, la « moitié de l'au-delà ». Et c'est bien par une semblable association d'idées que le mot **Madhya*, « milieu » (sous-entendu : le « milieu de l'au-delà ») a été mis à contribution pour exprimer des nombres tels que dix puissance 10, dix puissance 11, dix puissance 15 ou dix puissance 16, ceux-ci, dans ce mode de pensée, faisant partie du même univers que le *parârdha*.

D'ailleurs, selon les Indiens, le *parârdha*, c'est la moitié spirituelle du chemin qui mène à la mort. Il est identique au *devayâna*, le « chemin des dieux », qui, d'après les *Veda, serait l'une des deux possibilités offertes aux âmes humaines après la mort, le *parârdha* devant en effet mener à la délivrance du **samsâra* ou cycle des renaissances.

Or en atteignant le Ciel, on ne pouvait pas ne pas accéder à la transcendance, la puissance, la pérennité et la sacralité divines. On touchait donc dans une certaine mesure à l'incommensurable. Et c'est justement dans cet incommensurable-là que l'on a mesuré toute la perfection mentale et spirituelle signifiée par le **pundarîka*. Et l'on y aura mesuré aussi l'intelligence, la sagesse et la victoire de l'esprit sur les sens, par l'**utpala*, le lotus bleu à moitié épanoui. Voilà pourquoi, ces mots sont devenus des désignations de très grandes quantités telles que dix puissance 25, dix puissance 27, dix puissance 98 ou même dix puissance 112.

Mais aucun être vivant ne peut atteindre la transcendance divine, qui se révèle dans l'Inaccessible, l'Absolu et l'Ineffable. Aussi la terminologie rejoignit-elle le sens de l'« indénombrable », soit celui de l'**Asamkhyeya* (ou **Asankhyeya*), « ce qui ne peut être compté ». Selon le **Lalitavistara Sûtra*, ce mot désigne, de manière fort poétique, « le conte de toutes les gouttes de pluie qui, en dix mille ans, tomberaient chaque jour sur l'ensemble des mondes ». Autrement dit, c'est le « plus grand nombre qui se puisse concevoir ». Or *Asankhyeya*, c'est justement le terme employé quelquefois pour dire dix puissance 140.

Autrement dit, la terminologie impliquée relève symboliquement cette fois de la notion d'éternité.

Cette relation symbolique sera rendue plus limpide par ce témoignage d'Al Bīrūnī, qui, dans le 33e chapitre de son ouvrage sur l'Inde, donne à ce mot la valeur de dix puissance 17 (fig. 24.81) :

« Le nom du dix-huitième ordre, explique-t-il, est **parârdha*, c'est-à-dire la moitié du ciel, ou plus exactement, la moitié de ce qui est au-dessus. La *raison* de cela est que, si l'on compose de *kalpa (c'est-à-dire de cycles de 4 320 000 000 d'années) une période de temps, une unité de cet ordre est un jour du *purusha* (= un jour de l'Etre Suprême, c'est-à-dire *Brahma). Et comme il n'y a rien au-delà du ciel, celui-ci est le plus grand des corps. Or, une moitié du plus grand des nychthémères (= le plus grand des jours possibles) est semblable à l'autre ; en la doublant, on compose une "nuit" avec un "jour", et l'on complète ainsi le plus grand des nychthémères. Il est certain en tout cas qu'en supprimant une partie du mot *parârdha*, on en fait *para*, ce qui signifie le ciel tout entier. »

Réf. : *Kitāb fī taḥīq i mā li'l hind* (+ 1030).

*Al Bīrūnī précise en outre que « d'après certaines opinions, le jour du *purusha* (celui de Brahma) se compose d'un *parârdha* de *kalpa* ». Et comme un *kalpa* fait 4 320 000 000 d'années, ce « jour » correspondrait donc à : 432 000 000 000 000 000 000 000 000 (quatre cent trente-deux sextillions) d'années. Voir **Jour de Brahma**.

Notons toutefois que la cosmogonie brâhmanique traditionnelle attribue, plus modestement, au « *jour de Brahma » la durée de : 4 320 000 000 d'années humaines. C'est d'ailleurs ce qu'elle nomme justement l'**asankhyeya*, l'« indénombrable ».

La *Bhagavad Gîtâ* lui assigne par contre la durée de trois cent onze billions et quarante milliards (= 311 040 000 000) d'années. De toute manière, comme le précise un commentaire de l'ouvrage, « cette longévité formidable, pour nous infinie, ne représente qu'un zéro dans le flot de l'éternité ».

Le temps infini, il est vrai, est beaucoup trop considérable pour pouvoir être mesuré : il est, par définition, sans bornes et sans limites. Et c'est de là que de l'éternité, on est passé tout naturellement à l'idée de l'Infini. Or, le mot *Padmabhûta*, « né du lotus (à mille pétales) », est un attribut de *Brahma. Celui-ci, en effet, serait né du lotus qui avait surgi du nombril de *Vishnu alors que celui-ci reposait sur le serpent *Ananta flottant sur les eaux primordiales (voir la figure D.1, article : **Ananta**). Autre attribut de Brahma : *Padmanâbha*, c'est-à-dire justement « Celui dont le lotus est le nombril (de Vishnu) ». Voilà pourquoi le mot *ananta*, qui signifie précisément l'« infini » et l'« éternité », a été pris quelquefois pour exprimer un nombre tel que dix puissance 13, en souvenir des temps reculés où la nomenclature sanskrite des grands nombres s'arrêtait justement à dix puissance 12. Voir **Antya** (premier article, note dans la référence).

Ananta, ce n'est autre que *Śhesha, le roi des **nâga* résidant dans les régions inférieures du **Pâtâla*. C'est un immense serpent à mille têtes, servant de siège à *Vishnu qui s'y repose au milieu des créatures entre deux périodes de création. Quand il baille, il provoque des tremblements de terre. Et à la fin de chaque **kalpa*, il crache le feu destructeur de la création. Considéré comme le « Reste »(**Śhesha*), le « Vestige » des univers détruits et comme le germe de toutes les créations futures, il représente donc à la fois l'immensité de l'espace, l'infini et l'éternité. Voir **Serpent (Symbolique du)**.

Or, qui dit *éternel* ou *infini*, pense naturellement à « ce qui n'a pas de fin, ce qui ne finit point, ce qui ne peut jamais être atteint ». On accède donc ainsi aux idées d'absolu et de totalité, dans le sens le plus fort des termes. Et l'on conçoit que des mots comme **Sarvabala* et **Sarvajña*, formés avec l'adjectif sanskrit *sarva*, signifiant le « tout » ou la « totalité », aient été mis respectivement en association symbolique avec des nombres aussi importants que dix puissance 45 et dix puissance 49.

Sarvajñatâ, c'est d'ailleurs le mot qui, dans le bouddhisme, exprime l'omniscience, le savoir du Bouddha, dont il désigne du reste l'un des attributs fondamentaux. Dans le bouddhisme du Mahâyâna, ce mot a même acquis le sens de la connaissance de tous les **dharma* et de leur « vraie nature » ; une nature qui, par essence, relève de la **śhûnyatâ*, c'est-à-dire de la vacuité. Or, selon les Indiens, la vacuité se matérialise au centre du **vajra*, le « diamant », symbole de ce qui reste lorsque les apparences ont disparu. Le *vajra*, c'est aussi l'arme de jet « à mille pointes », réputée ne jamais manquer son but, et faite en bronze par Tvaśhtri pour *Indra ; mais c'est surtout un instrument cultuel, symbole du *linga* et de la puissance divine, indiquant la stabilité et la fermeté de l'esprit ainsi que son caractère indestructible. Et comme, pour les Indiens, la vacuité, c'est aussi le vide (causé aussi bien par le rien, l'absence ou l'insignifiance, que par la non-pensée, l'immatérialité, la non-substantialité et le non-être), on comprend que le **bindu*, le « point » (destiné à devenir un symbole numérique et une représentation graphique du zéro), ait pu représenter, aux yeux des arithméticiens-grammairiens indiens, un nombre aussi considérable que dix puissance 49.

Il est vrai que dans la pensée indienne, depuis les temps reculés où l'infini mathématique et le zéro abstrait n'avaient pas encore été élaborés, le *bindu* (le « point »), c'était aussi un symbole de l'univers dans sa forme non manifestée, et donc celui d'un univers avant sa transformation en *rûpadhâtu*, c'est-à-dire en « monde des apparences ». Et c'est en cela que chez les savants indiens, le « rien » a pu rejoindre le « tout », avant même que la mathématique fît de ces deux concepts des notions inverses l'une de l'autre. Voir **Zéro. Infini. Mathématiques indiennes (Histoire des).**

On comprend du coup la raison pour laquelle le lotus, mis alors en relation symbolique avec *Brahma, *Vishnu et *Sûrya, puis, par association d'idées, avec le serpent *Ananta et plusieurs autres éléments mythologiques, cosmologiques, philosophiques et religieux indiens, ait représenté avec eux, dans une abondante synonymie, des nombres aux valeurs purement affectives : des nombres gigantesques ayant cette caractéristique de provoquer chez l'homme (à cause du vertige même de l'infini qu'ils caressent) une sensation très particulière touchant de près à une certaine impuissance de l'imagination.

Voir **Noms de nombre. Symboles numériques. Spéculations arithmétiques. Spéculations cosmogoniques. Shesha-śhîrsha. Śhûnya. Śhûnyatâ. Atomisme indien. Zéro. Infini. Numération sanskrite. Numération sanskrite simplifiée. Symboles numériques (Principe de la numération des). Numération de position. Calcul. Mathématiques indiennes (Histoire des).** Voir aussi **Serpent (Symbolique du).**

GRANDS ROIS (Les quatre). Voir **Chaturmahârâja.**

GRONDEUR. [S]. Valeur = 11. Voir **Rudra-Śhiva. Onze.**

GULPHA. [S]. Valeur = 2. « Cheville ». A cause de la symétrie de cette partie du corps. Voir **Deux.**

GUNA. [S]. Valeur = 3. « Mérite », « qualité », « propriété primordiale ». Philosophiquement, les *guna* sont les qualités ou conditions de l'existence composant la Nature. Ils sont en état de repos lorsque les qualités sont parfaitement équilibrées, et en état d'évolution lorsqu'une ou plusieurs d'entre elles prédominent sur les autres. On considère généralement, selon la philosophie des **Sâmkhya*, que ces qualités sont composées de trois « matériaux » naturels : le *Sattva* (représentant la bonté, la pure essence des choses), le *Rajas* (l'énergie active, la passion), et le *Tamas* (la passivité, l'apathie). Ici, le mot est donc synonyme de *Triguna*, « trois qualités », « trois propriétés primordiales » (cf. L. Frédéric). Voir **Triguna. Trois.**

GUNA. [S]. Valeur = 6. « Mérite », « qualité », « propriété primordiale ». L'allusion est faite ici aux **shadâyatana*, c'est-à-dire aux « six *guna* » de la philosophie bouddhique. Notons que cette valeur n'a été acquise qu'à une époque relativement tardive. Voir **Shadâyatana. Six.**

GUNANA. Terme employé en arithmétique pour désigner la multiplication. Autres synonymes : *hanana, vadha, kshaya*, etc. (qui signifient littéralement : « détruire », « tuer », etc., en allusion aux effaçages successifs des résultats des produits partiels lorsque les calculs se faisaient sur le sable ou à la craie sur une planche). Voir **Calcul. Pâtîganita. Méthodes de calcul indiennes.** Voir aussi chapitre 25.

GUNDHIKA. Nom donné au nombre dix puissance 23 (= cent quintillions). Voir **Noms de nombre. Grands nombres.**
Source : **Lalitavistara Sûtra* (avant + 308).

GUPTA (Ère). Ère particulière (aux années normales) établie par Chandragupta Ier et commençant en + 320. Il suffit d'ajouter 320 à un millésime exprimé dans cette ère pour obtenir son correspondant dans notre calendrier. Notons qu'on la fait parfois débuter en 318/319. Elle fut utilisée au temps de la dynastie des Gupta. En Inde centrale et au Nepâl, elle a persisté jusqu'au XIIIe siècle. Voir **Ères indiennes.**

H

HARA. [S]. Valeur = 11. Il s'agit de l'un des noms de *Śhiva, qui n'est autre qu'une émanation de *Rudra, dont la valeur en tant que symbole est égale à 11. Voir **Rudra-Śhiva. Onze.**

HARANAYANA. [S]. Valeur = 3. Les « yeux de *Hara ». Voir **Haranetra.**

HARANETRA. [S]. Valeur = 3. « Yeux de *Hara ». *Śhiva, qui a une multitude de noms et d'attributs, dont **Hara,* est souvent représenté en effet avec un troisième œil sur le front, censé symboliser la Connaissance parfaite. D'où : *Haranetra* = 3. Voir **Trois.**

HARIBAHU. [S]. Valeur = 4. « Bras de Hari ». *Hari* (littéralement : « Celui qui enlève le péché ») est en effet l'un des noms de *Vishnu, que les représentations montrent toujours avec quatre bras. Voir **Quatre.**

HARIDATTA. Astronome indien qui vécut aux alentours de + 850. Auteur notamment du traité intitulé *Grahachâranibandhana,* dans lequel il expose notamment le fruit de son invention : un système de notation numérique mettant à contribution les lettres de l'alphabet indien. Celui-ci repose sur le principe de position avec l'usage d'un zéro (indifféremment figuré par deux lettres). C'est le système dit *katapayâdi :* la première numération alphabétique positionnelle de l'histoire (cf. Sarma [3]). Voir **Numération katapayâdi. Arithmétique de position (Récapitulation des faits historiques se rapportant à la découverte de l'). Mathématiques indiennes (Histoire des).**

HARSHAKÂLA (Ère). Ère débutant en l'an + 606, créée par Harshavardhana roi de Kanauj et de Thâneśhvar. Il suffit d'ajouter 606 à un millésime exprimé dans cette ère pour obtenir son correspondant dans notre calendrier. Elle ne fut utilisée que durant le règne de ce souverain et peu de temps après lui au Nepâl. Voir **Ères indiennes.**

HÂRYA. « Dividende » (sens arithmétique). Voir **Bhâjya.**

HASTIN. [S]. Valeur = 8. « Éléphant ». Voir **Diggaja. Huit.**

HÉGIRE (Ère de l'). Voir **Ḥijra.**

HEMADRÎ. L'un des noms du *Mont Meru.

HETUHILA. Nom donné au nombre dix puissance 31. Voir **Noms de nombre. Grands nombres.**
Source : **Lalitavistara Sûtra* (avant + 308).

HETVINDRIYA. Nom donné au nombre dix puissance 35. Voir **Noms de nombre. Grands nombres.**
Source : **Lalitavistara Sûtra* (avant + 308).

ḤIJRA (Ère). Nom arabe de l'ère islāmique, dont la date initiale est, selon la tradition, le vendredi 16 juillet + 622, jour de le « Fuite » (*ḥijra,* « hégire ») du prophète Muḥammad de La Mecque en direction de Médine. L'année musulmane ayant douze mois lunaires de 29 ou 30 jours qui font une année de 354 jours, ce calendrier doit donc être rectifié par l'addition de 11 années intercalaires de 355 jours pour chaque période de 30 ans pour qu'il puisse rattraper le cours de l'année solaire véritable. Pour obtenir une date de notre calendrier d'après une date donnée en années de l'*Hégire,* il suffit de multiplier cette dernière par 0,97 et d'ajouter 625,5 au résultat.

Un exemple : le début de l'année 1130 de l'*Hégire* correspond à juillet 1677 par le calcul suivant :
1130 *Hégire*
= (1130 × 0,97) + 625,5 = 1677,6.

Inversement, pour trouver une date de l'*Hégire* d'après une date de notre calendrier, il suffit de retrancher 622 de celle-ci, puis de multiplier le résultat par 1,0307 et d'ajouter 0,46. Lorsqu'il reste des décimales, on ajoute une unité.

Pour convertir par exemple l'année 1982 de notre calendrier, on doit procéder dans l'ordre des opérations suivantes :

1re étape : 1982 – 622 = 1360.

2e étape : 1360 × 1,0307 = 1401,752.

et 3e étape : 1401,752 + 0,46 = 1402,212.

En ajoutant un 1 à ce résultat, on obtient l'année 1403 de l'*Hégire* (cf. L. Frédéric). Voir **Ères indiennes.**

HINDOUISME. Voir **Philosophies et religions indiennes.**

HORIZON. [S]. Valeur = 4. Voir **Diśh. Quatre.**

HORIZON. [S]. Valeur = 8. Voir **Diśh. Huit.**

HORIZON. [S]. Valeur = 10. Voir **Diśh. Dix.**

HOTRI. [S]. Valeur = 3. « Feu ». Voir **Agni. Trois.**

HUIT. Noms sanskrits ordinaires du nombre huit : **ashta*, **ashtan*. Liste des symboles numériques correspondants :

*Ahi. Anîka. *Anushtubh. Bhûti. *Dantin. *Diggaja. Dik. *Dikpâla. *Diśh. Durita. *Dvipa. Dvirada. *Gaja. *Hastin. Ibha. Karman. *Kuñjara. *Lokapâla. Mada. *Mangala. *Mâtanga. *Mûrti. *Nâga. Pushkarin. *Sarpa. *Siddhi. Sindhura. *Takshan. *Tanu. *Vasu. Yâma.

Ces mots traduisent ou se trouvent en rapport symbolique avec :

1. Le serpent (*Ahi. Nâga. Sarpa*).
2. Le serpent des profondeurs (*Ahi*).
3. L'éléphant (*Dantin. Dvipa. Gaja. Hastin. Kuñjarra. Mâtanga. Takshan*).
4. Les huit éléphants (*Diggaja*).
5. La chose de bon augure (*Mangala*).
6. Le joyau (*Mangala*).
7. Les formes (*Mûrti*).
8. Les horizons (*Diśh*).
9. Les gardiens des horizons et des points du compas (*Lokapâla*).
10. Les gardiens du temps (*Dikpâla*).
11. Les pouvoirs surnaturels (*Siddhi*).
12. Certains groupes de vers de la poésie védique (*Anushtubh*).
13. Un groupe de huit divinités (*Vasu*).
14. Les sphères d'existence de l'Adibhautika (*Vasu*).
15. Les « actes » (*Karman*) (chez les *Jaina seulement).
16. Le « corps » (*Tanu*).

Voir **Symboles numériques.**

Réf. : Al Bīrūnī [2] ; Bühler, p. 84 *sq.* ; Burnell ; Datta et Singh, p. 54-57 ; Fleet, in : CIIn, VIII ; Jacquet, in : JA, XVI, 1835 ; Renou et Filliozat, p. 708-709 ; Sircar, p. 230-233 ; Woepcke [2].

HUMAIN (L'). [S]. Valeur = 14. Dans le sens du progéniteur de la race humaine. Voir **Manu. Quatorze.**

HUTÂSHANA. [S]. Valeur = 3. « Feu ». Voir **Agni. Trois.**

I

ÎLE-CONTINENT. [S]. Valeur = 7. Voir **Dvîpa. Sept.**

ÎLES-CONTINENTS (Les Quatre). Voir **Chaturdvîpa.**

ÎLES-CONTINENTS (Les Sept). Voir **Sapta Dvîpa.**

ILLIMITÉ. Voir **Abhabâgamana. Grands nombres. Infini.**

IMMÉMORIALISATION D'UN CONCEPT. Voir **Sacralisation d'un concept.**

IMMENSE. [S]. Valeur = 1. Voir **Prithivî. Un.**

IMPURETÉS (Les cinq). Voir **Pañchaklesha.**

IMRAJÎ (Ère). Voir **Kristâbda.**

INACCESSIBLE. [S]. Valeur = 9. Voir **Durgâ. Neuf.**

INCARNATION. [S]. Valeur = 10. Voir **Avatâra. Dix.**

INDE (États de l'union indienne actuelle). Voir figure 24.27 (carte géographique).

INDE MUSULMANE. Voir **Alphabet numéral et composition des chronogrammes. Chiffres arabes orientaux.**

Voir aussi la Chronologie de l'Islām au chapitre 25, p. 223-239.

INDÉFINI. Voir **Infini.**

INDÉNOMBRABLE. Voir **Abhabâgamana. Asamkhyeya. Grands nombres. Infini.**

INDÉNOMBRABLE. Terme employé en tant que nom du nombre dix puissance 140. Voir **Asankhyeya.**

INDESTRUCTIBLE. [S]. Valeur = 1. Voir **Âkshara. Un.**

INDIANITÉ (Mécanismes fondamentaux de l'). Voir **Numération de position (Sacralisation et Immémorialisation de la). Yuga (Spéculation astronomique sur les).** Voir aussi **Documentation indienne (Pièges de la).**

INDO-EUROPÉENS (Peuples et langues). Voir chapitre 2, p. 84-85.

INDRA. [S]. Valeur = 14. « Force », « Courage », « Puissance ». C'est le nom de l'un des principaux dieux des temps védiques et du panthéon brâhmanique. Il représenterait la source de la vie cosmique qu'il transmettrait à la terre par l'intermédiaire de la pluie. Quant à sa force, elle résiderait dans la substance séminale de tous les êtres, ce dieu étant supposé « fait de tous les dieux unis en lui ». On le dit éternellement jeune, parce qu'il se renouvellerait au début de chaque *manvantara,* c'est-à-dire lors de chacune des 14 « époques » de notre monde composant un **kalpa.* D'où : *Indra* = 14. Voir **Yuga. Manu. Quatorze.**

INDRADRISHTI. [S]. Valeur = 1 000. « Yeux d'Indra ». L'un des attributs de cette divinité est en effet **Sahasrâksha,* « Aux mille yeux », en allusion aux nombre de ses yeux. Voir **Indra. Mille.**

INDRIYA. [S]. Valeur = 5. « Faculté ». Il s'agit des facultés physiques et mentales de la philosophie bouddhique, qui se répartissent en cinq groupes : les bases (*âyatana*) ; les natures (*bhâva*) ; les sens (*vedâna*) ; les facultés spirituelles (*balâ*) ; et les facultés supramondaines. Le même mot désigne aussi les « cinq racines » (**pañcha indriya*), qui permettent, en tant qu'agents positifs, de mener une vie morale : la foi (*shraddendriya*), l'énergie (*vîyendriya*), la mémoire (*smritîndriya*), la méditation (*samâdhîndriya*), et la sagesse (*prâjñendriya*) (cf. L. Frédéric [1]). Voir **Cinq.**

INDU. [S]. Valeur = 1. « Goutte ». Autre désignation de la lune, en allusioin à la « rosée » (*chandrakanta*), perle mythique censée avoir été fabriquée avec des rayons de lune concentrés. La Lune valant 1, le symbolisme s'explique donc de lui-même. Mais ce mot pouvait sans doute prêter à confusion avec le mot-symbole **bindu* (« point ») en tant que synonyme du zéro. Voir **Un.**

INFINI. [S]. Valeur = 0. Voir **Infini. Âkâśha. Ananta. Vishnupada. Śhûnya. Zéro.**

INFINI. Terme employé en tant que représentation du nombre dix puissance 14. Voir **Ananta. Grands nombres (Signification symbolique des).**

INFINI. Terme employé en tant que synonyme de l'« illimité ». Voir **Infini. Grands nombres. Grands nombres (Signification symbolique des).** Voir aussi **Serpent (Symbolique du).**

INFINI. Terme employé en tant que synonyme de l'éternité et de l'immensité de l'espace. Voir **Ananta. Infini (Représentation mythologique indienne de l'). Grands nombres (Signification symbolique des). Infini.**

INFINI. Terme employé en tant que synonyme de l'« indéfini ». Voir **Infini. Grands nombres.** Voir aussi **Serpent (Symbolique du).**

INFINI. Terme employé en tant que synonyme de l'« infini potentiel ». Voir **Infini.** Voir aussi **Mathématiques indiennes (Histoire de l').**

INFINI. Obsession des êtres humains. Voir **Infini.** Voir aussi **Serpent (Symbolique du).**

INFINI. Il convient d'éviter toute confusion entre la notion d'infini et celle de l'indéfini. Indéfini provient du latin *indefinitus,* qui signifie « vague ». Aussi existe-t-il différents sens possibles à ce terme. Le premier exprime une opposition à ce qui est « défini » ; c'est donc ce qui est « non spécifié », ce qui reste « indéterminé », comme la mort par exemple : « Ce qu'il y a de certain dans la mort, disait La Bruyère, est un peu adouci par ce qui est incertain ; c'est un indéfini dans le temps qui tient quelque chose de l'infini et de ce qu'on appelle éternité » (*Caractères*, XI, 38). Le deuxième sens exprime plutôt une opposition avec ce qui est « fini » ; c'est ce qui, tout en demeurant fini, est susceptible d'accroissements illimités. C'est donc la signification des progrès indéfinis et donc de l'expression « et ainsi indéfiniment », avec sa progression récurrente. Le troisième sens, lui, est contenu dans cette citation de Descartes : « Chaque corps peut être divisé en parties infiniment petites. Je ne veux point déterminer si leur nombre est infini ou non, mais du moins il est certain qu'à l'égard de notre connaissance il est indéfini » (*Œuvres*, XI, 12). Ce sens exprime donc justement une opposition avec ce qui est infini. Autrement dit, dans ce cas, l'indéfini est « ce qui n'est infini qu'à un certain point de vue, parce que nous ne pouvons en atteindre la fin » (P. Foulquié).

Un quatrième sens fait, en revanche, du même mot le synonyme de l'infini. C'est celui de l'*infini potentiel*, illustré par cette citation de Pascal : « Le silence éternel de ces espaces infinis m'effraie » (*Pensées*, 428). Citation qui a inspiré ce commentaire de Paul Valéry : « Cette phrase, dont la force de ce qu'elle veut imprimer aux âmes et la magnificence de sa forme ont fait une des paroles les plus fameuses qui aient jamais été articulées, est un *Poème*, et point du tout une pensée. Car *Éternel* et *Infini* sont des symboles de non-pensée. Leur valeur est toute affective. Ils n'agissent que sur une certaine sensibilité. Ils provoquent la sensation particulière de l'impuissance d'imaginer » (*Variété*, La Pléiade, I, 458).

Ainsi, l'infini potentiel, c'est « ce qui, étant effectivement fini, s'accroît ou est susceptible de s'accroître sans fin » (P. Foulquié). Qu'il soit potentiel ou bien réel, l'infini a posé à l'esprit humain l'un des plus sérieux problèmes de toute son existence. Dès le début de l'histoire intellectuelle de l'humanité, les peuples se sont en effet heurtés au dilemme de l'infini, un peu comme on se heurtait à Cerbère à l'entrée des Enfers. *Il y a un dernier nombre, mais il n'entre guère dans le pouvoir des mortels de l'atteindre ; ce pouvoir n'appartient qu'aux dieux qui, seuls, peuvent compter les étoiles du firmament.* Tel est en effet le leitmotiv des religions anciennes et récentes. Il témoigne de l'obsession que depuis toujours les hommes ont de ce concept. Il trahit l'aveu de l'impuissance humaine non seulement à compter les nombres « jusqu'au bout », mais aussi à appréhender la véritable signification de ce que recèle la notion assez vague de l'illimité.

Comme le souligne cette remarque de D'Alembert : « Nous concevons une étendue finie quelconque, nous faisons ensuite abstraction des bornes de cette étendue, et nous avons l'idée de l'étendue infinie. C'est de la même manière, et même de cette manière seule, que nous pouvons concevoir un nombre infini, une durée infinie, et ainsi du reste. Par cette définition, ou plutôt par cette analyse, on voit d'abord à quel point la notion de l'*infini* est, pour ainsi dire, vague et imparfaite en nous ; on voit qu'elle n'est proprement que la notion d'*indéfini,* pourvu qu'on entende par ce mot une quantité vague à laquelle on n'assigne point de bornes, et non pas, comme on le peut supposer dans un autre sens, une quantité à laquelle on conçoit des bornes, sans pour autant les fixer d'une manière précise » (*Essai sur les éléments de philosophie,* Éclairc., XIV).

C'est d'ailleurs pourquoi nous nous laissons parfois aller à des comparaisons semblables aux métaphores et paraboles religieuses. Nous évoquons les grains de sable du désert, les gouttes d'eau de l'océan ou les étoiles du firmament, sans soupçonner que ces comparaisons sont puériles, puisqu'elles ne concernent que le domaine du fini.

Dans l'usage courant, il est vrai, l'infini n'est compris que par sa négation. En fait, le mot « infini » dérive du latin *infinitus,* « ce qui n'a pas de fin », « ce qui ne finit point ». C'est la négation du fini, en ce sens que l'infini est « ce qui ne peut jamais être atteint ».

Le nombre est donc considéré ici comme infini, bien que très limité dans sa propre quantité. Mais c'est comme le temps infini, le mal infini, le bonheur infini et même le courage infini : ils sont beaucoup trop considérables pour pouvoir être mesurés. D'où l'acception de ce qui est sans limites, sans bornes.

Réf. : Blaise ; Bloch et von Wartburg ; Chantraine ; Du Cange ; Ernout et Meillet ; Estienne ; Gaffiot ; GLF ; Littré ; Robert.

En fait, en raison même des limitations physiques qui le caractérisent, l'être humain ne peut sûrement pas compter les éléments de certains ensembles, même si ceux-ci sont finis.

Quel est en effet l'homme qui pourrait compter les gouttes d'eau d'un océan ou les grains de sable d'un désert ? La tâche serait certainement au-delà des possibilités humaines, à moins que l'on fasse appel à l'artifice du calcul (qui relève d'une opération mentale d'une tout autre nature) ou que l'on mette à contribution une machine structurellement conçue pour cela.

Sachant qu'une goutte d'eau a un diamètre approximatif de 2 mm, le nombre total des gouttes contenues dans la mer Méditerranée est égal à 10^{24} (nombre écrit dans notre système décimal positionnel au moyen d'un 1 suivi de 24 zéros).

Quant au Sahara, si l'on prend du sable fin à raison de dix grains par mm^3, dans une couche de 20 cm de profondeur, il en compterait 10^{21}, soit en tout 1 000 000 000 000 000 000 000 (un quintillion) de grains de sable.

On voit donc comment le nombre et sa mesure dépassent l'entendement de l'être humain dès lors que celui-ci franchit les frontières de l'univers calculable. Et l'on comprend que les religions en soient venues à considérer l'infini comme synonyme de l'ineffable et de l'inaccessible.

Mais en se bornant à une telle définition de l'infini, les mathématiques n'auraient certainement pas été ce qu'elles sont aujourd'hui. Car c'est précisément cette conception restrictive qui a empêché les mathématiciens grecs d'aller plus avant dans ce domaine.

Historiquement, c'est dans la civilisation grecque, depuis les découvertes de Pythagore, qu'a débuté l'évolution de ce concept par cette affirmation parfaitement exacte que « l'infini est une chose n'ayant aucune grandeur assignable ». Car, en subissant ses premières crises graves, justement depuis l'époque de Pythagore, le problème a, selon le mot de Bertrand Russell, fourni « sous une forme ou sous une autre, les bases de presque toutes les théories de l'espace, du temps et de l'infini qui ont vu le jour depuis cette époque jusqu'à la nôtre ».

Descartes fut en fait l'un des premiers savants européens à poser l'infini comme une réalité première. Depuis, cette notion est devenue un concept parfaitement précis, objectif, ne présentant aucune obscurité essentielle, en tout cas pas celle qui lui est assignée habituellement par le profane. Il a même son propre symbole : ∞, introduit, semble-t-il, pour la première fois en 1655, dans le répertoire des signes mathématiques actuels, par le mathématicien anglais John Wallis.

Mathématiquement, l'infini est ce qui est plus grand que toute autre quantité, de telle sorte qu'aucun nombre fini ne puisse lui être rajouté. Car, comme le disait Pascal, « l'unité jointe à l'infini ne l'augmente de rien ». C'est donc l'*infiniment grand*, auquel aucun nombre fini ne peut être ajouté ni comparé.

C'est pourquoi Fléchier l'a identifié à Dieu, puisque celui-ci « étant infiniment puissant, est, par conséquent, infiniment libre ».

D'où non seulement le sens de « beaucoup » et d'« extrêmement », mais aussi la qualité de ce qui est infini, en valeur relative et absolue : « L'absolu, explique Lamennais, enferme en soi l'idée d'unité et d'infinité. »

Mais il y a aussi cette autre propriété non moins fondamentale de l'infini qui a rejoint, notamment grâce à Newton, Descartes et Leibniz, celle de l'*infiniment petit* par la voie du partage à l'infini, comme un « échelonnement des haies » qui « moutonne à l'infini », selon cette image de Paul Verlaine.

Or, c'est justement en cela que le zéro est en réalité l'inverse de l'infini : c'est en effet l'infiniment petit, la quantité variable qui, en variant à l'infini, finit par devenir, en valeur absolue, inférieure à tout nombre positif, si petit soit-il.

L'existence de l'*infini mathématique* n'a cependant jamais pu être démontrée mathématiquement : l'infini, ou l'impossibilité de compter tous les nombres, est aujourd'hui une *hypothèse mathématique* ; c'est d'ailleurs l'un des axiomes fondamentaux sur lesquel, reposent toutes les mathématiques contemporaines.

Mais a-t-on vraiment besoin de l'infini dans la pratique ? Sur la route qui y mène, on découvre vite que les astrophysiciens, qui manipulent pourtant de très grands nombres, comme par exemple le nombre des particules de l'univers, ne dépassent jamais une certaine limite.

Pour familiariser son jeune neveu de dix ans à la manipulation des grandes quantités, un mathématicien américain des années quarante, Edward Kastner, inventa un jour le **googol* : nombre valant 10^{100} et dont la représentation chiffrée dans notre système actuel comporte un 1 suivi de cent zéros. C'était là, certes, un tout petit nombre aux yeux du mathématicien habitué à jongler avec l'infini. Et pourtant, sans le savoir, il avait ainsi franchi, et de loin, toutes les limites du monde réel, la valeur de son googol (10^{100}) n'ayant déjà plus de signification physique.

Prenons par exemple la surface totale de la Terre en millimètres carrés. Sachant qu'un appartement moyen occupe une superficie de 100 000 000 mm², on pourrait s'attendre à une valeur très respectable pour l'ensemble du globe. Il n'en est rien, car cette surface ne vaut que 5×10^{20} mm² (= 500 000 000 000 000 000 000 mm²).

Avec un 5 suivi de vingt zéros, on obtient un nombre qui ne parle déjà plus à notre imagination, mais qui est pourtant encore très loin du fameux googol. Il y a cependant plus grand, par exemple la distance, mesurée en *angströms* (millionièmes de millimètres), qui nous sépare de la planète Vénus : elle vaut 10^{27}. Citons aussi le nombre des grains de sable que la Terre entière pourrait contenir en volume : sachant qu'il y a 10 grains par mm³, ce nombre est donc égal à 10^{31}. Mais ces quantités sont encore bien négligeables en comparaison des 10^{100} du googol.

Poussons encore plus loin, en admettant l'hypothèse (non encore démontrée) que l'univers n'est pas un espace infini. Les calculs de l'astronomie, combinés à ceux de la physique atomique, prouvent que le rapport du diamètre de l'univers connu à celui du noyau d'un atome, est égal à 10^{42} ; celui-ci est encore très loin du googol. Ce nombre (10^{42}) correspond du reste au quotient de l'âge de l'univers par le temps minuscule mis par la lumière pour traverser un noyau atomique. Il est égal aussi au rapport de la force électrostatique à la force de gravitation existant entre un proton et un électron dans un atome. Quant au nombre des nucléons (protons et neutrons) contenus dans l'univers, il est égal lui aussi à 10^{42}. Ce nombre apparaît donc de la sorte comme la limite classique de tout ce qui est mesurable dans l'univers.

On pourrait certes faire un peu mieux en ne se limitant pas aux seules particules lourdes du noyau d'un atome, en comptant toutes les particules possibles existant dans l'univers connu : en incluant les électrons, et aussi ces corpuscules sans charge ni masse que sont les photons associés aux ondes électromagnétiques et au neutrino, puis en additionnant tous ces constituants élémentaires, en sachant qu'il y en a déjà des milliards dans la moindre poussière, on arriverait en effet à 10^{88}. Mais il ne s'agirait encore que d'un millionième de millionième de googol. En fait, il faudrait calculer le volume de l'univers en millimètres cubes ou, mieux, en angströms cubes pour pouvoir dépasser le googol. Mais il ne s'agirait plus là que de calculs géométriques effectués sur des échelles proportionnelles, donc peu significatifs par rapport à la réalité.

En fait, il n'y a aucun googol de quoi que ce soit. Le nombre 10^{100} ne représente plus rien de palpable, il surpasse tout ce qu'il est possible de compter ou de mesurer dans le monde proprement physique. Il faut voir là l'une des premières limites entre l'arithmétique et la physique (cf. R. de La Taille, in : SV, n° 752).

Naturellement, les considérations précédentes n'ont pas empêché les mathématiciens contemporains de franchir, et de très loin, les frontières de l'univers calculable, puisqu'un nombre comme le googol n'est pour eux qu'un objet mathématique tout à fait ordinaire parmi les innombrables éléments de l'ensemble des entiers naturels.

D'ailleurs, on peut aujourd'hui concevoir des nombres considérables, dont l'écriture seule surpasserait toute possibilité humaine.

Rien que pour écrire le nombre $10^{10^{100}}$ (c'est-à-dire dix élevé à la puissance 10^{100}, ou dix à la puissance du googol) en notation décimale positionnelle classique, il faudrait autant de volumes de type « encyclopédique » qu'en contiendrait une sphère de plus de dix milliards d'années-lumière !

On rencontre du reste, en analyse combinatoire, des nombres tellement énormes que même leur écriture au moyen de la notation exponentielle exigerait des exposants une superposition en étages qui dépasserait la plus grande distance astronomique connue !

Il est vrai que la réalité ou la non-réalité physique d'un concept donné ne fait pas partie des préoccupations du mathématicien d'aujourd'hui, l'essentiel pour lui étant que l'existence d'un concept donné soit établie sur des bases mathématiques. Ce qui l'intéresse avant tout, c'est la rigueur d'un raisonnement, ainsi que la cohérence d'une théorie. Et c'est justement en cela que la *vérité mathématique* (dans le sens moderne du terme) se distingue de la *réalité physique.*

Les mathématiciens contemporains ont même montré une grande audace (celle de l'imagination) en inventant les nombres « transfinis ». Ce sont des concepts qui vont au-delà de tout nombre fini. Le premier de ces « nombres » (qui s'écrit au moyen de la première lettre de l'alphabet hébreu avec un zéro en indice) est appelé *aleph-zéro.* C'est en quelque sorte « le dernier des nombres du premier ordre » que l'humanité a cherché à appréhender depuis la nuit des temps. Il n'est autre que le « nombre des éléments de l'ensemble des entiers naturels ». C'est évidemment un « nombre infini ». Il possède la propriété curieuse d'être égal au nombre de tous les nombres pairs, de tous les nombres impairs, de tous les nombres premiers et de toutes les fractions positives possibles.

Autant dire que l'on arrive à cette étrange conclusion qu'il y a autant d'entiers que de nombres pairs, de nombres impairs, de nombres premiers et de fractions.

Or, on peut même démontrer qu'il y a autant de points dans un segment de droite d'un demi-millimètre que dans celui qui mesurerait un demi-milliard de kilomètres.

Le domaine de l'infini mathématique, on le voit, est un monde qui ne respecte ni le « bon sens », ni la bonne vieille logique. Il est un peu aux nombres finis ce que l'Olympe avait été aux êtres humains : cet univers de la mythologie grecque, soustrait aux regards des mortels par un manteau de nuages, qui recouvrait le sommet de l'Olympe, et où les dieux festoyaient dans des banquets somptueux, buvant le nectar et savourant l'ambroisie.

L'ambroisie, c'était la nourriture des dieux ; elle possédait des vertus magiques qui rendaient les dieux invulnérables et assuraient aux hommes le pouvoir de la jeunesse éternelle, avec en plus celui de percer les secrets du monde divin ; c'était donc en somme, l'équivalent grec de l'**Amrita* des mythologies indiennes.

Pour pouvoir s'aventurer dans le monde vertigineux des nombres transfinis, il faut donc boire un peu de son nectar et de son ambroisie : il convient en effet de renoncer définitivement à cette vieille « vérité » du monde fini, à savoir que « le tout est nécessairement plus grand que la partie ». Car lorsque « le tout » est un ensemble infini, il peut fort bien coïncider avec l'une de ses parties ou même avec un ensemble encore « plus vaste » que lui. Il suffit pour cela que l'on puisse mettre ses divers éléments en appariement avec l'ensemble auquel on le compare.

Et s'il y a autant d'entiers que de nombres pairs ou impairs, c'est parce que l'on peut toujours mettre en correspondance élément par élément, sans répétition ni omission, l'ensemble des nombres entiers naturels avec n'importe laquelle de ses parties. C'est également pour cette raison que tout segment de droite comporte autant de points que n'importe quel segment ou ligne droite, puisque chacun de ces ensembles en comporte un nombre infini. Mais cet infini-là n'est pas de la même nature que celui des entiers ; il s'agit d'une infinité d'un autre ordre, à savoir celle de l'ensemble des nombres « irrationnels ». C'est ce que le mathématicien Georg Cantor a établi à la fin du siècle dernier, jetant ainsi les premières bases de la théorie des ensembles et des nombres transfinis...

Voir **Infini (Conceptions indiennes de l'). Infini (Représentation mythologique indienne de l').**

INFINI (Conceptions indiennes de l'). Certes, bon nombre des concepts exposés à l'article précédent ont été étrangers à la civilisation indienne. Mais celle-ci, prise très tôt par une sorte de « folie » des grands nombres, a su franchir les limites de l'univers calculable, proprement physique. Et c'est ainsi qu'elle est parvenue, longtemps avant nous, à une idée relativement précise de l'infini.

Le plus surprenant est que parmi les mots sanskrits employés depuis les temps anciens par les astronomes et les mathématiciens indiens pour dire zéro, il y a le terme **ananta*, qui signifie littéralement « infini » : il s'agit d'un immense serpent, qui, dans les mythologies et les cosmologies indiennes, représente le serpent de l'infini, de l'éternité et de l'immensité de l'espace, et sur lequel *Vishnu est censé se reposer entre deux créations. Voir **Serpent (Symbolique du). Grands nombres. Infini (Représentation mythologique indienne de l').**

Il est vrai que du point de vue de la mystique indienne, ces deux concepts sont en très étroite relation, puisque l'un n'est autre que l'inverse de l'autre. Et c'est pourquoi des mots comme **ambara*, **kha*, **gagana*, etc., signifiant l'« espace », le « ciel », l'« atmosphère » ou la « voûte céleste » en sont venus à exprimer symboliquement le nombre nul. Voir **Zéro. Śhûnya. Âkâśha. Vishnupada. Pûrna.**

Mais naturellement, les mathématiciens indiens ont su parfaitement distinguer ces deux notions, inverses l'une de l'autre, car dans leur esprit, la division par zéro équivalait au concept de l'infini. Cela est vrai au moins depuis l'époque de *Brahmagupta (+ 628), qui désigne l'infini mathématique par le terme **khachheda*, mot à mot : « la quantité dont le dénominateur est nul » (cf. Datta et Singh, p. 238-244).

Dans sa **Lîlâvatî*, *Bhâskarâchârya, lui, énoncera ceci à propos du même concept, qu'il désignera sous le nom de **khahara*, littéralement « division par zéro » (cf. Datta et Singh, p. 238-244) :

« Dans cette quantité qui a le zéro pour diviseur, explique-t-il, il n'y a aucune modification [possible], quoique plusieurs [quantités] puissent en être extraites ou y être introduites ; de même, aucun changement ne peut s'opérer sur le Dieu [*Brahma] immuable et infini durant la période de la destruction ou de la création des mondes, quoique de nombreuses espèces de vivants en sont projetées en avant ou y sont absorbées. »

Notons aussi ce que Ganeśha fera observer à ce propos dans son *Grahalâghava* (vers + 1558) :

« Le *Khachheda* est une quantité indéfinie, illimitée et infinie, puisqu'il est impossible de savoir combien elle est élevée. Elle ne peut être modifiée ni par l'addition ni par la soustraction sur des quantités limitées [= finies], puisque dans l'opération préliminaire de réduction de toutes les expressions fractionnaires au même dénominateur, qu'il est nécessaire de faire au préalable pour pouvoir effectuer leur somme ou leur différence, le numérateur et le dénominateur de la quantité finie s'évanouissent tous les deux à la fois. »

Dans l'esprit des savants indiens, et cela au moins depuis Brahmagupta, la division par zéro équivalait donc bien à l'infini :

$$\frac{a}{0} = \infty .$$

Et dans leur pensée, cette « quantité » ne subissait elle-même aucune modification si l'addition ou la soustraction lui était appliquée sur des nombres finis ; d'où :

$$\frac{a}{0} + k = k + \frac{a}{0} = \frac{a}{0}$$

et

$$\frac{a}{0} - k = k - \frac{a}{0} = \frac{a}{0}.$$

Ce qui veut dire qu'ils ont bien connu, au moins depuis le début du VIIe siècle de notre ère, nos actuelles formules mathématiques :

$$\infty + k = k + \infty = \infty$$

et

$$\infty - k = k - \infty = \infty .$$

Brahmagupta (et bon nombre de mathématiciens indiens après lui) commit cependant l'erreur de penser que la division de zéro par lui-même donnait un résultat nul, alors qu'il s'agit en réalité d'une « quantité indéterminée ».

Quant à Bhâskarâchârya, qui apportera certes les corrections nécessaires aux assertions erronées de ses prédécesseurs et qui affirmera, à juste raison, qu'un nombre différent de zéro divisé par zéro donne un quotient infini, il sera, à son tour, la victime de l'erreur qui lui fera admettre que le produit de l'infini par zéro est égal à un nombre fini.

Mais cela n'enlève rien aux mérites de la civilisation indienne qui est ainsi parvenue de bonne heure à des découvertes éminemment supérieures à celles de tous les peuples de l'Antiquité et du Moyen Age, et auxquelles la science contemporaine n'aura accédé en définitive que par les travaux de Descartes, Newton et Leibniz.

Voir **Infini. Infini (Représentation mythologique indienne de l'). Mathématiques indiennes (Histoire des).**

INFINI (Représentation mythologique indienne de l'). Le lemniscate qui représente aujourd'hui le concept de l'infini a été introduit, semble-t-il, pour la première fois en 1655 par le mathématicien anglais John Wallis.

Or, l'iconographie mythologique hindoue montre un symbole tout à fait semblable se rapportant à la même idée, quoique son usage semble s'être toujours situé en dehors du domaine des mathématiques. Ce symbole, c'est celui de l'*ananta*, le fameux serpent de l'infini et de l'éternité, immense serpent, toujours représenté lové sur lui-même en une sorte de huit couché à la manière du symbole ∞. Voir **Ananta** (en particulier la figure D. 1 de cet article). **Pûrna. Vishnupada.**

D'où cette interrogation : Wallis avait-il eu connaissance du symbole mythologique indien lorsqu'il introduisit ce signe dans le répertoire des conventions mathématiques ?

Cette question a été mal posée dès le départ, car il ne saurait s'agir ici d'une quelconque influence exercée sur Wallis de la part de la civilisation indienne.

En fait, ce graphisme et ses multiples variantes (∞, 8, S, ᔕ, etc.) se retrouvent à diverses époques, en différentes civilisations, et dans les domaines les plus variés, où ils s'expriment dans un symbolisme, sinon identique, du moins similaire à celui des représentations mythologiques indiennes.

Ainsi les trouve-t-on dans plusieurs représentations astrologiques, magiques, mystiques ou divinatoires anciennes, par exemple dans les talismans antiques et médiévaux, orientaux ou occidentaux, où le S, très fréquent, est censé exprimer, pour le porteur de l'amulette, un signe favorable à l'union *éternelle* et au bonheur *infini.*

De même, les cordons entrelacés en forme de 8 couché, peints sur les murs des loges maçonniques ou brodés sur des vêtements, ne sont pas de simples éléments décoratifs ; ils symbolisent surtout les liens qui unissent les membres d'un corps social : par leurs entrelacements répétés ils expriment une *union jusqu'à la mort* (cf. J. Chevalier et A. Gheerbrant).

On les retrouve également dans les manuscrits alchimiques du Moyen Age, où trois S signifient l'*abondance* des eaux pluviales ainsi que leur *constance.*

On peut également rattacher le S à la *rouelle céleste* du dieu romanisé de la Gaule antique, et aux talismans, de *sens également céleste,* des traditions magiques gréco-romaines (cf. J. Marquès-Rivière).

Et l'on sait que les Assyriens considéraient leur *ḥawu,* lui aussi en forme de S, comme le serpent de la *vie éternelle.* Symbole qui sera repris par les Hébreux en tant que « serpent d'airain » avant d'être aboli par Ézéchias (*Rois,* XVIII, 4). Il s'agit de ce serpent qui aurait été fabriqué par Moïse, dont la vue guérissait, paraît-il, les Israélites, lesquels, pour avoir murmuré contre Dieu, avaient été mordus par des serpents envoyés par Yahwé (*Nombres,* XXI, 4) [cf. GLE, IX, p. 770].

Pour mieux saisir l'idée qui a pu présider à la formation graphique de ce signe aux aspects les plus divers, il nous faut revenir au symbole mythologique évoqué plus haut, et tenter d'analyser ce que les Indiens avaient caché derrière l'image du serpent, et tout particulièrement à travers celle du grand serpent Ananta, puisque c'est bien de lui qu'il s'agit dans ces diverses représentations symboliques. Pour cela, il ne serait peut-être pas inutile de se reporter auparavant à l'article : **Serpent (Symbolique du).**

Rappelons que, depuis un temps immémorial et chez tous les peuples de la terre, le serpent, en plus des symboles terrestre et aquatique, incarne la notion même de l'infini et de l'éternité.

Et en cela, son image symbolique rejoint celle des entrelacs, ornements composés de moulures et de fleurons en forme de 8 ou de S enlacés les uns dans les autres, si chers autrefois à Léonard de Vinci. Il est vrai que dans les motifs décoratifs et dans les œuvres d'art, l'entrelacs est un *symbole aquatique,* figurant soit l'ondulation et le chevauchement des vagues, soit encore la vibration de l'air. Or, ce n'est pas un hasard si les entrelacs, ainsi associés à la vibration, symbolisent dans bon nombre de cosmogonies, la nature même de l'action créatrice, de l'énergie et de toute existence. Ils apparaissent ainsi dans l'art celtique, où ils symbolisent la notion même de l'*ourobouros* : le mouvement sans fin de l'évolution et de l'involution à travers l'enchevêtrement des faits cosmiques et humains.

Et l'on comprend que les lignes représentant schématiquement le serpent aient rejoint, pour ainsi dire, les graphismes attachés à l'entrelacs, aux vagues, à l'eau et plus généralement à tout mouvement ondulatoire.

Très significatif à cet égard est le cas des Pygmées, qui, « dans leur langage de chasse, représentent le serpent d'un trait sur le sol. Certains graffitis de l'époque paléolithique n'ont sans doute pas d'autre signification. On peut dire qu'ils ramènent le serpent à son expression première. Il n'est qu'une ligne, mais une ligne *vivante* : une abstraction, mais, selon le mot d'André Virel, une abstraction *incarnée.* La ligne n'a ni commencement ni fin ; qu'elle s'anime, et elle devient susceptible de toutes les représentations, de toutes les métamorphoses. On ne voit de la ligne que sa partie proche, présente, manifeste. Mais on sait qu'elle se poursuit, en deçà et au-delà, dans l'invisible infini... Il en va de même du serpent... Dans le monde diurne, il surgit comme un phantasme palpable, mais qui glisse entre les doigts, comme il glisse à travers le temps comptable, l'espace arpentable et les règles du raisonnable, pour se réfugier dans le monde du dessous, dont il provient, et où on l'imagine intemporel, permanent et immobile dans sa complétude. Rapide comme l'éclair, le serpent visible jaillit toujours d'une *bouche d'ombre,* faille ou crevasse, pour cracher la mort ou la vie, avant de retourner à l'invisible. Ou bien il quitte cette apparence mâle pour se faire femelle : il se love, il embrasse, il étreint, il étouffe, il déglutit, digère et dort. Ce serpent femelle est l'invisible serpent-principe, qui habite les couches profondes de la conscience et les couches profondes de la terre. Il est énigmatique, secret, on ne peut prévoir ses décisions, soudaines comme ses métamorphoses. Il joue des sexes comme de tous les contraires ; il est femelle et mâle aussi, jumeau en lui-même, comme tant de grands dieux créateurs qui sont toujours, dans leur représentation première, des serpents cosmiques » (J. Chevalier et A. Gheerbrant).

Bref, dans ces représentations directes, schématiques ou symboliques, les idées de support et de maintien sont donc toujours clairement exprimées.

Or, il y a deux façons de *maintenir* : soit en portant, soit en embrassant la création d'un cercle continu, qui empêche, pour ainsi dire, sa désintégration. C'est ce que fait justement le serpent, qui s'identifie de la sorte à la forme de l'ourobouros.

L'ourobouros, c'est le serpent qui se mord la queue ; il symbolise par là même le cycle d'une évolution refermée sur elle-même. « Ce symbole renferme en même temps les idées de mouvement, de continuité, d'autofécondation et, en conséquence, d'éternel retour. La forme circulaire de l'image a donné lieu à une autre interprétation : l'union du monde chtonien, figuré par le serpent, et du monde céleste, figuré par le cercle. Cette interprétation serait confirmée par le fait que l'ourobouros, dans certaines représentations, serait moitié noir, moitié blanc. Il signifierait ainsi l'union de deux principes opposés, soit le ciel et la terre, soit le bien et le mal, soit le jour et la nuit, soit le *yang* et le *yin* chinois, et toutes les valeurs dont ces opposés sont porteurs. Une autre opposition apparaît dans une interprétation à deux niveaux : le serpent qui se mord la queue, en dessinant une forme circulaire, rompt avec une évolution linéaire ; il marque un changement tel qu'il semble émerger à un niveau d'être supérieur, le niveau de l'être céleste ou spiritualisé, symbolisé par le cercle ; il transcende ainsi le niveau de l'animalité, pour avancer dans le sens de la plus fondamentale pulsion de vie ; mais cette interprétation ascendante ne repose que sur la symbolique du cercle, figure d'une perfection céleste. Au contraire, le serpent qui se mord la queue, qui ne cesse de tourner sur lui-même, s'enferme dans son propre cycle, évoque la roue des existences, le **samsâra* (ou cycle indien des "renaissances"), comme condamné à ne jamais échapper à son cycle pour s'élever à un niveau supérieur : il symbolise alors le perpétuel retour, le cercle *indéfini* des renaissances, la *continuelle* répétition, qui trahit la prédominance d'une fondamentale pulsion de mort. » Tout comme l'ourobouros, le serpent est donc « union sexuelle en lui-même, auto-fécondateur permanent, comme le montre sa queue enfoncée dans sa bouche ; il est perpétuelle transmutation de mort en vie, puisque ses crochets injectent son venin dans son propre corps ou, selon les termes de Bachelard, il est la dialectique matérielle de la vie et de la mort, la mort qui sort de la vie et la vie qui sort de la mort » (J. Chevalier et A. Gheerbrant).

On comprend donc mieux pourquoi et comment l'image du serpent en est venue tout naturellement à appeler, dans l'esprit et la psychologie des hommes, un graphisme circulaire. C'est une image certes d'apparence immobile, qui ne semble tourner que sur elle-même, mais dont le mouvement, infini, se reconduit perpétuellement en lui-même.

Mais pour bien marquer les interrelations du ciel et de la terre, ce cercle a été quelquefois coupé par deux diamètres perpendiculaires. Il est vrai que le signe en forme de X ou de croix symbolise la terre avec ses quatre horizons. Le cercle coupé d'une croix n'est donc autre que l'opposition céleste-terrestre de la mystique du serpent. Voir **Serpent (Symbolique du).**

Or, la paléographie prouve que ce dernier graphisme n'est autre, cursivement parlant, que le signe en forme de S ou de 8, décelé plus haut dans bon nombre de traditions magiques ou ésotériques en tant que marque de multitude ou d'éternité.

A cet égard, la formation même des chiffres de la numération romaine archaïque est très significative.

Tels que nous les connaissons aujourd'hui, les chiffres romains nous paraissent avoir été calqués sur des lettres latines :

I	V	X	L	C	D	M
1	5	10	50	100	500	1 000

Mais en réalité, ces graphismes ne sont pas les formes initiales de cette numération, qui, comme on l'a vu au chapitre 16, avait constitué le vestige d'un passé lointain où la pensée mathématique n'avait pas encore connu son plein développement. Ils ont été précédés par des formes bien plus anciennes n'ayant rien à voir avec les lettres d'un alphabet quelconque.

De fait, les chiffres romains dérivent de la pratique millénaire de l'entaille : procédé que l'on retrouve partout depuis les temps les plus reculés de l'histoire de l'arithmétique et qui a conduit tout naturellement les Romains et plusieurs autres peuples de la terre à des signes numériques dont la valeur et la facture se présentent de la manière suivante :

1 5 10 50 100

A l'origine, l'unité était figurée par un trait vertical, le nombre 5 par un angle aigu, la dizaine par une croix, la cinquantaine par un angle aigu muni d'un trait vertical et la centaine par une croix coupée par un trait vertical. Par une analogie formelle évidente, les chiffres primitifs pour 1, 5 et 10 furent par la suite assimilés aux lettres I, V et X. De son côté, le chiffre initial de la cinquantaine évolua graphiquement d'abord vers un signe en forme de flèche orientée vers le bas ; puis, par un phénomène cursif tout à fait normal, celui-ci devint une sorte de T disposé la tête en bas et dont l'aspect finit par être confondu avec la lettre L. Le chiffre de la centaine, quant à lui, évolua dans un premier stade vers un signe en forme de . Puis, dans un souci d'abréviation, ce signe fut peu à peu scindé en deux, pour n'être plus réduit qu'au C ou à son symétrique. Et c'est ainsi, sous l'influence de l'initiale du mot latin *Centum* (« cent »), que le chiffre a été assimilé à la lettre C.

Mais, ne disposant pas de chiffre pour le millier, les anciens Romains eurent l'idée d'encercler la croix de la dizaine. D'où, pour 500, la moitié du signe précédent : 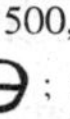 ; signe qui, par ressemblance, sera confondu finalement avec la lettre D.

A son tour, ce cercle coupé par une croix (= 1 000) évolua graphiquement, pour donner naissance ensuite aux diverses variantes graphiques suivantes, auxquelles la lettre M fut alors progressivement substituée à partir du Ier siècle avant notre ère, sous l'influence de l'initiale du mot latin *Mile* (voir chapitre 16, fig. 16.26 à 16.34, et p. 454-476) :

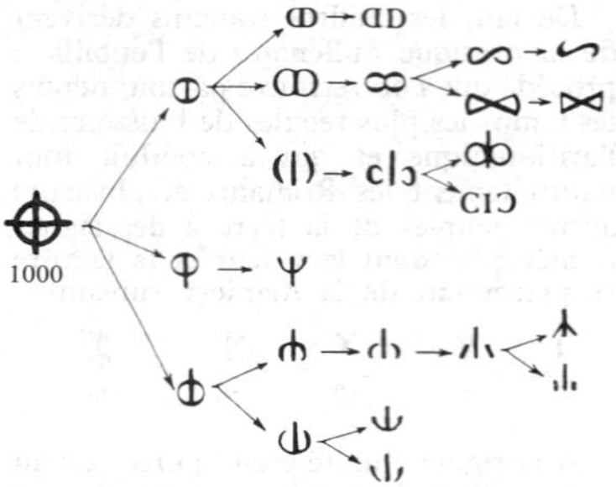

On voit donc comment, graphiquement, le cercle coupé d'une croix a donné un signe en forme de S ou de 8 couché.

Or, il faut remarquer que, chez les Romains, le terme *Mile* correspondait au plus grand nom de nombre de la numération parlée, le millier signifiant, par extension, dans le langage courant, la « multitude » et l'« indénombrable ». D'ailleurs, dans son *Histoire naturelle* (XXXIII, 133), Pline souligne que, de son temps, les Romains, ne sachant pas nommer les puissances de dix supérieures à cent mille, nommaient le million en disant : *decies centena milia* (« dix centaines de mille »).

Là aussi, mais probablement d'une manière inconsciente, telle une connaissance refoulée au fond du psychisme latent, le S et le 8 couchés étaient devenus synonymes de la grande quantité, de l'indénombrable et donc de l'infini, même si ces signes n'ont jamais servi aux Romains à exprimer clairement ces idées. Avec ces graphismes, les Latins revenaient donc, sans le savoir, aux temps reculés du culte et du mythe du serpent originel.

Outre l'image du cercle simple et du cercle coupé d'une croix, le reptile, en raison même de son mouvement ondulatoire caractérisé, a, il est vrai, appelé d'une manière tout aussi naturelle l'image d'un S couché. D'ailleurs, en tant que pictogramme, cette représentation se retrouve presque partout. On trouve aussi celle d'un S en position verticale, notamment dans l'iconographie maya, qui figure souvent le reptile en position redressée sur ses côtes médianes.

L'image en forme de S a donc été couchée ou maintenue debout, tout comme on l'a tantôt ouverte ou fermée. Et c'est ainsi, par association, que les signes en forme de S ou de 8 sont devenus tout naturellement des symboles graphiques représentant la multitude indénombrable, l'infini ou l'éternité.

Ainsi, comme tous les peuples de la terre, Wallis a-t-il puisé le graphisme de son symbole de l'infini mathématique dans le psychisme latent qui gardait en lui le souvenir inconscient du vieux mythe du serpent originel.

Autant dire que ce signe et sa famille relèvent d'une pensée profonde enfouie dans une mémoire collective se rapportant à une symbolique universelle qui a fait correspondre au serpent (et par extension à toute image qui ondule) des idées comme le ciel, l'univers, l'axe du monde, la nuit des origines, la substance primordiale, le principe vital, la vie, la vie éternelle, l'énergie sexuelle, l'énergie spirituelle, le vestige des temps passés, le germe des temps futurs, le développement et la résorption cyclique, la longévité, la fécondité extrême, la multitude indénombrable, l'abondance, l'immensité, la totalité, la stabilité absolue, le mouvement sans fin, etc.

Bref, le signe ∞, qui touche à Dieu d'une certaine manière, c'est bien celui qui se présente le plus naturellement à l'être humain pour exprimer cette angoisse et cette obsession qu'il a de tout temps pour le concept de l'Infini. Voir **Grands nombres (Signification symbolique des).**

INFINI ET MYSTIQUE. Voir **Infini (Représentation mythologique de l'). Serpent (Symbolique du).**

INFINIMENT GRAND. Voir **Grands nombres. Asamkhyeya. Grands nombres (Signification symbolique des). Infini.**

INFINIMENT PETIT. Voir **Petits nombres. Paramânu. Shûnya. Shûnyatâ. Zéro. Infini.**

INSIGNIFIANCE. Voir **Petits nombres. Shûnyatâ. Zéro.**

IRYÂ. [S]. Valeur = 4. « Position ». Allusion aux quatre positions principales du corps humain (positions : couchée à plat ventre, couchée sur le dos, debout et assise). Voir **Quatre.**

ÎSHA. [S]. Valeur = 11. Il s'agit de la forme abrégée d'*Îshâna,* l'un des noms de *Rudra, dont la valeur en tant que symbole est égale à 11. Voir **Rudra-Shiva. Onze.**

ÎSHADRISH. [S]. Valeur = 3. Les « yeux de Hara ». Voir **Îsha. Haranetra. Trois.**

ISHU. [S]. Valeur = 5. « Flèche ». Voir **Shara. Cinq.**

ÎSHVARA. [S]. Valeur = 11. « Seigneur de l'univers », « Divinité suprême ». Il s'agit d'un des attributs de *Shiva, qui n'est autre qu'une émanation de *Rudra, dont la valeur en tant que symbole est égale à 11. Voir **Rudra-Shiva. Onze.**

ÎSVÎ (**Ère**). Voir **Kristâbda.**

J

JAGAT. [S]. Valeur = 3. « Univers », « monde phénoménal ». Ce mot, en effet, est pris ici dans le sens des trois « mondes ». Voir **Loka. Triloka. Trois.**

JAGAT. [S]. Valeur = 14. « Monde ». Le mot est considéré ici dans le sens des quatorze terres d'élection du bouddhisme du Mahâyana (**Vaikuntha* compris). Voir **Bhuvana. Quatorze.**

JAGATÎ. [S]. Valeur = 1. « Terre ». Voir **Prithivî. Un.**

JAGATÎ. [S]. Valeur = 12. Il s'agit, relativement à la poésie d'expression sanskrite, d'une allusion aux quatre fois 12 syllabes dont se compose le vers du mètre de ce nom. Voir **Métrique indienne. Douze.**

JAGATÎ. [S]. Valeur = 48. Il s'agit, relativement à la poésie d'expression sanskrite, des quatre fois 12 syllabes du vers du mètre de ce nom. Voir **Métrique indienne.**

JAHNAVÎVAKTRA. [S]. Valeur = 1 000. Les « bouches de Jâhnavî ». Le nom de Jâhnavî désigne en fait le Gange (*Gangâ*), grand fleuve du nord de l'Inde, considéré comme la fille de Jâhnu. D'après la légende, celle-ci aurait bu le fleuve parce qu'il la dérangeait au moment de ses dévotions, mais l'eau en serait aussitôt ressortie par les oreilles. Pour comprendre l'allusion, il faut se rappeler que le nom sanskrit de « mille » (**sahasra*) désigne bien souvent la « multiplicité » et la « multitude », à la manière de notre mot « beaucoup ». Et comme le delta très marécageux de ce fleuve est divisé en plusieurs centaines de bras qui changent souvent de cours, on comprend que ses « bouches » en soient venues à désigner le millier dans le sens de la pluralité excessive. Voir **Mille.** Voir aussi **Grands nombres (Signification symbolique des).**

JAINA. Nom d'une secte religieuse indienne. Cette religion, qui semble avoir été fondée au VIe siècle environ avant notre ère, aurait été le fait d'un « sage » (*muni*) appelé Vardhamâna, mieux connu sous le nom de *Jina.*

La logique et la philosophie jaina s'accompagnent d'une morale très stricte, procédant de plusieurs concepts tels que ceux du *nayavâda* (science très élaborée de la connaissance du réel sous ses aspects les plus divers) ou du *syâdvâda* (qui consiste en une vision relativiste destinée à ajuster l'affirmation et la négation des choses à leur mouvante réalité). La nature est ainsi divisée en « catégories », classées à leur tour dans différents ordres selon le point de vue considéré.

Dans l'une de ces « catégories », il existe ainsi des « principes » et des « masses d'êtres » dont les plus importants sont l'âme, la matière, la cause du mouvement, la cause de l'arrêt du mouvement et l'espace (**âkâsha*).

La matière, elle, est de structure atomique. Chaque « atome » de nature corporelle est incréé, indivisible, indestructible, tout en possédant des saveurs, des odeurs et des couleurs propres.

Quant au temps, il est certes considéré comme une substance sans espace, mais il n'en est pas moins constitué, selon la conception jaina, d'une infinité d'« atomes temporels » (**kâlânu*).

Ces diverses théories s'accompagnent d'une vision cosmologique extrêmement élaborée de l'univers (**loka*), dans laquelle celui-ci est représenté symboliquement comme un homme debout composé de trois mondes, sa tête formant le monde supérieur, son corps le monde médian et ses jambes le monde inférieur. Ces trois mondes sont entourés d'une triple enveloppe atmosphérique, composée d'air, de vapeur et d'éther (**âkâśha*), au-delà de laquelle ne se trouve que de l'espace vide (**śhûnyatâ*).

Cet univers est organisé autour d'un axe vertical creux, à l'intérieur duquel sont censés se trouver tous les êtres vivants « mobiles ». Chaque monde est divisé à son tour en plusieurs étages : le monde inférieur ; le monde médian, qui comprend notre terre et des îles-continents (**dvîpa, *chaturdvîpa*) ; et enfin le monde supérieur, situé au-dessus du *Mont Meru, montagne mythique de la cosmologie brâhmanique et hindoue, supposée constituer le centre de l'univers et où les divinités sont censées résider. Quant au sommet, qui constitue le « chignon » de l'homme cosmique, il serait occupé par les âmes libérées.

Réf. : L. Frédéric [1]. Schubring et Führer-Heimendorf ; cf. aussi *Dictionnaire de la sagesse orientale.*

En ce qui concerne les âges du monde, les Jaina admettent la classification brâhmanique. Ainsi, le cinquième âge (celui dans lequel nous vivons) aurait débuté en 523 avant notre ère et serait caractérisé par la douleur. Il devrait être suivi d'un sixième et dernier « âge », de 21 000 ans, à la fin duquel la race humaine devrait subir de terribles mutations. Toutefois, le monde ne viendrait pas à disparaître. Car, selon la doctrine jaina, l'univers est indestructible. Et si l'univers est indestructible, c'est justement parce qu'il est infini, celui-ci correspondant à une infinité à la fois dans le temps et dans l'espace.

C'est pour tenter de cerner leur vision de cet univers impalpable, situé à la fois dans l'illimité et l'éternité, que les Jaina avaient entrepris d'étonnantes spéculations numériques et élaboré de la sorte une science caractéristique de leur mode de pensée : une « science » qui, en mettant à contribution des nombres gigantesques et repoussant sans cesse les limites de l'**asamkhyeya* (l'« indénombrable », l'« impossible à compter ») avait fini par leur permettre de caresser l'univers des nombres infinis. Voir **Anuyogadvâra Sûtra. Noms de nombre. Grands nombres. Infini** (tous les articles débutant par).

JALA. [S]. Valeur = 4. Synonyme de **âpa,* « eau ». Ce symbolisme s'explique par la doctrine brâhmanique des « éléments de la manifestation » (**bhûta*). Selon cette philosophie, l'univers résulterait, en effet, de l'interaction de cinq « pouvoirs » (*nritya*) personnifiés respectivement par *Brahma, *Vishnu, *Rudra, Maheśhvara et *Śhiva. Ces pouvoirs sont : la création (*śhrishti*), la conservation (*stithi*), l'émotion créatrice (*tirobhava*), la destruction (*shangara*) et le repos (*anugraha*). Du fait de ces cinq « pouvoirs », l'univers résulterait donc de la transformation et de l'interaction des « cinq éléments » (**pañcha bhûta*). Ces éléments sont respectivement : l'éther (**âkâśha*), l'eau (**âpa*), l'air (**vâyu*), le feu (**agni*) et la terre (**prithivî*). L'éther, le plus subtil de ces cinq éléments, est considéré comme la condition de toute extension corporelle et le réceptacle de toute matière se manifestant sous la forme de l'un quelconque des quatre autres éléments (cf. L. Frédéric). C'est donc en fait l'espace, l'« élément qui pénètre tout », le **śhûnya,* c'est-à-dire le « vide ». En d'autres termes, d'après cette philosophie, l'**âkâśha* (l'éther) est l'élément immuable et éternel qui est certes la condition essentielle de toute manifestation, mais qui, par essence, se dérobe à toute description, excluant par là même tout mélange avec les choses matérielles. Aussi cet élément n'est-il pas censé participer directement à l'« ordre matériel de la nature », issu du **prakriti* (la supposée substance matérielle originelle de l'univers). Il s'agit donc, pour la matière, d'un « ordre naturel » tout à fait semblable à celui de la doctrine des grands philosophes de la Grèce antique (Pythagore, Empédocle, Platon, Aristote, etc.). Doctrine « selon laquelle les divers phénomènes de la vie se ramènent aux manifestations des éléments qui déterminent l'essence des forces de la nature, celle-ci réalisant son œuvre de génération et de destruction au moyen de ces éléments : l'*eau,* l'*air,* le *feu* et la *terre.* Chacun d'eux est issu de la combinaison de deux principes primordiaux : l'eau procède du froid et de l'humide, l'air de l'humide et du chaud, le feu du chaud et du sec, et la terre du sec et du froid. Chacun d'eux est représentatif d'un état, liquide, gazeux, igné et solide. Et à chacun d'eux est assimilé un ensemble de conditions données de la vie, et cela dans une conception évolutive où le déroulement du cycle commence avec le premier élément (l'eau) pour finir avec le dernier (la terre) en passant par les termes intermédiaires (l'air et le feu). Nous avons ainsi un *ordre quaternaire de la nature,* soit un ordre des tempéraments et des étapes de la vie humaine : hiver, printemps, été, automne ; minuit au lever, lever au midi, midi au coucher, coucher au minuit ; lymphatique, sanguin, bilieux, nerveux ; enfance, jeunesse, maturité, vieillesse ; formation, épanouissement, culmination, déclin ; etc. » (J. Chevalier et A. Gheerbrant). C'est donc bien sur cette base que l'eau (*jala*) en est venue à symboliser le nombre quatre dans la pensée indienne. Notons aussi que c'est bien ce symbolisme quaternaire de l'eau qui a souvent donné à l'« océan » (**sâgara*) la valeur 4 en tant que mot-symbole numérique. Voir **Quatre. Sâgara.**

JALADHARAPATHA. [S]. Valeur = 0. « Voyage sur l'eau ». Allusion à *Ananta, le serpent à mille têtes, qui flotte sur les eaux primordiales, ou « océan d'inconscience », pendant l'espace de temps séparant deux créations successives du monde. Ce symbolisme correspond donc à l'identification de l'infini au zéro, puisque Ananta n'est autre que le serpent de l'infini et de l'éternité. Voir **Zéro.**

JALADHI. [S]. Valeur = 4. « Mer ». Voir **Sâgara. Quatre.** Voir aussi **Océan.**

JALADHI. Mot à mot : « Mer ». Nom donné au nombre dix puissance 14 (= cent billions). Voir **Noms de nombre.** Pour une explication de ce symbolisme : voir **Grands nombres (Signification symbolique des).**

Source : **Lîlâvatî* de Bhâskarâchârya (+ 1150).

JALANIDHI. [S]. Valeur = 4. « Mer ». Voir **Sâgara. Quatre.** Voir aussi **Océan.**

JAMBUDVÎPA. « Île de l'arbre Jambu ». Nom de l'ensemble du sous-continent indien dans la cosmologie hindoue, qui le situe (selon une représentation caractérisée de la structure de l'univers) au sud du *Mont Meru.

JEU D'ÉCHECS. Voir **Chaturanga.** Pour la légende de son invention : voir chapitre 23, p. 755 *sq.*

JINA. Nom du fondateur de la secte religieuse des *Jaina.

JINABHADRA GANI. Arithméticien indien qui vécut à la fin du + VIe siècle. Auteur notamment d'un ouvrage intitulé *Brihatkshetrasâmâsa,* où il donne du nombre 224 400 000 000 une expression dans le système positionnel décimal de la numération sanskrite simplifiée (cf. Datta et Singh, p. 79). Voir **Numération sanskrite simplifiée. Arithmétique de position (Récapitulation des faits historiques se rapportant à la découverte de l'). Mathématiques indiennes (Histoire des).**

JOUR. [S]. Valeur = 15. Voir **Tithi. Ahar. Quinze.**

JOUR DE BRAHMA. Période cosmique correspondant à la durée totale d'une création de l'univers. Selon la cosmogonie brâhmanique, ce « jour » équivaudrait à 12 000 000 d'années divines (**divyavarsha*) ; et comme une année divine correspondant à 360 de nos années, le « jour de Brahma » serait donc égal à 4 320 000 000 d'années humaines. Voir **Divyavarsha. Mahâyuga. Yuga.**

JOUR DE BRAHMA (Spéculations arithmo-cosmogoniques sur le). Selon la cosmogonie brâhmanique, la durée de l'univers matériel serait limitée, celle-ci se manifestant par cycles de **kalpa* :

« Toutes les planètes de l'univers, de la plus évoluée à la plus basse, sont lieux de souffrance, où se succèdent la naissance et la mort. Mais pour l'âme qui atteint mon Royaume, ô fils de Kunti, il n'est plus de renaissance. Un jour de *Brahma vaut mille des âges (**yuga*) que connaissent les hommes ; et autant chaque nuit » (**Bhagavad-Gîtâ,* VIII, vers 16 et 17).

Ainsi chaque *kalpa* constituerait-il un jour de la vie de Brahma, le dieu créateur. En d'autres termes, les quatre âges d'un **mahâyuga* devraient être répétés mille fois pour former un « jour de Brahma », unité de temps qui apparaît ainsi comme l'équivalente de 4 320 000 000 d'années humaines.

Selon cette cosmogonie, il s'agit là en fait de la durée totale d'un univers créé. Le *kalpa* ou « jour de Brahma » est en effet censé correspondre à l'apparition, l'évolution et la disparition d'un monde, ce cycle devant être suivi d'une période de « repos cosmique » d'égale durée, à laquelle devrait succéder un nouveau *kalpa*, et ainsi de suite indéfiniment. Autrement dit, chaque *kalpa* devrait s'achever par une destruction totale (*pralaya*) de l'univers, pour être suivie aussitôt d'une période de résorption équivalant à une « nuit de Brahma », de durée égale au « jour » correspondant, avant que la vie ne soit insufflée à un nouvel univers. Et c'est justement durant cette période de non-création que *Vishnu, allongé sur le serpent *Ananta de l'Infini et de l'Éternité, se repose en attendant que Brahma accomplisse de nouveau son œuvre de Création.

Cette philosophie a été développée au point qu'on est allé jusqu'à spéculer sur le « temps de vie du dieu Brahma ». Car, dit un Commentaire de la **Bhagavad-Gîtâ,* « nul dans l'univers matériel, pas même Brahma, n'échappe à la naissance, la vieillesse et la mort ». D'ailleurs, y est-il ajouté, « l'Océan Causal contient d'innombrables Brahma, qui, étant en incessant devenir, apparaissent et disparaissent comme des bulles ».

Voici quelques calculs à ce propos.

Sachant qu'une « journée » complète de ce dieu est constituée de la réunion d'un de ses « jours » et d'une de ses « nuits », les « 24 heures de Brahma » correspondraient donc à une durée de : 4 320 000 000 + 4 320 000 000 = 8 640 000 000 (= huit milliards six cent quarante millions) d'années humaines.

Or, une « année de Brahma » se compose de 360 de ses « journées ». Elle correspondrait donc à une durée de : 8 640 000 000 × 360 = 3 110 400 000 000 (= trois billions cent dix milliards et quatre cents millions) d'années humaines.

Et comme ce dieu est censé vivre cent de ses propres « années », la durée totale de son existence serait donc égale à : 3 110 400 000 000 × 100 = 311 040 000 000 000 (= trois cent onze billions et quarante milliards) d'années humaines.

Notons que, selon certaines traditions, rapportées notamment par Al Bīrūnī, le « jour de Brahma » correspondrait, non pas à un simple *kalpa,* mais à un **parârdha* de kalpa, c'est-à-dire à la durée d'un kalpa multipliée par *dix puissance 17.*

Donc : 1 « journée de Brahma » = 100 000 000 000 000 000 (= cent trillions) de kalpa.

Et comme un *kalpa* fait 4 320 000 000 d'années, un « jour » de ce dieu correspondrait donc à : 432 000 000 000 000 000 000 000 000 (= quatre cent trente-deux sextillions) d'années humaines.

D'où pour la « journée » complète : 864 000 000 000 000 000 000 000 000 (= huit cent soixante-quatre sextillions) années humaines.

En multipliant ce nombre par 36 000, la « vie de Brahma » durerait donc trente et un octillions et cent quatre septillions d'années humaines.

Puériles à première vue, de telles spéculations sont toutefois très révélatrices de la tendance indienne à l'abstraction métaphysique et du haut niveau conceptuel atteint sans doute de bonne heure par l'arithmétique de cette civilisation. Voir **Ananta. Arithmétique spéculative. Asamkhyeya. Calcul. Grands nombres. Infini. Numération sanskrite. Sheshashîrsha. Mathématiques indiennes (Histoire des). Yuga (Spéculations cosmogoniques sur les).**

JOUR DE LA SEMAINE. [S]. Valeur = 7. Voir **Vâra. Sept.**

JOYAU. [S]. Valeur = 3. Voir **Ratna. Trois.**

JOYAU. [S]. Valeur = 5. Voir **Ratna. Cinq.**

JOYAU. [S]. Valeur = 8. Voir **Mangala. Huit.**

JOYAU. [S]. Valeur = 9. Voir **Ratna. Neuf.**

JOYAU. Valeur = 14. Voir **Ratna. Quatorze.**

JUMEAUX, PAIRES OU COUPLES. [S]. Notions dont les termes sont employés en tant que symboles du nombre 2. Voir **Aśhvin. Aśhvina. Aśhvinau. Dasra. Dvandva. Dvaya. Dvija. Nâsatya. Ravichandra. Yama. Yamala. Yugma. Deux.**

JVALANA. [S]. Valeur = 3. « Feu ». Voir **Agni. Trois.**

JYOTISHA. Nom sanskrit attribué à l'astronomie, dès lors que celle-ci a été considérée comme une discipline distincte de l'arithmétique et du calcul. Ce nom (qui signifie mot à mot « science des étoiles ») a été cependant longtemps attribué à l'astrologie. Voir **Astrologie indienne. Ganita. Astronomie indienne (Histoire de l').**

JYOTISHAVEDÂNGA. « Élément astronomique du Savoir ». Nom d'un ancien traité d'astrologie, destiné notamment à la détermination des dates exactes des sacrifices du culte brâhmanique (cf. R. Billard). Voir **Jyotisha. Astrologie indienne. Astronomie indienne (Histoire de l').**

K

KÂCHCHÂYANA. Grammairien originaire de Srî Lankâ, à qui est attribué le *Vyâkarana,* une grammaire pâlî divisée en huit parties. Il vécut vraisemblablement au + XIe siècle.

Liste des principaux noms de nombre mentionnés dans cet ouvrage :

*Koti (= 10^{7}). *Pakoti (= 10^{14}). *Kotippakoti (= 10^{21}). *Nahuta (= 10^{28}). *Ninnahuta (= 10^{35}). *Akkhobhini (= 10^{42}). *Bindu (= 10^{49}). *Abbuda (= 10^{56}). *Nirabbuda (= 10^{63}). *Ahaha (= 10^{70}). *Ababa (= 10^{77}). *Atata (= 10^{84}). *Sogandhika (= 10^{91}). *Uppala (= 10^{98}). *Kumuda (= 10^{105}). *Pundarîka (= 10^{112}). *Paduma (= 10^{119}). *Kathâna (= 10^{126}). *Mahâkathâna (= 10^{133}). *Asankhyeya (= 10^{140}).

Voir **Noms de nombre. Grands nombres.** Voir aussi chap. 24, p. 940-949.

Source : *Vyâkarana* de Kâchchâyana (cf. JA, 6e Série, XVII, 1871, p. 411, vers 51-52).

KAKUBH. [S]. Valeur = 10. « Horizon ». Voir **Diśh. Dix.**

KÂLA. [S]. Valeur = 3. « Temps ». Dans la mythologie brâhmanique, le temps est personnifié par le terrible Kâla, Seigneur de la Création et de la Destruction. Il est souvent identifié à Śhiva tenant son Trident (*triśhûlâ*), qui symbolise les 3 aspects de la manifestation (création, préservation, destruction), ainsi que les trois propriétés primordiales (*guna*) et les trois états de la conscience. Ici, le mot est synonyme de *trikâla*, « trois temps ». Voir **Guna. Śhûla. Triguna. Trois.**

KALACHURI (Ère). Voir **Chhedi.**

KALAMBA. [S]. Valeur = 5. « Flèche ». Voir **Shara. Cinq.**

KÂLÂNU. « Atome temporel ». Selon la conception *jaina, le temps (*kâla*) serait composé d'une infinité d'atomes (*anu*) de nature temporelle.

KALÂSAVARNA. Mot employé en arithmétique pour désigner les « opérations fondamentales » sur les fractions. Voir **Parikarma.**

KALIYUGA. Nom de la dernière des quatre ères cosmiques qui composent un *mahâyuga*. Ce cycle, censé comporter 432 000 années humaines, est regardé comme l'« âge de fer », durant lequel les êtres ne devraient plus vivre qu'un quart de leur existence et où les forces du mal devraient triompher de celles du bien : c'est l'âge dans lequel nous vivons actuellement et qui devrait s'achever par un *pralaya* (destruction par le feu et l'eau). Voir **Yuga (Définition). Yuga (Systèmes de computation des). Yuga (Spéculations cosmogoniques sur les).**

KALIYUGA (Ère du). Calendrier aux époques fictives, auquel il est fait parfois référence dans les textes religieux hindous et les textes astronomiques indiens. Sa date initiale est fixée au 18 février de l'an – 3101 du calendrier julien. Constituant une spéculation caractéristique des astronomes indiens, le début de cette ère est rapporté traditionnellement à un point de départ théorique des révolutions célestes correspondant à une supposée conjonction générale en longitude moyenne au point origine des longitudes sidérales du Soleil, de la Lune et des planètes (les apogées et nœud ascendant de la Lune se trouvant respectivement à 90° et 180° de ces longitudes). Il suffit de soustraire 3 101 d'un millésime exprimé dans cette ère pour obtenir son correspondant dans notre calendrier. Voir **Kaliyuga. Ères indiennes. Yuga (Spéculation astronomique).**

KALPA. Unité de temps cosmique correspondant, selon des spéculations proprement indiennes, à la durée de 1 000 **mahâyuga*. Un kalpa correspond donc à 4 320 000 000 années humaines. Voir **Yuga (Définition).**

KALPA (Spéculations cosmogoniques sur les). Dans la cosmogonie bouddhique, le terme *kalpa* désigne une durée infiniment longue... Le kalpa se divise en quatre périodes : la création des mondes, la durée de vie des mondes existants, la destruction des mondes et la durée d'existence du chaos. Durant la période de création se forment les différents univers avec leurs êtres vivants. La seconde période voit l'apparition du Soleil et de la Lune, la différenciation des sexes et le développement de la vie sociale. Durant la phase de destruction, le feu, l'eau et le vent anéantissent tout en dehors du quatrième *dhyâna*. Le chaos représente l'anéantissement total. Ces quatre phases constituent un « grand » kalpa (**mahâkalpa*) ; chacune d'elles se compose de 20 « petits » kalpa, lesquels se décomposent eux-mêmes en ères de fer, de bronze, d'argent et d'or. Durant toute la phase de création d'un « petit » kalpa, l'espérance de vie des hommes augmente d'un an par siècle jusqu'à atteindre 84 000 ans. Parallèlement, le corps humain grandit jusqu'à une taille de 8 400 pieds. Durant la période de disparition du « petit », qui comporte les phases successives de la peste, de la guerre et de la famine, la vie humaine se raccourcit jusqu'à 10 ans et le corps humain revient à un pied de hauteur. (Article extrait du *Dictionnaire de la sagesse orientale.*) Voir **Kalpa** (premier article ci-dessus). **Jour de Brahma.**

KALPA. [Astronomie]. Selon Brahmagupta (+ 628), le cycle appelé *kalpa,* ou période de 4 320 000 000 ans, serait délimité par deux conjonctions parfaites en longitude vraie de la totalité des éléments, elles-mêmes assorties chacune d'une éclipse totale du Soleil à six heures sonnantes du temps civil d'*Ujjayinî. Voir **Kalpa** (premier article ci-dessus). **Yuga (Spéculation astronomique sur les).**

KÂMA. [S]. Valeur = 13. Nom de la divinité hindoue du Désir cosmique, de l'Amour charnel et dont l'action déterminerait chez les êtres les lois de la renaissance (**samsâra*). Et comme Kâma est censé présider au 13ᵉ jour lunaire, le symbolisme considéré s'impose donc de lui-même. Voir **Treize.** Voir aussi **Pañchabâna.**

KAMÂLAKARA. Astronome indien du + XVIIᵉ siècle. Auteur notamment du traité intitulé *Siddhântatattvaviveka,* dans lequel la notation décimale positionnelle des symboles numériques sanskrits est très abondamment employée (cf. Dvivedi [4]). Voir **Symboles numériques. Symboles numériques (Principe de la numération des). Arithmétique de position (Récapitulation des faits historiques se rapportant à la découverte de l'). Mathématiques indiennes (Histoire des).**

KANKARA. Nom donné au nombre dix puissance 13 (= dix billions). Voir **Noms de nombre. Grands nombres.**

Source : **Lalitavistara Sûtra* (avant + 308).

KARA. [S]. Valeur = 2. « Main ». A cause de la symétrie des deux mains. Voir **Deux.**

KARAHU. Nom donné au nombre dix puissance 33. Voir **Noms de nombre. Grands nombres.**

Source : **Lalitavistara Sûtra* (avant + 308).

KARANA. Nom du formulaire astronomique pratiquant, par exemple, dans l'appareil des longitudes vraies, l'interpolation – généralement linéaire – de valeurs tabulées. Voir **Astronomie indienne (Histoire de l'). Yuga (Spéculation astronomique sur les).**

KARANAPADDHATI. Voir **Putumanasomayâjin.**

KARANÎYA. [S]. Valeur = 5. « Ce qui doit être fait ». Il s'agit en effet des cinq observances majeures de la religion *jaina, qui constituent les règles de base de leur morale : la non-nuisance aux êtres vivants (*ahimsâ*) ; la non-fausseté (*sunrita*) ; l'abstention du vol (*asteya*) ;

la discipline charnelle (*brahmâchârya*) ; et le détachement des biens de ce monde (*aparigraha*). Voir **Cinq.**

KARNIKÂCHALA. L'un des noms du *Mont Meru. Voir **Adri. Dvîpa. Pûrna. Pâtâla. Sâgara. Pushkara. Pâvana. Vâyu.**

KÂRTTIKEYA. Divinité hindoue de la guerre et de la planète Mars, fils de Shiva, que l'on assimile souvent à *Kumâra.

KÂRTTIKEYÂSYA. [S]. Valeur = 6. « Visages de *Kârttikeya ». Allusion aux six têtes de cette divinité. Voir **Six.**

KATAPAYA (Numération dite). Voir **Numération katapayâdi.**

KÂTHAKA SAMHITÂ. Texte dérivé du *Yajurveda* « noir ». Il figure parmi les textes de la littérature védique. Issu d'une transmission orale depuis des temps anciens, il n'a cependant trouvé sa forme définitive qu'au début de l'ère chrétienne. Voir **Veda.**

Liste des principaux noms de nombre mentionnés dans ce texte :

*Eka (= 1). *Daśha (= 10). *Sata (= 10^2). *Sahasra (= 10^3). *Ayuta (= 10^4). *Prayuta (= 10^5). *Niyuta (= 10^6). *Arbuda (= 10^7). *Nyarbuda (= 10^8). *Samudra (= 10^9). *Vâdava (= 10^9). *Madhya (= 10^{10}). *Anta (= 10^{11}). *Parârdha (= 10^{12}).

Voir **Noms de nombre. Grands nombres.**

Réf. : *Kâthaka Samhitâ*, XVII, 10 (cf. Datta et Singh, p. 10).

KATHÂNA. Nom donné au nombre dix puissance 119. Voir **Grands nombres.**

Réf. : **Vyâkarana* (grammaire pâlî) de Kâchchâyana (+ XIe siècle environ).

KAVACHA. Mot à mot : « Charme, armure ». Nom des talismans et des amulettes d'origine tantrique. Voir **Alphabet numéral, magie, mystique et divination.**

KÂYA. [S]. Valeur = 6. « Corps ». Allusion aux **trikâya*, les « trois corps » qu'un bouddha peut assumer simultanément, et que l'on met souvent en association avec les « trois sphères » d'existence des bouddha. D'où la somme symbolique : 3 + 3 = 6. Voir **Six.**

KEŚHAVA. [S]. Valeur = 9. Il s'agit d'une des épithètes de *Vishnu (et de *Krishna). Le symbolisme s'explique par le fait que *keśhava* est un autre nom du mois de *mârgâśhîrsha*, le neuvième mois de l'année dite **chaitrâdi*. Voir **Neuf.**

KHA. [S]. Valeur = 0. Mot signifiant « espace ». Ce symbolisme s'explique par le fait que l'espace n'est autre que le « vide ». Voir **Śhûnya. Zéro.**

KHACHHEDA. Terme sanskrit employé pour désigner l'infini mathématique. Littéralement : « divisé par zéro » (de **kha*, l'« espace » en tant que symbole de zéro, et de *chheda*, « acte de briser en plusieurs fragments », « division »). C'est donc bien ici la « quantité dont le dénominateur est nul ». Terme employé dans ce sens, notamment par *Brahmagupta dans son *Brahmasphutasidânta* (+ 628). Voir **Chhedana. Infini** (articles débutants par). **Zéro. Mathématiques indiennes (Histoire des).**

KHAHÂRA. Mot sanskrit pour l'infini mathématique. Littéralement : « division par zéro ». Employé notamment par *Bhâskarâchârya. Voir **Khachheda.**

KHAMBA. Nom donné au nombre dix puissance 13 (= dix billions). Voir **Noms de nombre. Grands nombres.**

Source : **Lalitavistara Sûtra* (avant + 308).

KHARVA. Nom donné au nombre dix puissance 10 (= dix milliards). Voir **Noms de nombre. Grands nombres.**

Sources : **Kitāb fī taḥqīq i mā li'l hind* d'Al Bīrūnī (vers + 1030) ; **Lîlâvatî* de Bhâskarâchârya (+ 1150) ; **Ganitakaumudî* de Nârâyana (+ 1350) ; **Triśhatikâ* de Shrîdharâchârya (date incertaine).

KHARVA. Nom donné au nombre dix puissance 12 (= billion). Voir **Noms de nombre. Grands nombres.**

Source : **Ganitasârasamgraha* de Mahâvîrâchârya (+ 850).

KHARVA. Nom donné au nombre dix puissance 39. Voir **Noms de nombre. Grands nombres.**

Source : **Râmâyana* de Vâlmîki (premiers siècles de notre ère).

KITĀB FĪ TAḤQĪQ I MĀ LI'L HIND. Ouvrage arabe d'Al Bīrūnī, constituant l'un des plus importants témoignages effectués sur la civilisation indienne au début du XIe siècle. Voir **Al Bīrūnī.**

KOLLAM (Ère). Ère débutant en + 825, créée par un souverain de la ville du même nom située au Kerala près de Travancore, sur la côte de Malabar. Il suffit d'ajouter 825 à un millésime exprimé dans cette ère pour obtenir son correspondant dans notre calendrier. Également appelée *Paraśhurâma*. Peu usitée. Voir **Ères indiennes.**

KOTI. Nom donné au nombre dix puissance 7 (= dix millions). Voir **Noms de nombre. Grands nombres.**

Sources : **Râmâyana* de Vâlmîki (premiers siècles de notre ère) ; **Lalitavistara Sûtra* (avant + 308). **Âryabhatîya* (+ 510) ; **Ganitasârasamgraha* de Mahâvîrâchârya (+ 850) ; **Kitāb fī taḥqīq i mā li'l hind* d'Al Bīrūnī (vers + 1030) ; **Vyâkarana* (grammaire pâlî) de Kâchchâyana (+ XIe siècle) ; **Lîlâvatî* de Bhâskarâchârya (+ 1150) ; **Ganitakaumudî* de Nârâyana (+ 1350) ; **Triśhatikâ* de Śhrîdharâchârya (date incertaine).

KOTIPPAKOTI. Nom donné au nombre dix puissance 21 (= quintillion). Voir **Noms de nombre. Grands nombres.**

Source : **Vyâkarana* (grammaire pâlî) de Kâchchâyana (+ XIe siècle).

KRAMÂD (KRAMÂT). Mot signifiant « dans l'ordre ». Voir **Sthâna. Sthânakramâd. Ankakramena.**

KRIŚHÂNU. [S]. Valeur = 3. « Feu ». Voir **Agni. Trois.**

KRISHNA. Voir **Avatâra. Infini (Représentation cosmologique et mythologique de l').**

KRISTÂBDA (Ère). Nom donné à l'ère chrétienne, qui se nomme aussi *îsvî* ou *imrâjî*. Voir **Ères indiennes.**

KRITA. [S]. Valeur = 4. Il s'agit du nom du premier des quatre cycles cosmiques (**kritayuga*) dont se compose un **chaturyuga* (ou **mahâyuga*), selon la cosmogonie brâhmanique. Le symbolisme joue ici non pas sur le fait que le *kritayuga* ait été le « premier âge » du monde, mais plutôt parce que celui-ci avait inauguré un nouveau *chaturyuga*. Par lui débutait donc un nouveau cycle cosmique composé de quatre périodes correspondant à la vie d'un univers. Voir **Yuga. Quatre.**

KRITAYUGA. Nom de la première des quatre ères cosmiques qui composent un **mahâyuga* (ou **chaturyuga*). Ce cycle, censé comporter 1 728 000 années humaines, est regardé comme l'« âge d'or » pendant lequel les hommes auraient eu une vie extrêmement longue et où tout aurait été parfait. Voir **Yuga.**

KRITI. [S]. Valeur = 20. Il s'agit, relativement à la poésie d'expression sanskrite, du mètre de quatre fois 20 syllabes. Voir **Métrique indienne. Vingt.**

KSHAPEŚHVARA. [S]. Valeur = 1. « Lune ». Voir **Abja. Un.**

KSHAUNÎ. [S]. Valeur = 1. « Terre ». Voir **Prithivî. Un.**

KSHEMÂ. [S]. Valeur = 1. « Terre ». Voir **Prithivî. Un.**

KSHETRAGANITA. Terme employé à la haute époque pour désigner la géométrie. Voir **Ganita.**

KSHITI. [S]. Valeur = 1. « Terre ». Voir **Prithivî. Un.**

KSHITI. Mot à mot : « terre ». Nom donné au nombre dix puissance 20 (= cent quadrillions). Voir **Noms de nombre.** Pour une explication de ce symbolisme : voir **Grands nombres (Signification symbolique des).**

Source : **Ganitasârasamgraha* de Mahâvîrâchârya (+ 850).

KSHOBHA. Nom donné au nombre dix puissance 22 (= dix quintillions). Voir **Noms de nombre. Grands nombres.**

Source : **Ganitasârasamgraha* de Mahâvîrâchârya (+ 850).

KSHOBHYA. Mot à mot : « Mouvement ». Nom donné au nombre dix puissance 17 (= cent trillions). En raison de l'importance considérable de ce nombre, l'attribution de ce nom pourrait provenir de l'association d'idées avec le « mouvement sans fin » effectué par les vagues, puisque l'« océan » (**samudra*, **jaladhi*) a été mis quelquefois à contribution dans la nomenclature indienne des grands nombres. Voir **Noms de nombre. Grands nombres.**

Source : **Lalitavistara Sûtra* (avant + 308).

KSHONI. [S]. Valeur = 1. « Terre ». Voir **Prithivî. Un.**

KSHONI. Mot à mot : « terre ». Nom donné au nombre dix puissance 16 (= dix trillions). Voir **Noms de nombre.** Pour une explication de ce symbolisme :

voir **Grands nombres (Signification symbolique des).**

Source : **Ganitasârasamgraha* de Mahâvîrâchârya (+ 850).

KU. [S]. Valeur = 1. « Terre ». Voir **Prithivî. Un.**

KUMÂRA. Voir **Kumârâsya. Kumâravadana. Kârttikeya.**

KUMÂRÂSYA. [S]. Valeur = 6. « Visages de *Kumâra ». Allusion aux six têtes de *Kârttikeya. Voir **Kumâra. Six.**

KUMÂRAVADANA. [S]. Valeur = 6. « Visages de *Kumâra ». Allusion aux six têtes de *Kârttikeya. Voir **Kumâra. Six.**

KUMUD. Mot à mot : « lotus (blanc rosé) ». Nom donné au nombre dix puissance 21 (= quintillion). Voir **Noms de nombre.** Pour une explication de ce symbolisme : voir **Grands nombres (Signification symbolique des).**

Source : **Lalitavistara Sûtra* (avant + 308).

KUMUDA. Mot à mot : « lotus (blanc rosé) ». Nom donné au nombre dix puissance 105. Voir **Noms de nombre.** Pour une explication de ce symbolisme : voir **Grands nombres (Signification symbolique des).**

Source : **Vyâkarana* (grammaire pâlî) de Kâchchâyana (+ XIe siècle).

KUÑJARA. [S]. Valeur = 8. « Éléphant ». Voir **Diggaja. Huit.**

KUTTAKAGANITA. Nom donné en algèbre à la partie se rapportant à l'analyse des équations indéterminées du premier degré. Voir **Mathématiques indiennes (Histoire des).**

L

LABDHA. Terme utilisé en arithmétique pour désigner le quotient d'une division. Synonyme : *labdhi.* Voir **Bhâgahâra. Chhedana. Shesha.**

LAGHUBHÂSKARÎYAVIVARANA. Voir **Shankaranârâyana.**

LAIT CAILLÉ. [S]. Valeur = 1. Voir **Mahî. Un.**

LAKH. Nom donné au nombre dix puissance 5 (= cent mille). Voir **Noms de nombre. Grands nombres.**

Source : **Lalitavistara Sûtra* (avant + 308).

LAKKHA. Nom donné au nombre dix puissance 5 (= cent mille). Voir **Noms de nombre. Grands nombres.**

Source : **Vyâkarana* (grammaire pâlî) de Kâchchâyana (+ XIe siècle).

LAKSHA. Nom donné au nombre dix puissance 5 (= cent mille). Voir **Noms de nombre. Grands nombres.**

Sources : **Ganitasârasamgraha* de Mahâvîrâchârya (+ 850) ; **Kitāb fī taḥqīq i mā li'l hind* d'Al Bīrūnī (≈ + 1030) ; **Lîlâvatî* de Bhâskarâchârya (+ 1150) ; **Ganitakaumudî* de Nârâyana (+ 1350) ; **Triśhatikâ* de Shrîdharâchârya (date incertaine).

LAKSHAMANA (Ère). Ère débutant en l'an + 1118. Il suffit d'ajouter 1118 à un millésime exprimé dans cette ère pour obtenir son correspondant dans notre calendrier. Autrefois utilisée dans la région du Mithilâ (au nord du Bihâr). Voir **Ères indiennes.**

LALITAVISTARA SÛTRA. « Développement des jeux ». Texte sanskrit du bouddhisme du Mahâyâna, composé en vers et en prose, traitant de la vie du Bouddha, telle qu'il l'aurait racontée à ses propres disciples, et où il est constamment question de nombres gigantesques.

Ce texte est en réalité une compilation relativement tardive d'histoires et de légendes anciennes. Il est en tout cas visiblement postérieur à la **Vâjasaneyî Samhitâ* (début de l'ère chrétienne), sans être toutefois postérieur au début du + IVe siècle, puisque le *Lalitavistara Sûtra* a été traduit en chinois par Dharmarâksha en l'an + 308.

Liste de noms de grands nombres, mentionnés, entre autres, dans ce texte :

Lakh (= 10^{5}). *Koti (= 10^{7}). *Nahut (= 10^{9}). *Ninnahut (= 10^{11}). *Khamba (= 10^{13}). *Viskhamba (= 10^{15}). *Abab (= 10^{17}). *Attata (= 10^{19}). *Kumud (= 10^{21}). *Gundhika (= 10^{23}). *Utpala (= 10^{25}). *Pundarîka (= 10^{27}). *Paduma (= 10^{29}).

Autre liste de noms de grands nombres figurant dans ce texte (légende du Bouddha) :

*Ayuta (= 10^{9}). *Niyuta (= 10^{11}). *Kankara (= 10^{13}). *Vivara (= 10^{15}). *Kshobhya (= 10^{17}). *Vivaha (= 10^{19}).

*Utsanga (= 10^{21}). *Bahula (= 10^{23}). *Nâgabala (= 10^{25}). *Titilambha (= 10^{27}). *Vyavasthânaprajñapati (= 10^{29}). *Hetuhila (= 10^{31}). *Karahu (= 10^{33}). *Hetvindriya (= 10^{35}). *Samâptalambha (= 10^{37}). *Gananâgati (= 10^{39}). *Niravadya (= 10^{41}). *Mudrâbala (= 10^{43}). *Sarvabala (= 10^{45}). *Visamjñagati (= 10^{47}). *Sarvajña (= 10^{49}). *Vibhutangamâ (= 10^{51}). *Tallakshana (= 10^{53}). *Dhvajâgravati (= 10^{99}). *Dhvajâgraniśhâmani (= 10^{145}), etc.

Voir **Noms de nombre. Grands nombres.** Voir aussi chapitre 24, p. 940-949.

Réf. : Lal Mitra ; Datta et Singh, p. 10-11 ; Woepcke [2].

LALLA. Astronome indien ayant vécu au + IXe siècle. Auteur notamment d'un intéressant traité astronomique intitulé *Śhishyadhîvriddhidatantra,* dans lequel la notation décimale positionnelle des *symboles numériques sanskrits est abondamment employée (cf. R. Billard, p. 10). Voir **Symboles numériques (Principe de la numération des). Arithmétique de position (Récapitulation des faits historiques se rapportant à la découverte de l'). Mathématiques indiennes (Histoire des).**

LAPIN. [S]. Valeur = 1. Voir **Śhaśhin. Śhaśhadhara. Un.**

LAUKIKAKÂLA (Ère). Voir **Laukikasamvat.**

LAUKIKASAMVAT (Ère). Ère commençant en – 3076, autrefois utilisée au Panjâb et au Kaśhmîr. Il suffit de retrancher 3076 d'un millésime exprimé dans cette ère pour obtenir son correspondant dans notre calendrier. Porte également les noms de *Laukikakâla, Lokakâla, Saptariśhikâla,* etc. Voir **Ères indiennes.**

LÉGENDE DE SESSA. Voir chapitre 23, p. 755 *sq.*

LÉGENDE DU BOUDDHA. Voir **Bouddha (Légende du). Lalitavistara Sûtra.**

LÎLÂVATÎ. « La joueuse ». Nom d'un traité mathématique du + XIIe siècle composé d'une manière très poétique. Voir **Bhâskarâchârya. Mathématiques indiennes (Histoire des).**

LINGA (LINGAM). Mot à mot : « signe ». Pierre érigée, sorte de bétyle, de forme prismatique ou cylindrique, d'apparence phallique, qui représente dans l'hindouisme l'univers et la nature fondamentale, complément de la **yoni*, la « vulve féminine », symbolisée, elle, par une pierre couchée et représentant l'énergie manifestée (cf. L. Frédéric).

LOCHANA. [S]. Valeur = 2. Mot signifiant les (deux) « yeux ». Voir **Deux.**

LOKA. [S]. Valeur = 3. « Monde ». Division de l'univers hindou. Il existe trois *loka :* la Terre (*bhurloka*), l'espace entre la Terre et le Soleil (*bhuvarloka*), et l'espace entre le Soleil et l'étoile Polaire (*svarloka*). Dans le bouddhisme, les *loka* sont également au nombre de trois et représentent les « sphères » de l'existence qui composent l'univers : le *kâmaloka* (monde des sensations), le *rûpaloka* (monde des formes) et l'*arûpaloka* (monde de l'informel, de l'immatériel) (cf. L. Frédéric). Voir **Triloka. Trois.**

LOKA. [S]. Valeur = 7. « Monde ». L'allusion est faite ici à une autre classification qui fait état de l'existence de sept mondes supérieurs : le *bhurloka* (la Terre) ; le *bhuvarloka* (l'espace entre la Terre et le Soleil, supposé abriter les **muni*, les **siddha*, etc.) ; le *svarloka* (censé être le ciel d'*Indra) ; le *maharloka* (où Bhrigu et plusieurs autres « saints » sont censés résider) ; le *janaloka* (le pays des trois fils de *Brahma) ; le *taparloka* (où séjournent les *vairâja*) ; et le *satyaloka* ou *brahmaloka* (le domaine de Brahma). On notera aussi que ces sept mondes supérieurs font front aux sept **pâtâla* (« mondes inférieurs ») (cf. L. Frédéric). Voir **Sept.**

LOKA [S]. Valeur = 14. « Monde ». Voir **Bhuvana. Quatorze.**

LOKAKÂLA (Ère). Voir **Laukikasamvat.**

LOKAPÂLA. [S]. Valeur = 8. « Gardien des horizons ». Dans la mythologie hindoue, ce nom désigne en effet les huit divinités gardiennes des huit « horizons » et des huit points du compas, que l'on voit représentées comme des guerriers en armure montés sur des éléphants. Voir **Diggaja. Dikpâla. Diśh. Huit.**

LOKAVIBHÂGA. « Parties de l'univers ». Traité de cosmologie *jaina datant très exactement du lundi 25 août de l'année 458 de notre ère dans le calendrier julien (voir chapitre 24, p. 928-932). C'est le plus ancien texte indien connu faisant état du zéro et de la numération décimale de position au moyen des symboles numériques (cf. Lok., chap. IV, vers 56, p. 79). Voir **Anka. Ankakramena. Sthâna. Sthânakramâd. Ankasthâna.**

LOTUS. Cete fleur est le symbole le plus connu de toute l'Asie. Elle symbolise l'esprit pur sortant de la matière impure du corps. Elle est l'image même de la divinité, qui demeure intacte et n'est jamais souillée par les eaux troubles de ce monde. Toute une symbolique s'est ensuite développée autour du lotus, selon sa couleur, le nombre de ses pétales, le fait qu'elle soit ouverte, à peine éclose ou fermée en bouton (cf. L. Frédéric [9]). Aussi n'est-il pas surprenant que l'arithmétique indienne se soit emparée du vocabulaire correspondant et qu'il l'ait largement exploité pour exprimer de très grands nombres. C'est ainsi que dans de nombreux traités, les mots **padma, *paduma, *utpala, *pundarîka* (écrit aussi **pundarika*), **kumud* et **kumuda* (qui signifient tous littéralement « lotus ») expriment des nombres tels que : dix puissance 4, dix puissance 9, dix puissance 14, dix puissance 21, dix puissance 25, dix puissance 27, dix puissance 29, dix puissance 98, dix puissance 105, dix puissance 112 ou dix puissance 119. Voir **Grands nombres (Signification symbolique des).**

LOTUS BLANC. En tant que représentation des nombres dix puissance 27 et dix puissance 112. Voir **Pundarîka. Grands nombres (Signification symbolique des).**

LOTUS BLANC ROSÉ. En tant que nom du nombre dix puissance 21. Voir **Kumud. Grands nombres (Signification symbolique des).**

LOTUS BLANC ROSÉ. En tant que nom du nombre dix puissance 105. Voir **Kumuda. Grands nombres (Signification symbolique des).**

LOTUS BLEU (à moitié épanoui). En tant que nom du nombre dix puissance 25. Voir **Utpala. Grands nombres (Signification symbolique des).**

LOTUS BLEU (à moitié épanoui). En tant que nom du nombre dix puissance 98. Voir **Uppala. Grands nombres (Signification symbolique des).**

LOTUS ROSE. En tant que nom des nombres dix puissance 9, dix puissance 14 et dix puissance 29. Voir **Padma. Grands nombres (Signification symbolique des).**

LOTUS ROSE. En tant que nom des nombres dix puissance 29 et dix puissance 119. Voir **Paduma. Grands nombres (Signification symbolique des).**

LUMINEUX. [S]. Valeur = 1. Voir **Chandra. Un.**

LUNE. [S]. Valeur = 1. Voir **Abja. Atrinayanaja. Chandra. Indu. Kshapeśhvara. Mrigânka. Śhaśhadhara. Śhaśhanka. Śhaśhin. Śhîtâmśhu. Śhîtaraśhmi. Soma. Sudhâmśhu. Vidhu. Un.**

LUNE. En tant que nom de dix puissance 9 ou dix puissance 12. Voir **Abja. Mahâbja.** Voir aussi **Grands nombres (Signification symbolique des).**

M

MADHYA. Mot à mot : « milieu ». Nom donné au nombre dix puissance 10 (= dix milliards). Voir **Noms de nombre.** Pour une explication de ce symbolisme : voir **Grands nombres (Signification symbolique des).**

Sources : **Vâjasaneyî Samhitâ* (début de notre ère) ; **Taittirîya Samhitâ* (début de notre ère) ; **Pañchavimśha Brâhmana* (date incertaine).

MADHYA. Mot à mot : « milieu ». Nom donné au nombre dix puissance 11 (= cent milliards). Voir **Noms de nombre.** Pour une explication de ce symbolisme : voir **Grands nombres (Signification symbolique des).**

Source : **Kâthaka Samhitâ* (début de notre ère).

MADHYA. Mot à mot : « milieu ». Nom donné au nombre dix puissance 15

(= trillion). Voir **Noms de nombre.** Pour une explication de ce symbolisme : voir **Grands nombres (Signification symbolique des).**

Source : **Kitāb fī taḥqīq i mā li'l hind* d'Al Bīrūnī (vers + 1030).

MADHYA. Mot à mot : « milieu ». Nom donné au nombre dix puissance 16 (= dix trillions). Voir **Noms de nombre.** Pour une explication de ce symbolisme : voir **Grands nombres (Signification symbolique des).**

Sources : **Lîlâvatî* de Bhâskarâchârya (+ 1150) ; **Ganitakaumudi* de Narâyana (+ 1350) ; **Triśhatikâ* de Śhrîdharâchârya (date incertaine).

MÂDHYAMIKA. Nom donné aux adeptes de la doctrine bouddhique dite du « Chemin du Milieu ». Celle-ci ne sépare pas la réalité et la non-réalité des choses, et va même jusqu'à considérer cette dernière comme une sorte de « vacuité » (**śhûnyatâ*). C'est pourquoi ses adeptes portent quelquefois le nom de **śhûnyavâdin,* les « vacuitistes ». Voir **Śhûnya. Zéro.**

MAGIE. Voir **Alphabet numéral, magie, mystique et divination.**

MAHÂBHÂRATA. Nom d'une grande épopée indienne. Voir **Arjunakara. Dhârtarâśhtra. Nripa. Vasu.**

MAHÂBHÛTA. [S]. Valeur = 5. « Grand élément ». Chez les hindous, ce terme désigne collectivement l'ensemble des cinq éléments de la manifestation. Il est donc synonyme du mot **bhûta,* qui désigne l'un quelconque d'entre eux. Notons qu'un autre terme générique des cinq éléments est *Avarahakha,* composé de cinq lettres symbolisant chacune l'un de ces éléments : *A* (la terre) ; *Va* (l'eau) ; *Ra* (le feu) ; *Ha* (le vent) ; et *Kha* (l'éther). Voir **Pañchabhûta. Cinq.**

MAHÂBJA. Mot à mot : « grande Lune ». Nom donné au nombre dix puissance 12 (= billion). Voir **Abja. Noms de nombre.** Pour une explication de ce symbolisme : voir **Grands nombres (Signification symbolique des).**

Source : **Ganitakaumudî* de Nârâyana (+ 1350).

MAHÂDEVA. [S]. Valeur = 11. « Grand dieu ». Il s'agit de l'un des noms de *Rudra, dont la valeur en tant que symbole est égale à 11. Voir **Rudra-Śhiva. Onze.**

MAHÂKALPA. « Grand **kalpa* ». Selon des spéculations de nature arithmo-cosmogonique, ce terme désigne une unité de temps cosmique encore plus considérable que le *kalpa* (= 4 320 000 000 d'années humaines) : c'est l'équivalent de 20 « petits » kalpa ou kalpa ordinaires. Donc : 1 *mahâkalpa* = 86 400 000 000 d'années humaines. Voir **Yuga.**

MAHÂKATHÂNA. Mot à mot : « grand **kathâna* ». Nom donné au nombre dix puissance 126. Voir **Noms de nombre. Grands nombres.**

Source : **Vyâkarana* (grammaire pâlî) de Kâchchâyana (+ XIe siècle).

MAHÂKHARVA. Mot à mot : « grand **kharva* ». Nom donné au nombre dix puissance 13 (= dix billions). Voir **Noms de nombre. Grands nombres.**

Source : **Ganitasârasamgraha* de Mahâvîrâchârya (+ 850).

MAHÂKSHITI. Mot à mot : « grande Terre ». Nom donné au nombre dix puissance 21 (= quintillion). Voir **Noms de nombre.** Pour une explication de ce symbolisme : voir **Grands nombres (Signification symbolique des).**

Source : **Ganitasârasamgraha* de Mahâvîrâchârya (+ 850).

MAHÂKSHOBHA. Mot à mot : « grand **kshobha* ». Nom donné au nombre dix puissance 23 (= cent quintillions). Voir **Noms de nombre. Grands nombres.**

Source : *Ganitasârasamgraha* de Mahâvîrâchârya (+ 850).

MAHÂKSHONI. Mot à mot : « grande Terre ». Nom donné au nombre dix puissance 17 (= cent trillions). Voir **Noms de nombre.** Pour une explication de ce symbolisme : voir **Grands nombres (Signification symbolique des).**

Source : **Ganitasârasamgraha* de Mahâvîrâchârya (+ 850).

MAHÂPADMA. Mot à mot : « grand *lotus (rose) ». Nom donné au nombre dix puissance 12 (= billion). Voir **Padma. Noms de nombre.** Pour une explication de ce symbolisme : voir

Grands nombres (Signification symbolique des).

Sources : *Kitāb fī taḥqīq i mā li'l hind* d'Al Bīrūnī (vers + 1030) ; **Lîlâvatî* de Bhâskarâchârya (+ 1150).

MAHÂPADMA. Mot à mot : « grand *lotus (rose) ». Nom donné au nombre dix puissance 15 (= trillion). Voir **Padma. Noms de nombre.** Pour une explication de ce symbolisme : voir **Grands nombres (Signification symbolique des).**

Source : *Ganitasârasamgraha* de Mahâvîrâchârya (+ 850).

MAHÂPADMA. Mot à mot : « grand *lotus (rose) ». Nom donné au nombre dix puissance 34 (= trillion). Voir **Padma. Noms de nombre.** Pour une explication de ce symbolisme : voir **Grands nombres (Signification symbolique des).**

Source : **Râmâyana* de Vâlmîki (premiers siècles de notre ère).

MAHÂPÂPA. [S]. Valeur = 5. « Grand péché ». Allusion aux **Pañchaklesha,* les « cinq impuretés », qui constituent dans les philosophies hindoue et bouddhique les empêchements majeurs soustrayant le fidèle de la Voie de la Réalisation (*bodhi*) : la cupidité, la colère, l'inconséquence, l'insolence et le doute. Voir **Cinq.**

MAHÂSAROJA. Mot à mot : « grand **saroja* ». Nom donné au nombre dix puissance 12 (= billion). Voir **Noms de nombre. Grands nombres.**

Source : **Triśhatikâ* de Śhrîdharâchârya (date incertaine).

MAHÂŚHANKHA. Mot à mot : « grande *conque ». Nom donné au nombre dix puissance 19 (= dix quadrillions). Voir **Śhankha. Noms de nombre.** Pour une explication de ce symbolisme : voir **Grands nombres (Signification symbolique des).**

Source : **Ganitasârasamgraha* de Mahâvîrâchârya (+ 850).

MAHÂVÎRÂCHÂRYA. Mathématicien *jaina qui vécut aux alentours de + 850. Auteur notamment du traité intitulé *Ganitasârasamgraha,* où la notation décimale de position et le zéro sont très abondamment employés, non seulement au moyen des symboles numériques, mais encore à l'aide des neuf chiffres et du signe zéro.

Liste des principaux noms de nombre mentionnés dans le *Ganitasârasamgraha* de Mahâvîrâchârya :

*Eka (= 1). *Daśha (= 10). *Śhata (= 10^2). *Sahasra (= 10^3). *Daśhasahasra (= 10^4). *Laksha (= 10^5). *Daśhalaksha (= 10^6). *Koti (= 10^7). *Daśhakoti (= 10^8). *Śhatakoti (= 10^9). *Arbuda (= 10^{10}). *Nyarbuda (= 10^{11}). *Kharva (= 10^{12}). *Mahâkharva (= 10^{13}). *Padma (= 10^{14}). *Mahâpadma (= 10^{15}). *Kshoni (= 10^{16}). *Mahâkshoni (= 10^{17}). *Śhankha (= 10^{18}). *Mahâśhankha (= 10^{19}). *Kshiti (= 10^{20}). *Mahâkshiti (= 10^{21}). *Kshobha (= 10^{22}). *Mahâkshobha (= 10^{23}).

Voir **Noms de nombre. Grands nombres. Numération de position. Numération des symboles numériques. Zéro. Arithmétique de position (Récapitulation des faits historiques se rapportant à la découverte de l'). Mathématiques indiennes (Histoire des).**

Réf. : GtsS, I, p., 63-68 ; cf. Datta et Singh, p. 13 ; Rangacarya.

MAHÂVRINDÂ. Mot à mot : « grand **vrindâ* ». Nom donné au nombre dix puissance 22 (= dix quintillions). Voir **Noms de nombre.** Pour une explication de ce symbolisme : voir **Vrindâ** (troisième article). **Grands nombres (Signification symbolique des).**

Source : **Râmâyana* de Vâlmîki (premiers siècles de notre ère).

MAHÂYAJÑA. [S]. Valeur = 5. « Grand sacrifice ». Ce nom désigne en effet les cinq sacrifices quotidiens que doivent faire tous les hindous orthodoxes : la prière et la dévotion (*pûjâ*), le dépôt d'offrandes en divers lieux (*baliharana*), les offrandes aux mânes des ancêtres (*pitriyajña*), l'offrande d'un repas rituel (*manushyayajña*) et un sacrifice en l'honneur du feu qui doit faire cuire les aliments (cf. L. Frédéric [1]). Voir **Cinq.**

MAHÂYUGA. « Grande période ». Il s'agit du plus important cycle cosmique des *spéculations indiennes. Considéré comme le « Grand âge », ce cycle se compose de quatre périodes successives (**kritayuga*, **tretayuga*, **dvâparayuga*, **kaliyuga*) ; c'est pourquoi on l'appelle aussi le **chaturyuga* (« quatre âges »). Il est censé comporter 4 320 000 années humaines. Voir **Yuga.**

MAHÎ. [S]. Valeur = 1. Ce terme (qui est aussi le nom d'une rivière située au Râjasthân) désigne le « lait caillé », le premier des produits dérivés du lait. Or, le lait lui-même est le premier et le plus important des « dons de la vache » (**gavyâ*), constituant d'ailleurs le premier breuvage et la première nourriture en laquelle toutes les autres existent potentiellement. Dans ce symbolisme, il s'agit donc de la vache et même, en un sens ésotérique, de la Vache sacrée des hindous, identifiée à la terre tout entière, puisque la Vache, comme celle-ci, dispense la vie. Et comme la « Terre » est un symbole numérique de valeur 1, on a donc bien : *Mahî* = « lait caillé » = 1. Voir **Prithivî. Go. Un.**

MAHÎDHARA. [S]. Valeur = 7. « Montagne ». Voir **Mont Meru. Adri. Sept.**

MAHORÂGA. « Grands serpents ». Catégorie de démons sous la forme de cobras. Voir **Serpent (Symbolique du).**

MAIN. [S]. Valeur = 2. Voir **Kara. Deux.**

MANDARA. L'un des noms du Mont Meru. Voir **Mont Meru. Adri. Dvîpa. Pûrna. Pâtâla. Sâgara. Pushkara. Pâvana. Vâyu.**

MANGALA. [S]. Valeur = 8. « Joyau », « chose de bon augure ». L'allusion est faite ici aux **ashtamangala*, les huit « choses de bon augure », symboles bouddhiques témoignant de la vénération dont le « Maître du monde » (et par extension le Bouddha) fait l'objet. Ce sont : l'ombrelle (symbole de la dignité royale censé protéger du malheur) ; les deux poissons (signes du maître indien de l'univers) ; la conque (symbole de la victoire au combat) ; la fleur de lotus (symbole de la pureté) ; le récipient d'eau lustrale (empli d'Amrita, le nectar de l'immortalité) ; le drapeau roulé (signe de la foi victorieuse) ; les nœuds de la vie éternelle ; et la roue de la Doctrine (*Dharmachakra*) (cf. *Dictionnaire de la sagesse orientale*). Voir **Huit.**

MANSION LUNAIRE. [S]. Valeur = 27. Voir **Nakshatra. Vingt-sept.**

MANTRA. Formule sacrée constituant le condensé, sous une forme matérielle, de la divinité qu'elle est censée invoquer. Voir **Alphabet numéral, magie, mystique et divination. Mystique des lettres.**

MANU. [S]. Valeur = 14. Littéralement : « humain ». C'est le nom donné dans les légendes traditionnelles au Progéniteur de la race humaine en tant que symbole de l'être pensant et considéré comme l'intermédiaire entre le Créateur et l'espèce humaine. D'après les **Veda*, les *manu* auraient constitué les premiers législateurs divins ayant fixé les règles des cérémonies religieuses et des sacrifices rituels. Selon les **purâna*, il y aurait 14 *manu* successifs, souverains vivant dans des mondes éthérés d'où ils sont censés orienter la vie consciente et la faculté de penser des hommes. D'où : *manu* = 14. (Le *manu* de l'ère actuelle serait le septième d'entre eux : celui nommé *Vaivaśhvata*, « Né du Soleil ») (cf. L. Frédéric ; *Dictionnaire de la sagesse orientale*). Voir **Quatorze.**

MANUSCRIT DE BAKHŚHÂLÎ. Voir **Documentation indienne (Pièges de la).**

MANUSCRIT INDIENS (Matière première des). Voir **Pâtîganita. Écritures indiennes (Matériaux des).**

MANUSMRITI. Important ouvrage religieux considéré comme le fondement de la société hindoue.

MARÂTHA (Ère). Ère débutant en + 1673, fondée par Śhivâjî. Il suffit d'ajouter 1673 à un millésime exprimé dans cette ère pour obtenir son correspondant dans notre calendrier. Autrefois utilisée au Mahârâshtra. Voir **Ères indiennes.**

MÂRGANA. [S]. Valeur = 5. « Flèche ». Voir **Śhara. Cinq.**

MÂRTANDA. [S]. Valeur = 12. Il s'agit de l'un des noms de **Sûrya*. Voir **Douze.**

MÂSA. [S]. Valeur = 12. « Mois ». Allusion aux 12 mois de l'année. Voir **Douze.**

MÂSÂRDHA. [S]. Valeur = 5. « Saison ». Voir **Ritu. Six.**

MATANGA. [S]. Valeur = 8. « Éléphant ». Voir **Diggaja. Huit.**

MATHÉMATICIEN. Voir **Samkhyâ.**

MATHÉMATIQUES. Voir **Ganita. Ganitânuyoga. Arithmétique. Calcul. Mathématiques indiennes (Histoire des).**

MATHÉMATIQUES INDIENNES (Histoire des). L'histoire de cette discipline ne nous est véritablement connue qu'à partir du début de l'ère chrétienne, car nous ne possédons aucun document mathématique provenant des temps védiques. Mais évidemment, cela ne veut pas dire que les activités mathématiques indiennes n'ont commencé qu'à partir de cette époque.

On recueille toutefois de précieuses indications au sujet de la géométrie de ces temps reculés grâce aux *kalpasûtra*, recueil de rites brâhmaniques comprenant les *Shulvasûtra* (ou « Aphorismes sur les cordeaux »), spécialement consacrés à la description des règles de construction des autels et aux mesures des aires sacrificielles.

Il existe trois versions de ces textes : celles dites de Baudhâyana, d'Apastamba et de Kâtyâyana. La plus connue est celle d'Apastamba, où l'on trouve un équivalent de l'énoncé général du théorème de Pythagore ainsi que quelques problèmes de la même nature que ceux des *Éléments* d'Euclide. Ainsi, pour l'édification d'autels dont la taille était déterminée à l'avance, savait-on construire un carré égal à la somme ou à la différence de deux autres. En effet, les autels, élevés en brique, devaient être construits dans des dimensions et selon un nombre déterminé de briques, et devaient subir, sans changement de forme, des transformations augmentant, dans certains cas, leur superficie d'une quantité spécifiée à l'avance.

Certains historiens pensent que les mathématiques indiennes de cette époque n'ont constitué qu'une science utilitaire. Il convient tout de même de rester prudent, car rien ne permet l'affirmation, ni dans un sens ni dans l'autre. En l'état actuel de la documentation, nous ne pouvons que nous limiter à un constat des résultats mathématiques obtenus. Il est vrai que le style concis et le caractère essentiellement technique des textes concernés excluaient sans doute une description, même sommaire, des méthodes et des raisonnements correspondants.

Toujours est-il que, dès l'époque dite « classique » (+ IIIe/+ VIe siècle), on assiste à une véritable renaissance dans tous les domaines, et tout particulièrement dans ceux de l'arithmétique et du calcul, qui connaîtront dès cette période un essor tout à fait considérable.

D'ailleurs, c'est sans doute au début de cette époque que se sont développées les étonnantes* spéculations indiennes sur les grands nombres.

Certes, la littérature védique atteste déjà un maniement aisé de quantités aussi élevées que dix puissance 7 ou dix puissance 10, puisque les **Veda* font justement mention des noms de nombre depuis **eka* (= 1) jusqu'à **arbuda*, « dix millions ». On trouve aussi dans les textes de la **Vâjasaneyî Samhitâ*, de la **Taittirîya Samhitâ* et de la **Kâthaka Samhitâ* (début de notre ère), des nombres qui vont jusqu'à **parârdha*, c'est-à-dire, selon les valeurs de l'époque, jusqu'au billion (= dix puissance 12).

Mais avant le + IIIe siècle, aucun texte connu ne semble avoir été aussi loin que le traité du **Lalitavistara Sûtra.* Il s'agit d'un texte relatif à la vie du prince Gautama Siddhârtha (fondateur de la doctrine bouddhique et divinisé par la suite sous le nom de Bouddha), où il est question des sciences dont ce dernier, alors qu'il n'était encore qu'un jeune enfant, se serait rendu maître entre tous. Il y est fait état, en particulier, de l'évaluation du nombre des grains de sable d'une montagne, évoquant ainsi le fameux problème de l'*Arénaire* d'Archimède (voir chap. 17, p. 538). Or, point important, la spéculation dépasse de très loin la limite des nombres considérés par les mathématiciens grecs : à un certain passage où le bodhisattva arrive au nombre que nous écririons aujourd'hui au moyen d'un « 1 » suivi de cinquante-trois zéros, celui-ci ajoute que l'échelle envisagée ne forme qu'une seule numération, et qu'il se trouve, au-dessus d'elle, plusieurs autres numérations dont il cite tous les noms, sans aucune exception. Voir **Bouddha (Légende du). Noms de nombre. Grands nombres.**

Bref, à l'époque du **Lalitavistara Sûtra* (avant + 308), la spéculation arithmétique indienne atteignait et surpassait l'ordre du nombre dix puissance 421 !

On retrouve, dès cette époque, des nombres aussi gigantesques dans les traités de cosmologie *jaina, qui, spéculant sur les dimensions d'un univers supposé infini à la fois sur un plan spatial et temporel, atteindront très facilement et dépasseront même les nombres de l'ordre de dix puissance 200. Voir **Jaina. Shîrshaprahelikâ. Anuyogadvâra Sûtra.**

C'est dire si, dès le IIIe siècle de notre ère, l'esprit indien a eu pour le calcul et le maniement des nombres un penchant, une facilité et une puissance extraordinaires qu'aucune autre civilisation de l'histoire n'aura possédés au même degré. Voir **Arithmétique. Calcul. Spéculations arithmétiques. Spéculations arithmo-cosmogoniques.**

En fait, bien avant le *Lalitavistara Sûtra* et les spéculations jaina, des considérations astrologiques et astronomiques avaient amené les Indiens à s'intéresser de très près aux mathématiques.

Cela se produisit entre le IIIe siècle av. et le Ier siècle ap. J.-C., sous l'influence des astronomes grecs et par suite du déploiement des activités culturelles, maritimes et commerciales de l'Inde avec l'Occident durant cette période. C'est l'époque où des éléments et des procédés de l'astronomie d'origine babylonienne ont été introduits dans l'astronomie indienne : période caractérisée notamment par l'apparition de l'unité de temps appelée **tithi*, approchant la durée du nychthémère (le « jour ») et correspondant par conséquent au 1/30 de la révolution synodique de la Lune. Et c'est bien à cette époque que l'on voit les planètes entrer dans le jeu de la divination et être assujetties au calcul arithmétique, fondé sur leurs levers et couchers héliaques, autrement dit sur leurs révolutions synodiques apparentes.

Et c'est ainsi que l'on passera, dès l'époque de la dynastie des Gupta, d'une mathématique essentiellement appliquée au domaine religieux à des mathématiques soumises notamment aux besoins de l'astronomie.

L'amorce de la troisième période de cette histoire correspond en gros à la fin de l'époque « classique », soit, à peu de choses près, à la fin du + Ve siècle et au tout début du + VIe, coïncidant ainsi avec l'époque de l'**Âryabhatîya*.

L'*Âryabhatîya*, c'est le nom de l'œuvre du mathématicien et astronome *Âryabhata, l'un des savants les plus originaux, les plus importants et les plus féconds de l'histoire de la science indienne. Datant des alentours de l'an + 510, cet ouvrage est le premier texte indien faisant état d'une astronomie très savante, sans aucun doute la plus avancée de l'histoire de l'astronomie indienne ancienne, frappée dès cette époque d'une très étonnante spéculation sur les cycles cosmiques appelés **yuga*. Voir **Yuga (Spéculation astronomique sur les). Astronomie indienne (Histoire de l').**

Mais cet ouvrage traite également de trigonométrie et donne un résumé des principales connaissances mathématiques indiennes du début du VIe siècle : règles pour effectuer les racines carrées et cubiques ; règles de mesure ; éléments et formules de géométrie (triangle, cercle, etc.) ; règles sur les progressions arithmétiques ; problèmes d'intérêts composés en termes de progressions géométriques ; identités algébriques ; etc.

Autre particularité importante de l'*Âryabhatîya* : alors que la trigonométrie de Ptolémée reposait principalement sur une relation entre les cordes d'un cercle et l'angle au centre qui sous-tend chacune d'elles, la trigonométrie d'Âryabhata établit une correspondance de nature différente entre la corde et l'arc au centre, qui n'est autre que la *fonction sinus* en tant que rapport trigonométrique. Et c'est là l'une des contributions fondamentales d'Âryabhata. L'ouvrage donne en outre une table des sinus avec pour « valeur approchée » (*âsanna*) du nombre π (*pi*) :

$$\pi \approx 62\,832/20\,000 \approx 3{,}1416$$

(cf. Shukla et Sarma). Voir **Âryabhata.**

Notons enfin qu'Âryabhata a inventé une notation numérique tout à fait particulière, dont la conception nécessite une parfaite connaissance du zéro et du principe de position suivant une base décimale. Il a utilisé de plus un remarquable procédé de calcul des racines carrées et cubiques, qu'il serait impossible de pratiquer si les nombres envisagés ne sont pas exprimés par écrit, selon le principe de position, à l'aide de neuf chiffres distincts et d'un dixième signe particulier faisant office de zéro. Voir **Âryabhata (Notations numériques d'). Numération d'Âryabhata.** Voir **Pâtîganita. Méthodes de calcul indiennes. Racines carrées (Comment Âryabhata calculait ses).**

Naturellement, Âryabhata n'a pas été le premier à faire usage du zéro et de la numération décimale de position : le **Lokavibhâga*, ou « Parties de l'univers », en comporte de très nombreuses attestations plus d'un demi-siècle avant l'époque de l'*Âryabhatîya* : il s'agit d'un traité de cosmologie *jaina, datant très exactement du lundi 25 août 458 de notre ère dans le calendrier julien. C'est d'ailleurs le plus ancien texte indien connu faisant état du zéro et de cette numération, à ceci près que l'ouvrage ne met à contribution que le système des *symboles numériques de la langue sanskrite (voir chapitre 24, p. 928 *sq.*). Voir **Symboles numériques (Principe de la numération des).**

Mais, compte tenu de la parfaite conception des exemples livrés par le *Lokavibhâga* et du souci de vulgarisation qui y est clairement manifesté, et en prenant en considération, par ailleurs, le fait que ce traité a très probablement constitué la traduction sanskrite d'un document antérieur (rédigé sans doute dans un dialecte jaina), on peut être très disposé à considérer le IVe siècle de notre ère comme la date hautement probable de ces découvertes majeures.

Et de fait, le système sera généralisé dans le monde savant indien dès la fin du + VIe siècle. Il le sera même en dehors des frontières de l'Inde, dans les civilisations indianisées de l'Asie du Sud-Est, à partir du + VIIe siècle. Voir **Arithmétique de position (Récapitulation des faits historiques se rapportant à la découverte de l').**

Par la suite, les calculs et la science mathématique firent des progrès notables allant de pair avec ceux de l'astronomie savante, dont les développements les plus spectaculaires ont été réalisés à partir du début du + VIe siècle. Voir **Astronomie indienne (Histoire de l').**

Parmi les nombreux savants qui ont succédé à Âryabhata, il faut mentionner le mathématicien *Bhâskara I, son fidèle disciple et fervent admirateur, auteur d'un Commentaire de l'*Âryabhatîya*,en + 629. Celui-ci donne de très précieux renseignements sur ce qui s'était passé au cours des cent ans qui l'avaient séparé de son maître. Cet ouvrage révèle en outre que Bhâskara avait une maîtrise totale des opérations arithmétiques au moyen des neuf chiffres et du zéro, avec une pratique de la Règle de Trois par exemple. Il maniait de plus très aisément les fractions arithmétiques, qu'il désignait alors d'une manière tout à fait semblable à la nôtre, quoique sans la barre horizontale (introduite en réalité par les mathématiciens arabo-musulmans). Mais l'ouvrage de Bhâskara donne aussi plusieurs indications sur le développement de la science algébrique de l'époque : calcul algébrique, identités remarquables, équations et systèmes d'équations algébriques, analyse des équations indéterminées du premier degré, etc.

A la même époque vécut *Brahmagupta, auteur en + 628 d'un traité astronomique intitulé *Brahmasphutasiddhânta* (« Système révisé de Brahma ») et en + 664 d'un traité de calcul astronomique portant le titre de *Khandakhâdyaka.* Celui-ci a certes combattu quelques idées justes, telle la rotation de la Terre enseignée par Âryabhata, et son œuvre a sans aucun doute constitué un net recul par rapport à celle de son prédécesseur sur quelques détails relevant de l'astronomie. En revanche, l'œuvre de Brahmagupta a marqué un progrès tout aussi net, tout particulièrement dans le domaine de l'algèbre. Quoi qu'il en soit, ce savant est sans aucun doute le plus grand astronome et mathématicien du + VIIe siècle. Et de ce fait, celui-ci utilise abondamment la numération décimale de position, et y décrit des méthodes de calcul très proches des nôtres au moyen des neuf chiffres et du zéro (voir chapitre 25). Parmi les plus importantes contributions de ce mathématicien figurent sa propre systématisation de la science des nombres négatifs, sa généralisation de la formule d'Héron d'Alexandrie relative au calcul de l'aire d'un quadrilatère, ainsi que son exposé des solutions générales des équations quadratiques comprenant des racines positives, négatives ou nulles.

Notons que les progrès des mathématiques indiennes ont été stimulés par le développement considérable de l'astronomie savante inaugurée par Âryabhata.

En réalité, c'est surtout pour répondre aux besoins de plus en plus importants de cette discipline que les astronomes indiens ont déployé toutes sortes de modes opératoires et de théories mathématiques. Cette disposition particulière était d'ailleurs tout à fait conforme à la tournure de l'esprit indien, qui s'était parfaitement accommodé avec l'hypothèse de base qui consiste à prendre pour période des mouvements des planètes le moment présumé d'une conjonction générale, preuve de plus de leur grande audace. Car, comme l'explique F. Woepcke, « la conception d'une pareille période, comme base des calculs astronomiques, ne se présentera guère qu'à des savants intimement familiarisés avec les spéculations mathématiques de l'analyse indéterminée ; car la détermination d'une telle période, qui, naturellement, ne peut être que fictive, dépend d'un problème d'analyse indéterminée du premier degré ». Voir **Astronomie indienne (Histoire de l'). Yuga (Spéculation astronomique sur les).**

Or, « dans la résolution des équations indéterminées, qui dépend entièrement de la connaissance des propriétés des nombres entiers, et qui est la source même de la théorie moderne des nombres, les Indiens sont parvenus à des découvertes qui dépassent de beaucoup tout ce qu'ont fait les autres peuples de l'Antiquité ou du Moyen Age, et auxquelles la science moderne elle-même ne s'est élevée que par les efforts d'Euler[1] » (F. Woepcke).

Notons par ailleurs que l'algèbre indienne n'a jamais accompli le pas décisif pour s'élever au rang de notre algèbre moderne. Car (au lieu de faire usage de symboles littéraux tels que a, b, x, y, etc., dont la propriété fondamentale est d'être indépendants des réalités concrètes qu'ils ont la mission de représenter) les mathématiciens indiens n'ont jamais eu l'idée d'utiliser d'autres symboles que les premières syllabes des mots désignant les opérations concernées. Qui plus est, les énoncés et les solutions de leurs divers problèmes mathématiques ont été généralement composés en vers et soumis par conséquent aux règles de la métrique sanskrite. Et c'est justement ce qui explique que leurs symboles algébriques soient longtemps restés enfermés dans une sorte de verbiage soumis à diverses interprétations. Voir **Sanskrit. Poésie et écriture des nombres.**

Après Brahmagupta, l'Inde a connu d'autres mathématiciens et astronomes, parmi lesquels figure le *Jaina *Mahâvîrâchârya, qui vécut aux alentours de + 850, en pays kannara, dans le sud de l'Inde. Celui-ci est l'auteur d'un traité intitulé *Ganitasârasamgraha* (« Compendium de l'essentiel du calcul »). « Cet ouvrage, explique J. Filliozat, reprend l'enseignement de Brahmagupta, mais y apporte des simplifications et des compléments. Il précise d'abord la terminologie mathématique qu'il emploie. Il traite ensuite des opérations arithmétiques, des fractions, de la règle de trois, des aires, des volumes et spécialement des calculs d'application pratique relatifs aux excavations et aux ombres. Des exemples de solutions de problèmes sont donnés. Quoique extrêmement condensé, comme tous les traités indiens versifiés, cet ouvrage a, du point de vue pédagogique, d'importants avantages sur les traités antérieurs. »

Mentionnons aussi les noms des astronomes et mathématiciens *Govindasvâmin (vers + 830), *Haridatta (vers + 850), *Śhankaranârâyana (vers + 869), *Lalla (+ Xe siècle), *Śhrîpati (vers + 1039), *Bhoja (vers + 1042), *Nârâyana (vers + 1356), *Parameśhvara (vers + 1451), *Nîlakanthasomayâjin (vers + 1500 et enfin *Śhrîdharâchârya (date incertaine), qui, parmi tant d'autres, reprendront, poursuivront

1. On notera que Brahmagupta est parvenu à donner une méthode générale pour trouver les solutions entières d'une équation indéterminée du premier degré, ainsi qu'une méthode pour calculer les racines entières d'une certaine catégorie d'équations indéterminées du second degré. En effet, comme l'explique J.-P. Collette, « dans l'analyse indéterminée, Brahmagupta fut probablement le premier à fournir une solution générale à l'équation diophantienne $ax + by = c$, où a, b, c sont des entiers. Pour cette équation, une solution entière est obtenue si le plus grand commun diviseur de a et b divise c. Et Brahmagupta savait que, lorsque a et b sont premiers entre eux, toutes les solutions sont données par $x = r + mb$, $y = s - ma$, où m est un entier quelconque. Il a fourni, de plus, toutes les solutions entières de l'équation diophantienne, alors que Diophante s'était contenté le plus souvent d'une seule solution. Enfin, il étudia aussi l'équation de Pell, $y^2 = ax^2 + 1$, où a est un entier dont la racine carrée est irrationnelle ».

ou apporteront des corrections et améliorations importantes aux œuvres mathématiques et astronomiques de leurs prédécesseurs.

Mais, après Âryabhata et Brahmagupta, l'un des plus grands mathématiciens indiens de l'époque médiévale fut sans aucun doute *Bhâskarâchârya, que l'on désigne habituellement sous le nom de « Bhâskara II » afin d'éviter toute confusion avec le premier du même nom. Né en 1114, fils de Chûdâmani Maheśhvar, l'astronome en chef de l'observatoire d'*Ujjayinî, celui-ci acheva de composer en + 1150 son *Siddhântaśhiromani* (« Joyau de tête des solutions »). Cet ouvrage est divisé en quatre parties, dont les deux premières se rapportent aux mathématiques, alors que les deux autres sont astronomiques. Ce sont respectivement : la **Lîlâvatî* (la « Joueuse », ainsi appelée d'après le surnom donné à sa fille, qui aimait particulièrement les « mathématiques en s'amusant »), où l'auteur expose les principales règles de l'arithmétique ; le **Bîjaganita*, ou « calcul sur les symboles » (de **bîja*, « lettre, symbole », et de **ganita*, « calcul »), qui n'est autre en fait qu'un traité de science algébrique ; le *Grahaganita*, ou « calcul des planètes » ; et enfin le *Golâdhyâya*, ou « Livre des Sphères ». Dans le domaine de l'astronomie, *Bhâskarâchârya « reprend, mais critique volontiers ses devanciers, y compris Brahmagupta, celui qu'il suit pourtant le plus souvent ». Par ailleurs, « il assimile à des vents les forces de gravitation des astres, en distinguant ces vents de l'atmosphère et de ses déplacements. Mathématiquement, il rend compte des mouvements par une théorie développée des épicycles et excentriques. Une des principales particularités de son enseignement est qu'il analyse un mouvement tel que celui du Soleil, non seulement en considérant la différence des longitudes d'un jour à l'autre, mais encore en décomposant le jour en intervalles assez nombreux pour pouvoir considérer le mouvement dans chacun d'eux comme uniforme » (J. Filliozat, in : HGS, I). Quant aux parties mathématiques, elles comportent notamment l'étude des équations linéaires ou quadratiques, indéterminées ou non, les mesures, les progressions arithmétiques et géométriques, les nombres irrationnels, ainsi que plusieurs autres questions de nature arithmétique, algébrique, trigonométrique ou géométrique.

Tels sont, en bref, les noms et les principales contributions de quelques-unes des plus célèbres figures de l'histoire de la science indienne. Voir **Infini. Infini (Conceptions indiennes de l'). Infini (Représentation mythologique indienne de l').**

MATIÈRE (Conception indienne de la). Voir **Atomisme indien. Jaina. Jala.**

MÂTRIKÂ. [S]. Valeur = 7. « Mère divine ». Nom donné dans l'hindouisme aux **saptamâtrikâ*, les sept aspects de l'« énergie féminine » śhakti des divinités : aspects qui sont considérés eux-mêmes comme les « mères du monde ». D'où : *mâtrikâ* = 7. Voir **Sept.**

MEMBRE. [S]. Valeur = 6. Voir **Anga. Six.**

MER. [S]. Valeur = 4. Voir **Abdhi. Ambhonidhi. Ambudhi. Amburaśhi. Arnava. Jaladhi. Jalanidhi. Sâgara. Samudra. Sindhu. Vâridhi. Vârinidhi. Quatre.** Voir aussi **Jala. Océan.**

MER. [S]. Valeur = 7. Voir **Océan. Sâgara. Sept.** Voir aussi **Mont Meru.**

MÈRE DIVINE. [S]. Valeur = 7. Voir **Mâtrikâ. Sept.**

MÉRITE. [S]. Valeur = 3. Voir **Guna. Triguna. Trois.**

MÉRITE. [S]. Valeur = 6. Voir **Guna. Shadâyatana. Six.**

MÉTHODES DE CALCUL INDIENNES. Au début de leur histoire, les calculateurs indiens effectuaient leurs opérations arithmétiques en dessinant les neuf chiffres de leur vieille **numération brâhmî* sur le sol meuble, à l'intérieur de diverses colonnes consécutives d'un abaque tracé d'avance, en s'aidant pour cela d'une pointe ou d'un bâtonnet. Et lorsque les unités d'un certain ordre venaient à manquer, il leur suffisait de laisser vide la colonne correspondante. On en trouvera un exemple caractéristique chap. 25, p. 302. Voir **Dhûlikarma.**

Ce procédé archaïque se retrouvera plus tard chez les arithméticiens arabes, tout particulièrement chez ceux du Maghreb et de l'Andalousie, qui, bien qu'ayant emprunté les neuf chiffres significatifs d'origine indienne, ne feront généralement usage ni du zéro ni des méthodes de calcul chiffré sans colonnes.

Mais dans ce procédé, on n'a pas opéré que sur le sol ; on a utilisé aussi et surtout une planchette de bois recouverte de poussière, de sable fin, de farine ou même d'une poudre de nature quelconque, en s'aidant cette fois d'un stylet dont la pointe servait à tracer les figures et la tête plate à les effacer.

Et cette planchette pouvait être disposée soit à même le sol, soit sur un tabouret, soit encore sur une table, lorsque la tablette n'était pas constituée elle-même d'un tableau muni de pieds, comme ces « bureaux à calcul » utilisés plus tard dans les administrations arabes, turques et persanes. Quelquefois, la même planchette faisait partie d'une sorte d'attirail où, réduite alors à des dimensions plus restreintes, elle se trouvait enfermée dans un étui. Voir **Pâti. Pâtîganita.**

Aux alentours du Ve siècle de notre ère, les neuf premiers chiffres indiens issus de la notation *brâhmî* reçurent désormais une valeur de position selon une base décimale et furent complétés par un signe en forme de petit cercle ou de point représentant le zéro : ce fut alors la naissance de la numération décimale indienne de position, ancêtre de notre numération écrite actuelle. Voir **Principe de position. Numération de position. Zéro (Conceptions indiennes du). Arithmétique de position (Récapitulation des faits historiques se rapportant à la découverte de la).**

Ce faisant, les calculateurs indiens transformèrent radicalement leurs méthodes de calcul traditionnelles en supprimant justement les colonnes de leur vieil abaque à poussière et en affectant d'une valeur de position décimale leurs chiffres représentant les neuf unités significatives, mais en continuant à user de la planchette recouverte de poussière.

Cette étape a donc ainsi marqué la naissance de notre calcul écrit actuel.

Au début, les techniques correspondantes, bien que libérées des colonnes de l'abaque, ne constituèrent pourtant qu'une réplique fidèle des anciennes méthodes de calcul : pratiquées alors, comme jadis, par corrections successives suivant un effaçage continu des résultats partiels, elles limitaient considérablement la mémoire humaine, et empêchaient dans le même temps de déceler les erreurs éventuelles commises dans les calculs intermédiaires (voir chap. 25, p. 311 *sq.*).

On retrouvera cette méthode sous diverses variantes chez *Mahâvîrâchârya (+ 850), *Shrîpati (+ 1039), *Bhâskarâchârya (+ 1150), et même chez *Nârâyana (+ 1356). Voir chapitre 25.

Concurremment à cette technique, les calculateurs indiens (et les arithméticiens arabes après eux) développèrent par la suite une pratique opératoire sans effaçage, consistant à écrire par-dessus les résultats intermédiaires. Voir un exemple simple chap. 25, p. 316.

Certainement avantageuse dans le cas des vérifications nécessaires (parce que permettant de déceler toute erreur commise lors des opérations intermédiaires), cette dernière avait cependant l'inconvénient de surcharger considérablement l'inscription progressive des résultats et d'empêcher par conséquent d'avoir une vue bien nette du déroulement des opérations. Et c'est pourquoi, en raison même des complications de ce type, la pratique des opérations, même par les méthodes de calcul au moyen des neuf chiffres et du zéro, est longtemps restée hors de portée du commun des mortels.

Ces méthodes ne pourront d'ailleurs évoluer davantage tant que le support matériel n'aura pas subi lui-même de transformation radicale. Autant dire que les modalités matérielles ont joué un rôle important, pour ne pas dire essentiel, dans l'évolution des règles du calcul écrit.

Écrire les chiffres à la craie sur un tableau noir, faire ses calculs partiels en gardant les résultats intermédiaires ou, mieux, en les effaçant successivement au moyen d'un chiffon : tel sera donc le moyen très commode et surtout peu onéreux qui, avant même l'usage généralisé de la plume et du papier, permettra aux calculateurs indiens et à leurs successeurs arabes et européens d'agir à leur guise et de laisser libre cours à leur imagination, pour déboucher enfin sur des techniques destinées à donner naissance à l'art du calcul écrit actuel.

En se reportant une fois de plus au chapitre 25, on se rendra compte alors à quel point le mathématicien *Bhâskarâchârya (+ 1150) avait développé sur sa *pâtî* des méthodes de calcul très avancées (notamment la méthode de multiplication, qu'il désigna sous le nom de *sthânakhanda,* qui signifie mot à mot : procédé de la « séparation des positions »). On verra même que bien avant lui, le mathématicien *Brahmagupta avait décrit, dans son *Brâhmasphutasiddhânta* (+ 628), quatre méthodes de multiplication encore plus évoluées, qui, à peu de choses près, sont identiques à celle que nous utilisons aujourd'hui. Voir aussi **Racines carrées (Comment Âryabhata calculait ses).**

MÉTRIQUE INDIENNE. Liste alphabétique des termes se rapportant à cette discipline, auxquels une rubrique est consacrée dans le présent dictionnaire :

*Âkriti. *Anushtubh. *Ashti. *Atidhriti. *Atyashti. *Dhriti. *Gâyatrî. *Jagatî. *Kriti. *Poésie et écriture des nombres. *Prakriti. *Sanskrit. *Serpent (Symbolique du). *Symboles numériques. *Vikriti.

MILIEU. En tant que nom de grand nombre. Voir **Madhya.**

MILLE. Nom sanskrit ordinaire : **sahasra*. Liste des symboles numériques correspondants :

*Arjunakara. *Indradrishti. *Jâhnavîvaktra. *Ravibâna. *Sheshashîrsha.

Ces mots traduisant ou désignant symboliquement :

1. Les Bouches de Jâhnavî (= le Gange) (*Jâhnavîvaktra*).
2. Les bras d'Arjuna (*Arjunakara*).
3. Les flèches de Ravi (*Ravibâna*).
4. Le serpent à mille têtes (*Sheshashîrsha*).
5. Les yeux d'Indra (*Indradrishti*).

Voir **Symboles numériques.**

Réf. : Al Bîrûnî [2] ; Bühler, p. 84 *sq.* ; Burnell ; Datta et Singh, p. 54-57 ; Fleet, in : CIIn, VIII ; Jacquet, in : JA, XVI, 1835 ; Renou et Filliozat, p. 708-709 ; Sircar, p. 230-233 ; Woepcke [2].

MILLE. Dans le sens de « beaucoup, multitude ». Voir **Jâhnavîvaktra.** Voir aussi **Grands nombres (Signification symbolique des).**

MILLE. Dans le sens de l'infini et de l'éternité. Voir **Sheshashîrsha.**

MILLE. [S]. Valeur = 12. Voir **Sahasrâmshu. Douze.**

MILLE RAYONS. [S]. Valeur = 12. Voir **Sahasrâmshu. Douze.**

MILLIARD (= dix puissance 9). Voir **Abja. Ayuta. Nahut. Nikharva. Padma. Samudra. Saroja. Shatakoti. Vâdava. Vrindâ.** Voir aussi **Noms de nombre.**

MILLION (= dix puissance 6). Voir **Dashalaksha. Niyuta. Prayuta.** Voir aussi **Noms de nombre.**

MNÉMOTECHNIE ET CALCUL. Voir chap. 24, p. 962-963.

MODE MUSICAL. [S]. Valeur = 6. Voir **Râga. Six.**

MOIS (Rite des Quatre). Voir **Chaturmâsya.**

MOIS [S]. Valeur = 12. Voir **Mâsa. Douze.**

MOITIÉ DE L'AU-DELA. En tant que représentation des nombres dix puissance 12, dix puissance 17 et dix puissance 18. Voir **Parârdha.**

MOITIÉ DU MOIS. [S]. Valeur = 2. Voir **Paksha.**

MOITIÉ DU MOIS. [S]. Valeur = 15. Voir **Paksha.**

MONDE. [S]. Valeur = 3. Voir **Bhuvana. Jagat. Loka. Trijagat. Triloka. Trois.**

MONDE. [S]. Valeur = 7. Voir **Loka. Sept.**

MONDE. [S]. Valeur = 14. Voir **Bhuvana. Quatorze.**

MONDE INFÉRIEUR. [S]. Valeur = 7. Voir **Pâtâla. Sept.**

MONDE PHÉNOMÉNAL. [S]. Valeur = 3. Voir **Jagat. Loka. Triloka. Trois.**

MONDE TERRESTRE. [S]. Valeur = 1. Voir **Prithivî. Un.**

MONNAIES INDIENNES. Voir *Dictionnaire de la civilisation indienne* de L. Frédéric, p. 753.

MONTAGNE. [S]. Valeur = 7. Voir **Adri. Pârvata. Sept. Mont Meru.**

MONT MERU. Montagne mythique de la cosmologie hindoue et de la

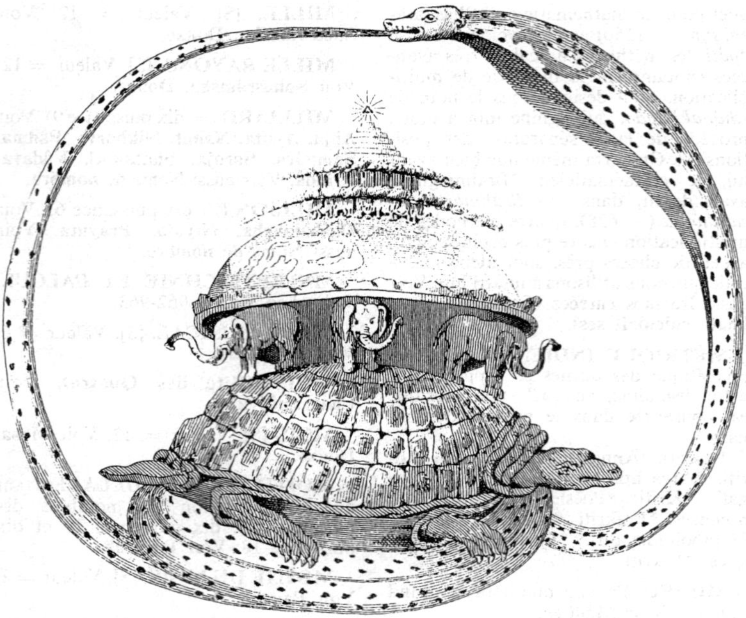

Fig. D.2. – *Le Mont Meru, centre de l'univers de la cosmologie hindoue et brâhmanique.* Réf. Dubois de Jancigny, *L'Univers pittoresque,* Hachette, Paris, 1846.

mythologie brâhmanique. Porte de nombreux noms sanskrits : *Ratnasanu, Sumeru, Hemadrî, Mandara, Karnikâchala, Devapârvata,* etc.

Le Mont Meru constituerait le lieu de rencontre et la demeure des dieux. Il est censé se situer au centre de l'univers, sous l'*étoile Polaire, et constituer ainsi l'« axe du monde ». Au sommet se trouverait la demeure d'*Indra, le chef des **deva,* tandis que ses pentes seraient peuplées par les **Trâyastrimśha,* les trente-trois *deva* (dieux).

Le Mont Meru joue un rôle important dans les récits mythologiques et les traités cosmologiques brâhmaniques et hindous. Ainsi, ce serait cette montagne qui aurait servi de pivot aux **deva* et aux **asura* (les « anti-dieux ») lors du barattage de la Mer de Lait.

Or, dans les représentations correspondantes, on constate que le Mont Meru, avec tout ce qui y est attaché, est toujours mis en association avec le nombre sept. Il y a d'abord le concept de la « montagne », et, par extension, celui de la « colline », que l'on met généralement en rapport symbolique avec ce nombre. Il y a aussi les « sept océans » (**sapta sâgara*). Et puis les sept « îles-continents » (**dvîpa*), baignées chacune par l'un des sept océans, qui rayonnent eux-mêmes autour du Mont Meru. Quant au Mont Meru lui-même, il serait composé de sept faces, orientées chacune vers l'un des sept océans et l'un des sept continents. Et il serait de plus situé au-dessus des **pâtâla,* les sept enfers ou « mondes inférieurs », où résident les **nâga,* dont le maître est le roi Muchalinda, génie chtonien en forme de serpents cobras et figuré justement avec sept têtes.

Dans cette symbolique, le Mont Meru représente donc la fixité totale et le centre absolu autour duquel le firmament et l'univers tout entiers pivotent dans leur course éternelle. Cette image particulièrement privilégiée du Mont Meru rejoint donc de la sorte l'une des représentations symboliques universelles de l'étoile Polaire. D'ailleurs, selon la légende, le Mont Meru, sur lequel l'étoile Polaire jette ses feux aux rayons à la fois luminaires et spirituels, se trouve situé juste au-dessous d'elle et exactement « dans le même axe » qu'elle.

Cette correspondance symbolique du mythe du Mont Meru avec le nombre sept provient donc précisément du fait que l'étoile Polaire, la **Sudrishti*, « Celle qui ne bouge jamais », est la dernière des sept étoiles de la Grande Ourse. Et, si l'on en croit les traditions indiennes, celles-ci constitueraient la personnification même des sept « grands Sages » des temps védiques, les **Sapta Riśhi*, auteurs présumés des hymnes et des invocations du *Rig-Veda* et des textes les plus importants des **Veda*.

Or, en sanskrit, la « montagne » se dit **pârvata*, terme qui figure d'ailleurs dans l'un des noms mêmes du Mont Meru : *Devapârvata*, « montagne des dieux ». C'est donc parce que cette montagne sacrée a été mise en association avec le nombre sept, que **Pârvati*, la « montagnarde », fille de l'Himâlaya, sœur de *Vishnu et épouse de *Śhiva, fut mise elle aussi en correspondance symbolique avec ce nombre : sa forme terrible était en effet celle de *Kâlî*, la « Noire », censée représenter le pouvoir destructeur du temps (**Kâla*) et considérée dans les **Veda* comme la septième langue d'Agni, le « Feu ». Ajoutons que ce n'est peut-être pas un hasard si Manasâ, divinité tantrique hindoue, symbolisant justement les aspects destructeurs et régénérateurs de Pârvati, ait été considérée comme l'une des sœurs de Muchalinda (le roi des *nâga* à sept têtes de cobras) et comme la **Pâtâla Kumârâ*, divinité des serpents et « princesse des (sept) Enfers ».

Précisons, pour terminer, que même *Sûrya, le dieu-Soleil, traditionnellement associé pourtant à douze dans le système des *symboles numériques, a été mis lui aussi en correspondance mystique avec le nombre sept : on le représente souvent, tel un guerrier parcourant le ciel, sur un chariot tiré, soit par sept chevaux (**aśhva*), soit encore par *Aruna*, le cheval à sept têtes. Voir **Adri. Dvîpa. Sâgara. Pâtâla. Pûrna. Pushkara. Pâvana. Vâyu.** Voir aussi **Loka** (= 7). **Sept.**

MRIGANKA. [S]. Valeur = 1. « Lune ». Voir **Abja. Un.**

MUCHALINDA (MUCHILINDA). Nom du roi des **nâga*. Voir **Serpent (Symbolique du)**.

MUDRÂ. « Sceau, signe ». Dans la mystique indienne, principalement dans le bouddhisme ésotérique, ce mot désigne des gestes exécutés sur les mains et censés symboliser une attitude mentale des divinités. Ils sont utilisés surtout lors des cérémonies et des prières pour invoquer le Bouddha et le pouvoir de ses divinités.

MUDRÂ. Terme désignant l'arithmétique manuelle et le calcul digital dans la littérature sanskrite ancienne. Voir chapitre 3.

MUDRÂBALA. Mot à mot : « Pouvoir des **mudrâ* ». Nom donné au nombre dix puissance 43. Symboliquement, une valeur aussi élevée représentait sans doute aux yeux de ses utilisateurs une multitude aussi innombrable que les pouvoirs recélés par ces gestes mystiques appellés *mudrâ*. Voir **Mudrâ** (premier article). Voir aussi **Noms de nombre. Grands nombres.**

Source : **Lalitavistara Sûtra* (avant + 308).

MUKHA. [S]. Valeur = 4. « Face ». Allusion aux **chaturmukha* (« Quatre Faces »), dont le nom constitue un attribut de toutes les divinités brâhmaniques (ou bouddhiques) représentées avec quatre visages (*Brahma, *Śhiva, etc.). Voir **Quatre.**

MULTIPLICATION. [Arithmétique]. Voir **Gunana.** Voir aussi **Pâtîganita. Méthodes de calcul indiennes.**

MUNI. [S]. Valeur = 7. « Sage ». En allusion aux sept Sages mythiques des temps védiques. En toute rigueur, le mot *muni*, « sage », est beaucoup moins fort que **Rishi*, qui désigne ces sept « Sages » (voir chap. 24, p. 932). Mais si ce terme a été pris comme nom de ces Sages et donc comme symbole du nombre 7, c'est en raison de l'effet recherché dans la versification des expressions au moyen des symboles numériques. Voir **Sept.** Voir aussi **Sanskrit. Poésie et écriture des nombres.**

MÛRTI. [S]. Valeur = 3. « Forme ». Allusion aux « trois formes » des triades hindoues (**trimûrti*), constituées soit par trois divinités distinctes (en général *Brahma, *Śhiva et *Vishnu), soit par trois aspects d'une même divinité. Voir **Trois.**

MÛRTI. [S]. Valeur = 8. « Forme ». Allusion aux **ashtamûrti,* les « huit formes » les plus importantes de *Śhiva : **Rudra,* qui représente la puissance du feu ; **Bhava,* l'eau ; *Śharva,* la terre ; *Îshâna,* le soleil ; *Paśhupati,* le sacrifice ; *Bhîma,* le terrible ; et enfin *Ugra* et *Mahâdeva.* Voir **Rudra-Śhiva. Huit.**

MUSIQUE INDIENNE. Voir *Dictionnaire de la civilisation indienne* de L. Frédéric, p. 765.

MYSTIQUE DE L'INFINI. Voir **Infini (Représentation mythologique de l'). Serpent (Symbolique du).**

MYSTIQUE DES GRANDS NOMBRES. Voir **Grands nombres (Signification symbolique des).**

MYSTIQUE DES LETTRES. Voir **Akshara. Alphabet numéral, magie, mystique et divination. Bîja, Mantra. Trivarna. Vâchana.** Voir aussi chapitre 20.

MYSTIQUE DES NOMBRES. Voir **Symboles numériques. Symbolique des mots à valeur numérique. Symbolique des nombres. Symbolique des nombres (Concept de la grande quantité). Symbolique du zéro. Grands nombres (Signification symbolique des).**

MYSTIQUE DU NOMBRE QUATRE. Voir **Nâga. Jala. Océan. Serpent (Symbolique du).**

MYSTIQUE DU NOMBRE SEPT. Voir **Mont Meru. Océan.**

MYSTIQUE DU ZÉRO. Voir **Śhûnya. Śhûnyatâ. Zéro. Zéro (Conceptions indiennes du). Zéro et poésie sanskrite. Symbolique du zéro.**

MYSTIQUE ET NUMÉRATION DE POSITION. Voir **Numération de position (Sacralisation et immémorialisation de la). Durgâ.**

MYTHOLOGIES INDIENNES. Liste alphabétique des termes se rapportant à ce thème, auxquels une rubrique est consacrée dans le présent dictionnaire :

*Agni. *Ahi. *Ananta. *Âptya. *Arjunâkara. *Aśhva. *Ashtadiggaja. *Aśhvin. *Atri. *Avatâra. *Bouddha (Légende du). *Brahmâsya. *Chaturdvîpa. *Chaturmukha. *Dantin. *Dasra. *Dhârtarâśhtra. *Dhruva. *Diggaja. *Dvîpa. *Gaja. *Grands nombres (Signification symbolique des). *Haribâhu. *Hastin. *Indradrishti. *Indu. *Infini (Représentation mythologique indienne de l'). *Jagat. *Jaladharapatha. *Kâla. *Kârttikeya. *Kârttikeyâsya. *Kumârâsya. *Kumâravadana. *Kumud. *Kumuda. *Kuñjara. *Lokapâla. *Manu. *Mont Meru. *Mukha. *Muni. *Mûrti. *Naga. *Nâga. *Nâsatya. *Nripa. *Paksha. *Pândava. *Pâtâla. *Pâvana. *Pundarîka. *Purna. *Pushkara. *Putra. *Râhu. *Râvana. *Râvanabhuja. *Râvanaśhiras. *Riśhi. *Sahasrârjuna. *Saptariśhi. *Senânînetra. *Shanmukhabâhu. *Śhatarûpâ. *Śheshaśhîrsha. *Śhukranetra. *Soma. *Trimûrti. *Tripura. *Triśhiras. *Uchchaiśhravas. *Vaikuntha. *Vasu. *Vâyu. *Vishnupada.

Voir aussi *Dictionnaire de la civilisation indienne* de L. Frédéric.

N

NABHA. [S]. Valeur = 0. « Ciel, atmosphère ». Ce symbolisme s'explique par le fait que le ciel n'est autre que le « vide ». Voir **Zéro. Śhûnya.**

NABHAS. [S]. Valeur = 0. « Ciel, atmosphère ». Voir **Nabha. Zéro. Śhûnya.**

NÂDÎ. Mot désignant dans les traditions hindoues les artères subtiles de l'anatomie du corps humain. Voir **Alphabet numéral, magie, mystique et divination.**

NAGA. [S]. Valeur = 7. « Montagne ». Mot à mot : « Qui ne bouge pas ». Il s'agit en effet d'une allusion au *Mont Meru, montagne mythique des mythologies brâhmaniques et des cosmologies hindoues, lieu de rencontre et demeure des dieux, censée se trouver au centre de l'univers et constituer ainsi l'« axe du monde ». Ce symbolisme provient du fait que le nombre sept joue un rôle prépondérant dans les représentations mythologiques attachées au Mont Meru, et du fait que l'étoile Polaire, sous laquelle cette montagne se trouve située, n'est autre que la **Sudrishti*, la divinité « qui ne bouge jamais ». Voir **Adri. Mont Meru. Sept.** Voir aussi **Dhruva.**

NÂGA. [S]. Valeur = 8. « Serpent ». L'explication de ce symbolisme provient du fait que le serpent (et le *nâga* en particulier) est, sans doute depuis l'aube de la civilisation indienne, considéré non seulement comme un génie du sol, un esprit chtonien possédant la terre et ses trésors, mais aussi comme un symbole aquatique. C'est un « esprit des eaux » vivant dans les **pâtâla* ou « mondes inférieurs ». Or, en sanskrit, l'eau se dit **jala*, et l'on sait que ce mot, pris en tant que symbole numérique, a pour valeur 4. Et comme dans leur royaume souterrain, les *nâga* se reproduisent par couples et évoluent toujours en compagnie des *nâginî* (leurs femelles), on comprend que l'« eau », dans ce cas, ait été multipliée symboliquement par 2, pour donner à leur nom générique la valeur symbolique de : 4 × 2 = 8. Notons que cette interprétation rejoint la suivante : dans la pensée traditionnelle indienne, la terre (à laquelle le serpent est également associé) correspond symboliquement au nombre quatre, celle-ci étant en effet associée au carré et ses quatre horizons (ou points cardinaux). Et comme le *nâga* est également aquatique, l'eau (= 4) et la terre (= 4) ont ainsi été mises en addition symbolique pour donner au serpent sa désignation générique en tant que symbole numérique de valeur égale à huit (*nâga* = terre + eau = 4 + 4 = 8). Voir **Huit.** Voir aussi **Serpent (Symbolique du). Infini.**

Pour un exemple d'attestation : cf. EI, XXXV, p. 140.

NÂGABALA. Mot à mot. « Pouvoir des **nâga* ». Nom donné au nombre dix puissance 25. Voir **Noms de nombre. Grands nombres.** Voir aussi **Serpent (Symbolique du).**

Source : **Lalitavistara Sûtra* (avant + 308).

NÂGINÎ. Femelle du **nâga.* Voir **Nâga. Serpent (Symbolique du).**

NAHUT. Nom donné au nombre dix puissance 9 (= milliard). Voir **Noms de nombre. Grands nombres.**

Source : **Lalitavistara Sûtra* (avant + 308).

NAHUTA. Nom donné au nombre dix puissance 28. Voir **Noms de nombre. Grands nombres.**

Source : **Vyâkarana* (grammaire pâlî) de Kâchchâyana (+ XIe siècle).

NAISSANCE. [S]. Valeur = 4. Voir **Gati. Yoni. Quatre.**

NAKHA. [S]. Valeur = 20. « Ongle ». A cause des ongles des dix doigts et des dix orteils. Voir **Vingt.**

NAKSHATRA. [S]. Valeur = 27. « Mansion lunaire ». Il s'agit des maisons occupées successivement par la Lune dans sa révolution mensuelle, dont la durée en jours solaires (entre 27 et 28) correspond tantôt à 27, tantôt à 28. Mais pour la repésentation des mouvements sidéraux de la Lune, il faut remarquer que les astronomes indiens ont couramment utilisé un système de 27 *nakshatra* marquant 27 divisions idéales de la zone de l'écliptique, égales entre elles (et donc égales chacune à 13° 20'). Voilà pourquoi le mot en est venu à signifier symboliquement le nombre 27. Voir **Vingt-sept.**

NAKSHATRAVIDYÂ. Mot à mot : « Connaissance des **nakshatra* ». Nom donné à l'« astronomie » dans la *Chândogya Upanishad.*

NÂRÂYANA. Mathématicien indien qui vécut aux alentours de + 1356. Auteur notamment d'un ouvrage intitulé *Ganitakaumudî.*

Liste des principaux noms de nombre mentionnés dans la *Ganitakaumudî* de Nârayana :

*Eka (= 1). *Daśha (= 10). *Śhata (= 10^2). *Sahasra (= 10^3). *Ayuta (= 10^4). *Laksha (= 10^5). *Prayuta (= 10^6). *Koti (= 10^7). *Arbuda (= 10^8). *Saroja (= 10^9). *Kharva (= 10^{10}). *Nikharva (= 10^{11}). *Mahâbja (= 10^{12}). *Śhanku (= 10^{13}). *Pârâvâra (= 10^{14}). *Antya (= 10^{15}). *Madhya (= 10^{16}). *Parârdha (= 10^{17}).

Voir **Noms de nombre. Grands nombres.**

Réf. : Datta et Singh, p. 13.

NÂSATYA. [S]. Valeur = 2. Nom de l'un des deux dieux jumeaux Saranyû et Vivaśhvant du panthéon hindou (désignés aussi sous les noms de *Dasra et Nâsatya). Symbolisme par association d'idées avec les « Cavaliers ». Voir **Aśhvin. Deux.**

NAVA (NAVAN). Noms sanskrits ordinaires du nombre neuf, entrant dans la composition de plusieurs mots en rapport direct avec l'idée de ce nombre.

Exemples : *Navagraha. *Navaratna. *Navarâśhika. *Navarâtrî.

Pour des mots ayant un rapport plus symbolique avec ce nombre : voir **Neuf. Symbolique des nombres.**

NAVACHATVÂRIMŚHATI. Nom sanskrit ordinaire du nombre quarante-neuf. Pour des mots ayant un rapport symbolique avec ce nombre : voir **Quarante-neuf. Symbolique des nombres.**

NAVADAŚHA. Nom sanskrit ordinaire du nombre dix-neuf. Pour des mots ayant un rapport symbolique avec ce nombre : voir **Dix-neuf. Symbolique des nombres.**

NAVAGRAHA. Mot à mot : « neuf planètes ». Il s'agit des neuf planètes du système cosmologique hindou : les sept planètes (**saptagraha*) plus les démons des éclipses ***Râhu** et **Ketu.** Voir **Graha.** Voir aussi **Paksha.**

NAVAN. Nom sanskrit ordinaire du nombre neuf. Voir **Nava.**

NAVARATNA. « Neuf joyaux », « Neuf Pierres précieuses ». Nom collectif donné à neuf poètes célèbres d'expression sanskrite qui auraient vécu à la cour du roi Vikramâditya (à savoir : *Dhanvantari,* la perle ; *Kshapanaka,* le rubis ; *Amarasimah,* la topaze ; *Śhanku,* le diamant ; *Vetâlabhatta,* l'émeraude ; *Ghatakarpara,* le lapis-lazuli ; *Kâlidâsa,* le corail ; *Varâhamîhira,* le saphir ; et *Vararuchi,* identifié à aucune pierre particulière) (cf. *Dictionnaire de la sagesse orientale*). Voir **Nava. Ratna** (= 9).

NAVARÂŚHIKA. [Arithmétique]. Nom sanskrit de la Règle de Neuf. Voir **Nava.**

NAVARÂTRÎ. Nom de la Fête des neuf jours. Voir **Durgâ.**

NAVATI. Nom sanskrit ordinaire du nombre quatre-vingt-dix.

NAYANA. [S]. Valeur = 2. « Œil ». Voir **Netra** (= 2). **Deux.**

NÉANT. Voir **Śhûnyatâ. Zéro.**

NÉGLIGEABLE. Voir **Śhûnyatâ. Zéro.**

NEPÂLÎ (Ère). Ère débutant en 879. Il suffit d'ajouter 879 à un millésime exprimé dans cette ère pour obtenir son correspondant dans notre calendrier. Encore parfois utilisée au Nepâl. Porte également le nom de *Newârî.* Voir **Ères indiennes.**

NETRA. [S]. Valeur = 2. « Œil ». A cause des deux yeux. Voir **Deux.**

NETRA. [S]. Valeur = 3. « Œil ». Symbole utilisé dans les régions du Bengale seulement, où ce mot est généralement employé, en effet, dans le sens des trois yeux de *Śhiva ; ce qui explique le symbolisme considéré. Voir **Trois.**

NEUF. Noms sanskrits ordinaires : **nava,* **navan.* Liste des symboles numériques correspondants :

Abjagarbha. Aja. *Anka. Brihatî. *Chhidra. *Durgâ. Dvâra. *Go. *Graha. *Keśhava. Khanda. Laddha. Labdhi. Nanda. Nidhâna. Nidhi. Padârtha. *Randhra. *Ratna. Târkshyadhvaja. Upendra. Varsha.

Ces mots traduisent ou désignent symboliquement :

1. Le Brahman (*Aja, Abjagarbha*).
2. Le nom du neuvième mois de l'année *chaitradi* (*Keśhava*).
3. Les chiffres de la numération décimale de position (*Anka*).
4. L'« Inaccessible », la « Divine Mère », en allusion à une divinité du même nom (*Durgâ*).
5. Les Joyaux (*Ratna*).
6. Les trous, les orifices (*Chhidra. Randhra*).
7. Les planètes (*Graha*).
8. Le rayonnement (*Go*).
9. La « Vache » en tant que désignation de la Terre (*Go*).

Voir **Symboles numériques.**

Réf. : Al Bīrūnī [2] ; Bühler, p. 84 *sq.* ; Burnell ; Datta et Singh, p. 54-57 ; Fleet, in : CIIn, VIII ; Jacquet, in : JA, XVI, 1835 ; Renou et Filliozat, p. 708-709 ; Sircar, p. 230-233 ; Woepcke [2].

NEWARÎ (Ère). Voir **Nepâlî.**

NIHILISME. Voir **Śhûnyatâ. Zéro.**

NIKHARVA. Nom donné au nombre dix puissance 9 (= milliard). Voir **Noms de nombre. Grands nombres.**

Source : **Sankhyâyana Śhrauta Sûtra* (date incertaine).

NIKHARVA. Nom donné au nombre dix puissance 11 (= cent milliards). Voir **Noms de nombre. Grands nombres.**

Sources : **Kitāb fī taḥqīq i mā li'l hind* d'Al Bīrūnī (vers + 1030) ; **Lîlâvatî* de Bhâskarâchârya (+ 1150) ; *Ganitakaumudî* de Nârâyana (+ 1350) ; * *Triśhatikâ* de Śhrîdharâchârya (date incertaine).

NIKHARVA. Nom donné au nombre dix puissance 13 (= dix billions). Voir **Noms de nombre. Grands nombres.**

Source : **Pañchavimśha Brâhmana* (date incertaine).

NÎLAKANTHASOMAYÂJIN. Astronome indien qui vécut aux alentours de + 1500. Auteur notamment du traité intitulé *Siddhântadarpana,* dans lequel la notation décimale positionnelle des symboles numériques sanskrits est très abondamment employée (cf. Sarma [1]). Voir **Symboles numériques. Numération des symboles numériques. Arithmétique de position (Récapitulation des faits historiques se rapportant à la découverte de l'). Mathématiques indiennes (Histoire des).**

NINNAHUT. Nom donné au nombre dix puissance 11 (= cent milliards). Voir **Noms de nombre. Grands nombres.**

Source : **Lalitavistara Sûtra* (avant + 308).

NINNAHUTA. Nom donné au nombre dix puissance 35. Voir **Noms de nombre. Grands nombres.**

Source : * *Vyâkarana* (grammaire pâlî) de Kâchchâyana (+ XIe siècle).

NIRABBUDA. Nom donné au nombre dix puissance 63. Voir **Noms de nombre. Grands nombres.**

Source : **Vyâkarana* (grammaire pâlî) de Kâchchâyana (+ XIe siècle).

NIRAVADYA. Nom donné au nombre dix puissance 41. Voir **Noms de nombre. Grands nombres.**

Source : **Lalitavistara Sûtra* (avant + 308).

NÎRVANA. Il s'agit, selon les philosophies indiennes, de l'état suprême de la non-existence, de la réincarnation et de l'absorption de l'être dans le Brahman. Voir **Śhûnyatâ. Zéro.**

NIYUTA. Nom donné au nombre dix puissance 5 (= cent mille). Voir **Noms de nombre. Grands nombres.**

Sources : **Vâjasaneyî Samhitâ* (début de notre ère) ; **Taittirîya Samhitâ* (début de notre ère) ; **Pañchavimśha Brâhmana* (date incertaine) ; **Âryabhatîya* (+ 510).

NIYUTA. Nom donné au nombre dix puissance 6 (= million). Voir **Noms de nombre. Grands nombres.**

Source : **Kâthaka Samhitâ* (début de notre ère).

NIYUTA. Nom donné au nombre dix puissance 11 (= cent milliards). Voir **Noms de nombre. Grands nombres.**

Source : **Lalitavistara Sûtra* (avant + 308).

NOMBRE NUL. Voir **Śhûnya. Zéro. Mathématiques indiennes (Histoire des).** Voir aussi chapitre 24, p. 975.

NOMBRES (Philosophie et science des). Voir **Samkhya. Samkhyâ. Sâmkhya. Sâmkhyâ. Symboles numériques. Symbolique des mots à valeur numérique. Symbolique des nombres. Śhûnya. Śhûnyatâ. Zéro. Symbolique du zéro. Grands nombres. Grands nombres (Signification symbolique des). Symbolique des grands nombres. Infini. Mystique de l'infini.**

NOMBRES (Science des). Voir **Samkhyâna.** Voir aussi **Nombres (Philosophie et science des).**

NOMS DE NOMBRE (jusqu'à mille). Liste des noms de nombre ordinaires de la langue sanskrite.

*Eka (= 1). *Dva (= 2). *Dve (= 2). *Dvi (= 2). *Trai (= 3). *Traya (= 3). *Tri (= 3). *Chatur (= 4). *Pañcha (= 5). *Shad (= 6). *Shash (= 6). *Shat (= 6). *Sapta (= 7). *Saptan (= 7). *Ashta (= 8). *Ashtan (= 8). *Nava (= 9). *Navan (= 9).

*Daśha (= 10). *Daśhan (= 10). *Ekadaśha (= 11). *Dvâdaśha (= 12). *Trayodaśha (= 13). *Chaturdaśha (= 14). *Pañchadaśha (= 15). *Shaddaśha (= 16). *Saptadaśha (= 17). *Ashtadaśha (= 18). *Navadaśha (= 19).

*Vimśhat (= 20). *Ekavimśhati (= 21). *Dvavimśhati (= 22). *Trayavimśhati (= 23). *Chaturvimśhati

(= 24). *Pañchavimśhati (= 25). *Shadvimśhati (= 26). *Saptavimśhati (= 27). *Ashtavimśhati (= 28). *Navavimśhati (= 29).

*Trimśhat (= 30). *Chatvârimśhat (= 40). *Pañchaśhat (= 50). *Shashti (= 60). *Saptati (= 70). *Ashiti (= 80). *Navati (= 90).

Notons qu'au début de l'ère chrétienne, sans doute depuis les temps védiques, on employait aussi la forme soustractive pour les nombres 19, 29, 39, 49, etc. *ekânnavimśhati (= 20 – 1 = 19) ; *ekânnatrimśhati (= 30 – 1 = 29) ; etc.

Réf. : **Taittirîya Samhitâ*, VII, 2, 11 ; Datta et Singh, p. 14-15.

*Śhata (= 100). C'est la forme sanskrite classique de ce nombre. Mais encore au début de notre ère, on trouve également la forme indo-européenne *Sata*.

Réf. : Cette forme est attestée par exemple dans la **Vâjasaneyî Samhitâ*, la **Taittirîya Samhitâ*, la **Kâthaka Samhitâ*, le **Pañchavimśha Brâhmana* et le **Sankhyâyana Śhrauta Sûtra*.

Dvaśhata (= 200). Triśhata (= 300). Chatuhśhata (= 400), etc.

*Sahasra (= 1 000). Dvasahasra (= 2 000). Trisahasra (= 3 000). Chatursahasra (= 4 000), etc.

Voir **Numération sanskrite**. Voir aussi chapitre 2, p. 82 *sq.* (où ces noms sont transcrits dans le système scientifique de notation du sanskrit).

NOMS DE NOMBRE (Puissances de dix au-delà de mille). A partir de dix mille, la numération parlée de la langue sanskrite assigne aux diverses puissances de dix des noms qui diffèrent considérablement d'un auteur à l'autre et d'une époque à l'autre, un même mot pouvant acquérir plusieurs valeurs numériques selon les sources considérées.

Notons que l'emploi de ces noms n'a pas été d'un usage courant dans l'Inde. Il a cependant été très familier aux divers représentants de la caste savante, puisque les termes qui suivent sont attestés aussi bien dans des ouvrages d'astronomie ou de mathématiques que dans des traités de cosmologie, des grammaires, des traités religieux et des récits légendaires ou mythologiques.

Légende : Dans la liste ci-après, les lettres entre parenthèses indiquent les sources de chacun des mots considérés ; sources dont voici les lettres et les indications des dates respectives :

(a) *Vâjasaneyî Samhitâ*.
(b) *Taittirîya Samhitâ*.
(c) *Kâthaka Samhitâ*.
(d) *Râmâyana* de Vâlmîki.
(e) *Lalitavistara Sûtra*.
(f) *Pañchavimśha Brâhmana*.
(g) *Sankhyâyana Śhrauta Sûtra*.
(h) *Âryabhatîya* d'Âryabhata.
(i) *Ganitasârasamgraha* de Mahâvîrâchârya.
(j) *Kitāb fī taḥqīq i mā li'l hind* d'Al Bīrūnī.
(k) *Vyâkarana*, grammaire pâlî de Kâchchâyana.
(l) *Lîlâvatî* de Bhâskarâchârya.
(m) *Ganitakaumudî* de Nârâyana.
(n) *Triśhatikâ* de Śhrîdharâchâryâ.

(a, b, c : débuts de l'ère chrétienne ; d : premiers siècles de notre ère ; e : avant + 308 ; f, g : date incertaine ; h : vers + 510 ; i : + 850 ; j : vers 1030 ; k : XIe siècle ; l : + 1150 ; m : + 1356 ; n : date incertaine).

Liste arithmétique (non exhaustive) des noms des grands nombres de la langue sanskrite :

DIX PUISSANCE 4 (dix mille) : *Ayuta (a.b.c.f.g.h.j.l.m.n.). *Daśhasahasra (i).

DIX PUISSANCE 5 (cent mille) : *Lakh (e). *Lakkha (k). *Laksha (i.j.l.m.n.). *Niyuta (a.b.f.h.). *Prayuta (c).

DIX PUISSANCE 6 (million) : *Daśhalaksha (i). *Niyuta (c). *Prayuta (a.b.f.g.h.j.l.m.n.).

DIX PUISSANCE 7 (dix millions) : *Arbuda (a.b.c.f.g.h.). *Koti (d.e.h.i.j.k.l.m.n.).

DIX PUISSANCE 8 (cent millions) : *Arbuda (l.m.n). *Daśhakoti (i). *Nyarbuda (a.b.c.f.g). *Vyarbuda (j).

DIX PUISSANCE 9 (milliard) : *Abja (l.n). *Ayuta (e). *Nahut (e). *Nikharva (g). *Padma (j). *Samudra (a.b.c.f). *Saroja (m). *Śhatakoti (i). *Vâdava (c). *Vrindâ (h).

DIX PUISSANCE 10 (dix milliards) : *Arbuda (i). *Kharva (j.l.m.n). *Madhya (a.b.f). *Samudra (g).

DIX PUISSANCE 11 (cent milliards) : *Anta (a.b.c.f). *Madhya (c) *Nikharva (j.l.m.n). *Ninnahut (e). *Niyuta (e). *Nyarbuda (i). *Salila (g).

DIX PUISSANCE 12 (billion) : *Antya (g). *Kharva (i). *Mahâbja (m). *Mahâpadma (j.l). *Mahâsaroja (n). *Parârdha (a.b.c.f). *Śhankha (d).

DIX PUISSANCE 13 (dix billions) : *Ananta (g). *Kankara (e). *Khamba (e). *Mahâkharva (i). *Nikharva (f). *Shankha (j). *Śhanku (l.m.n.).

DIX PUISSANCE 14 (cent billions) : *Jaladhi (l). *Padma (i). *Pakoti (k). *Pârâvâra (m). *Samudra (j). *Saritâpati (n). *Vâdava (f).

DIX PUISSANCE 15 (trillion) : *Akshiti (f). *Antya (l.m.n.). *Madhya (j). *Mahâpadma (i). *Viskhamba (e). *Vivara (e).

DIX PUISSANCE 16 (dix trillions) : *Antya (j). *Madhya (l.m.n.). *Kshoni (i).

DIX PUISSANCE 17 (cent trillions) : *Abab (e). *Kshobhya (e). *Mahâkshoni (i). *Parârdha (j.l.m.n). *Vrindâ (d).

DIX PUISSANCE 18 (quadrillion) : *Śhankha (i).

DIX PUISSANCE 19 (dix quadrillions) : *Attata (e). *Mahâśhankha (i). *Vivaha (e).

DIX PUISSANCE 20 (cent quadrillions) : *Kshiti (i).

DIX PUISSANCE 21 (quintillion) : *Kotippakoti (k). *Kumud (e). *Mahâkshiti (i). *Utsanga (e).

DIX PUISSANCE 22 (dix quintillions) : *Kshobha (i). *Mahâvrindâ (d).

DIX PUISSANCE 23 (cent quintillions) : *Bahula (e). *Gundhika (e). *Mahâkshobha (i).

DIX PUISSANCE 25 : *Nâgabala (e). *Utpala (e).

DIX PUISSANCE 27 : *Pundarîka (e). *Titilambha (e).

DIX PUISSANCE 28 : *Nahuta (k).

DIX PUISSANCE 29 : *Padma (d). *Paduma (e). *Vyavasthânaprajñapati (e).

DIX PUISSANCE 31 : *Hetuhila (e).

DIX PUISSANCE 33 : *Karahu (e).

DIX PUISSANCE 34 : *Mahâpadma (d).

DIX PUISSANCE 35 : *Hetvindriya (e). *Ninnahuta (k).

DIX PUISSANCE 37 : *Samâptalambha (e).

DIX PUISSANCE 39 : *Gananâgati (e). *Kharva (d).

DIX PUISSANCE 41 : *Niravadya (e).

DIX PUISSANCE 42 : *Akkhobhini (k).

DIX PUISSANCE 43 : *Mudrâbala (e).

DIX PUISSANCE 45 : *Sarvabala (e).

DIX PUISSANCE 47 : *Visamjñagati (e).

DIX PUISSANCE 49 : *Bindu (k). *Sarvajña (e).

DIX PUISSANCE 51 : *Vibhutangamâ (e).

DIX PUISSANCE 53 : *Tallakshana (e).

DIX PUISSANCE 56 : *Abbuda (k).

DIX PUISSANCE 63 : *Nirabbuda (k).

DIX PUISSANCE 70 : *Ahaha (k).

DIX PUISSANCE 77 : *Ababa (k).

DIX PUISSANCE 84 : *Atata (k).

DIX PUISSANCE 91 : *Sogandhika (k).

DIX PUISSANCE 98 : *Uppala (k).

DIX PUISSANCE 99 : *Dhvajâgravati (e).

DIX PUISSANCE 105 : *Kumuda (k).

DIX PUISSANCE 112 : *Pundarîka (k).

DIX PUISSANCE 119 : *Kathâna (k). *Paduma (k).

DIX PUISSANCE 126 : *Mahâkathâna (k).

DIX PUISSANCE 140 : *Asankhyeya (k).

DIX PUISSANCE 145 : *Dhvajâgraniśhâmani (e). Et ainsi de suite jusqu'à dix puissance 421 (e).

On pourrait à première vue s'étonner d'une telle prolixité dans le vocabulaire ainsi introduit. Il est en effet surprenant de constater qu'une même puissance de dix ait été désignée par plusieurs mots différents. Mots qui correspondent souvent à de pures créations de l'esprit ou quelquefois à des vocables empruntés au langage courant.

En fait, comme l'explique F. Woepcke, « pour arriver à cette conception, il n'est pas nécessaire que les noms des puissances de dix soient toujours invariablement les mêmes. Au contraire, le génie arithmétique des Indiens, s'il était assez puissant pour se jouer des noms de nombre en maintenant précise et distincte l'idée de la série des puissances ascendantes de dix, était d'autant plus apte à tirer toutes les conséquences de cette idée clairement entrevue. Et il n'est pas nécessaire non plus que l'emploi de ces noms ait été d'un usage vulgaire dans l'Inde. Il suffit qu'il ait été familier à ceux qui étaient capables de développer les idées qu'il contenait en germe, c'est-à-dire à la caste savante ». Or, dans l'Inde ancienne, la grammaire sanskrite et l'interprétation furent intimement liées précisément à la manipulation des grands nombres. De sorte que les études se rattachant à la poésie et à la métrique initiaient les savants aussi bien à l'arithmétique qu'à la grammaire et aux règles de la versification, rendant par conséquent les poètes et les grammairiens aussi compétents en matière d'arithmétique et de calcul que les arithméticiens de profession. Voir **Sanskrit. Poésie et écriture des nombres.**

Les savants indiens, il est vrai, ont exercé leurs réflexions sur des sujets touchant aux disciplines les plus diverses, embrassant à la fois les mathématiques, l'astronomie, la littérature, la poésie, la phonétique ou la philosophie, voire la mystique, la divination et l'astrologie.

Aussi n'est-il pas étonnant que ces arithméticiens-grammairiens aient fait preuve d'une imagination très féconde pour énoncer aussi clairement ce qu'ils concevaient aussi parfaitement. On notera que ceux-ci, pour nommer les quantités les plus élevées, sont allés jusqu'à puiser leur source dans les associations d'idées les plus subtiles, selon un symbolisme caractéristique de leur culture mettant à contribution les mots sanskrits les plus divers, dans une synonymie quasi illimitée. D'où une nomenclature attribuant un mot individuel à chacune des puissances de dix, au moins jusqu'à la 421e. Et c'est pourquoi leur numération parlée a fini par être dotée d'une véritable structure mathématique conduisant potentiellement en droit chemin à la découverte du principe de la valeur de la position décimale et par conséquent à l'« invention » du zéro. Voir **Grands nombres.** Pour une explication du symbolisme contenu dans ces divers mots : voir **Grands nombres (Signification symbolique des). Symbolique des grands nombres. Voir aussi Numération sanskrite. Numération sanskrite simplifiée. Numération de position. Zéro. Numération des symboles numériques. Symboles numériques (Principe de la numération des).**

NOMS DE NOMBRE INDO-EUROPÉENS. Voir chapitre 2, p. 82-95, notamment les figures 2.4 A à 2.4 J et 2.5, où les noms de nombre sanskrits sont comparés à ceux des autres langues d'origine indo-européenne. (On remarquera que la transcription des mots sanskrits adoptée au chapitre 2 correspond au système rigoureusement suivi par les spécialistes, qui diffère donc quelque peu de celle, plus intuitive, adoptée ici [voir l'introduction du présent dictionnaire et la figure D.3 de l'article **Numération d'Âryabhaṭa**].)

NON-CRÉÉ. Voir **Śhûnyatâ. Zéro.**

NON-ÊTRE. Voir **Śhûnyatâ. Zéro.**

NON-EXISTENCE. Voir **Śhûnyatâ. Zéro.**

NON-FORMÉ. Voir **Śhûnyatâ. Zéro.**

NON-PENSÉE. Voir **Śhûnyatâ. Zéro.**

NON-PRÉSENT. Voir **Śhûnyatâ. Zéro.**

NON-PRODUIT. Voir **Śhûnyatâ. Zéro.**

NON-SUBSTANCE. Voir **Śhûnyatâ. Zéro.**

NON-SUBSTANTIALITÉ. Voir **Śhûnyatâ. Zéro.**

NON-VALEUR. Voir **Śhûnyatâ. Zéro.**

NOTATION NUMÉRIQUE. Liste alphabétique des termes se rapportant à cette notion, auxquels une rubrique est consacrée dans le présent dictionnaire :

*Aksharapallî. *Alphabet numéral. *Anka. *Ankakramena. *Ankânâm Vamato Gatih. *Ankapallî. *Ankasthâna. *Chiffre 1, *Chiffre 2, etc. *Chiffres Ândhra, *Chiffres arabes orientaux. etc. *Chiffres indiens, etc. *Grands nombres. *Numération arabe (Système alphabétique) *Numération arabe (Système positionnel d'origine indienne). *Numération brâhmî. *Numération de position. *Numération d'Âryabhata. *Numération indusienne. *Numération katapayâdi. *Numération kharoshthî. *Numération sanskrite. *Numération sanskrite simplifiée. *Numération vernaculaire du Cambodge ancien. *Numérations écrites indiennes (Classification des). *Sthâna. *Sthânakramâd. *Symboles numériques. *Symboles numériques (Principe de la numération des). *Varnasamjñyâ. *Zéro.

NOTE MUSICALE. [S]. Valeur = 7. **Svara. Sept.**

NRIPA. [S]. Valeur = 16. « Roi ». Allusion aux 16 rois des poèmes épiques du **Mahâbhârata* (Brihadbala, roi de Kośhala ; Chitrasena, roi des Gandharva ; Dhritarâśhtra, le roi aveugle de Indraprastha ; Drupada, roi des Panchala ; Jayadrâtha, roi des Sindhu ; Kartavîrya, roi des Haihaya ; Kâśhîpati, roi de Kâśhî ; Madreśhvara, roi des

Madra ; le roi Pradîpa ; Shatayûpa, roi ascète ; Shishupâla, roi des Chedi ; Subala, roi du Gandhâra ; Vajra, roi d'Indraprastha ; Virâta, roi des Matsya ; Yavanâdhipa, roi des Yavana ; et Yudhisthira, roi d'Indraprastha). Voir **Seize.**

NUL. NULLITÉ. Voir **Śhûnyatâ. Zéro.**

NUMÉRATION ALPHABÉTIQUE. Voir **Aksharapallî. Alphabet numéral. Numération d'Âryabhaṭa. Numération katapayâdi. Varnasamjñâ. Varnasankhya.**

NUMÉRATION ARABE (Système alphabétique). Voir chapitres 19 et 25.

NUMÉRATION ARABE (Systèmes positionnels d'origine indienne). Voir **Chiffres « hindi ». Chiffres ghubār.** Voir aussi chapitre 25, p. 239 *sq.*

NUMÉRATION « ARAMÉO-INDIENNE ». Voir **Chiffres kharoshthî.**

NUMÉRATION BRÂHMÎ. Voir **Chiffres brâhmî.**

NUMÉRATION CENTÉSIMALE. Voir **Śhatottaragananâ. Śhatottaraguna. Śhatottarasamjñâ.**

NUMÉRATION D'ÂRYABHAṬA[1]. Notation numérique de type alphabétique, inventée par l'astronome *Âryabhaṭa vers + 510. Il s'agit d'un système mettant à contribution les 33 lettres de l'alphabet indien et permettant de représenter tous les nombres de 1 à 10^{18}.

Âryabhaṭa, dont on connaît l'esprit fertile, concis, minutieux et très systématique, fut sans aucun doute l'inventeur du premier alphabet numéral de l'histoire de l'Inde. Il avait imaginé ce système pour exprimer les constantes de son **canon astronomique,* et offrir à ses étonnantes spéculations astronomiques sur les **yuga,* une notation à la fois plus élégante et plus abrégée que le procédé des symboles numériques.

Voir **Âryabhata (Notations numériques d'). Alphabet numéral. Symboles numériques. Numération des symboles numériques. Yuga (Systèmes de computation des). Yuga (Spéculation astronomique des).**

C'est d'ailleurs la notation que l'on trouve employée dans toute la partie de son œuvre intitulée *Daśhagîtikapâda,* où il en résume justement la définition selon la formule suivante :

Vargâksharâni varge 'varge 'vargâsha
[râṇi kât ṅmau yaḥ
Khadvinavake svarâ nava varge 'varge
[navântya varge vâ.

Traduction :

« Les lettres [dites] classées (*varga*) [sont], à partir de [la lettre] *ka,* [celles que l'on place] dans les rangs impairs (*varga*) ; les lettres [dites] non classées (*avarga*) [sont celles que l'on place] dans les rangs pairs (*avarga*) ; [ainsi, un] *ya* est égal à *ṅmau* [= *ṅa* + *ma*] ; les neuf voyelles [sont utilisées pour noter] les neuf paires de places (*kha*) en [rang] pair ou impair. Le même [procédé] peut être [répété] après le dernier des neuf rangs pairs ».

Réf. : JA, 1880, II, p. 440 ; JRAS, 1863, p. 380 ; TLSM, I, 1827, p. 54 ; ZKM, IV, p. 81 ; Datta et Singh, p. 65 ; Shukla et Sarma, *Ganita Section,* p. 3 *sq.*

En clair, la méthode d'Âryabhaṭa consiste à assigner aux consonnes de l'alphabet indien une valeur numérique de la manière suivante (voir chapitre 24, fig. 24.56) :

1. Pour les vingt-cinq premières, on suit l'ordre de la succession régulière des entiers à partir de 1.
2. La vingt-sixième représente ensuite cinq unités de plus que la vingt-cinquième.
3. Pour les sept qui restent, la progression croît de dix en dix.
4. La dernière consonne de l'alphabet reçoit la valeur cent.

Cette notation touche donc un certain nombre de particularités propres au syllabaire indien (que nous transcrivons ci-après en caractères *nâgarî* modernes). Pour mieux en saisir le principe, il faut se rappeler que cette écriture se compose de 33 caractères différents, qui représentent les consonnes, et de plusieurs autres signes représentant les voyelles en position isolée (*a, â, i, î, u, û, ṛi, ṛî, ḷ, e, o, ai, au*).

Une consonne isolée est toujours prononcée avec un *a* bref, mais quand elle

1. Dans cet article qui met directement à contribution l'alphabet indien, nous restituons la notation intégrale des voyelles et des lettres suscrites ou souscrites (ṅ, ṇ, ṭ, ṭh, ḍ, ḍh, etc.).

LETTRES					
gutturales	क *ka* = 1	ख *kha* = 2	ग *ga* = 3	घ *gha* = 4	ङ *ṅa* = 5
palatales	च *cha* = 6	छ *chha* = 7	ज *ja* = 8	झ *jha* = 9	ञ *ña* = 10
cérébrales	ट *ṭa* = 11	ठ *ṭha* = 12	ड *ḍa* = 13	ढ *ḍha* = 14	ण *ṇa* = 15
dentales	त *ta* = 16	थ *tha* = 17	द *da* = 18	ध *dha* = 19	न *na* = 20
labiales	प *pa* = 21	फ *pha* = 22	ब *ba* = 23	भ *bha* = 24	म *ma* = 25
semi-voyelles	य *ya* = 30	र *ra* = 40	ल *la* = 50	व *va* = 60	
sifflantes	श *śha* = 70	ष *sha* = 80	स *sa* = 90		
aspirée	ह *ha* = 100				

Fig. D.3. – *Numération alphabétiaue d'Âryabhata : valeur numérique des consonnes en position isolée* (*vocalisation au moyen d'un « a » bref*). Réf. NCEAM, p. 257. Datta et Singh ; Guitel ; Jacquet ; Pihan ; Rodet.

se combine avec une autre voyelle, on y ajoute un signe particulier n'ayant graphiquement rien de commun avec le signe représentant cette voyelle en position isolée (barre verticale à droite de la consonne, barre au-dessus, boucle au-dessous de la lettre, barre horizontale au-dessus de la lettre, munie d'une boucle, et ainsi de suite).

Quant au tracé des mots, il se fait sous une ligne horizontale continue appelée *mâtrâ* (fig. D.3).

Retenons donc que les éléments phonétiques essentiels de ce syllabaire sont constitués par la mise en association d'une consonne avec, à sa suite, une voyelle (qui est, soit brève comme *a, i, u, ṛi, ḷa,* soit longue comme *â, î, û, ṛî*), ou une diphtongue (*e, o, ai, au*), qui est toujours longue par définition.

A une consonne donnée, on peut donc associer la voyelle brève *a,* ou encore la voyelle longue *â* ou même n'importe laquelle des voyelles ou diphtongues restantes (*i, u, ṛi, ḷa, î, û, ṛî, ḷâ, e, o, ai, au*). De sorte qu'à la consonne *ma* (m), par exemple, correspondent les syllabes suivantes :

ma *mâ* *mi* *mî*
mu *mû* *mṛi* *mṛî*
mḷa *mḷâ* *me* *mo*
mai *mau*

Inversement, à une voyelle donnée, par exemple un *a,* on peut associer les 33 consonnes de la manière suivante :

5 gutturales	*ka kha ga gha ṅa*
5 palatales	*cha chha ja jha ña*
5 cérébrales	*ṭa ṭha ḍa ḍha ṇa*
5 dentales	*ta tha da dha na*
5 labiales	*pa pha ba bha ma*
4 semi-voyelles	*ya ra la va*
3 sifflantes	*śha sha sa*
1 aspirée	*ha*

Or, c'est précisément sur cette structure que repose la notation alphabétique des nombres inventée par cet astronome-phonéticien-mathématicien. Autrement dit, en partant de la première voyelle (*a*) :

– les cinq consonnes gutturales (*ka, kha, ga, gha, ṅa*) reçoivent les valeurs de 1 à 5 ;

– les cinq palatales (*cha, chha, ja, jha, ña*), celles de 6 à 10 ;

– les cinq cérébrales (*ṭa, ṭha, ḍa, ḍha, ṇa*), celles de 11 à 15 ;

– les cinq dentales (*ta, tha, da, dha, na*), celles de 16 à 20 ;

– les cinq labiales (*pa, pha, ba, bha, ma*), celles de 21 à 25 ;

– les quatre semi-voyelles (*ya, ra, la, va*) reçoivent ensuite les valeurs 30, 40, 50, 60 ;

– les trois sifflantes (*śha, sha, sa*) celles de 70, 80, 90 ;

– et la dernière lettre de l'alphabet (l'aspirée *ha*) celle de 100.

Cependant, si l'on ajoute un trait vertical à droite du tracé *devanâgarî* d'une consonne donnée (vocalisant ainsi cette dernière au moyen d'un *a* long), on n'en modifie pas la valeur :

kâ = ka ; *khâ* = kha ; *ṭa* = ta ; etc.

Autrement dit, cette numération ne distingue pas les voyelles brèves des longues dans l'attribution des valeurs numériques des lettres (*kâ* = ka, *mî* = mi, *ñû* = ñu, *pṛî* = pṛi, etc.).

Aussi n'indiquerons-nous ci-après que les consonnes munies d'une voyelle brève, évitant ainsi à l'œil du lecteur une trop grande et inutile complication.

Pour noter les nombres supérieurs à la centaine, Âryabhaṭa a imaginé une convention très astucieuse mettant à contribution les règles de la vocalisation des consonnes.

Dans l'ordre des lettres de l'alphabet, les 33 consonnes munies de la voyelle *a* représentent ainsi les nombres de 1 à 100 selon la règle donnée précédemment. Mais si on les vocalise au moyen d'un *i* ou d'un *î* (qui succède au « a » dans l'ordre du syllabaire indien), on multiplie par cent la valeur de chacune d'elles (fig. D.4). En les munissant ensuite d'un *u* ou d'un *û*, on multiplie leurs valeurs initiales par 10 000 (= 10^4). De même, un *ṛi* ou un *ṛî*, attaché indifféremment aux consonnes successives, représente leurs valeurs initiales multipliées par 1 000 000 (= 10^6). Et ainsi de suite en considérant chacune des voyelles consécutives de cet alphabet, selon des multiplications par les puissances successives de 100 (10^2, 10^4, 10^6, etc.). Cette règle permet donc d'atteindre, au moyen de tous les phonèmes qu'il est possible de constituer de cette manière, l'équivalent du nombre que nous écririons aujourd'hui au moyen d'un 1 suivi de dix-huit zéros (10^{18}).

Ainsi, en prenant la question sous un autre angle, la notation alphabétique d'Âryabhaṭa se fait-elle suivant les puissances successives de cent : il s'agit donc d'une numération de type additif de base 100, où les unités et les dizaines (unités du premier ordre centésimal) s'expriment au moyen des 33 consonnes successives en position isolée, c'est-à-dire selon la vocalisation autour d'un *a* (bref ou long). Les unités du deuxième ordre centésimal (unités et dizaines, multipliées par cent = 10^2) s'y expriment ensuite au moyen des mêmes consonnes vocalisées autour d'un *i* (bref ou long). Puis celles du troisième ordre centésimal (unités et dizaines, multipliées par dix mille = 10^4) au moyen des consonnes munies de la voyelle *u* (ou *û*). Et ainsi de suite jusqu'aux unités du neuvième ordre centésimal (unités et dizaines, multipliées par 10^{16}) au moyen des 33 consonnes munies du *au*, qui correspond à la dernière voyelle[1]. D'où les valeurs de la consonne *ka,* suivant ces vocalisations successives (fig. D.5).

En prenant les quatre premiers ordres d'unités de la notation d'Âryabhaṭa, ceux-ci se présentaient donc sous la forme indiquée à la figure D.6.

1. On y retrouve donc bien la règle fondamentale de cette numération telle qu'elle avait été formulée par Âryabhaṭa lui-même.

कि *ki* = 100	खि *khi* = 200	गि *gi* = 300	घि *ghi* = 400	ङि *ṅi* = 500
चि *chi* = 600	छि *chhi* = 700	जि *ji* = 800	झि *jhi* = 900	ञि *ñi* = 1 000
टि *ṭi* = 1 100	ठि *ṭhi* = 1 200	डि *ḍi* = 1 300	ढि *ḍhi* = 1 400	णि *ṇi* = 1 500
ति *ti* = 1 600	थि *thi* = 1 700	दि *di* = 1 800	धि *dhi* = 1 900	नि *ni* = 2 000
पि *pi* = 2 100	फि *phi* = 2 200	बि *bi* = 2 300	भि *bhi* = 2 400	मि *mi* = 2 500
यि *yi* = 3 000	रि *ri* = 4 000	लि *li* = 5 000	वि *vi* = 6 000	
शि *śhi* = 7 000	षि *shi* = 8 000	सि *si* = 9 000		
हि *hi* = 10 000				

Fig. D.4 – *Numération alphabétique d'Âryabhaṭa : valeur numérique des consonnes vocalisées au moyen d'un « i » bref.*

Ordre d'unités centésimal	1er	2e	3e	4e	5e	6e	7e	8e	9e
Syllabe	क *ka*	कि *ki*	कु *ku*	कृ *kṛi*	कॢ *kḷi*	के *ke*	कै *kai*	को *ko*	कौ *kau*
Valeur	1	10^2	10^4	10^6	10^8	10^{10}	10^{12}	10^{14}	10^{16}

Fig. D.5 – *Ordres d'unités consécutifs de la numération alphabétiaue d'Âryabhaṭa (valeurs des syllabes successives formées à partir de « ka »).*

Et comme les nombres étaient énoncés suivant les puissances ascendantes de cent, à partir des plus petites unités, la représentation d'un nombre donné se faisait donc – théoriquement du moins – à l'intérieur d'un rectangle subdivisé en plusieurs cases successives, où les syllabes venaient s'inscrire de gauche à droite selon l'ordre centésimal envisagé (fig. D. 7).

Vocalisation	avec un *a*		avec un *i*		avec un *u*		avec un *r*	
Ordre centésimal associé	1er		2[e]		3[e]		4[e]	
Puissance de 10	1		10^2		10^4		10^6	
Rang de la syllabe	impair	pair	impair	pair	impair	pair	impair	pair

Fig. D.6

Ordre centésimal	← 1er →		← 2e →		← 3e →		← 4e →	
Syllabe								
Rang	impair	pair	impair	pair	impair	pair	impair	pair

Fig. D.7

	6	30						
36 →	cha	ya						
	impair	pair						

Fig. D.7 A

			300	3 000				
3 336 →	cha	ya	gi	yi				
			impair	pair				

Fig. D.7 B

					50 000	700 000		
753 336 →	cha	ya	gi	yi	ṅu	śhu		
					impair	pair		

Fig. D.7 C

							7 000 000	50 000 000
57 753 336 →	cha	ya	gi	yi	ṅu	śhu	chhṛi	lṛi
							impair	pair

Fig. D.7 D

Soit à exprimer le nombre 57 753 336, qui correspond aux révolutions synodiques subies par la Lune pendant la durée d'un **chaturyaga*.

Dans la langue (sanskrite) d'Ârya-bhaṭa, ce nombre s'énonçait de la manière suivante (cf. Ârya, II, 2) :

Shat thiṃśhati triśhata trisahasra pañchâyuta saptaniyuta saptaprayuta pañchakoti.

C'était donc un peu comme si nous disions (en suivant l'ordre ascendant à partir de la plus petite unité) :

« Six [= *shat*],
trois dizaines [= *triṃśhati*],
trois cents [= *triśhata*],
trois mille [= *trisahasra*],
cinq myriades [= *pañchâyuta*],
sept cent mille [= *saptaniyuta*],
sept millions [= *saptaprayuta*],
cinq dizaines de millions [= *pañchakoti*] ».

Voir **Âryabhata (Notations numériques d'). Ankânâm vâmato gatih. Noms de nombre. Numération sanskrite.**

Et c'est exactement à cet ordre que se conformait rigoureusement la notation d'Âryabhaṭa, à cette différence près qu'elle reposait sur la base cent et non sur la base dix. Aussi fallait-il décomposer (au moins mentalement) l'expression du nombre en question par tranches de deux ordres décimaux, un peu comme ceci :

1er ordre centésimal : *six, trois* dizaines
2e ordre centésimal : *trois* cents, *trois* mille,
3e ordre centésimal : *cinq* myriades, *sept* cent mille,
4e ordre centésimal : *sept* millions, *cinq* dizaines de millions.

Pour le premier ordre centésimal, il fallait prendre les consonnes, vocalisées avec un *a,* correspondant respectivement aux valeurs 6 et 30 (six et trois dizaines), donc les syllabes *cha* et *ya* (voir figure D.7 A).

Pour le deuxième ordre centésimal, il fallait prendre ensuite les consonnes, vocalisées cette fois avec un *i,* correspondant respectivement aux valeurs 300 et 3 000, donc les syllabes *gi* et *yi* (voir figure D.7 B).

Pour le troisième ordre centésimal, il fallait prendre les consonnes, vocalisées avec un *u,* correspondant respectivement aux valeurs 50 000 et 700 000, donc les syllabes *ṅu* et *śhu* (voir figure D.7 C).

Enfin, pour le quatrième ordre centésimal, il fallait prendre les consonnes, vocalisées avec un *ṛi,* correspondant respectivement aux valeurs 7 000 000 et 50 000 000, donc les syllabes *chhṛi* et *lṛi* (voir figure D.7 D).

D'où pour le nombre considéré la notation :

chayagiyiṅuśhuchhṛilṛi

Notation dont on trouvera à la figure D.7E les principales décompositions (et où la valeur d'une syllabe est dite *absolue* lorsqu'on ne tient pas compte de la vocalisation de la consonne lui servant de support, et où elle est dite *relative* dans le cas contraire).

Syllabes	*cha*	*ya*	*gi*	*yi*	*ṅu*	*śhu*	*chhṛi*	*lṛi*
Valeurs absolues	6	30	3	30	5	70	7	50
Valeurs relatives totalisées par tranche	36		33×10^2		75×10^4		57×10^6	
Valeur totale	36		$+ 33 \times 10^2$		$+ 75 \times 10^4$		$+ 57 \times 10^6$	
57 753 336 ⟶	*cha*	*ya*	*gi*	*yi*	*ṅu*	*śhu*	*chhṛi*	*lṛi*

Fig. D.7 E

Syllabes					*khu*	*yu*	*ghṛi*	
Valeurs absolues					2	30	4	
Valeurs relatives totalisées par tranche					32×10^4		4×10^6	
Valeur totale					$32 \times 10^4 + 4 \times 10^6$			
4 320 000 →					*khu*	*yu*	*ghṛi*	

Fig. D.7 F

On exprime de la même manière le nombre 4 320 000, qui correspond au total des années dont se compose le cycle du **chaturyuga* (fig. D.7 F) :

khuyughṛi

Cette notation prouve donc bien que le génie inventif ne se marie pas toujours avec la simplicité.

Ainsi, contrairement à ce que bon nombre d'auteurs ont affirmé, cette numération n'a guère été fondée sur le principe de position, encore moins sur l'usage du zéro, celle-ci correspondant en fait à une numération additive de la troisième espèce, selon la classification du chapitre 23 et de la figure 28.40 au chapitre 28.

Et pourtant, Âryabhaṭa a très vraisemblablement connu l'usage du zéro et de la numération décimale de position. Et c'est précisément parce qu'il en avait déjà parfaitement assimilé le concept fondamental et le principe d'utilisation qu'il avait pu atteindre le degré d'abstraction nécessaire à l'élaboration d'une telle notation numérique, qui constitue un exemple unique dans toute l'histoire des numérations écrites. Car si celle-ci a certes reposé sur le principe additif, il n'en est pas moins vrai que son tissu, ou plutôt sa structure mathématique, a été profondément imprégné de la plus pure des conceptions du zéro et du principe de position.

Il suffit, pour s'en convaincre, de jeter un coup d'œil sur la figure D.5. On remarquera qu'en prenant la consonne *ka,* c'est-à-dire un signe graphique déterminé servant de base à tout le reste, et en partant de la gauche vers la droite, la règle de la vocalisation numérique imaginée par Âryabhaṭa se résumait ainsi : en adjoignant le signe du *i* à ce graphisme, on ajoutait en réalité deux zéros à la représentation décimale positionnelle de la valeur de la lettre *ka* (c'est-à-dire à l'unité) ; mais en y adjoignant un *u,* un *ṛi,* un *ḷi,* un *e,* un *o,* un *ai,* o ou un *au,* on y ajoutait quatre, six, huit, dix, douze, quatorze ou seize zéros.

Les juifs, les Syriaques et les Grecs étaient certes parvenus à des conventions de ce type, mais suivant un usage très partiel et sans vraiment les concevoir sous le même angle qu'Âryabhaṭa. En munissant une lettre d'un accent, d'un point ou encore d'un ou de deux indices, ils multipliaient en fait sa valeur par 100 ou par 1 000, mais ils n'étaient jamais parvenus à donner une généralisation de leur convention sous un angle aussi abstrait que celui-là.

Âryabhaṭa, il est vrai, avait été favorisé par la structure phonétique caractéristique du syllabaire indien, qui est quasi mathématique pour ainsi dire.

Ce fait est d'ailleurs confirmé par *Bhâskara I, fidèle disciple à un siècle d'écart d'Ârybhaṭa, qui, dans son Commentaire de l'*Âryabhaṭîya* (+ 629), donne cette brève explication au sujet de la règle en question :

nyâsaśhcha sthânânâṃ ooooooooo.

Traduction :

« En inscrivant dans les places (**sthâna*), nous avons :

oooooooooo [= dix zéros] ».

Réf. : Commentaire du *Ganitapâda*, vers 2 ; Shukla et Sarma, p. 32-34 ; Datta et Singh, p. 64-67.

On voit donc que le commentateur emploie dans son texte non seulement le mot *sthâna* qui veut dire « place » (et que les savants indiens ont souvent employé dès la haute époque dans le sens du « principe de position »), mais aussi et surtout le petit cercle, qui n'est autre que le chiffre « zéro » de la notation décimale positionnelle indienne. Voir **Sthâna. Chiffre 0. Zéro.**

Or, plus loin, au moment de l'explication détaillée, Bhâskara ajoute le commentaire suivant :

khadvinavake svarâ nava varge 'varge khâni śhûnyâni, khânâṃ dvinavakaṃ khadvinavakaṃ tasmin khadvinavake ashtâdaśhasu śhûnyopalakshiteshu...

Traduction :

« Les neuf voyelles (*nava varge*) [sont utilisées pour noter] les neuf paires de zéros (*khadvinavake*) ; [car] **kha* signifie zéro (**śhûnya*). Dans les neuf paires de places, c'est-à-dire dans les dix-huit (*ashtâdaśhasu*) [places] marquées par des zéros (*śhûnyopalakshiteshu*)... »

Employant ainsi le terme de **kha* comme l'une des désignations du zéro, celui-ci précise donc d'une manière très explicite qu'il s'agit d'un synonyme de **śhûnya* : mot qui signifie le « vide » et que les mathématiciens et les astronomes indiens ont toujours employé, dès le ve siècle au moins, dans le sens du zéro abstrait.

Il n'y a donc plus désormais aucun doute : même si le maître ne fut pas très loquace sur un sujet qui avait sans doute dû relever pour lui de l'évidence, son disciple et commentateur, lui, y avait apporté toute la lumière en donnant toute l'explication nécessaire, mettant à contribution pour cela non seulement la forme même du zéro indien (le petit cercle), mais aussi les trois termes sanskrits fondamentaux (**sthâna, *kha, *śhûnya*). Voir **Zéro.**

Il est vrai que le terme sanskrit **kha,* mot à mot l'« espace », signifiait le « ciel » et le « vide », et donc, par extension, le « zéro » dans son sens mathématique. D'autre part, en ce qui concerne la « place » (**sthâna*), Âryabhaṭa lui avait donné le sens de celle occupée par une syllabe donnée ; d'où, par extension, celui de l'« ordre d'unité » de sa propre numération alphabétique. Et cela à cause du « rang » occupé par la syllabe dans l'un des carrés qui se dessinent d'après la structure de son système de notation (fig. D.6). Dans l'esprit d'Âryabhaṭa, il s'agissait bien sûr d'une « place » à part entière, l'une de rang pair et l'autre de rang impair, à l'intérieur d'une unité d'ordre centésimal (la case de rang impair ayant en effet une valeur d'unité simple et celle de rang pair une valeur de dizaine). Mais c'est parce qu'une telle « place » pouvait « se vider » dès lors que s'absentaient les unités ou dizaines de l'« ordre » correspondant que la « place » en était venue à signifier chez lui à la fois la « position » et le vide. Quant à l'expression *khadvinavake,* elle indiquait bien pour lui les « neuf paires de *zéros* », soit les 18 zéros que l'on ajoute à la représentation positionnelle décimale de la valeur initiale d'une consonne donnée, au terme des opérations de vocalisation successives.

Et d'ailleurs Âryabhaṭa ne fait-il pas allusion dans le *Golapâda* à la composante essentielle de notre numération décimale de position lorsqu'il précise que « de place en place (**sthâna*), chacun [des chiffres] est dix fois [plus grand] le précédent » ? (cf. Clark, p. 28). Qui plus est, dans le chapitre du *Gaṇitapâda,* consacré précisément à l'arithmétique et aux méthodes de calcul, celui-ci donne sans équivoque les règles des opérations en base décimale à propos de l'extraction des racines carrées et des racines cubiques. Or, il est facile de montrer qu'il est impossible de pratiquer l'un ou l'autre des deux procédés décrits par lui si les nombres envisagés ne sont pas exprimés *par écrit,* selon le principe de position, au moyen de neuf chiffres distincts et d'un dixième signe faisant office de zéro. Voir **Pâtîganita. Méthodes de calcul indiennes. Racines carrées (Comment Âryabhata calculait ses).**

Nous avons donc là des confirmations, d'ordre mathématique cette fois, apportées à un fait que l'on peut désormais considérer comme définitivement établi : au début du + VIe siècle, Âryabhaṭa connaissait parfaitement le zéro et la numération décimale de position, qu'il utilisait au moins pour effectuer ses propres calculs.

Mais une question se pose justement au sujet de cette curieuse innovation d'Âryabhaṭa : pourquoi a-t-il fait si compliqué alors qu'il pouvait faire beaucoup plus simple ? A vrai dire, l'alphabet lui avait offert une ressource quasi inépuisable lui permettant de forger, notamment pour les nombres compliqués, certains mots mnémotechniques destinés à les graver plus facilement dans la mémoire du lecteur. Et comme celui-ci écrivait toujours en vers sanskrits, il avait donc trouvé là un moyen très commode lui permettant non seulement d'écrire les nombres sous une forme très condensée, mais de satisfaire aussi les exigences du mètre et de la versification de la langue sanskrite.

Fort heureusement, Âryabhaṭa ne fut suivi que par lui-même dans la voie qu'il avait tracée dans le domaine de la notation numérique. Car ceux qui lui succéderont, y compris ceux qui feront référence à son œuvre, adopteront généralement le procédé des **symboles numériques*. Et même ceux qui opteront après lui pour une notation numérique de type alphabétique ne se serviront pas de son système : séduits certes par l'idée, mais non par un principe aussi compliqué, ils chercheront à y apporter une simplification, voire une transformation radicale. Voir **Numération kaṭapayâdi.**

La généralisation de la numération alphabétique d'Âryabhaṭa dans le milieu astronomique indien eût été sans aucun doute désastreuse pour la conservation de la donnée numérique. Plus grave encore : la découverte de la numération décimale de position et du zéro indiens, réalisée dès avant son époque, se serait sans doute perdue à jamais dans les oubliettes de l'histoire. Voir **Arithmétique de position (Récapitulation des faits historiques se rapportant à la découverte de l').**

NUMÉRATION DÉCIMALE. Voir **Daśhaguna. Daśhagunâsamjña.**

NUMÉRATION DE POSITION. Le terme sanskrit la désignant le plus souvent est **ankasthâna*, qui signifie mot à mot : « chiffre (selon la) position » (de **anka*, « chiffres », et de **sthâna*, « place »).

NUMÉRATION DE POSITION. Numération fondée sur le principe selon lequel la valeur des chiffres est déterminée par leur position dans l'écriture des nombres.

Celle qui est née en Inde voici plus de quinze siècles appartient à la *catégorie des numérations positionnelles de la deuxième espèce*, selon la classification établie au chapitre 23. Elle figure donc sans aucun doute parmi les plus évoluées de l'histoire des numérations écrites (voir chap. 28, fig. 28.40, p. 447-448). Voir **Numérations écrites indiennes (Classification des).**

Sa découverte a donc ainsi permis non seulement une représentation simple et parfaitement rationnelle de n'importe quel nombre (aussi grand et aussi complexe qu'il soit), mais aussi et surtout une pratique très aisée des opérations arithmétiques, qu'elle a rendues dès lors à la portée de tous. La contribution indienne fut donc essentielle, car elle permit de faire se rejoindre les histoires parallèles du calcul et de la notation numérique, rendant ainsi possible la démocratisation de l'art même du calcul.

Voir **Arithmétique de position (Récapitulation des faits historiques se rapportant à la découverte de l'). Anka. Ankakramena. Ankasthâna. Sthâna. Sthânakramâd. Zéro. Numération sanskrite. Numération sanskrite simplifiée. Symboles numériques. Numération d'Âryabhata. Numération katapayâdi.**

Pour les diverses graphies des chiffres d'origine indienne : voir **Chiffres indiens,** et chapitre 24, p. 822-887.

Pour les méthodes de calcul correspondantes : voir **Pâtîganita. Méthodes de calcul indiennes.** Voir aussi chapitre 25 et **Racines carrées (Comment Âryabhata calculait ses).**

Voir aussi **Mathématiques indiennes (Histoire des).**

Pour le phénomène de sacralisation du système : voir **Numération de position (Sacralisation et immémorialisation de la).**

NUMÉRATION DE POSITION. (Sacralisation et immémorialisation de la). Certaines traditions indiennes donnent une origine divine à la numération décimale de position. Elles attribuent son invention aux divinités du panthéon hindou, tout particulièrement au dieu *Brahma (cf. Colebrooke, p. 4).

C'est ce qui est mentionné notamment dans le commentaire intitulé *Vâsanâbhâshya,* que le mathématicien *Bhâskarâchârya (dit Bhâskara II) avait fait au XIIe siècle de son propre *Bîjopanaya* (traité astronomique sur les corrections de la Lune).

Ce serait en effet Brahma, le « bienfaisant Créateur de l'univers », qui, pour aider les hommes à effectuer des calculs sur tous les nombres possibles, aurait inventé les neuf chiffres (**anka*), avec l'artifice des « places » (**sthâna*) qui régit l'ordre de ces chiffres (**ankakramena*). Afin de faire suffire ces « figures » à noter tous les nombres, la place elle-même, lorsque aucun chiffre ne s'y trouve, a donc été indiquée d'abord par un espace vide (**shûnya*), à l'image même du « Ciel de *Brahma » (*Brahmaloka*). Mais pour éviter toutes les erreurs et les confusions, toujours possibles lorsqu'il s'agit d'êtres humains, ce vide fut marqué par l'image même du ciel : un petit cercle. Voir **Anka. Ankakramena. Numération de position. Sthâna. Ankasthâna. Sthânakramâd. Shûnya. Zéro. Sacralisation d'un concept.**

En réalité, les traditions de ce genre se sont développées assez tardivement suivant deux traits caractéristiques de l'attitude indienne.

Il y a eu ceux qui, en attribuant à une divinité la paternité de la notion faisant ainsi l'objet de leurs explications, ont voulu lui donner plus de force et plus de poids aux yeux de leurs lecteurs, de leurs disciples ou de leurs interlocuteurs.

Mais il y a eu aussi ceux qui, convaincus du caractère inné de cette notion, n'ont songé à aucun moment à donner de l'événement l'explication historique appropriée.

Dans le premier cas, nous avons donc affaire à un phénomène de *sacralisation* du concept, tandis que dans l'autre, il s'agit d'un phénomène d'*immémorialisation.* Mais cette distinction est tout à fait artificielle, l'un n'excluant évidemment pas l'autre.

Il est intéressant d'observer l'existence de phénomènes tout à fait semblables à propos de la connaissance astronomique en Inde et des cycles cosmiques appelés *yuga,* qui avaient été développés par l'astronomie savante indienne avant même d'être sacralisés et immémorialisés selon les attitudes très caractéristiques de l'esprit indien. Voir **Astronomie indienne. Yuga (Spéculation astronomique sur les).**

Ainsi, mieux encore que l'histoire des connaissances qui ont cheminé à travers la culture indienne, l'histoire de l'astronomie et celle de la numération de position indiennes, de par la nature des matériaux en jeu et l'investigation auxquelles elles se prêtent, donnent la possibilité de saisir sur pièces et de mesurer dans le temps l'un des mécanismes fondamentaux de l'indianité.

Elles permettent en effet « de mesurer comment l'apparente obsession du passé a entraîné précisément l'oblitération des choses du passé. C'est ainsi que cette culture a prodigieusement conservé quantité de textes des plus anciens, mais n'a rien retenu de son histoire, à très peu de choses près, et absolument rien de son archéologie, ni même de sa paléographie. En un mot, il s'agit d'une vue du passé typiquement religieuse, qui n'empêche pas en fait d'incessantes innovations, mais quelles qu'elles soient, les pare de conformité et les ajoute aussitôt à cette coction permanente du passé et ce faisant stérilise tout ce qui pourrait faire progrès. On n'aperçoit nulle part ici d'interdit ou d'anathème, de persécution de la connaissance. On pourrait dire au contraire ; car lorsqu'une connaissance surgit, elle est bientôt absorbée dans une certaine mesure ; et, aussitôt considérée comme indienne de tout temps, elle est bien plus efficacement conjurée que par l'anathème, puisque ce qu'elle contenait de plus important se dissipe dans le silence, aussi sûrement qu'une rivière dans les sables. A cela s'ajoutent les effets d'une sorte d'autodafé bien plus efficaces aussi. En raison du climat et surtout de la vermine, la conservation matérielle du manuscrit était extrêmement précaire. De sorte que nous n'avons en gros que les textes que les générations successives étaient intéressées à reproduire, à faire recopier et cela fausse certainement, par endroits et pas seulement en ce qui concerne l'astronomie, notre perspective des choses de l'Inde » (R. Billard [1]). Voir **Documentation indienne (Pièges de la).**

NUMÉRATION DES SYMBOLES NUMÉRIQUES. Nom donné ici à la notation décimale de position au moyen des symboles numériques de la langue sanskrite, utilisée par les astronomes et les mathématiciens indiens au moins depuis le + ve siècle. En sanskrit, se dit souvent **samkhya* (ou **sankhya*). Voir **Symboles numériques (Principe de la numération des).**

NUMÉRATION INDUSIENNE. Voir **Chiffres proto-indiens.**

NUMÉRATION KAṬAPAYÂDI[1]. Méthode de notation des nombres au moyen des lettres de l'alphabet indien. Dans ce système, l'attribution numérique des syllabes répond à la règle suivante, selon l'ordre de la succession régulière des lettres de l'alphabet indien (voir chapitre 24, fig. 24.56) : les neuf premières (*ka, kha, ga, gha, na, cha, chha, ja* et *jha*) représentent les nombres de 1 à 9, tandis que la dixième (*ña*) correspond à 0 ; les neufs suivantes (*ṭa, ṭha, ḍa, ḍha, ṇa, ta, tha, da, dha*) reçoivent également les valeurs de 1 à 9, alors que

	LETTRES EMPLOYÉES			
pour le chiffre 1	क *ka*	ट *ṭa*	प *pa*	य *ya*
pour le chiffre 2	ख *kha*	ठ *ṭha*	फ *pha*	र *ra*
pour le chiffre 3	ग *ga*	ड *ḍa*	ब *ba*	ल *la*
pour le chiffre 4	घ *gha*	ढ *ḍha*	भ *bha*	व *va*
pour le chiffre 5	ङ *ṅa*	ण *ṇa*	म *ma*	श *śha*
pour le chiffre 6	च *cha*	त *ta*		ष *sha*
pour le chiffre 7	छ *chha*	थ *tha*		स *sa*
pour le chiffre 8	ज *ja*	द *da*		ह *ha*
pour le chiffre 9	झ *jha*	ध *dha*		
pour le chiffre 0	ञ *ña*	न *na*		

Fig. D.8. – *Lettres-chiffres du système « kaṭapayâdi ».* Réf. Datta et Singh ; Jacquet ; Pihan ; Renou et Filliozat ; Sarma [3].

1. Dans cet article qui met directement à contribution l'alphabet indien, nous restituons la notation intégrale des voyelles et des lettres suscrites ou souscrites (ṁ, ṃ, ṭ, ṭh, ḍ, ḍh, etc.).

la suivante (*na*) est affectée de la valeur 0 ; les cinq suivantes encore (*pa, pha, ba, bha, ma*) représentent les cinq premières unités ; et les huit dernières (*ya, ra, la, va, śha, sha, sa* et *ha*) sont associées aux nombres de 1 à 8.

Chaque unité simple est donc représentée par deux, trois ou quatre lettres différentes : le chiffre 1 par l'une des lettres *ka, ṭa, pa* ou *ya* (d'où *kaṭapaya* le nom du système) ; 2 par *kha, ṭha, pha* ou *ra* ; 3 par *ga, ḍa, ba, la* ; 4 par *gha, ḍha, bha* ou *va ;* 5 par *ṇa, na, ma* ou *śha ; 6 par cha, ta* ou *sha ;* 7 par *chha, tha* ou *sa* ; 8 par *ja, da* ou *ha ;* 9 par *jha* ou *dha ;* et le 0 par *ña* ou *na.*

Il s'agit donc d'un système infiniment plus simple que celui d'Âryabhaṭa.

La clef complète nous en est donnée par les vers suivants, extraits de la *Sadratnamâlâ* de Śhankaravarman :

Nañâvachaśhacha śhûnyâni Saṁkhyâ katapayâdayaḥ
Miśhre tûpânta hal saṁkhyâ Na cha chintyohalasvaraḥ

Traduction :

« [Les lettres] *na* et *ña,* ainsi que les voyelles, sont zéro. [En considérant la succession régulière de l'alphabet, les lettres] à partir de *ka, ṭa, pa, ya,* servent à noter les nombres [suivant le cycle de 1 à 9]. Lorsque deux consonnes sont conjointes, seule la dernière correspond à un nombre. Et une consonne non associée à une voyelle est négligeable. »

Réf. : EI, VI, p. 121 ; Datta et Singh, p. 70.

Autrement dit, dans ce système, les voyelles et les consonnes non vocalisées n'ont pas de valeur numérique ; et des groupes comme *kśha, tva, ktya,* etc., souvent comptés comme des syllabes unitaires dans les alphabets indiens, reçoivent respectivement la même valeur que les lettres *śha, va, ya,* etc. Quant aux lettres *ña* et *na,* elles font véritablement figure de zéro.

Les consonnes vocalisées sont donc les seuls « chiffres » du système, leur valeur numérique étant toutefois entièrement indépendante des vocalisations considérées. Ce qui veut dire que, contrairement au système d'Âryabhaṭa, il n'y a ici aucune différence entre des syllabes telles que *sa, si, su, se, so, sai,* etc.

En fait, ce système ne constitue rien d'autre qu'une simplification de la numération alphabétique d'Âryabhaṭa. Voir **Âryabhata. Numération d'Âryabhata.**

Historiquement, le premier auteur connu ayant employé ce système en utilisant le nom de *kaṭapayâdi* est l'astronome Śhankaranârâyana, auteur d'un ouvrage intitulé *Laghubhahâskarîyavivaraṇa* composé en + 869. Cette date est assurée notamment par l'indication faite par l'auteur de l'année de la rédaction de son ouvrage, puisqu'il s'agit de l'an 791 de l'ère **Śhaka,* c'est-à-dire de 791 + 78 = 869 de notre ère.

Ce dernier n'est cependant pas l'inventeur du *kaṭapayâdi,* car le système apparaît déjà, mais sous le nom de *varṇasaṁjñâ,* « procédé des syllabes », dans la *Grahachâranibandhana* de l'astronome Haridatta, à qui d'excellentes raisons permettent d'attribuer la paternité de cette innovation. Et à cela, il y a trois raisons au moins : premièrement, parce que le procédé n'est guère attesté avant lui ; deuxièmement, parce que dans son ouvrage (où il fait plusieurs fois référence à Âryabhaṭa), il prend la peine de donner tous les détails de cette notation (un peu comme l'inventeur d'un système nouveau qui se sent dans l'obligation d'en donner la définition à des lecteurs habitués à manipuler des procédés d'un autre type) ; troisièmement, parce que Haridatta est justement le premier et le dernier à en donner des explications, comme si le système, alors entré dans les mœurs, était devenu une évidence après lui. (Communication personnelle de R. Billard.)

Selon une tradition du Kerala, Haridatta aurait composé son œuvre en + 684 (cf. Sarma [3], p. V). Cette datation ne semble cependant pas s'accorder avec un indice tout à fait significatif recueilli dans l'œuvre de l'astronome Śhankaranârâyana, où celui-ci, rendant alors hommage à ses illustres prédécesseurs, cite leurs noms respectifs avec l'indication du mot **kramâd,* qui signifie « dans l'ordre » :

1. *Âryabhaṭa* [vers + 510],
2. *Varâhamihîra* [vers + 575],
3. *Bhâskara* [vers + 629],
4. *Govindasvâmin* [vers + 830],
5. *Haridatta.*

Ainsi Haridatta a-t-il été placé après Govindasvâmin, dont Śhankaranârâyana a été d'ailleurs le disciple.

Gutturales	क ka	ख kha	ग ga	घ gha	ङ ṅa
Système d'Âryabhaṭa[1]	1	2	3	4	5
Système kaṭapayâdi[2]	1	2	3	4	5
Palatales	च cha	छ chha	ज ja	झ jha	ञ ña
Système d'Âryabhaṭa	6	7	8	9	10
Système kaṭapayâdi	6	7	8	9	0
Cérébrales	ट ṭa	ठ ṭha	ड ḍa	ढ ḍha	ण ṇa
Système d'Âryabhaṭa	11	12	13	14	15
Système kaṭapayâdi	1	2	3	4	5
Dentales	त ta	थ tha	द da	ध dha	न na
Système d'Âryabhaṭa	16	17	18	19	20
Système kaṭapayâdi	6	7	8	9	0
Labiales	प pa	फ pha	ब ba	भ bha	म ma
Système d'Âryabhaṭa	21	22	23	24	25
Système kaṭapayâdi	1	2	3	4	5
Semi-voyelles	य ya	र ra	ल la	व va	
Système d'Âryabhaṭa	30	40	50	60	
Système kaṭapayâdi	1	2	3	4	
Sifflantes	श śha	ष sha	स sa		
Système d'Âryabhaṭa	70	80	90		
Système kaṭapayâdi	5	6	7		
Aspirée	ह ha				
Système d'Âryabhaṭa	100				
Système kaṭapayâdi	8				

1. Voir fig. D.3, p. 106.
2. Voir fig. D.8, p. 115.

Fig. D.9

Or, il faut bien remarquer qu'une telle énumération est tout à fait exceptionnelle chez les savants indiens, dont la chronologie n'a généralement pas fait partie de leurs préoccupations essentielles. Ce fait est d'autant plus exceptionnel que les astronomes indiens, dont les textes sont souvent très avares d'informations historiques, ne font généralement pas référence les uns aux autres. Et lorsque mention est faite à des auteurs plus anciens, la liste en est souvent disposée dans un ordre, ayant pour but de faciliter le rythme de la versification.

C'est d'ailleurs le seul exemple connu d'énumération ainsi accompagnée d'une indication chronologique.

Bref, si l'œuvre d'Haridatta se situe certainement avant 869 (date de l'œuvre de Shankaranârâyana), elle remonte très probablement ainsi aux alentours de + 850. (Communication personnelle de R. Billard.)

Cela veut dire que la numération *kaṭapayâdi* n'a vu le jour qu'au milieu du + IXe siècle, soit trois siècles après Âryabhaṭa.

Toujours est-il qu'en supprimant le principe des vocalisations successives des consonnes de l'alphabet indien, et en remplaçant chaque valeur supérieure ou égale à dix par un zéro ou l'une des neufs premières unités, l'inventeur du système *kaṭapayâdi* a transformé du coup la notation d'Âryabhaṭa en une véritable numération décimale de position munie d'un zéro.

La preuve nous en est donnée par cette mention figurant dans un traité anonyme du Xe siècle, où la notation *kaṭapayâdi* est largement utilisée :

vibhâvonaśhakâbdam...
« Le millésime [de l'ère] *Śhaka* diminué de 444... »

Réf. : *Grahachâranibandhanasaṃgraha*, vers 17 ; R. Billard, p. 142.

Cette mention comporte l'expression *vibhâvona* (= *vibhâva* + *ûna*) qui signifie « 444 (= *vibhâva*) diminué de ». Compte tenu du principe de cette notation, où la valeur d'une consonne est indépendante de sa vocalisation, et où les nombres s'expriment dans l'ordre ascendant à partir des plus petites unités, l'écriture du nombre 444 est donc bien la suivante :

vibhâva (= *va. bha. va*).

Ou encore, selon les valeurs des lettres numérales du système *kaṭapayâdi* (fig. D. 8) :

va. bhâ. va	$= 4 + 4 \times 10 + 4 \times 10^2$
4 4 4	$= 444$.

Les lettres numérales se combinent donc entre elles et ne sont jamais modifiées par les voyelles que l'on peut intercaler à loisir et au besoin, celles-ci n'ayant alors aucune valeur numérique. Quant au principe de la notation, qui n'est autre que la règle de position appliquée à l'une des neuf lettres-unités et des deux lettres-zéro, il suit, comme dans le procédé des symboles numériques, l'ordre des puissances croissantes de dix à partir de la plus petite unité.

Autres exemples relevés sur une table astronomique extraite de la *Grahachâranibandhana* de Haridatta (II, 14) donnant une fonction trigonométrique pour Saturne, avec pour unité la minute de degré (cf. Sarma [3], p. 12) :

dhanâdhya	*dhîrâdhya*
= *dha. nâ. dhya*	= *dhî. râ. dhya*
= *dha. nâ. ya*	= *dha. ra. ya*
9. 0. 1	= 9. 2. 1
= 109	= 129

Il faut voir là une preuve de plus au fait qu'Âryabhaṭa avait eu pleine conscience du zéro et du principe de position, mais qu'en s'enfermant, comme il l'avait fait, dans sa règle de vocalisation numérique, il avait privé sa numération de toute possibilité d'accéder au rang des numérations de position. (Voir **Ankânâm vâmato gatih**). Voir aussi **Arithmétique de position (Récapitulation des faits historiques se rapportant à la découverte de l')**.

Il y a lieu de s'étonner que diverses lettres aient pu servir à la notation d'un même chiffre.

En fait, ce système, à l'image même de la notation qui l'avait inspiré, offrait d'intéressantes ressources à la mnémonique des nombres. Il était, en outre, parfaitement susceptible de répondre aux besoins des règles de la versification ou de la prosodie, avec cet avantage d'être particulièrement utile pour produire d'abondantes tables de fonctions trigonométriques sous une forme beaucoup plus abrégée que le système des *symboles numériques. Et à la possibilité de représenter un même chiffre par plusieurs lettres s'ajoutait celle de vocaliser ces lettres à loisir sans pour autant en changer les valeurs. De sorte qu'il était toujours possible de trouver par ce moyen toutes sortes de mots intelligibles pour exprimer les nombres.

Et c'est sans doute pourquoi le système a été institué depuis lors, sous diverses variantes, en Inde méridionale (la notation s'appliquant cette fois, non plus aux caractères *nâgarî,* mais aux lettres des alphabets grantha, tulu, telugu, etc.).

NUMÉRATION KHAROSHTHÎ. Voir **Chiffres kharoshthî.** Voir aussi chapitre 24, fig. 24.54.

NUMÉRATION SANSKRITE. Nom donné ici à la numération parlée de la langue sanskrite. Cette numération fut d'une excellente qualité conceptuelle. Elle permettait le maniement et la conception de nombres gigantesques. C'est pourquoi elle s'était si admirablement prêtée aux *spéculations numériques ou arithmo-cosmogoniques les plus exubérantes de la culture indienne.

Elle donnait d'abord un nom particulier à chacune des neuf unités simples, puis un nom indépendant à la dizaine ainsi qu'à chacune de ses diverses puissances (*dix, *cent, *mille, *dix mille, *cent mille, *million, *dix millions, *cent millions, *milliard, etc.).

Et pour exprimer un nombre voulu, il suffisait de placer le nom indicateur de chaque ordre entre le nom des unités de l'ordre immédiatement inférieur et celui des unités de l'ordre immédiatement supérieur.

Quant au sens de l'énonciation, il se faisait suivant le « principe du mouvement des chiffres de la droite vers la gauche » (**ankânâm vâmato gatih*).

De sorte que pour exprimer le nombre 523 622 198 443 682 439, il suffisait d'énoncer quelque chose comme ceci (en prenant pour base, par exemple, la nomenclature donnée par Al Bīrūnī ; voir fig. 24.81) :

« Neuf et trois *daśha* (= dix) et quatre *śhata* (= cent) et deux *sahasra* (= mille) et huit *ayuta* (= dix mille) et six *laksha* (= cent mille) et trois *prayuta* (= million) et quatre *koti* (= dix millions) et quatre *vyarbuda* (= cent millions) et huit *padma* (= milliard) et neuf *kharva* (= dix milliards) et un *nikharva* (= cent milliards) et deux *mahâpadma* (= billions) et deux *śhankha* (= dix billions) et six *samudra* (= cent billions) et trois *madhya* (= trillion) et deux *antya* (= dix trillions) et cinq *parârdha* (= cent trillions). »

Voir **Noms de nombre. Grands nombres. Numération de position. Numération sanskrite simplifiée. Symboles numériques. Arithmétique de position (Récapitulation des faits historiques se rapportant à la découverte de l').** Voir aussi chapitre 24, p. 949 *sq.*

NUMÉRATION SANSKRITE SIMPLIFIÉE. Nom donné ici à la notation décimale de position au moyen des neuf noms de nombre ordinaires de la langue sanskrite et du vocable *śhûnya* (« vide ») comme mot remplissant le rôle de zéro.

Comme on le verra à l'article précédent, la numération sanskrite portait en elle le germe de la découverte du principe de la position décimale. Et c'est précisément en supprimant les noms indicateurs des puissances de dix (dix, cent, mille, dix mille, etc.) dans le corps des expressions numériques sanskrites que les savants indiens étaient parvenus à cette découverte majeure.

Au lieu d'exprimer un nombre tel que 523 622 198 443 682 439, sous sa forme sanskrite complète, on en était donc venu à le représenter sous la forme suivante (en supprimant les mots *daśha, śhata, sahasra,* etc.) :

Nava. tri. chatur. dvi. ashta.
shash. tri. chatur. chatur.
ashta. nava. eka. dvi. dvi.
shash. tri. dvi. pañcha.

Cette expression signifie, en effet, mot à mot :

« Neuf. trois. quatre. deux. huit.
six. trois. quatre. quatre.
huit. neuf. un. deux. deux.
six, trois. deux. cinq ».

Mathématiquement parlant, en tenant compte du fait que cet énoncé se faisait selon le « principe du mouvement des chiffres de la droite vers la gauche » (**ankânâm vâmato gatih*), la même expression signifiait donc bien :

$= 9 + 3 \times 10 + 4 \times 10^2 + 2 \times 10^3 + 8 \times 10^4 + 6 \times 10^5 + 3 \times 10^6 + 4 \times 10^7 + 4 \times 10^8 + 8 \times 10^9 + 9 \times 10^{10} + 1 \times 10^{11} + 2 \times 10^{12} + 2 \times 10^{13} + 6 \times 10^{14} + 3 \times 10^{15} + 2 \times 10^{16} + 5 \times 10^{17}$
$= 523\,622\,198\,443\,682\,439.$

Autrement dit, les noms sanskrits des nombres de 1 à 9 en sont venus à recevoir une valeur variant selon leur position dans l'expression des nombres de plusieurs ordres d'unités. Et c'est ainsi que la numération sanskrite est devenue une véritable numération décimale de position. Mais dès lors, l'usage d'un vocable spécial est devenu nécessaire pour marquer l'absence des unités d'un certain rang. Pour contourner l'obstacle, les Indiens ont alors fait appel au mot **śhûnya*, qui a d'abord signifié le « vide » avant même de symboliser le « zéro ». Et c'est ainsi que ce mot en est venu à jouer lui-même le rôle d'un véritable zéro au sein de cette numération parlée de position.

Par la suite, les noms des neuf unités furent progressivement remplacés, par association d'idées ou selon divers symbolismes, par leurs synonymes respectifs, puisés dans toute une panoplie de mots mis en rapport symbolique avec des nombres. Et c'est ainsi que naquit la numération décimale positionnelle des *symboles numériques indiens.

Quant à la numération de position qui se sera trouvée à l'origine de notre numération écrite actuelle, elle est née lorsque ces mots-symboles ont été remplacés eux-mêmes par les neuf premiers chiffres issus de l'ancienne notation numérique *brâhmî*.

Voir **Numération sanskrite. Sthâna. Śhûnya. Zéro. Numération des symboles numériques. Numération de position. Chiffres brâhmî. Chiffre 0. Arithmétique de position (Récapitulation des faits historiques se rapportant à la découverte de l')**. Voir aussi chap. 24, p. 949 *sq.*

NUMÉRATION VERNACULAIRE DU CAMBODGE ANCIEN. Voir chapitre 24, fig. 24.77.

NUMÉRATIONS ÉCRITES INDIENNES (Classification graphique des). Cet article a pour but de procéder à une récapitulation rapide des diverses notations numériques autrefois ou actuellement en usage dans le sous-continent indien, afin de dégager brièvement le type paléographique de chacune d'elles. Les figures données ci-après en référence se rapportent essentiellement aux tableaux du chapitre 24.

Rappelons que les différentes notations numériques actuellement en usage en Inde, en Asie centrale et en Asie du Sud-Est dérivent toutes plus ou moins directement (voir fig. 24.61 à 24.69), de l'ancienne notation *brâhmî* (fig. 24.29 à 24.31 et 24.70), qui est révélée par les édits de l'empereur Aśhoka et toute une série d'inscriptions contemporaines des dynasties Śhunga, Kushâna, Ândhra, Kshatrapa, Gupta, Pallava, etc. (fig. 24.29 à 24.38 et 24.70).

Cette notation originelle (qui dérive sans doute d'une notation initiale de type idéographique) a subi au cours des siècles plusieurs modifications graphiques successives plus ou moins sensibles (fig. 24.70), qui ont débouché sur le développement de divers types de notations très nettement individualisés comme la *gupta* (fig. 24.38), la *bhattiprolu* et la *« pâlî »*.

Voir aussi **Chiffres ândhra. Chiffres bhattiprolu. Chiffres brâhmî. Chiffres châlukya. Chiffres ganga. Chiffres gupta. Chiffres kshatrapa. Chiffres kushâna. Chiffres mathura. Chiffres pâlî. Chiffres pallava. Chiffres śhaka. Chiffres śhunga. Chiffres vallabhî.**

Pour l'origine graphique des chiffres *brâhmî :* voir figures 24.57 à 24.59.

Pour les notations dérivées de la *brâhmî :* voir figures 24.52. Pour leur évolution graphique : voir figures 24.61 à 24.69.

Les différences apparemment considérables que ces notations présentent entre elles tiennent, soit au caractère spécifique des langues et des traditions auxquelles les écritures correspondantes auront été adaptées, soit encore aux habitudes scribales régionales et à la nature des matériels scripturaires employés. Voir **Écritures indiennes. Écritures indiennes (Matériaux des).**

Ces notations se répartissent en fait en trois grands groupes (voir fig. 24.52) :

1. – LE GROUPE DES NOTATIONS DE L'INDE DU CENTRE, DE L'INDE DU NORD, DU TIBET ET DU TURKESTAN

CHINOIS. Ces notations sont celles qui sont issues de la *gupta.* Elles se subdivisent à leur tour en cinq sous-groupes :

1.1. – *Le sous-groupe des notations dérivées de la nâgarî.* Celui-ci est composé des notations issues des chiffres de ce nom (fig. 24.3, 24.39, et 24.72 à 24.74), parmi lesquelles figurent : la mahârâshtrî ; la marâthî (fig. 24.4) ; la bâlbodh ; la modî ; la râjasthânî ; la mârwarî ; la mahâjanî ; la kutîlâ ; la bengalî (fig. 24.10) ; l'oriyâ (fig. 24.12) ; la gujarâtî (fig. 24.8) ; la maithilî (fig. 24.11) ; la manipurî ; la kaîthî (fig. 24.9) ; etc.

Il faut noter qu'à ce sous-groupe appartiennent également les notations arabes des types « *hindi* » et *ghubār,* ainsi que les séries numérales européennes des types *apices* et *algorismes* (voir chapitres 25 et 26) : on sait en effet que les chiffres arabes, tant orientaux que maghrébins (fig. 25.3 et 25.5), dérivent plus ou moins directement de la forme des chiffres indiens du type nâgârî, et que nos chiffres actuels, autant que les chiffres européens du Moyen Age (fig. 26.3 et 26.10), sont issus des chiffres dits *ghubār* du Maghreb (fig. 25.5).

Voir **Chiffres arabes orientaux. Chiffres bengâlî. Chiffres européens (Apices). Chiffres européens (Algorismes). Chiffres ghubār. Chiffres gujarâtî. Chiffres kaîthî. Chiffres kûtilâ. Chiffres mahârâshtrî. Chiffres mahârâshtrîjaina. Chiffres maithilî. Chiffres manipurî. Chiffres marâthî. Chiffres mârwarî. Chiffres nâgarî. Chiffres oriyâ. Chiffres râjasthânî.**

1.2. – *Le sous-groupe des notations dérivées de la śhâradâ.* Celui-ci est composé des notations dérivées des chiffres de ce nom (fig. 24.14 et 24.40), parmi lesquelles figurent : la tâkarî (fig. 24.13) ; la dogrî (fig. 24.13) ; la chamealî ; la mandealî ; la kuluî ; la sirmaurî ; la jaunsarî ; la sindhî (fig. 24.6) ; la khudawadî (fig. 24.6) ; la gurûmukhî (fig. 24.7) ; la panjâbî (fig. 24.5) ; la kochî ; la landa ; la multânî ; etc.

Voir **Chiffres dogrî. Chiffres gurûmukhî. Chiffres khudawadî. Chiffres panjâbî. Chiffres śhâradâ. Chiffres sindhî. Chiffres sirmaurî. Chiffres tâkarî.**

1.3. – *Le sous-groupe des notations du Nepâl.* Celui-ci est composé de la nepâlî moderne (fig. 24.15), qui dérive de l'ancienne notation *siddham* (fig. 24.41), issue elle-même de la gupta mais sous l'influence de la nâgarî.

Voir **Chiffres nepâlî. Chiffres siddham.**

1.4. – *Le sous-groupe des notations de type tibétain.* Celui-ci est composé des notations tibétaines (fig. 24.16), qui dérivent toutes de la *siddham,* et auxquelles se rattache notamment l'ancienne notation mongole (fig. 24.42).

Voir **Chiffres tibétains. Chiffres mongols.**

1.5. – *Le sous-groupe des notations d'Asie centrale.* Celui-ci est composé des anciennes notations du Turkestan chinois, qui dérivent toutes également de la *siddham.*

2. – LE GROUPE DES NOTATIONS DE L'INDE MÉRIDIONALE. Ce sont les notations qui sont issues de la *bhattiprolu* (fig. 24.43 à fig. 24.46), lointaine cousine de la gupta. Elles se subdivisent à leur tour en quatre sous-groupes :

2.1. – *Le sous-groupe des notations de type telugu.* Celui-ci est composé des notations telugu et kannara (fig. 24.20, 24.21, 24.47 et 24.48).

2.2. – *Le sous-groupe des notations de type grantha.* Celui-ci est composé des notations grantha, tamil et vatteluttu (fig. 24.17 et 24.49).

2.3. – *Le sous-groupe des notations de type tulu.* Celui-ci est composé des notations tulu et malayâlam (fig. 24.19).

2.4. – *Le sous-groupe des notations de type singhalais.* Celui-ci est composé de la notation sinhala (fig. 24.22).

Voir **Chiffres drâvidiens. Chiffres grantha. Chiffres kannara. Chiffres malayâlam. Chiffres sinhala. Chiffres tamil. Chiffres telugu. Chiffres vatteluttu.**

3. – LE GROUPE DES NOTATIONS ORIENTALES. Ce sont les notations de l'Asie du Sud-Est, toutes issues de la notation dite *« pâlî »,* qui dérive elle-même d'une même source que la *gupta* et la *bhattiprolu* (fig. 24.43 à fig. 24.46). Elles se subdivisent à leur tour en sept sous-groupes :

3.1. — *Le sous-groupe des notations de type birman.* Celui-ci est composé des notations birmanes anciennes et modernes (fig. 24.23).

3.2. – *Le sous-groupe des notations de type vieux-khmer.* Celui-ci est composé de la notation du Cambodge ancien (fig. 24.77, 24.78 et 24.80).

3.3. – *Le sous-groupe des notations de type cham.* Celui-ci est composé de la notation du Champa (fig. 24.79 et 24.80).

3.4. – *Le sous-groupe des notations de type vieux-malais.* Celui-ci est composé de la notation autrefois en usage en Malaisie (fig. 24.80).

3.5. – *Le sous-groupe des notations de type vieux-javanais.* Celui-ci est composé de la notion dite « kawi », autrefois en usage à Java et à Bali (fig. 24.50 et 24.80).

3.6. – *Le sous-groupe des notations de type thai-khmer actuel.* celui-ci est composé des anciennes notations shan, laotienne et siamoise, ainsi que de la notation actuellement en usage au Cambodge, au Laos et en Thailande (fig. 24.24).

3.7. – *Le sous-groupe des notations de type balinais actuel.* Sous-groupe constitué des notations actuellement usitées par les Balinais, les Bugi, les Tagala, les Bisaya et les Batak (fig. 24.25).

Voir **Chiffres balinais. Chiffres birmans. Chiffres cham. Chiffres javanais anciens. Chiffres kawi. Chiffres thai-khmer. Chiffres vieux khmer.**

Pour une vue d'ensemble de ces diverses notations : voir figures 24.52. Pour leurs situations géographiques : voir figures 24.27 et 24.53. Pour leur classification mathématique : voir l'article suivant.

NUMÉRATIONS ÉCRITES INDIENNES (Classification mathématique des). Cet article a pour but de procéder (notamment à la lumière de la *Classification des numérations écrites de l'Histoire* – telle qu'elle a été établie au chapitre 23) à une récapitulation rapide des diverses notations numériques autrefois ou actuellement en usage dans le sous-continent indien, afin de dégager brièvement cette fois la structure mathématique de chacune d'elles.

Les figures données ci-après en référence se rapportent, soit aux tableaux du chapitre 24 (dont les figures 24.27 et 24.53 permettent les situations géographiques respectives), soit à ceux du chapitre 28.

Les notations numériques issues de la brâhmî (voir article précédent) ne sont pas les seules attestées dans le sous-continent indien, puisque l'on trouve dans l'Inde du Nord-Ouest, depuis l'époque d'Ashoka jusqu'au VIe ou VIIe siècle de notre ère, l'usage de la notation dite « araméo-indienne » ou *kharoshthî*, qui n'est autre en réalité qu'un avatar des anciennes notations du monde sémitique occidental, que des commerçants araméens avaient importée (fig. 24.54). Voir **Chiffres kharoshthî.** Voir aussi chapitre 18, p. 548-560.

Mais il y a aussi le système livré notamment par les fouilles de Mohenjo-Daro et Harappâ (dans l'actuel Pakistan), qui, bien avant l'arrivée des Âryens sur le sol indien, fut employé, de 2500 à 1500 environ av. J.-C., par les représentants de l'ancienne civilisation de l'Indus.

Voir **Chiffres proto-indiens.**

D'un point de vue mathématique, selon la classification des numérations écrites dégagée au chapitre 23, ces différents systèmes (qui sont généralement de base décimale) se répartissent en fait en trois grandes catégories (fig. 28.40) :

A. – LA CATÉGORIE DES NUMÉRATIONS ADDITIVES. Ce sont les numérations qui reposent sur le principe d'addition et dont les chiffres possèdent chacun leur valeur propre, indépendamment de leur position dans les représentations numériques. Cette catégorie se subdivise à son tour en trois espèces :

A.1. – *Les numérations additives de la première espèce.* Ce sont les numérations qui (comme le système hiéroglyphique égyptien par exemple) attribuent un chiffre particulier à chacun des nombres 1, 10, 100, 1 000, 10 000, etc., et qui procèdent, pour la notation des autres nombres, par répétitions de ces signes autant de fois qu'il le faut (fig. 28.14).

Espèce à laquelle l'ancienne *numération indusienne a sans doute appartenu.

A.2. – *Les numérations additives de la deuxième espèce.* Ce sont les numérations qui (comme le système romain par exemple) attribuent un chiffre particulier à chacun des nombres 1, 10, 100, 1 000, etc., ainsi qu'à 5, 50, 500, etc., et qui procèdent, pour la notation des autres nombres, par répétitions de ces signes autant de fois qu'il le faut (fig. 28.15).

Espèce dont l'Inde ne fournit, semble-t-il, aucun modèle.

A.3. – *Les numérations additives de la troisième espèce.* Ce sont les numérations qui (comme le système hiératique égyptien par exemple) attribuent un signe particulier à chaque unité de chaque ordre décimal (1, 2, 3, ..., 10, 20, 30, ..., 100, 200, 300, ..., etc.) et qui procèdent, pour la notation des autres nombres, par combinaisons additives de ces différents signes (fig. 28.16).

Espèce à laquelle ont appartenu toutes les notations issues de la brâhmî, tout au moins au début de leur histoire (fig. 24.70).

A cette sous-catégorie se rattachent donc : la notation ândhra (fig. 24.34 et 24.36) ; la notation bhattiprolu ; la notation châlukya (fig. 24.45) ; la notation ganga (fig. 24.46) ; la notation gupta (fig. 24.38) ; la notation kshatrapa (fig. 24.35) ; la notation kushâna (fig. 24.33) ; la notation mathura (fig. 24.32) ; la notation nâgarî ancienne (fig. 24.39 B) ; la notation nepâlî ancienne (fig. 24.41) ; la notation pallava (fig. 24.34 et 24.36) ; la notation valabhî (fig. 24.44) ; etc.

S'y rattachent également : les numérations de type alphabétique (qui mettent à contribution les consonnes vocalisées de l'alphabet indien, auxquelles une valeur numérique est assignée dans un ordre régulier, et qui sont encore usitées de nos jours dans différentes régions de l'Inde, depuis le Tibet, le Nepâl, le Bengale ou l'Orissâ jusqu'au Mahârâshtra, au Tamilnâdu, au Kerala, au Karnâtaka et à Ceylan, et depuis la Birmanie jusqu'au Cambodge, en Thaïlande et à Java) ; et notamment celle d'Âryabhata (à cette différence près que cette dernière a été en réalité centésimale et non pas fondée sur une base décimale).

Une exception toutefois : la numération dite *katapayâdi* (inventée sans doute par Haridatta), qui a, certes, été de type alphabétique, mais qui a été fondée sur le principe de la position décimale. Voir **Alphabet numéral. Numération d'Âryabhata. Numération katapayâdi.**

B. – LA CATÉGORIE DES NUMÉRATIONS HYBRIDES. Ce sont les numérations qui font intervenir dans les représentations l'addition et la multiplication à la fois, en une sorte de principe mixte. Cette catégorie se subdivise à son tour en cinq espèces :

B.1. – *Les numérations hybrides de la première espèce.* Ce sont les numérations qui (comme le système courant babylonien) attribuent un chiffre particulier à chacun des nombres 1, 10, 100, 1 000, etc., avec une notation additive pour les nombres inférieurs à 100 et une notation multiplicative pour les centaines, les milliers, etc., et qui procèdent donc pour la représentation des autres nombres par combinaisons faisant intervenir à la fois le principe additif et multiplicatif (fig. 28.28).

Espèce à laquelle appartiennent la numération araméenne (fig. 28. 21) ainsi que la *numération kharoshthî qui en dérive (fig. 24.54).

B.2. – *Les numérations hybrides de la deuxième espèce.* Ce sont les numérations dont un modèle est fourni justement par la numération singhalaise (fig. 24.22 et 28.22) : celles qui donnent un chiffre particulier à chaque unité simple, ainsi qu'à chaque puissance de dix (10, 100, 1 000, etc.), et où la notation des centaines, milliers, etc., se fait suivant la règle multiplicative (fig. 28.29).

B.3. – *Les numérations hybrides de la troisième espèce.* Ce sont les numérations du type mariote (fig. 28.23 et 28.30), dont l'Inde ne fournit, semble-t-il, aucun modèle.

B.4. – *Les numérations hybrides de la quatrième espèce.* Ce sont les numérations du type éthiopien (fig. 28.24 et 28.31), dont l'Inde ne fournit, semble-t-il, aucun modèle.

B.5. – *Les numérations hybrides de la cinquième espèce.* Ce sont les numérations dont des modèles sont fournis justement par les numérations tamil et malayâlam (fig. 28.26 et 28.27) : celles qui donnent un chiffre particulier à chaque unité simple (1, 2, 3, ...), ainsi qu'aux divers multiples de chaque puissance de dix (10, 20, 30, ..., 100, 200, 300, ..., etc.), et où la notation des dizaines, des centaines, des milliers, etc., se fait selon le principe multiplicatif (fig. 28.32).

C. – LA CATÉGORIE DES NUMÉRATIONS DE POSITION. Ce sont les numérations fondées sur le principe selon lequel la valeur des chiffres de base est déterminée par leur position dans l'écriture des nombres, et qui nécessitent par conséquent l'usage d'un zéro (fig. 28.37). Cette catégorie se subdivise à son tour en deux espèces :

C.1. – *Les numérations positionnelles de la première espèce.* Ce sont les numérations des types babylonien, chinois ou maya (fig. 28.33, 28.34, 28.35 et 28.38), dont l'Inde ne fournit, semble-t-il, aucun modèle.

C.2. – *Les numérations positionnelles de la deuxième espèce.* Ce sont les numérations (fig. 28.39), auxquelles appartient justement celle qui est née en Inde voici plus de quinze siècles et qui est à l'origine même de toutes les notations décimales positionnelles actuellement en usage (fig. 24.3 à 24.16 et 24.20 à 24.26), y compris notre numération actuelle (fig. 28.36) et celle encore utilisée dans les pays arabes (fig. 24.3).

De base décimale, celle-ci comprend neuf chiffres distincts détachés de toute intuition sensible, représentant les neuf unités significatives (et dont dérivent justement nos signes actuels 1, 2, 3, 4, 5, 6, 7, 8, 9) ; elle possède en outre un dixième signe, appelé **shûnya* (zéro), noté en forme de point ou de petit cercle (fig. 24.82 et **Zéro,* fig. D.11), dont dérive notre 0 actuel, et qui a pour fonction de marquer l'absence des unités d'un certain rang, en possédant en plus une véritable signification numérique : celle du « nombre nul » (fig. 28.37).

Caractéristique fondamentale de ce système : on peut en étendre (et on en a étendu) les conventions à une notation simple et parfaitement cohérente de tous les nombres, que ceux-ci soient entiers, fractionnaires, irrationnels, transcendants ou non (fig. 28.39).

La numération décimale de position d'origine indienne est donc la première de la catégorie des plus évoluées de l'histoire des numérations écrites (fig. 28.40 A et 28.40 B).

Appartiennent donc à cette espèce : la notation du type nâgarî moderne (fig. 24.3, 24.39 A et 24.39 C) ; la notation marâthî (fig. 24.4) ; la notation panjâbî (fig. 24.5) ; la notation sindhî (fig. 24.6) ; la notation gurûmukhî (fig. 24.7) ; la notation gujarâtî (fig. 24.8) ; la notation kaîthî (fig. 24.9) ; la notation bengalî (fig. 24.10) ; la notation maithilî (fig. 24.11) ; la notation oriyâ (fig. 24.12) ; la notation tâkarî (fig. 24.13) ; la notation shâradâ (fig. 24.14, 24.40) ; la notation nepâlî moderne (fig. 24.15) ; la notation tibétaine (fig. 24.16) ; la notation telugu (fig. 24.20 et 24.47) ; la notation kannara (fig. 24.21 et 24.48) ; la notation birmane (fig. 24.23 et 24.51) ; la notation thaikhmer (fig. 24.24) ; la notation balinaise (fig. 24.25) ; la notation javanaise moderne (fig. 24.26) ; la notation javanaise ancienne (fig. 24.50) ; la notation mongole (fig. 24.42) ; la notation arabe du type « hindi » (fig. 24.3 et 25.5) ; la notation arabe du type ghubār, lorsque celle-ci a été employée comme mode de représentation des nombres avec zéro, donc sans les colonnes de l'abaque à poussière (fig. 25.3) ; la notation européenne du type « algorisme » (fig. 26.10) ; etc.

La découverte de la numération indienne de position a donc ainsi permis non seulement une représentation simple et parfaitement rationnelle de n'importe quel nombre (aussi grand et aussi complexe qu'il soit), mais aussi et surtout une pratique très aisée des opérations arithmétiques, qu'elle a rendues dès lors à la portée de tous.

La contribution indienne a donc été essentielle, car elle a permis de faire se rejoindre les histoires parallèles du calcul et de la notation numérique, rendant ainsi possible la démocratisation de l'art du calcul.

Pour la classification graphique de ces diverses notations numériques : voir l'article précédent.

Pour les noms sanskrits, l'usage et les conditions de la découverte de la numération de position : voir **Anka. Sthâna. Ankakramena. Ankasthâna. Sthânakramâd. Numération de position. Principe de position. Noms de nombres. Grands nombres. Numération sanskrite. Numération sanskrite simplifiée. Symboles numériques. Numération des symboles numériques. Symboles numériques (Principe de la numération des). Numération katapayâdi. Numération d'Aryabhata.**

Pour le zéro et ses représentations graphiques ou symboliques : voir **Zéro. Shûnya. Chiffre 0 (en forme de petit cercle). Chiffre 0 (en forme de point).** Pour les méthodes de calcul correspondantes : voir **Patîganita. Méthodes de calcul indiennes.** Voir aussi chapitre 25. Voir également **Arithmétique de position (Récapitulation des faits historiques se rapportant à la découverte de l'). Mathématiques indiennes (Histoire des).**

Pour des subtilités faisant allusion au zéro et à la numération décimale de position dans la poésie d'expression sanskrite : voir **Poésie, zéro et numération de position.**

Et pour le phénomène de sacralisation et d'immémorialisation du système : voir **Numération de position (Sacralisation et immémorialisation de la).**

NUMÉROLOGIE. Voir **Alphabet numéral, magie, mystique et divination.**

NYARBUDA. Nom donné au nombre dix puissance 8 (= cent millions). Voir **Noms de nombre. Grands nombres.**

Sources : **Vâjasaneyî Samhitâ* (début de notre ère) ; **Taittirîya Samhitâ* (début de notre ère) ; **Kâthaka Samhitâ* (début de notre ère) ; **Pañchavimśha Brâhmana* (date incertaine) ; **Sankhyâyana Śhrauta Sûtra* (date incertaine).

NYARBUDA. Nom donné au nombre dix puissance 11 (= cent milliards). Voir **Noms de nombre. Grands nombres.**

Source : **Ganitasârasamgraha* de Mahâvîrâchârya (+ 850).

O

OBSERVANCE MAJEURE. [S]. Valeur = 5. Voir **Karanîya. Cinq.**

OCÉAN. [S]. Valeur = 4. Voir **Abdhi. Ambhonidhi. Ambudhi. Amburâshi. Arnava. Jaladhi. Jalanidhi. Sâgara. Samudra. Sindhu. Udadhi. Vâridhi. Vârinidhi.** Voir aussi **Quatre. Jala. Océan** (troisième article ci-après).

OCÉAN. [S]. Valeur = 7. Voir **Sâgara. Samudra.** Voir aussi **Sept. Mont Meru. Océan** (troisième article ci-après).

OCÉAN. [S]. Si l'on consulte des articles tels que **sâgara* ou **samudra,* qui traduisent l'idée de « mer » ou d'« océan » en tant que symboles numériques, on constate que, cette même idée équivaut curieusement tantôt à 4, tantôt à 7.

La relation *sâgara* = 4 s'explique, en fait, par une très nette allusion aux « quatre océans » (**chatursâgara*) qui, selon les mythologies brâhmanique et hindoue, sont censés entourer le **Jambudvîpa,* c'est-à-dire l'Inde. Mais cette explication ne fournit pas la véritable raison de ce qui a présidé au choix du nombre 4 pour les océans entourant l'Inde. En fait, il est question ici des océans de ce bas monde, puisque ceux-ci sont censés justement entourer les terres indiennes. Et puisqu'il s'agit d'éléments aquatiques, et même de l'élément aquatique le plus abondant et le plus caractéristique du monde terrestre, ils représentent donc l'image même de l'« eau » (qui se dit **jala*). Or, l'eau elle-même a pour symbole mystique le nombre quatre. Car, selon la doctrine brâhmanique des « cinq éléments de la manifestation » (**bhûta*),celle-ci (qui se dit également **apa*) forme, avec la terre (*prithivî*), l'air (*vâyu*) et le feu (*agni*), l'ensemble des éléments censés participer directement à l'« ordre matériel de la nature ». C'est un ordre supposé quaternaire, selon lequel les divers phénomènes de la vie se ramèneraient aux manifestations de ces quatre éléments dans la détermination de l'essence des forces de la nature, ainsi que dans la réalisation de cette dernière dans son œuvre de génération et de destruction. Or, dans la pensée traditionnelle indienne (et même selon une constante universelle), la terre correspond elle-même symboliquement au nombre quatre, puisqu'elle est associée au carré avec ses quatre horizons (ou points cardinaux). C'est donc bien l'équivalence symbolico-numérique eau/terre, avec son ordre et sa valeur quaternaires, qui a ainsi déterminé, dans les légendes relatives à la naissance du monde, le nombre de ces océans terrestres. Et c'est elle qui a donné également au terme de l'« océan » la valeur de 4 en tant que symbole numérique.

La relation *sâgara* = 7, quant à elle, s'explique par une référence directe aux sept océans mythiques (à savoir : l'océan d'eau salée, l'océan de jus de canne à sucre, l'océan de vin, l'océan de beurre clarifié, l'océan de fromage battu, l'océan de lait et l'océan d'eau douce), qui sont censés rayonner autour du **Mont Meru.* Voir **Sapta sâgara.**

Le Mont Meru, c'est cette montagne mythique et sacrée de la mythologie brâhmanique et de la cosmologie hindoue, qui constitue le lieu de rencontre et la demeure des dieux. Située au centre de l'univers, cette montagne placée au-dessus des sept enfers (**pâtâla*), et composée de sept faces, qui sont orientées chacune vers l'une des sept « îles-continents », elles-mêmes baignées par chacun des sept océans, etc. Or, dans cette symbolique, le Mont Meru représente la fixité totale et le centre absolu autour duquel le firmament et l'univers tout entier pivotent dans leur course éternelle. Cette image rejoint donc l'une des représentations symboliques universelles de l'*étoile Polaire. Du reste, comme le précisent les légendes indiennes, le Mont Meru, sur lequel cette dernière jette ses feux aux rayons à la fois luminaires et spirituels, se trouve situé juste au-dessous de cette étoile et exactement dans le même axe qu'elle. Cette correspondance symbolique provient précisément du fait que l'étoile Polaire, la **Sudrishti,* « Celle qui ne bouge jamais », est la dernière des sept étoiles de la Grande Ourse, qui sont considérées elles-mêmes par les traditions indiennes comme la personnification des sept « grands Sages » (c'est-à-dire les **saptarishi* des temps védiques, auteurs présumés des hymnes et des invocations, ainsi que des textes les plus importants des **Veda*). Et c'est pourquoi le nombre sept en est venu à jouer un rôle symbolique prépondérant dans les représentations mythologiques associées au Mont Meru.

C'est donc bien ce symbolisme qui a déterminé le nombre des océans cosmiques des légendes relatives à la création de l'univers, et donné du coup aux mots exprimant l'idée d'« océan » une valeur numérique égale à 7.

Dans ces représentations, l'Inde (*Jambudvîpa*) est considérée comme le « centre de la Terre », tandis que le Mont Meru était regardé comme le centre de l'univers. Or, si l'on a ainsi attribué à l'océan deux valeurs numériques distinctes, n'est-ce pas pour marquer une opposition entre le caractère humain, essentiellement terrestre, des océans entourant l'Inde, avec le caractère divin, essentiellement céleste, des océans rayonnant autour du Mont Meru ?

Malgré ce paradoxe apparent, les savants indiens surent toutefois lever l'ambiguïté. Les mots **samudra* et **sâgara*, qui expriment tous deux l'« océan », ont certes été quelquefois employés comme symboles du nombre quatre. Mais on les a utilisés surtout (et jamais simultanément) comme expressions symboliques du nombre sept, réservant pour quatre l'emploi de mots tels que **abdhi, *ambhonidhi, *ambudhi, *amburâshi, *jaladhi, *jalanidhi, *jalâshaya, *sindhu, *vâridhi* ou **vârinidhi,* qui représentent plus modestement la « mer » avec ses étendues aquatiques aux dimensions bien plus restreintes.

A leurs yeux, la mer, il est vrai, était l'image de la multitude indénombrable ; multitude par le nombre de ses gouttes, et des grains de sable qui s'y roulent, par les aspects qu'elle revêt et aussi par la quantité et la diversité des êtres qui y vivent. Mais, dans leur pensée mystique, l'idée océane exprimée par les mots **samudra* et **sâgara.* C'était non seulement l'immensité sans bornes qui totalise et résume les eaux du ciel et de la terre, mais aussi et surtout les flots de la conscience supérieure qui se déversent de l'immortalité sur les simples mortels : c'était donc, en somme, l'existence éternelle et infinie des espaces du cosmos.

OCÉAN. En tant que nom de nombre de dix puissance 4, dix puissance 9 ou dix puissance 14. Voir **Jaladhi. Samudra. Grands nombres.**

ŒIL. [S]. Valeur = 2. Voir **Netra. Drishti. Deux.**

ŒIL. [S]. Valeur = 3. Voir **Netra. Trois.**

ŒIL DE ŚHUKRA. [S]. Valeur = 1. Voir **Śhukranetra. Un.**

ONGLE. [S]. Valeur = 20. Voir **Nakha. Vingt.**

ONZE. Nom sanskrit ordinaire : **ekâdaśha.* Liste des symboles numériques correspondants :

Akshauhinî. *Bharga. *Bhava. *Hara. *Îśha. *Îśhvara. Lâbha. *Mahâdeva. *Rudra. *Śhiva. *Śhûlin. Trishtubh.

Ces mots traduisent ou désignent symboliquement :

1. Un nom ou attribut de Rudra-Shiva (*Bharga. Bhava. Hara. Îśha. Îśhvara. Mahâdeva. Rudra. Śhiva. Śhûlin*).
2. La « Divinité Suprême » (*Îśhvara*).
3. Le « Seigneur de l'Univers » (*Îśhvara*).
4. Le « Grand Dieu » (*Mahâdeva*).
5. « Grondeur » (*Rudra*).
6. Le « Seigneur des larmes » (*Rudra*).
7. « Violent » (*Rudra*).
8. Le « Maître des animaux » (*Śhûlin*).

Voir **Symboles numériques.**

Réf. : Al Bīrūnī [2] ; Bûhler, p. 84 *sq.* ; Burnell ; Datta et Singh, p. 54-57 ; Fleet, in : CIIn, VIII ; Jacquet, in : JA, XVI, 1935 ; Renou et Filliozat, p. 708-709 ; Sircar, p. 230-233 ; Woepcke [2].

OPÉRATIONS ARITHMÉTIQUES. Voir **Calcul. Dhûlikarma. Méthodes de calcul indiennes. Parikarma. Pâtî. Pâtîganita. Racines carrées (Comment Âryabhata calculait ses).** Voir aussi chapitre 25, p. 299-340.

OPINION. [S]. Valeur = 6. Voir **Darśhana. Six.**

ORDRES D'ÊTRES (Les Cinq). Voir **Pañchaparameshtin.**

ORGANE DES SENS. [S]. Valeur = 5. Voir **Viśhaya. Cinq.**

ORGANES SYMÉTRIQUES. En tant que symboles du nombre 2. Voir **Bâhu. Gulpha. Nayana. Netra. Paksha. Deux.**

ORIFICE. [S]. Valeur = 9. Voir **Chhidra. Randhra. Neuf.**

OUROBOUROS. Voir **Infini (Représentation mythologique indienne de l'). Serpent (Symbolique du).**

P

PADMA (ou **PADUMA**). Nom du lotus de couleur rose. En plus de la pureté qu'il représente, celui-ci symbolise, dans la pensée indienne, la plus haute divinité ainsi que la raison innée.

PADMA. Mot à mot : « lotus (rose) ». Nom donné au nombre dix puissance 9 (= milliard). Voir **Noms de nombre.** Pour une explication de ce symbolisme : voir **Padma** (premier article ci-dessus). Voir aussi **Grands nombres (Signification symbolique des).**

Source : **Kitāb fī taḥqīq i mā li'l hind* d'Al Bīrūnī (vers + 1030).

PADMA. Mot à mot : « lotus (rose) ». Nom donné au nombre dix puissance 14 (= cent billions). Voir **Noms de nombre.** Pour une explication de ce symbolisme : voir **Padma** (premier article ci-dessus). Voir aussi **Grands nombres (Signification symbolique des).**

Source : **Ganitasârasamgraha* de Mahâvîrâchârya (+ 850).

PADMA. Mot à mot : « lotus (rose) ». Nom donné au nombre dix puissance 29. Voir **Noms de nombre.** Pour une explication de ce symbolisme : voir **Padma** (premier article ci-dessus). Voir aussi **Grands nombres (Signification symbolique des).**

Source : **Râmâyana* de Vâlmîki (premiers siècles de notre ère).

PADUMA. Mot à mot : « lotus (rose) ». Nom donné au nombre dix puissance 29. Voir **Noms de nombre.** Pour une explication de ce symbolisme : voir **Padma** (premier article ci-dessus). Voir aussi **Grands nombres (Signification symbolique des).**

Source : **Lalitavistara Sûtra* (avant + 308).

PADUMA. Mot à mot : « lotus (rose) ». Nom donné au nombre dix puissance 119. Voir **Noms de nombre.** Pour une explication de ce symbolisme : voir **Paduma** (premier article ci-dessus). Voir aussi **Grands nombres (Signification symbolique des).**

Source : **Vyâkarana* (grammaire pâlî) de Kâchchâyana (+ XIe siècle).

PAIRE. [S]. Valeur = 2. Voir **Dvaya. Deux.**

PAKOTI. Nom donné au nombre dix puissance 14 (= cent billions). Voir **Noms de nombre. Grands nombres.**

Source : **Vyâkarana* (grammaire pâlî) de Kâchchâyana (+ XIe siècle).

PAKSHA. [S]. Valeur =2. « Aile ». A cause de la symétrie de l'organe. Notons que le mot *paksha* désigne aussi l'une des deux moitiés du mois. Aussi est-il quelquefois employé pour désigner également la valeur 15. Ce double symbolisme s'explique par la division du mois (*mâsa*) en deux périodes de quinze jours appelées *paksha,* correspondant chacune à une phase de la Lune. La première, dite « brillante » (*śhudî*), est progressive, et la deuxième, dite « sombre » (*badî*), est dégressive. En faveur du caractère secondaire de cette division, on peut faire valoir aussi la mythologie et la cosmogonie hindoues qui veulent qu'à l'origine (avant le barattage de la mer de lait), ces deux périodes ne formaient qu'un seul être ; celui-ci aurait été décapité par la suite par Indra alors que celui-ci buvait de l'*amrita* (le nectar de vie éternelle) qu'il avait dérobé. De là, seraient sortis les « Coupés en deux » (*Aśhleshâbhava*) : deux êtres nommés *Râhu et Ketu, dont la contrepartie de l'un est constituée par l'autre, personnifiant les nœuds ascendant et descendant de la Lune. Voir **Mâsa. Râhu. Deux.**

PAKSHA. [S]. Valeur = 15. Voir **Paksha** (article précédent). **Quinze.**

PAÑCHA. Terme sanskrit ordinaire du nombre cinq, entrant dans la composition de plusieurs mots en rapport direct avec l'idée de ce nombre.

Exemples : *Pañchabâna. *Pañchâbhijñâ. *Pañchabhûta. *Pañchachakshus. *Pañchadiśha. *Pañchagavyâ. *Pañcha Indriyâni. *Pañcha Jâti. *Pañchaklesha. *Pañchânana. *Pañchânantaya. *Pañchaparameshtin. Pañcharâśhika. *Pañchatantra.

Pour des mots ayant un rapport plus symbolique avec ce nombre : voir **Cinq. Symbolique des nombres.**

PAÑCHABÂNA. « Arc aux cinq fleurs ». Il s'agit de l'un des attributs de *Kâma, divinité hindoue du Désir cosmique et de l'Amour charnel, que l'on invoque généralement lors des cérémonies de mariage. Kâma est en effet souvent représenté comme un jeune homme armé d'un arc en canne à sucre tirant cinq flèches entourées ou constituées de cinq fleurs.

PAÑCHÂBHIJÑÂ. Nom donné par les Singhalais aux « cinq pouvoirs surnaturels » du Bouddha. Les bouddhistes de Srî Lankâ ne reconnaissent en effet que cinq des six *Abhijña,* ou « pouvoirs surnaturels », considérés par les autres philosophies bouddhiques.

PAÑCHABHÛTA. « Cinq éléments ». Nom donné collectivement aux cinq éléments de la manifestation des philosophies brâhmanique et hindoue. Voir **Bhûta.** Voir aussi **Jala.**

PAÑCHACHAKSHUS. « Cinq visions du Bouddha ». Selon les bouddhistes, celui-ci posséderait en effet les cinq visions suivantes : celles du corps, de la forme divine, de la sagesse, de la doctrine et de son œil.

PAÑCHADAŚHA. Nom sanskrit ordinaire du nombre quinze. Pour des mots ayant un rapport symbolique avec ce nombre : voir **Quinze. Symbolique des nombres.**

PAÑCHADIŚHA. « Cinq horizons ». Il s'agit des quatre points cardinaux plus le zénith. Voir **Diśh.**

PAÑCHAGAVYÂ. « Cinq dons de la Vache ». Voir **Gavyâ.**

PAÑCHA INDRYÂNI. « Cinq facultés ». Il s'agit des facultés physiques et mentales de la philosophie bouddhique, qui se répartissent en cinq groupes. Voir **Indriya.**

PAÑCHA JÂTI. Nom des cinq règles arithmétiques fondamentales de la réduction des fractions.

PAÑCHAKLESHA. « Cinq impuretés ». Il s'agit, selon les philosophies hindoue et bouddhique, des empêchements majeurs qui déroutent le fidèle de la Voie de la Réalisation. Voir **Mahâpâpa.**

PAÑCHÂNANA. Nom des cinq têtes de *Rudra. Voir **Rudrâsya.**

PAÑCHÂNANTARYA. « Cinq péchés mortels » du bouddhisme. Il s'agit des péchés suivants : le parricide ; le matricide ; l'assassinat d'un *arhat* (saint délivré du *karma*) ; le fait de semer la division dans la communauté bouddhique (*sangham*) ; et celui de blesser un bouddha.

PAÑCHAPARAMESHTIN. Nom des cinq ordres d'êtres, considérés comme les « cinq trésors » (*Pañcha *Ratna*) de la religion *jaina.

PAÑCHAPARÂŚHIKA. [Arithmétique]. Nom sanskrit de la Règle de Cinq.

PAÑCHÂSHAT. Nom sanskrit ordinaire du nombre cinquante.

PAÑCHASIDDHÂNTIKA. « Cinq canons astronomiques ». Voir **Varâhamihîra. Astrologie indienne.**

PAÑCHATANTRA. « Cinq livres ». Nom du célèbre recueil de récits et de fables à tendance moralisatrice, composé de cinq livres. Les *Fables* d'Ésope et celles de La Fontaine s'en sont plus ou moins directement inspirées. Voir **Pañcha.**

PAÑCHAVIMŚHA BRÂHMANA. Texte dérivé du *Samaveda,* texte de la littérature védique. Issu d'une transmission orale depuis des temps anciens, mais sans cesse remanié ou augmenté, ce texte n'a cependant trouvé sa forme définitive qu'à une époque relativement tardive. Date incertaine. Voir **Veda.**

Liste des principaux noms de nombre mentionnés dans ce texte (cf. Datta et Singh, p. 10) :

*Eka (= 1). *Daśha (= 10). *Sata (= 10^2). *Sahasra (= 10^3). *Ayuta (= 10^4). *Niyuta (= 10^5). *Prayuta (= 10^6). *Arbuda (= 10^7). *Nyarbuda (= 10^8). *Samudra (= 10^9). *Madhya (= 10^{10}). *Anta (= 10^{11}). *Parârdha (= 10^{12}). *Nikharva (= 10^{13}). *Vâdava (= 10^{14}). *Akshiti (= 10^{15}).

Voir **Noms de nombre. Grands nombres.**

PAÑCHAVIMŚHATI. Nom sanskrit ordinaire du nombre vingt-cinq. Pour des mots ayant un rapport symbolique avec ce nombre : voir **Vingt-cinq. Symbolique des nombres.**

PÂNDAVA. [S]. Valeur = 5. « Fils de Pându ». Il s'agit des cinq frères, héros semi-légendaires de l'épopée du **Mahâbhârata* (à savoir : Yudishthira, Arjuna, Bhîma, Nakula et Sahadeva), fils du roi Pându de Hastinâpura. Voir **Cinq.**

PANTACLE. Voir **Alphabet numéral, magie, mystique et divination.**

PAPIER. Voir **Pâtîganita.**

PARÂ. Voir **Alphabet numéral, magie, mystique et divination.**

PARABRAHMAN. [S]. Valeur = 1. Littéralement : « Brahman suprême ». Expression synonyme de **Paramâtman* en tant qu'« Ame suprême », et épithète donnée au Mahâpurusha (entité suprême de l'esprit global de l'humanité), considéré dans la philosophie hindoue comme le Seigneur absolu de l'univers et ainsi identifié au Brahman. Voir **Âtman. Pitâmaha. Un.**

PARADIS. [S]. Valeur = 13. Voir **Viśhvadeva. Treize.**

PARADIS. [S]. Valeur = 14. Voir **Bhuvana. Quatorze.**

PARAMABINDU. « Point suprême ». Il s'agit du point causal suprême qui, selon la philosophie bouddhique, est à la fois inexistant et identique à tout l'univers ; c'est aussi le temps considéré comme un point (**bindu*) sans durée qui se déplace et donne l'illusion d'une durée (cf. L. Frédéric).

PARAMÂNU. « Atome suprême ». Il s'agit, dans la pensée indienne, de la plus petite particule matérielle indivisible et munie à la fois d'une saveur, d'une odeur et d'une couleur. Notons toutefois que le *paramânu* ne correspond pas tout à fait à notre conception actuelle de l'« atome », mais plutôt à celle que nous nous faisons de la molécule, plus petite particule constituant une quantité d'un corps composé. Le *paramânu* et le **paramânu râja* (ou « grain de poussière des atomes premiers ») ont longtemps constitué respectivement la plus petite unité de longueur et la plus petite unité de poids des Indiens. Il en est question notamment dans la Légende du Bouddha, rapportée par le **Lalitavistara Sûtra,* où le *paramânu* correspond à 0,000000287 mm et le *paramânu râja* à 0,000000614 g. Pour les calculs correspondants, voir chapitre 24, p. 946-947.

PARAMÂNU RÂJA. « Grain de poussière des atomes premiers ». Nom de la plus petite unité de poids des Indiens. A l'époque du **Lalitavistara Sûtra* (avant + 308), elle correspondait à 0,000000614 g. Voir **Paramânu.**

PARAMÂTMAN. « Ame suprême ». Épithète donnée au *Brahman. Voir **Parabrahman.**

PARAMEŚHVARA. Astronome indien qui vécut aux alentours de + 1431. Auteur notamment du traité intitulé

Drigganita, dans lequel la notation décimale positionnelle des symboles numériques sanskrits est très abondamment employée (cf. Sarma [2]). Voir **Symboles numériques. Numération des Symboles numériques. Arithmétique de position (Récapitulation des faits historiques se rapportant à la découverte de l'). Mathématiques indiennes (Histoire des).**

PARÂRDHA. Mot à mot : « moitié de l'au-delà ». Nom donné au nombre dix puissance 12 (= billion). Voir **Noms de nombre.** Pour une explication de ce symbolisme : voir **Parârdha** (troisième article ci-après). **Grands nombres (Signification symbolique des).**

Sources : **Vâjasaneyî Samhitâ* (début de notre ère) ; **Taittirîya Samhitâ* (début de notre ère) ; **Kâthaka Samhitâ* (début de notre ère) ; **Pañchavimśha Brâhmana* (date incertaine).

PARÂRDHA. Mot à mot : « moitié de l'au-delà ». Nom donné au nombre dix puissance 17 (= cent trillions). Voir **Noms de nombre.** Pour une explication de ce symbolisme : voir **Parârdha** (troisième article ci-après). **Grands nombres (Signification symbolique des).**

Sources : *Kitāb fī taḥqīq i mā li'l hind* d'Al Bīrūnī (vers + 1030) ; **Lîlâvatî* de Bhâskarâchârya (+ 1150) ; **Ganitakaumudî* de Nârâyana (+ 1350) ; **Triśhatikâ* de Shrîdharâchârya (date incertaine).

PARÂRDHA. De *para,* « au-delà », et de *ardha,* « moitié ». Il s'agit de la moitié spirituelle du chemin qui mène à la mort, identique au *devayâna,* le « chemin des dieux », qui, d'après les **Veda,* serait l'une des deux possibilités offertes aux âmes humaines après la mort (cette voie étant censée mener à la délivrance du **samsâra* ou cycle des renaissances). Le symbolisme qui a fait donner à ce mot des valeurs aussi élevées que dix puissance 12 ou dix puissance 17 provient d'une association d'idées, non seulement avec l'immensité non mesurable du ciel, mais également avec l'éternité qu'il représente. Pour plus de détails : voir **Grands nombres (Signification symbolique des).**

PARAŚHURÂMA (Ère). Voir **Kollam.**

PÂRÂVÂRA. Nom donné au nombre dix puissance 14 (= cent billions). Voir **Noms de nombre. Grands nombres.**

Source : **Ganitakaumudî* de Nârâyana (+ 1350).

PARFAIT. [S]. Valeur = 0. Voir **Pûrna. Zéro.**

PARFAIT. En tant que synonyme de la grande quantité. Voir **Grands nombres (Signification symbolique des).**

PARIKARMA. Mot employé en arithmétique pour désigner les « opérations fondamentales » sur les nombres entiers. Voir **Kalâsavarna.**

PARTHE (Ère). Ère commençant en – 248. Autrefois utilisée dans le nord-ouest du sous-continent indien. Il suffit de retrancher 248 d'un millésime exprimé dans cette ère pour obtenir son correspondant dans notre calendrier. Voir **Ères indiennes.**

PARTIE. [S]. Valeur = 6. Voir **Anga. Six.**

PÂRVATA. [S]. Valeur = 7. « Montagne ». Allusion très nette à la « Montagne des dieux » (**devapârvata*), l'un des noms du *Mont Meru, qui est censé constituer lui-même la demeure des dieux. Ce symbolisme numérique provient en effet de la prépondérance accordée au nombre sept dans les représentations mythologiques attachées au Mont Meru. Voir **Adri. Sept.**

PÂRVATÎ. Voir **Mont Meru.**

PAŚHYANTÎ. Voir **Alphabet numéral, magie, mystique et divination.**

PASSION. [S]. Valeur = 6. Voir **Râga. Six.**

PÂTAKA. [S]. Valeur = 5. « Grand péché ». Voir **Mahâpâpa. Cinq.**

PÂTÂLA. [S]. Valeur = 7. « Monde inférieur ». Il s'agit des sept « enfers » des mythologies hindoue et *jaina (à savoir : *Atâla, Vitâla, Nitâla, Gabhastimat, Mahâtâla, Sutâla* et *Pâtâla*). Ces mondes inférieurs sont censés se trouver empilés en étages en dessous du Mont Meru. Ils constituent le lieu de résidence des **nâga,* sur lesquels règne *Muchalinda, génie chtonien en forme de serpents cobras, figuré avec sept têtes. Voir **Sept.**

PÂTÂLA KUMÂRA. « Princesse des Enfers ». Nom donné à la fille de l'Himâlaya, sœur de Vishnu et épouse de Śhiva. Voir **Pârvatî.**

PÂTÎ. Mot à mot : « Planche », « tableau ». Terme employé pour désigner le tableau ou la planchette à calcul, sur lesquels les mathématiciens indiens effectuaient leurs calculs. Voir **Pâtîganita. Méthodes de calcul indiennes.** Voir aussi chapitre 25, p. 299-340.

PÂTÎGANITA (ou GANITAPÂTÎ). Dans son sens le plus général, ce mot désigne aujourd'hui les « mathématiques abstraites ». Mais autrefois, il se référait plutôt à l'« arithmétique » et à la « pratique du calcul », entrant du reste en composition dans le titre de nombreux ouvrages se rapportant à cette discipline, par exemple : le *Pâtîsâra* de Muniśhvara (1658) ; la *Ganitapâtîkaumudî* de *Nârâyana (1356), où il est question notamment de carrés magiques ; et le *Ganitatilaka* de *Śhrîpati (1039), dont le sous-titre est justement *Pâtîganita.*

Réf. : Datta et Singh ; Kapadia.

D'ailleurs, dans son *Brahmasphutasiddhânta* (628), *Brahmagupta décrit l'ensemble des opérations fondamentales de l'arithmétique en utilisant justement le mot *pâtîganita.* Il explique ceci : « Celui qui connaît séparément et individuellement les vingt opérations logistiques, [à savoir] l'addition, la multiplication, etc., ainsi que les huit [méthodes] de détermination, comprenant [en particulier la mesure par] l'ombre, est un [vrai] mathématicien. »

Réf. : BrSpSi ; Datta et Singh.

Sans les nommer toutes, précisons au passage que, dans l'esprit de Brahmagupta, les huit opérations fondamentales des calculateurs indiens n'étaient autres que les huit premières opérations du *pâtîganita* (à savoir : l'addition, la soustraction, la multiplication, la division, l'élévation au carré ou au cube, l'extraction de la racine carrée ou de la racine cubique), auxquelles s'ajoutaient les cinq règles fondamentales de la réduction des fractions : le **trairâśhika* ou « règle de trois », etc. Ce qui souligne combien les techniques de calcul des arithméticiens indiens ont atteint un haut niveau au moins depuis le début du VIIe siècle de notre ère.

On est actuellement bien renseigné sur les diverses méthodes de calcul d'origine indienne grâce aux précieuses indications fournies, non seulement par les auteurs arabes et européens, mais aussi par les auteurs indiens eux-mêmes. On s'en fera d'ailleurs une idée très précise au chapitre 25 et en consultant l'article **Racines carrées (Comment Âryabhata calculait ses).**

Réf. : Allard ; Datta et Singh ; Iyer ; Kaye [3] ; Levey et Petruck ; Waeschke.

Mais on peut encore s'en faire une idée de nos jours : il suffit de se rendre dans les régions rurales de l'Inde profonde, où ces procédés sont enseignés depuis des siècles pratiquement sans aucune modification notable, et où les calculs sont encore effectués sur la *pâtî* (la planchette) par tous ceux qui n'ont pas reçu d'instruction dans les écoles primaires modernes (cf. Datta et Singh).

Il faut dire que le mot *pâtîganita* (ou *ganitapâtî*) est composé de **ganita*, qui signifie proprement « calcul, arithmétique, science du calcul », et de **pâtî*, synonyme de *patta* dans le sens de « planche », « planchette » ou « tableau ».

Réf. : AMM, XXXV, p. 526 ; Datta et Singh, p. 7-8 et 123-125.

Cette étymologie remonte donc bien à l'époque où les calculateurs de l'Inde effectuaient leurs opérations sur un auxiliaire de calcul.

Mais, comme on le voit, il y a deux acceptions possibles au mot **pâtî*, l'une se référant au tableau et l'autre à la planchette à calcul.

La question qui se pose donc en premier lieu concerne le support matériel qui nous paraît aujourd'hui le plus « naturel » : l'usage du papier.

Rappelons à cet effet que « le papier a été inventé en Chine, mais dans des circonstances qui restent obscures. Certes, des textes citent l'invention par Cai-Lun en l'année 105 avant notre ère d'un papier fait avec une bouillie provenant du défibrage de chiffons et de vieux filets de pêche. Cependant, l'idéogramme qui sert à écrire le mot *papier* en chinois contient le signe relatif à la soie. Et il semble prouvé que le papier de bourre de soie ait précédé le papier en fibres végétales, qui, d'ailleurs, ne devait pas tarder à le remplacer en raison de son meilleur prix de revient et de sa plus grande résistance. Par la suite, le même

Cai-Lun et d'autres papetiers fabriquèrent du papier en se servant directement d'une pulpe de matières végétales, notamment d'écorce de mûrier. Vers le Xe siècle, on commença à se servir du bambou et, vers le XIVe, de la paille de riz. Pendant longtemps, l'Occident aura ignoré le papier. Ce sont des Chinois faits prisonniers par les Arabes à la bataille de Talas [dans l'actuelle Kirghizie ex-soviétique] qui, en 751, commencèrent à fabriquer du papier à Samarkand. Puis du papier fut fabriqué à Bagdad par des ouvriers chinois (dès 793) et à Damas, qui demeura pendant des siècles le principal fournisseur de l'Europe. De là, les procédés de fabrication se répandirent en Égypte (vers 900) et au Maroc, d'où les envahisseurs arabes les introduisirent en Espagne » (T. de Galiana).

Or, le papier fut sans doute importé en Inde par les Persans, qui en tenaient les procédés de fabrication des Arabes. Mais il fallut attendre le XIVe siècle pour que les secrets de la fabrication du matériau fussent connus des Indiens.

Autant dire que les Indiens n'ont pratiquement jamais utilisé ce support pour faire des calculs, si ce n'est à une époque tardive de leur histoire. Et même les variétés qui en avaient été faites en partant de la soie, du coton, du bambou, du jute ou du lin, ne furent jamais produites qu'en faibles quantités et seulement dans des formats réduits.

Les Arabes et les Persans, quant à eux, ne l'ont jamais utilisé à cette fin avant le XIIe ou le XIIIe siècle, en raison précisément de sa rareté et de son prix très élevé.

Dans le cas de l'Inde, et dès la haute époque, on peut toutefois songer à l'usage du même matériau que celui des manuscrits, dont les plus anciens spécimens connus remontent effectivement à l'époque des Kushâna (+ Ier siècle). Autrefois, en effet, les manuscrits étaient gravés ou écrits à l'encre sur des feuilles de palmier parasol (*Corypha umbraculifera* ou *Borassus flabelliformis Linné*), coupées en feuilles longues et étroites allant de 40 à 60 cm (pouvant parfois atteindre 90 cm) de longueur sur une largeur variant de 5 à 9 cm. Les feuilles, cueillies avant leur complet déploiement, étaient séchées, lissées et poncées. Un ou plusieurs trous percés en leur milieu permettaient de réunir et de les serrer entre deux plaquettes de bambou, de bois ou d'ivoire. Les feuilles étaient alors écrites à l'encre et parfois enluminées de peintures, ou gravées avec une pointe fine, cette gravure elle-même étant ensuite teintée avec de l'encre. Mais dans l'Assam on a utilisé plutôt les écorces de bois d'aigle, alors qu'au Kaśhmîr, ce fut surtout l'écorce de bouleau, ces écorces étant alors utilisées en petits morceaux ou en bandes cousues ensemble (cf. L. Frédéric).

Il paraît cependant bien improbable qu'une telle technique et un tel support, délicats et coûteux de surcroît, aient pu être utilisés pour faire des opérations. Car cet emploi ne correspondait pas tout à fait à la même destination que le manuscrit : l'un avait le caractère d'un « brouillon », tandis qu'il convenait pour l'autre de déterminer une matière adéquate et une encre indélébile afin de pouvoir assurer aux inscriptions correspondantes la même pérennité que nous donnons à nos manuscrits et livres imprimés.

En fait, pour des calculs chiffrés, il y avait mieux et certainement beaucoup plus économique que des supports tels que la feuille de palmier, l'écorce de bois d'aigle ou de bouleau : c'était l'ardoise et la craie, exactement comme pour nos petits écoliers d'aujourd'hui, ou du moins la craie et le tableau noir, dont l'usage remonte sans aucun doute à une haute époque.

Ainsi le mathématicien *Bhâskarâchârya (dont l'instrument favori fut la *pâtî*, ou « tableau », sur laquelle il écrivait directement au moyen d'un petit morceau de craie) témoigne lui-même de cet usage dans ses propres œuvres, notamment dans sa **Lîlavâti*, où, au milieu d'explications, il lance ceci :

khatikâyâ rekhâ ucchâdya..., « Après avoir dessiné les lignes [des chiffres pour les calculs] sur la *pâtî* avec de la craie... »

Réf. : Datta et Singh, p. 129 ; Dvivedi [4], p. 41.

Autrement dit, les mathématiciens indiens ont usé, au moins à partir d'une certaine époque, sinon de l'ardoise, du moins de la planchette de bois peinte en noir, avec de la craie pour y noter les chiffres et les barrer, et d'un chiffon pour les effacer.

Et lorsque les Arabes et les Persans emprunteront aux Indiens leurs chiffres et leurs méthodes de calcul, ils leur emprunteront aussi ce support matériel : ils le désigneront alors sous le nom arabe de *takht* ou de *lūḥa* (surtout en Afrique du Nord) qui signifient tous « table », « tableau », « planche », « planchette », « tablette » ou « plaque » (que celle-ci soit faite de bois, de cuir, de métal, de terre, d'argile ou même d'ardoise). Quant à l'« arithmétique », ils la désigneront, suivant une traduction très fidèle, par l'expression arabe : *'ilm al ḥisāb al takht* (ou « science du calcul sur la planchette »). Voir chapitre 25.

Ce support présentait donc l'avantage certain de pallier toutes les difficultés posées par l'usage de la vieille planchette à poussière.

De bonnes raisons laissent d'ailleurs à penser que ce dernier dispositif a été utilisé dès la haute époque par les calculateurs indiens. Et c'est bien là qu'il faut voir l'origine étymologique du mot *pâtîganita,* dans son autre sens de « calcul sur la planchette ».

Cela est d'autant plus plausible que cette étymologie rejoint précisément celle de **dhûlikarma,* qui, dans son acception actuelle, désigne les « mathématiques supérieures », mais qui, autrefois, s'appliquait surtout à l'« arithmétique » et à la « pratique du calcul ».

Ce dernier mot a, du reste, d'ailleurs été souvent employé dans la littérature sanskrite ancienne pour désigner l'« action d'effectuer des opérations arithmétiques » ; il le sera encore dans ce sens en 1150, notamment dans le *Siddhânta-Shiromani* du mathématicien *Bhâskarâchârya.

Réf. : SiŚhi, 4 ; Datta et Singh, p. 123 et 129.

Or, ce mot, justement, signifie littéralement : « travail sur la poussière », puisqu'il est composé de *dhûli,* « sable », « poussière », et de *karma,* « acte, action, activité ».

Autrement dit, à une époque encore plus ancienne, les calculateurs indiens, dans leur *pâtîganita* (ou « science du calcul »), « effectuaient » (*karma*) leurs **dhûlikarma* (ou « opérations arithmétiques ») au moyen d'une *pâtî* consistant alors en une planchette de bois ou faite de toute autre matière, sur laquelle ils répandaient du sable ou de la poussière fine (*dhûlî*) pour y tracer les neuf chiffres et effectuer des calculs suivant des techniques particulières dont il sera question au chapitre 25 : c'est ce que l'on appelle le calcul sur la « planchette à poussière ».

Cette étymologie nous renvoie donc ainsi au temps, encore plus aincien, où le zéro et la numération décimale de position n'avaient pas encore été inventés ; époque où les Indiens effectuaient leurs calculs en dessinant les neuf premiers chiffres de leur vieille **numération brâhmî* à l'intérieur des colonnes successives d'un abaque tracé à même le sol, en s'aidant pour cela d'une pointe, d'un bâtonnet ou même simplement d'un doigt. Voir **Méthodes de calcul indiennes.** Voir aussi chapitre 25, p. 299-340.

PÂVAKA. [S]. Valeur = 3. « Feu ». Voir **Agni. Trois.**

PÂVANA. « Purification », et par extension : « Celui qui purifie ». Autre nom de *Vâyu, ancienne divinité brâhmanique du vent. Celle-ci est souvent représentée sur une monture ayant l'aspect d'une antilope ou d'un daim et tenant un éventail, une flèche et un étendard, symboles respectifs de l'air (*vâyu*), de la rapidité et du vent (cf. L. Frédéric).

PÂVANA. [S]. Valeur = 5. « Purification ». Ce symbolisme tient à une mise en association de ce mot en tant qu'attribut de *Vâyu, divinité du vent, avec le vent lui-même considéré dans les cosmogonies indiennes comme le « souffle cosmique ». Car Vâyu, qui est le souverain du domaine subtil et l'intermédiaire entre le ciel et la terre, pénètre, brise et purifie. Or, Vâyu porte également le nom d'*Anila,* qui désigne le « souffle de vie ». C'est donc, selon les hindous, l'énergie cosmique qui pénètre et conserve le corps et se manifeste le plus clairement sous forme de souffle dans les créatures. Aussi Vâyu n'est-il autre que le **prâna,* le « souffle » en tant que « respiration vitale ». Or, l'hindouisme distingue précisément cinq différentes catégories de souffles : le *prajña,* l'essence même du souffle, la force vitale pure qui est en soi ; le *vyâna,* régulateur la circulation sanguine ; le *samâna,* qui surveille les processus d'absorption et d'assimilation de la nourriture et maintient l'équilibre du corps en veillant aux processus liés à l'alimentation ; l'*apâna,* qui assure l'excrétion ; et l'*udâna,* qui agit sur la partie supérieure de l'organisme et facilite le développement spirituel en créant un lien entre la partie physique et la partie spirituelle de l'être (cf. *Dictionnaire de la sagesse orientale*). D'où *pâvana* = 5. Voir **Pâvana** (premier article ci-dessus). **Prâna. Cinq.**

Symbole numérique attesté par exemple chez Bhâskarâchârya (cf. SiShi, *Ganitâdhâya,* X, 2), chez Shrîpati (cf. SiSe, I, 27) et dans le Commentaire de Bhattotpala de la *Brihatsamhitâ* (chap. II) (cf. Datta et Singh, p. 55).

PÂVANA. [S]. Valeur = 7. « Purification », « Celui qui purifie ». Il s'agit de *Vâyu, la divinité du vent, dont ce mot constitue précisément l'un des attributs (voir ci-dessus les deux articles intitulés *Pâvana*). Pour comprendre la véritable raison de ce symbolisme, il faut faire appel à cet épisode de la mythologie brâhmanique. Vâyu se révolta un jour contre les *Deva,* ou « dieux », qui résident sur les pentes du *Mont Meru. Décidant de détruire la montagne, il déclencha un puissant ouragan. Mais la montagne fut protégée par les ailes de Garuda, l'oiseau-support de Vishnu, laissant sans effet tous les assauts du vent. Mais un jour, en l'absence de Garuda, Vâyu décapita le sommet du Mont Meru et le projeta alors dans l'océan. Et c'est ainsi que naquit Lankâ, l'île de Ceylan. Ce récit mythologique permet de mieux saisir pourquoi le vent a reçu cette valeur. La montagne mythique du nom de *Mont Meru, lieu de rencontre et de séjour des dieux, centre de l'univers, est en effet censée se trouver au-dessus des sept **pâtâla* (ou « mondes inférieurs »), et est composée de sept faces, tournées chacune vers l'une des sept **dvîpa* (ou « îles-continents ») et des sept **sâgara* (ou « océans ») ; et lorsque Vâyu s'y attaqua, il engendra sept vents forts, un pour chaque face du Mont Meru. D'où : *pâvana* = 7. Voir **Sept.**

PÉCHÉS MORTELS (Les Cinq). Voir **Pañchânantaya.**

PENSÉE INDIENNE. Liste alphabétique des mots se rapportant à ce thème, auxquels une rubrique est consacrée dans le présent dictionnaire :

*Abhra. *Abja. *Âdi. *Âditya. *Adri. *Agni. *Ahi. *Âkshara. *Alphabet numéral, magie, mystique et divination. *Amara. *Anala. *Ananta. *Anga. *Anuyogadvâra Sûtra. *Âptya. *Arjunâkara. *Arka. *Asamkhyeya. *Âśhâ. *Ashtadanda. *Ashtadiggaja. *Ashtamangala. *Ashtamûrti. *Ashtânga. *Ashtavimoksha. *Aśhva. *Aśhvin. *Astrologie indienne. *Âtman. *Atomisme indien. *Atrinayanaja. *AUM. *Avatâra. *Bâna. *Bhânu. *Bharga. *Bhava. *Bhûta. *Bhuvana. *Bîja. Bindu. *Brahma. *Brahmâsya. *Calcul. *Chakshus. *Chandra. *Chaturânanavâdana. *Chaturdvîpa. *Chaturmahârâja. *Chaturmukha. *Chaturyoni. *Chaturyuga. *Cinq. *Dahana. *Dantin. *Darśhana. *Daśhabala. *Daśhabhûmi. *Deux. *Deva. *Dharanî. *Dharma. *Dhruva. *Diggaja. *Dikpâla. *Diśh. *Divâkara. *Dix. *Documentation indienne (Pièges de la). *Douze. *Dravya. *Drishti. *Durgâ. *Dvaparayuga. *Dvâdaśhadvâraśhâstra. *Dvâtrimśhadvaralakshana. Dvija. *Dvipa. *Dvîpa. *Dyumani. *Eka. *Ekachakra. *Ekadanta. *Ekadaśhi. *Ekâgratâ. *Ekâkshara. *Ekatva. Ekavâchana. *Gagana. *Gaja. Ganeśha. *Gati. *Gavyâ. *Go. *Graha. *Grands nombres (Signification symbolique des). *Hara. *Haranayana. *Haranetra. *Haribâhu. *Hastin. *Hotri. *Huit. *Hutâshana. *Indianité (Mécanismes fondamentaux de l'). *Indra. *Indradrishti. *Indriyâ. *Indu. *Infini. *Infini (Conceptions indiennes de l'). *Infini (Représentation mythologique indienne de l'). *Îśha. *Îśhadriśh. *Ishu. *Iśhvara. *Jagat. *Jahnavîvaktra. *Jaina. *Jala. *Jaladharapatha. *Jour de Brahma. *Jvalana. *Jyotisha. *Kakubh. *Kâla. *Kalamba. *Kaliyuga. *Kalpa. *Kâma. *Karanîya. *Kârttikeya. *Kârttikeyâsya. *Kavacha. *Kâya. *Keśhava. *Kha. *Kriśhânu. *Krita. *Kritayuga. *Kshapeśhvara. *Kumârâsya. *Kumâravadana. *Kumud. *Kumuda. *Kuñjara. *Loka. *Lokapâla. *Lotus. *Mahâdeva. *Mahâkalpa. *Mahâyuga. *Mangala. *Mantra. *Manu. *Mârgana. *Mârtanda. *Mille. *Mrigânka. *Mukha. *Mûrti. *Mystique de l'infini. *Mystique du zéro. *Nâga. *Netra. *Neuf. *Numération de position (Sacralisation et Immémorialisation de la). *Océan. *Onze. *Paksha. *Pañchabâna. *Pañchâbhijñâ. *Pañchachakshus. *Pañcha Indriyâ. *Pañchaklesha. *Pañchânana. *Pañchânantarya. *Pañchaparameshtin. *Pañcharatna. *Parabrahman. *Pâtâla. *Pâvaka. *Pâvana. *Pinâkanayana. *Pitâmaha. *Pundarîka. *Purâ. *Pûrna. *Putra. *Quatorze. *Quatre. *Quinze. *Râga. *Rasa. *Ratna. *Râvanabhuja. *Ravi. *Ravibâna. *Rudra. *Rudra-Śhiva. *Rudrâsya. *Râhu. *Sacralisation d'un concept. *Sâgara. *Sahasrakirana. *Sahasrâksha. *Sahasrâmśhu. *Sahasranâma. *Samkhya. *Samkhyâ. *Sâmkhya. *Sâmkhyâ. *Samkhyâna. *Samkhyeya. *Sanskrit. *Saptabuddha. *Sarpa. *Şâyaka. *Seize. *Sept. *Śhakra. *Śhakti. *Śhankha. *Śhanku. *Shanmukhabâhu. *Śhara. *Śhaśhadhara. *Şhaśhanka. *Śhaśhin. *Śhatarûpâ. *Śhikhin. *Śhîrshaprahelîka. *Śhîtâmśhu. *Shîtaraśhmi. *Şhiva. *Śhukranetra. *Śhûla. *Śhûlin. *Śhûnya. *Śhûnyatâ. *Six. *Soma. *Spéculations arithmo-cosmogoniques. *Spéculations cosmogoniques. *Sudhâmśhu. *Sura. *Sûrya. *Symboles. *Symboles numériques. *Symbolique des nombres. *Symbolique des grands nombres. *Symbolique du zéro. *Takshan. *Tallakshana. *Tapana. *Treize. *Trente-trois. *Tretâyuga. *Triambaka. *Tribhuvana. *Tribhûvaneśhvara. *Trikâya. *Triloka. *Trimûrti. *Tripitaka. *Tripurâ. *Tripurasundarî. *Triśhûla. *Trivarna. *Trois. *Tryakshanmukha. *Tryambaka. *Turîya. *Udarchis. *Un. *Uppala. *Utpala. *Vâchana. *Vahni. *Vaikuntha. * Vaiśhvanara. *Vajra. *Varuna. *Vasu. *Vidhu. *Vingt. *Vingt-cinq. *Viśhika. *Vishnupada. *Viśhva. *Viśhvadeva. *Vrindâ. *Yama. *Yuga. *Yuga (Spéculations cosmogoniques sur les). *Yuga (Spéculation astronomique sur les). *Zéro.

Voir aussi le *Dictionnaire de la civilisation indienne* de L. Frédéric ; *L'Inde classique* de L. Renou et J. Filliozat ; et *L'Astronomie indienne* de R. Billard.

PERFECTION DIVINE. En tant que symbole de la grande quantité. Voir **Grands nombres (Signification symbolique des).**

PERLE MYTHIQUE [S]. Valeur = 1. Voir **Indu.**

PETITS NOMBRES. Voir **Paramânu.**

PEU DE CHOSE. Voir **Śhûnyatâ. Zéro.**

PHILOSOPHIE DE LA VACUITÉ. Voir **Śhûnya. Śhûnyatâ.**

PHILOSOPHIE DU ZÉRO. Voir **Symbolique du zéro. Śhûnya. Śhûnyatâ. Zéro.**

PHILOSOPHIES ET RELIGIONS INDIENNES. Liste alphabétique des termes se rapportant à ce thème, auxquels une rubrique est consacrée dans le présent dictionnaire :

*Abhra. *Abja. *Âdi. *Âditya. *Agni. *Âkâśha. *Amara. *Anala. *Âptya. *Arka. *Âshtadiggaja. *Ashtamangala. *Ashtamûrti. *Ashtavimoksha. *Aśhva. *Aśhvin. *Âtman. *Atomisme indien. *Avatâra. *Bhânu. *Bharga. *Bhava. *Bhûta. *Bhuvana. *Bîja. *Bindu. *Brahma. *Brahmâsya. *Chandra. *Chaturâśhrama. *Chaturmahârâja. *Chaturmukha. *Chaturvarga. *Chaturyoni. *Dahana. *Dantin. *Darśhana. *Daśhabala. *Daśhabhûmi. *Daśhaharâ. *Daśhâvatâra. *Dasra. *Deva. *Dharma. *Dhruva. *Diggaja. *Dikpâla. *Diśh. *Divâkara. *Divyavarsha. *Dravya. *Drishti. *Durgâ. *Dvaita. *Dvandvamoha. *Dvâtrimśhadvaralakshana. *Dvija. *Dvîpa. *Dyumani. *Ekachakra. *Ekadanta. *Ekadaśhi. *Ekâgratâ. *Ekâkshara. *Ekântika. *Ekatattvâbhyâsa. *Ekatva. *Gagana. *Gaja. *Ganeśha. *Gati. *Go. *Grands nombres (Signification symbolique des). *Guna. *Hara. *Haranayana. *Haranetra. *Haribâhu. *Hastin. *Hotri. *Hutâshana. *Indra. *Indradrishti. *Indriya. *Infini (Conceptions indiennes de l'). *Infini (Représentation mythologique indienne de l'). *Îśha. *Îśhadriśh. *Îśhvara. *Jagat. *Jaina. *Jala. *Jvalana. *Kâla. *Kâma. *Karanîya. *Kârttikeya. *Kârttikeyâsya. *Kâya. *Keśhava. *Kha. *Kriśhânu. *Kumârâsya. *Kumâravadana. *Kumud. *Kumuda. *Kuñjara. *Loka. *Lokapâla. *Lotus. *Mahâbhûta. *Mahâdeva. *Mahâpâpa. *Mahâyajña. *Mantra. *Manu. *Mârtanda. *Mâtrikâ. *Nâsatya. *Netra. *Onze. *Pañchabâna. *Pañchâbhijñâ. *Pañchabhûta. *Pañchachakshus. *Pañcha Indriyâni. *Pañchaklesha. *Pañchalakshana. *Pañchânana. *Parabrahman. *Paramânu. *Pâtâla. *Pâvaka. *Pâvana. *Pinâkanayana. *Pitâmaha. *Prâna. *Prithivî. *Pundarîka. *Purâ. *Purâna-lakshana. *Pushkara. *Râga. *Râma. *Rasa. *Ratna. *Ravi. *Ravibâna. *Ravichandra. *Rudra. *Rudra-Śhiva. *Rudrâsya. *Sâgara. *Sahasrâmśhu. *Sahasrakirana. *Sahasrâksha. *Sahasranâma. *Samkhya. *Samkhyâ. *Sâmkhya. *Sâmkhyâ. *Samkhyeya. *Samsâra. *Saptamâtrika. *Shâdanga. *Shadâyatana. *Shaddarśhana. *Śhakra. *Śhakti. *Śhatarûpa. *Śhatapathabrâhmana. *Shatkasampatti. *Śhikhin. *Śhiva. *Śhukranetra. *Śhruti. *Śhûla. *Śhûlin. *Śhûnya. *Śhûnyatâ. *Siddha. *Siddhi. *Soma. *Sura. *Sûrya. *Tallakshana. *Tapana. *Tattva. *Triambaka. *Tribhûvaneśhvara. *Trichîvara. *Triguna. *Tripurâ. *Tripurasundarî. *Triratna. *Triśhûla. *Trivarga. *Trivarna. *Trividyâ. *Tryakshanmukha. *Turîya. *Udarchis. *Vahni. *Vaikuntha. *Vaiśhvânara. *Vajra. *Varuna. *Vasu. *Vishaya. *Vrindâ. *Yama. *Yoni.

Voir aussi : *Dictionnaire de la civilisation indienne* de L. Frédéric ; *Dictionnaire de la sagesse orientale* de K. Friedrichs *et alii* ; et *L'Inde classique* de L. Renou et J. Filliozat.

PINÂKANAYANA. [S]. Valeur = 3. Il s'agit d'un des noms de Śhiva, la troisième divinité de la trinité hindoue, dieu de la destruction et de la dissolution. On le représente souvent avec un troisième œil sur le front (qui symbolise la Connaissance parfaite). De plus, son emblème est la **triśhûlâ*, ou « trident », symbole des trois aspects de la manifestation (création, préservation, destruction). Voir **Haranetra. Trois.**

PITÂMAHA. [S]. Valeur = 1. « Grand ancêtre », « aïeul », « premier père ». Allusion au dieu Brahma, première divinité de la trinité de l'hindouisme ; c'est le « Directeur du ciel », le « Maître des horizons », l'« Un » dans la diversité. Voir **Un.**

PLANCHETTE A CALCUL. Voir **Pâtî. Pâtîganita.**

PLANCHETTE A POUSSIÈRE. Voir **Pâtî. Pâtîganita.**

PLANÈTE. [S]. Valeur = 9. Voir **Graha. Neuf.**

PLANÈTES. Voir **Graha. Saptagraha. Navagraha.**

PLÉNITUDE. [S]. Valeur = 0. Voir **Pûrna. Zéro.**

PLUS PETITE UNITÉ DE LONGUEUR. Voir **Paramânu.** Pour le calcul correspondant, voir chapitre 24, p. 946-947. Voir aussi *Unités de mesures indiennes.*

PLUS PETITE UNITÉ DE POIDS. Voir **Paramânu râja.** Pour le calcul correspondant, voir chapitre 24, p. 946-947. Voir aussi *Poids et mesures indiennes.*

POÉSIE. Voir **Métrique indienne. Poésie et écriture des nombres.** Voir aussi **Nâga. Serpent (Symbolique du). Poésie, zéro et numération de position.**

POÉSIE ET ÉCRITURE DES NOMBRES. Comme tous les érudits indiens, les astronomes et les mathématiciens de cette civilisation ont généralement écrit en sanskrit, composant souvent en vers leurs tables numériques, leurs textes et leurs traités. Et comme ces savants ont beaucoup aimé se livrer à divers jeux et spéculations sur les nombres, le plaisir raffiné qu'ils en ont tiré s'est généralement traduit, là aussi, dans une forme sinon lyrique, du moins versifiée des énoncés. D'où une notation imagée des nombres, les exprimant par des mots à valeur symbolique, choisis dans une synonymie quasi illimitée, suivant les règles de la versification sanskrite en fonction de l'effet recherché. Aussi la transcription d'une table numérique ou de la plus aride des formules mathématiques ressemblait-elle pour ainsi dire à un poème épique. Leur langue, il est vrai, se prêtait admirablement aux règles de la versification, faisant ainsi jouer à la poésie un rôle prépondérant dans la culture indienne et la littérature d'expression sanskrite. Voir **Sanskrit. Symboles numériques.** Voir aussi chapitre 24, p. 959 *sq.*

POÉSIE, ZÉRO ET NUMÉRATION DE POSITION. Voir **Zéro et poésie sanskrite.**

POIDS ET MESURES INDIENS. Voir *Dictionnaire de la civilisation indienne* de L. Frédéric, p. 852 et 1094.

POINT. [S]. Valeur = 0. Voir **Bindu. Atomisme indien. Zéro.**

POINT. En tant que signe graphique représentant le zéro. Voir **Chiffre 0. Bindu. Shûnya-bindu. Zéro.** Voir aussi **Poésie, zéro et numération de position.**

POINT. En tant que nom du nombre dix puissance 49. Voir **Bindu. Grands nombres. Grands nombres (Signification symbolique des).**

POINT CARDINAL. [S]. Valeur = 4. Voir **Diśh. Quatre.**

POINT CAUSAL. Voir **Paramabindu. Atomisme indien.**

POINT DE VUE PHILOSOPHIQUE. [S]. Valeur = 6. Voir **Darśhana. Six.**

POINTE. [S]. Valeur = 3. Voir **Śhûla. Trois.**

PORTEUSE. [S]. Valeur = 1. Voir **Dharanî. Un.**

POSITION DES CHIFFRES. Voir **Sthâna. Sthânakramâd. Ankasthâna. Ankakramena.**

POSITION. [S]. Valeur = 4. Voir **Îryâ. Quatre.**

POUVOIR SURNATUREL. [S]. Valeur = 8. Voir **Pañchâbhijñâ. Siddhi. Huit.**

PRÂKRIT. « Non évolué », « basique ». Nom générique employé couramment par les indianistes pour désigner les nombreux dialectes indo-européens de la catégorie du « moyen-indien ».

PRAKRITI. « Nature, matière. » Il s'agit, selon les philosophies indiennes, de la matière originelle dont l'univers serait fait. C'est le principe matériel transcendantal, que l'on associe aux éléments terrestres, par opposition au principe spirituel (représenté, lui, par les cieux).

PRAKRITI. [S]. Valeur = 21. Il s'agit, relativement à la poésie d'expression sanskrite, du mètre de quatre fois 21 syllabes par vers. Voir **Métrique indienne.**

PRALAYA. Nom de la destruction totale de l'univers dans les cosmogonies brâhmanique et hindoue. Voir **Jour de Brahma. Kalpa. Kaliyuga. Yuga.**

PRÂNA. [S]. Valeur = 5. « Souffle ». Il s'agit en effet dans la philosophie hindoue des cinq souffles censés gouverner les fonctions vitales de l'être humain (le *prajña,* l'*apâna,* le *vyâna,* l'*udâna* et le *samâna*). Notons que ce terme s'applique non seulement aux rythmes respiratoires (comme les exercices physiques du *prânâyama,* destinés à contrôler la respiration et formant une partie des techniques du *hathayoga*), mais aussi à la « respiration subtile » identifiée à l'intelligence et à la sagesse (*prajña*) (cf. L. Frédéric). Voir **Pâvana. Cinq.**

PRAYUTA. Nom donné au nombre dix puissance 5 (= cent mille). Voir **Noms de nombre. Grands nombres.**

Source : *Kâthaka Samhitâ* (début de notre ère).

PRAYUTA. Nom donné au nombre dix puissance 6 (= million). Voir **Noms de nombre. Grands nombres.**

Sources : **Vajasaneyî Samhitâ* (début de notre ère) ; **Taittirîya Samhitâ* (début de notre ère) ; **Pañchavimśha Brâhmana* (date incertaine) ; **Sankhyâyana Śhrauta Sûtra* (date incertaine) ; *Âryabhatîya* (+ 510) ; **Kitāb fī taḥqīq i mā li'l hind* d'Al Bīrūnī (+ 1030) ; **Lîlâvatî* de Bhâskarâchârya (+ 1150) ; **Ganitakaumudî* de Nârâyana (+ 1350) ; **Triśhatikâ* de Śhrîdharâchârya (date incertaine).

PRÉCEPTE. [S]. Valeur = 6. Voir **Six.**

PREMIER PÈRE. [S]. Valeur = 1. Voir **Pitâmaha. Un.**

PRINCIPE DE POSITION. Le terme sanskrit le désignant le plus fréquemment est **sthâna,* qui signifie mot à mot : « place ». Voir **Numération de position. Sthâna. Anka. Ankakramena. Ankasthâna. Sthânakramâd. Arithmétique de position (Récapitulation des faits historiques relatifs à l'). Numérations écrites indiennes (Classification des).**

PRINCIPE D'ÉNONCIATION DES NOMBRES. Voir **Ankânâm vâmato gatih. Numération sanskrite.**

PRINCIPE FONDAMENTAL. [S]. Valeur = 5. Voir **Tattva. Cinq.**

PRINCIPE FONDAMENTAL. [S]. Valeur = 7. Voir **Tattva. Sept.**

PRINCIPE FONDAMENTAL. [S]. Valeur = 25. Voir **Tattva. Vingt-cinq.**

PRINCIPE PRIMORDIAL. [S]. Valeur = 1. Voir **Âdi. Un.**

PRITHIVÎ. [S]. Valeur = 1. « Immense », « Terre », « monde terrestre ». Ce symbolisme fait d'abord référence à l'unicité de la Terre, par opposition au ciel, dont elle est d'ailleurs considérée comme l'épouse. Mais il s'agit aussi et surtout d'une allusion au fait que la Terre, envisagée en tant que principe matériel transcendantal (**prakriti*), par opposition au principe spirituel (représenté par les cieux), est regardée comme la mère de toute chose. Voir **Un.**

PROGÉNITEUR DE LA RACE HUMAINE. [S]. Valeur = 14. Voir **Manu. Quatorze.**

PROPRIÉTÉ PRIMORDIALE. [S]. Valeur = 3. Voir **Guna. Triguna.**

PROPRIÉTÉ PRIMORDIALE. [S]. Valeur = 6. Voir **Guna. Shadâyatana.**

PUISSANCE. [S]. Valeur = 14. Voir **Indra. Quatorze.**

PUISSANCES DE DIX. Voir **Dix. Cent. Mille. Dix mille. Cent mille. Million. Dix millions. Cent millions. Milliards. Dix milliards. Cent milliards. Billion. Dix billions. Cent billions. Trillion. Dix trillions. Cent trillions. Quadrillion. Dix quadrillions. Cent quadrillions. Quintillions. Dix quintillions. Cent quintillions. Noms de nombre. Numération sanskrite. Grands nombres. Infini.**

PUISSANT. [S]. Valeur = 14. Voir **Śhakra. Quatorze.**

PUNDARÎKA. Mot à mot : « lotus (blanc) ». Nom donné au nombre dix puissance 27. Voir **Noms de nombre.** Pour une explication de ce symbolisme : voir **Grands nombres (Signification symbolique des).**

Source : **Lalitavistara Sûtra* (avant + 308).

PUNDARÎKA. Mot à mot : « lotus (blanc) ». Nom donné au nombre dix puissance 112. Voir **Noms de nombre.** Pour une explication de ce symbolisme : voir **Grands nombres (Signification symbolique des).**

Source : **Vyâkarana* (grammaire pâlî) de Kâchchâyana (+ XIe siècle).

PURA. [S]. Valeur = 3. « Cité ». Allusion aux **tripura,* les « trois cités » des **Asura* (ou « anti-dieux »), forteresses volantes en fer d'où ceux-ci dirigeaient la guerre qu'ils faisaient aux **deva.* Voir **Trois.**

PURÂ. [S]. Valeur = 3. « État ». Allusion aux **tripurâ,* les « trois états de la conscience » considérés par l'hindouisme (éveil, sommeil, rêve). Voir **Trois.**

PURÂNA. Littéralement : « Anciens ». Textes sanskrits traditionnels, supposés très anciens, traitant de sujets très divers, comme la création du monde, les mythologies, les légendes, les généalogies des souverains mythiques, les castes, etc. Ces textes ont été écrits à l'intention du peuple et des gens de « basses castes ». Leur analyse a prouvé qu'ils constituent en fait des documents de dates et de provenances très diverses, compilés, rédigés, revus, augmentés et corrigés dans un intervalle de temps oscillant entre le VIe et le XIIe siècle, certains datant même du XIXe. Il convient donc de se méfier de la documentation qu'ils constituent, puisqu'ils n'offrent pas d'intérêt d'un point de vue purement historiographique. Voir **Documentation indienne (Pièges de la).**

PURÂNA ET NUMÉRATION DE POSITION. Voir **Documentation indienne (Pièges de la).**

PURÂNALAKSHANA. [S]. Valeur = 5. (Usage tardif). Allusion aux textes des **Purâna,* où il est fait état des *Pañchalakshana,* qui, dans la philosophie hindoue, correspondent aux « cinq caractéristiques » censées devoir définir l'histoire : la création (*sarga*), les créations périodiques (*pratisarga*), les généalogies divines (*vamśha*), l'ère d'un **manu* (*manvantara*) et les généalogies des souverains humains (*vamśhânucharita*) (cf. L. Frédéric). Voir **Cinq.**

PURIFICATION. [S]. Valeur = 5. Voir **Pâvana. Cinq.**

PURIFICATION. [S]. Valeur = 7. Voir **Pâvana. Sept.**

PÛRNA. [S]. Valeur = 0. Mot signifiant littéralement : « plein, plénitude, exaucé, parfait, achevé ». C'est par conséquent la totalité, l'intégrité, l'achèvement, l'absolu ou la perfection.

Pour nous Occidentaux, ce symbolisme pourrait sembler paradoxal, car comment le « plein » pourrait-il en même temps signifier le vide ?

Mais cette idée est en fait parfaitement conforme à la tournure de l'esprit indien.

L'allusion est faite ici avant tout à *Vishnu, la deuxième grande divinité de la trinité brâhmanique et hindoue dont le rôle essentiel est censé préserver et faire évoluer la création (*Brahma étant le créateur, *Vishnu le conservateur et *Shiva le destructeur).

Vishnu est en effet considéré comme la cause interne de l'existence et comme le gardien du *dharma.* Chaque fois que le monde se dérègle, il accourt (en s'incarnant en **avatâra*) afin de montrer à l'humanité de nouvelles voies pour son développement. On le représente souvent comme un beau jeune homme à quatre bras, tenant une conque de la première main, un arc de la deuxième, une massue de la troisième et une fleur de lotus de la quatrième (cf. *Dictionnaire de la sagesse orientale*).

Or, la *conque, c'est la richesse, la fortune et la beauté, qui constituent justement des attributs de Vishnu en tant que principe conservateur de la manifestation, puisque le son et la perle sont conservés dans la coquille. Quant au *lotus, il symbolise à la fois la plus haute divinité, la raison innée et la perfection mentale et spirituelle. Il symbolise également le « troisième œil », celui de la Connaissance parfaite ; mais c'est aussi l'illumination supérieure et la corolle divine, la totalité de la révélation et de l'illumination, ainsi que l'intelligence, la sagesse et la victoire de l'esprit sur les sens (cf. L. Frédéric [1] et [9]). Voir **Grands nombres (Signification symbolique des).**

D'ailleurs, comme le lotus aux mille pétales, Vishnu possède mille attributs et qualités (**sahasranâma*). Car il représente aussi l'innombrable et l'indénombrable (le nom du millier étant considéré ici dans son sens figuré). Voir **Mille.**

C'est dire si Vishnu est associé à l'idée de totalité, d'intégrité, d'achèvement, d'absolu et de perfection.

Or, le « pied de Vishnu » (**vishnupada*), c'est justement le « ciel », le « zénith », le « séjour des bienheureux » et le lieu de rencontre des dieux ; c'est même, selon la conception cosmologique hindoue, le sommet du *Mont Meru, montagne mythique placée au centre de l'univers, d'où jaillit la *Gangâ* céleste (le Gange sacré).

On comprend donc dans ces conditions que le « plein » ait fini par signifier l'infini, l'éternité et par extension les idées d'achèvement et de perfection.

Or, c'est bien sur *Ananta, le serpent à mille têtes flottant sur les eaux primordiales de l'« océan d'inconscience », que Vishnu s'allonge pour se reposer pendant le temps qui sépare deux créations de l'univers.

Et comme on sait que le serpent Ananta, qui signifie l'« infini », a souvent représenté également le zéro en tant que symbole numérique, on voit donc désormais pourquoi le symbole en question a été réduit à zéro. Voir **Ananta. Jaladharapatha. Shûnya. Zéro.** Voir aussi **Infini. Infini (Représentation mythologique indienne de l'). Serpent (Symbolique du).**

PUSHKARA. [S]. Valeur = 7. Il s'agit d'un surnom attribué à Krishna et à Shiva, ainsi qu'à Dyaus (le Ciel) considéré comme « réservoir d'eau ». L'allusion est faite ici à *Pushkara,* l'un des sept continents mythiques qui rayonnent autour du *Mont Meru. Voir **Dvîpa. Sapta Sâgara. Océan. Sept.**

PUTRA. [S]. Valeur = 5. « Fils. » Dans ce symbolisme, le mot considéré a été pris comme synonyme de *Pândava, qui désigne les « fils de Pându ». Voir **Cinq.**

PUTUMANASOMAYÂJIN. Astronome indien du + XVIIIe siècle. Auteur notamment du traité intitulé *Karanapaddhati,* dans lequel la notation décimale positionnelle des symboles numériques sanskrits est très abondamment employée (cf. K.S. Sastri). Voir **Symboles numériques. Numération des Symboles numériques. Arithmétique de position (Récapitulation des faits historiques se rapportant à la découverte de l'). Mathématiques indiennes (Histoire des).**

Q

QUADRILLION (= dix puissance 18). Voir **Shankha.** Voir aussi **Noms de nombre.**

QUALITÉ. [S]. Valeur = 3. Voir **Guna. Triguna. Trois.**

QUALITÉ. [S]. Valeur = 6. Voir **Guna. Shadâyatana. Six.**

QUARANTE. Nom sanskrit ordinaire : **chatvârimśhat.* Symbole numérique correspondant : Naraka.

QUARANTE-HUIT. Nom sanskrit ordinaire : **ashtachatvârimśhati.* Symbole numérique correspondant : *Jagatî.

QUARANTE-NEUF. Nom sanskrit ordinaire : **navachatvârimśhati.* Symboles numériques correspondants : *Tâna. *Vâyu.

QUATORZE. Nom sanskrit ordinaire : **chaturdaśha.* Liste des symboles numériques correspondants :

*Bhuvana. *Indra. *Jagat. *Loka. *Manu. Pûrva. *Ratna. *Śhakra. Vidyâ.

Ces mots traduisent ou désignent symboliquement :

1. Le dieu Indra lui-même (*Indra*).
2. Le « courage », la « force », la « puissance » (*Indra*).
3. Le puissant (*Śhakra*).
4. L'« humain », dans le sens du progéniteur de la race humaine (*Manu*).
5. Les mondes (*Bhuvana. Jagat. Loka*).
6. Les Joyaux (*Ratna*).

Voir **Symboles numériques.**

Réf. : Al Bīrūnī [2] ; Bühler, p. 84 *sq.* ; Burnell ; Datta et Singh, p. 54-57 ; Fleet, in : CIIn, VIII ; Jacquet, in : JA, XVI, 1835 ; Renou et Filliozat, p. 708-709 ; Sircar, p. 230-233 ; Woepcke [2].

QUATRE. Nom sanskrit ordinaire de ce nombre : **chatur.* Liste des symboles numériques correspondants :

*Abdhi. *Ambhodha. *Ambhodhi. *Ambhonidhi. *Ambudhi. *Amburâśhi. *Arnava. *Âśhrama. Aya. Âya. Bandhu. *Brahmâsya. *Chaturânanavadana. Dadhi. *Diśh. *Diśhâ. *Gati. Gostana. *Haribâhu. *Îryâ. *Jala. *Jaladhi. *Jalanidhi. Jalâshaya. Kashâya. Kendra. Khatvâpâda. Koshtha. *Krita. *Mukha. Payodhi. Payonidhi. Purushârtha. *Sâgara. Salilâkara. *Samudra. Senânga. *Shruti. *Sindhu. *Turîya. *Udadhi. Vanadhi. *Vâridhi. *Vârinidhi. *Veda. Vishanidhi. Vyûha. *Yoni. *Yuga.

Ces mots traduisent ou désignent symboliquement :

1. L'eau (*Jala*).
2. La mer ou l'océan (*Abdhi. Ambhonidhi. Ambudhi. Amburâśhi. Arnava. Jaladhi. Jalanidhi. Jalâshaya. Sâgara. Samudra. Sindhu. Udadhi. Vâridhi. Vârinidhi*).
3. Les quatre océans (*Chaturânanavadana*).
4. Les « horizons », dans le sens des points cardinaux (*Diśh, Diśha*).
5. Les conditions d'existence (*Gati*).
6. Le « Quatrième » en tant qu'épithète du Brahman (*Turîya*).
7. Les « révélations » (*Śhruti*).
8. Les « positions » (*Îryâ*).
9. Les bras de Vishnu (*Haribâhu*).
10. Les naissances (*Gati. Yoni*).
11. La vulve (*Yoni*).
12. Les *Veda* eux-mêmes (*Veda*).
13. Les visages de Brahma (*Brahmâsya*).
14. Les « faces » (*Mukha*).
15. Les quatre âges d'un mahâyuga (*Yuga*).
16. Le dernier des quatre âges d'un mahâyuga (*Krita*).

Voir **Symboles numériques.** Voir aussi **Océan.**

Réf. : Al Bīrūnī [2] ; Bühler, p. 84 *sq.* ; Burnell ; Datta et Singh, p. 54-57 ; Fleet, in : CIIn, VIII ; Jacquet, in : JA, XVI, 1835 ; Renou et Filliozat, p. 708-709 ; Sircar, p. 230-233 ; Woepcke [2].

QUATRE ILES-CONTINENTS. Voir **Chaturdvîpa. Océan.**

QUATRE OCÉANS (ou QUATRE MERS). Voir **Chatursâgara. Sâgara** (= 4). **Océan.**

QUATRE POINTS CARDINAUX. [S]. Valeur = 4. Voir **Diśh. Quatre.**

QUATRE STADES. Voir **Chaturâśhrama.**

QUATRE-VINGTS. Voir **Ashîti.**

QUATRE-VINGT-DIX. Voir **Navati.**

QUATRIÈME (Le). [S]. Valeur = 4. Mot employé en tant qu'épithète de *Brahma. Voir **Turîya. Quatre.**

QUINTILLION (= dix puissance 21). Voir **Kotippakoti. Kumud. Mahâkshiti. Utsanga.** Voir aussi **Noms de nombre.**

QUINZE. Nom sanskrit ordinaire : **pañchadaśha.* Liste des symboles numériques correspondants :

*Ahar. Dina. Ghasra. *Paksha. *Tithi.

Ces mots traduisent ou désignent symboliquement :

1. L'« aile », en allusion au nombre des jours de l'une des deux « ailes » du mois (*Paksha*).

2. Le « jour », en allusion au nombre des jours de l'une des deux « ailes » du mois (*Ahar. Tithî*).

Voir **Symboles numériques.**

Réf. : Al Bîrûnî [2] ; Bühler, p. 84 *sq.* ; Burnell ; Datta et Singh, p. 54-57 ; Fleet, in : CIIn, VIII ; Jacquet, in : JA, XVI, 1835 ; Renou et Filliozat, p. 708-709 ; Sircar, p. 230-233 ; Woepcke [2].

QUOTIENT. [Arithmétique]. Voir **Labdha.**

QUTAN XIDA. Astronome chinois d'origine indienne, Qutan Xida n'étant autre qu'une forme sinisée du nom indien de *Gautama Siddhântha. Voir **Arithmétique de position (Récapitulation des faits historiques se rapportant à la découverte de l').**

R

RACINE CARRÉE. [Arithmétique]. Voir **Varganmûla.** Voir aussi **Racines carrées (Comment Âryabhata calculait ses).**

RACINE CUBIQUE. [Arithmétique]. Voir **Ghanamûla.**

RACINES CARRÉES (Comment Âryabhata calculait ses). Dans le chapitre de la *Ganitapâda,* consacré dans l'*Âryabhatîya* à l'arithmétique et aux méthodes de calcul, l'astronome* Âryabhata (vers + 510) avait décrit, entre autres techniques opératoires, la règle de l'extraction des racines carrées (cf. Ârya, *Ganita,* vers 4) :

« Divise toujours le rang pair par deux fois la racine carrée. Puis, après avoir soustrait le carré du rang pair, pose le quotient à la prochaine place. Cela te donnera la racine carrée. »

La règle, telle qu'elle est ainsi formulée, est un exemple caractéristique de l'extrême concision du style d'Âryabhata, qui ne donnait dans ses énoncés que l'essentiel des définitions, des opérations ou des concepts concernés, le reste de l'explication étant jugé inutile pour des raisons tenant pour lui de l'évidence. En voici la restitution en clair :

« [Après avoir soustrait le plus grand carré possible du chiffre se trouvant placé au dernier rang impair, puis après avoir inscrit la racine carrée du nombre soustrait dans la ligne de la racine carrée], divise toujours le [chiffre de] rang pair [inscrit à droite] par deux fois la racine carrée.

« Ensuite, après avoir soustrait le carré [de ce quotient] du [chiffre se trouvant placé au] rang pair [inscrit à droite], pose le quotient à la prochaine place [soit à droite du chiffre déjà inscrit dans la ligne de la racine carrée]. Cela te donnera alors la racine carrée [cherchée]. [Mais s'il reste encore des chiffres à droite, répète alors le procédé autant de fois qu'il le faudra jusqu'à l'épuisement de ces chiffres]. »

Réf. : Datta et Singh, p. 169-175 ; Clark, p. 23 *sq.* ; Shukla et Sarma, p. 36-37 ; Singh, in : BCMS, 18, 1927.

Voici la restitution (sans justification théorique) de la première de ces règles, dans le cas du calcul de la racine carrée du nombre 55 225, d'après les indications fournies notamment par Bhâskara (en 629) dans son Commentaire de l'*Âryabhatîya* :

On commence par inscrire le nombre en question de la manière suivante en marquant d'un trait vertical chaque position impaire et d'un trait horizontal chaque position paire :

```
| – | – |
5 5 2 2 5
```

Puis on trace une ligne horizontale (à droite du nombre envisagé), afin d'y noter les chiffres successifs de la racine carrée :

```
| – | – |
5 5 2 2 5    ____________________
               ligne de la racine carrée
```

En débutant l'opération par le plus grand chiffre de rang impair, soit par 5, le plus grand carré qui y est contenu est 4, dont la racine est égale à 2. On place donc comme suit un 4 dans une ligne en dessous et un 2 sur la ligne des racines carrées :

```
| – | – |               2
5 5 2 2 5    ____________________
4              ligne de la racine carrée
```

Puis on trace un trait au-dessous du 4, que l'on retranche du 5 précédent ; trouvant 1, on place ce chiffre en dessous de la ligne dans la position paire de cette première tranche, sans oublier de rappeler ce 4 à l'extrême gauche de cette ligne inférieure :

```
 | – | – |          2
 5 5 2 2 5     ____________
  4            ligne de la racine carrée
_________
4)  1
```

Et on considère le chiffre du rang pair inscrit immédiatement à droite (le 5), que l'on pose en dessous, à droite du 1 :

```
 | – | – |          2
 5 5 2 2 5     ____________
  4            ligne de la racine carrée
_________
4)  1 5
```

On divise maintenant le nombre 15 ainsi obtenu par deux fois la racine carrée trouvée précédemment (2), soit par 4 ; et comme on trouve 3 pour quotient, on inscrit donc un 3 sur la ligne des racines carrées, à droite du 2 déjà posé, sans oublier de mentionner le même chiffre à l'extrême droite de la ligne du 15 :

```
 | – | – |          2 3
 5 5 2 2 5     ____________
  4            ligne de la racine carrée
_________
4)  1 5    (3
```

On effectue le produit des nombres 4 et 3 (placés à gauche et à droite de la ligne du 15), et on pose le résultat (12) dans la ligne en dessous du 15 :

```
 | – | – |          2 3
 5 5 2 2 5     ____________
  4            ligne de la racine carrée
_________
4)  1 5    (3
    1 2
```

Puis on retranche ce 12 du 15 précédent, dont on place le résultat dans une ligne en dessous, après avoir tiré un trait :

```
 | – | – |          2 3
 5 5 2 2 5     ____________
  4            ligne de la racine carrée
_________
4)  1 5    (3
    1 2
_________
      3
```

Puis on abaisse le 2 de rang impair de la tranche suivante :

```
 | – | – |          2 3
 5 5 2 2 5     ____________
  4            ligne de la racine carrée
_________
4)  1 5    (3
    1 2
_________
      3 2
```

Et on pose un 9 (le carré du quotient 3 trouvé plus haut, indiqué d'ailleurs à droite de la ligne du 15) dans la ligne au-dessous du 32 :

```
 | – | – |          2 3
 5 5 2 2 5     ____________
  4            ligne de la racine carrée
_________
4)  1 5    (3
    1 2
_________
      3 2
        9
```

On tire un trait et on retranche ce 9 du 32, puis on place le résultat au-dessous du trait :

```
 | – | – |          2 3
 5 5 2 2 5     ____________
  4            ligne de la racine carrée
_________
4)  1 5    (3
    1 2
_________
      3 2
        9
_________
      2 3
```

On abaisse le 2 de rang pair cette fois, en le plaçant à droite des positions de 23 :

```
 | – | – |          2 3
 5 5 2 2 5     ____________
  4            ligne de la racine carrée
_________
4)  1 5    (3
    1 2
_________
      3 2
        9
________________
      2 3 2
```

On divise ensuite le nombre 232 ainsi obtenu par 46, qui est le double de la racine carrée trouvée (23), et comme le quotient est 5, on inscrit les nombres 46 et 5 de la manière suivante (le diviseur 46 à gauche et le quotient 5 à droite), tout en plaçant un 5 sur la ligne des racines carrées à gauche du 3 :

```
   | – | – |            2 3 5
   5 5 2 2 5      _______________________
    4             ligne de la racine carrée
_____________
4)   1 5        (3
     1 2
______________________
       3 2
        9
_____________
46)    2 3 2 (5
```

Et comme le produit de 46 par 5 fait 230, on pose ce nombre au-dessous du 232 :

```
   | – | – |            2 3 5
   5 5 2 2 5      _______________________
    4             ligne de la racine carrée
_____________
4)   1 5        (3
     1 2
_____________
       3 2
        9
_____________
46)    2 3 2 (5
       2 3 0
```

On tire un trait et on effectue la soustraction ; d'où :

```
   | – | – |            2 3 5
   5 5 2 2 5      _______________________
    4             ligne de la racine carrée
_____________
4)   1 5        (3
     2 2
_____________
       3 2
        9
_____________
46)    2 3 2 (5
       2 3 0
_____________
           2
```

On abaisse le dernier chiffre (5) et on le place à droite du 2 :

```
   | – | – |            2 3 5
   5 5 2 2 5      _______________________
    4             ligne de la racine carrée
_____________
4)   1 5        (3
     1 2
_____________
       3 2
        9
_____________
46)    2 3 2 (5
       2 3 0
_____________
           2 5
```

Le dernier quotient étant égal à 5, on en prend le carré (25), que l'on retranche de ce dernier nombre. Et comme le résultat est égal à zéro, l'opération est désormais terminée et on sait qu'elle tombe juste, puisque la racine carrée de 55 225 est égale à 235.

```
   | – | – |            2 3 5
   5 5 2 2 5      _______________________
    4             ligne de la racine carrée
_____________
4)   1 5        (3
     1 2
_____________
       3 2
        9
_____________
46)    2 3 2 (5
       2 3 0
_____________
           2 5
           2 5
_____________
            0
```

On voit donc, d'une part, que ce procédé n'est pas algébrique (contrairement aux allégations de G.-R. Kaye, qui avait affirmé gratuitement que la méthode d'Âryabhata avait été identique à celle de Théon d'Alexandrie) et, d'autre part, qu'il est impossible de pratiquer le procédé d'Âryabhata si les nombres envisagés ne sont pas exprimés *par écrit* au moyen de chiffres distincts servant de base à ces calculs. Autrement dit, les opérations décrites par Âryabhata consistent en fait à partager les nombres sur lesquels on opère, en deux ou trois tranches de chiffres, selon qu'il s'agit de l'extraction de la racine carrée ou de la racine cubique. Et la preuve peut être donnée mathématiquement qu'elles ne sauraient être effectuées dans un système de numération écrite qui ne reposerait pas sur la règle de position et qui ne serait pas muni d'un zéro. Le doute n'est donc plus permis : Âryabhata faisait bien ses calculs au moyen des neuf chiffres et du zéro de la numération décimale de position.

RADA [S]. Valeur = 32. « Dent ». Voir **Danta. Trente-deux.**

RÂGA. [S]. Valeur = 6. « Attirance, couleur, passion, mode musical ». Ce terme sanskrit sert à décrire les instants d'émotion provoqués par une œuvre musicale (modes et rythmes à l'origine de diverses sensations de l'auditeur) ou encore par une œuvre picturale. Ces moments d'émotion, qui peuvent être provoqués par la perception d'un agent extérieur comme la pluie, le vent, l'orage, etc., ou encore par un sentiment intérieur comme l'amour, la nostalgie, la tristesse, etc., se combinent avec les lignes et les couleurs pour provoquer diverses sensations chez le spectateur.

Dans le symbolisme considéré, l'allusion est faite sans doute aux *janaka râga,* les six « *râga* originels », mâles, mis en association avec leurs six *râgini* (ou *râga* « femelles »), et avec les six « fils » de ces dernières, chacun de ces groupes étant mis lui-même en association avec les **shadâyatana* ou « six **guna* » de la philosophie bouddhique, (c'est-à-dire les six catégories sensorielles : l'œil, le nez, l'oreille, la langue, le corps et l'esprit) (cf. L. Frédéric). Voir **Rasa. Six.** Voir aussi **Nâga.**

RÂHU. Démon qui, selon des mythologies et cosmologies indiennes anciennes, était censé faire les éclipses en « dévorant » le Soleil ou la Lune, en vertu d'un privilège qui lui aurait été conféré par *Brahma. Voir **Paksha.**

RAISON INNÉE. En tant que symbole de la grande quantité. Voir **Grands nombres (Signification symbolique des).**

RÂJAMRIGÂNKA. Voir **Bhoja.**

RÂMA. [S]. Valeur = 3. Allusion aux trois Râma des traditions et philosophies indiennes : le premier, appelé aussi Parashu-Râma, ou « Râma à la hache », sixième incarnation de Vishnu venue se manifester pour briser la tyrannie des Kshatriya, la caste des guerriers ; le deuxième, appelé Râmachandra, septième incarnation de Vishnu venue développer le *sattva* dans l'homme, c'est-à-dire la droiture, l'équilibre la sérénité et l'esprit pacifique ; et le troisième, appelé Râma, tout court, célèbre héros du grand poème épique du **Râmâyana* (cf. L. Frédéric [1]).

RÂMÂYANA. « La marche de Râma ». Grand poème épique indien, rédigé en sanskrit par le poète Vâlmîki. Issu de légendes très anciennes, ce texte n'a cependant trouvé sa forme définitive que durant les premiers siècles de l'ère chrétienne.

Liste de noms de grands nombres mentionnés dans ce texte (passage où, pour exprimer le nombre des singes qui composent l'armée de Sugriva, l'auteur donne les noms successifs ci-après, établis selon une échelle égale à cent mille) :

*Koti (= 10^7). *Śhankha (= 10^{12}). *Vrindâ (= 10^{17}). *Mahâvrinda (= 10^{22}). *Padma (= 10^{29}). *Mahâpadma (= 10^{34}). *Kharva (= 10^{39}).

Voir **Noms de nombre. Grands nombres.**

Réf. : Weber, in : JSO, XV, p. 132-140 ; Woepcke [2].

RANDHRA. [S]. Valeur = 9. « Trou ». Allusion aux neuf orifices du corps humain (les deux orifices oculaires, les deux oreilles, les deux narines, la bouche, le nombril et l'orifice anal). Voir **Chhidra. Neuf.**

RANDHRA. [S]. Valeur = 0. « Trou ». Mot-symbole numérique d'emploi rare et tardif. L'origine de cette association d'idées provient évidemment du peu de considération attaché à l'orifice anal. Voir **Zéro.**

RASA. [S]. Valeur = 6. « Sensation ». Dans le sens le plus général, ce terme désigne la ou les « sensations » que peut éprouver l'un des *Shadâyatana,* c'est-à-dire les « six sens ou organes des sens » de la philosophie indienne (qui sont : l'œil, le nez, l'oreille, la langue, le corps et l'esprit). Mais l'explication de ce symbolisme est beaucoup plus subtile que cela. Et elle ne peut être saisie que si l'on se réfère aux canons de l'esthétique indienne, où ce mot désigne l'état émotionnel d'un auditeur, d'un spectateur ou d'un lecteur, en tant qu'essence de la puissance évocatrice de l'art musical, pictural, poétique, théâtral, etc. Or, cette esthétique-là distingue neuf classes de *rasa*, en y incluant naturellement les moins agréables, à savoir : le *śhringâra* (l'amour ou la passion érotique) ; le *hâśhya* (le comique et l'humour) ; la *karunâ* (la compassion, le pathétique) ; le *vîra* (le sentiment héroïque) ; l'*adbhuta* (l'émerveillement ou le sentiment du merveilleux) ; le *śhânta* (la paix et la sérénité) ; le *raudra* (la colère et la furie) ; le *bhayânaka* (la peur ou l'angoisse) ; et le *vîbhatsa* (le dégoût ou la répulsion). Mais parmi eux, les six premiers sont ceux qui permettent la délectation. Et c'est justement à cette acception particulière que le mot *rasa* se réfère dans le symbolisme envisagé, selon cette connotation bien plus restreinte : celle de la « saveur », soit, subjectivement, dans ce qu'une sensation peut apporter de plus agréable à l'œil, à l'oreille ou à l'esprit d'un spectateur, d'un auditeur ou d'un lecteur. Et c'est pourquoi *rasa* (« sensation ») = 6. Voir **Shadâyatana. Six.**

RÂŚHI. [S]. Valeur = 12. « Zodiaque ». Il s'agit bien sûr des douze signes du zodiaque indien : *Mesha* (Bélier) ; *Vrishabha* (Taureau) ; *Mithûna* (Gémeaux) ; *Karka* (Cancer) ; *Simha* (Lion) ; *Kanyâ* (Vierge) ; *Tulâ* (Balance) ; *Vriśhchika* (Scorpion) ; *Dhanus* (Sagittaire) ; *Makara* (Capricorne) ; *Kumbha* (Verseau) ; *Mîna* (Poissons). Voir **Douze.**

RÂŚHI. « Règle ». Employé souvent en arithmétique pour désigner la « Règle de Trois ».

RÂŚHIVIDYÂ. Nom donné à l'arithmétique dans le *Chândogya Upanishad.* Mot à mot : « Connaissance des règles ».

RATNA. [S]. Valeur = 3. « Joyau ». Allusion probable aux **triratna,* les « trois joyaux » du bouddhisme, à savoir : la Communauté (*sangha*), la Loi bouddhique (**dharma*) et le Bouddha. Ces « joyaux » sont représentés eux-mêmes par un trident. Voir **Dharma. Śhûla. Trois.**

Symbole très rarement attesté pour cette valeur, sauf dans le **Ganitasârasamgraha* de Mahâvîrâchârya (cf. Datta et Singh, p. 55).

RATNA. [S]. Valeur = 5. « Joyau ». Valeur la plus fréquente pour ce mot en tant que symbole numérique. Allusion probable aux **pañchaparameshtin,* les « cinq ordres d'êtres » considérés comme les « cinq trésors » de la religion *jaina : les **siddha* (ou « Réalisés »), êtres humains omniscients devenus immortels après avoir été libérés des liens du *karma* (« Loi des actes ») et du **samsâra* (cycle infini des naissances et des renaissances, censé conditionner la vie des êtres humains) ; les *arhat,* sages qui se seraient libérés des liens du *karma*, mais qui seraient encore soumis aux lois du **samsâra* ; les *âchârya* ou « grands maîtres » ; les *upadhya* ou « maîtres » ; et les ascètes (*sâdhu*) (cf. L. Frédéric). Voir **Cinq.**

RATNA. [S]. Valeur = 9. « Joyau ». L'allusion pourrait avoir été faite aux **Navaratna,* « Neufs Joyaux », nom collectif donné à neuf poètes célèbres d'expression sanskrite qui auraient vécu à la cour du roi Vikramâditya. Voir **Neuf.**

RATNA. [S]. Valeur = 14. « Joyau ». L'explication est délicate. On peut cependant penser aux **saptaratna* ou « sept joyaux » du bouddhisme, qui constituent les sept attributs du Bouddha actuel (« Roue d'or » ; *Chintâmani,* ou perle miraculeuse censée exaucer tous les désirs ; « Cheval blanc » ; « Femme noble » ; « Éléphant » portant les Écritures sacrées ; « Ministre des Finances » ; et « Chef de guerre ») ; attributs que l'on aurait mis en association symbolique avec les **sapta Buddha,* ou sept Bouddha du passé (Vipaśhyin, Śhikhin, Viśhvabhû, Krakuchhanda, Kanakamuni et Kâśhyapa), y compris celui de notre âge actuel (le Śhâkyamuni Siddhârtha Gautama) ; d'où, par addition symbolique : *ratna* = 7 + 7 = 14. Voir **Quatorze.**

RATNASANU. L'un des noms du Mont Meru. Voir **Adri. Dvîpa. Pûrna. Pâtâla. Sâgara. Pushkara. Pâvana. Vâyu.**

RÂVANA. Nom d'un roi-démon de Lankâ qui, d'après les légendes du **Râmâyana*, aurait usurpé le trône de son demi-frère Kuvera et volé son palais volant (*puśhpaka*).

RÂVANABHUJA. [S]. Valeur = 20. « Bras de *Râvana ». Allusion aux vingt bras de ce roi-démon. Voir **Vingt.**

RÂVANAŚHIRAS. [S]. Valeur = 10. « Têtes de *Râvana ». Allusion aux dix têtes de ce roi-démon. Voir **Dix.**

RAVI. [S]. Valeur = 12. Il s'agit d'un autre nom de *Sûrya, la divinité du Soleil. Voir **Douze.**

RAVIBÂNA. [S]. Valeur = 1 000. « Flèches de Ravi ». Il s'agit de l'un des attributs de *Ravi (= *Sûrya), la divinité solaire, exprimant ainsi d'une manière imagée les **sahasrakirana* ou « Mille Rayons » du Soleil (autre attribut de Sûrya). Voir **Mille.**

RAVICHANDRA. [S]. Valeur = 2. Il s'agit du couple unissant Ravi à Chandra (nom formé de *Sûrya, le « Soleil » dont un autre attribut est **Ravi*, et de *Soma, la « Lune », entité masculine appelée aussi **Chandra*). Voir **Douze.**

RAYONNEMENT. [S]. Valeur = 9. Voir **Go. Neuf.**

RAYONS SOLAIRES. [S]. Valeur = 12. Voir **Sahasrâmśhu. Douze.**

RÉALITÉ. [S]. Valeur = 5. Voir **Tattva. Cinq.**

RÉALITÉ. [S]. Valeur = 7. Voir **Tattva. Sept.**

RÉALITÉ. [S]. Valeur = 25. Voir **Tattva. Vingt-cinq.**

RÉALITÉ ULTIME. [S]. Valeur = 1. Voir **Âtman. Un.**

RÉALITÉ UNIQUE. [S]. Valeur = 1. Voir **Âtman. Un.**

RÈGLE DE CINQ. [Arithmétique]. Voir **Pañcharâśhika.**

RÈGLE DE NEUF. [Arithmétique]. Voir **Navarâśhika.**

RÈGLE DE ONZE. [Arithmétique]. Voir **Ekâdaśharâśhika.**

RÈGLE DE SEPT. [Arithmétique]. Voir **Saptarâśhika.**

RÈGLE DE TROIS. [Arithmétique]. Voir **Râśhi. Trairâśhika. Vyastatrairâśhika.**

RELIGION BOUDDHIQUE. Voir **Bouddhisme. Philosophies et religions indiennes.**

RELIGION BRÂHMANIQUE. Voir **Philosophies et religions indiennes.**

RELIGION HINDOUE. Voir **Philosophies et religions indiennes.**

RELIGION JAINA. Voir **Dravya. Jaina. Karanîya. Karman. Pañchaparameshtin. Pañcharatna. Philosophies et religions indiennes. Ratna (= 5).**

RELIGION VÉDIQUE. Voir **Philosophies et religions indiennes.**

RESTE. [Arithmétique]. Voir **Śhesha.**

RIEN. Voir **Śhûnya. Zéro.**

RIEN-QUI-VAILLE. Voir **Śhûnyatâ. Zéro.**

RIŚHI. [S]. Valeur = 7. « Sage ». Allusion aux **Saptariśhi*, les sept grands Sages mythiques des temps védiques (Gotama, Bharadvâja, Viśhvamitra, Jamadagni, Vasishtha, Kaśhyapa et *Atri), nés de l'esprit de *Brahma et auteurs présumés des hymnes et invocations du *Rigveda* et de la plupart des autres **Veda*. Ils sont censés former les sept étoiles de la Grande Ourse. Voir **Sept.**

RITU. [S]. Valeur = 6. « Saison ». Allusion aux six saisons de deux « mois » du calendrier hindou : le printemps (*vasanta*) ; la saison chaude (*grishma*) ; la saison des pluies (*varsha*) ; l'automne (*śharada*) ; l'hiver (*hemanta*) ; et la saison froide (*śhiśhira*). Voir **Six.**

ROI. [S]. Valeur = 16. Voir **Bhûpa. Nripa. Seize.**

ROI AVEUGLE. [S]. Valeur = 100. Voir **Dhârtarâśhtra. Cent.**

ROUE. [S]. Valeur = 12. Voir **Chakra. Râśhi. Douze.**

RUDRA. [S]. Valeur = 11. « Grondeur », « Violent », « Seigneur des larmes ». C'est le nom de l'ancienne divinité védique de la Tempête qui, selon les **Veda*, aurait constitué la personnification des souffles vitaux, nés du front de *Brahma et précisément au nombre de onze. D'où : *Rudra* = 11. Voir **Onze.**

RUDRÂSYA. [S]. Valeur = 5. « Visages de *Rudra ». Un attribut de ce dieu est justement *Pañchânana,* les « Cinq Têtes » (en allusion au nombre de ses visages). Il est considéré comme le seigneur des « cinq éléments », des cinq organes des sens, des cinq « races humaines » et des cinq points du compas (zénith compris). Voir **Cinq.**

RUDRA-ŚHIVA (Attributs de). [S]. Valeur = 11. Voir **Bharga. Bhava. Hara. Îśha. Îśhvara. Mahâdeva. Rudra. Śhiva. Śhûlin. Onze.**

RÛPA. [S]. Valeur = 1. « Forme », « Apparence ». Ce mot est ici le synonyme de « corps » en tant que symbole du nombre 1. Voir **Tanu. Un.**

S

SACRALISATION D'UN CONCEPT. Voir **Numération de position (Sacralisation et immémorialisation de la). Yuga (Spéculation astronomique sur les).**

SÂGARA. [S]. Valeur = 4. « Mer, Océan ». Ce symbolisme s'explique par une allusion aux quatre « océans » (**chatursâgara*) baignant les quatre « îles-continents » (**chaturdvîpa*) qui, selon la mythologie brâhmanique et la cosmologie hindoue, sont censées entourer le *Jambudvîpa* (l'Inde). Voir **Quatre.** Voir aussi **Océan.**

SÂGARA. [S]. Valeur = 7. « Mer, Océan ». L'allusion est faite ici aux **sapta Sâgara,* les « sept océans » mythiques qui, selon la mythologie brâhmanique et la cosmologie hindoue, sont censés rayonner autour du *Mont Meru et baigner les sept **Dvîpa* (« îles-continents »). Voir **Océan. Sept.**

SAGE. [S]. Valeur = 7. Voir **Atri. Riśhi. Saptariśhi. Muni. Sept.**

SAHASRA. Nom sanskrit ordinaire du nombre *mille, dont les multiples consécutifs sont formés en plaçant celui-ci à droit du nom des unités correspondantes : *dvasahasra* (deux mille), *trisahasra* (trois mille), *chatursahasra* (quatre mille), *pañchasahasra* (cinq mille), etc.

Ce nom entre dans la composition de plusieurs mots en rapport direct avec l'idée de ce nombre.

Exemples : *Sahasrabhûja. *Sahasrakirana. *Sahasrâksha. *Sahasrâmśhu. *Sahasranâma. *Sahasrapadma. *Sahasrârjuna.

Pour des mots ayant un rapport plus symbolique avec ce nombre : voir **Mille. Symbolique des nombres.**

SAHASRABHÛJA. « Mille bras ». L'un des noms du dieu-Soleil *Sûrya (par allusion à ses rayons). Dans les écoles du bouddhisme du Nord, ce terme exprime une ancienne divinité ayant mille bras qui symbolisent ses pouvoirs multiples et son omniscience.

SAHASRAKIRANA. « Mille rayons ». L'un des noms du dieu-Soleil *Sûrya.

SAHASRÂKSHA. « Mille yeux ». L'un des attributs d'*Indra et de *Vishnu. Voir **Indradrishti. Sahasra.**

SAHASRÂMŚHU. [S]. Valeur = 12. « Mille (du) Brillant » (de *sahasra,* « mille », et de *âmśhu,* « brillant »). Il s'agit d'un nom métaphorique du Soleil (les « mille rayons » de sa « brillance »), dont le symbolisme est mis en association non pas avec le millier, mais avec le nom du dieu-Soleil en tant que symbole numérique égal à 12. Voir **Sûrya. Douze.**

SAHASRANÂMA. « Mille noms ». L'un des attributs de *Vishnu et de *Śhiva.

SAHASRAPADMA. « Lotus à mille pétales ». Voir **Lotus. Grands nombres (Signification symbolique des).**

SAHASRÂRJUNA. « Mille d'Arjuna ». Nom des mille bras d'Arjunakârtavîrya, souverain mythique du *Mahâbhârata. Voir **Arjunâkara.**

SAISON. [S]. Valeur = 6. Voir **Ritu. Six.**

SALILA. Nom donné au nombre dix puissance 11 (= cent milliards). Voir **Noms de nombre. Grands nombres.**

Source : **Sankhyâyana Śhrauta Sûtra* (date incertaine).

SAMÂPTALAMBHA. Nom donné au nombre dix puissance 37. Voir **Noms de nombre. Grands nombres.**

Source : **Lalitavistara Sûtra* (avant + 308).

SAMÎKARANA. Terme employé pour désigner une « équation ». Mot à mot : « faire l'égalité (de *sama,* « égal » et de *kara,* « faire »). Mots synonymes : *samîkâra, sâmîkriyâ,* etc.

SAMKALITA. Terme sanskrit servant à désigner l'addition. Mot à mot : « mis ensemble ». Autres mots synonymes : *samkalana* (littéralement : « acte de réunir ») ; *mishrana* (« acte de mélanger ») ; *sammelana ; prakshepana ; samyojana,* etc.

SAMKHYA (SANKHYA). « Nombre ». Terme désignant souvent le système de notation des nombres au moyen des symboles numériques. Voir **Symboles numériques. Numération des symboles numérique.**

SÂMKHYA (SÂNKHYA). Mot à mot : « nombre ». Désigne l'un des six systèmes orthodoxes des philosophies indiennes. Voir **Darśhana. Tattva.**

SAMKHYÂ (SANKHYÂ). « Nombre ». Mot employé pour désigner l'« expert-calculateur », et, par extension, l'arithméticien et le mathématicien. Voir **Darśhana. Samkhyâna.**

SÂMKHYÂ (SÂNKHYÂ). Mot à mot : « calculateur ». Terme désignant l'adepte de la philosophie mystique du **sâmkhya.*

SAMKHYÂNA (SANKHYÂNA). « Science des nombres », et par extension « arithmétique » et « astronomie ». Mot employé dans ce sens dans la littérature bouddhique et *jaina. Cette science fut considérée comme l'une des conditions fondamentales de l'épanouissement du prêtre jaina. Chez les bouddhistes, elle fut considérée aussi (quoique plus tardivement) comme le premier et le plus noble des arts.

SAMKHYEYA (SANKHYEYA). « Nombre », dans le sens opératoire et arithmétique du terme.

SAMSÂRA. Cycle des renaissances. Voir **Gati. Kâma. Yoni.**

SAMSKRITA. « Complet », « parfait », « définitif ». Terme employé pour désigner la langue sanskrite. Voir **Sanskrit.**

SAMUDRA. [S]. Valeur = 4. « Océan ». A cause des quatre océans qui sont censés entourer le **Jambudvîpa* (l'Inde). Voir **Sâgara. Quatre.** Voir aussi **Océan.**

SAMUDRA. [S]. Valeur = 7. « Océan ». A cause des sept océans qui sont censés entourer le *Mont Meru. Voir **Sâgara. Sept.** Voir aussi **Océan.**

SAMUDRA. Mot à mot : « océan ». Nom donné au nombre dix puissance 9 (= milliard). Voir **Noms de nombre.** Pour une explication de ce symbolisme : voir **Grands nombres (Signification symbolique des).**

Sources : **Vâjasaneyî Samhitâ* (début de notre ère) ; *Taittirîya Samhitâ* (début de notre ère) ; **Kâthaka Samhitâ* (début de notre ère) ; **Pañchavimśha Brâhmana* (date incertaine).

SAMUDRA. Mot à mot : « océan ». Nom donné au nombre dix puissance 10 (= dix milliards). Voir **Noms de nombre.** Pour une explication de ce symbolisme : voir **Grands nombres (Signification symbolique des).**

Source : **Sankhyâyana Śhrauta Sûtra* (date incertaine).

SAMUDRA. Mot à mot : « océan ». Nom donné au nombre dix puissance 14 (= cent billions). Voir **Noms de nombre.** Pour une explication de ce symbolisme : voir **Grands nombres (Signification symbolique des).**

Source : *Kitāb fī taḥqīq i mā li'l hind* d'Al Bīrūnī (vers + 1030).

SAMVAT (Ère). Voir **Vikrama.**

SANKHYA. Voir **Samkhya.**

SANKHYÂ. Voir **Samkhyâ.**

SÂNKHYA. Voir **Sâmkhya.**

SÂNKHYÂ. Voir **Sâmkhyâ.**

SANKHYÂNA. Voir **Samkhyâna.**

SANKHYÂYANA ŚHRAUTA SÛTRA. Texte sanskrit philosophique de date incertaine.

Liste des principaux noms de nombre mentionnés dans ce texte (cf. Datta et Singh, p. 10) :

*Eka (= 1). *Daśha (= 10). *Sata (= 10^2). *Sahasra (= 10^3). *Ayuta (= 10^4). *Niyuta (= 10^5). *Prayuta (= 10^6). *Arbuda (= 10^7). *Nyarbuda (= 10^8). *Nikharva (= 10^9). *Samudra (= 10^{10}). *Salila (= 10^{11}). *Antya (= 10^{12}). *Ananta (= 10^{13}).

Voir **Noms de nombre. Grands nombres.**

SANKHYEYA. Voir **Samkhyeya.**

SANSKRIT. Le sanskrit a joué et joue encore en Inde et en Asie du Sud-Est un rôle tout à fait comparable à celui du grec et du latin en Europe occidentale, à ceci près que cette langue est capable de traduire, lors des méditations, les vérités mystiques transcendantales supposées avoir été révélées aux **Riśhi* des temps védiques. Voir **Akshara. AUM. Trivarna. Vâchana. Mystique des lettres.**

D'ailleurs, le nom sanskrit de la langue elle-même est assez significatif, puisque le mot **samskrita* (« sanskrit ») veut dire justement « complet, parfait, définitif ». Et qui possède cette langue est censé parler le langage divin et être doté par conséquent de la conscience divine. Car, compte tenu de la puissance accordée au verbe (et par conséquent à son expression écrite), le sanskrit est considéré comme la « langue des dieux ».

De fait, cette langue est extrêmement élaborée, presque artificielle. Elle est capable de rendre compte de multiples niveaux de méditations, états de conscience et processus psychiques, spirituels et même intellectuels. La flexion nominale y est richement articulée et les formes personnelles du verbe sont multiples, quoique la syntaxe y soit rudimentaire. Le vocabulaire est d'une richesse considérable et très diversifié selon la technique à laquelle il est affecté (cf. L. Renou ; voir aussi P.-S. Filliozat).

C'est dire si le sanskrit s'est admirablement prêté, durant des siècles, aux règles de la prosodie et de la versification. Et c'est précisément ce qui explique que la poésie ait joué un rôle si important dans la culture indienne et la littérature d'expression sanskrite. Et l'on comprend que les astronomes indiens aient privilégié le procédé des symboles numériques sanskrits, fondé sur un symbolisme complexe d'une extraordinaire fécondité et élaboré selon une synonymie quasi illimitée. Voir **Poésie et écriture des nombres. Symboles numériques.**

SANS-VALEUR. Voir **Śhûnyatâ. Zéro.**

SAPTA (SAPTAN). Nom sanskrit ordinaire du nombre sept, entrant dans la composition de plusieurs mots en rapport direct avec l'idée de ce nombre. Exemples : *Saptabuddha. *Saptagraha. *Saptamâtrikâ. *Saptapadî. *Saptarâśhika. *Saptariśhi. *Saptariśhikâla. *Saptasindhava.

Pour des mots ayant un rapport plus symbolique avec ce nombre : voir **Sept. Symbolique des nombres.**

SAPTA. Mot à mot : « sept ». Terme utilisé symboliquement dans les textes de l'*Atharvaveda* comme synonyme de chacune des idées suivantes : « sage », « océan », « montagne », « île-continent », etc. L'allusion est faite ici, aux « Sept Sages » des temps védiques (**saptariśhi*), aux sept océans cosmiques (**saptasâgara*), aux sept pentes du Mont Meru, ou encore aux sept « îles-continents » (*saptadvîpa*) des mythologies et cosmologies indiennes. Voir **Sapta Riśhi. Adri. Giri. Sâgara. Dvîpa. Mont Meru. Océan.**

Pour un exemple : cf. *Atharvaveda,* I, 1, 1 ; Datta et Singh, p. 17.

SAPTABUDDHA. Nom des Sept Bouddha. Voir **Sapta. Ratna = 14.**

SAPTADAŚHA. Nom sanskrit ordinaire du nombre dix-sept. Pour des mots ayant un rapport symbolique avec ce nombre : voir **Dix-sept. Symbolique des nombres.**

SAPTA DVÎPA. « Sept îles ». Nom donné par la mythologie brâhmanique et la cosmologie hindoue aux sept îles-continents censées entourer le *Mont Meru. Voir **Sapta.** Pour une explication du symbolisme considéré et du choix de ce nombre, voir l'article **Océan.**

SAPTAGRAHA. Mot à mot : « sept planètes ». Il s'agit des sept éléments suivants : **Sûrya* (le Soleil) ; **Chandra* (la Lune) ; **Angâraka* (Mars) ; **Budha* (Mercure) ; **Brihaspati* (Jupiter) ; **Śhukra* (Vénus) ; et **Śhani* (Saturne). Voir **Graha. Paksha.**

SAPTAMÂTRIKÂ. Nom des sept « Mères divines ». Voir **Mâtrikâ.**

SAPTAN. Nom ordinaire du nombre sept. Voir **Sapta.**

SAPTAPADÎ. « Sept pas ». Nom d'un rite hindou faisant partie des cérémonies nuptiales, par lequel les mariés doivent faire sept pas autour du feu sacré afin de consommer l'union.

SAPTARATNA. Nom des « Sept Joyaux du bouddhisme ». Voir **Ratna** (= 14).

SAPTARÂŚHIKA. [Arithmétique]. Nom sanskrit de la Règle de Sept.

SAPTARIŚHI. « Sept Sages ». Il s'agit des sept **Riśhi* des temps védiques, censés résider respectivement dans chacune des sept étoiles de la Grande Ourse. Voir **Atri. Mont Meru.**

SAPTARIŚHIKÂLA. « Temps des sept **Riśhi.* » Nom d'une ère indienne. Voir **Saptariśhi. Kâla. Laukikasamvat.**

SAPTA SÂGARA. « Sept Océans. » Ce sont les sept océans censés entourés le *Mont Meru de la cosmologie hindoue et de la mythologie brâhmanique : l'océan d'eau salée ; l'océan de jus de canne à sucre ; l'océan de vin ; l'océan de beurre clarifié ; l'océan de fromage battu ; l'océan de lait ; l'océan d'eau douce. Voir **Sâgara.** Pour une explication du choix de ce nombre, voir **Océan.**

SAPTASINDHAVA. « Sept rivières ». Il s'agit des sept rivières sacrées du brâhmanisme ancien (*Gangâ, Yamunâ, Sarasvatî, Satlej, Parushni, Marurudvridhâ* et *Arjîkîyâ*).

SAPTATI. Nom sanskrit ordinaire du nombre soixante-dix.

SAPTAVIMŚHATI. Nom sanskrit ordinaire du nombre vingt-sept. Pour des mots ayant un rapport symbolique avec ce nombre : voir **Vingt-sept. Symbolique des nombres.**

SARITÂPATI. Nom donné au nombre dix puissance 14 (= cent billions). Voir **Noms de nombre. Grands nombres.**

Source : **Triśhatikâ* de Śhrîdharâchârya (date incertaine).

SAROJA. Nom donné au nombre dix puissance 9 (= milliard). Voir **Noms de nombre. Grands nombres.**

Source : **Ganitakaumudî* de Nârâyana (+ 1350).

SARPA [S]. Valeur = 8. « Serpent. » Voir **Nâga. Huit. Serpent (Symbolique du).**

SARVABALA. Nom formé avec l'adjectif sanskrit *sarva,* qui signifie « tout ». Donné au nombre dix puissance 45. Voir **Noms de nombre.** Pour une explication de ce symbolisme : voir **Grands nombres (Signification symbolique des).**

Source : **Lalitavistara Sûtra* (avant + 308).

SARVADHANA. [Arithmétique]. Terme désignant le « total ».

SARVAJÑA. Nom formé avec l'adjectif sanskrit *sarva,* qui signifie « tout ». Donné au nombre dix puissance 49. Voir **Noms de nombre.** Pour une explication de ce symbolisme : voir **Grands nombres (Signification symbolique des).**

Source : **Lalitavistara Sûtra* (avant + 308).

SATA. Ancienne forme sanskrite du nom du nombre cent. Voir **Śhata. Noms de nombre.**

Forme attestée notamment dans la **Vâjasaneyî Samhitâ,* la **Taittirîya Samhitâ* et la **Kâthaka Samhitâ* (début de l'ère chrétienne), ainsi que dans le **Pañchavimśha Brâhmana* et le **Sankhyâyana Śhrauta Sûtra* (date incertaine).

SATYAYUGA. Synonyme de **Kritayuga.* Voir **Yuga.**

SAVEUR. [S]. Valeur = 6. Voir **Rasa. Six.**

SÂYAKA. [S]. Valeur = 5. « Flèche. » Allusion aux *Pañchasâyaka,* les « cinq flèches » de *Kâma. Voir **Bâna. Pañchabâna. Śhara. Cinq.**

SEIGNEUR DE L'UNIVERS. [S]. Valeur = 11. Voir **Îśhvara. Rudra-Śhiva. Onze.**

SEIZE. Nom sanskrit ordinaire : **shaddaśha.* Liste des symboles numériques correspondants :

*Ashti. *Bhûpa. Kalâ. *Nripa.

Ces mots font référence ou se rapportent :

1. A un élément particulier de la métrique indienne (*Ashti*).
2. Aux seize rois de la légende du **Mahâbhârata* (*Bhûpa. Nripa*).
3. Aux « doigts de la lune » (*Kalâ*).

Voir **Symboles numériques.**

Réf. : Al Bīrūnī [2] ; Bühler, p. 84 *sq.* ; Burnell ; Datta et Singh, p. 54-57 ; Fleet, in : CIIn, VIII ; Jacques, in : JA, XVI, 1835 ; Renou et Filliozat, p. 708-709 ; Sircar, p. 230-233 ; Woepcke [2].

SÉLEUCIDE (Ère). Ère commençant en – 311, autrefois utilisée dans le nord-ouest du sous-continent indien. Il suffit de retrancher 311 d'un millésime exprimé dans cette ère pour obtenir son correspondant dans notre calendrier. Voir **Ères indiennes.**

SEMAINE. [S]. Valeur = 7. Voir **Vâra. Sept.**

SENÂNÎNETRA. [S]. Valeur = 12. « Yeux de Senânî ». Il s'agit en effet de l'un des noms de **Kârttikeya*, que l'on représente souvent avec six têtes. D'où : *Senânînetra* = 6 × 2 = 12 yeux. Voir **Kârttikeyâsya. Douze.**

SENS. [S]. Valeur = 5. Voir **Vishaya. Cinq.**

SENSATION. [S]. Valeur = 6. Voir **Rasa. Six.**

SEPT. Noms sanskrits ordinaires : **sapta*, **saptan*. Liste des symboles numériques correspondants :

*Abdhi. Achala, *Adri. *Aga. *Aśhva. *Atri. Bhaya. *Bhûbhrit. *Bhûdhara. Chandas. Dhâtu. Dhî. *Dvîpa. *Giri. Haya. Kalatra. *Loka. *Mahîdhara. *Mâtrikâ. *Muni. *Naga. *Parvata. *Pâtâla. *Pâvana. *Pushkara. *Riśhi. *Sagara. *Sâgara. *Samudra. *Śhaila. *Svara. *Tattva. *Turaga. *Turangama. *Vâjin, *Vâra. *Vyasana. Yati.

Ces mots traduisent ou désignent symboliquement :

1. La « purification », et par extension le « Purificateur » (*Pâvana*).
2. Les chevaux (*Aśhva. Turaga. Turangama. Vâjin*).
3. Les îles-continents (*Dvîpa*).
4. Les mers ou les océans (*Sâgara. Samudra*).
5. Les mères divines (*Mâtrikâ*).
6. Les mondes (*Loka*).
7. Les mondes inférieurs (*Pâtâla*).
8. Les montagnes ou les collines (*Adri. Aga. Bhûbhrit. Bhûdhara. Giri. Mahîdhara. Naga. Pârvata. Shaila*).
9. Les syllabes (*Svara*).
10. Les notes musicales (*Svara*).
11. Les « Sages » des temps védiques (*Muni, Riśhi*).
12. Le dernier des sept Riśhi (*Atri*).
13. Les jours de la semaine (*Vâra*).
14. « Ce qui ne bouge pas » (*Naga*).
15. La septième « île-continent » (*Pushkara*).
16. Les craintes (*Bhaya*) (chez les *Jaina seulement).
17. Les vents (*Pâvana*).

Voir **Symboles numériques.**

Réf. : Al Bīrūnī [2] ; Bülher, p. 84 *sq.* ; Burnell ; Datta et Singh, p. 54-57 ; Fleet, in : CIIn, VIII ; Jacquet, in : JA, XVI, 1835 ; Renou et Filliozat, p. 708-709 ; Sircar, p. 230-233 ; Woepcke [2].

SERPENT. [S]. Valeur = 8. Voir **Nâga. Ahi. Sarpa. Huit.**

SERPENT (Culte du). Voir **Serpent (Symbolique du).** Voir aussi **Infini (Représentation mythologique indienne de l').**

SERPENT (Symbolique du). En Inde et dans toutes les régions avoisinantes, depuis l'aube de la civilisation indienne, le Serpent fait l'objet d'une grande vénération et des cultes les plus divers. Ainsi, au début de la saison des pluies, dans le Râjasthân, au Bengale et au Tamilnâdu, on lui rend chaque année un culte particulier, en offrant du lait et de la nourriture aux serpents. Dans les cultes populaires mêmes, le cobra tient une grande place et son effigie orne souvent les pierres appelées *Grâmadevata*, ou « divinités du village », placées sous les banyans. « Les serpents, explique L. Frédéric, sont en effet, dans la plupart des croyances locales, des génies du sol, des esprits chtoniens possédant la terre et ses trésors. »

Mais à l'encontre de toutes les autres catégories de serpents (**sarpa*), les cobras sont ceux qui animent le plus les mythologies indiennes, où ils sont divinisés et munis d'une véritable personnalité. Ainsi sont-ils « très souvent associés au culte de Śhiva (qui, dans certaines de ses représentations, en tient un enroulé sur l'un de ses bras gauches).

Et dans ces représentations, les cobras ne sont autres que les **nâga*, divinités chtoniennes au corps de serpent et considérées comme des esprits des eaux dans tous les folklores de l'Asie, notamment en Extrême-Orient où ils sont figurés par les dragons.

En fait, dans l'iconographie traditionnelle indienne, les **nâga* sont généralement représentés avec une tête humaine munie d'un capuchon de cobra. Ils peupleraient les **pâtâla*, régions souterraines des enfers, gardant les trésors du sous-sol. En compagnie de leurs femelles, les *nâginî* (particulièrement réputées pour leur grande beauté), ils s'adonneraient à la poésie. Car les *nâga* passent pour être d'excellents poètes. Ils sont même considérés comme les princes de la poésie : censés avant tout être les maîtres des nombres, ils seraient donc, de ce fait, passés tout naturellement maîtres dans l'art de la *métrique poétique. Et s'ils sont également les princes de l'arithmétique, c'est, comme le dit la légende, parce qu'ils sont au nombre de *mille. Autrement dit, par leur fécondité extrême, les *nâga* symbolisent la multitude indénombrable. Et comme la métrique, c'est aussi et surtout la régulation du rythme, ils sont quelquefois mis en association avec le rythme des saisons et les cycles du temps.

Le cobra, en revenant à lui, est un long serpent, ses dimensions variant de un mètre à un mètre cinquante. Et c'est par allusion à cette longueur considérable que les hindous l'ont rangé parmi les démons appelés **mahorâga* (ou « grands serpents »).

Mais c'est le cobra « royal » (qui mesure jusqu'à deux mètres) que l'on a choisi tout naturellement pour diriger la tribu. Plusieurs noms lui ont été donnés en tant que roi des *nâga* : *Vâsuki, *Muchalinda, Muchilinda, Muchalinga, Takshasa, *Shesha, etc., auxquels de nombreux mythes sont attachés. Voir **Vâsuki.**

Ainsi, une légende bouddhique veut que le roi Muchilinda ait protégé de la pluie et des innondations le Bouddha, alors en profonde méditation, en lui faisant un haut siège de ses anneaux repliés et en formant un abri de son capuchon à sept têtes de cobras.

Mais le nom qui revient le plus fréquemment est celui de *Shesha. Certes figuré quelquefois comme un être à sept têtes de serpent, celui-ci est représenté le plus souvent comme un serpent à mille têtes. Et c'est pourquoi le terme de **Sheshashîrsha* (mot à mot : « tête de Shesha ») signifie bien souvent « mille » en tant que mot-symbole numérique.

Selon sa propre étymologie, Shesha, c'est le « vestige », « celui qui reste ». On l'appelle d'ailleurs *Âdi Shesha* (de **Âdi,* « commencement »). Car Shesha, c'est aussi et surtout le « serpent originel, né de l'union de Kashyapa et Kadru (l'Immortalité). Et comme il avait épousé Anantashîrsha (la « tête d'*Ananta »), c'est-à-dire le « commencement de l'éternité », Shesha, selon les cosmologies et mythologies indiennes, est donc ainsi devenu à la fois le fils de l'immortalité, le vestige des univers détruits et le germe de toutes les créations futures.

Le roi des *nâga* représente ainsi la nature primordiale, la durée sans limite de l'éternité et l'immensité sans bornes de l'infini. Shesha n'est donc autre qu'*Ananta* : cet immense serpent flottant sur les eaux primordiales du chaos originel et de l'« océan d'inconscience », et sur les anneaux duquel *Vishnu, couché, se repose entre deux créations du monde, pendant la naissance de *Brahma qui surgit de son nombril (voir fig. D.1 à l'article **Ananta*).

Mais Ananta, c'est aussi le grand prince des ténèbres. Chaque fois qu'il ouvre la gueule, un tremblement de terre se produit. Et c'est bien lui qui, à la fin de chaque **kalpa* (cycle cosmique de 4 320 000 000 d'années), provoque, en crachant, le feu destructeur de toute création de l'univers.

Or, Ananta, c'est également **Ahirbudhnya* (ou *Ahi Budhnya*), le fameux serpent des profondeurs de l'océan qui, selon la mythologie védique, serait né des eaux sombres.

En plus de génie du sol et d'esprit chtonien possédant la terre et ses trésors, le serpent apparaît donc ainsi comme un « esprit des eaux » (**âptya*) vivant dans les « mondes inférieurs » (**pâtâla*).

A leur manière, certains mythes indiquent clairement cette ambivalence de la nature du reptile, comme la légende qui rapporte l'histoire de Kâliya, le roi des *nâga* de la rivière Yamunâ ; c'est un serpent à quatre têtes aux proportions monstrueuses, qui, vaincu par *Krishna, alors âgé de cinq ans seulement, était allé se réfugier dans les profondeurs de l'océan.

Dans ce mythe, il faut noter cette allusion aux *quatre têtes* du roi des *nâga*, alors que celui-ci, sous le nom de Muchalinda, est souvent muni de sept capuchons de cobra, lorsqu'il ne s'agit pas des mille têtes d'*Ananta.

Le choix de ces attributions numériques n'est certainement pas dû au hasard. En fait, dans ces allégories, les sept têtes de Muchalinda représentent le royaume souterrain des *nâga*, chacune étant associée à l'un des sept enfers qui constituent les « mondes inférieurs ». Inverses des mondes supérieurs, les Enfers se situeraient en effet juste en dessous du *Mont Meru, le centre de l'univers, composé lui-même de sept faces, orientées chacune vers l'un des sept « océans (*saptasâgara*) et vers l'une des sept « îles-continents » (*sapta dvîpa*). Il est donc fait appel ici au caractère essentiellement céleste du symbole ainsi mis à contribution : Muchalinda n'était autre en effet que le « serpent originel », celui-là même qui aurait engendré la nature primordiale. Car le *Mont Meru, montagne mythique et sacrée des religions indiennes, qui se trouve ainsi associée symboliquement au nombre *sept, reçoit ses feux précisément de l'*étoile Polaire, la dernière des sept étoiles de la Grande Ourse, située exactement sur la même ligne que cet « axe du monde ».

Les quatre têtes de Kâliya représentent, en revanche, la nature essentiellement terrestre de l'espèce rampante. Et l'on sait que dans la pensée mystique indienne, la *terre* correspond symboliquement au nombre quatre, celle-ci étant en effet mise en correspondance avec le carré, lui-même associé aux quatre points cardinaux.

Par contre, les mille têtes de Śhesha-Ananta symbolisent à la fois la multitude indénombrable et la durée éternelle.

Quant à la lutte évoquée plus haut entre *Krishna et le roi des *nâga*, elle est elle-même l'expression mystique de la rivalité entre l'homme et le serpent.

Or, cette dualité homme-serpent est justement exprimée d'une manière très symbolique dans la littérature védique (notamment dans le *Chhândogya Upanishad*), où Krishna, le « Noir », non encore divinisé, est un simple érudit ou encore un **asura* (c'est-à-dire un « anti-dieu »). Mais dès lors qu'il est rangé parmi les divinités du panthéon hindou, il devient la *huitième* « incarnation » (**avatâra*) de Vishnu, avant même de devenir le « bienfaisant protecteur de l'humanité ».

Mais cette dualité s'exprime aussi de manière numérique, car le rang attribué à Krishna en tant qu'incarnation de Vishnu est égal à 8, soit exactement comme la valeur mystique du *nâga*.

Le *nâga*, on l'a vu, est en effet considéré non seulement comme un génie du sol, un esprit chtonien possédant la terre et ses trésors, mais aussi et surtout comme un symbole aquatique ; c'est un « esprit des eaux » vivant dans les enfers. Or, la terre a 4 pour valeur symbolique. Et comme dans la pensée mystique indienne, l'eau (voir **Jala*) a également pour valeur 4, l'ambivalence du serpent s'exprime donc bien par la relation :

nâga = terre + eau = 4 + 4 = 8.

Cette valeur se trouve confirmée par le fait que les *nâga* se reproduisent par couples et évoluent toujours en compagnie des *nâginî* (leurs femelles) ; ce qui donne bien le nombre 8 comme résultat de la multiplication symbolique de 2 (le *nâga* et sa *nâginî*) par 4 (la terre ou l'eau). Et c'est pourquoi la désignation générique de cette espèce est devenue un mot-symbole de valeur numérique égale à 8 (voir l'article **Nâga*).

Mais en plus de son caractère terrestre, le serpent symbolise aussi et surtout la nature primordiale. En effet, « les enfers et les océans, l'eau primordiale et la terre profonde ne forment qu'une *materia prima,* une substance primordiale, qui est justement celle du serpent. Esprit de l'eau première, il est l'esprit de toutes les eaux, que ce soit celles du dessous, celles qui courent à la surface de la terre, ou celles du dessus ». Ainsi le serpent est-il lié à la froide, gluante et souterraine nuit des origines : « Tous les serpents possibles, écrit H. Keyserling, forment ensemble une unique multiplicité primordiale, une *indénombrable* chose primordiale, qui ne cesse de se détériorer, de disparaître et de renaître. » Le serpent symbolise donc la vie. En effet, « quelle est donc cette *chose primordiale* sinon la vie dans sa latence, ou, comme dit Keyserling, *la couche de vie la plus profonde ?* Elle est le réservoir, le potentiel, d'où proviennent toutes les manifestations. *La vie des bas-fonds doit précisément se refléter dans la conscience diurne sous la forme d'un serpent,* ajoute cet auteur, et il précise : *Les Chaldéens avaient un seul mot pour* Vie *et* Serpent. Même remarque chez René Guénon : *Le symbolisme du serpent est effectivement lié à l'idée même de la vie ; en arabe, le serpent* se dit al ḥayyah *et la vie* al ḥayat. Et d'ajouter, ce qui est capital, qu'*al Ḥay,* l'un des principaux noms divins, doit se traduire non par *le vivant, comme on le fait souvent, mais par* le vivifiant, *celui qui donne la vie ou qui est le principe même de la vie.* Le serpent visible n'apparaît donc que comme la brève incarnation d'un Grand Serpent invisible, causal et atemporel, maître du principe vital et de toutes les forces de la nature. C'est un *vieux dieu* premier que nous retrouvons au départ de toutes les cosmogenèses, avant que les religions de l'esprit ne le détrônent. Il est ce qui anime et ce qui maintient. Sur le plan humain, il est le double symbole de l'âme et de la libido : *Le serpent,* écrit Bachelard, *est un des plus importants archétypes de l'âme humaine.* » (J. Chevalier et A. Gheerbrant).

On retrouve bien sûr les mêmes images dans les représentations cosmologiques et mythologiques indiennes. Ainsi dans les doctrines tantriques, la *Kundalinî,* c'est (mot à mot) le « Serpent » de Shiva, source de toutes les énergies (**śhakti*) sexuelles et spirituelles censées se trouver lovées à la base de la colonne vertébrale, sur le *chakra* de l'état de sommeil. Et lorsque celle-ci s'éveille, « le serpent siffle et se raidit, et l'ascension successive des chakra s'opère : c'est la montée de la libido, la manifestation renouvelée de la vie » (L. Frédéric).

D'ailleurs, du point de vue macroscopique, la *Kundalinî* a pour homologue le serpent *Ananta, qui enserre de ses anneaux la base même de l'*axe de l'univers.* Associé à Vishnu et à Shiva, celui-ci symbolise en effet le développement et la résorption cyclique, mais, en tant que gardien du nadir, il est le *porteur du monde* dont il assure la constance et la stabilité. Mais Ananta, c'est d'abord et surtout le serpent de l'infini, de l'immensité et de l'éternité.

En fait, toutes ces significations ne sont qu'autant d'applications, dans un domaine déterminé, du mythe du Grand Serpent originel, qui exprime ainsi l'indifférencié primordial. Il est considéré à la fois comme le début et la fin de toute manifestation.

Et ce n'est d'ailleurs pas un hasard si la langue sanskrite a choisi le mot *Śhesha,* le « reste », pour désigner le serpent Ananta, car le *nâga* à mille têtes est pour les Indiens le « vestige » des mondes disparus ainsi que le germe des mondes à venir. Et c'est ce qui explique justement l'importance tant accordée dans bon nombre de mythologies et de cosmologies à la signification eschatologique du serpent.

Il y aurait beaucoup à dire sur la mystique et la symbolique du serpent, qui ont ainsi constitué une constante de la pensée humaine, dont l'analyse déborderait très largement du cadre de cet ouvrage. Disons simplement, pour nous résumer, que l'espèce rampante est mise en relation, depuis toujours, avec les idées de ciel, de corps céleste, d'univers, de nuit des origines, de *materia prima,* d'axe du monde, de substance primordiale, de principe vital, de vie, de vie éternelle même, d'énergie, sexuelle ou spirituelle. Elle correspond aussi aux idées de vestige des créations passées et de germe des créations futures, de développement et de résorption cyclique, de longévité, de multitude indénombrable, d'abondance, de fécondité, d'immensité, de totalité, de stabilité absolue, de mouvement ondulatoire sans fin, etc.

Autrement dit, depuis un temps immémorial et chez tous les peuples de la terre, le serpent, en plus des symboles terrestre et aquatique, incarne la notion même de l'infini et de l'éternité. Voir **Infini. Infini (Conceptions indiennes de l'). Infini (Représentation mythologique indienne de l').**

SERPENT A MILLE TÊTES. [S]. Valeur = 1 000. Voir **Śheshaśhîrsha. Mille.** Voir aussi **Infini (Représentation mythologique indienne de l'). Serpent (Symbolique du).**

SERPENT DE L'INFINI ET DE L'ÉTERNITÉ. Voir **Ananta. Śheshaśhîrsha. Infini (Représentation mythologique indienne de l'). Serpent (Symbolique du).**

SERPENT DES PROFONDEURS. [S]. Valeur = 8. Voir **Ahi. Huit. Serpent (Symbolique du).**

SERPENT ORIGINEL (Mythe du). Voir **Infini (Représentation mythologique indienne de l'). Serpent (Symbolique du).**

SÉVÈRE SÉBOKT. Évêque syrien du + VIIe siècle, qui vécut au monastère de Keneshré. Auteur notamment d'un manuscrit daté de l'an + 662, où il témoigne au sujet du système des neuf chiffres et des méthodes de calcul d'origine indienne. Voir **Numération de position. Arithmétique de position (Récapitulation des faits historiques se rapportant à la découverte de l').** Voir aussi chapitre 24, p. 818-819.

SHAD (SHASH. SHAT). Nom sanskrit ordinaire du nombre six, entrant dans la composition de plusieurs mots en rapport direct avec l'idée de ce nombre.

Exemples : *Shâdanga. *Shadâyatana. *Shaddarśhana. *Shâdgunya. *Shatkasampatti.

Pour des mots ayant un rapport plus symbolique avec ce nombre : voir **Six. Symbolique des nombres.**

SHÂDANGA. « Six parties ». Nom des six règles esthétiques de la peinture, décrites dans un commentaire du *Kâmasûtra* par Yashodhara (ces six règles étant les suivantes : *rûpabheda,* la « forme » ; *pramanam,* la « taille » ; *bhava,* le « sentiment » ; *lavana,* la « grâce » ; *sadrîshyam,* la « comparaison » ; et *varnikabahanga,* la « couleur »).

SHADÂYATANA. [S]. Valeur = 6. « Six **guna* ». Ce sont les « six bases », les six « catégories ». Il s'agit des six catégories sensorielles, c'est-à-dire les six sens, objets ou organes des sens de la philosophie bouddhique (à savoir : l'œil, le nez, l'oreille, la langue, le corps et l'esprit). Voir **Six.**

SHADDARŚHANA. [S]. Valeur = 6. « Six visions », « Six contemplations », « Six points de vue philosophiques ». Il s'agit en effet des six principaux systèmes de la philosophie hindoue. Voir **Darśhana. Six.**

SHADDAŚHA. Nom sanskrit ordinaire du nombre seize. Pour des mots ayant un rapport symbolique avec ce nombre : voir **Seize. Symbolique des nombres.**

SHÂDGUNYA. [S]. Valeur = 6. « Six **guna* ». Mot synonyme de **shadâyatana.* Voir **Six.**

SHADVIMŚHATI. Nom sanskrit ordinaire du nombre vingt-six. Pour des mots ayant un rapport symbolique avec ce nombre : voir **Vingt-six. Symbolique des nombres.**

ŚHAILA. [S]. Valeur = 7. « Montagne ». Ce concept est mis ici en relation avec le mythe du *Mont Meru, où le nombre sept joue un rôle prépondérant. Voir **Adri. Sept.**

ŚHAKA (Ère). C'est l'ère la plus largement employée dans toute l'Inde hindoue, ainsi qu'en Asie du Sud-Est sous influence indienne. Elle se nomme également *Śhakakâla, Śhakarâja* ou *Śhakasamvat.* Elle a débuté en l'an 78 de notre ère. Selon certaines traditions, cette ère aurait été créée au Ier siècle de notre ère par un roi satrape (*kshatrapa*) nommé Shâlivâhana (ou Nahapâna), qui aurait régné à cette époque sur la ville d'*Ujjain. Il suffit d'ajouter 78 au millésime *Śhaka* pour obtenir l'année correspondante de notre calendrier. Voir **Ères indiennes.**

ŚHAKASAMVAT (Ère). Voir **Śhaka.**

ŚHAKRA. [S]. Valeur = 14. « Puissant ». Allusion à la « force » du dieu *Indra, dont l'un des attributs est justement *Shakradevendra,* « Puissant Indra ». D'où le symbolisme considéré, puisque *Indra* = 14. Voir **Quatorze.**

ŚHAKTI. [S]. Valeur = 3. « Énergie ». Dans le brâhmanisme et l'hindouisme, ce mot désigne l'énergie féminine ou principe actif de toute divinité. L'allusion est faite ici aux *śhakti* des divinités les plus considérables, à savoir celles de la triade formée par *Brahma, *Vishnu et *Śhiva. Voir **Trois.**

Pour un exemple d'attestation de ce mot symbole : cf. EI, XIX, p. 166.

ŚHANKARÂCHÂRYA. Philosophe hindou de la fin du + IXe siècle, auteur notamment du *Śhârîrakamîmâmsâbhâshya* (grand commentaire sur les *Vedântasûtra*), où il est fait une très nette allusion au principe de la position décimale des chiffres indiens. Voir **Numération de position.**

ŚHANKARÂKSHI. [S]. Valeur = 3. Synonyme de **Haranetra,* « yeux de *Śhiva ». Voir **Trois.**

ŚHANKARANÂRÂYANA. Astronome indien qui vécut aux alentours de + 869. Auteur notamment du traité intitulé *Laghubhâskarîyavivarana* dans lequel la notation décimale positionnelle des symboles numériques sanskrits est très abondamment utilisée. Il y emploie aussi la méthode *katapayâdi* inventée par Haridatta (cf. R. Billard, p. 8). Voir **Symboles numériques. Numération katapayâdi. Arithmétique de position (Récapitulation des faits historiques se rapportant à la découverte de l'). Mathématiques indiennes (Histoire des).**

ŚHANKHA. Mot qui exprime la conque marine. Symbole de richesse et de certaines divinités du bouddhisme et de l'hindouisme (comme *Vishnu). Nom donné au nombre dix puissance 12 (= billion). Voir **Noms de nombre.** Pour une explication de ce symbolisme : voir **Grands nombres (Signification symbolique des).**

Source : **Râmâyana* de Vâlmîki (premiers siècles de notre ère).

ŚHANKHA. Mot qui exprime la conque marine (voir l'article précédent). Nom donné au nombre dix puissance 13 (= dix billions). Voir **Noms de nombre.** Pour une explication de ce symbolisme : voir **Grands nombres (Signification symbolique des).**

Source : **Kitāb fī taḥqīq i mā li'l hind* d'Al Bīrūnī (vers + 1030).

ŚHANKHA. Mot qui exprime la conque marine. Nom donné au nombre dix puissance 18 (= quadrillion). Voir le premier article intitulé **Śhankha.** Voir aussi **Noms de nombre.** Pour une explication de ce symbolisme : voir **Grands nombres (Signification symbolique des).**

Source : **Ganitasârasamgraha* de Mahâvîrâchârya (+ 850).

ŚHANKU. Mot à mot : « diamant ». Nom donné au nombre dix puissance 13 (= dix billions). Voir **Noms de nombre.** Pour une explication de ce symbolisme : voir **Grands nombres (Signification symbolique des).**

Sources : **Lîlâvatî* de Bhâskarâchârya (+ 1150) ; **Ganitakaumudî* de Nârâyana (+ 1350) ; **Triśhatikâ* de Śhrîdharâchârya (date incertaine).

SHANMUKHA. [S]. Valeur = 6. Synonyme de **Kumârâsya,* « Visages de *Kumâra (= Shanmukha) ». En allusion aux six têtes de *Kârttikeya. Voir **Kârttikeyâsya. Six.**

SHANMUKHABÂHU. [S]. Valeur = 12. « Bras de *Shanmukha (= *Kumâra = *Kârttikeya) ». Il est ici question des douze bras de *Kârttikeya. Voir **Kârttikeyâsya. Douze.**

ŚHARA. [S]. Valeur = 5. « Flèche ». Il s'agit de l'un des attributs de *Kâma, divinité hindoue du Désir cosmique et de l'Amour charnel, que l'on invoque généralement lors des cérémonies de mariage, et dont l'action est censée déterminer chez les êtres vivants les lois du **samsâra* (cycle des naissances et des renaissances). Le symbolisme considéré provient du fait que Kâma est souvent représenté comme un jeune homme armé d'un arc en canne à sucre et tirant cinq flèches (**pañchabâna*) entourées ou constituées de cinq fleurs. Voir **Flèches. Cinq.**

SHASH. Nom sanskrit ordinaire du nombre six. Voir **Shad.**

ŚHAŚHADHARA. [S]. Valeur = 1. « Qui figure un lapin ». Il s'agit d'un attribut de la Lune. Selon la légende, un lapin, qui offrit sa propre chair afin de soulager les pauvres gens, se vit en effet récompensé en ayant désormais sa propre image imprimée sur la face de la lune. D'où le symbolisme considéré, puisque « Lune » = 1. Voir **Abja. Un.**

ŚHAŚHANKA. [S]. Valeur = 1. « Lune ». Pour une explication de l'attribution numérique ainsi faite au symbolisme lunaire : voir **Abja. Un.**

ŚHAŚHIN. [S]. Valeur = 1. « Au Lapin ». C'est le lapin qui, selon la légende, se dessine sur la face de la Lune. D'où la valeur considérée, à cause de la valeur attribuée au symbolisme lunaire. Voir **Śhaśhadhara. Abja. Un.**

SHASHTI. Nom sanskrit ordinaire du nombre soixante.

SHAT. Nom sanskrit ordinaire du nombre six. Voir **Shad.**

ŚHATA. Nom sanskrit ordinaire du nombre cent, dont les multiples sont formés en plaçant celui-ci à droite du nom des unités correspondantes : *dvaśhata* (deux cents), *triśhata* (trois cents), *chatuśhata* (quatre cents), *pañchaśhata* (cinq cents), etc.

Ce nom entre dans la composition de plusieurs mots en rapport direct avec l'idée de ce nombre.

Exemples : *Śhatapathabrâhmana. *Śhatarudriya. *Śhatarûpâ. *Śhatottaragananâ. *Śhatottaraguna. *Śhatottarasamjña.

Pour des mots ayant un rapport plus symbolique avec ce nombre : voir **Cent. Symbolique des nombres.** Voir aussi **Sata** pour une forme ancienne de ce nom de nombre.

ŚHATAKOTI. Mot à mot : « cent **koti* ». Nom donné au nombre dix puissance 9 (= milliard). Voir **Noms de nombre. Grands nombres.**

Source : **Ganitasârasamgraha* de Mahâvîrâchârya (+ 850).

ŚHATAPATHABRÂHMANA. « Brâhmana des Cent voies ». Titre d'un ouvrage important de la littérature védique, divisé en cent *adhyâya* (« récitations »).

ŚHATARUDRIYA. Nom d'un hymne sanskrit faisant partie de la **Taittirîya Samhitâ* (*Yajurveda*), adressé à *Rudra considéré sous cent aspects divers.

ŚHATARÛPÂ. « Aux cent formes ». L'un des noms de la première femme, fille et épouse de *Brahma, qui aurait été dotée de « cent corps ». Voir **Rûpa.**

SHATKASAMPATTI. Littéralement : « six grandes victoires » (de *shatka,* « composé de six », et de *sampatti,* « obtenir, atteindre, réussir »). Il s'agit, selon les hindous, des « Six Grandes Victoires » du Tattvabodha de Śhankara, qui constituent la première des quatre conditions à remplir par un adepte de la philosophie du **Vedânta.*

ŚHATOTTARAGANANÂ. « Arithmétique centésimale ».

Attesté dans le **Lalitavistara Sûtra* (cf. Datta et Singh, p. 10).

ŚHATOTTARAGUNA. « Cent, propriété primordiale ». Nom sanskrit de la base cent.

Attesté dans le **Lalitavistara Sûtra.*

ŚHATOTTARASAMJÑÂ. « Nomenclature en centuple ». Terme s'appliquant aux noms de nombre de la numération sanskrite répartis suivant une échelle centésimale (base cent).

Attesté par exemple dans le **Lalitavistara Sûtra* (cf. Datta et Singh, p. 10).

L'opposition est faite ici avec le sens du mot **Daśhagunâsamjñâ,* qui s'applique, lui, à l'échelle décimale (base dix). Voir **Śhatottaraganană. Śhatottaraguna. Daśhagunâsamjñâ.**

ŚHESHA. [Arithmétique]. « Vestige ». Terme désignant le reste d'une division.

ŚHESHA. « Vestige » « ce ou celui qui reste ». Nom donné dans les mythologies brâhmanique et hindoue à *Ananta, le roi des **nâga* et serpent de l'infini, de l'éternité et de l'immensité de l'espace. Voir **Serpent (Symbolique du).**

ŚHESHAŚHÎRSHA [S]. Valeur = 1 000. Mot à mot : « têtes de *Śhesha ». Śhesha, c'est le roi **nâga* qui réside dans les mondes inférieurs (**pâtâla*) et qui est considéré comme le « Vestige » des univers détruits ainsi que le germe de toute création future. Ce symbolisme provient du fait que Śhesha est représenté comme un serpent à mille têtes, le millier ayant ici une signification correspondant à la « multitude », à l'« innombrable » et à l'« indénombrable ». Voir **Ananta. Mille. Grands nombres (Signification symbolique des). Serpent (Symbolique du).**

ŚHIKHIN. [S]. Valeur = 3. « Enflammé ». Il s'agit de l'un des noms d'*Agni, le dieu du feu sacrificiel, dont le nom équivaut au nombre trois. Voir **Trois.**

ŚHÎRSHAPRAHELIKÂ. De *śhîrsha,* « tête », et de *prahelikâ,* « question embarrassante, énigme ». Ce terme est employé dans les traités de cosmologie *jaina pour désigner une période de temps correspondant approximativement à dix puissance 194. Voir **Anuyogadvâra Sûtra. Noms de nombre. Grands nombres. Infini.**

SHÎTÂMŚHU. [S]. Valeur = 1. « Aux rayons froids ». Synonyme de « Lune », par opposition aux rayons chauds du Soleil. Voir **Abja. Un.**

SHÎTARAŚHMI. [S]. Valeur = 1. « Aux rayons froids ». Synonyme de la « Lune », par opposition aux rayons chauds du Soleil. Voir **Abja. Shîtâmśhu. Un.**

ŚHIVA. [S]. Valeur = 11. L'une des trois divinités majeures du panthéon brâhmanique (*Brahma, *Vishnu, *Śhiva). Inconnu dans les **Veda,* son existence en tant que dieu affirmé semble ne s'être développée qu'à partir d'une date relativement tardive. Le symbolisme considéré provient du fait que Śhiva n'est autre qu'une émanation de *Rudra, ancienne divinité védique de la tempête et des colères cosmiques. Et comme Rudra symbolise le nombre 11 (à cause des onze souffles vitaux, nés du front de Brahma, dont il aurait constitué la personnification), le nom de Śhiva en est venu à signifier lui aussi le même nombre. Voir **Rudra-Śhiva. Onze.**

ŚHRÎDHARÂCHÂRYA. Mathématicien indien de date incertaine, auteur notamment d'un ouvrage intitulé *Triśhatikâ.*

Liste des principaux noms de nombre mentionnés dans cet ouvrage :

*Eka (= 1). *Daśha (= 10). *Śhata (= 10^2). *Sahasra (= 10^3). *Ayuta (= 10^4). *Laksha (= 10^5). *Prayuta (= 10^6). *Koti (= 10^7). *Arbuda (= 10^8). *Abja (= 10^9). *Kharva (= 10^{10}). *Nikharva (= 10^{11}). *Mahâsaroja (= 10^{12}). *Śhanku (= 10^{13}). *Saritâpati (= 10^{14}). *Antya (= 10^{15}). *Madhya (= 10^{16}). *Parârdha (= 10^{17}).

Réf. : TsT, R. 2-3 (cf. Datta et Singh, p. 13).

Voir **Noms de nombre. Grands nombres. Arithmétique de position (Récapitulation des faits historiques se rapportant à la découverte de l'). Mathématiques indiennes (Histoire des).**

ŚHRÎPATI. Astronome indien qui vécut aux alentours de + 1039. Auteur notamment du traité intitulé *Siddhânta-śhekhara,* dans lequel la notation décimale positionnelle des symboles numériques sanskrits est très abondamment employée (cf. R. Billard, p. 10). Voir **Symboles numériques. Numération des Symboles numériques. Arithmétique de position (Récapitulation des faits historiques se rapportant à la découverte de l'). Mathématiques indiennes (Histoire des).**

ŚHRUTI. [S]. Valeur = 4. « Audition. » Nom donné aux textes religieux védiques et brâhmaniques anciens, censés avoir été révélés par une divinité à l'un des sept « Sages » (**riśhi*), poètes et devins des temps védiques (**Saptariśhi*). Et comme l'allusion concerne surtout les **Veda,* eux-mêmes au nombre de quatre, on a donc bien : *śhruti* = 4. Voir **Quatre.**

ŚHUKRANETRA [S]. Valeur = 1. L'« Œil de Śhukra ». Selon la légende, cette divinité aurait eu un œil crevé par *Vishnu, d'où le symbolisme envisagé. Voir **Un.**

ŚHÛLA. [S]. Valeur = 3. « Pointe. » Allusion aux trois pointes du Trident de *Śhiva (**triśhûla*), qui symbolise les trois aspects de la manifestation (création, préservation, destruction), ainsi que les trois principes primordiaux (**triguna*), et les trois états de la conscience (**tripura*). Voir **Guna. Trois.**

ŚHÛLIN. [S]. Valeur = 11. Il s'agit de l'un des attributs de *Rudra, que l'on invoquait en tant que « maître des animaux » dans les *Śhûlagava,* sacrifices brâhmaniques de veaux de deux ans, dans le but d'obtenir la prospérité. D'où : *Śhûlin* = Rudra = 11. Voir **Rudra-Śhiva. Onze.**

ŚHÛNYA. Mot à mot : « vide ». Terme sanskrit principal pour dire « zéro ». Mais la langue sanskrite (instrument littéraire par excellence des mathématiciens, des astronomes et de tous les savants et érudits indiens) ne possède pas qu'un seul mot pour exprimer ce concept ; elle comporte depuis longtemps déjà toute une panoplie de synonymes (**abhra, *âkâśha, *ambara, *ananta, *antariksha, *bindu, *gagana, *jaladharapatha, *kha, *nabha, *nabhas, *pûrna, *vishnupada, *vindu, *vyoman,* etc.). Ce sont des mots dont le sens littéral a été mis en relation avec l'univers des symboles des traditions, philosophies et religions indiennes. Ainsi les mots **kha, *gagana,* etc., sont ceux que l'on emploie pour « ciel », « firmament », tandis que les mots **ambara, *abhra, *nabhas,* etc., signifient « espace », « atmosphère », etc. Le mot **âkâśha,* quant à lui, désigne, dans la philosophie indienne, le cinquième « élément », l'« éther », l'immensité de l'espace, ainsi que l'essence de tout ce qui est increé et éternel. Il y a aussi le mot **bindu,* qui signifie « point ». Il faut remarquer que, sans doute depuis le début de notre ère au moins, le *śhûnya* signifie non seulement le vide, l'espace, l'atmosphère ou l'éther, mais aussi le rien, la nullité, le négligeable, l'insignifiant, le néant, etc. Autrement dit, la conception indienne du zéro a surpassé de loin les notions hétérogènes de vacuité, de nihilisme, de nullité, d'insignifiance, d'absence et de non-être des philosophies gréco-latines. Voir **Śhûnyatâ. Symboles numériques. Zéro. Zéro (Conceptions gréco-latines du). Zéro (Conceptions indiennes du). Atomisme indien.** Voir aussi chapitre 24, p. 975.

ŚHÛNYA-BINDU. Mot à mot : « vide-point ». Nom de la représentation graphique du zéro en forme de point. Voir **Bindu. Śhûnya. Chiffre 0 (en forme de point). Zéro.**

ŚHÛNYA-CHAKRA. Mot à mot : « vide-cercle ». Nom de la représentation graphique du zéro en forme de petit rond. Voir **Śhûnya. Chiffre 0 (en forme de petit cercle). Zéro.**

ŚHÛNYA-KHA. Mot à mot : « vide-espace ». Nom donné à la fonction du zéro dans les représentations numériques : c'est l'*espace vide* qui sert à marquer l'absence des unités d'un certain ordre dans la *numération de position. Voir **Kha. Śhûnya. Zéro.**

ŚHÛNYA-SAMKHYA. Mot à mot : « vide-nombre ». Nom donné au zéro en tant que symbole numérique. C'est aussi la « quantité nulle » considérée comme un nombre à part entière. Voir **Samkhya. Śhûnya. Zéro.**

SHÛNYATÂ. En sanskrit, le terme privilégié de la désignation du zéro est **śhûnya,* qui signifie littéralement « vide ». Mais ce mot, qui n'a certainement pas été inventé pour la circonstance, existait bien avant la découverte de la numération décimale de position. Car, justement en tant que signifiant du vide, il a constitué, dès l'Antiquité, l'élément central d'une véritable philosophie mystique et religieuse érigée en mode de pensée et d'existence, à savoir la philosophie de la « vacuité » ou *śhûnyatâ.* Voir **Śhûnya.**

Concept fondamental de la philosophie bouddhique, cette doctrine est en effet celle dite du « Chemin du Milieu » (*Mâdhyamaka*), qui enseigne en particulier que chaque chose composée (*samskrita*) est vide (**śhûnya*), impermanente (*anitya*), impersonnelle (*anâtman*), pénible (*dukha*) et sans nature originelle. Ainsi cette vision, qui ne sépare pas la réalité et la non-réalité des choses, réduit-elle ces mêmes choses à une insubstantialité totale.

Cette philosophie se trouve résumée dans cette réponse que le Bouddha aurait faite à son disciple Shariputra, qui avait identifié à tort le vide (**śhûnya*) et la forme (**rûpa*) : « Ce n'est pas exact, dit le Bouddha, dans le *śhûnya,* il n'y a pas de forme, pas de sensation, pas d'idées, pas de volitions, pas de conscience. Dans le *śhûnya,* il n'y a ni yeux, ni oreilles, ni nez, ni langue, ni corps, ni esprit. Dans le *śhûnya,* il n'y a ni couleur, ni son, ni odeur, ni saveur, ni contact, ni éléments. Dans le *śhûnya,* il n'y a ni ignorance, ni connaissance, ni même cessation de l'ignorance. Dans le *śhûnya,* il n'y a ni douleur, ni misère, ni obstacles, ni chemin. Dans le *śhûnya,* il n'y a ni vieillesse ni mort. Dans le *śhûnya,* il n'est point de connaissance, ni même d'obtention de la connaissance. »

Notons au passage que les bouddhistes n'ont pas toujours accordé au concept du **śhûnya* (« vide ») la même destination. Dans le bouddhisme ancien du *Hînayâna* (celui dit du « Petit Véhicule »), cette notion ne s'appliquait qu'à la personne, tandis que pour le bouddhisme du *Mahâyâna* (celui des écoles du Nord, dit du « Grand Véhicule »), l'idée de vacuité devait être étendue à toutes les choses.

Pour expliquer la différence entre ces deux conceptions, les bouddhistes des écoles du Nord se plaisent à faire la comparaison suivante : dans l'ancienne vision, les choses étaient regardées comme des tonneaux vides, tandis que dans le *Mahâyâna* on est allé jusqu'à nier l'existence même de ces tonneaux.

Cette conception d'un vide de toute existence ne saurait cependant laisser conclure à une attitude de simple nihilisme.

Loin de signifier que les choses n'existent pas, cette philosophie exprime plutôt que celles-ci ne sont que des apparences. En critiquant la connaissance des choses comme étant une pure illusion (*mâyâ*), elle signifie en fait que la vérité absolue est indépendante de l'être et du non-être, puisque celle-ci n'est autre avant tout que la *śhûnyatâ* ou « vacuité ».

Les bouddhistes font, du reste, souvent remarquer que le vide n'est pas tout à fait le néant, auquel le *Nîrvana* ne se confond d'ailleurs pas.

Quant à la *śhûnyatâ*, même si elle est essentiellement liée au vide, elle a une existence bien réelle, puisque sa nature est composée d'**âkâśka*, c'est-à-dire d'« éther » ; constituant le dernier et le plus subtil des « cinq éléments » (**pañchabhûta*) des philosophies bouddhique et hindoue, celui-ci est en effet considéré comme l'essence de tout ce qui est supposé incréé et éternel, et comme l'élément qui pénètre tout. L'**âkâśha* est certes dépourvu de substance, mais il n'en est pas moins considéré comme la condition de toute extension corporelle et le réceptacle de toute matière se manifestant sous la forme de l'un des quatre autres « éléments » (la terre, l'eau, le feu, l'air). Bref, selon cette philosophie, la *śhûnyatâ* n'est autre que l'univers-éther, le seul « véritable univers ».

Et c'est pourquoi l'être et le non-être sont considérés comme insignifiants et même illusoires en regard de la *śhûnyatâ*, qui exclut ainsi tout mélange avec les choses matérielles, et qui, en tant qu'élément immuable et éternel, se dérobe à toute description.

Dans la secte des **Mâdhyamika* (adeptes de la doctrine, encore appelés **Śhûnyavâdin* ou « vacuitistes »), on est allé jusqu'à identifier le vide à l'absence de soi et au salut. Car l'un et l'autre sont censés réaliser la rédemption, qui ne s'affirme ici que dans l'absolu, c'est-à-dire dans la *śhûnyatâ*. En d'autres termes, pour parvenir à la délivrance, il faut réaliser la vacuité ; et pour cela, il faut purifier l'esprit à la fois de toute affirmation et de toute négation. Ce qui veut dire que cette mystique du vide assimile la vacuité au principe ultime.

Cette métaphysique, ou plus précisément cette ontologie intimement liée à la mystique de la vacuité universelle, a représenté la grande révolution philosophique du bouddhisme des écoles du Nord, opérée et longuement expliquée par Nâgârjuna, patriarche de cette secte. On sait fort peu de chose sur la vie de Nâgârjuna, si ce n'est qu'il fut originaire de l'Andhra, qu'il fut d'expression sanskrite et qu'il vécut très probablement aux abords de l'ère chrétienne. Ce qui est certain, en tout cas, c'est que le *Madhyamakaśhâstra*, texte fondamental qui lui est traditionnellement attribué, a été traduit en chinois en l'an + 409, et qu'à cette époque, la renommée de l'initiateur de la doctrine dépassait très largement les frontières strictes de l'Inde, Nâgârjuna, presque déifié, étant en effet déjà vénéré dans toute l'Asie bouddhique.

Réf. : *Dictionnaire de la sagesse orientale* ; A. Bareau, p. 143 *sq.* ; L. Frédéric ; M. Percheron ; L. Renou et J. Filliozat.

Cela prouve en tout cas que les concepts fondamentaux de cette mystique étaient déjà entièrement acquis au début de l'ère chrétienne.

Or, ces concepts ont été poussés à un tel point que l'on a été jusqu'à distinguer vingt-cinq espèces de *śhûnya*, parmi lesquelles figurent : le vide de la non-existence, celui du non-être, du non-formé, du non-né, du non-produit, du non-créé ou du non-présent ; le vide de la non-substance, de la non-pensée, de l'immatérialité, ou de la non-substantialité ; celui encore de la non-valeur, de l'absent, de l'insignifiant, du peu de valeur, du sans-valeur, du nul, du négligeable, du peu de chose, du rien, du néant, etc. Ce qui veut dire que dans la **śhûnyatâvâda*, les notions philosophiques de vacuité, de nihilisme, de nullité, de non-être, d'insignifiance et d'absence ont été conçues de bonne heure et unifiées suivant une parfaite homogénéité sous le registre unique de la *śhûnyatâ* (« vacuité »).

Dans ce domaine au moins, l'avance indienne aura donc été considérable sur les idées gréco-latines hétérogènes correspondantes.

Voir **Zéro (Conceptions gréco-latines du). Zéro. Zéro (Conceptions indennes du).**

ŚHÛNYATÂVÂDA. Nom de la doctrine bouddhique de la vacuité. Voir **Śhûnya. Śhûnyatâ.**

ŚHÛNYAVÂDIN. « Vacuitiste ». Nom donné aux adeptes de la philosophie bouddhique de la vacuité. Voir **Śhûnyatâ. Mâdhyamika.**

SIDDHA. Nom donné dans les philosophies hindoue et *jaina aux êtres humains devenus immortels après avoir obtenu la libération.

SIDDHÂNTA. [Astronomie]. Nom générique des traités d'astronomie qui s'emploient à exposer l'ensemble de la matière astronomique. Ils décrivent par exemple, le calcul de l'éclipse de la Lune ou du Soleil, et les procédés, les moyens et les instruments d'observation. Ils fournissent en outre divers paramètres et données, ainsi que l'énoncé des opérations trigonométriques constituant les formules de l'appareil des longitudes vraies, etc. Voir **Astronomie indienne (Histoire de l'). Yuga (Spéculation astronomique sur les).**

SIDDHÂNTADARPANA. Voir **Nîlakanthasomayâjin.**

SIDDHÂNTAŚHEKHARA. Voir **Śhrîpati.**

SIDDHÂNTAŚHIROMANI. Voir **Bhâskarâchârya.**

SIDDHÂNTATATTVAVIVEKA. Voir **Kamâlakara.**

SIDDHI. [S]. Valeur = 8. « Pouvoir surnaturel ». L'allusion est faite ici aux *ashtasiddhi*, les « huit *siddhi* » majeurs, c'est-à-dire les huit pouvoirs surnaturels dont sont dotés les **siddha* et les *pûrnayogin* (adeptes parfaits des techniques du yoga). Voir **Huit.**

SIGNES DE NUMÉRATION. Voir **Chiffre 1. Chiffre 2. Chiffre 3. Chiffre 4. Chiffre 5. Chiffre 6. Chiffre 7. Chiffre 8. Chiffre 9. Chiffre 0.** Voir aussi toutes les rubriques intitulées **Chiffres** (notamment l'article **Chiffres indiens,** qui en donne la liste complète), ainsi que la rubrique **Notation numérique,** qui donne la liste des principaux systèmes de numération utilisés en Inde depuis l'Antiquité. Voir également **Numérations écrites indiennes (Classification des),** qui récapitule l'ensemble des notations numériques du sous-continent indien, selon un point de vue à la fois paléographique et mathématique.

SIGNES EN FORME DE « S » OU DE « 8 ». Voir **Chiffre 8. Serpent (Symbolique du). Infini (Représentation mythologique indienne de l').**

SIMHASAMVAT (Ère). Ère débutant en l'an + 1113. Il suffit d'ajouter 1113 à un millésime exprimé dans cette ère pour obtenir son correspondant dans notre calendrier. Autrefois en usage dans le Gujarât. Elle fut abandonnée vers le XIIIe siècle. Voir **Ères indiennes.**

SINDHU. [S]. Valeur = 4. « Mer ». Voir **Sâgara. Quatre.** Voir aussi **Océan.**

SINUS (Fonction). Se dit *ardhajyâ,* qui signifie littéralement : « demi-corde ». Ce nom est celui employé, depuis *Âryabhata (vers + 510), par les astronomes indiens pour désigner cette fonction trigonométrique.

SIX. Noms sanskrits ordinaires de ce nombre : **shad, *shash, *shat.* Liste des symboles numériques correspondants :
*Anga. Ari. *Darśhana. *Dravya. *Guna. Kâraka. *Kârttikeyâsya. *Kâya. Khara. *Kumârâsya. *Kumâravadana. Lekhya. Mala. *Mâsârdha. *Raga. *Rasa. Ripu. *Ritu. *Shadâyatana. *Shaddarśhana. *Shadgunya. *Shanmukha. Śhâstra. Tarka.

Ces mots traduisent ou désignent symboliquement :

1. Les points de vue philosophiques (*Darśhana*).
2. Les six points de vue philosophiques (*Shaddarśhana*).
3. Les corps (*Kâya*).
4. Les couleurs (*Râga*).
5. Les modes musicaux (*Râga*).
6. Les armes (*Śhâstra*).
7. Les membres (*Anga*).
8. Les **Vedânga* (*Anga*).
9. Les mérites, les qualités, les propriétés primordiales (*Guna*).
10. Les six propriétés primordiales, les six bases, les six catégories (*Shadâyatana. Shadgunya*).
11. Les saisons (*Mâsârdha. Ritu*).
12. Les substances (*Dravya*).
13. Les visages de Kârttikeya-Kumâra (*Kârttikeyâsya. Kumârâsya. Kumâravadana. Shanmukha*).
14. Les sensations, dans le sens des « saveurs » (*Rasa*).

Voir **Symboles numériques.**

Réf. : Al Bīrūnī [2] ; Bühler, p. 84 *sq.* ; Burnell ; Datta et Singh, p. 54-57 ; Fleet, in : CIIn, VIII ; Jacquet, in : JA, XVI, 1835 ; Renou et Filliozat, p. 708-709 ; Sircar, p. 230-233 ; Woepcke [2].

SIX RÈGLES ESTHÉTIQUES DE LA PEINTURE. Voir **Shâdanga.**

SOGANDHIKA. Nom donné au nombre dix puissance 91. Voir **Noms de nombre. Grands nombres.**

Source : **Vyâkarana* (grammaire pâlî) de Kâchchâyana (+ XIe siècle).

SOI (LE). [S]. Valeur = 1. Voir **Âtman. Un.**

SOIXANTE. Voir **Shashti.**

SOIXANTE-DIX. Voir **Saptati.**

SOLEIL. En tant que valeur mystique égale à sept. Voir **Mont Meru.**

SOLEIL. [S]. Valeur = 12. Voir **Bhânu. Divâkara. Dyumani. Mârtanda. Sahasrâmshu. Sûrya. Douze.**

SOLEIL. En tant que concept associé au millier. Voir **Sahasrakirana. Sahasrâmshu. Grands nombres.**

SOLEIL-LUNE (Le couple). [S]. Valeur = 2. Voir **Ravichandra. Deux.**

SOMA. [S]. Valeur = 1. Nom d'une boisson enivrante, utilisée dans les temps védiques pour les cérémonies religieuses et les sacrifices. « C'est une boisson fabriquée à partir d'une plante grimpante, dont on fait l'offrande aux dieux et dont s'abreuvent les prêtres brahmanes. Ce breuvage joue un rôle important dans le *Rigveda.* Considéré comme capable de conférer des pouvoirs surnaturels, le *soma* était vénéré à l'égal d'un dieu. Les hindous l'appelèrent aussi le "vin de l'immortalité" (**amrita*). Il est le symbole du passage des joies ordinaires des sens à la félicité divine (*ânanda*). » (cf. *Dictionnaire de la sagesse orientale*). Or, dans la pensée indienne, le *Soma* représente aussi la source de toute vie et symbolise la fécondité ; c'est donc le sperme, le réceptacle des germes de la renaissance cyclique. En cela, le *soma* rejoint donc le symbolisme de la Lune. Voilà pourquoi le *soma* c'est aussi l'astre lunaire, entité masculine comparée à une coupe pleine du breuvage d'immortalité. D'où : *soma* = 1. Voir **Abja. Un.**

SOUFFLE. [S]. Valeur = 5. Voir **Prâna. Pâvana. Cinq.**

SOUSTRACTION. [Arithmétique]. Voir **Vyavakalita.**

SPÉCULATIONS ARITHMÉTIQUES. Voir **Anuyogadvâra Sûtra. Asamkhyeya. Calcul. Jour de Brahma. Yuga. Kalpa. Jaina. Noms de nombre. Grands nombres. Infini. Numération sanskrite.** Voir aussi chap. 24, p. 940-949.

SPÉCULATIONS ARITHMO-COSMOGONIQUES. Voir **Anuyogadvâra Sûtra. Asamkhyeya. Calcul. Cycles cosmiques. Yuga (Définition). Yuga (Systèmes de computation des). Yuga (Spéculations cosmogoniques sur les). Kalpa. Jour de Brahma. Jaina. Noms de nombre. Grands nombres. Infini.**

SPÉCULATIONS ASTRONOMIQUES. Voir **Yuga (Spéculation astronomique sur les).**

SPÉCULATIONS COSMOGONIQUES. Voir **Yuga (Spéculations cosmogoniques sur les). Kalpa. Jaina.**

STHÂNA. Terme sanskrit signifiant « place ». Employé généralement par les savants indiens pour exprimer le « *principe de position » de leur numération décimale. Voir **Sthânakramâd. Ankakramena. Ankasthâna.**

Source : **Lokavibhâga* (+ 458).

STHÂNAKRAMÂD. Terme sanskrit signifiant mot à mot : « dans l'ordre de la position ». Souvent employé par les savants indiens des temps anciens (+ V^e^ / + VIIe siècle) pour préciser qu'une suite de chiffres ou encore de mots-symboles numériques était soumise au principe de position. On le trouve attesté par exemple dans le traité de cosmologie *jaina du **Lokavibhâga* (« Partie de l'univers »), qui est justement le plus ancien texte indien connu faisant état du zéro et de la numération décimale de position au moyen des symboles numériques.

Réf. : Lok., chap. IV, vers 56, p. 79.

SUBANDHU. Poète indien du début du + VIIe siècle. Auteur notamment d'un conte d'amour intitulé *Vâsavadattâ,* où il est fait de très nettes allusions au zéro indien en forme de point (**shûnyabindu*) en tant qu'opérateur arithmétique. Voir **Zéro.**

SUBSTANCE. [S]. Valeur = 6. Voir **Dravya. Six.**

SUDDHA SVARA. Il s'agit des sept notes dures de la *sa-grâmma* (*Sa, Ri, Ga, Ma, Pa, Dha, Ni*), première des gammes de la musique indienne, que l'on représente par de courtes syllabes qui correspondent chacune à l'initiale du nom sanskrit de la note envisagée (*Ni* représentée par l'initiale de *Nishâda* ; la note *Ga* représentée par l'initiale de *Gandhâra* ; et ainsi de suite) (cf. L. Frédéric).

SUDHÂMŚHU. [S]. Valeur = 1. « Lune. » Voir **Abja. Un.**

SUDRISHTI. « Qui se voit bien. » Nom donné à l'étoile Polaire, « l'Étoile qui ne bouge jamais ». Voir **Dhruva. Grahâdhâra. Mont Meru.**

SUMERU. L'un des noms du *Mont Meru. Voir **Adri. Dvîpa. Pûrna. Pâtâla. Sâgara. Pushkara. Pâvana. Vâyu.**

SUPPORTS MATÉRIELS DES ÉCRITURES INDIENNES. Voir **Écritures indiennes (Matériaux des).**

SUPPORTS MATÉRIELS DU CALCUL INDIEN. Voir **Pâtîganita.**

SURA. [S]. Valeur = 33. « Dieux. » Voir **Deva. Trente-trois.**

SÛRYA. [S]. Valeur = 12. Nom de la divinité brâhmanique du Soleil. Ce symbolisme s'explique en raison de la « course » du Soleil pendant les douze mois de l'année. Voir **Râśhi. Douze.**

SUTA. [S]. Valeur = 5. « Fils ». Voir **Putra. Cinq.**

SVARA. [S]. Valeur = 7. « Note », « syllabe ». Allusion probable aux **suddha svara*, les sept notes dures de la première des gammes de la musique indienne. Voir **Sept.**

SYLLABE. [S]. Valeur = 7. Voir **Svara. Sept.**

SYMBOLES. Dans les religions brâhmaniques et autres de l'Inde et du sous-continent, les symboles ont toujours eu une grande importance. Ils sont, soit visibles et résument pour tous un ensemble de concepts difficiles à exposer (par exemple le *stûpa*), soit invisibles en ayant un sens caché pour le profane (comme les **bîja*, les *yantra*, les **mudrâ*, etc.).

Les symboles sont représentés par de nombreuses catégories d'êtres (comme les animaux), d'objets ou encore de végétaux.

Chaque divinité du brâhmanisme comme du bouddhisme du Mahâyâna possède un animal-support qui le symbolise : Garuda pour *Vishnu, Nandin pour *Śhiva, etc. ; elle possède également son **bîja* (sa lettre-symbole pour le son invocateur correspondant), ses **mantra* (ou formules sacrées), son ou ses *yantra* (diagrammes géométriques aux significations symboliques) et divers « signes » ou marques distinctifs qui permettent aux fidèles d'identifier immédiatement sa ou ses représentations.

La combinaison des signes est également symbolique et de contenu différent du seul symbole isolé (comme le **vajra* et la *ganthâ*). Certains symboles sont des matériaux bruts comme le **linga* de Śhiva ou le *śhâlagrâma* de *Vishnu ; d'autres sont des constructions (comme les *stûpa,* les *chaitya,* les temples, les sculptures diverses).

Le règne végétal n'échappe pas à son rôle de symbole, et nombre d'arbres (pippal, banyan, etc.) et de plantes (*tulasî*), de graines (*rudrâksha*) constituent des symboles qui parlent aux yeux des hindous, des bouddhistes ou des *Jaina. Certains sont même devenus des modes, comme le **tilaka* ou « œil de la Connaissance ». D'autres, dont la signification est oubliée, font maintenant partie de la vie de tous les jours.

Tout, en Inde, est sujet à symbolique, non seulement dans la philosophie ou dans la religion, dans les actes de la vie courante, mais également dans la littérature, les arts et la musique : on pourrait presque dire que l'Inde tout entière est un monde de symboles.

Cependant, parmi les milliers de marques et de « signes » (comme les *Lakshana*), il est des attributs des divinités qui sont en eux-mêmes des symboles très significatifs, nécessaires parfois pour identifier le personnage divin en face duquel on se trouve.

Le Trident (**triśhûlâ*) appartient sans conteste à Śhiva, mais il a d'autres significations, de même que le serpent (**nâga*), la peau d'antilope ou d'éléphant, etc.

Voir **Serpent (Symbolique du).**

La massue (*danda, gadâ*) est l'insigne des gardiens de porte (*dvârapâla*), mais également un symbole d'énergie solaire.

La lance (*śhakti*) et les autres armes : poignard (*kshurikâ*), foudre (*vajra*), hache (*paraśhu*), aiguillon (*angkuśha*), l'arc et la flèche (*dhanus, *bâna*), le bouclier (*khetaka*), le glaive (*khadga*), etc., ont leur rôle à jouer pour montrer la puissance des pouvoirs divins.

Les *lotus (**padma*) sont importants surtout pour le bouddhisme, mais ils sont également hautement symboliques de la nature pure des divinités dans l'hindouisme.

Les instruments de musique (la *vînâ* de Sarasvatî, le *damarû* de Shiva-Nâtarâja), la *conque (**śhankha*), la clochette (*ganthâ*), les objets usuels (le miroir de la Mâyâ, *darpana*), la corde (*pâśha*) qui lie l'âme à la matière, le livre (*pushtaka*) qui représente tous les **Veda*, les pots divers (*kamandalu, kalaśha,* etc.) sont des attributs symboliques très communs.

Le Soleil (*chakra*) et la Lune (*kulikâ*), les symboles des constellations ont tous des significations particulières, évidentes ou au contraire cachées (ésotériques ou tantriques).

Le corps humain n'y échappe pas : la nudité suggère le détachement des contingences, la couleur de la peau signifie la colère, la fureur ou bien la paix, la joie. La chevelure est symbolique du Yogin (en chignon) ; échevelée, elle est la mouvance de la Mâyâ ; crépue et en désordre, elle montre la fureur.

De même, le nombre de bras et de jambes d'une divinité est hautement symbolique de sa nature profonde : plus celle-ci est dotée de bras, plus elle est active. Lorsqu'elle ne possède que deux bras, elle est alors plus « angélique » et pacifique. Sans attribut aucun, elle devient neutre, semblable au *Brahman.

Les bijoux et ornements ont eux aussi des significations précises, qui souvent varient selon les époques, les croyances et les philosophies.

Les crânes (*kapâla*), la cendre, les choses repoussantes (langue tirée de *Kâlî*), le sang, les têtes coupées, qui montrent l'affranchissement de la Mâyâ, les chapelets de têtes, les corps de divinités ou de nains (*mûlayaka*), les corps piétinés ne sont pas, sur les images ou les sculptures, de simples effets de l'art : ils « signifient ».

Il n'y a jamais rien de gratuit. Les représentations divines en action ou en repos, isolées ou en groupe, sont codifiées par les textes qui les expliquent avec un grand luxe de détail : rien n'est laissé au hasard. Sont innombrables en Inde les objets, animaux, végétaux, minéraux, gestes, etc., qui ont force de symboles. (Article extrait du *Dictionnaire de la civilisation indienne* de L. Frédéric.)

SYMBOLES NUMÉRIQUES. Mots considérés pour leur valeur numérique en fonction du ou des symboles qu'ils sont censés représenter. Ces symboles peuvent être puisés dans la nature, la morphologie de l'être humain, les représentations végétales ou animales, les actes de la vie courante, les traditions de toutes sortes, les éléments philosophiques, littéraires ou religieux, les attributs et les morphologies prêtés aux divinités des panthéons védique, brâhmanique, hindou, bouddhique, *jaina, etc., dans les légendes correspondantes, ainsi que dans les associations d'idées traditionnelles, mythologiques ou issues des diverses conventions sociales de la culture indienne. Voir **Symboles.** Voir aussi tous les articles intitulés **Symboles numériques** et **Symbolique des nombres.**

SYMBOLES NUMÉRIQUES (Désignation sanskrite des). Le terme générique des mots employés en tant que symboles numériques est **samkhya*, qui signifie mot à mot : « nombre ». Également employé pour désigner le système tout entier, c'est-à-dire la numération décimale positionnelle au moyen de ces symboles numériques.

SYMBOLES NUMÉRIQUES (Liste alphabétique générale des). Symboles numériques sanskrits attestés dans des traités d'astronomie ou de mathématiques, ainsi que dans diverses inscriptions épigraphiques indiennes (liste non exhaustive) :

*Abdhi (= 4). *Abhra (= 0). *Abja (= 1). Abjadala (= 100). Abjagarbha (= 9). Achala (= 7). *Âdi (= 1). *Âditya (= 12). *Adri (= 7). *Aga (= 7). Aghosha (= 13). *Agni (= 3). *Ahar (= 15). *Ahi (= 8). Airâvata (= 1). Aja (= 9). *Âkâśha (= 0). *Akriti (= 22). *Âkshara (= 1). Akshauhinî (= 11). Akshi (= 2). *Amara (= 33). Ambaka (= 2). *Ambara (= 0). *Ambhodha (= 4). *Ambhodhi (= 4). *Ambhonidhi (= 4). *Ambodha (= 4). *Ambodhi (= 4). *Ambudhi (= 4). *Amburâśhi (= 4). *Anala (= 3). *Ananta (= 0). *Anga (= 6). *Anguli (= 10). *Anguli (= 20). *Anîka (= 8). *Anka (= 9). *Antariksha (= 0). *Anushtubh (= 8). *Âptya (= 3). *Arhat (= 24). Ari (= 6). *Arjunâkara (= 1 000). *Arka (= 12). *Arnava (= 4). Artha (= 5). *Âśhâ (= 10). Âśhrama (= 4). *Ashti (= 16). *Aśhva

(= 7). *Aśhvin (= 2). *Aśhvina (= 2). *Aśhvinau (= 2). *Atidhriti (= 19). Atijagatî (= 13). *Âtman (= 1). *Atri (= 7). *Atrinayanaja (= 1). *Atyashti (= 17). *Avani (= 1). *Avatâra (= 10). Aya (= 4). Âya (= 4). Ayana (= 2).

*Bâhu (= 2). *Bâna (= 5). Bandhu (= 4). *Bha (= 27). *Bhânu (= 12). *Bharga (= 11). Bhâva (= 5). *Bhava (= 11). Bhaya (= 7). *Bhû (= 1). *Bhûbhrit (= 7). *Bhûdhara (= 7). *Bhûmi (= 1). *Bhûpa (= 16). *Bhûta (= 5). Bhûti (= 8). *Bhuvana (= 3). *Bhuvana (= 14). *Bindu (= 0). *Brahmâsya (= 4). Brihatî (= 9).

*Chakra (= 12). *Chakshus (= 2). Chandah (= 7). Chandas (= 7). *Chandra (= 1). *Chaturânanavadana (= 4). *Chhidra (= 9).

Dadhi (= 4). *Dahana (= 3). *Danta (= 32). *Dantin (= 8). *Darśhana (= 6). *Dravya (= 6). *Dasra (= 2). *Deva (= 33). *Dharâ (= 1). *Dharanî (= 1). *Dhârtarâśhtra (= 100). *Dhâtrî (= 1). *Dhâtu (= 7). Dhî (= 7). *Dhriti (= 18). *Dhruva (= 1). *Diggaja (= 8). Dik (= 8). *Dikpâla (= 8). Dina (= 15). *Diśh (= 4). *Diśh (= 8). *Diśh (= 10). *Diśhâ (= 4). *Diśhâ (= 10). *Divâkara (= 12). Dosha (= 3). *Drishti (= 2). *Durgâ (= 9). Durita (= 8). *Dvandva (= 2). *Dvâra (= 9). *Dvaya (= 2). *Dvija (= 2). *Dvipa (= 8). *Dvîpa (= 7). Dvirada (= 8). *Dyumani (= 12).

*Gagana (= 0). *Gaja (= 8). Gangâmarga (= 3). *Gati (= 4). *Gavyâ (= 5). *Gâyatrî (= 24). Ghasra (= 15). *Giri (= 7). *Go (= 1). *Go (= 9). *Gostana (= 4). *Graha (= 9). *Grahana (= 2). *Gulpha (= 2). *Guna (= 3). *Guna (= 6).

*Hara (= 11). *Haranayana (= 3). *Haranetra (= 3). *Haribâhu (= 4). *Hastin (= 8). Haya (= 7). Himagu (= 1). Himâmśhu (= 1). Himakara (= 1). *Hotri (= 3). *Hutâshana (= 3).

Ibha (= 8). Îkshana (= 2). Ilâ (= 1). *Indra (= 14). *Indradrishti (= 1 000). *Indriyâ (= 5). *Indu (= 1). *Iryâ (= 4). *Îśha (= 11). *Îśhadriśh (= 3). *Ishu (= 5). *Îśhvara (= 11).

*Jagat (= 3). *Jagat (= 14). *Jagatî (= 1). *Jagatî (= 12). *Jagatî (= 48). *Jâhnavîvaktra (= 1 000). *Jala (= 4). *Jaladharapatha (= 0). *Jaladhi (= 4). *Jalanidhi (= 4). Jalâshaya (= 4). Jana (= 1). Janghâ (= 2). Jânu (= 2). Jâti (= 22). Jina (= 24). *Jvalana (= 3).

*Kakubh (= 10). *Kâla (= 3). Kalâ (= 16). *Kalamba (= 5). Kalatra (= 7). *Kâma (= 13). *Kara (= 2). Kâraka (= 6). *Karanîya (= 5). Karman (= 8). Karman (= 10). Karna (= 2). *Kârttikeyâsya (= 6). Kashâya (= 4). *Kâya (= 6). Kendra (= 4). *Keśhava (= 9). *Kha (= 0). Khanda (= 9). Khara (= 6). Khatvâpâda (= 4). Koshtha (= 4). *Kriśhânu (= 3). *Krita (= 4). *Kriti (= 20). Kritin (= 22). Kshapâkara (= 1). *Kshapeśhvara (= 1). Kshâra (= 5). *Kshaunî (= 1). *Kshemâ (= 1). *Kshiti (= 1). *Kshoni (= 1). *Ku (= 1). Kucha (= 2). *Kumârâsya (= 6). *Kumâravadana (= 6). *Kuñjara (= 8). Kutumba (= 2).

Labdha (= 9). Labdhi (= 9). Lâbha (= 11). Lakâra (= 10). Lavana (= 5). Lekhya (= 6). *Loka (= 3). *Loka (= 7). *Loka (= 14). *Lokapâla (= 8). *Lochana (= 2).

Mada (= 8). *Mahâbhûta (= 5). *Mahâdeva (= 11). *Mahâpâpa (= 5). *Mahâyajña (= 5). *Mahî (= 1). *Mahîdhara (= 7). Mala (= 6). *Mangala (= 8). Manmatha (= 13). *Manu (= 14). *Mârgana (= 5). *Mârtanda (= 12). *Mâsa (= 12). *Mâsârdha (= 6). *Mâtanga (= 8). *Mâtrika (= 7). *Mrigânka (= 1). *Mukha (= 4). *Mûlaprakriti (= 1). *Muni (= 7). *Mûrti (= 3). *Mûrti (= 8).

*Nabha (= 0). *Nabhas (= 0). Nâdî (= 3). Nadîkûla (= 2). *Naga (= 7). *Nâga (= 8). *Nakha (= 20). *Nakshatra (= 27). Nanda (= 9). Naraka (= 40). *Nâsatya (= 2). Naya (= 2). Nâyaka (= 1). *Nayana (= 2). *Netra (= 2). *Netra (= 3). *Nidhâna (= 9). Nidhi (= 9). *Nripa (= 16).

Oshtha (= 2).

Padârtha (= 9). *Paksha (= 2). *Paksha (= 15). Pallava (= 5). *Pândava (= 5). Pankti (= 10). *Parabrahman (= 1). Parva (= 5). Parvan (= 5). *Parvata (= 7). *Pâtaka (= 5). *Pâtâla (= 7). *Pâvaka (= 3). *Pâvana (= 5). *Pâvana (= 7). Payodhi (= 4). Payonidhi (= 4). *Pinâkanayana (= 3). *Pitâmaha (= 1). *Prakriti (= 21). Prâleyâmśhu (= 1). *Prâna (= 5).

*Prithivî (= 1). *Pura (= 3). *Purâ (= 3). *Purânalakshana (= 5). *Pûrna (= 0). Purushârtha (= 4). Puruśhâyus (= 100). Pûrva (= 14). *Pushkara (= 7). Pushkarin (= 8). *Putra (= 5).

*Rada (= 32). *Râga (= 6). Rajanîkara (= 1). *Râma (= 3). Râmanandana (= 2). *Randhra (= 0). *Randhra (= 9). *Rasa (= 6). *Râśhi (= 12). Raśhmi (= 1). *Ratna (= 3). *Ratna (= 5). *Ratna (= 9). *Ratna (= 14). *Râvanabhuja (= 20). *Râvanaśhiras (= 10). *Ravi (= 12). *Ravibâna (= 1 000). *Ravichandra (= 2). Ripu (= 6). *Riśhi (= 7). *Ritu (= 6). *Rudra (= 11). *Rudrâsya (= 5). *Rûpa (= 1).

*Sâgara (= 4). *Sâgara (= 7). *Sahasrâmśhu (= 12). *Sahodarâh (= 3). Salilâkara (= 4). *Samudra (= 4). *Samudra (= 7). Sankrânti (= 12). *Sarpa (= 8). *Sâyaka (= 5). Senânga (= 4). *Senânînetra (= 12). *Shadâyatana (= 6). *Shaddarśhana (= 6). *Shadgunya (= 6). *Śhaila (= 7). *Śhakra (= 14). Śhakrayajña (= 100). *Śhakti (= 3). *Śhankarâkshi (= 3). *Shanmukha (= 6). *Shanmukhabâhu (= 12). *Śhara (= 5). *Śhaśhadhara (= 1). *Śhaśhanka (= 1). *Śhaśhin (= 1). Śhâstra (= 5). Śhâstra (= 6). *Śheshaśhîrsha (= 1 000). *Śhikhin (= 3). *Śhîtâmśhu (= 1). *Śhîtaraśhmi (= 1). *Śhiva (= 11). *Śhruti (= 4). *Śhukranetra (= 1). *Śhûla (= 3). *Śhûlin (= 11). *Śhûnya (= 0). Śhveta (= 1). Siddha (= 24). *Siddhi (= 8). *Sindhu (= 4). Sindhura (= 8). *Soma (= 1). *Sudhâmśhu (= 1). *Sura (= 33). *Sûrya (= 12). *Suta (= 5). *Svara (= 7). *Svarga (= 21).

*Takshan (= 8). *Tâna (= 49). Tanmâtra (= 5). *Tanu (= 1). *Tanu (= 8). *Tapana (= 3). *Tapana (= 12). Tarka (= 6). Târkshadhvaj (= 9). Tata (= 5). *Tattva (= 5). *Tattva (= 7). *Tattva (= 25). *Tithi (= 15). *Trailokya (= 3). *Trayî (= 3). Tridaśha (= 33). Trigata (= 3). *Triguna (= 3). *Trijagat (= 3). *Trikâla (= 3). *Trikâya (= 3). *Triloka (= 3). *Trimûrti (= 3). *Trinetra (= 3). *Tripurâ (= 3). *Triratna (= 3). *Triśhiras (= 3). Trishtubh (= 11). *Trivarga (= 3). *Trivarna (= 3). *Tryakshamukha (= 5). *Tryambaka (= 3). *Turaga (= 7). *Turangama (= 7). *Turîya (= 4).

*Uchchaiśhravas (= 1). *Uda (= 27). *Udadhi (= 4). *Udarchis (= 3). *Upendra (= 9). *Utkriti (= 26). Urvarâ (= 1).

*Vâchana (= 3). *Vahni (= 3). *Vaiśhvânara (= 3). *Vâjin (= 7). Vanadhi (= 4). *Vâra (= 7). *Vâridhi (= 4). *Vârinidhi (= 4). Varsha (= 9). *Vasu (= 8). *Vasudhâ (= 1). *Vasundharâ (= 1). *Vâyu (= 49). *Veda (= 3). *Veda (= 4). *Vidhu (= 1). Vidyâ (= 14). *Vikriti (= 23). *Vindu (= 0). Vishanidhi (= 4). *Vishaya (= 5). *Viśhikha (= 5). *Vishnupada (= 0). Vishtapa (= 3). Vishuvat (= 2). *Viśhva (= 13). *Viśhvadeva (= 13). *Viyata (= 0). Vrata (= 5). *Vyant (= 0). Vyasana (= 7). Vyaya (= 12). *Vyoman (= 0). Vyûha (= 4).

*Yama (= 2). Yâma (= 8). *Yamala (= 2). *Yamau (= 2). Yati (= 7). *Yoni (= 4). *Yuga (= 2). *Yuga (= 4). *Yugala (= 2). *Yugma (= 2).

Pour une idée du symbolisme contenu dans ces divers mots : voir **Symbolique des mots à valeur numérique. Symbolique des nombres.** Le premier de ces deux articles donne une liste alphabétique des termes français exprimant les diverses associations d'idées correspondantes, tandis que le deuxième fournit une liste de ces mêmes associations d'idées, disposée cette fois dans l'ordre de leur progression arithmétique (un, deux, trois, etc.).

Pour le principe d'utilisation de ces symboles en tant que système de numération : voir **Symboles numériques (Principe de la numération des).**

Réf. : Al Bīrūnī [2] ; Bühler, p. 84 *sq.* ; Burnell ; Datta et Singh, p. 54-57 ; Fleet, in : CIIn, VIII ; Jacquet, in : JA, XVI, 1835 ; Renou et Filliozat, p. 708-709 ; Sircar, p. 230-233 ; Woepcke [2].

SYMBOLES NUMÉRIQUES (Principe de la numération des). Procédé utilisé pour la notation des nombres par les savants indiens, au moins depuis le Ve siècle de notre ère. Il ne retient que la succession des symboles numériques sanskrits (considérés alors comme des noms d'unités), en se conformant pour cela au sens défini par le « principe du mouvement des chiffres de la droite vers la gauche » (**ankânâm vâmato gatih*).

Voir **Numération sanskrite. Numération sanskrite simplifiée. Symboles numériques** (articles ci-dessus).

Autrement dit, dans ce système, les symboles numériques reçoivent une valeur variant selon leur position dans l'expression des nombres.

Ce système possède en outre plusieurs vocables spéciaux qui symbolisent le zéro et qui servent donc à marquer l'absence des unités d'un certain ordre décimal dans cette notation positionnelle (**śhûnya, *âkâśha, *abhra, *ambara, *antariksha, *bindu, *gagana, *jaladharapatha, *kha, *nabha, *nabhas,* etc.) De sorte qu'une expression telle que :

agni. śhûnya. aśhvi. vasu.

[mot à mot : « feu (= 3). vide (= 0). Cavaliers (= 2). Vasu (= 8) »] corresponde au nombre :

$3 + 0 \times 10 + 2 \times 10^2 + 8 \times 10^3 = 8\,023$.

Il s'agit donc bien d'une véritable numération décimale de position, munie d'un zéro (au sens exact du terme). Le fait est d'autant plus remarquable que les savants indiens sont les seuls à avoir inventé un système de ce type.

Voir **Numération de position. Zéro.** Voir aussi **Arithmétique de position (Récapitulation des faits historiques relatifs à l').**

SYMBOLIQUE DES MOTS A VALEUR NUMÉRIQUE. Liste alphabétique des mots français correspondant aux associations d'idées contenues dans les symboles numériques sanskrits, et auxquels une rubrique est consacrée dans le présent dictionnaire (liste non exhaustive) :

*Aïeul (= 1). *Aile (= 2). *Aile (= 15). *Ame individuelle (= 1). *Ame suprême (= 1). *Aphorisme (= 3). *Atmosphère (= 0).

*Bouches de Jâhnavî (= 1 000). *Brahma (= 1). *Bras (= 2). *Bras d'Arjuna (= 1 000). *Bras de Kârttikeya (= 12). *Bras de Râvana (= 20). *Bras de Vishnu (= 4). *Brillant (= 12).

*Caractéristique (= 5). *Cavaliers (= 2). *Ce qui doit être fait (= 5). *Ce qui est à tous les hommes (= 3). *Celui qui a trois têtes (= 3). *Cheval (= 7). *Cheville (= 2). *Chiffre (= 9). *Chose de bon augure (= 8). *Ciel (= 0). *Cité-forteresse (= 3). *Commencement (= 1). *Condition d'existence (= 4). *Constellation (= 27). *Contemplation (= 6). *Corps (= 1). *Corps (= 6). *Corps (= 8). *Couleur (= 6). *Couple primordial (= 2). *Courage (= 14).

*Délectation (= 6). *Démonstration (= 6). *Descente (= 10). *Dent (= 32). *Deux fois né (= 2). *Dieu de l'amour charnel (= 13). *Dieu des feux sacrificiels (= 3). *Dieu du désir cosmique (= 13). *Dieu-Soleil (= 12). *Dieux (= 33). *Dieux jumeaux (= 2). *Divinité Suprême (= 11). *Doigt (= 10). *Doigt (= 20). *Don de la vache (= 5).

*Eau (= 4). *Élément (= 5). *Éléphant (= 8). *Énergie (= 3). *Enfer (= 7). *Enflammé (= 3). *Espace (= 0). *Esprit des eaux (= 3). *État (= 3). *État de la manifestation (= 5). *Éther (= 0). *Étoile (= 27).

*Face (= 4). *Faculté (= 5). *Feu (= 3). *Feu (= 12). *Figure der lapin (= 1). *Fils (= 5). *Fils d'Âditî (= 12). *Fils de Pându (= 5). *Firmament (= 0). *Flèche (= 5). *Flèches de Ravi (= 1 000). *Force (= 14). *Forme (= 1). *Forme (= 3). *Forme (= 8).

*Gange (= 1 000). *Gardien des horizons (= 8). *Gardien des points du compas (= 8). *Goutte (= 1). *Grand Ancêtre (= 1). *Grand dieu (= 11). *Grand élément (= 5). *Grand péché (= 5). *Grand sacrifice (= 5). *Grondeur (= 11).

*Horizon (= 4). *Horizon (= 8). *Horizon (= 10). *Humain (= 14).

*Île-continent (= 4). *Île-continent (= 7). *Immense (= 1). *Inaccessible (= 9). *Incarnation (= 10). *Indestructible (= 1). *Indra (= 14). *Infini (= 0).

*Jour (= 15). *Jours de la semaine (= 7). *Joyau (= 8). *Joyau (= 5). *Joyau (= 8). *Joyau (= 9). *Joyau (= 4). *Jumeaux, paires ou couples (= 2).

*Lait caillé (= 1). *Lapin (= 1). *Lumineux (= 1). *Lune (= 1).

*Main (= 2). *Mansion lunaire (= 27). *Membre (= 6). *Mère divine (= 7). *Mérite (= 3). *Mérite (= 6). *Mer (= 4). *Mer (= 7). *Mille (= 12). *Mille rayons (= 12). *Mode musical (= 6). *Mois (= 12). *Monde terrestre (= 1). *Monde (= 3). *Monde (= 7). *Monde (= 14). *Monde inférieur (= 7). *Monde phénoménal (= 3). *Montagne (= 7).

*Naissance (= 4). *Note musicale (= 7).

*Observance majeure (= 5). *Océan (= 4). *Océan (= 7). *Œil (= 2). *Œil (= 3). *Œil de Śhukra (= 1). *Ongle (= 20). *Opinion (= 6). *Organe des sens (= 5). *Organes symétriques (= 2). *Orifice (= 9).

*Paire (= 2). *Paradis (= 13). *Paradis (= 14). *Parole (= 3). *Partie (= 6). *Passion (= 6). *Planète (= 9). *Point (= 0). *Point cardinal (= 4). *Point de vue philosophique (= 6). *Pointe (= 3). *Porteuse (= 1). *Position (= 4). *Pouvoir surnaturel (= 8). *Précepte (= 6). *Premier père (= 1). *Principe primordial (= 1). *Principe fondamental (= 5). *Principe fondamental (= 7). *Principe fondamental (= 25). *Progéniteur de la race humaine (= 14). *Propriété primordiale (= 3). *Propriété primordiale (= 6). *Puissance (= 14). *Puissant (= 14). *Purification (= 5). *Purification (= 7).

*Qualité (= 3). *Qualité (= 6). *Quatre points cardinaux (= 4). *Quatrième (= 4).

*Rayonnement (= 9). *Rayons solaires (= 12). *Réalité ultime (= 1). *Réalité (= 5). *Réalité (= 7). *Réalité (= 25). *Roi (= 16). *Roi aveugle (= 100). *Roue (= 12). *Rudra-Śhiva (= 11).

*Sage (= 7). *Saison (= 6). *Saveur (= 6). *Seigneur de l'univers (= 11). *Semaine (= 7). *Sens (= 5). *Sensation (= 6). *Serpent (= 8). *Serpent à mille têtes (= 1 000). *Serpent des profondeurs (= 8). *Soi (= 1). *Soleil (= 12). *Soleil (= 1 000). *Soleil-Lune (= 2). *Souffle (= 5). *Substance (= 6). *Syllabe (= 7).

*Temps (= 3). *Terre (= 1). *Terre (= 9). *Têtes de Râvana (= 20). *Ton (= 49). *Triple science (= 3). Trois buts (= 3). *Trois cités-forteresses (= 3). *Trois classes d'êtres (= 3). *Trois corps (= 3). *Trois états (= 3). *Trois formes (= 3). *Trois joyaux (= 3). *Trois lettres (= 3). *Trois mondes (= 3). *Trois propriétés fondamentales (= 3). *Trois syllabes sacrées (= 3). *Trois temps (= 3). *Trois têtes (= 3). *Trois yeux (= 3). *Trois univers (= 3). *Trou (= 9). *Trou (= 0).

*Univers (= 13).

*Vache (= 1). *Vache (= 9). *Veda (= 3). *Veda (= 4). *Vendânga (= 6). *Vent (= 5). *Vent (= 7). *Vent (= 49). *Vérité (= 5). *Vérité (= 7). *Vérité (= 25). *Vide (= 0). *Violent (= 11). *Visages de Brahma (= 4). *Visages de Kârttikeya (= 6). *Visages de Kumâra (= 6). *Visages de Rudra (= 5). *Vision (= 2). *Vision (= 6). *Voix (= 3). *Voûte céleste (= 0). *Vraie nature (= 5). *Vraie nature (= 7). *Vraie nature (= 25). *Vulve (= 4).

*Yeux (= 2). *Yeux de Senânî (= 12). *Yeux de Śhiva (= 3). *Yeux d'Indra (= 1 000). *Yuga (= 2). *Yuga (= 4).

*Zénith (= 0). *Zodiaque (= 12).

Voir **Symboles. Symboles numériques.** Voir aussi **Un. Deux. Trois. Quatre. Cinq. Six. Sept. Huit. Neuf. Dix. Onze...** Voir également **Zéro. Noms de nombre.**

SYMBOLIQUE DES NOMBRES. Liste des associations d'idées contenues dans le symbolisme numérique indien, donnée dans l'ordre de la progression arithmétique (liste non exhaustive) :

NOMBRE UN. Concept mis souvent en rapport direct ou symbolique avec : le dieu *Sûrya ; le dieu *Ganeśha ; une forme de concentration profonde (**ekâgratâ*) ; la Syllabe sacrée des hindous (**ekâkshara*) ; une certaine doctrine monothéiste (**ekântika*) ; l'étude de la *réalité unique ; la contemplation du Tout (**ekatva*) ; la *Lune ; la boisson de l'immortalité (**soma*) ; la *Terre ; l'*Aïeul ; le *Grand Ancêtre ; le *Premier Père ; le *commencement ; le *corps ; le *Soi ; la *Réalité ultime ; l'*âme suprême ; l'*âme individuelle ; le *Brahman ; la « *forme » ; la « *goutte » ; l'« *immense » ; l'« *indestructible » ; le *lapin ; le « *Lumineux » ; l'*étoile Polaire ; les « *Rayons froids » ; l'*œil de Śhukra ; le *monde terrestre ; la « *Porteuse » ; le *principe primordial ; la *figure de lapin ; la *Vache ; le *lait caillé, etc. Voir **Eka. Un.**

NOMBRE DEUX. Concept mis souvent en rapport direct ou symbolique avec : la *dualité ; l'idée de *couple, de *paire, de *jumeaux ou de contraste ; des *organes symétriques ; les *ailes (au sens propre comme au figuré) ; la *main ; les *bras ; l'*œil ; les *yeux ; la *vision ; les *chevilles ; le *Couple primordial ; Le *couple *Soleil-Lune ; les *dieux jumeaux ; la *conception du monde ; la *contemplation ; la *révélation ; les *Cavaliers ; l'épithète « *Deux Fois Né » ; le troisième âge d'un **mahâyuga* (**Yuga*) ; etc. Voir **Dva. Deux.**

NOMBRE TROIS. Concept mis souvent en rapport direct ou symbolique avec : les *trois « classes » d'êtres ; la « *Triple science » ; les trois premiers *Veda ; les *« yeux » ; les trois yeux de *Ṣhiva ; les « *trois mondes » ; le dieu Ṣhiva ; le dieu Vishnu ; le dieu Krishna ; le costume rituel des religieux bouddhistes (**trichîvara*) ; les « *trois forces premières » ; les « *trois ères » ; les « *trois corps » ; les « *trois formes » ; les « *trois corbeilles » ; les *trois Cités ; les *trois états de la conscience ; les « *trois joyaux » ; la ville-forteresse triple (**tripura*) ; la ville-forteresse à triple rempart (**tripura*) ; un démon à trois têtes (**triśhiras*) ; le *Trident de Ṣhiva ; les castes principales du brâhmanisme ; les « *trois buts » ; les « *trois lettres » ; le dieu *Agni ; le « *feu » ; le *dieu du feu sacrificiel ; les « *trois rivières » ; les *mondes phénoménaux ; l'« *aphorisme » ; les *Énergies féminines ; les « * mérites » ; les « *qualités » ; l'*Esprit des eaux ; l'*Œil ; les *pointes ; le *temps ; les « *trois têtes » ; les *trois *Râma ; etc. Voir **Traya. Trois.** Voir aussi **Vajra.**

NOMBRE QUATRE. Concept mis souvent en rapport direct ou symbolique avec : les « *quatre océans » ; les « *quatre stades » ; les « *quatre îles-continents » ; les « quatre *grands rois » ; les « quatre *mois » ; les « quatre *faces » ; les « quatre *buts » ; les « quatre *âges » ; les « quatre *voies de la renaissance » ; l'*eau ; la *mer ; l'*océan ; les « *horizons » ; les *points cardinaux ; les *bras de Vishnu ; les « *positions » ; la *vulve ; les *naissances ; le « *Quatrième » (en tant qu'épithète du Brahman) ; les *conditions d'existence ; les « *révélations » ; les **Veda* ; les *visages de Brahma ; les quatre âges d'un **mahâyuga* ; le dernier âge d'un **mahâyuga* ; les « *faces » ; etc. Voir **Chatur. Quatre.**

NOMBRE CINQ. Nombre considéré comme sacré et magique en Inde et dans toutes les civilisations indianisées de l'Asie du Sud-Est. Il est mis souvent en rapport direct ou symbolique avec : l'*Arc aux cinq fleurs ; les « *cinq pouvoirs surnaturels » ; les *cinq éléments de la manifestation ; les « *cinq visions du Bouddha » ; les « cinq *horizons » ; les *dons de la Vache ; les « cinq *facultés » ; les « cinq *impuretés » ; les cinq *têtes de Rudra (= Ṣhiva) ; les « cinq *péchés mortels » ; les cinq *ordres d'êtres ; les « cinq trésors » de la religion jaina (**pañchaparameshtin*) ; les « *fils de Pându » ; les *flèches ; les *caractéristiques ; la *Purification ; les « *Grands Éléments ; les *grands sacrifices ; les *observances majeures ; les *principes fondamentaux ; les *réalités ; les *vérités ; les « *vraies natures » ; les *Joyaux ; les *souffles ; les *sens ; les *vents ; les *organes des sens ; les *visages de Rudra ; etc. Voir **Pañcha. Cinq.**

NOMBRE SIX. Concept mis souvent en rapport direct ou symbolique avec : les « six *parties » ; les « six *bases » ; les « six *catégories » ; les six *points de vue philosophiques ; les six règles esthétiques (**shâdanga*) ; les *corps ; les *couleurs ; les *modes musicaux ; les *armes ; les *membres ; les *mérites ; les *qualités ; les *propriétés primordiales ; les *substances ; les *saisons ; les **Vedânga* ; les *visages de Kârttikeya (= *Kumâra) ; les *sensations ; les *saveurs ; etc. Voir **Shad. Six.**

NOMBRE SEPT. Concept mis souvent en rapport direct ou symbolique avec : les sept Bouddha (**saptabuddha*) ; les sept *planètes ; les « sept pas » (**saptapâdî*) ; les « sept *Joyaux » (**saptagraha*) ; les « sept *Sages » ; les **Riśhi* ; la « *Purification » ; les *chevaux ; les « sept *mères divines » ; les « sept *rivières » (**saptasindhava*) ; les sept *chevaux de Sûrya ; les *îles-continents ; les *mers ; les *océans ; les « *mondes » ; les sept *mondes inférieurs ; les sept *enfers ; la *montagne ; les sept *syllabes ; les sept *notes musicales ; le dernier des sept *Riśhi* (**Atri*) ; les sept *jours de la *semaine ; « *Ce qui ne bouge pas » ; le *lotus bleu ; les sept *vents ; etc. Voir **Sapta. Sept.**

NOMBRE HUIT. Concept mis souvent en rapport direct ou symbolique avec : les « huit parties » (**ashtadanda*) ; les « huit *horizons » ; les « huit *formes » ; les « huit *membres » de la prosternation (*ashtânga*) ; le *serpent ; le *serpent des profondeurs ; les « huit libérations » (*ashtavimoksha*) ; l'*éléphant ; les huit « *choses de bon augure » ; les « huit *éléphants » ; les *gardiens des horizons ; les *gardiens des points du compas ; le « *joyau » ; les « *formes » ; les huit divinités (**Vasu*) ; les *sphères d'existence ; les *pouvoirs surnaturels ; les *actes ; le « corps » (**tanu*) ; etc. Voir **Ashta. Huit.** Voir aussi **Serpent (Symbolique du).**

NOMBRE NEUF. Concept mis souvent en rapport direct ou symbolique avec : les neuf planètes (**navagraha*) ; les « neuf *Joyaux » ; la *Fête des Neuf jours ; les « neuf pierres précieuses » (**navaratna*) ; le *Brahman ; le *neuvième mois de l'année **chaitradi* ; les chiffres de la numération décimale de position (**anka*) ; le « Non-né » ; l'« *Inaccessible » ; la « *Divine Mère » ; la divinité *Durgâ ; les *trous ; les *orifices ; le *rayonnement ; la « *Vache » ; etc. Voir **Nava. Neuf.**

NOMBRE DIX. Concept mis souvent en rapport direct ou symbolique avec : les *doigts ; la *Fête du dixième jour ; les dix pouvoirs d'un bouddha (**daśhabala*) ; les *descentes ; les « dix *terres » ; les « dix paradis » (**daśhabhûmi*) ; les « dix étapes » du Bouddha (**daśhabhûmi*) ; les *horizons ; les *têtes de Râvana ; les dix *incarnations majeures de Vishnu (**daśhâvatâra*) ; etc. Voir **Daśha. Dix.** Voir aussi **Durgâ. Numération de position (Sacralisation et immémorialisation de la).**

NOMBRE ONZE. Concept mis souvent en rapport symbolique avec : le dieu *Rudra (= *Śhiva), qui est désigné indifféremment par son nom ou par l'un de ses attributs (« *Divinité Suprême », « *Grand Dieu », « *Seigneur de l'Univers », « *Seigneur des larmes », « *Grondeur », « *Maître des animaux », « *Violent », etc.). Voir **Ekadaśha. Onze.**

NOMBRE DOUZE. Concept mis souvent en rapport symbolique avec : le « *brillant » ; le Soleil ; le *dieu-Soleil ; le « *feu solaire » ; les *rayons solaires ; les « *mois » ; le *zodiaque ; les *bras de Kârttikeya ; la « *roue » ; les *yeux de Senânî ; les *fils d'Âditî ; etc. Voir **Dvâdaśha. Douze.**

NOMBRE TREIZE. Concept mis souvent en rapport symbolique avec le *dieu de l'amour charnel et du désir cosmique (*Kâma) et avec l'*univers formé des treizetreize mondes. Voir **Trayodaśha. Treize.**

NOMBRE QUATORZE. Concept mis souvent en rapport symbolique avec : le dieu *Indra, qui est désigné indifféremment par son nom ou par l'un de ses attributs (le « *Courage », la « *Force », la « *Puissance », le « *Puissant », etc.) ; l'« *humain » (dans le sens du progéniteur de la race humaine) ; les *mondes ; les quatorze univers (**bhuvana*) ; les « *Joyaux » ; etc. Voir **Chaturdaśha. Quatorze.**

NOMBRE QUINZE. Concept mis souvent en rapport symbolique avec : l'« *aile » ; le « *jour » ; etc. Voir **Pañchadaśha. Quinze.**

NOMBRE SEIZE. Concept mis souvent en rapport symbolique avec les seize *rois de la légende du **Mahâbhârata* ; les « doigts de la lune » (*kalâ*). Voir **Shaddaśha. Seize.**

NOMBRE VINGT. Concept mis souvent en rapport direct ou symbolique avec : les doigts ; les *ongles ; les *bras de Râvana ; etc. Voir **Vimśhat. Vingt.**

NOMBRE VINGT-CINQ. Concept mis souvent en rapport symbolique avec : les *principes fondamentaux ; les « *vraies natures » ; les *vérités ; les *réalités ; etc. Voir **Pañchavimśhati. Vingt-Cinq.**

NOMBRE VINGT-SEPT. Concept mis souvent en rapport direct avec : les « *étoiles » ; les « *mansions lunaires » ; les *constellations ; etc. Voir **Saptavimśhati. Vingt-sept.**

NOMBRE TRENTE-DEUX. Concept mis souvent en rapport direct avec les *dents. Voir **Dvatrimśhati. Trente-deux.**

NOMBRE TRENTE-TROIS. Concept mis souvent en rapport symbolique avec : les « *dieux » ; les « *immortels ». Voir **Trayastrimśha. Trente-trois.**

NOMBRE QUARANTE-NEUF. Concept mis souvent en rapport symbolique avec les *vents. Voir **Navachatvârimśhati. quarante-neufQuarante-neuf.**

NOMBRE MILLE. Concept pris souvent dans le sens de la multitude et de l'innombrable, mis fréquemment en rapport direct avec : des attributs de plusieurs divinités brâhmaniques et hindoues (les « *Mille bras », les « *Mille rayons » ou les « *Mille du Brillant » pour désigner le dieu-Soleil *Sûrya ; ou encore les « *Mille noms » pour les dieux Vishnu et Śhiva, les « *Mille yeux » pour les dieux Vishnu et Indra, etc.) ; ou aussi avec des personnages mythologiques (comme le démon *Arjuna, désigné par le nom « *Mille bras d'Arjuna »). Il est mis également en rapport avec : les *Bouches du Gange (**jâhnavîvaktra*) ; les *flèches de Ravi (= Sûrya) ; *Ananta (le serpent à mille têtes) ; le *lotus à mille pétales ; etc. Voir **Sahasra. Mille.**

SYMBOLIQUE DES NOMBRES (Concept de la grande quantité). Liste alphabétique des mots français dont les idées gravitent autour des grands nombres indiens, et auxquels une rubrique est consacrée dans le présent dictionnaire :

*Billion. *Cent billions. *Cent mille. *Cent milliards. *Cent millions. *Cent quadrillions. *Cent quintillions. *Cent trillions. *Ciel. *Conque. *Cycles cosmiques. *Diamant. *Dix billions. *Dix mille. *Dix milliards. *Dix millions. Dix quadrillions. *Dix quintillions. *Dix trillions. *Grands nombres. *Grands nombres (Signification symboliques des). *Illimité. *Indénombrable. *Indéfini. *Infini. *Jour de Brahma. *Kalpa. *Kalpa (Spéculations arithmo-cosmogoniques sur le). *Lotus. *Lotus blanc. *Lotus blanc rosé. *Lotus bleu. *Lotus rose. *Lune. *Mille (en tant que signifiant de la multitude). *Mille. *Milliard. *Million. *Noms de nombre. *Océan. *Point. *Puissances de dix. *Quadrillion. *Quintillion. *Serpent à mille têtes. *Serpent de l'infini et de l'éternité. *Spéculations arithmétiques. *Spéculations astronomiques. *Spéculations cosmogoniques. *Terre. *Trillion. *Zéro.

Voir les rubriques intitulées **Grands nombres,** qui donnent une liste des principaux mots sanskrits correspondants, ainsi que tous les développements nécessaires.

SYMBOLIQUE DES NOMBRES (Concept de l'infini). Liste alphabétique des mots français dont les idées gravitent autour de la conception indienne de l'infini, et auxquels une rubrique est consacrée dans le présent dictionnaire :

*Ciel. *Conque. *Cycles cosmiques. *Diamant. *Éternité. *Grands nombres. Grands nombres (Signification symboliques des). *Indénombrable. *Illimité. *Indéfini. *Infini. *Infini (Conceptions indiennes de l'). *Infini (Représentation mythologique indienne de l'). *Infiniment grand. *Jour de Brahma. *Kalpa. *Kalpa (Spéculations arithmo-cosmogoniques sur le). *Lotus. *Lotus blanc. *Lotus blanc rosé. *Lotus bleu. *Lotus rose. *Lune. *Mille. *Noms de nombre. *Océan. *Point. *Serpent (Symbolique du). *Serpent à mille têtes. *Serpent de l'infini et de l'éternité. *Spéculations arithmétiques. *Spéculations arithmo-cosmogoniques. *Spéculations astronomiques. *Spéculations cosmogoniques. *Terre.

SYMBOLIQUE DES NOMBRES (Concept du Zéro). Liste alphabétique des mots dont les idées gravitent autour des notions indiennes de vacuité, de vide et de zéro, et auxquels une rubrique est consacrée dans le présent dictionnaire :

Termes sanskrits. *Abhra. *Âkâśha. *Ambara. *Ananta. *Antariksha. *Bindu. *Gagana. *Jaladharapatha. *Kha. Khachheda. *Khahâra. *Nabha. *Nabhas. *Pûrna. *Randhra. *Śhûnya. *Śhûnya-bindu. *Śhûnya-chakra. *Śhûnya-kha. *Shûnya-samkhya. *Śhûnyatâ. *Śhûnyavâdin. *Vindu. *Vishnupada. *Vyant. *Vyoman.

Termes français. *Absence. *Atmosphère. *Atomisme indien. *Chiffre 0. *Ciel. *Espace. *Éther. *Firmament. *Infini. *Infiniment petit. *Insignifiance. *Néant. *Négligeable. *Nihilisme. *Nombre nul. *Non-créé. *Non-être. *Non-existence. *Non-formé. *Non-pensée. *Non-présence. *Non-produit. *Non-substance. *Petits nombres. *Point. *Rien. *Trou. *Vacuité. *Vide. *Voûte céleste. *Zéro. *Zéro (Conceptions gréco-latines du). *Zéro (Conceptions indiennes du). *Zéro et poésie sanskrite.

Voir aussi **Durgâ. Numération de position (Sacralisation et immémorialisation de la).**

SYMBOLISATION DU CONCEPT DE L'INFINI. Voir **Infini. Infini (Conceptions indiennes de l'). Infini**

(Représentation mythologique de l'). Serpent (Symbolique du).

SYMBOLISATION DU CONCEPT DU ZÉRO. Voir **Zéro. Point. Cercle.**

T

TABLE A CALCUL. Voir **Pâtîganita.**

TABLEAU A CALCUL. Voir **Pâtîganita.**

TAITTIRÎYA SAMHITÂ. Texte dérivé du *Yajurveda* « noir », qui figure parmi les textes de la littérature védique. Issu d'une transmission orale depuis des temps anciens, il n'a cependant trouvé sa forme définitive qu'au début de l'ère chrétienne. Voir **Veda.**

Liste des principaux noms de nombre mentionnés dans ce texte :

*Eka (= 1). *Daśha (= 10). *Sata (= 10^2). *Sahasra (= 10^3). *Ayuta (= 10^4). *Niyuta (= 10^5). *Prayuta (= 10^6). *Arbuda (= 10^7). *Nyarbuda (= 10^8). *Samudra (= 10^9). *Madhya (= 10^{10}). *Anta (= 10^{11}). *Parârdha (= 10^{12}).

Voir **Noms de nombre. Grands nombres.**

Réf. : *Taittirîya Samhitâ,* IV, 40. 11. 4 ; VII, 2. 20. 1 ; cf. Datta et Singh, p. 9 ; Weber, in : JSO, XV, p. 132-140.

TAKSHAN. [S). Valeur = 8. « Serpent ». Voir **Nâga. Huit. Serpent (Symbolique du).**

TAKSHASA. Nom du roi des **nâga.* Voir **Serpent (Symbolique du).**

TALLAKSHANA. Nom donné au nombre dix puissance 53. Selon la légende du Bouddha, ce nombre est le plus grand terme de la première des dix numérations des grands nombres définies par le Bouddha enfant lors du concours qui l'avait opposé au grand arithméticien Arjuna. On remarquera que le terme qui lui est ainsi associé contient le mot *lakshana,* qui signifie littéralement « caractère », « marque », « signe distinctif ». Chez les bouddhistes, celui-ci exprime souvent les « cent huit signes distinctifs de la perfection » qui différencient un bouddha des autres êtres (108 étant considéré comme un nombre magique et sacré symbolisant justement la perfection). En donnant au mot considéré une valeur aussi élevée, on avait sans doute voulu exprimer l'idée de maximum contenue précisément dans « ce qui est parfait comme un bouddha ».

Voir **Noms de nombre.** Pour plus de détails au sujet de ce symbolisme : voir **Grands nombres (Signification symbolique des).**

Source : **Lalitavistara Sûtra* (avant + 308).

TÂNA. [S). Valeur = 49. « Ton ». Il s'agit, en effet, dans la musique indienne, des combinaisons de 7 octaves de 7 notes.

TANU. [S). Valeur = 1. « Corps ». Le symbolisme considéré est en rapport avec l'astrologie, où la « maison I » est celle qui concerne la personne, et donc par extension le corps (*tanu*) de la personne, dont on dresse l'horoscope. Voir **Un.**

TANU. [S]. Valeur = 8. « Corps ». Il s'agit en effet d'une allusion aux **ashtanga,* les « huit membres » du corps humain que l'on met à contribution lors de la prosternation. Voir **Ashtanga. Huit.**

TAPANA. [S). Valeur = 3. « Feu ». Voir **Agni. Feu. Trois.**

TAPANA. [S). Valeur = 12. Mot signifiant « feu », mais pris ici dans le sens de « feu solaire » et donc du dieu-Soleil *Sûrya. Voir **Sûrya. Douze.**

TATTVA. [S). Valeur = 5. « Réalité, vérité, vraie nature, principe fondamental ». Allusion aux cinq « principes fondamentaux » distingués par les philosophies indiennes et considérés comme base du système de pensée. Voir **Cinq.**

TATTVA [S). Valeur = 7. « Réalité, vérité, vraie nature, principe fondamental ». Allusion à la philosophie *jaina qui distingue sept « principes fondamentaux » comme base du système de pensée. Voir **Sept.**

Symbole très rarement attesté pour cette valeur, sauf dans le *Ganitasârasamgraha* du mathématicien *jaina *Mahâvîrâchârya (cf. Datta et Singh, p. 56).

TATTVA. [S). Valeur = 25. « Réalité, vérité, vraie nature, principe fondamental ». Allusion aux 25 « principes fondamentaux » dont la philosophie orthodoxe du **Sâmkhya* reconnaît l'existence : l'*avyakta* (le « non-manifesté ») ; la *buddhi* (l'intelligence) ; l'*ahamkâra* (l'Ego, la conscience du Moi) ; les *tanmâtra* (ou « substances originelles », cinq éléments subtils dont les éléments grossiers sont censés dériver) ; les **mahâbhûta* (les cinq éléments de la manifestation) ; les *buddhîndriya* (les cinq « organes des sens ») ; les *karmendriya* (les cinq organes de l'activité, à savoir : la langue, les mains, les jambes, les organes d'évacuation et les organes de reproduction) ; le *manas* (la « Capacité de réflexion ») ; et le *puruśha* (le Soi, l'Absolu, la conscience pure) (cf. *Dictionnaire de la sagesse orientale*). Voir **Vingt-cinq.**

TEMPS. [S]. Valeur = 3. Voir **Kâla. Trikâla. Trois.**

TERRE. [S]. Valeur = 1. Voir **Avani. Bhû. Bhûmi. Dharâ. Dharanî. Dhâtrî. Go. Jagatî. Kshaunî. Kshemâ. Kshiti. Kshoni. Ku. Mahî. Prithivî. Vasudhâ. Vasundharâ. Un.**

TERRE. [S]. Valeur = 9. Voir **Go. Neuf.**

TERRE. En tant que symbole mystique du nombre 4. Voir **Nâga. Jala. Océan. Serpent (Symbolique du).**

TERRE. En tant que nom du nombre dix puissance 16, dix puissance 17, dix puissance 20 ou dix puissance 21. Voir **Kshiti. Kshoni. Mahâkshiti. Mahâkshoni. Grands nombres.**

TÊTES DE RÂVANA. [S]. Valeur = 10. Voir **Râvanaśhiras. Vingt.**

TÊTES DE RUDRA. Voir **Rudrâsya.**

THÂKURÎ (Ère). Ère débutant en 595. Il suffit d'ajouter 595 à un millésime exprimé dans cette ère pour obtenir son correspondant dans notre calendrier. Autrefois utilisée au Nepâl. Voir **Ères indiennes.**

TILAKA. « Sésame ». Nom donné au point que les hindous apposent sur leur front et qui représente le troisième œil de *Śhiva, c'est-à-dire l'œil de la connaissance. Voir **Poésie, zéro et numération de position.**

TITHI. Unité de temps en usage dans les tablettes babyloniennes et correspondant au trentième de la révolution synodique de la Lune. Cette durée approche donc celle du jour ou *nychthémère.* Voir **Astronomie indienne (Histoire de l').**

TITHI. [S]. Valeur = « Jour ». 15. Allusion aux 15 jours de chaque **paksha* du mois. Voir **Tithi (premier article). Quinze.**

Symbole attesté notamment chez *Varâhamihîra : PnSi, VIII, vers 4 ; cf. Dvivedi et Thibaut ; Neugebauer et Pingree.

TITILAMBHA. Nom donné au nombre dix puissance 27. Voir **Noms de nombre. Grands nombres.**

Source : **Lalitavistara Sûtra* (avant + 308).

TON. [S]. Valeur = 49. Voir **Tâna.**

TOTAL. [Arithmétique]. Voir **Sarvadhana.**

TRAI. (TRAYA. TRI). Termes sanskrits ordinaires du nombre trois, entrant dans la composition de plusieurs mots en rapport direct avec le nombre considéré. Exemples : *Trailokya. *Trairâśhika. *Trayî. *Triambaka. *Tribhuvana. *Tribhûvaneśhvara. *Trichîvara. *Triguna. *Trijagat. *Trikâla. *Trikâlajñâna. *Trikândî. *Trikâya. *Triloka. *Trimûrti. *Trinetra. *Tripitaka. *Tripura. *Tripurâ. *Tripurasundarî. *Triratna. *Triśhiras. *Triśhûlâ. *Trivamśha. *Trivarga. *Trivarna. *Trivenî. *Trividyâ. *Tryakshamukha. *Tryambaka.

Pour des mots ayant un rapport symbolique avec ce nombre : voir **Trois. Symbolique des nombres.**

TRAILOKYA. [S]. Valeur = 3. « Trois classes ». Ce nom désigne en effet les trois classes d'êtres envisagées par les philosophies hindoue et bouddhique : les *kâmadhâtu,* êtres évoluant dans le désir ; les *rûpadhâtu,* ceux du monde des formes ; et les *arûpadhâtu,* ceux du monde des sans-forme. Voir **Trai. Trois.**

TRAIRÂŚHIKA. [Arithmétique]. Nom sanskrit de la Règle de Trois. Voir **Trai.**

TRAYA. Nom sanskrit ordinaire du nombre trois. Voir **Trai.**

TRÂYASTRIMŚHA. Nom sanskrit ordinaire du nombre trente-trois. Pour des mots ayant un rapport symbolique avec ce nombre : voir **Trente-trois. Deva. Symbolique des nombres.**

TRAYÎ. [S]. Valeur = 3. « Triple science ». Allusion aux *Samhitâ* (*Rigveda, Yajurveda, Sâmaveda*), qui ne sont autres que trois premiers *Veda. Voir **Trai. Veda. Trois.**

TRAYODAŚHA. Nom sanskrit ordinaire du nombre treize. Pour des mots ayant un rapport symbolique avec ce nombre : voir **Treize. Symbolique des nombres.**

TREIZE. Nom sanskrit ordinaire : **trayodaśha*. Liste des symboles numériques correspondants :

Aghosha. Atijagatî. *Kâma. Manmatha. *Viśhuva. *Viśhvadeva.

Ces mots traduisent ou désignent symboliquement :

1. Le dieu de l'amour charnel et du désir cosmique (*Kâma*).
2. L'univers formé des treize mondes (*Viśhva. Viśhvadeva*).

Voir **Symboles numériques.**

Réf. : Al Bīrūnī [2] ; Bühler, p. 84 *sq.* ; Burnell ; Datta et Singh, p. 54-57 ; Fleet, in : CIIn, VIII ; Jacquet, in : JA, XVI, 1835 ; Renou et Filliozat, p. 708-709 ; Sircar, p. 230-233 ; Woepcke [2].

TRENTE. Nom sanskrit ordinaire : **trimśhat.*

TRENTE-DEUX. Nom sanskrit ordinaire : **dvatrimśhati.* Liste des symboles numériques correspondants : *Danta. *Rada.

Ces mots traduisent les dents (*Danta. Rada*).

Voir **Symboles numériques.**

Réf. : Al Bīrūnī [2] ; Bühler, p. 84 *sq.* ; Burnell ; Datta et Singh, p. 54-57 ; Fleet, in : CIIn, VIII ; Jacquet, in : JA, XVI, 1835 ; Renou et Filliozat, p. 708-709 ; Sircar, p. 230-233 ; Woepcke [2].

TRENTE-TROIS. Nom sanskrit ordinaire : **trâyastrimśha.* Liste des symboles numériques correspondants :

*Amara. *Deva. *Sura. Tridaśha.

Ces mots traduisent ou désignent symboliquement :

1. Les « dieux » (*Amara. Deva. Sura*).
2. Les « immortels », en allusion aux dieux (*Amara*).

Voir **Symboles numériques.**

Réf. : Al Bīrūnī [2] ; Bühler, p. 84 *sq.* ; Burnell ; Datta et Singh, p. 54-57 ; Fleet, in : CIIn, VIII ; Jacquet, in : JA, XVI, 1835 ; Renou et Filliozat, p. 708-709 ; Sircar, p. 230-233 ; Woepcke [2].

TRETÂYUGA. Nom de la deuxième des quatre ères cosmiques qui composent un **mahâyuga.* Ce cycle, qui est censé comporter 1 296 000 années humaines, est regardé comme l'âge pendant lequel les êtres humains n'auraient plus vécu que les trois quarts de leur vie. Voir **Mahâyuga. Yuga.**

TRI. Nom sanskrit ordinaire du nombre trois. Voir **Trai.**

TRIAMBAKA. « Avec trois yeux ». Voir **Tryambaka.**

TRIBHUVANA. Nom des « trois mondes » de la cosmogonie hindoue : les cieux (*svarga*), la terre (**bhûmi*) et les enfers (**pâtâla*). Voir **Trai.**

TRIBHÛVANEŚHVARA. « Seigneur des trois mondes ». Un des titres attribués à *Śhiva, *Vishnu et *Krishna. Voir **Trai.**

TRICHÎVARA. « Trois vêtements ». Terme désignant le costume rituel composé du pagne, de l'écharpe et de la robe, porté par les religieux bouddhistes des écoles du Sud (*Hînayâna, Theravâda*). Voir **Trai.**

TRIGUNA. [S]. Valeur = 3. « Trois propriétés primordiales », « trois forces premières ». Symbolisme qui correspond à la représentation du groupe Vishnu-Sattva, Brahma-Rajas et Rudra-Tamas, ce groupe étant ainsi composé des énergies personnifiant les trois divinités majeures du panthéon brâhmanique. Voir **Guna. Brahma. Vishnu. Śhiva. Trois.**

TRIJAGAT. [S]. Valeur = 3. « Trois univers ». Voir **Jagat. Triloka. Trois.**

TRIKÂLA. [S]. Valeur = 3. « Trois temps ». Allusion aux trois divisions du temps : le passé, le présent et l'avenir. Voir **Kâla. Trois.**

TRIKÂLAJÑÂNA. De **trikâla,* « trois temps », « trois ères », et de *jñâna,* « connaissance ». Nom désignant le pouvoir magique et occulte qui est donné aux **Siddhi* de connaître à la fois le passé, le présent et l'avenir. Voir **Kâla. Trikâla. Trai.**

TRIKÂNDÎ. « Trois chapitres ». Nom donné parfois au *Vâkyapadîya* de Bhartrihari, célèbre traité de « philosophie grammaticale » divisé en trois *kânda* ou « chapitres ». Voir **Trai.**

TRIKÂYA. [S]. Valeur = 3. « Trois corps ». Allusion aux trois corps qu'un Bouddha peut assumer simultanément : le « corps de la Loi » (*dharmakâya*), le « corps de jouissance » (*sambhogakâya*) et le « corps de création magique ou de transformation » (*nirmânakâya*). Voir **Trois.**

TRILLION (= dix puissance 15). Voir **Akshiti. Antya. Madhya. Mahâpadma. Viskhamba. Vivara.** Voir aussi **Noms de nombre.**

TRILOKA. [S]. Valeur = 3. « Trois mondes ». En allusion aux mondes de la cosmogonie hindoue : les Cieux (*svarga*), la Terre (**bhûmi*) et les Enfers (**pâtâla*). Voir **Trois.**

TRIMŚHAT. Nom sanskrit ordinaire du nombre trente.

TRIMÛRTI. [S]. Valeur = 3. « Trois formes ». Voir **Mûrti. Trois.**

TRINETRA. [S]. Valeur = 3. « Trois yeux ». Voir **Haranetra. Trois.**

TRIPITAKA. « Trois corbeilles ». Terme désignant la Loi bouddhique rédigée en sanskrit et constituant les Écritures sacrées de cette religion. L'allusion est faite aux trois paniers différents dans lesquels les premiers compilateurs avaient placé les trois ouvrages bouddhiques fondamentaux : le *vinâyapitaka,* traitant de la discipline monastique, le *sûtrapitaka* et l'*abhidharmapitaka* qui traite de l'enseignement du Bouddha (cf. *Dictionnaire de la sagesse orientale*). Voir **Trai.**

TRIPLE SCIENCE. [S]. Valeur = 3. Voir **Trayî. Trois.**

TRIPURA. [S]. Valeur = 3. Mot à mot : « Trois Cités ». Nom d'une ville-forteresse triple (ou à triple rempart) construite pour les **asura* et qui fut détruite par Śhiva. Voir **Pura. Trois.**

TRIPURÂ. [S]. Valeur = 3. Mot à mot : « trois états ». Nom désignant collectivement les trois états de la conscience considérés par l'hindouisme. Voir **Purâ. Trois.**

TRIPURASUNDARÎ. « Beauté des trois cités ». L'un des noms donnés à *Pârvatî, la « montagnarde », fille de l'Himâlaya, sœur de *Vishnu et épouse de *Śhiva. Voir **Trai.**

TRIRATNA. [S]. Valeur = 3. « Trois joyaux ». Voir **Ratna. Trois.**

TRIŚHATIKÂ. Voir **Śhrîdharâchâryâ.**

TRIŚHIRAS. [S]. Valeur = 3. « Qui a trois têtes ». C'est en effet le nom du démon à trois têtes, jeune frère de *Râvana, qui, d'après la légende du **Râmâyana,* fut tué par *Râma. Voir **Râvana. Trois.**

TRIŚHÛLÂ. « Trois pointes ». Nom du Trident de *Śhiva. Voir **Śhûla. Trai.**

TRIVAMŚHA. Nom désignant collectivement les trois castes principales du brâhmanisme (à savoir : les brahmanes, les *kshatriya* et les *vaiśhya*). Voir **Trai.**

TRIVARGA. [S]. Valeur = 3. « Trois buts ». Allusion aux trois objectifs de l'existence humaine, considérés par la philosophie hindoue, à savoir : la richesse matérielle (*artha*), l'amour avec le désir (**kâma*) et le devoir (**dharma*). Voir **Trois.**

TRIVARNA. [S]. Valeur = 3. « Trois lettres ». Il s'agit en effet des trois lettres A, U et M de l'alphabet indien, composant AUM, la Syllabe sacrée des hindous, qui signifie quelque chose comme « Je fais révérence ». Elle représenterait tout à la fois : le Verbe divin sous une forme audible ; le *Brahman réalisé ; le Feu du Soleil ; l'Unité ; le Cosmos ; l'Immensité de l'Univers ; le passé ; le présent ; l'avenir ; ainsi que l'ensemble de la Connaissance. Selon la religion hindoue, celle-ci est en effet censée contenir l'essence même de tous les sons qui ont été, sont, ou seront prononcés, et réunir en elle les trois grands pouvoirs des trois grandes divinités du panthéon brâhmanique (cf. L. Frédéric). Voir **AUM. Akshara. Mystique des lettres. Trai. Trois.**

TRIVENÎ. « Trois rivières ». Nom parfois donné à la ville de Prayâga (l'actuelle Allâhâbâd) où sont censées confluer les trois « rivières » suivantes : le Gange, la Yamunâ et la mythique Sarasvatî. Voir **Trai.**

TRIVIDYÂ. Nom donné aux « trois axiomes » de la philosophie bouddhique : l'*anitya,* l'impermanence de toutes choses ; le *dukha,* la douleur, la souffrance ; et l'*anâtmâ,* la non-réalité de l'existence. Voir **Trai.**

TRIVIMŚHATI. Nom sanskrit ordinaire du nombre vingt-trois. Pour des mots ayant un rapport symbolique avec ce nombre : voir **Vingt-trois. Symbolique des nombres.**

TROIS. Noms sanskrits ordinaires de ce nombre : **traya. trai. tri.* Liste des symboles numériques correspondants :

*Agni, *Anala. *Âptya. *Bhuvana. *Dahana. Dosha. Gangâmarga. *Guna. *Haranayana. *Haranetra. *Hotri. *Hutâshana. *Îśhadriśh. *Jagat. *Jvalana. *Kâla. *Kriśhânu. *Loka. *Mûrti. Nâdî. *Netra. *Pâvaka. *Pinâkanayana. *Purâ. *Râma. *Ratna. Sahodara. *Śhakti. *Śhankarâkshi. *Śhikhin. *Śhûla. *Tapana. *Trailokya. *Trayî. Trigata. *Triguna. *Trijagat. *Trikâla. *Trikâya. *Triloka. *Trimûrti. *Trinetra. *Tripura. *Tripurâ. *Triratna. *Triśhiras. *Trivarga. *Trivarna. *Tryambaka. *Udarchis. *Vâchana. *Vahni. *Vaiśhvânara. *Veda. Vishtapa.

Ces mots traduisent ou désignent symboliquement :

1. Le dieu du Feu (*Agnî*).
2. Le « feu », en allusion au dieu du feu sacrificiel (*Agni. Anala. Dahana. Hotri. Hutâchana. Jvalana. Kriśhânu. Pâvaka. Śhikhin. Tapana. Udarchis. Vahni. Vaiśhvânara*).
3. « Ce qui est à tous les hommes » (*Vaiśhvânara*).
4. L'« Enflammé » (*Śhikhin*).
5. Les mondes, les univers (*Bhuvana. Loka*).
6. Les trois mondes (*Triloka*).
7. Les mondes phénoménaux (*Jagat*).
8. Les trois mondes phénoménaux (*Trijagat*).
9. Les « trois lettres », en allusion aux trois syllabes sacrées (*Trivarna*).
10. L'« aphorisme » (*Vâchana*).
11. Les Énergies féminines (*Śhakti*).
12. Les Cités-forteresses (*Pura*).
13. Les Trois Cités-forteresses (*Tripura*).
14. Les « États », en allusion à ceux de la conscience (*Purâ*).
15. Les Trois états de la conscience (*Tripurâ*).
16. Les « formes » (*Mûrtî*).
17. Les trois formes (*Trimûrtî*).
18. Les Joyaux (*Ratna*).
19. Les trois Joyaux (*Triratna*).
20. Les « qualités », les « propriétés primordiales » (*Guna*).
21. Les « trois propriétés primordiales » (*Triguna*).
22. L'Œil, en allusion aux « trois yeux » (*Netra*).
23. Les trois yeux (*Trinetra. Tryambaka*).
24. Les pointes (*Śhûla*).
25. Le temps, en allusion aux « trois temps » (*Kâla*).
26. Les trois temps (*Trikâla*).
27. La Triple science (*Trayî*).
28. Les trois buts (*Trivarga*).
29. Les trois classes d'êtres (*Trailokya*).
30. Les trois corps (*Trikâya*).
31. Les trois états (*Tripurâ*).
32. L'Esprit des eaux (*Âptya*).
33. Les yeux de Śhiva (*Haranetra*).
34. Le dieu Śhiva (*Pinâkanayana*).
35. « Celui qui a trois têtes » (*Triśhiras*).
36. Les trois Râma (*Râma*).

Voir **Symboles numériques.**

Réf : Al Bīrūnī [2] ; Bühler, p. 84 *sq.*; Burnell ; Datta et Singh, p. 54-57 ; Fleet, in : CIIn, VIII ; Jacquet, in : JA, XVI, 1835 ; Renou et Filliozat, p. 708-709 ; Sircar, p. 230-233 ; Woepcke [2].

TROIS BUTS. [S]. Valeur = 3. Voir **Trivarga. Trois.**

TROIS CITÉS-FORTERESSES. [S]. Valeur = 3. Voir **Tripura. Trois.**

TROIS CLASSES D'ÊTRES. [S]. Valeur = 3. Voir **Trailokya. Trois.**

TROIS CORPS. [S]. Valeur = 3. Voir **Trikâya. Trois.**

TROIS ÉTATS. [S]. Valeur = 3. Voir **Tripurâ. Trois.**

TROIS FORMES. [S]. Valeur = 3. Voir **Trimûrti. Trois.**

TROIS JOYAUX. [S]. Valeur = 3. Voir **Triratna. Trois.**

TROIS LETTRES. [S]. Valeur = 3. Voir **Trivarna. Trois.**

TROIS MONDES. [S]. Valeur = 3. Voir **Triloka. Trois.**

TROIS PROPRIÉTÉS FONDAMENTALES. [S]. Valeur = 3. Voir **Triguna. Trois.**

TROIS SYLLABES SACRÉES. [S]. Valeur = 3. Voir **Trivarna. AUM.**

TROIS TEMPS. [S]. Valeur = 3. Voir **Trikâla. Trois.**

TROIS TÊTES. [S]. Valeur = 3. Voir **Triśhiras. Trois.**

TROIS UNIVERS. [S]. Valeur = 3. Voir **Jagat. Loka. Triloka.**

TROIS YEUX. [S]. Valeur = 3. Voir **Tryambaka. Trois.**

TROU. [S]. Valeur = 9. Voir **Chhidra. Randhra. Neuf.**

TROU. [S]. Valeur = 0. Voir **Randhra.**

TRYAKSHAMUKHA. [S]. Valeur = 5. Synonyme de **Rudrâsya,* « visages de *Rudra ». Voir **Cinq.**

TRYAMBAKA. [S]. Valeur = 3. « Avec trois yeux », « avec trois sœurs ». Épithète donnée à de nombreuses divinités hindoues et tout particulièrement aux divers aspects de Shiva. Voir **Haranetra. Traya. Trois.**

TURAGA. [S]. Valeur = 7. « Cheval ». Voir **Aśhva. Sept.**

TURANGAMA. [S]. Valeur = 7. « Cheval ». Voir **Aśhva. Sept.**

TURÎYA. [S]. Valeur = 4. « Quatrième ». Épithète donnée quelquefois au *Brahman transcendant les trois états de la conscience. Voir **Tripurâ. Quatre.**

U

UCHCHAIŚHRAVAS. [S]. Valeur = 1. C'est en effet le nom d'un cheval blanc merveilleux, issu, selon la mythologie brâhmanique et hindoue, du « barattage de la mer de lait » (*amritamanthana*) et qu'Indra s'appropria. Il est considéré comme l'ancêtre de tous les chevaux, d'où le symbolisme envisagé. Voir **Un.**

UDA. [S]. Valeur = 27. « Étoile ». Allusion aux 27 **nakshatra.* Voir **Nakshatra. Vingt-sept.**

UDADHI. [S]. Valeur = 4. « Océan ». Voir **Sâgara. Quatre.** Voir aussi **Océan.**

UDARCHIS. [S]. Valeur = 3. « Feu ». Voir **Agni. Trois.**

UJJAIN. Voir **Ujjayinî.**

UJJAYINÎ. Ville située à l'extrême-ouest de l'État actuel du Madhya Pradesh. Définit le premier méridien de l'astronomie indienne. Voir **Astronomie indienne (Histoire de l'). Yuga (Spéculation astronomique sur les).**

UN. Nom sanskrit ordinaire de ce nombre : **Eka.* Liste des symboles numériques correspondants :

*Abja. *Âdi. Airâvata. *Âkshara. *Âtman. *Atrinayanaja. *Avani. *Bhû. *Bhûmi. *Chandra. *Dharâ. *Dharanî. *Dhâtrî. *Dhruva. *Go. Himagu. Himakara. Himâmśhu. Ilâ. *Indu. *Jagatî. Jana. Kshapâkara. *Kshapeśhvara. *Kshaunî. *Kshemâ . *Kshiti. *Kshoni. *Ku. *Mahî. *Mrigânka. Mûlaprakriti. Nâyaka. *Parabrahman. *Pitâmaha. Prâleyâmśhu. *Prithivî. Rajanîkara. Raśhmi. *Rûpa. *Śhaśhadhara. *Shaśhanka. *Śhaśhin. Śhveta. *Śhîtâmśhu. *Śhîtaraśhmi. *Soma. *Sudhâmśhu. *Śhukranetra. *Tanu. *Uchchaiśhravas. *Urvarâ. *Vasudha. *Vasundharâ. *Vidhu.

Ces mots traduisent ou désignent symboliquement :

1. La « Lune » (*Abja. Atrinayanaja. Chandra. Indu. Kshapeśhvara. Mrigânka. Śhaśhadhara. Śhaśhanka. Śhaśhin. Śhîtâmśhu. Śhîtaraśhmi. Soma. Sudhâmshu. Vidhu*).
2. La boisson de l'immortalité (*Soma*).
3. La « Terre » (*Avani. Bhû. Bhûmi. Dharâ. Dharanî. Dhâtrî. Go. Jagatî. Kshaunî. Kshemâ. Kshiti. Kshoni. Ku. Mahî. Prithivî. Urvarâ. Vasudhâ. Vasundharâ*).
4. L'« Aïeul », le « Premier Père », le « Grand Ancêtre » (*Pitâmaha*).
5. L'âme individuelle, l'âme suprême, la Réalité ultime, le Soi (*Âtman*).
6. Le Brahman (*Âtman. Pitâmaha. Parabrahman*).
7. Le commencement (*Âdi*).
8. Le corps (*Tanu*).
9. L'étoile Polaire (*Dhruva*).
10. La forme (*Rûpa*).

11. La « goutte » (*Indu*).
12. L'« immense » (*Prithivî*).
13. L'« Indestructible » (*Akshara*).
14. Le lapin (*Shaśhin. Shaśhadhara*).
15. Le « Lumineux », en allusion à la Lune en tant qu'entité masculine (*Chandra*).
16. Les « Rayons froids » de la Lune (*Śhîtamśhu. Śhîtaraśhmi*).
17. Le monde terrestre (*Prithivî*).
18. L'œil de Śhukra (*Śhukranetra*).
19. La « Porteuse », en allusion à la Terre (*Dharanî*).
20. Le principe primordial (*Âdi*).
21. La figure de lapin (*Śhaśhadhara*).
22. La Vache (*Go. Mahî*).
23. Le lait caillé (*Mahî*).

Voir **Symboles numériques.**

Réf. : Al Bīrūnī [2] ; Bühler, p. 84 *sq.* ; Burnell ; Datta et Singh, p. 54-57 ; Fleet, in : CIIn, VIII ; Jacquet, in : JA, XVI, 1835 ; Renou et Filliozat, p. 708-709 ; Sircar, p. 230-233 ; Woepcke [2].

UNITÉS DE MESURE INDIENNES. Voir *Dictionnaire de la civilisation indienne,* de L. Frédéric, p. 1094.

UNIVERS. [S]. Valeur = 13. Voir **Viśhva. Viśhvadeva. Treize.**

UPPALA. Nom pâlî qui signifie mot à mot : « lotus (bleu à moitié épanoui) ». Nom donné au nombre dix puissance 98.

Voir **Noms de nombre.** Pour une explication de ce symbolisme : voir **Lotus. Grands nombres (Signification symbolique des).**

Source : **Vyâkarana* (grammaire pâlî) de Kâchchâyana (+ XIe siècle).

URVARÂ. [S]. Valeur = 1. « Terre ». Voir **Prithivî.**

UTKRITI. [S]. Valeur = 26. Il s'agit, relativement à la poésie d'expression sanskrite, du mètre de quatre fois 26 syllabes par vers. Voir **Métrique indienne.**

UTPALA. Mot à mot : « lotus (bleu à moitié épanoui) ». Dans les philosophies hindoue et bouddhique, ce lotus (qui n'est jamais représenté complètement épanoui) symbolise notamment la victoire de l'esprit sur les sens. Nom donné au nombre dix puissance 25.

Voir **Noms de nombre.** Pour une explication de ce symbolisme : voir **Lotus. Grands nombres (Signification symbolique des).**

Source : **Lalitavistara Sûtra* (avant + 308).

UTSANGA. Nom donné au nombre dix puissance 21 (= quintillion). Voir **Noms de nombre. Grands nombres.**

Source : **Lalitavistara Sûtra* (avant + 308).

V

VÂCHANA. [S]. Valeur = 3. « Aphorisme ». De *vâch,* « voix », « discours », « parole », et de *annâ,* « nourriture ». Allusion à la vertu supposée créatrice et évocatrice du Son et de la vibration sonore (en particulier à travers la parole) et à son caractère « indestructible et impérissable », correspondant à la manifestation du *Brahman, qui se trouverait résumée dans les trois lettres de la syllabe sacrée *AUM. Voir **Akshara. Trivarna. Trois.**

VACHE. [S]. Valeur = 1. Voir **Go. Un.**

VACHE. [S]. Valeur = 9. Voir **Go. Neuf.**

VACUITÉ. Voir **Śhûnya. Śhûnyatâ. Zéro. Zéro (Conceptions gréco-latines du). Zéro (Conceptions indiennes du). Zéro et poésie sanskrite.**

VÂDAVA. Nom donné au nombre dix puissance 9 (= milliard). Voir **Noms de nombre. Grands nombres.**

Source : **Kâthaka Samhitâ* (début de notre ère).

VÂDAVA. Nom donné au nombre dix puissance 14 (= cent billions). Voir **Noms de nombre. Grands nombres.**

Source : **Pañchavimśha Brâhmana* (date incertaine).

VAHNI. [S]. Valeur = 3. « Feu ». Voir **Agni. Trois.**

VAIKUNTHA. Demeure céleste de *Vishnu et *Krishna. Voir **Bhuvana.**

VAIŚHESHIKA. Voir **Darśhana.**

VAIŚHVÂNARA. [S]. Valeur = 3. « Ce qui appartient à tous les hommes ». C'est en effet l'un des noms védiques d'*Agni (= 3), le dieu du feu sacrificiel, censé réunir en lui les forces et les vertus du feu, de l'éclair et de la lumière. Voir **Agni. Trois.**

VÂJASANEYÎ SAMHITÂ. Texte faisant partie du *Yajurveda* « blanc », qui figure parmi les plus anciens textes de la littérature védique. Issu d'une transmission orale depuis des temps anciens, il n'a cependant trouvé sa forme définitive qu'au début de l'ère chrétienne. Voir **Veda.**

Liste des principaux noms de nombre mentionnés dans ce texte (passage où l'on énumère notamment les pierres nécessaires à la construction de l'autel du feu sacré).

*Eka (= 1). *Daśha (= 10). *Sata (= 10^2). *Sahasra (= 10^3). *Ayuta (= 10^4). *Niyuta (= 10^5). *Prayuta (= 10^6). *Arbuda (= 10^7). *Nyarbuda (= 10^8). *Samudra (= 10^9). *Madhya (= 10^{10}). *Anta (= 10^{11}). *Parârdha (= 10^{12}).

Voir **Noms de nombre. Grands nombres.**

Réf. : *Vâjasaneyî Samhitâ,* XVII, 2 ; Datta et Singh, p. 9 ; Weber, in : JSO, XV, p. 132-140 ; Woepcke [2].

VÂJIN. [S]. Valeur = 7. « Cheval ». Voir **Aśhva. Sept.**

VAJRA. Dans les philosophies hindoue et bouddhique, le *vajra,* c'est le « diamant » qui symbolise ce qui reste lorsque les apparences ont disparu. C'est donc la vacuité (**śhûnyatâ*) qui est aussi indestructible que le diamant. C'est aussi l'arme de jet « à mille pointes », réputée ne jamais manquer son but, et faite en bronze par Tvaśhtri pour *Indra. Cette arme est assimilée à l'éclair (comme la foudre de Zeus). Mais c'est surtout un instrument de culte, symbole du **linga* et de la puissance divine. Il indique également la stabilité et la fermeté de l'esprit ainsi que son caractère indestructible. Sur le plan de la symbolique des nombres, le *vajra* a également sa signification, puisque cet instrument consiste généralement en un court bâton en bronze, terminé à chaque extrémité par une, trois, cinq, sept ou neuf pointes. Avec trois pointes, par exemple, le *vajra* symbolise à la fois : les **triratna* (ou « trois joyaux » du bouddhisme) ; le temps sous son triple aspect (**trikâla*) ; le monde sous son triple aspect (**tribhuvana*) ; le caractère ternaire des formes (**trimûrti,* **mûrti*), qui personnifient elles-mêmes la triade divine de l'hindouisme (*Brahma, *Vishnu, *Śhiva), ainsi que les aspects – créateur, conservateur, transformateur – qui lui sont associés et qui correspondent à leur tour aux trois **guna* ou « tendances » (*rajas, sattva, tamas*), expansive, ascendante ou centripète, descendante ou centrifuge (cf. L. Frédéric). Voir **Śhûnyatâ. Symboles.**

VÂRA. [S]. Valeur = 7. « Jour de la semaine ». A cause de ses sept jours, à savoir : *ravivâra* ou *âdivâra* (dimanche), *induvâra* ou *somavâra* (lundi), *mangalavâra* (mardi), *budhavâra* (mercredi), *brihaspativâra* (jeudi), *śhukravâra* (vendredi) et *śhanivâra* (samedi). Voir **Sept.**

VARÂHAMIHÎRA. Astronome et astrologue indien qui vécut aux alentours de + 575. Auteur notamment d'un ouvrage intitulé *Pañchasiddhântikâ* (les « Cinq *Siddhânta* »), où il emploie très abondamment la notation décimale positionnelle des symboles numériques (cf. Neugebauer et Pingree).

Voir **Numération de position. Numération des symboles numériques. Arithmétique de position (Récapitulation des faits historiques se rapportant à la découverte de l'). Astrologie indienne. Astronomie indienne (Histoire de l'). Mathématiques indiennes (Histoire des).**

VARGA. Mot employé en arithmétique pour désigner l'opération d'élévation au carré. Mot synonyme : *kriti.* En algèbre, le même mot est utilisé pour désigner le carré, en allusion à l'ordre des équations du second degré. Voir **Ghana. Varga-Varga. Yâvattâvat.**

VARGAMÛLA. Mot employé en arithmétique pour désigner l'opération d'extraction de la racine carrée. Voir **Pâtîganita. Méthodes de calcul indiennes. Racines carrées (Comment Âryabhata calculait ses).**

VARGA-VARGA. Mot utilisé en algèbre pour désigner les équations quadratiques.

VARIDHI. [S]. Valeur = 4. « Mer ». Voir **Sâgara. Quatre.** Voir aussi **Océan.**

VÂRINIDHI. [S]. Valeur = 4. « Mer ». Voir **Sâgara. Quatre.** Voir aussi **Océan.**

VARNA. Littéralement : « lettre ». D'où par extension mathématique : « symbole ». Voir **AUM. Bîja. Bîjaganita.**

VARNASAMJÑA. « Procédé des syllabes ». Nom donné par Haridatta au système **katapaya*.

VARNASANKHYA. Mot à mot : « lettres nombres ». Ce mot désigne tout système de représentation des nombres mettant à contribution les consonnes vocalisées de l'alphabet indien, assignant donc à chacune d'elles une valeur numérique dans un ordre régulier. Voir **Alphabet numéral.**

VARUNA. Divinité védique et hindoue des eaux, de la mer et des océans. Voir **Grands nombres (Signification symbolique des).**

VASU. [S]. Valeur = 8. Nom donné dans le **Mahâbharâta* à un groupe de huit divinités, censées correspondre, philosophiquement parlant, aux huit « sphères d'existence » de l'*Adibhautika,* qui représentent elles-mêmes les formes visibles des lois de l'univers. Voir **Huit.**

VASUDHÂ. [S]. Valeur = 1. « Terre ». Voir **Prithivî. Un.**

VÂSUKI. Nom donné dans la mythologie brâhmanique au roi des **naga.* Celui-ci aurait été utilisé par les **deva* (les dieux) et les **asura* (les anti-dieux) comme corde pour faire tourner le *Mont Meru sur son axe, afin de faire baratter la mer de lait et en extraire le « nectar de l'immortalité » (**amrita*). Voir **Serpent (Symbolique du).**

VASUNDHARÂ. [S]. Valeur = 1. « Terre ». Voir **Prithivî. Un.**

VÂYU. « Vent ». Ce nom désigne la divinité du vent. C'est le dieu *Marut* (« Immortel »), encore appelé *Anila* (« Souffle de vie »), *Vâta* (« Errant », « Celui qui est en perpétuel mouvement ») ou **Pâvana* (« Purificateur »). C'est, selon les cosmogonies brâhmanique et hindoue, l'un des huit **Dikpâla* (divinités gardiennes des horizons et des points du compas), chargé de veiller sur l'« horizon » nord-ouest.

VÂYU. Valeur = 49. « Vent ». Ce symbolisme s'explique assez facilement en faisant appel aux récits de la mythologie brâhmanique. Vâyu se révolta un jour contre les **deva,* les « dieux » qui résident sur les pentes du *Mont Meru. Décidant de détruire la montagne, il déclencha un puissant ouragan. Mais la montagne fut protégée par les ailes de Garuda, l'oiseau-support de *Vishnu, laissant sans effet tous les assauts du vent. Un jour, en l'absence de Garuda, Vâyu décapita le sommet du *Mont Meru, le projetant alors dans l'océan. Et c'est ainsi que naquit l'île de Ceylan (Lankâ). La montagne mythique du nom de *Mont Meru, lieu de rencontre et de séjour des dieux, est en effet censée se trouver au centre de l'univers, au-dessus des sept **pâtâla* (ou « mondes inférieurs ») ; elle est composée de sept faces, tournées chacune vers l'une des sept **dvîpa* (ou « *îles-continents ») et des sept **sâgara* (« *océans »). Et lorsque Vâyu s'y attaqua, il engendra sept vents forts, un pour chaque face du Mont Meru. Mais dès lors que le sommet de la montagne sacrée fut rasé, les sept vents, ainsi placés au centre de l'univers et ne trouvant plus de barrière, se dirigèrent ensemble, simultanément, vers chacun des sept continents et des sept océans. D'où : *Vâyu* = 7 × 7 = 49. Voir **Vâyu** (article ci-dessus).

VEDA. Nom des plus anciens textes sacrés de l'Inde. Ils sont composés de quatre livres principaux (à savoir : le *Rigveda,* le *Yajurveda,* le *Sâmaveda* et l'*Atharvaveda*). Ces textes et ceux de la littérature dérivée remontent sans doute à une haute époque de l'histoire de l'Inde. Mais il est impossible de situer leur date avec exactitude, ceux-ci ayant en effet été d'abord transmis oralement avant d'être transcrits à une date plus tardive. En fait, on ne peut leur donner qu'une position chronologique relative les uns par rapport aux autres. Les trois *Samhitâ* (à savoir les textes du *Rigveda,* du *Yajurveda* et du *Sâmaveda*) paraissent avoir été composées en premier. Le quatrième *Veda* (l'*Atharvaveda*), quant à lui, fut suivi par les *Brâhmana,* les *Kalpasûtra,* pour terminer par les *Âranyaka* et les *Upanishad* (cf. L. Frédéric).

VEDA. [S]. Valeur = 3. (Valeur très rare en tant que symbole numérique.) L'allusion est probablement faite ici aux trois *Samhitâ* (le *Rigveda,* le *Yajurveda* et le *Sâmaveda*) qui constituent les trois premiers textes des **Veda*. Voir **Trayî. Trois.**

VEDA. [S]. Valeur = 4. (Valeur la plus fréquente en tant que symbole numérique.) L'allusion est faite ici aux quatre principaux livres dont se composent les **Veda* (le *Rigveda,* le *Yajurveda,* le *Sâmaveda* et l'*Atharvaveda*). Voir **Quatre.**

VEDÂNGA. « Membres des **Veda* ». Groupe de six textes védiques et sanskrits traitant principalement du rituel védique, de sa conservation et de sa transmission. Voir **Darśhana.**

VENT. [S]. Valeur = 5. Voir **Pâvana.**

VENT. [S]. Valeur = 7. Voir **Pâvana.**

VENT. [S]. Valeur = 49. Voir **Vâyu.**

VÉRITÉ. [S]. Valeur = 5. Voir **Tattva. Cinq.**

VÉRITÉ. [S]. Valeur = 7. Voir **Tattva. Sept.**

VÉRITÉ. [S]. Valeur = 25. Voir **Tattva. Vingt-cinq.**

VIBHUTANGAMÂ. Nom donné au nombre dix puissance 51. Voir **Noms de nombre. Grands nombres.**

Source : **Lalitavistara Sûtra* (avant + 308).

VIDE. [S]. Valeur = 0. Voir **Śhûnya. Śhûnyatâ. Zéro.**

VIDHU. [S]. Valeur = 1. « Lune ». Voir **Abja. Un.**

VIKALPA. Mot employé en mathématiques (depuis le VIIIe siècle) pour désigner les « permutations » et les « combinaisons ».

VIKRAMA (Ère). Ère autrefois utilisée dans le centre, l'ouest et le nord-ouest de l'Inde. Se nomme également *vikramâdityakâla, vikramasamvat,* ou tout simplement *samvat.* Elle commence en – 57. Il suffit de retrancher 57 du millésime *vikrama* pour obtenir (à peu de chose près) l'année correspondante de notre calendrier. Voir **Ères indiennes.**

VIKRAMÂDITYAKÂLA (Ère). Voir **Vikrama.**

VIKRAMASAMVAT (Ère). Voir **Vikrama.**

VIKRITI. [S]. Valeur = 23. Il s'agit, relativement à la poésie d'expression sanskrite, du mètre de quatre fois 23 syllabes par vers. Voir **Métrique indienne.**

VILÂYATÎ (Ère). Ère solaire commençant en + 592, utilisée au Bengale et en Orissâ. Il suffit d'ajouter 592 à un millésime exprimé dans cette ère pour obtenir son correspondant dans notre calendrier. Voir **Ères indiennes.**

VIMŚHATI. Nom sanskrit ordinaire du nombre vingt. Pour des mots ayant un rapport symbolique avec ce nombre : voir **Vingt. Symbolique des nombres.**

VINDU. [S]. Valeur = 0. Mot **prâkrit* ayant la même signification littérale et le même symbolisme que **Bindu.* Voir **Zéro.**

VINGT. Nom sanskrit ordinaire : **vimśhati.* Liste des symboles numériques correspondants :

*Anguli. *Kriti. *Nakha. *Râvanabhuja.

Ces mots expriment :

1. Les bras de Râvana (*Râvanabhuja*).
2. Les doigts (*Anguli*).
3. Les ongles (*Nakha*).
4. Un élément de la métrique indienne (*Kriti*).

Voir **Symboles numériques.**

Réf. : Al Bīrūnī [2] ; Bühler, p. 84 *sq.* ; Burnell ; Datta et Singh, p. 54-57 ; Fleet, in : CIIn, VIII ; Jacquet, in : JA, XVI, 1835 ; Renou et Filliozat, p. 708-709 ; Sircar, p. 230-233 ; Woepcke [2] :

VINGT-CINQ. Nom sanskrit ordinaire : **pañchavimśhati.* Symbole numérique correspondant : *Tattva.

Ce mot exprime :

1. Les principes fondamentaux.
2. Les « vraies natures ».
3. Les réalités.
4. Les vérités.

Voir **Symboles numériques.**

VINGT-DEUX. Nom sanskrit ordinaire : **dvavimśhati.* Symboles numériques correspondants :

*Akriti. Jâti (« caste »). Kritin.

VINGT ET UN. Nom sanskrit ordinaire : **ekavimshati.* Symboles numériques correspondants :

*Prakriti. Svarga (« ciel »). Utkriti.

VINGT-QUATRE. Nom sanskrit ordinaire : **chaturvimśhati.* Symboles numériques correspondants :

Arhat. *Gâyatrî. Jina. Siddha.

VINGT-SEPT. Nom sanskrit ordinaire : **saptavimśhati*. Symboles numériques correspondants :

*Bha. *Uda. *Nakshatra.

Ces mots expriment ou symbolisent :

1. Les « étoiles » (*Bha. Uda*).
2. Les « mansions lunaires » (*Nakshatra*).
3. Les constellations (*Nakshatra*).

Voir **Symboles numériques.**

VINGT-SIX. Nom sanskrit ordinaire : **shadvimśhati*. Symbole numérique correspondant : *Utkriti.

VINGT-TROIS. Nom sanskrit ordinaire : **trayavimśhati* (ou *trivimśhati*). Symbole numérique correspondant : *Vikriti.

VIOLENT. [S]. Valeur = 11. Voir **Rudra-Śhiva. Onze.**

VÎRASAMVAT (Ère). Ère débutant en – 527, utilisée uniquement dans les textes *jaina. Il suffit de retrancher 527 d'un millésime exprimé dans cette ère pour obtenir son correspondant dans notre calendrier. Voir **Ères indiennes.**

VISAGES DE BRAHMA. [S]. Valeur = 4. Voir **Brahmâsya. Quatre.**

VISAGES DE KÂRTTIKEYA. [S]. Valeur = 6. Voir **Kârttikeyâsya. Six.**

VISAGES DE KUMÂRA. [S]. Valeur = 6. Voir **Kumâravadana. Six.**

VISAGES DE RUDRA. [S]. Valeur = 5. Voir **Rudrâsya. Cinq.**

VISAMJÑAGATI. Nom donné au nombre dix puissance 47. Voir **Noms de nombre. Grands nombres.**

Source : **Lalitavistara Sûtra* (avant + 308).

VISHAYA. [S]. Valeur = 5. « Sens, organe des sens ». Allusion directe aux cinq sens organiques : la vue, l'ouïe, l'odorat, le toucher, le goût. Voir **Cinq.**

VIŚHIKHA. [S]. Valeur = 5. « Flèche ». Voir **Śhara. Cinq.**

VISHNU. Nom de l'une des trois divinités majeures du panthéon brâhmanique et hindou (*Brahma, Vishnu, *Śhiva). Voir **Vishnupada. Pûrna.** Voir aussi **Grands nombres (Signification symbolique des).**

VISHNUPADA. [S]. Valeur = 0. Littéralement : « pied de Vishnu », et par une extension caractéristique de la pensée indienne : « zénith », « ciel ». Il s'agit d'une allusion au « Pas suprême de Vishnu », le zénith, qui désigne le *Mont Meru, séjour des bienheureux. Le symbolisme considéré se réfère aussi aux « Trois Pas de Vishnu », symboles du lever, de l'apogée et du coucher du soleil, qui lui permirent de mesurer l'univers. C'est d'ailleurs des « pieds de Vishnu » que, selon la mythologie hindoue, jaillit la *Gangâ* céleste (le Gange), qui, avant même de se diviser en fleuves terrestres, prend sa source au sommet du Mont Meru (qui est situé au centre de l'univers et sur lequel s'étendent les cieux ou « mondes de Vishnu »). Or, c'est sur *Ananta, le serpent à mille têtes flottant sur les eaux primordiales et l'« océan d'inconscience », que Vishnu s'allonge pour se reposer pendant l'espace de temps qui sépare deux créations de l'univers. Ce symbolisme correspond donc à l'identification faite dans la pensée indienne entre l'infini et le zéro, puisque Ananta n'est autre justement que le serpent de l'infini, de l'éternité et de l'immensité de l'espace. Or, l'espace, c'est aussi le ciel, considéré comme le « vide » excluant tout mélange avec des choses matérielles. Vishnu est donc identifié lui-même à l'éther (**âkâśha*), c'est-à-dire à un espace immuable et éternel se dérobant à toute description. Autrement dit, Vishnu n'est autre que la vacuité (**śhûnyatâ*), dont le vide (**śhûnya*) correspond évidemment au zéro. D'où : « pied de Vishnu » = 0. Voir **Abhra. Âkâśha. Kha. Ananta. Zéro. Zéro (Conceptions indiennes du).**

VIŚHVA. [S]. Valeur = 13. Contraction du mot *Viśhvadeva* en tant que symbole du nombre 13. Voir **Viśhvadeva. Treize.**

VIŚHVADEVA. [S]. Valeur = 13. Il s'agit en effet de l'univers formé des treize paradis ou terres d'élection (**bhuvana*), le **vaikuntha* n'étant pas compris. Voir **Bhuvana. Vaikuntha. Treize.**

VISION. [S]. Valeur = 2. Voir **Drishti. Deux.**

VISION. [S]. Valeur = 6. Voir **Darśhana. Six.**

VISKHAMBA. Nom donné au nombre dix puissance 15 (= trillion). Voir

Noms de nombre. Grands nombres.

Source : **Lalitavistara Sûtra* (avant + 308).

VIVAHA. Nom donné au nombre dix puissance 19 (= dix quadrillions). Voir **Noms de nombre. Grands nombres.**

Source : **Lalitavistara Sûtra* (avant + 308).

VIVARA. Nom donné au nombre dix puissance 15 (= trillion). Voir **Noms de nombre. Grands nombres.**

Source : **Lalitavistara Sûtra* (avant + 308).

VOIES DE LA RENAISSANCE (Les quatre). Voir **Chaturyoni. Yoni.**

VOIX. [S]. Valeur = 3. Voir **Vâchana. Trois.**

VOÛTE CÉLESTE. [S]. Valeur = 0. Voir **Zéro. Zéro (Conceptions indiennes du). Zéro et Infini.**

VRAIE NATURE. [S]. Valeur = 5. Voir **Tattva. Cinq.**

VRAIE NATURE. [S]. Valeur = 7. Voir **Tattva. Sept.**

VRAIE NATURE. [S]. Valeur = 25. Voir **Tattva. Vingt-Cinq.**

VRINDÂ. Nom donné au nombre dix puissance 9 (= milliard). Voir **Noms de nombre. Grands nombres.** Pour une explication de ce symbolisme : voir **Vrindâ** (troisième article ci-après). **Grands nombres (Signification symbolique des).**

Source : **Âryabhtîya* (+ 510).

VRINDÂ. Nom donné au nombre dix puissance 17 (= cent trillions). **Noms de nombre. Grands nombres.** Pour une explication de ce symbolisme : voir **Vrindâ** (troisième article ci-après). **Grands nombres (Signification symbolique des).**

Source : **Râmâyana* de Vâlmîki (premiers siècles de notre ère).

VRINDÂ. Nom donné à une plante semblable à notre basilic, dont les feuilles auraient le pouvoir de purifier le corps et l'esprit. Cette plante serait une incarnation de *Vishnu : selon la légende, Vrindâ aurait été d'abord l'épouse d'un Titan, puis, séduite par Vishnu, elle maudit son époux et le fit transformer en pierre *shâlagrâma* avant de se suicider en se jetant dans un brasier ; de ses cendres naquit alors la plante de ce nom (encore appelée *tulasî*).

En donnant au mot considéré des valeurs aussi élevées que dix puissance 9 (**vrindâ*, premier article) ou dix puissance 17 (**vrindâ*, deuxième article), on avait donc sans doute voulu marquer une association d'idées entre la plante, ainsi consacrée à *Vishnu, avec la divinité elle-même, qui, pour se reposer pendant l'espace de temps séparant deux créations de l'univers, s'allonge sur *Ananta, le serpent à mille têtes flottant sur l'« océan d'inconscience » (cf. L. Frédéric ; *Dictionnaire de la sagesse orientale*). Voir **Ananta. Vishnupada. Samudra. Noms de nombre. Grands nombres.**

VULVE. [S]. Valeur = 4. Voir **Yoni. Quatre.**

VYÂKARANA. Voir **Kâchchâyana.**

VYAKTAGANITA. Nom donné à l'arithmétique (mot à mot : « science du calcul sur les connues »), par opposition à l'algèbre, appelée : **Avyaktaganita.*

VYANT. [S]. Valeur = 0. « Ciel ». Le symbolisme s'explique par le fait que le ciel n'est autre que le « vide ». Voir **Śhûnya. Voûte céleste.**

VYARBUDA. Nom donné au nombre dix puissance 8 (= cent millions). Voir **Noms de nombre. Grands nombres.**

Source : *Kitāb fī taḥqīq i mā li'l hind* d'Al Bīrūnī (vers + 1030).

VYASTATRAIRÂŚHIKA. [Arithmétique]. Nom de l'inverse de la Règle de Trois. Voir **Trairâśhika.**

VYAVAHÂRA. Mot à mot : « procédure ». Terme utilisé en algèbre (depuis le VIIe siècle) pour désigner la résolution des équations.

VYAVAKALITA. [Arithmétique]. Terme sanskrit pour désigner la soustraction. Mot à mot : « mis à l'écart ». Autres synonymes : *shodhana* (« acte de dégager, d'évacuer ») ; *pâtana* (« acte de faire tomber ») ; *viyoga* (« séparation ») ; etc.

VYAVASTHÂNAPRAJÑAPTI. Nom donné au nombre dix puissance 29. Voir **Noms de nombre. Grands nombres.**

Source : **Lalitavistara Sûtra* (avant + 308).

VYOMAN. [S]. Valeur = 0. Mot signifiant « ciel », « espace ». Voir **Zéro. Śhûnya.**

VYUTTKALITA. [Arithmétique]. Terme sanskrit pour désigner la soustraction. Voir **Vyavakalita.**

Y

YAMA. [S]. Valeur = 2. « Couple primordial ». Allusion au couple de la mythologie hindoue, formé par *Yama* (le premier mortel devenu divinité de la mort) et *Yamî*, sa sœur jumelle, son épouse et son énergie féminine (**shakti*). Voir **Deux.**

YAMALA. [S]. Valeur = 2. Synonyme de **Yama.* Voir **Deux.**

YAMAU. [S]. Valeur = 2. Synonyme de **Yama.* Voir **Deux.**

YÂVATTÂVAT. Mot à mot : « aussi nombreux que ». Terme utilisé en algèbre pour désigner l'« équation » en général.

YEUX. [S]. Valeur = 2. Voir **Lochana. Deux.**

YEUX DE SENÂNÎ. [S]. Valeur = 12. Voir **Senânînetra. Douze.**

YEUX DE ŚHIVA. [S]. Valeur = 3. Voir **Haranetra. Trois.**

YEUX D'INDRA. [S]. Valeur = 1 000. Voir **Indradrishti. Mille.**

YONI. [S]. Valeur = 4. « Vulve ». Allusion aux quatre lèvres formant le vestibule de la vulve féminine. Mais le mot signifie aussi par extension « naissance ». Ici, la référence est faite aux **Chaturyoni* qui, selon les hindous et les bouddhistes, correspondent aux « quatre voies de la renaissance ». Selon cette philosophie, il y aurait en effet quatre différentes manières d'entrer dans le cycle des renaissances (**samsâra*), celles-ci se faisant : soit par naissance vivipare (*jarâyuva*), sous la forme d'un humain ou d'un mammifère ; soit par naissance ovipare (*andaja*), sous la forme d'un oiseau, d'un insecte ou d'un reptile ; soit encore par naissance dans l'eau et l'humidité (*samsvedaja*), sous la forme d'un ver ou d'un poisson ; soit enfin par métamorphose (*aupapâduka*), sans la contribution d'une « mère » et donc par la seule force du *Karma*. Voir **Quatre.**

YUGA (Définition[1]). « Période ». Nom générique des cycles cosmiques de certaines spéculations indiennes, qui relèvent soit de la cosmogonie brâhmanique, soit de l'astronomie savante inaugurée par *Âryabhata. Le principal cycle est le **mahâyuga* (ou « grande période »), composé de 4 320 000 années humaines. Celui-ci est divisé en quatre *yuga* successifs. Aussi les mots **mahâyuga* et **chaturyuga* (mot à mot : « quatre périodes ») sont-ils toujours considérés comme synonymes. Ces quatre âges successifs sont appelés respectivement : **kritayuga* (ou **satyayuga*), **tretâyuga, *dvaipâyanayuga* (ou **dvâparayuga*), et **kaliyuga.* Les durées correspondantes sont considérées comme égales ou inégales selon le système de computation mis à contribution. Voir les autres rubriques portant le titre de **Yuga.**

YUGA. [S]. Valeur = 2. (Symbole très rarement utilisé pour cette valeur.) L'allusion est faite ici au cycle appelé **Dvâipayanayuga,* où, selon la cosmogonie brâhmanique, les hommes n'auraient vécu que la moitié de leur vie et où les forces du Mal auraient été équilibrées par celles du Bien. La dualité (**dvaita*) entre le Bien et le Mal est à l'origine de ce symbolisme. Voir **Yuga (Définition). Deux.**

YUGA. [S]. Valeur = 4. L'allusion est faite ici au plus important des cycles cosmiques de ce nom : le **mahâyuga* (ou « Grand Age »), appelé aussi **chaturyuga* (ou « quatre âges »). Composé de quatre « âges » successifs, celui-ci est censé correspondre, dans la cosmogonie hindoue, à l'apparition, l'évolution et la disparition d'un monde. Voir **Yuga (Définition). Quatre.**

YUGA (Systèmes de computation des). Dans le système traditionnel, les

---

1. Les rubriques portant le titre de *Yuga* ne sont pas disposées dans un ordre alphabétique : elles sont classées plutôt dans un ordre pédagogique. Voir dans l'ordre : **Yuga (Définition). Yuga (= 2). Yuga (= 4). Yuga (Systèmes de computation des). Yuga (Spéculations cosmogoniques sur les). Yuga (Spéculation astronomique sur les).**

quatre âges d'un **chaturyuga* sont de durées inégales, mais celles-ci se font dans les proportions de 4, 3, 2 et 1, depuis le **kritayuga* jusqu'au **kaliyuga* dont la durée est égale à 1/10 de **mahâyuga*. Autrement dit, les quatre âges successifs d'un *chaturyuga* se répartissent inégalement selon la progression suivante :

$$1 \textit{ mahâyuga} = \frac{4}{10} + \frac{3}{10} + \frac{2}{10} + \frac{1}{10}.$$

D'où les valeurs correspondantes en années « divines » :

1 **kritayuga*	=	4 800 années divines (= 4/10 de mahâyuga)
1 **tretâyuga*	=	3 600 années divines (= 3/10 de mahâyuga)
1 **dvâparayuga*	=	2 400 années divines (= 2/10 de mahâyuga)
1 **kaliyuga*	=	1 200 années divines (= 1/10 de mahâyuga)
1 *mahâyuga*	=	12 000 années divines.

Et comme une année divine est censée être égale à 360 années humaines, ces cycles se répartissent donc de la manière suivante :

1 *kritayuga*	=	1 728 000 années humaines
1 *tretâyuga*	=	1 296 000 années humaines
1 *dvâparayuga*	=	864 000 années humaines
1 *kaliyuga*	=	432 000 années humaines
1 *mahâyuga*	=	4 320 000 années humaines.

Voir **Divyavarsha.**

Le système de computation des *yuga* inégaux a été utilisé par un grand nombre d'astronomes indiens (parmi lesquels *Brahmagupta), ainsi que par toute une multitude de cosmographes, philosophes et auteurs de traités religieux (système traditionnel).

Mais celui employé par l'astronome Âryabhata consiste à subdiviser le *mahâyuga* de la manière suivante :

1 *kritayuga*	=	1 080 000 années humaines
1 *tretâyuga*	=	1 080 000 années humaines
1 *dvâparayuga*	=	1 080 000 années humaines
1 *kaliyuga*	=	1 080 000 années humaines
1 *mahâyuga*	=	4 320 000 années humaines.

Autrement dit, les quatre cycles du *chaturyuga* sont tous considérés ici comme égaux. C'est ce que l'on appelle le système des **yugapâda* ou « quarts de *yuga* ».

Mais le *mahâyuga* n'a pas constitué la plus haute unité de temps cosmique de ces systèmes de computation. On a en effet envisagé aussi le cycle appelé **kalpa*, qui correspond à la période de 12 000 000 d'années divines, soit à :

1 *kalpa*	=	12 000 000 années divines
	=	12 000 000 × 360
	=	4 320 000 000 années humaines.

Compte tenu de la durée du *mahâyuga* (= 12 000 années divines), ce cycle est donc défini aussi par :

1 *kalpa*	=	1 000 mahâyuga
	=	4 320 000 × 1 000
	=	4 320 000 000 années humaines.

On a même été jusqu'à envisager la période encore plus considérable du **mahâkalpa,* ou « grand kalpa », de durée égale à 20 kalpa « ordinaires » (c'est-à-dire équivalent à 20 000 *mahâyuga*) :

1 *mahâkalpa*	=	12 000 000 × 20
	=	240 000 000 années divines.
	=	240 000 000 × 360
	=	86 400 000 000 ans.

YUGA (Spéculations cosmogoniques sur les). Selon des spéculations développées par les cosmogonies sur le supposé « déclin du Bon Ordre moral et cosmique au cours du temps », le **mahâyuga* est censé correspondre à l'apparition, l'évolution et la disparition d'un monde, le cycle dans sa totalité devant être suivi d'un nouveau *mahâyuga*, et ainsi de suite jusqu'à la destruction de l'univers. Les quatre âges de ce « grand cycle », quant à eux, sont considérés comme inégaux à la fois en termes de durée et de valeur.

Qualitativement, les choses se seraient déroulées ou devraient se dérouler ainsi (cf. L. Frédéric ; et *Dictionnaire de la sagesse orientale*) :

1. Le **kritayuga*, premier des quatre *yuga*, est l'âge d'or, durant lequel les hommes auraient eu une vie extrêmement longue et où tout aurait été parfait. Ce fut l'âge idéal où la vertu, la sagesse et la spiritualité auraient régné sans la moindre trace d'ignorance ou de vice. On n'y aurait connu ni haine, ni envie, ni peine, ni peur, ni menace. Il n'aurait alors existé à l'époque qu'un seul dieu, un seul **Veda,* une seule loi et un seul culte, les castes ayant chacune leurs

attributions et accomplissant leur devoir dans le plus grand désintéressement. Cet âge aurait duré 4 800 années divines (*divyavarsha), soit 1 728 000 années humaines.

2. Le *tretâyuga* est l'âge durant lequel les humains n'auraient plus vécu que les trois quarts de leur vie. Il aurait été marqué par l'apparition du vice, les premiers relâchements des hommes dans leurs actes et le début des sacrifices rituels. Au cours de cet âge, les hommes auraient commencé à agir dans un but intentionnel et intéressé. Bref, à l'époque, le sens du devoir aurait commencé à s'émousser, la droiture diminuant alors d'un quart. Cet âge aurait duré 3 600 années divines, soit 1 296 000 années humaines.

3. Le *dvâparayuga* est l'âge où les forces du Mal auraient équilibré celles du Bien et où la droiture, la vertu et la spiritualité se seraient réduites de moitié. Les maladies y auraient fait leur apparition et les hommes n'auraient plus vécu que la moitié de leur vie. Cet âge aurait duré 2 400 années divines, soit 864 000 années humaines.

4. Enfin, le *kaliyuga* ou « âge de fer » est celui dans lequel nous vivons actuellement. La « vraie vertu » étant alors supposée pratiquement disparue, cet âge devrait voir se multiplier les conflits et grandir l'ignorance, l'irreligion et le vice. Et les maladies, l'épuisement, la colère, la faim, la peur et le désespoir devraient dans le même temps frapper l'humanité. C'est l'âge où il ne subsisterait plus qu'un quart de la droiture initiale et où les forces du Mal devraient triompher sur le Bien. Les hommes ne devraient plus vivre alors qu'un quart de leur vie. Cet âge, qui aurait commencé en 3101 av. J.-C., devrait durer 1 200 années divines, soit 432 000 années humaines. Il devrait s'achever par un *pralaya*, ou destruction par le feu et l'eau, avant que soit inauguré un nouveau *chaturyuga*.

Voir **Yuga (Définition). Cycles cosmiques indiens. Yuga (Systèmes de computation des).** Voir aussi les autres rubriques portant le titre de **Yuga.**

YUGA (Spéculation astronomique sur les). Dès son apparition au début du VIe siècle de notre ère, l'*astronomie savante* indienne a été grevée d'une très étonnante spéculation sur les cycles cosmiques appelés *yuga*, très différente des spéculations cosmogoniques dont il est question à l'article précédent.

Voir **Yuga (Définition). Yuga (Systèmes de computation sur les).**

Selon cette spéculation, directement liée aux éléments astronomiques, le *chaturyuga* ou cycle de 4 320 000 ans est en effet posé comme la période au début et au terme de laquelle les neuf éléments (à savoir le Soleil, la Lune, ses apside et nœud, et les planètes) doivent se retrouver en conjonction moyenne parfaite au point origine des longitudes. Aussi les durées des révolutions, alors supposées commensurables, sont-elles astreintes, dans cette astronomie, à de communs multiples et à des conjonctions générales. Voir **Astronomie indienne (Histoire de l'). Mathématiques indiennes (Histoire des).**

Or, c'est précisément en cela que cette spéculation est aussi surprenante qu'audacieuse, car ce fait est évidemment dépourvu de toute signification physique : ces supposées conjonctions générales confèrent en effet aux éléments moyens des valeurs aberrantes même à l'échelle d'approximation de l'astronomie ancienne.

Quant au cycle appelé *kalpa*, constitué de la période encore plus considérable de 4 320 000 000 d'années, il serait délimité, selon *Brahmagupta (+ 628), par deux conjonctions parfaites en longitude vraie de la totalité des éléments, elles-mêmes assorties chacune d'une éclipse totale du Soleil à six heures sonnantes du temps civil d'*Ujjayinî.

Mais en pratique, ces époques fictives se réduisent à l'ère du *kaliyuga*, l'âge actuel, dont le début est rapporté traditionnellement à un point de départ théorique des révolutions célestes, correspondant au 18 février 3101 av. J.-C. à zéro heure. (Ce moment est fixé lui-même à la conjonction générale en longitude moyenne au point origine des longitudes sidérales du Soleil, de la Lune et des planètes, les apogées et nœud ascendant de la Lune se trouvant respectivement à 90° et 180° de ces longitudes.)

Littéralement, le mot *yuga* signifie « joug », « lien ». A l'époque de l'astronomie indienne ancienne, ce terme fut employé dans le sens très limité du

« cycle » simple. Ainsi, dans le *Jyotishavedânga* (« Élément astronomique du Savoir »), il est fait usage d'un *yuga* de cinq ans, période à la fin de laquelle le Soleil et la Lune sont considérés comme ayant achevé chacun un nombre entier de révolutions. Par contre, dans le *Romakasiddhânta* (début du + IVe siècle), le *yuga* est un cycle luni-solaire, dont la durée est portée à 2 850 ans. Ces cycles-là ne constituaient cependant pas une « spéculation astronomique » comme celle que nous voyons se développer à partir de l'époque de l'astronome Âryabhata.

Or, on remarquera qu'aucun système spéculatif portant sur les *yuga* n'apparaît dans les textes des **Veda*. Ce qui veut dire que les spéculations yuga ont été très vraisemblablement ignorées en Inde durant les temps védiques jusqu'aux premiers siècles de notre ère.

Des calculs spéculatifs, purement arithmétiques, sur ces mêmes cycles apparaissent néanmoins dans la **Manusmriti* (important ouvrage religieux considéré comme le fondement de la société hindoue), ainsi que dans les textes, manifestement postérieurs, de la *Yâjñavalkyasmriti* et de l'épopée du **Mahâbhârata*. Il est cependant difficile, pour ne pas dire impossible, de tirer de là une chronologie pour l'histoire des *yuga* spéculatifs, puisqu'une grande incertitude règne à propos des dates de ces documents.

En revanche, l'œuvre d'Âryabhata, où la spéculation astronomique des *yuga* apparaît justement pour la première fois, est datée d'une manière assez précise, à quelques années près, de 510 ap. J.-C.

De fait, autant qu'il soit possible de le savoir, c'est bien *Âryabhata qui, dès le début du + VIe siècle, a introduit les *yuga* spéculatifs dans l'astronomie mathématique et dans la connaissance générale en Inde.

Certains auteurs ont été conduits à ne voir en cette spéculation qu'une théorie fondée sur des données fictives, imaginaires et sans aucun rapport avec la réalité astronomique. Mais, comme l'a prouvé R. Billard, celle-ci en vérité, n'a pas, été entièrement débridée : « Elle a bel et bien été menée à partir d'une série *unique* d'observations[1], justement contemporaines d'Âryabhata, et de réduction tout à fait remarquable, à la limite des moyens de l'astronomie ancienne. Et il en sera ainsi, avec une qualité très variable, de tous les canons spéculatifs indiens (à *yuga*) que nous verrons se succéder au cours des siècles suivants jusqu'à une époque relativement récente. »

On peut voir du reste quelques détails d'un processus qui amène alors les tenants d'Âryabhata à se persuader qu'il n'avait pu parvenir à cette connaissance que par une révélation de *Brahma, comme en témoigne cette question posée par Bhâskara dans son Commentaire de l'*Âryabhatîya* (cf. R. Billard, p. 111) :

« Comment [Âryabhata] a-t-il pu parvenir à cette connaissance des données intrinsèques des mouvements célestes qui transcende les possibilités humaines, si ce n'est, comme il est bien mentionné [dans l'*Âryabhatîya*], “par la grâce de *Brahma”. Le maître aura propicié Brahma par de considérables austérités, et, ayant obtenu sa grâce, c'est ainsi qu'il lui est venu la connaissance des données intrinsèques des mouvements célestes. »

Mais, plus encore et hors de ceux-là, le processus a entraîné dès le VIe siècle et probablement aussitôt après Âryabhata, la confection de textes anonymes ou pseudépigraphes arborant ou non un nom de dieu ou de **muni*, « sage », auquel Brahma ou, par la suite, un autre dieu, se trouve révéler des éléments astronomiques dont nous avons parfois le texte dûment signé et daté. C'est justement ce qu'il est convenu d'appeler la *sacralisation des yuga et de la connaissance astronomique* et, avec le sens originel du mot, le texte *apocalyptique*.

C'est ainsi qu'au début du VIIe siècle, *Brahmagupta, se fondant alors sur l'un de ces textes apocalyptiques, nécessairement postérieurs à Âryabhata, et en aménageant les données, se flatte d'avoir

1. D'ailleurs, le texte indien parle de « ce qu'impose l'observation » (*drikprabhâvat*), de ce qui « répond à l'observation » (*driksama*), et il y est souvent question de l'« accord de l'observation et du calcul » (*drishtiganitakita*), et de l'émendation « qui fait l'accord de l'observation et du calcul » (*drigganitakâraka*).

retrouvé l'« authentique » canon astronomique révélé jadis par Brahma. Cela veut dire, selon une autre caractéristique de l'attitude indienne, que la révélation et la tradition sont ici devenues immémoriales sitôt après Âryabhata. Et c'est donc cette fois le phénomène de l'*immémorialisation des yuga et de la connaissance astronomique* en Inde.

Il est intéressant d'observer l'existence de phénomènes tout à fait semblables à propos du zéro et de la numération décimale de position. Voir **Numération de position (Sacralisation et immémorialisation de la).**

Ainsi, en revenant à Âryabhata, non seulement il a construit les *yuga* sur de belles réductions d'observations, mais on doit ajouter que ce grand astronome est presque certainement responsable aussi de l'introduction de la spéculation des *yuga* dans l'astronomie mathématique indienne. Il est presque certain, en tout cas, qu'il a été le premier à le faire en Inde : du moins, la statistique prouve-t-elle qu'aucun des canons spéculatifs indiens (à *yuga*) actuellement connus n'est décelé avant l'époque d'Âryabhata. Or, il ne serait pas impossible que la spéculation des *yuga* ait été une idée spontanée d'Âryabhata, généralisant et systématisant la notion de *yuga* au sens de « cycle » ordinaire. Et cet auteur fait justement preuve d'un esprit très systématique. Il est toutefois plus probable que son postulat lui a été suggéré ou imposé par une spéculation primitive, devenue depuis plus ou moins longtemps une forte idée reçue. Plusieurs indices, par exemple le nom de **kalpa* (qui signifie littéralement « création »), paraissent témoigner de cette spéculation primitive qui aurait été d'une tout autre nature : une cosmogonie purement numérique, voire purement verbale, une sorte de jeu de poupées russes déjà plus ou moins adapté, peut-être, à la cosmographie élémentaire, mais sans plus (Communication personnelle de R. Billard).

Pour mieux connaître cette spéculation primitive, on serait donc tenté de la chercher dans l'abondante littérature indienne antérieure au + VIe siècle. Mais, avec tout ce qui s'est produit dans les quelques décennies qui ont suivi Âryabhata, on peut voir que ces passages des épopées, des *smriti* et des **purâna* résultent sans doute d'interpolations ou d'aménagements, opérés postérieurement à Âryabhata et même après le VIe siècle.

On ne manquera pas d'observer que les spéculations astronomiques d'Âryabhata sur les *yuga* avaient mis en œuvre des nombres fondamentaux dont on verra apparaître quelques-uns sur les relations suivantes (sachant que le mot **nakshatra* désigne ici les 27 mansions lunaires en divisions égales) :

1 **mahâyuga*
= 4 320 000 ans
= 12 000 (moments) × 360
= 27 (nakshatra) × 4 × 4 (phases) × 10 000
= « grande période ».

1 **yugapâda*
= 1 080 000 ans
= 3 000 (moments) × 360
= 27 (nakshatra) × 4 (phases) × 10 000
= un quart de « grande période ».

1 **kaliyuga*
= 432 000 ans
= 1 200 (moments) × 360
= 27 (nakshatra) × 4 × 4 (phases) × 1 000
= 1 200 (années « divines ») × 360
= un dixième de « grande période ».

Or, d'après Censorin, la « grande année » d'Héraclite était de 10 800 ans. D'autre part, les fragments de l'œuvre de l'astronome babylonien Bérose (qui vécut à cheval entre le – IVe et le – IIIe siècle) font état d'une période cosmique de 432 000 ans, appelée également « Grande Année » :

1 **Grande Année d'Héraclite*
= 10 800 ans = 30 (moments) × 360.
1 **Grande Année de Bérose*
= 432 000 ans = 1 200 (moments) × 360.

Autrement dit, il existe encore dans tous ces cycles une relation arithmétique ainsi définie :

1 **yugapâda*
= 100 fois la Grande Année d'Héraclite
= 2,5 fois la Grande Année de Bérose.

1 **kaliyuga*
= une Grande Année de Bérose
= 40 fois la Grande Année d'Héraclite.

1 **mahâyuga*
= 400 fois la Grande Année d'Héraclite
= 10 fois la Grande Année de Bérose.

D'où cette question (à laquelle il n'est guère possible de répondre dans l'état actuel des connaissances) : les *yuga* d'Âryabhata ont-ils eu ou non un lien historique avec ces périodes cosmiques du monde méditerranéen ? La question mériterait en tout cas une attention particulière. Celle-ci est d'autant plus intéressante que l'on sait qu'Héraclite appartient à la période où la domination perse s'est exercée simultanément sur certains pays du monde grec et sur une partie de l'Inde, et que Bérose se situe à la charnière de la période perse et celle inaugurée par les conquêtes d'Alexandre le Grand...

Pourquoi Âryabhata a-t-il développé cette étonnante spéculation ? La raison est aussi simple que surprenante : « Nous devons comprendre, explique R. Billard, que dans l'esprit d'Âryabhata, la spéculation des *yuga* n'était rien d'autre qu'une théorie. Convaincu de l'existence de communs multiples des diverses révolutions, il s'était employé à rechercher ces cycles dans cette astronomie, alors la plus avancée de son temps, dont il connaissait fort bien la valeur. Idée spontanée ou puisée à une résurgence de la *Grande Année* de 432 000 ans de l'astronome babylonien Bérose ou encore suggérée par une spéculation toute verbale, proprement arithmétique, Âryabhata a de toute façon sollicité les constantes des moyens mouvements pour construire ces communs multiples et conjonctions générales à partir d'une réalité unique dans le temps ; soit, à peu de choses près, à partir de la réalité astronomique de l'an 510 de notre ère. Bien sûr, la théorie était regrettable, mais nous devons considérer le sérieux et l'extrême rigueur dont il a fait preuve en menant pareil ouvrage. Car, particulièrement lorsqu'elle est ainsi conduite, l'erreur est honorable : et d'ailleurs, certainement, erreur n'est pas ineptie. A la différence de ses infortunés successeurs qui, beaucoup moins doués, continueront et appareilleront à nouveau les *yuga*, par l'inertie naturelle de l'idée reçue, sacralisée de surcroît par le temps et l'oblitération de l'information historique, il faut bien voir que chez Âryabhata la spéculation des *yuga* a simplement joué le rôle d'un tableau de Mendeleieff préconçu et malencontreux. A cela près que Mendeleieff a tiré son tableau de faits d'expérience, tandis qu'ici la proposition a présidé à la tentative. La spéculation des *yuga* n'en a pas moins joué le rôle d'une théorie malheureuse chez un astronome au demeurant d'une très grande valeur pour le temps. Si Âryabhata est responsable de l'introduction des *yuga* dans la connaissance, il ne disposait sans doute pas dans sa documentation de ce qui l'aurait averti de l'inanité des *yuga*, et c'est à ses successeurs qu'incombe la responsabilité considérablement plus importante de les avoir maintenus envers et contre tout. »

Et pourtant, par un véritable paradoxe, c'est cet étrange appareillage de la spéculation et de la réalité, réalité unique dans le temps, qui a permis d'élaborer une puissante méthode pour déterminer avec précision des faits inconnus jusqu'ici et une chronologie le plus souvent inespérée dans les conditions très particulières du texte astronomique indien. Et il est intéressant d'observer à ce propos que les éléments spéculatifs de cette astronomie ont été aussi profitables à la science historique contemporaine que jadis préjudiciables à la connaissance[1].

YUGAPÂDA. « Quart de **yuga* ». Nom donné à chacun des quatre cycles d'un **chaturyuga* subdivisé en quatre parties égales, selon le système de computation utilisé par *Âryabhata. Un *yugapâda* correspond donc à 1 080 000 années humaines. Voir **Yuga (Définition). Yuga (Systèmes de computation des).**

YUGA SIMPLE (Non spéculatif). Voir Yuga (Spéculation astronomique sur les).

1. Cela nous amène donc à dire quelques mots de la remarquable *Méthode d'investigation scientifique des textes sanskrits et des données numériques de l'astronomie indienne,* suivie et initiée par Roger Billard : méthode originale, raffinée et d'une fiabilité quasi absolue, fondée notamment sur l'analyse, l'investigation philologique et le recoupement des *données numériques* fournies par les textes astronomiques. Car – et c'est bien là la profonde originalité de la méthode – il s'agit, en quelque sorte, d'une *mathématisation de la recherche historique,* appliquée au cas de l'histoire de l'astronomie indienne ; une méthode mathématique, irréfutable, de datation des textes astronomiques indiens, utilisant les théories modernes des probabilités et des écarts-types statistiques (en particulier la distribution normale ou courbe de Laplace-Gauss), à partir des éléments fins de la connaissance astronomique actuelle, mis en comparaison avec les divers éléments de la réalité astronomique du passé où se situent les véritables problèmes de cette investigation. Pour plus de détails : voir Roger Billard [1].

YUGA SPÉCULATIF. Voir **Yuga (Spéculation astronomique sur les).**

YUGALA. [S]. Valeur = 2. Synonyme de **Yama*. Voir **Deux.**

YUGMA [S]. Valeur = 2. Synonyme de **Yama*. Voir **Deux.**

Z

ZÉNITH. [S]. Valeur = 0. Voir **Vishnupada. Zéro.**

ZÉRO. Nom sanskrit ordinaire du zéro : **shûnya*. Liste des symboles numériques correspondants :

*Abhra. *Âkâsha. *Ambara. *Ananta. *Antariksha. *Bindu. *Gagana. *Jaladharapatha. *Kha. *Nabha. *Nabhas. *Pûrna. *Randhra. *Vindu. *Vishnupada. *Vyant. *Vyoman.

Ces mots traduisent ou expriment symboliquement (voir chap. 24, p. 975) :

1. Le vide (*Shûnya*).
2. L'absence (*Shûnya*).
3. Le néant (*Shûnya*).
4. Le rien (*Shûnya*).
5. L'insignifiant (*Shûnya*).
6. La quantité négligeable (*Shûnya*).
7. Le nul (*Shûnya*).
8. Le « point » (*Bindu. Vindu*).
9. Le « trou » (*Randhra*).
10. L'éther, ou « élément qui pénètre tout » (*Âkâsha*).
11. L'atmosphère (*Abhra. Ambara. Antariksha. Nabha. Nabhas*).
12. Le ciel (*Nabha. Nabhas. Vyant. Vyoman. Vishnupada*).
13. L'espace (*Âkâsha. Antariksha. Kha, Vyant. Vyoman*).
14. Le firmament (*Gagana*).
15. La voûte céleste (*Gagana*).
16. L'immensité de l'espace (*Ananta*).
17. Le « voyage sur l'eau » (*Jaladharapatha*).
18. Le « pied de Vishnu » (*Vishnupada*).
19. Le zénith (*Vishnupada*).
20. Le « plein », la « plénitude » (*Pûrna*).
21. L'état de ce qui est entier, complet, achevé (*Pûrna*).
22. La totalité (*Pûrna*).
23. L'intégrité (*Pûrna*).
24. L'achèvement (*Pûrna*).
25. Le serpent de l'éternité (*Ananta*).
26. L'infini (*Ananta. Vishnupada*).

Voir **Symboles numériques.**

Réf. : Al Bīrūnī [2] ; Bühler, p. 84 *sq.* ; Burnell ; Datta et Singh, p. 54-57 ; Fleet, In : CIIn, VIII ; Jacquet, in : JA, XVI, 1835 ; Renou et Filliozat, p. 708-709 ; Sircar, p. 230-233 ; Woepcke [2].

Ainsi le zéro indien a-t-il signifié de bonne heure, non seulement le vide ou l'absence, mais aussi le ciel, l'espace, le firmament, la voûte céleste, l'atmosphère et l'éther, ainsi que le rien, la quantité négligeable, l'élément insignifiant, le nombre nul, la nullité et le néant, etc. C'est dire si la conception indienne du zéro a surpassé, et de loin, les notions hétérogènes de vacuité, de nihilisme, de nullité, d'insignifiance, d'absence et de non-être de toutes les philosophies de son époque. Voir articles suivants.

ZÉRO (Conceptions gréco-latines du). Les Occidentaux ont bien évidemment conçu la notion de vide depuis l'Antiquité. Pour l'exprimer, les Grecs avaient le mot *oudén* (« vide »). Quant aux Romains, ils employaient les termes *vacuus* (« vide »), *vacare* (« être vide ») et *vacuitas* (« vacuité ») ; ils possédaient, de plus, les mots *absens, absentia* et même *nihil* (« rien »), *nullus* et *nullitas.*

Mais ces vocables ont en réalité correspondu à des notions comprises très distinctement les unes des autres.

A l'appui de quelques exemples appropriés, une approche étymologique va nous permettre ci-après de nous faire une idée bien nette de l'évolution des concepts correspondants au cours des âges, et de mieux percevoir la différence essentielle qui existe entre ces diverses notions et le concept du zéro indien.

La présence (du latin *praesens,* participe présent de *praesse,* « être devant [*prae*] », « être en face de »), c'est proprement le fait d'être là où l'on se trouve. Mais l'adjectif présent signifie aussi « ce qui est là dans le lieu dont on parle » : ce sens s'applique donc aussi bien à une chose qu'à un être vivant. Dans le sens figuré, appliqué à des personnes, présent signifie « ce qui est par la pensée à la chose dont on parle » (être présent par la pensée à une cérémonie, malgré l'éloignement) ; mais appliqué à des choses, il veut dire « ce qui est là pour celui qui parle, ou pour ce dont il a conscience ». C'est donc là une présence morale ou intentionnelle. Autre signification de la présence, par opposition cette fois au passé et au futur : c'est « ce qui existe ou se passe effectivement, soit au moment où l'on parle, soit au moment dont on parle ». Ce sens correspond par conséquent à la situation présente. Au figuré, il s'agit plutôt de « ce qui existe pour la conscience au moment où l'on parle », un peu comme la scène dont on a été témoin et qui demeure présente à l'esprit.

Ce préambule nous permet de mieux saisir ce qu'est l'absence, puisqu'il s'agit d'un terme en opposition avec la présence. Ce mot provient du latin *absentia,* qui dérive de *abest,* « loin est ». Il exprime ainsi le caractère de « ce qui est loin de ». C'est donc par définition le fait de ne pas être présent en un lieu où l'on se trouve habituellement, où l'on est attendu. Et l'absent, c'est celui ou ce qui manque, qui fait défaut. On peut donc s'apercevoir que l'absence de quelqu'un se prolonge, ou voir une personne particulièrement briller par son absence. On dit aussi que les absents ont toujours tort, et l'on parle de certains auteurs dont les livres sont absents de toute émotion personnelle. Mais l'absence peut également caractériser le goût de certains individus qui se prétendent pourtant experts en matière d'esthétique ou de mode.

Quant à la *non-présence,* c'est justement le *vide* laissé par une absence, puisqu'il s'agit de l'espace qui n'est occupé par aucun être ni aucune chose. Si c'est une place inoccupée, c'est celle-ci qui sera vide, qu'il s'agisse d'un siège, d'un poste dans une administration, ou même de l'une quelconque des « places » de la numération décimale de position. Mais si c'est une personne restée inoccupée pendant un certain laps de temps, il y aura eu dans ce cas la génération d'un temps vide. Il y a aussi le « vide », celui causé par l'absence d'une personne, que cette absence soit motivée par un décès ou tout simplement par un voyage. On peut également faire le vide autour de quelqu'un en cherchant à éviter sa présence, ou bien produire le vide autour de soi en évitant la compagnie de tout un entourage jugé, momentanément ou durablement, comme indésirable. On connaît aussi le sentiment du vide, cette impression bizarre de manque et de privation que l'on éprouve péniblement sans pour autant en connaître les causes précises : un sentiment que Chateaubriand avait appelé le *spleen,* mais que bon nombre désignent aujourd'hui sous le nom de *stress.* Cependant le vide ne touche pas que le domaine des sentiments. Il peut également concerner l'esprit qui peut être aussi vide qu'un désert, soit en raison d'une absence congénitale, soit encore parce qu'il s'agit d'opposants à certains régimes totalitaires et tortionnaires, dont le cerveau a été complètement vidé par les redoutables méthodes de leurs impitoyables bourreaux. Car l'acte de vider, c'est désemplir en totalité, un peu comme on retire d'un récipient ou d'un lieu ce qui le remplissait. Mais il y a aussi des orateurs qui ont pour habitude de prononcer des phrases vides de tout contenu et de s'enfermer dans des propositions complètement vides face à la réalité.

Du vide à la vacuité, il n'y a donc qu'un pas pour estimer l'état de ce qui est vide, un peu comme le fait Marcel Proust lorsqu'il évoque la « vacuité éclatante de la vie de plage ». Ce vide-là, il est vrai, est celui que l'on aime ou que l'on n'aime pas à faire dans son esprit au bord de l'eau.

Mais à force de ne penser qu'au vide, d'aucuns ont été conduits au *vacuisme.* C'est une sorte de physique selon laquelle il existerait des espaces où toute réalité matérielle serait vide de toute existence. Elle fut développée notamment par les Épicuriens, qui admirent l'existence de lieux où toute matière, visible ou non visible, était absente. D'autres ont plutôt opté pour l'anti-vacuisme, comme Descartes qui a tenu le vide absolu pour une notion contradictoire.

De nos jours, on dit parfois encore que la nature a horreur du vide (*natura abhorret a vacuo*). Cet aphorisme fut créé par les tenants de l'ancienne physique afin de rendre raison de l'existence de certains phénomènes dont ils ont été incapables de fournir une explication satisfaisante. Il fallut donc attendre les expériences du physicien italien Torricelli sur les lois de la pesanteur atmosphérique pour voir cette idée définitivement démentie.

A côté du vide, il y a aussi la *nullité,* qui exprime le caractère de ce qui est nul, ce qui est sans valeur, comme le nombre zéro, qui en s'ajoutant à n'importe quoi ne l'augmente de rien. On attribue ce qualificatif à certains individus, à cause de leur insignifiance, de leur incompétence, ou encore en raison de leur absence totale de culture, de mérite ou d'esprit.

Ces mots ont certes aujourd'hui des significations voisines, mais il n'en a pas toujours été ainsi. Le sens du terme français de nullité n'existe d'ailleurs en tant que tel que depuis quelques siècles. Il provient du latin médiéval *nullitas* dont il constitue la traduction fidèle. Mais au temps des Romains, cette notion n'était exprimée que par l'adjectif indéfini *nullus, nulla,* qui ne correspondait en fait qu'à la négation d'une chose, dans le sens de « aucun », « pas un », « pas de ». C'est, du reste, le sens originel de notre mot nul, que l'on emploie dans des phrases telles que : « Nul homme n'est immortel », « Nul n'est censé ignorer la loi », ou « Nulle paix pour l'assassin ». Sens que l'on retrouve dans l'adverbe négatif nullement, qui veut dire « en aucune manière », « pas du tout ».

Mais du vide, on passe aussi au *néant.* Ce mot est issu du latin scolastique *non ens* (littéralement : « non étant »). Il rejoint par conséquent le sens des expressions *nec entem,* « pas un être », et *ne gentem,* « pas une chose », employées depuis l'époque impériale de Rome. C'est donc le « non-être », ou encore le fait de « ne pas être » ou de « ne plus être ».

C'est pourquoi on dit parfois que les êtres vivants ont été tirés du néant. Et c'est justement ce qui se produit souvent pour les vedettes de cinéma ou de la chanson, que l'on sort du néant pour leur donner la célébrité, au risque d'ailleurs de leur faire subir le néant de leur propre gloire.

Nullité et vide complet sont donc des notions parfaitement synonymes à l'heure actuelle.

En fait (c'est une innovation relativement récente), le « néant » ne correspond plus à une négation : aujourd'hui, il signifie l'« absence » dans ce qu'elle a de relatif ou d'absolu par rapport aux êtres ou à la réalité. D'où son sens de « vide » en plus de tous les autres.

De fait, pour que le sens du néant rejoignît celui du zéro, il fallut que l'expression *non ens* (« non étant »), son ancêtre, fût mise en association avec l'absolu, puisqu'il fallait la détacher justement de son caractère relatif. Car l'« absolu » (du latin *absolutus,* participe passé de *absolvere,* « détacher de »), c'est « ce qui est indépendant, achevé, parfait, total et même intégral, suivant une nette opposition avec le relatif ».

Et comme le vide a rejoint le rien, quoique récemment seulement, le « néant », peu à peu détaché de son sens négatif originel, en est donc venu à se confondre lui aussi avec la valeur du nombre nul, dans le sens le plus intégral du zéro absolu.

Car, comme le dit E. Le Roy : « Le néant, c'est "rien" ; et il faut toujours penser quelque chose, ou ne penser pas : de sorte que littéralement la pensée d'un néant ne serait qu'un néant de pensée. »

C'est donc pourquoi, par exagération, le néant a fini par désigner le peu de valeur d'une chose ou d'une personne, et s'appliquer même à la personne dépourvue de valeur ou de lumière. Ce faisant, il a acquis également le sens de la culpabilité religieuse exprimant la nullité de l'individu face à Dieu.

Il est vrai qu'aujourd'hui nous jouons si aisément avec ces concepts que composer le zéro à partir du vide et du néant nous paraît l'affaire de rien.

Rien est un pronom indéfini, quelquefois substantivé. Il provient du latin *rem,* accusatif de *res,* « chose ». C'est pourquoi, en vieux français, « rien » signifiait encore « quelque chose » : il exprimait du moins le sens primitif de la « chose ».

Il fallut donc, là aussi, attendre la fin du Moyen Age pour que le mot « rien » devînt synonyme de zéro, de négligeable et d'insignifiant.

D'aucuns sont effrayés par très peu de chose, car un rien leur fait peur. Mais il y a aussi les amateurs de bagatelles et de choses sans importance, et ceux qui affectionnent particulièrement ces petits riens qui font le piquant de la vie de tous les jours, mais que l'on ne réalise pas toujours en un rien de temps. Il y a enfin ceux que l'on appelle les « rien-qui-vaille », dont la probité intellectuelle ou morale, autant que la fiabilité de leur parole, ont une valeur au plus égale à zéro.

Du rien, on passe donc aussi au *nihilisme.* Ce mot dérive du latin *nihil,* qui n'est d'autre que l'équivalent de notre « rien » actuel. Il s'agit donc, soit de la doctrine philosophique selon laquelle il n'y aurait aucune réalité substantielle, soit encore de l'idée selon laquelle on ne peut rien connaître du réel.

Réf. : Blaise ; Bloch et von Wartburg ; Chantraine ; Du Cange ; Ernout et Meillet ; Estienne ; Gaffiot ; GLF ; Littré ; Robert.

Ce n'est donc pas que les Occidentaux aient ignoré ces divers concepts, mais, contrairement aux Indiens, ils les ont longtemps considérés comme des notions distinctes les unes des autres (fig. D. 10).

ZÉRO (Conceptions indiennes du). En sanskrit, le terme privilégié de la désignation du zéro est **śhûnya,* qui signifie littéralement « vide ». Mais ce mot, qui n'a certainement pas été inventé pour la circonstance, existait bien avant la découverte de la numération décimale de position. Car, justement en tant que signifiant du vide, il a constitué, dès l'Antiquité, l'élément central d'une véritable philosophie mystique et religieuse érigée en mode de pensée et d'existence.

Concept fondamental de la **śhûnyatâvâda,* ou philosophie de la « vacuité » (**śhûnyatâ*), cette doctrine est en effet celle du « Chemin du Milieu » (*Mâdhyamaka*), qui enseigne en particulier que chaque chose composée (*samskrita*) est vide (**śhûnya*), impermanente (*anitya*), impersonnelle (*anâtman*), pénible (*dukh*) et sans nature originelle. Aussi cette vision, qui ne sépare pas la réalité et la non-réalité des choses, réduit-elle ces mêmes choses à une insubstantialité totale. Voir **Śhûnya. Śhûnyatâ.**

Et c'est ainsi que les notions philosophiques de vacuité, de nihilisme, de nullité, de non-être, d'insignifiance et d'absence ont été conçues de bonne heure en Inde (sans doute dès le début de notre ère) suivant une parfaite homogénéité, contrairement donc aux peuples gréco-latins (et plus généralement à tous les peuples de l'Antiquité), qui les auront comprises d'une manière décousue et totalement hétérogène (fig. D.10). Voir **Zéro. Zéro (Conceptions gréco-latines du).**

Les concepts de cette philosophie ont été poussés à un tel point que l'on a été jusqu'à distinguer vingt-cinq espèces de *śhûnya,* exprimant ainsi différentes nuances, parmi lesquels figurent : le vide de la non-existence, celui du non-être, du non-formé, du non-né, du non-produit, du non-créé ou du non-présent ; le vide de la non-substance, de la non-pensée, de l'immatérialité, ou de la non-substantialité ; celui encore de la non-valeur, de l'absent, de l'insignifiant, du peu de valeur, du sans-valeur, du nul, du négligeable, du peu de chose, du rien, du néant, etc.

Bref, le zéro a pu difficilement germer dans un terrain plus fertile que l'esprit indien.

Dès lors qu'est née la numération décimale de position, le **śhûnya,* en tant que signifiant du vide et de ses différents synonymes (l'absence, le rien, le négligeable, le nul, l'insignifiant, la nullité, le néant, etc.), s'y est en effet inséré, sans aucune rupture, d'une manière parfaitement naturelle, pour y marquer l'absence des unités d'un certain ordre, et donner ainsi naissance au zéro le mieux conçu de l'histoire (voir fig. D.11).

Pour résumer cette étape essentielle, rappelons que la numération positionnelle indienne est née d'une simplification de la **numération sanskrite* par suite d'une suppression des noms indicateurs des diverses puissances de dix. De cette simplification, il est alors résulté une véritable numération parlée de position (à laquelle nous avons donné justement le nom de **numération sanskrite simplifiée*), mettant en jeu les noms de nombre ordinaires de un à neuf, soumis dès lors au principe de la position décimale. Et puisque la nécessité s'est fait désormais sentir de disposer d'un vocable particulier pour combler le vide des unités manquantes, il n'a donc pas été besoin d'inventer un mot nouveau pour cette destination : il a suffi de mettre à contribution pour cela le mot sanskrit qui signifie le « vide » (*śhûnya*). Et c'est ainsi que ce mot en est venu finalement à faire office de zéro au sein de cette numération parlée de position.

Mais la langue sanskrite, instrument littéraire d'une incomparable richesse, ne possédait pas qu'un seul mot pour exprimer le vide : elle disposait aussi de toute une panoplie de termes ayant à peu près le même sens ; des mots que l'on a mis en relation, directe ou indirecte, avec l'univers des symboles de la civilisation indienne, suivant une très abondante synonymie née du foisonnement de cette culture tout à fait extraordinaire.

Voir **Sanskrit. Numération sanskrite. Numération sanskrite simplifiée. Numération de position. Symboles numériques. Numération des symboles numériques. Arithmétique de position (Récapitulation des faits historiques se rapportant à la découverte de l').**

C'est donc bien de cette manière que des mots qui désignaient littéralement le ciel, l'espace, l'atmosphère, le firmament ou la voûte céleste en sont venus à signifier non seulement le vide, mais aussi le zéro. Voir **Abhra. Âkâsha. Ambara. Antariksha. Gagana. Kha. Nabha. Vyoman. Zéro.**

Dans la pensée indienne, il est vrai, l'espace est considéré comme le vide excluant tout mélange avec des choses matérielles, et en tant qu'élément immuable et éternel se dérobant à toute description. De par le caractère insaisissable et la nature très différente de ce concept avec les chiffres et les nombres ordinaires, l'association d'idées avec le zéro fut donc immédiate.

D'autres symboles numériques indiens signifiant zéro furent : **pûrna*, « plénitude », « totalité », « intégrité », « achèvement » ; **jaladharapatha*, « voyage sur l'eau » ; **vishnupada*, « pied de Vishnu » ; etc. On se reportera à ces diverses entrées pour en savoir un peu plus sur le symbolisme engagé.

Un tel symbolisme numérique a joué un rôle d'autant plus important dans l'histoire de notre numération positionnelle moderne qu'il est en réalité à l'origine même d'une représentation que nous connaissons bien. Les idées de ciel, d'espace, d'atmosphère, de firmament, etc., exprimaient symboliquement, comme on vient de le voir, le concept même du zéro. Et comme la voûte céleste est représentée par les humains, soit par un demi-cercle, soit par un diagramme circulaire, soit encore par un cercle tout entier, le petit cercle que l'on sait en est donc venu, par simple transposition ou par association d'idées, à symboliser graphiquement, chez les Indiens, l'idée même du zéro. Il est vrai que depuis toujours, « le cercle est regardé universellement comme la figure même du ciel et de la voie lactée, dont il indique symboliquement, à la fois l'activité et les mouvements cycliques » (Chevalier et Gheerbrant).

Et c'est ainsi que le petit rond s'est rangé désormais à côté des neuf chiffres significatifs soumis au principe de la position décimale, pour signifier lui-même l'absence des unités d'un certain ordre, acquérant dès lors sa fonction actuelle d'opérateur arithmétique (à savoir que si on l'ajoute à la fin d'une représentation numérique, la valeur de celle-ci est alors multipliée par la base décimale).

Voir **Chiffre 0** (en forme de cercle). **Śhûnya-chakra.**

Autre terme sanskrit ayant reçu la signification de zéro : le mot **bindu*, qui signifie littéralement « point ». Le point, il est vrai, est la figure géométrique la plus élémentaire qui soit, constituant d'ailleurs un cercle réduit à sa plus simple expression, puisqu'il ne s'agit plus alors que d'un cercle réduit à son centre.

Mais pour les hindous, le **bindu* (dans sa forme suprême de **paramabindu*) symbolise l'univers dans sa forme non manifestée, et constitue par conséquent une représentation de l'univers avant sa transformation en monde des apparences (*rûpadhâtu*). Or, selon les philosophies indiennes, cet univers incréé est doté d'une énergie créatrice, capable de tout engendrer : c'est donc, en d'autres termes, le point causal, dont la nature est par conséquent identique à celle de la « vacuité » (**śhûnyatâ*).

Voir **Bindu. Paramânu. Paramâbindu. Akâśha. Śhûnyatâ. Zéro.**

D'où naturellement cette association d'idées avec une figure géométrique, certes la plus élémentaire de toutes, mais susceptible d'engendrer toutes les lignes et formes (*rûpa*) possibles. D'où aussi ce rapprochement symbolique avec le zéro, considéré alors, non seulement comme la quantité la plus négligeable qui soit, mais aussi et surtout comme le concept le plus fondamental de toutes les mathématiques abstraites.

Et c'est ainsi que le point en est venu à constituer (en particulier dans le système *śhâradâ* du Kaśhmîr et dans les notations de l'Asie du Sud-Est, voir fig. 24.82) une autre représentation graphique du zéro, dotée naturellement des mêmes propriétés que la première.

Voir **Chiffre 0** (en forme de point). **Śhûnya-bindu.**

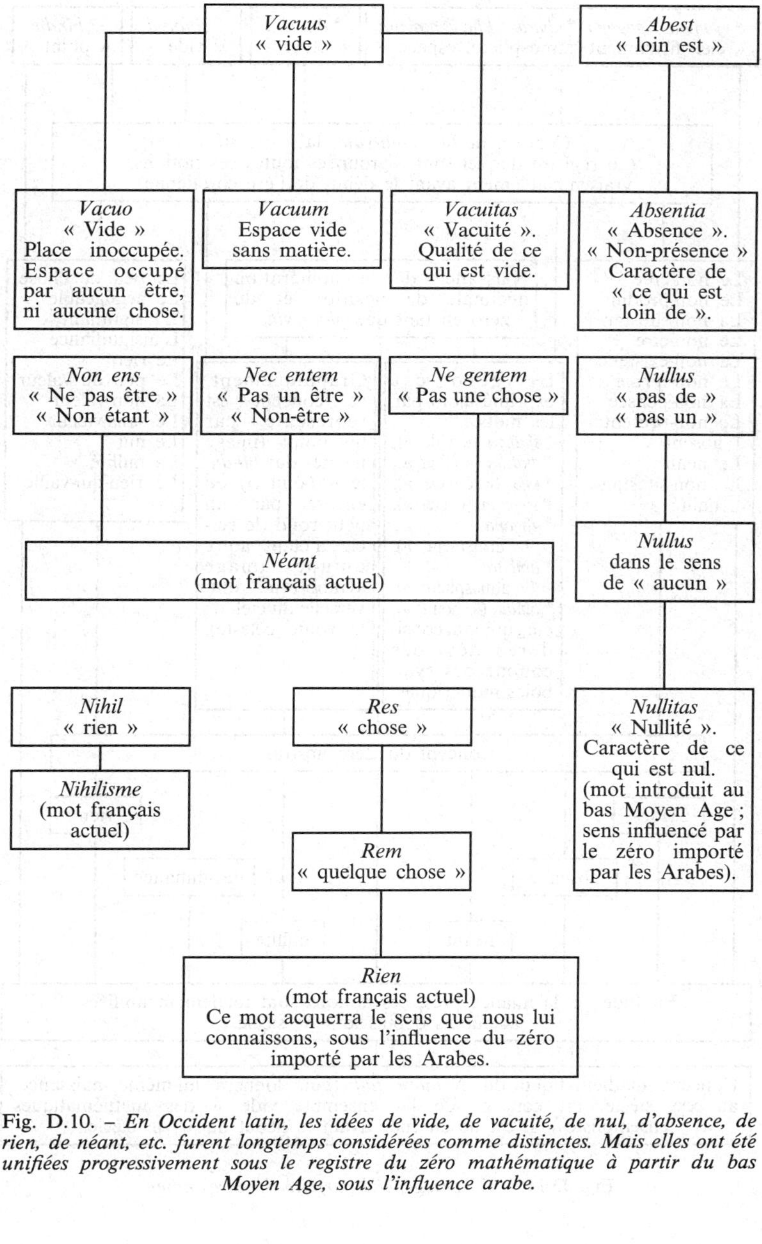

Fig. D.10. – *En Occident latin, les idées de vide, de vacuité, de nul, d'absence, de rien, de néant, etc. furent longtemps considérées comme distinctes. Mais elles ont été unifiées progressivement sous le registre du zéro mathématique à partir du bas Moyen Age, sous l'influence arabe.*

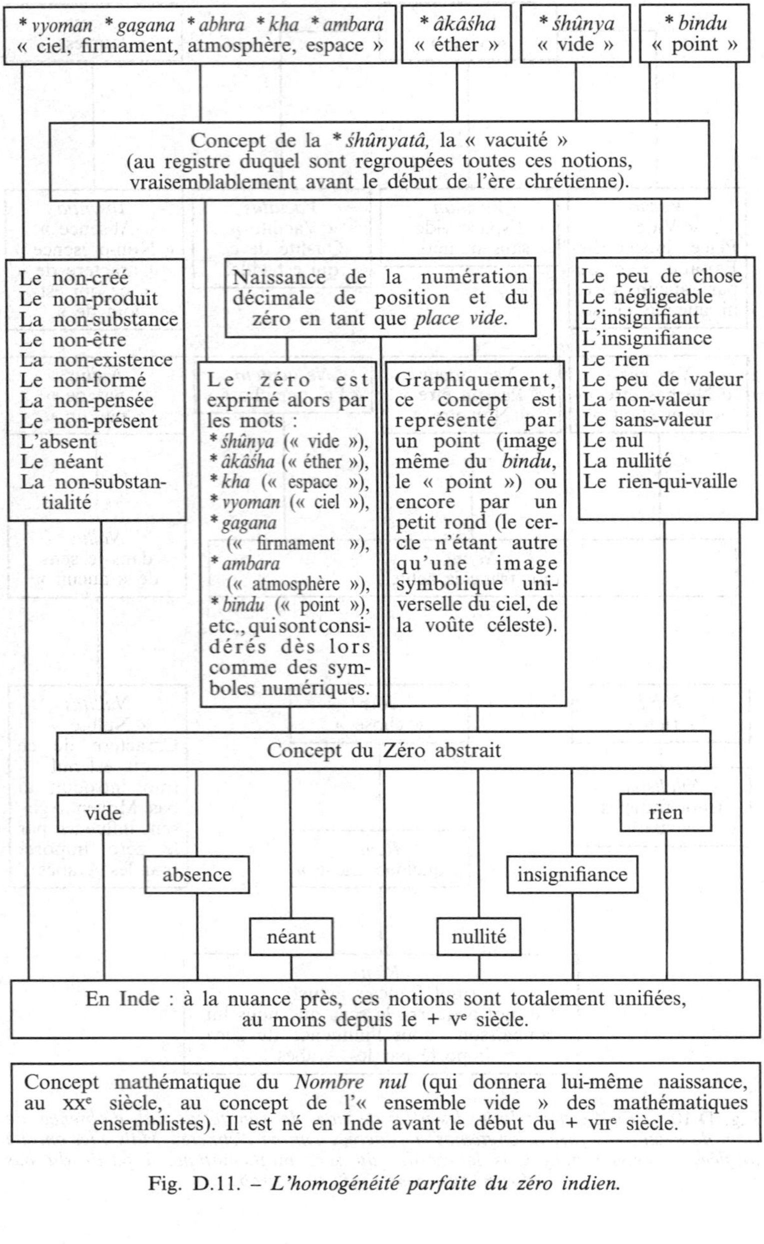

Fig. D.11. – *L'homogénéité parfaite du zéro indien.*

C'est donc bien là que se trouve la véritable origine du zéro arabe oriental en forme de point : en empruntant aux Indiens leur numération décimale de position, les Arabes leur auront évidemment emprunté le zéro dans le même temps. Et c'est pourquoi on retrouve dans les écrits arabes, tantôt le signe en forme de point, tantôt celui en forme de petit cercle, en tant qu'expression graphique du zéro. Mais c'est surtout le petit rond qui a prévalu en Occident, après que les Arabes du Maghreb l'aient transmis eux-mêmes aux Européens à partir du XIIe siècle (voir chapitres 25 et 26).

En revenant à l'Inde, cette notion s'est alors peu à peu enrichie pour donner naissance à un concept mathématique éminemment abstrait, que l'on verra sous une forme parachevée à l'époque du mathématicien *Brahmagupta (vers + 628) : celui du « nombre zéro » ou « quantité nulle ». Et c'est ainsi que le *shûnya* a été classé désormais dans la catégorie des **samkhya*, c'est-à-dire des « nombres », marquant ainsi la naissance de l'algèbre moderne. Voir **Shûnya-samkhya.**

Or, du zéro abstrait à l'infini mathématique, il n'y a qu'un pas que les savants indiens ont franchi allégrement et de bonne heure.

Le plus étonnant est que parmi les mots sanskrits employés pour dire zéro, il y a le terme **ananta*, qui signifie littéralement « Infini ».

Ananta, c'est en fait, selon les mythologies et cosmologies indiennes, un immense serpent sur lequel le dieu *Vishnu est censé se reposer entre deux créations : il représente à la fois l'infini, l'éternité et l'immensité de l'espace.

Le ciel, l'espace, l'atmosphère, la voûte céleste, etc., étaient, il est vrai, des désignations symboliques du zéro, et l'on ne pouvait pas ne pas faire un rapprochement dans ces conditions entre le vide des espaces du cosmos avec la multitude représentée par les étoiles du firmament, l'immensité de l'espace et l'éternité des éléments célestes. Quant à l'éther (**âkâsha*), il était censé être constitué d'une infinité d'atomes (**anu*, **paramânu*).

Voilà pourquoi, d'un point de vue mythologique, cosmologique et métaphysique, le zéro et l'infini en sont venus chez les Indiens à se rejoindre, à la fois dans le temps et dans l'espace.

Voir **Ananta. Shesha. Sheshashîrsha. Infini (Représentation mythologique indienne de l'). Serpent (Symbolique du serpent).**

Mais d'un point de vue mathématique, ces deux concepts ont été très nettement distingués, les savants indiens ayant su que l'un était égal à l'inverse de l'autre. Voir **Infini. Infini (Conceptions indiennes de l'). Mathématiques indiennes (Histoire des).**

Pour nous résumer, les Indiens, bien avant et beaucoup mieux que tous les autres peuples, ont su unifier les notions philosophiques de vide, de vacuité, de rien, d'absence, de néant, d'insignifiance, de nullité, etc. Ils ont commencé par les regrouper (dès avant ou dès le début de notre ère) sous le registre unique de la **shûnyata* (la « vacuité »), puis (dès le + Ve siècle au moins) sous celui du **shûnya-kha* (le signe zéro en tant qu'« espace vide » laissé par l'absence des unités d'un certain ordre dans la numération décimale de position), avant de les regrouper (bien avant le début du + VIIe siècle) sous celui du **shûnya-samkhya* (le « zéro nombre ») (voir fig. D.11).

On mesure donc, une fois encore, la grande avance conceptuelle et l'extraordinaire pouvoir d'abstraction des savants et penseurs de la civilisation indienne.

L'apport des savants indiens ne s'est donc pas limité au seul domaine de l'arithmétique : en ouvrant la voie à l'idée généralisatrice du nombre, ils ont permis l'essor de l'algèbre, et joué par conséquent un rôle essentiel dans le développement des mathématiques et de toutes les sciences exactes.

On ne saurait jamais exagérer l'importance de la découverte indienne du zéro. Constituant en quelque sorte un prolongement naturel de la notion de *vacuité, celle-ci n'a pas seulement permis de combler le vide des positions manquantes dans l'écriture positionnelle des nombres. Elle n'a pas non plus livré simplement un vocable, un graphisme ou un symbole. Elle a donné aussi et surtout naissance à un concept compris à la fois comme élément numéral et numérique, et comme opérateur arithmétique et nombre à part entière, le tout au point de concours de tous les nombres, entiers ou non, fractionnaires ou irrationnels, positifs ou négatifs, algébriques ou transcendants. En cela la découverte indienne a donc été capitale, puisqu'elle a ainsi conféré à l'esprit humain un potentiel d'une puissance tout à fait extraordinaire. Assurément, aucune création humaine n'aura, comme celle-là, exercé une telle influence sur le développement de l'intelligence...

ZÉRO ET INFINI. Voir **Zéro. Infini. Infini (Conceptions indiennes de l'). Infini (Représentation mythologique de l'). Serpent (Symbolique du). Zéro (Conceptions gréco-latines du). Zéro (Conceptions indiennes du). Mathématiques indiennes (Histoire des).**

ZÉRO ET POÉSIE SANSKRITE. En Inde, l'usage du zéro et de la numération décimale de position est entré dans les mœurs depuis si longtemps que l'on est allé jusqu'à mettre en jeu leurs principales caractéristiques sous une forme subtile et très poétique dans diverses strophes et pièces versifiées d'expression sanskrite.

A preuve cette citation du poète Bihârîlâl qui, dans son *Satsaî*, fameux recueil de poèmes, rend hommage en ces termes à une très belle femme :

« Le point [qu'elle a] sur le front
Fait décupler sa beauté,
Exactement comme lorsqu'un point zéro (**shûnya-bindu*)
Fait décupler un nombre. »

Réf. : B. Datta, in : AMM, XXXIII, 1926, p. 220 *sq.*

Rappelons d'abord que le point que cette femme a sur le front n'est autre que le **tilaka* (mot à mot : « sésame »), marque représentant chez les hindous le troisième œil de *Shiva, c'est-à-dire l'œil de la connaissance. Alors que les jeunes filles se mettent un point noir entre les sourcils au moyen d'une matière colorante non indélébile, les femmes mariées, elles, apposent un point rouge d'une manière permanente sur le front : il semble donc que l'hommage ait été rendu ici à une femme mariée.

Or, on sait que le point (**bindu*) figure parmi les nombreux symboles numériques de valeur égale à zéro, et qu'il constitue même l'une des représentations graphiques de ce concept.

Voir **Zéro. Śhûnya-bindu. Chiffre 0** (en forme de point).

Il s'agit donc bien là d'une très nette allusion à la propriété d'opérateur arithmétique que possède justement le zéro de la numération décimale de position, car si on en ajoute un à droite de la représentation d'un nombre donné, on multiplie la valeur de celui-ci par dix (voir chapitre 28, fig. 28.36 et 28.37).

Autre citation, tirée cette fois du *Vâsavadattâ* du poète *Subandhu (long conte d'amour, écrit dans une langue extrêmement élaborée, fourmillant de jeux de mots, de phrases à sous-entendus et de périphrases) :

« Et au moment du lever de la Lune
Avec son obscurité de la nuit tombante,
C'était comme si, avec des mains croisées,
Semblables à des lotus bleus fermés,
Les étoiles s'étaient mises aussitôt
A briller dans le firmament (**gagana*)...
Comme des zéros en forme de point (**śhûnya-bindu*),
A cause de la vacuité (**śhûnyatâ*) du **samsâra,*
Disséminées dans l'espace (**kha*),
Comme si elles avaient été [dispersées]
Dans le bleu foncé recouvrant la peau du Créateur [= *Brahma],
Qui en avait calculé la somme totale
Au moyen d'un morceau de Lune en guise de craie. »

Réf. : *Vâsavadattâ of Subandhu*, F. Hall, Calcutta 1859, p. 182 ; Datta et Singh, p. 81.

Ici aussi, la métaphore utilisée ne laisse planer aucun doute : le « vide » (**śhûnya*) – qui est mis ici en relation avec la vacuité (**śhûnyatâ*) du cycle des renaissances (**samsâra*) – est impliqué également, dans sa représentation en forme de point (**śhûnya-bindu*), en tant qu'opérateur dans l'art du calcul écrit.

Il fallait donc vraiment que ces concepts fussent entrés dans les mœurs depuis longtemps pour que les subtilités ainsi mises en jeu fussent comprises et appréciées du « large public » de l'époque.

ZODIAQUE. [S]. Valeur = 12. Voir **Râśhi. Douze.**

Chapitre 25

LES CHIFFRES ET LE CALCUL INDIENS EN TERRE D'ISLĀM

C'est donc bien à la civilisation indienne que nous devons l'invention de notre numération décimale de position et de notre zéro mathématique, ainsi que l'élaboration des bases mêmes du calcul écrit tel que nous le pratiquons de nos jours.

Cet événement historique considérable, on l'a vu, s'est produit avant le milieu du Ve siècle de notre ère (voir chapitre 24).

Mais il aura fallu plus de cinq siècles pour que les neuf chiffres significatifs correspondants fussent transmis à l'Europe chrétienne.

Il aura fallu ensuite deux ou trois siècles de plus pour que le zéro y fît son apparition en même temps que ces méthodes de calcul, et un laps de temps encore plus considérable pour que ces nouveautés révolutionnaires fussent propagées et définitivement acceptées dans le monde occidental (voir chapitre 26).

L'influence indienne ne s'est cependant pas exercée directement sur l'Europe : nous en sommes redevables en réalité à l'œuvre essentielle des savants arabo-musulmans, qui ont véhiculé la science indienne et ainsi joué, entre plusieurs autres rôles fondamentaux, celui de l'« intermédiaire » entre les deux mondes[1].

Avant même de poursuivre, il ne serait donc pas inutile de parler d'abord des Arabes, du fonds de leur culture, de leur mode de pensée, de leur science et de leurs contributions fondamentales à l'évolution scientifique mondiale. Tel est le but de l'encadré ci-après, dont la destination est de permettre de mieux saisir les conditions mêmes de cette transmission capitale, ainsi que les véritables circonstances de l'internationalisation de la science et du système indien.

---

1. La transcription scientifique ne sera pas scrupuleusement suivie dans ce chapitre pour les mots et les noms de la langue arabe, où nous conserverons les « kh », les « gh » et les « sh » (au lieu des ḫ, ġ et š) afin de mieux faciliter leur lecture par un public non spécialisé.

Par ailleurs, comme dans la première section du chapitre 24, à chaque fois que le besoin s'en ressentira, nous ferons souvent référence aux articles du *Dictionnaire des symboles numériques de la civilisation indienne* (p. 3), en munissant d'un astérisque chaque terme, sanskrit ou français, concerné par le renvoi (exemples : **Arithmétique de position,* **Calcul,* **Mathématiques indiennes* [*Histoire des*], **Siddhânta,* **Zéro,* etc.).

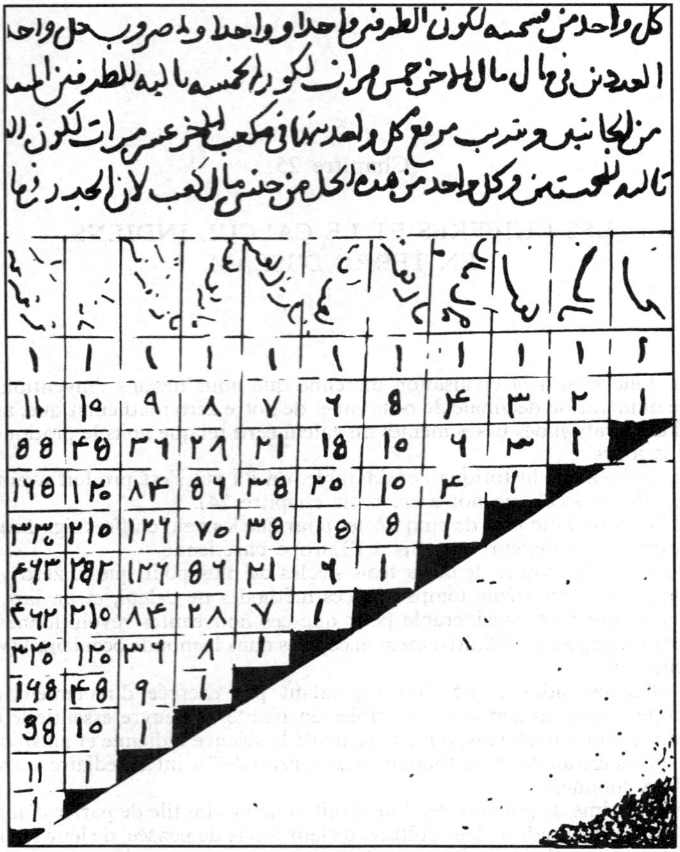

Fig. 25.1. – *Détail d'une page de l'ouvrage* Al Bahīr fī ʿilm al ḥisāb *(« Le Livre lumineux sur l'arithmétique ») du mathématicien, médecin et philosophe juif d'origine maghrébine converti à l'Islām, As Samaw'al ibn Yaḥyā al Maghribī (mort vers 1180 à Maragha).* Istanbul, Bibl. Aya Sofya, Ms ar. 2 718. Réf. R. Rashed et S. Aḥmed.

Ce document, qui reproduit au moyen des chiffres « hindi » des Arabes d'Orient le triangle arithmétique dit « de Pascal », montre que les mathématiciens du monde musulman connaissaient le développement du binôme $(a + b)^m$, pour un exposant « m » entier positif quelconque, dès le Xᵉ siècle au moins. L'auteur, qui avoue ne pas être celui du tableau, en attribue en effet la paternité à Al Karajī, dont on sait qu'il vécut à la fin du Xᵉ siècle (cf. A. Anbouba ; R. Rashed).

LES CONTRIBUTIONS DE LA CIVILISATION ARABO-ISLĀMIQUE

En moins d'un siècle après la mort du prophète Muḥammad (Mahomet), les Arabes islāmisés édifièrent par la conquête un immense empire. Au début du VIIIe siècle, celui-ci s'étendait des Pyrénées aux confins de la Chine, en passant par l'Espagne, l'Italie du Sud, la Sicile, l'Afrique du Nord, la Tripolitaine, l'Égypte, la Palestine, la Syrie, une partie de l'Asie Mineure et du Caucase, la Mésopotamie, la Perse, l'Afghânistân et la vallée de l'Indus.

Cette avancée fut toutefois stoppée : en 718 par l'armée byzantine près de Constantinople ; en 732 par Charles Martel à Poitiers ; et en 751 par les armées chinoises aux limites de la Sogdiane.

Quant à l'empire lui-même, une fois que l'influence politique des « Fils du désert d'Arabie » eut décliné, il fut dirigé d'abord, pendant près de cent ans, par les califes de la dynastie des Umayyades (661-750), avec Damas pour capitale. La relève sera prise ensuite par les califes abbassides (750-1258), qui transféreront leur capitale à Bagdad en 772 et régneront sur cet empire durant les cinq siècles suivants.

Mais à la période d'exaltation caractéristique de cette expansion succédera alors un âge très fertile d'assimilation culturelle et d'épanouissement scientifique qui éblouira le monde pendant plusieurs siècles, avant de s'achever au XIIIe siècle, avec les invasions mongoles, les croisades, le morcellement de l'empire et l'anarchie des guerres intestines.

L'assimilation des cultures étrangères

Lorsque les nomades arabes convertis à l'Islām sortirent du désert pour conquérir cet immense territoire, ils vivaient essentiellement du commerce des épices, des drogues, des fards et des parfums. Ils possédaient alors à peine l'écriture et manipulaient une arithmétique très rudimentaire. Quant à leur science, elle se bornait à des routines d'usage pratique consistant en de simples recettes, souvent teintées d'arithmologie, de mystique et de toutes sortes de pratiques magiques et divinatoires.

Aussi les premiers Arabes islāmisés n'eurent-ils guère, au début, les moyens intellectuels de leurs désirs de conquête, car il fallait bien pouvoir gérer et rendre compte des immenses revenus que les impôts et la capitation allaient bientôt faire affluer au centre de ce vaste empire en constitution.

Mais lors de leurs conquêtes et de leurs relations commerciales, ils se trouvèrent progressivement en contact avec des peuples de diverses origines : Syriens, Persans, Grecs émigrés, Mésopotamiens, juifs, Sabéens, Turcs, Andalous, Berbères, peuples d'Asie centrale, habitants des bords de la mer Caspienne, Afghâns, Indiens, Chinois, etc. Ils découvrirent ainsi des cultures, des sciences et des techniques éminemment supérieures aux leurs. Mais ils surent s'y adapter admirablement, en assimilant les acquis, les concepts et les connaissances, que les savants, les intellectuels et les ingénieurs des pays conquis avaient accumulés au fil des âges et développés parfois jusqu'à un stade d'élaboration assez avancé. Et c'est ainsi qu'ils entreprirent en commun avec les peuples soumis l'édification d'une science et d'une culture originales caractérisées.

Les métropoles de la science proche-orientale avant l'Islām

Le terrain, il est vrai, avait déjà été préparé à la nouvelle ère de prospérité qui s'annonçait ainsi pour la science arabe.

Depuis longtemps déjà, en Syrie et en Mésopotamie, notamment dans les écoles d'Édesse, de Nisibe et de Keneshré, on enseignait non seulement la philosophie d'Aristote et les sciences de la nature, mais aussi les mathématiques et l'astronomie, ainsi que la médecine selon les doctrines d'Hippocrate et de Galien.

Mais il faut compter aussi avec la Perse, qui constitua à l'époque un carrefour important et un centre de rayonnement où se rencontrèrent les cultures grecque, syriaque, indienne, zoroastrienne, manichéenne et chrétienne.

On sait en effet que le roi perse Khosroès Anûshîrwân (531-579) avait envoyé en Inde une mission culturelle et qu'il avait fait venir dans le même temps bon nombre de savants indiens à Jundishâpûr. D'autre part, les chrétiens de rite nestorien, qui avaient été chassés de leur école d'Édesse par l'orthodoxie byzantine, avaient trouvé refuge dans cette ville. De plus, c'est là que furent accueillis, sous le règne du même Anûshîrwân, les philosophes néo-platoniciens d'Athènes (tel le fameux Simplicius, commentateur des œuvres d'Aristote et d'Euclide), par suite de la fermeture en 529 de leur académie sur ordre de l'empereur Justinien (527-565). Et c'est bien à Édesse, Nisibe, Keneshré et Jundishâpûr que furent entreprises les premières traductions des ouvrages grecs en syriaque ou en persan et que l'on découvrit les premiers ouvrages en sanskrit. Enfin, c'est surtout à Jundishâpûr que débutèrent les premiers travaux de traduction en langue arabe, peu après la constitution de l'Empire islāmique (cf. L. Massignon et R. Arnaldez ; A.-P. Youschkevitch).

Bagdad, premier centre scientifique de l'Islām

Sous la dynastie des Abbassides, l'importance de ces centres culturels et scientifiques déclina cependant peu à peu au profit de la ville de Bagdad, qui devenant à son tour le centre de l'activité intellectuelle du Proche-Orient joua dès lors un rôle essentiel dans cette histoire.

Fondée en 762, puis érigée en capitale de l'Empire arabe en 772, celle-ci devint d'abord un centre incontournable pour le commerce international. Puis, en raison de sa situation très privilégiée, et aussi grâce à l'action de généreux souverains mécènes, tels les califes Al Manṣūr (754-775), Harūn ar Rashīd (786-809) et Al Ma'mūn (813-833), dont les subsides contribuèrent sans aucun doute au développement de la science et de la culture en pays d'Islām[1], Badgad constitua alors le foyer intellectuel le plus vivace de l'Orient. Et c'est bien là que s'amorça véritablement le développement de la *science arabe.*

L'âge d'or de la science arabe

L'une des périodes les plus brillantes de l'histoire de la science s'est écoulée en Terre d'Islām du VIIIe au XIIIe siècle.

A une époque où la civilisation occidentale, alors dévastée par les épidémies, la famine et les guerres, avait été incapable d'assurer le relais de l'héritage culturel de l'Antiquité, les savants arabo-musulmans surent en préserver l'essentiel de l'oubli, le propager et même le faire fructifier. Cela est vrai non seulement des mathématiques, de l'astronomie ou de la philosophie, mais aussi de la médecine, de la pharmaceutique, de la zoologie, de la botanique, de la chimie, de la minéralogie et de la mécanique.

Dans un effort commun, Musulmans et peuples conquis par l'Islām recueillirent en effet tous les ouvrages grecs, philosophiques, littéraires, scientifiques et techniques qu'il leur avait été possible de retrouver. Euclide, Archimède, Ptolémée, Aristote, Platon, Galien, Héron d'Alexandrie, Apollonius, Ménélaüs, Philon de Byzance, Plotin ou Diophante : ces noms seuls suffisent pour se faire une idée bien nette de la pluralité et de la diversité des œuvres que l'on aura alors traduites en langue arabe.

Les traductions et les œuvres de synthèse se multiplièrent donc et se répandirent, pendant que des universités et de riches bibliothèques se constituaient partout dans le monde islāmique. Et des villes telles que Damas, Le Caire, Kairouan, Fès, Grenade, Cordoue, Bukhârâ, Chorem, Ghaznî, Rey, Merv et Ispahan allaient devenir très vite des centres de rayonnement intellectuel et artistique avec lesquels aucune capitale chrétienne n'allait pouvoir rivaliser durant des siècles.

1. « Si nous réunissons les conditions religieuses et humaines, nous comprendrons la situation des savants musulmans et la poussée qu'ils ont donnée aux savants de toutes confessions et de toutes races, en les mobilisant pour une œuvre commune en langue arabe. Car la science est effectivement une des institutions de la cité musulmane. Non seulement des mécènes l'encouragent, mais des califes travaillent à son instauration et à son développement. Il faut citer surtout Khālid, le "prince philosophe", dont l'action relève peut-être de la légende », ainsi que « Al Manṣūr, le fondateur de Bagdad, et Al Ma'mūn qui envoyait des émissaires à la recherche des manuscrits pour les faire traduire avec ardeur » (L. Massignon et R. Arnaldez).

Science arabe ou science islāmique ?

Il faut cependant noter qu'en disant *science arabe,* on n'entend pas nécessairement *science musulmane.* Il s'agit essentiellement de la science qui avait été véhiculée par la langue arabe, devenue pendant cette longue période la langue internationale des lettrés et des savants du monde musulman et par conséquent le lien intellectuel permanent entre des hommes de diverses origines.

Car, ne l'oublions pas, l'effort scientifique qui produisit toute l'originalité de cette culture a mobilisé (et a été accompli par) tous les peuples conquis, influencés ou même simplement touchés par l'Islām.

Parmi ces diverses cultures, on l'a déjà souligné, il faut accorder une mention particulière à la Perse, puis à la culture persane qui a donné naissance à de très nombreux et brillants savants comme Al Fazzārī, Al Khuwārizmī, Al Rāzī, ibn Sīnā, Al Bīrūnī, Kushiyar ibn Labbān al Gīlī, 'Umar al Khayyām, Naṣīr ad dīn aṭ Ṭūsī ou Ghiyat ad dīn Ghamshīd al Kāshī.

D'autre part, lors de l'assimilation de la science indienne, les Arabes furent aidés par plusieurs brâhmanes hindous, que les califes éclairés de Bagdad reçurent en effet si souvent avec largesse à leur cour.

Ils furent secondés aussi par bon nombre de Persans et de chrétiens de Syrie et de Mésopotamie, qui, en fervents admirateurs de la culture indienne, étaient allés jusqu'à apprendre la langue sanskrite.

Mais il ne faut pas négliger l'apport des bouddhistes, surtout de ces nobles bouddhistes convertis à l'Islām, tel Barmak que l'on envoya en Inde pour étudier l'astrologie, la médecine et la pharmaceutique et qui, de retour en pays musulmans, entreprit maintes traductions arabes de textes sanskrits (cf. L. Frédéric [10]).

On songe également à tous les penseurs et savants arabes non musulmans, tels les intellectuels juifs ou chrétiens que l'on désignait fréquemment sous le nom générique d'*ahl al kitāb,* les « gens du livre », et que les califes de Bagdad et de Cordoue avaient souvent intégrés dans une certaine mesure, parmi les membres de leurs empires, en leur accordant parfois ce droit d'hospitalité privilégié que l'on désignait sous le nom de *dhimma*[1].

---

1. Ce mot est quelquefois traduit, à tort, par « tolérance », alors qu'il s'agit du « droit d'hospitalité », c'est-à-dire de la « protection » bien particulière que les califes de l'époque octroyaient souvent aux non-musulmans vivant dans leurs terres.

Certes, ces dirigeants ont fait preuve en général d'une certaine « tolérance » à l'égard des coutumes et des croyances des peuples soumis, en ce sens qu'ils « supportaient », parfois avec bienveillance, ceux qui professaient une foi différente de la leur.

Mais cette tolérance-là n'allait pas au-delà d'une certaine limite, la liberté d'exprimer des opinions contraires à la philosophie en place, et à plus forte raison celle de vivre conformément à ces idées, pouvant être sévèrement réprimée par la force. Qui plus est, les « non-croyants » furent souvent considérés, pour ainsi dire, comme des « émigrés de l'intérieur » ne pouvant accéder au même rang que les Musulmans.

Les savants chrétiens du monde arabe jouèrent ainsi bien souvent le rôle de relais important et de « catalyseurs » de cette science en recueillant, en traduisant et en commentant, en syriaque ou en arabe, plusieurs œuvres scientifiques et philosophiques grecques ou indiennes.

Parmi eux, il convient de mentionner : l'astrologue Théophile d'Édesse, traducteur de plusieurs ouvrages médicaux du grec en syriaque ; le médecin ibn Bakhtyashu', chef de l'hôpital de Jundishâpûr ; le médecin Salmawayh ibn Būnān ; l'astronome Yaḥyā ibn Abī Manṣūr ; le médecin Māssawayh al Mārdīnī ; le philosophe, médecin, physicien, mathématicien et traducteur Qusṭā ibn Lūqā, originaire de Baalbeck ; et les traducteurs Yaḥyā ibn Baṭrīq, Ḥunayn ibn Isḥāq, Mattā ibn Yūnūs et Yaḥyā ibn 'Adī.

Quant aux intellectuels juifs ou issus du judaïsme, citons : l'astronome Ya'qub ibn Ṭārīq, l'un des premiers savants de l'empire à étudier l'astronomie, l'arithmétique et les mathématiques d'origine indienne ; les astronomes Mashallah et Sahl al Ṭabarī ; l'astrologue Sahl ibn Bishr ; l'astronome converti à l'Islām, Sanad ibn 'Alī, constructeur de l'observatoire de Bagdad ; le médecin Ibn Janāḥ ; le mathématicien, philosophe et médecin maghrébin converti As Samaw'al ibn Yaḥyā ibn 'Abbūn al Maghribī, grand continuateur de l'œuvre algébrique d'Al Karajī ; et le médecin et historien converti Rashīd ad dīn, grand compilateur de l'histoire de la Chine.

Mentionnons aussi le grand rabbin philosophe Abū 'Amrān Mūsa ibn Maymūn ibn 'Abdallah, mieux connu sous le nom de Rabbi Moshe Ben Maïmon ou Maïmonide, dont l'intérêt encyclopédique avait englobé non seulement la philosophie, mais également les mathématiques, l'astronomie et la médecine. Né à Cordoue en 1135, celui-ci fut d'abord l'une des victimes des persécutions religieuses exercées par les souverains

(*suite de la n. 1*)

Avec le « pacte de 'Umar », on ira même jusqu'à imposer aux juifs et aux chrétiens le port de la « rouelle » : un morceau d'étoffe jaune pour les premiers, et bleue pour les autres (cf. V. Monteil).

En revanche, la conversion à l'Islām offrait à tous ceux qui y adhéraient des avantages certains, de nature sociale, pécuniaire ou même fiscale (par une sorte d'exonération de l'impôt).

Dans bien des cas, cette politique eut les effets escomptés, mais ces encouragements pacifiques ont fait place quelquefois à des pressions et à des contraintes qui entraînèrent la disparition totale et dommageable de certaines cultures autochtones.

C'est ce qui se produisit d'ailleurs pour la brillante culture de la province du Khārezm, comme l'explique Al Bīrūnī lui-même, originaire de cette province (cf. Youschkevitch) : « Et ainsi Qutayba fit disparaître les hommes qui maîtrisaient bien l'écriture du Khārezm, connaissaient les traditions de ce pays et enseignaient le savoir de ses habitants ; il les soumit à diverses vexations, de telle sorte que [celles-ci] furent ensevelies dans les ténèbres et qu'on ne peut plus savoir exactement [même dans le Khārezm] ce qui a [précédé ou] suivi la naissance de l'Islām. »

Le cas du Maghreb et surtout de l'Espagne musulmane (avant l'intransigeance affichée des souverains Almohades) montre cependant que la « tolérance » a été de règle pendant près de six siècles, dans le sens d'une liberté relativement plus étendue, tant à l'égard des juifs que des *Mozárabes* (chrétiens « arabisés »), qui vivèrent en toute quiétude selon leur propre philosophie, leurs propres organisations et conventions, avec leurs synagogues, leurs églises et leurs couvents (cf. Sourdel ; Monteil).

Almohades, qui l'obligèrent pendant seize ans à professer la religion musulmane. Cette profession de foi ne fut cependant que de façade, car naturellement, le rabbin était resté profonfément attaché au judaïsme. Au bout de ce laps de temps, il alla d'abord à Fès, puis en Palestine, avant de se fixer en Égypte, où il devint médecin à la cour des Fatimides au Caire, avant de mourir en 1204. On lui doit plusieurs traités de médecine (dont il nous reste les *Aphorismes de médecine,* le *Traité de conservation et du régime de la santé,* et les *Règles des mœurs*). Ceux-ci concernent « notamment le traitement des hémorroïdes (l'opération chirurgicale devant être pratiquée seulement en dernière extrémité), celui de l'asthme par un climat sec, la dépression nerveuse ou "mélancolie", la psychotérapie, la guérison conçue comme un retour à l'équilibre, les régimes alimentaires, le tout embrassé dans une vision globale de l'homme, toujours envisagé dans un esprit de compassion et de charité » (V. Monteil). On lui doit aussi le fameux *Moreh Nebukhim* (« Guide des Égarés »), où sa philosophie aristotélicienne cherche à concilier la foi et la raison, et où il s'affirmera comme l'un des premiers intermédiaires entre Aristote et les docteurs de la scolastique. Autre contribution fondamentale de Maïmonide, mais au judaïsme cette fois : son *Commentaire de la Mishna* (1158-1165) et sa *Seconde Loi ou la Main forte* (1170-1180). Terminons par cette remarque importante : avant même d'être traduites en hébreu ou en latin, les œuvres médicales ou philosophiques de Maïmonide furent généralement composées d'abord en arabe ; autrement dit, à côté de leur profond attachement au judaïsme, des savants comme Maïmonide furent, en ce sens, des penseurs authentiquement arabes.

L'occasion ne saurait être plus opportune pour souligner que les juifs vivant ou ayant vécu en Terre d'Islām forment une culture particulière possédant, et pour cause, de nombreux points communs avec la culture arabo-musulmane. Littérature, philosophie, poésie, danse, musique, enluminures, coutumes, art culinaire même : autant d'espaces de communications, de créations et d'interpénétrations, témoignant de l'influence réciproque qui se sera exercée depuis plus d'un millénaire entre les arts et les traditions arabo-islāmiques et la culture judéo-arabe. Ces éléments sont, en particulier, si enracinés dans les milieux issus du judaïsme méditerranéen que même parmi les *sefarad* originaires d'Afrique du Nord, émigrés depuis plusieurs décennies en Israël, au Canada, aux États-Unis ou en France, rares sont ceux qui résistent au plaisir de goûter les parfums subtils, les épices aromatiques ou les plats mijotés de leur lointaine terre natale et qui demeurent insensibles aux sons du *'ud* (le luth) et aux mélodies arabes et *qaṣīda* andalouses. C'est dire si chez eux leurs racines judéo-arabes seront restées omniprésentes pendant des générations, malgré la nature complètement différente de leur environnement actuel, auquel ils se seront d'ailleurs complètement adaptés. Mais en étant unis par une autre tradition, proprement judaïque celle-là, avec ou sans connotation religieuse, les mêmes sauront établir un contact privilégié, non seulement avec les *sefarad*, mais aussi avec les juifs de France, de Pologne, d'Ukraine, de Lituanie, d'Éthiopie ou d'ailleurs, même si ceux-ci sont parfois, physiquement, totalement différents d'eux, et même s'ils parlent des langues qui leur sont complètement étrangères. Néanmoins, par leur tolérance et leur universalisme, caractéristiques de leurs structures fondamentales, les uns autant que les autres parviendront toujours à communiquer aisément avec l'ensemble de ceux qui ne sont ni de leur croyance, ni même de leur appartenance.

Autant dire que les juifs, en n'importe quelle partie du monde, ont toujours cherché et chercheront toujours (malgré les circonstances souvent changeantes, hélas, à leur égard) à s'intégrer aux peuples avec lesquels ils cohabitent, mais à la ferme et légitime condition de conserver leur propre identité. Et dès lors qu'une politique de tolérance et de liberté leur permettra de vivre en toute sérénité, suivant une florissante et harmonieuse symbiose, elle verra bien souvent les représentants de cette communauté devenir de véritables champions de la civilisation qui les aura accueillis et intégrés de la sorte (voir chapitre 16, p. 575-577).

On conçoit désormais plus facilement qu'après l'école abbasside de Bagdad (IXe-XIe siècle), une fois que le flambeau eut été repris par les écoles de Tolède et de Séville, des savants et des penseurs juifs comme Yehuda Halevi, Salomon ibn Gabīrol (Avicébron), Abraham ibn Ezra ou Abraham bar Ḥiyya – qui surent généralement manier l'hébreu, l'arabe, le castillan, voire le latin et le grec – aient souvent servi de relais et de médiateurs entre les deux mondes, établissant ainsi un contact entre la science arabe et les intellectuels chrétiens occidentaux.

Mais naturellement, la science arabe doit aussi et surtout aux penseurs et savants musulmans. Il suffit de citer Al Fazzārī, Al Kindī, Al Rāzī, Al Khuwārizmī, Thābit ibn Qurra, Al Battānī, Abū Kāmil, Al Fārābī, Al Mas'ūdī, Abū'l Wafā', Al Karajī, Al Bīrūnī, Ibn Sīnā (Avicenne), Ibn al Haytham, 'Umar al Khayyām, Ibn Rushd (Averroès) ou Ibn Khaldūn, pour apprécier aussitôt l'importance considérable de la contribution de ces savants, qui ont été si nombreux et si féconds qu'il est impossible de citer ici la liste de leurs noms, et a fortiori celle de leurs œuvres fondamentales[1].

Il ne fait aucun doute que l'Islām et ses traditions ont tenu un rôle notoire dans l'épanouissement scientifique de cette civilisation. Car, non seulement les conquérants musulmans avaient été assoiffés du savoir détenu par les peuples soumis, mais ils avaient trouvé aussi dans leurs propres textes hiératiques une véritable incitation à l'étude et à la recherche. Le Coran leur ouvrait en effet des perspectives à l'élaboration d'un humanisme à la mesure du progrès de la connaissance, puisque l'une des nécessités imposées par l'étude de ce livre sacré et de la pensée islāmique est justement de « développer une recherche scientifique où Révélation, Vérité et Histoire soient considérées dans leurs rapports dialectiques comme les termes structurants de l'existence humaine » (M. Arkoun).

---

1. En consultant la chronologie, p. 223-239, on pourra néanmoins s'en faire une certaine idée.

Du reste, comme l'expliquent L. Massignon et R. Arnaldez, « le Coran engage fréquemment les fidèles à observer le ciel et la terre pour y trouver des preuves en faveur de leur foi. Les traditions du Prophète sont pleines de récits où l'on voulut voir la louange des sciences. Ainsi : "*Cherchez* la science depuis le berceau jusqu'à la tombe, serait-ce jusqu'en Chine." Et encore : "Celui qui cheminera à la *recherche* de la science, Dieu cheminera avec lui sur la voie du Paradis[1]". Il est vrai que cette science (*'ilm*) est avant tout la connaissance de la Loi religieuse. Mais en Islām, elle n'est pas absolument séparée de la science profane. C'est ainsi qu'on trouve toute une série de *ḥadīth* concernant la médecine, les remèdes et la légitimité de les utiliser. D'ailleurs, savants et philosophes n'ont pas manqué d'invoquer ces textes pour faire reconnaître le bien-fondé de leurs activités.

« Ainsi Averroès écrit-il dans son *Traité décisif* : "Que la Loi invite à l'observation rationnelle des êtres existants à la *recherche* d'une connaissance de ces êtres par la raison, c'est ce qui est manifeste en plus d'un verset du Coran." Cette opinion est celle de tous les Musulmans qui ont admis et cultivé la science. Il faut noter la fréquence de l'idée de *recherche* (racine : *ṬaLaBa*) » ; autrement dit : « "la terre a été donnée à l'homme pour être étudiée dans un constant effort" ».

Or c'est justement parce que le Coran invite les fidèles à contempler la puissance d'Allah dans l'organisation de l'univers que l'astronomie a toujours été considérée dans le monde islāmique comme « la science la plus noble, la plus haute et la plus belle », selon l'expression d'Al Battāni.

Il est vrai que par ses patientes accumulations d'observations et de calculs relativement aux positions des planètes, à l'état des phases de la lune, à la procession des équinoxes, etc., celle-ci fut souvent en relation directe avec les exigences du culte : détermination des heures exactes de la prière rituelle du *'asr,* des dates des différentes cérémonies religieuses, du mois de Ramadan, de l'orientation vers La Mecque, etc.

Ainsi, en dehors de la symbiose arabe réalisée dans le domaine scientifique entre les différents peuples soumis, les savants de l'Islām ont certainement trouvé, dans ces incitations coraniques et islāmiques à l'étude et à la recherche, l'une des conditions fondamentales à l'épanouissement de leur science.

C'est pourquoi, en tenant compte de toutes les considérations précédentes, il est beaucoup plus légitime de qualifier désormais d'*arabo-islāmiques* la science et la culture des pays de l'Islām.

1. Il ne nous a pas été donné de retrouver la date et les sources de ces conseils, que l'on prête si souvent au prophète Muḥammad. Il semble toutefois que ces éléments, constamment évoqués au moins depuis l'époque d'Ibn Rushd, soient fermement établis en Islām et qu'il s'agisse là de traditions authentiques s'appuyant sur bon nombre d'indices significatifs.

L'internationalisation de la Science : autre œuvre des savants de l'Islām

Or, ce sont justement ces caractéristiques qui expliquent que les savants arabes et musulmans aient été les premiers de l'histoire à conférer à la science ce caractère universel qui nous semble, de nos jours, lui appartenir essentiellement.

Avant et encore au début de l'Islām, il y avait en effet une science grecque, une science persane, une science indienne, une science chinoise, etc. ; des sciences qui, malgré la parenté de leurs préoccupations essentielles, conservaient chacune sa spécificité propre et sa manière singulière de traiter les problèmes, tout en demeurant tributaires de certaines contingences politiques, philosophiques, mystiques, voire magiques ou divinatoires. Autrement dit, avant l'Islām, il n'existait pas, comme à l'heure actuelle, une science universelle qui eût poursuivi son dessein, impassiblement au-dessus des contingences de toutes natures et au-delà de toutes les frontières possibles.

Hormis quelques phénomènes d'expansion bien localisés, aucune civilisation, il est vrai, ne s'était souciée jusque-là de provoquer un mouvement d'internationalisation de sa science, encore moins de s'inscrire en ce sens dans un mouvement de recherche unifié. Bien plus, on a souvent cherché non seulement à conserver aux connaissances acquises le caractère spécifique de leur propre culture, mais aussi et surtout à les tenir jalousement secrètes, pour ne les transmettre que par voies initiatiques, par adhésion à certaines confréries très fermées (telle la secte grecque des néo-pythagoriciens).

D'où l'orgueil que certains érudits et savants de ces époques tirèrent inévitablement de leurs connaissances alors inaccessibles au commun des mortels. Il suffit, pour s'en convaincre, de songer aux paroles de Sévère Sébokht dont l'amour-propre avait été blessé par l'orgueil démesuré de bon nombre de savants grecs de son époque. Sébokht, c'est cet évêque syrien bien connu, établi au milieu du VIIe siècle au monastère de Keneshré dans la haute vallée de l'Euphrate, qui traduisit en syriaque les *Analytiques* d'Aristote et écrivit des ouvrages d'astronomie et de géographie, ainsi qu'un traité sur l'astrolabe. Nous en avons déjà reproduit le témoignage au début du chapitre 24, mais il convient de se remémorer ses judicieuses paroles, où il évoque notamment le génie de la science indienne (voir chapitre 24, t. I, p. 818) : « Si ceux qui croient être arrivés seuls à la limite de la science parce qu'ils parlent grec avaient connu ces choses, ils seraient peut-être convaincus – bien qu'un peu tard – qu'il y en a aussi d'autres qui savent quelque chose, non seulement des Grecs, mais encore des hommes de langue différente. »

Pour légitimes qu'elles fussent, des tentatives individuelles comme celles de Sévère Sébokht n'eurent évidemment qu'une portée très limitée dans le monde.

Il a donc fallu attendre l'action des savants arabo-musulmans pour démontrer à la face du monde que la science appartient à tous les peuples et qu'elle est accessible à tous les individus qui veulent s'en donner la peine. Et c'est donc bien par ce tour de force que les représentants de la civilisation arabo-islāmique sont arrivés à prouver que même leur science ne constituait plus leur apanage exclusif.

Une première raison à cela est que ni les conquêtes perses, ni celles d'Alexandre, ni même la conquête romaine n'avaient pénétré les peuples soumis aussi profondément que les invasions musulmanes. C'est que les guerriers de l'Islām (au moins à partir d'une certaine époque) avaient été animés d'une foi religieuse à toute épreuve et d'un fort désir de convertir l'ensemble du « monde des Incroyants ».

Ce n'est cependant pas la seule raison qui a provoqué un tel mouvement d'unification et d'universalisation.

Il ne faut pas négliger, en effet, le rôle de tout premier plan joué par le commerce international, auquel il convient d'ajouter l'œuvre non moins essentielle des géographes, des voyageurs et des cosmographes, dont le travail s'était inscrit dans le même sens, à côté de celui des traducteurs, des commentateurs, des philologues et des lexicographes arabes. « En décrivant les différentes régions du globe, ces esprits curieux » ne manquèrent pas « de signaler et de décrire les merveilles de la nature, les produits du sol, la faune, les caractères de l'agriculture, les pratiques artisanales ». Et « c'était là un fonds considérable qui se constituait ». Du reste, « certains de ces géographes étaient aussi de grands savants, versés dans toutes les sciences, tel le célèbre Al Bīrūnī » (L. Massignon et R. Arnaldez).

Une autre raison a tenu à la politique d'assimilation culturelle de l'Islām aux civilisations les plus diverses : une politique qui fut conduite dès l'époque des califes de Damas, mais dont les résultats se sont fait sentir surtout au temps des califes éclairés de Badgad et de Cordoue.

Il faut tenir compte également de la politique de « tolérance » menée pendant près de six siècles par ces mêmes califes vis-à-vis des cultures, des croyances, des coutumes et des traditions étrangères, permettant assurément aux peuples d'appartenances les plus diverses de cohabiter plus ou moins sereinement avec les Musulmans.

On doit compter aussi avec ces incitations coraniques à l'étude et à la recherche – dont il a été question plus haut – et qui constituèrent non seulement une condition fondamentale de l'épanouissement de la science arabo-islāmique, mais aussi l'une des causes essentielles de son ouverture aux cultures les plus diverses.

Ainsi les savants de l'Islām ont-ils réuni toutes les qualités requises pour pouvoir entreprendre et réaliser, pour la première fois de l'histoire, l'universalité de la science, et s'inscrire par la même occasion dans un mouvement d'unification de leur science[1].

---

1. On notera cependant que malgré le caractère universel ainsi acquis par elle, la science arabo-islāmique fut toujours et avant tout orientée vers la connaissance de la Loi religieuse ; il fallut donc attendre l'époque de la Renaissance européenne pour voir la Science acquérir le caractère essentiellement *laïc,* c'est-à-dire ni religieux, ni ecclésiastique, que nous lui connaissons à l'heure actuelle.

Les conditions de développement de la science arabo-islāmique

Certes, l'attitude des premiers conquérants de l'Islām n'avait pas toujours été en faveur de la science et de la culture.

Ainsi le calife 'Umar (634-644) avait-il fait détruire une grande quantité d'ouvrages inestimables pris en Perse, en déclarant ceci, selon une tradition bien établie : « Si ces livres contiennent ce qui mène à la vérité, Allah nous a donné ce qui nous y mènera encore plus sûrement. Mais si ces livres devaient contenir des choses fausses, alors ils sont inutiles » (cf. A.-P. Youschkevitch).

Sans doute y eut-il aussi par la suite quelques oppositions semblables suivies de faits aussi dommageables pour la culture au nom d'un esprit religieux se défiant de tout apport d'une culture étrangère[1].

Mais de telles attitudes extrémistes furent tout de même exceptionnelles dans l'histoire de la civilisation arabo-musulmane. Elles furent en tout cas totalement étrangères à la pensée des califes qui régnèrent ultérieurement sur l'Islām. Car naturellement, l'amour de la science a triomphé, puisque « les courants importants, rationaliste et matérialiste, qui existaient à l'intérieur de la philosophie islāmique, ont encouragé les penseurs de l'Islām à recueillir l'héritage intellectuel de

1. Notons en effet qu'à partir d'une certaine époque, en raison de la structure politique instable régnant alors dans le monde musulman, la situation est devenue quelquefois très difficile pour les savants, qui eurent à souffrir des prérogatives imposées par leurs puissants dirigeants totalitaires. Ils devaient éviter de se trouver en conflit direct avec les doctrines de la religion et de la philosophie en place s'ils ne voulaient pas se couper des subsides alloués par leurs souverains et faire l'objet de la répression qui risquait de s'abattre sur eux.

« Souvent, explique A.-P. Youschkevitch, des charlatans et des astrologues réussissaient à gagner la confiance de souverains incultes et superstitieux. Ces gens furent évidemment des ennemis acharnés des savants authentiques. »

A la fin du XIe siècle, le fameux poète, astronome et mathématicien 'Umar al Khayyām en porte lui-même témoignagne dans son *Traité de mathématiques* :

« Nous fûmes les témoins du déclin des savants, dont seule une petite poignée demeura, soumise aux vexations. La dureté du destin de cette époque les empêcha de se consacrer entièrement au perfectionnement et à l'approfondissement de leur science. La plupart de ceux qui se donnent aujourd'hui une apparence de savants masquent la vérité par des mensonges.

« Sur le plan même de la science, ils ne vont pas au-delà du plagiat et de l'hypocrisie et le peu de savoir qu'ils possèdent, ils l'exploitent uniquement à des fins viles et matérielles. Et s'ils rencontrent un homme qui se distingue par sa recherche et son amour de la vérité, qui s'efforce de rejeter le mensonge et l'hypocrisie et qui renonce à l'imposture, ils l'accablent alors de leurs injures et de leurs sarcasmes. »

On observera cependant, que « cette situation n'a pu, à la longue, empêcher le triomphe du progrès scientifique. Dans les grandes villes furent créés des écoles et des bibliothèques ainsi que des observatoires. Les souverains éclairés, voulant donner plus d'éclat à leur règne, fondèrent des académies semblables à celles qu'instaureront plus tard les monarques européens des XVIIe et XVIIIe siècles. La transmission du savoir fut ainsi assurée ; mais ce n'est que plus tard que la découverte de l'imprimerie facilitera dans une large mesure cette transmission grâce au nombre considérable de publications d'ouvrages scientifiques » (A.-P. Youschkevitch).

l'Antiquité et favorisé [en particulier] l'épanouissement des sciences de la nature » (A.-P. Youschkevitch).

On n'insistera, en fait, jamais assez sur le rôle décisif que les savants arabes ont joué dans les domaines de la science et de la culture.

La célèbre Bibliothèque d'Alexandrie, la plus riche de l'antiquité grecque, fut pillée et détruite à deux reprises : une première fois au IVe siècle ap. J.-C. par des vandales chrétiens, et une autre fois (par un étrange paradoxe de l'Histoire) par des Musulmans exaltés du VIIe siècle. Plusieurs inestimables manuscrits originaux disparurent alors. De nombreux chefs-d'œuvre de la littérature et de la science grecques se seraient donc sans doute perdus pour la postérité s'ils n'avaient été recueillis et traduits en langue arabe.

Et si, par la suite, saint Thomas d'Aquin a pu étudier et saisir l'importance de l'œuvre du philosophe grec Aristote, c'est avant tout grâce aux ouvrages du philosophe maghrébin Ibn Rushd, alias Averroès.

De même, si Albertus Magnus (Albert le Grand) a pu développer la philosophie des universaux (question soulevée pour la première fois, au IIIe siècle ap. J.-C., dans l'*Isagoge* de Porphyre et destinée à devenir le centre des réflexions de la scolastique médiévale européenne), c'est surtout, là aussi, grâce à Ibn Sīnā (Avicenne), dont l'œuvre contenait une solution consistant en une synthèse entre les idées de Platon et d'Aristote.

Quant aux ouvrages techniques des mécaniciens grecs de l'Antiquité (tels *Les Mécaniques*, le *Traité des orgues* et le *Livre des instruments merveilleux*), s'ils nous sont aujourd'hui connus, c'est en grande partie grâce à l'œuvre des traducteurs arabes.

C'est dire si l'héritage que nous avons reçu de la Grèce antique est redevable aux Arabes.

Ceux-ci ont d'ailleurs toujours eu l'esprit pour souligner l'importance considérable de la science grecque, pour laquelle ils ne manquèrent jamais d'exprimer une profonde admiration.

C'est ce que manifeste Sā'id al Andalusī, qui s'exprime ainsi dans ses *Tabaqāt al umam*, après un préambule sur l'histoire d'Alexandre : « La langue des Hellènes est appelée grecque ; c'est la plus vaste des langues et la plus robuste à la fois. » Entrant alors dans des détails relatifs aux principaux penseurs de la Grèce antique, l'auteur fait ensuite observer que ceux-ci sont « les hommes les plus élevés au rang, les savants les plus respectables en dignité, ayant manifesté un authentique souci des différentes espèces du savoir » (cf. HGS, I, p. 432).

Éloquent témoignage de la reconnaissance arabe du caractère unique, de la subtilité, de l'objectivité et du désintéressement de la science grecque.

La culture grecque a joué, il est vrai, un rôle incomparable dans le développement de la science arabe. Au point que d'aucuns sont allés jusqu'à soutenir que celle-ci n'avait été « que la simple continuation de la science des Grecs ».

Cette opinion est aussi exagérée que celle qui soutient que « l'Inde, et non pas la Grèce, a laissé son empreinte sur la jeune Arabie, a formé son idéal religieux et inspiré ses expressions les plus caractéristiques en art, en littérature et en architecture » (Havell, p. 256).

L'armature de la pensée scientifique arabe a, certes, constitué un prolongement évident de la science hellénique, sur le modèle de laquelle elle avait été forgée en grande partie. Et il est tout aussi évident que les Arabes ont su préserver cette science et tenir par la même occasion le rôle de véhicule dans la propagation des découvertes et des réalisations des savants grecs de l'Antiquité. Mais il n'est pas moins vrai qu'en y trouvant une large source d'inspiration, les savants de l'Islām ont su la développer et même la faire fructifier.

Et d'ailleurs, même si leur science a été marquée pendant un certain temps par une nette prédominance de la culture hellénique, les Arabes ne se sont pas attachés qu'au fonds de la civilisation grecque. Ils se sont intéressés aussi aux cultures orientales, dont ils ont emprunté différents éléments pour les adapter à leurs besoins, selon leur propre usage.

Sous l'influence des numérations alphabétiques grecque, juive et syriaque, ils forgèrent ainsi leur alphabet numéral en adaptant le principe correspondant aux vingt-huit lettres de leur propre écriture alphabétique (voir chapitre 19).

Grâce aux chrétiens de Syrie et de Mésopotamie, ils héritèrent aussi de la vieille numération positionnelle et du zéro des savants babyloniens, dont ils usèrent dans leurs tables et leurs traités astronomiques pour noter les fractions sexagésimales de l'unité.

Mais en entretenant de fructueuses relations commerciales avec la Perse et les diverses provinces du sous-continent indien, ils entrèrent en contact également avec la civilisation indienne.

Ce faisant, ils s'initièrent à son arithmétique, à son algèbre et à son astronomie, et bénéficièrent ainsi, dans une large mesure, de sa science et de son esprit caractéristique[1].

Autre influence étrangère exercée sur la science et les techniques des Arabes : celle des Chinois.

Après la bataille de Talas en 751, les Arabes reçurent en effet de leurs prisonniers chinois les secrets de la fabrication du *papier de lin ou de chanvre. La première fabrique sera alors construite à Bagdad aux alentours de l'an 800, avant même que le papier ne gagne l'Europe à partir du XIIe siècle, par l'intermédiaire de l'Espagne (cf. Carter et Goodrich).

1. Dans ses *Tabaqāt al Umam*, Sā'id al Andalusī exprime son admiration pour la culture indienne. Il reconnaît en effet son antériorité culturelle sur l'Islām et y voit même « la mine de la sagesse, la source du droit et de la politique ». Il ajoute que « les savants de l'Inde se sont attachés à la science du nombre (*'ilm al 'adad*), aux règles de la géométrie, à l'astronomie et, d'une manière générale, aux mathématiques ». Et selon lui, « ils dépassent tous les peuples dans la médecine et dans la connaissance des médicaments ». Notons toutefois cette conclusion quelque peu subjective de l'auteur. D'après lui, les talents et les qualités intellectuelles du peuple indien ne proviendraient que « de la bonne fortune (*ḥaẓẓ*) », due aux « influences astrales », et ne seraient issus par conséquent que du « lot (*qidḥ*) dont il est bénéficiaire » (cf. HGS, I, p. 432).

On sait aussi qu'au début du XIVe siècle, le médecin et historien juif converti à l'Islām, Rashīd ad dīn, grand vizir du sultān mongol Ghazan Khān à Tabriz, a réuni une bibliothèque de 60 000 manuscrits, dont un bon nombre fut constitué de sources chinoises et indiennes.

Le même, à partir d'une compilation sur l'histoire de la Chine, s'est attaché, dans son « Histoire universelle » (*Jāmi' at tawārikh*), à décrire soigneusement la gravure sur bois des caractères chinois, dont il a donné en même temps la transcription arabe. Puis il a fait traduire en arabe et en persan des extraits des ouvrages médicaux les plus connus de la Chine et de la Mongolie ; parmi eux figure le *Me jing*, traité de sphygmologie (ou science du pouls artériel) de Wang Shuhe (265-317), qui distingue quatre méthodes standard d'examen médical – à savoir l'observation, l'auscultation, l'interrogation et la palpation – et qui ne sera étudié en Europe occidentale qu'à partir du XVIIIe siècle (cf. Gremek ; Monteil).

Cependant, les Arabes ne se sont pas contentés de conserver les fonds des cultures grecque, babylonienne, chinoise ou indienne. Ils ont apporté aussi leur propre contribution à l'édifice.

En recueillant, en traduisant et en étudiant soigneusement les œuvres du passé, ils y ont en effet ajouté divers commentaires, assortissant souvent leurs explications de développements originaux, le tout dans un esprit critique rejetant tout dogmatisme figé (cf. Hayes ; Nasr ; Youschkevitch).

Et c'est ainsi qu'en mathématiques, des méthodes grecques furent souvent mêlées aux méthodes indiennes, parfois même suivant des combinaisons mettant en jeu des procédés babyloniens, ou même, quoique plus tardivement, des procédés d'origine chinoise.

C'est dire si les Arabes, dans le remarquable esprit de synthèse qui les a caractérisés, ont su réunir la rigueur de systématisation des mathématiciens et des philosophes de la Grèce antique au caractère pratique de la science indienne.

D'où les progrès notoires qu'ils ont fait accomplir à l'arithmétique, à l'algèbre, à la géométrie, à la trigonométrie et à l'astronomie.

Ainsi dans le domaine de l'arithmétique, les Arabes ont-ils accompli une œuvre considérable en recueillant, en propageant et en enseignant l'usage des chiffres et du calcul indiens, et en poussant l'étude de certaines propriétés remarquables des nombres vers un embryon de la théorie des nombres.

L'algèbre doit également beaucoup aux efforts déployés par des savants tels que Al Khuwārizmī, Abū Kāmil, Al Karajī, As Samaw'al al Maghribī, 'Umar al Khayyām, Al Kāshī ou Al Qalaṣādī, qui, grâce à leur esprit pratique et à leur esprit de synthèse, surent, sans doute beaucoup mieux que les Indiens, orienter l'arithmétique vers une technique d'opérations algébrisées, pour en faire (selon le mot de P. Boutroux) une science constructive et positive.

C'est que dans le domaine numérique, l'esprit arabe (et plus généralement sémitique) « immatérialise le nombre et le "personnalise". Ce n'est plus une nature douée de propriétés, mais un être actif doué d'un rôle opératoire, qui concourt avec d'autres dans l'ensemble des opérations. En étendant aux mathématiques cet atomisme occasionnaliste professé par les premiers scolastiques de l'Islām, la pensée arabe a projeté les nombres, non plus dans le continu spatial qui est statique et fermé selon la conception des Grecs, mais dans une durée ouverte, illimitée, où ils apparurent comme des sillages stellaires discontinus d'instants d'intensité "quantique" et d'efficacité contrôlable... Ainsi, ce qui intéresse les Arabes dans la série des nombres, ce n'est pas la suite "naturelle" et chosifiée, c'est le terme défini par sa place dans la série avec sa singularité. Ils ont recherché l'ordinal, plutôt que le cardinal ; ils ne se sont pas sentis rebutés par l'impair ni par l'irrationnel qui horrifiait les Grecs. On a même retrouvé chez Thabīt ibn Qurra la notion cantorienne du transfini » (L. Massignon et R. Arnaldez).

Comme l'explique A.-P. Youschkevitch, « l'assimilation de l'héritage classique a permis aux mathématiciens des pays islāmiques d'atteindre, dans le développement des algorithmes numériques et des problèmes correspondants, un plus haut niveau que celui auquel pouvaient accéder les mathématiciens indiens et chinois. Elle leur a permis également de trouver des moyens plus efficaces pour résoudre et généraliser ces problèmes, que ceux dont disposaient ces derniers. Là où les Indiens et les Chinois se contentaient d'établir une règle de calcul particulière, les mathématiciens de l'Islām réussissaient souvent à développer toute une théorie.

Recherche de l'objectivité, remise en question des doctrines des Anciens et recours systématique à l'analyse, à la synthèse et à l'expérimentation, telles sont donc les caractéristiques de l'esprit véritablement scientifique qui avait animé les savants de l'Islām.

« Le progrès des sciences, quant au contenu des connaissances, est fonction du progrès de l'esprit scientifique. » Cette remarque souligne bien que les savants de l'Islām ont été, sur ce point, des pionniers incontestables par le rôle incomparable qu'ils ont joué dans la conquête et l'organisation de la science. Et de fait, « sur le plan de la recherche comme sur celui de l'enseignement », les circonstances précédentes ont fait « naître le besoin d'inventaires du savoir. Peut-être certains de ceux qui se livraient à ces établissements de catalogues ont-ils cru que la science était achevée, et qu'il n'y avait plus qu'à l'assimiler. Mais cette récapitulation des connaissances acquises constituait un excellent prélude à la recherche méthodique et au progrès. Le besoin d'inventaire donna lieu à des classifications des sciences [comme celle d'Al Fārābī ou celle d'Avicenne] qui témoignent par elles seules d'une certaine évolution du concept de science. Sans doute n'étaient-elles pas une innovation. Mais, sous l'influence de Platon et d'Aristote, les Anciens divisaient les sciences en fonction de leur méthode et du caractère essentiel du degré d'intelligibilité de leur objet. Chez les Arabes, là même où ils reprennent des étiquettes grecques, la classification a une valeur propédeutique accentuée. Elle constitue avant tout un recensement et un programme. Les sciences existent ; il faut les mettre à leur place pour n'en oublier aucune. La méthode n'est pas déduite a priori d'une conception de l'objet scientifique ; elle est décrite dans l'œuvre réelle de la science. Ce renversement est d'importance, car il est à la base de la formation d'un esprit expérimental. C'est en connaissant qu'on apprend à connaître, qu'on voit les procédés à mettre en œuvre et les vérités accessibles. Par suite, le défaut d'analyse conceptuelle, qui marque les classifications des sciences chez les Arabes et qui porte à les dédaigner, se tourne en avantage, du point de vue purement scientifique » (L. Massignon et R. Arnaldez).

D'où ce progrès décisif de la pensée scientifique des Arabes, pour qui connaître n'était plus contempler, mais faire ; autrement dit, vérifier, remettre en cause, expérimenter, observer, repenser, décrire, identifier, mesurer, corriger, voire compléter et généraliser. Et c'est ainsi qu'entre les mains des Arabes, la science fut orientée désormais dans le sens d'une science opératoire suivant le développement de la « raison scientifique ». Il faut ajouter à cela « un magnifique élan de curiosité, un amour et une profonde estime du savoir », prouvant ainsi (selon la formule de L. Massignon et R. Arnaldez) que les Arabes n'ont pas seulement conservé et transmis la science de l'Antiquité, mais qu'ils l'ont transformée et établie sur des bases nouvelles, lui apportant ainsi une vie nouvelle et un caractère original.

L'arabe, agent et véhicule de la science des pays de l'Islām

Une autre raison qui permit aux Arabes de s'inscrire à la fois dans ce mouvement d'internationalisation et de recherche unifié de leur science touche cette fois à leur langue et à sa structure caractéristique.

Depuis le début de l'histoire de la science arabo-islāmique, tout écrit qui voulait acquérir une valeur et une portée dans les sciences devait obligatoirement être composé en arabe, cette langue étant devenue pendant cette longue période le lien intellectuel permanent entre des lettrés et des savants de diverses origines.

Mais en dehors du passage obligé, cette langue avait constitué une véritable passion pour un grand nombre de philosophes, mathématiciens, physiciens, chimistes, médecins et astronomes, qui l'avaient employée de préférence à toute autre pour exprimer leur science et leurs connaissances.

L'exemple le plus caractéristique est celui des savants persans Ibn Sīnā (Avicenne) et Al Bīrūnī. Car plutôt que d'écrire en turc ou en persan, ceux-ci, nés pourtant tous les deux dans le Khārezm, au nord de l'Iran dans ce qui est aujourd'hui l'Uzbékistan (ex-URSS), avaient toujours voulu rédiger leurs textes et leurs ouvrages en arabe. D'ailleurs, Al Bīrūnī nous explique lui-même les raisons de sa préférence dans son *Kitāb as saydana* (« Traité des drogues ») (cf. V. Monteil, p. 7) :

« C'est en arabe que, par traduction, les sciences [nous] ont été transmises de toute part, et qu'elles ont été embellies et se sont glissées dans nos cœurs. Les beautés de la langue arabe ont circulé avec elles dans nos artères et dans nos veines. Certes, chaque nation se plaît aux couleurs de sa langue bien-aimée, celle du commerce habituel que chacun entretient avec ses amis et ses compagnons. Mais, si j'en juge par moi-même et par ma langue natale, je pense qu'une science serait aussi étonnée de s'y voir éternisée qu'un chameau de se trouver dans la rigole de La Mecque ou une girafe au milieu de pur-sang. Quand je compare l'arabe au persan – et je suis à l'aise dans les deux langues – j'avoue préférer l'invective en arabe à l'éloge en persan. Il suffit, pour être d'accord avec moi, de voir ce que devient un ouvrage scientifique, une fois qu'il est traduit en persan : il perd tout éclat, sa portée décline, ses traits se voilent, et il ne sert plus à grand-chose. Le persan n'est bon qu'à transmettre des récits historiques sur les anciens rois ou des contes pour les veillées nocturnes. »

Nous laissons bien entendu à Al Bīrūnī l'entière responsabilité de son jugement abrupt, sommaire et totalement injustifié vis-à-vis du *farsi*. De nombreux savants musulmans originaires de la Perse, de l'Afghânistân et de la vallée de l'Indus l'ont souvent employé parallèlement à l'arabe, tant il est vrai que le persan est une langue importante de civilisation, parfaitement capable d'exprimer n'importe quel concept, ainsi que toute la rigueur, les nuances et le fond de la pensée scientifique.

Il n'empêche que cette prédilection particulière d'Al Bīrūnī pour la langue arabe n'est certainement pas due au hasard, encore moins aux caprices d'une mode passagère.

Car c'est par la structure que les savants, traducteurs, commentateurs, grammairiens, philologues et lexicographes ont conférée à la langue arabe au cours des siècles afin de répondre aux exigences des traductions des œuvres étrangères et à la transposition des textes scientifiques, que celle-ci s'était considérablement enrichie et avait acquis peu à peu le caractère de « langue scientifique ».

En fait, « quand on fait passer un texte scientifique de la langue où il a été pensé dans une autre langue également bien équipée, il peut se présenter des difficultés grammaticales, mais non d'ordre technique et conceptuel. Tel n'était pas le cas pour l'arabe mis en face du grec [au temps des premières traductions] : ici il fallait en partie créer un lexique, en partie réajuster le vocabulaire existant en fonction des besoins de la science. Il est vrai que souvent il y avait un intermédiaire en syriaque, et cette langue sémitique pouvait préparer les voies à l'arabe. Peu à peu se constitua donc une langue scientifique arabe. Or ce travail ne fut pas exclusivement philologique ; il s'accompagna très souvent de deux recherches très favorables au développement de l'esprit scientifique : l'identification et la vérification des concepts » (L. Massignon et R. Arnaldez).

C'est en effet dans cet esprit que les lexicographes ont inventorié la langue arabe, comme les savants avaient inventorié le savoir en tentant de classifier les connaissances, repensant les concepts et les évaluant puis les structurant les uns par rapport aux autres. Quant aux traducteurs et aux commentateurs de textes, en cherchant alors des équivalents arabes aux terminologies étrangères, ils effectuaient leurs recherches non seulement dans les lexiques et dans la nature, mais aussi dans l'expérience et les différents éléments du savoir, soit pour introduire des mots et des concepts nouveaux, soit encore pour glisser des idées nouvelles sous des enveloppes verbales plus anciennes.

Et c'est ainsi que l'arabe a acquis finalement une aptitude tout à fait particulière à exprimer la pensée scientifique et à la développer dans le sens historique du progrès des sciences exactes.

Et l'on comprend que cette langue, considérée d'abord comme celle de la Révélation et comme critère fondamental d'appartenance séculaire de tout Musulman à la communauté islāmique (l'*Umma*), soit devenue ensuite, non seulement le véhicule d'une pensée scientifique internationale, mais aussi et surtout l'agent essentiel de la renaissance et le facteur prépondérant de la révolution scientifiques des Arabes.

Autres contributions des Arabes

Les Arabes apportèrent également une importante contribution dans le domaine de la technique, en héritant notamment de la tradition laissée par les mécaniciens grecs de l'Antiquité.

L'école grecque (qui avait été marquée par des savants aussi prestigieux qu'Archimède, Ctésibios, Philon de Byzance ou Héron d'Alexandrie) avait donné naissance à une technique mécanique assez avancée : usage de la vis sans fin, de la vis creuse, de moufles, de poulies mobiles, de leviers et de machines de guerre ; utilisation de clepsydres (sortes d'horloges actionnées par l'écoulement de l'eau) ; fabrication d'astrolabes (appareils servant à observer la position des astres et à déterminer leur hauteur au-dessus de l'horizon) ; construction d'automates (dispositifs capables de se mouvoir d'eux-mêmes) ; usage de l'hodomètre (instrument destiné à mesurer les distances, comportant une série d'engrenages à vis sans fin, mues par les roues d'un chariot et entraînant une aiguille le long d'une échelle graduée servant à indiquer la distance ainsi parcourue) ; etc. (cf. E. de Bons ; A. Feldman et P. Fold ; B. Gille [1], [3] ; C. Singer ; D. de Solla Price).

Certes, les Grecs de Byzance furent les continuateurs des mécaniciens grecs d'Alexandrie et, dans une certaine mesure, l'une des courroies de transmission avec l'Europe médiévale[1].

Mais la tradition grecque aura été véhiculée aussi et surtout grâce aux efforts entrepris par les mécaniciens du monde musulman. Et l'on observera que, là aussi, les Arabes ont assimilé les héritages reçus, fait œuvre de synthèse, apporté des perfectionnements sensibles aux techniques léguées, parvenant à innover parfois dans ce domaine. Ainsi sur l'ordre du calife Aḥmad ibn Mu'taṣim, Qustā ibn Lūqā al Ba'albakkī

1. Parmi eux, il convient de citer le nom d'Athénée, qui donna une compilation d'auteurs antérieurs, tel Vitruve, que nous connaissons grâce à lui.

traduisit-il en langue arabe le traité d'Héron d'Alexandrie concernant la traction des corps lourds ; d'autres traduisirent ou s'inspirèrent des œuvres de Philon de Byzance (cf. B. Gille [2]). Mais les mécaniciens arabes se sont distingués aussi dans la branche si délicate de la mécanique horlogère. Ils firent même œuvre originale, surtout dans le domaine des automates et des horloges astronomiques, qu'ils héritèrent non seulement des Grecs, mais probablement aussi des Chinois, autres experts en la matière (voir début du chapitre 32).

Parmi les plus fameux mécaniciens du monde arabo-musulman, nous citerons : les frères Banū Mūsa ibn Shākir, auteurs notamment d'un traité intitulé *Al 'ālat illatī tuzammir bī nafsihā* (« L'instrument qui joue par lui-même », composé vers 850), largement inspiré des idées d'Héron d'Alexandrie ; Ibn Mu'adh Abū 'Abdallah al Jayyanī, auteur de l'ouvrage *Kitāb al asrār fī nata'ij al afkār,* où celui-ci décrit plusieurs horloges à eau (2e moitié du Xe siècle) ; Badī' al Zamān al Aṣṭurlābī, célèbre pour les automates qu'il construisit pour les rois Seljukides (1re moitié du XIIe siècle) ; Abū Zakariyyā Yaḥyā al Bayāsī, connu pour ses orgues mécaniques (2e moitié du XIIe siècle) ; et Ridwān de Damas, rendu fameux pour ses automates actionnés par des flotteurs (1203). Mais le plus connu et le plus fécond fut Isma'il ibn al Razzāz al Jazzarī, dont le *Kitāb fī ma'rifat al ḥiyat al handasiyya* (« Livre de la connaissance d'ingénieux instruments mécaniques », 1206) reflète une parfaite connaissance des traditions grecques et relève d'innovations inconnues semble-t-il jusque-là. Celui-ci donne en effet non seulement les plans de construction de flûtes perpétuelles, d'horloges à eau, de systèmes mécaniques de pompage pour alimenter une fontaine ou encore d'automates à flotteurs et à mouvements transmis par des chaînes et des cordelettes ; mais il donne également la description de véritables *automates séquentiels,* notamment par l'utilisation de l'arbre à cames, transformant ainsi le mouvement circulaire d'une sorte de vilebrequin en un mouvement alternatif des organes de distribution (voir chapitre 32, paragraphe relatif aux automates de ce type).

A côté de ces divers instruments, il y a aussi l'astrolabe que les Occidentaux ont connu (en même temps que les chiffres « arabes »), grâce au moine auvergnat Gerbert d'Aurillac, devenu pape en 999 sous le nom de Sylvestre II, qui l'avait acquis lui-même des Arabes lors d'un séjour qu'il effectua de 967 à 970 en Espagne.

Mentionnons aussi la boussole, ingénieux instrument à l'aiguille aimantée qui a rendu possible et favorisé considérablement la navigation au long cours : inventée par les Chinois au début de notre ère, celle-ci fut récupérée ensuite (vraisemblablement en 752, lors de la bataille de Talas) par les Arabes, qui la révélèrent à leur tour aux Européens du Moyen Age et de la Renaissance.

Autre domaine embrassé par les savants de l'Islām : l'optique, qui permet la réalisation de miroirs. Cette science « a été étudiée tout particulièrement par Ibn al Haytham. On trouve chez lui une optique physiologique et une discussion philosophique de la nature de la lumière, mais il est important surtout par ses recherches géométriques. Il connaît la réflexion et la réfraction ; il expérimente avec différents miroirs, plans, sphériques, paraboliques, cylindriques, tantôt concaves, tantôt convexes. On a de lui un traité sur la mesure du paraboloïde de révolution. Il s'est engagé dans la recherche physique proprement dite, par ses travaux sur la lumière des étoiles, l'arc-en-ciel, les couleurs, les ombres et l'obscurité. Comme on le voit, chez un savant de cette envergure, la distinction entre sciences mathématiques et sciences de la nature n'est pas arrêtée, et il passe constamment des unes aux autres » (L. Massignon et R. Arnaldez).

Mais il y a aussi la parfumerie, qui constitua sans aucun doute l'un des terrains de prédilection les plus favoris des Arabes. Certes, ce domaine avait été privilégié depuis l'Antiquité par les habitants de la région, depuis l'Égypte jusqu'à la Perse et de la Syrie-Palestine à la Mésopotamie, en passant par l'Arabie.

A Babylone, aussi bien qu'à Persépolis, hommes et femmes vivaient ainsi dans un luxe parfumé ; et l'usage des essences était si répandu que la plus grande marque de deuil et d'affliction que quelqu'un pouvait témoigner était alors de se priver de parfum. En Égypte également, quantité d'extraits étaient destinés à réjouir les vivants autant qu'à embaumer les morts afin d'assurer l'immortalité de leur âme. Et l'on sait que la belle souveraine Néfertiti se baignait fréquemment dans des eaux parfumées de roses et de jasmin, pendant que ses servantes l'oignaient d'extraits de fleurs rares et d'huiles de bois précieux, d'ambre et de musc.

Et comme de l'Égypte à la péninsule arabique, il n'y a qu'un pas, les Arabes de l'Antiquité eurent vite fait de le franchir, surtout en cette partie de l'extrême sud que l'on appelle aujourd'hui le Yémen, déjà terre des aromates par excellence, pays à la fois réel et mythique des parfums sacrés, d'où la reine de Saba avait envoyé au roi Salomon une superbe collection d'extraits. Et c'est là que s'effectuaient les transactions du commerce des fards, des épices, des drogues, des parfums et des aromates et d'où partaient de nombreuses caravanes en direction du monde grec et de l'Empire romain. Au point qu'Hérodote s'écriera que « de l'Arabie entière, s'exhale une odeur d'une merveilleuse et divine suavité » en ajoutant : « c'est là que se trouvent les plus suaves parfums du monde : la myrrhe, l'encens, la cannelle, le cinnamome, le lédanon... ». Mais il avait oublié de mentionner des produits aussi essentiels que le musc, la civette, l'ambre, le santal, le jasmin et la rose.

En tant qu'initiateurs de l'alchimie médiévale (de *al kimiya',* dont notre mot « chimie » sera d'ailleurs issu), les Arabes attachèrent une place fort importante à la technique de la distillation, héritée sans doute des Anciens, mais qu'ils améliorèrent considérablement, leur permettant en retour d'exercer des talents tout particuliers dans le domaine de la parfumerie (cf. R.-J. Forbes).

Certes, l'alchimie avait été un art chimérique consistant à rechercher la prétendue « pierre philosophale », dont on avait cru pouvoir extraire un miraculeux moyen permettant à la fois de guérir tous les maux, faire reculer la mort indéfiniment et réaliser la transmutation des métaux : science vaine dont les fondements furent d'ailleurs mis en doute et dénoncés par de grands esprits tels Al Kindī, Avicenne et Ibn Khaldūn. Toutefois, comme le dit Diderot, l'alchimie, en dépit de toute sa puérilité, « a souvent fait découvrir de grandes vérités sur le grand chemin de l'imagination ». Et c'est donc en la dépouillant partiellement de son arithmologie et de sa magie que les savants arabes de la basse époque ont commencé à préparer le terrain à la constitution et à l'essor de la chimie moderne.

Toujours est-il que les chimistes ou alchimistes arabes (parmi lesquels il faut citer Jābir ibn Ḥayyān, Abū Mūsā Ja'far al Sūfī, Al Rāzī et Ibn Waḥshīya) ont largement contribué notamment au développement de la parfumerie, en inventant l'alambic (de l'arabe *al inbiq*) et probablement aussi le serpentin. Appareil servant à la distillation des moûts fermentés, l'alambic, en effet, permettra par la suite de redécouvrir l'alcool : l'un des véhicules privilégiés du parfum moderne (c'est-à-dire sous la forme d'une solution alcoolique parfumée). Constituant un tournant historique dans ce domaine (avant même celui qui, dès la fin du XIXe siècle, mettra à contribution les produits de la chimie de synthèse), cet appareillage permettra la distillation de plusieurs plantes aromatiques, fournissant dès lors des essences de plus en plus nombreuses venant ainsi enrichir la palette et l'art du parfumeur.

Après Cosmus et Megallus, célèbres parfumeurs de la Ville éternelle qui vécurent à l'époque du poète Martial, la décadence de l'Empire romain, les invasions barbares, les épidémies les plus redoutables et la rude période d'austérité qui s'ensuivit firent donc oublier à l'Occident le pouvoir enchanteur des parfums et des aromates, reléguant ainsi au plus bas niveau le sens olfactif des Européens. Il fallut donc attendre l'époque des croisades pour que les subtiles fragrances et substances aromatiques rapportées de Terre sainte se répandissent en Occident, et que les rois, les princes, les barons et les seigneurs découvrissent avec éblouissement tout le luxe oriental.

Et c'est ainsi que fut désormais favorisé l'artisanat des parfums et des cosmétiques en Europe, grâce à l'influence exercée par la parfumerie arabe, notamment sur les écoles de Salerne et de Montpelllier, véritables noyaux de la parfumerie moderne, dont seront issus les plus beaux fleurons de la Renaissance et de l'époque classique.

Le roi Philippe Auguste fut sans doute le premier à comprendre les avantages de cet engouement, octroyant en effet, en 1180, une charte aux parfumeurs et aux gantiers de son royaume. Mais c'est surtout au XIVe siècle, sous le règne de Jean le Bon que la parfumerie occidentale commencera réellement à s'affirmer, à la suite des ordonnances antérieures et de l'apport des croisés. Puis c'est vers 1357 qu'apparaîtra la célèbre *Eau de la reine de Hongrie,* à base de romarin, véritable ancêtre de l'eau de Cologne, qui, elle, ne sera découverte que vers 1690, par le parfumeur italien Johanni Paolo Feminis.

Les Italiens, il est vrai, ont maintenu pendant des siècles des rapports constants avec l'Orient, d'où provenait la majorité des matières premières, et se sont mis dans le même temps à composer des parfums importés par les Arabes. Ils s'étaient donc instruits à leur contact, surprenant de jour en jour chacun de leurs secrets, avant même d'évoluer considérablement d'une manière autonome. Et il en fut de même pour l'Espagne. Quant à Montpellier, si elle est devenue (avant Grasse et Paris) la ville des parfums et des parfumeurs de l'Europe occidentale, c'est du fait de ses rapports avec l'Orient par l'intermédiaire de l'Italie et de Venise en particulier, et de ses relations privilégiées avec les Catalans et avec l'Espagne, eu égard à sa production d'alcool (cf. Cyrano ; Gobert ; Longchamp (de) et Fontaines ; Pillivuyt ; Wells et Billot ; Vignaud).

Précurseurs arabes de la science contemporaine

Dernière remarque, pour souligner cette fois le caractère précurseur de certains génies de la civilisation arabo-islāmique.

Il y aurait ainsi beaucoup à dire sur Al Bīrūnī, qui avait œuvré en véritable ethnologue et historien, et dont l'esprit critique s'était sans aucun doute approché de près de l'idéal scientifique moderne ; ou encore sur Ibn Sīnā (Avicenne), grand philosophe et encyclopédiste à l'esprit synthétique, dont Green-Custom dira qu'« il est probable que jamais, avant ou après lui, nul n'eut une intelligence aussi universelle, unie à une aussi infatigable énergie » ; ou aussi sur l'œuvre d'Ibn Rushd (Averroès), à qui non seulement la philosophie arabe doit son plus grand épanouissement, mais à qui aussi de grands philosophes européens comme saint Thomas d'Aquin doivent presque tout ; ou enfin sur de grands médecins comme 'Alī Rabbān at Ṭabarī ou Ibn Māsawayh qui, considérant comme essentiels l'individualité et le bien-être du malade, avaient possédé un sens profond de ce que nous appelons aujourd'hui la déontologie médicale.

Mais c'est à l'un des plus grands penseurs de l'Islām, que nous consacrerons ce paragraphe final : l'historien 'Abd ar Raḥmān ibn Khaldūn (né à Tunis en 1332 et mort au Caire en 1406), visionnaire de la science moderne, doté d'une acuité tout à fait extraordinaire. Il suffit, pour s'en convaincre, de lire cet extrait de ses « Prolégomènes » (réf. *Muqāddimah,* p. 190) (cf. Monteil, p. 101) : « Le plan humain est atteint à partir du monde des singes (*qirada*), où se rencontrent sagacité et perception, mais qui n'est pas arrivé au stade de la réflexion et de la pensée. De ce point de vue, le premier niveau humain vient après le monde des singes : notre observation s'arrête là. » Propos très surprenants pour une époque où de telles idées étaient encore très difficilement concevables, et dont on sait qu'il aura fallu attendre la publication, en 1859, de *L'Origine des espèces par voie de sélection naturelle* de Charles Darwin, pour les voir s'épanouir pour la première fois, avant même d'être acceptées et développées dans le monde occidental. Cet exemple suffit donc pour mettre en relief la pensée résolument moderne d'Ibn Khaldūn, grand penseur de l'Islām, qui, par sa lucidité, son rationalisme, son sens des lois générales et ses profondes méditations et réflexions, s'était dressé très au-dessus de la médiocrité de l'époque de décadence où il vécut.

On comprendra donc mieux dans ces conditions ce que l'Europe doit d'abord et avant tout à cette culture ignorée, ou du moins bien méconnue du public occidental : la civilisation arabo-islāmique, dont l'œuvre, vaste et puissante (et qui mérite d'être étudiée dans son ensemble), parle pour elle avec une souveraine dignité.

Loin de nous l'idée d'avoir voulu dépeindre ici un tableau faisant de cette culture le berceau de toutes les créations qui auront fait la science et les techniques contemporaines. Mais afin de replacer dans leur véritable contexte les conditions fondamentales de la transmission des chiffres et du calcul indiens, il nous a paru essentiel de souligner l'importance considérable des contributions des savants de l'Islām, à la fois sur les plans culturel, philosophique, scientifique et technique, grâce auxquelles le monde occidental a pu assister, dès le XIe et le XIIe siècle, à son renouveau intellectuel, avant même de connaître le formidable épanouissement qui devait bientôt le conduire à franchir l'étape la plus décisive de l'histoire de la pensée scientifique actuelle.

DATES IMPORTANTES DE L'HISTOIRE DE LA CIVILISATION ARABO-ISLĀMIQUE[1]

Afin de donner une idée de l'activité culturelle, littéraire, scientifique et technique durant l'âge d'or de la civilisation arabo-islāmique, il nous a semblé intéressant de dresser en une chronologie par demi-siècle parallèlement aux faits militaires et religieux, une liste (évidemment non exhaustive) des savants et des intellectuels figurant parmi les plus illustres poètes, écrivains, mathématiciens, physiciens, astronomes, géographes, mécaniciens, chimistes, naturalistes ou médecins du monde arabe, en fournissant pour certains une indication sommaire sur leurs contributions fondamentales. Sauf mention expresse, les savants dont les noms sont donnés sans précision sont arabes et musulmans.

SECONDE MOITIÉ DU VIe SIÈCLE

571 ap. J.-C. Année dite de « l'Éléphant ». Naissance présumée du prophète Muḥammad (Mahomet).

PREMIÈRE MOITIÉ DU VIIe SIÈCLE

612. Année dite de « la Révélation », où Muḥammad débute sa prophétie à La Mecque.

1. Réf. : Al Daffa ; Arkoun ; Becker et Hofmann ; Bons (de) ; Dermenghem ; EDE ; Ed Dewachi ; EIS ; Fayzoullaiev ; Feldman et Fold ; Forbes ; Frédéric [1] et [10] ; Gille [2] ; Gillispie ; GLE ; Hayes ; Massignon et Arnaldez ; Mazaheri ; Mieli ; Monteil ; Nasr ; Pillivuyt ; Rashed ; Sarton ; Singer ; D. Sourdel ; J. Sourdel ; Suter ; Toomer ; Vogel [2] ; Wells et Billot ; Winter ; Youschkevitch.

622. Muḥammad et les premiers adhérents de la nouvelle foi, les « Musulmans » (*al muslīmin*), ainsi appelés d'après la traduction du mot arabe qui signifie les « croyants »), s'expatrient de La Mecque. Ils trouvent refuge à Yathrib, qui devient dès lors la « Ville » du Prophète ou « Médine » (*madinah*). Cette année-là marquera alors le début du calendrier musulman, appelé **Hégire* (de *ḥijra,* « expatriation »).
624. Bataille de Badr. Institution de la *qībla,* symbole du « nouveau peuple de Dieu ». Début des « institutions musulmanes ».
628. Prise de La Mecque par Muḥammad et ses partisans.
632. Mort de Muḥammad.
632-661. Époque des califes « orthodoxes » (Abū Bakr, ʿUmar, ʿUthmān et ʿAlī) ; capitale : Médine.
632-634. Époque du califat d'Abū Bakr (successeur de Muḥammad).
634. Conquête de la Syrie par les Arabes, qui battent les armées byzantines d'Héraclius près de Jérusalem.
634-644. Époque du califat de ʿUmar (Omar).
635. Les Arabes prennent Damas et renversent l'Empire perse.
637. Bataille de Kadisiya, où les Perses sont défaits.
637-638. Fondation des villes de Basra et Kufa. Début de la recension du Coran.
637-640. Conquête de la Mésopotamie, du Khuzistan, de la Médie et de l'Azerbaïdjan.
638. Reddition de Jérusalem au calife ʿUmar.
639. Attaques arabes en Arménie.
640. Conquête de toute la Palestine.
641. Conquête de l'Égypte par les Arabes.
642. Victoire sur les Perses.
642-646. Attaques arabes en Arménie.
643. Les Arabes parachèvent leur conquête de la Perse et de la Tripolitaine, et arrivent dans le Sind (au Pakistan actuel).
644-656. Époque du califat de ʿUthmān (Othman).
647. Prise de Barka en Tripolitaine (Libye actuelle).
649. Conquête de Chypre par les Arabes.

SECONDE MOITIÉ DU VIIe SIÈCLE

655. Bataille de Lycie, où la flotte musulmane détruit celle des Byzantins.
656-661. Époque du califat de ʿAlī (Ali), gendre du prophète.
657. Batailles de Jamal et de Siffin, opposant les partisans de ʿAlī (considéré alors comme le premier homme converti à l'Islām) et ceux du Muʿawiyah (lignée rivale et hostile à la famille de Muḥammad).
661-750. Époque de la dynastie des Umayyades. Capitale : Damas. Le califat devient désormais héréditaire. Effort centralisateur de l'administration umayyade.
665. Premières attaques arabes au Maghreb.
670. Campagnes victorieuses en Afrique du Nord. Fondation de la ville de Qairawa (Kairouan, en Tunisie actuelle). Apparition et début du développement des mouvements shīʿites et kharajites.
673-678. Siège de Constantinople par les Arabes.
680. Mort de Ḥusayn à Kerbala. Martyrologie des Shīʿites.
695. Première utilisation de la monnaie par les Arabes.

Culture, sciences et techniques
Époque :
- du poète Imruʿ al Qays.
- du poète Yaḥyā ibn Nawfal al Yamānī.
- et de Khalīl ibn Aḥmad (l'un des fondateurs de la poésie arabe).

PREMIÈRE MOITIÉ DU VIIIe SIÈCLE

707. Essor de la poésie politique, « courtoise » et citadine. Débuts des discussions théologico-politiques.
707-718. Les Musulmans s'emparent des bouches de l'Indus (Sind) et d'une partie du Panjâb (Inde).
709. Le Maghreb est soumis à la domination arabe.
711. Mūsā Ben Nusayīr envoie Ṭāriq ibn Ziyad, qui traverse le détroit de Gibraltar (du nom de Jabal Ṭāriq), puis occupe successivement Séville, Cordoue et Tolède, avant de continuer sa progression vers le nord.
712. Conquête arabe de Samarkand (Uzbékistan actuel).
715. L'Empire arabe s'étend des confins de la Chine aux Pyrénées.
718. Les Arabes sont repoussés devant Constantinople par l'armée byzantine. Ainsi l'avance arabe se trouvera-t-elle désormais stoppée aux monts du Taurus.
720. Les Arabes franchissent les Pyrénées et pénètrent dans le royaume des Francs. Première colonie arabe en Sardaigne.
732. Les Arabes sont vaincus à Poitiers par Charles Martel ; c'est la fin de la poussée arabe en Europe.

Culture, sciences et techniques
Époque :
- du médecin chrétien Yuḥanna ibn Māsawayh (dit *Mesuyé* l'Ancien).
- des poètes Al Farazdaq, Al Akhṭal et Jarīr.
- du penseur mystique Ḥasan al Baṣrī.
- de la version arabe des fables de *Kalila wa Dimna* d'Ibn al Muqafā' (conte en persan ancien inspiré du **Pañchatantra* indien).
- et des premières peintures de l'art islāmique.

SECONDE MOITIÉ DU VIIIe SIÈCLE

750. Abū'l 'Abbās fonde la dynastie qui prendra désormais son nom.
750-1258. Époque de la dynastie abbasside. Capitale : Bagdad (à partir de 772). A cette époque, le *fait islāmique* se distinguera de plus en plus du *fait coranique,* l'Islām devenant dès lors une « somme de rites, d'institutions, de valeurs morales et culturelles systématisés sous l'influence de forces socio-culturelles très complexes » (M. Arkoun).
751. Bataille de Talas dans l'actuelle Kirghizie ex-soviétique, où les armées chinoises sont défaites par les troupes arabes. Mais les ripostes chinoises stopperont par la suite l'avance arabe aux limites de la Sogdiane.
754-775. Règne du calife abbasside Al Manṣūr.
756-1031. Époque de la dynastie des Umayyades d'Espagne. Capitale : Cordoue.
760. Expédition arabe contre Kâbul (en Afghânistân).
761-911. Dynastie des Rustamides à Tiaret.
762. Le calife Al Manṣūr fonde la ville de Bagdad.
768. Le Sind est gouverné par les Arabes.
786. Les Arabes s'emparent de Kâbul.
786-809. Règne du calife abbasside Harūn ar Rashīd.
786-922. Dynastie des Idrissides au Maghreb. Capitale : Fès.
795. Désordres en Égypte.

Culture, sciences et techniques
Époque :
- de l'introduction de la science, des chiffres et du calcul indiens en Terre d'Islām.

- des astronomes persans Abū Isḥāq Ibrahīm al Fazzārī et Muḥammad al Fazzārī (son fils), et de l'astronome juif Ya'qūb ibn Ṭāriq. Ceux-ci traduiront le *Brahmasphutasiddhânta* de Brahmagupta et étudieront, sans doute pour la première fois en Islām, l'astronomie, l'arithmétique et les mathématiques indiennes.
- de l'astrologue persan Al Nawabakht et de son fils Al Faḍl, chef bibliothécaire du calife Harūn ar Rashīd.
- de l'astronome juif Mashallah.
- du chrétien Abū Yaḥyā traducteur de la *Tetrabiblos* de Ptolémée.
- du Persan chrétien Ibn Bakhtyashū', premier d'une grande famille de médecins, chef de l'hôpital de Jundishâpûr.
- de l'alchimiste sabéen Jābir ibn Ḥayyān (le *Geber* du Moyen Age latin) qui fera des études sur les réactions chimiques et les liaisons des corps chimiques.
- de l'alchimiste Abū Mūsā Ja'far al Sūfī qui fera observer dans l'un de ses écrits qu'il y a deux espèces de distillation, selon que l'on opère avec ou sans le feu.
- de l'astrologue chrétien Théophile d'Édesse, traducteur d'ouvrages grecs.
- du philologue et naturaliste Al Aṣma'ī.
- d'Abū Nuwās, l'un des plus grands poètes arabes.
- du poète Abū al 'Atahiya.
- du penseur mystique Abū Shu'ayb al Muqafā'.
- et des premières fabrications de papier dans les pays d'Islām.

FIN DU VIIIe SIÈCLE

Dès cette époque, les provinces d'Afrique, du Maghreb et d'Espagne se libèrent des liens qui les rattachent au califat de Bagdad.

IXe-XIe SIÈCLE

Époque du développement des mouvements religieux sunnites (Ḥanbalite, Malikite, Ḥanafite, Shafi'ite, Mū'tazilite, Ẓāhirite, etc.) et shī'ites (Immāmite, Zayidite, Ismaélien, etc.) et de la philosophie mystique des Sūfī ; les *Islām* populaires l'emportent alors sur l'Islām classique, réduit à un certain nombre de signes cultuels et culturels communs. Époque marquée également par l'essor de la civilisation arabo-islāmique sur tous les plans. C'est aussi le temps de l'élaboration du *Alf layla wa layla,* le livre des « Mille et Une Nuits » (chef-d'œuvre anonyme de la littérature arabe, composé d'un ensemble de contes et de légendes, comme ceux de Shéhérazade, d'Ali Baba, de Sindbad le marin, de la lampe merveilleuse, etc., devenus depuis partie intégrante du patrimoine mythique universel).

PREMIÈRE MOITIÉ DU IXe SIÈCLE

800. Charlemagne est nommé empereur d'Occident.
800-809. Dynastie des Aghlabites en « Ifrīqiyā » (territoire comprenant la Tunisie et une partie de l'Algérie actuelle).
813-833. Règne du calife abbasside Al Ma'mūn qui, en grand mécène, favorisera les traductions et les œuvres culturelles ou scientifiques.
820-999. Dynasties indigènes indépendantes en Perse orientale : Tahirides (820-873), Saffarides (863-902), Samanides (874-999).
826. Prise de la Crète par les Arabes.
827-832. Prise de la Sicile.
846. Pillage de Rome par les Sarrazins.

Culture, sciences et techniques

Époque :

– de la fondation à Bagdad de la « Maison de la Sagesse » (*Bayt al Ḥikma*), sorte d'Académie des sciences, où l'on recueillera avec soin et enthousiasme l'héritage culturel de l'Antiquité et où s'amorcera le développement de la science arabo-islāmique.
– de l'astronome et mathématicien persan Al Khuwārizmī, originaire de Khiva dans le Khārezm. Son traité sur la numération décimale de position d'origine indienne et son traité d'algèbre sur les équations quadratiques contribueront largement à la connaissance et à la propagation des chiffres, des méthodes de calcul et des procédés algébriques d'origine indienne, tant dans le monde musulman qu'en Occident chrétien. On lui devra aussi une intéressante série de problèmes avec des exemples tirés de la pratique des marchands et des exécuteurs testamentaires, réclamant une très grande habileté mathématique à cause de la structure complexe des héritages prescrits par le Coran.
– du mathématicien 'Abd al Ḥamīd ibn Wāsī ibn Turk.
– du traducteur chrétien Yaḥyā ibn Baṭrīq.
– d'Al Ḥajjāj ibn Yūsuf, traducteur des *Éléments* d'Euclide.
– de l'astronome et mathématicien Al Jauhari, qui effectuera l'un des premiers travaux sur la théorie des parallèles.
– de l'astronome juif converti Sanad ibn 'Alī, qui fera construire l'observatoire de Bagdad.
– du philosophe mū'tazilite Al Nazzam.
– du grand philosophe et physicien Al Kindī, qui s'intéressera à la logique et aux mathématiques, en cherchant à analyser l'essence de la définition et de la démonstration ; on lui devra en outre des traités d'optique géométrique et de physiologie.
– du philosophe Al Jāhiẓ, auteur du célèbre « Livre des animaux ».
– de l'astronome chrétien persan Yaḥyā ibn Abī Manṣūr, qui dressera ses « Tables astronomiques vérifiées » (*Al zīj al muntaḥan*).
– de l'astronome Abū Sā'id al Ḍarīr, originaire de la région de la Caspienne, auteur d'un traité sur le tracé du méridien.
– de l'astronome Al 'Abbās, qui introduira la fonction tangente.
– de l'astronome Aḥmad al Nahāwandī de Jundishâpûr.
– de l'astronome Ḥasbah al Ḥāsib, originaire de Merv, qui établira une table des tangentes.
– de l'astronome Al Farghānī, originaire de la Transoxiane, qui donnera une version arabe de l'*Almageste* de Ptolémée.
– de l'astronome Al Marwarradhī, originaire du Khurasan.
– de l'astronome 'Umar ibn al Farrukhān, originaire du Tabaristan.
– de l'astronome juif Sahl at Ṭabarī, originaire du Khurasan.
– de l'astronome juif Sahl ibn Bishr, originaire du Khurasan.
– de l'astrologue Abū Ma'shar, originaire de Balkh (Khurasan).
– de 'Alī ibn 'Īsā al Asṭurlabī, fabricant renommé d'instruments astronomiques.
– d'Al Ḥimsī, qui révélera l'œuvre d'Apollonius.
– des frères Banū Mūsa ibn Shākir, traducteurs, mathématiciens et mécaniciens, auteurs d'un traité sur les automates.
– d'Ibn Sahda, qui traduira des œuvres médicales.
– du médecin chrétien Jibrīl ibn Bakhtyashū'.
– du médecin chrétien Salmawayh ibn Būnān.
– du chirurgien Abū'l Qāsim az Zahrawī (l'*Abulcassis* du Moyen Age latin), originaire de Cordoue.

– du pharmacologue chrétien Ibn Māssawayh, auteur des *Aphorismes*.
– de l'écrivain As Sulī.
– du médecin et philosophe 'Alī Rabbān at Ṭabarī, auteur du « Paradis de la Sagesse », inspiré des *Aphorismes* du brâhmane hérétique indien Chânakya du – IIIe siècle.
– des penseurs mystiques Dhu 'an Nūn Misrī, Al Muḥāsibī, Ibn Karram, Bistamī.
– et des poètes Abū Tammām et Buḥturī.

SECONDE MOITIÉ DU IXe SIÈCLE

868-905. Dynastie des Tulunides en Égypte et en Syrie.
869. Prise de Malte par les Arabes.
875-999. Dynastie des Samanides sur le nord et l'est de l'Iran actuel, le Tadjikistan et l'Afghânistân. Capitale : Bukhârâ.
880. L'Italie est reprise aux Arabes par Basile Ier.

Culture, sciences et techniques
Époque :
– du géomètre et astronome Al Māhānī, originaire de la région du Kirman, qui étudiera les problèmes de la division de la sphère selon l'équation cubique portant son nom.
– de l'astronome et mathématicien Al Nayrīzī (l'*Anaritius* du Moyen Age latin), originaire de la région de Shiraz, qui composera des commentaires sur Euclide et Ptolémée.
– du mathématicien égyptien Aḥmad ibn Yūsuf, auteur d'un ouvrage sur les proportions.
– du mathématicien Thābit ibn Qurra, qui traduira le traité d'Archimède sur la sphère et le cylindre et effectuera d'importants travaux sur les sections coniques ; il donnera aussi une preuve particulièrement claire du théorème de Pythagore, la première règle générale pour l'obtention des couples de nombres amiables et une méthode de construction des carrés magiques.
– des arithméticiens Abū Ḥanifa Aḥmad et Al Kilwadhī.
– de l'astronome Al Battānī (l'*Albategnus* du Moyen Age latin), qui accompagnera sa théorie des planètes d'aperçus consacrés à la trigonométrie, laquelle sera par la suite étudiée très attentivement par les astronomes occidentaux ; il déterminera l'inclinaison de l'écliptique et la précession des équinoxes avec une grande précision en utilisant les cotangentes.
– de l'astronome Ḥamīd ibn 'Alī.
– de l'astrologue persan Abū Bakr.
– du mathématicien et mécanicien chrétien, d'origine grecque, Qusṭā ibn Lūqā al Ba'albakkī, qui traduira notamment *Les Mécaniques* d'Héron d'Alexandrie sur la traction des corps lourds, ainsi que les œuvres d'Autolycos, de Théodose, d'Hypsiclès et de Diophante.
– du médecin chrétien Ḥunayn ibn Isḥāq, qui traduira en arabe des œuvres médicales grecques, ainsi que les œuvres d'Archimède, de Théodose et de Menelaüs.
– du chrétien Yaḥyā ibn Sarāfyūn, auteur d'une encyclopédie médicale composée en syriaque.
– du pharmacologue Sabur ibn Sahl, originaire de Jundishâpûr, auteur d'un antidotaire.
– du grand clinicien, alchimiste et physicien persan Muḥammad Abū Bakr Ben Zakariyyā al Rāzī (le *Razhès* du Moyen Age latin), qui sera considéré comme le plus grand médecin de son temps ; il sera le premier à faire une différence entre la rubéole et la rougeole ; il décrira comment équiper un

« laboratoire » de chimie et se distinguera aussi par ses travaux sur la distillation, dans son *Sirr al asrār* (« Secret des secrets »).
– du philosophe Abū'l Ḥasan 'Alī ibn Isma'il al Ash'arī, fondateur de la scolastique musulmane et de l'école des Mutaqallimin. Il exposera un système théologique laissant place à un atomisme comparable à celui d'Épicure.
– du géographe Al Ya'qūbī.
– du géographe persan Ibn Khurdadbeh, alias Ibn Ḥauqal, auteur du « Livre des Routes et des Provinces ».
– du penseur mystique Tirmidhī dit « le philosophe ».
– et des poètes Mutānabbī et Ibn Sā'ad.

PREMIÈRE MOITIÉ DU Xe SIÈCLE

905. Fin de la dynastie tulunide en Égypte et prise du pouvoir par les gouverneurs des califes.
909. Début du califat des Fatimides en Ifrīqiyā.
932-1055. Dynastie des Būyides qui unifient la Perse orientale et la Médie.
935. Muḥammad ibn Tughaj reprend Alexandrie et le sud de la Syrie.
943. Le gouvernement de l'Égypte est confié pour trente ans à Ibn Tughaj par le califat de Bagdad.
945. Les Būyides entrent à Bagdad. Le califat n'est plus alors qu'une « fiction juridique ».

Culture, sciences et techniques
Époque :
– du grand algébriste Abū Kāmil, originaire d'Égypte, continuateur des travaux d'Al Khuwārizmī, et dont le développement algébrique sera mis à contribution, vers 1206, par le mathématicien italien Léonard de Pise, dit « Fibonacci » ; on lui devra aussi d'intéressantes formules relatives au pentagone et au décagone.
– du géomètre Abū 'Uthmān, traducteur du livre X des *Éléments* d'Euclide et du *Commentaire* de Pappus.
– des traducteurs chrétiens Mattā ibn Yūnūs et Yaḥyā ibn 'Adī.
– du mathématicien, physicien, astronome et médecin Sinān ibn Thābit.
– du mathématicien Ibrahīm ibn Sinān ibn Thābit, qui s'occupera des problèmes de construction des sections coniques et étudiera l'aire de la parabole ainsi que les conoïdes.
– du mathématicien Abū Naṣr Muḥammad, qui fera notamment une intéressante découverte avec le théorème des sinus en trigonométrie plane et sphérique.
– du mathématicien Abū Ja'far al Khāzinī, originaire du Khurasan, qui s'occupera de questions d'algèbre et de géométrie, et résoudra l'équation cubique d'Al Māhānī au moyen des sections coniques.
– de l'astronome Al Ḥusayn Ben Muḥammad Ben Ḥamīd, connu sous le nom d'Ibn al Adamī.
– de l'astrologue et mathématicien Al 'Imrānī, auteur d'un commentaire sur l'algèbre d'Abū Kāmil.
– des arithméticiens 'Alī ibn Aḥmad et Nāzif ibn Yumn al Qass.
– de Basṭulus, fabricant renommé d'instruments astronomiques.
– du grand géographe et mathématicien Al Mas'ūdī.
– du géographe Qudama.
– du géographe Abū Dulaf.
– du géographe Ibn Rusta d'Ispahan.
– du géographe persan Ibn al Faqih, originaire de Hamadan.

– du géographe Abū Zayd de Siraf (golfe Arabo-Persique).
– du géographe Al Hamdānī, d'origine yéménite.
– du savant philosophe Al Fārābī (l'*Alpharabius* du Moyen Age latin), originaire du Turkestan, qui créera une métaphysique inspirée d'Aristote, de Platon et de Plotin et qui, dans son *Iḥsā' al 'ulūm,* proposera une « Classification des sciences » en cinq branches (linguistique et philologie ; logique ; sciences mathématiques, elles-mêmes subdivisées en arithmétique, géométrie, perspective, astronomie, mécanique et science de la pesanteur ; physique et métaphysique ; et enfin sciences politiques, juridiques et théologiques).
– de l'alchimiste et agronome connu sous le pseudonyme d'Ibn Waḥshīya.
– des penseurs mystiques Junayd et Abū Manṣūr ibn Ḥusayn al Hallaj.
– du poète Ibn Dawūd.
– et du poète persan Rudaki.

SECONDE MOITIÉ DU Xe SIÈCLE

957. Les Byzantins en Syrie du Nord.
961-969. Les Byzantins reprennent la Crète et Chypre, ainsi qu'Antioche et Alep (Syrie).
962. Une tribu turque s'empare du royaume afghân de Ghazna.
969. Les Fatimides de Tunisie occupent l'Égypte, qui ne leur oppose aucune résistance, puis s'y installent.
972-1152. Dynasties des Zirides et des Hammadides en Ifrīqiyā.
973. Fondation de la ville d'*Al Kahira* (Le Caire).
998-1030. Règne de Maḥmūd dit « le Ghaznavide » (en raison de son installation à Ghazna) sur l'Afghânistân actuel, le Khurasan et diverses régions conquises en Inde du Nord.

Culture, sciences et techniques
Époque :
– de la fondation au Caire du *Dar al Ḥikma* (« Maison de la Sagesse »), sorte d'Académie des sciences semblable à celle de Bagdad.
– de la fondation de l'université Al Azhar au Caire.
– du plein épanouissement des sciences dans le califat de Cordoue, grâce aux faveurs du calife Al Ḥakam II, qui réunit une immense bibliothèque.
– du mathématicien Abū'l Wafā' al Bujzānī, originaire du Quistan, qui fera des commentaires sur Euclide, Diophante et Al Khuwārizmī et dont les travaux fondamentaux sur la trigonométrie amélioreront considérablement les méthodes de calcul des triangles sphériques par l'emploi de la tangente et le remplacement de la règle des six segments relative au quadrilatère donnée par Ménélaüs par celle des quatre segments relative au triangle avec perpendiculaires abaissées sur deux de ses côtés ; grâce à lui, les Arabes entreront en possession de l'*Arithmetica* de Diophante avec ses études d'algèbre et de théorie des nombres.
– du mathématicien Al Uqlīdīsī (dont le nom signifie mot à mot : l'« Euclidien »), qui publiera un important exposé sur les fractions décimales.
– du mathématicien Ibn Rustam al Kūhī, originaire du Tabaristan, qui étudiera les problèmes géométriques posés par Archimède et Apollonius.
– du mathématicien et astronome persan Abū'l Fatḥ d'Ispahan, qui révisera la traduction arabe d'une grande partie de l'œuvre d'Apollonius.
– du mathématicien Al Sijzī, originaire du Sigistan, qui étudiera les problèmes d'intersection des coniques et de la trisection de l'angle.
– du mathématicien Al Khujandī, originaire de la région de Sir Daria, qui

établira son théorème du sinus relatif aux triangles sphériques, et prouvera que la somme de deux cubes ne peut être égale à un cube.
- des mathématiciens Sinān ibn al Fatḥ et Abū Naṣr.
- de l'association secrète des Frères de la Pureté (*Ikhwān al Ṣafā'*), dont les Épîtres, sorte d'encyclopédie s'inspirant de la mystique pythagoricienne et néo-platonicienne, dégageront une classification répartissant les sciences en quatre espèces (mathématiques ; science des corps physiques ; science des âmes rationnelles ; et science des lois divines).
- de l'astronome et mathématicien andalou Maslama ibn Aḥmad, établi à Cordoue.
- de l'astronome et mathématicien persan 'Abd ar Raḥmān al Sūfīn, qui dressera un catalogue d'étoiles, contenant la première observation de la nébuleuse d'Andromède.
- du grand médecin et chirurgien Abū'l Qāsim de Zakna, près de Cordoue, auteur du *Kitāb al Tasrif,* où il est question de pratique chirurgicale, de cautérisation des plaies, de ligature des artères, d'opérations sur les os, sur les yeux, etc.
- du médecin 'Alī ibn 'Abbās, originaire de la Perse du Sud.
- du médecin Abū Manṣūr Muwaffak, qui écrira en persan un important traité sur la matière médicale.
- du médecin andalou Ibn Juljul.
- du géographe persan Al Istakhrī, originaire de la région de Persépolis.
- du géographe Buzūrg ibn Shahriyyar, originaire du Khuzistan.
- du voyageur et géographe palestinien Al Muqaddasī de Jérusalem.
- du philosophe Abū Bakr Aḥmad ibn 'Alī al Baqilanī.
- de l'historien Ya 'qūb ibn al Nadīm, auteur du *Kitāb al Fihrist al 'ulūm* (« Livre et index des sciences »), où sera dressée une importante biographie des savants de l'époque.
- du mécanicien et hydraulicien Ibn Mu'adh Abū 'Abdallah al Jayyanī, auteur d'un important traité sur les horloges à eau.
- et du penseur mystique Tawḥīdī.

PREMIÈRE MOITIÉ DU XIe SIÈCLE

1000. Premiers affrontements au Khurasan entre les Ghaznavides et les Seljukides (Turcomans refoulés d'Asie centrale par les armées chinoises).
1001-1018. Maḥmūd le Ghaznavide s'empare de Peshâwar, puis écrase une coalition hindoue et pille Muttra, ville sacrée de l'Inde.
1030. Les Ghaznavides sont écrasés par les Seljukides.
1030-1050. Les Seljukides prennent possession des diverses villes de la Perse orientale, puis de la Perse occidentale (où ils se heurteront aux Būyides), avant d'entreprendre leurs conquêtes en direction de la Syrie et de l'Asie Mineure.

Culture, sciences et techniques
Époque :
- du mathématicien, astronome, physicien et géographe Al Bīrūnī, originaire de Khiva dans le Khārezm, qui fera un long voyage en Inde, où il apprendra le sanskrit et s'initiera aux sciences indiennes ; par la suite, il rapportera son témoignage sur cette civilisation et rédigera de nombreux ouvrages d'astronomie, d'arithmétique et de mathématiques ; il procédera aussi à un nouveau calcul de tables trigonométriques en utilisant des prémisses d'Archimède, équivalant au théorème de Ptolémée.
- du mathématicien Al Karajī, qui effectuera d'importants travaux sur l'arithmétique des fractions ; s'appuyant sur les travaux de Diophante et d'Abū Kāmil, il composera une algèbre où, à côté des formes habituelles

de l'équation du second degré, il traitera de certaines équations du degré 2n ; son œuvre montrera déjà comment le sens de la rigueur peut s'allier, dans le maniement des nombres irrationnels, à des formes plus souples que celles de l'algèbre géométrique d'origine grecque ; ce sera, en somme le début d'une évolution qui finira, avec le développement du symbolisme, par éliminer dans l'arithmétique et l'algèbre des Arabes les représentations d'ordre géométrique.

– du mathématicien Kushiyar ibn Labbān al Gilī, originaire du sud de la Caspienne, dont les travaux porteront sur l'arithmétique indienne et le calcul sexagésimal.
– du mathématicien persan An Nisawī, originaire du Khurasan, continuateur de l'arithmétique et de l'algèbre d'Al Khuwārizmī.
– du mathématicien Abū'l Ghud Muḥammad ibn Layth.
– du mathématicien Abū Ja'far Muḥammad ibn al Ḥusayn.
– de l'astronome Ibn Yūnus, attaché à l'observatoire de Dar al Ḥikma au Caire.
– du mathématicien, physicien et médecin Ibn al Haytham (l'*Alhazen* du Moyen Age latin), dont le « Livre de l'optique » révélera d'importantes découvertes sur la physiologie de la vue et sur la théorie de la réflexion et de la réfraction de la lumière, dont il posera les règles fondamentales.
– du mathématicien andalou Al Kirmānī, originaire de Cordoue.
– du mathématicien et astronome andalou Ibn al Samḥ, de Grenade.
– du mathématicien et astronome Ibn Abī'l Rijāl (l'*Abenragel* du Moyen Age latin), originaire de Cordoue et établi à Tunis.
– du mathématicien et astronome andalou Ibn al Saffār, de Cordoue.
– du grand philosophe Al Ḥusayn ibn Sīnā (*Avicenne*), esprit universel, intéressé également par la médecine et les mathématiques ; partie des idées d'Aristote, sa philosophie rejettera le mysticisme et la théologie, pour s'orienter vers les sciences de la nature ; quant à son « Canon de la médecine », il fera autorité en Europe jusqu'au XVIIe siècle ; dans son *Aqsām al 'ulūm al 'aqliyya,* ou « Division des sciences rationnelles », il établira une classification consistant en une division analytique permettant de construire une hiérarchie des sciences.
– du philosophe chrétien Miskawayh, qui, par sa pensée rationalisante, s'affirmera comme l'un des précurseurs d'Ibn Khaldūn.
– du chimiste Al Kathī.
– du médecin chrétien Māssawayh al Mardini, établi au Caire.
– du médecin 'Alī ibn Ridwan, du Caire.
– du médecin Abū Sā'id 'Ubayd Allah.
– du médecin andalou Ibn al Wāfid, de Tolède.
– du médecin juif Ibn Janāḥ, auteur d'un traité des simples.
– du médecin Ibn Buṭlān.
– de l'oculiste 'Ammār.
– de l'oculiste 'Alī ibn 'Īsā, auteur d'un important traité d'ophtalmologie.
– du jurisconsulte Mawardī.
– du juriste et poète Ibn Hazem.
– du poète syrien athée Abū'l 'Ala al Mā'arī.
– et du poète persan Abū'l Qāsim Firdūzī, auteur du fameux « Livre des Rois ».

SECONDE MOITIÉ DU XIe SIÈCLE

1050. Période de troubles en Égypte. Rétablissement de l'ordre par Badr al Jamali, qui dirigera l'Égypte jusqu'en 1121 pour le compte des Fatimides.

1055. Le Seljukide Tughril Beg entre à Bagdad comme protecteur de l'Empire des califes.
1055-1147. Dynastie des Almoravides au Maghreb.
1062. Yūsuf Ben Tashfin (véritable fondateur du Maroc moderne) fonde la ville de Marrakech, qui devient alors la capitale des Almoravides.
1069. Yūsuf Ben Tashfin s'empare de la ville de Fès, foyer arabo-islāmique dont il développera les activités intellectuelles, artistiques et économiques.
1076. Les Seljukides prennent Damas et Jérusalem.
1085. Les chrétiens s'emparent de Tolède.
1086. Yūsuf Ben Tashfin, face à la menace qui pèse sur l'Andalousie, déclare la « guerre sainte » à l'Espagne chrétienne et stoppe les entreprises d'Alphonse VI de Castille, puis annexe tout le sud de l'Espagne, qu'il unit au Maghreb, créant ainsi l'Empire almoravide.
1090. Les Turcs s'installent entre le Danube et les Balkans.
1096. Début de la première croisade (croisade du peuple). Les croisés, mal organisés, sont massacrés en Asie Mineure.
1097-1099. Les croisés s'emparent de Nicée, battent les Turcs à Dorylaeum et prennent Jérusalem.

Culture, sciences et techniques
Époque :
- du grand poète et mathématicien persan ʿUmar al Khayyām, originaire de Nishapur, auteur des *Rubbayat,* important recueil de poésies ; il composera aussi des commentaires des *Éléments d'Euclide,* effectuera des travaux sur la théorie des proportions, et étudiera les équations du troisième degré en proposant notamment des solutions géométriques pour certaines d'entre elles.
- du mathématicien Yūsuf al Muʿtamin (roi éclairé de Saragosse) .
- du mathématicien Muḥammad ibn ʿAbd al Bāqī.
- de l'astronome andalou Al Zarqālī, de Cordoue, qui effectuera notamment un remaniement du *Plasnisphaerium* de Ptolémée.
- du poète, philosophe, mathématicien et astronome Al Ḥajjamī, qui jouera un rôle prépondérant dans la réforme du calendrier ; il donnera aussi un aperçu général sur les équations du troisième degré et effectuera une étude importante sur les postulats d'Euclide.
- de l'oculiste persan Zarrin Dast.
- du géographe et chroniqueur andalou Al Bakrī, de Cordoue.
- des médecins Ibn Jazla et Sāʿid ibn Ḥibat Allah.
- de l'agronome andalou Abū ʿUmar ibn Ḥajjāj, de Séville.
- du philosophe mystique Abū Ḥāmid al Ghazālī (l'*Algazel* du Moyen Age latin), dont les enseignements s'opposeront aux progrès scientifiques en Islām.
- du « sociologue » Al Mawardī.
- et du poète persan Anwari.

PREMIÈRE MOITIÉ DU XIIe SIÈCLE

1100. Fondation d'un royaume féodal chrétien à Jérusalem.
1125. Révolte des Masmudas de l'Atlas sous la direction d'Ibn Tumert, initiateur de la doctrine almohade.
1136. Cordoue, la capitale culturelle de l'Occident musulman, est prise par Ferdinand III, roi de Castille et de Léon.
1147. ʿAbd al Mu'mīn, successeur d'Ibn Tumert, détruit la puissance des Almoravides et se proclame calife, après s'être emparé successivement de Fès

(en 1146) et de Marrakech (en 1147). Par la suite, il étendra ses conquêtes à l'Ifrīqiyā et ralliera l'Espagne.

1147-1269. Dynastie des Almohades au Maghreb et en Andalousie.

1148. Les croisés sont battus à Damas.

Culture, sciences et techniques

Époque :

- du mathématicien andalou Jābir ibn Aflaḥ, de Séville, qui se distinguera particulièrement pour ses travaux de trigonométrie.
- du grand géographe andalou Al Idrisī, qui contribuera largement au développement de la cartographie mathématique.
- du mathématicien juif espagnol Abraham Ben Meïr ibn 'Ezra (mieux connu sous le nom de Rabbi Ben Ezra).
- du mécanicien Badī' al Zamān al Aṣṭurlabī, célèbre pour les automates qu'il construira pour les rois seljukides.
- du philosophe Ibn Badja (l'*Avempace* du Moyen Age latin et de la Renaissance européenne).
- du philosophe et médecin Abū al Barakat, auteur du *Kitāb al mu'tabar* (« Livre de la réflexion personnelle »).
- et du philosophe andalou Ibn Ẓuhr (alias *Avenzoar*).

SECONDE MOITIÉ DU XIIe SIÈCLE

1150. Allah ud dīn Ḥusayn, sultān de Ghūr, anéantit l'empire Ghazni.

1169-1171. Salaḥ ad dīn (Saladin), musulman d'origine kurde, succède à son oncle au siège de vizir d'Égypte, puis il met fin au régime fatimide, en ne reconnaissant la suzeraineté qu'à Nur ad dīn, unificateur de la Syrie, et au calife abbasside de Bagdad.

1174. Salaḥ ad dīn succédant à Nūr ad dīn fonde la dynastie ayyubide, qui domine désormais l'Égypte et la Syrie. En s'appuyant sur les milieux arabes traditionalistes, il proclame la « guerre sainte » contre les chrétiens occidentaux, qui aura pour conséquence de renforcer l'attachement des populations orientales aux traditions arabes et islāmiques.

1187. Salaḥ ad dīn reprend Jérusalem. Victoire des Almohades à Gafsa, sous la direction du sultan maghrébin Abū Yūsuf Ya'qūb al Manṣūr.

1188. Gengis Khân unifie les Mongols.

1191. Sous la conduite de Muḥammad de Ghūr, des tribus afghânes et turques d'Asie centrale converties à l'Islām tentent de conquérir l'Inde du Nord, mais elles sont repoussés aux portes mêmes de Delhi.

1192. Bataille de Tarain : Muḥammad de Ghūr bat Prithivirâj et s'empare de Delhi.

1192-1526. Époque du sultânat de Delhi.

1193. Les Musulmans s'emparent du Bihâr et du Bengale en Inde.

1195. Victoire des Almohades à Alarcos.

Culture, sciences et techniques

Époque :

- du mathématicien Al 'Amunī Saraf ad dīn al Meqī.
- du mathématicien, philosophe et médecin juif converti, originaire du Maghreb, As Samaw'al Ibn Yaḥyā al Maghribī, continuateur de l'œuvre d'Al Karajī.
- de l'encyclopédiste et mathématicien persan Fakhr ad dīn al Rāzī.
- du mécanicien persan Abu Zakariyyā Yaḥyā al Bayāsī, célèbre pour ses orgues mécaniques.
- du grand philosophe juif Maïmonide (Rabbi Moshe Ben Maïmon), originaire

de Cordoue, dont l'intérêt encyclopédique englobera aussi l'astronomie, les mathématiques et la médecine.
– du grand philosophe andalou Ibn Rushd (*Averroès*), né à Cordoue et mort à Marrakech, à qui la philosophie arabe devra son plus grand épanouissement et qui exercera une profonde influence dans le monde occidental.
– du philosophe maghrébin Ibn Tufayl (l'*Abubacer* du Moyen Age latin et de la Renaissance européenne).
– du penseur mystique Ruzbehan Baqlī.
– du poète mystique persan Nizāmī.
– et du poète persan Khāqānī.

PREMIÈRE MOITIÉ DU XIIIe SIÈCLE

1202. Les Musulmans arrivent sur les rives du Gange, à Vârânasî (Bénarès).
1203. Poursuite des conquêtes en Inde du Nord par Muḥammad de Ghūr.
1206-1211. Règne de Qutb ud dīn (sultânat de Delhi).
1208. Croisade des Albigeois.
1212. Défaite des Almohades à Las Navas de Tolosa.
1211-1222. Les Mongols, sous la direction de Gengis Khân, envahissent successivement la Chine, la Transoxiane et la Perse, avant de poursuivre leur mouvement sous la direction de Hulagu Khân en direction de la Mésopotamie et de la Syrie.
1211-1227. Règne d'Îltumish (sultânat de Delhi), qui obtiendra la reconnaissance de son autorité sur l'Inde par le calife de Bagdad. L'Inde ainsi dominée demeurera relativement stable jusqu'en 1290.
1214-1244. Les Banū Marin (Mérinides) conquièrent le nord du Maghreb.
1221. Les Mongols font peser une menace sur les frontières du sultânat de Delhi. Mais celle-ci sera contenue par Îltumish.
1227. Mort de Gengis Khân, dont l'empire s'étend du Pacifique à la mer Caspienne.
1248. Les chrétiens reprennent Séville aux Musulmans.

Culture, sciences et techniques
Époque :
– du mathématicien Muwaffaq al dīn Abū Muḥammad al Baghdadī.
– du haut fonctionnaire et mécène Abū'l Ḥasan al Qiftī, auteur du *Tarikh al ḥuqama* (« Chronologie des savants »).
– de l'astronome maghrébin Abū 'Alī al Ḥasan ibn 'Alī al Marrākushī.
– de Muḥammad ibn Abī Bakr, fabricant renommé d'instruments astronomiques.
– du mécanicien Ridwan de Damas, connu surtout pour ses automates à flotteurs.
– du grand mécanicien persan Al Jazzarī, auteur du « Livre de la connaissance d'ingénieux instruments mécaniques », où il donnera les plans de flûtes perpétuelles, d'horloges à eau et de différentes sortes d'automates séquentiels mettant en jeu des flotteurs et des arbres à cames.
– de Ya'qūb Ibn 'Abdallah ar Rumī, qui dressera une importante encyclopédie géographique arabe.
– de l'ésotériste musulman Ibn 'Arabī.
– et des poètes Ibn al Farid et Shushtarī.

SECONDE MOITIÉ DU XIIIe SIÈCLE

1250. Les Mamluk prennent le pouvoir en Égypte . Constitution du royaume de Fès par les Banū Marin (Mérinides).

1254-1517. Règne des Mamluk en Égypte.
1258. Les Mongols d'Hulagu Khân prennent et mettent à sac la ville de Bagdad.
1259. Invasion de la Syrie par les Mongols.
1260. Écrasement des Mongols à la frontière égyptienne par le souverain mamluk d'Égypte.
1261. À partir de cette époque, l'Égypte deviendra le centre du monde arabe et aussi, dans une certaine mesure, du monde musulman.
1269. Au Maghreb, les Banū Marin s'emparent de Marrakech et fondent leur propre dynastie (dynastie « mérinide »).
1291. Les Mamluk prennent la ville d'Acre et éliminent les chrétiens des côtes de la Syrie-Palestine.
1297. 'Ala ud dīn Khaljī (sultânat de Delhi) bat les Mongols, puis se lance dans des expéditions de pillage du Gujarât et du Râjasthân.

Culture, sciences et techniques
Époque :
- du mathématicien et astronome Naṣīr ad dīn aṭ Ṭūsī, originaire de Ṭus, dans le Khurasan, qui effectuera d'importants travaux sur l'arithmétique, l'algèbre et la géométrie ; son œuvre marquera sans aucun doute l'apogée dans le domaine de la trigonométrie arabe, celle-ci traitant des triangles rectangles sphériques de manière très complète et abordant avec succès l'étude des triangles sphériques quelconques, mettant même à contribution le triangle polaire ; en astronomie, il publiera ses fameuses Tables dites « ikhaniennes » ; et en géométrie, il rectifiera les traductions des œuvres géométriques grecques, et sa discussion des propositions d'Euclide inspirera plus tard, en 1773, le mathématicien italien G. Saccheri, dans ses premières recherches pour une géométrie non euclidienne.
- du médecin Ibn al Nafīs de Damas, qui composera un commentaire du « Canon » d'Avicenne, avec un développement important sur la circulation pulmonaire.
- du pharmacologue et botanicien Ibn al Baytar.
- du poète mystique et hagiographe persan Farid ad dīn 'Attar.
- et du poète persan Sā'adī de Chiraz, auteur du *Gulistan.*

PREMIÈRE MOITIÉ DU XIVe SIÈCLE

1306. Les sultâns de Delhi repoussent une fois encore les Mongols.
1307-1325. Les sultâns de Delhi attaquent les royaumes du Dekkan et atteignent le sud de l'Inde en soumettant tour à tour le pays des Marâtha, les Kâkâtiya et les Hoysala.
1333. Les Maures reprennent Gibraltar au royaume de Castille.

Culture, sciences et techniques
Époque :
- du grand arithméticien maghrébin Ibn al Bannā al Marrākushī.
- du médecin et historien juif converti Rashīd ad dīn, auteur d'une « Histoire universelle », où il reproduira notamment d'importants extraits des ouvrages médicaux les plus connus de la Chine et de la Mongolie.
- de l'historien Al 'Umarī.
- du moraliste Ibn Taymiyyā.
- du penseur mystique andalou Ibn 'Abbad de Ronda.
- du grand voyageur maghrébin Ibn Baṭṭuta, qui parcourra en trente ans plus de 120 000 kilomètres dans le monde musulman, depuis l'Afrique du Nord à la Chine en passant par l'Inde.
- et des poètes persans Ḥamdallah al Mustawfī et Tebrizī.

SECONDE MOITIÉ DU XIVe SIÈCLE

1356. L'Inde est « donnée » par le calife de Bagdad à Firuz Shah Tughluq.
1371. Les Ottomans battent les Serbes à Chirmen.
1389. Les Ottomans écrasent les Serbes à Kossovo.
1390. Les Ottomans occupent les derniers territoires de l'Empire byzantin en Asie Mineure.
1392. Les Ottomans arrivent dans les Balkans.
1398-1399. Tamerlan ravage Delhi.

Culture, sciences et techniques
Époque :
- du grand penseur Ibn Khaldūn, originaire de Tunis, qui se distinguera tout particulièrement par son rationalisme, son sens des lois générales et par l'extraordinaire acuité de ses visions scientifiques, et qui, à bien des égards, sera un véritable précurseur d'Auguste Comte.
- de l'écrivain Ibn al Jazzarī.
- de l'écrivain Taybugha.
- et du poète persan Ḥafiz de Chiraz, auteur du *Bustan*.

PREMIÈRE MOITIÉ DU XVe SIÈCLE

1400-1401. Incursion de Tamerlan et saccage de Bagdad.
1405. Retour à Bagdad des dirigeants jalayrides.
1422. Les Ottomans assiègent Constantinople.
1400-1468. Disputes incessantes entre Turcomans et Mongols.
1444. Le vice-roi de la dynastie des Timurides de Bagdad fonde son empire en Mésopotamie et dans le Kurdistan.
1447. Fin de l'empire de Timur et indépendance de la Perse et des régions afghânes et indiennes.

Culture, sciences et techniques
Époque :
- d'Ulugh Bek, souverain éclairé de Samarkand, constructeur d'un observatoire équipé des instruments les plus perfectionnés de cette époque ; auteur de tables trigonométriques figurant parmi les tables numériques les plus exactes dressées par les savants de l'Islām.
- du mathématicien persan Ghiyat ad dīn Ghamshīd ibn Mas'ūd al Kāshī, qui effectuera d'importants travaux sur l'algèbre, le calcul sexagésimal et l'arithmétique, en particulier sur la formule du binôme, le calcul des fractions décimales, les puissances d'exposant entier, les racines n-ièmes, la théorie des proportions et les nombres irrationnels.
- et de l'historien Al Maqrizī.

SECONDE MOITIÉ DU XVe SIÈCLE.

1453. Prise de Constantinople par le sultān Mehmet II. Ce sera le début de l'Empire turc ottoman, qui occupera successivement, à partir de 1453, les territoires de l'Anatolie, de la Roumélie, de la Bulgarie, de l'Albanie, de la Grèce, de la Crimée, de la Syrie, de la Mésopotamie, de la Palestine, de l'Égypte, du Ḥejaz, de l'Arménie, du Kurdistan et de la Bessarabie, et qui, dès 1520, étendra ses frontières à la Hongrie, au sud de la Mésopotamie, au Yémen, à la Géorgie, à l'Azerbaïdjan, avec pour vassales la Tripolitaine et toute l'Ifrīqiyā, à l'exception toutefois du Maghreb qui saura garder son autonomie durant toute cette période.

1468. Le Turcoman Al Koyunlu installe solidement son pouvoir en Mésopotamie.
1492. Ferdinand et Isabelle les Catholiques reconquièrent la ville de Grenade.
1499-1722. Pouvoir des Séfévides, en Perse : le shī'isme duodécimain devient alors religion officielle.

Culture, sciences et techniques
Époque :
- du mathématicien Al Qalaṣādī, qui effectuera d'importants travaux sur l'arithmétique, et surtout l'algèbre, dont il poussera très loin la symbolique.
- et de l'historien persan Mirkhond.

XVIe SIÈCLE

1508. Les Séfévides chassent les Turcomans de Mésopotamie.
1516. Installation de corsaires turcs à Alger.
1517. Conquête de la Syrie et de l'Égypte par les Ottomans, qui amènent ainsi la disparition définitive du califat de Bagdad et provoquent la chute du pouvoir mamluk sur l'Égypte.
1524. Bâbur, descendant de Tamerlan, déferle sur le Panjâb et conquiert Lahore.
1526. Bâbur tue le dernier sultân de Delhi et se fait introniser. C'est le début de l'empire des Moghols en Inde et en Afghânistân (1526-1707).
1574. Les régions centrale et orientale de l'Afrique du Nord tombent sous le contrôle des Ottomans.
1578-1603. Début de la dynastie des Sā'adiens avec le règne du sultan Al Manṣūr (Maghreb).

Culture, sciences et techniques
Époque :
- de l'arithméticien turc Tashköprüzada.
- et des poètes turcs Baki et Fuzuli.

XVIIe SIÈCLE

1672-1727. Début de la dynastie des 'Alawītes (*alaouites*) au Maghreb avec le règne de Mulay Ismā'īl, contemporain de Louis XIV.

Culture, sciences et techniques
Époque :
- du mathématicien Beḥā ad dīn al 'Amulī.
- de l'arithméticien et commentateur Al Ansari.
- des écrivains Ḥajjī Khalifa, 'Abd al Qādir al Baghdadī, 'Abd ar Rashīd Ben 'Abd al Ghafūr et Ad Damamini.
- de l'encyclopédiste Jamal ad dīn Ḥusayn Indju.
- des poètes turcs Nefī, Nâbî et Karaja Oghlan.
- et du voyageur et prosateur turc Evliya Tchèlèbi.

XVIIIe SIÈCLE

1799. Début de la *Nahda* (la « renaissance »).

Culture, sciences et techniques
Époque :
- du poète turc Nedim.
- et du prosateur et historien turc Naima.

XIXe SIÈCLE

1804. Les Wahhabites prennent La Mecque et restaurent l'Islām ḥanbalite.
1805-1849. Règne de Muḥammad 'Alī (Mehemet Ali), pacha d'Égypte.
1811-1818. 'Alī bat les Wahhabites.

Culture, sciences et techniques
Époque :
– des savants turcs Namik Kemal, Ziya pacha, Ahmet Mithat, Chinassi et Avdülhak Hamit.

DÉBUT DU XXe SIÈCLE

1918-1922. Règne du sultān Mehmed IV (qui acceptera, lors du traité de Sèvres en 1920, la mutilation de l'Empire turc, imposée par l'armistice de Moudos signé en 1918, réduisant celui-ci au seul territoire de l'Anatolie).
1922. Mehmed IV est renversé par Mustafa Kemal, fondateur de la Turquie moderne.
1924. Fin officielle de l'Empire turc ottoman.

L'introduction des chiffres indiens en Terre d'Islām

Comment la numération et les méthodes de calcul d'origine indienne ont-elles été introduites en Islām ?

Il n'est pas impossible que les Arabes en aient pris connaissance dès le début du VIIIe siècle de notre ère, époque où Ḥajjāj envoya en effet une armée qui, sous les ordres de Muḥammad Ben al Qāsim, conquit toute la vallée de l'Indus et une partie du Panjâb.

Mais il est beaucoup plus plausible que les militaires n'aient joué aucun rôle dans cette transmission et qu'il ait fallu attendre un certain laps de temps, en particulier l'action d'une délégation de savants pour que la communication de la science indienne se fît au monde musulman.

Or, c'est justement ce qu'explique Ibn Khaldūn (1332-1406), qui rapporte, dans ses « Prolégomènes », que les Arabes ont reçu la science des Indiens en même temps que leurs chiffres et leurs méthodes de calcul, lorsque des savants venus de l'Inde, très versés dans la science de leur pays, se présentèrent au calife Al Manṣūr, en l'an 156 de l'*Hégire* (= 773 de notre ère) (cf. *Muqāddimah,* trad. de Slane, III, p. 300).

Ce passage est certes très tardif, puisqu'il date des alentours de 1390. Mais ce qu'Ibn Khaldūn relate à ce propos coïncide, à peu de choses près, avec des récits antérieurs, notamment celui fait vers 900, par l'astronome Ibn al Adamī, mentionné d'ailleurs par le haut fonctionnaire mécène Abū'l Ḥasan al Qiftī (1172-1288), dans son *Tarikh al ḥuqama* (« Chronologie des savants »), dont voici un extrait :

« Al Ḥusayn Ben Muḥammad Ben Ḥāmid, connu sous le nom d'Ibn al Adamī, rapporte dans sa Grande Table, intitulée *Collier de perles,* qu'il se présenta devant le calife Al Manṣūr, dans l'année cent cinquante-six [de l'*Hégire* = 773 de notre ère], un personnage venu de l'Inde, très versé dans le calcul connu sous le nom de *sindhind* et relatif aux mouvements des astres, possédant des méthodes pour calculer les équations, fondées sur des *kardaja* calculés de demi-degré en demi-degré, et en outre diverses espèces de procédés astronomiques pour déterminer les éclipses du Soleil et de la Lune, les coascendants des signes de l'écliptique, et d'autres choses semblables. [Tout cela était contenu] dans un ouvrage... qu'il disait avoir extrait des *kardaja* portant le nom d'un des rois indiens appelé Fighar, et qui étaient calculés pour une minute. Al Manṣūr ordonna que cet ouvrage fût traduit en arabe [afin d'aider les Musulmans à acquérir une connaissance exacte des étoiles], et que l'on composât, d'après cette [traduction], un ouvrage que les Arabes pussent prendre pour base [de leurs calculs] des mouvements des planètes. Ce travail fut confié à Muḥammad Ben Ibrahīm al Fazzārī, qui rédigea, d'après ce [traité astronomique indien], un ouvrage que les astronomes appellent le *Grand Sindhind*. Le mot *sindhind* signifie en langue indienne la durée éternelle. Ce furent surtout les savants de ce temps-là qui opérèrent d'après [les théories exposées dans] cet [ouvrage] jusqu'à l'époque du calife Al Ma'mūn. Pour celui-ci un abrégé de cet [ouvrage] fut rédigé par Abū Ja'far Muḥammad Ben Mūsā al Khuwārizmī, qui s'en servit aussi pour composer ses tables, célèbres dans les pays de l'Islām » (réf. BN, Paris, Ms ar. 2112, ex-Suppl. ar 672, f° 222, l. 11 à f° 223, l. 6 ; cf. F. Woepcke [2], p. 472-479).

Ce témoignagne est très instructif à plusieurs points de vue. On observera notamment la présence répétée dans ce texte du mot *sindhind,* qui n'est autre que la traduction arabe du sanskrit **siddhânta,* terme générique désignant les traités astronomiques indiens[1].

Cette méthode est exposée notamment dans le *Brahmasphutasiddhânta* du mathématicien et astronome *Brahmagupta (+ 628) et dans la *Pañchasiddhântikâ* de l'astrologue *Varâhamihîra (+ 575). Mais elle a été décrite bien avant ces traités, dans l'*Âryabhatîya* de l'astronome *Âryabhata (vers 510).

Or, le cas de l'*Âryabhatîya* mis à part (où l'auteur emploie une numération alphabétique d'un type tout à fait particulier), on sait que les astronomes indiens ont tous utilisé, dans leurs traités, le système de notation des nombres au moyen des symboles numériques sanskrits : une notation qui leur permettait une parfaite conservation de leurs données numériques et qui reposait rigoureusement sur une base décimale, selon le principe de position et l'emploi d'un zéro. Quant aux calculs correspondants, ils les effectuaient, d'une manière très proche de la nôtre, au moyen des neuf chiffres de leur

1. Les *siddhânta* indiens, rappelons-le, sont des traités s'employant à exposer l'ensemble de la matière astronomique, en décrivant, par exemple, le calcul de l'éclipse de la lune ou du soleil, et les procédés, les moyens et les instruments d'observation ; ils fournissent en outre divers paramètres et données, ainsi que l'énoncé des opérations trigonométriques constituant les formules de l'appareil des longitudes vraies (cf. R. Billard [1]). La « méthode du *sindhid* », dont il s'agit ici, n'est donc autre que l'ensemble des éléments de calcul et d'observation fournis par les traités astronomiques indiens. Quant au mot *kardaja,* qui revient fréquemment lui aussi dans la citation ci-dessus, il signifie proprement le « sinus ». Ce terme provient en effet d'une altération arabe du sanskrit *ardhajyâ* (littéralement : la « demi-corde »), qui servit aux astronomes indiens, depuis *Âryabhata, pour désigner cette fonction trigonométrique, dont la table est à la base de tout calcul dans le système des *siddhânta* indiens. Voir **Astronomie indienne (Histoire de l'),* Dictionnaire, p. 3.

numération écrite et d'un dixième signe en forme de cercle ou de point jouant le rôle d'un véritable zéro (voir chapitre 24, t. I ; voir aussi ci-dessus **Symboles numériques, *Zéro* et **Arithmétique de position,* Dictionnaire, p. 3).

Autrement dit, lorsque les Arabes ont reçu l'astronomie indienne, ils n'ont pas pu ne pas prendre connaissance des symboles numériques, des chiffres et des procédés de calcul d'origine indienne[1]. Ce qui veut dire que l'introduction des éléments et des procédés de l'astronomie indienne a coïncidé très exactement avec celle de l'arithmétique indienne en pays musulmans.

Il convient donc de déterminer l'époque de la transmission de cette astronomie pour connaître la date recherchée.

Or, Al Qiftī, Ibn al Adamī et plusieurs autres auteurs s'accordent justement sur la date mentionnée dans le texte ci-dessus, à savoir l'an 156 de l'**Hégire,* soit 773 de notre ère. Cette date est très plausible si l'on tient compte de certains facteurs de l'histoire même de la science arabe. Car, comme l'explique A.-P. Youschkevitch : « Si l'arrivée des savants indiens devait donner pour la première fois aux astronomes de Bagdad la possibilité de se familiariser avec l'astronomie des *siddhânta,* le terrain propice à une activité astronomique n'en était pas moins déjà préparé et l'intérêt pour l'astronomie s'était déjà manifesté auparavant. On connaît les noms de trois astronomes dont l'activité se situe précisément à l'époque du règne du calife Al Manṣūr. Ce sont ceux qui sont mentionnés par Al Qiftī : Abū Isḥāq Ibrāhim al Fazzārī (mort vers 777) qui fut le premier constructeur des astrolabes arabes, son fils Muḥammad (mort vers 800), et enfin Ya'qūb ibn Ṭāriq (mort vers 796), auteur d'ouvrages sur les sphériques et compilateur de tables diverses. »

Il ne nous reste donc plus maintenant qu'à savoir lequel des *siddhânta* indiens avait servi de base à la traduction faite par Al Fazzārī sous le règne du calife Al Manṣūr. Or, le personnage du nom de Fighar, cité dans le passage en question, n'est autre que Vyâgramukha (abrégé en Vyâgra et ainsi déformé en Fighar), souverain indien de la dynastie des Châpa, qui, au témoignage d'une inscription, fut vaincu en + 634 par le roi du Dekkan, Pulakeshin II, et dont la capitale fut Bhillamâla (actuelle Bhînmâl), dans le sud-ouest de l'État actuel du Râjasthân (cf. L. de La Vallée-Poussin, p. 117). Et c'est précisément sous le règne de Vyâgramukha, en l'an 550 de l'ère **Śhaka*, c'est-à-dire en 628 de notre ère, que *Brahmagupta, alors âgé de trente ans, avait composé son *Brahmasphutasiddhânta* (« Système révisé de Brahma »).

Autrement dit, le ou les savants indiens arrivés sans doute à Bagdad en 773 avaient donc très probablement rapporté des Indes, parmi les ouvrages sanskrits offerts au calife et à sa suite, le traité astronomique du *Brahmasphutasiddhânta.*

Et il paraît très vraisemblable que non seulement l'astronomie, mais également les mathématiques indiennes aient été connues des Musul-

1. C'est d'ailleurs ce qu'expliquera plus tard vers l'an 1030 l'astronome et mathématicien musulman Al Bīrūnī dans son *Kitāb fī taḥqīq i mā li'l hind,* où il rapportera un important témoignage au sujet de la civilisation indienne après avoir séjourné en Inde lors d'un voyage qui durera près de trente ans. (Voir Dictionnaire, p. 93-95, 131-133 et 299-340.)

mans à travers l'œuvre de l'astronome et mathématicien Brahmagupta[1].

On peut donc désormais imaginer ce qui, cette année-là, avait poussé les membres de la délégation indienne à offrir un tel présent au calife Al Manṣūr. Celui-ci retint pendant un certain temps ces savants en son palais ; et, avec la soif de s'instruire que ce monarque éclairé conserva jusqu'à son dernier jour, cette circonstance lui donna l'occasion de prendre connaissance, avec ses conseillers, de l'astronomie et de l'arithmétique indiennes. C'est alors que les brâhmanes, venus à Bagdad en dignes représentants de la civilisation indienne, furent amenés à produire devant le calife, seul habilité à discerner la supériorité intellectuelle, ce qu'ils pouvaient montrer de plus important, de plus original et de plus ingénieux que leur science contenait à leurs yeux. Et c'est ainsi, selon toute vraisemblance, que furent présentés au calife le *Brahmasphutasiddhânta* et le *Khandakhâdyaka* de Brahmagupta, qui contenaient non seulement la méthode des *siddhânta,* mais aussi le principe de la numération décimale de position, le zéro, les méthodes de calcul, ainsi que les fondements de l'algèbre indienne.

On peut imaginer aussi l'enthousiasme de ceux qui, comme Al Khuwārizmī, Abū Kāmil, Al Karajī, Al Bīrūnī, An Nisawī et bien d'autres encore, sauront apprécier les avantages et reconnaître la supériorité de la numération de position et des méthodes de calcul ainsi importées de la civilisation indienne.

Dans sa « Chronologie des savants » (*Tarikh al ḥuqama*), Abū'l Ḥasan al Qiftī exprime d'ailleurs une telle admiration :

« Parmi ce qui nous est parvenu, en fait de leurs sciences [l'auteur parle des Indiens], [il faut mentionner aussi] le [traité de] calcul numérique reproduit sous une forme plus développée par Abū Ja'far Muḥammad Ben Mūsā al Khuwārizmī ; c'est la méthode de calcul la plus compendieuse et la plus expéditive, la plus facile à saisir et la plus aisée à apprendre ; elle atteste chez les Indiens un esprit pénétrant, un beau talent de création, et la supériorité de discernement et de génie inventif » (BN, Paris, Ms ar. 2112, f° 220, l. 7-10 ; cf. F. Woepcke, p. 479-480).

On admirera au passage l'objectivité de cet auteur, qui, sans le moindre chauvinisme, a su reconnaître la supériorité d'une découverte réalisée par des savants étrangers, et qui n'a pas hésité un instant à vanter les mérites d'une civilisation qui lui avait apporté un système très supérieur à ceux de sa propre culture.

Mais cette citation nous conduit justement à parler de l'un des plus

---

1. Même si Brahmagupta fut la victime de quelques erreurs qui l'avaient amené à combattre des idées justes, telle la rotation de la Terre enseignée par Âryabhata (520), il fut sans aucun doute, en effet, le plus grand mathématicien du VIIe siècle. Il sera d'ailleurs considéré comme tel durant plusieurs siècles, non seulement par les mathématiciens et les astronomes indiens, mais également par de nombreux savants arabo-musulmans, parmi lesquels Al Bīrūnī. Et de fait, dans ce domaine, son œuvre, exposée d'abord partiellement dans son *Brahmasphutasiddhânta* (628), puis d'une manière beaucoup plus élaborée dans son *Khandakhâdyaka* (664), a marqué un progrès considérable sur toutes les œuvres antérieures, celles d'Âryabhata et de Bhâskara comprises, particulièrement en ce qui concerne l'algèbre, l'une de ses principales innovations. Parmi ses contributions fondamentales, citons sa propre systématisation de l'arithmétique des nombres négatifs ou nul (avec un énoncé aussi clair que précis de la règle des signes algébriques), ainsi que son exposé des solutions générales des équations quadratiques comprenant des racines positives, négatives ou nulles. Voir **Mathématiques indiennes (Histoire des),* Dictionnaire, p. 3.

fameux mathématiciens de la civilisation arabo-islāmique : Al Khuwārizmī, né en 783 à Khiva dans le Khārezm et mort à Bagdad vers 850 (cf. Fayzoullaiev ; Toomer ; Vogel [2]). Nous savons peu de choses sur sa vie, si ce n'est qu'il vécut à la cour du calife abbasside Al Ma'mūn, peu de temps après l'époque où Charlemagne fut nommé empereur de l'Occident, et qu'il fut l'un des membres les plus importants d'un groupe de mathématiciens et d'astronomes qui travaillèrent à la « Maison de la Sagesse » (*Bayt al Ḥikma*), l'Académie scientifique de Bagdad.

Ce savant est demeuré fort célèbre pour deux ouvrages qui ont largement contribué à faire connaître et à vulgariser les chiffres et les méthodes de calcul, ainsi que les procédés algébriques d'origine indienne, aussi bien dans le monde musulman qu'en Occident chrétien. Intitulé *Al jabr wa'l muqābala* (« Transposition et Réduction »), l'un de ces ouvrages fut consacré aux procédés fondamentaux de la science algébrique. Il nous est connu dans sa version arabe ainsi que dans une traduction latine qu'en avait donnée Gérard de Crémone au Moyen Age sous le titre de *Liber Maumeti filii Moysi Alchoarismi de algebra et almuchabala.* Ce livre fut extrêmement célèbre en son temps, au point qu'on lui doit le nom même, aujourd'hui adopté universellement, de cette branche mathématique fondamentale que l'on appelle l'*algèbre*. Son titre débute par un mot arabe qui désigne l'une des deux opérations préliminaires qu'il faut effectuer avant la résolution de toute équation algébrique. Le mot *al muqābala* désigne en effet l'opération consistant à réduire tous les termes semblables d'une équation. Le mot *al jabr,* lui, se rapporte à l'opération qui consiste à faire passer les termes de l'équation d'un membre à l'autre (de manière à n'avoir que des termes positifs des deux côtés de l'égalité) ; comprimé par la suite en *aljabr,* ce dernier terme sera traduit en latin par *algebra,* qui donnera lui-même naissance à notre mot algèbre.

D'après les indications fournies par le *Fihrist* d'Ibn al Nadīm, l'autre ouvrage d'Al Khuwārizmī portait le titre arabe de *Kitāb al jāmi' wa'l tafrīq bī ḥisāb al hind* (« Livre de l'addition et de la soustraction d'après le calcul des Indiens »). L'original s'est, hélas, perdu, mais il reste plusieurs traductions latines faites à partir du XIIe siècle. C'est le premier livre arabe connu où la numération décimale de position et les méthodes de calcul d'origine indienne font l'objet d'explications détaillées, à l'appui d'exemples très nombreux. Comme l'autre, il jouira plus tard dans les pays d'Europe occidentale d'une telle renommée que le nom même de son auteur finira par devenir la désignation générique du système. Latinisé, le nom d'Al Khuwārizmī deviendra d'abord *Alchoarismi,* puis il se transformera en *Algorismi, Algorismus, Algorisme* et enfin *Algorithme.* Ce nom désignera d'abord le système constitué du zéro, des neuf chiffres et des méthodes de calcul d'origine indienne, avant même d'acquérir l'acception plus large et plus abstraite que nous lui connaissons aujourd'hui.

Sans le savoir, Al Khuwārizmī a donc ainsi donné à la postérité le nom de l'un de ses ouvrages à une branche fondamentale des mathématiques actuelles, et son propre nom à la science dite *algorithmique,* qui est aujourd'hui à la base même de l'une des principales activités théoriques et pratiques des *ordinateurs.* C'est dire si l'influence de ce grand savant a été considérable dans le monde...

Fig. 25.2. – *Muhammad Ben Mūsa al Khuwārizmī (vers 783-850).* Portrait sur bois exécuté en 1983 d'après une ancienne enluminure persane, à l'occasion de la commémoration du 1 200e anniversaire de sa naissance. Musée de l'Observatoire Ulugh Begh, Samarkand, Urgentsch (Kharezm), Uzbékistan (ex-URSS). En désignant sous le nom d'« algorithme » l'une de ses activités théoriques et pratiques essentielles, la science des ordinateurs a donc perpétué le souvenir de ce grand savant musulman (voir chapitres 32 et 33).

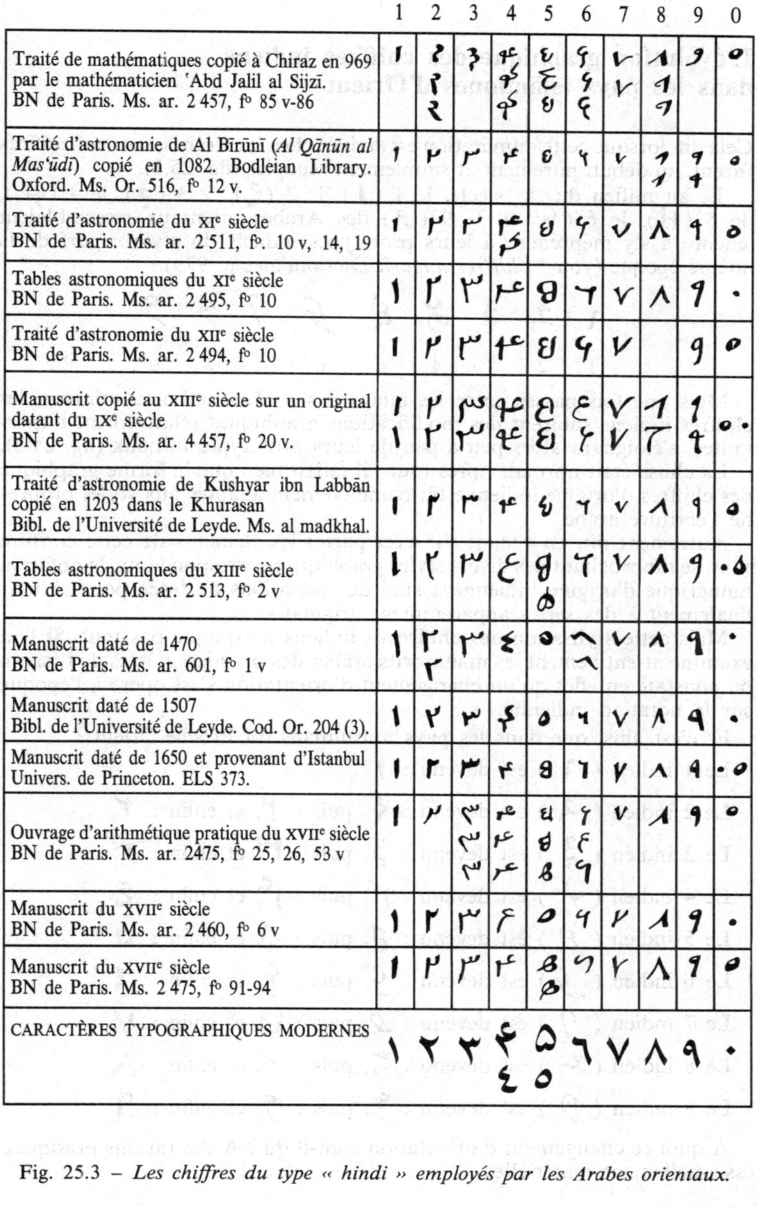

Fig. 25.3 – *Les chiffres du type « hindi » employés par les Arabes orientaux.*

L'évolution graphique des chiffres indiens dans les pays islāmiques d'Orient

Cela dit, lorsque cette numération est arrivée chez les Arabes, ses neuf chiffres furent, au début, purement et simplement recopiés (fig. 25.3).

Et au milieu du IXe siècle, le 1 ( ), le 2 ( ), le 3 ( ), le 4 ( ), le 5 ( ), le 6 ( ) et le 9 ( ) des Arabes orientaux ressemblaient encore à s'y méprendre à leurs prototypes indiens du style *nâgarî* de la même époque (voir **Chiffres nâgarî*, Dictionnaire p. 979) :

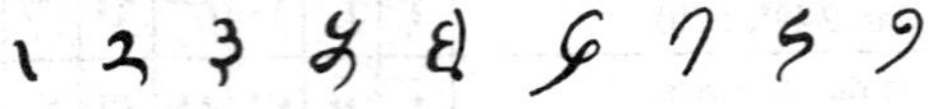

1 2 3 4 5 6 7 8 9

Mais une fois passés entre les mains des scribes arabo-musulmans, les chiffres indiens subirent des modifications graphiques relativement importantes, s'éloignant alors peu à peu de leurs prototypes initiaux (fig. 25.3).

La chose était normale après tout : il fallait bien que la forme graphique des chiffres d'origine indienne fût complètement adaptée aux styles propres de l'écriture arabe.

Autrement dit, en venant s'insérer parmi les éléments de cette écriture et en se rapprochant des divers styles graphiques correspondants, la notation numérique d'origine indienne a subi des variations de tracé pour aboutir finalement à des séries apparemment originales.

Mais cette stylisation des chiffres+ indiens n'explique pas tout. Si l'on examine attentivement les manuscrits arabes des premiers siècles de l'Islām, on constate en effet qu'un changement d'orientation s'est opéré à l'époque sur la notation indienne.

Et c'est ainsi que dans les pays musulmans du Proche-Orient :

Le 1 indien ( ) est devenu : ١.

Le 2 indien ( ) est devenu : , puis : , et enfin : ٢.

Le 3 indien ( ) est devenu : , puis : , et enfin : ٣.

Le 4 indien ( ) est devenu : , puis : , et enfin : ٤

Le 5 indien ( ) est devenu : , puis : , et enfin : ٥

Le 6 indien ( ) est devenu : , puis : , et enfin : ٦

Le 7 indien ( ) est devenu : , puis : , et enfin : ٧.

Le 8 indien ( ) est devenu : , puis : , et enfin : ٨

Le 9 indien ( ) est devenu : , puis : , et enfin : ٩

A quoi ce changement d'orientation était-il dû ? A des raisons pratiques, essentiellement matérielles.

Durant les premiers siècles de l'*Hégire*, les scribes arabes d'Orient avaient en effet l'habitude de tracer les caractères de leur cursive, non de droite à gauche, mais de haut en bas, les lignes se succédant de gauche à droite.

Pour écrire, ils faisaient donc un peu comme ceci :

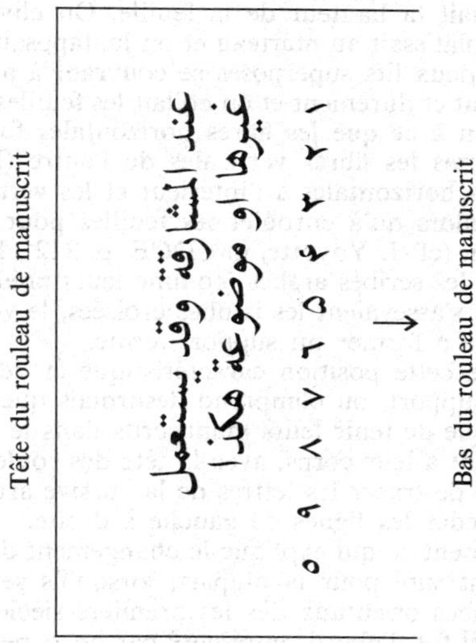

Fig. 25.4 A

Et pour lire, ils n'avaient plus qu'à retourner leurs manuscrits de 90°, dans le sens des aiguilles d'une montre, pour que les lignes fussent disposées normalement et que la lecture se fît bien de la droite vers la gauche :

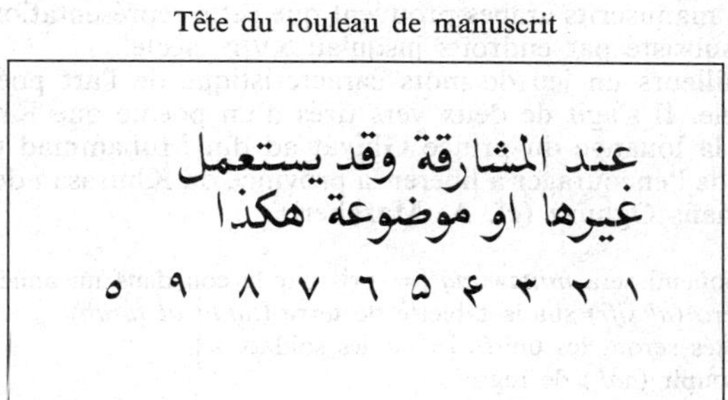

Fig. 25.4 B

On retrouve donc là une vieille coutume des scribes araméens de l'antique cité de Palmyre, perpétuée puis transmise aux Arabes par les scribes syriaques (cf. M. Cohen).

Cette façon de procéder tire son origine des considérations qui suivent, liées essentiellement à l'écriture manuscrite sur feuilles de papyrus.

Rappelons en effet que, jusqu'au IXe siècle, le papyrus a été très largement utilisé comme support d'écriture dans les pays islāmiques.

Les tiges de cette plante étaient d'abord coupées en tronçons, dont la longueur déterminait la hauteur de la feuille. On clivait ensuite le tissu au couteau, on l'aplatissait au marteau et on juxtaposait à plat les lamelles ainsi obtenues en deux lits superposés se couvrant à angle droit. Puis on frappait longuement et durement et on collait les feuilles terminées par leur long côté, de façon à ce que les fibres horizontales fussent d'un côté (le « recto ») et toutes les fibres verticales de l'autre (le « verso »). En disposant les fibres horizontales à l'intérieur et les verticales à l'extérieur, il ne restait plus alors qu'à enrouler les feuilles pour obtenir le rouleau de manuscrit voulu (cf. J. Yoyotte, in : DCE, p. 212 ; L. Cottrell, p. 396).

Or, pour écrire, les scribes arabes (comme leurs prédécesseurs palmyréniens et syriaques) s'asseyaient les jambes croisées, le vêtement tiré sur les genoux de manière à former un support ferme.

Compte tenu de cette position caractéristique et de la structure et de la fragilité de ce support, on comprend désormais que ces scribes n'aient eu d'autre choix que de tenir leurs manuscrits dans le sens de la hauteur, perpendiculairement à leur corps, avec la tête des rouleaux à leur gauche, prenant l'habitude de tracer les lettres de la cursive arabe de haut en bas, en faisant se succéder les lignes de gauche à droite.

Et c'est précisément ce qui explique le changement d'orientation que les chiffres indiens ont subi pour la plupart, lorsqu'ils se sont trouvés dans les manuscrits arabes orientaux dès les premiers siècles de l'Islām.

Quant au zéro, il fut d'abord représenté par un « petit cercle semblable à la lettre O », en empruntant cette explication à Al Khuwārizmī, qui faisait ainsi allusion à la lettre arabe *ha* (ه), dont la forme est justement celle d'un petit rond (cf. A. Allard [1] ; Boncompagni [1] ; K. Vogel [2] ; A.-P. Youschkevitch [2]).

Plusieurs manuscrits arabes prouvent que cette représentation graphique du zéro a subsisté par endroits jusqu'au XVIIe siècle.

Voici d'ailleurs un jeu de mots caractéristique de l'art poétique arabe du XIIe siècle. Il s'agit de deux vers tirés d'un poème que Khāqānī avait composé à la louange du prince Ghiyat ad dīn Muḥammad (vers 1155), dans le but de l'encourager à libérer la province du Khurasan de l'incursion des Turcomans Oghuzz (cf. A. Mazaheri) :

> « Ton ennemi sera *mutawwaq* [= pris par le cou dans un anneau rond]
> Tel le zéro (*al ṣifr*) sur la tablette de terre (*takht al turāb*) ;
> A ses côtés seront les unités [= « les soldats »],
> Tel un soupir (*aah*) de regret.
> C'est vrai ; parmi les individus du royaume, ton ennemi est rien.
> Dussions-nous en tenir compte,
> Il n'est qu'un zéro à la gauche des figures (*arqām*). »

Le sens de ce délicat passage sera rendu plus évident si l'on remarque :
– d'une part, que le terme arabe du soupir est *aah,* noté au moyen de deux fois la lettre *alif* (ا) et d'une fois la lettre *ha* (ه) ;

– d'autre part, que la première de ces deux lettres est semblable à la barre verticale représentant le chiffre 1, tandis que l'autre a la forme du petit rond représentant le zéro ;

– et que par la phrase « ton ennemi sera *mutawwaq* », il faut entendre : « ton ennemi sera pris par le cou dans un anneau rond, comme le zéro qui est en forme de O » (d'où par extension : « ton ennemi sera fait prisonnier, puis pendu »).

Dans sa métaphore, le poète avait ainsi joué sur la similitude graphique existant entre l'écriture de *aah* (le soupir) et la notation chiffrée 011 pour figurer l'image du chef de l'armée ennemie traîné le cou enchaîné (*o*) par les troupes du vainqueur (11) :

H A A   0 1 1

En clair, le vers ci-dessus (« Ton ennemi... ») signifie ceci :

« Le Turcoman aura le cou enchaîné et sera traîné par les unités de la troupe devant le sultan Muḥammad. »

Cela confirme donc bien qu'au XIIe siècle, le petit cercle exprimait encore zéro dans certaines provinces orientales de l'empire musulman.

Rien d'étonnant à cela, puisqu'il s'agit du *Śhûnya-chakra* (le « zéro-cercle »), l'une des représentations indiennes du zéro. (Voir **Śhûnya. *Śhûnya-chakra. *Chiffre O. *Zéro,* Dictionnaire, p. 3).

Mais à la longue, ce rond est devenu tellement petit qu'il en a été réduit finalement à un simple point[1] (fig. 25.3).

Le point est, du reste, la deuxième représentation graphique indienne du zéro, que l'on a vu apparaître dès la haute époque en Inde et en Asie du Sud-Est (voir **Śhûnya. *Bindu. *Śhûnya-bindu. *Chiffre O. *Zéro,* Dictionnaire, p. 3). Et c'est précisément ce dont témoigne Al Bīrūnī lui-même, vers l'an 1020, dans son *Kitāb fī taḥqīq i mā li'l hind,* où il parle des chiffres indiens et du système des symboles numériques de la langue sanskrite et où il énumère notamment les mots symbolisant le zéro ; en citant les mots sanskrits **śhûnya* (« vide », « zéro ») et **kha* (« espace », « zéro »), celui-ci ajoute en effet cette précision : *wa humā 'n naqta,* « ils signifient le *point* » (cf. F. Woepcke [2], p. 284).

Bref, c'est bien sous cette graphie stylisée et un peu modifiée que les neuf chiffres d'origine indienne se sont répandus à travers les provinces orientales du monde musulman, après s'être fixés en une série qui ne devait plus connaître au cours des siècles que des modifications tout à fait insignifiantes, portant principalement sur la forme des chiffres 5 et 0

1. Il s'agit là d'une évolution graphique tout à fait normale, mais il faut remarquer que la forme acquise en fin de compte par le chiffre 5 avait été, pour ainsi dire, imposée, pour éviter toute confusion : à l'imitation de son prototype indien, le 5, en effet, fut figuré d'abord par une sorte de « B » à l'envers ; ce signe évolua ensuite vers une espèce de petit cœur pointé vers le haut, qui finit par prendre l'aspect d'un petit cercle (sans doute sous l'influence de la lettre numérale *ha* [*o*], justement de valeur égale à 5 : cf. fig. 25.8 A).

(fig. 25.3). Et c'est ce que les auteurs arabes ont toujours appelé du nom de *arqām al hindi* (« chiffres indiens ») :

١	٢	٣	۴ ou ٤	٥ ou ۵	٦ ou ۶	٧	٨	٩	٠
1	2	3	4	5	6	7	8	9	0

Formes que l'on retrouve chez 'Abd Jalīl al Sijzī (951-1024), Al Bīrūnī (vers 1000), Kushiyar ibn Labbān al Gilī (vers 1020) et As Samaw'al al Maghribī (vers 1160) (fig. 25.1), et qui sont encore employées dans tous les pays du golfe Arabo-Persique, depuis la Jordanie et la Syrie jusqu'à l'Arabie Saoudite, le Yémen, l'Irak, l'Égypte, l'Iran, le Pakistan, l'Afghânistân, l'Inde musulmane, la Malaisie et Madagascar (voir **Chiffres hindi*, Dictionnaire, p. 3 ; voir aussi chapitre 24, t. I, p. 822).

Les chiffres dits « ghubār » des Arabes occidentaux

Mais les chiffres précédents ne sont pas tout à fait à l'origine de nos chiffres « arabes ». Nous tenons les chiffres actuels des Arabes, c'est vrai, mais des Arabes occidentaux (ceux qui peuplèrent l'Afrique du Nord et une partie de l'Espagne), et non pas des Arabes du Proche-Orient.

Avant d'en dire plus, nous allons citer trois passages très instructifs, extraits de trois manuscrits arabes conservés à la BN de Paris, traduits par F. Woepcke (cf. JA, janvier-février 1863, p. 58-69).

Il s'agit de trois commentaires d'ouvrages se rapportant à l'arithmétique. Dans chacun de ces trois manuscrits, les passages de l'ouvrage désigné sont mêlés aux explications du commentateur, mais ils sont écrits à l'encre rouge afin de distinguer l'original du commentaire, lui-même écrit à l'encre noire. A l'imitation de cet arrangement, nous mettrons donc ci-après en italique les mots ou les phrases appartenant à l'ouvrage original, et en caractères ordinaires les explications du commentateur et tout le reste.

PREMIER PASSAGE[1]

« *Les neuf figures indiennes [arqām al hindi] sont les suivantes :*

١	٢	٣	۴	۵	۶	٧	٨	٩
1	2	3	4	5	6	7	8	9

« *Ou les suivantes :*

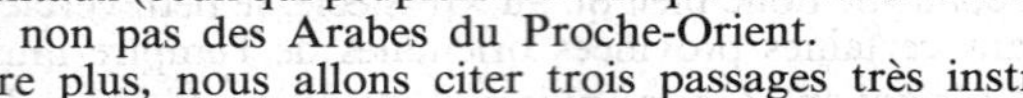

1 2 3 4 5 6 7 8 9

... *qui sont les figures de la notation ghubār.* »

1. Extrait du *Fatḥ al wahāb 'alā nuzhat al ḥusāb* (« Révélations du donateur au sujet de [l'ouvrage intitulé] "Récréations mathématiques" »). Composé en l'an 1039 de l'*Hégire* (= 1620 de notre ère) par 'Alī Ben Abī Bakr al Jamāl al Ansāri al Meqī, cet ouvrage est lui-même un commentaire sur l'abrégé d'un traité d'arithmétique intitulé *Al Murshida fī sana'at al ghubār* (« Guide de l'art du calcul *ghubār* ») d'auteur inconnu (réf. BN Paris. Ms ar. 2 475, f° 45v ; cf. F. Woepcke [2], p. 66).

	1	2	3	4	5	6	7	8	9	0
Traité d'arithmétique pratique de Ibn al Bannā al Marrakūshī. XIVe siècle. Université de Tunis. Ms. 10 301, f° 25 v. Cf. M. Souissi										
Guide du Kātib (ouvrage donnant des détails sur les divers systèmes de notation employés par les écrivains, les calculateurs, les fonctionnaires, etc.). Manuscrit daté de 1571-72 (voir fig. 25.10) BN de Paris. Ms. ar. 4 441, f° 22										
Sharishi. *Kashf al talkhīs.* (« Commentaire du traité de calcul... »). Manuscrit daté de 1611 Univers. de Tunis. Ms. 2 043, f° 16 r										
Bashlāwī. *Risāla fi'l ḥisāb...* (« Lettre sur le calcul... ») Manuscrit du XVIIe siècle Univers. de Tunis. Ms. 2 043, f° 32 r. Cf. M. Souissi										
Auteur inconnu. Traité d'arithmétique portant le titre : *Fatḥ al wahhāb 'alā nuzhat al ḥusāb 'al ghubār* (« Guide de l'art du calcul *ghubār* ») Commentaire de Al Ansāri, rédigé en 1620 et complété en 1629 BN de Paris. Ms. ar. 2 475, f° 46 r, 152 v et 156 v										
Copie d'un traité d'arithmétique pratique de Ibn al Bannā (*Talkhīs a 'māl al ḥisāb* « Exposé sommaire des opérations arithmétiques »). XVIIe siècle BN de Paris. Ms. ar. 2 464, f° 3 v.										
As Sakhāwī. *Mukhtaṣar fī 'ilm al ḥisāb* (« Abrégé d'arithmétique »). XVIIIe siècle BN de Paris. Ms. ar. 2 463, f°. 79 v-80										

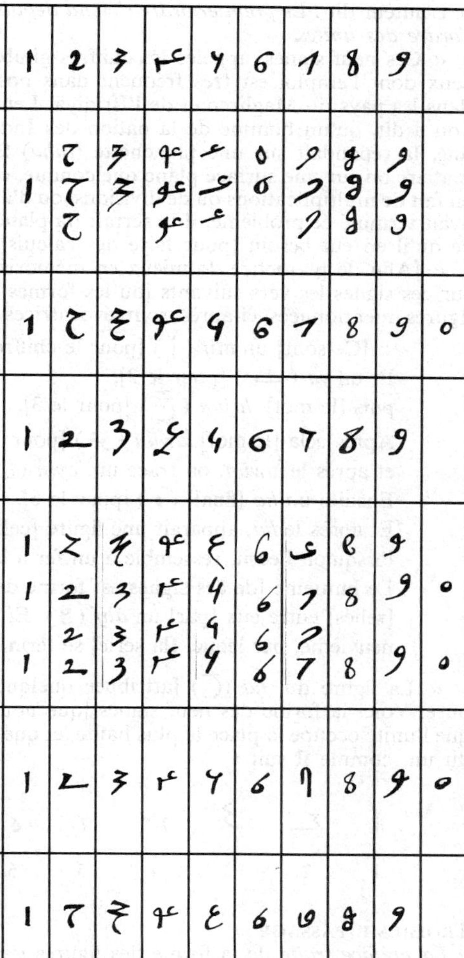

Fig. 25.5. – *Les chiffres des Arabes occidentaux (graphie ghubār).*

DEUXIÈME PASSAGE[1]

« L'auteur dit : *Le premier ordre s'étend depuis un jusqu'à neuf et s'appelle l'ordre des unités.*

« Ces neuf signes, appelés les chiffres ghubār [= « poussière »], sont ceux dont l'emploi est très fréquent dans nos provinces d'Andalousie et dans les pays du Maghreb et de l'Ifrīqiyā. Leur origine fut, d'après ce que l'on a dit, qu'un homme de la nation des Indiens prenait de la poussière fine, la répandait sur une planchette (*lūḥa*) faite de bois ou d'une autre matière ou sur une surface plane quelconque, et y marquait ce qu'il voulait en fait de multiplications ou de divisions, ou d'autres opérations. Et lorsqu'il avait terminé ce problème, il la serrait [la planchette] dans son étui jusqu'à ce qu'il en eût besoin [pour faire des calculs].

« [Afin de permettre de mieux en mémoriser les silhouettes], on a fait sur ces signes les vers suivants [où les formes des lettres, des mots ou des figures mentionnées ci-après sont évocatrices des chiffres en question] :

« [Ce sont] un *alif* (ا) [pour le chiffre 1],
Et un *ya* (ى) [pour le 2],
puis [le mot] *ḥijun* (ج) [pour le 3].
Après cela [le mot] *'awūn* (عو) [pour le 4] ;
et après le *'awūn*, on trace un *'ayin* (ع) [pour le 5].
Ensuite un *ha* [final] (٥) [pour le 6].
Et après le *ha*, apparaît une figure [celle du 7], qui,
lorsqu'on l'écrit, ressemble à un fer à la tête recourbée (٦).
Le huitième [de ces signes est formé de] deux zéros (*ṣifrān*)
[reliés] entre eux [par] un *alif* (8). Et le *waw* (و) en est le
neuvième, par lequel [la série] se termine. »

« La figure du *ḥa* (ح) [attribuée quelquefois au chiffre 2] n'est pas pure. Voici la forme des neuf signes [que nous devons écrire de manière] que l'unité occupe la place la plus haute, et que le deux se trouve au-dessous du un, comme il suit :

1 2 3 4 5 6 7 8 9 »

TROISIÈME PASSAGE[2]

« *La préface traite* de la forme des figures *des signes indiens,* telle qu'elle a été établie par la nation des Indiens, *et ce sont,* c'est-à-dire les signes

1. Extrait du *Talkhīs a'māl al ḥisāb* (« Exposé sommaire des opérations arithmétiques ») du mathématicien maghrébin Abū'l 'Abbās Aḥmad Ben Muḥammad ibn al Bannā al Marrākushī (vers 1300), avec des commentaires apportés vers 1470 par le mathématicien andalou 'Alī Ben Muḥammad Abū'l Ḥasan al Qalaṣādī, (réf. BN de Paris. Ms ar. 2 464, f° 3v ; cf. Woepcke [2], p. 58).

2. Extrait du *Mukhtasar fī 'ilm al ḥisāb* (« Abrégé de science du calcul ») de 'Abd 'l Qādir Ben Aḥmad As Sakhāwī, avec des commentaires de Ḥusayn Ben Muḥammad al Mahalī (réf. BN Paris. Ms ar. 2 463, f° 79v et 80 ; cf. Woepcke [2], p. 63).

indiens, *neuf figures* qu'on est convenu de former *comme il suit,* à savoir : un, deux, trois, quatre, cinq, six, sept, huit, neuf, en leur donnant la forme que voici :

١	٢	٣	٤	٥	٦	٧	٨	٩
1	2	3	4	5	6	7	8	9

lesquels sont employés chez nous, c'est-à-dire les Orientaux *de préférence* ; mais on en emploie aussi d'autres.

« *Ou,* on est convenu de les former *comme il suit* :

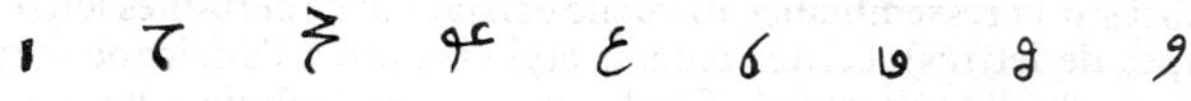

1 2 3 4 5 6 7 8 9

lesquels sont peu employés chez nous, tandis que leur usage est très fréquent chez les [Arabes] Occidentaux.

« Nota bene. Le sens de la phrase de l'auteur est évidemment que les deux séries sont d'institution indienne, et telle est la vérité. Le docte Al Shanshūrī a dit dans son commentaire de la Murshidah : Et on l'appelle, c'est-à-dire on appelle la seconde manière [de former les signes dont il s'agit], indienne, parce qu'elle a été établie par la nation des Indiens. Fin de la citation. On les distingue cependant les uns des autres par leurs dénominations, en appelant les premiers "hindi", et les seconds "ghubārī" ; et on appelle ceux-ci "ghubārī", parce que les anciens avaient l'habitude de répandre de la farine sur une planchette de bois et d'y tracer ces figures.

« On a fait sur ces signes les vers suivants... [Il s'agit des mêmes vers que ceux du deuxième passage ci-dessus, à une légère différence de détail que l'on trouvera décrite à la figure 25.6].

« [Mais] on les a réunis [de préférence] dans un seul vers, comme il suit :

« Un *alif* (ا) [pour le chiffre 1], un *ḥa* (ح) [pour 2],
[le mot] *hijun* (حج) [pour 3], [le mot] *'awūn* (عو) [pour 4],
un *'ayin* (ع) [pour 5], un *ha* [final] (ه) [pour 6],
un *waw* retourné (ᑫ) [pour 7], deux zéros [reliés par un *alif*] (ꙭ)
[pour 8], et un *waw* (و) [pour 9]. »

Dans les passages qui viennent d'être cités, plusieurs points méritent une attention toute particulière.

Nous apprenons d'abord que les chiffres dits *ghubār* (ou *ghubārī*) sont ceux employés au Maghreb (partie occidentale de l'Afrique du Nord, depuis Constantine jusqu'à l'océan Atlantique), ainsi qu'en Andalousie sous domination musulmane et en Ifrīqiyā (partie orientale de l'Afrique du Nord, depuis la Tunisie jusqu'à Constantine). Et l'on constate que ces chiffres ont une graphie d'apparence complètement différente des chiffres *hindi* des provinces orientales des pays de l'Islām.

Nous sommes renseignés dans le même temps sur l'existence d'un dispositif de calcul : sorte de planchette de bois saupoudrée de poussière, dont l'usage pour la pratique des opérations arithmétiques fut lié précisément à l'usage des chiffres *ghubār* (voir p. 299 *sq.*).

Nous constatons aussi que la tradition d'une origine indienne de ces chiffres s'était transmise chez les arithméticiens arabes et maghrébins[1].

Mais le point le plus important à souligner concerne les vers composés sur les chiffres *ghubār,* qui fixent ainsi d'une manière précise et ingénieuse leurs formes graphiques. D'un manuscrit à l'autre, la stabilité de ces vers est d'autant plus remarquable qu'il s'agit, non pas de deux copies d'un même ouvrage, mais de copies de deux manuscrits entièrement indépendants l'un de l'autre et d'époques et de provenances différentes.

Ces vers constituent en fait un remarquable moyen mnémotechnique destiné à bien faire retenir le graphisme des neuf chiffres correspondants, jouant ainsi sur la ressemblance formelle existant avec certaines lettres arabes (ou groupes de lettres), écrites dans le style propre à l'ancienne écriture du Maghreb et de l'Andalousie. C'est une mnémotechnie que les maîtres arithméticiens maghrébins et andalous avaient sans doute composée pour enseigner à leurs élèves comment retenir le graphisme des neuf chiffres indiens dans le style de leur province natale ; c'était donc un peu comme si nous donnions les formes respectives des lettres latines O, I, Z, etc., pour faire retenir par nos jeunes enfants la graphie de nos chiffres actuels 0, 1, 2, etc.

Afin de permettre de mieux en saisir le principe, nous explicitons à la figure 25.6 chacun des vers en question, tels qu'ils figurent dans les manuscrits. Nous y restituons exactement les formes envisagées, en replaçant leur contexte dans le style même de l'écriture locale et en établissant le parallèle avec les graphies des chiffres correspondants qui figurent dans les manuscrits en question.

Les plus anciens documents connus se rapportant aux chiffres et au calcul *ghubār* (opérations arithmétiques exécutées sur la « poussière ») sont au nombre de deux : ils datent respectivement de 874 et 888 de notre ère (cf. JASB, 3/1907, p. 475 et 7/1911, p. 801 ; SC, XXIV/1918, p. 53 *sq.* ;

1. Il est une légende qui admet bien l'origine indienne des chiffres *hindi* des Arabes orientaux, mais qui, sous l'emprise d'un fort préjugé, soutient que les chiffres *ghubār* ont constitué une « invention » des Arabes du Maghreb. Il s'agit là d'un malentendu qui provient d'une question mal posée dès le départ : ce n'est pas parce que les chiffres *ghubār* ont été à l'origine de la graphie des chiffres modernes que les Maghrébins et les Andalous, leurs principaux utilisateurs, en ont été pour autant les « inventeurs ». En fait, le mot arabe *ghubār* signifie la « poussière ». Et si ce nom a été donné aux chiffres maghrébins, c'est tout simplement parce que les Arabes d'Afrique du Nord avaient pris très tôt l'habitude d'effectuer leurs opérations arithmétiques en dessinant ces chiffres sur une planchette saupoudrée préalablement de poussière fine (*lūḥat al ghubār,* « planchette à poussière »). Mais cet usage ne constitua évidemment pas l'apanage des calculateurs maghrébins, bon nombre de leurs collègues d'Orient ayant fait la même chose, en traçant les chiffres cette fois dans le style *hindi.* D'une manière ou d'une autre, on perpétuait ainsi une vieille méthode de calcul que les Indiens avaient utilisée sans doute depuis la haute Antiquité et qui mettait à contribution le tracé des neuf chiffres sur le sable ou la poussière (voir chap. 24, t. I, et p. 299 ci-après). La dénomination de *ghubār,* « poussière », a cependant été consacrée par l'usage, tant en Orient qu'au Maghreb, pour désigner spécifiquement la forme même des chiffres arabes occidentaux. En réalité, en revenant au malentendu provoqué par cette dénomination particulière, on verra plus loin qu'il n'y a eu, d'un point de vue historique aussi bien que d'un point de vue paléographique, aucune différence entre les chiffres *hindi* du Machreq et les chiffres *ghubār* d'Afrique du Nord et d'Espagne : les deux séries proviennent en effet d'une seule et même source (les chiffres indiens bien sûr), leurs différences ne tenant en réalité qu'aux habitudes scripturaires de chacune de ces deux régions du monde islāmique. Et, que les mêmes chiffres et les mêmes méthodes de calcul aient reçu en Orient le nom de « chiffres indiens » (*arqām al hindi*), et au Maghreb celui de « chiffres poussière » (*arqām al ghubār*), « cela ne devrait pas plus surprendre que de voir, à une époque plus récente, une même partie de l'analyse infinitésimale s'appeler *calcul des fluxions* en Angleterre et *calcul différentiel* sur le reste du continent européen » (F. Woepcke [2]).

Tropfke). Or, les formes rattachées aux signes qui y figurent sont assez proches des graphismes de la figure 25.6 et naturellement des formes données par les vers et les citations ci-dessus. Et comme le plus récent des manuscrits contenant ces vers date du début du XIXe siècle, cela laisse donc à penser que la forme des chiffres *ghubār* avait été fixée depuis de nombreux siècles par la composition de la mnémonique précédente, ainsi transmise de génération en génération. Autrement dit, on avait ainsi cherché à mettre la graphie des chiffres *ghubār* à l'abri des inévitables altérations des copistes.

La raison de la conservation des formes originelles de ces chiffres s'explique sans doute par l'attachement des Maghrébins aux traditions des premiers temps de la conquête musulmane de l'Andalousie et de l'Afrique du Nord. Et c'est sans doute pourquoi ces chiffres en sont venus dans ces régions à se fondre dans le moule des écritures et des cursives locales[1].

La transmission des chiffres indiens aux Arabes occidentaux

La question que l'on se pose donc à présent est de savoir quand et comment l'arithmétique indienne est arrivée dans les provinces d'Afrique du Nord et d'Espagne.

F. Woepcke nous en donne les premiers éléments de réponse : « Quoique l'unité de l'empire des califes fût rompue de bonne heure, les pèlerinages de La Mecque, un commerce florissant, des voyages d'individus, des migrations de peuplades entières, et même des guerres, ne cessèrent d'entretenir, entre les différentes contrées habitées par les Musulmans, des relations nombreuses. Depuis que l'arithmétique indienne fut connue des Arabes orientaux, elle dut donc s'introduire dans les pays arabes de l'Occident. L'extrême rareté des données relatives à ce fait de l'histoire des sciences ne nous permet pas d'en fixer l'époque avec précision, mais nous ne nous tromperons pas de beaucoup en considérant comme probable que les Arabes d'Afrique et d'Espagne reçurent l'arithmétique indienne dans le courant du IXe siècle de notre ère. »

Compte tenu des relations tout à fait privilégiées que le califat de Cordoue avait entretenues, notamment avec Byzance, et qui avaient permis la circulation de plusieurs textes anciens, on peut toutefois supposer qu'en retour ces relations avaient dû faciliter aussi, hors d'Espagne et d'Afrique du Nord, des contacts et des rencontres avec des représentants de la civilisation indienne en ces lieux d'échanges très cosmopolites de l'Empire byzantin. Mais il faut songer aussi aux contacts et communications que les Andalous et les Maghrébins ont certainement dû établir avec leurs cousins d'Orient, indépendamment de la route menant à Byzance.

La transmission de l'arithmétique indienne à ces régions a donc pu s'opérer aussi bien par l'intermédiaire de traités composés par des Arabes orientaux, que par des contacts plus directs, plus immédiats avec les savants indiens, et donc tout à fait semblables à ceux qui s'étaient produits entre l'Inde et les Arabes d'Orient.

1. On retrouve d'ailleurs les mêmes vers mnémotechniques dans bon nombre de traités arithmétiques se rapportant aux chiffres en question. Réf. : Ms ar. 2473, f° 9, de la BN, Paris, qui reproduit le texte d'un ouvrage intitulé : « Révélation des secrets dans l'emploi des chiffres *ghubār* ». Autre référence : Ms 10 301, f° 25v, et 2 043, f° 16v et 32v, de l'université de Tunis.

	Restitution de la graphie des chiffres *ghubār* d'après le style des lettres de l'écriture maghrébine et les vers de la mnémonique			Graphie des chiffres *ghubār* telle qu'elle est donnée effectivement par le manuscrit		
	Lettres, mots ou images donnés par les vers :	du 2e passage ci-dessus	du 3e passage ci-dessus	du 1er passage ci-dessus	du 2e passage ci-dessus	du 3e passage ci-dessus
1	un *alif*					
2	un *ya* un *ḥa*[1]					
3	le mot *ḥijun*					
4	le mot *'awūn*					
5	un *'ayin*					
6	un *ha* final[2]					
7	un « fer à tête recourbée » un *waw* retourné[3]					
8	deux zéros reliés par un *alif*					
9	un *waw*					

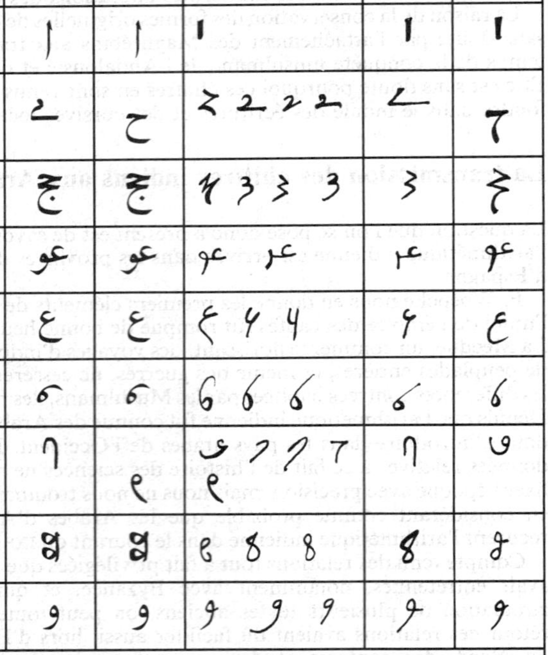

1. L'auteur du second passage fait observer que « la figure du *ḥa* n'est pas pure ». Sa remarque, qui se rapporte évidemment ici à la forme du chiffre 2, semble exprimer que la variante semblable à cette lettre (que l'on trouve également dans d'autres manuscrits) n'avait pas représenté la forme originale du 2, mais que ce chiffre avait d'abord ressemblé plutôt à la forme finale du *ya,* qui s'écrit souvent comme ci-dessus dans le style en question (fig. 25.8).

2. Telle est en effet la forme finale de la lettre *ha,* ainsi qu'on la trouve dans les manuscrits andalous et maghrébins (fig. 25.8 A).

3. L'existence de la variante ainsi mentionnée pour le chiffre 7 (signe en forme de *waw* retourné) se trouve confirmée par la graphie donnée à ce chiffre dans une note marginale figurant dans le manuscrit du premier passage.

Fig. 25.6

Mais il convient de ne pas exclure le rôle non négligeable que les commerçants et les négociants juifs ont très probablement dû jouer dans cette transmission. C'est d'ailleurs ce que suggère Abū'l Qāsim 'Ubadallah ibn Aḥmad ibn Ḥauqal, géographe persan établi à Bagdad. Mieux connu sous le nom de Ibn Khurdadbeh, ce dernier écrit ceci dans un ouvrage intitulé *Livre des Routes et des Provinces,* composé vers 850 de notre ère :

« Les marchands juifs parlent aussi bien la langue arabe qu'ils manient le persan, le grec, le latin ou toute autre langue des terres européennes. Ils font d'incessants voyages du Levant au Couchant et de l'Occident à l'Orient, tantôt par mer tantôt par les terres. Ils embarquent des terres latines (*franki*) par la mer occidentale [la Méditerranée] et se dirigent vers Farama ; de là, ils débarquent leurs marchandises, les placent dans des caravanes et se dirigent, par les terres, vers Colzom, en bordure de la mer orientale [la mer Rouge]. De là, ils rembarquent et se dirigent vers le Ḥejaz [l'Arabie] et vers Jiddah, pour effectuer un nouveau périple vers le Sind, l'Inde et la Chine. Puis ils retournent en emportant avec eux des produits des terres orientales... Ces voyages se font aussi par la route. Les marchands, quittant alors les terres latines, vont vers l'Andalousie, traversent le bout de mer [le détroit de Gibraltar] et passent par le Maghreb avant de traverser les provinces africaines et l'Égypte. Ils se dirigent ensuite vers Ramallah, Damas, Kufa, Bagdad et Basra, avant d'atteindre successivement Ahwaz, le Fars, Kerman, l'Indus, l'Inde et la Chine » (cf. Gerhardt, in : *Études,* p. 18 ; Smith et Karpinski, p. 101).

Une indication semblable au sujet des marchands voyageurs de ce temps-là est fournie par ces vers tirés du *Gulistân* (« Jardin des Roses »), que le poète persan Sā'adi composa durant la première moitié du XIIIe siècle (cf. E. Arnold, XXII, 3, p. 177 ; Smith et Karpinski, p. 102) :

« J'ai rencontré un marchand qui possédait cent quarante chameaux
Et cinquante porteurs et esclaves...
Il me répondit : Je veux transporter en Chine du soufre de Perse,
Lequel, d'après ce que l'on m'en a dit,
Coûte très cher dans ce pays-là ;
Puis prendre des produits fabriqués de Chine
Pour les emporter vers Rome (*Rum*) ;
Et de Rome charger un navire de brocarts pour les Indes ;
Et faire de même le commerce de l'acier indien (*pûlab*) à Halib ;
De Halib, je transporterai son verre au Yémen,
Et ramènerai en Perse les étoffes peintes du Yémen. »

Contrairement à Ibn Ḥauqal, le poète ne précise pas l'origine de ce marchand voyageur, lequel n'est donc pas forcément juif. Et pour cause : les juifs, de tout temps, ne détiennent pas le monopole du commerce international. Aussi les commerçants juifs n'ont-ils constitué qu'un des multiples maillons de la chaîne de cette transmission.

Juifs ou non, de grands voyageurs comme ces commerçants manipulaient les nombres aussi fréquemment qu'ils effectuaient leurs périples et leurs transactions commerciales. Et tout comme les nombreuses langues apprises lors de leurs contacts, ils n'avaient donc pas pu ne pas s'initier aux arithmétiques des divers peuples qu'ils rencontraient régulièrement lors de leurs multiples voyages à travers le monde.

Et comme l'Inde faisait partie du passage obligé, on conçoit aisément qu'ils se soient trouvés aussi dans la nécessité de s'initier à la numération et à l'arithmétique indiennes, formant ainsi l'un des points de liaison entre l'Inde et le Maghreb.

Des chiffres hindi aux chiffres ghubār : une simple question de style

Toujours est-il, en revenant aux chiffres arabes, malgré les variations existant entre les deux séries graphiques, que l'influence indienne est évidente, aussi bien pour les signes *hindi* que pour ceux de type *ghubār* (fig. 25.3 et 25.6).

En procédant à une comparaison, même sommaire, avec les chiffres indiens de type *nâgarî,* on retrouve ainsi dans les séries *ghubār* le 1 indien bien sûr, mais aussi le 2, le 3, le 4 (avec pour l'arabe, une légère modification d'orientation par rapport à son prototype), le 6, le 7, le 9 et le 0, ainsi que le 5 et le 8 (fig. 25.5 et 25.7). [Pour plus de détails, voir au Dictionnaire, p. 3, les articles intitulés **Chiffre* et **Chiffres,* ainsi qu'au chapitre 24, t. I, l'étude paléographique, p. 822-887.]

D'un point de vue paléographique, il n'y a donc aucune différence entre les chiffres *hindi* du Machreq et les chiffres *ghubār* du Maghreb, les deux séries provenant d'une seule et même source.

Les différences entre ces deux types de notation ne tiennent en réalité qu'aux habitudes des scribes et des copistes de chacune des régions concernées.

L'histoire même des styles de l'écriture arabe va nous permettre de mieux saisir le phénomène (fig. 25.8).

Dès l'apparition de l'Islām, cette écriture a évolué vers deux types bien distincts : un style cursif lapidaire, dérivant de celui des inscriptions pré-islāmiques, et un style encore plus cursif, issu directement des premières écritures manuscrites arabes, également développées dès avant l'*Hégire.*

De la cursive lapidaire est sortie l'écriture dite *coufique,* style d'une calligraphie monumentale ou manuscrite, caractérisée par une ligne de base horizontale sur laquelle des graphies rigides et anguleuses viennent s'implanter verticalement. Selon le *Fihrist* d'Ibn al Nadīm (987), cette écriture serait venue des habitudes prises très tôt par les lapicides et les scribes de la ville de Kufa[1] (ou Coufa) sur l'Euphrate, d'où son nom. Mais en plus des usages ci-dessus, elle servit, durant les premiers siècles de l'histoire musulmane, pour les textes juridiques ou religieux (et notamment pour les premiers Corans, les mosquées et les inscriptions tombales) ; d'où le caractère hiératique qu'elle aura conservé depuis lors.

Celle-ci fut toutefois peu à peu remplacée par l'écriture *naskhī,* l'écriture courante des « copistes », dont dérive la calligraphie très soignée de l'alphabet arabe dit « d'Avicenne », le plus répandu à l'heure actuelle. Issu des anciennes cursives manuscrites arabes, ce style est caractérisé par

1. Fondée en 638 de notre ère, Kufa fut le centre de l'érudition arabe sous les califes Umayyades jusqu'à la fondation de Bagdad en 762.

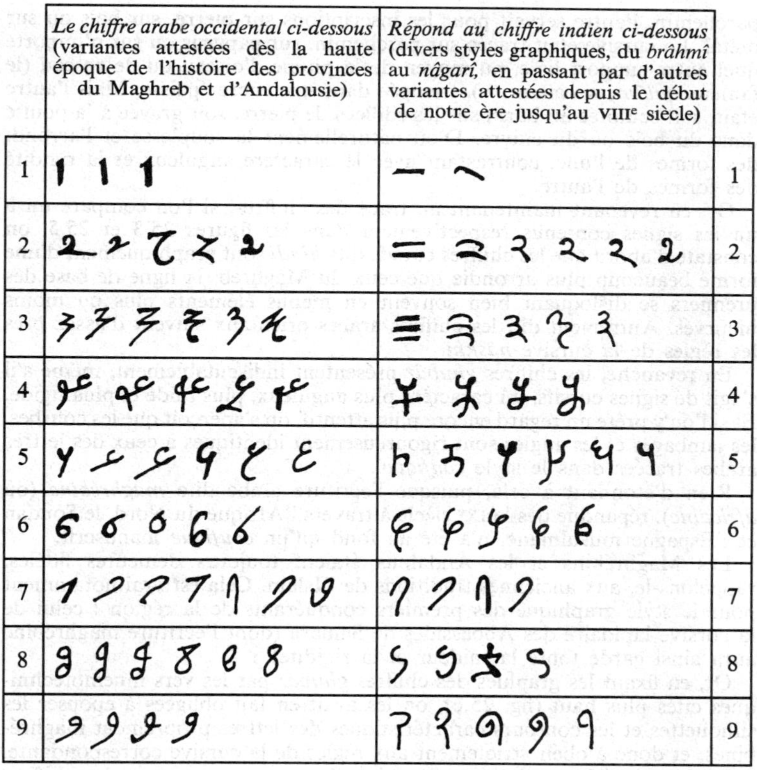

Fig. 25.7

les formes souples et arrondies que lui donne sa décomposition en menus éléments incurvés[1].

Mais la différenciation entre les deux styles a tenu surtout, au moins à l'époque des origines, à la nature même des supports et des matériaux utilisés, suivant leurs destinations respectives. Alors que la cursive manuscrite était employée dans les textes courants sur papyrus ou

1. La *naskhī* donnera naissance à son tour au style *nasta'līq,* employé surtout en Perse, en Mésopotamie et en Afghânistân, et au style *sulūs* de l'Empire turc ottoman. La forme des lettres restera toutefois foncièrement identique aux lettres *naskhī,* à certains mouvements cursifs près.

parchemin, l'autre servait pour les inscriptions sur pierre, sur bois ou sur métal. La cursive était tracée sur parchemin, sur papyrus ou sur n'importe quel autre support lisse, au moyen de la plume d'oiseau ou de roseau (le fameux *qalām*, « calame »), trempée dans une encre épaisse. Mais l'autre était, soit sculptée au burin sur les édifices de pierre, soit gravée à la pointe dans du bois ou du cuivre. D'où naturellement la souplesse et l'arrondi des formes de l'une, contrastant avec le caractère anguleux et la rigidité des formes de l'autre.

Or, en revenant maintenant au tracé des chiffres, si l'on compare un à un les signes contenus respectivement dans les figures 25.3 et 25.5, on constate d'abord que les chiffres cursifs dits *hindi* sont graphiquement d'une forme beaucoup plus arrondie que ceux du Maghreb, la ligne de base des premiers se disloquant bien souvent en menus éléments plus ou moins incurvés. Autrement dit, les chiffres arabes orientaux suivent d'assez près les règles de la cursive *naskhī*.

En revanche, les chiffres *ghubār* présentent indiscutablement, même s'il s'agit de signes cursifs, un caractère plus anguleux, plus raide et plus rigide. Et si l'on y prête un regard encore plus attentif, on s'aperçoit que les courbes, les jambages et les angles sont rigoureusement identiques à ceux des lettres arabes tracées dans le style *coufique*[1].

Rien d'étonnant à cela, puisque l'écriture arabe dite *maghrébine* (ou *africaine*), répandue dès le IXe siècle à travers l'Afrique du Nord, le Soudan et l'Espagne musulmane, n'a été au fond qu'un *coufique* manuscrit.

Les Maghrébins et les Andalous étaient toujours demeurés fidèles, rappelons-le, aux anciennes traditions de l'Islām. Cela est vrai notamment pour le style graphique des premiers conquérants de la région : celui de la cursive lapidaire des Abbassides de Samara (dont l'écriture maghrébine aura ainsi gardé toute la raideur et la rigidité).

Or, en fixant les graphies des chiffres *ghubār* par les vers mnémotechniques cités plus haut (fig. 25.6), on les avait en fait obligées à épouser les silhouettes et les contours caractéristiques des lettres proprement maghrébines, et donc à obéir strictement aux règles de la cursive correspondante.

Bref, malgré les variations qui existent apparemment entre les chiffres *hindi* et les chiffres *ghubār,* l'origine indienne de ceux-ci comme de ceux-là est donc désormais évidente.

Toutefois, c'est non pas sous la graphie *hindi,* mais bien sous le style *ghubār* des Arabes occidentaux que les chiffres indiens, en partant de l'Espagne, atteindront les peuples chrétiens de l'Europe occidentale, avant même de revêtir la forme des chiffres que nous connaissons actuellement...

1. C'est en tout cas ce que révèle l'original du traité intitulé : *Kashf al asrār 'an 'ilm al ghubār,* du mathématicien andalou Al Qalaṣādī, où les lettres arabes et les chiffres *ghubār* sont calligraphiés dans une forme et des mouvements cursifs constituant une réplique très fidèle du plus pur style coufique des tout premiers siècles de l'Islām. Ce manuscrit date du XVe siècle ; l'Institut des langues orientales de Paris en possède un exemplaire provenant d'une lithographie effectuée à Fès (cf. A. Mazaheri).

NOM DES LETTRES	VALEUR NUMÉRIQUE	FORME DES LETTRES en arabe naskhī	en arabe maghrébin	en persan dans le style nastaʿlīq
alif	1	ا	ا	ا
ba	2	ب	ب	ب
jim	3	ج	ج	ج
dal	4	د	د	د
ha	5	ه	ه	ه
wa	6	و	و	و
zay	7	ز	ز	ز ou ژ
ḥa	8	ح	ح	ح
ṭa	9	ط	ط	ط
ya	10	ى	ي ou ے	ی
kaf	20	ك	ك	ک
lam	30	ل	ل	ل
mīm	40	م	م	م
nūn	50	ن	ن	ن
sin	60	س	س	س
ʿayin	70	ع	ع	ع
fa	80	ف	ڢ	ف
ṣad	90	ص	ص	ص
qaf	100	ق	ڧ	ق
ra	200	ر	ر	ر
shin	300	ش	ش	ش
ta	400	ت	ت	ت
tha	500	ث	ث	ث
kha	600	خ	خ	خ
dhal	700	ذ	ذ	ذ
ḍad	800	ض	ض	ض
ḍha	900	ظ	ظ	ظ
ghayin	1000	غ	غ	غ

Fig. 25.8 A. – *Alphabet arabe dans les styles naskhī et maghrébin.* Réf. A.-P. Pihan.

STYLE NASKHĪ

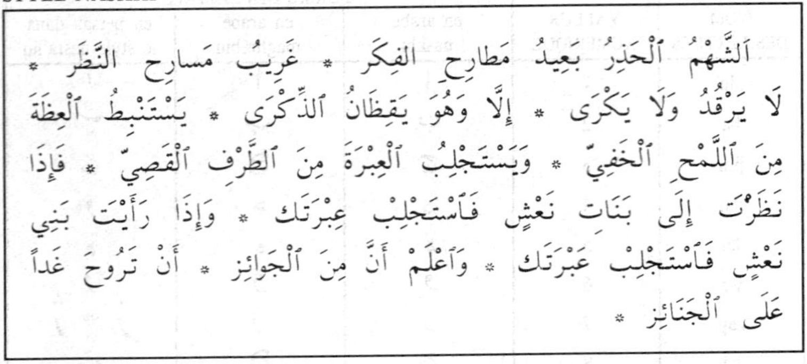

STYLE COUFIQUE

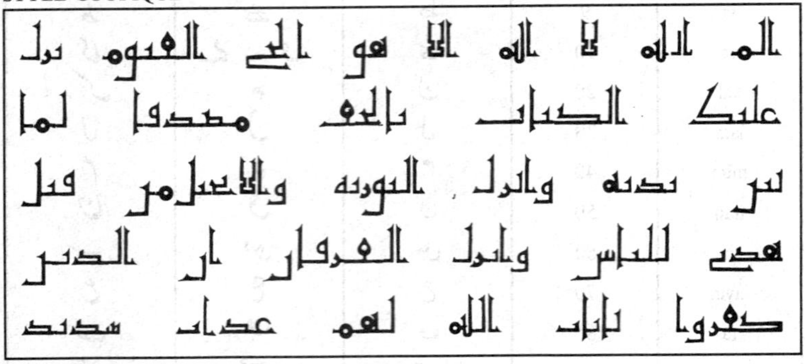

STYLE MAGHRÉBIN

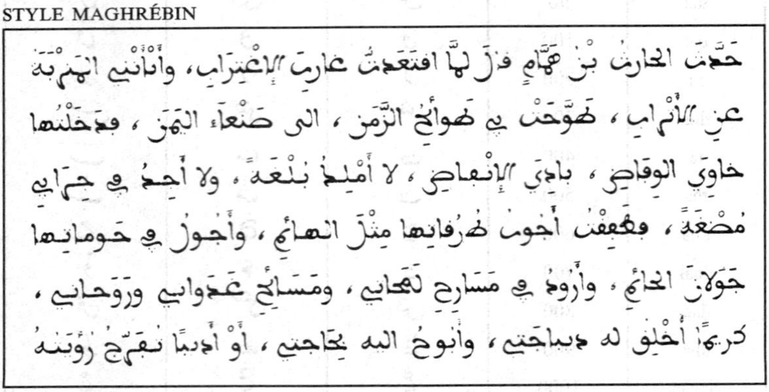

Fig. 25.8 B. – *Différents styles graphiques de l'écriture arabe.* Réf. CPIN. Voir aussi S. de Sacy ; J. Sourdel.

RÉSISTANCES ARABES AUX CHIFFRES INDIENS

Au premier abord, on serait tenté de penser qu'en se répandant dans les pays d'Islām, le système indien l'avait emporté sur tout autre mode de représentation des nombres et que par leur simplicité et leur ingéniosité, les méthodes de calcul correspondantes avaient été acceptées très tôt et très rapidement par toutes les couches de la population arabo-musulmane.

L'auteur du présent ouvrage reconnaît humblement s'être trompé lors de l'élaboration de la première édition de cette *Histoire universelle des chiffres,* où il souscrivit à cette idée négligeant, il est vrai, les détails très révélateurs qui suivent.

Certes, plusieurs savants et intellectuels, tels Al Khuwārizmī, An Nisawī et d'autres, eurent suffisamment d'esprit pour apprécier les avantages et la supériorité de cette notation numérique.

Mais il y eut un nombre tout aussi important de Musulmans qui s'opposèrent, parfois très farouchement, à l'usage de ces chiffres, et à plus forte raison à leur généralisation.

Ce qui veut dire que, contrairement à ce que l'on croit souvent, le système indien s'est en réalité imposé très lentement et très difficilement en pays musulman[1].

Car en Islām, comme partout ailleurs, il y eut des « traditionalistes », comme ces comptables et ces calculateurs qui, par leur profond attachement à certaines coutumes et pratiques héritées d'un passé révolu, et par leur hostilité aux innovations scientifiques et techniques, avaient fait obstacle au progrès.

Le conservatisme des scribes et des fonctionnaires arabes

L'une des raisons de cette opposition au système indien a en effet tenu au conservatisme des scribes et des fonctionnaires arabes et musulmans, longtemps restés attachés à des méthodes ancestrales comme les procédés de compte et de calcul sur les doigts (voir chapitre 3).

Ainsi, dans son *Kitāb al mu'allimin* (« Livre pour les maîtres [d'écoles] »), Al Jahīz (mort en 868 de notre ère) donne ce conseil, qui fait deviner aisément les polémiques qui avaient dû opposer pendant de nombreuses générations les tenants des chiffres indiens aux ardents défenseurs des systèmes traditionnels :

1. Ainsi, dans un grand nombre de traités d'arithmétique pratique, il n'est pas fait usage d'un seul chiffre indien, ni même de chiffre du tout, puisque les nombres qui se présentent à chaque ligne sont écrits tout au long au moyen des noms de nombre en arabe. Et pourtant de tous les ouvrages imaginables, les traités d'arithmétique sont assurément ceux où l'emploi des chiffres indiens pourrait sembler le plus naturel, paraissant même presque inévitable.

« Il paraît judicieux d'engager l'élève dans l'étude du calcul digital, à l'exclusion de l'arithmétique indienne (*ḥisāb al hindī*), de la géométrie et des problèmes délicats de l'arpentage » (réf. British Museum, Ms. 1129, f° 13 r) (cf. Pellat, p. 22 et 39).

Cet auteur, qui méprisait autant les chiffres indiens que l'arithmétique correspondante, préconisait ainsi l'enseignement du calcul sur les doigts et les articulations (*ḥisāb al ʿaqd*), bien plus utile, selon lui, aux futurs scribes de l'administration arabe de l'époque.

Il y eut même des calculateurs qui exprimèrent leur penchant pour le calcul manuel au détriment de la technique du calcul pourtant traditionnelle des Arabes : la planchette à poussière (voir plus loin).

C'est ce que révèle par exemple l'ouvrage *Kitāb al ḥisāb bila takht bāl bi'l yad* (« Traité du calcul sans la planchette, mais avec [les doigts de] la main »), composé en 985 par Al Antakī (cf. A. Mazaheri, p. 160).

La raison de cette préférence pour l'arithmétique manuelle est donnée par le Persan As Sulī (mort en 946) dans son *Adab al kutāb,* spécialement destiné aux scribes et aux calculateurs. Après avoir parlé « des neuf caractères indiens » et de « la grande facilité procurée par ce système » pour exprimer « d'énormes quantités », cet auteur ajoute ceci : « Les scribes de l'administration évitent cependant d'utiliser ces chiffres, parce qu'ils exigent l'emploi d'un matériel [à savoir la planchette à calcul], et ils estiment qu'un système qui n'en nécessite pas et que l'on peut pratiquer sans autre moyen qu'un membre de son corps est plus propre à assurer le secret et est plus conforme à la dignité de chef. » As Sulī adresse ensuite un éloge à la gloire des scribes-calculateurs du monde musulman, dont il vante la souplesse des articulations et des mouvements « qui vont aussi vite qu'un clignement de l'œil ». Il cite alors pour cela un certain ʿAbdullah ibn Ayūb, qui « a comparé le zigzag de l'éclair à la rapidité de la main du calculateur, quand il a dit : "Il semble que son scintillement [celui de l'éclair] dans le ciel soit [constitué des] deux mains d'un scribe ou d'un calculateur !" » Puis, il termine par cette conclusion : « C'est pourquoi ils se sont contentés uniquement du *ʿiqd* [c'est-à-dire du compte sur les jointures] et du système des articulations » (cf. As Sulī, p. 239 ; C. Pellat ; J.-G. Lemoine).

De tout temps, il est vrai, les fonctionnaires se prétendent irremplaçables afin de conserver leur situation privilégiée. Ils ne voient donc jamais sans mécontentement s'introduire, et à plus forte raison se généraliser, un procédé venant simplifier et mettre à la portée du commun des mortels ce qu'ils prétendent devoir à un apprentissage difficile et mystérieux.

Il s'agit là sans aucun doute d'un phénomène universel, que l'on a vu se produire dans les civilisations de l'Antiquité, et auquel on assistera en Europe occidentale depuis l'époque médiéviale jusqu'à la Révolution française (voir chapitres 8 à 12, 16 et p. 341 du chapitre 26).

Et c'est parce que ce pouvait être pour eux la fin de leur monopole que les scribes et les fonctionnaires arabo-musulmans s'étaient farouchement opposés à l'introduction des chiffres et du calcul indiens.

Mais ce traditionalisme n'explique pas tout. Il faut penser aussi à la multiplicité et à la diversité des peuples qui avaient composé l'Empire musulman. Il faut donc compter avec l'hétérogénéité des cultures et des populations de cet univers bien complexe, et avec les habitudes régionales ou individuelles.

Certes, comme le disait E. Herriot, « la culture, c'est ce qui reste quand on a tout oublié ». C'est cette forme particulière du savoir qui confère sans doute à l'esprit une certaine disposition à la connaissance. D'où l'idée de développement, d'enrichissement des diverses facultés de l'esprit par certains exercices intellectuels tels que l'étude ou la recherche.

Mais la « culture », c'est aussi, dans le cas d'une civilisation donnée, l'apport intellectuel, scientifique, technique, voire spirituel, du peuple qui la caractérise. Il s'agit par conséquent de l'ensemble des connaissances qui, assimilées par les grands esprits qui la composent, ont fortement contribué à son enrichissement.

C'est donc en cela que la civilisation arabo-islāmique s'était distinguée par le caractère original, la forte culture et la profondeur d'esprit de ses penseurs, de ses savants, de ses poètes et de ses artistes.

Or, comme le dit P. Foulquié, une culture, c'est aussi les « manières collectives de penser et de sentir, l'ensemble des coutumes, des institutions et des œuvres qui, dans un milieu donné, sont à la fois l'effet et le moyen de la culture personnelle ». Aussi (en paraphrasant simultanément R. Martin du Gard et M. Mead) est-ce cet ensemble de vertus, de préjugés, d'habitudes individuelles et d'écus dont se compose une nation donnée, par les formes de comportement, acquises puis transmises par ses divers membres, unis de la sorte par une tradition commune.

Or la culture arabe a été, à l'instar de toutes les autres, composée aussi de diverses coutumes et de mille petits riens, de mille petits usages et de mille petites pensées, caractéristiques de la vie quotidienne. On conçoit donc que de grands savants aient cohabité avec des esprits plus petits, parce que plus ignorants, qu'un conservatisme irraisonné avait obligés à se cramponner à des méthodes ayant certes donné satisfaction à leurs lointains ancêtres, mais ayant cessé, depuis longtemps déjà, d'être adaptées aux progrès du temps et de l'action...

Calculateurs traditionalistes contre tenants de systèmes désuets

La civilisation arabo-islāmique s'étant trouvée en contact avec l'Occident chrétien, certains calculateurs arabes, qui ont eu l'idée saugrenue d'adopter les procédés de calcul latins au moyen des jetons sur la table à compter, sont ainsi allés dans le sens inverse des aiguilles d'une montre. Ce fut le cas de quelques arithméticiens syriens et égyptiens, influencés sans doute par leurs relations commerciales avec les Génois et les Byzantins (voir chapitre 16, et chapitre 26, p. 346).

Ce fait sera d'ailleurs fustigé en 1339 par l'historien persan Ḥamdullah, qui relatera ceci dans son *Nuzhat al qolūb,* traité de géographie et de chronologie :

« En l'an 420 [de l'*Hégire*, soit 1029 de notre ère], Ibn Sīnā inventa "les nœuds du calcul", libérant [ainsi] nos calculateurs de l'ennui de compter les jetons (*mihsara shumarī*) sur des instruments et planchettes, tels l'abacus des Latins (*takhata yi frenki*) et ses pareils » (cf. A. Mazaheri).

Comptable des finances, Ḥamdullah avait été très impressionné, il est vrai, par un procédé de calcul appelé *'uqud al ḥisāb* (« nœuds du calcul »), préconisé deux siècles plus tôt dans les milieux comptables par le célèbre Ibn Sīnā (Avicenne), alors ministre des finances de la Perse sous domination būyide.

Pour mieux comprendre la nature véritable de ce mode de calcul, il convient tout d'abord de se rappeler que le « nœud » (en arabe *'aqd* ou *'uqda,* singulier de *'uqud* ou *'uqad*) avait, à l'époque, non seulement son sens premier, mais aussi celui de la « classe des nombres correspondant aux produits successifs des neuf unités simples par l'une quelconque des puissances de dix ». Autrement dit, le « nœud » désignait un ordre décimal ; on distinguait donc le *nœud* des unités, le *nœud* des dizaines, le *nœud* des centaines, et ainsi de suite. On retrouve du reste cette dénomination chez Al Maradinī (cf. Gandz [1]), ainsi que dans les « Prolégomènes » d'Ibn Khaldūn (cf. *Muqāddimah,* traduction de Slane, I, p. 243-244).

Par extension, ce sens donnera ainsi à l'expression *'uqud al ḥisāb* la signification de « nœuds du calcul », en allusion à un très ancien procédé d'enregistrement des nombres au moyen de cordelettes à nœuds que les Arabes avaient utilisé à la haute époque. Les divers ordres d'unités consécutifs y étaient figurés par des nœuds effectués suivant différents repères bien déterminés. Il s'agissait donc d'un système tout à fait semblable aux *quipus* de la civilisation inca d'Amérique du Sud et aux *ketsujô* de l'ancien Japon, récemment encore en usage dans les îles Ryû-Kyû (fig. 25.9). (Voir aussi chapitre 6.)

Chez les Arabes (et sans doute dès avant l'avènement de l'Islām), les cordelettes à nœuds ont longtemps été employées, en effet, comme procédé de notation des nombres et en tant que système d'archives administratives. Les nombres mis ainsi en ficelles servaient alors à la mémorisation d'opérations comptables et de recensements les plus divers.

On se rappellera pour cela la tradition, transmise par Ibn Sa'ad, selon laquelle Fatima, fille de Muḥammad, avait l'habitude de compter les 99 attributs d'Allah, ainsi que les eulogies surérogatoires qui s'énoncent après la prière obligatoire, sur des cordelettes à nœuds, et non sur un chapelet à grains.

Mais ces mêmes cordelettes ont servi aussi en tant que support à des reçus ou à des contrats ; c'est d'ailleurs ce dont la langue arabe témoigne elle-même, puisque le mot *ʿaqd,* « nœud », a également pour signification « contrat ».

Il est toutefois très vraisemblable, en revenant au procédé des « nœuds du calcul » prétendument inventé par Avicenne, que l'historien Ḥamdullah ait fait allusion plutôt à un procédé de calcul manuel.

L'expression arabe couramment employée pour désigner le « compte manuel » est *ḥisāb al yad* (de *ḥisāb,* « compte, calcul », et de *yad,* « main »). On la trouve par exemple chez Al Antakī et As Sulī (cités plus haut), ainsi que chez Al Baghdadī dans sa *Khizanat al ʿadab* (cf. C. Pellat, p. 48-49 et 68-69).

Mais chez bon nombre d'auteurs, le mot *ʿaqd* ou *ʿuqda* (« nœud ») signifie aussi la « jointure » d'un doigt de la main, et par extension l'« articulation » de ce doigt. Car le *ḥisāb al ʿuqud,* le « calcul au moyen des nœuds », n'était autre que le « compte sur les jointures des doigts », par allusion au « nœud » que constituent les articulations à la « jointure » entre les doigts et la main.

Or, en Islām, il a existé plusieurs procédés de compte sur les doigts. Mais, bien que Ḥamdullah ne nous fournisse aucun renseignement au sujet du procédé d'Avicenne, il est possible d'en deviner la nature par une sorte de raisonnement par élimination. Dans la pensée de Ḥamdullah, le mot *ʿuqud* figurant dans l'expression *ʿuqud al ḥisāb* (« nœuds du calcul ») pourrait, certes, avoir eu le sens de l'« ordre d'unité » d'une numération (voir plus haut). Et comme il s'agit ici d'un procédé manuel, les « nœuds » en question pourraient par conséquent avoir concerné les ordres d'unités d'un système digital élaboré. On pense tout particulièrement à cette « dactylonomie », semblable aux méthodes manuelles d'expression des sourds-muets, dont l'usage s'était perpétué chez les Arabes et les Persans durant des siècles, et qui permettait de figurer les unités et les dizaines sur les phalanges et les articulations d'une main, puis, par symétrie sur l'autre main, les centaines et les milliers (voir chapitre 3, p. 132-149). Ce système fut décrit notamment dans un poème en mètre *rajaz* intitulé *Urjuza fī ḥisāb al ʿuqud,* composé avant 1559 sur la science du « compte des jointures et des articulations » par Ibn al Harb (cf. J.-G. Lemoine).

Ce n'est cependant pas de ce procédé-là qu'il est question dans la citation de Ḥamdullah. En effet, comme l'explique S. Guyard, « le mot *ʿuqud,* pris comme substantif, désigne les figures mêmes que l'on obtient en pliant les doigts, et, par extension, les nombres obtenus au moyen de ces courbures ». C'est pourquoi les ordres d'unités des systèmes manuels du type précédent ont reçu la dénomination de « nœuds ». En revanche, le même mot *ʿuqud,* pris cette fois comme nom d'action, signifie « plier les doigts » (cf. JA, 6e série, XVIII, 1871, p. 109). Or c'est bien du nom d'une action, non d'un état, qu'il s'agit dans la citation de Ḥamdullah, puisque l'on parle d'opérations arithmétiques. C'est donc bien de la science du calcul au moyen de ce qu'il est convenu d'appeler des *nœuds agissants* qu'il s'agit ici. Car, tandis que les autres procédés ne constituaient au fond que des systèmes statiques de compte sur les doigts ou les articulations de la main (en somme, de simples modes manuels de représentation des nombres), la technique envisagée permettait, elle, de faire des calculs par des actes successifs concrétisés par diverses courbures des doigts de la main.

En fait, en mettant en opposition les « nœuds du calcul » avec l'*abacus* des Latins, Ḥamdullah avait songé aux « nœuds » dont l'action, qui se faisait en pliant certains doigts et en en étendant d'autres, permettait d'effectuer des opérations arithmétiques d'une manière jugée beaucoup plus commode qu'avec l'abaque à jetons (voir chapitre 3, p. 149-153).

Et c'est pourquoi, selon l'admirateur d'Avicenne, ces *nœuds agissants* avaient « libéré les calculateurs persans de l'ennui de compter les jetons » lancés sur « l'*abacus* des Latins et ses pareils ».

Mais en fait, Ḥamdullah avait commis une erreur historique : la méthode dont il avait attribué la paternité à Avicenne n'était pas de ce dernier : depuis longtemps déjà, elle existait dans les pays d'Islām (voir plus haut).

Ce ne fut cependant pas la seule erreur de l'historien comptable. Car la méthode préconisée par le célèbre philosophe n'avait été efficace, en réalité, que pour des opérations portant sur les nombres courants.

D'où cette erreur d'appréciation de Ḥamdullah, qui n'avait pas vraiment compris que l'*abacus* latin, aussi primitif qu'il fût, avait au moins l'avantage de permettre d'atteindre des nombres bien plus considérables que ceux que l'on peut obtenir même par le calcul manuel le plus élaboré qui soit. Car celui-ci, à cause de sa nature liée à la morphologie du corps humain, demeure toujours très limité.

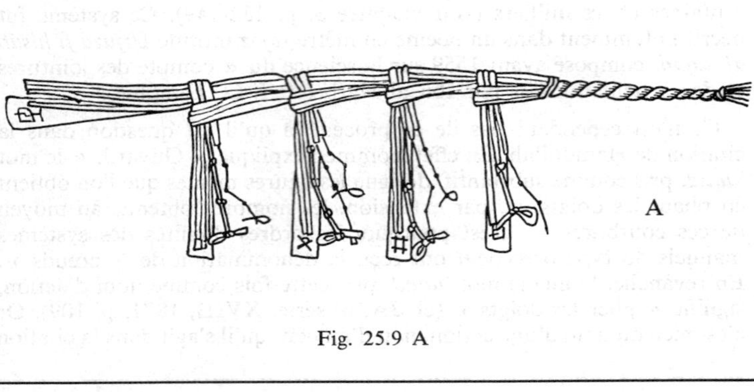

A

Fig. 25.9 A

On devine ainsi comment, par ignorance des règles les plus élémentaires de l'arithmétique pratique, ou peut-être par une mauvaise foi déconcertante, les tenants d'une arithmétique totalement désuète s'étaient attaqués à des calculateurs usant de méthodes aussi primitives que les leurs. Ceux-ci, il est vrai, avaient commis l'« affront » de s'enticher d'une technique opératoire provenant d'une culture totalement étrangère à l'Islām, pour laquelle les premiers avaient eu sans doute la plus profonde aversion.

On imaginera donc beaucoup mieux dans ces conditions comment les uns et les autres avaient dû s'attaquer encore plus violemment à l'adoption des chiffres et des méthodes de calcul de l'Inde, dont ils ne voulurent sans doute jamais admettre l'incontestable supériorité sur leurs méthodes archaïques.

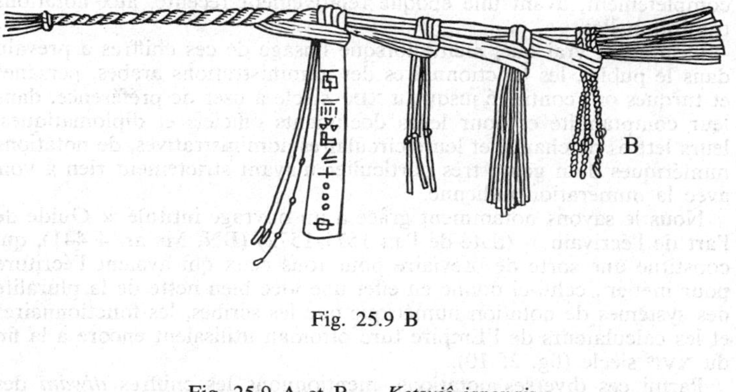

Fig. 25.9 B

Fig. 25.9 A et B. – *Ketsujô japonais.*

Il s'agit d'une méthode de comptabilité concrète, utilisée dans l'ancien Japon, et qui est tout à fait analogue dans son principe à celle des *quipus* de la civilisation inca (Pérou, Équateur, Bolivie). Compte tenu de l'universalité de la méthode, cette figure donnera une idée bien nette du procédé des cordelettes nouées autrefois utilisé en Arabie à l'époque anté-islāmique, et probablement aussi aux premiers temps de l'Islām (et cela même en l'absence d'attestation). Document L. Frédéric.

Signification du *ketsujô* reproduit dans cette figure (il s'agit d'une représentation de sommes d'argent au moyen des nœuds, telle qu'elle est utilisée dans les îles Ryû-Kyû, notamment par les ouvriers et les percepteurs) (cf. Frédéric [3], [5], [6], [7], [8]) :

A (ci-contre). – Compte du tissu donné à l'État ou au temple, de gauche à droite :

– Famille Yoshimoto : 1 *jô,* 8 *shaku,* 5 *sun,* et 7 *bu* ;
– 1 *jô,* 4 *shaku,* 3 *sun* et 7 *bu* ;
– Famille Togei, *ibid.*

B (ci-dessus). – Paille horizontale : 20 foyers.
Autres, de droite à gauche : 3 *hyô,* 1 *tô,* 3 *go,* 3 *shaku* et 2 *sai.*

LES NOTATIONS NUMÉRIQUES DES FONCTIONNAIRES DE L'ISLĀM

En fait, l'introduction du système indien en Terre d'Islām s'est faite en plusieurs étapes. Comme signes opératoires, donc en tant que moyen de calcul, ces chiffres furent adoptés de bonne heure par les mathématiciens et les astronomes, suivis bientôt en cela par un nombre de plus en plus grand d'intellectuels, d'ésotéristes, de mages et de devins. Encore que d'aucuns ont préféré effectuer leurs calculs en usant des neuf premières lettres numérales de l'alphabet arabe (lettres de *alif* à *ta,* représentant les neuf unités). Mais en tant que mode de représentation des nombres (c'est-à-dire dans toutes les occasions où il s'agissait seulement de noter des valeurs numériques et non d'exécuter des calculs), les chiffres indiens ne sont jamais parvenus à se substituer complètement, avant une époque relativement récente, aux notations traditionnelles.

Cela est si vrai que, même lorsque l'usage de ces chiffres a prévalu dans le public, les fonctionnaires des administrations arabes, persanes et turques ont continué jusqu'au XIXe siècle à user de préférence, dans leur comptabilité et pour leurs documents officiels et diplomatiques, leurs lettres de change et leurs circulaires administratives, de notations numériques d'un genre très particulier n'ayant strictement rien à voir avec la numération indienne.

Nous le savons notamment grâce à un ouvrage intitulé « Guide de l'art de l'écrivain » (daté de l'an 1571-1572) (BN, Ms ar. 4 441), qui constitue une sorte de bréviaire pour tous ceux qui avaient l'écriture pour métier ; celui-ci donne en effet une idée bien nette de la pluralité des systèmes de notation numérique que les scribes, les fonctionnaires et les calculateurs de l'Empire turc ottoman utilisaient encore à la fin du XVIe siècle (fig. 25.10).

Parmi ces diverses notations, mentionnons les chiffres *dīwānī* des bureaux des administrations arabes, et les chiffres dits *siyāq* qui eurent cours dans les bureaux de comptabilité du ministère des finances de l'Empire turc ottoman et dans les administrations persanes. Ces chiffres ne furent, au fond, que des monogrammes ou des abréviations des noms de nombre en arabe, mis sous une forme cursive très stylisée. Par la suite, ces signes furent si abrégés et subirent des modifications graphiques si profondes qu'ils devinrent finalement à peine reconnaissables. Et l'on comprend qu'ils aient servi à prévenir les altérations frauduleuses lors des opérations financières, et qu'ils en soient venus à répondre dans le même temps au besoin de soustraire au commun des mortels les secrets de l'administration en laissant inconnues du public les sommes ainsi représentées (cf. Kazem-Zadeh ; Chodzko ; S. de Sacy ; Fekete ; Forbes ; Pihan ; Reychman et Zajackowski ; Stewart).

Citons aussi les *chiffres coptes* adoptés depuis la haute époque par les fonctionnaires de l'administration arabe d'Égypte pour leur comptabilité, et qui ne furent autres en fait que les lettres numérales un peu déformées de l'ancien alphabet des chrétiens coptes d'Égypte.

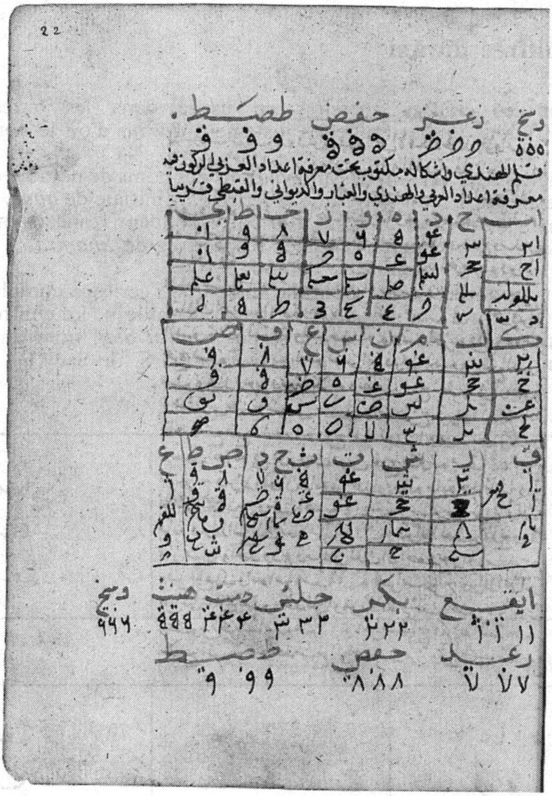

Fig. 25.10. – *Page d'un ouvrage arabe intitulé* Murshida fī sanaʿat al kātib *(« Guide de l'art de l'écrivain »). Daté de l'an 1571-1572, celui-ci constitue une sorte de bréviaire pour tous ceux ayant l'écriture pour métier.*

Ce document donne une idée très nette de la pluralité des systèmes de notation numérique que les scribes, les calculateurs et les fonctionnaires arabo-musulmans utilisaient encore à la fin du XVIe siècle. On y reconnaîtra successivement, à partir de la ligne du haut : les chiffres *ghubār* (2e ligne) (fig. 25.5) ; les lettres numérales arabes (5e ligne) ; les chiffres *hindi* (6e ligne) (fig. 25.3) ; puis de nouveau les chiffres *ghubār* (7e ligne) ; les chiffres *dīwānī* (8e ligne) ; les chiffres *coptes* (9e ligne) ; les lettres numérales arabes (10e ligne) ; les chiffres *hindi* (11e ligne) ; les chiffres *ghubār* (12e ligne) ; les chiffres *coptes,* dans deux variantes différentes (13e et 14e ligne) ; etc.

Réf. BN Paris, Ms ar. 4441, f° 22.

Les chiffres dīwānī

Ce sont les chiffres autrefois en usage dans les bureaux des administrations arabes (appelées justement *dīwān,* d'où le nom de ces signes).

Ces signes sont, en fait, des abréviations des noms de nombre en arabe. Ainsi, le chiffre 1 n'est autre que la lettre *alif,* initiale de *aḥad,* « un ». De même, les chiffres 5, 10 et 100 correspondent respectivement aux lettres *kha, 'ayin* et *mīm,* initiales respectives de *khamsa,* « cinq », *'ashara,* « dix » et *mi'at,* « cent ».

Quant au chiffre 1 000, ce n'est autre que l'écriture complète, sous une forme stylisée, du mot *alf,* qui signifie « mille ». Le chiffre 10 000, lui, correspond à un monogramme de *'asharat alaf,* nom du nombre « dix mille ». (Réf. A.-P. Pihan ; voir aussi S. de Sacy.)

Unités

1	ا	4	لعا	7	ىعا
2	لا	5	حا	8	لها
3	ىے ou للا	6	ل	9	ىعا

Dizaines

10	عا	40	لعا	70	ىعا
20	عو	50	حا	80	ں
30	ىں	60	ل	90	ىعا

Centaines

100	ط	400	لعها	700	ىعها
200	طا	500	حها	800	ىطا
300	سها ou ثلثا	600	ىها	900	ىعها

Milliers

1 000	الف ou ال	4 000	لبعالف	7 000	بعالف
2 000	الفى	5 000	حالف	8 000	بهالف
3 000	سالف	6 000	سالف	9 000	تعالف

Dizaines de mille

10 000	عالف	40 000	لبعلا	70 000	بعلا
20 000	[illegible]	50 000	حلا	80 000	بلا
30 000	سلا	60 000	سلا	90 000	تعلا

Centaines de mille

100 000	طالف	400 000	لبعطالف	700 000	بعا طالف
200 000	لاطالف	500 000	حطالف	800 000	بها طالف
300 000	[illegible]	600 000	سطالف	900 000	تعا طالف

Nombres composés

Les unités se placent toujours avant les dizaines, et entre les centaines et les dizaines, comme on le fait dans la numération parlée de la langue arabe. Ces chiffres s'écrivent de droite à gauche comme les mots arabes qu'ils représentent, et dans le même ordre pour les nombres composés.

11	اع	17	بعع	206	[illegible]
14	لبعع	21	[illegible]	3 478	[illegible]
15	[illegible]	24	[illegible]	62 789	[illegible]

Les chiffres des fonctionnaires coptes d'Égypte

Autrefois les administrations arabes d'Égypte avaient à leur service des chrétiens coptes, qui faisaient usage de signes particuliers pour leur comptabilité. Ces signes (que l'on rencontre dans plusieurs manuscrits arabes provenant de la région) ne sont autres que des dérivés cursifs des lettres numérales de l'ancien alphabet copte, issu lui-même de l'alphabet grec (voir chapitre 17). On remarquera que la notation des neuf premiers mille se fait au moyen des signes des unités en prenant soin de les souligner. Pour la notation des dizaines de mille, on souligne également les signes des neuf premières dizaines, et l'on procède de la même manière pour les centaines de mille en soulignant les signes des centaines. On notera enfin que les représentations numériques sont toujours surmontées d'un trait horizontal légèrement incurvé. (Réf. A.-P. Pihan ; voir aussi S. de Sacy.)

Unités

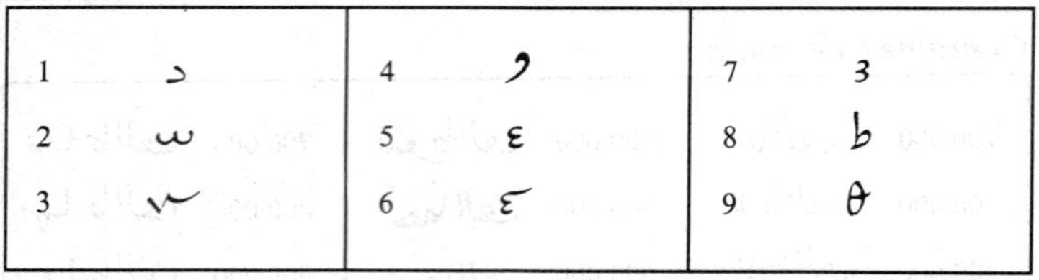

Dizaines

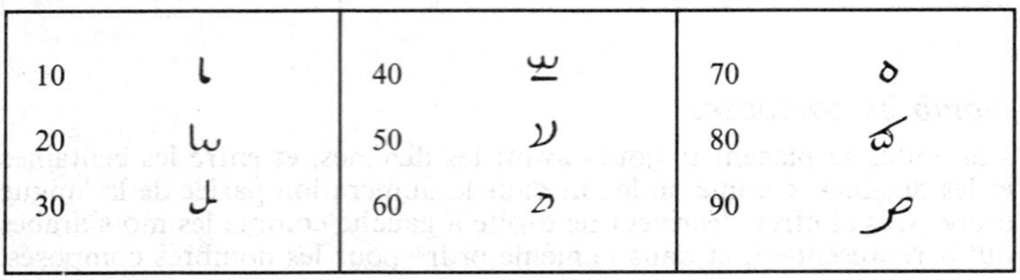

Centaines

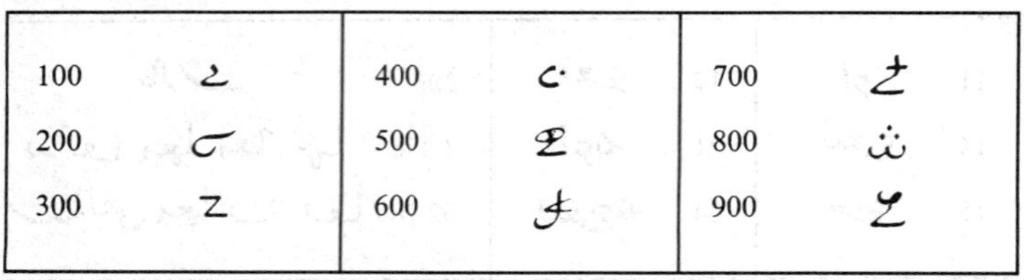

Milliers

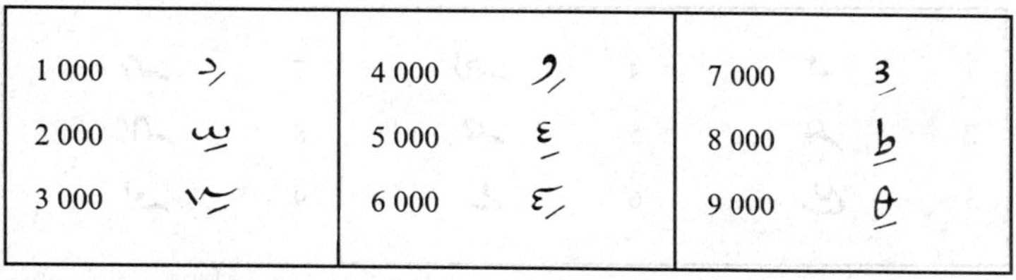

Dizaines de mille

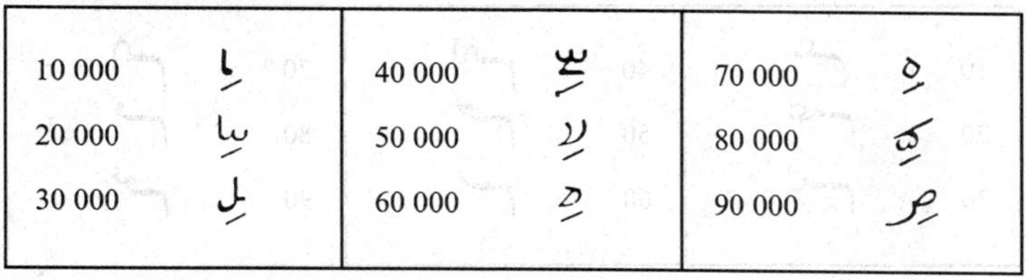

Centaines de mille

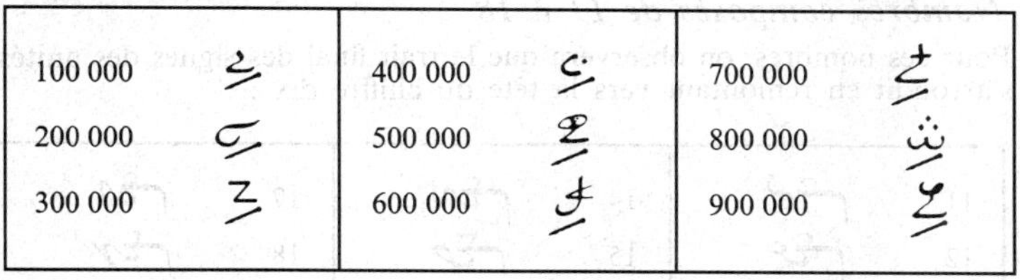

Nombres composés

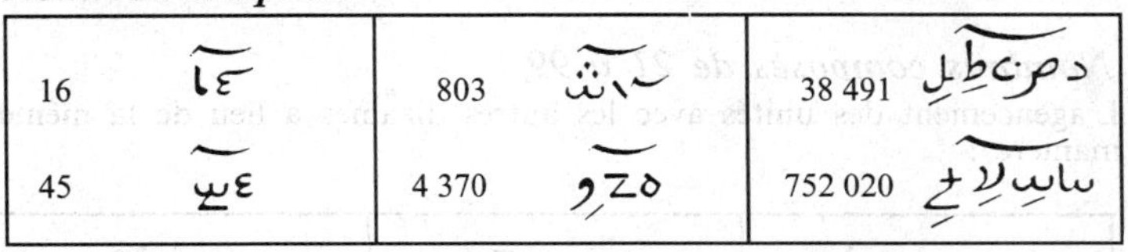

Les chiffres siyāq persans

Ce sont les chiffres autrefois en usage dans les administrations persanes, également employés de préférence par les négociants et les marchands. Ce ne sont que des abréviations des noms de nombre en arabe (et non en persan). Ils s'écrivent de droite à gauche comme les mots arabes qu'ils représentent, et dans le même ordre pour les nombres composés. (Réf. Pihan ; voir aussi Chodzko ; Forbes ; Kazem-Zadeh ; Stewart.)

Unités

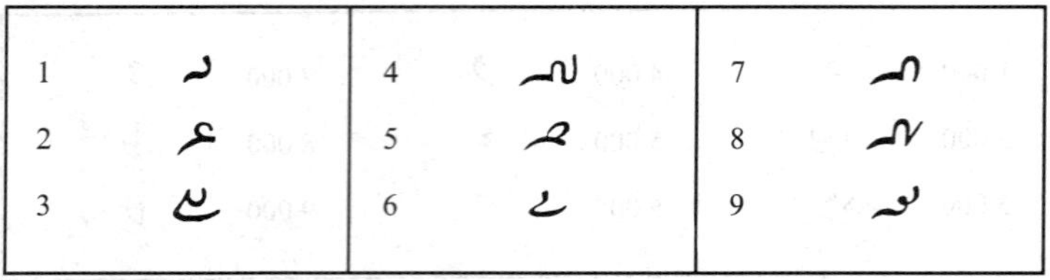

Dizaines

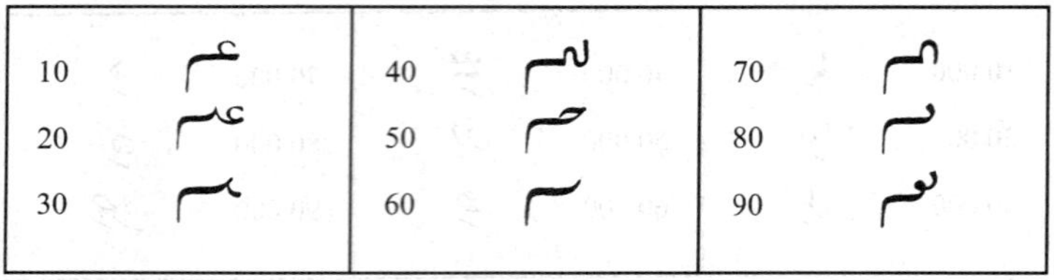

Nombres composés de 11 à 18

Pour ces nombres, on observera que le trait final des signes des unités s'arrondit en remontant vers la tête du chiffre dix :

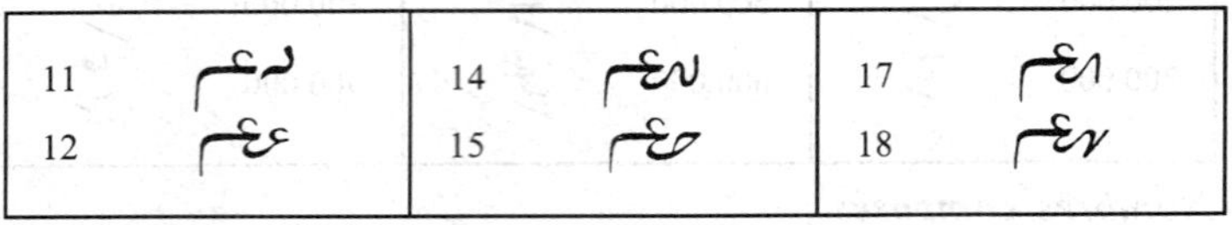

Nombres composés de 21 à 99

L'agencement des unités avec les autres dizaines a lieu de la même manière :

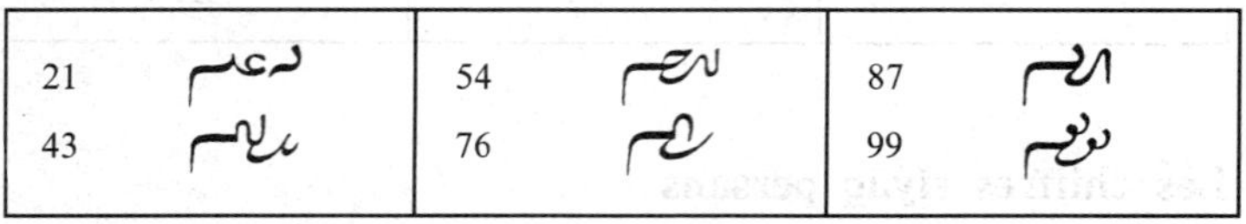

Centaines

Les centaines écrites isolément s'indiquent par des signes spéciaux, suivis quelquefois d'une sorte de virgule vers le haut et d'un point, que l'on supprime toujours dans l'écriture des nombres composés. Un signe demande une attention toute particulière, à cause des erreurs qu'il peut occasionner (c'est le signe 8.). Précédé d'un trait, il forme le chiffre 400, et sans trait, il désigne 700. Le même signe, avec un appendice à sa partie supérieure vers la droite, représente le nombre 900 :

100		400		700	
200		500		800	
300		600		900	

Nombres composés de 101 à 999

105		366		791	
109		377		820	
110		388		896	
111		399		915	
204		472		999	

Milliers

Pour former les signes des multiples successifs de 1 000, on se sert des éléments caractéristiques des unités en prolongeant de droite à gauche le trait final, qui, dans cette position et au moyen d'un renflement très prononcé, suffit pour indiquer la présence du nombre mille dans la combinaison :

1 000		4 000		7 000	
2 000		5 000		8 000	
3 000		6 000		9 000	

Nombres composés de quatre ordres d'unités

Le groupe de signes : ال. représente le millier ; mais il ne s'emploie que pour cette valeur prise isolément ; car, lorsqu'il est suivi de centaines ou de dizaines, on se sert du groupe : ال (abréviation du mot arabe الف *alf,* « mille »), combiné avec les centaines et les dizaines :

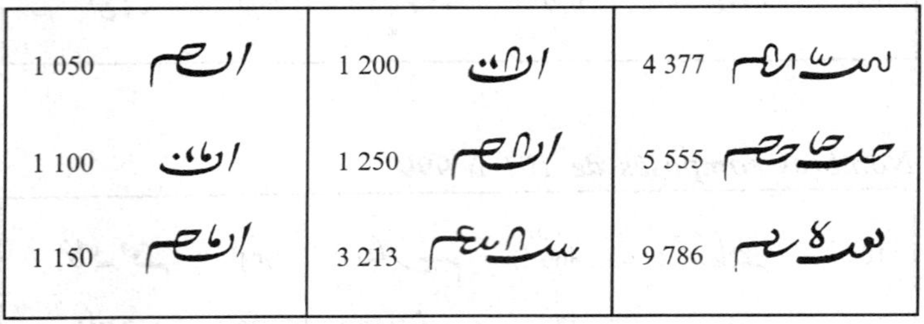

Dizaines et centaines de mille

A partir de 10 000, le groupe ال (abréviation du nom du nombre 1 000) reparaît dans les nombres composés, et le trait final des dizaines de mille se prolonge au-dessous de ces signes, au lieu de tomber verticalement :

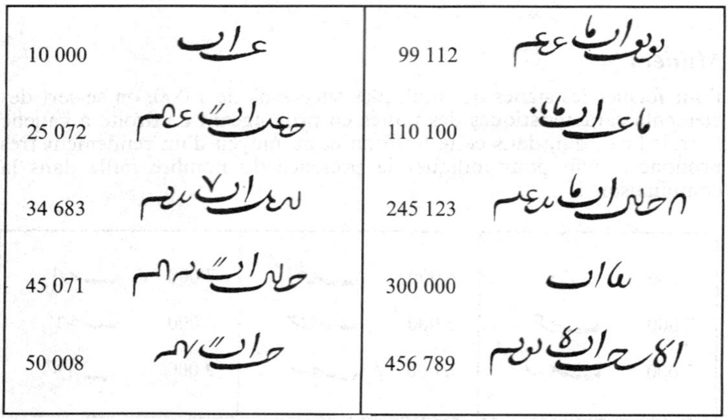

Autres variantes des chiffres siyāq persans[1]

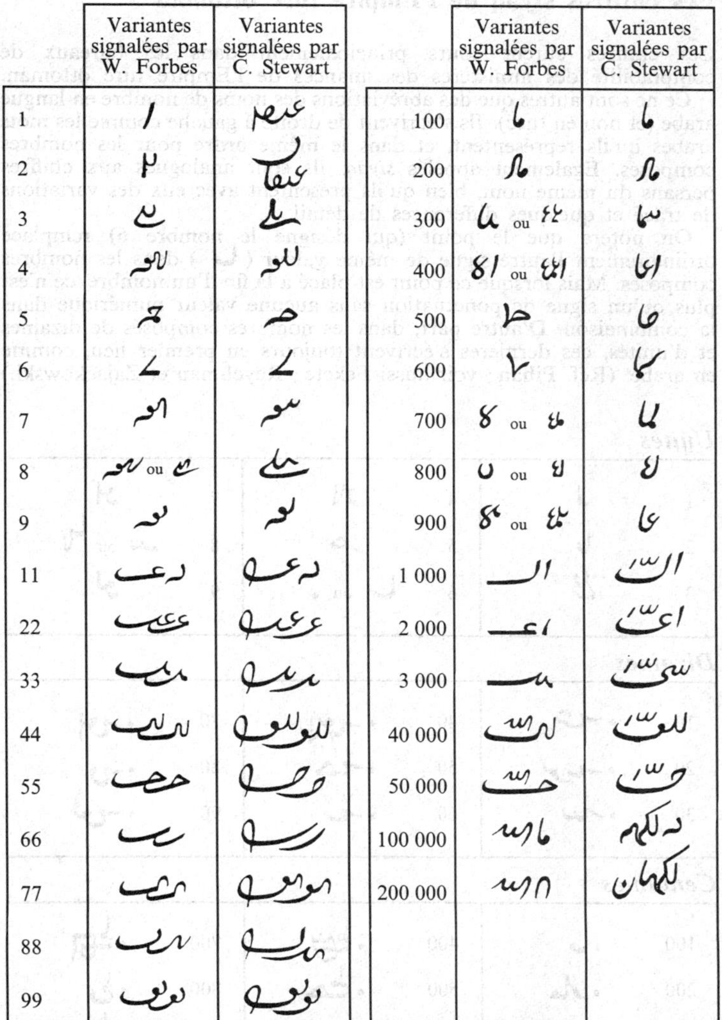

	Variantes signalées par W. Forbes	Variantes signalées par C. Stewart		Variantes signalées par W. Forbes	Variantes signalées par C. Stewart
1			100		
2			200		
3			300	ou	
4			400	ou	
5			500		
6			600		
7			700	ou	
8	ou		800	ou	
9			900	ou	
11			1 000		
22			2 000		
33			3 000		
44			40 000		
55			50 000		
66			100 000		
77			200 000		
88					
99					

1. On notera que le chiffre pour 100 000 n'est autre que le mot sanskrit *lakh,* emprunté aux Indiens pour la même valeur.

Les chiffres siyāq de l'Empire turc ottoman

Ces chiffres eurent cours principalement dans les bureaux de comptabilité des ministères des finances de l'Empire turc ottoman.

Ce ne sont autres que des abréviations des noms de nombre en langue arabe (et non en turc). Ils s'écrivent de droite à gauche comme les mots arabes qu'ils représentent, et dans le même ordre pour les nombres composés. Également appelés *siyāq,* ils sont analogues aux chiffres persans du même nom, bien qu'ils présentent avec eux des variations de tracé et quelques différences de détail.

On notera que le point (qui désigne le nombre 6) remplace ordinairement l'autre signe de même valeur (ـا) dans les nombres composés. Mais lorsque ce point est placé à la fin d'un nombre, ce n'est plus qu'un signe de ponctuation sans aucune valeur numérique dans la combinaison. D'autre part, dans les nombres composés de dizaines et d'unités, ces dernières s'écrivent toujours en premier lieu, comme en arabe. (Réf. Pihan ; voir aussi Fekete ; Reychman et Zajackowski.)

Unités

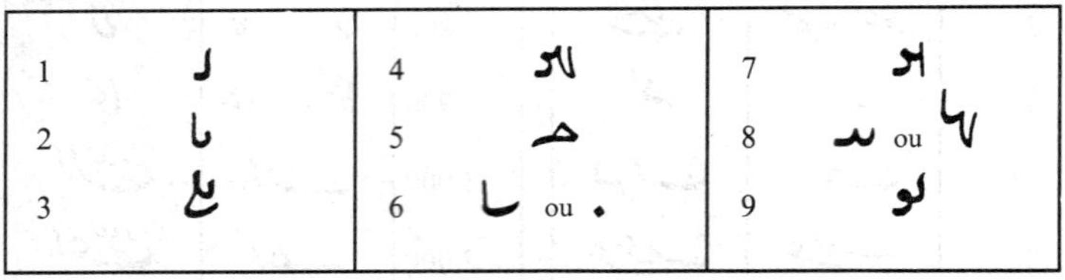

Dizaines

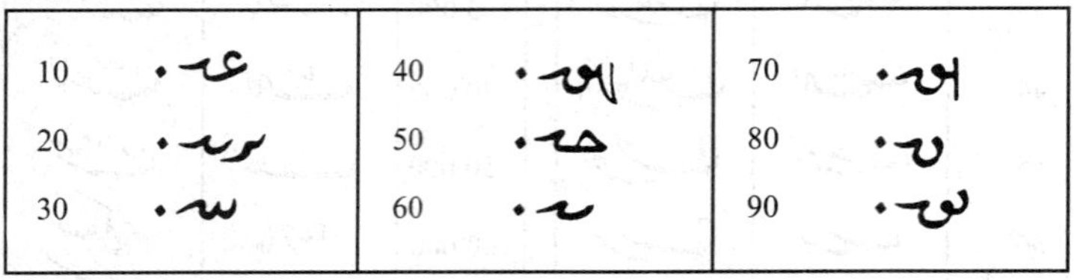

Centaines

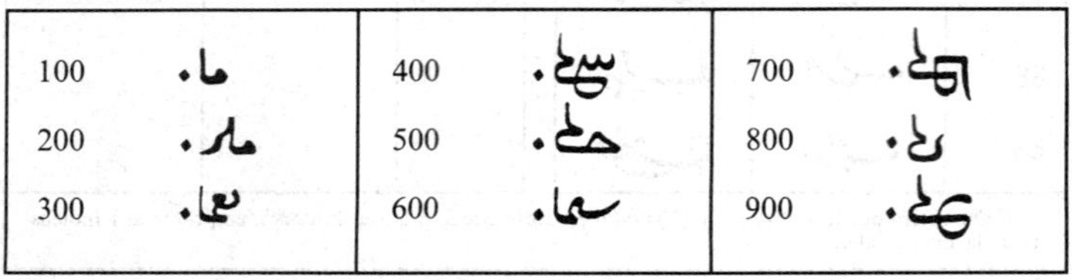

Milliers

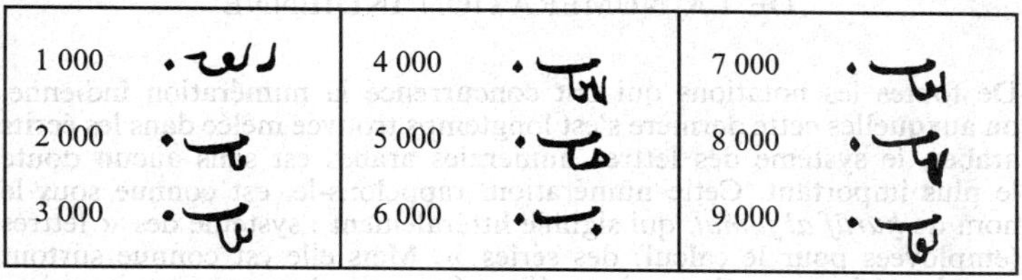

Dizaines de mille

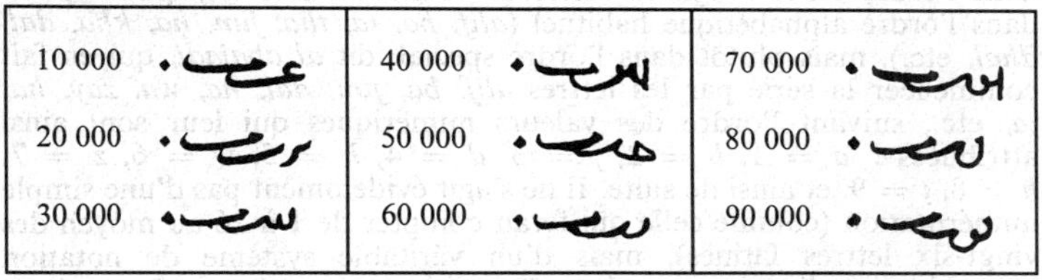

Nombres composés

Notons que pour les nombres composés de plusieurs ordres d'unités, les Turcs avaient l'habitude de placer la lettre س (*sin*), dont ils prolongeaient le trait horizontal au-dessus de la représentation considérée, cette lettre n'étant autre que l'abréviation du mot : سياق (*siyāq*).

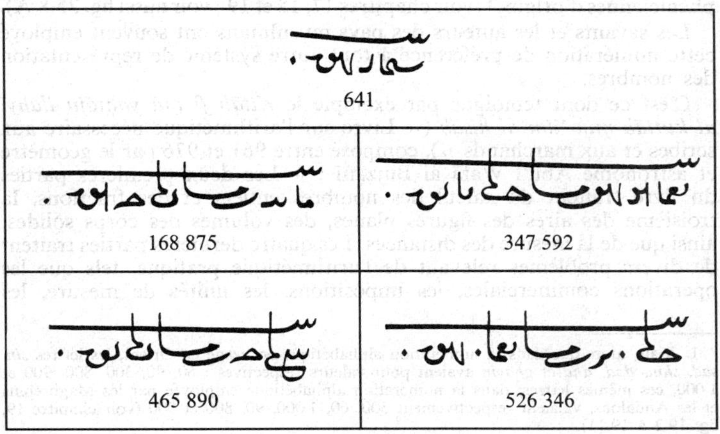

LA PRINCIPALE CONCURRENTE ARABE DE LA NUMÉRATION INDIENNE

De toutes les notations qui ont concurrencé la numération indienne, ou auxquelles cette dernière s'est longtemps trouvée mêlée dans les écrits arabes, le système des lettres numérales arabes est sans aucun doute le plus important. Cette numération, rappelons-le, est connue sous le nom de *ḥurūf al jumal,* qui signifie littéralement : système des « lettres (employées pour le calcul) des séries ». Mais elle est connue surtout sous la désignation de système *Abjad* (du nom de ses quatre premiers signes), parce qu'elle emploie les lettres de l'alphabet arabe, non pas dans l'ordre dit *al mu'jama* (celui du « dictionnaire »), qui les place dans l'ordre alphabétique habituel (*alif, ba, ta, tha, jim, ḥa, kha, dal, dhal,* etc.), mais plutôt dans l'ordre spécial, dit *al abajadi,* qui en fait commencer la série par les lettres *alif, ba, jim, dal, ha, wa, zay, ḥa, ṭa,* etc., suivant l'ordre des valeurs numériques qui leur sont ainsi attribuées : *'a* = 1, *b* = 2, *j* = 3, *d* = 4, *h* = 5, *w* = 6, *z* = 7, *ḥ* = 8, *ṭ* = 9, et ainsi de suite. Il ne s'agit évidemment pas d'une simple numérotation (comme celle qui ferait compter de 1 à 26 au moyen des vingt-six lettres latines), mais d'un véritable système de notation hiérarchisé attribuant une valeur d'unité à chacune des neuf premières lettres, une valeur de dizaine à chacune des neuf suivantes (*y* = 10, *k* = 20, *l* = 30, *m* = 40, *n* = 50, etc.), une valeur de centaine à chacune des neuf suivantes encore (*q* = 100, *r* = 200, *sh* = 300, *ta* = 400, etc.), et enfin la valeur du millier à la vingt-huitième lettre (*gh* = 1 000), par laquelle se termine la série des lettres numérales arabes. On notera donc que l'ordre *al abajadi,* tout à fait analogue à celui des lettres numérales hébraïques, grecques et syriaques, est sans aucun doute le plus ancien des deux, celui-ci dérivant en effet de l'ordre des lettres phéniciennes d'origine[1] (voir chapitres 17, 18 et 19 ; voir aussi fig. 25.8 A).

Les savants et les auteurs des pays musulmans ont souvent employé cette numération de préférence à tout autre système de représentation des nombres.

C'est ce dont témoigne par exemple le *Kitāb fī mā yaḥtāju ilahyī al kuttāb min 'ilm al ḥisāb* (« Livre sur l'arithmétique nécessaire aux scribes et aux marchands »), composé entre 961 et 976 par le géomètre et astronome Abū'l Wafā al Bujzānī : « Les deux premières parties du livre traitent du calcul des nombres entiers et des fractions, la troisième des aires des figures planes, des volumes des corps solides, ainsi que de la mesure des distances. Les quatre dernières parties traitent de divers problèmes relevant de l'arithmétique pratique, tels que les opérations commerciales, les impositions, les unités de mesure, les

1. Mais, alors que dans la numération alphabétique en usage en Orient, les lettres *sin, ṣad, shin, ḍad, ḍha* et *ghayin* avaient pour valeurs respectives : 60, 90, 300, 800, 900 et 1 000, ces mêmes lettres, dans la numération alphabétique employée par les Maghrébins et les Andalous, valaient respectivement 300, 60, 1 000, 90, 800 et 900 (voir chapitre 19, fig. 19.2 à 19.11).

échanges de diverses espèces de céréales, le change de l'or, les dépenses affectées à l'entretien et à la solde des troupes, les comptes concernant la construction des bâtiments et des barrages, etc. » (A.-P. Youschkevitch). Or, dans ce livre, qui s'adresse donc tout particulièrement aux praticiens de l'arithmétique, le système décimal positionnel d'origine indienne n'est jamais employé, puisque tous les nombres y sont toujours exprimés au moyen des lettres numérales arabes.

Autre exemple significatif : le *Kitāb al kafī fī'l ḥisāb* (« Livre suffisant sur la science de l'arithmétique »), composé vers la fin du Xe siècle par le mathématicien Al Karajī. Ce traité, qui présente des ressemblances avec celui d'Abū'l Wafā et avec beaucoup d'autres plus tardifs, ne contient aucune mention des chiffres indiens.

Il est vrai que ces ouvrages s'adressaient spécialement aux scribes-calculateurs et aux marchands. Et l'on sait que cette manière d'exposer l'arithmétique correspondait mieux non seulement aux habitudes des scribes, mais aussi à celles des fonctionnaires et des commerçants. C'est pourquoi, pendant longtemps, cette notation a soutenu avec succès la concurrence de la nouvelle manière d'écrire les nombres, importée de l'Inde et défendue par Al Khuwārizmī, An Nisawī et bien d'autres (cf. A. Youschkevitch).

Le plus étonnant est que l'on observe le même fait dans un grand nombre d'ouvrages arabes se rapportant à l'algèbre, la géométrie et la géographie, où les nombres sont exprimés exclusivement, là aussi, dans le système alphabétique numéral.

Le cas des ouvrages d'astronomie

Ajoutons que même pour les tables et les traités d'astronomie, cette notation est longtemps restée, chez les Arabes, presque la seule en usage.

Il n'est sans doute pas inutile de se remémorer quelques informations au sujet du calcul sexagésimal dont les Arabes avaient hérité des savants babyloniens par l'intermédiaire des astronomes grecs.

Rappelons que la numération savante babylonienne fut fondée sur le principe de position suivant l'emploi de la base 60 et qu'à partir du IVe siècle environ avant notre ère, elle avait possédé un zéro (voir chapitre 13). Ses chiffres, de graphie cunéiforme, furent : le clou vertical pour l'unité et le chevron pour la dizaine (chapitre 13, fig. 13.40). Quant au zéro, il fut représenté par un signe en forme de double clou oblique ou de deux chevrons superposés (voir chapitre 13, p. 353-358).

Ce système fut adopté ensuite par les astronomes grecs (au moins à partir du IIe siècle av. J.-C.), mais uniquement pour exprimer les fractions sexagésimales de l'unité (puissances négatives de 60). Toutefois, au lieu de reprendre la graphie cunéiforme, les Grecs mirent à contribution les lettres numérales de leur alphabet, de α à θ pour les neuf premiers nombres, et les cinq suivantes (de ι à ν) pour les cinq premières dizaines, figurant ainsi tous les nombres intermédiaires de

1 à 59 par simple combinaison de ces différentes lettres (voir chapitre 13, p. 372-375). Sous l'influence babylonienne, ils introduisirent un signe-zéro, dont la graphie se présentait : soit sous l'aspect d'un signe aux variantes les plus diverses (résultant sans doute d'une adaptation cursive du vieux signe cunéiforme mésopotamien) ; soit encore sous la forme d'un petit rond surmonté d'un trait horizontal (cet ensemble n'étant probablement rien d'autre que la lettre grecque *omicron* [o], prise comme initiale du mot *oudén,* « vide », et surmontée du trait afin de ne pas confondre ce signe avec la lettre o en tant que lettre numérale ayant pour valeur 70) ; ou enfin sous la forme d'un 2 renversé (constituant vraisemblablement une variante cursive du graphisme précédent) (voir chapitre 13, fig. 13.74 A ; voir aussi chapitre 17 et l'article **Zéro* du Dictionnaire, p. 3).

A leur tour, les astronomes arabes empruntèrent le système sexagésimal aux astronomes grecs, mais en l'adaptant cette fois à leur propre numération alphabétique. On notera cependant que pour exprimer le zéro dans leurs calculs sexagésimaux, les Arabes ne se sont presque jamais servi des signes d'origine indienne (le rond ou le point) ; ils employèrent pour cela, aux côtés des lettres numérales alphabétiques, un signe aux aspects les plus divers (dont une variante fut justement le signe précédent en forme de 2 renversé), dont ils avaient ainsi hérité des Grecs de l'Antiquité[1] (voir chapitre 13, fig. 13.74 B). Aussi une expression telle que 0° 20′ 35″ fut-elle notée par eux sous la forme (lecture de droite à gauche) :

HL	K	0
<· · · · · · ·	· · · · · · ·	· · ·
35	20	0

0 étant le signe-zéro, K la lettre arabe *kaf* = 20, et le groupe LH, ou *lam-ha,* la juxtaposition additive de *lam* [= 30] et de *ha* [= 8].

1. F. Woepcke nous expose quelques points de détail fort intéressants au sujet du système sexagésimal des Arabes : « Les Arabes se sont servi, pour [le calcul sexagésimal et pour] leurs tables astronomiques, de la notation alphabétique, préférablement aux chiffres [d'origine indienne]. Il paraît qu'ils trouvaient, pour cet emploi, la notation alphabétique plus expéditive. Cet usage est constaté par les manuscrits arabes qui contiennent des tables astronomiques, et dans lesquels on ne rencontre que rarement des chiffres [indiens]. Les Arabes se servaient quelquefois de ceux-ci, dans les quantités astronomiques, surtout lorsqu'il s'agissait d'exprimer de grands nombres, par exemple des nombres de degrés supérieurs à celui de la circonférence [cf. JA, avril-mai 1860, p. 287-288 et 319-320]. Cependant, il n'eût pas été nécessaire de faire cette exception à la règle ; car le calcul sexagésimal, de même qu'il avait subdivisé le degré en minutes, secondes, tierces, etc., avait conçu des ordres ascendants, supérieurs au degré, de sorte que, si on voulait, on n'était jamais obligé de dépasser, dans la notation, le nombre 59. Il est une circonstance qui paraît indiquer aussi une relation toute particulière entre le calcul sexagésimal et la notation alphabétique [ordinaire] : c'est, en effet, précisément à partir du nombre 60, inutile (de même que sont inutiles les nombres supérieurs à 60, dans le calcul sexagésimal rigoureusement entendu [c'est-à-dire régulièrement fondé sur le principe de position]), que commence la divergence entre les notations alphabétiques africaine et asiatique [voir n. 1, p. 282]. »

Pour nous résumer, les astronomes arabes n'ont donc mis à contribution, d'une manière quasi générale, dans leurs calculs sexagésimaux et leurs données et tables astronomiques, que les lettres de l'alphabet arabe, suivant le principe qui vient d'être défini (voir chapitre 13, fig. 13.76). Exception à cette règle : le mathématicien Abū'l Ḥasan Kushiyar ibn Labbān al Gilī (971-1029), auteur du traité intitulé *Maqālatan fī oṣu'l ḥisāb al hind* (« Deux livres sur les opérations de calcul à l'aide des chiffres indiens »), dont le livre II concerne tout spécialement la base soixante. Les « tables des soixante » (*jadwal al siṭṭinī*) y sont certes exprimées de manière traditionnelle au moyen des lettres numérales arabes, mais les opérations sexagésimales y sont toujours effectuées à l'aide des chiffres indiens (réf. Bibl. Aya Sofia, Istanbul, Ms 4 857, f° 274 r et suivants ; cf. A. Mazaheri, p. 96-141). Mais, à notre connaissance, cet auteur est le seul à avoir fait une entorse à la règle absolument générale qui conduisit les savants arabes à exprimer leurs tables et à effectuer leurs calculs sexagésimaux exclusivement dans le système des lettres numérales alphabétiques.

Le cas des traités de magie et de divination

La raison profonde de cette préférence quasi générale pour l'emploi des lettres numérales arabes nous est suggérée notamment par ce traité arabe d'astrologie et de magie blanche daté de l'an 1631 de notre ère (réf. BN Paris, Ms. ar. 2595, f° 1-308). L'auteur de l'ouvrage, un certain Al Gilī (à ne pas confondre avec l'auteur cité ci-dessus), met à contribution divers alphabets magiques pour écrire les noms des esprits et des sept planètes, et montre comment confectionner des talismans « au moyen des chiffres indiens », selon « les vertus secrètes des chiffres arabes ». Pour prévoir les « jugements des nativités » (autrement dit, pour établir ses horoscopes), l'auteur spécule ensuite sur les « propriétés magiques » des nombres, suivant ce qu'il appelle le *ḥisāb al jumal* (ou « calcul des séries »), qui fait intervenir les lettres de l'alphabet arabe en attribuant à chacune une valeur numérique bien déterminée. Il dresse alors des tableaux de correspondance entre deux séries de nombres, dont l'une porte le nom de *jumal al kābir* (« grande série »), tandis que l'autre est surnommée *jumal as saghir* (« petite série ») (cf. Casanova ; Winkler). Or, fait remarquable, comme l'explique l'auteur lui-même, « c'est toujours avec le calcul arabe (*bī ḥisāb al ʿarabī*) que l'on fait les petites séries, et avec le calcul indien (*bī ḥisāb al hindī*) que l'on fait les grandes ». Autrement dit, la « grande série » possède cette caractéristique d'être toujours exprimée au moyen des chiffres *hindi,* tandis que la « petite » l'est toujours au moyen des lettres numérales arabes.

La raison de cette différenciation ? Les grandes séries étaient destinées à fournir des valeurs numériques, c'est-à-dire des nombres proprement arithmétiques, tandis que les petites, mises en correspondance avec ceux-ci, servaient à déterminer des mots considérés à la fois pour leur valeur numérique et leurs supposées vertus secrètes. Car c'est bien des lettres numérales qu'il s'agit lorsque l'auteur évoque « les vertus secrètes des *chiffres arabes* », les chiffres indiens ne recélant, dans son esprit, aucune force ni puissance.

C'est dire si le système *Abjad* (appelé aussi *Ḥuruf al jumal,* total en « série [au moyen] des lettres [numérales] ») a été considéré par les Arabes « comme leur appartenant essentiellement et de préférence à tout autre » (F. Woepcke). Cela est si vrai que ceux-ci sont allés jusqu'à lui attribuer le nom même de leur propre culture : *ḥisāb al ʿarabī* (« calcul arabe »).

Sans doute les mages et les devins arabes avaient-ils voulu marquer ainsi une distinction bien nette entre un système considéré par eux comme un élément proprement arabe et conforme en tout point aux pratiques et traditions musulmanes, avec l'autre, dont ils reconnaissaient certes l'inégalable efficacité arithmétique, ainsi que la supériorité sur leurs propres notations, mais dont il convenait toujours pour eux de rappeler l'origine étrangère et la nature supposée « non sacrée ».

Une étrange « machine » à penser les événements

Pour nous faire une idée bien nette des pratiques magiques ou divinatoires arabes, nous allons écouter Ibn Khaldūn qui, dans ses « Prolégomènes », nous donne une description de cette étrange « machine » à penser les événements connue sous le nom de *zā'irja.* Le fameux Raymond Lulle (mort en 1315) s'en inspirera dans son *Ars Magna,* et à la fin du XVIIe siècle celle-ci fera encore l'objet d'une admiration de la part de Leibniz (voir chapitre 32) :

« On prétend posséder un système artificiel au moyen duquel on peut obtenir la connaissance des choses qui appartiennent au monde invisible. C'est la *zā'irjat al ʿalam* [« tableau circulaire de l'univers »], dont on attribue l'invention à Abū'l ʿAbbas as Sibtī, natif de Ceuta, l'un des *Sūfī* les plus distingués du Maghreb. Vers la fin du VIe siècle [de l'*Hégire* = première moitié du XIIe siècle de notre ère], As Sibtī se trouvait au Maghreb pendant que Yaʿqūb al Manṣūr, souverain des Almohades, occupait le trône.

« La construction de la *zā'irja* [tableau circulaire] est d'un artifice surprenant. Bien des personnes haut placées aiment à la consulter afin d'obtenir du monde invisible des connaissances qui pourraient leur être utiles. Ils essayent d'en employer les procédés énigmatiques et d'en deviner les mystères dans l'espoir d'atteindre le but qu'ils se proposent. La figure sur laquelle ils opèrent a la forme d'un grand cercle qui renferme d'autres cercles concentriques, dont les uns se rapportent aux sphères célestes, et les autres aux éléments, aux choses sub-lunaires, aux êtres spirituels, aux événements de tout genre et aux connaissances diverses. Les divisions de chaque cercle sont les mêmes que celles de la sphère qu'il représente ; et les signes du zodiaque, l'indication des quatre éléments [air, terre, eau, feu], s'y trouvent. Les lignes qui forment chaque division s'étendent jusqu'au centre du cercle et portent le nom de *rayons*.

« Sur chaque rayon on voit inscrite une série de lettres ayant chacune une valeur numérique et dont quelques-unes appartiennent à l'écriture d'enregistrement, c'est-à-dire aux sigles dont les fonctionnaires de la comptabilité et d'autres administrations maghrébines se servent encore pour désigner les nombres. [L'auteur parle évidemment des monogrammes et des abréviations des noms de nombre en arabe, connus sous le nom de chiffres *dīwānī* : voir encadré p. 270 *sq.*]

« On y remarque aussi des chiffres appartenant au caractère nommé *ghubār* [fig. 25.5].

« Dans l'intérieur de la *zā'irja,* entre les cercles concentriques, on remarque les noms des sciences et les lieux des diverses espèces d'êtres. Sur le dos du tableau des cercles, on voit une figure renfermant un grand nombre de cases, séparées les unes des autres par des lignes verticales et horizontales. Ce tableau offre, dans la direction de sa hauteur, cinquante-cinq cases, et, dans celle de sa largeur, cent trente et une cases. Les cases qui occupent le bord du tableau sont, les unes vides, les autres remplies. [Indiquons tout de même ce que l'auteur ne précise pas : dans l'intérieur du tableau, plusieurs cases aussi sont vides.] De celles-ci les unes renferment des nombres [écrits au moyen des chiffres indiens], les autres des lettres. La règle qui a présidé à la distribution de ces caractères dans les cases nous est inconnue, ainsi que le principe d'après lequel certaines cases doivent être remplies et les autres rester vides. Autour de la *zā'irja* se trouvent plusieurs vers appartenant au mètre *tawil,* et dont la rime se forme par la syllabe *la.* Ce poème indique la manière d'opérer sur le tableau lorsqu'on veut obtenir une réponse à la question dont on s'occupe. Mais, par l'absence de clarté et le manque de précision, celui-ci demeure une véritable énigme.

« Sur l'un des bords du tableau se voit un vers composé par Abū 'Abdallah Malik ibn Wuhaib [qui vécut vers 1122 de notre ère], l'un des plus habiles devins des pays du Couchant. Il florissait sous la dynastie almoravide et appartenait au corps des *ulaima* de Séville. On se sert toujours de ce vers lorsqu'on emploie la *zā'irja* de cette espèce ou de toute autre pour obtenir une réponse à une question. Pour avoir la réponse, on pose la question par écrit, mais en prenant toujours le soin d'en décomposer les mots en lettres isolées. Ensuite, on cherche [dans les tables astronomiques] le signe du zodiaque [correspondant] et le degré de ce signe qui s'élève à l'horizon [c'est-à-dire l'ascendant] au moment de l'opération. Consultant alors la *zā'irja,* on cherche le rayon qui forme la limite initiale du signe qui est l'ascendant ; on suit ce rayon jusqu'au centre du cercle, et de là jusqu'à la circonférence, face à l'endroit où le signe ascendant se trouve indiqué, et l'on copie toutes les lettres qui sont inscrites sur ce rayon, depuis le commencement jusqu'à la fin.

« On prend aussi les signes numériques [les chiffres indiens] tracés entre ces lettres, et on les transforme en lettres d'après le procédé du *ḥisāb al jumal* [le « calcul des séries » qui s'emploie lorsqu'on veut remplacer des chiffres indiens par des lettres, et inversement]. Quelquefois on doit convertir en dizaines les unités obtenues de cette manière, changer les dizaines en centaines, et *vice versa,* mais toujours en se conformant aux règles que l'on a dressées pour la *zā'irja.* Le résultat se place à côté des lettres dont la question se compose. Alors, on examine le rayon qui marque la limite du troisième signe du zodiaque, à compter de celui qui est l'ascendant. On relève toutes les lettres et tous les chiffres inscrits sur ce rayon, depuis son extrémité jusqu'au centre du cercle, point où l'on s'arrête, sans passer jusqu'à la circonférence. Les chiffres ainsi trouvés sont [ensuite] remplacés par des lettres, selon le procédé déjà indiqué, ces lettres devant se placer les unes à côté des autres.

« Ensuite on prend pour clef de toute l'opération le vers composé par Malik ibn Wuhaib, et, l'ayant décomposé en lettres isolées, on les met de côté. Puis, on multiplie le nombre de degré de l'ascendant par un nombre qui s'appelle le *'asas* du signe[1].

« Pour obtenir ce *'asas* on compte en arrière, depuis la fin de la série des signes ; procédé qui est l'opposé de celui dont on se sert dans les calculs ordinaires, en prenant pour point de départ le début de la série. Le produit ainsi obtenu se multiplie avec un facteur nommé le grand *'asas* et le *dur* fondamental[2].

« On applique ces résultats aux cases du tableau, en se conformant aux principes qui règlent la marche de l'opération, et après avoir employé un certain nombre de *dur.* De cette manière, on tire [du tableau] plusieurs lettres dont une partie doit être supprimée, et dont le reste se place face à celles qui composent le vers d'Ibn Wuhaib.

« On range aussi quelques-unes de ces lettres parmi celles qui avaient formé les mots de la question [posée] et auxquelles on en a déjà ajouté d'autres. On élimine de cette série de lettres celles dont les places sont indiquées par ces nombres que l'on appelle *dur.* [Voici comment les choses se déroulent :] On passe sur autant de lettres qu'il y a d'unités dans le *dur,* et, arrivé à la dernière unité du *dur,* on prend la lettre qui y correspond et on la met de côté ; puis on continue l'opération jusqu'à la fin de la série de lettres.

« On répète cette opération en employant plusieurs autres *dur* destinés à cet usage. Les lettres isolées que l'on obtient de la sorte se rangent ensemble et produisent [finalement la réponse à la question posée par] un certain nombre de mots formant un vers, dont la rime

1. Mot à mot « base », « fondation ». En algèbre, ce terme désigne l'exposant d'une puissance, mais dans la pratique en question, il indique le nombre de degrés qui se trouve entre la fin du dernier signe du zodiaque et le degré du signe qui est l'ascendant au moment de l'opération, cette distance angulaire se mesurant en sens contraire de l'ordre des signes.

2. Le mot *dur* signifie « circuit, période ». En astronomie, ce terme s'emploie pour désigner l'espace de temps dans lequel un point quelconque du ciel fait une révolution complète autour de la Terre. Le *dur* d'une planète, c'est, soit son orbite, soit le temps qui s'écoule depuis qu'elle part d'un point du ciel jusqu'à ce qu'elle revienne au même point. Toutefois, dans la pratique de la *zā'irja,* on appelle *dur* certains nombres au moyen desquels on se guide en faisant le tri des lettres dont les mots de la réponse doivent se composer.

et la mesure sont les mêmes que celles du vers qui a servi de clef, et qui a pour auteur Malik ibn Wuhaib. Nous avons vu beaucoup de personnes haut placées montrer un engouement pour la pratique de cet art, et s'y appliquer dans l'espoir de connaître les secrets du monde invisible. Ils croyaient que l'à-propos des réponses aux questions suffisait pour indiquer que les événements seraient conformes aux réponses. Cette opinion est absolument mal fondée.

« Le lecteur a déjà compris qu'on ne saurait connaître les secrets du monde invisible par l'emploi de tels moyens artificiels.

« Il est vrai qu'entre les demandes et les réponses, il y a un certain rapport, en ce sens que les réponses sont intelligibles et conformes [aux questions], ainsi que cela doit l'être dans la conversation.

« Il est vrai aussi que la réponse s'obtient de la manière suivante : on fait un tri dans l'assemblage des lettres fournies par les mots de la question et par les rayons du tableau. On applique les produits de certains facteurs aux cases du tableau, d'où l'on tire ensuite quelques lettres ; on met de côté certaines lettres en faisant plusieurs tris au moyen des *dur,* et l'on place tout cela face aux lettres qui composent les vers [de Malik ibn Wuhaib].

« Un homme intelligent qui aura examiné les rapports qui existent entre les diverses parties de cette opération parviendra à en découvrir tout le secret. Car les rapports mutuels des choses fournissent à l'esprit le moyen d'obtenir la connaissance de l'inconnu, et lui servent aussi de voie pour y atteindre. La faculté d'apercevoir les rapports des choses se trouve surtout chez les personnes habituées aux exercices spirituels, dont la pratique augmente la puissance raisonnante, et ajoute une nouvelle force à la faculté de la réflexion. C'est là un effet dont nous avons déjà donné l'explication plus d'une fois.

« L'idée que nous rappelons ici a eu pour résultat que presque tout le monde attribue l'invention des *zā'irja* à des hommes [les *Sūfī*, ésotéristes musulmans] qui s'étaient épuré l'âme au moyen d'exercices spirituels.

« Ainsi la *zā'irja* dont je viens de parler est attribuée à As Sibtī [qui était *Sūfī*]. J'en ai vu encore une autre, imaginée, dit-on, par Sahl ibn 'Abdallah, et j'avoue que c'est un ouvrage étonnant, produit bien remarquable d'une grande application de l'esprit.

« Pour expliquer comment la *zā'irja* d'As Sibtī fournit une réponse en forme de vers, je suis porté à croire que l'emploi du vers d'Ibn Wuhaib, comme prototype, influe sur la réponse même et lui communique la même mesure et la même rime.

« A l'appui de mon opinion, je dirai qu'ayant vu opérer sans prendre ce vers pour prototype, j'ai reconnu que la réponse n'était pas versifiée. Nous parlerons encore de ce fait en son lieu et place. Bien des gens refusent d'admettre que cette opération soit sérieuse et qu'elle puisse fournir une réponse à ce qu'on demande. Ils nient qu'elle soit réelle et la regardent comme une suggestion de la fantaisie et de l'imagination. S'il faut les en croire, l'homme qui opère sur la *zā'irja* prend les lettres d'un vers qu'il a fait comme il l'entend, et les insère parmi les lettres dont la question se compose et celles qui appartiennent aux rayons. Il opérerait donc au hasard et sans règle ; il produirait, à la fin, le vers [qu'il aura alors fabriqué], faisant accroire [de la sorte] qu'il l'aura obtenu en suivant un procédé régulier.

« Une opération conduite de cette manière ne serait qu'un mauvais jeu de l'imagination. Celui qui voudrait s'y livrer serait bien certainement incapable de saisir les rapports qui existent entre les êtres et les connaissances, et de voir combien les opérations de la perception diffèrent de celles de l'intelligence. Du reste chaque observateur est porté à nier tout ce qu'il ne perçoit pas.

« Pour répondre à ceux qui traitent de jonglerie les opérations faites sur la *zā'irja,* il nous suffira de dire que nous avons vu pratiquer ces opérations selon les règles de l'art, et que, d'après notre opinion bien arrêtée, elles se font toujours de la même manière et suivant un véritable système de règles. Celui dont l'esprit est capable d'un certain degré de pénétration et d'attention n'aura pas le moindre doute à ce sujet, s'il veut assister à l'une de ces opérations.

« L'arithmétique, science dont les résultats sont de la dernière évidence, offre beaucoup de problèmes que l'intelligence ne saurait comprendre de premier abord, parce qu'ils renferment des rapports que l'on ne saisit pas facilement et qui se dérobent à l'observation.

« Que doit-il en être à l'égard d'un art comme celui de la *zā'irja,* dont la nature est si extraordinaire, et qui se rattache à son sujet par des rapports si obscurs ?

« Nous citerons ici un problème assez difficile, afin de faire comprendre la force de notre observation. On prend plusieurs *dirhams* [monnaies d'argent] et, à côté de chaque pièce, on place trois *fulus* [monnaie de cuivre]. Avec la somme en fulus, on achète un oiseau et avec celle en dirhams on en achète plusieurs autres au même taux que le premier. Combien a-t-on acheté d'oiseaux ? La réponse est neuf. En effet, nous savons qu'il y a vingt-quatre fulus dans un dirham ; donc trois fulus sont le huitième d'un dirham. Or, puisque chaque unité se compose de huit huitièmes, nous pouvons supposer qu'en faisant cet achat nous avons réuni le huitième de chaque dirham aux huitièmes des autres dirhams, et que chacune de ces sommes fait le prix d'un oiseau. On a donc acheté avec les dirhams seuls huit oiseaux ; nombre qui est celui des huitièmes qui composent l'unité ; ajoutons-y l'oiseau acheté d'abord avec la somme en fulus, et nous aurons en tout neuf oiseaux, puisque avec les dirhams nous avons acheté au même taux qu'avec les fulus.

« On voit, par cet exemple, comment la réponse est enfermée implicitement dans la question, et s'obtient de la connaissance des rapports cachés qui existent entre les quantités dont le problème donne l'indication.

« Lorsqu'une question de cette nature se présente pour la première fois, on s'imagine qu'elle appartient à une catégorie dont la solution ne peut s'obtenir que du monde invisible. Mais, au moyen des rapports mutuels des choses, on parvient à tirer l'inconnu de certaines données.

Cela est vrai surtout en ce qui concerne les faits présentés par le monde sensible et par les sciences.

« Quant aux événements futurs, ce sont des secrets dont il est impossible d'avoir une connaissance certaine, tant que nous en ignorons les causes et que nous n'en avons pas des notions certaines.

« D'après ce que nous venons d'exposer, on comprendra comment le procédé, qui, au moyen de la *zā'irja,* tire une réponse des mots dont se compose la question, se réduit à faire paraître, sous une autre forme, certaines combinaisons de lettres dont l'ordre était d'abord celui des lettres qui formaient la question.

« [En fait], pour celui qui entrevoit les rapports qui existent entre les lettres de la question et celles de la réponse, tout ce qu'il y a de mystérieux devient clair.

« Les hommes capables de reconnaître ces rapports et d'employer les règles dont nous avons parlé peuvent obtenir assez facilement la solution qu'ils cherchent.

« Chaque réponse de la *zā'irja,* envisagée sous un autre point de vue, offre, par la position et la combinaison de ses mots, un des caractères dont toute réponse est susceptible, c'est-à-dire une négation ou une affirmation.

« Sous le premier point de vue, la réponse a un autre caractère : ses indications rentrent dans la classe des prédictions et de leur accord avec les événements [autrement dit, comme le souligne Slane en termes modernes, ces indications rentrent dans la catégorie de l'accord du discours avec l'extrinsèque].

« Mais on ne parviendra jamais à la connaissance [des événements futurs] si l'on emploie des procédés du genre de celui dont nous venons de parler.

« Bien plus, il est défendu à l'homme de s'en servir dans ce but. Dieu communique la science à qui il veut ; [car, comme il est dit dans le Coran (sourate 2, verset 213)] : *Dieu sait, et vous ne savez pas »* (réf. *Muqāddimah,* p. 213-219 ; cf. trad. de Slane, p. 245-253).

(On saluera, au passage, l'esprit rationnel, résolument moderne, d'Ibn Khaldūn, qui rejette ainsi catégoriquement les pratiques pour le moins curieuses des astrologues et des devins arabes[1], interdites du reste par la religion musulmane.)

---

1. A ces pratiques, il convient d'ajouter l'étrange « calcul de la révélation » (*ḥisāb 'an nim*), servant aux devins à prédire en période de guerre, lequel des deux souverains protagonistes serait vainqueur ou vaincu. En voici le principe, tel qu'il est décrit également par Ibn Khaldūn dans ses « Prolégomènes » (cf. *Muqāddimah,* trad. de Slane, I, p. 241-242) : « On additionne les valeurs numériques des lettres dont se compose le nom de chaque roi. L'addition faite, on retranche de chaque somme autant de fois qu'il le faut afin d'avoir deux restes moindres que neuf. On compare ces restes ensemble ; si l'un est plus fort que l'autre, et si tous les deux à la fois sont des nombres pairs ou des nombres impairs, le roi dont le nom a fourni le reste le plus faible obtiendra la victoire. Si l'un des restes est un nombre pair et l'autre un nombre impair, le roi dont le nom a fourni le reste le plus fort sera le vainqueur. Si les deux restes sont égaux, et s'ils sont des nombres pairs, le roi qui est attaqué remportera la victoire ; mais si les restes sont égaux, le roi qui attaque triomphera. »

Les raisons profondes de la prépondérance des lettres numérales arabes

Ainsi le système des lettres numérales arabes a-t-il été employé comme mode de représentation des nombres de préférence à tout autre, non seulement par les érudits, les mathématiciens, les astronomes, les physiciens et les géographes, mais aussi par les auteurs de traités religieux, les mystiques, les alchimistes, les magiciens, les astrologues, les devins, les scribes, les fonctionnaires et les commerçants arabes ou musulmans.

Le système a été d'un usage tellement courant dans les pays de l'Islām que les poètes arabes sont allés jusqu'à imaginer des compositions littéraires d'un genre particulier mettant les lettres numérales à contribution : compositions dites du genre *ramz,* dans lesquelles les poèmes étaient versifiés selon des égalités ou des progressions arithmétiques à partir des valeurs numériques des lettres constitutives de chaque vers.

Les historiens eux-mêmes, ainsi que les lapicides d'Afrique du Nord, d'Espagne, de Turquie et de Perse, affectionnèrent eux aussi (au moins à partir de la basse époque) le procédé dit des *tārikh,* c'est-à-dire des « chronogrammes », dont le principe consistait à grouper en un mot, significatif et caractéristique, ou encore en un court membre de phrase, l'ensemble des lettres dont les valeurs numériques totalisées fournissaient la date d'un événement passé ou futur (voir chapitre 20).

C'est dire si ce système de représentation des nombres a revêtu une importance capitale dans l'histoire de l'Islām. Et pour cause : celui-ci était entièrement conforme à la fois avec le sens et les signes de l'écriture arabe, les « chiffres » correspondants n'étant autres que les lettres de l'alphabet arabe lui-même. C'est que, à l'instar de l'écriture des mots, cette notation numérique procédait toujours de droite à gauche, et, tout comme les lettres ordinaires, ses signes se liaient généralement les uns aux autres en subissant quelques modifications graphiques selon qu'ils se trouvaient en position isolée, initiale, médiale ou finale dans le corps de la représentation d'un nombre (voir chapitre 19).

Aussi pour les poètes amateurs du *ramz,* ces « chiffres-lettres » ou lettres-chiffres s'intégraient-ils parfaitement à l'expression de leur art, véritable miroir des beautés de leur langue. Pour les artistes, ils s'intégraient aussi harmonieusement à l'expression de l'art calligraphique, reflet non seulement de leur perspective individuelle, mais aussi de l'état émotif au moment de la conception de leurs œuvres. Et pour peu que les uns ou les autres fussent d'inspiration mystique, ces mêmes « chiffres » leur permettaient de produire, sous une forme graphique ou versifiée, ce qu'ils percevaient comme étant une expression symbolique, à la fois littérale et numérique, de leur quête vers Allah.

Quant aux scribes, qui mirent également un point d'honneur à leurs ornements caractéristiques, ils purent, dans leurs miniatures et leurs enluminures, donner quelquefois aux lettres numérales la même grâce, le même équilibre et le même rythme qu'ils assignaient aux lettres ordinaires.

Ces remarques soulignent donc bien la parfaite conformité de ce système de notation numérique avec les éléments de la plus pure des traditions arabes et islāmiques et avec les usages les plus fondamentaux de l'ésotérisme musulman.

Il faut dire que l'écriture arabe est considérée comme celle de la Révélation et de la propagation des paroles du prophète et donc comme le critère fondamental de l'appartenance séculaire de tout Musulman à la communauté islāmique (l'*Umma*). Et c'est justement cette étroite mise en association entre la religion musulmane et l'écriture arabe qui a conféré un statut tout à fait privilégié, voire fondamentalement sacré, aux lettres arabes dans la culture arabo-islāmique. Au point que les traditions ont fait de la plume de roseau, le fameux *qalam* (« calame »), la première de toutes les créations d'Allah.

Selon les *Ḥurūfī* (« Lettristes »), qui s'étaient constitués en sectes autour de croyances élaborées à partir de systèmes attribuant diverses valeurs symboliques aux lettres arabes, le nom ne serait autre en effet que l'essence même de la chose ou de l'être nommé.

Et comme tous les noms sont censés être enfermés dans les lettres du discours, l'univers tout entier serait donc lui-même le produit de l'action des lettres arabes. Autrement dit, de ces lettres procéderait toute l'action de l'univers. D'où cette identification de la « science des lettres » (*'ilm al ḥurūf*) et de la « science des mots » (*'ilm as simiya*) avec la « science de l'univers » (*'ilm al 'alam*).

Parmi les nombreux adeptes de cette croyance, il convient de citer le mystique Al Būnī, qui établit ainsi des correspondances des lettres arabes avec ce qu'il considéra comme étant les éléments de l'univers et de la manifestation, à savoir : les quatre éléments (eau, terre, air, feu), les sphères célestes, les planètes et les signes du zodiaque. Et comme ces lettres sont au nombre de vingt-huit, il les mit également en rapport avec les vingt-huit mansions luni-solaires (cf. E. Doutté).

Or, Dieu est une force qui se traduirait par le Verbe ; son action se manifesterait donc par la voix, et par conséquent, selon une inférence caractéristique de cette doctrine, à travers les lettres mêmes de l'alphabet arabe.

Aussi la « science » des lettres et des mots donnerait-elle, à qui en posséderait la maîtrise, une révélation des attributs d'Allah, tels qu'ils se manifesteraient dans la nature à travers leur expression au moyen des lettres arabes. Donc, selon ces doctrines, « la lettre arabe apparaît comme le symbole du mystère de l'être, avec son unité fondamentale venue du Verbe divin et sa diversité innombrable résultant de ses combinaisons virtuellement infinies ; elle est l'image de la multitude des créatures, voire la substance même des êtres nommés ». Dans leur ensemble, les lettres arabes sont regardées comme « les apparences du *Verbe en soi* ; elles sont les attributs inséparables de l'Essence de Dieu, aussi indestructibles que la Vérité Suprême. Comme la personne divine, elles sont immanentes en toutes choses. Elles sont miséricordieuses, nobles et éternelles. Chacune d'elles est invisible (cachée) dans l'Essence divine » (J. Chevalier et A. Gheerbrant).

C'est pourquoi, selon les préceptes de l'Islām, le Coran, livre sacré considéré comme celui de la Révélation du prophète Muḥammad, ne saurait être lu dans une autre langue que l'arabe, ni être transcrit dans un autre système que celui de l'écriture arabe. Car ce Livre, ainsi regardé comme l'une des expressions mêmes du verbe d'Allah, est identifié par là même à l'Essence divine.

Comme le souligne E. Doutté, « cette conception nous reporte à des âges lointains ; c'est ainsi que les anciens Romains, par le mot *litterae,* et les peuples du Nord, par le mot « rune », entendaient tout l'ensemble des connaissances humaines. Plus près des Arabes, dans le monde sémitique, le Talmud expose que les lettres sont l'essence des choses : Dieu créa le monde au moyen de deux lettres ; Moïse montant au ciel trouva Dieu occupé à tresser des couronnes aux lettres. Ibn Khaldūn expose longuement des doctrines semblables et donne une théorie des talismans écrits [cf. *Muqāddimah,* trad. de Slane, II, p. 188-195] : les lettres qui les composent étant formées des éléments qui constituent la totalité des êtres ont la faculté d'agir sur ceux-ci. »

Telles sont donc les bases mêmes du *'ilm al ḥuruf* et du *'ilm as simiya,* « sciences » mystiques des lettres et des mots de l'Islām.

« Il y a une catégorie de lettres dont la vertu magique a des origines religieuses et qui sont par conséquent caractéristiques de la magie arabe. Ce sont les lettres qui se trouvent au début de certaines sourates (ou « versets ») du Coran et dont la signification est totalement inconnue [ou du moins jalousement préservée par les ésotéristes musulmans] : ainsi la sourate II commence-t-elle par *alif, lam, mim,* la sourate III par *alif, lam, mim, ṣad,* etc. L'orthodoxie musulmane appelle ces lettres *mustabiḥ* et déclare que leur sens est impénétrable à l'intelligence humaine : dès lors, rien d'étonnant à ce que la magie s'en empare.

« Al Būnī les nomme *al ḥurūf an nuraniya* : elles sont au nombre de quatorze, juste la moitié du nombre (28) des mansions lunaires, sur quoi il échafaude de nouvelles spéculations. Chacune d'elles, fait-il encore remarquer, est l'initiale d'un des noms de Dieu. Deux de ces groupes de lettres, où celles-ci sont au nombre de cinq, ont surtout attiré l'attention des magiciens... Des vertus extraordinaires leurs sont attribuées et d'innombrables *ḥerz* (talismans) sont confectionnés sur eux.

Or, « du moment que les lettres ont une valeur magique, on augmentera donc la puissance magique des mots en écrivant les lettres séparément : on sait, en effet, que dans l'écriture arabe, les lettres isolées ont une forme plus complète que lorsqu'elles sont liées ensemble.

« Mais les propriétés les plus singulières des lettres viennent de leur valeur numérique. Or, deux mots différents peuvent avoir des lettres telles qu'elles aient la même somme numérique : c'est alors que la mystique des lettres proclame leur équivalence. C'est là, dans la Kabbale, le principe de la *guématria.* C'est aussi une des spéculations favorites de la magie musulmane : non seulement les mots ont entre eux des relations fondées sur les rapports des nombres exprimés par leurs lettres, mais les lettres elles-mêmes peuvent livrer le secret de leurs vertus magiques par le procédé de l'évaluation numérique des lettres et des mots » (E. Doutté).

Autrement dit, le mot arabe acquit désormais une valeur numérique ; mais surtout, par une sorte de réciprocité logique, le nombre fut chargé symboliquement de la valeur sémantique du mot ou des mots auxquels la numération alphabétique arabe (ou plus généralement tout système de chiffrage des lettres arabes) le faisait correspondre. D'où, à l'instar des pratiques de la Kabbale juive, des messages chiffrés, des « langages secrets » et des spéculations de toutes sortes, multipliés à loisir par les mystiques, les numérologues, les alchimistes, les mages et les devins arabes. Leur but fut : soit d'empêcher le profane de comprendre et de s'harmoniser avec une ou plusieurs significations ésotériques, supposées mises en rapport avec une réalité profonde ; soit encore de composer des textes cryptographiques masqués par des allégories ou des énigmes apparemment indéchiffrables ; soit enfin d'en tirer les interprétations, les conclusions, les pratiques ou les prévisions les plus diverses (voir chapitre 20).

On voit donc comment aux multiples valeurs symboliques, magiques ou mystiques, ainsi attribuées aux lettres arabes, sont venues s'ajouter, par l'affectation d'une valeur numérique à chacune d'elles, celles que les nombres permettaient de leur attribuer dès lors dans le sens jugé à la fois le plus large et le plus efficace possible.

Certes, la parole a toujours exercé une profonde fascination sur les êtres humains, mais celle que les nombres ont exercée sur eux la surpasse de très loin.

C'est que, depuis un temps immémorial, les nombres offrent à la pensée mystique une dialectique sans égale : ceux-ci en effet n'expriment pas seulement des quantités arithmétiques ; au-delà de ce qui est considéré traditionnellement comme leurs enveloppes visibles et immédiatement perceptibles, les nombres recéleraient aussi et surtout des idées et des forces, magiques et occultes, censées se déplacer en un courant invisible, un peu à la manière d'une rivière souterraine ; idées qui seraient bénéfiques ou maléfiques selon leur supposée nature inhérente.

Le caractère magique et mystique ainsi prêté aux nombres est d'ailleurs une croyance très répandue dans l'histoire des peuples. Ce n'est pas le lieu de rappeler ici l'importance du nombre en Mésopotamie, en Égypte ancienne, en Amérique précolombienne, en Chine ou au Japon. Il ne s'agit pas non plus de développer les théories et les doctrines des pythagoriciens et des néo-platoniciens qui, frappés de l'importance des nombres et de leurs propriétés remarquables, avaient fait de ces derniers l'un des éléments fondamentaux de leur métaphysique, pensant que les nombres étaient le principe, la source et la racine de tous les êtres et de toutes les choses. Nous voulons simplement souligner l'existence d'une étroite relation entre la croyance à la magie des nombres et la crainte des dénombrements, bien connue chez les Hébreux (voir par exemple *Exode,* XXX, 12, et *Samuel,* XXIV, 10), les Chinois et les Japonais (dont on connaît notamment la superstition relative au nombre quatre), et que l'on retrouve chez plusieurs peuples d'Afrique, d'Océanie et d'Amérique, qui éprouvent une forte répugnance aux nombres (voir chapitres 1 et 2).

Soit dit au passage, ces craintes ancestrales pour les dénombrements ne sont pas sans trahir les difficultés éprouvées par les êtres humains, depuis l'aube de l'intelligence, à assimiler la notion de nombre, jugée par eux, à juste raison, comme le concept le plus abstrait possible.

Or, c'est justement ce rapport entre la magie et la crainte ancestrale des nombres qui interdit ainsi aux Musulmans d'Afrique du Nord, par exemple, d'énoncer les nombres qui se rapportent aux êtres qui leur sont chers ou à leurs possessions individuelles. Car donner le nombre d'une entité, c'est, selon cette croyance, permettre de la circonscrire. Prononcez, dit-on, le nombre de vos frères, de vos épouses ou de vos enfants ; livrez le nombre de vos bœufs, de vos brebis ou de vos poules ; donnez le montant de vos biens ; ou tout simplement votre âge : vous risqueriez ainsi de donner à Satan, toujours aux aguets, la possibilité d'appréhender la puissance cachée de ces nombres. Vous lui laisseriez par conséquent toute la liberté d'agir sur votre personne et le pouvoir d'exercer ses actes malfaisants sur les êtres et les choses ainsi imprudemment dénombrés par vous-mêmes.

Et c'est bien par une sorte de réciprocité des choses que cette même superstition conduira à recourir à la confection de ḥerz en forme de carrés magiques : talismans supposés dotés de vertus protectrices et bénéfiques pour leurs destinataires, comme le pouvoir de guérir la stérilité féminine, celui d'apporter le bonheur au foyer ou encore celui d'attirer à soi fortune et richesse matérielle.

Ouvrons une parenthèse à ce propos pour rappeler que cinq est un nombre de bon augure pour la religion et les traditions islāmiques, qui lui vouent ainsi une prédilection tout à fait particulière. Il y a d'abord : les cinq *takbir* de la profession de foi musulmane, *Allah huwa akbar* (« Dieu est Grand ») ; les cinq prières de la journée ; les cinq jours dédiés à 'Arafat ; les cinq éléments fondamentaux du pèlerinage à La Mecque ; les cinq témoins du pacte de la *Mubahala* ; et les cinq clefs coraniques du mystère (*Coran,* VI, 59, XXXI , 34). Mais on pense également au jeudi, jour portant le nom arabe d'*al khāmis* (le « cinquième »), qui est considéré comme particulièrement faste. Il y a aussi : les cinq biens consacrés pour la dîme ; les cinq motifs d'ablution ; les cinq genres de jeûne ; le pentagramme des cinq sens et du mariage ; les cinq générations qui marquent la fin de la vengeance tribale ; etc. Et il y a naturellement les cinq doigts de la main, placés sous le signe d'une protection supposée très efficace en souvenir des cinq doigts de la *main de Fatima,* fille de Muḥammad et de Khadija, et épouse de 'Ali, cousin du prophète (cf. J. Chevalier et A. Gheerbrant ; E. Doutté ; EIS ; Hugues).

C'est donc pour conjurer le mauvais sort qu'aujourd'hui encore, un Tunisien, un Algérien ou un Marocain, si vous avez l'audace de l'importuner par des questions aussi indiscrètes que son âge ou le montant de sa fortune, vous répondra vaguement : « quelques-uns », s'il s'agit d'une personne polie ; autrement, il vous dira sèchement « cinq ! » ou plaquera sans ménagement les cinq doigts de sa main sur votre « mauvais œil ».

Ainsi, pour récapituler, chacune des vingt-huit lettres arabes, en tant que signe proprement littéral, était censée posséder sa propre signification symbolique, sa vertu magique et son pouvoir créateur. Mais en tant que signe de numération ou de cryptographie chiffrée, chacune était mise en correspondance avec un nombre et se trouvait ainsi en relation très étroite avec l'idée, la force et la puissance supposées contenues dans ce même nombre. Or, le nom est le signe matériel de la parole, considérée elle-même comme l'une des principales forces magiques et mystiques. Et comme celui-ci est formé de lettres, et donc de nombres suivant de telles correspondances, on comprend aisément que la numération alphabétique arabe (prise alors comme un cas particulier des multiples systèmes d'évaluation numérique des lettres et des mots arabes) ait constitué, pour les mystiques, les mages et les devins, une sorte de produit du son, du signe et du nombre, et qu'elle ait été dès lors supposée dotée d'un pouvoir à la fois plus grand et plus mystérieux que celui prêté à l'alphabet ordinaire[1].

On mesure donc maintenant jusqu'à quel point, le système des lettres numérales arabes a revêtu une importance considérable pour toutes les couches de la population arabo-musulmane.

Quant à la numération de position d'origine indienne, on conçoit plus facilement dans ces conditions qu'elle ait été toujours considérée par l'ensemble des auteurs arabes comme un élément totalement étranger à leur culture et à leurs traditions.

Une autre raison de la relative impopularité de cette numération a tenu à son orientation. Celle-ci se faisait en effet de gauche à droite, un nombre tel que cent vingt-sept par exemple étant noté sous la forme 127 ; ce qui veut dire que la notation indienne se faisait au rebours de l'écriture arabe. Et c'est justement parce que les lettres numérales s'écrivaient de droite à gauche, dans l'ordre décroissant à partir de la plus forte puissance de dix, et qu'elles étaient régies par les règles de la cursive arabe, que leur usage fut préféré à tout autre système.

Certes, le sens d'écriture des chiffres indiens avait été très pratique pour les arithméticiens et les calculateurs de la civilisation indienne, dont l'écriture se faisait précisément de gauche à droite. Mais cette orientation (qui constitue bien évidemment un sérieux handicap pour des gens qui ont l'habitude d'écrire de droite à gauche) a sans aucun doute dû occasionner bien des tracas aux savants arabo-musulmans.

---

1. C'est la raison pour laquelle les ésotéristes musulmans ont considéré que la connaissance du « sens caché » et des « mystères » des lettres numérales ou cryptographiques arabes était susceptible de permettre aux initiés de procéder à toutes les combinaisons du possible, d'approcher « les vérités les plus cachées et les plus subtiles de l'univers », et donc par là même de percer les secrets d'Allah. Et c'est pourquoi ils ont toujours cherché à mettre leurs « connaissances » à l'abri, de peur de mettre les clefs de leurs sciences occultes à la portée du commun des mortels.

Ceux-ci auraient certainement surmonté la difficulté s'ils avaient inversé la succession originelle des positions décimales du système importé de l'Inde ; autrement dit, le problème aurait été résolu s'ils avaient noté quelque chose comme ceci :

8 7 6 3 2,
<. . . . .

là où un Indien aurait écrit :
23 678 ($= 2 \times 10^4 + 3 \times 10^3 + 6 \times 10^2 + 7 \times 10 + 8$).

Ils auraient ainsi complètement adapté la notation indienne au sens de leur propre écriture. Mais les Arabes n'ont, semble-t-il, jamais eu l'idée, ni même la volonté de rompre avec la tradition indienne.

Une autre raison de l'opposition aux chiffres indiens est la suivante, par laquelle nous terminerons cet encadré.

Lors de leurs relations avec l'Inde, les Arabes se sont trouvés en contact permanent, non seulement avec les Hindî, mais aussi avec des Panjâbi, des Sindhî, des Mahârâshtrî, des Manipurî, des Rajasthânî, des Kashmîrî, des Gujarâtî, des Mahâjanî, des Orissî, des Bihârî, des Multânî, des Bengâlî, des Sirmaurî et même avec des Nepâlî. Or, il suffit de se reporter au chapitre 24 pour voir combien les graphismes des chiffres en usage en Inde ont considérablement varié non seulement d'une époque à l'autre, mais aussi d'une région à l'autre, voire d'un scribe à l'autre. Chacun, il est vrai, les avait adaptés à son propre style d'écriture (voir chap. 24, t. I, fig. 24.3 à 24.52). Et ce qui était un 2 pour les uns était devenu comme le 3, le 7 ou le 9 des autres, par un phénomène paléographique caractéristique. Autrement dit, par absence de normalisation, la forme graphique des chiffres est toujours restée mal précisée dans le sous-continent indien. Or, pour les mathématiciens et les astronomes, la représentation de la donnée numérique devait être d'une parfaite sécurité et d'une conservation absolues. Car comment transmettre les données fondamentales d'un canon astronomique, par exemple, si les valeurs numériques des divers éléments d'observation ou résultant des appareils de calcul sont susceptibles d'être interprétées de toutes les manières possibles, à la fois en fonction du temps, de la distance et des habitudes du destinataire ? Qui plus est, si un scribe ou un copiste venait à commettre une erreur de transcription, nul ne risquait alors de s'en apercevoir. Ces chiffres ne présentaient donc pas toute la rigueur exigée pour un ouvrage se rapportant aux mathématiques, à la géographie ou à l'astronomie, où l'expression même de la donnée numérique jouait ainsi un rôle de tout premier plan. D'où, une fois de plus, l'importance accordée aux lettres numérales arabes, qui ne présentaient guère cet inconvénient-là.

Est-il besoin d'ajouter que si les chiffres que nous disons « arabes » avaient réellement constitué le fruit d'une création arabe, le système, aurait évidemment reçu une diffusion bien plus importante et aurait été adopté par les Musulmans beaucoup plus rapidement qu'il ne l'a été. Et il y a de grandes chances que la notation des nombres au moyen de ces chiffres eût suivi l'orientation droite-gauche de l'écriture arabe.

Ce sont là des faits très importants, qu'il convient de considérer désormais comme des témoignages supplémentaires venant confirmer sans discussion possible la thèse de l'origine indienne de notre numération actuelle.

La civilisation arabo-islāmique s'est certes acquis, entre autres mérites impérissables, celui d'avoir transmis les chiffres et le calcul modernes à l'Europe médiéviale : une Europe qui était alors d'un niveau scientifique et culturel beaucoup moins élevé que le sien et qui, par une sorte de reconnaissance pour cette contribution fondamentale, était allée jusqu'à donner à ces chiffres le nom même du peuple qui les lui avait apportés. Mais donner la Terre d'Islām comme le berceau de cette numération, c'est assurément se satisfaire des apparences d'une terminologie erronée que même les savants arabes et musulmans n'ont jamais employée dans leurs ouvrages, ni dans leur vocabulaire.

Le calcul sur la planchette à poussière

Parlons maintenant du calcul d'origine indienne, dont les modalités matérielles ont non seulement joué un rôle important dans la diffusion des chiffres indiens à travers les pays de l'Islām, mais exercé aussi une profonde influence sur l'évolution même des techniques opératoires.

Plusieurs bonnes raisons nous permettent d'affirmer que dès la haute époque, les calculateurs arabo-musulmans d'Orient et d'Occident ont effectué leurs opérations arithmétiques en dessinant les neuf chiffres d'origine indienne sur le sol meuble, en s'aidant pour cela d'une pointe, d'un bâtonnet ou même simplement d'un doigt : c'est ce que l'on a appelé le *ḥisāb al ghubār*[1] (« calcul sur la poussière ») ou *ḥisāb ʿalā at turāb* (« calcul sur le sable »).

Ceux-ci n'ont cependant pas opéré que sur le sol ; ils ont utilisé aussi divers autres dispositifs. Et ce qui semble prédominer chez eux, c'est la

1. L'une des plus anciennes attestations connues de cette technique de calcul figure dans un ouvrage composé en 950 par Abū Sahl Dunash ibn Tamīm, auteur arabe natif de Kairouan, où celui-ci donne l'explication suivante (cf. BMA, 1895, p. 26 ; JA, 1863, p. 240 ; Smith et Karpinski, p. 65-67 ; Datta et Singh, p. 98) : « Les Indiens ont inventé les neuf signes qui marquent les unités. J'en ai déjà suffisamment parlé dans un ouvrage que j'ai composé sur le calcul indien (*ḥisāb al hindī*), mieux connu sous le nom de *ḥisāb al ghubār.* » Évidemment, cet auteur ne fut ni le seul, ni même le premier à mentionner l'existence de ce type de calcul. Parmi les auteurs de la haute époque, il convient de citer le mathématicien Sāʿid al Sijzī (951-1024), auteur d'un ouvrage intitulé : « Problèmes beaux et intéressants sur les nombres », inspiré d'une œuvre attribuée à Nāzif ibn Yumn al Qass [mort vers 990] (cf. Smith et Karpinski p. 65-66 et 94 ; Suter, p. 68 et 80 ; F. Woepcke [4]). Quant aux méthodes correspondantes, elles sont décrites notamment dans l'*Al Diwānarī* d'Abū Ḥanifa Aḥmad (vers 895) et dans les ouvrages d'arithmétique d'Al Kilwadhī, Abu Naṣr Muḥammad et ʿAlī ibn Aḥmad (985). Autres sources d'informations : le *Hada'iq al anwar* de l'encyclopédiste persan Fakhr ad dīn al Rāzī (1149-1206), composé vers 1195, où celui-ci consacre un chapitre spécial au « calcul indien » (réf. BN, Ancien Fonds Persan, Ms 213, f° 174 r. ; cf. A. Mazaheri) ; et naturellement, l'œuvre d'Al Khuwārizmī et de ses successeurs ou continuateurs comme Kushiyar ibn Labbān al Gilī (1020), An Nisawī (1030), Ibn al Bannā al Marrakūshī (1300), Al Qalaṣādī (1470), etc.

planchette à calcul, que l'on désigne en Orient sous le nom de *takht al turāb* ou *takht al ghubār* (de *takht,* « tablette », « planchette », et de *turāb,* « sable », ou encore de *ghubār,* « poussière ») ; instrument connu aussi au Maghreb et en Andalousie sous la désignation de *lūḥat al ghubār* (le mot *lūḥat* étant un synonyme arabe de *takht*).

Plusieurs poètes persans s'en sont d'ailleurs fait l'écho, au moins depuis le XIIe siècle, comme en témoigne cette allusion de Khāqānī dans un poème composé à la louange du prince Ala al Dawla Atsuz [1127-1157] (*cit.* A. Mazaheri) :

> « Les sept climats trembleront de fièvre quarte ;
> Et de poussière se couvrira le ciel voûté,
> Telle la planchette (*takht*) du calculateur. »

Citons également ces vers du poète mystique Nizāmī [mort en 1203] (cf. Nizami [1], p. 4, V, IX ; *cit.* A. Mazaheri) :

> « Depuis le système des Neuf cieux
> [Marqués] Aux Neuf figures,
> [Dieu] jeta les chiffres indiens
> Sur la planchette Terre. »

La planchette à calcul fut l'instrument privilégié non seulement des calculateurs professionnels, des mathématiciens et des astronomes, mais aussi des mages, des devins et des astrologues arabes.

Vers 1155, le même raconte cette histoire, où il met en scène le philosophe Al Kindī (IXe siècle) (cf. Nizami [2], III, récit 1 ; *cit.* A. Mazaheri) :

« Al Kindī demanda la planchette à poussière, se leva [et avec son astrolabe, il] prit la hauteur du soleil, mesura l'heure et traça l'horoscope sur la planchette à sable (*takht al turāb*)... »

Celle-ci consistait en une planchette de bois ou de toute autre matière, sur laquelle on avait l'habitude de répandre du sable ou de la poussière fine, pour y tracer les neuf chiffres indiens et effectuer des opérations arithmétiques suivant des techniques particulières. Mais au lieu du sable et de la poussière, on a quelquefois préféré répandre de la poudre ou même de la farine ; d'ailleurs, le mot *ghubār* signifie également « poussière », « poudre » ou « matière poudreuse de nature quelconque ».

D'ailleurs, l'auteur du troisième passage arabe cité plus haut parle d'un saupoudrage de farine, tandis que celui du deuxième passage ne mentionne que l'usage de la poussière fine.

La planchette à calcul n'a cependant pas constitué l'apanage exclusif des arithméticiens arabes, puisqu'on la retrouve bien avant l'Islām chez les calculateurs de l'Inde. (Voir **Pâtiganita*, Dictionnaire, p. 3.)

Vestiges persans de l'ancien abaque à jetons du temps de Darius

Aux instruments précédents, il faudrait peut-être rajouter, du moins dans le cas de la Perse des premiers siècles de l'*Hégire,* l'usage des vieux abaques hérités de l'époque de Darius et d'Alexandre, où les calculs se faisaient pour ainsi dire par des *jets* de cailloux ou de jetons, et que certains calculateurs persans avaient dû perpétuer, au moins par endroits (voir chapitre 16, fig. 16.72 et 16.73).

Ce n'est bien sûr qu'une simple hypothèse. Mais celle-ci est étayée par de nombreux indices.

Ainsi le verbe persan pour « compter, calculer » est *endakhten,* qui a précisément le sens de « jeter ». C'est du reste l'une des significations anciennes du mot français *jeton* et du verbe *jeter,* qui signifiaient autrefois « compter, calculer ». Il est vrai qu'à l'époque les opérations arithmétiques se faisaient sur des tables ou des tapis divisés en lignes horizontales et verticales, sur lesquelles on faisait mouvoir des jetons, dont on modifiait la valeur en changeant de colonne (voir chapitre 16, p. 484-500, et chapitre 26, p. 341-359).

Étymologiquement, *jeter,* c'est « poser, établir », un peu comme lorsqu'on « jette » un pont sur une rivière, les fondations d'une maison ou les bases d'une science. Et c'est parce que l'on « jetait » ces *calculi* sur les divisions des abaques que les mots précédents en sont venus (au moins depuis le XIIIe siècle) à signifier l'action même du calcul (cf. Bloch et von Wartburg ; Littré ; GLF ; Robert).

Mais ces termes ont perdu cette signification depuis l'époque où la Révolution française relégua définitivement aux éléments du passé cet instrument avec le sens désormais périmé des mots *get, getz, geton, gettour* et *jettoir* du vieux français.

Or, il est intéressant de noter que l'action qui correspond au verbe persan *endakhten* (« compter, calculer »), pris dans le sens de « jeter », est exprimée par *endaza,* qui possède également trois sens, à savoir : le jet, le compte et le calcul. A preuve, cette courte citation extraite de la célèbre fable persane de *Kalila wa Dimna,* dans une version du XIIe siècle due à Abū al Maʿalī (cf. A. Mazaheri) :

> « Ayant bien écouté les paroles de sa mère,
> Le Lion les jeta en arrière (*baz endakht*) avec sa mémoire. »

La subtilité est ici beaucoup trop grande pour qu'un commentaire ne soit pas nécessaire.

Car même pour un lion, « jeter des paroles en arrière » ne veut rien dire. Mais si l'on se remet dans le contexte ci-dessus, en donnant au *jet* le sens même du « calcul » et par extension celui de la « mesure », on comprend aisément que le roi des animaux avait ainsi, par la pensée, bien « pesé » les paroles de sa mère.

Mais n'abusons pas de l'étymologie pour expliquer ce qui n'existait presque plus dans le pays des anciens Sassanides, puisque ces mots avaient perdu leur sens numérique au moins depuis le XIIIe siècle. Et d'ailleurs l'instrument lui-même, considéré à juste raison comme très encombrant et d'un emploi fort peu commode, avait dû être rejeté très tôt par les calculateurs professionnels de la région[1].

---

1. Notons que les calculateurs persans rejetèrent également le *tchorga* ou « boulier compteur » chinois, introduit chez eux par les envahisseurs mongols dès le XIIIe siècle ; mais cet appareil très perfectionné fut repoussé cette fois par haine et par mépris des Persans pour le terrible Gengis Khân et ses successeurs.

La planchette en tant qu'abaque à colonnes

En revenant au calcul à même le sol ou sur la poussière répandue sur la surface plane d'une planchette, il y eut évidemment plusieurs manières de procéder, dont voici la plus rudimentaire.

Sur le support envisagé, les opérateurs commençaient, avant tout, par tracer plusieurs lignes parallèles, délimitant ainsi des colonnes successives correspondant aux ordres d'unités consécutifs du système décimal, puis ils dessinaient les neuf « figures » significatives à l'intérieur de chacune d'elles. De la sorte, ces chiffres acquéraient implicitement une valeur de position décimale.

Ainsi les Arabes, comme les calculateurs indiens des temps anciens, représentaient-ils un nombre tel que 4 769, en traçant le chiffre 9 dans la colonne des unités, le chiffre 6 dans celle des dizaines, le chiffre 7 dans celle des centaines et le chiffre 4 dans celle des mille.

Dizaines de mille	Milliers	Centaines	Dizaines	Unités
	4	7	6	9

Il n'était donc pas besoin de posséder un zéro : lorsqu'un ordre venait à manquer, il suffisait de laisser vide la colonne correspondante, comme dans l'exemple suivant qui donne la représentation du nombre 57 040 :

Dizaines de mille	Milliers	Centaines	Dizaines	Unités
5	7		4	

Quant aux techniques opératoires correspondantes, elles s'effectuaient matériellement, en effaçant successivement les résultats des calculs intermédiaires[1].

Pour se faire une idée précise du procédé, nous allons imaginer un calculateur de l'époque voulant effectuer de cette façon la multiplication de 325 par 28.

1. On en retrouve d'ailleurs une trace évidente dans l'étymologie des mots sanskrits *gunana, hanana, vadha, kshaya,* etc., employés par les Indiens pour désigner l'opération de la multiplication ; littéralement, ces mots signifient en effet : « détruire » ou « tuer », en allusion aux effaçages successifs des produits partiels intermédiaires de cette technique de calcul, comme le montre l'exemple donné pages 303 à 307.

Celui-ci commence par tracer à même le sol, ou sur une planchette recouverte de poussière, cinq lignes parallèles, délimitant ainsi les quatre colonnes d'unités dont il a besoin. Puis, à l'intérieur de chacune, il dispose les nombres 325 et 28, qu'il écrit de la manière suivante au moyen des neuf chiffres, en plaçant le plus haut chiffre du multiplicande dans la même colonne que le plus faible chiffre du multiplicateur.

	3	2	5
2	8		

Il multiplie ensuite le 3 d'en haut par le 2 d'en bas. Et comme le résultat est égal à 6, il place ce chiffre à gauche du 3 d'en haut :

↓			
6	3	2	5
2	8		

Puis il multiplie le 3 d'en haut par le 8 d'en bas. Et comme cela fait 24, il efface le 3 d'en haut et le remplace par un 4 (qui n'est autre que le chiffre des unités du produit partiel 24) :

	↓		
6	4	2	5
2	8		

Et au 6 d'en haut, il ajoute 2 unités (correspondant au 2 du nombre 24 précédent) :

↓ + 2			
6	4	2	5
2	8		

D'où, après effaçage, la disposition suivante :

8	4	2	5
2	8		

Ainsi notre calculateur vient-il d'achever la première étape de son calcul, puisqu'il a opéré de cette façon sur tous les chiffres du multiplicateur 28 au moyen du chiffre des centaines du multiplicande (le 3 d'en haut dans la disposition initiale).

Il passe donc à présent à l'étape suivante en avançant d'une case à droite tous les chiffres du multiplicateur :

8	4	2	5
	2	8	

⟶

Puis, en opérant maintenant au moyen du chiffre des dizaines du multiplicande (le 2 d'en haut dans la disposition initiale), il multiplie ce 2 par le 2 d'en bas. Et comme 2 fois 2 font 4, il ajoute alors 4 unités au chiffre 4 se trouvant immédiatement à la gauche du 2 d'en haut :

	+ 4		
8	4	2	5
	2	8	

D'où, après effaçage, la disposition suivante :

8	8	2	5
	2	8	

Il multiplie ensuite le même 2 d'en haut par le 8 d'en bas. Et comme cela fait 16, il remplace, aussitôt après l'effaçage, le 2 d'en haut par un 6 (soit par le chiffre des unités de ce résultat) :

8	8	6	5
	2	8	

Et il ajoute dans le même temps une unité (chiffre 1 de retenue pour les dizaines du nombre 16 ainsi trouvé) au 8 placé immédiatement à gauche du nouveau 6 d'en haut :

	+ 1		
8	8	6	5
	2	8	

D'où, après effaçage, la disposition suivante :

8	9	6	5
	2	8	

C'est alors la fin de la deuxième étape de l'opération, puisque tous les chiffres du multiplicateur 28 viennent ainsi d'être passés en revue au moyen du chiffre des dizaines du multiplicande (le 2 d'en haut dans la disposition initiale).

Il passe donc à présent à l'étape suivante en avançant d'une case à droite les chiffres du multiplicateur :

8	9	6	5
		2	8

→

Et cette fois il multiplie le chiffre des unités du multiplicande (le 5 d'en haut dans la disposition initiale) par le 2 d'en bas. Le résultat valant 10, le calculateur ne touche pas au 6 d'en haut (le nombre 10 ainsi obtenu ne comportant pas d'unité simple), mais il ajoute une unité (chiffre 1 de retenue) au chiffre 9 placé immédiatement à la gauche de ce 6 :

	⋮ ↓ + 1		
8	9	6	5
		2	8

Mais trouvant à nouveau le nombre 10 pour résultat, il efface ce 9, laisse vide la case correspondante (à cause des unités manquantes du 10) et ajoute l'unité retenue au 8 placé immédiatement à gauche de ce vide :

⋮ ↓ + 1			
8		6	5
		2	8

D'où, après effaçage, la disposition suivante :

9		6	5
		2	8

Le calculateur fait alors le produit du 5 d'en haut par le 8 d'en bas. Trouvant 40, il efface le 5 de la ligne supérieure, mais il laisse vide la case correspondante, puisque le résultat trouvé ne comporte pas d'unité :

			⋮ ↓
9		6	
		2	8

Mais ce faisant, il ajoute au 6 d'en haut les 4 unités retenues :

+ 4

9		6 2	8

Le résultat faisant encore 10, il efface ce 6, laisse vide la case correspondante et ajoute une unité au chiffre (nul) de la case (vide) située immédiatement à gauche :

+ 1

9		2	8

D'où, après effaçage, la disposition suivante :

9	1	2	8

Et comme le plus bas chiffre du multiplicateur se trouve à cette étape dans la même colonne que le plus bas chiffre du multiplicande (soit ici dans la colonne des unités de l'abaque), le calculateur sait que la multiplication de 325 par 28 est désormais achevée.

Il ne reste plus qu'à lire le nombre affiché à la ligne supérieure, neuf mille et une centaine, sans dizaines, ni unités, pour obtenir le résultat du produit cherché : 9 100.

9	1		

Le principe de ce mode opératoire consiste donc à procéder en autant d'étapes qu'il y a d'ordres décimaux dans le multiplicande, chacune se subdivisant à son tour en autant de produits d'un chiffre de ce dernier par les chiffres successifs du multiplicateur.

Dans le cas présent, la procédure (que l'on appelle en termes modernes l'« algorithme » de l'opération) comporte trois phases principales, subdivisées chacune en deux étapes élémentaires consistant à effectuer un produit partiel, soit en tout six étapes élémentaires :

Milliers	Centaines	Dizaines	Unités

Première étape

3 . . × 28 = (3 × 2) puis (3 × 8)

(chiffre des centaines du multiplicande multiplié successivement par ceux du multiplicateur, à partir du plus haut)

Deuxième étape

.2. × 28 = (2 × 2) puis (2 × 8)

(chiffre des dizaines du multiplicande multiplié successivement par ceux du multiplicateur, à partir du plus haut)

Troisième étape

..5 × 28 = (5 × 2) puis (5 × 8)

(chiffre des unités du multiplicande multiplié successivement par ceux du multiplicateur, à partir du plus haut)

En d'autres termes, cet « algorithme » repose sur la formule :

$$325 \times 28 = (3 \times 100 + 2 \times 10 + 5) \times (2 \times 10 + 8)$$
$$= (3 \times 2) \times 1\,000 + (3 \times 8) \times 100 \quad \text{[\textit{première étape}]}$$
$$+ (2 \times 2) \times 100 + (2 \times 8) \times 10 \quad \text{[\textit{deuxième étape}]}$$
$$+ (5 \times 2) \times 10 + 5 \times 8 \quad \text{[\textit{troisième étape}]}$$

La planchette à calcul ainsi conçue permettait donc d'effectuer des opérations arithmétiques sans que l'usage du zéro fût nécessaire. Et c'est ce qui explique que certains manuscrits arabes relatifs aux chiffres et aux méthodes de calcul d'origine indienne n'aient pas comporté, ni même mentionné l'existence du zéro.

En Afrique du Nord, cette technique opératoire s'est perpétuée, au moins par endroits, jusqu'à la fin du XVIIe siècle. Et c'est pourquoi les chiffres *ghubār* du Maghreb sont donnés dans la plupart des cas en des séries incomplètes ne contenant pas le signe-zéro (fig. 25.5).

En pays d'Orient, par contre, celle-ci disparaîtra progressivement dès le Xe ou le XIe siècle, pour laisser place à des méthodes plus évoluées. Il est vrai que cette manière de calculer était longue et fastidieuse, nécessitant une attention soutenue et un entraînement assidu.

En fait, rien ou presque ne distinguait ce procédé de calcul de ceux qui avaient été employés par les peuples anciens dès la plus haute Antiquité.

La raison tient ici, moins à la nature des chiffres employés qu'à la structure du dispositif ainsi mis à contribution. Car que l'on traçât les neuf chiffres indiens, les neuf premières lettres de l'alphabet grec ou arabe, ou même les neuf premiers chiffres romains, à l'intérieur des colonnes d'un tel abaque, le principe demeurait fondamentalement le même.

Les Indiens, on l'a vu, ont sans aucun doute utilisé ce type de dispositif de calcul à une haute époque de leur histoire, mais ils l'ont abandonné dès lors que fut découverte leur propre numération de position et que leur arithmétique fut suffisamment développée pour permettre d'en tirer des règles plus simples.

Pour pouvoir effectuer leurs opérations arithmétiques, les anciens calculateurs indiens avaient mis à contribution tous les moyens dont ils avaient disposé. Comme tout le monde, ils avaient sans doute commencé par faire appel aux cailloux ou à toutes sortes d'objets de ce type. Puis, ou peut-être dans le même temps, ils recoururent aux possibilités opératoires de leurs doigts. Mais au stade suivant, dès lors que furent élaborés les chiffres de leur première numération écrite, ils eurent l'idée de tracer plusieurs colonnes parallèles, en convenant d'associer la première aux unités simples, la suivante aux dizaines, la troisième aux centaines, et ainsi de suite d'une colonne à la suivante. Et c'est ainsi qu'ils inventèrent l'*abaque à colonnes,* comme plusieurs peuples le firent avant ou après eux. Mais au lieu d'employer des cailloux, des jetons ou des jonchets, ils préférèrent l'usage des neuf premiers chiffres de leur notation numérique en traçant chacun d'eux à la pointe sur du sable, à l'intérieur de la colonne décimale appropriée. Ce fut alors la naissance de leur *abaque à poussière,* qu'ils rendirent par la suite plus pratique en remplaçant la technique du calcul à même le sol par l'usage de la planchette recouverte de sable ou de poussière.

Mais cette technique opératoire ne pouvait pas évoluer tant qu'elle conservait sa conception d'abaque à colonnes ; une conception qui, pendant des millénaires, a en effet emprisonné l'esprit humain et sa capacité d'imaginer des règles simples et commodes.

Cela met donc une fois de plus en évidence l'importance de la découverte de la numération de position.

Certes, longtemps avant elle, le principe de position avait toujours été omniprésent dans l'exécution des opérations, mais sans que personne ne le sût vraiment.

En fait, le génie créateur des Indiens a fait se rejoindre toutes les idées requises pour parvenir à la découverte de cette numération parfaite (voir chapitres 23 et 24). Il leur a donc fallu prendre successivement conscience :

– de la nécessité de se débarrasser des pierrettes, des jonchets, des cordelettes à nœuds, des procédés manuels et plus généralement de toutes les techniques concrètes ;

– de celle d'éliminer toutes les notations idéographiques (consistant à représenter les nombres par autant de traits, de points ou de signes semblables), certes plus tardives que les systèmes précédents, mais tout aussi primitives qu'eux ;

– de celle d'éliminer toutes les notations particulières associées aux nombres supérieurs ou égaux à la base du système numéral servant de fondement aux calculs ;

– de l'idée de ne retenir, dans la notation décimale des nombres, que l'usage de neuf chiffres significatifs, auxquels serait appliqué le principe de position ;

– de celle de remplacer définitivement toutes ces anciennes représentations par un groupe de neuf signes indépendants les uns des autres et ne signifiant plus visuellement ce qu'ils sont censés représenter ;

– de celle de se débarrasser à jamais de l'abaque lui-même et de ses colonnes désormais inutiles, pour ne plus appliquer le principe en question qu'à des chiffres détachés de toute intuition visuelle directe ;

– de la nécessité, engendrée par cet usage, de combler le vide provoqué par l'absence des unités d'un certain ordre ;

– et de l'idée de remplacer ce vide par un signe graphique jouant le rôle de zéro, dans un sens arithmétique et mathématique bien précis.

C'est donc, en somme, la suppression des colonnes de leur abaque à poussière qui conduisit les savants indiens à la découverte du principe de la position des chiffres (voir chapitre 24, t. I, p. 949-977).

Une question se pose désormais au sujet des calculateurs du Maghreb et de l'Andalousie, chez qui l'abaque à poussière et la technique opératoire précédente ont persisté pendant de nombreux siècles : est-ce à dire que les Arabes occidentaux ont ignoré le zéro et le principe de position des chiffres ? La réponse est non, car ces arithméticiens ont bien connu la notation arabe du type *hindi,* dont on sait qu'elle a été fondée sur le principe de position et qu'elle a été munie d'un zéro parfaitement conçu.

Autrement dit, ceux-ci ont eu conscience que les chiffres qui leur servaient à faire des calculs pouvaient être employés aussi dans les représentations chiffrées, selon l'usage du zéro et de la règle en question. Et c'est d'ailleurs ce que montrent certains manuscrits du Maghreb, où le zéro est en forme de rond (fig. 25.5).

Pourquoi alors ne les ont-ils pas utilisés dans le même temps pour « calculer par écrit » sans tracer des colonnes sur leur planchette à poussière ? En fait, c'est à cause de l'attachement que les Maghrébins et les Andalous semblent avoir toujours eu pour les éléments traditionnels des premiers temps de la conquête de l'Afrique du Nord et de l'Espagne. En d'autres termes, l'emploi de la planchette-abaque à poussière a été perpétué dans ces régions par le même traditionalisme qui avait conservé dans le même temps un style cursif directement issu du *coufique* pour l'écriture arabe.

A vrai dire, en recevant l'arithmétique indienne, les Arabes avaient emprunté à l'Inde ses diverses méthodes de calcul, qui allaient des plus primitives aux plus évoluées. Dans leur soif de culture, ceux-ci avaient sans doute cru bien faire en empruntant à cette civilisation tout ce qu'ils pensaient devoir prendre en matière de calcul, sans se rendre compte qu'il y avait à prendre et à laisser selon la qualité de la source. Car, ne l'oublions pas, l'Inde est un véritable continent morcelé en une multitude de régions, de peuples, de pratiques, de coutumes et de traditions, dont il a toujours été difficile, pour ne pas dire impossible, de réaliser l'unité.

Et c'est parce qu'ils avaient été mis en relation avec des gens usant encore de procédés dont les savants et les arithméticiens avisés ne voulaient plus, et aussi parce que leurs successeurs avaient cru bon de conserver cette tradition, qu'un certain nombre de calculateurs arabo-musulmans s'étaient trouvés enfermés pendant plusieurs générations dans des procédés aussi rudimentaires que celui-là.

La planchette sans le tracé des colonnes

Mais bien évidemment, cela n'a pas été le cas de tous les Arabes, plusieurs ayant eu la chance ou la bonne idée de se mettre en rapport avec des sources de bien meilleure qualité préconisant l'usage de la planchette à poussière dépouillée de sa conception d'abaque à colonnes.

Et parmi eux, figurait Al Khuwārizmī. Dans son *Kitāb al jama' wa'l tafrīq bī ḥisāb al hind* (« Livre de l'addition et de la soustraction d'après le calcul des Indiens »), celui-ci avait en effet expliqué en détail non seulement le principe du système décimal de position appliqué aux chiffres indiens, mais il avait recommandé aussi « de ne pas oublier d'écrire les zéros afin de ne pas confondre les positions » (cf. A.-P. Youschkevitch, p. 17). Citons aussi Abū'l Ḥasan 'Alī ibn Aḥmad an Nisawī (mort vers 1030), dont l'*Al muqni' fī'l ḥisāb al hind* (« Livre donnant toutes les connaissances sur l'arithmétique indienne ») s'était rattaché très étroitement aux mêmes sources et aux mêmes techniques opératoires que l'ouvrage précédent.

Mentionnons également Abū'l Ḥasan Kushiyar ibn Labbān al Gilī (971-1029), auteur des *Maqālatan fī osū'l ḥisāb al hind* (« Deux Livres sur les opérations de calcul à l'aide des chiffres indiens »), dont le premier chapitre du livre I débute par l'explication suivante (f°s 267v et 268r) (cf. A. Mazaheri, p. 75-76) :

« L'objet de tout calcul est la recherche d'une quantité inconnue. Pour y parvenir, il faut avoir recours au moins à [l'une de ces] trois opérations [à savoir] : la multiplication (*al madrub*), la division (*al qisma*) et [l'extraction de] la racine carrée (*al jadr*)... Il y a enfin une quatrième opération, à laquelle on a rarement recours : c'est l'extraction du côté d'un cube.

« Mais avant d'apprendre à faire ces opérations, il faut connaître l'image de chacun des neuf chiffres (*ḥuruf*), le rang (*rutba*) de chacun par rapport aux autres dans la numération [de position] (*al wad'*)...

« Voici les images des neuf chiffres [signes tracés dans le style hindi, mais que nous transcrivons ci-après dans nos caractères actuels] :

9 8 7 6 5 4 3 2 1.

« [Ainsi disposés], ils représentent un nombre et chacun en figure un échelon (*martaba*).

« Le premier est l'image de un, le deuxième celle de deux, le troisième celle de trois... et le dernier est l'image de neuf. De plus, le premier se trouve à l'échelon des unités, le deuxième à l'échelon des dizaines, le troisième à l'échelon des centaines, le quatrième à l'échelon des unités de mille...

« Quant au nombre formé par ces neuf chiffres, il se lit : neuf cent quatre-vingt-sept milliers de mille six cent cinquante-quatre mille trois cent vingt et un.

« [Lorsque nous notons] un nombre [de plusieurs ordres d'unités], nous devons poser un zéro (*ṣifr*, mot à mot : « vide ») à tout échelon où il n'y a point de chiffre. Par exemple, pour figurer dix, nous posons un zéro à l'échelon des unités ; pour figurer cent, nous posons deux zéros, l'un en place des dizaines, l'autre en place des unités absentes.

« En voici donc les figures :

Dix : 10
Cent : 100

« Et c'est là une règle sans aucune exception.

« N'importe lequel de ces neuf chiffres que nous considérions, celui immédiatement à sa gauche figure ses dizaines, le suivant à gauche figure ses centaines, et le suivant à gauche figure ses mille.

« De même, n'importe lequel de ces neuf chiffres que nous considérions figure les dizaines du chiffre immédiatement à sa droite, il figure les centaines du chiffre suivant, vers sa droite, les mille du suivant, et ainsi de suite. »

Ces savants avaient donc ainsi parfaitement compris que le principe de position et le zéro rendaient désormais inutile l'emploi des colonnes de la planchette à calcul.

Et c'est ainsi qu'à l'instar des savants indiens, ils entrèrent dans l'ère du « calcul écrit » moderne.

Mais il leur fallut désormais connaître par cœur les tables donnant les résultats des quatre opérations élémentaires sur les neuf chiffres significatifs. C'est ce qu'explique le mathématicien persan Ghiyat ad dīn Ghamshīd al Kāshī dans son *Miftaḥ al ḥisāb* (« Clef du calcul »), où il reproduit justement l'une de ces tables : « Voici, dit-il, la table qui permet de multiplier les nombres inférieurs à dix. Le calculateur doit l'apprendre par cœur et la posséder à fond, car elle sert tout aussi bien à multiplier les nombres supérieurs à dix » (cf. Mazaheri).

Calculs sur la planchette sans colonnes par effaçage des résultats intermédiaires

Le premier exemple illustrant cette méthode est extrait de l'ouvrage de Kushiyar ibn Labbān al Gilī, cité ci-dessus (f° 269v à 270v) :

« Nous voulons, explique-t-il, multiplier trois cent vingt-cinq par deux cent quarante-trois.

« Nous les disposons sur la planchette selon la figure :

```
    3 2 5
2 4 3
```

le premier chiffre [de droite] du nombre d'en bas étant toujours sous le dernier chiffre [à gauche] du nombre d'en haut.

« Ensuite nous multiplions le trois d'en haut par le deux d'en bas ; cela fait six, que nous posons au-dessus du deux d'en bas, à gauche du trois d'en haut, selon la figure :

```
6   3 2 5
2 4 3
```

« Si par hasard ce six avait eu des dizaines, nous aurions posé celles-ci à sa gauche.

« Puis nous multiplions le trois d'en haut également par le quatre d'en bas ; cela fait douze, dont nous posons le deux au-dessus de quatre et dont nous ajoutons l'un [qui représente sa dizaine] aux six [dizaines] de soixante [-deux], qui devient soixante-dix, selon la figure :

7	2	3	2	5
2	4	3		

« Puis nous multiplions le trois d'en haut par le trois d'en bas. Cela fait neuf, par lequel nous remplaçons le trois d'en haut :

7	2	9	2	5
2	4	3		

« Alors nous avançons le nombre [243] d'en bas d'un échelon vers la droite suivant la figure :

7	2	9	2	5
	2	4	3	

« Et nous multiplions le deux se trouvant au-dessus du trois d'en bas par le deux d'en bas. Ce sera quatre qui, ajouté au deux se trouvant au-dessus du deux d'en bas, fera six :

7	6	9	2	5
	2	4	3	

« Puis nous multiplions le deux d'en haut également par le quatre d'en bas, cela fait huit, que nous ajoutons à neuf, lequel se trouve au-dessus du quatre :

7	7	7	2	5
	2	4	3	

« Puis nous multiplions le deux d'en haut également par le trois d'en bas. Cela fait six, que nous posons à la place du deux d'en haut au-dessus du trois d'en bas :

7	7	7	6	5
	2	4	3	

« Alors, nous avançons le nombre d'en bas d'un échelon [vers la droite], selon la figure :

7	7	7	6	5
		2	4	3

« Enfin, nous multiplions le cinq d'en haut par le deux d'en bas. Cela fait dix, que nous ajoutons donc aux dizaines de l'échelon se trouvant au-dessus du deux d'en bas :

7	8	7	6	5
		2	4	3

« Puis nous multiplions le cinq également par le quatre d'en bas. Cela fait deux [dizaines]. Et ajoutés aux dizaines [de l'échelon se trouvant au-dessus] du quatre, [ces deux nombres] ensemble, ils font neuf :

7	8	9	6	5
		2	4	3

« Enfin, nous multiplions le cinq par le trois d'en bas. Cela fait quinze, donc en ne touchant pas au cinq, nous nous contentons d'ajouter une [unité du deuxième échelon] à ses dizaines, selon la figure :

7	8	9	7	5
		2	4	3

« Le nombre [d'en haut] est celui que nous avons voulu calculer. »

Le principe de ce mode opératoire consiste donc à procéder en autant d'étapes qu'il y a d'ordres décimaux dans le multiplicande, chacune se subdivisant à son tour en autant de produits d'un chiffre de ce dernier par les chiffres successifs du multiplicateur.

On retrouve la même méthode sous différentes variantes chez Al Khuwārizmī et An Nisawī, par exemple, ainsi que chez bon nombre de mathématiciens indiens, parmi lesquels figurent Shrîdharâchârya (date incertaine), Nârâyana (+ 1356), Bhâskarâchârya (+ 1150), Shrîpati (+ 1039), Mahâvîrâchârya (+ 850), etc. (réf. SiSe, XIII, 2 ; Gt, 15 ; Datta et Singh, p. 137-143).

De la planchette à poussière à la tablette enduite de matière malléable

A vrai dire, ces techniques de calcul, bien que libérées des colonnes de l'abaque, n'étaient pas encore suffisamment évoluées : elles ne constituaient jamais qu'une réplique fidèle par écrit des anciennes méthodes de calcul.

En fait, la disposition précédente correspondait à l'étape archaïque de l'histoire des techniques opératoires usitées par les calculateurs arabo-musulmans.

Et elles ne pouvaient guère évoluer davantage, en raison même des limitations imposées par le support d'écriture.

L'usage de la planchette à poussière fut certes très commode pour les méthodes de calcul avec ou sans tracé des colonnes de l'abaque, mais surtout pour la pratique de l'effaçage des résultats intermédiaires, comme en témoigne ce passage extrait de *Psephophoria kata Indos* (« Manière de calculer selon les Indiens ») du moine byzantin Maxime Planude (1260-1310) :

« Il ne sera peut-être pas superflu de faire connaître encore une autre méthode de multiplication. Mais cette méthode est extrêmement incommode à exécuter sur le papier avec de l'encre, tandis qu'elle est naturellement propre à être employée dans du sable répandu sur une tablette. Car il est nécessaire d'effacer certains nombres, et d'en écrire d'autres à leur place ; ce qui donne lieu, pour l'encre, à des confusions nombreuses et inextricables, tandis que dans le sable il est facile d'effacer certains chiffres avec le doigt, et d'en écrire d'autres à leur place. Cette manière d'écrire les nombres sur le sable est employée avec un très grand avantage, non seulement dans la multiplication, mais aussi dans les autres opérations... » (BN Paris. Ancien Fonds grec, Ms 2381, f° 5v, lignes 30-35 ; Ms 2382, f° 9r, lignes 13-25 ; Ms 2509, f° 105v, lignes 2-10) (cf. Allard [3] ; Waeschke ; Woepcke, p. 240).

Mais la planchette à poussière s'avéra de moins en moins pratique au fur et à mesure que la graphie des chiffres se réduisit et que ceux-ci se rapprochèrent de plus en plus les uns des autres.

Il suffit de prendre une planche de bois, de la saupoudrer de poussière ou de farine, puis de tracer sur cette surface les chiffres comme vous le faites d'habitude. Essayez alors d'effectuer, sur ce support, l'une des opérations précédentes, suivant la même méthode : vous vous apercevrez aussitôt de la difficulté qu'il y a à substituer un chiffre à un autre déjà écrit. Et si vous saupoudrez le chiffre à éliminer, ou même si vous utilisez un stylet à tête plate pour l'effacer, vous risquez d'effacer du coup, à cause de la nature pulvérulente de la matière employée, tous les chiffres environnants.

On a certes tenté de surmonter la difficulté en laissant un espace suffisamment large pour éviter d'empiéter sur les ordres d'unités situés à proximité. Mais en s'imposant un espacement considérable entre les unités de calcul, on s'était limité à un support aussi modeste et l'on s'était privé du coup de la possibilité d'effectuer des calculs plus complexes et forcément plus longs, nécessitant donc une place encore plus conséquente. De plus, en obligeant à opérer par corrections successives suivant un effaçage continu des résultats partiels, le support et sa méthode limitaient considérablement le recours à la mémoire humaine, et empêchaient de déceler les erreurs susceptibles de se produire dans des calculs intermédiaires. D'où un blocage évident dans la recherche de méthodes plus simples et plus efficaces.

Dans le cas de certaines contrées de l'Islām, on peut toutefois deviner facilement ce qui a pu remplacer le calcul sur le sable et l'usage de la planchette à poussière.

Rappelons d'abord que dans les provinces persanes et mésopotamiennes, le dispositif de calcul précédent fut connu également sous le nom arabe de *takht al turāb* (ou en persan : *takhta-yi khak*), mot à mot : « planchette de sable ». L'expression se retrouve notamment chez le mathématicien et astronome Naṣīr ad dīn Aṭ Ṭūsī (1201-1274), dans son ouvrage *Jamiʿ al ḥisāb bīʾt takht waʾt turāb*. Ouvrage dont on peut traduire le titre littéralement de la manière suivante : « Recueil d'arithmétique à l'aide d'une planchette et de la poussière », comme l'ont fait d'ailleurs les éditeurs du manuscrit (cf. A.-P. Youschkevitch, p. 181, n. 71).

Il faut dire que le mot arabe *turāb* et son homologue persan *khak* signifient non seulement « sable » ou « poussière », mais aussi « terre », « argile » et « ciment ». D'où une certaine difficulté à traduire très précisément la pensée de cet auteur : pour les calculateurs persans et mésopotamiens, le mot *turāb* avait-il eu seulement le sens de « sable » et de « poussière », ou bien avait-il été compris aussi dans celui du pain d'argile ? En fait, on peut supposer que, pour des raisons strictement matérielles, propres au climat et à la nature du sol de leurs régions, ces calculateurs se sont trouvés dans l'obligation d'utiliser l'argile comme matériau de base pour des calculs, au lieu de la planchette saupoudrée de poussière ou de farine. Cette hypothèse est très plausible, compte tenu du nombre limité des solutions possibles en la matière. Elle est d'autant plus vraisemblable que l'on sait que le pain et la tablette d'argile ont constitué dans ces régions, pendant des millénaires, le support d'écriture par excellence. Il suffit de penser aux Sumériens, aux Élamites, aux Babyloniens, aux Assyriens et aux Perses achéménides, lointains prédécesseurs des calculateurs persans et mésopotamiens, pour se convaincre du fait que les gens de la région, même aux temps tardifs de l'Islām, n'avaient pas complètement oublié l'usage de ce vieux matériau d'écriture.

Selon cette hypothèse, ces calculateurs devaient donc enduire d'argile molle des planchettes de bois (ou des plaques confectionnées dans toute autre matière) et y tracer des chiffres au moyen d'un stylet, muni d'une pointe à l'une des extrémités et d'une tête plate à l'autre[1].

Cette hypothèse ne peut toutefois s'appliquer valablement qu'aux régions de la Perse, de la Mésopotamie et de la Syrie, mais pas selon la même force aux autres provinces du monde musulman.

Or, si nous revenons à la fameuse « planchette », le mot arabe *lūḥa,* employé par les Maghrébins et les Andalous pour désigner l'instrument en question, a eu (et a toujours) un sens aussi large que son équivalent arabe oriental *takht* (qui dérive du persan *takhta,* issu lui-même du sassanide *takhtag*). Les deux mots signifient en effet non seulement « table » et « tableau », mais aussi « planche », « planchette », « tablette » et « plaque », dans le sens le plus général du terme, que la plaque ou la planche soit faite de bois, de cuir, de métal, de terre ou même d'argile.

Il n'est donc pas impossible qu'au Maghreb comme ailleurs, l'usage de la cire par-dessus la planchette se soit substitué, à partir d'une certaine époque, à celui de la farine et de la poussière. Autrement dit, on est en droit de supposer que les Maghrébins et les habitants de plusieurs autres pays islāmiques ont calculé aussi sur des tablettes enduites de cire, semblables sans doute à celles des Romains de l'Antiquité, avec pour outil un stylet traceur muni d'une spatule servant à effacer (voir chapitre 16, p. 501 *sq.*).

On a peut-être utilisé tous ces dispositifs à la fois, chaque usage dépendant de l'époque et du lieu, ainsi que des traditions locales et des habitudes de chacun. Car bien évidemment, l'unité absolue n'a pas pu être de rigueur dans un laps de temps aussi important et dans un univers aussi vaste et aussi hétérogène que le fut le monde musulman.

Calculs sans effaçage des résultats intermédiaires

Toujours est-il que, dans un deuxième stade, les arithméticiens arabes ont fait usage du « calcul sans effaçage, consistant à barrer et à écrire par-dessus les résultats intermédiaires », et ce, concurremment au calcul effectué « en effaçant les figures sur la poussière ».

---

1. Et c'est pourquoi l'expression arabe *takht al turāb* et son équivalente persane *takhta-yi khak* peuvent être traduite par : « planchette enduite d'argile ». D'où cette traduction du titre de l'ouvrage ci-dessus de Naṣīr ad dīn Aṭ Ṭūsī : « Recueil d'arithmétique à l'aide d'une planche et de l'argile molle [enduite par-dessus] ».

Telle est la méthode que l'on trouve par exemple dans le *Kitāb al fuṣūl fī'l ḥisāb al hindi* (« Traité d'arithmétique indienne »), composé en 952 (ou en 958) à Damas par Abū'l Ḥasan Aḥmad ibn Ibrāhim al Uqlīdisī. On la trouve également dans les traités de calcul de An Nisawī (1025), Al Ḥassar (vers 1175), Al Qalaṣādī (vers 1475), etc., où elle est désignée sous le nom de *a'māl al hindi* (« procédé des Indiens ») ou encore sous la dénomination de *tarik al hindi* (mot à mot : « voie des Indiens ») (cf. Allard [2], p. 87-100 ; A. Saidan ; Suter, in : BM, II, 3, p. 16-17 ; Woepcke, p. 407).

En voici la règle, appliquée au produit de 325 par 243.

Comme précédemment, on commence d'abord par disposer le multiplicande et le multiplicateur l'un au-dessus de l'autre :

		3	2	5	← *Multiplicande*
2	4	3			← *Multiplicateur*

On multiplie ensuite le 3 d'en haut par le 2 d'en bas ; et comme cela fait 6, on pose ce chiffre sur la ligne au-dessus du multiplicande, dans le même rang que le 2 du multiplicateur :

6					
		3	2	5	← *Multiplicande*
2	4	3			← *Multiplicateur*

Et on barre le chiffre 2 du multiplicateur :

6					
		3	2	5	← *Multiplicande*
~~2~~	4	3			← *Multiplicateur*

Puis on multiplie le 3 d'en haut par le 4 d'en bas ; et comme le résultat fait 12, on retient 1 et on pose un 2 sur la ligne du 6 au-dessus de ce 4 :

6	2				
		3	2	5	← *Multiplicande*
~~2~~	4	3			← *Multiplicateur*

Puis on ajoute au 6 l'unité ainsi retenue ; on barre donc ce 6 et on inscrit un 7 sur la ligne du dessus, au même rang que le chiffre barré :

7					
~~6~~	2				
		3	2	5	← *Multiplicande*
~~2~~	4	3			← *Multiplicateur*

Et on barre le chiffre 4 du multiplicateur :

7					
~~6~~	2				
		3	2	5	← *Multiplicande*
~~2~~	~~4~~	3			← *Multiplicateur*

On multiplie ensuite le 3 d'en haut par le 3 d'en bas ; le résultat étant égal à 9, on inscrit donc un 9 au même rang que le 3 du multiplicateur, mais à la ligne au-dessus du multiplicande :

$$\begin{array}{llllll}
7 & & & & & \\
\not{6} & 2 & 9 & & & \\
 & & 3 & 2 & 5 & \leftarrow \textit{Multiplicande} \\
\not{2} & \not{4} & 3 & & & \leftarrow \textit{Multiplicateur}
\end{array}$$

Et on barre le chiffre 3 du multiplicateur :

$$\begin{array}{llllll}
7 & & & & & \\
\not{6} & 2 & 9 & & & \\
 & & 3 & 2 & 5 & \leftarrow \textit{Multiplicande} \\
\not{2} & \not{4} & \not{3} & & & \leftarrow \textit{Multiplicateur}
\end{array}$$

La première étape de l'opération étant désormais achevée, on réécrit le multiplicateur 243 dans la ligne en dessous en en décalant les chiffres d'un rang vers la droite, après avoir barré le chiffre 3 du multiplicande :

$$\begin{array}{llllll}
7 & & & & & \\
\not{6} & 2 & 9 & & & \\
 & & \not{3} & 2 & 5 & \leftarrow \textit{Multiplicande} \\
\not{2} & \not{4} & \not{3} & & & \\
 & 2 & 4 & 3 & & \leftarrow \textit{Multiplicateur}
\end{array}$$

Puis on multiplie le 2 du multiplicande par le 2 du multiplicateur ; d'où 4, que l'on ajoute au 2 se trouvant à droite du 6 déjà barré, sur la ligne au-dessus du multiplicande ; on barre donc ce 2, et on inscrit le 6 constituant le résultat sur la ligne supérieure au même rang :

$$\begin{array}{llllll}
7 & 6 & & & & \\
\not{6} & \not{2} & \not{9} & & & \\
 & & \not{3} & 2 & 5 & \leftarrow \textit{Multiplicande} \\
\not{2} & \not{4} & \not{3} & & & \\
 & 2 & 4 & 3 & & \leftarrow \textit{Multiplicateur}
\end{array}$$

Et on barre le chiffre 2 du multiplicateur :

$$\begin{array}{llllll}
7 & 6 & & & & \\
\not{6} & \not{2} & \not{9} & & & \\
 & & \not{3} & 2 & 5 & \leftarrow \textit{Multiplicande} \\
\not{2} & \not{4} & \not{3} & & & \\
 & \not{2} & 4 & 3 & & \leftarrow \textit{Multiplicateur}
\end{array}$$

On multiplie ensuite le 2 du multiplicande par le 4 du multiplicateur ; et comme cela fait 8, on ajoute un 8 au 9 du même rang sur la ligne au-dessus du multiplicande ; trouvant 17, on retient une unité et on pose un 7 à la ligne du dessus (et juste au-dessus du 9), après avoir barré ce 9 :

$$\begin{array}{llllll}
7 & 6 & 7 & & & \\
\not{6} & \not{2} & \not{9} & & & \\
 & & \not{3} & 2 & 5 & \leftarrow \textit{Multiplicande} \\
\not{2} & \not{4} & \not{3} & & & \\
 & \not{2} & 4 & 3 & & \leftarrow \textit{Multiplicateur}
\end{array}$$

Et on ajoute l'unité retenue au chiffre 6 se trouvant à gauche sur cette même ligne supérieure ; on barre donc ce 6 et on inscrit le 7 du résultat sur la ligne au-dessus au même rang que lui :

	7				
7	~~6~~	7			
~~6~~	~~2~~	~~9~~			
		~~3~~	2	5	← *Multiplicande*
~~2~~	~~4~~	~~3~~			
	~~2~~	4	3		← *Multiplicateur*

Et on barre le chiffre 4 du multiplicateur :

	7				
7	~~6~~	7			
~~6~~	~~2~~	~~9~~			
		~~3~~	2	5	← *Multiplicande*
~~2~~	~~4~~	~~3~~			
	~~2~~	~~4~~	3		← *Multiplicateur*

Puis on multiplie le 2 du multiplicande par le 3 du multiplicateur ; et comme cela fait 6, on écrit donc un 6 au même rang que ce 2 à la ligne juste au-dessus :

	7				
7	~~6~~	7			
~~6~~	~~2~~	~~9~~	6		
		~~3~~	2	5	← *Multiplicande*
~~2~~	~~4~~	~~3~~			
	~~2~~	~~4~~	3		← *Multiplicateur*

Et on barre le chiffre 3 du multiplicateur :

	7				
7	~~6~~	7			
~~6~~	~~2~~	~~9~~	6		
		~~3~~	2	5	← *Multiplicande*
~~2~~	~~4~~	~~3~~			
	~~2~~	~~4~~	~~3~~		← *Multiplicateur*

La deuxième étape de l'opération étant désormais achevée, on réécrit le multiplicateur 243 dans la ligne en dessous en en décalant les chiffres d'un rang vers la droite, après avoir barré le chiffre 2 du multiplicande :

	7				
7	~~6~~	7			
~~6~~	~~2~~	~~9~~	6		
		~~3~~	~~2~~	5	← *Multiplicande*
~~2~~	~~4~~	~~3~~			
	~~2~~	~~4~~	~~3~~		
		2	4	3	← *Multiplicateur*

Puis on multiplie le 5 du multiplicande par le 2 du multiplicateur ; trouvant 10, on retient 1, mais on n'ajoute rien au 7 qui se trouve au même rang que ce 2 à l'une des lignes au-dessus du multiplicande.

Par contre, on ajoute l'unité retenue au 7 du rang immédiatement à gauche (ligne du sommet) ; on barre donc ce 7 et on inscrit un 8 juste une ligne au-dessus :

	8				
	~~7~~				
7	~~6~~	7			
~~6~~	~~2~~	~~9~~	6		
		~~3~~	~~2~~	5	← *Multiplicande*
~~2~~	~~4~~	~~3~~			
	~~2~~	~~4~~	~~3~~		
		2	4	3	← *Multiplicateur*

Et on barre le chiffre 2 du multiplicateur :

	8				
	~~7~~				
7	~~6~~	7			
~~6~~	~~2~~	~~9~~	6		
		~~3~~	~~2~~	5	← *Multiplicande*
~~2~~	~~4~~	~~3~~			
	~~2~~	~~4~~	~~3~~		
		~~2~~	4	3	← *Multiplicateur*

On multiplie ensuite le 5 du multiplicande par le 4 du multiplicateur ; trouvant 20, on retient 2, mais on n'ajoute rien au 6 qui se trouve au même rang que ce 2 à l'une des lignes au-dessus du multiplicande.

Par contre, on ajoute le 2 de la retenue au 7 du rang immédiatement à gauche ; on barre donc ce 7 et on inscrit un 9 juste une ligne au-dessus :

	8				
	~~7~~	9			
7	~~6~~	~~7~~			
~~6~~	~~2~~	~~9~~	6		
		~~3~~	~~2~~	5	← *Multiplicande*
~~2~~	~~4~~	~~3~~			
	~~2~~	~~4~~	~~3~~		
		~~2~~	4	3	← *Multiplicateur*

Et on barre le chiffre 4 du multiplicateur :

	8				
	~~7~~	9			
7	~~6~~	~~7~~			
~~6~~	~~2~~	~~9~~	6		
		~~3~~	~~2~~	5	← *Multiplicande*
~~2~~	~~4~~	~~3~~			
	~~2~~	~~4~~	~~3~~		
		~~2~~	~~4~~	3	← *Multiplicateur*

On multiplie enfin le 5 du multiplicande par le 3 du multiplicateur ; et comme cela fait 15, on inscrit donc un 5 au-dessus de celui du multiplicande :

	8				
	~~7~~	9			
7	~~6~~	~~7~~			
~~6~~	~~2~~	~~9~~	6	5	
		~~3~~	~~2~~	5	← *Multiplicande*
~~2~~	~~4~~	~~3~~			
	~~2~~	~~4~~	~~3~~		
		~~2~~	~~4~~	3	← *Multiplicateur*

Puis on ajoute au 6 immédiatement à gauche sur la même ligne l'unité ainsi retenue ; on barre donc ce 6 et, ensuite, on inscrit un 7 à la ligne juste au-dessus :

	8				
	~~7~~	9			
7	~~6~~	~~7~~	7		
~~6~~	~~2~~	~~9~~	~~6~~	5	
		~~3~~	~~2~~	5	← *Multiplicande*
~~2~~	~~4~~	~~3~~			
	~~2~~	~~4~~	~~3~~		
		~~2~~	~~4~~	3	← *Multiplicateur*

Et on barre le chiffre 3 du multiplicateur, après avoir éliminé le 5 du multiplicande :

	8				
	~~7~~	9			
7	~~6~~	~~7~~	7		
~~6~~	~~2~~	~~9~~	~~6~~	5	
		~~3~~	~~2~~	~~5~~	← *Multiplicande*
~~2~~	~~4~~	~~3~~			
	~~2~~	~~4~~	~~3~~		
		~~2~~	~~4~~	~~3~~	← *Multiplicateur*

Et comme les opérations sont désormais terminées, il suffit donc de lire, de gauche à droite, les chiffres non barrés, pour obtenir le résultat de la multiplication considérée :

		8			
		~~7~~	9		
	7	~~6~~	~~7~~	7	
	~~6~~	~~2~~	~~9~~	~~6~~	5
			~~3~~	~~2~~	~~5~~
	~~2~~	~~4~~	~~3~~		
		~~2~~	~~4~~	~~3~~	
			~~2~~	~~4~~	~~3~~
	↓	↓	↓	↓	↓
325 × 243 ⟶	7	8	9	7	5

L'avantage de la technique précédente était de procéder aux vérifications nécessaires et donc de pouvoir déceler toute erreur commise éventuellement lors des opérations intermédiaires. C'est pourquoi cette méthode fut longtemps employée par bon nombre de calculateurs des pays de l'Islām ; et c'est pour la même raison qu'elle subsistera en Europe jusqu'à la fin du XVIIIe siècle.

Le procédé avait cependant l'inconvénient de surcharger considérablement l'inscription des calculs et d'empêcher par conséquent d'avoir une vue bien nette de l'ensemble du déroulement des opérations.

Il suffit en effet de jeter un coup d'œil sur la technique de la division dite « à la française », telle qu'elle est expliquée en 1771 dans l'*Arithmétique* de F. Le Gendre[1].

1 9 9 9 3
[quotient]

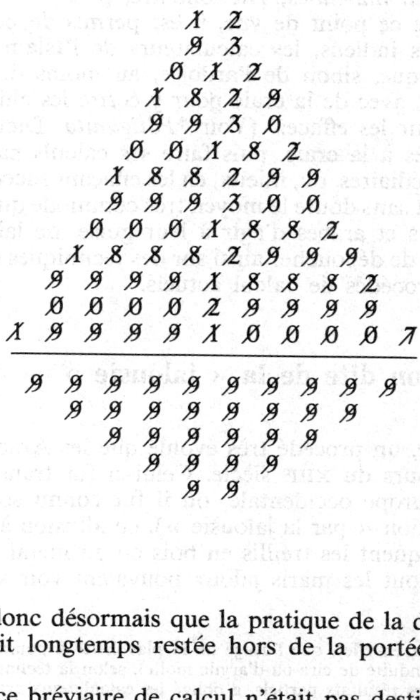

7
[reste]

On comprend donc désormais que la pratique de la division, même par le calcul écrit, soit longtemps restée hors de la portée du commun des mortels.

Il est vrai que ce bréviaire de calcul n'était pas destiné au large public de l'époque : comme le stipule l'auteur lui-même, la « perfection » de son *Arithmétique* avait été « mise en pratique selon l'usage des financiers, gens de pratique, banquiers et marchands ».

1. Sans encombrer le lecteur par le mécanisme combien compliqué de ce procédé, précisons qu'il s'agit ici de la division de 19 999 100 007 par 99 999 (cf. Le Gendre, *L'Arithmétique en sa perfection,* Paris 1771, p. 14).

De la planchette au tableau noir, à l'ardoise et au papier

Cependant, longtemps avant Le Gendre, plusieurs arithméticiens arabes et indiens s'étaient engagés dans une bien meilleure voie en omettant d'inscrire les résultats intermédiaires de leurs calculs, abandonnant ainsi la technique de l'effaçage continu. Mais en retour, le nouveau procédé, qui avait nécessité un changement radical de support d'écriture, avait exigé d'eux un recours beaucoup plus soutenu à la mémoire.

C'est dire si l'évolution des méthodes de calcul et celle des matériaux utilisés ont exercé un effet d'entraînement l'une sur l'autre, avant même de déboucher sur nos propres méthodes actuelles[1]. (Voir **Pâtî*, **Pâtîganita*, **Méthodes de calcul indiennes*, Dictionnaire, p. 3.)

Or, justement de ce point de vue, il est permis de penser qu'à l'instar des mathématiciens indiens, les calculateurs de l'Islam ont usé, à partir d'une certaine époque, sinon de l'ardoise, au moins de la planchette de bois peinte en noir, avec de la craie pour y écrire les chiffres et les barrer, et d'un chiffon pour les effacer. (Voir **Pâtiganita*, Dictionnaire, p. 3.)

Écrire les chiffres à la craie, puis faire ses calculs partiels, en gardant les résultats intermédiaires, ou, mieux, en les effaçant successivement à l'aide d'un chiffon : tel est sans doute le moyen très commode qui permit à certains calculateurs indiens et arabes d'agir à leur guise, de laisser libre cours à leur imagination et de déboucher ainsi sur des techniques destinées à donner naissance à nos procédés de calcul actuels.

La multiplication dite de la « jalousie »

Voici, par exemple, un procédé très évolué que les Arabes ont sans doute inventé aux alentours du XIIIe siècle. Celui-ci fut transmis dès la fin du Moyen Age à l'Europe occidentale, où il fut connu sous le nom de *per gelosia* (multiplication « par la jalousie »), en allusion à la disposition des opérations qui évoquent les treillis en bois ou en métal, à travers lesquels les femmes et surtout les maris jaloux pouvaient voir sans être vus[1]. On

1. On a vu plus haut, en effet, que l'usage de la planchette à poussière (comme, du reste, l'emploi de la tablette enduite de cire ou d'argile molle), selon la technique opératoire avec ou sans effaçage continu des résultats partiels, a obligé les calculateurs arabes, persans et indiens à ménager un espace considérable entre les diverses unités de calcul consécutives, afin d'éviter d'endommager l'écriture des chiffres environnants par l'action d'effacer ou de barrer les signes correspondants. Or, d'un côté, les méthodes limitaient le recours à la mémoire ou bien empêchaient de déceler les erreurs éventuellement commises lors des opérations intermédiaires, et, de l'autre, les modalités matérielles réduisaient la puissance des calculs par l'étendue restreinte de l'espace utilisé. C'est donc pourquoi ces calculateurs ont cherché dès lors, non seulement à remédier aux inconvénients de leurs anciennes méthodes, mais aussi à changer radicalement de support matériel pour satisfaire les besoins de calculs devenus plus longs et plus complexes, et imposant de ce fait l'obligation d'écrire les chiffres de plus en plus petits et de plus en plus rapprochés les uns des autres.

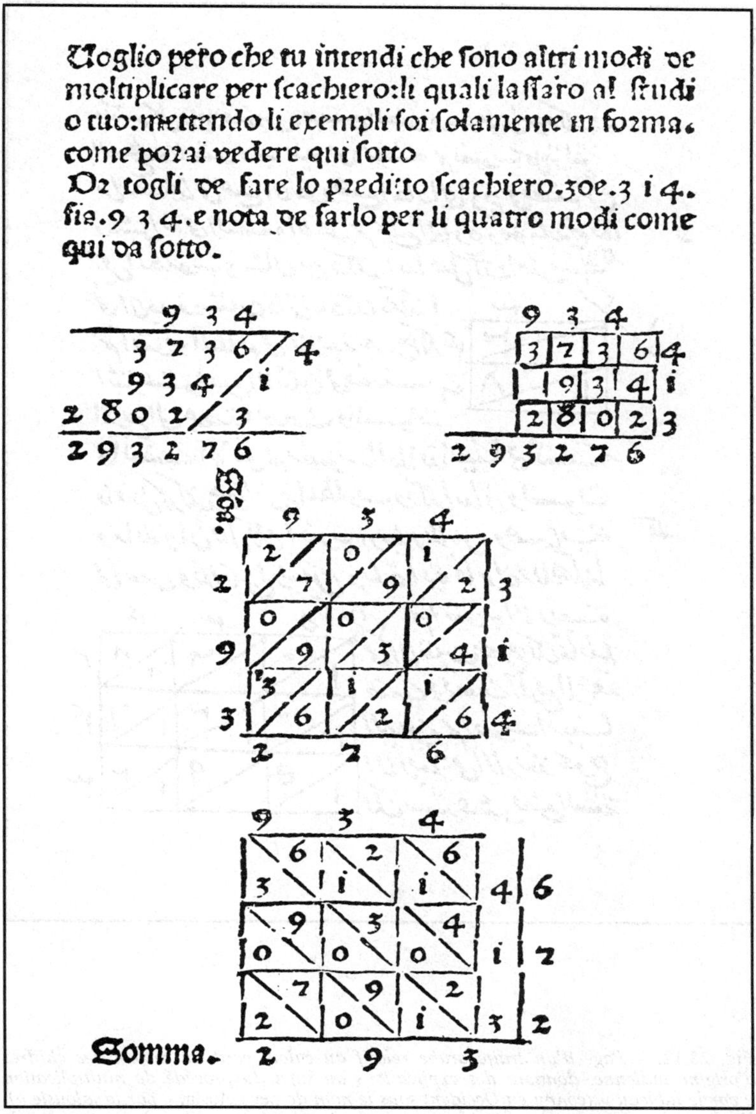
Voglio pero che tu intendi che sono altri modi de moltiplicare per scachiero: li quali lassaro al studio tuo: mettendo li exempli soi solamente in forma. come porai vedere qui sotto
Or togli de fare lo predicto scachiero. zoe. 3 i 4. fia. 9 3 4. e nota de farlo per li quatro modi come qui da sotto.

Somma.

Fig. 25.11. – *Page d'un traité d'arithmétique d'un auteur italien anonyme, publié à Trévise en 1478. On y voit les diverses variantes du procédé de multiplication dit « par la jalousie »* (per gelosia). D'après un document du Palais de la Découverte.

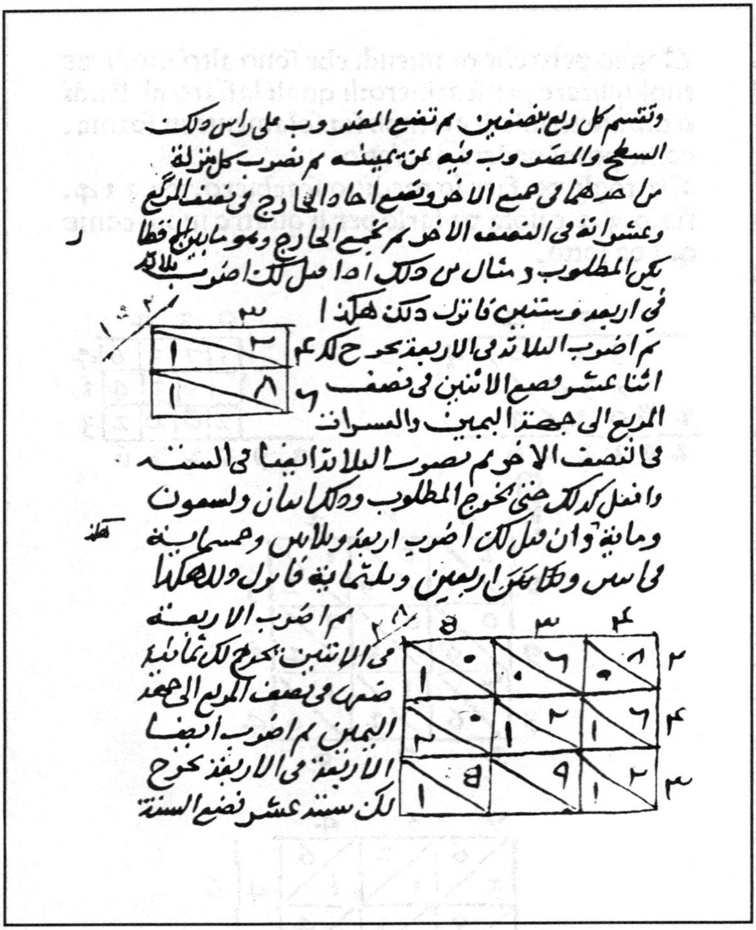

Fig. 25.12. – *Page d'un traité arabe relatif au calcul écrit au moyen des chiffres d'origine indienne, donnant des explications au sujet du procédé de multiplication « par le tableau » (connu en Occident sous le nom de* per gelosia, *« par la jalousie »). En haut à gauche, nous avons le produit de 3 par 64, et en bas à droite celui de 534 par 342.* Copie du *Kashf al Maḥjub min 'ilm al ghubār* (« Révélation des secrets de la science arithmétique ») de Abū'l Ḥasan 'Alī ibn Muḥammad al Qalaṣādī, faite au XVIe siècle. BN de Paris, Ms ar. 2 473, fo 9.

en trouve une description dans un ouvrage anonyme d'arithmétique publié à Trévise en 1478 (fig. 25.12), ainsi que dans la *Summa de arithmetica, geometria, proporzioni di proporzionalita* du mathématicien italien Luca Pacioli (Venise, 1494). Désigné par les Arabes sous le nom de « multiplication par le quadrillage (ou par le tableau) » (*al darb bī'l jadwal*), le même procédé a été décrit vers 1470 par Abū'l Ḥasan 'Alī ibn Muḥammad al Qalaṣādī, dans son *Kashf al maḥjub min 'ilm al ghubār* (« Révélation des secrets de la science arithmétique »), le mot *ghubār* étant employé ici, non pas dans son sens originel de la « poussière », mais comme synonyme de l'« arithmétique écrite » en général (fig. 25.11). Mais on le trouve beaucoup plus tôt, en 1299 environ, chez Abū'l 'Abbas Aḥmad ibn Muḥammad ibn al Banna al Marrākushī, dans son *Talkhīs a'māl al ḥisāb* (« Exposé sommaire des opérations arithmétiques ») (cf. A. Marre [2] ; A. Suter [2], p. 162). En Inde, par contre, cette disposition ne se trouve pas avant le milieu du XVIIe siècle : elle est en effet décrite pour la première fois en 1658 dans la *Ganitamañjarî* du mathématicien Ganesha (cf. Datta et Singh, p. 144-145).

La disposition est assez singulière, mais le résultat final s'obtient, à peu près comme dans notre technique actuelle, en additionnant deux à deux les produits des divers chiffres du multiplicande et du multiplicateur.

Soit à multiplier 325 par 243. Le multiplicande comportant trois chiffres et le multiplicateur également trois chiffres, on trace donc un tableau rectangulaire à trois colonnes et à trois lignes.

Au-dessus du tableau, en partant de la gauche vers la droite, on inscrit les chiffres 3, 2 et 5 du multiplicande ; et, à droite, on marque les chiffres 2, 4 et 3 du multiplicateur, en partant cette fois du bas vers le haut :

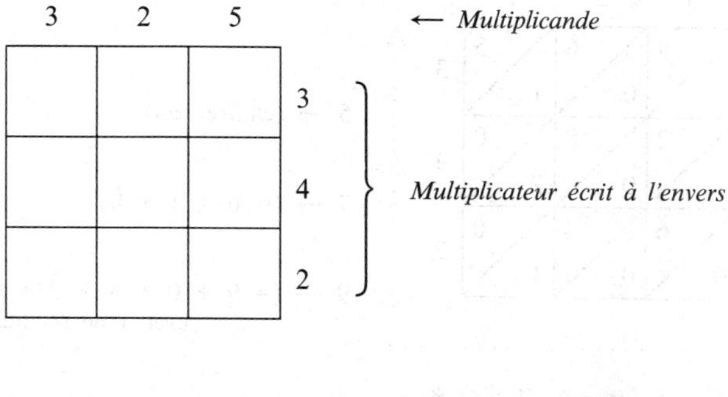

On divise ensuite chaque case du tableau en deux demi-cases en y traçant la diagonale à partir du sommet supérieur gauche jusqu'au sommet inférieur droit. Puis, dans chaque case, on inscrit le produit des deux chiffres placés respectivement en tête de ligne et à gauche de la colonne correspondante. Bien entendu, ce produit est inférieur à 100.

On écrit alors le chiffre de ses dizaines dans la demi-case inférieure gauche et celui de ses unités dans la demi-case supérieure droite. Et si l'un des deux ordres d'unités venait à manquer, il suffirait alors de placer un zéro à la demi-case correspondante.

Dans le premier carré en haut à droite, on inscrit donc le résultat de la multiplication de 5 par 3, soit 15, en plaçant un 1 dans la demi-case de gauche et un 5 dans celle de droite.

Et ainsi de suite, comme ci-après :

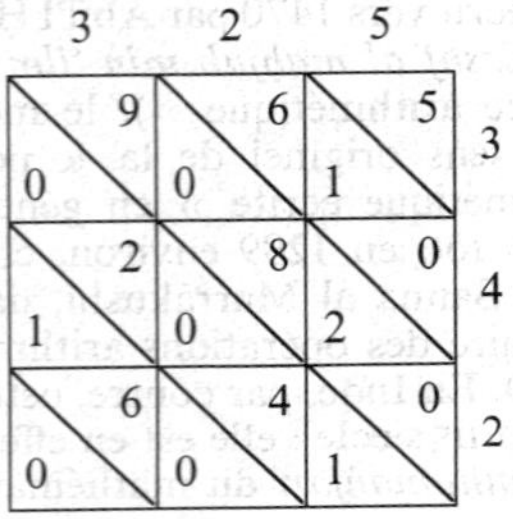

A l'extérieur du rectangle, on additionne ensuite les chiffres de chaque bande oblique, en commençant par celle formée du chiffre 5, en haut à droite du tableau. Puis on procède par bandes successives en partant de la droite vers la gauche et de haut en bas. On pratique au besoin la retenue d'une bande à la suivante et on obtient ainsi de proche en proche à l'extérieur du tableau tous les chiffres du produit final :

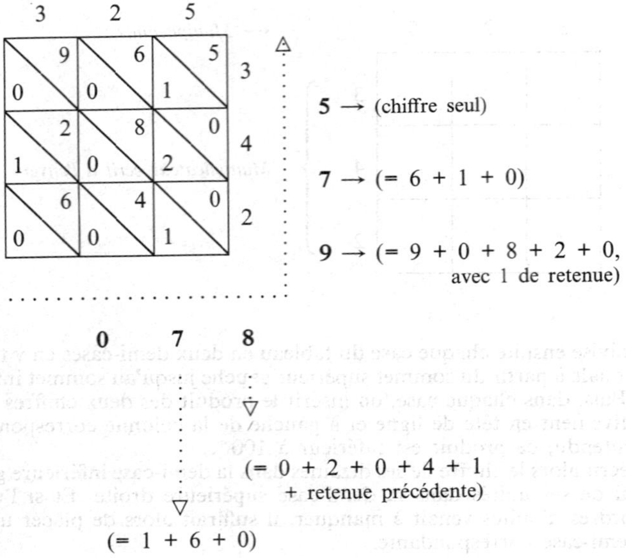

La lecture du résultat se fera alors sans hésitation en partant de la gauche vers la droite, dans le sens de la flèche ; d'où : 78 975.

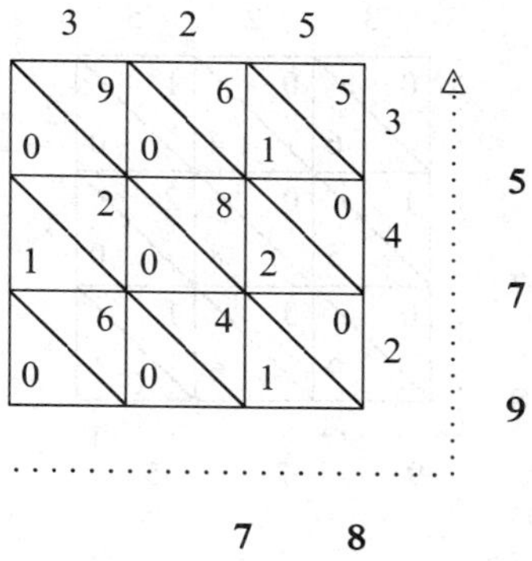

Notons qu'au lieu de la disposition ci-dessus, les Arabes ont souvent préféré reporter les résultats partiels successifs sur un segment oblique perpendiculaire à la diagonale principale, à gauche du tableau, le résultat se lisant encore, bien évidemment, de gauche à droite :

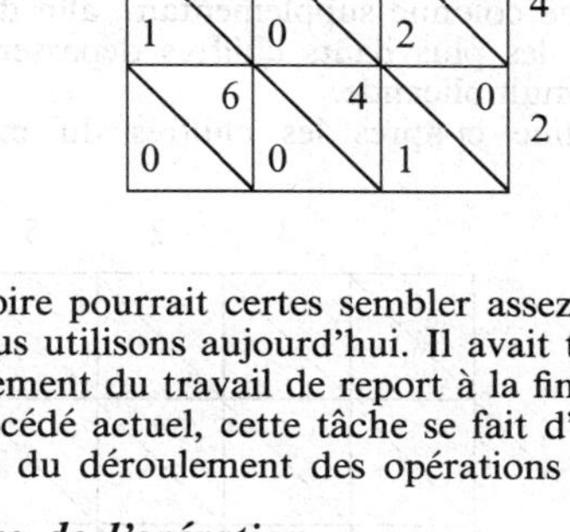

Ce mode opératoire pourrait certes sembler assez long en comparaison du procédé que nous utilisons aujourd'hui. Il avait toutefois l'avantage de permettre le groupement du travail de report à la fin de l'opération, tandis que dans notre procédé actuel, cette tâche se fait d'une manière continue au fur et à mesure du déroulement des opérations intermédiaires.

Autres dispositions de l'opération

Au lieu de suivre la diagonale descendante, on suit la diagonale montante. Et au lieu de disposer le multiplicateur à l'envers, on pose les chiffres à l'endroit ; d'où la disposition suivante, où la procédure se déroule naturellement de la même manière, à cette différence près que les sommes bande par bande se font ici à gauche du tableau :

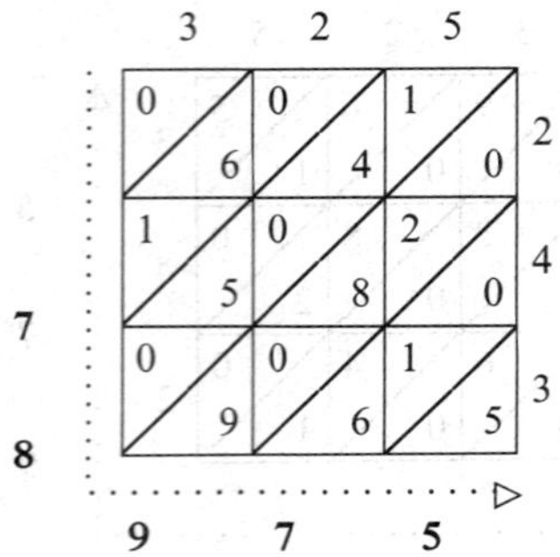

D'autres variantes pourront évidemment être obtenues en disposant les chiffres du multiplicateur à gauche plutôt qu'à droite du tableau.

Techniques simplifiées de l'opération

Dans l'ouvrage cité plus haut de l'arithméticien italien anonyme (1478), on trouve une autre disposition à côté des précédentes (voir n. 1, p. 322). Au lieu de faire figurer tous les détails de l'opération, on se contente de ne donner que les résultats, ce qui exige bien entendu un recours plus soutenu à la mémoire humaine en ce qui concerne les retenues effectuées lors des opérations intermédiaires (fig. 25.11).

Le multiplicande comprenant trois chiffres et le multiplicateur trois chiffres également, on trace un rectangle à quatre colonnes et à trois lignes en ménageant ainsi une colonne supplémentaire afin de pouvoir noter les produits partiels dont les plus hauts chiffres dépasseraient les unités du plus grand ordre du multiplicande.

Puis on pose comme ci-après les chiffres du multiplicande et du multiplicateur :

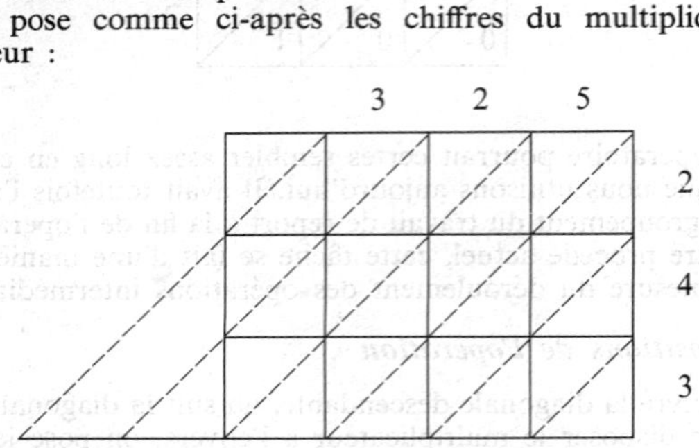

On effectue ensuite les produits se trouvant à l'intersection des lignes et des colonnes. Mais comme les diagonales sont supprimées ici, il ne faut noter qu'un chiffre par case et procéder par retenue d'une case à la suivante en partant de la droite vers la gauche.

A la première ligne en partant de la droite, la première case donne donc 10 ; on pose 0 et on retient 1 en passant à la case située immédiatement à gauche, qui donne elle-même 4, auquel l'unité retenue vient s'ajouter ; d'où 5 à la deuxième case ; et ainsi de suite :

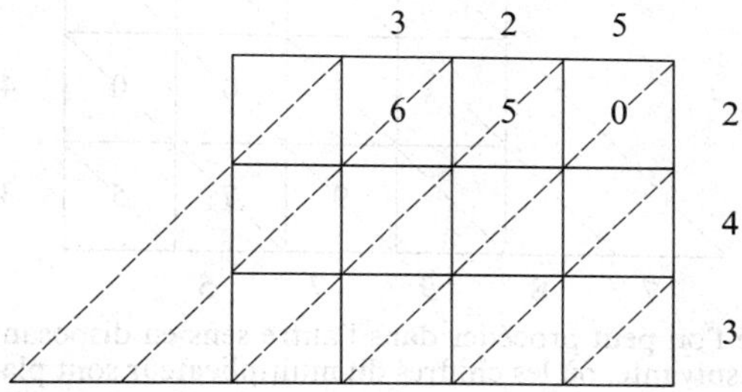

A la deuxième ligne, on obtient de même :

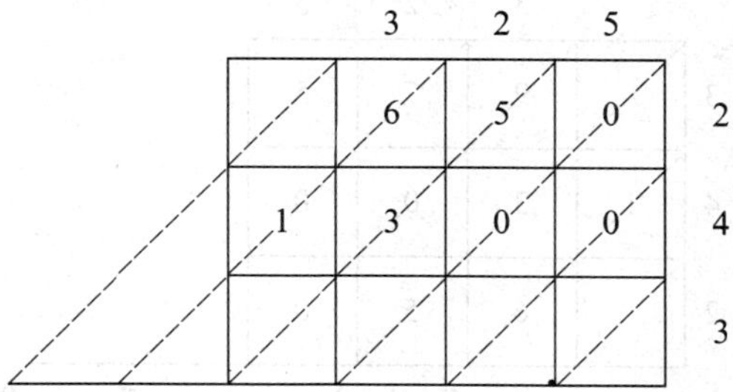

Et enfin à la troisième :

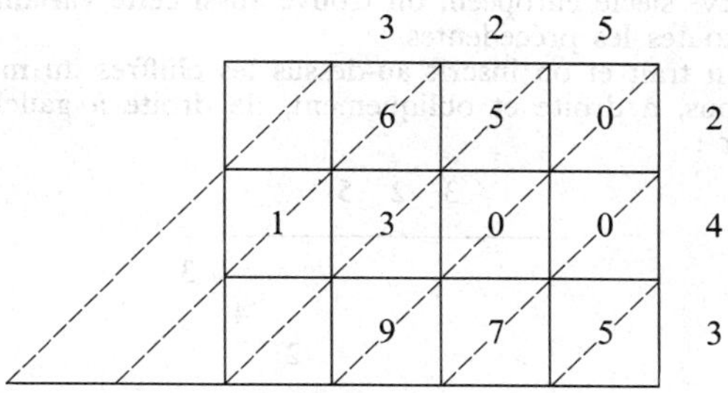

Le résultat s'obtient alors chiffre après chiffre en faisant la somme des chiffres contenus dans chaque bande parallèle à la diagonale montante du rectangle en partant de la droite vers la gauche, le résultat, lui, se lisant dans le sens inverse :

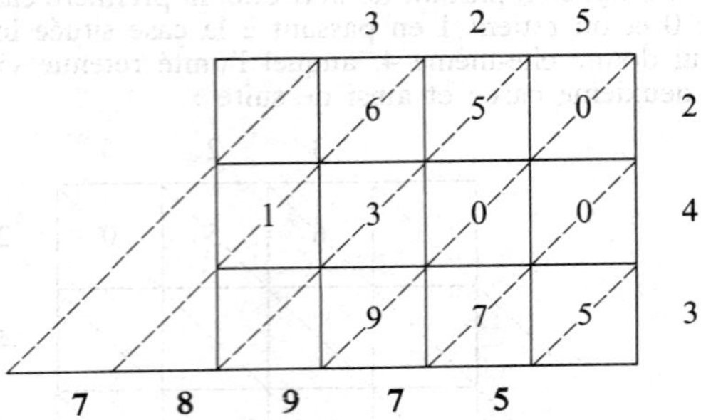

Notons que l'on peut procéder dans l'autre sens en disposant l'opération de la manière suivante, où les chiffres du multiplicateur sont placés à gauche et à l'envers. Mais là, il faut opérer suivant la diagonale descendante en partant de la gauche vers la droite, pour obtenir les résultats du produit :

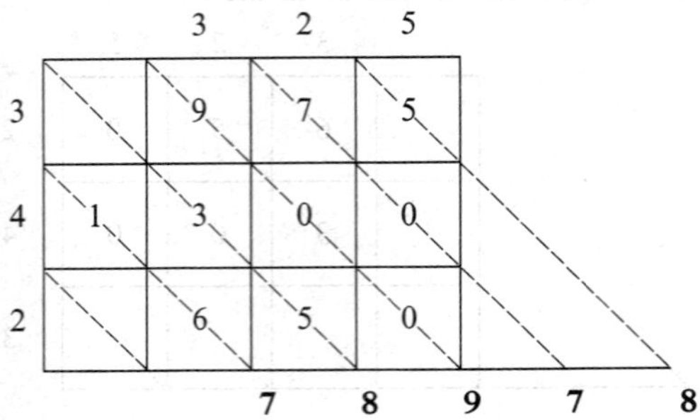

Technique encore plus simplifiée

A la fin du XVe siècle européen, on trouve aussi cette variante, bien plus évoluée que toutes les précédentes.

On trace un trait et on inscrit au-dessus les chiffres du multiplicande, puis en dessous, à droite et obliquement, de droite à gauche, ceux du multiplicateur :

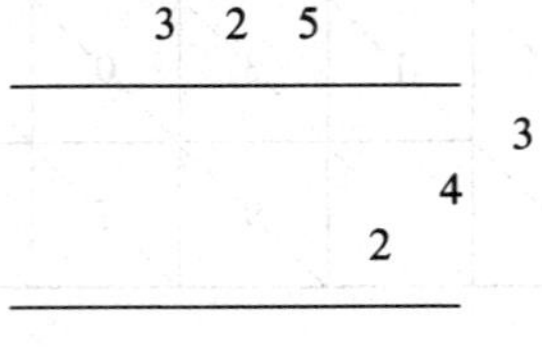

A gauche du 3 du multiplicateur, on pose ensuite les résultats des produits correspondants par les chiffres du multiplicande :

		3	2	5			
		9	7	5			3
						4	
					2		

Puis on effectue la même opération sur le 4 :

		3	2	5			
		9	7	5			3
1	3	0	0			4	
					2		

Et on procède de même sur le 2 :

		3	2	5			
		9	7	5			3
1	3	0	0			4	
6	5	0			2		

On fait ensuite la somme des produits obtenus ; ce qui nous donne bien :

		3	2	5			
		9	7	5			3
1	3	0	0			4	
6	5	0			2		
7	8	9	7	5			

Cette méthode est donc aussi évoluée que la nôtre (que nous rappelons ci-après pour faciliter la comparaison et montrer le passage de l'une à l'autre) ; la seule différence ne tient qu'à la disposition des chiffres du multiplicateur :

		3	**2**	**5**
		2	**4**	**3**
		9	**7**	**5**
1	**3**	**0**	**0**	
6	**5**	**0**		
7	**8**	**9**	**7**	**5**

Le procédé de Naṣīr ad dīn aṭ Ṭūsī

Voici maintenant un procédé de multiplication, que l'on trouve dès le XIIIe siècle, notamment dans le *Miftaḥ al Ḥisāb* (« Clé de l'arithmétique ») de Ghamshīd ibn Mas'ūd Ghiyat ad dīn al Kāshī (originaire de la ville persane de Kashan) ; ouvrage dont la rédaction fut achevée en 1427 (cf. Youschkevitsch, p. 181, n. 67).

Mais la méthode avait été connue et utilisée deux siècles plus tôt, car elle figure, suivant une légère variation dans la disposition, chez Naṣīr ad dīn Aṭ Ṭusi, dans son ouvrage *Jamī' al ḥisāb bī't takht wa't turāb* (mot à mot : « Recueil d'arithmétique à l'aide d'une planchette et de la poussière »), qui remonte à 1265 et dont une copie sera effectuée en 1283 par son disciple Ḥasan ibn Muḥammad an Nayshaburī (traduit par S.A. Akhmedov et B.A. Rosenfeld ; cf. A.-P. Youschkevitsch, p. 181, n. 71).

Soit à multiplier 325 par 243. On dispose pour cela le multiplicande et le multiplicateur comme ci-après :

$$\begin{array}{ccc} 3 & 2 & 5 \\ 2 & 4 & 3 \\ \hline \end{array}$$

On multiplie le 5 du multiplicande par le 3 du multiplicateur, et l'on pose le résultat sous le trait, en respectant bien sûr l'ordre des positions décimales :

$$\begin{array}{ccc} 3 & 2 & 5 \\ 2 & 4 & 3 \\ \hline & 1 & 5 \end{array}$$

On multiplie ensuite le 3 du multiplicande (et non le 2, que l'on ne considère pas provisoirement) toujours par le 3 du multiplicateur, et l'on pose le produit sous la même ligne, à gauche du résultat partiel précédent :

$$\begin{array}{ccc} 3 & 2 & 5 \\ 2 & 4 & 3 \\ \hline 9 & 1 & 5 \end{array}$$

On revient maintenant au 2 du multiplicande, que l'on multiplie encore par 3, en posant cette fois le résultat dans la ligne immédiatement inférieure, en se décalant toutefois d'une position vers la gauche :

$$\begin{array}{ccc} 3 & 2 & 5 \\ 2 & 4 & 3 \\ \hline 9 & 1 & 5 \\ & 6 & \end{array}$$

On trace un trait horizontal sous les résultats précédents et l'on effectue cette fois le produit du 5 du multiplicande par le 4 du multiplicateur, dont on place le résultat suivant une position décalée vers la gauche :

$$\begin{array}{ccccc} & & 3 & 2 & 5 \\ & & 2 & 4 & 3 \\ \hline & & 9 & 1 & 5 \\ & & & 6 & \\ \hline & & 2 & 0 & \end{array}$$

On multiplie ensuite le 3 du multiplicande par le 4 du multiplicateur et l'on pose le produit sur la même ligne à gauche du résultat précédent :

$$\begin{array}{ccccc} & & 3 & 2 & 5 \\ & & 2 & 4 & 3 \\ \hline & & 9 & 1 & 5 \\ & & & 6 & \\ \hline 1 & 2 & 2 & 0 & \end{array}$$

Puis on considère le 2 du multiplicande, que l'on multiplie encore par le 4, mais en posant le résultat sous la ligne précédente et en se décalant d'une autre position vers la gauche :

$$\begin{array}{ccccc} & & 3 & 2 & 5 \\ & & 2 & 4 & 3 \\ \hline & & 9 & 1 & 5 \\ & & & 6 & \\ \hline 1 & 2 & 2 & 0 & \\ & & 8 & & \end{array}$$

Puis on tire un nouveau trait, et on recommence les opérations précédentes avec le 2 du multiplicateur, en posant le premier résultat partiel suivant le décalage d'une position vers la gauche.

Sur le 5 du multiplicande, on obtient :

$$\begin{array}{ccccc} & & 3 & 2 & 5 \\ & & 2 & 4 & 3 \\ \hline & & 9 & 1 & 5 \\ & & & 6 & \\ \hline 1 & 2 & 2 & 0 & \\ & & 8 & & \\ \hline & 1 & 0 & & \end{array}$$

En sautant le 2, cela donne ensuite sur le 3 (à la même ligne) :

```
    3 2 5
    2 4 3
---------
    9 1 5
      6
---------
1 2 2 0
    8
---------
6 1 0
```

Et en passant au 2 du multiplicande, donc à la ligne du dessous, décalée d'un rang vers la gauche, son produit par 2 donne :

```
    3 2 5
    2 4 3
---------
    9 1 5
      6
---------
1 2 2 0
    8
---------
6 1 0
  4
```

On s'aperçoit donc que les calculs intermédiaires sont désormais terminés. Il ne reste plus maintenant qu'à tirer un trait et à faire la somme de tous ces produits partiels, position après position, en partant de la gauche, pour obtenir facilement le produit cherché :

```
    3 2 5
    2 4 3
---------
    9 1 5
      6
---------
1 2 2 0
    8
---------
6 1 0
  4
---------
7 8 9 7 5
```

Les procédés du mathématicien indien Bhâskarâchârya

Dans sa *Lîlâvatî,* le mathématicien indien Bhâskharâchârya (vers + 1150) avait souvent utilisé une méthode de multiplication plus évoluée que la précédente, qu'il avait désignée sous le nom sanskrit de *sthânakhanda* (mot à mot : « séparation des positions »). La méthode s'opérait suivant plusieurs variantes, dont voici les principales (cf. J. Taylor, p. 8-9 ; Datta et Singh, p. 147) :

Pour multiplier 325 par 243, on commence par disposer l'opération de la manière suivante, en séparant bien les trois chiffres du multiplicateur et en reproduisant trois fois le multiplicande :

```
2 4 3   2 4 3   2 4 3
  3       2       5
---------------------
```

On commence par effectuer la multiplication par 5. Pour cela, on fait d'abord le produit de 5 par 3, dont on écrit le résultat en entier sous le trait, c'est-à-dire sans faire de retenue ; et l'on passe aussitôt au produit de 5 par 2, en sautant ainsi le produit de 5 par 4, et on inscrit le résultat sur la même ligne, également sans retenue, immédiatement à gauche du premier résultat :

```
2 4 3   2 4 3   2 4 3
  3       2       5
---------------------
              1 0 1 5
```

Puis on effectue le produit de 5 par le 4, omis précédemment, dont on inscrit le résultat à la ligne inférieure, mais en se décalant d'un rang vers la gauche :

```
2 4 3   2 4 3   2 4 3
  3       2       5
---------------------
              1 0 1 5
                2 0
```

On trace un trait en position inférieure, et on fait la somme de ces résultats partiels :

```
2 4 3   2 4 3   2 4 3
  3       2       5
---------------------
              1 0 1 5
                2 0
---------------------
      1 2 1 5
```

On passe ensuite à la multiplication par 2, et on procède de la même manière, en décalant d'un rang vers la gauche la somme des produits partiels par rapport à la première :

```
2 4 3   2 4 3   2 4 3
  3       2       5
---------------------
        4   6 1 0 1 5
          8     2 0
---------------------
      1 2 1 5
      4 8 6
```

On effectue enfin la multiplication par 3, et on procède de la même manière, en décalant d'un rang vers la gauche la somme des produits partiels par rapport à la précédente :

```
2  4  3      2  4  3        2  4  3
   3            2             5
----------------------------------
6     9      4     6    1  0  1  5
1  2            8          2  0
----------------------------------
          1  2  1  5
          4  8  6
       7  2  9
```

On trace le trait final, on effectue l'addition de toutes ces sommes, et on obtient le produit cherché :

```
2  4  3      2  4  3        2  4  3
   3            2             5
----------------------------------
6     9      4     6    1  0  1  5
1  2            8          2  0
----------------------------------
          1  2  1  5
          4  8  6
       7  2  9
----------------------------------
       7  8  9  7  5
```

Autre procédé

Une variante du procédé de Bhâskarâchârya repose cette fois sur la disposition que voici :

```
   3  2  5
2  4  3
-------------
```

On effectue ensuite le produit du 3 (le chiffre le plus haut) du multiplicande par chacun de ceux du multiplicateur (en partant cette fois du plus petit chiffre de ce dernier) :

```
   3  2  5
2  4  3
-------------
7  2  9
```

Puis on effectue le produit du 2 du multiplicande par chacun des trois chiffres du multiplicateur en en posant le résultat dans la ligne inférieure de manière que le chiffre de ses unités soit décalé d'un rang vers la droite par rapport à celui du produit partiel précédent :

```
   3  2  5
2  4  3
-------------
7  2  9
   4  8  6
```

On effectue enfin la même suite d'opérations sur le chiffre 5 du multiplicande et on se décale de façon à noter le résultat correspondant :

	3	2	5	
2	4	3		
7	2	9		
	4	8	6	
	1	2	1	5

On tire un trait et on fait la somme de ces produits partiels pour obtenir le résultat final :

	3	2	5	
2	4	3		
7	2	9		
	4	8	6	
	1	2	1	5
7	8	9	7	5

Les procédés du mathématicien indien Brahmagupta

Bien avant Bhâskarâchârya, Brahmagupta, dans son *Brâhmasphutasiddhânta* (+ 628), avait décrit quatre méthodes de multiplication encore plus évoluées que les précédentes, auxquelles il donna les noms respectifs de *gomûtrikâ, khanda, bheda* et *isa* (cf. BrSpSi, p. 209 ; Colebrooke, p. 319 ; Datta et Singh, p. 148).

Voici, à titre d'exemple, comment se déroulaient les opérations suivant la méthode dite *gomûtrika,* dont le nom sanskrit signifie mot à mot : « semblable à la trajectoire de l'urine de la vache », en allusion au mouvement en zigzag exécuté par les yeux du calculateur lorsqu'il suit le déroulement des opérations correspondantes.

Pour multiplier 325 par 243, on commence par disposer l'opération de la manière suivante, en reproduisant le multiplicateur sur trois lignes successives, selon un décalage d'un rang vers la droite pour les chiffres de chacune par rapport à celle qui se trouve juste au-dessus. On dispose les chiffres consécutifs du multiplicateur verticalement de haut en bas à partir de la ligne supérieure :

2	3	2	5		
4		3	2	5	
3			3	2	5

Puis sur la première ligne, on effectue mentalement le produit du chiffre multiplicateur 2 par le chiffre 5 des unités du multiplicande ; trouvant 10, on pose un 0 sous la ligne inférieure au même rang que ce 5 et on retient une unité que l'on ajoutera au résultat du produit suivant :

2	3	2	5		
4		3	2	5	
3			3	2	5
			0		

On multiplie ensuite le même 2 par le 2 du multiplicande, ce qui donne 4, que l'on ajoute à l'unité retenue. Et on pose ce résultat au-dessous du trait à gauche du 0 déjà placé :

2	3	2	5		
4		3	2	5	
3			3	2	5
		5	0		

Puis on multiplie ce 2 par le 3 du multiplicande ; obtenant 6, on pose ce chiffre sous le trait à gauche du 5 précédent :

2	3	2	5		
4		3	2	5	
3			3	2	5
	6	5	0		

On passe ensuite à la ligne du multiplicateur 4 et on procède successivement de la même manière, mais en posant cette fois les résultats partiels à la ligne située au-dessous du 650 et en se décalant d'un rang vers la droite ; d'où :

– on effectue ensuite le produit de 4 par 5 :

2	3	2	5		
4		3	2	5	
3			3	2	5
	6	5	0		
				0	

– puis celui de 4 par 2 (en ajoutant les deux unités retenus) :

2	3	2	5		
4		3	2	5	
3			3	2	5
	6	5	0		
			0	0	

– et celui de 4 par 3 (en ajoutant l'unité retenue) :

2	3	2	5		
4		3	2	5	
3			3	2	5
	6	5	0		
	1	3	0	0	

On passe enfin à la ligne du multiplicateur 3 et on procède successivement de la même manière, mais en posant cette fois les résultats partiels à la ligne située au-dessous du 1 300 et en se décalant d'un rang vers la droite ; d'où :

– en effectuant le produit de 3 par 5 :

2	3	2	5		
4		3	2	5	
3			3	2	5
	6	5	0		
	1	3	0	0	
					5

– puis celui de 3 par 2 (en ajoutant l'unité retenue) :

2	3	2	5		
4		3	2	5	
3			3	2	5
	6	5	0		
	1	3	0	0	
				7	5

– et enfin celui de 3 par 3 :

2	3	2	5		
4		3	2	5	
3			3	2	5
	6	5	0		
	1	3	0	0	
			9	7	5

Il ne reste plus alors qu'à additionner ces résultats pour obtenir le produit cherché :

2	3	2	5		
4		3	2	5	
3			3	2	5
	6	5	0		
	1	3	0	0	
			9	7	5
	7	8	9	7	5

Autres variantes du procédé

Au lieu de la disposition précédente, Brahmagupta a également employé la suivante, où l'on pose le multiplicande répété sur trois lignes successives, chacune se trouvant décalée d'un rang vers la gauche par rapport à la ligne qui lui est immédiatement supérieure, et les chiffres du multiplicateur sont disposés à droite, verticalement de haut en bas, et à l'envers par rapport à l'ordre de leur succession :

		3	2	5	3
	3	2	5		4
3	2	5			2
		9	7	5	
1	3	0	0		
6	5	0			
7	8	9	7	5	

La méthode de Brahmagupta fut donc très évoluée : il ne lui restait en fait qu'un tout petit pas à franchir pour atteindre le degré de perfection de notre technique actuelle. C'est d'ailleurs ce qui se produisit, comme on peut le voir dans les œuvres de Brahmagupta, qui montrent également cette très intéressante variété du procédé ci-dessus.

Au lieu de reproduire le multiplicande trois fois, Brahmagupta ne l'écrit qu'une seule fois dans ce procédé, en se conformant à la disposition suivante, où le multiplicateur est écrit comme précédemment, c'est-à-dire à l'envers, à droite et en dessous du trait horizontal, chaque résultat partiel étant noté en regard et à gauche de chaque chiffre dont il résulte :

		3	2	5	
		9	7	5	3
1	3	0	0		4
6	5	0			2
7	8	9	7	5	

C'est donc exactement le procédé que les mathématiciens italiens de la seconde moitié du XVe siècle (Luca Pacioli, etc.) avaient déduit par simplification du procédé de la *per gelosia* (multiplication « par la jalousie »), selon la disposition suivante (fig. 25.11) :

		3	2	5			
		9	7	5			3
1	3	0	0			4	
6	5	0			2		
7	8	9	7	5			

Autrement dit, dès le début du VIIe siècle au moins, les mathématiciens indiens connaissaient déjà un procédé de multiplication beaucoup plus évolué que celui de la « jalousie » (*gelosia*) : un procédé dont un simple réaménagement dans la disposition des chiffres était destiné à donner naissance à notre technique actuelle de la multiplication...

On mesure donc désormais l'avance qu'ont eue dans ce domaine les savants indiens et leurs successeurs arabes.

Chapitre 26

LES CHIFFRES « INDO-ARABES » ET LES HÉSITATIONS DE L'EUROPE OCCIDENTALE

Il ne nous reste plus maintenant qu'à raconter comment les découvertes indiennes ont gagné l'Occident chrétien grâce à l'influence arabe. La chose, on le sait, ne s'est pas faite en un jour. Loin de là !

Quant ils furent mis en présence de la numération et des méthodes de calcul d'origine indienne, les chrétiens d'Europe se sont montrés si attachés à leurs systèmes archaïques et ont été si réticents devant la nouveauté qu'il leur a fallu attendre des siècles avant que le triomphe du calcul écrit ne fût enfin total et définitif...

Le calcul à l'époque de la Renaissance européenne : un art obscur et complexe

Je suis né et nourry aux champs parmy le labourage ; j'ay des affaires et du ménage en main depuis que ceux qui me devançaient en la possession des biens que je jouis m'ont quitté leur place. Or, je ne sçay compter ny a get ni a plume (Montaigne, *Essais*, livre II).

Nous sommes en France aux alentours de 1575, en pleine Renaissance. Le seigneur Michel Eyquem de Montaigne, conseiller au parlement de Bordeaux, ex-conseiller à la cour des aides de Périgueux, ami de François II, puis de Charles IX, bientôt maire de Bordeaux, est l'un des hommes les plus érudits de son temps. Il a eu Guérente, Buchanan et Muret pour professeurs au collège de Guyenne, à Bordeaux. Il a beaucoup voyagé et possède une riche bibliothèque.

Et pourtant, il avoue sans honte qu'il ne sait pas calculer ! Est-il au courant de la prodigieuse série de découvertes réalisées par les savants indiens il y a déjà plus d'un millénaire ? Probablement pas. Les échanges culturels entre les civilisations asiatiques et le monde occidental ont été très limités depuis la fin de l'Antiquité. Tout au plus connaît-il l'existence de deux sortes de calculs : celui que l'on effectue « a get », c'est-à-dire au moyen de jetons sur la table à compter, et l'autre qui se fait « à la plume », au moyen des chiffres « arabes ». Le premier mode opératoire est évidemment le calcul traditionnel fort compliqué légué par la civilisation gréco-romaine. Quant au second, dont il attribue sans doute l'invention aux Arabes, c'est en réalité le calcul écrit inventé par les savants de la civilisation indienne. Personne n'a eu l'idée de le lui enseigner, et il éprouve sans doute à son égard la même méfiance que la plupart de ses contemporains.

Encore heureux que les Arabes aient servi d'intermédiaires entre l'Inde et l'Occident ! Sans eux, il est à parier que la majorité d'entre nous n'aurait jamais appris à calculer, et la science comme la technique n'auraient sans doute pas été ce qu'elles sont aujourd'hui.

Une anecdote résume bien la situation qui régnait encore à l'époque en Europe occidentale.

Un riche marchand allemand du XVe siècle, suffisamment enrichi pour faire donner une instruction commerciale à son fils, alla un jour consulter un éminent spécialiste pour savoir à quelle institution il fallait confier le jeune homme. Réponse renversante de l'expert : « Si vous voulez vous contenter de ne lui faire apprendre que la pratique des additions et des soustractions, alors n'importe quelle université allemande ou française fera l'affaire. Par contre, si vous tenez à pousser son instruction jusqu'à la multiplication ou à la division, si tant est qu'il en soit capable, alors il vous faudra l'envoyer dans les écoles italiennes. »

Il faut dire que la pratique des opérations arithmétiques n'était pas en ce temps-là à la portée de tout le monde. Elle représentait encore un art obscur et complexe, et constituait le domaine réservé d'une caste privilégiée de spécialistes, à qui de longues et fastidieuses études transmettaient l'usage mystérieux, et combien compliqué, des vieux abaques à jetons d'origine romaine.

Il fallait alors à un étudiant plusieurs années d'études assidues et les vicissitudes d'un long voyage pour maîtriser les mystères de la multiplication et de la division : l'équivalent, en somme, d'un doctorat de nos jours.

Le grand respect dans lequel on tenait ces calculateurs montre d'ailleurs à quel point les techniques opératoires étaient difficiles. Une multiplication qu'un enfant d'intelligence moyenne exécute aujourd'hui en quelques minutes exigeait alors de ces spécialistes plusieurs heures d'un travail extrêmement délicat. Et un commerçant de l'époque qui voulait connaître le montant de ses recettes hebdomadaires ou mensuelles devait nécessairement faire appel aux services d'un de ces experts du calcul (fig. 26.1).

La situation restera d'ailleurs inchangée jusqu'aux XVIIe et XVIIIe siècles dans les administrations de cette vieille Europe conservatrice, comme en témoigne l'histoire de Samuel Pepys.

Ce fonctionnaire très britannique, qui sortait tout droit de Cambridge, était attaché à la marine de guerre anglaise. Nommé par la suite au secrétariat de l'Amirauté, il acquit en 1662 le poste de responsabilité des marchés avec les fournisseurs. Doté d'une instruction très correcte, ce « clerc des Actes » se trouva pourtant incapable d'effectuer les calculs nécessaires à la vérification des achats de bois de charpente conclus pour son administration. Aussi décida-t-il de retourner à l'école, ou plutôt de parcourir l'Europe afin de maîtriser l'art de calculer. Et comme l'administration imposait le calcul sur la table à jetons, il se trouva pendant plusieurs mois dans l'obligation de se lever à quatre heures du matin, étant donné la difficulté des règles correspondantes.

Fig. 26.1. – *Expert du calcul sur l'abaque à jetons effectuant ses opérations arithmétiques.* D'après une illustration européenne du XVe siècle. Réf. W. de Beauclair.

Il parvint finalement à surmonter son handicap, allant même dans son élan jusqu'à entraîner son épouse. « Ma femme, écrira-t-il dans son journal à la fin de l'an de grâce 1663, est maintenant capable d'effectuer sans peine les additions, les soustractions et même les multiplications. Mais je n'ose pas encore la troubler avec la pratique des divisions ! »

On comprend mieux maintenant que les hommes exercés dans l'art du calcul sur l'abaque aient été longtemps regardés en Europe comme des magiciens dotés de pouvoirs surnaturels[1].

---

1. Dans une certaine mesure, cette considération respectueuse que l'on a eue longtemps pour les calculateurs s'est maintenue presque intacte jusqu'à nous, puisque le commun des mortels confond toujours l'aptitude mathématique avec l'habileté et la rapidité dans le maniement des nombres. Quel est le mathématicien en effet qui n'a pas subi une fois dans sa carrière une réflexion du genre : « Puisque vous êtes fort en maths, vous devez pouvoir faire cette opération en moins de 30 secondes ! » Ironie involontaire. Car, exception faite de quelques grands mathématiciens tels Wallis, Euler, Gauss ou Ampère, qui ont été aussi de très habiles calculateurs, la majorité des experts en cette science ne sont guère, dans ce domaine, plus doués que les autres hommes. Le cas d'Henri Poincaré, qui n'avait pas une grande sympathie pour les gymnastiques de l'arithmétique, prouve même que les plus grands mathématiciens n'échappent pas aux difficultés de cet ordre. Inversement, la puissance calculatrice phénoménale, dont furent dotés certains individus exceptionnels, comme Tom Fuller, Henri Mondeux ou Inaudi, ne prouve strictement rien quant à leur intelligence ou à leur aptitude à étudier les mathématiques (voir chapitre 32).

La première introduction des chiffres « arabes » en Europe

Et pourtant, dès avant l'époque des croisades, les Occidentaux auraient pu profiter pleinement des avantages immenses des méthodes de calcul d'origine indienne que les Arabes avaient apportées aux frontières de l'Europe dès le IXe siècle. Cette possibilité avait été offerte à l'Europe par l'un des siens, et non des moindres.

Dès la fin du Xe siècle, en effet, un moine français assoiffé de culture aurait très bien pu jouer un rôle comparable à celui que tint dans le monde arabo-musulman le savant d'origine persane Al Khuwārizmī. Il aurait pu en effet diffuser en Occident chrétien les découvertes indiennes, introduites un peu moins de deux siècles plus tôt au Maghreb et en Andalousie. Mais ce moine ne fut pas suivi par ses pairs.

Ce moine, c'est Gerbert d'Aurillac : le futur pape de l'an mil.

Pour mieux saisir les circonstances de la première venue des chiffres indiens en Occident, il faut tout d'abord se rappeler que la vieille Europe a été en fait très longue à se remettre de la chute de Rome et des invasions barbares.

Durant la période à laquelle on donne habituellement le nom de *haut Moyen Age* et qui s'étend en gros de la fin de l'Empire romain jusqu'à la fin du IXe siècle, l'Europe occidentale, alors dévastée par les épidémies, la famine et les guerres, fut plongée dans le plus grand désordre politique, dans la récession économique et dans l'obscurantisme le plus complet. Et bien qu'elle fût à l'origine de la philosophie médiévale, la prétendue « Renaissance carolingienne », amorcée dans les abbayes bénédictines et marquée, au temps de Charlemagne, par la réorganisation des structures de l'enseignement, n'apporta au fond qu'une amélioration très superficielle à cet état de fait.

Les connaissances scientifiques dont on disposait alors furent très élémentaires, pour ne pas dire inexistantes. Les rares privilégiés à qui l'on prodiguait une « instruction » apprenaient d'abord à lire et à écrire. On leur expliquait ensuite la grammaire, la dialectique et la rhétorique, et parfois aussi la musique théorique. Puis on leur donnait des cours, très sommaires, d'astronomie, de géométrie et d'arithmétique.

En particulier, l'arithmétique « théorique » puisait encore ses sources dans une œuvre attribuée au mathématicien latin Boetius (ou Boèce, + Ve siècle), qui s'était lui-même largement inspiré d'un ouvrage mathématique de qualité bien médiocre, dû au Grec Nicomaque de Gerasa (+ IIe siècle). Quant à l'arithmétique pratique, elle consistait essentiellement à l'époque médiévale dans l'usage de la vieille numération romaine et dans la pratique des opérations au moyen de cailloux ou de jetons sur l'*abacus* légué par la civilisation romaine ; et elle comprenait la manière de compter sur les doigts, transmise par Isidore de Séville (mort en 636) et Bède le Vénérable (mort en 735).

Dans cette obscurité presque totale, on en était donc venu à perdre jusqu'à la mémoire des arts et des sciences.

Mais, « avec les XIe et XIIe siècles, l'Europe s'éveille brusquement : on assiste à une intense poussée démographique entraînant elle-même tout un faisceau de conséquences (défrichements, développements des villes et des ordres monastiques, croisades, construction d'églises plus spacieuses) : les prix montent, la circulation monétaire s'accroît et, dans la mesure où les souverains maîtrisent peu à peu l'anarchie féodale, le commerce renaît. Des contacts internationaux plus fréquents favorisent alors l'introduction de la science arabe en Occident » (G. Beaujouan).

Et, de cette époque, le Français Gerbert d'Aurillac sera sans aucun doute l'une des personnalités scientifiques les plus marquantes. Né en Aquitaine vers 945, il fut d'abord moine au couvent de Saint-Géraud d'Aurillac, où il se distingua rapidement par sa passion pour les études. Doué d'un esprit pénétrant et d'une vive curiosité scientifique, il s'initia ensuite aux mathématiques et à l'astronomie, sous la direction d'Atton, évêque de Vich. Puis, sans doute à la faveur d'un séjour en Espagne musulmane de 967 à 970, il se mit à l'école des maîtres arabes qui lui apprirent à se servir de l'astrolabe et lui enseignèrent le système de numération ainsi que les méthodes de calcul d'origine indienne. Gerbert dirigea ensuite, de 972 à 987, l'école diocésaine de Reims. Puis, après avoir dirigé l'abbaye italienne de Bobbio, il devint conseiller du pape Grégoire V et prit successivement la tête des archevêchés de Reims et de Ravenne. Il fut ensuite élu pape le 2 avril 999, sous le nom de Sylvestre II, avant de s'éteindre le 12 mai de l'an 1003 (cf. D.-J. Struik).

La légende veut que, pour son initiation au calcul indo-arabe, Gerbert d'Aurillac soit allé jusqu'à Séville, à Fès et à Cordoue, et qu'il se soit introduit dans les universités arabes sous le déguisement d'un pèlerin musulman.

Cela n'est pas impossible, mais il est tout de même plus vraisemblable qu'il soit demeuré en Espagne chrétienne, dans le monastère de Santa Maria de Ripoll, qui, selon G. Beaujouan, offrait « un exemple saisissant de la greffe d'éléments arabes sur la tradition isidorienne », la petite ville catalane de Ripoll ayant en effet servi d'intermédiaire entre les mondes chrétien et musulman.

Une chose est certaine en tout cas : à son retour en France, Gerbert possédait toute la science requise. On le trouve à Reims où il dirige l'école diocésaine. Son enseignement exerce alors une influence prépondérante sur les écoles de son temps, et suscite à nouveau le goût pour les mathématiques en Occident. Et c'est bien lui qui sera à l'origine de la première introduction des chiffres dits « arabes » en Europe occidentale. Des chiffres « arabes », oui, mais hélas, des neuf chiffres significatifs seulement ! Pas du zéro, ni des méthodes de calcul d'origine indienne.

Que s'est-il donc passé ? En réalité, l'initiative de Gerbert s'était heurtée à une grande résistance, due essentiellement au conservatisme des peuples chrétiens qui s'étaient agrippés, pour ainsi dire, à la numération et aux méthodes de calcul d'origine romaine.

Il est vrai que la plupart des clercs de l'époque, se considérant alors comme les dignes et fidèles héritiers de la « grande » tradition de Rome, ne pouvaient admettre facilement la supériorité d'une autre méthode.

Les temps, assurément, n'étaient pas encore mûrs pour une telle révolution...

Mais avant de poursuivre, il nous faut examiner d'abord la forme des neuf chiffres d'origine indienne tels qu'ils apparaissent dans les manuscrits occidentaux de l'époque[1] (fig. 26.4).

Les premiers manuscrits européens connus comportant les ancêtres des neuf chiffres significatifs actuels proviennent du nord de l'Espagne et datent de la seconde moitié du Xe siècle : ce sont le *Codex Vigilanus,* copié en l'an 976 au couvent d'Albelda par un moine du nom de Vigila (fig. 26.2), et le *Codex Aemilianensis,* copié intégralement sur le précédent en 992 à San Millan de la Cogolla (fig. 26.2).

Ces neuf chiffres sont certes adaptés au style cursif des lettres de « l'écriture wisigothique perfectionnée du type espagnol septentrional » (cf. R. Burnam). Mais leur origine indienne n'en reste pas moins évidente, puisque ces manuscrits les reproduisent dans une graphie très proche des chiffres *ghubār* des Arabes occidentaux (voir chapitre 25, p. 250 *sq.*).

Dès le début du XIe siècle, ces neuf chiffres apparaissent ensuite sous les formes les plus variées sur une quantité d'autres manuscrits provenant des régions les plus diverses du continent européen : formes dérivant en effet des précédentes par suite d'une déformation paléographique plus ou moins sensible des signes initiaux, et dont la stylisation varie bien évidemment selon l'époque et le lieu d'origine (fig. 26.4).

Cependant, contrairement à ce que l'on pourrait d'abord penser, cette première diffusion des chiffres « arabes » en Occident ne s'est pas faite par les manuscrits. Elle s'était rattachée plutôt à la technique de calcul sur un dispositif particulier, l'*abacus* de Gerbert, dont la maîtrise ne pouvait s'acquérir que par la pratique. Autrement dit, ces chiffres ont été diffusés par le biais de l'enseignement oral du calcul sur un abaque d'un type complètement nouveau, préconisé dès le début du XIe siècle par Gerbert d'Aurillac et ses disciples (parmi lesquels Bernelinus, Gerlandus, Alhandreus, Remi d'Auxerre, Radulfus de Liège, Fulbert de Chartres, Papias, Heriger, Adelbold et Ragimbold, pour ne citer que les plus célèbres écolâtres de Cologne, de Chartres, de Reims ou de Paris).

Il faut se rappeler que pendant de nombreux siècles, les peuples chrétiens ont exprimé leurs nombres en utilisant presque exclusivement pour cela

1. Notons au passage que les formes les plus diverses revêtues par les neuf chiffres « indo-arabes » à l'époque médiévale européenne ont longtemps été désignées sous le nom d'*apices de Boèce* (fig. 26.4).

Mis à part la signification du mot *apices* que nous donnons un peu plus loin dans le texte, la raison de cette dénomination est que ces chiffres ont été d'abord révélés aux savants modernes par un ouvrage célèbre portant le titre de *Geometria Euclidis* (« Géométrie d'Euclide »), dont on a longtemps attribué la paternité à Anicius Mantius Severinus Boetius (Boèce), mathématicien latin du Ve siècle de notre ère.

Il est vrai aussi que l'auteur de cette œuvre prétendait que les neuf chiffres ainsi dessinés par lui, de même que leur usage suivant le principe de position, étaient une invention des pythagoriciens, liée, selon lui, à l'emploi de l'abaque à colonnes chez les Grecs de l'Antiquité.

Et c'est ce qui explique que de nombreux érudits du XIXe siècle, partant alors de cette assertion, aient formulé maintes conjectures tentant de concilier cette hypothèse avec les faits relatifs à la propagation des chiffres indiens.

Mais, comme l'a prouvé l'analyse moderne, cette *Géométrie* ne fut pas de Boèce : c'était en réalité une œuvre apocryphe, composée par un auteur anonyme du XIe siècle (cf. Folkerts).

Quant à l'hypothèse précédente, on en a déjà souligné l'absurdité au début du chapitre 24, l'emploi de ces chiffres et du système décimal positionnel ayant été totalement étranger aux mathématiciens de la Grèce antique (voir chapitre 24, t. I, p. 794-805).

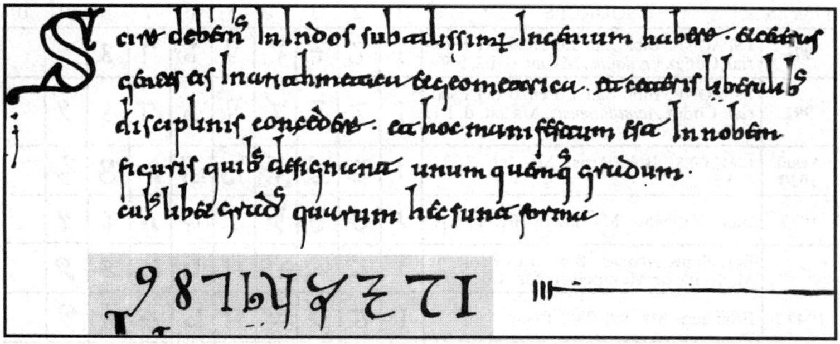

Fig. 26.2. – *Détail d'une page du* Codex Vigilanus. *Daté de 976 et provenant de l'Espagne septentrionale, ce manuscrit constitue la première mention connue de l'usage des neuf chiffres d'origine indienne en Europe occidentale.* Bibl. San Lorenzo del Escorial. Ms lat. d.I.2. f° 9 v. Réf. R. Burnam, II, pl. XXIII.

les chiffres romains : chiffres dont le caractère très rudimentaire et non opératoire s'est trouvé justement à l'origine des difficultés éprouvées à cette époque dans le domaine du calcul. Aussi, comme leurs prédécesseurs romains, les calculateurs européens du Moyen Age ont-ils généralement, effectué leurs opérations arithmétiques par un jeu subtil – mais fort compliqué – de jetons disposés sur des tables réglées d'avance sur lesquelles des divisions en lignes et en colonnes délimitaient les différents ordres décimaux (voir chapitre 16).

Sur les colonnes de l'*abacus* romain, on posait autant de *calculi* (jetons de calcul à valeur d'unité simple) qu'il y avait d'unités dans l'ordre considéré. Mais un peu avant l'an mil, Gerbert d'Aurillac, sous l'influence des méthodes andalouses et maghrébines, eut l'idée d'en réduire l'encombrement et d'en simplifier les modalités matérielles.

On se débarrassa donc des jetons à valeur d'unité simple pour les remplacer, dans chaque colonne prévue, par un jeton unique en corne, sur lequel fut portée désormais l'indication du nombre correspondant au moyen des neuf chiffres importés par les Arabes. Jetons que l'on désigna alors du nom générique d'*apex* au singulier, et d'*apices* au pluriel (prononcer : « apicèsses ») et qui reçurent chacun un nom individuel (dont l'origine étymologique demeure encore obscure d'une manière générale, même si l'on reconnaît quelques noms de nombre de la langue arabe) :

①	②	③	④	⑤	⑥	⑦	⑧	⑨
Igin	***Andras***	***Ormis***	***Arbas***	***Quimas***	***Caltis***	***Zenis***	***Temenias***	***Celentis***

Fig. 26.3

Dès lors, dans chaque colonne de l'abaque latin ainsi réaménagé, un, deux, trois, quatre, cinq, six, sept, huit ou neuf *calculi* identiques furent remplacés par l'*apex* portant en chiffres « arabes » l'indication du nombre correspondant.

DATES	SOURCES	1	2	3	4	5	6	7	8	9	0
976	ESPAGNE. Bibl. San Lorenzo del Escorial. Codex *Vigilanus*. Ms. lat. d. I.2, f° 9v.										
992	ESPAGNE. Bibl. San Lorenzo del Escorial. Codex *Aemilianensis*. Ms. lat. d. I.1, f° 9v.										
Avant 1030	LIMOGES. BN, Paris. Ms. lat. 7 231, f° 85v.										
1077	Bibl. Vaticane. Ms. lat. 3 101, f° 53v.										
XIe s.	Bernelinus *Abacus*. Bibl. de l'École de Médecine de Montpellier. Ms. 491, f° 79.										
1049 ?	Erlangen. Ms. lat. 288, f° 4.										
XIe s.	Bibl. de l'École de Médecine de Montpellier. Ms. 491, f° 79.										(symbol)
XIe s.	Gerbertus. *Raciones numerorum Abaci.* FLEURY. BN, Paris. Ms. lat. 8 663, f° 49v.										
XIe s. ? XIIe s. ?	Boecius (*sic !*). *Géométrie* LORRAINE. BN, Paris. Ms. lat. 7 377, f° 25v.										
XIe s.	Boecius (*sic !*). *Géométrie*. British Museum. Ms. Harl. 3 595, f° 62.										
XIe s.	REGENSBURG (Allemagne). Bayerische Staatsbibl. Munich. Clm 12 567, f° 8.										
XIe s.	Boecius (*sic !*). *Géométrie*. Chartres, Ms. 498, f° 160.										(symbol)
Début XIIe s.	Bernelinus. *Abacus*. British Museum. Add. Ms. 17 808, f° 57.										
Fin XIe s.	Bernelinus. *Abacus*. BN, Paris. Ms. lat. 7 193, f° 2.										
Fin XIe s.	CHARTRES ? Table de calcul. Anonyme. BN, Paris. Ms. lat. 9 377, f° 113.										
Fin XIe s.	Bernelinus. *Abacus*. BN, Paris. Ms. lat. 7 193, f° 2.										
XIIe s.	Bibl. Alessandrina (Rome). Ms. n° 171, f° 1.										
XIIe s.	Gerlandus. *De Abaco*. SAINT-VICTOR DE PARIS. BN, Paris. Ms. lat. 15 119, f° 1.										
XIIe s.	Boecius (*sic !*). *Géométrie*. BN, Paris. Ms. lat. 7 185, f° 70.										
XIIe s.	CHARTRES ? Bernelinus. *Abacus*. Oxford. Ms. Auct. F.I.9, f° 67v.										
XIIe s.	Gerlandus. *De Abaco*. Brit. Museum Add. Ms. 22 414, f° 5.										
XIIe s.	Gerlandus. *De Abaco*. BN, Paris. Ms. lat. 95, f° 150.										
Début XIIIe s.	CHARTRES. Anonyme. BN, Paris. Ms. lat., Fds Saint-Victor, 533, f° 22v.										

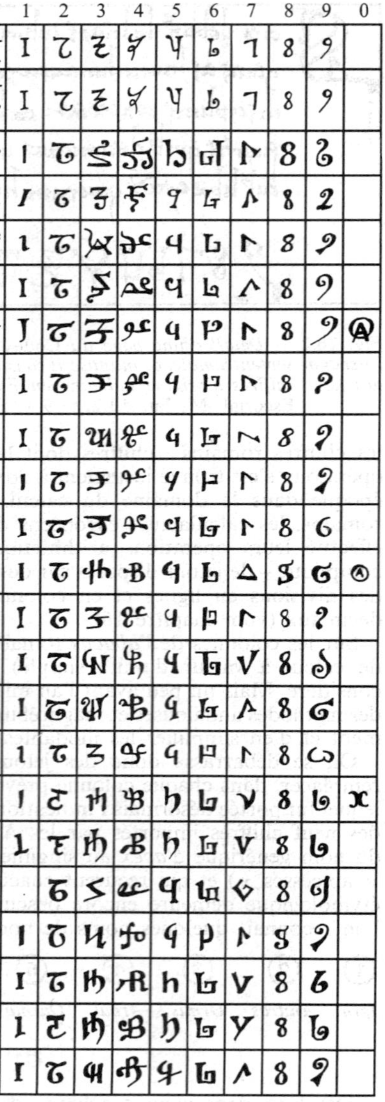

Fig. 26.4. – Apices du *Moyen Age*. Réf. BSMF, X (1877), p. 596 ; Burnam, II, pl. XXIII et XXIV ; Folkerts ; Friedlein [2], p. 397 ; Hill, I, 1, 3, 4, 5, 9, 10, 11, 12, 14, 16, 17, 19, 20, 21 et XI, 1, 4 ; XIV, 2 ; Smith et Karpinski, p. 88, a, b, e, g.

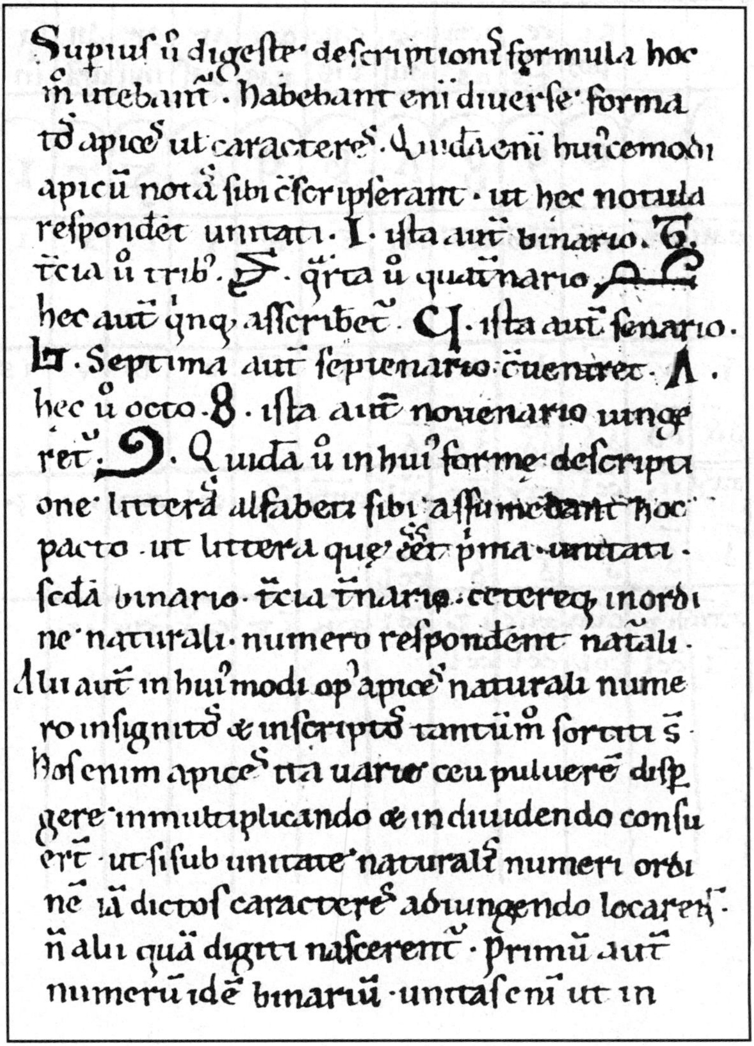

Superius uero digeste descriptionis formula hoc
in utebantur. Habebant enim diverse forme
tod apices ut caracteres. Quidam enim huiusmodi
apicum notam sibi conscripserant ut hec notula
responderet unitati. I. ista autem binario. [symbol].
tercia uero tribus. [symbol]. quarta uero quaternario [symbol].
hec autem quinque asscriberetur. [symbol]. ista autem senario.
[symbol]. Septima autem septenario conveniret. [symbol].
hec uero octo. 8. ista autem novenario iunge
retur. 9. Quidam uero in huius forme descripti
one litteram alfabeti sibi assumebant hoc
pacto ut littera que esset prima unitati.
secunda binario. tercia ternario. ceteraque in ordi
ne naturali numero responderent naturali.
Alii autem in huiusmodi opus apices naturali nume
ro insignitos et inscriptos tantummodo sortiti sunt.
Hos enim apices ita varie ceu pulverem disper
gere in multiplicando et in dividendo consu
erunt ut si sub unitate naturalis numeri ordi
nem tum dictos caracteres adiungendo locarentur
non alii quam digiti nascerentur. Primum autem
numerum idem binarium. unitas enim ut in

Fig. 26.5. – Apices *dans un manuscrit latin du XIe siècle.* Berlin. Ms. lat. 8° 162 (n). f° 74. Réf. M. Folkerts.

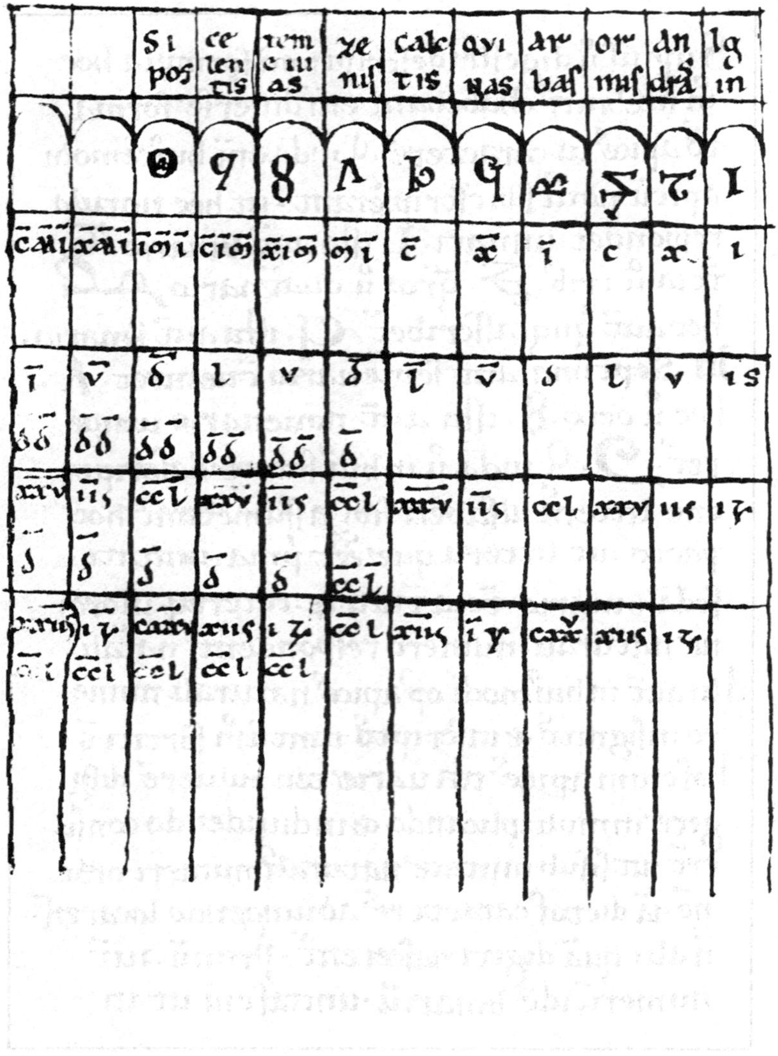

Fig. 26.6. – Apices *et colonnes de l'abaque de Gerbert dans un manuscrit latin du* *XI*e *siècle.* Berlin. Ms. lat. 8° 162 (n). f° 73 v. Réf. M. Folkerts.

Lorsqu'une unité d'un certain ordre décimal venait à manquer, on se contentait de laisser vide la colonne correspondante. Et pour représenter le nombre 9 078 par exemple, il suffisait de placer l'*apex* « 8 » dans la colonne des unités, l'*apex* « 7 » dans la colonne des dizaines et l'*apex* « 9 » dans la colonne des milliers, en laissant vide la colonne des centaines :

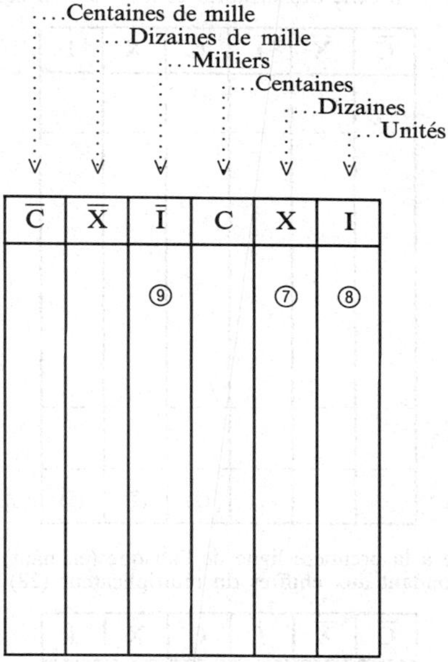

Fig. 26.7

Dans ce premier stade, en fin de compte, les chiffres « arabes » introduits par Gerbert ne furent employés que pour simplifier l'usage des tables à calcul du temps des Césars[1].

L'exemple donné dans l'encadré ci-après montre comment l'*abacus* de Gerbert permettait d'effectuer des opérations arithmétiques sans que l'usage du zéro fût nécessaire. Et c'est justement ce qui explique que les manuscrits latins du XIe et du XIIe siècle n'ont pas comporté le zéro, ni même mentionné son existence. Quant à la diffusion des neuf chiffres d'origine indienne, elle fut tout de même très limitée lors de leur première introduction en Europe occidentale, ce type de dispositif étant en effet resté confiné dans les mains de l'élite peu nombreuse des calculateurs que l'on appela à juste raison les *abacistes*...

1. Notons qu'à la place des neuf chiffres « arabes », certains calculateurs préférèrent marquer les *apices* de l'abaque de Gerbert au moyen des chiffres romains de I à IX ou encore à l'aide des neuf premières lettres de l'alphabet numéral grec ($\alpha = 1$, $\beta = 2$, ... $\theta = 9$).

CALCUL SUR L'ABAQUE DES ANNÉES MIL

L'exemple suivant permettra de se faire une idée précise des techniques opératoires sur l'abaque de Gerbert ; il concerne la multiplication du nombre 325 par 28. Pour cela, on commence par poser le multiplicande (325) tout à fait en bas de l'abaque (dernière ligne) en y plaçant le jeton « 5 » à la colonne des unités, le « 2 » à celle des dizaines et le « 3 » à celle des centaines :

$\overline{C}$	$\overline{X}$	$\overline{I}$	C	X	I	
			③	②	⑤	*Multiplicande*

Fig. 26.8 A

On pose ensuite à la première ligne de l'abaque (en haut) les jetons « 8 » et « 2 » correspondant aux chiffres du multiplicateur (28) :

$\overline{C}$	$\overline{X}$	$\overline{I}$	C	X	I	
				②	⑧	*Multiplicateur*
			③	②	⑤	*Multiplicande*

Fig. 26.8 B

On effectue maintenant le produit de 8 par le chiffre 5 des unités du multiplicande. Trouvant 40, on place donc dans la ligne supérieure de la bande centrale un jeton « 4 » à la colonne des dizaines en laissant vide celle des unités :

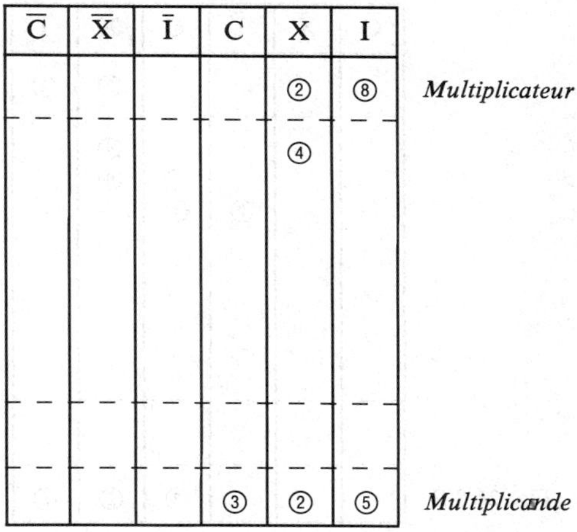

Fig. 26.8 C

On multiplie ensuite ce 8 par le chiffre 2 des dizaines du multiplicande. Trouvant 16, on place en dessous de la ligne précédente un jeton « 1 » à la colonne des centaines et un jeton « 6 » à celle des dizaines (tout en laissant vide, bien sûr, la colonne des unités) :

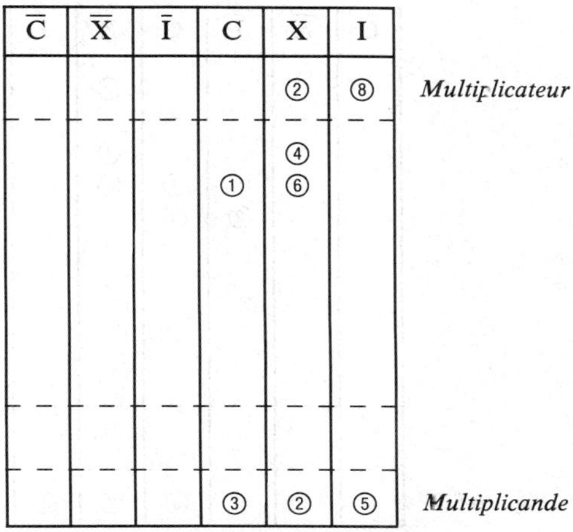

Fig. 26.8 D

On multiplie enfin le même 8 par le chiffre 3 des centaines du multiplicande ; et comme on trouve 24, on place à la ligne du dessous un jeton « 2 » à la colonne des milliers et un jeton « 4 » à celle des centaines :

	$\overline{C}$	$\overline{X}$	$\overline{I}$	C	X	I	
					②	⑧	*Multiplicateur*
					④		
				①	⑥		
			②	④			
Fig. 26.8 E				③	②	⑤	*Multiplicande*

La multiplication par 8 étant désormais terminée, on retire le jeton « 8 » de la ligne du multiplicateur et on considère le jeton « 2 » (chiffre des dizaines du multiplicateur) :

	$\overline{C}$	$\overline{X}$	$\overline{I}$	C	X	I	
					②		*Multiplicateur*
					④		
				①	⑥		
			②	④			
Fig. 26.8 F				③	②	⑤	*Multiplicande*

Et l'on effectue le produit de ce 2 par le chiffre 5 des unités du multiplicande. Trouvant 10 (il s'agit de 10 dizaines, puisque ce 2 se trouve lui-même à la colonne des dizaines), on place donc un jeton « 1 » à la colonne des centaines d'une ligne en dessous des précédentes :

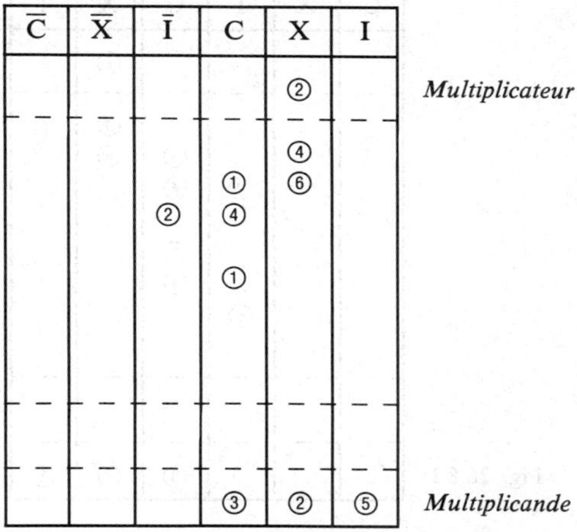

Fig. 26.8 G

Puis on multiplie ce 2 par le chiffre 2 des dizaines du multiplicande ; et comme on trouve 4 (c'est-à-dire 4 dizaines de dizaines, soit 4 centaines), on place le jeton « 4 » à la colonne des centaines de la ligne du dessous :

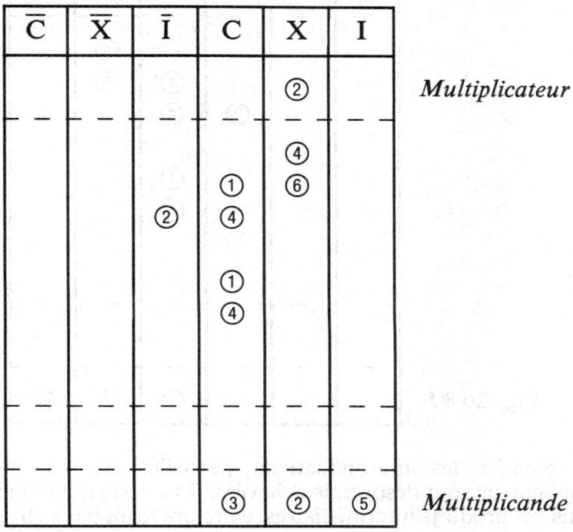

Fig. 236.8 H

On multiplie ensuite le même 2 par le chiffre 3 des centaines du multiplicande. Trouvant 6 (c'est-à-dire 6 dizaines de centaines, soit 6 milliers), on place donc dans la ligne au-dessous de la précédente un jeton « 6 » à la colonne des milliers :

$\overline{C}$	$\overline{X}$	$\overline{I}$	C	X	I	
				②		*Multiplicateur*
				④		
			①	⑥		
		②	④			
			①			
			④			
		⑥				
			③	②	⑤	*Multiplicande*

Fig. 26.8 I

La multiplication par 2 étant désormais terminée, on retire le jeton « 2 » de la ligne du multiplicateur :

$\overline{C}$	$\overline{X}$	$\overline{I}$	C	X	I	
						Multiplicateur
				④		
			①	⑥		
		②	④			
			①			
			④			
		⑥				
			③	②	⑤	*Multiplicande*

Fig. 26.8 J

Et comme les multiplications partielles par le plus haut chiffre du multiplicateur sont désormais achevées, il ne reste donc plus qu'à faire l'addition de tous ces produits intermédiaires, en remplaçant dans chaque colonne envisagée les jetons dont la somme atteint ou dépasse dix par un jeton « 1 », que l'on place à la colonne immédiatement voisine à gauche sur la ligne ménagée à cet effet, après avoir retiré les jetons « 3 », « 2 » et « 5 » de la ligne du multiplicande.

Les jetons « 4 » et « 6 » de la colonne des dizaines ayant pour somme 10, on les retire et on place un « 1 » à la colonne des centaines :

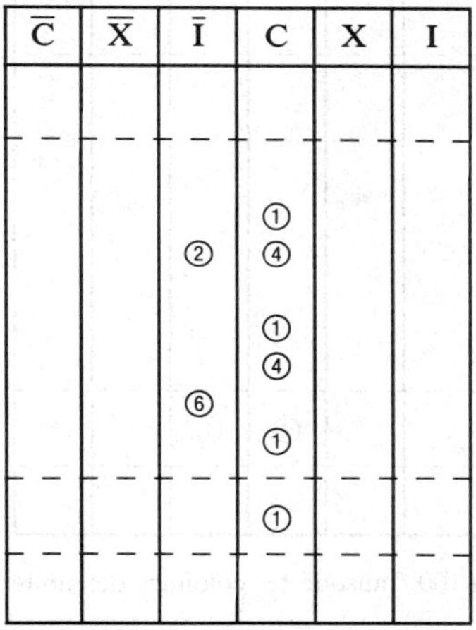

Fig. 26.8 K

On fait maintenant la somme des jetons de la colonne des centaines. Et comme on trouve 11, on en retire tous les jetons sauf le « 1 » (que l'on pose à la même colonne dans la ligne du résultat) et on place un jeton « 1 » à la colonne des centaines :

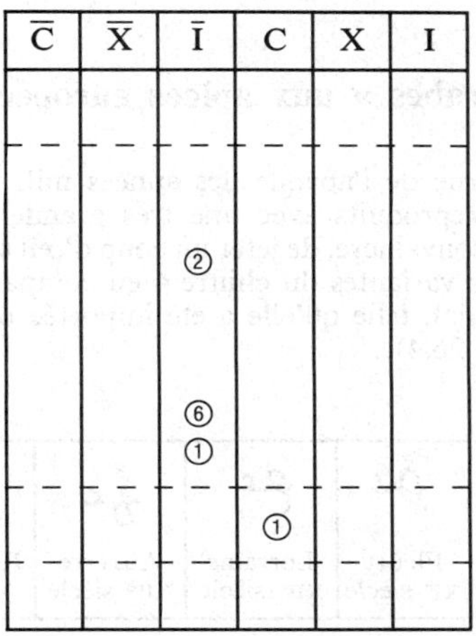

Fig. 26.8 L

Il ne reste plus qu'à faire la somme des jetons de la colonne des milliers, qui donne 9, dont on place le jeton dans la ligne du produit final :

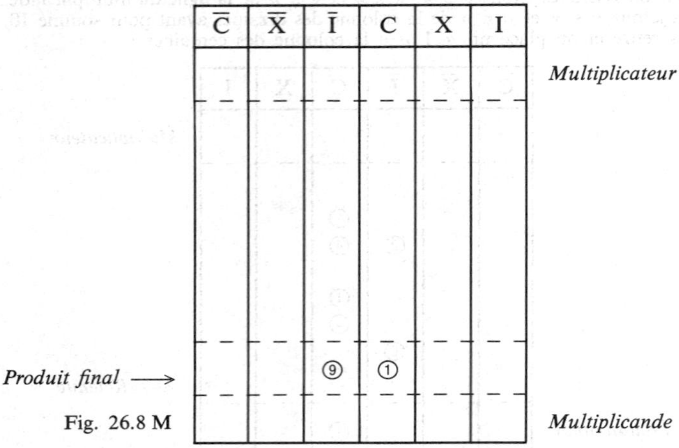

Fig. 26.8 M

D'où le résultat : 9 100 (puisque les colonnes des unités et des dizaines sont vides).

Cet exemple montre combien la pratique du calcul sur l'abaque de Gerbert était lente, fastidieuse et inutilement compliquée, et à quel point elle exigeait un apprentissage long et difficile, un entraînement assidu et une grande habileté de la part du calculateur...

Des chiffres « arabes » aux apices européens

Sur les jetons de corne de l'abaque des années mil, les chiffres importés par Gerbert furent reproduits avec une très grande fantaisie (fig. 26.3).

Il suffit, pour s'en convaincre, de jeter un coup d'œil sur le tableau ci-après reproduisant diverses variantes du chiffre 4 en comparaison avec la forme de son archétype initial, telle qu'elle a été importée par les Arabes dès la fin du Xe siècle (fig. 26.4) :

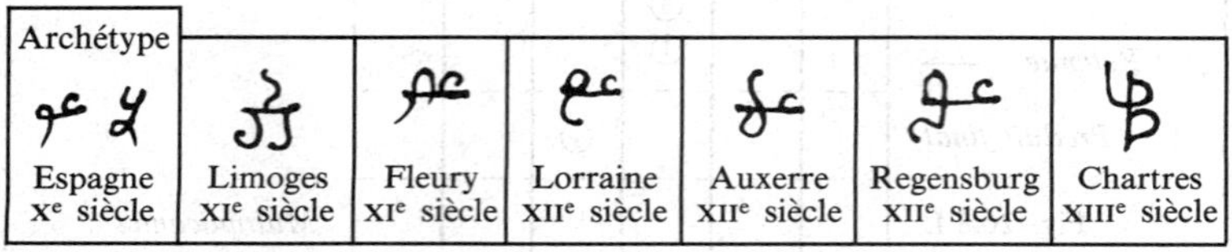

Fig. 26.9

D'une époque à l'autre, d'une contrée à l'autre, d'une école à l'autre et même d'un graveur à l'autre, les styles, il est vrai, ne pouvaient qu'être différents, surtout en ces temps où l'on ignorait toute espèce de normalisation.

Et de fait cette multiplicité s'explique, au moins partiellement, par une adaptation des chiffres *ghubār* des Arabes occidentaux aux différents types d'écriture de l'Europe médiévale.

Ainsi ces chiffres prirent-ils tantôt les formes arrondies et les modules assez grands des lettres de l'écriture italienne, tantôt les formes étroites et aiguës des lettres anglaises, tantôt le caractère plus lourd et plus anguleux de l'écriture allemande, alors qu'en France et en Espagne ils épousaient les formes des lettres calligraphiées dans le style de la plus pure tradition caroline.

Une pareille diversité a d'ailleurs été constatée en Inde et dans les civilisations indianisées de l'Asie du Sud-Est, par exemple, où, selon la région et l'époque, les scribes et les graveurs d'inscriptions sur pierre avaient, pour ainsi dire, modelé la forme initiale des neuf chiffres significatifs indiens suivant leurs propres habitudes scripturaires et leur souci d'esthétique, et ainsi fait aboutir à des séries numérales aux graphismes apparemment originaux (voir chapitre 24, t. I).

Une pluralité semblable a été observée également dans le monde arabo-musulman, dont les scribes et les copistes ont adapté les mêmes chiffres aux divers styles de l'écriture arabe (voir chapitre 25).

Il n'y avait donc aucune raison pour qu'une telle diversité ne se manifestât pas aussi chez les graveurs et les scribes de l'Occident chrétien.

Mais ici, un facteur supplémentaire est intervenu. Car, comme le fait remarquer G. Beaujouan, « les formes en apparence irréductibles, affectées par chaque chiffre du Xᵉ au XIIᵉ siècle, deviennent presque superposables après une rotation sur elles-mêmes d'un angle variable ». Cela est particulièrement net pour les chiffres 3, 4, 5, 6, 7 et 9 (fig. 26.4).

Autrement dit, les pions furent souvent posés sur les colonnes de l'abaque sans que l'on tînt compte du sens originel du dessin. Dans beaucoup d'écoles, on prit donc l'habitude d'utiliser les *apices* à l'envers. Et c'est ainsi que le 5 s'est trouvé quelquefois la tête en bas ; de même, dans certaines régions, le 9 fut couché sur le côté droit ou le côté gauche, tandis que dans d'autres, on le disposait comme le 6 actuel.

Certains scribes ou graveurs en vinrent même à substituer à la forme correcte de l'archétype initial celle qui leur était coutumière ou qui leur avait semblé plus « logique ». La confusion fut donc bientôt sans remède, les livres eux-mêmes enseignant désormais l'envers pour l'endroit.

Assurément, la solution eût été de marquer d'un point ou d'un trait le bas de chaque jeton de corne. Mais on se contenta de différencier les deux seuls chiffres pouvant alors prêter à confusion, en attribuant au 6 un tracé toujours anguleux et en conservant au 9 une forme très arrondie (cf. G. Beaujouan).

Les *apices* du Moyen Age ne sont cependant pas à l'origine de nos chiffres actuels. Il faudra attendre l'après-croisades, marqué par un abandon définitif des formes précédentes et par un retour aux graphies arabes d'origine, pour assister à une stabilisation progressive des chiffres et voir ces derniers acquérir peu à peu l'allure définitive que nous leur connaissons aujourd'hui...

La deuxième introduction des chiffres « arabes » en Europe

On pouvait imaginer qu'avec le pape de l'an mil une ère totalement nouvelle s'ouvrait pour l'Europe et que les chrétiens allaient bientôt accomplir toutes sortes de progrès grâce à la numération et aux méthodes de calcul importées du monde arabo-musulman.

Pure vue de l'esprit, que l'ignorance et le conservatisme absolu des Européens de l'époque ont totalement contredite.

Les chiffres et la numération modernes leur furent certes apportés dès la fin du Xe siècle. Mais l'utilisation qu'ils en firent pendant plus de deux cents ans fut des plus primitives. Le système n'avait alors servi qu'à simplifier des méthodes archaïques et à déboucher, en fin de compte, selon le mot de Guillaume de Malmesbury, sur « des règles que les abacistes en sueur comprenaient à grand-peine ».

Certains calculateurs trouvèrent pourtant le moyen d'y opposer une vive résistance. Sans doute plus conservateurs que les autres, ils préférèrent graver, sur leurs jetons de corne, les chiffres grecs de $\alpha = 1$ à $\Theta = 9$, ou encore les chiffres romains de I à IX, plutôt que d'y imprimer les « signes diaboliques » de ces « suppôts de Satan » qu'étaient les Arabes à leurs yeux.

Gerbert lui-même n'échappa guère à cet esprit d'arrière-garde : on en vint à murmurer qu'il fut alchimiste et sorcier et qu'en allant goûter à la science des « infidèles Sarrazins », il avait sûrement dû vendre son âme à Lucifer. Grave accusation qui poursuivra le savant homme durant de nombreux siècles. Au point qu'en 1648 l'autorité pontificale jugera nécessaire de faire ouvrir le tombeau de Sylvestre II pour vérifier si les diables de l'enfer ne l'habitaient pas encore... !

Finalement, la chrétienté, lasse de prier devant les ossements de ses martyrs, se rendit en foule à la tombe même du Sauveur, pour constater pour la seconde fois que le sépulcre était vide et que le Christ était déjà ressuscité.

Alors, elle se réveilla des torpeurs de la mort. L'Europe revint à l'activité de l'existence. Ce fut un renouveau fébrile dans les arts et les sciences. Les cités se mirent à refleurir. Cimabüe découvrit à nouveau l'art éteint de la peinture, et Dante celui de la poésie.

C'est alors que des esprits audacieux comme Abélard et saint Thomas d'Aquin osèrent introduire dans le catholicisme les idées de la logique d'Aristote. Et c'est ainsi que fut fondée la philosophie scolastique...

A la fin, l'aube se leva, et l'Europe, rassurée de nouveau, se mit à tirer profit de ses dons et à créer la connaissance de la nature fondée sur l'indépendance de la pensée...

Tel est le saisissant raccourci que prit le mathématicien Carl Jacobi (1804-1851) dans son *Discours sur Descartes,* pour dépeindre la période historique connue sous le nom de *Renaissance européenne.*

Cette époque, précisons-le, a constitué une étape décisive non seulement dans la diffusion des méthodes de calcul d'origine indienne, mais encore dans la stabilisation et la rationalisation des formes cursives des chiffres correspondants.

Dès ce temps-là, en effet, on assistera à l'abandon progressif des formes de la période précédente et à un retour à la graphie d'origine arabe, et l'on verra ainsi ces chiffres acquérir peu à peu une forme cursive qui tendra à se stabiliser pour acquérir définitivement l'allure que nous leur connaissons à l'heure actuelle.

Autrement dit, c'est bien au XIIe siècle (et non au XVIe) qu'il faut placer les racines véritables de la graphie de nos chiffres modernes, les transformations – apparemment radicales – que ceux-ci ont subies dès la fin du Moyen Age se rattachant en fait aux tendances générales de l'écriture humanistique (fig. 26.10 et 26.11).

La réinvention de l'imprimerie elle-même, vers 1540, n'y changera rien de substantiel : cette découverte fixera simplement la forme de ces chiffres suivant des prototypes bien déterminés et adoptés une fois pour toutes[1] (fig. 26.12).

Mais la « Renaissance » a été marquée également et surtout par la réapparition du savoir à partir du XIIe siècle, par le développement de la science dite « scolastique », ainsi que par l'essor des grandes universités en Europe occidentale dès la fin du XIIIe et le début du XIVe siècle.

Cette aube du jour a pointé sous la croix au temps du roi Richard Cœur de Lion.

Reconquérir la science et la culture n'était pas tout à fait l'objet des croisades. Et pourtant, ce fut là exactement le résultat de ces guerres insensées.

De 1095 à 1270, les puissants princes et les chevaliers chrétiens essayèrent, par le glaive, d'imposer leur religion et leurs traditions aux « Infidèles » de l'Orient. Mais, à l'encontre du résultat escompté, les croisés revinrent chez eux enrichis par le fonds de la culture qu'ils étaient venus combattre en Terre sainte.

Et c'est ce qui permit de réaliser, en fin de compte, le progrès que ni la science ni les initiatives de Gerbert d'Aurillac n'avaient réussi, deux ou trois siècles plus tôt, à imposer à l'Occident dans le domaine des chiffres, du zéro et du calcul.

Grâce aux nombreux échanges impliqués par ces guerres avec les musulmans d'Orient, certains clercs de la suite des croisés apprirent en effet le calcul écrit à la manière indo-arabe.

Progressivement, l'*abacus* de Gerbert et de ses émules tomba en désuétude. Et peu à peu, les chiffres furent tracés sur le sable ou la poussière au lieu d'être gravés sur des jetons de corne, entraînant du coup la disparition même des colonnes de l'abaque. D'où un calcul aux méthodes plus simples, plus pratiques, plus élégantes et plus expéditives, que l'on

1. « La suprême ambition des premiers imprimeurs était en effet de reproduire, sans rien y changer, les beautés du travail manuel. Bien loin d'eux l'idée d'innover quoi que ce fût en la matière. La calligraphie était chose sacrée, tant et si bien que les premiers chiffres furent si fidèlement reproduits par l'imprimerie que seul un œil averti peut, aujourd'hui, affirmer qu'il ne s'agit pas de manuscrits... S'intégrer au monde des caractères occidentaux, telle est la nécessité qui va contraindre les formes à se définir. Ce n'est qu'à ce point de leur évolution que le rôle joué par les imprimeurs est devenu prépondérant » (J. Peignot).

DATES	SOURCES
XIIe s.	TOLÈDE. Tables astronomiques, Bayerische Staatsbibliothele, Munich. Ms. Clm. 18 927, f° 1r 1v.
XIIe s.	*Algorisme*. Munich. Clm. 13 021, f° 27r.
XIIe s.	*Algorisme*. BN, Paris. Ms. lat. 15 461, f° 1.
XIIe s.	*Algorisme*. BN, Paris. Ms. lat. 16 208, f° 3.
XIIe s.	*Idem*, f° 4.
XIIe s.	*Idem*, f° 67.
XIIe s.	*Idem*, f° 68.
XIIe s.	*Algorisme*. Nat. Bibl., Vienne (Autriche). Cod. Vin. 275, f° 33.
Fin XIIe s.	FRANCE. Tables astronomiques. Berlin. Cod. lat. FOL. 307, f° 6, 9, 10 et 28.
XIIIe s.	Brit. Museum. Ms. Arund 292, f° 107v.
Après 1264	ANGLETERRE. *Algorisme*. British Museum. Add. 27 589, f° 28.
1256	BN, Paris. Ms. lat. 16 334.
Entre 1260 et 1270	British Museum. Royal 12 E IV.
Fin XIIIe s.	BN, Paris. Ms. lat. 7 359, f° 50v.
XIIIe s.	BN, Paris. Ms. lat. 15 461, f° 50v.
Vers 1300	British Museum. Add. 35 179.
Milieu XIVe s.	British Museum. Ms. Harl. 2 316, f° 2v-11v.
Milieu XIVe s.	British Museum. Ms. Harl. 80, f° 46r.
1429 environ	British Museum. Add. 7 096, f° 71.
XVe s.	ANGLETERRE. *Algorisme*. British. Museum. Add. 24 059, f° 22r.
XVe s.	Manuscrit italien. British Museum Add. 8 784, f° 50r-51.
Vers 1524	*Quodlibetarius*. Erlangen. Ms. n° 1 463.

Fig. 26.10. – *La deuxième forme des chiffres européens (algorismes).* (Pour plus de détails : voir Hill).

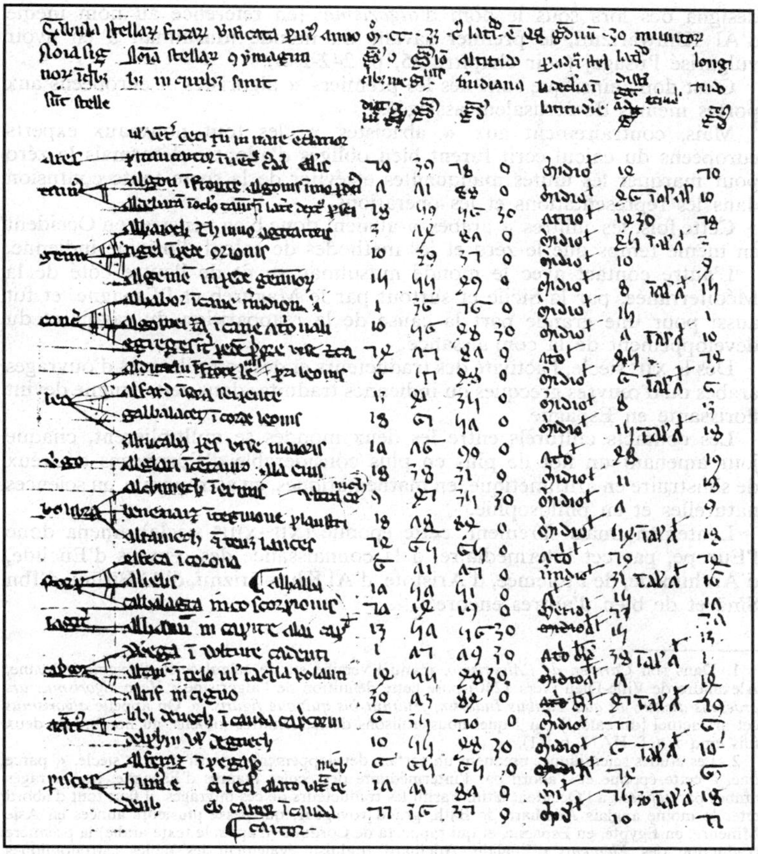

Fig. 26.11. – *Les chiffres et le zéro dans un manuscrit latin du* XIII*e siècle.* BN, Paris. Ms lat. 7 413, IIe partie, fo 36v. École des chartes. Fac-similé, AF 1113.

désigna dès lors sous le nom d'*algorisme*[1] [en référence au nom même d'Al Khuwārizmī, le premier savant du monde musulman à en avoir vulgarisé l'usage] (voir chapitre 25, p. 242-244).

C'est donc ainsi que sont nés les premiers « algoristes » européens aux portes mêmes de Jérusalem assiégée.

Mais, contrairement aux « abacistes », les tout nouveaux experts européens du calcul écrit furent bien obligés d'adopter désormais le zéro pour marquer les unités manquantes et éviter de la sorte toute confusion dans les représentations et les opérations.

Cette fois, les chiffres « arabes » allaient donc bien pénétrer en Occident en même temps que le zéro et les méthodes de calcul d'origine indienne.

L'autre contact avec le monde musulman se fit de l'autre côté de la Méditerranée, par la Sicile et surtout par le Maghreb et l'Espagne, et fut aussi pour une grande part la cause de la réapparition du savoir et du développement de la connaissance.

Dès le XIIe siècle, l'activité des traducteurs et des compilateurs d'ouvrages arabes ou d'œuvres grecques ou indiennes traduites dans cette langue devint florissante en Espagne.

Les contacts culturels entre les deux mondes se multiplièrent, chaque jour amenant un flot de plus en plus considérable d'Européens désireux de s'instruire en arithmétique, en mathématiques, en astronomie, en sciences naturelles et en philosophie.

Lentement mais sûrement, cette époque (XIIe-XIIIe siècle) amena donc l'Europe, par cet intermédiaire, à la connaissance des œuvres d'Euclide, d'Archimède, de Ptolémée, d'Aristote, d'Al Khuwārizmī, d'Al Bīrūnī, d'Ibn Sīnā et de bien d'autres encore[2].

---

1. Dans son *Carmen de l'Algorismo,* manuel versifié sur le calcul écrit d'origine indienne, Alexandre de Ville-Dieu (vers 1240) pose cette définition de l'algorisme : *Haec algorismus ars praesens dicitur, in qua Talibus Indorum fruimur bis quinque figuris.* « On appelle *algorismus* cet art actuel [du calcul] par lequel nous utilisons de tels chiffres indiens, au nombre de deux fois cinq » (cf. HAN, p. 11).

2. Les études scientifiques prennent un certain développement à partir du XIIe siècle, « parce que, à cette époque et d'abord par l'intermédiaire des écoles maures d'Espagne, les ouvrages arabes parviennent à l'Occident latin. Parmi les traducteurs de ces ouvrages, il faut tout d'abord citer le moine anglais Adelhard de Bath, grand voyageur, qui passa plusieurs années en Asie Mineure, en Égypte, en Espagne, et qui rapporta de Cordoue (d'après le texte arabe) la première traduction des *Éléments* d'Euclide. Adelhard traduisit également les tables astronomiques d'Al Khuwārizmī et probablement aussi l'arithmétique du même auteur. Un centre d'études se constituait peu après en Espagne chrétienne, à Tolède, sous l'impulsion de l'archevêque Raymond. Un juif converti, Jean de Luna, y composait un traité de l'*Algorisme* ; c'est à Tolède que Gérard de Crémone (1114-1187), qui dépensa à des traductions une activité considérable, venait retrouver les éditions arabes de l'*Almageste* de Ptolémée » (J. Pérès).

A partir de la même époque, « des matériaux plus abondants parvinrent aux écoles françaises, allemandes, anglaises, italiennes et espagnoles, où ils furent accueillis avec intérêt... Tout se passe cependant encore dans un cadre idéologique dont le but véritable est l'étude de la théologie, mais, par l'éclatement du cadre étroit des anciennes écoles monastiques, de grandes écoles d'enseignement, les *universités,* commencent à se créer. Au début, elles conservent tout à fait le caractère des grandes écoles cathédrales... Mais dès que ces nouvelles créations eurent acquis leur autonomie, elles se donnèrent des constitutions et reçurent des privilèges. Les éléments de ce qui avait été le *Trivium* (logique, grammaire, dialectique) et le *Quadrivium* (arithmétique, géométrie, musique et astronomie) furent dès lors enseignés à la faculté des arts, partie de l'université où tous les étudiants devaient passer avant de s'orienter vers une des trois autres : théologie, droit et médecine... La mathématique, qui était devenue indépendante et englobait l'enseignement du *Quadrivium,* restait, dans le programme, subordonnée à la philosophie et à la théologie, accomplissant cependant dès lors des progrès réguliers » (Becker et Hofmann).

Fig. 26.12. – *Les chiffres et l'imprimerie depuis le XVe siècle.* Réf. J. Peignot.

Fig. 26.13. – *Le calcul écrit au moyen des chiffres « arabes ».*
D'après une illustration européenne du XVIe siècle[1].
Palais de la Découverte, Paris.

Et voilà les chrétiens se mettant à leur tour à traduire en latin tout ce qui leur tombe sous la main.

Les uns comme les autres, croisés assiégeant Jérusalem ou savants séjournant à Tolède, signaient donc déjà la condamnation à mort de l'abacisme à plus ou moins brève échéance.

1. Cette illustration est extraite d'un ouvrage d'arithmétique pratique du début du XVIe siècle, dont l'auteur fut un ardent défenseur du calcul écrit d'origine indienne. Mais dans son élan, celui-ci se laissera déborder par son enthousiasme à un tel point qu'il ira jusqu'à déclarer, à l'appui de cette gravure bien représentative, que « l'art de calculer avec les figures est si simple que même une femme est susceptible de le posséder » (!).

De retour au foyer, ceux-ci comme ceux-là ne cachèrent plus leur enthousiasme pour les nouvelles méthodes de calcul qu'ils surent communiquer à des disciples chaque jour plus nombreux.

Ce mouvement s'accentua à partir du début du XIIIe siècle, grâce à l'influence déterminante d'un grand mathématicien italien : Léonard de Pise (vers 1170-1250), mieux connu sous le nom de Fibonacci. Celui-ci visita l'Afrique musulmane et se rendit au Proche-Orient. Il y rencontra les arithméticiens arabes et se fit expliquer leur système de numération, leurs méthodes de calcul, les règles algébriques et les principes fondamentaux de la géométrie. Fort de cette science, il composa en 1202 un traité destiné à devenir le bréviaire de tous les tenants de l'*algorisme* : le *Liber Abaci* (« Traité de l'abaque »), qui contribua à une diffusion considérable des chiffres « arabes », ainsi qu'au développement de l'algèbre en Europe occidentale. Malgré son titre, l'ouvrage n'avait évidemment plus rien de commun avec les traités arithmétiques de la tradition de Gerbert et de ses disciples, puisqu'il expliquait notamment toutes les règles du calcul écrit selon l'usage du zéro et des neuf chiffres régis par le principe de position. Sans doute Fibonacci, en donnant le nom même de l'abaque au titre de son ouvrage, avait-il voulu éviter les foudres de ceux qui détenaient alors le monopole du domaine numérique et préconisaient avant tout les méthodes du calcul sur l'*abacus* à jetons !

En tout cas, dès ce moment-là, la balance commença à pencher sensiblement en faveur des algoristes. Ce fut donc l'amorce du mouvement de démocratisation du calcul en Europe.

Et pourtant, la bataille était encore loin d'être gagnée. Un certain nombre de calculateurs, alors enfermés dans des routines tout imprégnées des numérations et des règles archaïques, continuaient encore à prôner l'usage de l'abaque à jetons.

La résistance restait donc très vive, les défenseurs acharnés des vieilles traditions ne désarmant toujours pas.

Les calculateurs professionnels de l'époque, ceux qui pratiquaient les opérations sur l'abaque à jetons, formaient en réalité une puissante caste placée sous la haute protection de l'Église. Voulant garder jalousement pour eux les secrets de cet art, soucieux de préserver leur monopole, voyant donc leur gagne-pain menacé, ils ne voulurent pas entendre parler de cet *algorisme* révolutionnaire qui mettait l'arithmétique à la portée de n'importe qui.

Lorsqu'un savoir, même aussi rudimentaire à nos yeux, mais combien subtil à ceux de nos ancêtres, confère un pouvoir ou tout au moins des privilèges, il paraît en effet redoutable et comme impie de le partager.

Mais une autre raison à ce refus du calcul et de la numération indo-arabes fut d'ordre idéologique.

Depuis la renaissance du savoir en Europe, l'Église (qui entretenait alors un climat indéfini, imprégné de dogmatisme, de mysticisme et de servilité vis-à-vis des paroles consacrées, et dont les doctrines principales étaient le péché, l'enfer et le salut de l'âme) prit en effet sous son contrôle la science et la philosophie. Elle exigea donc que leur évolution restât strictement soumise à la foi absolue en ses dogmes et que leur étude se consacrât en complète harmonie avec la théologie.

Au lieu de libérer l'esprit curieux, ce savoir contrôlé l'enchaîna dès lors pour quelques siècles et fut la cause de plusieurs tragédies.

Ainsi certaines autorités ecclésiastiques firent-elles courir le bruit que, pour être si facile, si ingénieux, le calcul à la manière arabe devait sûrement avoir quelque chose de magique, voire de démoniaque ; il ne pouvait provenir que du Diable lui-même !

De là à envoyer des algoristes trop zélés au même bûcher que les sorcières et les hérétiques, il n'y eut qu'un pas que certains inquisiteurs ne manquèrent pas de franchir par endroits.

L'étymologie même de nos mots « chiffre » et « zéro » en porte, du reste, un témoignage évident.

Lorsque le zéro fut adopté par les Arabes en même temps que les chiffres indiens, ceux-ci traduisirent le mot sanskrit *śhûnya* (« vide ») par le mot arabe *ṣifr* de même sens[1].

Plus tard, lorsque ce concept est arrivé en Europe, le mot *ṣifr* a alors été purement et simplement transposé dans la langue latine.

Ainsi, dans son *Liber Abaci,* le mathématicien italien Léonard de Pise (dit Fibonacci) lui donnera le nom de *zephirum,* dont on se servira parfois jusqu'au XVe siècle : « Les neuf chiffres indiens (*figurae Indorum*), sont les suivants : 9, 8, 7, 6, 5, 4, 3, 2, 1. C'est pourquoi, avec ces neuf chiffres (*novem figuris*), et avec ce signe 0, qui s'appelle *zephirum* en arabe, on écrit tous les nombres (*numerus*) qu'on veut » (cf. TRAR [1]).

Dans son *Séfer ha mispar (*« Livre du nombre »), Rabbi Ben Ezra (1092-1167) lui donnera par contre le nom de *sifra* (cf. SHM, p. 2 ; Smith et Ginsburg ; Setinschneider). Mot que l'on retrouvera encore au XVIIe siècle, comme le montre cet extrait de l'*Institution mathématique* de Laurembergus, publiée en latin en 1636 (cf. Laur, p. 20, 1. 14 ; p. 21, 1. 2) : « Ces caractères ordinaires, barbares, ont survécu, et aujourd'hui la terre presque entière en fait usage. En tout, il y en a neuf : 1, 2, 3, 4, 5, 6, 7, 8, 9, auxquels s'ajoute le chiffre 0 (*o cyphra*), autrement dit le signe figurant "rien" (*figura nihili*), "aucune chose" (*Nulla*), le zéro (*Zero*). »

Quant au moine byzantin Maxime Planude (1260-1310), il désignera le zéro par le terme *tziphra* dans sa *Psephophoria kata Indos* (« Manière de calculer selon les Indiens »), où il expliquera ceci : « Les figures sont au nombre de neuf seulement. Ce sont : 1, 2, 3, 4, 5, 6, 7, 8, 9. On pose encore un autre signe que l'on appelle *tziphra,* et qui, d'après les Indiens, signifie "rien". Les neuf figures elles-mêmes sont indiennes, et la *tziphra* s'écrit : 0. » (réf. BN Paris, ancien fonds grec, Ms 2 428, f° 186r ; cf. Allard [3] Waeschke).

De même, en France, au XIIIe siècle, le langage populaire qualifiait un « homme de rien » de *cyfre d'angorisme* ou encore de *cifre en algorisme*

---

1. On retrouve ce mot dans tous les manuscrits arabes relatifs à l'arithmétique ou aux mathématiques, où il est employé en effet comme signifiant du zéro de la numération de position d'origine indienne. (Voir par exemple BN, Paris. Ms ar. 2 457, f° 85v-86 ; Ms ar. 2 463, f° 79v-80 ; Ms ar. 2 464, f° 3v ; Ms ar. 2 473, f° 9 ; et Ms ar. 2 475, f° 45v-46r. Voir aussi université de Tunis. Ms 10 301, f° 25v ; et Ms 2 043, f° 16v et 32v). Il est vrai que, d'un point de vue étymologique, le mot *ṣifr* exprime le « vide » et l'idée de la « vacuité » (même si celle-ci est désignée habituellement par les mots *khalâ* ou *farâgh*). La même racine (ṢFR) est d'ailleurs employée pour dire aussi bien « vider » (*aṣfara*) ou « être vide » (*ṣafir*), que « celui qui n'a rien » (*ṣafr al yadyn,* mot à mot : « les mains vides », c'est-à-dire « celui qui n'a rien dans les mains ») [cf. Brockelmann ; Mounged].

(mot à mot : « zéro d'algorisme »), c'est-à-dire de « zéro de la numération de position ».

Dans un *Comput* français de la même époque, nous lisons également ceci : « La première figure fait 1, la seconde fait 2, la tierce fait 3 et les autres aussi jusc'à la darraine qui est appelée *cyfre*... Cyfre ne fait riens, mais ele fait les autres figures multeplier. » (BN Paris, Ms. français 7 299, f° 15).

Bref, en Europe chrétienne, dès l'époque des croisades, le zéro a reçu diverses appellations constituant toutes des transcriptions plus ou moins latinisées du nom arabe *ṣifr* :

sifra, cifra, cyfra, cyphra, zyphra, tzyphra, zephirum, etc.

Ajoutons que plusieurs langues ont gardé des traces du même mot : l'anglais, par exemple, où *cipher* (aujourd'hui remplacé par *zero*), a longtemps signifié le nul ; ou encore le suédois, qui continue à désigner un « homme de rien » par l'expression : *han är just en siffra.*

Et il est intéressant de noter qu'en 1801, le mathématicien, physicien et astronome allemand Karl Friedrich Gauss, l'un des derniers savants à écrire ses œuvres en latin, emploiera encore le mot *cifra* dans le sens de « zéro » (cf. *Disquisitiones arithmeticae,* Leipzig, 1801).

Mais bien évidemment, la terminologie de Gauss était déjà désuète depuis plus de quatre cents ans en Europe.

Le mot *zephirum,* introduit par Fibonacci, avait en effet subi des modifications. Aboutissant à l'italien *zefiro,* il donnera lui-même, par contraction, le mot *zero.* Mot que nous trouvons en effet pour la première fois dans le traité *De arithmetica opusculum* de Philippi Calandri, publié à Florence en 1491. (On y lit : *Sono dieci le figure don le quali ciascuno numero si può significare : delle quali n'è una che si siamo zero : et per se sola nulla significa : ma con qual vuoi dell' altre copulata a quella da maggior significato.*)

Et il ne fait aucun doute que l'introduction du mot *zéro* dans la langue française et celle du mot *cero* dans la langue espagnole constituent l'un des effets de l'influence prépondérante qu'avait acquise en France et en Espagne la culture italienne au XVIe siècle.

Mais du mot arabe *ṣifr* dérive également le mot français *chiffre,* ainsi que ses équivalents allemand et espagnol actuels *Ziffer* et *cifra.*

Ce terme a, cependant, été longtemps employé dans son acception première, comme le montre cet extrait de l'*Arismétique* de Laroche (f° 7), publiée au début du XVe siècle :

« La dixiesme figure de soy ne vault ou signifie rien ; mais elle, occupant ung ordre, fait valoir celles qui sont après elle ; et pour ce est appelée *chiffre* ou *nulle,* ou figure de nulle valeur. »

En fait, ce n'est qu'à partir de 1486 (depuis la publication des œuvres de Commynes) que le mot *chiffre* a acquis son sens moderne, par lequel on désigne l'un quelconque des signes de base d'un système de numération écrite.

Au début, on employait souvent les termes *figuris* et *numero* pour désigner les « chiffres » d'origine indienne. Et c'est ce qui explique que les Anglo-Saxons se servent aujourd'hui encore des mots *figure* et *numeral* pour exprimer le même sens.

Mais à partir du XVe siècle, on observe, ici et là, l'emploi des mots *sifra, cifra, cyphra, zyphra, tzyphra,* etc., non plus dans le sens de « zéro », mais dans celui de « signe de numération ». Dans un ouvrage d'arithmétique publié en 1540, Willichius emploie ainsi l'expression latine : *Zyphrae Indicae,* qui signifie pour lui les « chiffres indiens » (p. 93). En 1592, dans son *Institutionum Mathematicarum,* Conrad Rauhfuss Dasypodius de Strasbourg emploie de même le mot *cyphra* pour désigner les mêmes chiffres : *Quis est harum Cyphrarum autor ?* (« Qui est l'auteur de ces chiffres ? ») (cf. Bayer). Mot que l'on retrouvera sous une variante légèrement différente (*cifra*) dans la *Chronique de Théophanes,* publiée en 1655 : *Hinc numerorum notas et characteres, cifras vulgo dictos...* (« Les signes et caractères qui expriment les nombres – ce que l'on appelle vulgairement les chiffres... ») (réf. Th, p. 616, 2e col., et p. 314).

En France, le mot latin *cifra* évoluera successivement en *cifre* et *chifre* pour donner finalement l'orthographe de *chiffre,* tandis qu'en Allemagne la forme *Zyphra* se transformera en *Ziphra,* puis *Ziffra,* avant d'aboutir au mot *Ziffer* qui signifie un « chiffre » dans le sens d'aujourd'hui. (Notons que pour dire « zéro », les Allemands emploient aujourd'hui le terme féminin *die Null.*)

Pourquoi avoir ainsi curieusement assimilé le nom du zéro et celui des neuf « figures » d'origine indienne ?

Pour le comprendre, il faut revenir à l'attitude des autorités catholiques à l'époque du bas Moyen Age face aux chiffres et aux méthodes de calcul importés de la civilisation arabo-islāmique. On se trouve confronté à un véritable veto ecclésiastique et à une levée de boucliers de la part de la caste des calculateurs professionnels. Veto qui sera maintenu en divers endroits jusqu'au XVe siècle. Il semble bien, en effet, que l'Église ne veuille rien faire pour favoriser une démocratisation du calcul qui entraînerait sûrement pour elle une perte de monopole en matière d'enseignement et par conséquent une perte de pouvoir et d'influence. Elle préfère que le calcul reste du ressort exclusif des spécialistes de l'abaque, qui sont d'ailleurs des clercs pour la plupart. Les chiffres « arabes » et le calcul écrit demeurent donc, pour un temps, frappés d'une sorte d'interdit. Tant et si bien que les amateurs d'algorisme se trouvent dans l'obligation d'en user en cachette un peu comme d'un code secret.

Mais le calcul écrit, sur le sable ou à la plume, prend par la suite une extension de plus en plus considérable parmi le peuple, auquel n'échappe pas le rôle fondamental joué dans cette méthode par le zéro, alors appelé *cifra, chifre* ou encore *chiffre.* Au point que la tradition populaire en vient à se servir désormais de ce nom pour identifier le système tout entier. Et c'est ainsi que ce mot, sous ses diverses variantes, en est venu à désigner le sens qu'il possède actuellement dans bon nombre de langues occidentales.

Éloquent témoignage d'une prise de conscience populaire à propos d'une des plus grandes découvertes de l'humanité, réalisée par les savants indiens, transmise ensuite aux Arabes, puis aux Européens par l'intermédiaire de ces derniers, et qui a sans aucun doute constitué « l'un des apports capitaux du Moyen Age à l'outillage intellectuel de la science occidentale » (G. Beaujouan).

Mais une grave confusion se produisit dès lors entre le sens pris par le mot *chiffre* dans les traditions populaires avec celui que les savants

Fig. 26.14. – *La querelle entre les abacistes (à gauche) et des algoristes (à droite).* D'après une illustration de l'ouvrage *The Ground of Artes* (« Mémoire sur les arts libéraux ») du mathématicien anglais Robert Recorde (1510-1558).

accordaient au même terme : pour les uns, il avait le sens de « signe de numération », tandis que pour les autres il signifiait « rien ».

D'aucuns essayèrent vainement de faire triompher le sens originel de la nullité. Mais ils s'inclinèrent finalement sous la pression du peuple qui fit adopter pour le nombre nul la dénomination italienne de *zero.* Et c'est alors que le mot *chiffre* en est venu à rejoindre définitivement l'acception populaire.

D'ailleurs, lorsque nous disons *chiffre,* le mot lui-même[1] (pris toutefois

1. En *cryptographie* (ou science des « écritures secrètes »), le mot *chiffre* se rapporte en effet à l'ensemble des moyens permettant de transformer un texte clair ou *libellé* en un texte inintelligible pour un non-initié, et à l'ensemble des moyens permettant d'en assurer le décryptage à tout moment. Cette définition étymologique s'explique par l'utilisation, naguère fréquente, des lettres numérales ou des signes de numération pour l'établissement des écritures secrètes (cf. A. Muller).

Dans sa *Culture des idées,* R. de Gourmont (1858-1915) emploie ce mot dans le sens qui vient d'être défini : « On peut donc écrire, surtout lorsqu'il s'agit de généralités, des suites de phrases ayant à la fois un sens ouvert et un sens secret. Les mots, qui sont des signes, sont presque toujours aussi des *chiffres.* »

Ajoutons que dès 1515, le verbe *chiffrer* a reçu la signification de « marquer une correspondance secrète », sens que celui-ci a conservé en cryptographie, mais qui désigne communément depuis la même époque l'action de « numéroter ». Mais auparavant, conformément au sens primitif de *chiffre* (« zéro »), le même verbe était synonyme de « supprimer », « annuler ».

Fig. 26.15. – *Gravure sur bois ornant la* Margarita Philosophica *de Gregorius Reisch (éd. Freiburg 1503). Madame Arithmétique (symbolisée par la femme debout au centre de la gravure) tranche le débat : la querelle des abacistes et des algoristes n'a désormais plus de sens. L'Arithmétique regarde en effet dans la direction du calculateur qui effectue ses opérations au moyen du zéro et des chiffres « arabes » (chiffres dont sa robe est ornée).*

dans un sens figuré) nous renvoie à cette époque trouble de l'histoire de l'arithmétique européenne, puisqu'il signifie justement une « écriture secrète », c'est-à-dire une écriture codée dont les mots sont tous mis en association avec des « chiffres » (au sens propre cette fois).

On comprend mieux désormais pourquoi Montaigne, en plein XVIe siècle, ne savait calculer « ny a get ni a plume ». Car, même par les méthodes du calcul écrit, la pratique de la multiplication et de la division est longtemps restée hors de la portée du commun des mortels, à cause des complications des méthodes correspondantes (voir chap. 25, p. 321). Il faudra attendre la fin du XVIIIe siècle, avec la simplification des techniques opératoires, pour voir tout le monde (y compris les esprits les plus fermés à l'arithmétique) se mettre à faire des calculs.

Quant à la querelle des *abacistes* (farouches défenseurs des chiffres romains et du calcul sur l'*abacus* à jetons) et des *algoristes* (tenants du calcul écrit d'origine indienne), elle durera en réalité plusieurs siècles.

D'ailleurs, même après la victoire des nouvelles méthodes, l'usage de l'abaque est resté si ancré dans les mœurs que l'on a longtemps continué à vérifier, par prudence, tous les calculs effectués par écrit en les refaisant sur la table à jetons.

Et jusqu'à une époque relativement récente, les fonctionnaires britanniques des Finances ne connaissaient pas d'autre méthode que celle-là pour calculer les impôts de leurs contribuables. Et c'est parce que la table à compter s'appelait *the exchequer* (« l'échiquier ») qu'aujourd'hui encore, le ministre des Finances de Sa Gracieuse Majesté la reine Élisabeth s'appelle toujours le « Chancelier de l'Échiquier ».

Certes, le calcul à la plume l'avait emporté depuis longtemps auprès des savants et des scientifiques. Mais les commerçants, les financiers, les banquiers et les fonctionnaires européens, en fin de compte plus conservateurs, eurent beaucoup de mal à se séparer des méthodes archaïques.

Et il a fallu la Révolution française pour trancher dans le vif et s'apercevoir enfin, comme le dit une personne avisée de l'époque, que « tout l'avantage qu'a un piéton libre et sans charge sur celui qui est lourdement chargé, le calcul à la plume l'a sur le calcul à jetons ». L'usage de l'abaque fut dès lors interdit dans les écoles et les administrations.

Et c'est ainsi que le calcul et la science ont pu se développer sans entraves. L'un et l'autre venaient de terrasser pour toujours leur coriace et redoutable adversaire...

Chapitre 27

AU-DELA DE LA PERFECTION

Voilà donc complétée, démocratisée et universalisée la notation numérique, au terme d'une très longue histoire, tout en rebondissements, en inventions, régressions, oublis, rencontres, voire juxtapositions de systèmes différents qui provoquent finalement l'étincelle du génie créateur, notre système actuel : la numération décimale de position.

La question que l'on peut se poser est donc de savoir si cette histoire est véritablement achevée. Elle a été si longue et si tortueuse que l'on peut bien soupçonner quelque nouveau détour. Eh bien non, il n'y en aura pas. Notre numération de position constitue un système parfait, achevé, parce qu'elle est la plus économe en signes et qu'elle permet de noter rationnellement n'importe quel nombre, si grand soit-il. C'est aussi, nous l'avons vu, la plus efficace possible, puisqu'elle permet à tout le monde de faire de l'arithmétique.

Bien sûr, avec l'apparition des ordinateurs et des calculatrices électroniques à cristaux liquides, on a assisté durant la seconde moitié du XXe siècle à une certaine évolution graphique des chiffres « arabes » dans le sens d'une schématisation qui eût sans aucun doute épouvanté les scribes et les calligraphes de jadis.

Mais en réalité, cette transformation graphique n'a pas eu pour but de modifier la structure même du système de numération : on les a ainsi redessinés pour répondre aux contraintes imposées par les procédés physiques d'affichage numérique, ou encore pour que chaque signe puisse à la fois contenir les éléments d'information codée (appropriés à leur identification par une machine capable de les lire) et présenter une allure générale reconnaissable pour l'œil humain (voir chapitre 32).

Certes, comme on l'a vu maintes fois au fil de ces pages, on pourrait imaginer de retenir une autre base pour notre système de numération : la base douze par exemple, certainement plus commode que notre base décimale, ou encore la base deux, comme on l'a fait à l'usage des ordinateurs électroniques actuels qui ne connaissent généralement que des systèmes physiques à deux états (magnétisation, perforation, passage de courant, etc.), eux-mêmes symbolisés par les deux chiffres : 0 et 1. Mais cela ne changerait absolument rien à la structure même du système, qui serait toujours soumis au principe de position, posséderait encore un zéro, et dont les règles opératoires fondamentales seraient identiques à celles que nous connaissons (voir chapitre 31).

Bref, l'invention de notre numération actuelle a bien constitué le stade ultime de l'histoire de la notation numérique : dès lors que celle-ci fut réalisée, aucune autre découverte n'était désormais possible dans ce domaine (voir chapitre 28).

Les tribulations de la représentation des nombres vers ce système achevé témoignent – dans un domaine certes restreint, mais riche d'infinies conséquences – d'un véritable progrès.

Depuis son apparition, l'être humain se caractérise par le fait qu'il met les forces de la nature au service de son épanouissement, de sa survie et de sa domination sur les autres espèces vivantes, en découvrant les lois correspondantes par son action sur son environnement. Au lieu d'être guidé par un instinct implacablement programmé, il agit, cherche à comprendre le « pourquoi des choses », réfléchit et crée.

Dans son roman *Les Animaux dénaturés,* Vercors relate un fait très significatif à cet égard. Une inondation vient de ravager une vallée où vivent une tribu d'hommes « primitifs » et une colonie de castors. Mus par leur instinct héréditaire, les rongeurs construisent alors un solide barrage, mettant ainsi leurs huttes à l'abri. Les humains, en revanche, guidés par leur grand sorcier, montent sur la colline sacrée, méditent et implorent la pitié de leurs dieux ; ce qui, naturellement, n'empêchera pas leur village d'être complètement dévasté par les eaux.

Assurément, le comportement des humains semblera absurde à première vue. Mais à la réflexion, on s'aperçoit qu'il y a eu en réalité chez eux quelque chose de plus profond qui portait en germe toute la civilisation à venir. Ceux-ci se sont certainement trompés en donnant une explication fantastique à la catastrophe ; mais en dépit des apparences, leur démarche est allée beaucoup plus loin que celle, purement instinctive, des castors, car, en méditant, ils ont cherché à comprendre les véritables causes de leur malheur. L'humanité est sûrement passée par ce stade, on sait jusqu'où ses tribulations l'ont conduite (voir conclusion).

Il n'est pas question de retracer ici l'histoire et l'évolution de l'espèce humaine depuis l'époque de l'hominisation. Il importe toutefois de se rappeler que ce qui caractérise l'être humain, c'est non pas ce qui est possédé dès la naissance ou qui fait partie de la nature sans avoir besoin d'être appris, mais surtout la prédominance de ce qui vient s'ajouter à la nature ou qui résulte de l'apprentissage, de l'expérience ou de l'éducation.

Autrement dit, *l'homme est partout un être intelligent et social,* et ce qui le différencie des animaux supérieurs, c'est avant tout la *prédominance de l'acquis sur l'inné.*

Cette vérité fondamentale n'a cependant pas toujours été (et n'est toujours pas) évidente pour tous.

On sait que pour des raisons politiques, souvent criminelles, cette question a fait l'objet de mystifications organisées visant, par des critères fallacieux telles la couleur de la peau ou la morphologie du visage, à mettre en évidence la prétendue supériorité d'une race par rapport aux autres.

Maintenir délibérément une grande confusion entre la notion de race et celles de peuple, de nation, de tribu, d'ethnie et de groupe linguistique ; faire croire qu'il y a des races humaines définissables, que ces races sont inégales et que les races dites « supérieures » ont une sorte de « droit naturel » de diriger, d'exploiter, voire de supprimer les races dites « inférieures » : telles sont, en gros, les principales motivations et les idées de base des philosophies racistes et ségrégationnistes.

Racisme et mystifications insoutenables qui, érigés en idéologie politique par les nazis du Troisième Reich germanique, ont engendré durant la Seconde Guerre mondiale la plus grande barbarie de tous les temps et conduit à l'abattoir des millions d'innocents, selon un eugénisme épouvantable dont le spectre continue, hélas, à hanter le monde des dizaines d'années après l'écrasement du nazisme.

A tous ceux qui l'auraient oublié (ou qui voudraient le faire oublier), il convient de rappeler avec force que « l'homme est inégal à l'homme », mais qu'« une race n'est pas inégale à une autre, encore moins un peuple à un autre peuple » (J. Rostand, *Hérédité et Racisme,* p. 63).

Quant à la couleur de la peau, elle est liée en vérité (selon la formule de François Jacob) « à la quantité d'insolation, d'irradiations de la lumière issue du soleil ». Autrement dit, en empruntant cette explication donnée vers 1390 par le philosophe arabe Ibn Khaldūn : « C'est le climat qui colore la peau. La peau noire résulte de la chaleur croissante dans le Sud. » (*Muqāddimah,* « Prolégomènes », p. 170 ; cf. V. Monteil, p. 169).

En fait, la « race » est une réalité exclusivement biologique, tandis qu'un peuple est une réalité historique. On ne saurait donc parler d'une *race française,* mais d'une nation française, car celle-ci comporte un certain nombre de races juxtaposées, superposées ou mélangées. Il n'y a pas non plus de *race* bretonne, mais un *peuple* breton ; de race juive, mais un *peuple* juif ; de race arabe, mais une *culture* arabe ; de race latine, mais une *civilisation* latine ; de race sémitique, mais des *langues* sémitiques ; de race aryenne, mais des *langues* aryennes.

La notion de race est en réalité « l'une des rubriques de la classification zoologique ; c'est un groupement assez large à l'intérieur de l'espèce, une "espèce dans l'espèce", une somme d'individus ayant une ascendance commune et présentant en commun des caractères biologiques suffisamment significatifs ». Elle « repose donc sur des critères qui relèvent de la génétique, de l'anatomie, de la physiologie et de la pathologie. La difficulté de la classification raciale de l'humanité réside : 1. dans le choix des critères ; 2. dans le fait qu'il y a actuellement très peu de races qu'on puisse considérer comme relativement pures, du fait des métissages ; 3. dans le caractère provisoire de la définition d'une race donnée, puisque les races, comme l'homme lui-même, poursuivent une perpétuelle évolution » (R. Hartweg, in : GLE. 8, p. 976).

Autrement dit, « du point de vue biologique, la notion de race humaine reste extrêmement imprécise : la couleur de la peau, la forme du visage sont des caractères morphologiques apparents, mais biologiquement confus. Même si l'on suppose qu'il y a des races différentes, les critères de la force physique ou de l'intelligence (mesurée par les tests) ne font apparaître aucune inégalité systématique : si les peuples des nations industrielles jouissent d'une constitution plus faible que ceux des nations africaines, par exemple, et si, en revanche, la culture semble moins répandue chez ces derniers que chez les peuples occidentaux, cela n'affecte en rien les possibilités physiques des uns, ni les possibilités intellectuelles des autres. D'autre part, les différences de caractère – qui nous font opposer traditionnellement la raideur intellectuelle de l'homme "blanc" à l'esprit intuitif et à la générosité instinctive de l'homme "noir", ou la franchise de ces deux types à la souplesse féline et au profond pouvoir de dissimulation de l'homme "jaune" – ne correspondent nullement à une hiérarchie de valeurs ; les différences de caractères ne doivent pas être une source d'opposition, mais une source d'enseignement [et donc d'enrichissement] : en comprenant autrui, chaque homme de chaque race se comprendra mieux lui-même et pourra en tirer une leçon pour la conduite de sa propre vie » (D. Julia).

Bref, « les thèses *racistes* sont des constructions gratuites, fondées sur une anthropologie tendancieuse et puérile » (J. Rostand, *Hérédité et Racisme,* p. 57). Et « la vérité est qu'il n'y a pas de race pure et que faire reposer la politique sur l'analyse ethnographique, c'est la faire porter sur une chimère » (E. Renan, *Discours et conférences,* p. 293-294).

L'histoire des chiffres indique, au moins dans ce domaine particulier, que *l'intelligence humaine est universelle et que le progrès a pris place dans l'équipement mental, culturel et collectif de l'humanité.*

De l'homme de Cro-Magnon, ou du prétendu « primitif », à l'homme moderne, il n'y a eu en réalité aucune modification fondamentale du cerveau, mais un enrichissement culturel de l'équipement mental. Ce qui veut dire que *les êtres humains,* qu'ils soient blancs, rouges, noirs ou jaunes, et qu'ils vivent dans les villes, dans les campagnes ou dans les brousses, *ont tous, sans exception, les mêmes potentiels intellectuels* : des potentialités d'intelligence, que chacun saura ou non développer selon les besoins, son environnement, son milieu social, son acquis culturel et ses diverses aptitudes individuelles. Et ce sont précisément ces différences individuelles, strictement personnelles, qui feront qu'un esprit donné sera comme les autres, ou plus obscur, plus éclairé ou même plus ingénieux que les autres...

Comme on l'a dit dans la préface, les chiffres et l'arithmétique élémentaire sont aujourd'hui si évidents qu'ils nous semblent souvent constituer une aptitude innée de l'esprit humain.

Et c'est sans doute ce qui a fait dire au grand mathématicien allemand Léopold Kronecker : « Dieu a créé les nombres entiers, le reste est l'œuvre de l'homme. » Alors qu'il s'agit en fait d'une invention, d'une pure création de l'esprit de l'homme, comme l'illustre d'ailleurs ce raccourci du philosophe allemand Lichtenberg : « L'homme a commencé par le principe : "toute grandeur est égale à elle-même", et a fini par peser le soleil et les étoiles. »

Et il s'agit là d'une *invention purement humaine.* Aucune divinité tutélaire, aucun Prométhée, aucun extra-terrestre initiateur n'en a fait cadeau à l'humanité.

Soit dit en passant, les mythes complaisamment répandus dans une certaine littérature tapageuse au sujet des « extra-terrestres civilisateurs des humains » trouveront ici leur pierre d'achoppement. Plutôt que de mystérieuses techniques pour ériger des mégalithes, une civilisation scientifiquement et technologiquement avancée venue d'ailleurs eût d'abord fait cadeau aux humains de la numération de position et du zéro. L'abondance des documents sur la date relativement tardive de l'apparition de ces concepts et sur la très grande diversité des systèmes numériques de l'histoire montre à l'évidence qu'il n'en a jamais rien été.

Cette invention humaine, profondément humaine, est aussi la plus universelle qui soit. En plus d'un sens, on peut dire qu'elle soude l'humanité. Il n'y a pas eu de tour de Babel des nombres : *une fois qu'on les a assimilés, on les a partout compris de la même manière.* Tandis qu'il existe plus de quatre mille langues, dont plusieurs centaines sont largement répandues, et plusieurs dizaines d'alphabets et de systèmes d'écriture servant à les transcrire, il n'y a aujourd'hui qu'un seul et unique système de numération écrite. Système dont les signes de base constituent, pour ainsi dire, un *espéranto* pour les yeux : le fait que des gens, Européens, Asiatiques, Africains, Américains ou Océaniens, incapables de communiquer entre eux par la parole, se comprennent aisément dès lors qu'ils écrivent les nombres au moyen des chiffres 0, 1, 2, 3, 4... est l'un des traits les plus remarquables de notre système de numération actuel. En un mot, *les chiffres constituent aujourd'hui le seul et véritable langage universel.* Ceux qui considèrent les chiffres comme quelque chose de tout à fait inhumain feraient donc bien d'y réfléchir.

Toujours est-il que l'invention et la démocratisation de notre numération de position ont eu sur les sociétés humaines des conséquences incalculables, car elles ont facilité l'explosion de la science, des mathématiques et des techniques.

Elles ont permis en particulier l'amorce et le développement de la mécanisation du calcul arithmétique et mathématique.

Pourtant, en y réfléchissant, tous les ingrédients nécessaires au montage d'une véritable calculatrice mécanique (leviers, vis sans fin, engrenages, roues dentées, etc.) ont été connus et utilisés dès l'Antiquité par des ingénieurs et des savants comme Archimède, Ctésibios ou Héron d'Alexandrie. Mais, en examinant les numérations écrites que l'on utilisait alors, on conçoit qu'il ait été impossible de concevoir et, à plus forte raison, de construire de telles machines.

C'est que la technologie de l'époque ne le permettait pas non plus et qu'il a fallu attendre le début du XVIIe siècle, avec le grand développement de la mécanique horlogère en Europe occidentale, pour assister enfin aux premières réalisations dans ce domaine. Mais sans la numération de position et le zéro, Schickard ou Pascal se seraient certainement trouvés dans l'impossibilité d'imaginer les dispositifs de leurs machines à calculer. Ainsi le second, par exemple, n'aurait-il jamais eu l'idée de concevoir ni un *reporteur* (cliquet à contrepoids faisant brusquement avancer d'une cheville le chiffreur de l'ordre d'unités supérieur, quand celui auquel il correspond passe de la cheville « 9 » à la cheville « 0 » après un tour complet) ni un *totalisateur* (dispositif composé, pour chaque ordre d'unités, d'un cylindre portant deux numérotations inverses de 0 à 9, l'une destinée aux additions et l'autre aux soustractions).

Bref, *à défaut du zéro et du principe de position, le problème de la mécanisation et à plus forte raison celui de l'automatisation du calcul n'auraient jamais trouvé de solution.* Mais là, il s'agit déjà d'une autre histoire : celle du calcul artificiel, qui conduira d'abord aux calculatrices classiques ou analytiques et aux machines de traitement de l'information, et qui se terminera par l'apparition de l'ordinateur (voir chapitre 32).

Naturellement, cette puissante réalisation n'aurait jamais vu le jour si la découverte de la numération de position d'origine indienne n'avait exercé aucune influence sur l'art du calcul. Cela n'étant évidemment pas le cas, notre réflexion nous conduit donc à porter notre regard bien au-delà du domaine des chiffres : justement du côté de l'univers des nombres.

Remarquons d'abord qu'à la différence de presque tous les systèmes antérieurs notre numération moderne permet d'écrire simplement tout nombre entier, aussi grand soit-il. Cependant, pour se simplifier l'existence, les savants de notre époque ont adopté pour les très grands nombres une notation dite « scientifique » qui consiste à exprimer le nombre en termes de puissances de 10. Par exemple 1 000 s'écrira 10^3, un million 10^6 et un milliard 10^9 (l'exposant indiquant le nombre des zéros que contient le nombre ainsi représenté). Dans ce dernier cas, il aura suffi de trois symboles là où une écriture normale en aurait exigé dix. Mais il ne s'agit que d'une notation abrégée qui ne modifie en rien le système numérique employé. Elle est toutefois plus qu'une simple sténographie, car elle est soumise aux règles de l'opération appelée *exponentiation* (ou « élévation à la puissance ») qui joue par rapport à la multiplication un rôle comparable à celui tenu par cette dernière par rapport à l'addition :

$$a^m \times a^n = a^{m+n} ; a^m/a^n = a^{m-n} ; (a^m)^n = a^{mn}.$$

Grâce à cette notation, un très grand nombre comme :

72 965 000 000 000 000 000 000 000 000 000 (27 zéros)

s'écrira de façon certainement plus économique, à savoir :

$$72\,965 \times 10^{27},$$

ce qui signifie simplement qu'il suffit de rajouter 27 zéros au nombre 72 965 pour obtenir l'expression complète du nombre considéré.

On peut même employer une notation « à virgule flottante » en mettant le premier nombre sous une forme décimale que l'on fait suivre de la puissance de 10 appropriée. Ainsi le nombre précédent pourra-t-il être noté aussi sous la forme :

$$7{,}2965 \times 10^{31}$$

(et, dans ce cas, il faudra déplacer la virgule de 31 positions vers la droite pour obtenir l'expression complète du nombre représenté).

La plupart des calculettes et des ordinateurs électroniques actuels sont dotés d'un tel dispositif qui leur permet d'indiquer des nombres (ou tout au moins leur valeur approchée) qui dépassent la capacité de leur affichage.

Cela dit, la numération de position a permis un développement considérable de l'arithmétique en rendant beaucoup plus évidentes les propriétés des nombres. Mais elle a permis aussi aux mathématiciens des temps modernes de préciser et d'unifier certains concepts apparemment distincts et d'édifier des théories générales impensables jusque-là.

Les fractions, par exemple, furent connues dès l'Antiquité. Mais, à défaut de numérations bien conçues, elles reçurent longtemps des notations mal fixées, non homogènes et inadaptées aux applications pratiques.

Rappelons qu'à l'origine les fractions ne furent pas considérées comme des nombres ; on ne les concevait qu'en tant que rapports entre nombres entiers. Mais, avec le développement du calcul et de l'arithmétique, on s'aperçut par la suite que les fractions étaient soumises aux mêmes règles que les entiers et qu'elles étaient donc assimilables à des nombres (un entier apparaissant dès lors comme une fraction de dénominateur égal à 1). Grâce à cette première extension, les nombres, qui servaient autrefois aux seuls recensements, devenaient alors des « repères » adaptés à divers usages. Désormais, on ne se contentait plus de comparer deux grandeurs « au jugé » ; on pouvait les morceler ou, tout au moins, les supposer divisées en parties égales à une grandeur de même espèce choisie comme étalon. Cependant, malgré ce progrès, les Anciens, à cause de leurs notations imparfaites, ne surent ni unifier la notion de fraction ni construire un système cohérent pour leurs unités de mesure.

Grâce à leur numération de position de base soixante, les Babyloniens furent les premiers à donner aux fractions une notation rationnelle, en les convertissant en fractions sexagésimales (fractions dont le dénominateur est égal à une puissance de 60) et en les exprimant un peu comme on exprime aujourd'hui les fractions d'heures en minutes et en secondes :

33 mn 45 s (= 33/60 h + 45/3600 h).

Mais les Babyloniens ne connurent guère l'usage de la « virgule » pour différencier les entiers des fractions sexagésimales de l'unité. De sorte que l'expression [33 ; 45] pouvait aussi bien signifier 33 h 45 mn que 0 h 33 mn 45 s. C'était, pourrait-on dire, une notation « flottante » que seul le contexte pouvait préciser.

Après eux, les Grecs tentèrent de donner une notation générale aux fractions ordinaires. Mais, leur numération alphabétique se prêtant assez difficilement à cette symbolisation, ils abandonnèrent toute tentative et adoptèrent dans leurs calculs la notation sexagésimale d'origine babylonienne.

En fait, la notation moderne des fractions ordinaires est due aux Indiens, qui, grâce à leur numération décimale de position, ont symbolisé à peu près comme nous une fraction telle que 34/1 265 :

34 (numérateur)
1 265 (dénominateur).

Cette notation fut ensuite adoptée et perfectionnée par les Arabes, qui inventèrent la fameuse barre horizontale.

Puis, grâce à la découverte des fractions dites « décimales » (celles dont le dénominateur est égal à une puissance de 10), on s'aperçut peu à peu de l'intérêt qu'il y avait à prolonger la numération décimale de position dans l'autre sens, c'est-à-dire, en termes modernes, à la représentation des nombres « après la virgule ». Et c'est ce qui permit de noter sans aucune difficulté toutes les fractions, et de faire nettement apparaître les entiers comme des fractions particulières : celles, justement, dont la représentation ne comporte aucun chiffre après la virgule.

En Europe, c'est le Néerlandais Simon Stévin qui franchit, le premier, le pas décisif vers notre notation actuelle, en notant ceci, là où nous écririons 679,567 :

679(0) 5(1) 6(2) 7(3)

(Il symbolisa ainsi : 679 unités entières, 5 « unités décimales du 1er ordre » ou dixièmes, 6 « unités décimales du 2e ordre » ou centièmes, et 7 « unités décimales du 3e ordre » ou millièmes.)

Plus tard, le Suisse Jost Bürgi simplifiera la notation en éliminant la mention inutile de l'ordre des fractions décimales consécutives en surmontant le chiffre des unités simples du signe ° :

$67\overset{\circ}{9}\ 567$

Dans le même temps, l'Italien Magini remplacera ce petit rond par un point qu'il disposera entre le chiffre des unités et celui des dixièmes. Et c'est ainsi que naîtra la notation encore usitée de nos jours dans les pays anglo-saxons :

679.567

Quant à notre virgule, elle sera imaginée au début du XVIIe siècle par le Néerlandais Willebrord Snellius :

679,567

Les conséquences de cette rationalisation de la notion et de la représentation des fractions furent donc incalculables dans tous les domaines. A commencer par l'invention du « système métrique ». Système métrologique fondé sur la base dix, totalement cohérent et parfaitement adapté au calcul numérique que la Révolution française a offert en 1792 « à tous les temps et à tous les peuples pour leur plus grand avantage » en remplacement de vieux systèmes d'unités arbitraires, incohérents et variables. On connaît le progrès fantastique qu'il en est résulté dans le domaine des applications pratiques, en raison de la grande simplification que cette innovation a impliquée dans les calculs de toutes sortes (voir chapitre 2, p. 108-111).

La numération décimale de position ainsi complétée introduisit également à l'infinie complexité de l'univers des nombres, faisant désormais subir aux mathématiques un bond prodigieux.

Dès le VIe siècle av. J.-C., les mathématiciens grecs, depuis Pythagore, découvrirent que la diagonale d'un carré « n'a aucune commune mesure » avec son côté. En prenant, par exemple, un carré d'un mètre de côté, on s'aperçoit en effet, par la mesure, comme par le raisonnement, que la longueur de sa diagonale ne correspond pas à un nombre entier de mètres. Autrement dit (puisque telle est sa mesure mathématique), que $\sqrt{2}$ est un nombre « incommensurable ». Ce fut alors la découverte de ce que nous appelons aujourd'hui les « nombres irrationnels » : ceux qui ne sont ni des entiers ni des fractions.

Cette découverte produisit une grande consternation au sein des pythagoriciens qui pensaient alors que « le nombre régit l'univers », songeant ainsi aux nombres entiers naturels et aux plus simples de leurs combinaisons, à savoir les fractions ordinaires. Le nom donné aux grandeurs de cette nature en porte lui-même témoignage, puisque celles-ci furent qualifiées d'« inexprimables ». Au point que le serment fut tenu de ne jamais divulguer aux profanes l'existence de ces « êtres informes » : dans la conception pythagoricienne, cette faille inexplicable dans l'œuvre de l'Architecte suprême devait absolument être tenue au secret si l'on ne voulait pas encourir la colère de ce dernier.

Mais, après Pythagore et ses adeptes, ce secret devint très vite la propriété des têtes bien-pensantes qui discutèrent de l'inexprimable, nommèrent l'innommable et le livrèrent aux profanes. L'harmonie parfaite entre l'arithmétique et la géométrie, qui constituait donc les fondements de cette doctrine, apparut dès lors comme une vaine mystification.

Débarrassé de ces contingences mystiques, on admit alors qu'il existe d'autres nombres que les entiers naturels et les fractions ordinaires : les nombres « irrationnels », dont $\sqrt{2}$, $\sqrt{3}$, $\sqrt[3]{7}$ et le fameux π sont des exemples parmi tant d'autres.

Cette catégorie numérique resta cependant mal précisée pendant des siècles à cause des numérations imparfaites d'autrefois qui ne permirent pas de représenter ces nombres d'une manière cohérente : ceux-ci étaient en effet désignés par des mots ou des valeurs approchées n'ayant apparemment aucun rapport les uns avec les autres. Ne pouvant les définir correctement, on se borna par conséquent à en constater l'existence sans pouvoir les impliquer dans un raisonnement général.

Bénéficiant d'une notation numérique très efficace et d'une science de plus en plus avancée, les mathématiciens européens des temps modernes réussirent donc là où les autres avaient échoué. Ils découvrirent que *ces nombres étaient identifiables à des nombres décimaux qui ne se terminent jamais et dont les chiffres après la virgule ne se reproduisent jamais dans le même ordre.*

Exemple : $\sqrt{2} = 1{,}41421356237...$

Cette découverte fondamentale permit alors de mieux cerner cette catégorie de nombres, que cette propriété caractérise.

Certes, une fraction comme 8/7 engendre elle aussi un nombre décimal qui ne se termine jamais :

$$\frac{8}{7} = 1{,}142871428714287...$$

Mais ici le développement décimal est *périodique* : la suite « 14287 » se reproduit régulièrement et indéfiniment à droite de la virgule. Et il est facile de savoir à l'avance dans ce cas que la 100ᵉ décimale sera 1, puisque cette série se succède à elle-même : en la reproduisant 20 fois de suite et en recommençant pour la 21ᵉ fois, on verra que ce chiffre occupe bien la 100ᵉ position.

Les nombres irrationnels, au contraire, n'obéissent pas à cette règle. Pour aucun d'eux il n'existe de règle permettant de savoir à l'avance quel sera le chiffre d'une certaine décimale, leur développement n'étant pas périodique.

C'est précisément en cela que les fractions ordinaires (on dit aujourd'hui les « nombres rationnels ») se distinguent des nombres irrationnels.

Mais actuellement cette propriété ne constitue pas la définition de ces nombres. Selon une caractéristique algébrique, *on dit qu'un nombre est irrationnel s'il n'est la solution d'aucune équation du premier degré à coefficients entiers* (le nombre 2 par exemple est solution de l'équation $x - 2 = 0$; et la fraction 2/3 celle de l'équation $3x - 2 = 0$; en revanche, le nombre $\sqrt{2}$, qui n'est solution d'aucune équation de ce type, est bien irrationnel).

La conception même des nombres de ce type n'aurait cependant jamais été totalement précisée si l'on n'avait opéré une autre extension de la notion de nombre : les nombres « algébriques », dont la découverte a été faite au XIXe siècle grâce aux travaux du mathématicien norvégien Niels Henrik Abel et du mathématicien français Évariste Galois. *Un nombre est dit « algébrique » s'il est la solution d'une équation algébrique à coefficients entiers.* C'est évidemment le cas de n'importe quel nombre entier ou fractionnaire, mais aussi de tous les nombres irrationnels exprimables par radicaux (c'est le cas par exemple de $\sqrt{2}$, solution de l'équation $x^2 - 2 = 0$, et le cas de $\sqrt[3]{5}$, solution de l'équation $x^3 - 5 = 0$). Autrement dit, l'ensemble des nombres algébriques est suffisamment vaste pour contenir à la fois l'ensemble des nombres rationnels (qui inclut lui-même celui des nombres entiers) et l'ensemble des nombres irrationnels exprimables au moyen de radicaux.

Mais à son tour cette catégorie s'est avérée insuffisante pour caractériser l'univers des nombres. Grâce aux travaux de Liouville, d'Hermite, de Lindemann et de bien d'autres encore, on a découvert qu'il existait d'autres « nombres réels » : ceux qui ne sont ni des entiers, ni des fractions, ni même des irrationnels algébriques. Ce sont ceux que nous appelons aujourd'hui les « nombres transcendants » et *qui ne sont solution d'aucune équation algébrique à coefficients entiers ou fractionnaires.* De tels nombres sont donc nécessairement irrationnels, mais ils ne sont pas exprimables au moyen de radicaux. On en connaît aujourd'hui une infinité : le nombre « π » (égal à l'aire, ainsi qu'au demi-périmètre d'un cercle de rayon 1) ; le nombre noté « e » (base du système des logarithmes inventé en 1617 par le mathématicien écossais John Néper) ; le nombre « log 2 » (logarithme décimal de 2) ; le nombre cos 25° (le rapport trigonométrique appelé « cosinus de l'angle mesurant 25° »), etc.

Mais ne nous laissons pas embarquer dans les tribulations de la théorie des nombres. Ce n'est certainement pas ici le lieu de développer ces considérations. Il y faudrait une véritable histoire des mathématiques, dont on se fera une toute petite idée en consultant les tableaux chronologiques du chapitre 30.

S'il est possible, comme on l'a déjà fait remarquer, d'écrire simplement et rationnellement tout nombre, si grand ou si bizarre qu'il soit, on peut en venir à se demander s'il y a un dernier nombre, un nombre plus grand que tous les autres. La numération de position montre à l'évidence qu'un tel nombre n'existe pas puisqu'il suffit d'ajouter un zéro à la droite de la représentation chiffrée d'un nombre entier pour multiplier celui-ci par dix. En procédant ainsi jusqu'à l'infini, on se rend compte aisément que la suite

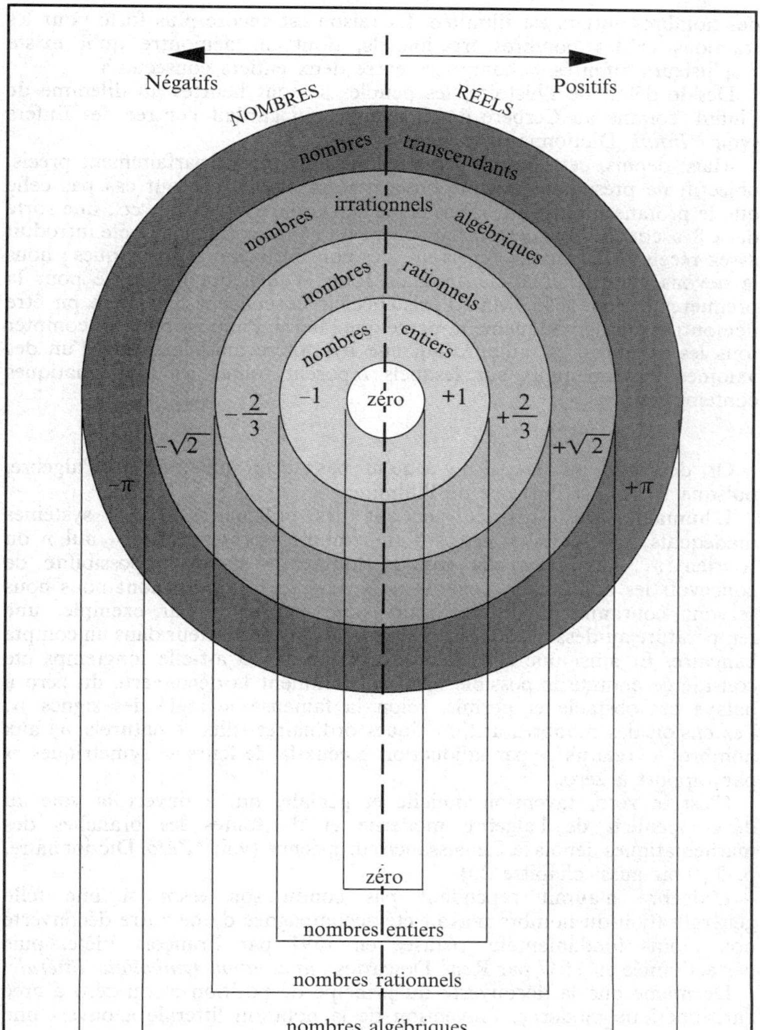

Fig. 27.1 – *Les extensions algébriques successives de la notion de nombre.*

des nombres entiers est illimitée. La raison est encore plus forte pour les fractions et les nombres irrationnels, dont on démontre qu'il existe « plusieurs infinités » comprises entre deux entiers consécutifs.

Dès le début de l'histoire, les peuples se sont heurtés au dilemme de l'infini, comme au Cerbère de la légende qui gardait l'entrée des Enfers (voir **Infini,* Dictionnaire, p. 3).

Mais, depuis, cette notion est devenue un concept parfaitement précis, objectif, ne présentant aucune obscurité essentielle, en tout cas pas celle que le profane lui attribue. Il a même son propre symbole : ∞, une sorte de « 8 » couché, que certains appellent un lemniscate et qui a été introduit assez récemment dans le répertoire des conventions mathématiques ; nous le devons au mathématicien anglais John Wallis, qui l'a utilisé pour la première fois en 1655. Mais l'existence de ce concept n'a guère pu être démontrée mathématiquement, parce que l'infini, l'impossibilité de compter tous les nombres, est aujourd'hui une hypothèse mathématique, l'un des axiomes fondamentaux sur lesquels reposent toutes les mathématiques contemporaines.

Or, de l'infini au zéro, il n'y a qu'un pas : celui qui ramène à l'algèbre, puisque le nul est l'inverse de l'illimité.

L'humanité s'est heurtée pendant des millénaires à des systèmes inadéquats et inopérants, privés d'un symbole représentant le « nul » ou « rien ». Aussi s'est-elle trouvée longtemps dans l'impossibilité de concevoir les nombres « négatifs » (– 1, – 2, – 3, etc.), dont nous nous servons couramment de nos jours pour exprimer, par exemple, une température au-dessous de zéro ou encore un solde débiteur dans un compte bancaire. Et ainsi une soustraction comme 3 – 5 a-t-elle longtemps été considérée comme impossible. On sait comment la découverte du zéro a balayé cet obstacle et permis, selon la fameuse « règle des signes », l'extension des nombres arithmétiques ordinaires (dits « naturels ») aux nombres « relatifs » par adjonction à ceux-là de leurs « symétriques » par rapport à zéro.

C'est le zéro, invention difficile et géniale, qui a ouvert la voie au développement de l'algèbre moderne et de toutes les branches des mathématiques depuis la Renaissance européenne (voir **Zéro,* Dictionnaire, p. 3 ; voir aussi chapitre 23).

L'algèbre n'aurait cependant pas connu son essor si une telle généralisation du nombre n'avait été accompagnée d'une autre découverte non moins fondamentale, réalisée en 1591 par François Viète, puis perfectionnée en 1637 par René Descartes : *la notation symbolique littérale.*

De même que la découverte du principe de position et du zéro a créé l'arithmétique moderne, l'invention de la notation littérale a ouvert une ère totalement nouvelle dans l'histoire des mathématiques.

L'« algèbre » a en effet représenté une généralisation de l'arithmétique : x ou y, ou toute autre lettre, constituent une sorte de nouveau chiffre et représentent un nombre, un nombre encore inconnu. On pourrait dire que ce sont des signes en attente d'un nombre, qui tiennent la place d'un ou de plusieurs chiffres à venir, tout comme le zéro tient celle d'un ordre de puissance sans contenu.

Mais il ne s'agit pas d'un pur artifice de forme. L'usage de la lettre alphabétique pour désigner un paramètre ou une inconnue a définitivement libéré l'algèbre de l'esclavage du verbe, permettant dès lors de créer une sorte de « langue internationale » comprise sans équivoque possible par les mathématiciens du monde entier.

La notation littérale s'est elle-même libérée par la suite de certaines restrictions dans lesquelles des usages séculaires l'avaient enfermée : l'x ou l'y ne représentèrent plus simplement des nombres ; ils devinrent totalement indépendants des objets ou des grandeurs qu'ils avaient la mission de figurer. Le symbole acquit ainsi une signification surpassant l'objet représenté et devint dès lors un être mathématique à part entière, soumis aux règles du calcul ordinaire. Et c'est ce qui permit d'abréger et de systématiser les raisonnements et donc d'accéder beaucoup plus facilement à l'abstrait. « Cette méthode, disait Leibniz, épargne l'esprit et l'imagination dont il faut surtout ménager l'usage. Elle nous fait raisonner à peu de frais en mettant des caractères à la place des choses pour désembarrasser l'imagination. »

A son tour, la vulgarisation de l'algèbre en Europe entraîna de grands progrès scientifiques et techniques et permit de préciser considérablement le symbolisme opératoire, dans le sens le plus large du terme (voir chapitres 29 et 30).

En fait, selon un très léger survol de son histoire[1], la science mathématique a pris naissance en Grèce antique, lorsque les mathématiciens et les philosophes de cette civilisation ont fait parcourir à la pensée humaine cette étape décisive : abstraction, généralisation, analyse, synthèse, raisonnement logique, autant de notions qui, jusque-là restées dans l'ombre, auront été mises en lumière. Mais les Grecs aimaient ce qui est beau, ce qui est simple, et partant, ce qui est divin. Ce faisant, ils se sont coupés du réel et par conséquent du domaine des mathématiques appliquées.

A l'épopée gréco-latine succédera la longue « nuit » du Moyen Age occidental, à peine éclairée par quelques entreprises individuelles, de faible envergure d'ailleurs.

Le relais fut pris en fait par les savants arabes, qui surent recueillir avec soin tout l'héritage de l'Antiquité grecque, ainsi que la science indienne, et préserver l'essentiel de l'oubli, puis le propager et le faire fructifier sur des bases originales, le tout suivant un développement conséquent de la « raison scientifique » (voir chapitre 25, p. 201-239).

Avec la réapparition du savoir et l'essor des grandes universités en Europe occidentale, les Occidentaux se réveillèrent et se mirent de nouveau, selon la formule de Jacobi, à tirer profit de leurs dons et à créer la connaissance de la nature fondée sur l'indépendance de la pensée. Cette aube du jour s'est amorcée surtout grâce à l'œuvre de Fibonacci (1202), dont la contribution a constitué, au cours des trois siècles suivants, une source très

1. L'essentiel de ce paragraphe est largement inspiré de la présentation de l'« Aperçu rapide de l'histoire des mathématiques » publié en 1971 et 1972 aux Éditions de l'École, dans le cours d'*Algèbre linéaire* pour terminales C, D et E, et dans celui de *Mathématiques et Probabilités* pour terminales A et B, au sein de la collection de notre regretté maître et ami Camille Bréard, avec qui nous signâmes la publication de ces manuels scolaires. Pour le reste, nous renvoyons à la Bibliographie générale, Références bibliographiques par thèmes, rubrique *Mathématiques (Histoire des)*.

féconde de développement de l'arithmétique et de l'algèbre en Occident. Mais c'est aussi grâce aux nombreux contacts établis dès la fin du XIe siècle avec la culture arabo-islāmique, qui amenèrent les Européens non seulement à la connaissance des œuvres d'Archimède, d'Euclide, de Platon, de Ptolémée, d'Aristote ou de Diophante, mais aussi à celle des travaux importants des savants arabes, persans et indiens, ainsi qu'à l'apprentissage des méthodes de calcul d'origine indienne (voir chapitres 25 et 26).

Mais la renaissance ou plutôt le réveil des mathématiques en Europe n'aura pratiquement lieu qu'au XVIIe siècle, avec René Descartes d'abord, qui saura bénéficier de tout l'acquis antérieur pour inventer la géométrie analytique en y mettant à contribution les notions mêmes de l'algèbre. Newton et Pascal feront franchir un autre pas considérable en soulevant les problèmes posés par le concept de l'infini mathématique, avant que Leibniz fasse entrer dans l'ère du calcul infinitésimal.

Le XVIIIe siècle prolongera à la fois l'esprit des mathématiques grecques et l'esprit cartésien. Et, selon une synthèse algébrico-logique, il installera les perfectionnements des méthodes de calcul grâce à l'invention des déterminants et des matrices, avant de déboucher sur le développement du calcul vectoriel.

Gauss, Cauchy et Picart achèveront à leur tour l'édifice gréco-cartésien. Lobatchewsky s'attaquera à la géométrie d'Euclide et créera justement une géométrie « non euclidienne ». Le jeune et révolutionnaire Évariste Galois, dans une vie bien dramatique et trop brève, jettera ensuite à la face de ses contemporains les premières structures algébriques. Plus tard, George Boole établira l'un des fondements de la logique mathématique, pendant que Georg Cantor dégagera les idées fondamentales de la théorie des ensembles et de la topologie modernes. Hilbert construira ensuite une axiomatique de la géométrie, franchissant ainsi le premier pas vers les constructions axiomatiques actuelles.

Et puis, les mathématiques se reconstruiront peu à peu sur de nouveaux et solides fondements grâce à l'inestimable contribution de très nombreux et éminents mathématiciens et mathématiciennes, qui apporteront tous et toutes leur propre pierre à la construction de l'édifice.

Les mathématiques modernes exploseront alors pour constituer désormais une science caractérisée par une algébrisation de plus en plus prononcée et où, contrairement aux mathématiques anciennes qui avaient été fondées essentiellement sur les concepts très spécifiques de lignes et de grandeurs, presque tout se ramènera à la notion, plus globale et beaucoup plus abstraite, d'ensemble. Et c'est bien en accordant cette importance toute nouvelle à la logique formelle et à la théorie des ensembles que l'on parviendra à créer l'unité des mathématiques, et que l'on pourra dès lors parler de cette discipline au singulier (voir chapitre 32).

Et c'est justement cette unité et cette abstraction ultime des mathématiques modernes qui tapisseront le lit de la science des ordinateurs d'aujourd'hui.

On doit donc dans ces conditions rendre un hommage particulier à tous les mathématiciens, français, anglais, américains, italiens, russes, allemands, japonais ou autres, qui ont permis à la science mathématique actuelle de connaître son essor tout à fait extraordinaire et de devenir ce qu'Arthur Cayley disait déjà si joliment à son propos au siècle dernier : « Il est difficile de donner une idée de la vaste étendue des mathématiques modernes. Le mot "étendue" n'est pas le bon ; je veux dire une étendue fourmillant de beaux détails, non point une étendue uniforme, comme une plaine nue, mais une région d'un beau pays, vue d'abord à distance, mais qui mérite d'être parcourue d'un bout à l'autre, étudiée jusque dans ses moindres détails, vallées, cours d'eau, rochers, bois et fleurs. »

Mais on ne pourra pas ne pas inclure, dans cette liste à la gloire des contributions occidentales, le nom même de la civilisation indienne, qui a réalisé la numération moderne, véritable génitrice de ces découvertes capitales. Et l'on n'oubliera pas de mentionner le nom de la civilisation arabo-islāmique qui nous l'a apportée flambante sur un plateau...

Une question avant de conclure : dans leur principe et en toute rigueur, ces développements mathématiques, qui ont bouleversé la vie la plus quotidienne par leurs diverses extensions théoriques et leurs innombrables applications pratiques, auraient-elles pu avoir lieu en dehors d'un système de numération de position aussi parfait que le nôtre ? Cela paraît infiniment peu probable. La science et les techniques d'aujourd'hui ont certes trouvé leurs sources dès l'Antiquité, mais leur épanouissement n'a pu se faire qu'à l'époque moderne dans le cadre d'une numération aussi révolutionnaire et aussi efficace que notre système positionnel d'origine indienne. Pour soulever des montagnes, l'esprit a besoin d'instruments forts simples.

Ainsi l'histoire des chiffres est-elle terminée, mais elle ne constitue qu'un chapitre d'une autre histoire, celle de la représentation du monde, qui, elle, ne sera sans doute jamais achevée...

Deuxième partie

L'ÉPOPÉE DU CALCUL
DES CAILLOUX A L'ORDINATEUR

Chapitre 28

HISTOIRE DU CALCUL ARITHMÉTIQUE, DES ÉCRITURES ET DES NOTATIONS NUMÉRIQUES (Récapitulation générale)

Il existe un parallèle évident entre l'histoire de l'écriture et celle de la numération écrite.

Première raison : en tant que système permettant de noter le langage, articulé ou numérique, l'invention de l'une comme de l'autre a profondément bouleversé l'existence de l'être humain.

Deuxième raison : l'écriture et la notation numérique répondent parfaitement au besoin, éprouvé par tout individu vivant au sein d'un groupe social avancé, de représenter visuellement et de fixer la pensée humaine, fugitive par son essence même.

Troisième raison : elles constituent chacune un remarquable moyen d'expression et de communication durable, donnant à chacun la possibilité de conserver un témoin permanent d'une ou de plusieurs paroles absentes, ou encore d'un ou de plusieurs calculs ou dénombrements déjà effectués.

La dernière raison, plus importante encore que les précédentes, est (en paraphrasant Ch. Higounet) que l'une et l'autre permettent d'accéder directement au monde des idées, d'appréhender la pensée et de lui faire traverser l'espace et le temps. De plus, en enfermant et en ressuscitant à tout instant la pensée, elles la disciplinent et l'organisent en la transcrivant.

En dehors du fait que le chiffre et la lettre ont parfois revêtu le même costume (surtout à l'époque où les lettres alphabétiques servaient de signes à la numération écrite), un autre rapprochement concerne cette fois l'alphabet et notre numération de position actuelle.

Car, de même que dans une écriture alphabétique tous les mots d'une langue peuvent être transcrits à l'aide d'un nombre très limité de lettres, de même tous les nombres entiers peuvent être représentés au moyen de nos dix chiffres 1, 2, 3, 4, 5, 6, 7, 8, 9, 0.

L'analogie est donc parfaitement établie entre ces deux découvertes capitales, qui représentent respectivement le stade ultime de l'histoire de l'écriture et celui de l'histoire de la notation numérique et qui figurent ainsi parmi les plus puissants outillages intellectuels dont dispose l'homme moderne.

Mais le parallèle ne s'arrête pas là. En effet, chaque notation numérique a suivi au cours des siècles une évolution graphique tout à fait semblable à celle de l'écriture à laquelle elle se rattache, en suivant le caractère spécifique de la langue ou des traditions auxquelles celle-ci a été adaptée, ou encore en se soumettant aux habitudes scribales régionales et à la nature des matériels scripturaires employés.

C'est pourquoi il nous a semblé intéressant d'intégrer les étapes successives de cette histoire parallèle à celles de l'histoire du calcul arithmétique et des notations numériques, auxquelles nous réservons cette annexe récapitulative. Mais, pour plus de clarté, nous les signalerons ci-après par un [E].

Il existe cependant une différence structurelle radicale entre l'écriture et la notation numérique. Pour qu'il y ait *écriture*, il faut en effet que les signes qui en constituent le système se réfèrent à une langue parlée, bien plus qu'à la pensée elle-même. Autrement dit, il faut qu'il y ait un effort systématique pour rendre le parler car, selon la définition de J.-G. Février, « l'écriture est un système de communication humaine au moyen de signes conventionnels, à sens bien défini et représentant un langage, ces signes étant tels qu'ils soient en mesure d'être émis et reçus, qu'ils soient également compris par les deux interlocuteurs et qu'ils soient associés aux mots de la langue parlée ».

En revanche, pour qu'il y ait *notation numérique*, il n'est absolument pas nécessaire que le système envisagé se rapporte à une numération parlée, puisque le processus intellectuel du comptage n'est lié à aucun phénomène d'expression orale : on peut en effet atteindre un nombre voulu sans prononcer, ni même penser un seul mot ; il suffit de créer pour cela un « langage gestuel des nombres ». Et c'est d'ailleurs par de tels « langages numériques » qu'est passée l'humanité avant même d'inventer le *nom de nombre* et de faire, pour ainsi dire, du son de la voix un véritable instrument de mesure des quantités concrètes ou abstraites (voir chapitre 1, p. 46-62).

Alors que les caractères d'écriture se réfèrent à un langage articulé, les signes d'une notation numérique sont mis en association avec les éléments d'une pensée et d'un psychisme bien plus structurés que les sons d'une langue parlée. Cette pensée constitue certes en elle-même un langage (précisément celui des nombres), mais il s'agit d'un langage dont l'acquisition nécessite avant tout la conception de la notion d'unités distinctes et la capacité d'établir leur synthèse. C'est un langage qui organise les concepts numériques en un ordre de succession invariable selon cette idée que la réflexion relie au principe générique de la récurrence, et qui dispose en outre d'une échelle (ou « base ») permettant de répartir les nombres suivant des paliers successifs appelés unités du premier ordre, unités du deuxième ordre, et ainsi de suite. Autrement dit, pour que des signes graphiques constituent un *système de numération écrite*, il faut : premièrement, que ceux-ci soient structurés de telle manière que l'esprit de leur utilisateur puisse les concevoir comme un système d'unités hiérarchisées s'emboîtant successivement les unes dans les autres ; deuxièmement, qu'il existe un nombre fixe déterminé à l'avance dont la fonction est d'indiquer le nombre des unités qu'il est nécessaire de grouper à l'intérieur d'un ordre donné pour former une unité de l'ordre immédiatement supérieur (c'est ce que l'on appelle la *base* du système considéré ; voir chapitre 2, p. 69).

Bref, une notation numérique est un système très particulier de communication humaine au moyen de signes conventionnels, à sens bien défini et représentant un langage numérique, ces signes (appelés des *chiffres*) étant tels qu'ils soient en mesure d'être émis et reçus, qu'ils soient également compris par les deux interlocuteurs et qu'ils soient associés aux termes successifs de la suite des nombres entiers naturels selon une structure mentale régie à la fois par le *principe de la récurrence* et par le *principe de la base*.

Naturellement, au cours des 5 000 ans d'histoire qui se sont écoulés depuis la naissance de la première numération écrite, les peuples n'ont pas imaginé qu'un seul type de système. Mais ces notations numériques n'auront pas été en nombre illimité, comme le montre la *Classification des numérations écrites de l'histoire*, que nous avons dégagée au chapitre 23 et qui nous a permis de rapprocher, intellectuellement parlant, des systèmes que la distance et le temps ont séparés pourtant de manière quasi absolue.

A la fin du présent chapitre, nous en regroupons les principaux résultats de manière synthétique, sous forme de tableaux successifs, afin de permettre de dégager brièvement la structure mathématique caractéristique de chaque numération envisagée et de donner du coup la possibilité de procéder à toutes les comparaisons utiles.

Aussi les systèmes se succéderont-ils dans ces tableaux, non pas dans l'ordre chronologique pur mais selon un fil conducteur, pour ainsi dire, logico-chronologique permettant de considérer les diverses numérations écrites de l'histoire suivant une évolution partant des plus rudimentaires jusqu'aux plus évoluées[1].

Cette classification, rappelons-le, révèle que les divers systèmes de notations numériques de l'histoire se répartissent en fait en trois grandes catégories, qui se subdivisent chacune en plusieurs espèces (fig. 28.40) :

A. – La *catégorie des numérations additives* : celles qui reposent sur le principe d'addition et dont les chiffres possèdent chacun leur valeur propre, indépendamment de leur position dans les représentations numériques (fig. 28.14 à 28.16). Celles-ci ne sont donc au fond que les transcriptions écrites de systèmes de comptabilité concrète encore plus archaïques (fig. 28.1 à 28.13).

B. – La *catégorie des numérations hybrides* : celles qui font intervenir dans les représentations l'addition et la multiplication à la fois, en une sorte de principe mixte (fig. 28.28 à 28.32). Celles-ci ne sont donc au fond que les transcriptions écrites de numérations parlées plus ou moins bien organisées (fig. 28.20 à 28.27).

C. – Et enfin la *catégorie des numérations de position* : celles qui sont fondées sur le principe selon lequel la valeur des chiffres de base est déterminée par leur position dans l'écriture des nombres (fig. 28.33 à 28.36), et qui nécessitent donc l'usage d'un zéro (fig. 28.37). Celles-ci ont donc ainsi marqué le dernier degré d'abstraction dans ce domaine et constitué par conséquent le stade ultime de la notation numérique (fig. 28.38 et 28.39).

Dans les tableaux de ce chapitre, les lettres A, B et C désigneront donc respectivement : les numérations de type additif (catégorie A) ; celles

---

1. Les figures données ci-après en référence se rapportent, soit aux tableaux des chapitres du premier tome de cet ouvrage, soit à ceux de la fin du présent chapitre.

de type hybride (catégorie B) ; et enfin celles de type positionnel (catégorie C). Quant aux chiffres les accompagnant, ils indiqueront les sous-catégories correspondantes (A 1 : numérations additives de la première espèce ; B 2 : numérations hybrides de la deuxième espèce ; etc.).

Cette classification permettra ainsi de mieux cerner la véritable clef de voûte de notre numération écrite actuelle[1], et de comprendre par là même qu'aucune amélioration de la notation des nombres n'a été désormais nécessaire ni même possible dès lors que fut inventée cette numération parfaite : une numération née en Inde, il y a un peu plus de quinze siècles, de l'improbable conjonction de trois grandes idées (à savoir des chiffres de base bien conçus, eux-mêmes soumis au principe de position et complétés par un signe appelé zéro ayant pour fonction non seulement de marquer l'absence des unités d'un certain rang, mais aussi et surtout d'exprimer le nombre nul).

Ainsi cette sorte de logique du temps constitue-t-elle un témoignage évident de l'unité profonde de la culture humaine.

Il ne s'agit cependant pas de l'ordre révélé par le temps lui-même, dont la succession se trouve ainsi faussée par le caractère proprement logique et mathématique de cette même classification.

Une telle présentation, en effet, néglige non seulement le fil conducteur propre à chacune des civilisations concernées, mais aussi et surtout la chaîne de transmission d'un concept d'une culture à d'autres, ainsi que la véritable chronologie des faits qui a, dans cette histoire, provoqué à la fois des chevauchements et des dépassements. Car dans ce domaine certaines cultures auront été très en avance sur d'autres à une époque donnée. On sait en effet que quelques peuples ont conservé durant toute leur histoire des numérations inadaptées, et cela parce qu'ils s'étaient laissés emprisonner dans des systèmes au tissu initial médiocre, ou encore parce que leur conservatisme les avait inéluctablement bloqués en les attachant à des systèmes traditionnels également mal conçus.

Une récapitulation d'ordre chronologique s'impose donc en la matière, et c'est justement ce qui constitue la raison d'être de l'encadré ci-contre, qui gardera toutefois, autant que faire se peut, l'esprit de la logico-chronologie. On trouvera d'ailleurs à la figure 28.41 une table mettant en concordance la succession imposée par la typologie des divers systèmes de l'histoire avec l'ordre chronologique des « apparitions » correspondantes, et la table inverse à la figure 28.42.

Les repères chronologiques qui suivent permettront donc de suivre d'abord l'histoire d'une notation graphique dont la destination première avait été de représenter des nombres résultant de calculs ou de dénombrements déjà effectués, et cela pour pallier les défaillances mêmes de la mémoire humaine.

Dans ce chapitre, on suivra aussi les principales étapes de l'histoire même du calcul arithmétique : cette autre évolution parallèle à l'histoire

1. Par l'expression « numération moderne », nous entendrons ci-après non seulement notre numération écrite actuelle (dont l'usage s'est étendu depuis peu à toute la planète), mais aussi toutes les notations numériques actuellement en usage au Proche-Orient, en Asie centrale, en Inde et en Asie du Sud-Est, qui sont munies rigoureusement de la même structure qu'elle et qui sont dotées par conséquent des mêmes potentialités. Voir **Numérations écrites indiennes (Classification mathématique des)*, Dictionnaire, p. 3.

de la numération écrite, qui a débuté par l'usage des doigts et des cailloux, en passant par l'utilisation de ficelles multicolores, de bouliers, de tables à jetons et d'abaques à cire ou à poussière, et qui a fini par rejoindre la notation numérique grâce à la découverte du zéro et de notre numération positionnelle actuelle.

On notera, pour terminer, que le mot *apparition*, tel qu'il est employé dans les tableaux qui suivent, correspond à des datations effectuées par l'archéologie, l'épigraphie, la paléographie, etc. Autrement dit, ce mot n'indique nullement la date de réalisation d'une invention ou d'une découverte. Par l'expression « apparition d'un système X ou d'un concept Y », nous entendrons donc toujours : « date du ou des premiers documents actuellement connus certifiant l'existence du système X ou du concept Y ». Et comme, dans ce domaine, la précision absolue ne peut être de rigueur, ces dates elles-mêmes ne sauraient être qu'approximatives.

Une distinction bien nette devra toujours être faite entre la « date exacte » d'une invention ou d'une découverte et celle de sa propagation effective au niveau du profane, laquelle devra à son tour être distinguée de celle de ses premières attestations actuellement connues.

Il se peut fort bien, en effet, qu'une découverte ait été réalisée plusieurs générations avant sa popularisation et qu'il y ait eu un certain décalage entre la date de cette divulgation et celle de ses plus anciens témoins que nous en connaissons aujourd'hui. Et cela pour plusieurs raisons : soit parce que la découverte en question est longtemps restée confinée dans les mains d'une secte fermée, ou d'une rare élite de spécialistes jaloux de leur art et désireux d'en préserver le monopole exclusif ; soit parce que les documents antérieurs à la date présumée ont péri dans la nuit des temps ; soit enfin parce que ces derniers n'ont pas encore été exhumés de leur sommeil. Autant dire que de nouvelles découvertes archéologiques ou documentaires sont susceptibles de modifier les schémas et les conclusions apparemment acquis dans ce qui suit...

REPÈRES CHRONOLOGIQUES

? L'être humain, au début de son évolution, en est encore *au degré zéro de la conception des nombres*. Cette notion, qui se trouve limitée à ce qu'une perception immédiate permet de reconnaître d'un seul coup d'œil, revêt encore dans son esprit l'aspect d'une réalité concrète indissociable de la nature des objets en rapport direct avec lui[1] (voir chap. 1, p. 21-41).

? Par la force du besoin et grâce à l'intelligence de son action et de ses réflexions, l'être humain apprend peu à peu à résoudre un nombre de plus en plus grand de problèmes (voir chap. 1, p. 41). Pour se tirer d'embarras, lorsqu'il s'agit

1. Les étapes marquées d'un point d'interrogation sont des restitutions plausibles qui résultent notamment de diverses études ethnographiques et psychologiques effectuées sur le comportement de plusieurs peuplades « primitives » contemporaines et des enfants en bas âge (voir chapitres 1 et 2).

REPÈRES CHRONOLOGIQUES

d'atteindre des quantités supérieures à quatre, il se forge un certain nombre de *procédés concrets* qui lui permettent d'obtenir, au moins jusqu'à un certain point, quelques résultats satisfaisants pour les besoins du moment (voir chap. 1, p. 41-46). Parmi ces procédés – qui ne reposent en fait que sur le principe de la correspondance élément par élément – figurent en particulier des *techniques digitales* ou *corporelles,* qui lui fournissent des assemblages-modèles fort simples et accessibles à tout moment, qu'il apprend progressivement à exprimer dans un langage articulé en même temps qu'il effectue les gestes correspondants (voir chap. 1, p. 46-60).

? Par la force de l'habitude, l'énumération de ces parties du corps, une fois adoptée dans son ordre initial en tant que système de dénombrement concret, finit par devenir insensiblement demi-abstraite, demi-concrète, au fur et à mesure que les noms, surtout les premiers, éveillent moins fortement dans l'esprit la représentation des parties du corps et plus fortement l'idée d'un certain nombre, qui tend à s'en séparer pour devenir applicable à des êtres ou à des objets quelconques (voir chap. 1, p. 60-62).

? La nécessité de distinguer entre le symbole lui-même et le nom de l'objet ou de l'image, dont l'homme se sert depuis longtemps, conduit celui-ci à y apporter, dans la succession chronologique, une distinction notable, jusqu'à ce que finalement le véritable lien entre les deux ait disparu de la mémoire. L'homme apprend dès lors peu à peu à compter et à concevoir les nombres sous l'angle de l'abstraction (voir chap. 1, p. 62-68). En particulier, au fur et à mesure qu'il apprend à se servir du langage articulé, les sons se substituent progressivement aux objets pour lesquels ils avaient été créés. L'idée de la *succession naturelle* s'installant chaque jour un peu plus dans l'esprit humain, l'ensemble hétérogène des modèles concrets prend dès lors la forme abstraite d'un véritable système structuré, qui sera d'abord gestuel avant d'être oral ou écrit. Système qui deviendra oral ou « parlé » lorsque seront inventés les noms de nombre : cela se produira dès lors que la mémoire et l'habitude donneront une forme concrète à ces abstractions que sont les *noms de nombre.* Beaucoup plus tard, le même processus donnera naissance à des systèmes « écrits » : cela se produira lorsque seront mis à contribution des signes graphiques de toutes sortes (traits gravés, dessinés ou peints, marques en creux sur argile ou sur pierre, signes figuratifs, etc.) (voir chap. 2, p. 69-71).

? Pour résoudre efficacement le problème de la symbolisation des nombres, l'homme invente le principe de la *base* d'un système de numération (dont la base décimale sera la plus répandue au cours de l'histoire). Et, grâce à toutes sortes d'artifices et d'objets (doigts de la main, cailloux, colliers de perles, bâtonnets, etc.), il accède alors progressivement à l'abstraction du *calcul* et des opérations de l'arithmétique (voir chap. 2 à 7, p. 71-187).

– 35000/– 20000. Apparition des premiers *os entaillés* de la Préhistoire, qui constituent ainsi les plus vieux objets archéologiques actuellement connus ayant servi de support au concept numérique. Il s'agit là en effet de véritables représentations graphiques associées à des nombres, mais dont nous ignorons la destination exacte (voir chap. 4 et 5, p. 157-168).

– 20000. [E]. Apparition des premières *peintures rupestres* en Europe : celles-ci figurent parmi les plus anciennes représentations visuelles connues de la pensée humaine, réalisées au moyen de traits gravés, peints ou dessinés.

REPÈRES CHRONOLOGIQUES

- **IXᵉ/– VIᵉ millénaire.** [E]. Apparition simultanée en Anatolie (Beldibi), en Mésopotamie (Tepe Asiab), en Iran (Ganj Dareh Tepe), au Soudan (Khartoum), en Palestine (Jéricho) et en Syrie de petits *jetons d'argile*, de tailles et de formes géométriques diverses (cônes, disques, sphères, billes, bâtonnets, tétraèdres, etc.). Certains sont munis de traits parallèles, de croix et d'autres motifs, tandis que d'autres sont ornés de figurines sculptées représentant des êtres ou des objets de toutes sortes (cruches, têtes d'animaux, etc.). Ces représentations en relief (qui ont certainement signifié quelque chose pour leurs créateurs et utilisateurs) témoignent sans aucun doute d'un développement de la pensée symbolique. On ignore cependant s'il s'agit là d'éléments constitués en système et si ce stade correspond ou non à l'un des intermédiaires entre l'expression systématique, purement symbolique, de la pensée humaine et l'expression proprement formelle du langage articulé (voir chap. 10, p. 235-242).

- **IXᵉ/– IIᵉ millénaire.** Les peuples du Proche-Orient (depuis l'Anatolie et la Palestine jusqu'à l'Iran et à la Mésopotamie, et depuis la Syrie jusqu'au Soudan) effectuent leurs calculs en utilisant des cônes, des sphères, des billes, des bâtonnets et d'autres petits objets d'argile (*calculi*), ceux-ci symbolisant les divers ordres d'unités consécutifs d'un système de numération. De tels systèmes se retrouveront, dès la seconde moitié du IVᵉ millénaire, en Élam et en pays de Sumer, sous une forme très élaborée qui sera à l'origine non seulement de la comptabilité écrite, mais aussi, dans une certaine mesure, des formes graphiques respectives des chiffres sumériens et proto-élamites (voir chap. 10, p. 233-262 et chap. 12, p. 289-297).

- **VIᵉ/– Vᵉ millénaire.** [E]. Apparition, au Proche-Orient, des premières *céramiques* ornées de motifs peints, incisés, excisés ou imprimés sur argile crue (ou encore gravés après cuisson). Il s'agit là bien évidemment de représentations visuelles issues d'un symbolisme, mais dont nous ignorons la signification et la destination exactes.

- **VIᵉ/– Vᵉ millénaire.** [E]. Apparition en Asie Mineure (Çatal Höyük), puis en Mésopotamie, des premiers *sceaux-cachets* (objets gravés en intaille à l'aide desquels on peut effectuer une impression en relief dans un support mou tel que l'argile).

- **IVᵉ millénaire (?).** Les Sumériens se donnent une numération parlée de base 60 (voir chap. 8, p. 199-202 et chap. 9, p. 221-231). C'est cette base qui nous sera transmise, par l'intermédiaire des Babyloniens, puis des Grecs et des Arabes, dans l'expression du temps en heures, minutes et secondes et dans celle des arcs et des angles en degrés, minutes et secondes.

- **3500.** [E]. Apparition des premiers *sceaux-cylindres* en Élam et en Mésopotamie. Ce sont de petits cylindres en pierre plus ou moins précieuse comportant une image symbolique gravée en creux. Le sceau-cylindre, que possède chaque homme d'une certaine condition sociale, représente la personne même de son détenteur et est donc associé à toutes les activités économiques ou juridiques en rapport avec lui. Le possesseur du sceau, en guise de signature ou de marque de propriété, confère en effet les motifs correspondants à tout objet argileux en y déroulant le cylindre autour de son axe. (Notons que ces différents motifs ne constituent pas une « écriture » au sens strict du terme : il s'agit plutôt de représentations issues d'un symbolisme, soumises par conséquent à toutes sortes d'interprétations.)

REPÈRES CHRONOLOGIQUES

– 3300/– 3200. Apparition simultanée des chiffres sumériens et des chiffres proto-élamites, qui constituent ainsi les plus anciens systèmes de numération écrite actuellement connus (voir chap. 8, p. 190-193, 202-208, 214-220, chap. 10, p. 233-288).

– 3200/– 3100. [E]. Apparition des signes de l'*écriture sumérienne* (la plus ancienne écriture actuellement connue). Ce sont en fait des pictogrammes représentant toutes sortes d'êtres ou d'objets, que l'on voit apparaître sur des tablettes d'argile dont la fonction paraît être de nature économique. Ce système ne constitue cependant pas encore une « écriture » au sens strict du terme, puisque ces signes se réfèrent bien plus à l'expression d'une pensée symbolique qu'aux divers éléments d'un langage articulé. Cette étape sera franchie dès le début du IIIe millénaire av. J.-C., où le système sumérien, alors phonétique et notant diverses particules grammaticales, sera rattaché à la langue parlée, le moyen le plus élaboré d'analyser et de communiquer avec le réel (voir chap. 8, p. 189-197 et 206-213).

– 3000. [E]. Apparition des signes de l'*écriture proto-élamite* (en Iran ancien ; voir chap. 10, p. 261-262).

– 3000/–2900. [E]. Apparition des signes de l'*écriture hiéroglyphique égyptienne* (voir chap. 14, p. 387-397).

– 3000/– 2900. Apparition de la numération hiéroglyphique égyptienne (voir chap. 14, p. 398-405).

– 2700. [E]. Apparition des *caractères cunéiformes* (signes en forme de coins et de clous) sur les tablettes d'argile sumériennes (voir chap. 8, p. 211-213).

– 2700. Apparition des chiffres cunéiformes sumériens (voir chap. 8, p. 205, 211-213 et 214-220).

– 2700/– 2300. Pour leurs opérations arithmétiques, les Sumériens abandonnent l'usage des vieux *calculi* en inventant leur *abaque* : sorte de « tableau » où des colonnes successives, tracées d'avance, délimitent les ordres d'unités consécutifs de leur système sexagésimal, et sur lequel un jeu subtil de petites billes ou de bûchettes permet de faire toutes sortes de calculs (voir chap. 12, p. 297-314).

– 2600/– 2500. [E]. Apparition de l'*écriture hiératique égyptienne* (cursive abrégée de l'écriture hiéroglyphique, employée conjointement à cette dernière pour les besoins de la notation rapide sur manuscrits ; voir chap. 14, p. 413-418).

– 2500. Apparition des chiffres hiératiques égyptiens (voir chap. 14, p. 412-413 ; p. 418-423).

– 2350. [E]. Les Sémites mésopotamiens empruntent les caractères cunéiformes sumériens pour noter leur propre langue : c'est la naissance de l'*écriture akkadienne*, dont seront issues les écritures babylonienne et assyrienne.

– 2350. [E]. Apparition de l'écriture à Ebla (capitale d'un royaume sémitique, située à Tell Mardikh, au sud d'Alep, en Syrie) sur des tablettes d'argile : il s'agit d'une écriture cunéiforme notant un dialecte sémitique occidental, proche de l'ugaritique, du phénicien et de l'hébreu.

REPÈRES CHRONOLOGIQUES

– 2300. [E]. Apparition de l'*écriture proto-indienne* dans la vallée de l'Indus, à Mohenjo-Daro et à Harappâ (dans l'actuel Pakistan). C'est l'écriture de l'ancienne civilisation de l'Indus (– XXVe / – XVIIIe siècle), qu'un large hiatus de plus de deux mille ans séparera des premiers textes en écriture et en langue proprement indiennes. On ignore encore comment combler ce fossé, ni même s'il a été comblé.

Fin du – IIIe millénaire. Les Sémites mésopotamiens adaptent peu à peu à une base décimale la numération cunéiforme léguée par leurs prédécesseurs (voir chap. 13, p. 325-329 et 335-336). Dans l'usage courant, leur système supplantera donc désormais le système sexagésimal sumérien (mais la base 60 d'origine sumérienne sera conservée dans la numération positionnelle des savants babyloniens). Dans le même temps, ils transforment radicalement la conception de l'ancien abaque sumérien : au lieu d'utiliser des billes ou des bûchettes, ils impriment leurs chiffres cunéiformes à l'intérieur de colonnes successives délimitant leurs ordres d'unités, tracées sur une grande tablette d'argile ; les calculs se font alors désormais par effaçages successifs de ces chiffres, au fur et à mesure de l'obtention des résultats partiels des opérations correspondantes (voir chap. 13, p. 330-333 et 366-371).

– 2000/– 1660. [E]. Apparition en Crète de l'*écriture hiéroglyphique de la civilisation minoenne* (sites de Knossos et de Mallia) sur un certain nombre de pains parallélépipédiques et de tablettes d'argile constituant vraisemblablement des actes comptables (voir chap. 15, p. 433-435).

– 2000/– 1660. Apparition des chiffres hiéroglyphiques crétois (civilisation minoenne ; voir chap. 15, p. 434 et 437).

– 1900. [E]. Apparition en Crète de l'*écriture dite « linéaire A » de la civilisation minoenne* (sites de Haghia Triada, Mallia, Phaestos, Knossos) sur des tablettes d'argile ayant sans doute constitué divers inventaires. De graphie assez négligée, cette écriture est répandue non seulement dans des milieux administratifs, mais aussi dans les sanctuaires et probablement chez des particuliers (voir chap. 15, p. 435-436).

– 1900. Apparition des chiffres crétois dits « linéaire A » (civilisation minoenne ; voir chap. 15, p. 437).

– 1900/– 1600. [E]. L'écriture cunéiforme des Sémites mésopotamiens supplante peu à peu l'écriture sumérienne et se répand à travers le Proche-Orient, où elle devient même l'écriture des chancelleries.

– 1900/– 1200. Le système cunéiforme décimal des Sémites mésopotamiens se répand à travers le Proche-Orient.

– 1900/– 1800. Apparition de la plus ancienne numération de position actuellement connue : la numération sexagésimale des savants babyloniens (système de graphie cunéiforme). Celle-ci ne comporte cependant pas encore de zéro (voir chap. 13, p. 346-377).

– XVIIe siècle. [E]. *Première tentative connue d'écriture alphabétique* : des Sémites au service des Égyptiens sur le Sinaï emploient quelques signes phonétiques simples dérivés des hiéroglyphes égyptiens (inscriptions dites « proto-sinaïtiques » de Serabit al Khadim).

REPÈRES CHRONOLOGIQUES

– **XVIIe siècle.** Malgré le caractère très rudimentaire de leur numération écrite, les Égyptiens savent utiliser leurs chiffres hiéroglyphiques ou hiératiques pour effectuer des opérations arithmétiques (voir chap. 14, p. 423-427). Ces méthodes auront le mérite d'éviter aux calculateurs de faire appel à la mémoire (puisqu'il suffira seulement de savoir additionner et multiplier par 2) ; elles manqueront cependant de souplesse et d'unité et seront très lentes et très compliquées en comparaison des procédés de notre calcul écrit actuel.

– **XVIe siècle.** La numération hiératique égyptienne est déjà au terme de son évolution graphique (voir chap. 14, p. 419-422).

– **XVe siècle.** [E]. Animés d'un souci d'abréviation et cherchant à rompre avec les écritures compliquées de type égyptien ou assyro-babylonien alors en usage au Proche-Orient, des Sémites du Nord-Ouest établis près des côtes de Syrie-Palestine mettent au point la première écriture entièrement alphabétique de l'histoire : c'est l'invention capitale de l'*alphabet.* Forme supérieure de transcription de la parole, adaptable aux inflexions de n'importe quel langage articulé, cette invention donne alors la possibilité d'écrire tous les mots d'une langue quelconque au moyen seulement d'un petit nombre de signes phonétiques simples appelés des *lettres* (voir chap. 17, p. 511-513 et 514).

– **XVe siècle.** [E]. Apparition de l'*écriture hiéroglyphique de la civilisation hittite* en Anatolie : écriture qui servira non seulement à des fins cultuelles et dédicatoires, mais aussi et surtout à des fins laïques (voir chap. 15, p. 438-440).

– **XVe siècle.** Apparition des chiffres hiéroglyphiques hittites (voir chap. 15, p. 440).

– **1350/– 1200.** [E]. Apparition en Crète (site de Knossos) et en Grèce continentale (sites de Pylos, Mycènes, etc.) de l'*écriture dite « linéaire B »* de la civilisation créto-mycénienne : écriture issue d'un remaniement du « linéaire A » et qui servira à noter un dialecte grec archaïque (voir chap. 15, p. 436).

– **1350/– 1200.** Apparition des chiffres crétois dits : « linéaire B » (civilisation créto-mycénienne ; voir chap. 15, p. 437).

– **XIVe siècle.** [E]. Apparition de la plus ancienne écriture entièrement alphabétique actuellement connue sur des tablettes trouvées à Ugarit (Ras Shamra, près d'Alep, en Syrie) : écriture cunéiforme, dont l'alphabet (qui sert alors à noter une langue sémitique apparentée au phénicien et à l'hébreu) comporte seulement une trentaine de lettres (voir chap. 17, p. 517).

Fin du – XIVe siècle. [E]. Apparition à Xiao dun des plus anciens spécimens actuellement connus de l'*écriture chinoise archaïque* : ce sont des inscriptions sur os ou sur écailles de tortue, cette écriture ayant sans doute pour fonction essentielle, dans l'esprit de l'époque, de permettre, au travers de pratiques divinatoires et religieuses, une sorte de communication entre le monde des vivants avec celui des dieux et des esprits (voir chap. 21, p. 635-638).

Fin du – XIVe siècle. Apparition des plus anciens chiffres chinois connus (numération chinoise archaïque des inscriptions sur os ou sur écailles de tortue de Xiao dun ; voir chap. 21, p. 635-641).

REPÈRES CHRONOLOGIQUES

Fin du – XIIe siècle. [E]. Apparition, chez les Phéniciens, des premiers spécimens connus de l'alphabet « linéaire » sémitique occidental, préfiguration de l'ensemble des alphabets modernes (voir chap. 17, p. 514-516). En raison des multiples relations entretenues avec les peuples les plus divers, ces grands marchands et hardis navigateurs assureront à l'invention de l'alphabet un succès et une diffusion tout à fait considérables. En Orient, ils la transmettront d'abord à leurs voisins immédiats (Moabites, Édomites, Ammonites, Hébreux, etc.), parmi lesquels figurent les Araméens, qui se chargeront à leur tour de lui assurer toute la diffusion depuis la Syrie jusqu'à l'Égypte et l'Arabie, et depuis la Mésopotamie jusqu'aux confins du sous-continent indien. A partir du IXe siècle av. J.-C., cette invention se répandra également sur l'ensemble du pourtour méditerranéen et sera peu à peu adoptée par les peuples occidentaux qui l'adapteront à leurs langues respectives en en modifiant ou en y ajoutant quelques signes.

– IXe siècle. [E]. Apparition des plus anciennes inscriptions israélites connues en *caractères paléo-hébraïques* qui dérivent directement des 22 lettres phéniciennes (voir chap. 17, p. 512 et 514).

– IXe siècle. Les Hébreux empruntent les chiffres hiératiques égyptiens, qu'ils utiliseront notamment dans leurs diverses correspondances (voir chap. 18, p. 568-572).

– IXe/– VIIIe siècle. [E]. Diffusion de l'*écriture alphabétique* d'origine phénicienne à travers le Proche-Orient et la Méditerranée orientale (Araméens, Hébreux, Grecs, etc.).

Fin du – IXe siècle. [E]. Les Grecs parachèvent le principe de l'*écriture alphabétique moderne* en ajoutant des voyelles aux consonnes de l'alphabet d'origine phénicienne. L'écriture grecque sera donc le premier alphabet de l'histoire comportant une notation rigoureuse et intégrale des voyelles (voir chap. 17, p. 515 et 529-532). Elle inspirera à son tour les alphabets italiques (osque, ombrien, étrusque, etc.), puis le latin, avant de donner naissance, beaucoup plus tard, aux alphabets copte, gotique, arménien, géorgien et cyrillique (russe).

– VIIIe siècle. [E]. Apparition de l'*écriture démotique égyptienne*, cursive issue d'une branche locale de l'écriture hiératique égyptienne, plus abrégée qu'elle et la supplantant désormais dans l'usage courant (voir chap. 14, p. 418).

– VIIIe siècle. [E]. Apparition des *écritures italiques*, et en particulier de l'*écriture étrusque* (voir chap. 17, p. 515).

– VIIIe siècle. Apparition des premières formes nettement individualisées des chiffres démotiques égyptiens (voir chap. 14, p. 418, et fig. 28.10).

– VIIIe siècle. Apparition des numérations italiques (osque, ombrienne, etc.), et en particulier des chiffres étrusques (voir chap. 16, p. 460-461).

– VIIIe siècle. Époque des plus anciennes attestations connues des notations sémitiques occidentales. Apparition de la numération araméenne (voir chap. 18, p. 548-560).

– VIIe siècle. [E]. Apparition de l'*écriture latine archaïque*.

REPÈRES CHRONOLOGIQUES

– VIe siècle. Apparition des chiffres latins archaïques (voir chap. 16, p. 454-460).

– VIe siècle. Apparition de la numération grecque acrophonique en Attique (voir chap. 16, p. 441-450).

Fin du – VIe siècle. Époque des plus anciennes attestations connues de la numération phénicienne (voir chap. 18, p. 550 et 560).

– Ve siècle. [E]. Apparition des plus anciens spécimens connus de l'*écriture zapotèque* en Amérique centrale précolombienne.

– Ve siècle. Les Zapotèques utilisent une numération (additive) de base 20 (voir chap. 22, p. 721). C'est celle que l'on retrouvera, aux détails graphiques près, chez tous les peuples précolombiens d'Amérique centrale (Mayas, Mixtèques, Aztèques, etc.) (voir chap. 22, p. 717-732). Pour calculer, ces peuples n'utiliseront évidemment pas cette numération inadaptée ; ils procéderont, au contraire, en faisant appel pour cela à des dispositifs de calcul. (L'archéologie méso-américaine n'a certes rien livré à ce sujet ; on peut néanmoins s'en faire une idée en faisant appel à l'ethnologie et à l'histoire qui en fournissent de nombreux modèles. Ainsi peut-on supposer qu'à l'instar de certaines sociétés africaines ils ont utilisé des baguettes correspondant chacune à un ordre d'unités et le long desquelles ils faisaient coulisser des pierres percées. Ils ont peut-être procédé aussi comme les Apaches, les Maidu et les Havasupai d'Amérique du Nord, en enfilant des perles et des coquillages à des ficelles aux couleurs diverses ; ou encore, ce qui paraît le plus vraisemblable, comme les Incas d'Amérique du Sud, qui déplaçaient des cailloux, des haricots ou des grains de maïs dans les diverses cases, munies de trous, d'une sorte de plateau fait de pierre, de terre cuite ou de bois, ou d'un quadrillé préparé sur le sol meuble ; voir chap. 12, p. 298-299 ; chap. 22, p. 722-723).

– Ve siècle. [E]. L'*écriture araméenne* devient le système de correspondance international du Proche-Orient, supplantant désormais dans cet usage l'écriture cunéiforme d'origine assyro-babylonienne.

– Ve siècle. La numération araméenne, qui est déjà au terme de son évolution graphique, se répand à travers le Proche-Orient (Mésopotamie, Syrie, Palestine, Égypte, Arabie du Nord, etc.).

– Ve siècle. Époque des premières pièces archéologiques actuellement connues témoignant de l'usage des *abaques* grecs : sortes de tables faites de bois ou de marbre, réglées d'avance, sur lesquelles de petits jetons d'os ou de métal permettent d'effectuer des opérations arithmétiques (voir chap. 16, p. 484-489). C'est d'abaques du même type qu'useront les Perses à l'époque du roi Darius (voir chap. 16, p. 484), puis, par la suite, les Étrusques et les Romains (voir chap. 16, p. 490-495). Les peuples chrétiens occidentaux en hériteront également et en perpétueront l'usage jusqu'à l'époque de la Révolution française (voir chap. 16, p. 495-500 ; chap. 25, p. 265-266, 300-301 et chap. 26, p. 341 *sq.*).

– Ve siècle. Diffusion de la numération grecque acrophonique à travers les différents États du monde hellénique (voir chap. 16, p. 445-450).

– Ve siècle. Apparition de la numération acrophonique de l'Arabie du Sud dans les inscriptions sabéennes (royaume de Saba ; voir chap. 16, p. 451-454).

REPÈRES CHRONOLOGIQUES

Fin du – IVe siècle. Les premiers témoins connus de la numération alphabétique grecque apparaissent en Égypte : ils révèlent que les lettres numérales grecques sont déjà d'un usage courant (voir chap. 17, p. 529-538 et chap. 18, p. 561-562).

– IIIe siècle. Apparition du premier zéro connu de l'histoire : le zéro des savants babyloniens (signe de graphie cunéiforme). Celui-ci, utilisé exclusivement dans la numération positionnelle babylonienne pour signifier l'absence d'unités sexagésimales d'un certain ordre, n'est cependant pas conçu comme un nombre (voir chap. 13, p. 353-366).

– IIIe siècle. Diffusion de la numération alphabétique grecque à travers le Proche-Orient et la Méditerranée orientale (voir chap. 17, p. 538-541 ; chap. 18, p. 573-574).

– IIIe siècle. [E]. Apparition de l'*écriture kharoshthî* (dite « araméo-indienne ») dans les édits de l'empereur Aśhoka (cursive dérivée de l'écriture araméenne et employée au nord-ouest de l'Inde, ainsi que dans les territoires des actuels Pakistan et Afghânistân ; voir chap. 24, t. I, p. 842, 844 et 867).

– IIIe siècle. Apparition des chiffres *kharoshthî* (ou « araméo-indiens ») en Inde du Nord-Ouest et dans différentes contrées des actuels Pakistan et Afghânistân (voir chap. 24, t. I, p. 865).

– IIIe siècle. [E]. Apparition de l'*écriture brâhmî* dans les édits de l'empereur Aśhoka (voir chap. 24, t. I, p. 842, 844 et 867) : dérivant des anciennes écritures alphabétiques du monde sémitique occidental (sans doute par l'intermédiaire d'une variété araméenne dont on n'a pas encore retrouvé les spécimens), celle-ci sera la première écriture proprement indienne et sera à l'origine de toutes les écritures alphabétiques du sous-continent indien et de l'Asie du Sud-Est. Elle subira en effet au cours des siècles plusieurs modifications successives plus ou moins sensibles, qui déboucheront sur le développement de divers types d'écriture très nettement individualisés, comme la *gupta,* la *bhattiprolu* et la *pâlî.* La première se diversifiera alors à son tour dans les styles *nâgarî, siddham* et *śhâradâ,* lesquels engendreront l'ensemble des écritures actuelles de l'Inde du centre, de l'Inde du Nord, du Nepâl, du Tibet et du Turkestan chinois. La deuxième, elle, sera à l'origine des écritures de l'Inde du Sud et de Ceylan, tandis que la troisième sera à l'origine des écritures du Sud-Est asiatique. Les différences apparemment considérables que ces écritures présenteront tiendront, soit au caractère spécifique des langues et des traditions auxquelles elles auront été adaptées, soit encore aux habitudes scribales régionales et à la nature des matériels scripturaires employés. (Voir **Écritures indiennes*, Dictionnaire, p. 50-52.)

– IIIe siècle. Apparition, dans les édits de l'empereur Aśhoka, des chiffres *brâhmî,* que l'on trouve alors répandus à travers toutes les provinces de l'empire des Maurya. Ces chiffres, les premiers véritablement indiens, et que l'on verra apparaître de plus en plus nombreux dans les inscriptions ultérieures (inscriptions Śhunga, Ândhra, Śhaka, Kshatrapa, etc.), seront les prototypes de toutes les notations numériques qui fleuriront par la suite en Inde, en Asie centrale et en Asie du Sud-Est. Et bien qu'à cette époque le principe de position ne leur sera pas encore appliqué, les chiffres correspondant dans ce système aux neuf premières unités constitueront les véritables préfigurations des neuf chiffres significatifs de notre numération moderne et de la numération arabe actuelle (voir chap. 24, t. I, p. 845-863).

REPÈRES CHRONOLOGIQUES

– **IIIe/+ IVe siècle.** [E]. L'*écriture manuscrite grecque* commence à se diversifier en trois types : l'écriture de « livres », l'écriture de chancellerie, et l'écriture des documents privés.

– **IIe siècle.** Plutarque signale l'usage de l'*abaque à poussière* (à côté de l'abaque à jetons) chez les Grecs et les Perses : il s'agit d'une tablette munie d'un cadre à bords relevés, que l'on remplit de sable fin et sur laquelle on délimite des colonnes successives en y traçant des chiffres au moyen d'un stylet de fer. L'usage d'abaques du même type se retrouvera plus tard chez les peuples chrétiens de l'Occident médiéval, qui effectueront leurs calculs, soit au moyen des chiffres romains, soit des lettres numérales grecques (voir chap. 16, p. 501-505).

– **IIe siècle.** [E]. Les Chinois inventent le *papier* (selon certaines sources, cette invention serait due à Cai-Lun, qui l'aurait réalisée avec une bouillie provenant du défibrage de chiffons et de vieux filets de pêche), ainsi que la *xylographie* (le texte à reproduire est écrit sur la surface polie d'une planche de bois, on enlève ensuite le bois qui entoure les caractères, ceux-ci restant ainsi en relief, on encre, on y dépose la feuille de papier et on exerce une pression sur l'ensemble). (Voir Dictionnaire, p. 131-132.)

– **IIe siècle.** Époque des premiers documents actuellement connus témoignant de l'usage de l'abaque chinois et du « calcul au moyen des fiches » (*suan zí*) : il s'agit de petits bâtonnets d'ivoire ou de bambou (*chóu*) qu'on dispose dans les carrés successifs d'un carrelage ou d'une table réglée en forme d'échiquier (voir chap. 21, p. 666-676).

– **IIe siècle.** Époque des premiers documents actuellement connus certifiant l'usage de la numération décimale positionnelle des mathématiciens chinois : le système dit des « barres numérales », qui ne possède cependant pas de zéro (voir chap. 21, p. 656-665). Cette numération n'est autre en fait qu'une réplique fidèle par écrit du « calcul au moyen des fiches » sur l'abaque chinois à jonchets (*suan zí*).

– **IIe siècle.** [E]. Apparition des premiers témoins connus de l'*hébreu carré* (écriture hébraïque sous sa forme moderne, dont les lettres, trapues et massives, dérivent des lettres de la cursive araméenne ; voir chap. 17, p. 514 et 520-521).

– **IIe siècle.** Époque des plus anciens documents connus attestent l'usage de la numération hébraïque alphabétique (voir chap. 17, p. 520-529).

– **IIe/+ IIIe siècle.** Les calculateurs indiens effectuent leurs opérations arithmétiques en dessinant les neuf chiffres de leur notation *brâhmî* sur le sol meuble, à l'intérieur de diverses colonnes consécutives tracées d'avance, en s'aidant pour cela d'une pointe ou d'un bâtonnet. Le même genre de procédé se retrouvera plus tard chez les arithméticiens arabes, tout particulièrement chez ceux du Maghreb et de l'Andalousie. (Mais, dans ce procédé, on n'opérera pas que sur le sol ; on utilisera aussi une planchette de bois recouverte de poussière, de sable fin, de farine ou même d'une poudre de nature quelconque, en s'aidant cette fois d'un stylet dont la pointe servira à tracer les figures et la tête plate à les effacer. Et cette planchette sera disposée soit à même le sol, soit sur un tabouret, soit encore sur une table, lorsque la tablette elle-même ne sera pas constituée d'un tableau muni de pieds comme ces « bureaux à calcul » utilisés bien plus tard dans les administrations arabes,

REPÈRES CHRONOLOGIQUES

turques et persanes. Quelquefois, la même planchette pourra faire partie d'une sortie d'attirail où, réduite alors à des dimensions plus restreintes, elle se trouvera enfermée dans un étui.) (Voir chap. 24, t. I, p. 967 ; chap. 25, p. 299-300 et 302-310. Voir aussi * *Dhûlîkarma*, Dictionnaire, p. 45.)

– IIe/+ IIe siècle. [E]. Réforme de l'*écriture chinoise* et apparition de la graphie *lì shū*, qui évoluera peu à peu par la suite vers la forme des caractères de l'écriture chinoise actuelle (voir chap. 21, p. 630-631).

– Ier siècle. Horace signale l'usage de l'*abaque à cire* (à côté de l'abaque à jetons) chez les Romains : véritable « instrument de calcul portatif » que l'on peut suspendre à l'épaule, cet abaque consiste en une planchette d'os ou de bois, enduite d'une fine couche de cire noire, où l'on délimite des colonnes successives et où l'on trace des chiffres au moyen d'un stylet de fer (voir chap. 16, p. 501-505).

Début de l'ère chrétienne. [E]. Une branche cursive de l'ancienne écriture araméenne va peu à peu évoluer pour donner naissance à l'*écriture arabe* proprement dite.

+ Ier siècle. Époque des premières pièces archéologiques actuellement connues témoignant de l'usage de l'*abaque romain « de poche »* : il s'agit d'une petite plaquette métallique, munie d'un certain nombre de rainures parallèles, associées chacune à un ordre d'unités et le long desquelles glissent des boutons mobiles de même taille (voir chap. 16, p. 506-510). C'est donc un instrument de calcul tout à fait semblable à ces « bouliers-compteurs » qui continuent encore de nos jours à tenir une place importante en Extrême-Orient et dans certains pays de l'Est (voir chap. 21, p. 676-688).

IIe/IIIe siècle. [E]. Il se produit dans l'écriture romaine une métamorphose qui donnera naissance par la suite à deux nouvelles graphies latines : la *nouvelle écriture commune* et l'*onciale*.

Fin du IIIe siècle. [E]. Apparition des plus anciens spécimens connus de l'écriture maya en Amérique centrale précolombienne (voir chap. 22, p. 693-705).

Fin du IIIe siècle. Époque des premiers exemples connus de l'emploi du système d'expression des dates et des durées de temps en « compte long » (système dit des *Séries initiales*) des astronomes mayas (voir chap. 22, p. 739-754).

IIIe/IVe siècle. [E]. Apparition des plus anciens spécimens connus de l'*écriture runique* des peuples germaniques (*alphabet futhark*).

Début du IVe siècle. [E]. Pharnavaz, premier roi du pays situé entre l'Arménie et le Caucase, s'inspire du grec pour inventer le *mkhédrouli*, ancêtre de l'*alphabet géorgien* (voir chap. 17, p. 544).

IVe siècle. Apparition des chiffres éthiopiens dans les inscriptions d'Aksum du royaume d'Abyssinie (voir chap. 19, p. 592-594).

IVe siècle. [E]. Premières apparitions de la graphie chinoise *kăi shū* (forme de l'écriture chinoise actuelle ; voir chap. 21, p. 630).

REPÈRES CHRONOLOGIQUES

IVe siècle. [E]. Afin de noter la langue germanique des Gots, l'évêque Wulfila s'inspire du grec pour inventer l'*alphabet gotique* (voir chap. 17, p. 545).

IVe/Ve siècle. [E]. Apparition des premières formes individualisées de l'écriture indienne dite *gupta* (dont dériveront toutes les écritures alphabétiques de l'Inde septentrionale, du Nepâl, du Tibet et du Turkestan chinois ; voir chap. 24, t. I, p. 844).

IVe/Ve siècle. Apparition des premières formes individualisées des chiffres *gupta* (dont dériveront toutes les notations numériques de l'Inde septentrionale, du Nepâl, du Tibet et du Turkestan chinois ; voir chap. 24, t. I, p. 850 *sq.* et Dictionnaire, p. 34).

IVe/Ve siècle. Époque où les neuf premiers chiffres indiens issus de la vieille notation *brâhmî* reçoivent désormais une valeur de position selon une base décimale et où ils sont complétés par un signe en forme de petit cercle ou de point représentant le zéro : c'est alors la naissance de la numération décimale indienne de position, ancêtre de notre numération écrite actuelle (voir chap. 24, t. I, p. 933-939).

IVe/VIe siècle. Époque où les calculateurs indiens transforment radicalement leurs méthodes de calcul traditionnelles par la suppression des colonnes de leur vieil abaque à poussière et par l'affectation d'une valeur de position décimale aux chiffres représentant les neuf unités significatives. C'est alors la naissance de la numération moderne. Mais cette étape marque aussi et surtout la naissance de notre calcul écrit actuel. (Au début, les techniques correspondantes, bien que libérées des colonnes de l'abaque, ne constitueront pourtant qu'une réplique fidèle des anciennes méthodes de calcul : pratiquées alors comme jadis, sur un support matériel aussi peu commode que la tablette recouverte de poussière et selon la technique opératoire des corrections successives par effaçage continu des résultats partiels, elles limiteront encore considérablement la mémoire humaine, et empêcheront dans le même temps de déceler les erreurs éventuelles commises dans les calculs intermédiaires. Les savants indiens, et les savants arabes après eux, développeront alors par la suite une pratique opératoire sans effaçage, qui consiste à écrire par-dessus les résultats intermédiaires. Certainement avantageuse dans le cas des vérifications nécessaires – parce que permettant de déceler toute erreur commise lors des opérations intermédiaires –, cette technique aura cependant l'inconvénient de surcharger considérablement l'inscription progressive des calculs et d'empêcher par conséquent d'avoir une vue bien nette du déroulement des opérations. Et c'est en raison des complications de ce type que la pratique des opérations, même par les méthodes de calcul au moyen des neuf chiffres et du zéro, restera longtemps hors de portée du commun des mortels. Écrire les chiffres à la craie sur un tableau noir sans tenir compte de leur nombre, faire ses calculs partiels en gardant les résultats intermédiaires ou, mieux, en les effaçant successivement au moyen d'un chiffon : tel sera donc le moyen très commode et peu onéreux qui, avant même l'usage généralisé de la plume et du papier, permettra aux calculateurs indiens et à leurs successeurs arabes et européens d'agir à leur guise et de laisser libre cours à leur imagination, pour simplifier les règles opératoires et déboucher enfin sur des techniques destinées à donner naissance à l'art du calcul écrit actuel.) (Voir chap. 24, t. I, p. 949-977 ; chap. 25, p. 310-340, voir aussi **Méthodes de calcul indiennes*, Dictionnaire, p. 93-95.)

REPÈRES CHRONOLOGIQUES

IVe/VIe siècle. [E]. Apparition des premières formes individualisées des écritures indiennes *bhattiprolu* et *pâlî* (dont dériveront respectivement toutes les écritures alphabétiques de l'Inde méridionale et toutes celles de l'Asie du Sud-Est ; voir chap. 24, t. I, p. 844).

IVe/VIe siècle. Apparition des premières formes individualisées des chiffres indiens dits *bhattiprolu* et *pâlî* (dont dériveront respectivement toutes les notations numériques de l'Inde méridionale et toutes celles de l'Asie du Sud-Est ; voir chap. 24, t. I, p. 861).

IVe/IXe siècle. Époque probable de l'apparition de la numération de position de base 20 et du zéro des prêtres-astronomes de la civilisation maya. Cependant, à cause de sa totale adaptation aux besoins du calendrier maya, cette numération (qui présentera une irrégularité d'emploi de la base 20 à partir de la troisième position) sera privée, en même temps que son zéro, de toute possibilité opératoire (voir chap. 22, p. 723-728 et 739-754).

Ve siècle. [E]. Apparition des premiers spécimens connus de l'*écriture arabe* dans des inscriptions pré-islāmiques : écriture dont le style cursif se diversifiera par la suite pour donner naissance, durant les premiers siècles de l'Islām, d'un côté au style de l'écriture dite *coufique*, et de l'autre à celui de l'écriture dite *naskhī* (voir chap. 19, p. 584 ; chap. 25, p. 258-262).

Ve siècle. [E]. Le prêtre Mesrop Machtots s'inspire du grec pour inventer l'*alphabet arménien* (voir chap. 17, p. 542-543).

Ve/VIIe siècle. [E]. Époque de l'*écriture oghamique* (inscriptions celtiques d'Irlande et du pays de Galles).

510. L'astronome indien Âryabhata invente une notation numérique tout à fait particulière, dont la conception nécessite une parfaite connaissance du zéro et du principe de position suivant la base décimale (voir chap. 24, t. I, p. 933-935 ; Dictionnaire, p. 21-22, 89-93 et 105-113). Il utilisera de plus un remarquable procédé de calcul des racines carrées et cubiques, qu'il est impossible de pratiquer si les nombres envisagés ne sont pas exprimés par écrit selon le principe de position, à l'aide de neuf chiffres distincts et d'un dixième signe particulier faisant véritablement office de zéro (voir Dictionnaire, p. 141-144).

628. Le mathématicien et astronome indien Brahmagupta publie son *Brahmasphutasiddhânta*, qui révèle une parfaite maîtrise de la notation décimale de position au moyen des neuf chiffres et du zéro (voir chap. 24, t. I, p. 933-935 ; Dictionnaire, p. 28, 89-93 et chap. 25, p. 241-242).

629. Le mathématicien Bhâskara publie son Commentaire de l'*Âryabhatîya* : ouvrage qui révèle non seulement une aisance parfaite dans l'usage du zéro et de la numération décimale de position, mais aussi une pratique très aisée de la règle de trois et des fractions arithmétiques, qu'il désignera d'une manière tout à fait semblable à la nôtre, quoique sans la barre horizontale (qui, elle, ne sera introduite que quelques siècles plus tard, par les mathématiciens arabes) (voir chap. 24, t. I, p. 924-927, 933-935 ; Dictionnaire, p. 26 ; et chap. 27, p. 381).

VIIe siècle. [E]. Apparition des premières formes individualisées de l'écriture indienne du type *nâgarî*, dont dériveront les écritures de l'Inde du Nord et

REPÈRES CHRONOLOGIQUES

du centre (bengâlî, gujarâtî, oriyâ, kaîthî, maithilî, manipurî, marathî, mârwarî, etc. ; voir chap. 24, t. I, p. 823, 844 et Dictionnaire, p. 50-52).

VIIe siècle. Apparition des premières formes individualisées des chiffres indiens du type *nâgarî,* dont dériveront les notations numériques de l'Inde du Nord et du centre (bengâlî, gujarâtî, oriyâ, kaîthî, maithilî, manipurî, marathî, mârwarî, etc. ; voir chap. 24, t. I, p. 823-829, 845-853, 861-863 et 879-887).

VIIe siècle. [E]. Apparition des premières formes individualisées à l'origine des écritures stylisées de l'Asie du Sud-Est (écritures khmer, malaises, cham, kawi, etc. ; voir chap. 24, t. I, p. 844).

VIIe siècle. Apparition des premières formes individualisées des chiffres indiens qui seront à l'origine des notations numériques stylisées de l'Asie du Sud-Est (numérations khmer, malaises, cham, kawi, etc. ; voir chap. 24, t. I, p. 837-840, 859-863, 879-887 et 901-910).

VIIe/VIIIe siècle. Époque de l'introduction du zéro et de la numération décimale de position d'origine indienne dans les civilisations indianisées de l'Asie du Sud-Est (Cambodge, Champa, Java, Malaisie, Bali, Bornéo, etc. ; voir chap. 24, t. I, p. 901-910).

VIIe/VIIIe siècle. [E]. Époque des plus anciens manuscrits connus où l'on rencontre l'usage de l'écriture latine des types « wisigothiques » (manuscrits d'Autun et de Lucques) et « de Luxeuil ».

VIIe/Xe siècle. [E]. Apparition des premières formes individualisées à l'origine des écritures stylisées de l'Inde méridionale (tamil, malayâlam, tulu, telugu, kannara, etc. ; voir chap. 24, t. I, p. 844).

VIIIe siècle. Apparition (sous l'influence des moines bouddhistes indiens) du zéro d'origine indienne dans la numération décimale positionnelle chinoise des « barres numérales » (système *suan zí* ; voir chap. 21, p. 656-665 ; chap. 24, t. I, p. 912-914).

VIIIe siècle. [E]. Premières apparitions de l'écriture grecque dite « minuscule » (qui se substituera dans les livres à l'ancienne écriture à partir du IXe siècle).

Fin du VIIIe siècle. Époque de l'introduction de la numération décimale positionnelle, du zéro et des méthodes de calcul d'origine indienne en Terre d'Islām. Les chiffres correspondants subiront alors, entre les mains des scribes arabes, des modifications graphiques plus ou moins importantes qui les feront quelquefois s'éloigner des prototypes initiaux pour aboutir à des séries apparemment originales (voir chap. 25, p. 239-340).

VIIIe/XIe siècle. [E]. Inscriptions runiques scandinaves du temps des Vikings (inscriptions de la province d'Uppland en Suède).

VIIIe/XIe siècle. [E]. Apparition des premières formes individualisées de l'*écriture caroline* (atelier de Corbie, manuscrits de la Bible exécutés sur ordre de l'abbé Maurdramnus, dédicace de l'Évangéliaire de Charlemagne, etc.).

820-850. Époque de l'astronome et mathématicien musulman Al Khuwārizmī, dont les œuvres contribueront largement à la connaissance et à la propagation des chiffres et des méthodes de calcul d'origine indienne (voir chap. 25, p. 242-244).

REPÈRES CHRONOLOGIQUES

IXe siècle. Apparition des chiffres dits *ghubār* des Arabes du Maghreb et de l'Andalousie (signes d'origine indienne dont la graphie préfigurera celle des chiffres européennes du Moyen Age et de la Renaissance, avant même de donner naissance à nos chiffres actuels ; voir chap. 25, p. 250-260).

IXe siècle. [E]. Apparition des premières formes individualisées de l'écriture indienne du type *śhâradâ* (variante septentrionale de l'écriture gupta), qui donnera naissance aux écritures de l'Inde du Nord-Ouest (dogrî, tâkarî, multânî, sindhî, panjâbî, gurûmukhî, etc. ; voir chap. 24, t. I, p. 844).

IXe siècle. Apparition des premières formes individualisées des chiffres indiens du type *śhâradâ,* qui donneront naissance aux notations numériques de l'Inde du Nord-Ouest (dogrî, tâkarî, multânî, sindhî, panjâbî, gurûmukhî, etc. ; voir chap. 24, t. I, p. 829-830, 853-854 et 861-863).

IXe siècle. [E]. Afin de convertir les Bulgares, l'évêque Cyrille s'inspire du grec pour inventer *l'alphabet glagolitique.*

IXe siècle. [E]. Apparition de l'écriture proprement japonaise.

Xe siècle. [E]. Afin de noter les sons des langues slaves, l'évêque Clément s'inspire du grec pour inventer l'alphabet dit « cyrillique ». La première simplification de cette écriture destinée à donner naissance à l'alphabet russe moderne sera opérée au XVIIIe siècle par Pierre le Grand.

972-982. Lors d'un voyage en Espagne, le moine auvergnat Gerbert d'Aurillac (qui deviendra pape en 999 sous le nom de Sylvestre II) s'initie aux chiffres « arabes » et les introduit en Europe occidentale (voir chap. 26, p. 345).

976-992. Deux manuscrits provenant de l'Espagne non musulmane donnent la graphie des neuf chiffres sous une forme très proche des chiffres du type *ghubār* : ce sont les plus anciennes attestations connues des chiffres « arabes » en Europe occidentale (voir chap. 26, p. 347-348).

Xe-XIIe siècle. Les calculateurs européens effectuent leurs opérations arithmétiques sur l'abaque à colonnes d'origine latine perfectionné par Gerbert d'Aurillac et ses disciples : ils utilisent alors pour cela des jetons de corne (appelés *apices*), marqués chacun de l'un des chiffres « arabes » de 1 à 9 (ou des lettres numérales grecques de α à θ, ou encore des chiffres romains de I à IX) (voir chap. 26, p. 344-359).

XIe siècle. [E]. Le maître calligraphe Lanfranc crée, dans la tradition caroline, ce qui deviendra la très belle *écriture pontificale* du XIIe siècle.

Milieu du XIe siècle. [E]. Les Chinois inventent l'*imprimerie.* Il s'agit de caractères mobiles en terre cuite, que l'on confectionnera par la suite en plomb, puis en cuivre. (Cette invention sera relatée dans l'ouvrage de Qin guo en 1056, qui l'attribuera à Bi xing en la datant de 1041.)

XIIe siècle. Introduction du signe-zéro d'origine indienne en Europe occidentale : les calculateurs européens effectuent désormais leurs opérations arithmétiques au moyen du zéro et des neuf chiffres « indo-arabes » (tracés dans un style plus cursifs que celui des *apices* de l'époque précédente) ; c'est l'apparition des *algorismes,* comme on appellera alors les règles du calcul écrit d'origine indienne (voir chap. 26, p. 360-363).

REPÈRES CHRONOLOGIQUES

XIIe/XIIIe siècle. [E]. L'écriture dite « gothique » se substitue peu à peu à l'écriture caroline.

XIIe/XIIIe siècle. [E]. Apparition de l'écriture aztèque (Mexique précolombien ; voir chap. 22, p. 706-710).

XIIe/XVIe siècle. Époque de la farouche polémique qui opposera en Europe occidentale les *Abacistes* (tenants du calcul au moyen de jetons sur l'abaque à colonnes et enfermés dans une routine imprégnée de numérations archaïques telles que les chiffres romains ou les lettres numérales grecques) aux *Algoristes,* défenseurs de la pratique du calcul écrit au moyen du zéro et des chiffres d'origine indienne (voir chap. 26, p. 361-373).

XIIe/XVe siècle. Époque où les chiffres « arabes » se stabilisent graphiquement en Europe occidentale pour donner naissance à la forme définitive qu'ils ont actuellement (voir chap. 26, p. 360-362).

1202. Après des voyages en Afrique du Nord et au Proche-Orient, où il s'initiera à l'art du calcul au moyen des neuf chiffres d'origine indienne, le mathématicien italien Léonard de Pise, mieux connu sous le nom de Fibonacci, publie son *Liber Abaci* (« Traité de l'abaque »), dont la contribution constituera, au cours des trois siècles qui suivront, une source très féconde de développement de l'arithmétique et de l'algèbre en Europe occidentale (voir chap. 26, p. 367).

XIIIe siècle. Époque des premiers documents actuellement connus faisant état de l'usage du boulier chinois actuel *(suan pan)* : il s'agit d'un cadre rectangulaire de bois dur, composé d'un certain nombre de broches sur lesquelles sont enfilées sept boules de bois ; celles-ci peuvent indifféremment se rapprocher d'une baguette transversale divisant le cadre en deux parties, de sorte que deux boules demeurent toujours au-dessus et que les cinq autres soient au-dessous de cette barre de séparation ; chacune des tiges correspond à un ordre décimal, et il est entendu qu'une broche placée à la gauche d'une autre possède une valeur dix fois plus grande que celle-ci. De tous les anciens dispositifs de calcul, cet instrument sera le seul à offrir une pratique simple et rapide de toutes les opérations de l'arithmétique ; les Occidentaux seront généralement stupéfaits de constater à quel point la dextérité de ceux qui sauront s'en servir leur permettra d'effectuer en des temps records des calculs parfois très complexes. Le même type d'instrument sera utilisé jusqu'à l'époque moderne : en Russie (sous le nom de *stchoty*), en Iran et en Afghânistân (sous celui de *choreb*), et en Arménie et en Turquie (sous le nom de *coulba*) ; mais ces bouliers seront structurellement différents et de conception plus rudimentaire que le *suan pan* chinois. Le *soroban* japonais bénéficiera par contre d'une amélioration notable : au XIXe siècle, ce boulier perdra en effet sa deuxième boule supérieure, et à partir de l'époque de la Seconde Guerre mondiale, il perdra la cinquième boule superfétatoire de la partie inférieure de chaque tige. Mais cette transformation (qui, du coup, fera du boulier japonais une perfection du genre) exigera désormais une préparation plus longue et plus difficile, nécessitant dès lors l'acquisition d'un doigté plus élaboré et beaucoup plus précis (voir chap. 21, p. 676-688).

XIVe/XVe siècle. [E]. Les érudits italiens développent l'écriture dite « humanistique », écriture savante refaite sur le modèle de l'écriture caroline des IXe, Xe et XIe siècles.

REPÈRES CHRONOLOGIQUES

Vers 1440. [E]. Premiers essais d'*impression typographique* en Hollande, où la gravure artistique sur bois de cartes à jouer, puis de pages entières de texte, conduit l'imprimeur Laurens Janszoon, dit Coster, à celle des caractères séparés sur bois, qu'il met en application pour l'impression d'un petit livre de huit pages intitulé *Horarium.*

Vers 1540. [E]. Réinvention de l'*imprimerie* en Occident : ce progrès est réalisé à Mayence, en Allemagne, par Johannes Gensfleich, dit Gutenberg, qui comprend l'incommodité d'emploi des caractères mobiles en bois et leur inadaptation à une bonne impression, et met au point des caractères métalliques, réguliers et parfaitement ajustables, avec toute la technique typographique appropriée. Cette réalisation aura au moins deux conséquences : la première est que la propagation rapide des procédés typographiques remplacera les anciennes calligraphies gothiques et humanistiques, accentuera l'évolution des écritures manuscrites et fixera ces écritures en des prototypes de plus en plus normalisés ; la deuxième, plus importante sans doute que l'autre, donnera la possibilité de publier toute œuvre littéraire, scientifique, philosophique, etc., en autant d'exemplaires souhaités à la fois, permettant dès lors une diffusion de plus en plus considérable du savoir en Europe occidentale. Ce sera le début d'une transformation radicale des sociétés humaines et l'inauguration d'une ère nouvelle en Europe...

XVe/XVIe siècle. Après avoir subi diverses transformations apparemment radicales, mais rattachées simplement aux tendances générales de l'écriture humanistique, les chiffres « arabes », grâce à l'essor de l'imprimerie en Europe occidentale, sont fixés dans leur forme, en des prototypes bien déterminés et adoptés une fois pour toutes (voir chap. 26, p. 361-363, 366).

XVe/XVIe siècle. Généralisation progressive des méthodes de calcul au moyen des chiffres « arabes » et du zéro. C'est alors le triomphe des *Algoristes* et le début de la défaite des *Abacistes* en Europe. Le calcul sur l'abaque à jetons continuera néanmoins à être pratiqué par les commerçants, les financiers, les banquiers et les argentiers, et il faudra attendre l'époque de la Révolution française pour assister à l'abolition définitive de ces méthodes archaïques (voir chap. 26, p. 360-373).

1478. Publication de l'*Arithmétique* de Trévise, manuel d'arithmétique pratique, d'un auteur anonyme, témoignant en particulier de la diffusion des chiffres « arabes » et de la faveur de plus en plus grande que recueillent les méthodes de calcul écrit en Europe occidentale (voir chap. 25, p. 322).

1654. Le mathématicien français Blaise Pascal donne pour la première fois une définition générale des systèmes de numération de base ***m***, ***m*** étant un nombre entier quelconque supérieur ou égal à 2 (voir fig. 28.39).

TABLEAUX RÉCAPITULATIFS

NUMÉRATION HIÉROGLYPHIQUE ÉGYPTIENNE

Apparition : ≈ 3 000 -2 900 av. J.-C.
Type : A 1 (numération additive de la 1re espèce : fig. 28.14). — Base : 10.
Nécessité d'un signe-zéro : Non. — Existence d'un signe-zéro : Non.
Capacité de représentation : Limitée (voir chap. 14, p. 403).

Chiffres de base

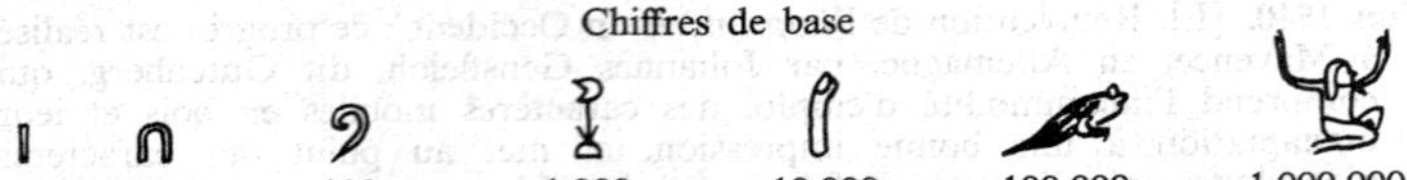

1 10 100 (= 10^2) 1 000 (= 10^3) 10 000 (= 10^4) 100 000 (= 10^5) 1 000 000 (= 10^6)

Exemple : 7 659

7 000 600 50 9

Représentation reposant sur le principe additif, selon une décomposition du type :
7 659 = (1 000 + 1 000 + 1 000 + 1 000 + 1 000 + 1 000 + 1 000)
+ (100 + 100 + 100 + 100 + 100 + 100)
+ (10 + 10 + 10 + 10 + 10)
+ (1 + 1 + 1 + 1 + 1 + 1 + 1 + 1 + 1).

Fig. 28.1

NUMÉRATION PROTO-ÉLAMITE

Apparition : ≈ 2 900 av. J.-C.
Type : A 1 (numération additive de la 1re espèce : fig. 28.14). — Base : 10.
Nécessité d'un signe-zéro : Non. — Existence d'un signe-zéro : Non.
Capacité de représentation : Limitée (voir chap. 11, p. 287).

Chiffres de base

1 10 100 1 000 10 000

Exemple : 7 659

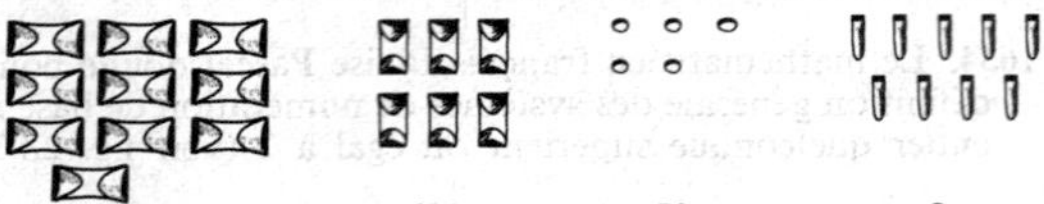

7 000 600 50 9

Représentation reposant sur le principe additif, selon une décomposition du type :
7 659 = (1 000 + 1 000 + 1 000 + 1 000 + 1 000 + 1 000 + 1 000)
+ (100 + 100 + 100 + 100 + 100 + 100)
+ (10 + 10 + 10 + 10 + 10)
+ (1 + 1 + 1 + 1 + 1 + 1 + 1 + 1 + 1).

Fig. 28.2

NUMÉRATIONS CRÉTOISES
(systèmes hiéroglyphique et linéaires A et B)

Apparition : ≈ 1900 av. J.-C. (linéaire A),
≈ 1700 av. J.-C. (hiéroglyphique),
≈ 1350 av. J.-C. (linéaire B).
Type : A 1 (numération additive de la 1re espèce : fig. 28.14). — Base : 10.
Nécessité d'un signe-zéro : Non. — Existence d'un signe-zéro : Non.
Capacité de représentation : Limitée (voir chap. 15, p. 437).

Chiffres de base (système linéaire B)

1 — 10 — 100 ($= 10^2$) — 1 000 ($= 10^3$) — 10 000 ($= 10^4$)

Exemple : 7 659

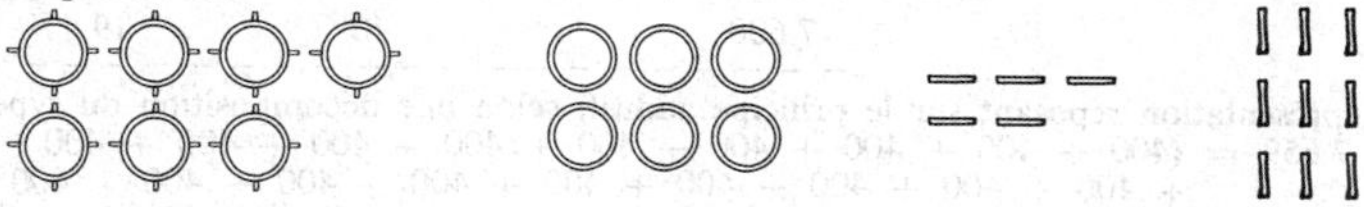

7 000 — 600 — 50 — 9

Représentation reposant sur le principe additif, selon une décomposition du type :
7 659 = (1 000 + 1 000 + 1 000 + 1 000 + 1 000 + 1 000 + 1 000)
+ (100 + 100 + 100 + 100 + 100 + 100)
+ (10 + 10 + 10 + 10 + 10)
+ (1 + 1 + 1 + 1 + 1 + 1 + 1 + 1 + 1).

Fig. 28.3

NUMÉRATION HIÉROGLYPHIQUE HITTITE

Apparition : ≈ 1400 av. J.-C.
Type : A 1 (numération additive de la 1re espèce : fig. 28.14). — Base : 10.
Nécessité d'un signe-zéro : Non. — Existence d'un signe-zéro : Non.
Capacité de représentation : Limitée (voir chap. 15, p. 440).

Chiffres de base

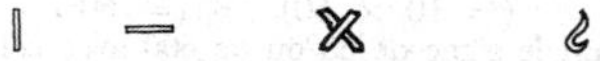

1 — 10 — 100 ($= 10^2$) — 1 000 ($= 10^3$)

Exemple : 7 659

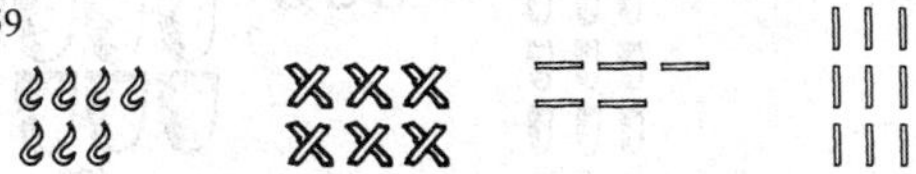

7 000 — 600 — 50 — 9

Représentation reposant sur le principe additif, selon une décomposition du type :
7 659 = (1 000 + 1 000 + 1 000 + 1 000 + 1 000 + 1 000 + 1 000)
+ (100 + 100 + 100 + 100 + 100 + 100)
+ (10 + 10 + 10 + 10 + 10)
+ (1 + 1 + 1 + 1 + 1 + 1 + 1 + 1 + 1).

Fig. 28.4

NUMÉRATION AZTÈQUE

Apparition : ≈ 1200 ap. J.-C.
Type : A 1 (numération additive de la 1re espèce : fig. 28.14). — Base : 20.
Nécessité d'un signe-zéro : Non. — Existence d'un signe-zéro : Non.
Capacité de représentation : Limitée (voir chap. 22, p. 717).

Chiffres de base

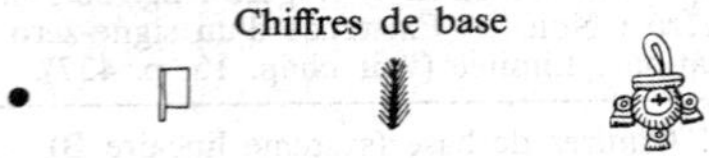

1 — 20 — 400 (= 20^2) — 8 000 (= 20^3)

Exemple : 7 659

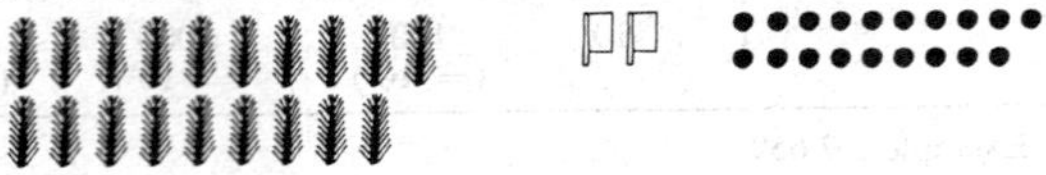

7 600 — 40 — 19

- ->

Représentation reposant sur le principe additif, selon une décomposition du type :
7 659 = (400 + 400 + 400 + 400 + 400 + 400 + 400 + 400 + 400
+ 400 + 400 + 400 + 400 + 400 + 400 + 400 + 400 + 400
+ 400) + (20 + 20) + (1 + 1 + 1 + 1 + 1 + 1 + 1 + 1
+ 1 + 1 + 1 + 1 + 1 + 1 + 1 + 1 + 1 + 1 + 1).

Fig. 28.5

NUMÉRATION SUMÉRIENNE

Apparition : ≈ 3300 av. J.-C.
Type : A 2 (numération additive de la 2e espèce : fig. 28.15). — Base : 60.
Nécessité d'un signe-zéro : Non. — Existence d'un signe-zéro : Non.
Capacité de représentation : Limitée (voir chap. 8, p. 205).

Chiffres de base (graphies archaïques)

1 — 10 — 60 — 600* (= 10 × 60) — 3 600 (= 60^2) — 36 000* (= 10 × 60^2)

* Chiffre formé en combinant le signe de 60 ou de 600 avec celui de la dizaine (combinaison multiplicative).

Exemple : 7 659

9 — 30 — 420 — 7 200

<- -

Représentation reposant sur le principe additif, selon une décomposition du type :
7 659 = (3 600 + 3 600)
+ (60 + 60 + 60 + 60 + 60 + 60 + 60)
+ (10 + 10 + 10)
+ (1 + 1 + 1 + 1 + 1 + 1 + 1 + 1 + 1).

Fig. 28.6

NUMÉRATION GRECQUE ACROPHONIQUE

Apparition : ≈ 500 av. J.- C.
Type : A 2 (numération additive de la 2e espèce : fig. 28.15). — Base : 10.
Nécessité d'un signe-zéro : Non. — Existence d'un signe-zéro : Non.
Capacité de représentation : Limitée (voir chap. 16, p. 441-450).

Chiffres de base

I	Γ	Δ	𐅄	H	𐅅	X	𐅆	M
1	5	10	50* (= 5 × 10)	100 (= 10^2)	500* (= 5 × 10^2)	1 000 (= 10^3)	5 000* (= 5 × 10^3)	10 000 (= 10^4)

* Chiffres formés en combinant les signes de 10, 100, 1 000, etc. avec celui du nombre 5 (combinaisons multiplicatives).

Exemple : 7 659

𐅆	XX	𐅅	H	𐅄	ΓIIII
5 000	2 000	500	100	50	5 4

- ->

Représentation reposant sur le principe additif, selon une décomposition du type :
7 659 = 5 000 + (1 000 + 1 000) + 500 + 100 + 50
+ 5 + (1 + 1 + 1 + 1).

Fig. 28.7

NUMÉRATION ROMAINE

Apparition : ≈ 500 av. J.-C.
Type : A 2 (numération additive de la 2e espèce : fig. 28.15). — Base : 10.
Nécessité d'un signe-zéro : Non. — Existence d'un signe-zéro : Non.
Capacité de représentation : Limitée (voir chap. 16, p. 454-460).

Chiffres de base (graphies archaïques)

I	Λ	X	↓	C	Ɵ	ↀ	ↁ
1	5	10	50 (= 5 × 10)	100 (= 10^2)	500 (= 5 × 10^2)	1 000 (= 10^3)	5 000 (= 5 × 10^3)

Exemple : 7 659

ↁ	ↀↀ	Ɵ	C	↓	IX
5 000	2 000	500	100	50	(10 – 1)

- ->

Représentation reposant à la fois sur le principe additif et le principe soustractif, selon une décomposition du type :
7 659 = 5 000 + (1 000 + 1 000) + 500 + 100 + 50 + (10 – 1).

Fig. 28.8

NUMÉRATION HIÉRATIQUE ÉGYPTIENNE

Apparition : ≈ 2500 av. J.-C.
Type : A 3 (numération additive de la 3e espèce : fig. 28.16). — Base : 10.
Nécessité d'un signe-zéro : Non. — Existence d'un signe-zéro : Non.
Capacité de représentation : Limitée (voir chap. 14, p. 418-423).

Chiffres de base (graphies de l'époque du Nouvel Empire)

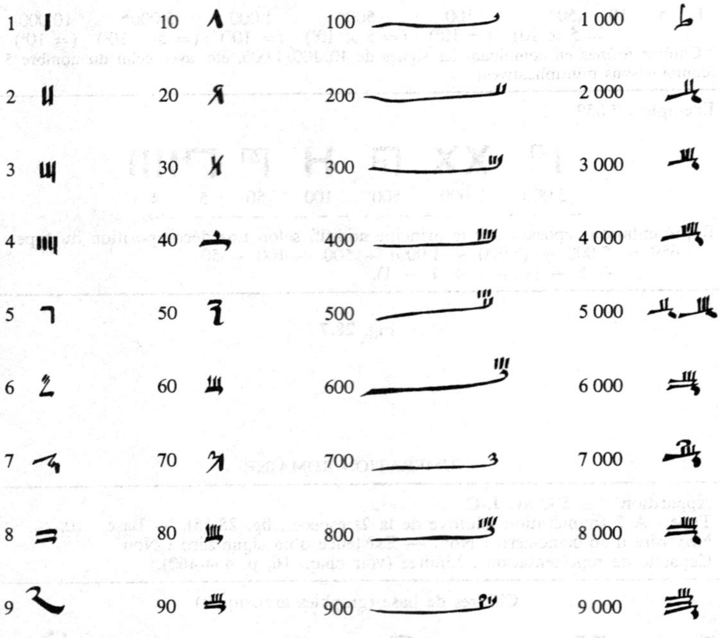

Exemple : 7 659

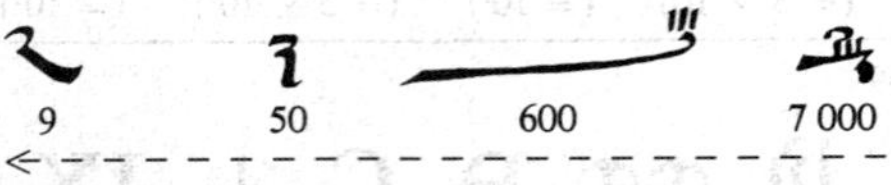

Représentation reposant sur le principe additif, selon une décomposition du type :
7 659 = 7 000 + 600 + 50 + 9.

Fig. 28.9. Réf. G. Möller.

NUMÉRATION DÉMOTIQUE ÉGYPTIENNE

Apparition : ≈ 750 av. J.-C.
Type : A 3 (numération additive de la 3e espèce : fig. 28.16). — Base : 10.
Nécessité d'un signe-zéro : Non. — Existence d'un signe-zéro : Non.
Capacité de représentation : Limitée (voir chap. 14, p. 418).

Chiffres de base*

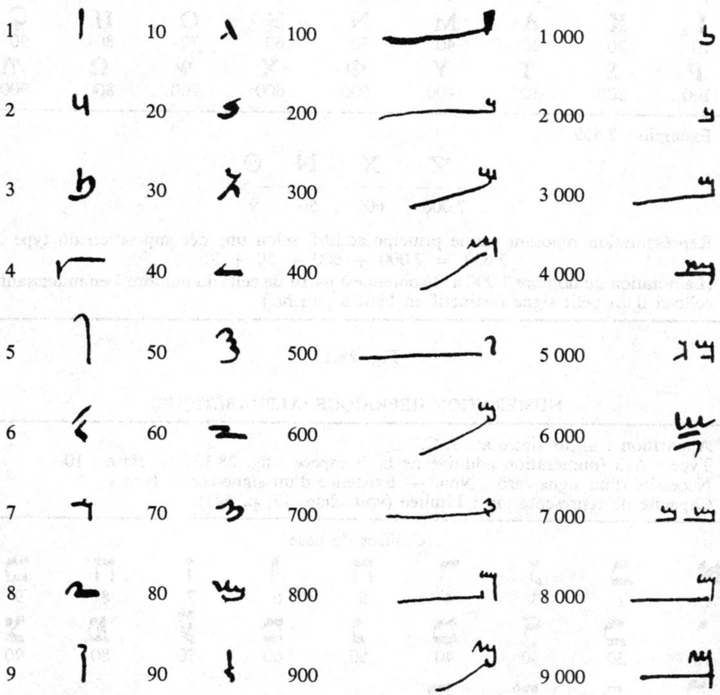

* Dérivés des chiffres hiératiques, ces chiffres furent plus évolués qu'eux du point de vue cursif : ligatures, abréviations, signes et groupements divers s'y étant multipliés, rendant ainsi leur lecture particulièrement délicate.

Exemple : 7 659

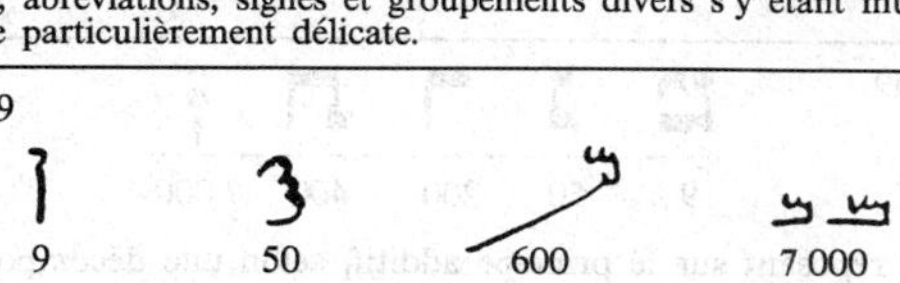

Représentation reposant sur le principe additif, selon une décomposition du type :

$$7\,659 = 7\,000 + 600 + 50 + 9.$$

Fig. 28.10. Réf. R.-W. Erichsen.

NUMÉRATION GRECQUE (ALPHABÉTIQUE)

Apparition : ≈ IVe siècle av. J.-C.
Type : A 3 (numération additive de la 3e espèce : fig. 28.16). — Base : 10.
Nécessité d'un signe-zéro : Non. — Existence d'un signe-zéro : Non.
Capacité de représentation : Limitée (voir chap. 17, p. 533).

Chiffres de base

Α	Β	Γ	Δ	Ε	Ϛ	Ζ	Η	Θ
1	2	3	4	5	6	7	8	9
Ι	Κ	Λ	Μ	Ν	Ξ	Ο	Π	Ϙ
10	20	30	40	50	60	70	80	90
Ρ	Σ	Τ	Υ	Φ	Χ	Ψ	Ω	Ϡ
100	200	300	400	500	600	700	800	900

Exemple : 7 659

’Ζ Χ Ν Θ
- - - - - - - - - - - - - ->
7 000 600 50 9

Représentation reposant sur le principe additif, selon une décomposition du type :
7 659 = 7 000 + 600 + 50 + 9.
(La notation du nombre 7 000 a été obtenue à partir de celle du nombre 7 en munissant celle-ci d'un petit signe distinctif en haut à gauche.)

Fig. 28.11

NUMÉRATION HÉBRAÏQUE (ALPHABÉTIQUE)

Apparition : ≈ IIe siècle av. J.-C.
Type : A 3 (numération additive de la 3e espèce : fig. 28.16). — Base : 10.
Nécessité d'un signe-zéro : Non. — Existence d'un signe-zéro : Non.
Capacité de représentation : Limitée (voir chap. 17, p. 521).

Chiffres de base

א	ב	ג	ד	ה	ו	ז	ח	ט
1	2	3	4	5	6	7	8	9
י	כ	ל	מ	נ	ס	ע	פ	צ
10	20	30	40	50	60	70	80	90
ק	ר	ש	ת					
100	200	300	400					

Exemple : 7 659

ט נ ר ת ז̈
<- - - - - - - - - - - - - - -
9 50 200 400 7 000

Représentation reposant sur le principe additif, selon une décomposition du type :
7 659 = 7 000 + 400 + 200 + 50 + 9.
(La notation du nombre 7 000 a été obtenue à partir de celle du nombre 7 en surmontant celle-ci de deux points.)

Fig. 28.12

NUMÉRATION ARMÉNIENNE (ALPHABÉTIQUE)

Apparition : ≈ 400 ap. J.-C.
Type : A 3 (numération additive de la 3e espèce : fig. 28.16). — Base : 10.
Nécessité d'un signe-zéro : Non. — Existence d'un signe-zéro : Non.
Capacité de représentation : Limitée (voir chap. 17, p. 542-543).

Chiffres de base
(1re ligne : minuscules ; 2e ligne : majuscules)

ա	բ	գ	դ	ե	զ	է	ը	թ
Ա	Բ	Գ	Դ	Ե	Զ	Է	Ը	Թ
1	2	3	4	5	6	7	8	9
ժ	ի	լ	խ	ծ	կ	հ	ձ	ղ
Ժ	Ի	Լ	Խ	Ծ	Կ	Հ	Ձ	Ղ
10	20	30	40	50	60	70	80	90
ճ	մ	յ	ն	շ	ո	չ	պ	ջ
Ճ	Մ	Յ	Ն	Շ	Ո	Չ	Պ	Ջ
100	200	300	400	500	600	700	800	900
ռ	ս	վ	տ	ր	ց	ւ	փ	ք
Ռ	Ս	Վ	Տ	Ր	Ց	Ւ	Փ	Ք
1 000	2 000	3 000	4 000	5 000	6 000	7 000	8 000	9 000

Exemple : 7 659

En minuscules :	ւ	ո	ծ	թ
En majuscules :	Ւ	Ո	Ծ	Թ
	7 000	600	50	9

Représentation reposant sur le principe additif, selon une décomposition du type :
7 659 = 7 000 + 600 + 50 + 9.

Fig. 28.13

Classification des numérations additives

Les numérations de ce type se répartissent en trois espèces dont les caractéristiques mathématiques se trouvent résumées aux figures 28.14 à 28.16 : elles nécessitent l'adoption d'une nouvelle convention d'écriture à partir d'un certain ordre de grandeur pour pouvoir noter les grands nombres (voir chap. 23, p. 758-761 et 781-786).

Systèmes de type A 1
(numérations additives de la première espèce)

Numérations de base m
dont les chiffres correspondent aux valeurs :
$1 \quad m \quad m^2 \quad m^3 \quad m^4 \quad ...,$

et dont les divers ordres d'unités consécutifs s'expriment de la manière suivante :

1er ordre	1	1 + 1	1 + 1 + 1	...
2e ordre	m	$m + m$	$m + m + m$	...
3e ordre	m^2	$m^2 + m^2$	$m^2 + m^2 + m^2$	...
4e ordre	m^3	$m^3 + m^3$	$m^3 + m^3 + m^3$	...
....	...	....	....	...

$m = 10$	$m = 10$	$m = 10$	$m = 10$	$m = 20$
Numération hiéroglyphique égyptienne	Numérations crétoises	Numération hiéroglyphique hittite	Numération grecque archaïque	Numération aztèque
1	1	1	1	1
10	10	10	10	20
10^2	10^2	10^2	10^2	20^2
10^3	10^3	10^3	10^3	20^3
10^4	10^4			
10^5				
10^6				

Fig. 28.14

Classification des numérations additives (suite)

Systèmes de type A 2
(numérations additives de la deuxième espèce)

Numérations de base m
dont les chiffres correspondent aux valeurs :
$1 \quad k \quad m \quad km \quad m^2 \quad km^2 \quad m^3 \quad km^3 \quad ...$
(où k désigne un diviseur de la base m)
et dont les divers ordres d'unités consécutifs s'expriment de la manière suivante :

1er ordre	1	$1 + 1$	$1 + 1 + 1$	...	k	$k + 1$ ...
2e ordre	m	$m + m$	$m + m + m$	...	km	$km + m$ ...
3e ordre	m^2	$m^2 + m^2$	$m^2 + m^2 + m^2$	...	km^2	$km^2 + m^2$ ...
4e ordre	m^3	$m^3 + m^3$	$m^3 + m^3 + m^3$	...	km^3	$km^3 + m^3$ ...
....	...	....	....	...	....	....

$m = 10$, $k = 5$	$m = 10$, $k = 5$	$m = 10$, $k = 5$	$m = 10$, $k = 5$	$m = 60$, $k = 10$
Numération grecque acrophonique	**Numération étrusque**	**Numération romaine**	**Numération sudarabique**	**Numération sumérienne**
1	1	1	1	1
5	5	5	5	10
10	10	10	10	60
5×10	5×10	5×10	5×10	10×60
10^2	10^2	10^2	10^2	60^2
5×10^2		5×10^2	5×10^2	10×60^2
10^3		10^3	10^3	60^3
5×10^3		5×10^3		
10^4		10^4		
5×10^4		5×10^4		
		10^5		
a = 5, b = 2	a = 5, b = 2	a = 5, b = 2	a = 5, b = 2	a = 10, k = 6

Définition équivalente :
Notations additives de base m,
dont les chiffres correspondent aux valeurs

$1 \quad a \quad ab \quad a^2b \quad a^2b^2 \quad a^3b^2 \quad a^3b^3 \quad a^4b^3 \quad ...$

(où a et b sont des diviseurs complémentaires de la base m)

Fig. 28.15

Classification des numérations additives (suite et fin)

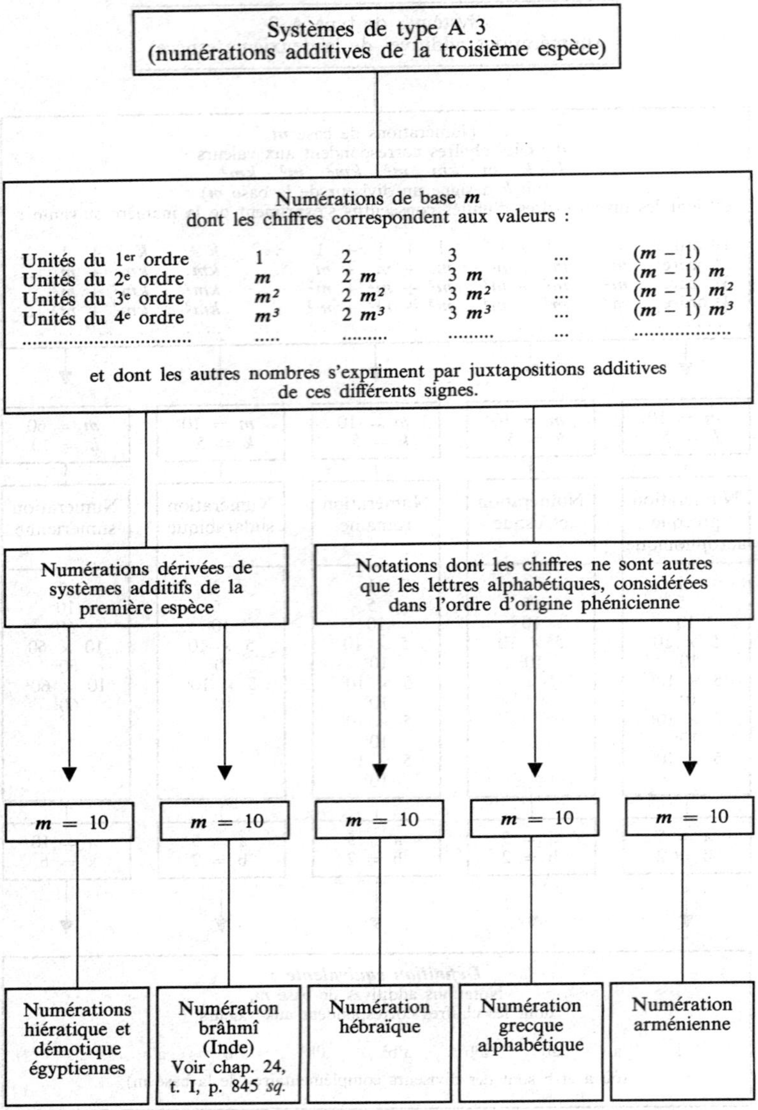

Fig. 28.16

Premières apparitions du principe multiplicatif

Le cas des Sumériens

Dès 3300 environ av. J.-C., ceux-ci furent amenés à représenter les ordres d'unités de leur système de numération par des objets de tailles et de formes conventionnelles.

Ils avaient commencé par symboliser l'unité, la dizaine, la soixantaine et le carré de soixante par les *calculi* (voir ci-contre ; voir aussi chap. 10, p. 242) :

1 10 60 3 600

Mais ne voulant pas multiplier les symboles originaux, ils firent appel au principe multiplicatif pour représenter l'ordre des 600 et celui des 36 000 :

600 (= 10 × 60) 36 000 (= 10 × 60^2)

Ils avaient ainsi eu l'idée (très abstraite à l'époque) de symboliser la multiplication par dix, en conférant une petite empreinte circulaire (symbole « écrit » de la bille représentant la dizaine) à l'argile molle d'un grand cône valant 60 ou d'une sphère valant 3 600.

Et c'est bien grâce à la même idée qu'ils ont représenté les mêmes nombres lorsqu'ils se donnèrent une numération écrite dans sa graphie archaïque aussi bien que dans sa graphie cunéiforme (voir chap. 8, p. 205) :

Chiffres curviformes

Chiffres cunéiformes

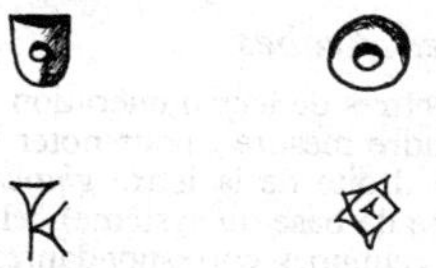

600 (= 10 × 60) 36 000 (= 10 × 60^2)

L'exemple des Crétois (IIe millénaire av. J.-C.) :

Ceux-ci introduisirent le chiffre pour 10 000, en combinant le trait horizontal de la dizaine au signe du millier (voir chap. 15, p. 437) :

10 000 (= 1 000 × 10)

L'exemple des Grecs (à partir du Ve siècle av. J.-C.) :

En faisant appel au même principe, ceux-ci complétèrent leur numération acrophonique, en y introduisant une notation d'apparence particulière pour chacun des nombres 5, 50, 500 et 5 000 (voir chap. 16, p. 442) :

5 | 50 (= 5 × 10) | 500 (= 5 × 10^2) | 5 000 (= 5 × 10^3)

Fig. 28.17

Premières extensions de l'usage du principe multiplicatif

Ainsi dès le début de l'histoire, les peuples ont-ils quelquefois introduit l'usage de la règle multiplicative dans des systèmes fondés essentiellement sur le principe additif. Mais dans ce premier stade, cet usage est resté limité à certains cas particuliers, la règle ne servant alors qu'à la formation de quelques nouveaux symboles.

Mais au stade suivant, on se rendit compte peu à peu que la règle pouvait permettre d'éviter non seulement les fastidieuses répétitions de signes identiques, mais aussi la multiplication inconsidérée de symboles originaux (qui finit toujours par exiger des efforts de mémoire considérables).

Et c'est ainsi que certaines notations initialement rudimentaires ont pu être étendues d'une manière considérable aux quantités élevées.

L'exemple des Grecs

Cette idée fut exploitée par les mathématiciens grecs de l'Antiquité dont l'« instrument » fut la numération alphabétique : voulant noter les nombres au-delà de la myriade, ils usèrent de la règle multiplicative en plaçant au-dessus de la lettre M (initiale de *Μύριοι*, nom grec de « dix mille ») le nombre des dizaines de mille à indiquer (voir chap. 17, p. 534) :

$\overset{\alpha}{\mathrm{M}}$	$\overset{\beta}{\mathrm{M}}$	$\overset{\gamma}{\mathrm{M}}$	$\overset{\iota\beta}{\mathrm{M}}$
10 000	20 000	30 000	120 000
(= 1 × 10 000)	(= 2 × 10 000)	(= 3 × 10 000)	(= 12 × 10 000).

L'exemple des Arabes

A l'aide des 28 lettres de leur numération alphabétique, les Arabes ont fait de même, mais à une moindre mesure : pour noter les nombres au-delà de 1 000, il leur avait suffi de placer à droite de la lettre *ghayin* (lettre valant 1 000 et correspondant au plus grand chiffre de base du système) celle qui représente le nombre des unités, des dizaines ou des centaines correspondantes (voir chap. 19, p. 591) :

بغ	جغ	يغ	نغ
2 000	3 000	10 000	50 000
(= 2 × 1 000)	(= 3 × 1 000)	(= 10 × 1 000)	(= 50 × 1 000).

L'exemple des Indiens de l'Antiquité

La même idée fut mise à contribution par les Indiens depuis l'époque de l'empereur Aśhoka jusqu'aux alentours de l'ère chrétienne dans la notation numérique liée à l'écriture brâhmî (voir t. I, chap. 24, p. 845 *sq.*). Voulant noter les multiples de cent, ils firent usage du principe multiplicatif en plaçant à droite du chiffre de la centaine le signe des unités correspondantes. Quant aux nombres au-delà de mille, ils les notèrent de même en plaçant à droite du chiffre 1 000 le signe des unités ou des dizaines correspondantes :

400 — 4 000 — 6 000 — 10 000

(= 100 × 4) — (= 1 000 × 4) — (= 1 000 × 6) — (= 1 000 × 10)

Fig. 28.18 A

L'exemple du système hiéroglyphique égyptien (usage tardif)

Dans les inscriptions monumentales égyptiennes, nous trouvons (au moins à partir du Nouvel Empire) cette remarquable irrégularité par rapport au système « classique » : lorsqu'un têtard (chiffre hiéroglyphique pour 100 000) était placé au-dessus d'une expression numérique inférieure, il acquérait une valeur de multiplicateur. Autrement dit, en disposant un têtard au-dessus de la représentation de 18 par exemple, on n'exprimait plus désormais la valeur de 100 018 (= 100 000 + 18), mais plutôt celle de : 100 000 × 18 = 1 800 000 (nombre que l'on aurait exprimé dans le système classique en juxtaposant l'hiéroglyphe du million à 8 têtards).

Exemple : 27 000 000
Expression sous
la forme :
100 000 × 270.

100 000
270

Extrait d'une inscription hiéroglyphique de l'époque ptolémaïque (IIIe – Ier siècle av. J.-C.) ; réf. TIA, III, 604.

L'exemple du système hiératique égyptien

Mais l'irrégularité précédente était due en réalité à une influence sur le système hiéroglyphique de la part de la notation hiératique, qui notait d'une manière plus systématique selon la règle en question les unités supérieures à 10 000 (voir chap. 14, p. 419-422). (Réf. G. Möller.)

	Ancien Empire	Moyen Empire	Nouvel Empire
70 000			
90 000			
200 000			
700 000	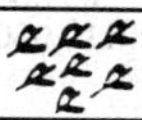		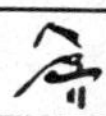
1 000 000			
2 000 000			
10 000 000			

Exemple : Notation du nombre 494 800.

(Extrait du *Grand Papyrus Harris* ; 73, ligne 3. Date : Nouvel Empire ; réf. Birch ; Erichsen.)

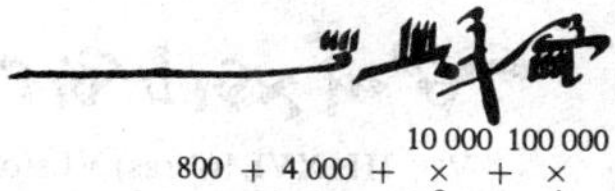

800 + 4 000 + 10 000 × 9 + 100 000 × 4

← – – – – – – – – – – – – – – – –

Fig. 28.18 B

Notations latines des grands nombres (époque tardive)

Pour noter les grands nombres, les Romains et les peuples latins du Moyen Age ont développé plusieures conventions d'écritures. En voici les principales (voir chap. 16, p. 476-484) :

1°) *Règle du surlignement*

Elle consistait à multiplier par 100 000 toute mention numérique surmontée d'une barre horizontale :

$\overline{\text{X}} = 10\,000$ $\overline{\text{C}} = 100\,000$ $\overline{\text{CXXVII}} = 127 \times 1\,000 = 378\,000.$

2°) *Règle de l'encadrement*

Elle consistait à multiplier par 100 000 toute mention numérique enfermée dans une sorte de rectangle incomplet :

$\lceil \text{X} \rceil = 1\,000\,000$ $\lceil \text{CCLXIV} \rceil = 264 \times 100\,000 = 26\,400\,000.$

3°) *Règle des combinaisons multiplicatives*

Règle que l'on rencontre quelquefois dans les manuscrits latins des premiers siècles de notre ère, mais le plus souvent dans les documents comptables du Moyen Age européen. Pour indiquer les multiples de 100 et 1 000, on décrit d'abord le nombre des centaines ou des milliers à exprimer, puis on place la lettre appropriée (C ou M) en position de coefficient ou d'indice supérieur (Réf. G.H.F. Nesselmann, p. 90.)

100	C			1 000			
200	II.C	ou	II^{c}	2 000	II.M	ou	II^{m}
300	III.C	ou	III^{c}	3 000	III.M	ou	III^{m}
......	......	......	......	......	......	......	......
900	VIIII.C	ou	VIIII^{c}	9 000	VIIII.M	ou	VIIII^{m}

Exemples extraits de l'*Histoire naturelle* de Pline l'Ancien, Ier siècle ap. J.-C. (Réf. livre VI, 26 ; livre XXXIII, 3.)

LXXXIII.M pour 83 000
CX.M pour 110 000.

Le même usage se retrouve au Moyen Age notamment dans le Registre de Trésor du roi Philippe le Bel, l'un des plus anciens journaux du Trésor qui nous soient parvenus (et où « les trésoriers enregistraient au jour le jour les recettes et les dépenses du Trésor, avec la mention de la personne qui avait fait le paiement ou reçu une somme, l'indication dont la façon s'était effectuée la recette ou la dépense, et le nom de la personne dont le compte était crédité ou débité ») (M. Prou). Dans ce livre daté de l'an 1299, nous trouvons ainsi la mention ci-dessous, rédigée en latin de la manière suivante (Extraits du Registre du Trésor de Philippe le Bel [1299]. BN, Paris, Ms. lat. 9783, f°. 3v, col. 1, lignes 22 ; réf. M. Prou, pl. XXVII) :

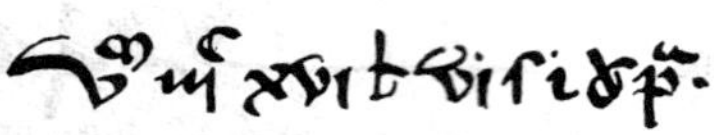

V^{m}, III^{c}.XVI.l(ibras).VI.s(olidos). I. d(enarios). p(arisiensium). « 5 316 livres, 6 sols & 1 dernier parisis ».

Fig. 28.19

NUMÉRATION COMMUNE ASSYRO-BABYLONIENNE [1]

Apparition : ≈ 2350 av. J.-C.
Type : B 1 (numération hybride de la 1re espèce : fig. 28.28). — Base : 10.
Nécessité d'un signe-zéro : Non. — Existence d'un signe-zéro : Non.
Capacité de représentation : Limitée (voir chap. 13, p. 325-329 ; chap. 18, p. 558).

Chiffres de base

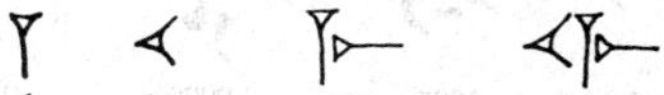

1 — 10 — 100 ($= 10^2$) — 1 000* ($= 10^3$)

* Signe composé du chiffre 100 et du chiffre 10.

Exemple : 7 659

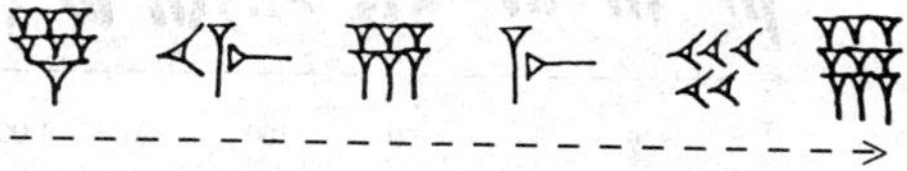

7 — 1 000 — 6 — 100 — 50 — 9

Représentation reposant (partiellement) sur le principe hybride, selon une décomposition du type :

$$\begin{aligned} 7\,659 = & (1 + 1 + 1 + 1 + 1 + 1 + 1) \times 1\,000 \\ & + (1 + 1 + 1 + 1 + 1 + 1) \times 100 \\ & + (10 + 10 + 10 + 10 + 10) \\ & + (1 + 1 + 1 + 1 + 1 + 1 + 1 + 1 + 1). \end{aligned}$$

NOTATION DES GRANDS NOMBRES

Cette numération a réussi à s'étendre à la notation des milliers grâce à la considération du millier comme nouvelle unité de compte et à l'utilisation de la règle multiplicative :

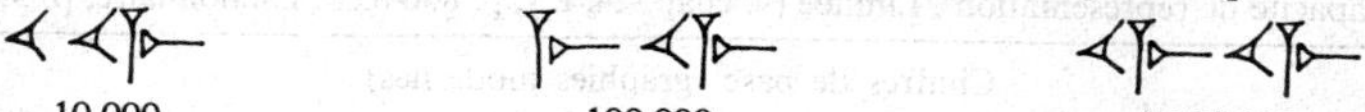

10 000 ($= 10 \times 1\,000$) — 100 000 ($= 100 \times 1\,000$) — 1 000 000 ($= 1\,000 \times 1\,000$)

Exemple : 305 412

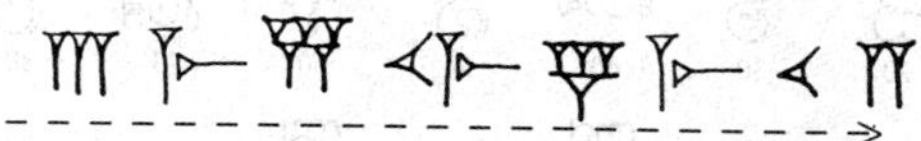

$= (3 \times 100 + 5) \times 1\,000 + 4 \times 100 + 10 + 2$

(Extrait des tablettes assyriennes contemporaines du roi Sargon II ; réf. F. Thureau-Dangin.)

1. Influencés sans doute par la structure de leur numération parlée, les Sémites mésopotamiens ont eu les premiers l'idée d'étendre la règle multiplicative à la notion des autres ordres d'unités, forgeant ainsi la première *numération hybride* de l'histoire.

Fig. 28.20

NUMÉRATION ARAMÉENNE

Apparition : environ 750 av. J.-C.
Type : B 1 (numération hybride de la 1re espèce : fig. 28.28). — Base : 10.
Nécessité d'un signe-zéro : Non. — Existence d'un signe-zéro : Non.
Capacité de représentation : Limitée (voir chap. 18, p. 549-560).

Chiffres de base (graphie des papyrus d'Éléphantine)

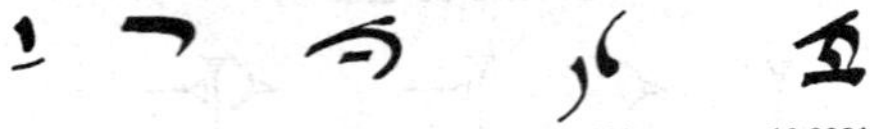

1 — 10 — 100* (= 10^2) — 1 000* (= 10^3) — 10 000** (= 10^4)

* Signe dérivant d'une superposition multiplicative de deux variantes du chiffre de la dizaine.
** Signe dérivant d'une combinaison multiplicative de deux variantes du chiffre 10 avec celui de 100.

Exemple : 7 659

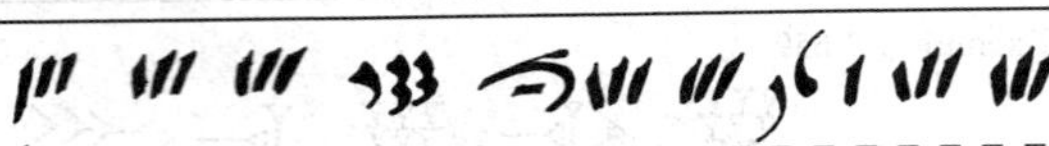

9 — 50 — 100 — 6 — 1 000 — 7

Représentation reposant (partiellement) sur le principe hybride, selon une décomposition du type : 7 659 = (1 + 1 + 1 + 1 + 1 + 1 + 1) × 1 000
+ (1 + 1 + 1 + 1 + 1 + 1) × 100
+ (10 + 10 + 10 + 10 + 10)
+ (1 + 1 + 1 + 1 + 1 + 1 + 1 + 1 + 1).

Fig. 28.21

NUMÉRATION SINGHALAISE (île de Ceylan)

Apparition : environ 600 - 900 ap. J.-C.
Type : B 2 (numération hybride de la 2e espèce : fig. 28.29). — Base : 10.
Nécessité d'un signe-zéro : Non. — Existence d'un signe-zéro : Non.
Capacité de représentation : Limitée (v. chap. 24, t. I, p. 836-837 ; Dictionnaire, p. 39).

Chiffres de base (graphies modernes)

1 2 3 4 5 6 7 8 9

10 20 30 40 50 60 70 80 90

100 (= 10^2) — 1 000 (= 10^3)

Exemple : 7 659

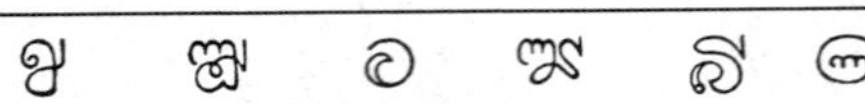

7 — 1 000 — 6 — 100 — 50 — 9

Représentation reposant (partiellement) sur le principe hybride, selon une décomposition du type : 7 × 1 000 + 6 × 100 + 5 × 10 + 9

Fig. 28.22. Réf. Pihan ; Renou et Filliozat.

NUMÉRATION MARIOTE
(ville de Mari en Mésopotamie)

Apparition : environ 2000 av. J.- C.
Type : B 3 (numération hybride de la 3e espèce : fig. 28.30). — Base : 100.
Nécessité d'un signe-zéro :
– Non, lorsque le principe hybride est rigoureusement appliqué.
– Oui, lorsque la règle de simplification ci-après est appliquée.
Existence d'un signe-zéro : Non.
Capacité de représentation : Limitée (voir chap. 13, p. 339-346 ; chap. 23, p. 767).

Chiffres de base

1	10	100	1 000* (= 10 × 100)	10 000** (= 100²)

* Nombre écrit en toutes lettres.
* Signe dérivant d'une combinaison à valeur multiplicative du signe du milieu avec celui de la dizaine.

Exemple : 7 659

Écriture régulière

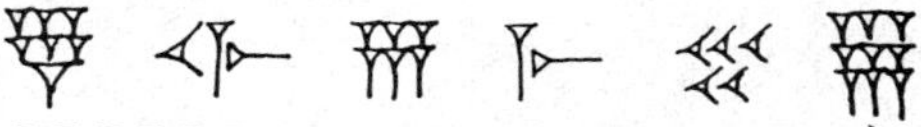

- ->

7   1 000   6   100   50   9

Représentation reposant totalement sur le principe hybride, selon une décomposition du type :

$$\begin{aligned} 7\,659 = {} & (1 + 1 + 1 + 1 + 1 + 1 + 1) \times 1\,000 \\ & + (1 + 1 + 1 + 1 + 1 + 1) \times 100 \\ & + (10 + 10 + 10 + 10 + 10) \\ & + (1 + 1 + 1 + 1 + 1 + 1 + 1 + 1 + 1). \end{aligned}$$

Écriture abrégée

La représentation précédente est souvent mise sous la forme simplifiée ci-dessous, où est omise la mention du chiffre 100.

76   59

- - - - - - - - ->

$$\begin{pmatrix} 10 + 10 + 10 + 10 + 10 + 10 + 10 \\ 1 + 1 + 1 + 1 + 1 + 1 \end{pmatrix} ; \begin{pmatrix} 10 + 10 + 10 + 10 + 10 \\ 1 + 1 + 1 + 1 + 1 + 1 + 1 + 1 + 1 \end{pmatrix}$$

Autrement dit, la notation s'oriente ainsi vers une application partielle du *principe de position* selon une base centésimale :

$$7\,659 = [76\,;\,59] = 76 \times 100 + 59.$$

Fig. 28.23

NUMÉRATION ÉTHIOPIENNE

Apparition : ≈ 350 ap. J.-C.
Type : B 4 (numération hybride de la 4e espèce : fig. 28.31). — Base : 100.
Nécessité d'un signe-zéro : Non. — Existence d'un signe-zéro : Non.
Capacité de représentation : Limitée (voir chap. 19, p. 592-594).

Valeur des chiffres de base

1 2 3 4 5 6 7 8 9

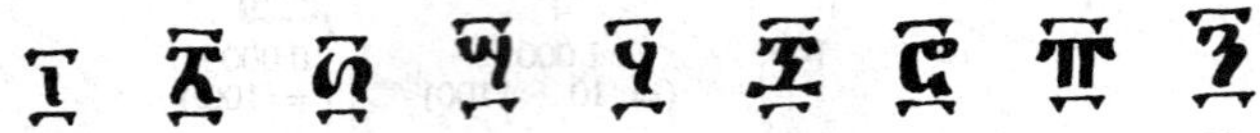

10 20 30 40 50 60 70 80 90

100 10 000 (= 100^2)

Exemple : 7 659

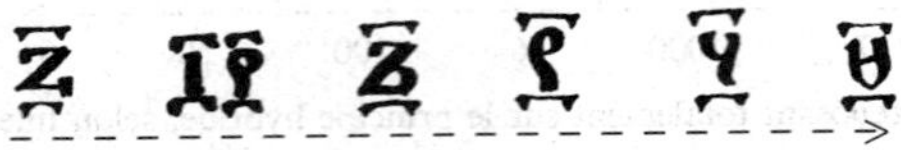

7 1 000 6 100 50 9

Représentation reposant totalement sur le principe hybride, selon une décomposition du type :

$$70 \times 100 + 6 \times 100 + 50 + 9$$

Fig. 28.24

NUMÉRATION COMMUNE CHINOISE

Apparition : environ 1450 av. J.-C.
Type : B 5 (numération hybride de la 5e espèce : fig. 28.32). — Base : 10.
Nécessité d'un signe-zéro :
- Non, lorsque le principe hybride est rigoureusement appliqué.
- Oui, lorsque la règle de simplification ci-après est appliquée.
Existence d'un signe-zéro : Oui, mais à une époque tardive.
Capacité de représentation : Limitée dans le cas du système non simplifié (voir chap. 21, p. 623-626 ; chap. 23, p. 768).

Chiffres de base (graphies actuelles)

一	二	三	四	五	六	七	八	九	十	百	千	萬
1	2	3	4	5	6	7	8	9	10	100 (= 10^2)	1 000 (= 10^3)	10 000 (= 10^4)

Exemple : 7 659

Écriture régulière

七	千	六	百	五	十	九
7	1 000	6	100	5	10	9

Représentation reposant totalement sur le principe hybride, selon une décomposition du type : $7 \times 1\,000 + 6 \times 100 + 5 \times 10 + 9$

Écriture abrégée

La représentation précédente fut mise quelquefois sous la forme simplifiée ci-dessous, s'orientant ainsi vers une application du *principe de position* selon une base décimale :

七	六	五	九
7	6	5	9

NOTATION DES GRANDS NOMBRES

Avec les treize caractères fondamentaux de cette numération, en considérant la dizaine de mille comme nouvelle unité de compte, les Chinois ont pu exprimer rationnellement toutes les puissances de 10 jusqu'à l'ordre des cent milliards (et donc tous les nombres de 1 à 999 999 999 999 999) :

10 000 = 1 wàn = 1 × 10 000
100 000 = 10 wàn = 10 × 10 000, etc.

Exemple : 487 390 629

四萬八千七百三十九萬六百二十九

$(4 \times 10^4 + 8 \times 10^3 + 7 \times 10^2 + 3 \times 10 + 9) \times 10^4 + 6 \times 10^2 + 2 \times 10 + 9)$

(Réf. Guitel ; Menninger ; Ore ; Tchen Yon-Sun.)

Fig. 28.25

NUMÉRATION TAMIL

Apparition : environ 600-900 ap. J.-C.
Type : B 5 (numération hybride de la 5ᵉ espèce : fig. 28.32). — Base : 10.
Nécessité d'un signe-zéro :
– Non, lorsque le principe hybride est rigoureusement appliqué.
– Oui, lorsque la règle de simplification ci-après est appliquée.
Existence d'un signe-zéro : Non, avant l'époque moderne.
Capacité de représentation : Limitée, dans le cas du système non simplifié (voir chap. 24, t. I, p. 832-834 ; chap. 23, p. 766).
Système employé en pays tamil (Inde méridionale, depuis Palicat jusqu'au cap Comorin et des Ghattes jusqu'au golfe de Bengale).

Chiffres de base (graphies actuelles)

௧	௨	௩	௪	௫	௬	௭	௮	௯
1	2	3	4	5	6	7	8	9

௰	௱	௲
10	100 (= 10^2)	1 000 (= 10^3)

Exemple : 7 659

Écriture régulière

௭	௲	௬	௱	௫	௰	௯
7	1 000	6	100	5	10	9

- >

Représentation reposant totalement sur le principe hybride, selon une décomposition du type :

$$7 \times 1\,000 + 6 \times 100 + 5 \times 10 + 9$$

Écriture abrégée (usitée à partir des temps modernes)

La représentation précédente fut mise quelquefois sous la forme simplifiée ci-dessous, s'orientant ainsi vers une application du *principe de position* selon une base décimale :

௭	௬	௫	௯
7	6	5	9

- - - - - - - - - - >

Fig. 28.26 Réf. Pihan ; Renou et Filliozat.

NUMÉRATION MALAYÂLAM

Apparition : ≈ 600-900 ap. J.-C.
Type : B 5 (numération hybride de la 5ᵉ espèce : fig. 28.32). — Base : 10.
Nécessité d'un signe-zéro :
– Non, lorsque le principe hybride est rigoureusement appliqué.
– Oui, lorsque la règle de simplification ci-après est appliquée.
Existence d'un signe-zéro : Non, avant l'époque moderne.
Capacité de représentation : Limitée, dans le cas du système non simplifié (voir chap. 24, t. I, p. 834-835 ; chap. 23, p. 766).
Système employé en pays Malayâlam (Inde méridionale, le long de la côte de Malabar, depuis Mangalore jusqu'à Trivanderam).

Chiffres de base (graphies actuelles)

൧	൨	൩	൪	൫	൬	൭	൮	൯
1	2	3	4	5	6	7	8	9

൰	൱	൲
10	100 (= 10^2)	1 000 (= 10^3)

Exemple : 7 659

Écriture régulière

൭	൲	൬	൱	൫	൰	൯
7	1 000	6	100	5	10	9

Représentation reposant totalement sur le principe hybride, selon une décomposition du type :

$$7 \times 1\,000 + 6 \times 100 + 5 \times 10 + 9$$

Écriture abrégée (usitée à partir de l'époque moderne)

La représentation précédente fut mise quelquefois sous la forme simplifiée ci-dessous, s'orientant ainsi vers une application du *principe de position* selon une base décimale :

൭	൬	൫	൯
7	6	5	9

Fig. 28.27. Réf. Pihan ; Renou et Filliozat.

Classification des numérations hybrides

Les numérations de ce type se répartissent ainsi en trois espèces dont les caractéristiques mathématiques se trouvent résumées dans les figures 28.28 à 28.32 (voir chap. 23, p. 761-765 et 786-789).

Systèmes de type B 1
Numérations hybrides de la première espèce
(systèmes hybrides partiels)

Numérations de base m
dont les chiffres correspondent aux valeurs :
$1 \quad m \quad m^2 \quad m^3 \quad m^4 \quad ...,$

dont les divers ordres d'unités consécutifs s'expriment de la manière suivante :

1er ordre	1	$1 + 1$	$1 + 1 + 1$	...
2e ordre	m	$m + m$	$m + m + m$	...
3e ordre	$1 \times m^2$	$(1 + 1) \times m^2$	$(1 + 1 + 1) \times m^2$	...
4e ordre	$1 \times m^3$	$(1 + 1) \times m^3$	$(1 + 1 + 1) \times m^3$	...
....	......	....	....	...

et où les autres nombres s'expriment donc en combinant principe additif et principe multiplicatif.

$m = 10$ → Numération commune assyro-babylonienne

$m = 10$ → Numérations sémitiques occidentales (araméenne, phénicienne, palmyrénienne, nabatéenne, etc.)

Fig. 28.28

Classification des numérations hybrides (suite)

Systèmes de type B 2
Numérations hybrides de la deuxième espèce
(systèmes hybrides partiels)

↓

Numérations de base m
dont les chiffres correspondent aux valeurs :

1	2	3	...	$(m-1)$
m	$2m$	$3m$	...	$(m-1)m$
m^2	m^3	m^4	etc.,	

dont les divers ordres d'unités consécutifs s'expriment de la manière suivante :

1er ordre	1	2	3	...	$(m-1)$
2e ordre	m	$2\,m$	$3\,m$	...	$(m-1)\,m$
3e ordre	$1 \times m^2$	$2 \times m^2$	$3 \times m^2$	...	$(m-1) \times m^2$
4e ordre	$1 \times m^3$	$2 \times m^3$	$3 \times m^3$	...	$(m-1) \times m^3$
....	......	......	......	...	....

et où les autres nombres s'expriment donc en combinant principe additif et principe multiplicatif.

↓

$m = 10$

↓

Numération singhalaise

Fig. 28.29

Classification des numérations hybrides (suite)

Systèmes de type B 3
Numérations hybrides de la troisième espèce
(systèmes hybrides complets)

Numérations de base m^2
dont les chiffres correspondent aux valeurs :
1 m m^2 m^3 m^4 ...,
(le nombre m jouant le rôle de base auxiliaire)

dont les divers ordres d'unités consécutifs s'expriment de la manière suivante :

1er ordre	1	$1 + 1$	$1 + 1 + 1$	...
	m	$m + m$	$m + m + m$	...
2e ordre	$1 \times m^2$	$(1 + 1) \times m^2$	$(1 + 1 + 1) \times m^2$	...
	$m \times m^2$	$(m + m) \times m^2$	$(m + m + m) \times m^2$	...
3e ordre	$1 \times m^3$	$(1 + 1) \times m^3$	$(1 + 1 + 1) \times m^3$	...
	$m \times m^3$	$(m + m) \times m^3$	$(m + m + m) \times m^3$	...
....	....	....	....	...

et où les autres nombres s'expriment donc en combinant principe additif et principe multiplicatif.

↓

base $m = 100$

↓

Numération mariote

Fig. 28.30

Classification des numérations hybrides (suite)

Systèmes de type B 4
Numérations hybrides de la quatrième espèce
(systèmes hybrides complets)

Numérations de base m
dont les chiffres correspondent aux valeurs :

1	2	3	...	$(m-1)$
m	$2m$	$3m$	...	$(m-1)m$
m^2	m^3	m^4	m^5	...,

dont les divers ordres d'unités consécutifs s'expriment de la manière suivante :

1er ordre	1	2	3	. . .	$(m-1)$
	m	$2m$	$3m$	. . .	$(m-1)m$
2e ordre	$1 \times m^2$	$2 \times m^2$	$3 \times m^2$	. . .	$(m-1) \times m^2$
	m^3	$2m^3$	$3m^3$	. . .	$(m-1)m^3$
3e ordre	$1 \times m^4$	$2 \times m^4$	$3 \times m^4$	. . .	$(m-1) \times m^4$
	m^5	$2m^5$	$3m^5$	. . .	$(m-1)m^5$
....	......	....	....	. . .	....

et où les autres nombres s'expriment donc en combinant principe additif et principe multiplicatif.

↓

base $m = 100$

↓

Numération éthiopienne

Fig. 28.31

Classification des numérations hybrides (suite et fin)

Systèmes de type B 5
Numérations hybrides de la cinquième espèce
(systèmes hybrides complets)

Numérations de base ***m***
dont les chiffres correspondent aux valeurs :

$1 \quad 2 \quad 3 \quad \ldots \quad (m-1)$

$m \quad m^2 \quad m^3 \quad$ etc.,

dont les divers ordres d'unités consécutifs s'expriment de la manière suivante :

1er ordre	1	2	3	...	$(m-1)$
2e ordre	$1 \times m$	$2 \times m$	$3 \times m$	...	$(m-1) \times m$
3e ordre	$1 \times m^2$	$2 \times m^2$	$3 \times m^2$	...	$(m-1) \times m^2$
4e ordre	$1 \times m^3$	$2 \times m^3$	$3 \times m^3$	...	$(m-1) \times m^3$
....	....	....	....	...	....

et où les autres nombres s'expriment donc en combinant principe additif
et principe multiplicatif.

$m = 10$	$m = 10$	$m = 10$	$m = 20$
Numération tamil (Inde du Sud)	Numération malayâlam (Inde du Sud)	Numération commune chinoise	Numération maya d'expression des dates en compte long (avec irrégularité à partir du 3e ordre)

A la différence des numérations hybrides des deux premières espèces, celles des 3e, 4e et 5e catégories font intervenir la règle multiplicative dans la notation de tous les ordres d'unités supérieurs ou égaux à la base. C'est pourquoi on les appelle des numérations de type « hybride complet ». La représentation des nombres s'y fait donc suivant l'expression des diverses valeurs numériques d'un polynôme ayant pour variable la base *m* correspondante (à l'exception toutefois du système maya, qui comporte une irrégularité dans les valeurs de ses ordres d'unités consécutifs).

Fig. 28.32

NUMÉRATION SAVANTE BABYLONIENNE[1]

: $\approx$ 1800 av. J.-C.
l (numération positionnelle de la 1re espèce : fig. 28.37). — Base : 60
l'un signe-zéro : Oui. — Existence d'un signe-zéro : Oui, mais à une époque
ulement (IVe siècle environ av. J.-C.).
de représentation : Illimitée (voir chap. 13, p. 346-366).

Chiffres significatifs

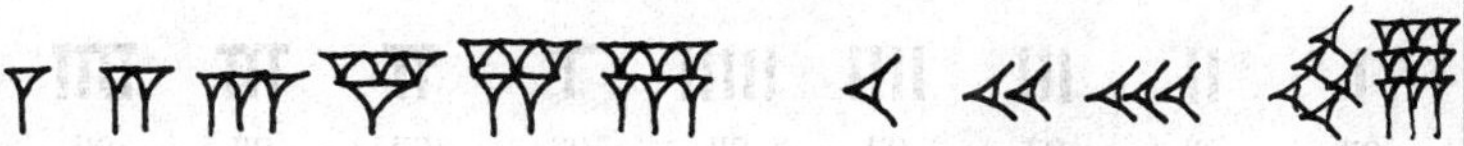

1 2 3 4 5 6 ... 10 20 30 ... 59

(Signes formés selon le principe additif, à partir de deux signes de base, l'un représentant le nombre 1 et l'autre le nombre 10.)

Valeurs de position

1er rang : 1
2e rang : 60
3e rang : $60^2 = 3\,600$
4e rang : $60^3 = 216\,000$
5e rang : $60^4 = 12\,960\,000$, etc.

Exemple : 7 659

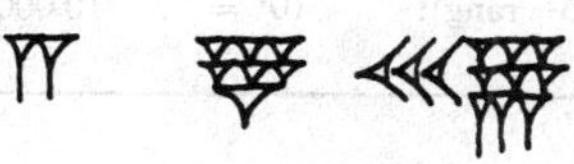

2 ; 7 ; 39

$(7\,659 = 2 \times 60^2 + 7 \times 60 + 39)$

Représentation reposant sur le principe de position, selon une décomposition du type :

[1+1 ; 1+1+1+1+1+1+1 ; 10+10+10+1+1+1+1+1+1+1+1+1]

1. Il s'agit de la première numération de position de l'histoire.

Fig. 28.33

NUMÉRATION SAVANTE CHINOISE

Apparition : ≈ 200 av. J.-C.
Type : C 1 (numération positionnelle de la 1re espèce : fig. 28.37). — Base : 10.
Nécessité d'un signe-zéro : Oui. — Existence d'un signe-zéro : Oui, mais à une époque tardive seulement (+ VIIIe siècle, sous l'influence indienne).
Capacité de représentation : Illimitée.

Chiffres significatifs

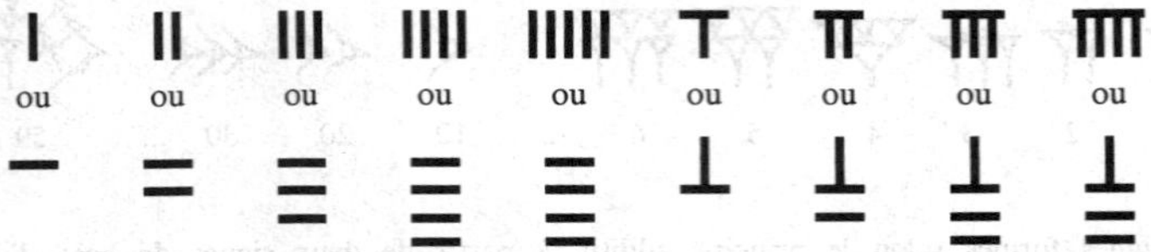

1 2 3 4 5 6 7 8 9

(Signes formés selon le principe additif, à partir de deux signes de base, l'un représentant le nombre 1 et l'autre le nombre 5.)

Valeurs de position

1er rang :	1		
2e rang :	10		
3e rang :	10^2	=	100
4e rang :	10^3	=	1 000
5e rang :	10^4	=	10 000, etc.

Exemple : 7 659

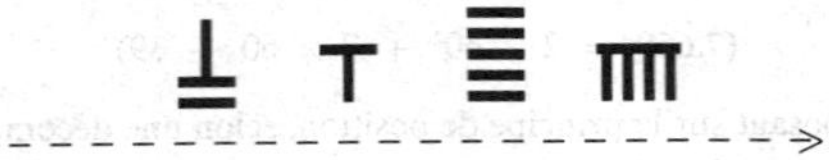

7 6 5 9

$(7\,659 = 7 \times 10^3 + 6 \times 10^2 + 5 \times 10 + 9)$

Représentation reposant sur le principe de position, selon une décomposition du type :

[5+1+1 ; 5+1 ; 1+1+1+1+1 ; 5+1+1+1+1]

Fig. 28.34

NUMÉRATION SAVANTE MAYA

Apparition : ≈ IVe-IXe siècle ap. J.-C.
Type : C 1 (numération positionnelle de la 1re espèce : fig. 28.37). — Base : 20. (avec une irrégularité à partir des unités du troisième ordre).
Nécessité d'un signe-zéro : Oui. — Existence d'un signe zéro : Oui.
Capacité de représentation : Illimitée (voir chap. 22, p. 723-728, 739-754 ; chap. 23, p. 768).

Chiffres significatifs

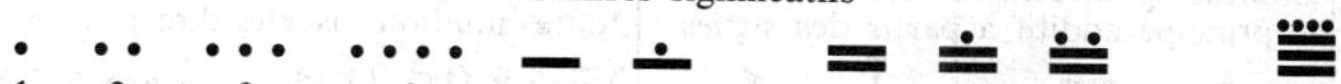

1 2 3 4 5 6 ... 10 11 12 ... 19

(Signes formés selon le principe additif, à partir de deux signes de base, l'un représentant le nombre 1 et l'autre le nombre 5.)

Valeurs de position

1er rang :	1	
2e rang :	20	
3e rang :	18 × 20 =	360
4e rang :	18×20^2 =	7 200
5e rang :	18×20^3 =	144 000, etc.

Exemple : 7 659

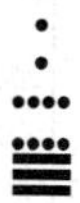

1
1
4
19

(7 659 = 1 × 7 200 + 1 × 360 + 4 × 20 + 19)

Représentation reposant sur le principe de position, selon une décomposition du type :

[1 ; 1 ; 1+1+1+1 ; 5+5+5+1+1+1+1]

Fig. 28.35

NUMÉRATION MODERNE

Apparition : ≈ IVe siècle ap. J.-C.
Type : C 2 (numération positionnelle de la 2e espèce : fig. 28.38). — Base : 10. (avec une irrégularité à partir des unités du troisième ordre).
Nécessité d'un signe-zéro : Oui. — Existence d'un signe zéro : Oui.
Capacité de représentation : Illimitée (v. chap. 23, p. 755-792 ; chap. 24, t. I, p. 793-977 ; voir aussi **Chiffres indiens*, Dictionnaire, p. 3).

Chiffres de base (graphies actuelles)

1 2 3 4 5 6 7 8 9 0

(Signes détachés de toute intuition visuelle directe)

Valeurs de position

1er rang :	1	3e rang :	10^2 = 100
2e rang :	10	4e rang :	10^3 = 1 000, etc.

Exemple : 7 659

7 6 5 9

– →

($7\,659 = 7 \times 10^3 + 6 \times 10^2 + 5 \times 10 + 9$)

Fig. 28.36

Classification des zéros de l'histoire

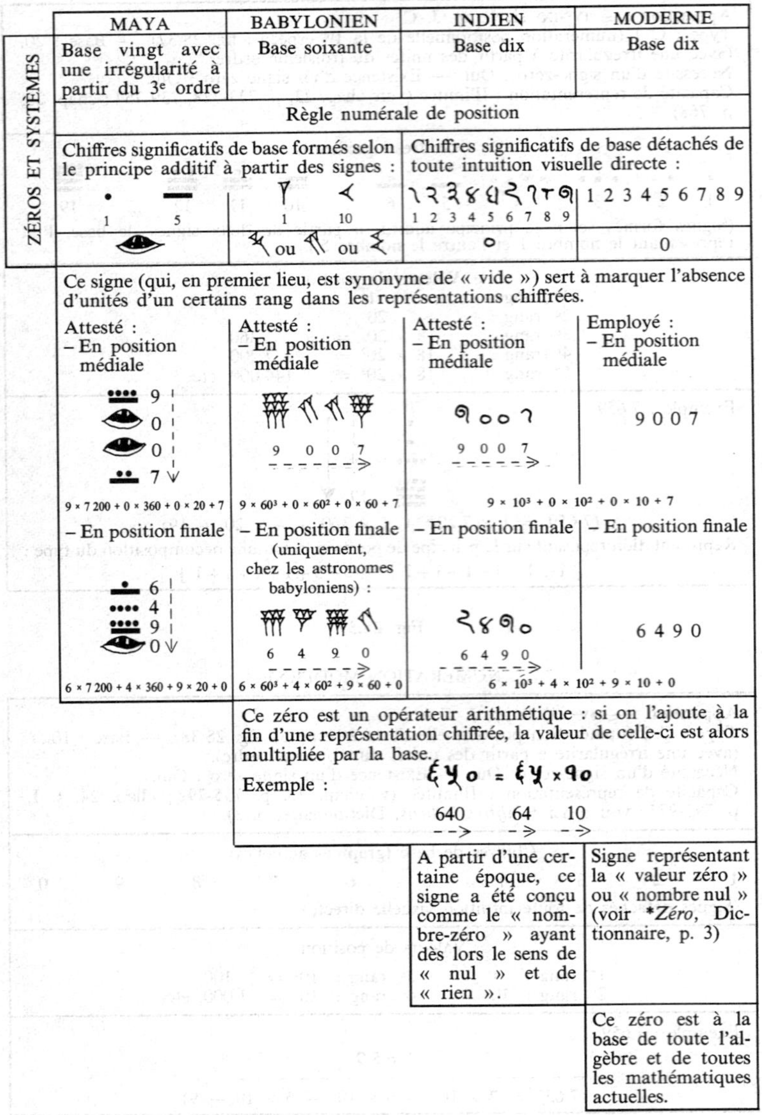

Fig. 28.37

Classification des numérations de position

Les numérations de ce type se répartissent ainsi en deux espèces dont les caractéristiques mathématiques se trouvent résumées dans les figures 28.38 à 28.39 (voir chap. 23, p. 765-780 et 789-792).

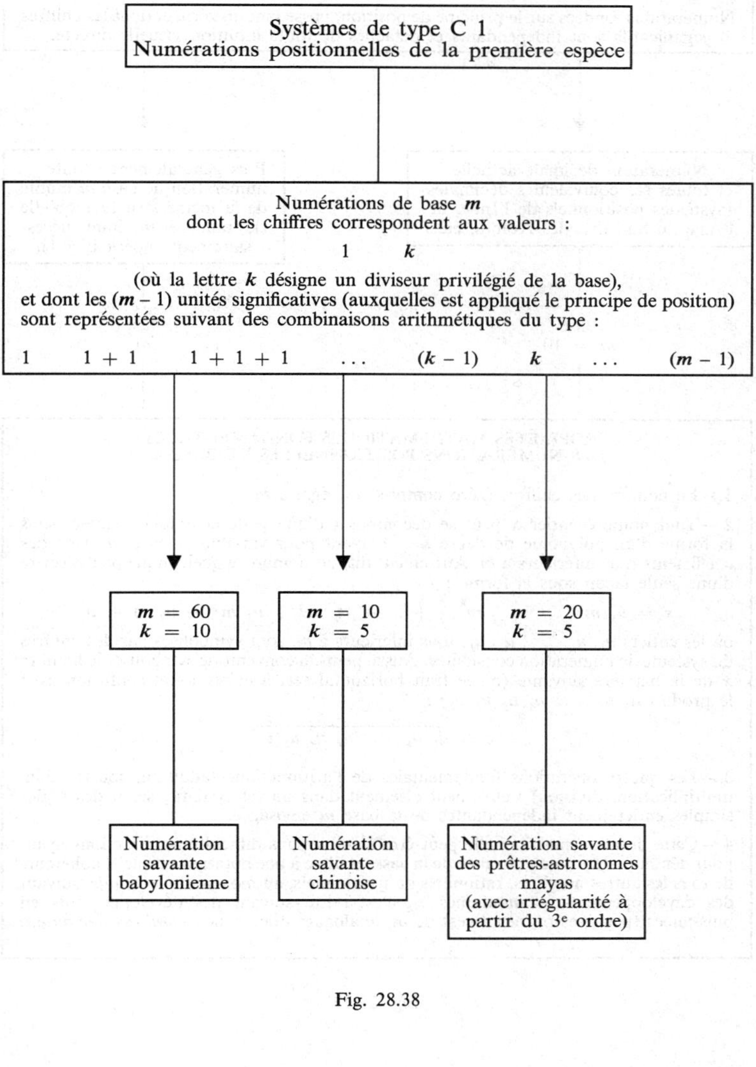

Fig. 28.38

Classification des numérations de position (suite et fin)

Systèmes de type C 2
Numérations positionnelles de la deuxième espèce

Numérations fondées sur le principe de position, possédant un zéro, et dont les chiffres significatifs sont indépendants et détachés de toute intuition visuelle directe.

Numération décimale actuelle et toutes ses équivalentes décimales (systèmes positionnels de l'Inde, de l'Asie du Sud-Est, des Arabes, etc.)

Base $m = 10$

Plus généralement : toute numération de base m munie de la même structure qu'elle (le nombre m étant nécessairement supérieur à 1).

Base m

PROPRIÉTÉS MATHÉMATIQUES FONDAMENTALES
DES NUMÉRATIONS POSITIONNELLES DE BASE m

1. – Le nombre des chiffres (zéro compris) est égal à m.

2. – Tout nombre entier x peut se décomposer d'une seule et unique manière sous la forme d'un polynôme de degré $k - 1$ ayant pour variable la base m, avec des coefficients tous inférieurs à m. Autrement dit, un nombre x quelconque peut s'écrire d'une seule façon sous la forme :

$$x = u_k m^{k-1} + u_{k-1} m^{k-2} + \dots + u_4 m^3 + u_3 m^2 + u_2 m + u_1$$

où les entiers u_k, u_{k-1}, ... u_2, u_1, tous inférieurs à m, sont symbolisés par des chiffres du système de numération considérée. Aussi, peut-on convenir de symboliser le nombre x de la manière suivante (où le trait horizontal sert à éviter toute confusion avec le produit $u_k u_{k-1} \dots u_4 u_3 u_2 u_1$) :

$$x = \overline{u_k u_{k-1} \dots u_4 u_3 u_2 u_1}$$

3. – Les quatre opérations fondamentales de l'arithmétique (addition, soustraction, multiplication, division) s'effectuent aisément dans un tel système, selon des règles simples entièrement indépendantes de la base m envisagée.

4. – Cette notation positionnelle peut être étendue sans difficulté aux fractions ayant pour dénominateur une puissance de la base, et donc à une notation simple et cohérente de tous les autres nombres, rationnels ou irrationnels, au moyen d'une *virgule*, suivant des développements « m-adiques », c'est-à-dire suivant des développements en puissances (positives ou négatives) de m, analogues donc à nos ***nombres décimaux***.

Fig. 28.39

Classification des numérations écrites de l'histoire

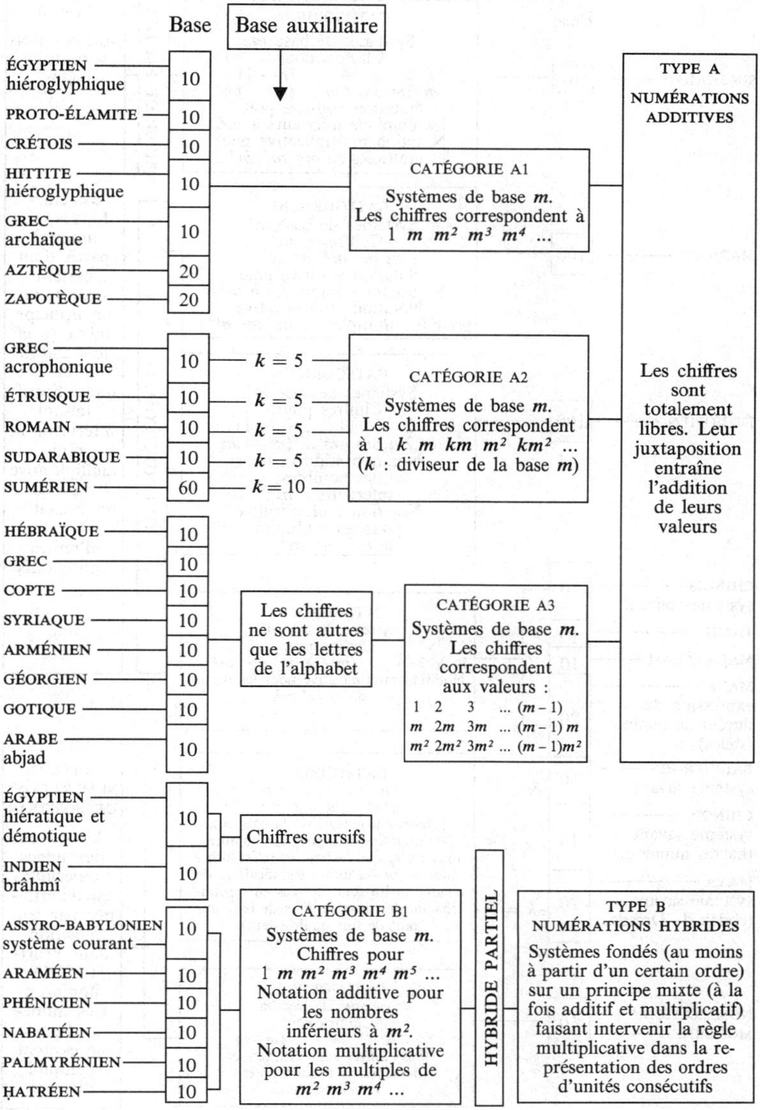

Fig. 28.40 A

Classification des numérations écrites de l'histoire (suite et fin)

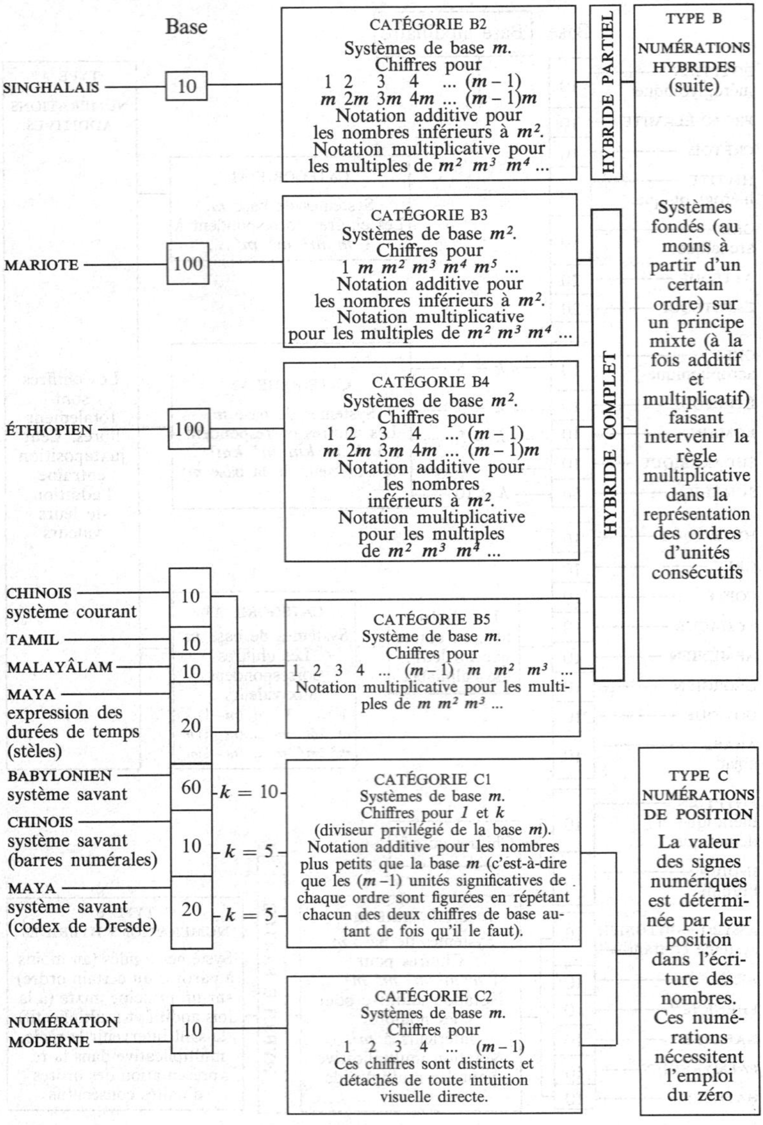

Fig. 28.40 B. – Tableaux adaptés par l'auteur d'après G. Guitel [4].

TABLE DE CONCORDANCE
(Classification ⟶ Chronologie)

Types	Systèmes	Figures*	Dates
A-B-C	***Classification des systèmes de numération écrite de l'histoire*** (voir chap. 23, p. 755 *sq.*)	28.40	
A 1	***Numérations additives de la 1re espèce***	28.14	
	Numération égyptienne (hiéroglyphique)	28.1	– 3000
	— proto-élamite (2e système) (Iran)	28.2	– 2900
	— crétoise (linéaire A)	28.3	– 1900
	— crétoise (hiéroglyphique)	28.3	– 1700
	— hittite (hiéroglyphique)	28.4	– 1400
	— crétoise (linéaire B)	28.3	– 1350
	— zapotèque	22.19	– 450
	— aztèque	28.5	+ 1200
A 2	***Numérations additives de la 2e espèce***	28.15	
	Numération sumérienne	28.6	– 3300
	— grecque (acrophonique)	28.7	– 500
	— sudarabique (Minéens et Sabéens)	16.19	– 450
	— étrusque	16.35	– 650
	— romaine	28.8	– 500
A 3	***Numérations additives de la 3e espèce***	28.16	
	Numération égyptienne hiératique	28.9	– 2500
	— égyptienne démotique	28.10	– 750
	— grecque alphabétique	28.11	– 350
	— brâhmî (Inde)	24.70	– 260
	— hébraïque alphabétique	28.12	– 180
	— copte alphabétique (Égypte)	17.48	+ 270
	— géorgienne alphabétique	17.50	+ 300
	— arménienne alphabétique	28.13	+ 410
	— gotique alphabétique	17.51	+ 370
	— syriaque alphabétique	19.1	+ 550
	— arabe alphabétique	19.4	+ 750

* Les deux chiffres de gauche correspondent aux numéros des chapitres et les chiffres de droite à ceux des numéros des figures.

Fig. 28.41 A

TABLE DE CONCORDANCE
(Classification ——> Chronologie)

Types	Systèmes	Figures	Dates
B 1	***Numérations hybrides de la 1re espèce***	28.28	
	Numération assyro-babylonienne (commune)	28.20	– 2350
	— araméenne	28.21	– 750
	— phénicienne	18.2	– 550
	— kharoshthî (Inde du Nord-Ouest)	24.54	– 260
	— nabatéenne	18.2	– 150
	— ḥatréenne	18.2	+ 100
	— palmyrénienne	18.2	+ 100
B 2	***Numérations hybrides de la 2e espèce***	28.29	
	Numération singhalaise	28.22	+ 600/900
B 3	***Numérations hybrides de la 3e espèce***	28.30	
	Numération mariote	28.23	– 2000
B 4	***Numérations hybrides de la 4e espèce***	28.31	
	Numération éthiopienne	28.24	+ 350
B 5	***Numérations hybrides de la 5e espèce***	28.32	
	Numération chinoise (commune)	28.25	– 1350
	— maya (dates en compte long)		+ 292
	— tamil (Inde du Sud)	28.26	+ 600/900
	— malayâlam (Inde du Sud)	28.27	+ 600/900
C 1	***Numérations de position de la 1re espèce***	28.38	
	Numération babylonienne (savante)	28.33	– 1850
	— chinoise (savante)	28.34	– 200
	— maya (savante)	28.35	+ 400/900
C 2	***Numérations de position de la 2e espèce***	28.39	
	Numération moderne (origine indienne)	28.36	+ 458
0	***Classification des zéros de l'histoire***	28.39	

Fig. 28.41 B

TABLE DE CONCORDANCE
(Chronologie ——> Classification)

Dates des « apparitions »	Systèmes		Type	Espèce
– 3300	Numération	sumérienne	A	2
– 3000	—	égyptienne (hiéroglyphique)	A	1
– 2900	Numération	proto-élamite (2e système) (Iran)	A	1
– 2500	—	égyptienne (hiératique)	A	3
– 2350	—	assyro-babylonienne (commune)	B	1
– 2000	Numération	mariote	B	3
– 1850	Numération	babylonienne (savante)	C	1
– 1800	—	crétoise (linéaire A)	A	1
– 1600	—	crétoise (hiéroglyphique)	A	1
– 1400	—	hittite (hiéroglyphique)	A	1
– 1350	Numération	chinoise (commune)	B	5
– 1350	—	crétoise (linéaire B)	A	1
– 750	—	égyptienne (démotique)	A	3
– 750	Numération	araméenne	B	1
– 650	—	étrusque	A	2
– 550	—	phénicienne	B	1
– 500	Numération	grecque (acrophonique)	A	2
– 500	—	sudarabique (Minéens et Sabéens)	A	2
– 500	—	romaine	A	2
– 450	—	zapotèque	A	1
– 350	—	grecque (alphabétique)	A	3
– 260	—	kharoshthî (Inde du Nord-Ouest)	B	1
– 260	—	brâhmî (Inde)	A	3
– 200	—	chinoise (savante)	C	1
– 180	—	hébraïque (alphabétique)	A	3
– 150	—	nabatéenne	B	1
+ 100	Numération	ḥatréenne	B	1
+ 100	—	palmyrénienne	B	1
+ 270	—	copte (alphabétique) (Égypte)	A	3
+ 292	—	maya (dates en compte long)	B	5
+ 300	—	géorgienne (alphabétique)	A	3
+ 350	—	éthiopienne	B	4
+ 370	—	gotique (alphabétique)	A	3
+ 410	—	arménienne (alphabétique)	A	3
+ 458	***Numération***	***moderne*** (origine indienne)	*C*	*2*
400 – 900	Numération	tamil (Inde du Sud)	B	5
+ 550	—	syriaque (alphabétique)	A	3
600 – 900	—	maya (savante)	C	1
600 – 900	—	singhalaise	B	2
600 – 900	—	malayâlam (Inde du Sud)	B	5
+ 750	—	arabe (alphabétique)	A	3
+ 1200	Numération	aztèque	A	1

Classification: Type / Espèce

Fig. 28.42

Chapitre 29

DE L'ARITHMÉTIQUE A L'ALGÈBRE OU DE L'INDIVIDUEL AU COLLECTIF

On prend souvent les Arabes pour les « inventeurs » de l'algèbre. Il s'agit là sans aucun doute d'un malentendu provoqué par une imprécision de vocabulaire et d'une méconnaissance certaine de l'histoire même de cette science.

En fait, l'algèbre existe bien depuis l'Antiquité. La preuve en est que les Sumériens, les Babyloniens, les Égyptiens, les Grecs et les Chinois ont su mettre à contribution, dans leurs calculs géométriques par exemple, un certain nombre de relations numériques impliquant incontestablement des concepts algébriques élémentaires. Et l'on sait que les Babyloniens ont résolu plusieurs équations du premier et du second degrés. Quant aux Chinois, ils ont su, en manipulant des jonchets sur leurs échiquiers numériques, faire usage d'une représentation conventionnelle des nombres positifs ou négatifs, pour résoudre des systèmes d'équations à plusieurs inconnues selon une méthode assez proche de celle, actuelle, des matrices et des déterminants (voir chapitre 21, p. 662-665 et 674).

Seulement voilà, à l'exception peut-être des Chinois qui ont connu une numération décimale de position (quoique sans le zéro, qui n'y a été introduit qu'assez tardivement), ces notions d'algèbre n'ont jamais été conçues par ces peuples d'une manière abstraite, c'est-à-dire dans un sens susceptible de recevoir une généralisation mathématique.

Il n'a guère pu, d'ailleurs, en être autrement, et cela une fois de plus à cause des numérations inadaptées des anciens temps.

Malgré l'ampleur des résultats obtenus, c'est, du reste, l'imperfection du système positionnel chinois qui a empêché les mathématiciens de cette civilisation d'aller plus avant dans leurs élaborations et de créer une science véritablement à la hauteur des mathématiques contemporaines (voir chapitre 28, fig. 28.34 et 28.38).

En fait, conceptuellement, ce sont les savants de l'Inde qui sont parvenus les premiers au stade d'une algèbre proprement abstraite (voir chap. 24, t. I, p. 977 ; Dictionnaire, p. 14 et 88-90). Sans doute pour la première fois de l'histoire, ils ont su en effet convertir leurs règles de calcul en des algorithmes potentiellement applicables à n'importe quelle grandeur, indépendamment donc des natures spécifiques mises en jeu. Autrement dit, ils ont élaboré des règles applicables à des nombres abstraits selon des propriétés et des méthodes où le zéro ainsi que les quantités négatives ont été considérés comme des nombres à part entière, et non plus regardés comme de simples conventions d'usage.

Bref, en paraphrasant A. Marc, on peut dire que les mathématiciens du sous-continent indien sont les premiers à avoir su discerner l'universel dans l'individuel (cf. *Dialectique de l'affirmation*, p. 128).

Leur zéro et leur numération de position, il est vrai, leur avaient ouvert des perspectives à l'élaboration d'une science algébrique à la mesure d'une théorie abstraite des nombres et de l'avancement des connaissances mathématiques (voir chapitre 28, fig. 28.36 et 28.39). Car, « avec ce type de notation, les valeurs numériques, cessant d'être connotées par des symboles propres à chacune d'elles, perdent du coup de leur individualité qualitative, de leur en-soi. En devenant fonctions partiellement de la position réciproque des nombres qui les constituent, elles voient s'accentuer leur caractère relatif ; la régularité cyclique de leur construction fournit une loi qui permet de les engendrer toutes à l'infini d'une manière toujours identique, et sans que se perde jamais la connaissance exacte de leurs rapports » (L. Massignon et R. Arnaldez).

L'algèbre indienne n'aura cependant pas su accomplir le pas décisif pour s'élever au rang de notre algèbre moderne, une notation générale lui ayant toujours fait défaut.

Le raccourci suivant permettra de mieux s'en rendre compte. Pour résumer l'histoire de la notation algébrique, il faut se rappeler, selon le schéma tracé par T. Dantzig, que celle-ci est passée successivement par trois phases.

La première phase a été celle de l'*algèbre terminologique,* caractérisée par une absence totale de symboles, en dehors du fait que les mots eux-mêmes y sont employés dans leur propre sens symbolique.

Ainsi, quand on dit qu'« un produit de deux nombres est indépendant de l'ordre dans lequel on les prend », on n'emploie pas d'autre algèbre que celle-là, même si cette expression est rendue, en termes algébriques modernes, par une formule du type : $a \times b = b \times a$.

Au stade suivant, l'algèbre est devenue *syncopée* : certains mots d'usage fréquent ont été abrégés et sont ainsi devenus de véritables « idéogrammes algébriques ».

L'abréviation fut accentuée par la suite au point que tout lien évident fut désormais rompu avec les opérations représentées initialement, les signes graphiques correspondant n'ayant plus alors de rapport apparent avec les vocables de leurs prototypes. Et c'est ainsi que le mot syncopé a fini par acquérir la valeur d'un véritable symbole algébrique.

En prenant pour exemple le cas de la soustraction, c'est donc un peu comme si cette opération avait été d'abord exprimée par le mot *moins*, avant d'être remplacée, d'une manière abrégée, par la lettre *m* munie d'un trait horizontal supérieur ($\bar{m}$) ; trait que l'on aurait alors substitué à la lettre elle-même, pour ne plus faire usage que du signe –. C'est d'ailleurs exactement ce qui s'est produit en Europe occidentale avec le mot latin *minus,* « moins ».

Dernière phase : celle de l'*algèbre symbolique actuelle,* sur laquelle nous reviendrons dans un instant.

Or l'algèbre d'Âryabhata, de Bhâskara, de Brahmagupta, de Mahâvîrâchârya et même de Bhâskarâchârya est toujours demeurée *syncopée.*

Autrement dit, les mathématiciens indiens n'ont jamais eu l'idée d'utiliser d'autres symboles que les premières syllabes de leurs mots désignant les opérations considérées. Qui plus est, les énoncés et les solutions de leurs problèmes mathématiques ont été généralement composés en vers et soumis par conséquent aux règles de la métrique indienne (voir * *Bîjaganita*, * *Poésie et écriture des nombres,* Dictionnaire, p. 3).

On comprend donc que les symboles algébriques indiens soient toujours restés enfermés dans une sorte de verbiage soumis aux interprétations, elles-mêmes sujettes à autant de variations qu'il peut y avoir de tours d'esprit, et qu'ils aient été emprisonnés dans les mêmes interdictions que celles dans lesquelles des usages séculaires ont enserré les lettres et les mots de la langue sanskrite. [Voir **Mathématiques indiennes (Histoire des)*, Dictionnaire, p. 3.]

C'est dire si, dans ce domaine, les semences de la civilisation indienne étaient destinées à aller germer sur des sols étrangers.

En fait, il a fallu attendre les travaux des savants arabes (tels Al Khuwārizmī, Abū Kāmil, Al Karajī, 'Umar al Khayyām, As Samaw'al al Maghribī, Nasīr ad dīn aṭ Ṭūsī, Ghiyat ad dīn Ghamshīd al Kāshī ou Al Qalaṣādī) pour voir la science algébrique accomplir les plus spectaculaires de ses premiers développements en direction de notre algèbre actuelle. Car, grâce à leur esprit pratique et à leur esprit de synthèse, ces savants, sans doute mieux et plus que leurs prédécesseurs et initiateurs indiens, ont su orienter désormais l'arithmétique vers une technique d'opérations algébrisées, pour en faire finalement, selon le mot de P. Boutroux, « une science constructive et positive » (voir chapitre 25, p. 201-239).

Mais son formidable épanouissement ultérieur, l'algèbre le devra bien évidemment aux efforts et aux contributions essentielles des mathématiciens européens de la Renaissance et de l'époque classique.

Fibonacci, Luca Pacioli, Nicolas Chuquet, Jean Bourrel, Christoph Rudolff, Michael Stiffel, Scipione dal Ferro, Gerolamo Cardano, Raffaele Bombelli, Johannes Buteo, Robert Recorde, François Viète, Johann Widmann, Jacques Peletier du Mans, René Descartes, etc., telles sont en effet les principales figures qui auront marqué par leurs contributions fondamentales *le passage du raisonnement spécifique au raisonnement global.*

En effet, comme le dit Condillac, « l'algèbre est aux chiffres arabes ce que ceux-ci sont aux chiffres romains » (*Histoire moderne,* XX, 6). Car (en paraphrasant D'Alembert) l'arithmétique se distribue, soit en arithmétique numérique ou par chiffres, soit encore en termes algébriques, par une sorte d'arithmétique universelle portant sur des lettres, selon un mode de calcul appliqué à des grandeurs en général (Jean Le Rond d'Alembert, *Explications générales des connaissances humaines*).

Et c'est parce que « l'algèbre est la seule langue bien faite » que les mathématiques actuelles « sont une science bien traitée », puisque leur langue n'est autre, justement, que celle constituée par les termes et les expressions de cette même science (Condillac, *La Langue des calculs*, Introduction, II, p. 420).

Il y a, du reste, comme le souligne T. Dantzig, une analogie frappante entre l'histoire de l'algèbre et celle de l'arithmétique. Ici, on l'a vu, l'humanité s'est heurtée durant des millénaires à des numérations inadaptées, parce qu'elles avaient été privées non seulement de la règle de position, mais aussi et surtout d'un symbole représentant la quantité nulle. « Dans l'algèbre, le défaut d'une notation générale a longtemps réduit cette science à une collection de règles établies au hasard pour résoudre les équations numériques ; de même que la découverte du zéro a créé l'arithmétique moderne, de même la notation littérale a ouvert une ère nouvelle dans l'histoire de l'algèbre. »

Et de fait, cette étape a été décisive non seulement dans l'histoire de la notation, mais encore et essentiellement dans celle de la pensée symbolique, puisque cette notation reflète le passage du degré d'abstraction du grammairien à celui du logicien pur, chez qui l'abréviation devient un pur symbole (cf. A. Koyré, in : HGS, 2, p. 51).

Jusque-là, en effet, les propositions mathématiques sont demeurées, soit enfermées dans un langage terminologique pur soumis au hasard des interprétations, soit bloquées dans une pensée semi-concrète, semblable à celle du grammairien qui suit une règle générale mais qui opère sur des cas concrets. Aussi, avant la notation littérale, n'a-t-on eu affaire qu'à des expressions spécifiques, qui ne pouvaient donc être traitées que selon leurs propriétés individuelles.

Au contraire, l'idée même d'employer systématiquement des lettres pour désigner des variables, inconnues ou constantes indéterminées, a libéré l'algèbre du joug exercé depuis toujours par le verbe. A l'opposé des vocables et des abréviations hétérogènes employés jusqu'alors pour exprimer des idées préconçues comme le « nombre », notre x actuel est entièrement indépendant de la nature des éléments particuliers qu'il est censé représenter.

Autant dire que la notation littérale algébrique a permis de passer de l'individuel au collectif, une expression telle que $ax^2 + bx + c$ constituant non plus le symbole d'une grandeur particulière, mais bien la forme caractéristique de toute une catégorie de nombres.

Autrement dit, en réalisant l'équivalence entre les propositions mathématiques exprimées de manière verbale et littéraire avec les expressions correspondantes formées exclusivement de lettres et de symboles représentant des nombres quelconques, on a donc pu désormais passer d'un raisonnement individuel, portant sur des propriétés spécifiques, à un raisonnement global sur les propriétés communes à tous les cas d'une même espèce, élevant dès lors la science algébrique à un niveau très supérieur à celui d'une simple sténographie circonstanciée.

Et c'est justement ce qui a rendu possible non seulement la théorie générale des fonctions, cette discipline qui constitue aujourd'hui l'un des fondements des mathématiques appliquées, mais qui a permis aussi et surtout l'algébrisation de l'analyse et l'essor de la géométrie analytique.

Bref, l'algèbre moderne a représenté un incontestable progrès sur l'arithmétique ordinaire.

Le chapitre 30 en donne les principaux jalons chronologiques, tandis que le chapitre 32 montre à quel point cette évolution a marqué une étape essentielle non seulement vers l'abstraction des mathématiques et des sciences contemporaines, mais aussi en direction du concept des ordinateurs actuels...

Chapitre 30

HISTOIRE DES CALCULS MATHÉMATIQUES[1]

Attesté dans la langue française depuis le XVe siècle (Nicolas Chuquet, 1484), le mot *calcul*, rappelons-le, provient du latin *calculus*, qui veut dire « caillou » et, par extension, « boule », « jeton » et « pion ». Cette étymologie fait référence non seulement aux anciennes techniques de calcul sur l'abaque à colonnes, mais aussi et surtout à la méthode encore plus primitive du tas de cailloux qui permit à nos lointains ancêtres de la Préhistoire de s'initier à l'art du calcul élémentaire (voir chapitres 1, 2, 11 et 12).

Et c'est justement parce que les Romains apprenaient à leurs enfants à compter au moyen de cailloux, de jetons ou de pions que ce mot en est venu à désigner l'une quelconque des opérations arithmétiques élémentaires (addition, soustraction, multiplication, division). D'où ses significations communes, au sens propre, comme au sens figuré : le *calcul mental* (opérations effectuées exclusivement par la pensée) ; le « calcul », dans le sens de la manœuvre habile pour parvenir à ses fins, ou dans celui du but non désintéressé ; etc. D'où aussi les sens du mot *calculateur* ou *calculatrice* (introduit en 1546 par Guillaume Budé) : issu du latin *calculator, calculatrix*, il signifie proprement « celui ou celle qui calcule, qui dresse des comptes », ou encore « celui ou celle qui est habile en matière de calcul », et par extension « celui ou celle qui est habile à combiner des projets ou des plans ».

Mais l'essor des mathématiques a provoqué au fil des temps une extension de plus en plus considérable de la notion de calcul, faisant acquérir à ce mot une signification de plus en plus étendue.

Parmi ces multiples extensions, figure d'abord le *calcul numérique*, qui a longtemps correspondu à l'ensemble des opérations sur des nombres de nature quelconque, entiers ou fractionnaires, rationnels ou irrationnels, algébriques ou transcendants, mais qui, grâce à l'essor de l'analyse numérique, est constitué aujourd'hui par l'étude des méthodes pratiques de résolution numérique des problèmes mathématiques ayant pour objet de les affiner par des règles et des procédures appropriées.

---

1. Les tableaux qui suivent ne sauraient en aucun cas être considérés comme une chronologie de l'histoire des mathématiques. Il ne s'agit que de simples jalons destinés à donner une petite idée de cette longue évolution.

Citons aussi le *calcul algébrique,* qui généralise les règles de l'arithmétique classiques par des opérations effectuées sur des symboles de nature non précisée et dont l'un des objectifs est de résoudre des équations ou des systèmes d'équations algébriques (voir chapitre 29).

Mentionnons encore :

– le *calcul vectoriel,* dont les règles combinent ou transforment les éléments d'un espace vectoriel ;

– le *calcul matriciel,* qui concerne les opérations sur des nombres, réels ou complexes, disposés dans des tableaux en lignes et en colonnes ;

– le *calcul tensoriel,* qui se rapporte aux êtres mathématiques à plusieurs composantes, réelles, complexes ou de nature encore plus générale, définis dans le cadre d'un espace affine quelconque ;

– le *calcul des fonctions,* branche mathématique ayant pour objet d'étudier les procédés qui, à chaque élément d'une classe bien définie de fonctions, font correspondre une fonction bien déterminée ;

– le *calcul différentiel,* dont l'objet est d'étudier les règles de différentiation et de dérivation des fonctions d'une ou de plusieurs variables réelles ;

– le *calcul intégral,* qui a pour but de déterminer les fonctions d'une ou de plusieurs variables réelles d'après leur différentielle, et de rechercher les relations qui existent entre des variables assujetties à satisfaire des équations différentielles données ;

– le *calcul infinitésimal,* qui a pour objet d'étudier la variation des fonctions d'une ou de plusieurs variables réelles pour des variables assujetties à des variations infiniment petites ;

– le *calcul économique,* dont les opérations permettent de déterminer, pour un projet d'investissement donné, son taux de rentabilité ; etc.

Bref, comme on le verra dans les tableaux chronologiques suivants, le mot *calcul* a ainsi acquis un champ sémantique d'une étendue considérable. Il en est venu à désigner d'une manière très générale *la mise en œuvre d'un ensemble de règles et de procédures bien définies portant sur les éléments d'un ensemble adapté (nombres, vecteurs, grandeurs, fonctions, propositions logiques, ensembles, etc.), en vue d'obtenir une classe bien déterminée d'êtres mathématiques, qui en constitue alors ce qu'il est convenu d'appeler le résultat correspondant.*

REPÈRES CHRONOLOGIQUES

– **XVIIIe siècle.** Dès cette époque, les savants mésopotamiens savent résoudre des *équations du second degré,* ainsi que quelques équations du *troisième* ou du *quatrième degré.* Ils sauront, de plus, déterminer les solutions de différentes sortes d'*équations simultanées* à deux inconnues, incluant souvent une équation linéaire et une équation du second degré.

– **XVIe siècle.** A cette époque, les Égyptiens connaissent une *algèbre rudimentaire.* Ainsi savent-ils résoudre des problèmes de répartition de vivres et de

REPÈRES CHRONOLOGIQUES

fournitures conduisant à la résolution d'équations algébriques du premier degré. Ils utilisent, de plus, une notation algébrique élémentaire. Ainsi l'hiéroglyphe *hau* (« tas, monceau ») sert-il toujours dans ces problèmes à désigner l'inconnue. Quant au pictogramme de la jambe, il y est souvent employé comme un véritable signe mathématique, tantôt dans le sens de l'addition, tantôt dans celui de la soustraction (lorsque la jambe se présente sous sa forme symétrique) ; la même image servira aussi quelquefois pour exprimer l'action de l'élévation au carré.

– **Ve siècle.** Époque du mathématicien et philosophe grec Pythagore, précurseur des grands mathématiciens de la Grèce antique, enfermé cependant dans une philosophie mystique et occultiste du nombre. La tradition lui attribue la découverte de l'impossibilité de trouver deux nombres entiers tels que le carré de l'un soit le double du carré de l'autre, autrement dit que la diagonale d'un carré « n'a aucune commune mesure » avec son côté. Ce sera alors la *découverte de l'irrationalité de* $\sqrt{2}$, marquant par là même celle des « nombres incommensurables », c'est-à-dire, en termes modernes, des *nombres irrationnels* (qui ne sont ni entiers ni fractionnaires). Autres contributions positives des pythagoriciens (en dépouillant les études correspondantes de toutes leurs contingences mystiques initiales) : l'étude sur *le pair et l'impair,* ainsi que la théorie des *nombres figurés* (nombres entiers dont la représentation par des jetons ou par des boules peut prendre une forme géométrique dans un plan ou dans l'espace : nombres carrés, triangulaires, cubiques, pyramidaux, etc.).

– **IIIe siècle.** Époque du grand mathématicien grec Archimède, qui étendra la numération grecque à la notation de très grands nombres (qu'il mettra en application pour exprimer par exemple le nombre des grains de sable de l'univers ; voir chapitre 17, p. 538). Il démontrera aussi que le nombre π (*pi*) est compris entre 3,14084 (= 3 × 10/71) et 3,14285 (= 3 ×10/70), et obtiendra pour les aires et les périmètres des polygones réguliers inscrits et circonscrits de n et de 2n côtés des relations de récurrence permettant de calculer le nombre π avec une approximation donnée (méthode de calcul aujourd'hui connue sous le nom d'*algorithme d'Archimède*).

– **IIIe siècle.** Époque du grand mathématicien grec Euclide, qui établira les fondements de la géométrie classique. Il consacrera en outre une partie du livre IX de ses *Éléments* à l'étude des nombres pairs ou impairs, des *nombres premiers* et des *nombres parfaits pairs,* et le livre VIII aux puissances entières des fractions, ou plutôt, selon la conception ancienne, aux nombres entiers en progression géométrique (les fractions n'apparaissant en effet à l'époque qu'en tant que simples rapports, ou *raisons,* entre nombres entiers).

Abords de l'ère chrétienne. Époque de la compilation du *Jiu zhang suan shu* (« L'Art du calcul en neuf chapitres »), important ouvrage montrant que les Chinois savent résoudre, dès cette époque, des équations et des systèmes d'équations de différentes sortes, en usant, sur leur abaque à jonchets (*suan zi*), d'une représentation conventionnelle des nombres positifs ou négatifs. Ils iront même, quoique plus tardivement (vers le XIe siècle), jusqu'à élaborer, pour la résolution des systèmes algébriques, une méthode très efficace mettant à contribution une forme relativement avancée de calcul au moyen de *matrices.*

REPÈRES CHRONOLOGIQUES

IIe siècle. Le mathématicien grec néo-pythagoricien Nicomaque de Gerasa publie son *Introduction à l'arithmétique,* où il expose longuement la théorie des nombres figurés.

IIIe siècle. Le mathématicien grec Diophante d'Alexandrie publie son *Arithmética,* où, sans doute pour la première fois de l'histoire des mathématiques grecques, il reconnaît les fractions comme de véritables nombres. Il y traite systématiquement, non seulement les équations du premier degré, mais aussi celles d'un degré supérieur. Il y introduit aussi un *symbolisme algébrique élémentaire* en désignant l'inconnue du problème par un signe qui n'est autre que la première syllabe, syncopée, du mot grec *arithmos* signifiant le « nombre ». Ses problèmes d'*analyse indéterminée* prépareront le terrain à la théorie moderne des équations. Malgré le caractère rudimentaire de sa notation symbolique et en dépit de l'inélégance de ses méthodes, on peut le considérer aussi comme l'un des précurseurs de l'algèbre moderne.

IVe-Ve siècle. Découverte du zéro et de la numération décimale de position d'origine indienne, qui ouvriront désormais la voie à l'idée généralisatrice du nombre et donc à l'essor de l'algèbre et des mathématiques contemporaines.

628. Le mathématicien et astronome indien Brahmagupta publie son *Brahmasphutasiddhânta,* qui révèle une parfaite maîtrise de la notation décimale de position au moyen des *neuf chiffres et du zéro.* Il y décrit également des méthodes de calcul très proches de celles que nous utilisons aujourd'hui et donne les *règles algébriques fondamentales,* dans une systématisation impliquant les nombres positifs ou négatifs et où le zéro est présenté comme un véritable concept numérique (celui de « nombre nul »). De plus, il parle de l'*Infini mathématique,* qu'il définit clairement comme l'inverse de zéro. (Voir **Infini,* Dictionnaire, p. 3.)

629. Le mathématicien indien Bhâskara publie son Commentaire de l'*Âryabhatîya,* où il donne de très précieux renseignements sur les mathématiques et l'astronomie indienne de son temps. Son ouvrage révèle non seulement une aisance parfaite dans l'usage du zéro et de la numération décimale de position, mais aussi une pratique très aisée de la règle de trois et des calculs sur les fractions arithmétiques, qu'il désignera d'une manière tout à fait semblable à la nôtre, quoique sans la barre horizontale (laquelle ne sera introduite que quelques siècles plus tard par les mathématiciens arabes).

820-850. Époque de l'astronome et mathématicien musulman Al Khuwārizmī, dont les œuvres contribueront largement à la connaissance et à la propagation des chiffres, des méthodes de calcul et des procédés algébriques d'origine indienne en pays d'Islām et en Europe occidentale. Son nom latinisé en *algorismi* ou *algorismus,* puis francisé en *algorisme,* donnera naissance au mot *algorithme,* qui, réservé d'abord aux règles du calcul écrit au moyen des chiffres d'origine indienne, par opposition aux procédés de calcul sur l'abaque à jetons, acquerra finalement son sens actuel de «procédé calculatoire systématique». Quant au mot *algèbre,* il dérivera lui-même du titre arabe de son ouvrage donnant les règles fondamentales du calcul algébrique : *Al jabr wa'l muqābala* («transposition et comparaison», c'est-à-dire transposition d'un terme négatif d'un membre à l'autre d'une équation, *al muqābala* n'étant autre que la réduction des termes semblables).

REPÈRES CHRONOLOGIQUES

Xe siècle. Époque :
– du grand algébriste musulman Abū Kāmil, continuateur des travaux d'Al Khuwārizmī (dont les développements algébriques seront mis à contribution vers 1202 par le mathématicien italien Fibonacci) ;
– du mathématicien musulman Abū'l Wafā' al Bujzānī, qui fera des commentaires sur Euclide, Diophante et Al Khuwārizmī, et grâce à qui les Arabes (puis les Européens) entreront en possession de l'*Arithmetica* de Diophante avec ses études d'algèbre et de théorie des nombres ;
– et du mathématicien musulman Al Uqlīdīsī, qui publiera un important exposé sur les *fractions décimales.*

Fin du Xe siècle. Époque du mathématicien musulman Al Karajī, qui effectuera d'importants travaux sur l'*arithmétique des fractions.* S'appuyant sur les travaux de Diophante et d'Abū Kāmil, il composera une algèbre où, à côté des formes habituelles de l'équation du second degré, il traitera certaines *équations de degré 2n.* Son œuvre montrera déjà comment le sens de la rigueur peut s'allier, dans le maniement des *nombres irrationnels,* à des formes plus souples que celles de l'algèbre géométrique d'origine grecque ; ce sera, en somme, le début d'une évolution qui finira, avec le développement du symbolisme mathématique, par éliminer dans l'arithmétique et l'algèbre des Arabes les représentations d'ordre géométrique.

XIe siècle. Époque :
– du mathématicien musulman Kushiyar ibn Labbān al Gilī, dont les travaux porteront notamment sur l'arithmétique indienne et le calcul sexagésimal d'origine babylonienne ;
– et du grand poète et mathématicien persan 'Umar al Khayyām, qui effectuera des travaux importants sur la *théorie des proportions* et sur les *équations du troisième degré.*

XIIe siècle. Époque du mathématicien juif converti à l'Islām As Samaw'al ibn Yaḥyā al Maghribī, continuateur de l'œuvre d'Al Karajī.

1202. Après des voyages en Afrique du Nord et au Proche-Orient, où il s'initie à l'art du calcul au moyen des neuf chiffres d'origine indienne, le mathématicien italien Léonard de Pise, mieux connu sous le nom de Fibonacci, publie son *Liber Abaci* (« Traité de l'abaque »), dont la contribution constituera, au cours des trois siècles qui suivront, une source très féconde de développement de l'arithmétique et de l'algèbre en Europe occidentale.

XIIIe siècle. Époque du mathématicien et astronome musulman Nasīr ad dīn aṭ Ṭūsī, qui effectuera d'importants travaux notamment sur l'arithmétique et l'algèbre.

XVe siècle. Époque :
– d'Ulugh Bek, souverain éclairé de Samarkand, auteur notamment de *tables trigonométriques*, qui figureront parmi les tables numériques les plus exactes dressées par les savants de l'Islām ;
– et du mathématicien persan Ghiyat ad dīn Ghamshīd al Kāshī, qui effectuera d'importants travaux sur l'algèbre, le calcul sexagésimal et l'arithmétique, en particulier sur la *formule du binôme,* le calcul des fractions décimales, les *puissances* d'exposant entier, les *racines n-ièmes*, les nombres irrationnels, etc.

REPÈRES CHRONOLOGIQUES

1478. Publication de l'« Arithmétique » de Trévise, manuel d'arithmétique pratique, d'auteur anonyme, témoignant en particulier de la diffusion des chiffres « arabes » et de la faveur de plus en plus grande que recueillent les méthodes de calcul écrit d'origine indienne en Europe occidentale. Cet ouvrage révèle également un effort conscient ayant pour but de créer une notation abrégée pour les opérations arithmétiques et algébriques fondamentales, exprimées jusqu'alors par des mots.

1484. Le mathématicien français Nicolas Chuquet utilise avec habileté non seulement le zéro et les méthodes du calcul écrit d'origine indienne, mais aussi et surtout les nombres négatifs (qu'il sera sans doute le premier à introduire en Europe occidentale). Afin de rendre la numération plus facile d'emploi, il propose une *terminologie technique parfaitement élaborée* pour la désignation des *puissances de dix* à partir du millier. Il introduit, de plus, une notation exponentielle un peu semblable à celle que nous utilisons, où il met à contribution des exposants positifs ou négatifs.

1487. L'Italien Lucas Pacioli publie un important ouvrage d'arithmétique et d'algèbre, où il expose les principales méthodes du calcul d'origine indienne et les règles pour la résolution de nombreuses équations algébriques, en employant une inconnue privilégiée, la *cosa* (la « chose »), à laquelle il adjoint parfois une inconnue secondaire, la *quantita*.

1489. Le mathématicien allemand Johann Widmann d'Eger introduit les signes + et –, en remplacement des lettres « p » et « m », initiales respectives de *piu* (« plus ») et de *minus* (« moins »), utilisées naguère pour exprimer l'addition et la soustraction.

1525. Le mathématicien allemand Christoph Rudolff introduit le symbole de la racine carrée : $\sqrt{}$ (qui constitue une abréviation de la lettre « R », initiale du nom latin du radical).

1544. Le mathématicien allemand Michael Stifel publie son *Arithmetica integra*, traité d'arithmétique et d'algèbre, où il est largement question de *nombres rationnels et de nombres irrationnels*, et où la tendance à la simplification des théories et des notations trouve sa pleine expression consciente.

1545-1560. Les mathématiciens italiens Gerolamo Cardano et Raffaele Bombelli introduisent les « nombres imaginaires » (mieux connus aujourd'hui sous le nom de *nombres complexes*) pour mettre au point des méthodes de résolution des équations du troisième degré. Cette extension de la notion de nombre jouera par la suite un rôle fondamental dans le développement des mathématiques abstraites, ainsi que dans l'essor des mathématiques appliquées (tout particulièrement, dès le XIXe siècle, dans le domaine de l'électricité).

1557. Le mathématicien anglais Robert Recorde introduit le symbole de l'*égalité* : =.

1582. Le mathématicien néerlandais Simon Stévin publie son *De Thiende* : c'est le premier ouvrage européen connu consacré à la *théorie générale des fractions décimales.* [Ces fractions auront certes été connues bien avant lui : par les Arabes, depuis le temps d'Al Uqlīdīsī (952) ; et en Occident par Emmanuel Bonfils de Tarascon (1350), Regiomontanus (1463), Christoph Rudolff (1525),

REPÈRES CHRONOLOGIQUES

Elie Mizrachi (1535) et François Viète (1579). Mais à l'exception peut-être du mathématicien musulman Ghiyat ad dīn Ghamshīd al Kāshī (première moitié du XVe siècle), dont les travaux auront été ignorés en Occident, personne, en dehors de Stévin, n'aura eu l'idée jusque-là de substituer ces fractions aux fractions ordinaires et n'aura élaboré de système de notation permettant d'unifier le domaine d'application des règles arithmétiques par un rapprochement avec celles qui s'appliquent aux nombres entiers.]

1582. Simon Stévin franchit le pas décisif qui conduira vers la *notation* actuelle *des nombres décimaux*. Il note ceci : 679 (0) 5 (1) 6 (2), là où nous écririons 679,56, symbolisant de la sorte le nombre composé de 679 unités entières, 5 unités décimales du premier ordre et 6 unités décimales de deuxième ordre.

1591. Le mathématicien français François Viète introduit une *notation littérale dans les expressions algébriques*, en représentant les inconnues par des voyelles (A, E, etc.) et les constantes indéterminées par des consonnes (B, C, etc.).

1592. Le mathématicien et horloger suisse Jost Bürgi simplifie la notation des *fractions décimales* imaginée par Simon Stévin (1582) en éliminant la mention (inutile) de l'ordre des fractions décimales consécutives et en surmontant du signe ° le chiffre des unités simples : $67\overset{\circ}{9}\;56$ (= 679,56).

1592. L'Italien Magini perfectionne la notation introduite par Bürgi pour les fractions décimales en remplaçant le petit rond (°) par un point placé entre le chiffre des unités et celui des dixièmes : 679.56 (pour 679,56). Et c'est ainsi que verra le jour la *notation du point décimal* encore usitée aujourd'hui dans les pays anglo-saxons.

1594. Le mathématicien écossais John Napier of Merchiston, mieux connu sous le nom de Néper, découvre la correspondance entre les termes d'une progression géométrique et d'une progression arithmétique, qui sera à l'origine des *logarithmes*. La même découverte sera faite de manière indépendante en 1604 par le mathématicien suisse Jost Bürgi.

1608. Le Néerlandais Willebrord Snellius imagine la *notation à virgule*, que nous utilisons encore pour représenter les nombres décimaux.

1614. John Néper élabore sa *théorie des logarithmes* (dont il invente le terme) et publie la première table logarithmique (avec pour base *e*).

1615. Trouvant la table logarithmique de Néper peu commode pour les calculs pratiques, le mathématicien anglais Henry Briggs, après avoir consulté John Néper, construit une *table de logarithmes décimaux* (c'est-à-dire où le logarithme de 10 est égal à 1) pour les 31 000 premiers nombres entiers avec 14 décimales.

1631. Le mathématicien anglais Thomas Hariot introduit les symboles de l'*inégalité* : $<$ et $>$.

1632. Le mathématicien anglais William Oughtred introduit le symbole de la *multiplication* : $\times$.

REPÈRES CHRONOLOGIQUES

1637. Le mathématicien français René Descartes invente la *géométrie analytique.* Il crée la *notation algébrique moderne,* où les données sont représentées par les premières lettres de l'alphabet (a, b, c, ...) et les inconnues par les dernières (x, y, z), et introduit la *notation exponentielle moderne* pour tout exposant positif (a^2, a^3, ...).

1640. Le mathématicien français Pierre de Fermat établit les bases de l'*analyse combinatoire* dans la théorie des carrés magiques (tableaux carrés, dont chaque case renferme un nombre différent, et tels que les sommes des nombres d'une même ligne, d'une même colonne ou d'une même diagonale soient toutes égales à un nombre donné).

1654. En collaboration avec les mathématiciens français Pierre de Fermat et Georges de Méré, Blaise Pascal établit les principes fondamentaux de ce qui deviendra bientôt le *calcul des probabilités.*

1656. Le Néerlandais Christiaan Huygens publie son *De ratiociniis in ludo aleae* (« Spéculations sur le jeu de dés »), premier traité complet sur le calcul des probabilités.

1656. Le mathématicien anglais John Wallis étend la *notation exponentielle* de Descartes aux *exposants négatifs ou fractionnaires* ($a^{-1} = 1/a$, $a^{-2} = 1/a^2$, $a^{-3} = 1/a^3$, ..., et $a^{1/2} = \sqrt{a}$, $a^{2/3} = \sqrt[3]{a^2}$, etc.). Il introduit également le symbole de l'*infini mathématique* : ∞.

1670-1684. Le mathématicien anglais Isaac Newton et le philosophe et mathématicien allemand Gottfried Wilhelm Leibniz établissent les fondements du *calcul infinitésimal* moderne (méthode dite des *fluxions* et des *séries infinies,* mise au point par le premier en 1670 ; et « nouvelle méthode pour déterminer les maximums et les minimums », élaborée par le deuxième en 1684).

1672. Leibniz invente le *calcul différentiel et intégral.*

1679-1690. Leibniz établit les premières bases de la *logique symbolique.*

1696. Le marquis de L'Hospital publie son *Analyse des infiniment petits,* qui sera le premier traité classique de *calcul intégral.*

1737. Euler démontre l'*irrationalité du nombre e* (base des logarithmes népériens) et de e^2, et donne aux calculs logarithmiques leur forme actuelle.

1748. Leonhard Euler publie un ouvrage traitant de l'*étude générale des fonctions,* et notamment celle des fonctions exponentielles, logarithmiques ou trigonométriques, et celle des développements en séries ou en produits infinis, et où il établit les liens très étroits qui existent entre les fonctions circulaires et les fonctions exponentielles.

1750. Le mathématicien suisse Gabriel Cramer entreprend la première étude approfondie des *systèmes d'équations.*

1760. Le mathématicien allemand Johann Heinrich Lambert démontre l'*irrationalité* de π *et* de *e.*

REPÈRES CHRONOLOGIQUES

1770. Le mathématicien français Alexandre Vandermonde crée la *théorie des substitutions.*

1786. Le mathématicien français Legendre entreprend une étude approfondie des *intégrales elliptiques.*

1795. Loi du 18 germinal, an III (7 avril 1795), qui organise le *système métrique,* donne la première définition du mètre et fixe la nomenclature actuelle des unités de poids et de mesures : décimètre, centimètre, kilomètre ; are, déciare, centiare ; kilogramme, gramme, décigramme, centigramme ; franc, centime ; etc. (voir chapitre 2, p. 108).

1797. Le mathématicien français Louis Lagrange crée la *théorie des fonctions analytiques,* qui constituera le fondement de l'analyse mathématique contemporaine.

1799. Le mathématicien allemand Karl Friedrich Gauss apporte la preuve rigoureuse du *théorème fondamental de l'algèbre* (à savoir que tout polynôme de degré ***n*** à coefficients entiers a au moins une racine complexe) : théorème déjà formulé mais jamais démontré avant lui et qui a cette particularité de faire appel à des domaines étrangers à l'algèbre pure tels que la notion de continuité, l'analyse et la topologie.

1799. Réunion à Paris de la première conférence internationale pour débattre la question d'une adoption universelle du système métrique. Mais celui-ci sera jugé trop révolutionnaire pour conduire les nations de l'époque à penser « métrique ».

1800. Le mathématicien allemand Karl Friedrich Gauss définit avec précision la *borne inférieure* (ou *supérieure*) ainsi que la *limite inférieure* (ou *supérieure*) d'un ensemble de nombres réels.

1807-1822. Le mathématicien français Joseph Fourier étudie les *séries trigonométriques* portant son nom, qui joueront un rôle considérable dans l'essor des mathématiques et de la physique.

1821. Publication de l'*Analyse algébrique* du mathématicien français Augustin Cauchy, qui donne une théorie rigoureuse des fonctions élémentaires et, pour la première fois, un exposé clair et systématique de la *notion de continuité.*

1821-1893. Cauchy démontre l'existence des solutions des équations différentielles et des équations aux dérivées partielles. La théorie des équations différentielles sera élaborée par la suite par Lipschitz (1877), puis améliorée de manière décisive par le procédé des approximations successives de Picard (1893). En revanche, les méthodes de résolution des équations aux dérivées partielles, seront apportées successivement, en une théorie formelle, par Pfaff (1814-1815), et, d'une manière encore plus remarquable, par Hamilton (1834-1835), puis par Jacobi (en 1837, dont les travaux seront perfectionnés, puis rassemblés en 1866).

1826. Le mathématicien norvégien Niels Henrik Abel fait une importante découverte qui donnera naissance à la *théorie des fonctions elliptiques.*

REPÈRES CHRONOLOGIQUES

1826-1829. Niels Henrik Abel et le mathématicien français Évariste Galois effectuent des travaux importants sur les *équations algébriques*, qui auront pour conséquence la découverte des *nombres algébriques* (solutions d'une équation algébrique à coefficients entiers).

1828. Le mathématicien irlandais William Rowan Hamilton donne la première définition rigoureuse des *nombres complexes.*

1829-1854. Le mathématicien russe Lobatchewski (1829), le mathématicien hongrois Bolyai (1833) et le mathématicien allemand Riemann (1854) définissent des *géométries non euclidiennes.*

1829. Le mathématicien français Peter Gustave Lejeune-Dirichlet démontre l'existence des développements portant son nom.

1830. Évariste Galois crée la *théorie des groupes.*

1830-1859. Cauchy publie plus de 600 mémoires originaux, parmi lesquels figurent les résultats de ses recherches fondamentales sur la *notion de convergence des séries.*

1840. Le 1er janvier de cette année-là entre en vigueur la loi du 4 avril 1837, qui rend le *système métrique* obligatoire dans l'enseignement public en France.

1843. Hamilton crée la *théorie des quaternions* et laisse ainsi apparaître la première *algèbre non commutative.*

1843-1844. Le mathématicien anglais Hamilton et le mathématicien allemand Grassmann publient à peu près simultanément les premiers travaux faisant apparaître des éléments du *calcul vectoriel.*

1844. Le mathématicien français Joseph Liouville donne les premiers exemples de *nombres transcendants* (nombres réels qui ne sont solution d'aucune équation algébrique à coefficients entiers ou fractionnaires).

1847. Le mathématicien et logiciel anglais Augustus De Morgan s'affirme, dans sa *Logique formelle,* comme l'un des principaux fondateurs de la logique mathématique.

1847-1854. Le mathématicien britannique George Boole publie successivement son *Analyse mathématique de la Logique* (1847) et ses *Lois de la Pensée* (1854), où il s'affirme comme l'un des promoteurs de la logique mathématique contemporaine et où il définit des opérations logiques sous la forme d'une algèbre élémentaire, aujourd'hui connue sous le nom d'*algèbre de Boole.*

1858. L'avocat et mathématicien anglais Arthur Cayley crée le *calcul matriciel.*

1866. L'emploi (facultatif) du système métrique est autorisé aux États-Unis.

1872. Le mathématicien allemand Richard Dedekind, l'un des principaux fondateurs de l'algèbre contemporaine, donne une définition très précise des *nombres irrationnels* et des *nombres réels* (« la ligne droite, expliquera-t-il,

REPÈRES CHRONOLOGIQUES

est infiniment plus riche en points individuels que ne l'est, en nombres isolés, l'ensemble des nombres algébriques »).

1873. Le mathématicien français Charles Hermite démontre la *transcendance du nombre e.*

1882. Le mathématicien allemand Ferdinand von Lindemann démontre la *transcendance du nombre* π.

1882. Le mathématicien français Paul Du Bois-Reymond publie sa *Théorie des fonctions,* où il distingue une théorie spéciale des fonctions et une théorie générale, dans laquelle il étudie les propriétés des *fonctions absolument arbitraires (susceptibles ou non d'une représentation analytique).*

1882-1883. Le mathématicien allemand d'origine russe Georg Cantor découvre les *nombres « transfinis »* et les notions de *puissance du dénombrable ou du continu,* et entrevoit clairement les idées fondamentales de la *théorie des ensembles* et de la *topologie* modernes.

1883. Georg Cantor prouve que l'ensemble des *nombres algébriques* est un *infini dénombrable* (il y a autant de nombres algébriques que de nombres entiers naturels).

1893. Maurice d'Ocagne publie la première édition de son *Calcul simplifié par les procédés mécaniques et graphiques.*

1897. L'emploi (facultatif) du *système métrique* est autorisé en Grande-Bretagne. Mais la décimalisation complète du système monétaire anglais n'interviendra pas avant 1970.

1899. Le mathématicien allemand David Hilbert publie ses *Grundlagen der Geométrie,* où il développe les principes fondamentaux de la géométrie élémentaire à partir d'un certain nombre d'axiomes.

1900. Les mathématiciens italiens Ricci et Levi-Civita donnent dans une publication le premier exposé systématique relatif au *calcul tensoriel.*

1931. Le mathématicien et logicien d'origine autrichienne Kurt Gödel découvre l'*axiome du choix* en établissant qu'une arithmétique non contradictoire ne saurait former un système complet, car elle comporte nécessairement une proposition indécidable.

1937. Le mathématicien russe Aleksandr Ossipovitch Guelfond montre que le nombre a^b est *transcendant* lorsque ***a*** est un nombre algébrique différent de 0 et de 1, et ***b*** un nombre algébrique irrationnel.

Première moitié du XXe siècle. Contributions fondamentales des logiciens et des mathématiciens occidentaux au développement des mathématiques et de la logique contemporaines, et notamment aux fondements et à l'essor de la *logique algorithmique* et du *calcul symbolique.* (Parmi eux figurent G. Frege, G. Peano, B. Russell, A.N. Whitehead, D. Hilbert, E. Zermelo, E. Steinitz, R. Carnap, E. Artin, K. Gödel, E. Post, S.C. Kleene, A. Turing, A. Church, J. von Neumann, A. Markov, P.S. Novikov, H. Cartan, C. Chevalley, J. Delsarte, J. Dieudonné, A. Weil, et bien d'autres encore.)

Chapitre 31

HISTOIRE DU CALCUL BINAIRE ET DES SYSTÈMES NON DÉCIMAUX

REPÈRES CHRONOLOGIQUES

? L'homme résout efficacement le problème de la symbolisation des nombres en inventant le principe de la *base* d'un système de numération.

Fin – IVe millénaire. Les Sumériens se donnent une numération écrite (non positionnelle) de base 60.

– 1900. Les habitants de la ville mésopotamienne de Mari se donnent une numération écrite de base 100, fondée partiellement sur le principe de position.

– 1900/– 1800. Apparition de la numération sexagésimale positionnelle des savants babyloniens. (Cette numération ne comportera cependant pas de zéro avant le – IIIe siècle.)

– Ve siècle. Apparition de la numération (non positionnelle) de base 20 des Zapotèques. (Des systèmes tout à fait semblables seront utilisées plus tard par les autres peuples précolombiens d'Amérique centrale, notamment par les Mayas, les Mixtèques, les Aztèques, etc.)

Avant le – IVe siècle. Développement de la philosophie chinoise du *yin* et du *yang*.

Nota bene. – Contrairement à ce que l'on croit souvent, le *calcul binaire* n'est pas né avec la philosophie chinoise du *yin* et du *yang*.

Rappelons brièvement que le système du *yin-yang* est fondé sur une conception mettant en opposition, en alternance, en complémentarité ou en interaction deux énergies :

– l'une « femelle », le *yin*, représentée graphiquement par un trait discontinu — — ;

– et l'autre « mâle », le *yang*, représentée graphiquement par un trait continu ——— .

Selon la doctrine, ces principes ne seraient autres que la manifestation bipolaire de l'*Ultime Suprême*, leurs apparences concrètes étant supposées constituer le ciel et la terre.

Par la combinaison de leurs traits représentatifs, on a alors formé un système de correspondance avec les éléments de la nature, selon des arrangements en *trigrammes* (par exemple ☰ ☱ ou ☷), ou encore en *hexagrammes*

REPÈRES CHRONOLOGIQUES

(par superpositions de six traits). Ainsi trois traits continus représenteraient-ils la perfection active, le ciel, le Sud, l'été, l'énergie productrice, le mâle et le Soleil, tandis que trois traits discontinus seraient la représentation de la perfection passive, de la Terre, du Nord, de l'hiver, de la réceptivité, de la femelle et de la Lune. De même, la combinaison formée par un trait discontinu intercalé entre deux traits continus représenterait le tonnerre, le Nord-Est et l'apparition du printemps, tandis que l'inverse serait le symbole du vent, du Sud-Ouest et de la fin de l'été ; etc. (cf. R. Wilhelm ; M. Granet ; K. Friedrichs, I. Fischer-Schreiber, F. K. Erhard et M. S. Diener ; J. Chevalier et A. Gheerbrant).

Ce système est rapporté pour la première fois par le *Livre des changements* (ou « Livre des transformations »), ouvrage traditionnel chinois, mieux connu sous le nom de *Yijing* (ou *Yi King*, ou encore *I Ching*, selon des transcriptions aujourd'hui désuètes) et dont la compilation et les premières rédactions (contrairement aux affirmations les plus fantaisistes qui en donnent pour date 1000 av. J.-C., voire – 3000) ne remontent pas au-delà des IVe-IIIe siècles avant notre ère.

Une telle notation n'a cependant rien à voir avec la numération binaire. Pour que cela fût le cas, il eût d'abord fallu que les Chinois eussent eu connaissance du zéro et fait usage de ce système comme mode de numération écrite. Or, pour noter les nombres, les Chinois ont usé de bien d'autres systèmes de numération qui n'ont jamais été autrement que décimaux. Et même si l'on sait que les Chinois ont possédé une numération de position, on sait aussi qu'ils n'ont jamais possédé le zéro avant une époque tardive de leur histoire (voir chapitre 21, p. 656-665).

Et de fait, comme on le verra ci-après, l'histoire de la numération et de l'arithmétique binaires proprement dites n'a réellement débuté qu'au XVIIe siècle de notre ère.

Sans entrer dans les détails, disons qu'en numération binaire les nombres s'écrivent au moyen de 0 et de 1, et que dans une écriture telle que 10, 100, 1000, 11001, etc., les chiffres représentent, non pas les puissances de dix comme dans notre système décimal, mais les puissances successives du nombre deux. En dehors de son principal inconvénient (celui de donner lieu à des représentations chiffrées beaucoup plus considérables que celles du système décimal), cette numération présente de nombreux avantages, à commencer par une notation d'une extrême simplicité.

Et c'est sans doute la simplicité et l'élégance de ce système qui pousseront le mathématicien et philosophe allemand Gottfried Wilhelm Leibniz à s'écrier : « *Omnibus ex nihil ducendis sufficit unum* » (« Un suffit à tirer tout de rien »). Ce sera là pour Leibniz le point de départ de plusieurs développements philosophiques d'un type très particulier. Un jour, le père Joachim Bouvet (1656-1730), mathématicien et missionnaire envoyé en Chine par Louis XIV depuis 1685, lui communiqua les 64 figures formées par les hexagrammes du traité chinois du *Yijing*, dont voici les six premières en partant de la gauche :

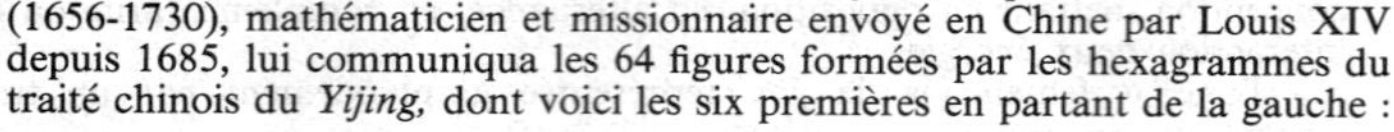

A B C D E F

En identifiant le trait continu à 1 et le trait discontinu à 0, Leibniz crut alors reconnaître là une transcription d'une numération binaire que les Chinois auraient utilisée depuis la plus haute Antiquité, les figures précédentes

REPÈRES CHRONOLOGIQUES

représentant dès lors à ses yeux les nombres suivants (écrits dans la numération binaire, puis convertis dans notre système décimal) :

A = 0 0 0 0 0 0 = 0
B = 0 0 0 0 0 1 = 1
C = 0 0 0 0 1 0 = 2
D = 0 0 0 0 1 1 = 3
E = 0 0 0 1 0 0 = 4
F = 0 0 0 1 0 1 = 5

Aussi fut-il convaincu d'avoir trouvé là une sorte de langue universelle susceptible de réunir les hommes de tous pays et de toutes races. « Le R.P. Bouvet et moi, écrira-t-il par la suite, avons découvert le sens apparemment le plus véritable, selon la lettre, des caractères de Fou-Hi [actuellement transcrit en *Fuxi,* inventeur présumé de l'écriture chinoise]. C'est l'arithmétique binaire que ce grand législateur a possédée et que j'ai retrouvée quelques milliers d'années après lui. Dans cette arithmétique, il n'y a que deux notes, 0 et 1, avec lesquelles on peut écrire tous les nombres. Il paraît que Fou-Hi a eu des lumières sur la science des combinaisons, sur laquelle je fis une petite dissertation dans ma première jeunesse. »

Le seul mot exact prononcé ici par Leibniz, ce fut en fait la science des combinaisons, que les Chinois avaient en effet bien possédée dès avant le début de l'ère chrétienne. Ce ne sera cependant pas la seule erreur commise par le grand savant, comme l'expliquera Pierre-Simon de Laplace (1749-1827) : « Dans son arithmétique binaire, Leibniz voulait voir l'image de la Création. Il imaginait que l'Unité représentait Dieu et Zéro le Néant ; que l'Être Suprême avait tiré tous les êtres du néant, de même que l'unité et le zéro expriment tous les nombres dans son système de numération. Cette conception enchantait tellement Leibniz qu'il la communiqua au jésuite Grimaldi [son correspondant en Chine, et] président du Comité chinois pour les mathématiques, dans l'espoir que cet emblème convertirait l'Empereur de Chine, très féru de mathématiques. Je mentionne ce fait simplement pour montrer comment des préjugés enfantins peuvent obscurcir la vision des hommes même les plus éminents. »

Certes, la notation du *yin-yang* a ceci en commun avec la numération binaire que toutes les deux mettent en œuvre deux symboles opposés : le trait continu ou discontinu pour la première, et les signes 0 et 1 pour la deuxième. Mais là s'arrête la comparaison, puisque la numération binaire, fondée sur le principe de position et munie d'un zéro, sert à noter des nombres. L'autre système, en revanche, n'a jamais constitué une numération écrite : il n'a été, au fond, qu'une notation symbolique permettant d'établir des relations mystiques et des correspondances entre différentes combinaisons des deux principes élémentaires précédents avec divers éléments naturels, que l'on utilisait autrefois surtout à des fins divinatoires.

Certes, la représentation au moyen des deux types de traits correspond bien à un système combinatoire de deux signes opposés ; la numération binaire de position en est un également, mais elle n'en représente qu'un cas très particulier, puisque l'organisation de l'écriture binaire des nombres consiste en un système d'arrangements (combinaisons ordonnées) de 0 et de 1.

Bref, le principe du *yin* et du *yang* ne constitue pas un système binaire, au sens arithmétique du mot ; il s'agit plutôt d'une *philosophie dualiste* ; ce qui est tout à fait différent.

Il convient donc de se méfier des interprétations erronées que l'on peut donner des philosophies antiques dans une vision caractéristique des temps modernes !

REPÈRES CHRONOLOGIQUES

L'indulgence ne peut toutefois qu'être de rigueur pour un très grand savant comme Leibniz dont les contributions auront été fondamentales, au demeurant, dans plusieurs domaines, dont l'arithmétique binaire.

– IIᵉ siècle. Apparition de la numération décimale positionnelle des mathématiciens chinois (système dit des « barres numérales » ou *suan zí*), qui ne comportera cependant pas de zéro avant le + VIIIᵉ siècle.

+ IVᵉ/+ IXᵉ siècle. Les prêtres-astronomes de la civilisation maya utilisent une numération positionnelle de base 20 munie d'un zéro. (A cause de son adaptation aux besoins du calendrier, cette numération présentera toutefois une irrégularité à partir de la troisième position.)

IVᵉ-Vᵉ siècle. Apparition du zéro et de la numération décimale de position d'origine indienne, ancêtre de notre numération écrite actuelle. C'est la première numération écrite de l'histoire qui soit extensible à une notation simple et rationnelle de tous les nombres réels et qui soit potentiellement applicable à toutes sortes de calculs.

XVIᵉ-XVIIIᵉ siècle. Par abstraction, les arithméticiens et les mathématiciens européens prennent progressivement conscience du fait que les propriétés de la numération de position d'origine indienne sont indépendantes de sa base. Ils comprennent donc peu à peu que, dans une numération écrite munie de la même structure mathématique qu'elle (c'est-à-dire fondée sur le principe de position, munie d'un zéro et possédant des chiffres significatifs détachés de toute intuition visuelle directe), la notation des entiers est extensible à une représentation simple et rationnelle de tous les nombres et que les opérations fondamentales de l'arithmétique (addition, soustraction, multiplication, division) s'y effectuent aussi aisément selon des règles simples indépendantes de la base envisagée (voir chapitre 28, fig. 28.39).

Nota bene. – La base la plus répandue au cours de l'histoire aura été la base dix.

Ce choix se sera imposé à l'être humain à cause de cet « accident physiologique » qui l'aura doté de dix doigts (voir chapitre 2, p. 105 *sq.*).

La nature n'aura donc pas fait le meilleur choix ; et cela :

– ni du point de vue d'un praticien de l'arithmétique (puisque, contrairement à la base 12, par exemple, la base 10 ne possède que deux diviseurs),

– ni du point de vue d'un mathématicien (puisque, contrairement à onze, par exemple, dix n'est pas un nombre premier).

En s'appuyant tantôt sur le point de vue pratique, tantôt sur le point de vue théorique, plusieurs savants européens se pencheront alors désormais sur les possibilités fournies par les numérations de position non décimales et chercheront à promouvoir la substitution de l'une d'elles au système décimal et à ses incommodités.

Vaines tentatives en vérité : la base 10 sera tellement ancrée dans les traditions populaires que son usage s'avérera indestructible.

C'est toutefois par de telles recherches et réflexions que l'on dégagera progressivement l'étude de numérations particulières telles que le *système binaire* (base 2), le *système octal* (base 8) et le *système hexadécimal* (base 16), qui s'avéreront si utiles dans l'informatique du XXᵉ siècle.

1600. Le mathématicien, astronome et géographe anglais Thomas Hariot dresse

REPÈRES CHRONOLOGIQUES

une *table de décomposition* suivant les *puissances consécutives de 2* pour les trente et un premiers nombres.

1623. Le philosophe anglais Francis Bacon constitue un *code binaire* pour les lettres de l'alphabet, qu'il représente chacune par une combinaison bilitère de cinq caractères pris parmi deux possibles : la lettre A par aaaaa, la lettre B par aaaab, la lettre C par aaaba, etc. (En remplaçant le a par o et le b par i, on voit donc que le code binaire de Francis Bacon n'est autre que celui qui met ces lettres sous la forme : A = ooooo, B = ooooi, C = oooio, D = oooii, E = ooioo, F = ooioi, G = ooiio, H = ooiii, I = oiooo, et ainsi de suite.)

1654. Le mathématicien français Blaise Pascal présente à l'Académie des sciences son *De numeris multiplicibus ex sola characterum numericorum additione agnoscendis* (« Des caractères de divisibilité des nombres déduits de la somme de leurs chiffres »), publié en 1665, où il donne pour la première fois une *définition générale des systèmes de numération de base m,* avec *m* entier quelconque supérieur ou égal à 2 (cf. *Œuvres,* 14 vol., III, p. 311-339, Brunschvicg et Boutroux, Paris, 1908). Voir chapitre 28, fig. 28.39.

Nota bene. – Par abstraction, les mathématiciens européens parviendront alors par la suite à élaborer des arithmétiques et des analyses numériques encore plus générales que celles, décimales, que nous utilisons : des arithmétiques et des analyses numériques fondées sur l'écriture positionnelle des nombres en numération de base **p** quelconque (**p** > 1). Ces systèmes seront élaborés suivant une extension de la notation à tous les nombres, entiers, rationnels ou irrationnels, au moyen d'une virgule, à partir des développements en puissances positives ou négatives de la base **p**. C'est ce que l'on appelle les développements des nombres « **p**-adiques », qui généralisent ainsi de manière beaucoup plus considérable les nombres « dyadiques » du système binaire et les nombres « décimaux » (ou « **10**-adiques ») de notre système décimal.

1670. L'évêque Juan Caramuel y Lobkowitz de Rome publie son ouvrage *Mathesis Biceps,* qui constitue une étude mathématique raisonnée sur les numérations de bases non décimales, parmi lesquelles figurent les bases 3, 4, 5, 6, 7, 8, 9, 12, 20 et 60, ainsi que la *numération binaire.*

1672. Le mathématicien allemand Erhard Weigel publie un ouvrage sur la *numération de base 4.*

1679. Leibniz rédige un manuscrit intitulé *De Progressio Dyadica* qui (comme il le reconnaîtra lui-même par la suite) constitue le premier manifeste de son intérêt pour la *numération binaire,* qu'il avait souhaité à l'origine mettre à contribution dans le calcul des fractions décimales.

1679. Leibniz envisage la conception d'un *instrument de calcul binaire* mettant en jeu des billes mobiles.

1687. Le mathématicien anglais Joshua Jordaine préconise l'emploi d'une *arithmétique duodécimale* (base 12).

1701. Indépendamment de Leibniz, le mathématicien français Thomas Fantet de Lagny publie un article sur l'*arithmétique binaire,* montrant très nettement

REPÈRES CHRONOLOGIQUES

les avantages du calcul binaire, indépendamment de toute signification religieuse, philosophique et métaphysique (contrairement donc à Leibniz).

1703. Publication, dans le *Bulletin de l'Académie royale des Sciences,* des « Explications sur l'arithmétique binaire » de Leibniz, qui feront de ce système un sujet à la mode pour les savants européens de cette époque.

1708. Le philosophe suédois Swedenborg propose de remplacer la numération décimale par un *système octal* (numération de base 8) dans l'usage courant.

1732. Le mathématicien suisse Leonhard Euler entretient une correspondance avec l'Académie de Saint-Pétersbourg, où il utilise une *notation binaire à exposants.*

1746. Le mathématicien italien Francesco Brunetti effectue des travaux sur les *fractions binaires* et donne une table des valeurs décimales des puissances de 2 jusqu'à 2^{40}.

1764. Le mathématicien français Étienne Bezout cherche à promouvoir l'usage de la base 12.

1764. Le mathématicien Anton Felkel de Prague utilise le *système binaire* pour travailler sur les fractions décimales.

1775. Georges Brander d'Augsburg utilise le *système binaire* pour la tenue de ses comptes personnels, « afin, dit-il, de les rendre hermétiques aux regards indiscrets ».

1785. Le mathématicien allemand Anton Felkel publie un important article sur les périodes des *fractions p-adiques* (généralisation en base p des fractions décimales ; voir *nota bene* ci-dessus).

1798. Le mathématicien français Adrien Marie Le Gendre publie des travaux sur la *conversion du système binaire au système octal et au système hexadécimal.*

1810. Le savant anglais Peter Barlow publie un important article au sujet de « la méthode de transformation d'un nombre par le passage de la base d'une notation à une autre, et ses applications aux règles du *calcul duodécimal* ».

1826. Le mathématicien Heinrich W. Stein publie un article établissant diverses comparaisons entre *numérations non décimales.*

1834. Le mathématicien anglais Charles Babbage envisage pour sa *Machine Analytique* l'emploi de bases différentes de dix, notamment les bases 2, 3, 4, 5 et 100 (comme le révéleront les nombreuses notes qu'il laissera). Mais naturellement il ne considérera que la base décimale, la seule techniquement commode en son temps.

1837. L'Américain Samuel F. Morse invente son *télégraphe* : le premier système de transmission par l'intermédiaire de pulsions électriques et fondé sur un *code binaire* établi à l'avance. C'est le premier code binaire électrique de transmission.

REPÈRES CHRONOLOGIQUES

1853. Dans ses *Éléments d'arithmétique*, Augustus De Morgan parvient à la conclusion que l'habitude de compter en base décimale est si profondément ancrée dans les traditions qu'elle demeurera toujours dans l'usage courant. Il est cependant convaincu que l'étude des *bases non décimales* doit figurer au programme d'enseignement des écoles et des universités.

1862. L'ingénieur américain John William Nystrom propose un système de poids et de mesures fondé sur la base 16.

1863. Moritz Cantor conteste formellement (et à juste raison) la validité des explications de Leibniz au sujet des trigrammes et des hexagrammes du traité chinois du *Yijing*, relativement à la numération binaire (voir p. 469 *sq.*).

1876. L'Américain Benjamin Pierce propose une « amélioration » de la notation binaire (0 et 1) de Leibniz (un point pour 0 et un trait horizontal pour 1), plus économique selon lui.

1876. L'Anglais Edward Brooks préconise le remplacement du système décimal par le système duodécimal.

1887. L'Américain Alfred B. Taylor publie un article intitulé : *Which base is best ?* (« Quelle est la meilleure base ? »). Sa conclusion : la base 8.

1889. Le Scandinave T. N. Thiele soutient, pour sa part, que la bonne base est 4.

1891. L'Américain William W. Johnson parvient lui aussi à la conclusion que la base 4 est une bonne base de numération.

1896. Le Français E. Gelin parvient également à la conclusion que 4 est l'une des meilleures bases de numération.

1899. Le mathématicien italien Giuseppe Peano propose une notation binaire, où 0 et 1 seraient remplacés respectivement par . et :

Début du XXe siècle. Grâce aux connaissances de plus en plus importantes acquises à cette époque dans le domaine de l'électricité et des phénomènes électromagnétiques, et surtout du fait que les circuits électriques permettent de mettre en œuvre des techniques très avancées, déjà mises en application dans les systèmes téléphoniques et radio-électriques, la voie est désormais ouverte au développement du *calcul binaire électromécanique*.

1908. L'Anglais Herbert McLeod publie une liste de savants ayant utilisé des numérations non décimales entre 1771 et 1900.

1919. Les Anglais W.H. Eccles et F.W. Jordan inventent le circuit électronique connu sous le nom de *flip-flop* : dispositif à deux triodes possédant la propriété particulière que toute impulsion reçue à l'une des entrées fait basculer chacune des deux triodes dans l'état inverse ; c'est un circuit bistable. Plus tard, cette découverte permettra de réaliser les *premiers circuits électroniques binaires.*

1925. Anton Glaser publie sa *History of binary and other nondecimal numeration* (ouvrage qui sera revu et corrigé en 1971).

REPÈRES CHRONOLOGIQUES

Années 1930-1940. Avec le développement du *calcul analytique,* les techniciens et les ingénieurs des pays occidentaux se rendent compte des incommodités de la base 10 ; et grâce à la facilité de réaliser des systèmes physiques à deux états, ils découvrent peu à peu les avantages pratiques de la base 2 dans l'organisation d'un calculateur numérique automatique.

Nota bene. – Est-il besoin de rappeler que la *base* d'un calculateur numérique est à l'organisation de cette machine ce que ce même nombre est à celle d'un système de numération. D'un point de vue technique, la base 2 est donc bien plus avantageuse que la base décimale, compte tenu du nombre des composants de base à mettre en œuvre dans un tel calculateur (deux au lieu de dix). Mais l'avantage le plus considérable de la numération binaire réside dans sa table de multiplication, puisque celle-ci (au lieu de consister, comme dans le système décimal, en un tableau à deux entrées de dix lignes et de dix colonnes) est réduite à celui-ci :

×	0	1
0	0	0
1	0	1

Impossible de trouver plus simple que cette « table de Pythagore », qui fait de la multiplication une opération guère plus compliquée que l'addition. (Et c'est justement l'absence d'une telle simplicité dans la multiplication en numération décimale qui a souvent gêné les inventeurs du XIXe et du XXe siècle dans la conception de leurs diverses machines à calculer, toutes fondées alors sur la base décimale.)

Dans un premier stade, la possibilité de réalisation d'un calculateur binaire sera prouvée sur des dispositifs purement mécaniques.

Mais on se rendra compte par la suite que le système binaire s'adapte admirablement aussi au *calcul électromécanique.* On considérera pour cela des *relais électromagnétiques* ; en associant par convention le chiffre 1 à un relais excité et le chiffre 0 à un relais non excité, on s'apercevra alors qu'au moyen des règles de la numération binaire, on peut réaliser sur des relais ordinaires toutes les opérations de l'arithmétique élémentaire.

Enfin, avec l'essor de l'électronique, on se rendra compte que des possibilités semblables sont envisageables, avec en outre des performances beaucoup plus grandes, sur des *circuits électroniques* : ce sera alors la naissance du *calcul binaire électronique.*

1932. L'Anglais C.E. Wynn-Williams réalise un *compteur binaire électronique* utilisant des tubes à thyratron (tubes à gaz à propriétés particulières) permettant des comptages à grande vitesse.

1932. Le Français Raymond L.-A. Valtat obtient un brevet en Allemagne (n° 664012, du 23 juillet 1932) pour les plans d'une machine à calculer employant la base 2.

1936. Raymond Valtat publie son article : « Calcul mécanique : Machine à calculer fondée sur l'emploi de la numération binaire » (in : CRAS, 202/1936, p. 1745 *sq.*), où il préconise l'emploi de la base binaire dans les machines à calculer.

REPÈRES CHRONOLOGIQUES

1936. Le Français Louis Couffignal préconise lui aussi l'usage de la même base dans son article : « Calcul mécanique : sur l'emploi de la numération binaire dans les machines à calculer » (in : CRAS, 202/1936, p. 1970 *sq.*).

1936. L'Anglais William Phillips construit son *Binary Demonstrator,* appareil mécanique prouvant la possibilité de la réalisation d'un dispositif de calcul binaire (cf. B. Randell [1], p. 293 *sq.*).

1937. L'Anglais Alan Turing s'emploie à construire un multiplicateur binaire électromécanique.

1937. L'Américain W.B. Lewis met au point un compteur électronique binaire à triodes.

1938. L'Américain George Stibitz réalise un additionneur binaire à relais électromagnétiques.

1945. Le mathématicien américain d'origine hongroise John von Neumann préconise l'usage du système binaire comme système d'unités d'informations élémentaires des ordinateurs électroniques (voir chapitres 32 et 33).

1952. L'Anglais Lewis Carl Seelbach publie une bibliographie au sujet de l'usage de la base duodécimale.

1954. L'Américain William L. Schaaf publie une liste historique et bibliographique au sujet de l'usage des numérations non décimales, sous le titre : *Scales of notation* (« échelles de notation »).

1955. L'ingénieur français Jean Essig publie son ouvrage : *Douze, notre dix futur.* L'année suivante, il en sera encore à préconiser l'usage de la base 12, dans une conférence du palais de la Découverte à Paris.

1970. Le chanteur français Boby Lapointe publie son *Système bibinaire,* où il définit un système hexadécimal avec une nouvelle graphie fonctionnelle pour les seize chiffres de base correspondants (cf. Font, Quiniou et Verroust, p. 225 *sq.*).

Chapitre 32

HISTOIRE DU CALCUL ARTIFICIEL DES ORIGINES A L'APPARITION DE L'ORDINATEUR[1]

L'importance essentielle du calcul dans la science contemporaine

Dans son *Philèbe* (ou *Du plaisir*), le philosophe grec Platon (– 428/– 347), lors de son dialogue avec Socrate, expliqua à son interlocuteur que l'esprit est l'élément régulateur dans la vie humaine et dans l'univers et qu'à la base de la connaissance il y a divers plans hiérarchiquement ordonnés, parmi lesquels le calcul et l'arithmétique figurent au premier rang, à côté de la dialectique : « Si tu ne possèdes pas la puissance du calcul, lui dit-il, alors tu seras incapable de spéculer sur les plaisirs du futur, et ta vie sera, non pas celle d'un humain, mais celle d'une huître ou d'un poumon marin » (*Philèbe,* 21).

Si Platon avait vécu à notre époque, il aurait sans nul doute souligné l'importance encore plus fondamentale de ces actions intellectuelles complexes, méthodiquement ordonnées selon des lois arithmétiques, mathématiques ou logiques bien déterminées, que l'on appelle les *opérations de calcul* (dans un sens naturellement plus étendu) et que l'on effectue en vue de l'obtention de ce que l'on appelle des *résultats.*

---

1. Précisons qu'il n'est guère dans notre objectif de donner ci-après tous les détails au sujet de la variété considérable des appareils, instruments ou machines qui ont vu le jour durant toute cette histoire. On ne saurait donc considérer ce qui suit comme une quelconque introduction générale aux principes des calculatrices classiques, analogiques, mécanographiques, analytiques ou ordinatrices : plusieurs volumes de la taille de celui-ci ne suffiraient pas ; et, surtout, la compétence de l'auteur se trouverait plusieurs fois mise en défaut.

Nous voulons seulement permettre au lecteur, à l'appui de certaines idées maîtresses, de quelques jalons essentiels et *d'une terminologie extrêmement précise,* selon des définitions rigoureuses, de suivre les principales étapes de l'histoire du calcul artificiel – suite logique et aboutissement de l'histoire des notations et des calculs arithmétiques et mathématiques.

Dans ce qui suit, on trouvera toutefois *une présentation totalement inédite de l'histoire du calcul automatique et par là même une présentation beaucoup plus riche de l'origine même de l'informatique et des ordinateurs actuels.* Cette présentation, en effet, ne se contente pas d'une simple accumulation de faits historiques, en raison de son caractère pluridisciplinaire situé au confluent de plusieurs sciences et techniques. Elle prétend, au contraire, regrouper et coordonner ces faits les uns aux autres, afin de constituer une histoire plus intelligible et surtout plus conforme à la réalité historique que les présentations classiques, dont la vision linéaire, purement chronologique et si souvent restrictive, n'a jamais su rendre compte des véritables progrès de la pensée humaine, ni révéler, à plus forte raison, la complexité de cette évolution multiforme.

Et de fait, comme l'explique Maurice d'Ocagne, « l'importance du calcul s'affirme aussi bien dans le domaine de la théorie que dans celui de la pratique. Les progrès matériels réalisés par notre civilisation dérivent tous, plus ou moins directement, de la science. Or, la science ne saurait elle-même progresser sans le secours permanent du calcul. Et il ne s'agit pas seulement ici des sciences anciennement dites *exactes*, comme la mécanique ou l'astronomie, où le calcul joue un rôle essentiel, mais encore de celles qui n'étaient considérées naguère qu'à titre de sciences expérimentales ou d'observation, et cela en raison de la précision qu'une évolution contemporaine a fait pénétrer dans leurs méthodes. Dans toutes les branches de la physique, et même en chimie, la formule mathématique a pris une importance capitale. Il n'est pas jusqu'à la physiologie qui n'y ait aussi recours, depuis qu'a été reconnue la nécessité de faire intervenir la notion de mesure dans l'étude des faits qui sont de son domaine ».

Les nombres gouvernent-ils le monde, ou est-ce la réalité physique qui suggère le nombre ?

Et c'est sans doute la prise de conscience de l'importance du rôle fondamental ainsi joué par les nombres dans les sciences d'aujourd'hui qui a poussé le grand Bertrand Russell à s'écrier un jour que « ce qu'il y a de plus étonnant dans la science moderne, c'est son retour au pythagorisme ».

Disons cependant que cela n'a strictement rien à voir avec le pythagorisme et ses idées mystiques qui ont fait des nombres une prétendue harmonie céleste, cosmique et intérieure et, par là même, un moyen d'approcher les vérités et les secrets divins. Le problème avait, en fait, été pris à l'envers par celui qui devait devenir l'un des grands fondateurs de la logistique contemporaine : B. Russell aurait dû comprendre, en effet, que ce ne sont pas les nombres qui règnent sur le monde. L'univers est régi plutôt par les lois de la nature d'un monde physique qui possède des propriétés exprimables par des concepts abstraits, les nombres élaborés eux-mêmes par une pensée humaine qui, parvenue au stade de l'abstraction ultime, effectue un travail permanent sur les choses de ce même univers. « L'homme, dans sa maison, disait Rivarol, n'habite pas l'escalier, mais il s'en sert pour monter et pénétrer partout ; ainsi l'esprit humain ne séjourne pas dans les nombres, mais il arrive par eux à la science et à tous les arts. » Certes, la réalité physique suggère le nombre, mais elle ne saurait le constituer. Et c'est justement parce que l'être humain a appris à changer les choses de cette réalité-là en de simples objets de la pensée abstraite qu'il a pu accomplir dès lors tous les progrès spectaculaires qui le caractérisent depuis qu'il existe, et parvenir ainsi à percer le secret d'une multitude d'éléments de cet univers palpable.

La nécessité de s'affranchir des difficultés du calcul humain

En acceptant tout de même l'abus de langage consacré par l'usage – sans toutefois adhérer d'aucune manière à la mystique du philosophe –, on peut cependant affirmer sans hésitation possible, avec Platon, que « les nombres gouvernent le monde ».

Mais il faut savoir que s'ils le gouvernent, ils ne l'amusent vraiment pas. Le problème vient de ce que le calcul est lent, pénible et surtout fastidieux. Et s'il est fastidieux, c'est parce qu'il est souvent répétitif. Or c'est précisément ce qui provoque toutes sortes de blocages, constituant souvent une entrave à l'avancement des sciences et de la connaissance. Et c'est là que les paroles de Luigi F. Menabrea prennent tout leur sens : « Combien d'observations précieuses restent inutiles aux progrès des sciences et des techniques, parce qu'il n'y a pas de forces suffisantes pour en calculer les résultats ! Que de découragements la perspective d'un long et aride calcul ne jette-t-elle pas dans l'homme de génie qui ne demande que du temps pour méditer et qui se le voit ravi par le matériel des opérations d'un système inadapté ! Et pourtant, c'est par la voie laborieuse de l'analyse qu'il doit arriver à la vérité. Mais il ne peut la suivre sans être guidé par les nombres, car, sans les nombres, il n'est pas donné de pouvoir soulever le voile qui cache les mystères de la nature » (cf. CRAS, 28 juillet 1884, p. 179-182).

Et c'est justement pourquoi, de tout temps, les hommes de science ont cherché à simplifier leurs diverses techniques de calcul.

De fait, « si le calcul est l'auxiliaire indispensable à la recherche scientifique, il est l'outil même au moyen duquel les principes découverts grâce à cette recherche sont mis en œuvre en vue des applications pratiques. C'est ainsi que le navigateur, le géodésien, l'artilleur, le mécanicien, l'électricien, le financier, l'ingénieur, etc., sont astreints à y avoir sans cesse recours ; pour chacun d'eux le calcul constitue une partie importante, non la moins pénible assurément, du labeur quotidien. La simplification du calcul apporte par conséquent au chercheur une large part de soulagement ; mais parfois elle fait mieux encore, en rendant possibles, voire même faciles, des opérations qui, sans cela, exigeraient un effort disproportionné avec le résultat à obtenir et que nul, peut-être, ne se soucierait de dépenser » (M. d'Ocagne).

Des organismes humains ultra-spécialisés : les calculateurs prodiges

Cette dernière affirmation ne prend cependant pas en considération de très célèbres exceptions qui pourraient par le hasard des choses y apporter la pierre d'achoppement.

La puissance calculatrice a en effet atteint chez certains individus exceptionnels une intensité qui tient du véritable prodige.

On pense tout particulièrement aux tours de force arithmétiques de Jacques Inaudi, né en 1867 à Onorato dans le Piémont. « Dès l'âge de sept à huit ans, explique L. Jacob, il calculait mentalement avec une facilité extraordinaire. Il fut examiné en 1880 au point de vue psychologique par Charcot, puis, en 1892, au point de vue mathématique par Darboux, qui le présenta à l'Académie des sciences le 8 février de cette même année.

« On lui posa notamment les questions suivantes :

« *Quel jour tombait le 4 mars 1822 ?*

« *Soustraire* 1 248 126 138 234 128 010
de 4 123 547 238 445 523 831.

« *Quel est le nombre dont le cube plus le carré font 3 600 ?* (...)

« Toutes ces questions furent résolues sans que l'intervalle entre les demandes et les réponses ait dépassé trente à trente-cinq secondes. De l'examen fait par Broca et Charcot, il résulta que J. Inaudi était intelligent, mais que sa force calculatrice provenait d'une mémoire spécialisée, extraordinaire et développée par l'exercice. Il retenait assez difficilement une fable. La mémoire chez lui était auditive et non visuelle, comme cela a lieu le plus souvent ; il opérait plus facilement sur les nombres qu'on lui énonçait que sur ceux qu'on lui écrivait. L'Anglais Vinckler procédait de même : il pouvait répéter à quinze jours de distance, dans l'ordre où on les lui avait lus par deux fois, 5 000 chiffres. Inaudi procédait en général par tâtonnements, en essayant des nombres ; il en résulte qu'il extrayait plus facilement une racine sixième ou septième qu'une racine carrée ou cubique. Il additionnait et soustrayait de gauche à droite, comme les hindous » (L. Jacob).

Un autre calculateur prodige fut le pâtre tourangeau Henri Mondeux, né en 1826 à Neuvy-le-Roi (Indre-et-Loire), qui eut une très grande vogue sous le règne de Louis-Philippe. Il « ne savait ni lire ni écrire, et effectuait de tête les opérations arithmétiques les plus compliquées. En 1838, un chef d'institution de Tours le prit chez lui et voulut lui donner des leçons. Mais il se montra pour toutes sortes d'études, et même pour les mathématiques, d'une intelligence très médiocre. Présenté à l'Académie des sciences de Paris, le 16 novembre 1840, il résolut presque instantanément, et de tête, les questions suivantes :

« 1. *Trouver un nombre tel que son cube, augmenté de 84, fournisse une somme égale au produit de ce nombre par 37.*

« 2. *Trouver deux carrés dont la différence soit égale à 133* » (L. Jacob).

On pense aussi à Zacharia Dahse, qui appliqua ses facultés de calculateur, les seules d'ailleurs qu'il possédât, à la détermination des tables de diviseurs premiers de Burkhardt pour les nombres compris entre 7 000 000 et 10 000 000.

Une liste de plusieurs autres célébrités du même genre est mentionnée par M. d'Ocagne : « Le jeune Lorrain Mathieu Le Coq qui, alors âgé de huit ans, émerveilla, à Florence, Balthasar de Monconys, lors de son troisième voyage en Italie (1664) ; Mme de Lingré, qui, dans les salons de la Restauration, faisait, au dire de Mme de Genlis, les opérations de tête les plus compliquées au milieu du bruit des conversations ; l'esclave noir Tom Fuller, de l'État de Virginie, qui, au déclin du XVIIIe siècle, mourut à l'âge de quatre-vingts ans sans avoir appris à lire ni à écrire ; le pâtre tyrolien Pierre Annich ; l'Anglais Judeiah (ou Zerald) Buxton, simple batteur en grange ; Bidder, le constructeur des docks de Victoria à Londres, qui devint président de l'Institution of Civil Engineers et transmit en partie ses dons pour le calcul à son fils George ; le pâtre sicilien Vito Mangiamello, qui possédait, en outre, une grande facilité pour apprendre les langues ; les Russes Ivan Petrov et Mikhaïl Cerebriakov ; l'homme-tronc Grandemange venu au monde sans bras ni jambes ; Vinckler, qui a été l'objet d'une expérience remarquable devant l'université d'Oxford...

« On ne saurait manquer, ajoute M. d'Ocagne, d'être frappé du nombre de ces calculateurs extraordinaires qui ont passé leur première enfance à garder des troupeaux. Le calcul a d'abord été pour eux un passe-temps propre à tromper l'ennui des longues stations au milieu des champs. Mais, outre qu'une puissance calculatrice comparable à la leur est extrêmement rare, elle ne s'allie généralement pas à un développement normal des autres facultés. Il semble que le cerveau, tout absorbé par une telle fonction, ne se prête guère à diversifier ses exercices. Car c'est une véritable hérésie... que de voir, dans une grande habileté à calculer, l'indice de dispositions supérieures pour les mathématiques... On cite néanmoins quelques mathématiciens qui furent en même temps d'habiles calculateurs, et parmi eux les plus illustres : Wallis, Euler, Gauss et Ampère... [Mais] ni l'intuition, ni la logique, qui jouent le principal rôle dans le domaine de ces sciences, ne se lient nécessairement à la grande facilité d'opérer mentalement sur des nombres d'après les règles de l'arithmétique. Confondre les deux choses, c'est commettre une erreur de jugement aussi grave que celle qui consisterait à prendre une exceptionnelle agilité des doigts sur le clavier d'un piano pour l'indice d'un don remarquable de composition musicale. »

Néanmoins, les faits de cette nature sont fort intéressants, ne serait-ce que d'un point de vue philosophique : ils montrent jusqu'à quel point peut aller l'organisme humain ultra-spécialisé.

Le cas du commun des mortels

Il ne faut cependant pas compter avec les exceptions, et l'on peut hardiment avancer, avec M. d'Ocagne, que « toute simplification apportée dans les procédés du calcul numérique constitue un progrès d'une utilité vraiment générale, en affranchissant les chercheurs de l'ennui et de la fatigue qui accompagnent le calcul, en leur évitant la perte de temps qu'il entraîne, en écartant enfin les chances d'erreurs qu'il comporte ».

En prenant quelques exemples appropriés, dans la résolution d'un problème, un physicien, un statisticien ou un économiste n'est généralement pas bloqué par des difficultés d'ordre théorique ou mathématique : en mettant de côté le cas de certains problèmes très complexes non susceptibles de représentation analytique, que l'on ne peut résoudre par des méthodes classiques, la théorie nécessaire est en effet souvent disponible ; il est arrêté surtout par des calculs inextricables qu'il faudrait des semaines, voire des mois pour mener à bien. Très souvent, une analyse numérique conduit à la résolution de systèmes d'équations que tout mathématicien moyen sait théoriquement résoudre. La marche à suivre est donc bien acquise, mais dès lors que le nombre des inconnues et des équations dépasse le nombre quatre, le découragement provoque bien souvent l'abandon des opérations. Autre situation non moins significative : dans la recherche, on peut être arrêté aussi par une quantité tout à fait considérable de solutions à examiner pour porter son choix sur la solution optimale. Et c'est précisément pourquoi la simplification, voire l'affranchissement du calcul par un moyen artificiel constitue un progrès considérable pour le scientifique, soucieux avant tout d'économiser un temps précieux qui peut être mis à contribution plus intelligemment que dans la pratique des opérations.

Un exemple caractéristique nous est fourni par l'histoire même du nombre π (*pi*), dont on a chassé les décimales depuis un temps immémorial.

Vers 510 de notre ère, le mathématicien indien Âryabhata en donna pour valeur approchée le développement de la fraction : 62 832 / 20 000, c'est-à-dire les 4 décimales bien connues : $\pi \approx 3{,}1416$.

Au VIe siècle, les mathématiciens chinois déterminèrent six décimales, et neuf siècles plus tard, le mathématicien musulman Ghiyat ad dīn Ghamshīd al Kāshī en calcula seize.

En 1719, le Français Fantet de Lagny en donna 127. Et en 1794, le baron Georg von Vega en fournit 136. En 1844, le Viennois C. Burkhardt donna 200 décimales du même nombre, mais la vérité est que les calculs avaient été confiés à Zacharia Dahse, jeune calculateur prodige de seize ans qui mit à peine deux mois pour effectuer les opérations : une prouesse qui relève sans aucun doute du miracle, surtout lorsqu'on songe que plusieurs années de labeur sont nécessaires pour un calculateur humain moyen. La preuve en est que l'Anglais William Shanks, qui réalisera le record absolu du calcul « humain » du nombre π, n'en déterminera les 707 premières décimales qu'au bout de dix-neuf ans ! Les opérations avaient en effet débuté en 1855 et les résultats ne furent publiés qu'en 1874. Et encore Shanks s'était-il trompé à partir de la 528e décimale ! Il est vrai que, pour ces calculs, il lui avait fallu faire appel à plus de mille termes d'une série numérique convergente, avec plusieurs centaines de chiffres à chaque fois, la détermination de chaque terme exigeant deux multiplications et deux divisions à la fois (cf. PRS, 1874, p. 21-22).

Concrétisation d'un vieux rêve intemporel

Calculer π avec seulement quelques centaines de décimales devenait donc dans ces conditions l'œuvre d'une vie humaine tout entière !

S'affranchir pleinement du facteur temps et de tout effort intellectuel dans l'exécution d'un tel calcul, voilà donc bien, d'une certaine manière, la réalisation de ce vieux rêve intemporel de l'être humain, qu'Aristote fit il y a deux mille trois cents ans : « Si chaque instrument, s'était-il pris à rêver, pouvait, par ordre ou par pressentiment, accomplir son œuvre propre, et si (pareils aux statues légendaires de Dédale, ou aux trépieds d'Héphaistos, qui, au dire du poète, pouvaient eux-mêmes entrer dans l'assemblée des dieux), les navettes tissaient d'elles-mêmes et les plectres jouaient de la cithare, alors les maîtres d'œuvre n'auraient nul besoin de manœuvres, ni les maîtres d'esclaves. » Les vrais hommes, ajouta-t-il, abandonneraient alors les tâches viles, si indignes d'eux, pour ne plus se consacrer qu'aux activités de citoyens et à la recherche du savoir et de la sagesse qu'il procure.

Avec plus de deux millénaires d'avance, la remarque du philosophe anticipait ainsi, naturellement sans le savoir, toutes les extraordinaires réalisations technologiques du XXe siècle.

Et de fait, c'est bien dans la civilisation des machines et des automates artificiels contemporains que le rêve d'Aristote a trouvé sa pleine réalisation, au terme d'une évolution de l'activité inventive de l'homme dans son besoin d'action sur son environnement et dans son désir profond de posséder la maîtrise de l'efficacité d'action de processus divers autoguidés. Très lente évolution, faite de tâtonnements, de réflexions, de blocages, de régressions, d'avancées et de recherches les plus diverses, en vue de concevoir et de construire (selon la formule de M.-P. Shutzenberger) « des assemblages d'êtres inanimés, organisés de manière à remplacer l'être humain dans l'exécution d'un ensemble d'opérations définies par l'homme ».

L'ordinateur ou la maîtrise de l'efficacité d'action de processus calculatoires autoguidés

Quant au rêve de Shanks, qui aura été identique à celui d'Aristote (à ceci près que ce dernier aura été confronté au domaine du calcul), il aura trouvé sans aucun doute sa concrétisation dans la réalisation des ordinateurs actuels. Grâce à une avance conceptuelle ayant bénéficié des progrès technologiques les plus récents, on est arrivé en effet à concevoir et à fabriquer des machines capables d'exécuter des tâches de ce type et dotées d'une vitesse, d'une puissance de calcul et d'une capacité de mémoire tout à fait extraordinaires, selon une fiabilité absolue.

Ces machines permettent ainsi de résoudre très simplement et très rapidement tous les problèmes précédents. Ainsi viendraient-elles à bout du calcul d'un déterminant à 7 lignes et 7 colonnes (ou encore de la résolution d'un système de 9 équations linéaires à 9 inconnues) en un laps de temps infiniment plus court que celui que consacrerait à la même tâche de manière continue le plus exercé des calculateurs humains.

Mais la structure calculatoire des ordinateurs permet naturellement de faire beaucoup plus que cela. Ceux-ci sont en effet capables d'exécuter une variété tout à fait considérables de calculs : calculs mathématiques les plus divers (produits ou inversions de matrices, équations ou systèmes algébriques, équations différentielles, équations aux dérivées partielles, etc.) ; calculs techniques (objectifs optiques, terrassements de routes, ossatures métalliques, etc.) ; calculs statistiques (problèmes de comptage, analyses d'enquêtes et de séries, analyses de variances, analyses factorielles, etc.) ; calculs économiques (calcul des tendances, établissement de modèles économiques, etc.). Par des méthodes itératives, utilisant pour base une valeur approchée, ils peuvent améliorer aussi l'approximation d'un résultat de calcul. Et ils peuvent même résoudre des équations trigonométriques, algébriquement insolubles, ou encore des problèmes tels que la détermination de la trajectoire d'un engin autoguidé, qui font intervenir des lois très complexes définies par des tables numériques et dont l'intégration est impossible par des méthodes classiques.

En revenant à l'histoire du nombre π, mais au temps des années d'après-guerre cette fois, le calcul de ses décimales fut ramené à des dimensions plus raisonnables, lorsque le problème de l'automatisation du calcul trouva ses premières solutions satisfaisantes.

En 1947, D.F. Ferguson et J.W. Wrench Jr déterminèrent ainsi 808 décimales de π, en quelques mois de travail, au moyen d'une calculatrice automatique de bureau tout à fait ordinaire.

Avec le développement des gros calculateurs analytiques des années 1940, la performance devint encore plus impressionnante : en 1949, George Reitwiesner calcula 2 037 décimales du nombre π en un peu moins de 70 heures sur le calculateur électronique appelé ENIAC.

Et avec l'apparition, puis grâce à l'avance technologique de plus en plus poussée des ordinateurs électroniques les calculs allèrent non seulement plus vite, mais aussi et surtout beaucoup plus loin. En 1954, S. Nicholson et J. Jeenel en déterminèrent 3 089 décimales sur l'IBM NORC en 12 minutes. En 1958, F. Genuys en calcula 10 000 en 1 heure 40 minutes sur un IBM 704. En 1961, Daniel Shanks (aucun rapport avec le premier du même nom) en calcula ensuite un petit peu plus de 100 000 en 9 heures sur un IBM 7090. Et, record absolu de l'époque, en 1976, J. Guilloud et M. Boyer en déterminèrent un million en un petit peu moins de deux heures sur un CDC 6600.

Actuellement, ce calcul n'est plus guère l'affaire que d'une heure environ pour un million de décimales sur n'importe quel ordinateur individuel de puissance moyenne : on s'en sert d'ailleurs pour tester la vitesse et surtout la fiabilité de ces machines ordinatrices.

Ainsi la chasse aux décimales de π – qui illustre bien les étapes successives de l'histoire du *calcul artificiel,* c'est-à-dire du calcul effectué à l'aide d'un dispositif artificiel créé par l'homme spécialement dans ce but – montre-t-elle à quel point la nécessité de s'affranchir de l'esclavage du *calcul humain* (celui qui s'effectue sans l'intervention d'un machine) a trouvé sa solution la plus complète et la plus efficace dans la réalisation des ordinateurs actuels.

Naturellement, les ordinateurs sont bien plus que de simples « machines à calculer » (si l'on ne s'en tient qu'au sens traditionnel du mot, qui, réducteur, ne désigne que les opérations sur les nombres ou sur les grandeurs). Ils savent certes effectuer toutes sortes d'opérations arithmétiques ou algébriques, mais ils ne correspondent pas, comme on le croit souvent, qu'à des calculettes gigantesques et surdimensionnées. Soulignons que les ordinateurs peuvent faire *ce que ne pourra jamais faire un calculateur humain* : simuler par exemple en temps réel un phénomène complexe. Il suffit, en effet, de décomposer ce phénomène en un grand nombre d'événements élémentaires répétitifs, que l'on peut alors formuler sans difficulté avec des fréquences et des paramètres correspondant à la réalité. En faisant progresser abstraitement, en fonction du temps, le phénomène simulé de la sorte, on peut donc en déduire les lois de comportement de l'ensemble selon un modèle statistique. D'où une sorte d'« expérimentation théorique » à laquelle on ne saurait autrement procéder dans la réalité physique. De telles machines donnent par conséquent la possibilité d'opérer un nombre considérable de mesures, et permettent de dégager plus clairement les relations associant les grandeurs que l'on fait intervenir. Aussi facilitent-elles l'étude des phénomènes envisagés et des lois qui les régissent, et permettent-elles de choisir parmi les modèles enregistrés celui qui paraît le mieux adapté à une situation donnée.

Avec ces machines, on peut donc ainsi faire face à des problèmes dont la complexité est telle que leur résolution exigerait d'un calculateur humain un laps de temps surpassant de très loin la durée moyenne de vie d'un individu.

Ajoutons que les ordinateurs sont aujourd'hui en mesure de résoudre des problèmes allant très au-delà de ces questions, aujourd'hui pour eux tout à fait élémentaires : tri, fusion, gestion, traitement de textes, traitement graphique, traitement de l'image, synthèse de la parole, reconnaissance des formes, et bien plus encore. Quant à leurs applications, elles sont innombrables dans les domaines les plus divers, alors qu'elles furent inimaginables il y a seulement une génération : conceptions assistées par ordinateur, enseignement assisté par ordinateur, traductions automatiques, compositions musicales, aide à la création graphique ou artistique, animation d'images, images de synthèse, commandes de machines-outils, etc.

Bref, *les ordinateurs constituent les machines de traitement automatique de l'information les plus générales qui soient.*

L'ordinateur : produit d'une gigantesque synthèse

Autant dire (puisque c'est bien de leur histoire qu'il s'agit maintenant[1]) que l'apparition des ordinateurs a constitué un événement colossal dans l'histoire de notre civilisation actuelle.

Mais cet événement ne s'est sûrement pas produit sur un simple coup de baguette magique, et ne saurait constituer davantage le fruit des travaux isolés d'un inventeur de génie.

La réalité historique, en tout cas, n'est pas dans ce domaine aussi simple que ce que semble vouloir signifier une expression aussi trompeuse que « l'invention de l'ordinateur », tant prisée par le large public.

Car, en fait d'« invention », il y aura eu ici convergence d'une multitude de démarches séparées et fort anciennes, ainsi que la succession et l'exceptionnelle concentration de plusieurs pouvoirs de réflexion et de leviers de transmission (voir fig. 32.2 A à 32.2 D, p. 596-599).

Et de fait, cette révolution a été marquée d'abord et avant tout par les efforts impérissables d'une cohorte de savants, de philosophes, de visionnaires, d'inventeurs, d'ingénieurs, de mathématiciens, de physiciens et de techniciens venus de tous les pays et de tous les horizons, depuis des temps reculés. Mais elle a été annoncée surtout par la révolution industrielle du XIXe siècle. Elle a été ensuite rendue philosophiquement et intellectuellement envisageable par l'essor du machinisme et le développement de l'automatisme. Puis elle a été rendue théoriquement possible par la grande avance scientifique, due particulièrement aux progrès récents de la logique symbolique et de la science mathématique. Elle est devenue techniquement réalisable grâce à la révolution technologique du XXe siècle. Et elle a été réalisée finalement grâce à l'émergence et au développement de sociétés industrielles, de grande ou de moindre importance, stimulées

1. Compte tenu de la place qui nous est impartie, il ne nous a guère été possible d'inclure des illustrations de tous les appareils, instruments, machines, calculateurs, automates ou ordinateurs dont il est question dans les pages ci-après. Ceux-ci sont d'ailleurs si nombreux qu'il faudrait constituer un véritable album pour répondre au souci de la répartition objective, significative et représentative. Tel n'est pas le but poursuivi, mais nous renvoyons le lecteur intéressé à la Bibliographie, qui lui fournira toutes les orientations voulues quant aux ouvrages qui en donnent les reproductions correspondantes.

Profitons de l'occasion pour exprimer une gratitude toute particulière à Alain Brieux, Jacques Chauvin, I. Bernard Cohen, Erik Lambert, Robert Ligonnière, Maurice Margenstern, René Moreau, Pierre Mounier-Kuhn, François-Henri Raymond, Marco Schutzenberger, Jean-Claude Simon, Gérard Verroust et Remo Vescia, pour toutes leurs précieuses communications personnelles et pour toutes les réflexions, les observations et les remarques pertinentes et constructives dont ils ont bien voulu nous faire profiter lors de l'élaboration de ce chapitre relatif à l'histoire si délicate et si complexe du calcul effectué par des moyens artificiels.

par l'imagination, par le besoin, par l'expérience, par la compétence et aussi par la concurrence, sous des pressions à la fois sociales, économiques, commerciales, scientifiques, voire militaires et politiques, visant durant la Seconde Guerre mondiale à faire barrage à la barbarie nazie et à sauver la démocratie et le monde libre.

Bref, l'apparition des ordinateurs a sans aucun doute constitué la concrétisation d'une multitude de rêves et de besoins en une synthèse gigantesque formée d'une cascade d'inventions et d'innovations, au terme d'une très lente évolution dont les débuts remontent incontestablement à la nuit des temps...

N'allons cependant pas croire que les importantes idées telles qu'elles se succèdent dans l'exposé qui suit ont toujours été formulées en leur temps d'une manière aussi précise qu'ici : elles se seront certes imposées au fil des générations, mais d'une manière diffuse, en ordre totalement dispersé et, pour ainsi dire, sans aucune coordination.

Autre point important, comme le souligne Bertrand Gille : « L'historien est toujours un peu désarmé lorsqu'il se trouve obligé de parler de son temps. Le recul manque terriblement et l'on craint souvent de mal appréhender les événements, de mal mesurer les phénomènes observés, de mal juger les propositions du monde qui nous entoure. »

C'est dire à quelles hésitations nous nous sommes trouvés confrontés pendant plusieurs années avant de publier les propos qui suivent. Et nous nous sommes toujours refusés à le faire tant que les idées correspondantes ne se sont pas trouvées structurées de manière plus satisfaisante que certaines histoires statiques, accumulatrices d'informations, mais non ordonnatrices des données historiques, quoique d'un apport considérable sur le plan informatif et documentaire.

Il est vrai, selon cette paraphrase de la formule d'Henri Poincaré, que l'on fait la science historique avec des pierres ; mais une accumulation de faits historiques n'est pas plus une histoire qu'un tas de pierres n'est une maison (cf. *La science et l'hypothèse*, p. 168).

Mais, à la décharge des histoires traditionnelles de l'informatique, dont les éléments ont été disposés bien souvent sans structure ni classification, il faut convenir qu'elles ne pouvaient, en leur temps, que refléter l'état d'une discipline non encore synthétisée et organisée.

Et en fait, si un tel bilan cohérent – qui n'eût certainement pas été possible il y a seulement deux décennies –, a pu émerger de la sorte, c'est avant tout parce qu'il s'est trouvé justement à une époque de recul, où la grande maturation et la synthèse des multiples concepts impliqués laissent apparaître l'informatique comme une véritable discipline scientifique digne de ce nom...

La lointaine origine du calcul artificiel

L'histoire des ordinateurs a commencé en fait dès la Renaissance européenne, lorsque les astronomes et les mathématiciens eurent à effectuer des calculs rendus plus complexes, plus longs et plus pénibles par l'avancement des mathématiques, des sciences et des techniques.

Autrement dit, dès le début du XVIe siècle, au moment même où les chiffres et le calcul indiens commençaient à supplanter définitivement les chiffres et les tables à jetons du temps des Césars, les savants de l'Europe occidentale ont cherché, sinon à s'affranchir de l'obligation d'effectuer des calculs, du moins à les rendre moins pesants, plus rapides et plus sûrs.

(Malgré toute leur ingéniosité et en dépit de la remarquable simplification qu'ils ont apportée à la pratique des opérations, les méthodes de calcul d'origine indienne se sont en effet révélées nettement insuffisantes pour répondre à ce besoin fondamental. Dans des opérations plus ou moins complexes, il est vrai, ces méthodes sont toujours relativement lentes et deviennent très vite fastidieuses à cause de l'attention réfléchie qu'elles exigent en permanence et de la monotonie des techniques correspondantes. Qui plus est, elles comportent de nombreux risques d'erreurs : erreurs de lecture ou de transcription d'une ligne ou d'une colonne dans une table numérique, qui ne peuvent être éliminées qu'en répétant plusieurs fois les opérations dans un ordre différent.)

Les premiers auxiliaires du calcul humain

Les *instruments arithmétiques* figurent parmi les premiers dispositifs matériels destinés à suppléer le calcul humain. Conçus pour soulager les arithméticiens dans la pratique des calculs élémentaires, ils opéraient directement sur des représentations chiffrées et fournissaient le résultat au bout d'un certain nombre de manipulations relativement simples[1].

Un exemple célèbre est le dispositif inventé en 1617 (puis amélioré sous les formes les plus diverses) par le mathématicien écossais John Napier de Merchiston, mieux connu sous le nom de John Néper (1550-1617). C'est ce que l'on appelle les *réglettes* ou *bâtons* de Néper, qui consistent en une table de multiplication de forme spéciale, dont les différentes colonnes, donnant les multiples successifs de 1 à 9, sont inscrites sur des réglettes mobiles de façon qu'elles puissent être juxtaposées dans l'ordre des chiffres du multiplicande. Les divers produits partiels qui interviennent dans la multiplication se lisent alors horizontalement en face des chiffres du multiplicateur. Économique, fiable et précis, ce système, conçu pour faciliter la pratique des multiplications, connut un grand succès en Europe jusqu'au début du XXe siècle.

Mais évidemment, cet auxiliaire de calcul ne fut pas le seul instrument de ce genre : on en a conçu et construit, depuis, une variété tout à fait considérable, allant de la simple réglette d'addition à des appareils beaucoup plus élaborés facilitant la multiplication, la division et même l'extraction des racines carrées. Parmi ces instruments, citons : la *machine à additionner* de Caze (1720) ; l'*additionneur* de Perrault (1666) ; celui de Kummer

1. On notera donc au passage cette différence fondamentale qui existe entre les appareils de ce genre et les dispositifs antiques de type boulier-compteur ou abaque à colonnes : tandis que ces derniers furent imaginés depuis l'Antiquité pour remédier aux insuffisances des numérations écrites non opératoires d'antan, les instruments dont nous parlons ici furent conçus, eux, pour remédier aux insuffisances du calcul humain exécuté au moyen – et en pleine conscience – des neuf chiffres et du zéro d'origine indienne.

(1847) ; l'*arithmographe* de Troncet (début du XXe siècle) ; l'*arithmographe* de Clabor (1906) ; le *multiplicator* de Samuel Morland (1666) ; l'instrument de Michel Rous (1869), qui consistait en une ingénieuse combinaison d'un boulier chinois et d'une forme cylindrique des bâtons de Néper ; les *bâtons* de Lucas et de Genaille (début du XXe siècle) ; l'*additionneur-multiplicateur* du général Sebert (1918) ; l'ingénieux *multiplicateur-diviseur* de Léon Bollée (1893) ; etc. (voir Références bibliographiques par thèmes).

Le problème véritable de la mécanisation du calcul arithmétique

De tels appareils ne furent cependant pas de véritables « machines à calculer ». Ils facilitaient certes la pratique des opérations, mais ils ne la « mécanisaient » pas au sens strict du mot. Outre le fait qu'ils ne comportaient pas les roues dentées, les engrenages ou les cames d'un véritable mécanisme, ils nécessitaient, en outre, une constante intervention de la part de l'opérateur humain ainsi que son attention réfléchie entre l'inscription des données et la lecture des résultats. Ils constituèrent ainsi de simples extensions matérielles de la pratique du calcul humain au moyen des chiffres.

Réduire à son minimum l'intervention humaine dans la pratique des opérations arithmétiques et trouver un moyen rapide, simple, fiable et précis permettant de faire exécuter ces calculs par des mouvements purement mécaniques : voilà donc en gros en quoi a consisté le véritable problème de la mécanisation du calcul arithmétique, dont la recherche des solutions a conduit à l'invention et à l'essor des calculatrices numériques élémentaires.

Pourquoi l'histoire du calcul mécanique n'a-t-elle pas débuté plus tôt ?

Cette idée qui nous paraît aujourd'hui si évidente, voire insignifiante, ne manquait pourtant pas d'audace et de hardiesse il y a seulement quatre cents ans, en raison de la difficulté de concevoir et à plus forte raison de construire de telles machines.

Remarquons d'abord que la mécanisation du calcul a constitué l'aboutissement d'une très lente évolution, qui a débuté avec les premiers développements des techniques de la mécanique, et donc avec les plus anciennes civilisations de l'Histoire.

Mais, à vrai dire, cette histoire a commencé durant la période allant en gros du VIe siècle av. J.-C. au IIIe siècle de notre ère, lorsque fleurirent en Grèce un certain nombre de grands mécaniciens, parmi lesquels figurent Archytas de Tarente, Archimède, Ctésibios, Philon de Byzance, Héron d'Alexandrie et bien d'autres encore, qui apportèrent des contributions aussi fondamentales que l'usage de roues dentées, d'engrenages, de leviers, etc. Et dans cette histoire, il convient d'accorder une place de tout premier ordre à Aristote (– 384/– 322), le premier à faire de la mécanique une étude théorique, et surtout à Archimède (– 287/– 212), véritable fondateur de la science mécanique, à qui l'on doit notamment la définition du centre de gravité, le principe du levier et du plan incliné, le principe de la flottabilité des corps (qui porte son propre nom), ainsi que des inventions telles que la vis creuse, la vis sans fin, le moufle, la poulie mobile, les machines de guerre, etc.

Le mathématicien Pappus d'Alexandrie (+ IIIe/+ IVe siècle) poursuivra l'œuvre d'Archimède, mais il sera la dernière flamme d'une civilisation déjà éteinte.

La tradition grecque ne se perdit cependant pas. Les Grecs de Byzance furent leurs continuateurs et, dans une certaine mesure, l'une des courroies de transmission des mécaniciens grecs d'Alexandrie avec ceux de l'Europe médiévale. (Parmi eux, figure Athénée qui donna une compilation d'auteurs antérieurs, tel Vitruve, que nous ne connaissons que grâce à lui.)

Mais la tradition grecque fut véhiculée aussi et surtout grâce aux efforts entrepris par les mécaniciens du monde arabo-musulman. Et l'on observera que, là aussi, les Arabes ont assimilé les héritages reçus, fait œuvre de synthèse, apporté des perfectionnements sensibles aux techniques léguées et sont même parvenus quelquefois à innover à leur tour dans ce domaine (voir chapitre 25, p. 218-219).

Et il ne fait aucun doute que les représentants de l'école arabe, formée à partir du IXe siècle, ont joué un rôle important dans la transmission des idées et des techniques de l'école d'Alexandrie aux ingénieurs de l'époque médiévale et de la Renaissance européenne. Parmi ces ingénieurs et ces mécaniciens figurent Villard de Honnecourt, Guy de Vegevanno, Giovanni de Dondi, Konrad Keyser, Errard de Bar-le-Duc, Léonard de Vinci, Francesco di Georgio Martini, Giuliano da Sangallo, Giovanni Fontana, Jean Fernel, Oreste Vanocci, etc., qui, par leurs développements spectaculaires, ont apporté les contributions les plus essentielles aux secteurs de la mécanique, de l'horlogerie et des techniques de précision (cf. A. Feldman et P. Fold ; B. Gille [2] ; C. Singer). Et l'on sait comment l'Europe, en se réveillant, a développé ses propres techniques, et s'est évertuée dès lors à fabriquer des horloges plus perfectionnées les unes que les autres. Au point d'inspirer à Jean Froissart (1337-1410) la composition d'un poème en 1 174 vers, intitulé *Li Orloge Amoureus,* où il chantera notamment ceci[1] (cf. C.-H. Baillie, p. 3) :

> « Car l'orloge est, au vrai considérer,
> Un instrument très-bel et très notable,
> Et c'est aussy plaisant et pourfitable. »

Une question se pose donc désormais : puisque les mécaniciens grecs ont connu et utilisé vis sans fin, engrenages et roues dentées, qu'est-ce qui les avait empêchés de monter une machine à calculer à partir de ces

---

1. Précisons que les premières horloges purement mécaniques actuellement connues en Europe sont : celle fabriquée en 1335 par Guglielmo Zelandino à la chapelle San Gottardo de Milan ; celle élaborée en 1344 par un anonyme à la cathédrale Saint-Paul de Southwark (Angleterre) ; et celle, plus complexe et beaucoup plus minutieuse, construite vers 1364 par Giovanni de Dondi, dans le château de Pavie.

différents composants ? La raison est que si la technique a, certes, été nécessaire, elle n'a sûrement pas été suffisante. Cela est d'autant plus vrai que leur système de numération ne reposait guère sur le principe de position et ne possédait pas de zéro à plus forte raison. Comment construire dans ces conditions, ou même envisager une machine à calculer ? Comment imaginer un totalisateur, par exemple, si l'on n'a pas dans son esprit une conception bien nette du principe de la position des chiffres ? Enfin, même si l'on avait eu l'idée d'associer chaque cylindre à un ordre décimal, à quoi aurait alors servi un dispositif composé de plusieurs cylindres à roues de transmission à des gens ne sachant même pas ce qu'est une numérotation de 0 à 9 ?

Autant dire qu'à défaut du zéro et de la numération de position, le problème de la mécanisation du calcul n'aurait jamais trouvé de solution, si tant est qu'il eût été un jour envisagé.

Pourquoi alors les Européens n'ont-ils pas cherché à résoudre plus tôt ce problème, puisqu'ils ont bien reçu le zéro et la numération positionnelle d'origine indienne dès l'époque des croisades ?

Il y a en fait plusieurs raisons à cela : la première tient aux blocages imposés par la superstition et les contingences mystiques de l'époque ; la deuxième aux règles strictes du corporatisme ; et la troisième au fait que les techniques de la mécanique n'ont atteint, en Europe, leur degré de perfection nécessaire qu'à partir du XVIIe siècle et surtout du XVIIIe, grâce à l'avance de l'horlogerie et de la mécanique théorique.

Aux XVe et XVIe siècles, on vivait encore dans un climat indéfini fait de dogmatisme, de mysticisme et de servilité vis-à-vis des paroles consacrées : un climat entretenu par une Église catholique qui cherchait désespérément à garder la science et la philosophie sous son contrôle et qui ne ménageait aucun effort pour que leur évolution restât strictement soumise à ses propres dogmes, selon des doctrines telles que le péché, l'enfer et le salut de l'âme.

C'était aussi, ne n'oublions pas, le temps des superstitions, de l'inquisition et de la chasse aux sorcières.

Ainsi Galilée fut-il contraint, en 1633, de renoncer solennellement à ses théories révolutionnaires sur le système solaire. Quant au grand Kepler lui-même, alors astronome officiel de l'empereur Rodolphe II, il fut obligé, en 1618, de défendre sa propre mère accusée de sorcellerie par l'Inquisition. Celle-ci, dans son obscurantisme, avait en effet soutenu que sa mère en ayant donné vie à un génie de son envergure n'avait pas pu ne pas avoir eu de commerce avec le diable ! Bien qu'elle ne fût, semble-t-il, jamais torturée, la mère de Kepler mourut peu après sa libération, victime sans doute de cette abominable injustice.

Voilà qui devrait rendre plus vivant le climat d'une époque où l'art du calcul ne semblait appartenir qu'au domaine « sacré et inviolable » des activités cérébrales de l'espèce humaine.

Autant dire que, dans la mentalité caractéristique de l'époque, cet art ne pouvait relever que de l'esprit et donc uniquement de l'essence divine : aussi pouvait-il paraître absurde et sacrilège surtout d'envisager toute perspective de le mécaniser.

Il suffit, pour s'en convaincre, de songer aux difficultés qu'ont éprouvées Galilée en 1593 et Francis Bacon quelque vingt-sept ans plus tard, à faire admettre que « l'emploi des machines n'est pas une action contre la Nature, et que leur création doit être tolérée par les lois divines » (cf. : Galilée, *Le Meccaniche*, 1593 ; Francis Bacon, *Novum Organum,* 1620).

Mais les contingences mystiques ou religieuses ne constituèrent pas en ce temps-là le seul blocage à ce tournant décisif de l'histoire du calcul artificiel. Car, à vrai dire, la tâche relative à la construction d'une machine à calculer ne pouvait être confiée qu'à un horloger adroit, qui connaissait fort bien tous les rouages de la mécanique de précision.

Or, il faut bien remarquer qu'« à cette époque, la cession d'une innovation professionnelle à une autre corporation ainsi que la réalisation de travaux d'une nature étrangère à ceux de sa propre corporation étaient réprimées sévèrement. Dans de nombreux cas, des contraintes pécuniaires, disciplinaires, morales et même physiques ont été exercées à l'encontre d'artisans qui contrevenaient aux règles rigides du corporatisme » (R. Ligonnière).

Et l'on comprend qu'un horloger à qui l'on demandait de construire une calculatrice mécanique eût pu opposer un refus catégorique à ce qui lui paraissait comme une entorse grave aux règles professionnelles de l'époque.

Quant aux Arabes, même s'ils ont profité des découvertes indiennes et fait progresser notablement le domaine de l'arithmétique, tout en bénéficiant de l'acquis des mécaniciens grecs, s'ils n'ont pas songé à mécaniser le calcul, c'est parce que leur technique n'avait pas été suffisante : il leur eût fallu accomplir tous les progrès nécessités par le développement de la mécanique théorique et par l'essor de la mécanique horlogère et des techniques de haute précision.

Dernière raison des premiers blocages à l'avance du calcul mécanique : une idée, aussi ingénieuse qu'elle soit, ne peut se développer que si elle répond fondamentalement à une demande sociale ; bon nombre de découvertes scientifiques, on le sait, n'ont souvent abouti à rien car la société les avait refusées par manque total de nécessité.

NAISSANCE ET DÉVELOPPEMENT DE LA MÉCANIQUE THÉORIQUE

En se plaçant sur un autre plan, si les Grecs et les Arabes ont certes apporté des contributions fondamentales aux techniques de la mécanique, leur apport a été faible, en revanche, dans le domaine de la mécanique théorique. Ainsi les principes de la dynamique sont-ils toujours demeurés régis par les *Questions mécaniques* et la *Physique* d'Aristote, dont les livres et les théories sont truffés d'erreurs d'interprétation. Et il faut noter que la mécanique aristotélicienne a dominé aussi la conception des choses en Europe au moins jusqu'au XVe siècle.

En fait, ce n'est qu'à partir du XVIe siècle que l'on assiste aux premiers progrès significatifs dans ce domaine. Le mathématicien italien Tartaglia (1499-1557) se met à étudier la mécanique et la balistique, tandis que Gerolamo Cardano (1501-1576) publie un traité de mécanique et invente le *joint* portant son nom. De son côté, Giambattista Benedetti (1530-1590) détermine l'*équilibre des moments*, pendant que le mathématicien et physicien flamand Simon Stévin

(1548-1620) publie des travaux sur l'*équilibre des poids,* sur l'*équilibre des corps sur un plan incliné,* sur l'hydrostatique, etc.

Mais l'étape décisive fut marquée par l'apport capital de Galilée (1564-1642), qui établit les lois fondamentales de la *dynamique.* Parmi ses contributions, celui-ci découvrit en 1603 la loi de la *chute des corps,* dont il tira la notion de *force* et le *principe d'inertie* ; et il transposa à la dynamique le principe du *parallélogramme des forces* (découvert par Stévin dans le domaine de la statique). « Si le plan est limité, expliquera-t-il dans son œuvre en 1638 à propos du principe de la combinaison des mouvements ou de l'indépendance des effets de force, le solide, soumis à la gravité, ajoutera à son premier mouvement uniforme et indestructible la propension qu'il a vers le bas du fait de sa gravité » ; autrement dit, la trajectoire est parabolique : ce sera l'une des lois du *mouvement parabolique des projectiles.*

Le relais fut pris ensuite par le mathématicien et physicien hollandais Christiaan Huygens (1629-1695), à qui l'on doit notamment la découverte de l'existence de la *force centrifuge,* la définition du *moment d'inertie* et la théorie du *mouvement pendulaire,* qu'il appliqua lui-même dès 1659 à l'horlogerie de précision (dans laquelle il introduisit notamment le *ressort en spirale* et l'*échappement à ancre*). Il apporta en outre une démonstration au théorème des *forces vives* et donna une solution au problème du choc avec conservation de la force vive (1669).

En 1671, l'astronome et mathématicien anglais Robert Hooke (1635-1703) découvrit la loi de l'*élasticité des corps,* qui porte son nom, et pressentit (sans pouvoir en tirer parti en raison de l'insuffisance de ses connaissances mathématiques) la réalité de la *force d'attraction.* A la même époque les savants anglais John Wallis (1616-1703) et Christopher Wren (1632-1723) s'intéressèrent aux *lois de l'hydrostatique* à la suite de Stévin. Quant à l'Italien Giovanni Alfonso Borelli (1608-1679), il s'efforça d'appliquer les lois de la dynamique de Galilée au mouvement des astres.

L'œuvre de Galilée fut parachevée par le mathématicien anglais Isaac Newton (1642-1727), qui affirma, entre autres, qu'une masse ne peut exercer une force sur une autre sans subir elle-même une force égale de sens opposé : ce fut alors la découverte de la loi de l'*égalité entre l'action et la réaction.* Et en dehors des techniques infinitésimales auxquelles il apporta sa propre contribution, il formula pour la première fois la loi de la *gravitation universelle,* étendant ainsi les lois de la mécanique à l'astronomie.

Par la suite, le mathématicien suisse Jacques Bernoulli (1654-1705) et son frère Jean (1667-1748) firent une extension considérable des applications de la mécanique théorique à la résolution des problèmes de la dynamique. De son côté, Pierre Varignon (1654-1722) établit le *théorème des moments.*

Une contribution importante fut apportée également par le mathématicien suisse Leonhard Euler (1707-1783), qui, dans son *Traité complet de mécanique,* appliqua l'analyse à la *science du mouvement.* Citons aussi l'autre mathématicien suisse Daniel Bernoulli (1700-1782), qui appliqua la même discipline à la *mécanique des fluides.* Mentionnons enfin le mathématicien français Jean Le Rond d'Alembert (1717-1783), qui publia en 1743 un *Traité de dynamique,* où il montra que les questions de dynamique se ramènent à des questions de statique.

Un travail de systématisation s'imposera cependant après toutes ces découvertes réalisées et présentées en ordre dispersé avant les travaux de D'Alembert. Celui-ci donnera alors de la mécanique classique la définition générale suivante : « La *quantité* considérée dans les corps en tant que mobiles, ou tendant à se mouvoir, est l'objet de la *mécanique.* La mécanique a deux branches : la *statique* et la *dynamique.* La statique a pour objet la quantité considérée dans les corps en équilibre, et tendant seulement à se mouvoir. La dynamique a pour objet la quantité considérée comme dans les corps actuellement mus » (*Explications générales des connaissances humaines*).

Mais la contribution fondamentale sera apportée par le mathématicien français Louis de Lagrange (1736-1813), qui, non seulement, énoncera des théorèmes comme celui des *vitesses virtuelles*, mais fera de toutes les inventions précédentes une harmonieuse synthèse, ainsi résumée dans sa *Mécanique analytique* (1788) : « Je me suis proposé de réduire la théorie [de la mécanique] et l'art de résoudre les problèmes qui s'y rapportent, à des formules générales, dont le simple développement donne toutes les équations nécessaires pour la résolution de chaque problème... Cet ouvrage aura une autre utilité ; il réunira et présentera sous un même point de vue les différents principes trouvés jusqu'ici pour faciliter la solution des questions de mécanique, en montrera la liaison et la dépendance mutuelle, et mettra à portée de juger de leur justesse et de leur étendue. »

Et c'est ainsi que la mécanique théorique, constituée alors en un magnifique corps de doctrine, a pu dès lors connaître son extraordinaire élan ultérieur (cf. Bouveresse, Itard et Sallé ; T. de Galiana).

Certes, les progrès des techniques de la mécanique ont ouvert la voie au développement de la mécanisation du calcul. Mais on mesure bien dans ces conditions jusqu'à quel point l'avance de la mécanique théorique a permis l'étude scientifique de ces divers assemblages mécaniques, que l'homme, confronté aux difficultés du calcul, a conçus et organisés au fil des siècles de manière à les substituer à son propre esprit dans l'exécution d'opérations mathématiques par la mise en œuvre de procédures bien définies dans le cadre d'activités caractérisées.

La première machine à calculer de l'histoire

Le premier pas a été franchi dans ce sens en 1623, lorsque l'astronome allemand Wilhelm Schickard (1592-1635) construisit son *Horloge à calcul* (selon le nom même qu'il attribua à son invention). C'était une machine capable d'exécuter les quatre opérations, selon un moyen purement mécanique pour l'addition et la soustraction, et suivant plusieurs interventions de l'opérateur (entre l'inscription des données et la lecture du résultat) pour la multiplication et la division, au moyen de cylindres conçus sur le principe des réglettes de Néper (voir p. 489).

Le 20 septembre 1623, Schickard adressa une lettre à son ami Kepler : « Ce que tu fais par le calcul manuel, écrit l'inventeur, je l'ai récemment tenté mécaniquement... J'ai construit une machine qui compte immédiatement et automatiquement les nombres donnés, additionne, soustrait, multiplie et divise... Tu éclateras certainement de joie lorsque tu verras comment elle reporte les retenues des dizaines ou des centaines, ou bien les déduit dans les soustractions... » Alors très préoccupé par l'établissement de ses tables décrivant les mouvements des planètes, l'astronome, il est vrai, était bien placé pour apprécier une invention comme celle-ci destinée à suppléer des calculs qui n'étaient exécutés par lui sans autre outil que les logarithmes inventés par Néper.

Cette invention n'a cependant exercé aucune influence, ni sur le public (pour qui le calcul mécanique est longtemps resté une simple vue de l'esprit) ni même sur les réalisations ultérieures, le modèle unique de la machine de Schickard ayant été détruit par un incendie survenu malencontreusement le 22 février 1624.

Cet incendie ne fut peut-être pas involontaire : un esprit malveillant, prisonnier sans doute d'un certain obscurantisme de l'époque, l'avait probablement provoqué afin de détruire une telle machine, qui, dotée de la faculté de calculer à la manière de l'« esprit sacré et inviolable » de l'être humain, avait dû lui sembler provenir des entrailles de l'enfer !

La machine arithmétique de Pascal

En fait, la possibilité de mécaniser le calcul arithmétique fut montrée pour la première fois au public en 1642, lorsque le mathématicien et philosophe français Blaise Pascal (1623-1662), alors âgé de dix-neuf ans seulement et ignorant totalement les travaux de son prédécesseur, construisit sa fameuse *Pascaline.* Il l'inventa dans le but de simplifier les interminables calculs administratifs qu'il effectuait au moyen de jetons sur l'abaque à colonnes pour le compte de son père, alors surintendant de la généralité de Rouen.

La principale caractéristique de la machine de Pascal résidait dans son report automatique, dont le principe était fondé sur un dispositif mécanique composé d'une série de roues dentées, numérotées de 0 à 9, et reliées de telle manière que la rotation complète de l'une d'elles faisait avancer la suivante d'un cran.

Il s'agissait essentiellement d'une machine à additionner munie d'un *mécanisme irréversible.* Mais celle-ci pouvait tout de même exécuter les soustractions grâce à un ingénieux dispositif mettant en jeu la *méthode des compléments arithmétiques.*

Les débuts d'une ère totalement nouvelle

Pascal apportera lui-même cette réflexion dégageant une idée essentielle qui est toujours d'actualité au sujet de n'importe quelle calculatrice, arithmétique ou ordinatrice : « La *machine arithmétique* fait des effets qui approchent plus de la pensée que tout ce que font les animaux ; mais elle ne fait rien qui puisse faire dire qu'elle a de la volonté, comme les animaux » (*Pensées,* 486).

« Mon frère, dira à son tour Mme Périer (Gilberte Pascal), a inventé cette machine arithmétique qui permet non seulement de faire des calculs sans l'aide de jetons d'aucune sorte, mais de les faire sans connaître aucune règle de l'arithmétique, et cela avec une sûreté infaillible. Cet instrument fut considéré comme une merveille pour avoir réduit au rang de machine une science, qui a sa source dans l'esprit, en trouvant le moyen d'accomplir toutes les opérations avec une sûreté absolue, sans besoin de raisonnements. »

Dans son enthousiasme, la sœur de Pascal avait, certes, quelque peu exagéré à propos de la « sûreté infaillible » de la Pascaline, car celle-ci, en réalité, fut loin de fonctionner en toute sécurité : son organe essentiel, le *sautoir*, engrenait, en effet, assez mal sur les barreaux de la lanterne qu'il était censé gouverner ; quant au *report automatique*, il n'était pas plus fiable, puisque le mécanisme correspondant se bloquait dès lors que plusieurs roues indiquaient simultanément le chiffre 9.

Il n'empêche que la réussite de Pascal a ouvert la voie à de nouvelles recherches. (Ajoutons, ce qui n'est pas négligeable, que la Pascaline a fait franchir par la même occasion la première étape importante à l'histoire commerciale des machines à calculer, puisque plusieurs exemplaires – au moins une dizaine, sans doute une cinquantaine – en ont été produits et commercialisés en Europe.)

La preuve en est qu'une multitude d'inventeurs de plusieurs pays s'étaient lancés à sa suite dès la génération suivante pour construire des additionneuses semblables. Parmi eux, citons : l'Anglais Samuel Morland (1664) ; l'Italien Tito Livio Buratini (1670) ; le Français René Grillet de Roven (1678) ; le Français De Lépine (1724-1725) ; le Français Hillerin de Boistissandeau (1730) ; l'Allemand Christian Ludwig von Gersten (1735) ; le Français Pereire (1750) ; l'Anglais lord Stanhope (1780) ; etc.

(Ces idées furent cependant très inégales : les uns apportèrent quelques perfectionnements aux mécanismes de base, tandis que les autres n'aboutirent qu'à des machines de conception très inférieure à la Pascaline.)

Toujours est-il que, dans sa lettre, la sœur de Pascal avait entrevu d'une manière assez perspicace l'ère qui venait tout juste d'être inaugurée par son frère. Une ère qui venait ainsi couronner deux mille ans d'évolution dans le domaine de la technique mécanique, et qui venait rompre par la même occasion avec une longue période où l'ignorance, la superstition et le mysticisme avaient empêché l'être humain de songer à confier certaines opérations de l'esprit aux structures physiques d'un assemblage d'éléments mécaniques en vue de l'obtention des résultats correspondants.

Le poète Charles Vion Dalibray (1600 ?-1665 ?) saluera d'ailleurs tout l'exploit de Pascal en composant ce joli sonnet en l'honneur de son ami :

Cher Pascal, qui comprend par un subtil savoir
Ce que la mécanique a de plus admirable,
Et de qui l'artifice aujourd'hui nous fait voir
D'un merveilleux génie une preuve durable,

Après ton grand esprit, que sert-il d'en avoir ?
Compter fut l'action d'un homme raisonnable,
Et voilà, maintenant ton art inimitable,
Aux esprits les plus lourds en donne le pouvoir.

Il ne faut pour cet art ni raison ni mémoire,
Par toi chacun l'exerce et sans peine et sans gloire,
Puisque chacun t'en doit et la gloire et l'effet.

Ton esprit est semblable à cette âme seconde
Qui va s'insinuant par tout dedans le monde
Et préside et supplée à tout ce qui s'y fait.

(in : J. MESNARD, *Pascal, l'Homme et l'Œuvre*, Paris, 1951, t. II, p. 692).

Bref, avec Pascal fut inaugurée en public une ère caractérisée bientôt par l'essor d'une variété tout à fait considérable de machines capables non seulement de soulager l'homme du pesant fardeau du calcul fastidieux et des opérations répétitives, mais de le remplacer aussi en toute fiabilité dans l'exécution d'une catégorie de plus en plus vaste de tâches intellectuelles, avec cette possibilité donnée à leurs usagers de s'en servir sans pour autant maîtriser, ni même connaître les lois physiques et mathématiques qui en régissent le fonctionnement.

Les premiers totalisateurs de l'histoire

La *Machine arithmétique* de Pascal et l'*Horloge à calcul* de Schickard n'ont cependant pas été les premiers dispositifs mécaniques faisant intervenir des chiffres directement : elles ont été précédées par les *podomètres* (du grec *podion,* qui signifie « pied », et de *mêtron,* « mesure »), apparus en Europe dès le début du XVIe siècle.

C'est l'appareil qu'Errard de Bar-le-Duc définira en 1584 comme le « Nouueau Instrument géographique, lequel attaché à la selle du cheual desmontre vrayement par le pas d'iceluy la longueur du chemin que l'on aura faict » ou encore « par lequel & par le pas de l'homme on poura exactement mesurer le circuy de quelque place ou la longueur du chemin faict » (Errard de Bar-le-Duc, Avis au Lecteur, articles 37-38).

Le plus ancien instrument connu de ce type date de 1525 ; il avait appartenu à l'artisan français Jean Fernel.

Ces petits instruments mécaniques en forme de montre permettaient en effet de compter artificiellement les pas franchis, et donc la distance parcourue par un piéton ou par un cheval.

Ils comportaient un système de roues dentées et de pignons commandés par une sorte de levier entraînant successivement des aiguilles autour de quatre cadrans respectivement associés aux unités, aux dizaines, aux centaines et aux milliers (cf. Errard de Bar-le-Duc).

Un piéton, par exemple, attachait cet appareil à gauche de la ceinture et reliait le levier correspondant par un cordon attaché à son genou droit. A chaque pas qu'il franchissait, l'aiguille du cadran inférieur marquait une unité. Puis au moment où elle passait du 9 au 0, l'aiguille du cadran des dizaines passait automatiquement d'une graduation à la suivante. Quand cette deuxième aiguille passait à son tour de 90 à 0, celle des centaines passait d'une graduation à la suivante, et ainsi de suite.

Permettant ainsi un report mécanique des unités de chaque ordre, les podomètres constituèrent donc bien les véritables ancêtres des machines de Schickard et de Pascal, ainsi que de nos actuels *compteurs*, domestiques ou industriels, et de nos *compte-tours, taximètres, appareils à billets, appareils oblitérateurs*, etc., correspondant ainsi aux premiers totalisateurs purement mécaniques de l'histoire.

Mais cela n'enlève rien au mérite de Schickard et de Pascal, car ces appareils ne furent pas de vraies « machines à calculer », ceux-ci ne sachant exécuter qu'une seule opération, très rudimentaire, à savoir le passage d'une unité à la suivante. En un mot, les podomètres furent en quelque sorte à l'histoire du calcul artificiel élémentaire ce que les diverses techniques primitives de comptage et de dénombrement avaient été à l'histoire du calcul arithmétique humain.

L'extension du calcul mécanique aux quatre opérations arithmétiques

Les possibilités de la Pascaline et de toutes ses petites sœurs furent cependant très limitées : la multiplication et la division y étaient certes théoriquement possibles, mais à défaut de mécanismes bien adaptés, la procédure nécessaire à leur exécution exigeait de nombreuses interventions humaines et des efforts tout à fait considérables de la part de l'opérateur.

Le problème fut abordé pour la première fois par le mathématicien et philosophe allemand Gottfried Wilhelm Leibniz, qui, dans l'ignorance de la réalisation de Schickard et sans rien emprunter aux concepts de Pascal, élabora des mécanismes permettant d'exécuter ces opérations par additions ou par soustractions successives.

La machine de Leibniz

Conçue en 1673, mais construite seulement en 1694, la machine de Leibniz fut donc la première calculatrice capable d'exécuter toutes les opérations arithmétiques élémentaires par des moyens purement mécaniques.

Mais, contrairement à la machine de Pascal, sa calculatrice ne fut jamais commercialisée, même si un deuxième exemplaire fut produit en 1704. Ajoutons que la machine de Leibniz n'a jamais fonctionné convenablement : ses mécanismes, beaucoup plus complexes que ceux de la Pascaline, se heurtèrent à de grandes difficultés de fabrication, la mécanique horlogère n'ayant pas encore atteint à l'époque le haut degré de précision nécessaire au montage d'une calculatrice fiable et robuste.

Il n'empêche que c'est bien Leibniz, plus encore que Pascal, qui a ouvert la voie au développement du calcul mécanique. Sur le plan technique, il a en effet apporté un nombre important de concepts nouveaux : un *inscripteur* permettant de poser un nombre avant de l'additionner ; un *viseur de pose* ; un *entraîneur* ; un *chariot* permettant l'addition et la soustraction en position fixe, la multiplication en position mobile orientée vers la gauche, et la division en position mobile orientée vers la droite ; un système de *tambours à dents de longueurs croissantes* coulissant chacun sur son axe et remplaçant dix rouages indépendants ; etc.

Bref, la contribution de Leibniz a été considérable, puisqu'elle s'est trouvée à l'origine de toute une lignée continue d'inventions qui se sont prolongées jusqu'au début du XXe siècle.

Dès la génération suivante, plusieurs inventeurs s'écartant alors peu à peu des idées de Pascal se lancèrent d'ailleurs à sa suite, apportant des améliorations de détail plus ou moins importantes à son œuvre. Citons à ce propos : la machine de l'Italien Giovanni Poleni, élaborée en 1709 et marquée par l'invention de la roue dentée à nombre variable de dents ; celle de l'Autrichien Antonius Braun (1727) ; celle de l'Allemand Jacob Leupold, conçue par lui-même en 1727, puis améliorée en 1728 par Antonius Braun et construite en 1750 par un mécanicien du nom de

Vayringe ; la machine de l'Allemand Philipp Matthaüs Hahn, élaborée en 1770, puis construite en série de 1774 à 1820 ; les deux calculatrices de l'Anglais lord Stanhope (1775-1777) ; la machine de l'Allemand Johann Hellfried Müller (1782-1784) ; etc.

La révolution industrielle et la mécanisation du calcul

Malgré toutes ces tentatives, les machines à calculer ne s'imposèrent cependant pas avant le début du XIXe siècle comme produit commercialisable. Ne répondant pas à un besoin réel, elles étaient en effet restées confinées dans les mains de mathématiciens et d'inventeurs, et n'avaient jamais constitué que de simples objets de curiosité.

Mais le XIXe siècle fut le témoin d'un grand bouleversement, la révolution industrielle avec l'essor du commerce et le développement du mouvement bancaire international faisant prendre désormais aux événements une tout autre tournure.

Avec le besoin sans cesse grandissant d'un développement du calcul mécanique, la nature des utilisateurs de machines à calculer changea en effet de manière radicale, passant dès lors d'une élite scientifique à un groupe social de plus en plus vaste et hétérogène, comprenant notamment les commis-calculateurs (en anglais, *computers*) chargés d'effectuer divers calculs pour le compte de grandes firmes commerciales.

On souhaita donc à l'époque qu'une solution mécanique fût trouvée d'urgence pour que les calculs se fissent le plus rapidement et le plus efficacement possible, avec un maximum de fiabilité et selon un coût minimal.

Dans cette course, la recherche s'orienta alors dans deux directions : l'une visant, par un perfectionnement de plus en plus poussé des mécanismes, à une grande simplicité d'usage, ainsi qu'à une sécurité optimale dans le déroulement des opérations ; et l'autre, cherchant à automatiser au maximum les réflexes de l'opérateur humain, premièrement dans le but de réduire à son minimum le temps de traitement des opérations et deuxièmement pour mettre l'emploi des machines à calculer à la portée de tous.

L'arithmomètre de Thomas : première calculatrice commercialisée à grande échelle

Après Leibniz, la première étape importante fut franchie par l'ingénieur et industriel français Charles-Xavier Thomas de Colmar, directeur d'une compagnie d'assurances établie à Paris, qui inventa en 1820 une calculatrice à laquelle il donna le nom d'*arithmomètre*.

Réalisée dès 1822, puis sans cesse perfectionnée durant les décennies qui suivirent, cette calculatrice fut de même conception que celle de Leibniz, à ceci près que les tambours à dents de longueurs croissantes furent rendus fixes au lieu de glisser longitudinalement, le pignon engrenant sur chacun d'eux ayant, en effet, été rendu mobile autour de son axe.

Ce faisant, l'inventeur mit au point : un système de *report automatique* fonctionnant dans tous les cas (à la différence de la machine de Leibniz, où ce système ne fonctionnait qu'au premier niveau) ; un *effaceur*, dispositif permettant la remise à zéro de toutes les roues du totalisateur ; un *bloqueur* en forme de croix de Malte, servant à immobiliser les diverses pièces du mécanisme lorsqu'elles atteignent la position choisie comme point d'arrêt ; etc.

Bref, en mettant en œuvre, sous une forme très améliorée, certains dispositifs déjà connus et en les combinant à de nouveaux organes, Thomas de Colmar avait donc ainsi réuni tous les éléments nécessaires pour créer une machine à calculer à la fois robuste, pratique et fonctionnant en toute sécurité.

Et de fait, son *arithmomètre* a marqué une étape décisive dans l'histoire du calcul mécanique, puisqu'il a constitué la première machine à calculer commercialisée à grande échelle dans le monde.

Le succès de cette machine fut d'ailleurs si considérable qu'il inspira une multitude d'inventeurs, et que bon nombre d'industriels, français, allemands, anglais, américains et autres, la commercialisèrent à leur propre compte, sous des noms très différents (*Saxonia*, *Archimedes*, *Unitas*, *TIM* [= *Time Is Money*], etc.), en la reproduisant, soit sous sa forme originale, soit encore sous un aspect légèrement différent.

Les machines d'Odhner et de Baldwin

Dès la deuxième moitié du XIXe siècle, cette machine fut pourtant concurrencée par au moins deux autres calculatrices.

La première d'entre elles fut inventée et construite en 1875 par l'Américain Frank S. Baldwin, véritable pionnier de l'industrie des machines à calculer aux États-Unis.

La deuxième, quant à elle, fut conçue en 1878 par l'ingénieur et industriel suédois Willgott T. Odhner, établi à Saint-Pétersbourg en Russie. Produite massivement et commercialisée sous licence par diverses firmes européennes et américaines, sous différentes appellations (*Original-Odhner*, *Brunsviga*, *Triumphator*, *Marchant*, *Rapide*, *Dactyle*, *Britannic*, *Arrow*, *Éclair*, *Vaucanson*, etc.), celle-ci connut dès les années 1880 un retentissement mondial jusqu'au milieu du XXe siècle.

Autres réalisations dans le domaine du calcul mécanique

Parmi les plus remarquables réalisations de cette époque, il convient d'accorder une place toute particulière à l'arithmomètre conçu en 1841 par le Français Maurel et mis au point en 1849 par son compatriote Jayet (machine à laquelle l'usage donnera, par contraction, le nom d'*arithmaurel*). Les deux inventeurs reprirent en effet le système de Thomas en l'améliorant très sensiblement, au point d'en faire, suivant de véritables mécanismes d'horlogerie, l'une des machines les mieux marquées au coin de l'esprit inventif, l'*arithmaurel* allant jusqu'à exécuter, en quelques secondes à peine, des multiplications dont le résultat pouvait atteindre 100 millions moins une unité, et des divisions de nombres de la même importance portant sur des diviseurs inférieurs à 10 000. Réalisé par Winnerl, l'un des meilleurs constructeurs de chronomètres de marine de son temps, le mécanisme de transmission de cette machine fut cependant complexe, fragile et très délicat. D'où un prix de revient très élevé qui en empêcha la commercialisation (cf. L. Jacob ; M. d'Ocagne).

Mentionnons également la non moins remarquable réalisation de l'inventeur américain Joseph Edmonson (1881), qui réalisa une sorte d'adaptation circulaire du principe de la calculatrice de Thomas de Colmar.

Notons au passage que l'usage des machines précédentes, de l'arithmomètre de Thomas à celui de Maurel, et des machines d'Odhner à celles de Baldwin et d'Edmonson, ne s'était pas limité aux seules pratiques de la multiplication et de la division : en particulier grâce à un théorème sur la suite des nombres impairs qui permet de ramener l'extraction de la racine carrée à une série de soustractions, elles se prêtèrent toutes à une pratique très aisée de cette opération.

Signalons aussi, avec M. d'Ocagne, la curieuse machine inventée en 1871 par l'Américain George B. Grant, qui « présente des dispositions très originales. Elle se compose essentiellement d'une *série de crémaillères parallèles* engrenant avec les roues liées aux *tambours chiffrés*. Ces crémaillères sont solidaires d'un *chariot* qui, actionné par deux bielles, peut glisser sur deux barres de bâti où il effectue un mouvement d'aller et retour lorsque la *manivelle motrice* fait un tour complet. Des *doigts verticaux*, mobiles dans des rainures dont le bord est chiffré de 0 à 9, permettent de faire saillir ces crémaillères de 0, 1, 2, ... ou 9 dents. Lorsque le chariot est porté en avant, les crémaillères agissent sur les roues à dix dents des tambours chiffrés ; elles abandonnent leur contact pendant le mouvement de retour, grâce à une *came* qui vient alors soulever la partie du bâti qui porte ces roues. C'est d'ailleurs pendant ce mouvement de retour qu'a lieu, successivement pour les divers ordres décimaux, le report des retenues. La machine ne se prête cependant pas à l'exécution des opérations soustractives qui doivent dès lors être effectuées par addition des nombres complémentaires. Une manivelle, qu'on aperçoit à l'extrémité de l'arbre qui porte les tambours chiffrés, commande l'*effaceur* destiné à ramener tous ces tambours à zéro ».

Mentionnons enfin la calculatrice de Tchebychef (1882), qui comprenait notamment un *dispositif de report des dizaines par trains épicycloïdaux*, ainsi qu'un organe permettant de décaler automatiquement le chariot pendant la multiplication, et dont les mécanismes rendaient l'exécution de cette opération presque entièrement automatique.

Une innovation technique importante : le clavier numérique

Mais pour satisfaisantes qu'elles fussent, ces inventions demeurèrent encore très insuffisantes, surtout en ce qui concerne la vitesse d'exécution des calculs. Car ces machines ne permettaient quasiment pas d'opérer plus vite qu'un calculateur humain d'habileté moyenne.

Cette performance relativement médiocre était due principalement à la nature même du mode d'entrée des données, qui réclamait encore beaucoup d'attention de la part de l'opérateur : il fallait en effet inscrire ces données en déplaçant un curseur ou un doigt de manœuvre dans une rainure rectiligne ou curviligne ; ce qui, pour chaque chiffre considéré, nécessitait l'usage d'au moins deux doigts.

Dans cette course post-industrielle à l'efficacité, on chercha donc à réduire justement l'inscription de ces données ainsi que la commande des opérations à de simples réflexes de la part de l'usager.

Et rien ne put paraître aussi simple, aussi précis, aussi efficace et aussi rapide que l'usage du *clavier numérique* : pour entrer chacun des chiffres envisagés, il suffirait désormais d'appuyer d'un simple doigt la touche appropriée ; une touche qui, aussitôt enfoncée, devrait revenir automatiquement à sa position initiale grâce à un mécanisme de rappel.

Ce progrès décisif fut accompli au milieu du XIXe siècle, vraisemblablement sous l'influence du développement des machines à écrire, dont on trouvera un résumé de l'histoire dans l'encadré ci-après (cf. G. Tilghman Richards ; T. de Galiana) :

HISTOIRE DE LA MACHINE A ÉCRIRE

1660. L'Irlandais William Petty invente un dispositif muni de deux plumes. Mais il ne s'agit alors que d'une aide manuelle à l'écriture.

1714. Cette année-là, la reine Anne d'Angleterre accorde un brevet à l'ingénieur anglais Henry Mill (1683-1771) pour l'invention d'un « dispositif capable d'imprimer des lettres isolées et suivies... assez nettes et précises pour que l'on puisse les confondre avec celles de l'imprimerie ». C'est le premier projet de « machine à écrire » digne de ce nom. Mais le projet ne verra jamais le jour.

1829. L'Américain William A. Burt (1792-1858) invente son *Typographer,* dont les caractères d'écriture sont groupés sur une roulette ; mais ce dispositif présente le défaut majeur d'écrire beaucoup moins vite qu'à la main (inconvénient que posséderont bon nombre des machines qui verront le jour à cette époque).

1833. Le Français Xavier Progin construit sa *Machine kryptographique,* circulaire et à barres porteuses de caractères ; celle-ci ne sera cependant jamais commercialisée.

1837. L'Italien Guiseppe Ravizza construit son *Cembalo Scrivano,* qui comporte une frappe montante suivant un encrage par ruban (1830).

1837. Appareil à écrire du Français Bidet.

1838. Machine à écrire du baron von Drais de Sauerbrun, qui comprend 16 touches carrées.

1839. *Machine tachygraphique* du Français Louis Jérôme Perrot.

1840. *Compositeur universel* de Baillet Sondalo et Coré de Paris.

1840. Appareil à écrire d'Alexander Bain et Thomas Wright, destiné à la composition du morse pour les envois télégraphiques.

1843. *Chirographer* de l'Américain Charles Thuber, dont la frappe est déjà radiale, mais à l'action très lente.

1843. *Raphigraphe* de Pierre Foucault, enseignant à l'Institut des aveugles de Paris, dont la machine est destinée aux non-voyants.

1850. *Clavier imprimeur* de Pierre Foucault.

1852. *Mechanical Typographer* de l'Américain John M. Jones de l'État de New York.

1857. *Printing Machine* du physicien américain Samuel W. Francis de New York, munie d'un clavier semblable à celui d'un piano.

1866-1867. Aidé par ses amis Carlos Glidden et Samuel Soulé, l'imprimeur américain Christopher Latham Sholes (1819-1890), conçoit son *Literary Piano.* Il s'agit d'une machine à écrire munie de barres porte-type indépendantes, présentant pour la première fois un caractère pratique. Mais, à cause de certaines difficultés techniques, la machine ne sera fabriquée qu'en 1871. Inconvénient majeur de cette première machine : les barres n'étant pas munies d'un ressort de rappel, celle-ci retombent lentement sous l'impulsion de leur propre poids, ce qui a pour effet, dès que la vitesse de frappe augmente de peu, de provoquer un heurt de la barre ascendante avec celle précédemment utilisée, lors du passage de chacune. Mais Sholes y remédiera un petit peu plus tard par l'introduction des dispositifs appropriés. Notons aussi qu'initialement, dans la machine de Sholes et Glidden, les touches avaient été disposées strictement dans l'ordre alphabétique. Mais Sholes, étudiant alors les combinaisons de lettres les plus fréquemment employées dans les mots de la langue anglaise, opérera par la suite un autre arrangement en éloignant dans le clavier de sa machine les lettres qui reviennent le plus souvent dans les mots de l'usage courant. Ce sera alors la naissance de la première machine à écrire à *clavier universel.*

1873. Malgré le scepticisme de l'un de ses dirigeants (qui ne verra guère l'intérêt de machines destinées à remplacer l'homme dans des tâches où celui-ci se tire fort bien), la société Remington, alors spécialisée dans la vente et la production d'armes, de matériel agricole et de machines à coudre, s'intéresse à la machine de Sholes et Glidden. Celle-ci sera alors construite en série dès 1873, en étant montée sur un bâti de machine à coudre, avec une pédale assurant le retour du chariot en tête de ligne. Baptisée alors *Remington, Model I,* ce sera alors la première machine à écrire commercialisée aux États-Unis (précédée de peu par celle du Danois Malling Hansen, mise, semble-t-il, sur le marché européen à partir de 1870).

1878. Le premier modèle de la machine de Sholes et Glidden n'écrivait qu'en majuscules ; de plus, du fait que la frappe était faite par-dessus le rouleau, la lecture du texte imprimé sur papier ne pouvait se faire sans le soulèvement du chariot. Mais, dès cette année-là, on produira un nouveau modèle permettant la frappe à loisir des majuscules autant que des minuscules.

1887. Dès cette année-là, on monte sur la machine de Sholes les barres porte-type face au chariot, permettant désormais de lire sa propre frappe. La machine à écrire moderne vient donc de voir le jour, se préparant dès lors à son extraordinaire destinée.

Les premières additionneuses à touches

Ainsi fut donc apportée aux machines à calculer l'une des améliorations techniques les plus décisives en ce qui concerne leur dispositif d'entrée.

Mais, curieusement, cette innovation a marqué au début une très nette régression dans l'histoire du calcul artificiel.

La première calculatrice arithmétique à touches fut construite en 1849, puis brevetée en 1850 par l'inventeur américain David D. Parmalee. C'était une additionneuse, dont l'organe essentiel était une crémaillère verticale graduée, mise en mouvement par l'intermédiaire d'un levier actionné par des touches. Mais la machine était munie d'un totalisateur à roue unique et ne pouvait donc exécuter que des additions de nombres d'un seul chiffre. Aussi, pour additionner des nombres à plusieurs ordres d'unités, fallait-il opérer manuellement, à la manière du calcul écrit, en additionnant séparément les unités simples, les dizaines, les centaines, et ainsi de suite, en prenant à chaque fois le soin de recueillir sur un morceau de papier les résultats partiels correspondants et en faisant entrer chaque report dans l'addition suivante !

Plusieurs améliorations furent apportées par la suite par de nombreux inventeurs, américains ou européens, parmi lesquels figurent : Schilt (1851) ; Hill (1857) ; Arzberger (1866) ; Chapin (1870) ; Robjohn (1872) ; Carroll (1876) ; Borland et Hoffman (1878) ; Stettner (1882) ; Bouchet (1883) ; Bagge (1884) ; D'Azevedo (1884) ; Spalding (1884) ; Starck (1884) ; Pététin (1885) ; Max Mayer (1886) ; Burroughs (1888) ; Shohé Tanaka (1893) ; etc.

Mais, au début, les perfectionnements demeurèrent insuffisants, les machines nécessitant encore plusieurs gestes préliminaires et une attention soutenue de la part de l'opérateur. Qui plus est, ces machines n'offraient ni vitesse ni capacité numérique conséquente et, fort délicates d'emploi, elles fournissaient des résultats erronés dès lors que leur manipulation se faisait sans la délicatesse de doigté nécessaire.

Le comptometer de Felt

La première additionneuse à touches vraiment opérationnelle et exploitable par le grand public fut le *comptometer,* inventé et construit de 1884 à 1886 par l'industriel américain Dorr E. Felt. Capable d'exécuter rapidement, avantageusement et en toute fiabilité, des additions et des soustractions portant sur des nombres de plusieurs chiffres, cette machine fut produite et commercialisée à grande échelle à partir de 1887 par la Felt and Tarrant Manufacturing Company de Chicago, et connut dès lors un grand succès dans le monde jusqu'au début du XXe siècle.

Autres innovations dans le même domaine, mais un peu plus tardives :

– le *chiffreur intermédiaire* de Dalton, qui donnera la possibilité de retarder l'enregistrement des données, initiales ou intermédiaires, jusqu'à l'actionnement d'un levier, afin de permettre des corrections immédiates ;

– le *clavier réduit* de Runge (1896), suivi par celui de Hopkins (1903), composés seulement de dix touches, qui permettront, sans déplacement de la main, grâce à un distributeur fonctionnant automatiquement, d'inscrire tour à tour dans la machine les divers ordres d'unités consécutifs ; etc.

Autre innovation importante : le dispositif d'impression

Un autre progrès qu'il fallut accomplir pour adapter définitivement les machines de ce type aux besoins de la comptabilité fut de les munir d'un dispositif d'impression. Mécanisme permettant d'imprimer sur une bande de papier chacun des termes de la somme et le total ainsi calculés mécaniquement, ce dispositif était en effet destiné à fournir à l'opérateur humain un document qui lui permettrait non seulement de contrôler immédiatement l'inscription des données, mais de conserver aussi les résultats des divers calculs effectués.

En dehors des contributions de l'Anglais Charles Babbage et des Suédois Georg et Edvard Scheutz (1853), sur lesquelles nous reviendrons plus loin, les premières tentatives dans ce sens sont dues notamment à l'Américain Edmund D. Barbour, qui inventa en 1872 une additionneuse à touches munie d'un tel dispositif. Cette « imprimante » fut toutefois assez rudimentaire, ne permettant que l'impression du total et des sous-totaux ; le déroulement des opérations demeurait de plus presque entièrement manuel, le dispositif imprimant en effet à la manière des dateurs.

L'Américain Frank S. Baldwin (1875) apporta par la suite quelques perfectionnements à cette invention en permettant à la machine d'imprimer partiellement d'elle-même ses propres résultats.

Le pas suivant fut franchi par le Français Henri Pottin (qui permit de « lister » les termes d'une addition et mit au point en 1882 l'une des premières caisses enregistreuses munies d'un tel dispositif), et dans le même temps, à l'autre bout de l'Atlantique, par les inventeurs américains George Grant (1874) et A. C. Ludlum (1888).

La première machine de Burroughs

Mais les progrès décisifs furent accomplis dans ce domaine entre 1885 et 1893, lorsque l'Américain William S. Burroughs inventa, puis perfectionna son *Adding And Listing Machine,* la première calculatrice mécanique à touches munie d'un mécanisme d'impression, qui fut à la fois pratique, fiable, robuste et parfaitement adaptée aux besoins des activités bancaires et commerciales de l'époque. Celle-ci connaîtra pour ces raisons un succès tout à fait considérable dans le monde jusqu'à la veille de la Première Guerre mondiale.

Notons que le problème de l'impression sur machine à additionner sera également résolu complètement à peu près simultanément, de 1889 à 1893, par Dorr E. Felt (l'inventeur du *comptometer*).

Les premières caisses enregistreuses

L'idée des additionneuses imprimantes à touches combinées à des enclenchements se prêtant à certains contrôles a permis le développement des machines connues sous le nom de *caisses enregistreuses,* capables à l'époque d'assurer tous les besoins de la comptabilité des maisons de commerce, et encore utilisées de nos jours dans les débits de boissons et les établissements de la restauration.

Inventées par les frères James et John Ritty, les premières machines de ce type ont vu le jour en 1879 à Dayton, dans l'Ohio, aux États-Unis. Mais celles-ci n'ont constitué un produit réellement commercialisable qu'à partir de leur troisième version, à savoir les caisses munies des *indicateurs en drapeau,* élaborées et mises sur le marché en 1881 par la National Manufacturing Company, fondée par les frères Ritty.

Notons toutefois que le *tiroir-caisse,* la *sonnette* et le *totalisateur partiel,* parmi tant d'autres innovations, ne sont apparus qu'à partir des années 1884-1890.

Remarquons aussi que les améliorations capitales dans la conception des caisses enregistreuses sont dues surtout aux ingénieurs de la National Cash Register : une compagnie qui est aujourd'hui mieux connue sous le nom de NCR Corporation.

Celle-ci a été fondée en décembre 1884 dans des conditions particulières, dont voici l'essentiel (selon cet extrait d'une brochure historique communiquée par cette importante société, aujourd'hui spécialisée dans le secteur informatique) :

« En 1884, un jeune garçon, issu d'un milieu rural, diplômé du collège de Dartmouth, nommé John Patterson, qui avait exercé des activités diverses, assistant-percepteur au péage d'un canal, propriétaire d'un commerce de charbon et d'une boutique de détail, acheta une part majoritaire dans une petite société au bord de la faillite [la National Manufacturing Company], qui fabriquait des caisses enregistreuses. Ses amis, appartenant à la modeste communauté commerciale de Dayton, virent dans cette opération un faux pas de taille.

« Mais Patterson ne se laissait pas déconcerter par l'opinion des autres lorsqu'il avait un plan. Il croyait à l'avenir de ce "caissier incorruptible" fabriqué par James Ritty. Irrité par des méthodes comptables trop approximatives, Patterson estimait que de nombreux commerçants travaillaient dans la confusion, aux dépens d'une partie de leurs profits. La caisse enregistreuse, avec son petit rouleau de papier, ses touches, ses chiffres affichables, constituait l'amorce d'un véritable système de traitement des transactions. Patterson en fut convaincu dès 1882. Il restait à le faire admettre aux commerçants de son temps.

« L'enfance de Patterson, antérieure à la guerre de Sécession, s'était écoulée dans la ferme de famille, au sud de la petite ville de Dayton, Ohio (10 000 habitants). Le garçon était chargé de vendre les productions de son père : le jambon fumé (entreposé au séchoir), la mélasse (conservée à la cave), les sacs de farine (au grenier), le maïs (en silo). Lors de ces diverses opérations de manutention, on pouvait oublier de noter une vente.

« Patterson raconte : "Mon père me tirait parfois de mon premier sommeil pour me demander si j'étais sûr d'avoir fait payer tel client. Ou bien on interrompait mon dîner pour savoir si j'avais bien facturé le sucre vendu à Sanders. Parfois, il me fallait répondre : *Non, j'ai oublié.*"

« Lorsque Patterson devint assistant de péage sur le canal Miami-Érié (le seul emploi qu'il ait pu décrocher après son diplôme de Dartmouth College), il chercha à mettre au point un moyen de contrôler ses perceptions et d'éviter des litiges avec le bureau principal. "Je donnais au capitaine de chaque péniche un reçu du montant de son péage, sorte de passeport jusqu'à la station principale suivante, où le reçu émis était enregistré."

« Lorsque John Patterson et son frère Frank montèrent, vers 1870, un commerce prospère de charbon, le même souci de netteté prévalut. Pas de livraison sans reçu signé du client. En cas de livraison à crédit, enregistrement écrit de cet accord.

« Auparavant les contestations avec la clientèle étaient courantes. Mais c'est le petit commerce de détail des frères Patterson, situé à Coalton, Ohio, qui fit prendre conscience à John de l'importance des caisses enregistreuses. Après lecture d'une simple description de leur fonctionnement, il en commanda deux exemplaires. En six mois, elles contribuèrent à réduire son découvert de 16 000 à 3 000 dollars et la comptabilité enregistra un bénéfice de 5 000 dollars » (cf. Anonyme [6]).

John Patterson, ainsi convaincu que, pour les besoins de la comptabilité des maisons de commerce de l'époque, la caisse enregistreuse constituait une innovation capitale, mobilisera donc dès lors toute son énergie pour se lancer dans la fabrication de masse des machines de ce type. Et c'est ainsi qu'il fonda la National Cash Register, afin (comme il le dira lui-même) d'aider les commerçants de son époque à mieux gérer leurs affaires.

Parmi les nombreuses et importantes innovations techniques que cette compagnie apportera alors aux machines de ce type au cours des années suivantes (et qui vaudront rapidement à celle-ci une très solide réputation dans le monde), citons :

– la production du *ticket imprimé,* qui permettra au client de conserver une trace de son achat ;

– la *bande de papier récapitulative,* qui, en fournissant, dans l'ordre chronologique, les détails des ventes effectuées durant la journée, constituera pour les commerçants une pièce comptable très précieuse ;

– la *caisse enregistreuse à plusieurs tiroirs,* qui, munie de sonnettes de tonalités distinctes, permettra de suivre les ventes de différents commis ;

– la *caisse à enregistrement automatique de comptes séparés,* conçue pour suivre à la fois les totaux des ventes au comptant, des ventes à crédit, des acomptes, des règlements, etc.

La calculatrice de Selling

Signalons au passage la très intéressante machine inventée en 1886 par l'Allemand Edward Selling, professeur à l'université de Wurtzburg. Il s'agit d'une calculatrice mécanique où se retrouvent divers dispositifs déjà mis en œuvre dans d'autres machines à calculer, mais sans doute réinventés au moins partiellement par Selling, et combinés à d'autres concepts très nouveaux.

« Sur cette machine, explique M. d'Ocagne, nous voyons des *crémaillères* engrener avec les roues qui commandent les tambours chiffrés [comme dans la machine de Grant, décrite à la page 502].

« Le report des retenues s'y opère progressivement au moyen de *trains épicycloïdaux*, comme dans la machine de Tchebychef [voir p. 502], ce qui impose, comme pour celle-ci, la lecture du résultat suivant une ligne ondulée.

« L'inscription du multiplicande se fait au moyen de *touches*, comme dans les additionneurs américains [tels ceux de Felt et de Burroughs] ; comme ceux-ci également et comme la machine de Grant, la machine de Selling est *imprimante*.

« Mais elle présente des dispositions mécaniques tout à fait originales parmi lesquelles il y a lieu de signaler l'emploi d'un de ces réseaux de losanges articulés connus sous le nom de *ciseaux de Nuremberg*.

« La machine se compose de deux parties distinctes qui sont mises temporairement en liaison pendant le calcul, la première comprenant le système des ciseaux avec le *clavier de touches* et les crémaillères, la seconde le système des roues dentées avec les tambours chiffrés.

« Ce sont les divers points de croisement des ciseaux qui représentent les chiffres du multiplicande ; on lie, pour chaque ordre décimal du multiplicande, la crémaillère avec le point de croisement voulu en appuyant sur la touche qui, dans la colonne correspondant à cet ordre décimal, porte le chiffre qu'on veut inscrire.

« Suivant le chiffre du multiplicateur, on ouvre plus ou moins les ciseaux en amenant un index dans telle ou telle encoche d'une règle graduée de 1 à 5 (ce qui, lorsque le chiffre correspondant du multiplicateur est supérieur à 5, oblige à le décomposer en deux parties non supérieures à 5). Le soulèvement d'un anneau suffit alors pour la remise à zéro. »

Inconvénients des machines précédentes

On remarquera cependant que le principe mécanique des techniques opératoires ne fut guère amélioré au travers de ces différentes inventions, spécialisées, il est vrai, pour satisfaire surtout les besoins de la comptabilité et des opérations financières (facturations, salaires, mouvements bancaires, recettes journalières, etc.).

Depuis Leibniz et Thomas de Colmar, les machines à calculer présentèrent en fait un inconvénient majeur : les multiplications y étaient exécutées par des procédures non automatiques d'additions successives.

Pour multiplier par exemple 439 par 584 sur l'arithmomètre de Thomas, il fallait placer d'abord le curseur du multiplicateur en position d'unité simple et additionner quatre fois le multiplicande (produit 439 × 4) ; on devait ramener ensuite l'index aux dizaines et faire la somme de huit nombres égaux à 439 (produit 439 × 8) ; puis il fallait placer le curseur en position des centaines et effectuer la somme de cinq fois le nombre 439 (produit 439 × 5).

Au total, il fallait ainsi exécuter 17 opérations successives, sans parler des nombreuses manipulations initiales, finales ou intermédiaires (inscription des données, transcription des résultats partiels, introduction des données intermédiaires, tours de manivelle, etc.).

Pour ce qui est des additionneuses à touches, dans lesquelles toute la manœuvre se réduisait à de simples pressions sur les touches du clavier, la pratique des opérations se prêtait, certes, admirablement à l'exécution des opérations, du moins dans le cas de l'addition ou de la soustraction, en dépit du nombre des enfoncements de touches nécessaires, le temps requis restant encore très inférieur à celui exigé par le calcul humain ordinaire. Et il était, certes, possible de se servir de ces machines pour effectuer la multiplication ou la division en appliquant simplement la méthode des additions ou des soustractions répétées. Mais, dès lors que les facteurs en présence contenaient un nombre relativement important de chiffres, la manœuvre devenait beaucoup moins pratique qu'avec les calculatrices classiques, qui demeuraient encore le meilleur moyen d'exécuter mécaniquement toutes les multiplications et les divisions.

Ajoutons que les machines à clavier exigeaient des calculateurs humains un entraînement très assidu. Et c'est pourquoi, certaines maisons s'étaient spécialisées (afin d'aider les sociétés de l'époque à mieux gérer leurs arrêtés de fin de mois ou leurs inventaires annuels, par exemple) dans la location de machines à clavier en même temps que des services d'opératrices spécialisées.

La première machine à multiplication directe

C'est donc bien pour simplifier ces processus que l'on a inventé les calculatrices à multiplication directe, l'objectif étant de permettre d'exécuter désormais, sans aucune intervention humaine, les différents produits partiels intervenant dans cette opération : des machines où il suffirait d'introduire les données de la multiplication et d'enclencher le mécanisme d'exécution (par un tour de manivelle, par exemple) et qui donneraient le résultat automatiquement.

La première réalisation concrète dans ce sens est due à un Hispanique résidant à New York, Ramon Verea, qui construisit en 1879 une petite machine expérimentale capable d'exécuter directement toutes les multiplications sur des nombres de deux chiffres, et fondée pour l'essentiel sur un jeu d'aiguilles coniques. Précisons, pour la petite histoire, que lorsque les journalistes vinrent questionner Verea pour savoir comment il envisageait une commercialisation de son invention, il répondit que la question ne l'intéressait pas, son seul objectif ayant été de montrer que le problème pouvait être résolu, et surtout de prouver qu'un Hispanique était aussi capable qu'un Américain de faire preuve d'astuce et d'imagination.

La machine de Bollée

Mieux connue, plus imposante et de capacité beaucoup plus étendue est la machine qui fut conçue et construite en 1888 par le Français Léon Bollée, inventeur (avec son frère Amédée) de la *première voiture automobile à essence* et organisateur des premières manifestations sportives connues sous le nom de *24 heures du Mans*.

Munie d'un mécanisme véritablement fonctionnel, ce fut en effet la première machine à multiplications directes pouvant travailler sur des nombres de plusieurs chiffres. Elle pouvait naturellement exécuter l'addition et la soustraction, ainsi que la division et même des calculs d'intérêts ou de racines carrées. Mais pour la multiplication, elle permit de réaliser une économie de 80 % en moyenne sur le temps mis par les calculatrices ordinaires de son temps.

L'idée ingénieuse de Bollée avait été de matérialiser une table de multiplication en implantant sur une plaque d'acier, un peu comme des tuyaux d'orgue, des chevilles métalliques de hauteur proportionnelle aux unités représentées. La plus petite tige, qui mesurait 5 mm, correspondait à l'unité ; la suivante, de 10 mm de haut, correspondait à 2 ; et ainsi de suite jusqu'à la neuvième, qui mesurait 5 × 9 = 45 mm. Divisée en 9 lignes et en 9 colonnes, la plaque donnait à l'intersection les résultats des divers produits de 1 à 9 au moyen d'une ou de deux chevilles, selon le cas. Aussi, pour les divers produits partiels, la machine, en exécutant la multiplication par un jeu de poussoirs et de crémaillères et grâce à un soulèvement de la plaque tout entière, lisait-elle sa « table de Pythagore » un peu comme un aveugle qui lirait une table de multiplication écrite en braille.

« D'après les essais suivis, lit-on dans une brochure sérieuse de l'époque, la machine peut effectuer à l'heure, en marche normale avec un opérateur habitué, une série de 100 divisions, 120 racines carrées ou 250 multiplications, de l'étendue de :

$$10\,000\,000\,000\,000\,000\,000 : 1\,000\,000\,000 = 10\,000\,000\,000$$

$$\sqrt{1\,000\,000\,000\,000\,000\,000} = 1\,000\,000\,000$$

$$1\,000\,000\,000 \times 10\,000\,000\,000 = 10\,000\,000\,000\,000\,000\,000,$$

ou calculer encore 4 000 termes d'une progression arithmétique, ayant une raison ne dépassant pas 10 milliards, et à peu près autant d'une table de carrés des nombres jusqu'à 10 quintillions. »

Présentée officiellement en 1889 à l'Exposition universelle de Paris, la machine de Bollée valut une médaille d'or à son inventeur.

Mais celle-ci ne fut guère produite en plusieurs exemplaires ni commercialisée à plus forte raison, et cela d'une part à cause de la complexité et du coût élevé des mécanismes correspondants, et d'autre part parce que Bollée fut beaucoup trop passionné par l'automobile pour se consacrer à la promotion de sa machine à calculer.

Mais après Bollée, l'Allemand Otto Steiger de Munich construisit en 1892 une machine plus compacte, mais fondée pour l'essentiel sur un concept semblable à celui de la calculatrice précédente : dès 1899, elle fut commercialisée par la compagnie suisse Egli de Zurich, qui lui donna le nom de *Millionnaire* et lui assura un grand succès jusqu'aux années 1930.

La première machine à division directe

Mais si la multiplication s'effectuait d'une manière remarquablement simplifiée sur ces machines, la division, elle, demeurait encore très lente et compliquée, son exécution nécessitant encore de nombreuses interventions humaines.

La deuxième étape de cette évolution fut donc marquée par l'apparition des calculatrices à division directe, dont la première fut la *Madas,* inventée, améliorée et construite en 1908 par les Suisses Rechnitzer et Edwin Jahnz de Zurich, puis commercialisée dès 1913 par la compagnie Egli de Zurich. Ce fut donc une machine qui effectuait toute seule la division et qui ne s'arrêtait que lorsque l'opération était achevée.

Dans la *Madas*, le dernier report dû au dépassement servait en effet pour débrayer l'entraîneur et renverser le sens de rotation du tour suivant devenu correctif. Une disposition mécanique n'exigeant alors aucune intervention de l'opérateur utilisait le tour de manivelle suivant pour décaler le chariot d'une position décimale. Au tour suivant, les soustractions reprenaient et ainsi de suite. Ainsi l'opérateur pouvait-il tourner sa manivelle sans aucune surveillance jusqu'au calcul du dernier chiffre à droite du quotient dans le compteur : un débrayage définitif avait lieu alors et un double coup de sonnette en avertissait l'opérateur (cf. R. Taton et J.-P. Flad).

L'automatisation complète des quatre opérations

Des problèmes subsistèrent toutefois pendant un certain temps à cause des difficultés à adapter les mécanismes de la division directe avec ceux de la multiplication automatique, l'amélioration technique apportée à l'une des opérations paraissant alors incompatible avec les caractéristiques mécaniques de l'autre.

Le problème fut résolu de manière à peu près satisfaisante pour la première fois en 1910 par l'ingénieur américain Jay Randolph Monroe (qui obtint d'ailleurs à ce titre la médaille John Wetherill du Franklin Institute de Philadelphie), suivi de très près par l'inventeur allemand Christel Hamann (brevet obtenu en 1911 et déposé en juin 1910), ceux-ci, sans doute indépendamment l'un de l'autre, ayant mis au point des machines mécaniques capables d'exécuter les quatre opérations arithmétiques d'une manière totalement automatique.

Naturellement, à ces réalisations succédèrent bientôt plusieurs autres, chacune plus perfectionnée et plus performante que les précédentes (*Mercedes* de Hamann, nouveaux modèles de la *Monroe, Madas tout automatique, Metal, Friden, Barrett, Marchant, Facit,* etc.).

Et puis, grâce à une concurrence de plus en plus acharnée, et suivant une complexité de plus en plus accrue des mécanismes et des dispositifs, les calculatrices mécaniques acquirent en fin de parcours une sécurité de fonctionnement beaucoup plus réelle. L'exactitude fut alors orientée vers son maximum dans le déroulement des opérations ainsi que dans l'obtention des résultats, les traitements s'effectuant désormais à une vitesse et selon une automaticité jamais égalées jusque-là dans le domaine du calcul mécanique.

La Curta : première calculatrice mécanique portative

Avec la nécessité de réduire à la fois le volume et le poids, l'évolution précédente conduisit même à une remarquable réduction des dimensions des machines – surtout pour la technologie ainsi mise en œuvre –, qui devait déboucher peu après la fin de la Seconde Guerre mondiale sur l'une des machines purement mécaniques les plus miniaturisées et les plus perfectionnées de l'époque moderne : la *Curta,* inventée en 1948 par Kurt Herzstark du Liechtenstein.

Le modèle I de la *Curta* pesait à peine 230 g (tandis que le modèle suivant, plus perfectionné et plus performant encore, atteignait seulement 360 g) et avait pour capacité opératoire 8 × 6 × 11 (sur 11 × 8 × 15 pour le modèle II).

D'après R. Taton et J.-P. Flad (dont nous mettons la citation à l'imparfait), « ce modèle permettait l'exécution des 4 opérations fondamentales : multiplication, division, et accessoirement addition et soustraction. Son corps cylindrique se tenait dans la main gauche et comportait un inscripteur formé de 8 curseurs mobiles de haut en bas ; un viseur de pose horizontal le couronnait. La partie supérieure cannelée constituait le chariot et tournait concentriquement au corps inférieur en occupant 6 positions de calcul ; la face circulaire du chariot comportait le compteur de 6 lucarnes sur fond blanc et le totalisateur de 11 lucarnes sur fond noir. Des index mobiles servaient à fixer la virgule dans les 3 chiffreurs. L'opérateur tournait la manivelle de la main droite et après chaque chiffre exécuté déplaçait avec le pouce gauche le chariot d'une position décimale. En vue de la soustraction ou de la division, la manivelle se soulevait légèrement, mais conservait son sens de rotation.

« Le compteur et le totalisateur étaient pourvus du report intégral des dizaines, ce qui permettait l'emploi de la multiplication abrégée. Un mécanisme d'effaçage agissait sur l'un ou l'autre chiffreur du chariot ou sur les deux à la fois. Un inverseur placé à la base du corps principal permettait de donner au totalisateur et au compteur le même sens de rotation ou des sens opposés.

« La machine, construite en métal inoxydable, était silencieuse et presque inusable. Avec son étui protecteur, elle tenait dans la poche ou dans la serviette ; elle pouvait fonctionner en tout lieu. Malgré la pose par curseurs et l'absence de transfert, un opérateur exercé exécutait le produit simple, le quotient, la règle de trois, etc., en un temps compris entre 10 et 17 secondes ».

Pour toutes ces raisons, la *Curta* connut un succès commercial considérable dans le monde jusqu'au début des années 1970, où elle fut supplantée définitivement par ces minuscules calculatrices électroniques que l'on appelle les *calculettes* (voir encadré, p. 647-652).

Les premières électrifications du calcul mécanique

Cependant, la technologie purement mécanique a été, en définitive, beaucoup trop limitée pour permettre des progrès encore plus conséquents dans ce domaine, celle-ci ne permettant de réaliser en fin de compte que des machines lentes et généralement encombrantes (le cas de la *Curta* mis à part).

Une étape importante fut franchie alors grâce à l'introduction de l'*électricité,* qui avait pris, depuis la deuxième moitié du XIXe siècle, une importance de plus en plus grande dans l'évolution du machinisme et de la société. En voici, dans l'encadré suivant, les principales étapes du point de vue qui nous concerne directement.

HISTOIRE DE LA FÉE ÉLECTRICITÉ

En dehors des connaissances de base et des premières découvertes au sujet de l'électricité, dont les plus rudimentaires remontent à l'Antiquité, cette histoire a commencé en fait en 1729, lorsque le physicien anglais Stephen Gray (1670-1736) précisa les notions de *conducteur* et d'*isolant* et réalisa la première expérience de *transport d'énergie à distance* au moyen de fils conducteurs d'électricité.

En 1745, le physicien hollandais Petrus Van Musschenbroek (1629-1761) réalisa ensuite la *bouteille de Leyde,* qui fut en fait le premier *condensateur électrique*. Puis ce fut au tour de plusieurs découvreurs, expérimentateurs et théoriciens d'apporter leurs propres contributions au développement de ce domaine, qui n'était déjà plus nouveau et qui se trouvait de plus en plus constitué en discipline scientifique. En 1785, le Français Charles de Coulomb (1736-1806) découvrit la propriété fondamentale selon laquelle les actions entre deux charges électriques sont inversement proportionnelles au carré de leur distance, étendant ainsi à l'électricité la *loi de la gravitation universelle* formulée par Newton. Ce fut alors la *théorie de l'électrostatique*, que les mathématiciens Simon de Laplace, Denis Poisson et Karl Friedrich Gauss traduisirent par la suite en termes d'équations mathématiques. En 1799, l'Italien Alessandro Volta (1745-1827) inventa la première *pile électrique*.

De son côté, l'Anglais Michael Faraday (1791-1867) vérifia, dès 1843, le principe de la conservation de l'électricité et élabora par la suite la *théorie de l'électrification par influence*. Le même était parvenu en 1821 à produire de l'électricité en faisant tourner un disque métallique au travers des lignes de force d'un aimant, découvrant ainsi le principe de l'*induction électromagnétique*. Et c'est de là qu'étaient nés les générateurs d'électricité, tout particulièrement les *génératrices,* capables de transformer l'énergie mécanique en énergie électrique.

Cette découverte rejoignit alors celles de Hans C. Oersted (1820), de François Arago, de Jean-Baptiste Biot, de Félix Savart, et d'André-Marie Ampère pour constituer finalement la discipline qui nous est aujourd'hui connue sous le nom d'*électromagnétisme.*

A son tour, André-Marie Ampère (1775-1836) formula, dès 1822, la loi fondamentale de l'*électrodynamique,* qui allait être marquée elle-même par les contributions :

– de François Arago (1786-1853) sur les propriétés du *magnétisme de rotation* (1824) ;

– de F. Lenz (1804-1865) sur le sens des *courants induits* (1833) ;

– de Franz E. Neumann (1798-1895) sur les phénomènes de l'*auto-induction* (1845) ;

– de Léon Foucault (1819-1868) sur l'existence, établie en 1855, des *courants portant son nom* (courants induits dans des masses métalliques) ;

– et de plusieurs autres physiciens, dont l'Anglais lord Kelvin (William Thomson), et surtout James Maxwell (1831-1879), qui devait établir, en 1873, les équations générales du *champ électromagnétique*.

Une évolution se produisit en parallèle à partir de l'invention de la machine à vapeur et de la mise au point de tous ces systèmes, mécaniques, thermiques, ou autres, appelés « moteurs » – qui transforment une énergie donnée en énergie mécanique –, et c'est ainsi que l'on en est arrivé aux *moteurs électriques*.

Le premier système de ce type fut la *roue de Barlow,* réalisée en 1828 par l'Anglais Peter Barlow (1776-1862).

Mais le premier moteur mis réellement en pratique ailleurs que dans un laboratoire de recherche fut construit en 1834 par le physicien allemand Moritz H. von Jacobi (1801-1874) : ce fut un dispositif fondé sur des électro-aimants et alimenté par des piles, qui permit de propulser une embarcation sur la Néva.

C'est toutefois au Belge Zénobe Gramme (1826-1901) que reviendra le mérite de la mise au point, en 1873, du moteur actionné par un générateur réversible, c'est-à-dire par la *dynamo,* elle-même inventée par lui en 1867.

Mais ce n'est qu'en 1883 que l'on parviendra au principe du *moteur synchrone,* grâce à la contribution de l'ingénieur anglais John Hopkinson (1849-1898). Quant au *champ tournant,* il ne sera découvert qu'en 1885 par l'Italien Galileo Ferraris (1847-1897).

Enfin, en combinant ce principe à celui des moteurs synchrones, le physicien croate Nikola Tesla (1857-1943) aboutira à une découverte dont dériveront par la suite une multitude de *moteurs à cage d'écureuil* (cf. T. de Galiana).

Autrement dit, grâce à ces différentes découvertes, on comprit peu à peu que la possibilité était donnée désormais de convertir l'énergie électrique en travail mécanique.

D'où l'idée, dès la deuxième moitié du XIXe siècle, de faire intervenir l'électricité dans le fonctionnement des machines à écrire. L'inventeur américain Thomas E. Edison (1847-1931) fut l'un des premiers à le faire durant les années 1880 en électrifiant la machine à écrire de sa secrétaire, dont il assura l'entraînement des barres au moyen d'un *électro-aimant.* L'invention d'Edison, quoique brevetée, restée toutefois momentanément sans suite. Mais elle fut suivie par la production, en 1901, de la machine à écrire, également électrique, de l'Américain T. Cahill, par une société qui allait bientôt faire faillite, après en avoir commercialisé une quarantaine d'exemplaires à un prix de revient de près de 4 000 dollars l'unité. En fait, pour assister à la production en série et à la commercialisation des premières machines électriques, il fallut attendre l'année 1920, après que James F. Smather eut mis au point en 1914 une machine à écrire dont l'entraînement des barres et du chariot était assuré par un moteur électrique.

Dans le domaine des machines à calculer, plusieurs inventeurs et constructeurs exploitèrent la même idée dès le début des années 1890, mais surtout à partir de 1910, en électrifiant diverses calculatrices dérivées de l'arithmomètre de Thomas (comme la *Saxonia,* l'*Archimedes* ou l'*Unitas*) ou de la machine d'Odhner (telles la *Brunsviga,* la *Triumphator,* l'*Éclair* ou la *Marchant*), ou en motorisant encore des machines comme les caisses enregistreuses de la National Cash Register (NCR), la *Burroughs,* la *Madas,* la *Mercedes* ou la *Monroe.*

D'abord regardée comme une curiosité, l'idée de mettre l'électricité à contribution dans le domaine des calculatrices mécaniques s'avéra par la suite très féconde, puisqu'elle permit d'actionner plus aisément les mécanismes, l'électricité servant alors d'agent moteur dans toutes les manipulations nécessitant un certain effort de la part de l'opérateur : inscription des données, manœuvres de l'entraîneur, etc.

Du calcul mécanique au calcul électromécanique

Mais avec ces premières électrifications, l'ère des *calculatrices électromécaniques* proprement dites ne fut pas encore inaugurée, l'électricité ne servant alors, justement, que d'agent moteur dans les diverses manipulations des machines.

L'histoire de la technologie électromécanique a commencé en fait en 1831, lorsque l'Américain Joseph Henry (1797-1878) inventa le premier *relais électrique*. Celui-ci fut réalisé en montant une tige métallique mobile sur un support vertical, et en la plaçant entre les deux extrémités d'un fer à cheval en acier, entièrement enroulé de fil électrique isolé : lorsque passait un courant électrique, l'extrémité de la tige était attirée par l'électro-aimant ainsi réalisé avec le fer à cheval et retournait à sa position initiale dès que le courant disparaissait.

Cette découverte rejoignit alors une autre voie, tracée dès 1827 par l'Allemand Steinhill, qui découvrit qu'un seul fil électrique permet de constituer, selon un retour à la terre, une véritable *ligne de transmission*.

En 1833, le physicien anglais Michael Faraday se chargea ensuite de parachever cette découverte en montrant qu'il est possible d'agir sur un courant électrique au moyen d'un aimant.

L'étape suivante fut franchie par les Britanniques William F. Cooke (1806-1879) et Charles Wheatstone (1802-1875), qui réalisèrent en 1837, sur la base de ces différents principes, un dispositif à *relais électromagnétique* capable d'activer une pile électrique à distance et de produire par conséquent des variations de courant. Ce fut alors la découverte du premier moyen de *transmission* de messages à distance par des *signaux électriques,* ouvrant désormais la voie aux communications entre des individus éloignés les uns des autres.

Mais c'est à l'Américain Samuel F. Morse (1791-1872) que revint le mérite de l'invention, en 1837, du premier *télégraphe électrique*. Son système reposait en effet sur la combinaison des deux idées suivantes, dont nous empruntons la description à P. Carré (en une très légère adaptation) :

1. Le dispositif associait un système de traits et de points aux vingt-six lettres de l'alphabet latin (• — à A ; — • • • à B ; — • — • — • à C ; etc) ; lorsque la transmission était achevée, la lecture de ces traits pouvait, selon un *code* préalablement établi sur des combinaisons de variations de signaux électriques associées chacune à une lettre, être aisément traduite en notation littérale, permettant ainsi d'obtenir aisément un message en clair.

2. L'émetteur était un électro-aimant, devant lequel était placé un manipulateur, sorte de levier en fer doux, mobile autour d'un axe. Dès que le courant passait, l'une des extrémités du levier était attirée par l'électro-aimant pendant le temps (bref ou long) où était maintenue l'impulsion électrique. Par l'intermédiaire du fil électrique les séparant, le récepteur adoptait les mêmes positions que l'émetteur. L'autre extrémité du levier étant reliée directement à une molette chargée d'encre, en face d'une bande de papier sans fin, la molette imprimait un point ou un trait pendant le temps (bref ou long) que durait l'impulsion électrique donnée à la source (cf. P. Carré).

C'est donc ainsi que fut inventé le *code de transmission,* réalisé ici par un dispositif à *relais électromagnétique.* Ce fut alors le début de l'ère des communications et des systèmes de transmission à distance par signaux électriques, le relais électromagnétique étant alors destiné à jouer par la suite un rôle prépondérant dans la réalisation technique et dans le développement du *téléphone* et des *centraux téléphoniques.*

Mais la voie fut désormais ouverte également au développement du calcul électromécanique par la mise en œuvre de la technique des *circuits à relais* dans la réalisation des machines à calculer (celle-ci, comme on allait s'en apercevoir dès avant la fin du siècle, pouvant permettre d'effectuer les opérations arithmétiques élémentaires, par un jeu de circuits, de montages et de *codes numériques* établis à l'avance).

Dans ce mouvement, on accordera donc une place toute particulière à la calculatrice électromécanique de l'Allemand Edward Selling, qui eut l'idée en 1894 de remplacer les tiges de la plaque multiplicatrice de la machine de Léon Bollée (voir p. 511) par des *circuits à relais électromagnétiques* pour commander électriquement les totalisateurs grâce à des électro-aimants. Et c'est ainsi que fut créé le principe de la *table de multiplication électrique* (que l'on devait, plus tard, mettre en application dans les calculatrices électromécaniques à cartes perforées). Construite en 1906 par H. Weltzer, la machine de Selling ne fut cependant jamais commercialisée.

Un autre initiateur du calcul électromécanique (sur lequel nous aurons l'occasion de revenir plusieurs fois) fut l'ingénieur espagnol Leonardo Torres y Quevedo, qui réalisa en 1913 un « arithmomètre » électromécanique fondé sur la technique des relais électromagnétiques. Signalons aussi l'œuvre du Français C. Nicoladze, qui conçut en 1928 une machine électrique *à multiplication directe* actionnée par des relais et des commutateurs.

S'orientant alors de plus en plus vers une véritable technologie électromécanique, notamment grâce à des commandes électriques, la technique ainsi développée devait jouer par la suite un rôle de plus en plus important dans la conception des machines, permettant dès lors une automatisation de plus en plus poussée des opérations arithmétiques, donnant même la possibilité d'opérer en mode algébrique, tout en augmentant la capacité des dispositifs ainsi que la vitesse d'exécution des calculs. Elle devait permettre aussi d'introduire des fonctions telles que l'*effaçage automatique* des cadrans, la *commande automatique de l'enregistrement sur bande imprimée,* la *mémorisation* de certaines données ou des résultats intermédiaires, etc.

Parmi les premières machines de ce type, il faut mentionner la fameuse *Mercedes-Euklid* de Christel Hamann, qui recueillit à l'époque un succès tout à fait considérable.

Citons aussi, parmi les plus perfectionnées, la *Hamann Selecta,* la *Badenia*, la *Facit*, la *Precisa,* l'*Everest,* etc. Y figure également la fameuse *Superautomatic Sasl IIc* à double totalisateur visible, produite dans les années 1940 et 1950 par la firme allemande V.E.B. Büromaschinen Werk Sömmerda de Leipzig. (Machine dont voici quelques caractéristiques d'après un catalogue de l'époque, que Jacques Chauvin nous a aimablement communiqué : multiplication entièrement automatique, avec inscription du multiplicateur sur un clavier spécial à 10 touches et un dispositif de répétition du multiplicateur permettant d'effectuer une série de multiplications successives avec un facteur constant tout en laissant le clavier libre pour d'autres opérations intermédiaires ; division entièrement automatique ; réglage automatique du dividende à l'endroit déterminé par le dispositif tabulateur ; effacement automatique du compteur et du totalisateur en multiplication et en division ; effacement automatique du clavier lorsque la multiplication ou la division est achevée ; retour automatique du chariot dans la position initiale ; totalisation entièrement automatique des divers produits partiels ; soustraction directe dans le deuxième totalisateur ; arrondissement entièrement automatique, sur demande, des décimales d'un nombre à virgule ; transferts ; etc.)

Bref, l'électromécanique a ainsi permis de réaliser des calculatrices plus performantes, plus rapides, plus précises, plus fiables, et d'un emploi plus simple et plus commode, surpassant de loin la plus élégante des solutions du problème de la réalisation mécanique du calcul arithmétique.

Le développement de machines mieux adaptées à la comptabilité complexe

Entre les deux guerres, surtout de 1920 à 1940, on a développé aussi, mais dans une autre direction, toute une série de *machines comptables* de plus en plus perfectionnées, destinées à répondre aux besoins des travaux de la comptabilité de grande série, à savoir : la *comptabilité générale* et les *bilans* (débits, crédits, soldes, détaillés eux-mêmes par des mouvements particuliers ou récapitulatifs tels que les anciens soldes, les mouvements et les nouveaux soldes ; établissement des balances ; etc.) ; les *comptes courants* et la *comptabilité tiers* (journaux d'enregistrement des factures et des règlements dans l'ordre chronologique, par fiches superposées, clients, fournisseurs ; les comptes tiers ; l'établissement de factures, de quittances, de lettres d'avis ; etc.) ; la *comptabilité analytique* (ventilation de recettes et de dépenses par sections) ; la *comptabilité industrielle* (répartitions de ***m*** catégories de dépenses augmentées de ***n*** catégories de frais généraux entre ***p*** commandes exécutées dans ***r*** ateliers) ; les *facturations* ; les *quittancements* ; les *calculs d'intérêts* ; la *comptabilité matière* (fiches de stocks tenues en même temps que les journaux d'entrées et de sorties) ; la *paye du personnel* ; etc.

Elles sont nées tantôt de la combinaison de machines à calculer et de machines à écrire, tantôt de leur connexion électrique, tantôt même de leur fusion en une seule et même machine.

Les premières facturières artificielles

Parmi les premières machines de ce type, signalons les *facturières,* qui, beaucoup mieux que les machines rudimentaires de la comptabilité courante – adaptées seulement à l'addition et à la soustraction –, permettaient l'exécution de la multiplication. La première d'entre elles fut conçue par

Hopkins en 1903, avant d'être perfectionnée par Burroughs grâce à l'introduction du principe de la plaque multiplicatrice de Bollée. Mentionnons aussi les machines munies du totalisateur Wahl et montées sur machine à écrire, dont la première date de 1907. Ces machines étaient caractérisées, d'une manière générale, par la présence, sur le même châssis, de trois organes, à savoir : le clavier à touches, un ou plusieurs mécanismes d'impression, et un ou plusieurs dispositifs de calcul. Leur objet principal était l'établissement direct par action sur le clavier et sur des commandes appropriées, de documents comptables plus complexes qu'une simple liste totalisée. Aussi les machines à facturer et les machines de comptabilité dérivées de la caisse enregistreuse n'en furent-elles que des cas particuliers (cf. J. Favier et R. Thomelin).

Machines à écrire et machines comptables

Remarquons que l'on a spécialement adapté certaines machines à écrire aux travaux de la comptabilité, sans toutefois les munir d'un totalisateur. Notons aussi que l'on a mis en œuvre pour certaines tâches des machines imprimantes à additionner ou à calculer, non munies de chariot.

Ces dispositifs ne furent cependant pas de véritables *machines comptables*, qui, elles, se répartissaient en fait, pour l'essentiel, en trois catégories :
– les *machines à écrire comptables*, dérivées de la machine à écrire ;
– les *machines à additionner comptables*, dérivées de l'additionneuse ordinaire ;
– et les *machines combinées ou connectées*, issues de la réunion d'une machine à écrire et d'une machine à calculer (ou, quelquefois, d'une machine comptable), lorsque cette association n'était pas une fusion pure et simple des deux concepts en une seule et même machine.

Quant à la technologie mise en œuvre, elle pouvait être, soit mécanique, soit électromécanique, soit électronique.

Sans entrer dans des détails techniques, mentionnons, parmi les machines à écrire comptables : la *Remington* ; l'*Elliott-Fischer*, à frappe à plat et à totalisateurs amovibles ; la *Mercedes SR 42* ; l'*Adler* ; l'*Ideal* ; la *Smith Premier* ; la *Continental* ; la *Torpedo* ; l'*Olivetti* ; etc.

Additionneuses et machines comptables

Parmi les machines à additionner comptables, signalons : l'*Olivetti* ; l'*Addo* ; la *Duplex MAM*, munie d'un double totalisateur et d'un dispositif « front feed » ; la *Monroe* ; la *Burroughs* ; la *Multiplex Sudstrand*, munie de plusieurs totalisateurs verticaux ; etc.

Citons aussi, et particulièrement, la *Logabax* (première machine à compteurs rectilignes, de type multiplex, réalisée selon une mécanique très particulière et comportant un nombre de totalisateurs beaucoup plus élevé que le nombre possible des colonnes du document établi), apparue en 1938.

Machines comptables combinées ou connectées

Parmi les machines combinées ou connectées (dont l'idée est due en premier lieu à l'ingénieur espagnol Leonardo Torres y Quevedo, par la réalisation en 1913 et la présentation en 1914 de son fameux *arithmomètre* électromécanique), signalons :

– dans la catégorie des machines à écrire et à additionner combinées : l'*Astra,* la *MAM,* la *National Class 3 000,* l'*Orméco,* etc. ;

– dans celle des machines à écrire et à multiplier combinées ou connectées : la machine à facturer mécanique *Burroughs,* la *Supermetal,* qui était munie d'un clavier réduit (pour l'entrée des données de calcul) et d'un calculateur électronique, et toutes celles dont les plus perfectionnées furent la *MAM nouvelle série,* la *Facit,* la *Logabax* F 800, la *National Computronic,* la *National Multitronic,* la *Continental,* la *Sensimatic,* la *Mercator 5 000,* la *Remington 400 F E,* la *Burroughs E 2 000,* l'*Akkord Supertronic,* la *Super Metall 381,* etc.

Caisses enregistreuses et machines comptables

Citons aussi, dans la catégorie des machines comptables spéciales : la *National Class 2 000* et la *National Postronic,* qui furent en fait des machines dérivées de la caisse enregistreuse ; la *MAM RS 65,* à reprise de solde et électronique ; ainsi que la *Burroughs Sensitronic,* à reprise de solde et électronique, qui, connectée à un « autolecteur », permettait de « lister » automatiquement 55 comptes à la minute[1].

Autres machines de la comptabilité artificielle

Mentionnons également, mais dans un tout autre registre, les *machines à affranchir,* qui furent en fait des machines à additionner imprimantes, mais de réalisation différente de celles, ordinaires, munies de chiffreurs intermédiaires à crémaillères. Elles comportaient un entraîneur (du même type que celui des machines d'Odhner) commandant d'une part un totalisateur, et d'autre part un dispositif d'impression à tambour, avec en plus des verrouillages pour éviter toute tentative de fraude.

Signalons enfin, la machine *Addit Adress,* de conception et de réalisation française, qui constitua la réunion, sur un même bâti, de trois machines synchronisées, à savoir : une machine à imprimer, une machine à adresser et une additionneuse à imprimante. Les diverses fonctions correspondantes ont fait longtemps de l'*Addit Adress* une machine très complète particulièrement appréciée des compagnies d'assurances, des services de retraites et de sécurité sociale, ainsi que des services d'abonnements et des services de vente directe ou par correspondance.

---

1. Pour tous les détails correspondants, nous renvoyons à l'ouvrage très documenté de J. Favier et R. Thomelin.

Telles sont, en gros, les caractéristiques d'un domaine du calcul artificiel, voisin du calcul mécanique classique, destiné à concurrencer très fortement, pendant et après l'entre-deux-guerres, l'autre secteur d'application à la comptabilité : celui de la mécanographie et de ses calculatrices et tabulatrices à cartes perforées, sur lequel nous reviendrons un peu plus loin...

L'insuffisance des calculatrices classiques face aux problèmes posés par les progrès de la science

Ainsi, par leur adaptation aux opérations arithmétiques élémentaires, les calculatrices classiques ou comptables (mécaniques ou électromécaniques) ont-elles amplement satisfait les besoins du moment en permettant d'effectuer un certain nombre de calculs arithmétiques, comptables ou financiers.

Mais aucune d'elles ne fut capable d'exécuter des calculs mathématiques tels que la recherche des racines d'un polynôme, la résolution d'une équation ou d'un système d'équations algébriques, le calcul d'un déterminant ou d'une intégrale, la détermination des solutions d'une équation différentielle ou aux dérivées partielles, etc.

Le besoin de s'affranchir de ces divers calculs complexes a été ressenti, en fait, depuis plusieurs siècles avec le développement considérable de la science et des techniques en Europe occidentale, en raison surtout des nombreux problèmes posés par l'essor et les applications pratiques de l'algèbre et de l'analyse mathématique (voir p. 457-467).

Mais ce n'est qu'à partir d'une époque relativement récente que cet épineux problème a commencé à recevoir ses premières solutions significatives.

Cette question a été très délicate à résoudre pour plusieurs raisons :

– la première est qu'il existe en analyse mathématique une variété tout à fait considérable de fonctions, dont il a bien fallu réaliser la modélisation artificielle ;

– la deuxième est que les fonctions que l'on rencontre en physique sont souvent impossibles à définir de manière analytique ;

– et la troisième est que les équations algébriques, différentielles ou aux dérivées partielles, posent souvent aux mathématiciens des problèmes non résolubles par des méthodes formelles.

Deux voies de recherche, très différentes l'une de l'autre, ont alors été empruntées par les scientifiques pour tenter de surmonter la difficulté. Et, grâce à une avance appropriée de la science et de la technologie, elles ont finalement abouti au développement de deux techniques de calcul, radicalement opposées :

– le *calcul analogique* d'un côté (voir p. 522 *sq.*) ;

– et *le calcul numérique artificiel* de l'autre (voir p. 529 *sq.*).

ORIGINES ET DÉVELOPPEMENT DU CALCUL ANALOGIQUE[1]

L'un des premiers maillons de ce type de calcul a été constitué, il y a un peu plus de deux mille ans, lorsque les mathématiciens et les astronomes grecs inventèrent des instruments permettant d'effectuer des calculs en passant par des modèles et des mesures des grandeurs envisagées.

Parmi ces instruments, il y eut les *hodomètres* (à ne pas confondre avec les podomètres de la Renaissance européenne (voir p. 498) et qui, eux, furent des appareils proprement « numériques »). Destinés à mesurer les distances, ces instruments comportaient une série d'engrenages à vis sans fin, mues par les roues d'un chariot et entraînant une aiguille le long d'une échelle graduée servant à indiquer la distance ainsi parcourue. (Voilà donc bien les ancêtres de ces instruments analogiques modernes que nous avons en permanence devant nous sur le tableau de bord de nos voitures automobiles, à savoir : les *compteurs de vitesse*.)

Il y eut aussi l'*astrolabe*, dont l'ancêtre grecque fut l'*Antikythera,* vieille de 2 000 ans. C'était un appareil servant à observer la position des astres et à déterminer leur hauteur au-dessus de l'horizon, que les Arabes allaient recevoir des Grecs en héritage, et qui allait être transmis par ces derniers aux Occidentaux en même temps que les chiffres d'origine indienne (cf. D. de Solla Price).

Un autre maillon fut constitué beaucoup plus tard, en 1614, lorsque le mathématicien écossais John Néper inventa les *logarithmes,* dans le but de simplifier un certain nombre de calculs fastidieux. Découverte qui, en dehors de ses innombrables conséquences mathématiques, allait donner naissance aux *tables de logarithmes* et à la *règle à calcul.*

Cette dernière fut inventée en 1620 par l'Anglais Edmund Gunter, puis perfectionnée vers 1823 par William Oughtred. Elle fut améliorée ensuite par

---

1. Rappelons qu'étymologiquement, le terme analogique provient du grec *analogos,* qui signifie : « proportionnel », et d'*analogia,* qui veut dire « proportion mathématique, correspondance » et, par extension, « analogie » dans ses divers sens actuels.

Dans la langue ordinaire, ce terme correspond aux mots qui, appliqués à des choses différentes, n'ont ni une signification identique ni une signification tout à fait différente : des situations analogues, des natures analogues, etc. Ainsi emploie-t-on souvent des termes distincts, mais en une métaphore qui fait apparaître les analogies : le pied de table, le pied de bœuf, le pied-de-biche, le pied d'une montagne, le pied-de-poule, le pied-d'œuvre, etc. Il y a de même un rapport d'analogie entre la tête et le chef, puisque le chef est à sa troupe ce que la tête est au corps ; entre l'œil et l'oreille, parce que cet organe est au son ce que l'œil est à la lumière ; entre le baromètre et le thermomètre, le premier étant à la mesure de la pression atmosphérique ce que le deuxième est à celle de la température ; etc. (cf. P. Foulquié).

Au sens mathématique, en revanche, nous avons affaire à l'*analogie de proportionnalité,* qui n'est autre que *l'identité des rapports qui unissent deux à deux les termes de deux ou plusieurs couples.* Mais il convient de ne pas conclure à l'identité des termes ainsi mis en correspondance : s'il y a certes égalité mathématique entre les fractions 1/3, 2/6, 3/9, etc., ces représentations, qui sont analogiques, ne sont certainement pas identiques d'un point de vue formel.

Bref, qui dit *analogique* ne dit ni *identique*, ni même *ressemblant* :

« Une montre ressemble à un voltmètre, mais ne lui est nullement analogue. Un voltmètre est analogue à un électro-aimant, mais ne lui est pas identique. Un baromètre à cadran ressemble à une horloge, sans aucune analogie ; au contraire, un baromètre à cadran est analogue à un baromètre à mercure, sans ressemblance. La conclusion de tous ces exemples est, dans l'ordre de l'entendement, bien au-dessus de la ressemblance... C'est une erreur de considérer l'analogie comme une ressemblance imparfaite » (Alain, *Éléments de philosophie,* p. 112).

Robert Bissaker (1654) et par Seth Partridge (1671), avant de recevoir sa forme moderne munie de la réglette coulissante grâce à la contribution de Leadbetter en 1750. Précisons au passage que cet instrument a d'abord été introduit en France par Jomard en 1815. Mais il a été jugé trop révolutionnaire, et il a fallu attendre 1851 que le géomètre Amédée Mannheim lui apporte quelques perfectionnements utiles, pour assister dès lors à sa véritable diffusion chez les Français. Comme tous les *instruments logarithmiques* auxquels elle a donné lieu, la règle à calcul permettait une pratique aisée de la multiplication, de la division, de l'élévation aux puissances, voire de l'extraction des racines n-ièmes, grâce à l'intermédiaire pris par les mesures de segments de longueurs proportionnelles aux logarithmes des nombres sur lesquels on opérait. Pour cette raison, cet instrument analogique constitua pendant très longtemps l'outil préféré des ingénieurs et des techniciens avant son abandon définitif à partir du début des années 1970, lorsqu'il fut supplanté par les calculatrices électroniques de poche de type « scientifique » (voir encadré, p. 647-652).

Une autre classe d'instruments analogiques fut constituée par les *appareils algébriques,* dont le but était d'aider à la résolution des équations ou des systèmes d'équations algébriques, ou encore à la détermination de certaines catégories de fonctions mathématiques.

Les plus vieux instruments de ce type furent construits dès l'Antiquité par les mathématiciens grecs, tout particulièrement par Platon, qui avait fabriqué un appareil aidant à la résolution de problèmes mettant en jeu des racines cubiques.

Ce n'est toutefois qu'à partir du XVIIIe siècle que ces instruments ont connu leur véritable essor.

Certains d'entre eux, comme l'appareil construit en 1770 par Rowning, ou comme celui de Kempe (1873), consistèrent en des tiges articulées donnant une sorte de réalisation matérielle et déformable des représentations graphiques des fonctions polynomiales.

D'autres dispositifs, telles les *balances à équations* de Bérard (1810), de Lalanne (1840) ou de Grant (1896), furent fondés sur la recherche de la position d'équilibre de corps solides susceptibles de déplacement, auxquels il convenait d'appliquer des poids proportionnels aux coefficients de l'équation à résoudre, les poids déterminant alors l'équilibre correspondant aux racines cherchées.

D'autres encore, comme l'appareil de Demanet (1898), furent fondés sur la recherche d'*équilibres hydrostatiques.*

Les appareils de Lucas (1888), de Kann (1903) et de Wright (1909) impliquèrent, en revanche, les lois d'intensité des courants électriques, ceux-ci étant fondés cette fois sur la recherche d'*équilibres électriques*.

D'autres appareils enfin, comme la *machine algébrique* de Leonardo Torres y Quevedo (1893), mirent en jeu des disques logarithmiques reliés les uns aux autres par des engrenages afin de permettre un calcul mécanique des valeurs des coefficients et des racines des équations algébriques à résoudre.

On a construit aussi toute une variété d'*intégrateurs,* appareils analogiques structurellement conçus pour le calcul des intégrales ou encore pour la détermination, soit du centre de gravité et du moment d'inertie d'une surface plane, soit d'un corps de révolution. Ils ont été développés dès le début du XIXe siècle pour faciliter les travaux d'établissement des cadastres.

Parmi eux figurent notamment :

1. Les *planimètres,* qui permettaient de mesurer l'aire délimitée par une courbe (et dont le premier connu fut élaboré par Amsler en 1814).

2. Les *intégromètres,* qui fournissaient les valeurs numériques d'une fonction définie par une relation différentielle.

3. Les *intégraphes,* qui traçaient dans un certain système de coordonnées cartésiennes la courbe représentative d'une fonction du même type.

4. Les *prédicteurs de marées,* qui fournissaient mécaniquement l'analyse harmonique associée à des phénomènes de marées (dispositifs inventés par lord Kelvin en 1878) (cf. M. d'Ocagne ; L. Jacob).

Qu'est-ce qu'un calculateur analogique ?

On voit donc bien d'une manière générale, au travers de la spécificité physique et technique de chacun de ces divers appareils, la caractéristique de tous les dispositifs calculatoires de cette nature, que ceux-ci soient de simples appareils dépourvus de mécanisme ou qu'il s'agisse de machines mécaniques, électromécaniques ou électroniques.

En effet, selon la définition de G. Verroust [1], les *calculateurs analogiques sont des dispositifs dans lesquels les paramètres du problème à résoudre sont représentés par des phénomènes physiques variables et continus évoluant au sein d'un système obéissant à des lois physiques ou mathématiques équivalentes à celles du phénomène étudié.*

Un appareil ou une machine analogique réalise donc ainsi des opérations dont la pratique s'effectue au travers d'une *grandeur physique continue* (par exemple une longueur sur une réglette ou sur un cylindre, le déplacement linéaire ou angulaire d'un axe, la rotation d'une roue ou d'un arbre, la différence de potentiel d'un circuit électrique, etc.), et dont le résultat est fourni par la mesure même de cette grandeur, au terme de son évolution au sein de la machine ainsi constituée en système simulateur. Autant dire qu'un calculateur analogique donne un *modèle physique* du problème envisagé : pour simuler une situation recherchée, il suffit donc d'introduire les conditions initiales en positionnant dans la machine les paramètres du problème, puis d'étudier l'évolution du modèle fourni avant de mesurer effectivement les grandeurs obtenues au sein du système considéré.

Les premiers calculateurs analogiques à fonction multiple

Les nombreux inventeurs qui, dès le XVIIIe et le XIXe siècle, ont travaillé dans la voie du calcul analogique, se sont, cependant, efforcés jusque-là de mécaniser certains calculs bien spécifiques selon une concrétisation, pour ainsi dire, de la structure mathématique correspondante.

Malgré toute leur ingéniosité et leur intérêt théorique, leurs instruments et leurs machines manquèrent par conséquent de caractère général. Autrement dit, jusque-là, les calculateurs analogiques ne savaient exécuter qu'une seule sorte de calcul, et ne pouvaient donc résoudre qu'une seule catégorie de problèmes (ceux justement pour lesquels on les avait structurellement conçus).

Comment assouplir et étendre la conception et la structure calculatoire de ces machines ? Tel fut précisément l'un des objectifs de la recherche scientifique poursuivie dès la seconde moitié du XIXe siècle.

En fait, le véritable père du calcul analogique moderne fut le physicien anglais William Thomson, mieux connu sous le nom de lord Kelvin (1824-1907). En 1867, dans une série de publications, il donna la description complète d'une méthode analogique de résolution des équations différentielles à coefficients variables, par des moyens entièrement mécaniques, indiquant en effet la manière de combiner des intégrateurs à roulettes pour en faire une machine destinée à cet usage. Mais la technologie, ou du moins le savoir-faire technique de l'époque ne fut guère à la hauteur des idées de Kelvin, de sorte que son *Intégrateur* n'a jamais vu le jour.

Il a fallu attendre le début des années 1930 pour assister enfin, aux États-Unis, à la réalisation d'un véritable calculateur analogique, opérationnel, pratique et d'usage multiple : l'*Analyseur différentiel,* élaboré dès 1925 et construit en 1931 au Massachusetts Institute of Technology de Cambridge (MIT), sous la direction de l'ingénieur électromécanicien Vannevar Bush (1890-1974).

Cette machine fut fondée essentiellement sur l'utilisation d'intégrateurs à roulettes. Représentant les grandeurs par des déplacements angulaires d'arbres, la machine était composée d'amplificateurs mécaniques, constitués chacun d'un disque de verre et d'une roue métallique, l'ensemble pouvant effectuer des rotations grâce à des moteurs électriques asservis, qui assistaient les différentes pièces dans leurs rotations respectives. Plusieurs modèles en furent construits, comportant de 12 à 18 intégrateurs à roulettes, que l'on pouvait coupler entre eux par des trains d'engrenages, qui représentaient les coefficients d'une équation intégrale ou différentielle ; on obtenait ainsi un système mécanique qui ne pouvait bouger que dans une certaine direction et qui obéissait rigoureusement à l'équation ainsi matérialisée par les intégrateurs et les trains d'engrenage.

A l'origine, cette machine (qui fut ainsi capable de résoudre des équations différentielles ayant jusqu'à 12 à 18 variables) avait été conçue pour la résolution de problèmes de réseaux électriques, notamment dans le but d'analyser les problèmes de surcharges et de pannes qui impliquent des équations surpassant nettement les possibilités du calcul humain. Le succès recueilli par ce calculateur fut tel qu'il encouragea l'équipe du MIT à récidiver par la production d'une machine encore plus puissante, mieux élaborée et beaucoup plus complexe, qui n'entra en usage qu'en 1942, mais qui fut jalousement tenue secrète durant toute la Seconde Guerre mondiale. La machine pesait 100 tonnes, comprenait 2 000 tubes électroniques, plusieurs milliers de relais électromécaniques et près de 320 kilomètres de fils. Le deuxième *Analyseur différentiel* du MIT, qui fut mis à contribution pour calculer notamment des tables de tir pour le compte de l'US Navy, permit donc de faire face à des problèmes aussi complexes que les commandes de tirs ou des systèmes de radar, qui, nécessitant l'intégration d'équations balistiques pour les trajectoires de projectiles, sont tout à fait hors de portée des possibilités humaines en matière de calcul.

Développement du calcul analogique électronique

Depuis, plusieurs calculateurs analogiques virent le jour, devenant de plus en plus performants. Parmi eux, il convient de mentionner le *directeur de tir M-9*, mis au point aux États-Unis dans les laboratoires de la Western Electric (Bell Labs), et qui fut pendant les dernières années de la Seconde Guerre mondiale l'un des calculateurs les plus efficaces de sa catégorie : entièrement électronique, il permit, en 1944, d'abattre plus de 75 % de ces bombes téléguidées envoyées sur Londres par les nazis, que l'on appela « V1 ».

Un grand nombre de ces calculateurs furent spécialisés. D'autres, au contraire, furent dotés de fonctions multiples, réalisant non seulement des opérations comme l'intégration des fonctions de l'analyse mathématique, mais pouvant résoudre des systèmes d'équations différentielles, couplées ou non avec des équations algébriques, linéaires ou non.

Autant dire que ces derniers calculateurs furent structurellement conçus pour exécuter différentes sortes d'opérations mathématiques.

Une grande avance dans ce domaine fut réalisée notamment en France dès le début des années 1950, avec la construction des calculateurs analogiques de la SEA sous la direction de F.-H. Raymond.

Une autre avance fut réalisée à la fin de la même décennie, lorsque l'ANALAC 101 fut construit par la Compagnie française CSF. Calculateur analogique d'usage multiple entièrement électronique, cette machine permettait notamment de résoudre, d'une manière entièrement automatique, les équations algébriques de degré quelconque (du moins jusqu'à un certain point), les équations trigonométriques, les équations fonctionnelles d'une ou de deux variables indépendantes, les équations différentielles de degré quelconque par rapport à une variable pouvant être remplacée par le temps, etc. Elle pouvait de plus travailler en temps réel en tant que simulateur.

Avantages du calcul analogique

Ainsi les principaux avantages de la méthode de calcul analogique donnèrent-ils :

– premièrement, la possibilité de traiter un problème donné sans qu'il fût nécessaire de savoir le résoudre de manière formelle ;

– deuxièmement, celle de résoudre un problème donné en un temps relativement bref, même pour un phénomène complexe ;

– et enfin, la possibilité, une fois les données introduites, d'explorer en un temps très court les solutions correspondant à un champ relativement vaste de valeurs des paramètres[1].

Et c'est pourquoi, jusqu'à une époque récente, ce type de calcul est resté en usage dans de nombreux domaines : *mécanique et thermique* (étude des mouvements et des échanges de chaleur) ; *automobile* (moteur et suspension) ; *électronique et électrotechnique* (machines tournantes en réseaux et circuits) ; *applications militaires* (systèmes de tirs, de bombardements, etc.) ; *aéronautique et aérospatiale* (simulation de vols, pilotage automatique d'avions et d'engins spatiaux) ; *énergie conventionnelle ou énergie nucléaire* (centrales thermiques ou nucléaires, usines de séparation isotopique ou d'extraction de combustibles irradiés) ; *chimie et pétrole* (dynamique et régulation optimale des processus) ; *biologie et médecine* (échanges entre milieux, circulation sanguine et cardiologie, appareils respiratoires, métabolisme) ; etc. (cf. article « Calcul analogique », in : EST).

Principaux inconvénients de l'approche analogique

Mais alors, pourquoi avoir abandonné ce type de calcul s'il a présenté tant d'avantages ?

C'est que la méthode a été tout de même très limitée pour permettre des progrès encore plus importants dans le domaine du calcul scientifique.

La première raison est qu'*aucun dispositif de type analogique, aussi étendue que soit sa structure calculatoire, ne peut être suffisamment général pour permettre de résoudre n'importe quelle catégorie de problèmes.*

Autrement dit, *un calculateur analogique ne peut être « universel ».*

Deuxième raison : *avec la méthode analogique, il est très difficile, pour ne pas dire impossible, de mémoriser des informations, et donc d'effectuer des opérations sur des résultats intermédiaires.*

Troisième raison : *dans les procédés de ce type, il est impossible d'obtenir des résultats précis.* Car cette méthode n'est valable, en réalité, que pour des calculs

1. Signalons aussi cet autre avantage technique fondamental, dans le cas des calculateurs analogiques électroniques : en dehors du *gain à la fréquence zéro* des amplificateurs électroniques utilisés (qui constitua un paramètre essentiel présidant à la représentativité d'un calculateur analogique), la *largeur de bande* de ces mêmes amplificateurs était égale à plusieurs mégahertz ; aussi un calcul simple indiquait-il que les échanges d'informations entre les organes opérationnels d'un calculateur analogique de ce type représentaient un *débit total extrêmement important* (de l'ordre du gigabit par seconde pour une centaine d'organes, selon une précision de 1/1000, localement). Un débit que ces calculateurs assuraient alors « en parallèle », et que les ordinateurs électroniques actuels ne savent assurer séquentiellement *à grande vitesse que depuis quelques années seulement* (cf. F.H. Raymond, « Le Plan Calcul », note annexe à propos de l'analogique, in : HIF.1, p. 407 *sq.*).

portant sur trois chiffres significatifs : variant entre 0,02 % et 3 %, suivant la qualité des composants mis en jeu et selon la nature de l'opération mathématique exécutée, la précision d'un calculateur analogique dépend donc à la fois des instruments de mesure et du choix du modèle retenu pour l'étude du phénomène envisagé.

Quatrième raison : *elle s'explique par la limitation du champ de validité des solutions des problèmes, qui est due elle-même aux limites des domaines de fonctionnement des dispositifs mis en œuvre dans ce type de calcul.* (Par exemple, dans un système à transistors, cette limitation est imposée, d'un côté par les bruits de fond, et de l'autre par la saturation.)

Cinquième raison (parmi tant d'autres) : *avec la méthode analogique, il est souvent difficile de donner une interprétation précise des résultats*[1].

C'est pourquoi cette approche a été rejetée progressivement par bon nombre de chercheurs dès l'époque de la Seconde Guerre mondiale. Ceux-ci, confrontés alors à une avance de plus en plus importante des sciences mathématiques et de la physique, éprouvèrent en effet le besoin de disposer de machines puissantes ne présentant aucun de ces défauts-là.

Toutefois, les calculateurs analogiques gagnant en rapidité ce qu'ils perdaient en précision furent préférés pendant un certain temps aux ordinateurs, très lents, il est vrai, au début de leur histoire.

Avec le fulgurant essor que l'électronique a connu depuis les années 1970 et 1980, les ordinateurs fondés sur la technologie des circuits intégrés de haute densité (précisément celle des *microprocesseurs*) ont cependant supplanté définitivement les calculateurs analogiques dans leurs diverses applications pratiques...

Avantages de la méthode numérique

C'est donc bien parce que le calcul analogique comportait un blocage absolu en lui-même que l'on s'est aperçu peu à peu que la méthode numérique était potentiellement la plus efficace, la plus avantageuse et la plus économique possible.

Tout s'oppose, du reste, dans la méthode numérique à l'approche analogique.

En anticipant largement sur la suite des événements, on observe en effet que dans ces automates numériques que sont les ordinateurs, *l'information reçue et traitée est représentée par un phénomène physique variable et discontinu, exprimable d'une manière biunivoque sous une forme discrète, c'est-à-dire au*

1. Il faut dire aussi que le raisonnement par analogie est depuis toujours une forme de pensée tout à fait particulière.

Certes, « la conclusion analogique reste toujours douteuse, du point de vue d'une logique rigoureuse... Mais on ne peut qu'être frappé du sentiment de conviction qu'entraîne le raisonnement par analogie... Son intérêt est donc avant tout de faire comprendre, et de donner plus ou moins fortement l'impression que l'on comprend » (M. Dorolle, *Le raisonnement par analogie,* p. 170 et 176-177).

Et c'est précisément en cela que le raisonnement par analogie intervient dans les méthodes de la science, non pas comme un instrument de démonstration, mais en tant qu'instrument de découverte (cf. R. Delteil, in : F. Le Lionnais, p. 48).

En fait, le raisonnement par analogie est proprement, comme le dit E. Rabier, « une déduction fondée sur une induction préalable » (*Leçons de philosophie,* 7e éd., p. 248).

« Sans doute, comme l'ajoute J. Maritain, on peut le résoudre en... Induction + Syllogisme... En réalité cependant l'esprit dans le raisonnement par analogie conclut du particulier au particulier, non pas en passant par une loi universelle, mais seulement par la ressemblance des deux cas en question » (*Petite logique,* p. 335).

Et c'est justement pourquoi ce mode de pensée propre au calcul analogique comportait en définitive un blocage absolu en lui-même ...

moyen de chiffres ou de symboles divers répondant à des règles très précises formant un ensemble appelé code (cf. G. Verroust [1]).

Or c'est précisément l'essor de cette méthode caractéristique des machines dites « numériques » (ou « digitales », selon une terminologie d'origine anglo-saxonne), qui, combiné à toutes sortes d'inventions, de découvertes et de réalisations dans les domaines les plus divers, au terme d'une très lente évolution et selon les démarches et les nécessités les plus diverses, a permis en fin de compte de développer la science et les techniques de l'informatique actuelle.

Très rapides et très puissantes, les *machines ordinatrices* sont, en effet, capables à la fois (voir p. 676-689) :

1. D'exécuter des opérations sur des informations stockées en mémoire.
2. De fournir des résultats aussi précis qu'on le désire, selon une interprétation qui ne saurait être sujette à caution.
3. De procéder à des analyses très complexes.
4. Enfin de résoudre, dans la limite de leur capacité physique, toutes sortes de problèmes correspondant à une catégorie bien définie de processus de l'intelligence humaine, mieux connus sous le nom d'*algorithmes*.

Les calculateurs hybrides ou le croisement des deux méthodes

Toujours en anticipant sur la suite des événements, la complexité sans cesse croissante des problèmes scientifiques, soumise au besoin de plus en plus grand de disposer d'une technique de calcul artificiel très précise, a conduit à combiner la méthode analogique au calcul numérique automatique. D'où la naissance des automates de calcul dits « hybrides », dans lesquels un calculateur analogique est connecté, par exemple, à un ordinateur au moyen d'interfaces appropriés, selon certaines règles et conventions à respecter pour que ces deux systèmes puissent échanger leurs informations respectives.

De telles hybridations ont été réalisées de diverses manières :

– soit en adoptant des organes de nature numérique en tant que dispositifs de commande des interconnexions et des différents positionnements au sein d'un système analogique ;

– soit en munissant un calculateur analogique de composants numériques tels que les bascules, les contacteurs, etc., afin d'éliminer certains schémas spécifiques ou encore pour permettre l'élargissement du champ des possibilités de ce calculateur, et donc l'extension de ces schémas à la résolution d'un certain nombre de problèmes ;

– soit encore en programmant sur un ordinateur les instructions destinées à commander automatiquement les opérations d'un calculateur analogique ;

– soit enfin en réalisant l'interconnexion d'un ordinateur avec un calculateur analogique, en vue de faire exécuter par chacun, lors de la résolution d'un problème donné, la ou les opérations pour lesquelles l'un ou l'autre est le mieux adapté.

Jusqu'à une époque relativement récente, de tels calculateurs trouvaient encore un champ d'application, surtout dans le domaine de la simulation : par exemple dans l'étude des processus chimiques, ou dans les problèmes de simulation de vols des avions, des missiles ou des engins spatiaux.

Mais avec l'essor de l'électronique, surtout depuis le développement de la technologie des microprocesseurs de haute densité, les composants numériques et les ordinateurs tendent aujourd'hui à supplanter massivement les composants analogiques et les méthodes hybrides dans presque toutes leurs applications pratiques...

De l'automatisation du calcul classique à l'émergence du calcul numérique artificiel

Comme on l'a vu plus haut, les recherches destinées à conduire aux méthodes actuelles de traitement artificiel des données ont débuté en fait à la fin de la Renaissance, lorsque des membres de la communauté scientifique, soumis alors aux besoins de simplifier la pratique du calcul écrit, ont cherché à s'affranchir des difficultés correspondantes.

Et c'est ainsi qu'une variété considérable de machines plus ou moins performantes, puissantes, fiables, pratiques, rapides et précises a vu le jour du XVIIIe au XXe siècle (voir p. 488-520).

On a vu alors émerger pour la première fois de l'histoire des machines capables de soulager l'homme du pesant fardeau du calcul arithmétique humain et de ses opérations répétitives.

L'importance de plus en plus grande prise par l'industrie et par la finance au XIXe siècle ainsi que la concurrence de plus en plus acharnée qui en a résulté dans les secteurs concernés ont débouché sur un développement de plus en plus considérable des activités bancaires et comptables ; ce qui, avec le besoin sans cesse grandissant de disposer d'équipements adaptés aux affaires, a désormais ouvert la voie à l'essor de l'industrie des machines à calculer.

Cet événement a donc ainsi marqué la première étape importante de l'histoire technique et commerciale des ordinateurs.

Mais les efforts entrepris pour tenter de mécaniser le calcul arithmétique classique ont permis également de parvenir à des innovations techniques aussi importantes que :

1. L'usage des *claviers numériques* pour entrer les données, qui, couplé plus tard à celui des touches des machines à écrire, devait permettre la réalisation des claviers dits « alphanumériques ».

2. L'usage d'un *dispositif d'impression* permettant à tout moment l'enregistrement sur bande de papier des résultats partiels ou des totaux de calculs exécutés par machine ; etc.

A cela, il faut ajouter l'introduction de concepts nouveaux tels que la multiplication ou la division directes, voire l'automatisation complète des quatre opérations, qui ont permis d'envisager peu à peu (par l'introduction, grâce au calcul électromécanique classique, des systèmes de *codes numériques* établis à l'avance pour le codage des informations de type numérique circulant depuis l'entrée jusqu'à la sortie des machines) toutes les extensions possibles des techniques du calcul numérique automatique classique.

Bref, la mécanisation complète du calcul élémentaire a permis d'en étendre progressivement le champ à une catégorie de plus en plus vaste de calculs, ouvrant désormais la voie au développement de la *méthode numérique de traitement artificiel des problèmes scientifiques.*

La lointaine origine des ordinateurs : le besoin d'automatiser des calculs mathématiques enchaînés

Mais, naturellement, le domaine des calculatrices classiques fut beaucoup trop limité pour permettre quelque développement que ce fût en direction des ordinateurs. Il fallait, en d'autres termes, changer radicalement d'itinéraire.

Le changement de rail s'est opéré en réalité il y a un peu moins de deux siècles, lorsque certains savants, alors soumis aux besoins de calculer des tables mathématiques, ont cherché à remédier aux graves défauts des calculatrices numériques ordinaires.

Celui qui avait à effectuer une série d'opérations enchaînées était en effet obligé d'intervenir plusieurs fois de suite, car, en dehors des données elles-mêmes, il lui fallait transcrire successivement, à la main, tous les résultats intermédiaires, avant de les réintroduire étape par étape, également à la main, dans sa machine.

Prenons un exemple simple. Pour effectuer un calcul enchaîné tel que $(175 + 123)^3 / (146 - 23)^2$, comprenant ainsi une addition, une élévation au cube, une soustraction, une élévation au carré et une division, il fallait commencer bien sûr par introduire les données de la somme 175 + 123, qu'il convenait d'exécuter en premier lieu ; on devait alors recueillir le résultat et le réintroduire pour l'élever au cube, pour ensuite l'enregistrer sur un bout de papier ; puis il fallait entrer les données de la différence 146 – 23, dont on devait prendre le résultat pour le remettre de nouveau afin d'en obtenir le carré ; il fallait ensuite noter le nouveau résultat, puis réintroduire les deux résultats précédents afin d'en faire exécuter la division ; et c'est en recueillant le dernier résultat que l'on obtenait enfin la solution du problème.

Sachant que sur l'arithmomètre de Thomas il fallait plusieurs manipulations et de nombreux tours de manivelle pour une simple division, une telle opération nécessitait donc plusieurs dizaines d'interventions et de rotations de manivelle.

D'où bien évidemment une source permanente d'erreurs, ainsi qu'une perte de temps considérable dans le déroulement des opérations.

Comment remédier à ce défaut majeur ? Comment parvenir à l'autoguidage d'une telle machine par la mise à contribution d'un système de commande qui la gouvernerait dans ses moindres mouvements en y introduisant les opérations élémentaires au fur et à mesure de leur déroulement ? Bref, comment définir une machine capable d'exécuter toute seule, et donc sans aucune intervention humaine, des séquences d'opérations enchaînées suivant un processus fixé à l'avance ?

Tel est en gros, bien sûr en termes actuels, l'enjeu de l'insensé pari qu'avaient voulu relever certains savants du début du XIXe siècle. Et c'est donc bien la recherche de solutions à cet épineux problème qui a fait déboucher finalement sur l'« invention » des ordinateurs.

Naturellement, la chose ne s'est pas faite en un jour. Elle est résultée de la convergence de plusieurs démarches séparées et fort anciennes, dont la toute première se rapporte à ce vieux rêve humain que constitue la création d'un être vivant de toutes pièces, autrement dit à ce besoin que, de temps immémorial, nous éprouvons d'imiter artificiellement le mouvement de l'homme ou de l'animal.

Les premiers automates artificiels

Et c'est en fait dans ce domaine apparemment sans lien avec le calcul – celui des *automates artificiels,* ou systèmes physiques construits par l'homme et dotés de la capacité de se mouvoir par eux-mêmes – que l'on a trouvé les premières solutions au problème posé.

Possédant ainsi l'aptitude d'agir spontanément de leur propre mouvement, ces dispositifs furent développés dès l'Antiquité par les Chinois. Ils le furent également par les mécaniciens grecs d'Alexandrie, dont l'école fut marquée par des noms aussi prestigieux que Ctésibios, Archytas de Tarente, Philon de Byzance ou Héron d'Alexandrie, qui usèrent de techniques mécaniques assez avancées (voir chapitre 25, p. 285 ; voir aussi p. 490 *sq.*).

Diodore de Sicile et Callixène décrivent ainsi des statues animées de dieux et de déesses : « On voyait, raconte Callixène à propos des fastes déployés vers 280 av. J.-C. par Ptolémée Philadelphe en l'honneur d'Alexandre et de Bacchus, un char à quatre roues de huit coudées de largeur, traîné par soixante hommes, sur lequel était assise une statuette de Nysa de huit coudées, vêtue d'une tunique jaune brochée d'or et d'un manteau lacédémonien. Elle se levait, grâce à une machine, sans que personne approchât la main, versait du lait d'une bouteille d'or et se rasseyait » (cf. P. Devaux).

La courroie de transmission des mécaniciens grecs de l'Antiquité avec l'Europe médiévale et de la Renaissance fut assurée, dans une certaine mesure, par les Grecs de Byzance, mais ce sont surtout les mécaniciens arabo-persans qui ont hérité de cette tradition et qui en ont assuré le relais.

Parmi les plus fameux mécaniciens du monde arabo-musulman, citons :

1. Les frères Banū Mūsa ibn Shākir, auteurs du traité intitulé *Al ʿālat ilatī tuzammir bī nafsihā* (« L'instrument qui joue par lui-même »), composé vers 850, largement inspiré des idées d'Héron d'Alexandrie.
2. Ibn Muʿadh Abū ʿAbdallah al Jayyanī, auteur de l'ouvrage *Kitāb al asrār fī nataʿij al afkār,* où celui-ci décrit plusieurs horloges à eau (2e moitié du Xe siècle).
3. Badīʿ al Zamān al Aṣṭurlābī, célèbre pour les automates qu'il construisit pour les rois seljukides (1re moitié du XIIe siècle).
4. Abū Zakariyyā Yaḥyā al Bayāsī, connu pour ses orgues mécaniques (2e moitié du XIIe siècle).
5. Ridwān ibn al Saʿatī de Damas, rendu célèbre pour ses automates actionnés par des flotteurs (1203).
6. Et Ismaʿil al Jazzarī, sans aucun doute le plus fécond et le plus imaginatif, dont le *Kitāb fī maʿrifat al ḥiyat al handasiyya* (« Livre de la connaissance d'ingénieux instruments mécaniques » (1206)) reflète une parfaite connaissance des traditions grecques avec en plus un certain nombre d'innovations, donnant par exemple les plans de construction de flûtes

perpétuelles, d'horloges à eau, de systèmes mécaniques de pompage pour alimenter des fontaines ou encore d'automates à flotteurs et à mouvements transmis par des chaînes et des cordelettes (voir chapitre 25, p. 218-219).

Cette tradition se propagea ensuite en Europe occidentale par l'Espagne et la Sicile, notamment grâce à Roger II de Sicile (1130-1154) qui appela à sa cour des mécaniciens arabes, et à Frédéric II (1194-1254), l'un de ses successeurs, qui continua à accueillir des mécaniciens du monde musulman.

Et l'on sait comment, dès la fin de cette époque, l'Europe, en se réveillant, a développé ses propres techniques et fait connaître à ce secteur son épanouissement le plus complet en s'ingéniant dès lors à fabriquer des automates plus étonnants les uns que les autres.

Les premiers automates séquentiels structurellement conçus pour fournir des informations sur le monde

Mais au début, les automates artificiels n'ont été au fond que des dispositifs aux apparences humaines ou animales destinés à donner l'illusion de la vie : ce ne furent donc pas des *automates informatifs*.

En fait, la première grande révolution dans ce domaine a été réalisée d'abord en Grèce et en Chine, puis d'une manière plus affirmée en pays d'Islām et en Europe occidentale.

Elle est due à la nécessité de mesurer très exactement le temps et les données astronomiques, ainsi qu'à un changement radical des conceptions faisant désormais de l'automate artificiel un véritable outil destiné à fournir des informations sur le monde.

Parmi les nombreuses œuvres laissées dans ce domaine par les Chinois depuis l'Antiquité, signalons le *Xinyi xiangfa yao*, composé vers 1090 par le mécanicien Su Song, dans lequel il décrit, entre autres instruments mécaniques, des horloges astronomiques, ainsi que plusieurs automates et dispositifs semblables à ceux d'Héron d'Alexandrie : oiseaux chanteurs, décors mus par un moteur à sable, dispositifs permettant aux portes d'un temple de s'ouvrir automatiquement lorsqu'on allume un feu sur l'autel rituel, etc. Il y est question également d'une énorme tour en forme d'horloge dans laquelle des globes mobiles sont mus automatiquement et où des figurines viennent frapper régulièrement les heures de la journée sur des cymbales, le dispositif dans son ensemble étant remonté automatiquement grâce à un mécanisme hydraulique (cf. H. Davies ; J. Needham).

En Islām, la technique de construction des horloges astronomiques s'est développée surtout pour répondre aux besoins de la détermination des heures exactes de la prière rituelle du *'asr*, des dates des cérémonies religieuses, de l'état des phases de la Lune, des positions des planètes, de la précession des équinoxes, etc.

Une chronique raconte que Charlemagne a reçu, en 807, à Aix-la-Chapelle, des représentants du calife Harūn ar Rashīd, qui apportèrent de nombreux et somptueux présents, parmi lesquels figurait une horloge mécanique en laiton. C'était une clepsydre (sorte d'horloge actionnée par l'écoulement de l'eau) marquant la fin des heures par la chute de douze petits globes d'airain qui faisaient résonner une timbale placée au-dessous, et par douze cavaliers qui sortaient de douze portes et fermaient douze autres portes. Cette horloge, ajoute la chronique, requérait donc la présence, parmi les membres de la représentation du calife, d'un homme possédant des connaissances savantes et techniques pour la monter après l'arrivée et la mettre en état de fonctionner (cf. Woepcke).

Citons également cette réalisation de l'horloger Al Khurassānī (célèbre pour l'horloge qu'il avait construite à la fin du XIIᵉ siècle à la Porte des Heures de la grande Mosquée de Damas) : une horloge à eau qui, grâce à des mécanismes spécialement adaptés, indiquait non seulement les heures de la journée, mais aussi (et ce fut là la nouveauté) celles de la nuit.

Mais c'est surtout dans un autre type d'automates que la révolution dont nous parlons a été réalisée, et cela tout particulièrement grâce aux contributions du mécanicien persan Al Jazzarī, dont l'ouvrage cité plus haut révèle, semble-t-il, des dispositifs inconnus jusque-là. Celui-ci donne en effet la description de véritables *automates séquentiels,* régis notamment par l'utilisation de l'arbre à cames, qui transforme ainsi le mouvement circulaire d'une sorte de vilebrequin en un mouvement alternatif des organes de distribution : automates qui marquent donc ainsi, sur le plan technique, une véritable rupture avec le concept du simple dispositif doué de mouvements automatiques issu de la tradition gréco-romaine.

Dispositifs capables d'effectuer automatiquement – et donc sans aucune intervention humaine – des séquences d'opérations enchaînées, suivant un processus fixé à l'avance par un organe de commande, les automates séquentiels d'Al Jazzarī furent donc bien les ancêtres des carillons automatiques et des jacquemarts de la fin du Moyen Age européen, constituant même, dans une certaine mesure, les lointaines, mais véritables préfigurations de ces automates très perfectionnés qui devaient voir le jour au XVIIIᵉ siècle en Europe occidentale.

Le premier *carillon automatique* européen connu est celui de l'abbaye Sainte-Catherine à Rouen, construit en 1321. Quant aux premiers *jacquemarts* européens connus (figurines allégoriques, ordinairement placées au sommet d'un beffroi et guidées par un organe de commande pour frapper les heures sur une cloche, une enclume ou tout autre objet), ils furent construits à Courtrai en 1332. Philippe le Hardi, duc de Bourgogne, les transféra toutefois en 1383 à Dijon, où ils demeurent encore actuellement dans l'église Notre-Dame.

Signalons aussi la célèbre horloge astronomique dont fut dotée l'abbaye de Cluny vers 1340 et dont P. Lorain nous donne la description suivante : « On voyait à la fois dans cette vaste machine un calendrier perpétuel qui marquait l'année, le mois, la semaine, l'heure et les minutes ; un calendrier ecclésiastique qui désignait les fêtes, les offices de chaque jour, les positions, oppositions et conjonctions des astres, les phases de la lune, les manœuvres du soleil (*sic*), le Mystère de la Résurrection, la Mort, saint Hugues, saint Odilon, la Fête du Saint-Sacrement, la Passion, la Sainte Vierge. Toutes les heures étaient annoncées par un coq qui battait des ailes et chantait à deux reprises. En même temps, un ange ouvrait une porte et saluait la Sainte Vierge, le Saint-Esprit descendait sous la forme d'une colombe, le Père éternel les bénissait et toutes les figurines rentraient à l'intérieur de l'horloge au milieu d'un carillon harmonique de clochettes et des bizarres manœuvres d'animaux fantastiques qui agitaient leurs yeux et leurs langues » (cf. P. Devaux).

Les premières calculatrices numériques à séquences automatiques

Il aura cependant fallu attendre quelques siècles pour que les concepts de base de l'automatisme séquentiel fussent appliqués au domaine du calcul numérique artificiel proprement dit.

En fait, les premières calculatrices numériques capables d'effectuer automatiquement des séquences d'opérations enchaînées suivant un processus fixé à l'avance par un mécanisme de commande furent les *machines à différences*, ainsi appelées parce qu'elles reposaient sur la méthode mathématique dite des « différences finies », qui, à partir d'une valeur initiale donnée, permet de remplacer le calcul des valeurs d'un polynôme de degré n par une série de n additions successives.

Apparues dès le début du XIXe siècle, ces calculatrices furent conçues pour répondre au besoin, ressenti depuis longtemps par les astronomes et les navigateurs, de déterminer des tables numériques fiables. Comprenant n registres pouvant emmagasiner des nombres et un mécanisme permettant d'exécuter ce type d'additions enchaînées, elles pouvaient produire automatiquement les valeurs successives des expressions polynomiales de degré inférieur ou égal à n, dans la limite, bien sûr, de leurs capacités physiques.

L'idée de telles machines a émergé, semble-t-il, pour la première fois en 1786, de l'esprit de l'ingénieur militaire allemand Johann H. Müller.

Ne répondant pas à une demande sociale bien exprimée, cette invention demeura toutefois pendant un certain temps une simple vue de l'esprit, et de ce fait sombra dans l'oubli.

Les premières machines à différences

Mais moins de trente ans plus tard, l'idée ressurgit et germa dans l'esprit très fertile d'un grand inventeur, qui allait, lui, s'investir dans sa réalisation.

A une époque où même les plus élémentaires des calculatrices mécaniques étaient rares, le mathématicien anglais Charles Babbage (1791-1871) démontra en 1822 que ce concept était parfaitement réalisable, avant même de consacrer les onze années suivantes à la construction d'une machine de ce type. Et c'est ainsi, selon les termes mêmes du rapport fait par Merrifield à l'Association britannique pour l'avancement des sciences, que « Babbage s'est investi dans des travaux d'une merveille de mécanique », dont l'ingéniosité et la fécondité ne manquèrent pas, du reste, de frapper l'imagination de tous ceux qui eurent à en juger.

Cependant, en dépit de l'appui financier du gouvernement britannique et des sommes considérables prélevées sur la fortune personnelle de l'inventeur, ce projet ne fut jamais conduit véritablement à son terme.

Deux raisons au moins expliquent cet échec :
– premièrement, en poussant son perfectionnisme à l'excès, Babbage ne sut guère limiter ses ambitions ;
– deuxièment, conscient de bonne heure des limitations structurelles de sa *Machine à Différences,* il s'en était peu à peu désintéressé pour se consacrer à un projet beaucoup plus ambitieux, dont il sera question un peu plus loin (voir p. 550 *sq.*).

L'idée fut réalisée en fait pour la première fois d'une manière complète en 1853, lorsque les Suédois Georg et Edvard Scheutz, inspirés par les travaux de Babbage, construisirent, avec l'appui financier de leur pays, une machine à différences fiable, robuste, fonctionnant de manière satisfaisante et munie d'un dispositif d'impression des résultats. (On notera au passage que la machine des frères Scheutz a été la première calculatrice imprimante opérationnelle de l'histoire.)

Cette réalisation fut suivie bientôt de plusieurs autres, à commencer par celle du Suédois Martin Wiberg, qui construisit en 1859 une machine plus compacte et dotée de nouveaux dispositifs, puis par celles de l'Américain George Grant (1871), du Français Léon Bollée (1895), de l'Irlandais Percy Ludgate (1905), de l'Allemand Christel Hamann (1910), etc.

La première idée de Babbage : une voie bloquée

Cependant, les machines de cette catégorie ne connurent jamais une destinée comparable à celle des calculatrices mécaniques classiques.

Leur importance déclina, du reste, dès le début des années 1920, lorsqu'on s'aperçut que leur fonction pouvait être réalisée, soit par des machines comptables multiregistres (voir p. 519 *sq.*), soit encore par des machines mécanographiques à cartes perforées (voir p. 547-550).

Une raison du déclin des machines à différences a tenu en fait à leur principal défaut : comme les jacquemarts, les horloges astronomiques et les premiers carillons automatiques, leur organe de commande et leurs mécanismes d'exécution étaient confondus. Autrement dit, leur dispositif de guidage des opérations, intégré alors aux mécanismes internes, n'était pas indépendant de la structure matérielle de la machine. Pis encore, ces calculateurs, qui manquaient de souplesse, ne savaient effectuer qu'un seul type de calcul (ceux fondés justement sur la méthode des différences finies) ; de plus, chaque nouvelle séquence exigeait un nouveau réglage des mécanismes de commande.

Bref, *les machines à différences furent des automates numériques séquentiels à commande fixe et non modifiable.* D'où leur rigidité et leur blocage.

Les premiers automates séquentiels gouvernés par un mécanisme de commande modifiable

Et pourtant, les premières solutions à ce problème avaient déjà été apportées dès la fin du XVIe siècle en Europe, avec l'apparition des premiers carillons automatiques commandés par des tambours à picots mobiles et interchangeables, tel le carillon construit, semble-t-il, en 1487 par Barthélemy de Koecke à Alost, en Belgique, ou comme le *Speeltrommel Carillon* construit en 1666 à Utrecht, aux Pays-Bas.

Cette étape fut donc bien marquée par l'apparition des premiers automates séquentiels gouvernés par un organe de commande modifiable.

Les premiers automates séquentiels programmables

Ces solutions demeurèrent cependant très insuffisantes pour permettre de parvenir à des progrès plus conséquents, chaque nouvelle séquence à faire exécuter exigeant alors la construction d'un nouveau mécanisme de commande.

Mais avec le grand développement de la mécanique horlogère et des techniques de haute précision en Europe, des solutions beaucoup plus élaborées furent trouvées au XVIIIe siècle, lorsque le Français Jacques de Vaucanson, l'Autrichien Friedrich von Knaus, et bien d'autres encore, construisirent leurs célèbres automates d'apparence humaine ou animale. Chacun de ces automates fut en effet muni d'un dispositif régissant les instructions nécessaires à l'exécution d'une séquence déterminée d'opérations élémentaires, préfigurant ainsi la notion moderne de *programme.*

On pense par exemple au *Canard digéreur,* au *Flûteur,* au *Joueur de galoubet et de tambourin* de Vaucanson, ainsi qu'aux nombreuses « répliques », parfois plus perfectionnées que les œuvres originales, les unes et les autres créées par le maître.

« L'Europe cria au miracle et elle répète encore ce cri d'étonnement après plus d'un siècle », s'exclamera-t-on encore au XIXe siècle à propos du génie inventeur.

On pense aussi au *Joueur de flageolet* et aux quatre *machines parlantes* de Von Knaus. Mais on n'oubliera pas les tricheries de Von Kempelen, auteur d'un faux automate joueur d'échecs, ni les tours astucieux de Robert Houdin, plus expert en illusionnisme qu'en matière d'automatisme.

Les concepts des automates de Vaucanson

A propos du *Canard digéreur* (construit vers 1738, mais détruit vers 1879 dans un incendie), de nombreux témoignages confirment ce que Vaucanson racontait lui-même, à savoir qu'il avait voulu produire une copie très fidèle de la réalité du canard :

« Il allonge son cou pour aller prendre le grain dans la main, il l'avale, le digère et le rend par les voies ordinaires tout digéré ; tous les gestes d'un canard qui avale avec précipitation et qui redouble de vitesse dans le mouvement de son gosier pour faire passer son manger dans l'estomac y sont copiés d'après nature » (cf. A. Doyon et L. Liaigre).

Précisons tout de même que si Vaucanson était certes parvenu à simuler les mouvements physiques, il y avait eu en revanche quelque duperie dans la simulation même de la digestion.

Il n'en reste pas moins vrai que les automates de Vaucanson constituèrent des créations fort intéressantes mettant en application des concepts nouveaux, comme l'explique J. Perriault :

« Alors qu'on serait tenté de penser que c'est une distraction futile, Vaucanson et Louis XV, son protecteur, qui fut assurément le promoteur des politiques de recherche, caressent un grand dessein : celui de reconstituer un homme entier avec la circulation de sang et de lymphe, la respiration, etc. L'entreprise échouera bien sûr, mais nous en gardons l'invention de l'utilisation du caoutchouc sous forme de tuyaux, ceux-ci devant être les veines et les artères du grand modèle. Alors que nous semblons être très loin de l'informatique, ces réalisations amènent une série de réflexions qui alimentent notre propos.

« Les animaux créés par Vaucanson ont une vérité extraordinaire. Cette compétence lui valut d'ailleurs une brouille définitive avec Marmontel qui, pour une de ses pièces, lui avait demandé de construire un aspic qui mordrait au moment tragique le sein de l'héroïne. Tout Paris vint pour voir l'aspic et non la pièce... !

« Cette apparence de réalité se prête très bien à la description littéraire, mais – ceci nous semble fondamental – elle ne permettra jamais de construire une mécanique. Vaucanson crée ou plutôt développe un mode de description analytique qui se substitue à la première et autorise l'exécution de machines.

« Un point reste d'ailleurs obscur dans cette histoire. Vaucanson était un homme bien né et, en tant que tel, ne construisait pas lui-même ses machines. Il avait un atelier qui s'en chargeait. On ne conserve que très peu de traces de ses moyens réels de communication avec les exécutants...

« Ce point est fondamental en informatique de savoir substituer à une expression littéraire d'un phénomène qu'on analyse une description totale et fine qui en permette la gestion par un automate. Cela signifie de plus que Vaucanson, à l'instar d'Euclide et de bien d'autres, avait su construire et ordonner des règles de fonctionnement qui aboutissaient à un résultat bien défini, en l'occurrence l'apparence de la réalité...

« Il avait de plus trouvé dans la technique qui lui était contemporaine les éléments de construction. Le dispositif gère ici le procédé en totalité, contrairement, par exemple, à ce que fait le boulier-compteur : du début à la fin, tout se passe automatiquement. Cela signifie qu'il y a un organe de commande qui va régimenter les divers organes d'exécution. Ceux-ci, au XVIIIe siècle, sont des bielles, des cames et des pistons. De même que l'opération arithmétique **a** + **b** se réécrit en une suite de transferts et de comptages, de même l'analyse du dandinement du canard se retrouve en un agencement de ces divers dispositifs. L'organe de commande est un tambour recouvert d'aspérités correspondant à des fonctions à déclencher...

« Reprenant en termes d'aujourd'hui des concepts dont on vient de voir qu'ils sont fort anciens, nous pouvons faire un premier bilan.

« [A propos des apports du XVIIIe siècle, on sait donc déjà à cette époque]... faire l'analyse de problèmes complexes et discerner des étapes élémentaires et des règles de fonctionnement telles que leur mise en jeu satisfasse le but poursuivi : la simulation d'une réalité. Il y a donc [en termes actuels] capacité de création d'*algorithmes* que l'on s'efforce de mécaniser. A cette fin on dote chaque organe d'exécution d'une position d'accès qui le désigne par rapport à un tambour portant les ordres éventuels de déclenchement. Ces aspérités... sont le *codage* des règles de l'algorithme.

On leur donnerait actuellement le nom d'*instructions.* Quant au tambour qui les rassemble, c'est un outil que l'on croit nouveau bien à tort : le *programme* » (J. Perriault).

Cela ne veut cependant pas dire que la compréhension actuelle de ces concepts n'est pas plus évoluée qu'elle ne l'était à l'époque. Bien au contraire, mais les concepts ainsi mis en jeu possédaient une structure indépendante de la nature des dispositifs dans lesquels on les mettait ainsi en application. Ils possédaient une organisation qui, transposée dans d'autres dispositifs, suivant des technologies nouvelles et selon des théories beaucoup plus avancées, allait donner naissance aux éléments que nous connaissons bien aujourd'hui.

Les automates de Jaquet-Droz

Autre progrès notable accompli au siècle des Lumières dans le domaine des automates androïdes : celui réalisé vers 1770, par les Suisses Pierre et Henri-Louis Jaquet-Droz, lorsque ceux-ci construisirent leur *Écrivain,* leur *Musicienne,* leur *Dessinateur,* etc., une décennie avant que le Français Pierre Kintzig eût réalisé sa fameuse *Joueuse de Tympanon*, qui fut, dit-on, une réplique artificielle de la reine Marie-Antoinette.

Ce fait sera rendu plus intelligible sur l'*Écrivain* de Jaquet-Droz, grâce à la description qui en est faite par R. Carrera, D. Loiseau et O. Roux :

« Le petit personnage, un bambin de trois ans à peine, est assis sur un tabouret de style Louis XV. Il tient de la main droite une plume d'oie, tandis que la gauche s'appuie sur la petite table d'acajou. Ses yeux suivent les lettres tracées, sa figure est attentive ; ses gestes, quoiqu'un peu saccadés, sont cependant naturels.

« Le mécanisme qui l'anime est extrêmement complexe – c'est même le plus compliqué des trois androïdes. Pour sa construction, Pierre Jaquet-Droz a dû résoudre des problèmes très difficiles ; il s'agissait, en particulier, de loger ce mécanisme au complet dans le corps de l'enfant et de commander les mouvements du poignet par l'intermédiaire du coude et du bras.

« On y distingue deux jeux de rouages. Un système ingénieux les déclenche alternativement, sans aucun arrêt, jusqu'à l'exécution du point final qui immobilise le tout.

« Le premier mécanisme, placé dans la partie supérieure du corps, fait tourner un long cylindre à axe vertical composé de trois jeux de cames ; chacun d'eux a pour tâche de mettre en marche des leviers destinés à assurer les mouvements du poignet dans les trois directions fondamentales.

« Aussi la plume ne se déplace-t-elle pas seulement dans un plan, mais également en profondeur. Elle peut ainsi tracer les lettres avec les pleins et les déliés. A chaque tour de came une lettre est formée. C'est à ce moment-là que le deuxième mécanisme entre à son tour en action, pour communiquer au cylindre à cames un mouvement de translation vers le haut ou vers le bas. La longueur de la course est définie par des taquets d'acier interchangeables, disposés à la périphérie d'un disque placé à la partie inférieure du mouvement. Il y en a 40, occupant chacun un espace angulaire de 9 degrés. Chaque taquet fait prendre au cylindre à cames une position bien définie correspondant à une lettre ou à une manœuvre déterminée (changement de ligne, prise d'encre, etc.).

« Ainsi, on a la faculté de préparer le mécanisme pour que l'automate écrive n'importe quel texte comportant un maximum de quarante lettres ou signes.

« Bien d'autres parties du mécanisme sont dignes d'intérêt. Citons entre autres celle qui fait fonctionner la tête et les yeux de l'automate, puis celle qui enregistre les distances régulièrement les unes à côté des autres, qu'elles soient larges ou étroites. Un autre dispositif déplace le point d'i pour en faire le point final et bloquer le mécanisme... »

De tels dispositifs furent donc en somme les premiers automates séquentiels à commande modifiable, structurellement conçus pour que certaines suites d'instructions soient utilisables à partir de n'importe quel point d'une séquence d'opérations : ils peuvent être regardés aujourd'hui comme une véritable préfiguration de la notion moderne de *sous-programme.*

Les premiers automates séquentiels à programme souple et modifiable

Mais pour perfectionnés qu'ils fussent, de tels automates eurent cependant très peu de concepts en commun avec les ordinateurs d'aujourd'hui : les organes de commande faisaient en effet partie intégrante des dispositifs et n'étaient donc pas indépendants de la structure matérielle du système ; de plus, toute modification des séquences à exécuter exigeait encore un délicat réglage préliminaire des mécanismes correspondants.

Pour avancer vers la conception technique des ordinateurs, il fallait donc changer radicalement de direction dans l'univers des automates artificiels.

Le premier pas à franchir fut donc d'imaginer une machine dont le fonctionnement serait actionné par un dispositif de commande modifiable régi par une séquence d'instructions inscrites sur un support souple, indépendant de la structure matérielle des mécanismes internes.

Il fallait donc créer une machine où les ordres répondraient aux règles d'un code très précis, suivant un moyen de communication préalablement établi entre l'homme et la machine.

Les premières solutions au problème furent trouvées en fait par des maîtres tisserands français du XVIIIe et du début du XIXe siècle.

Cela a commencé en 1725, lorsque le tisserand lyonnais Basile Bouchon a inventé un métier à tisser recevant ses instructions par l'intermédiaire d'une bande de papier perforé : ce fut un dispositif de commande semblable aux tambours recouverts d'aspérités du *Canard* de Vaucanson, mais où les aspérités furent remplacées par des trous correspondant eux-mêmes à des fonctions à déclencher.

D'ailleurs, une forme semblable est connue de tous car elle se trouve dans les orgues de Barbarie sous la forme de bandes de papier qui se déplient et qui sont munies de diverses perforations. Contemporain de Vaucanson et de Bouchon, ce système aurait été inventé vers 1727.

En 1728, le système des métiers à tisser fut amélioré par Falcon, assistant de Bouchon, qui eut en effet l'idée de remplacer la fragile bande de papier par des cartons perforés reliés entre eux en une sorte de chaîne sans fin (cf. Eymard ; D. de Prat).

Cette étape aura donc, d'une manière certaine, inauguré l'ère des moyens de communication entre l'homme et la machine.

Le système de Falcon ne fut cependant pas automatique : il requérait en effet la présence permanente d'un ouvrier pendant le déroulement des opérations.

Le progrès suivant fut réalisé par Vaucanson, qui construisit en 1749 le premier métier à tisser fonctionnant de manière entièrement automatique. Mais celui-ci eut l'idée de remplacer les cartes perforées de son prédécesseur par un cylindre métallique perforé mû par un système hydraulique. Vaucanson fit donc ainsi de son métier à tisser un automate certes programmable, mais cyclique : un automate où les instructions, alors inscrites par des perforations sur un cylindre entraîné par une chute d'eau, se répétaient régulièrement.

Les métiers à tisser de Jacquard

Ce n'est donc qu'au début du XIXᵉ siècle, grâce aux efforts de Joseph-Marie Jacquard, que la technique des métiers à tisser a connu ses perfectionnements les plus importants, qui devaient en faire dès lors un produit opérationnel et commercialisable. Unissant le système de programmation au moyen des cartons perforés de Falcon au principe mécanique de fonctionnement automatique mis au point par Vaucanson, il combina, en effet, l'emploi du tambour mobile muni d'une séquence de cartes perforées à l'idée d'une barre mobile qui soulève les crochets. Et c'est ainsi que fut construit en 1804 le premier métier à tisser entièrement automatique commandé par un système de cartes perforées : un système qui allait bientôt recueillir un succès considérable dans le monde (cf. Eymard ; D. de Prat).

La première étape vers les techniques modernes de programmation

Ce qui s'est déroulé de Bouchon à Jacquard a donc ainsi marqué la naissance des machines à programme souple et modifiable ainsi que l'apparition des premiers automates séquentiels programmables et non cycliques de l'histoire (au sens moderne du mot).

Pour commander le déroulement des séquences d'opérations nécessaires aux motifs d'un tissage donné, on avait en effet imaginé un mode souple de programmation et d'exécution d'opérations fondé sur un langage codé par des trous pratiqués à des endroits bien précis d'un support dur en carton, ces cartes perforées se succédant elles-mêmes en une chaîne sans fin. Découverte capitale, dont on allait bientôt étendre l'usage et que l'on devait préciser, assouplir et généraliser, selon l'avance technologique appropriée et grâce au développement de la logique symbolique et des mathématiques contemporaines.

Émergence du besoin d'un traitement artificiel de l'information statistique

En fait, dans l'histoire du traitement artificiel de l'information, l'une des premières utilisations pratiques du système des cartes perforées dans une machine spécialement conçue à cet effet a été opérée aux États-Unis à la fin du siècle dernier.

R. Ligonnière situe bien les conditions préliminaires de cette invention capitale, destinée à faire justement de la carte perforée son élément de base. C'est une invention qui a révolutionné en son temps les domaines de la statistique, de la comptabilité et de la gestion des entreprises, et dont les progrès ont donné lieu à une avance technique et industrielle importante, qui allait, par la suite, se révéler essentielle à l'essor même des techniques et de l'industrie des ordinateurs :

« Cette jeune nation [l'Union des États fédérés] n'est pas encore centenaire : la guerre de l'Indépendance dura de juin 1775 à octobre 1782, et le traité reconnaissant la souveraineté des nouveaux États ne fut signé qu'en avril 1783, à Versailles.

« Comment s'était organisée cette fédération ? Entre le 25 mai et le 17 septembre 1787, lors de la Grande Convention de Philadelphie, des délégués des États américains tentèrent de mettre sur pied une Constitution. Un premier projet, présenté le 15 juin par William Patterson, du New Jersey, fut rejeté. Les délégations des petits États obtinrent le principe d'un vote égal par État dans l'une au moins des deux assemblées nationales (le Sénat). Le 16 juillet, il fut convenu que la représentation des États à la Chambre basse serait proportionnelle à la population, sous réserve d'un additif en deux points exigé par les États du Sud :

« 1. Pour la détermination du nombre de sièges par l'État, cinq esclaves (non électeurs) seraient assimilés à trois hommes libres (électeurs).

« 2. Un recensement de la population serait effectué tous les dix ans dans tous les États de la Fédération.

« Ce fut le "Grand Compromis" qui permit de commencer à bâtir la Constitution proprement dite. Les impératifs liés à la seconde de ces décisions allaient faire naître la *mécanographie,* quatre-vingt-quinze ans plus tard.

« Le problème de l'esclavage, dont l'abolition était voulue par les États du Nord, industriels et à population à majorité blanche, provoqua la cruelle guerre de Sécession (1861-1865) avec son hémorragie humaine (617 000 tués, des millions d'invalides) et des blessures psychologiques et économiques considérables. A partir de 1875, la tension Nord-Sud finit par s'apaiser et le peuple américain, cicatrisant ses plaies, se consacra en priorité à la mise en valeur du pays.

« Les États-Unis étaient en train de devenir une grande puissance industrielle grâce à leurs ressources naturelles énormes, à leur population entreprenante et à une capacité d'innovation remarquable. Ce dernier point est mis en évidence par le nombre de brevets accordés par l'US Patent Office : un millier par an, avant la guerre civile ; puis douze mille en moyenne, durant les années de la décennie 1870 ; ce chiffre passera ensuite à vingt mille brevets annuels autour des années 1890.

« Entre 1790 et 1880, le phénomène social dominant dans l'histoire des États-Unis fut, sans conteste, la conjugaison d'une immigration massive et d'une natalité élevée, deux facteurs qui donnaient aux résultats des recensements décennaux l'allure d'événements majeurs fort attendus.

« Le premier comptage, celui du 2 août 1790, s'était borné à dénombrer 3 893 637 personnes vivantes sur le territoire de la Fédération. A partir de 1800, six rubriques analysèrent la composition de cette population (sexe masculin, Blanc de moins de seize ans ; sexe masculin, Blanc de plus de seize ans ; sexe féminin, race blanche ; individu libre de race noire ; esclave ; profession).

« Les questions posées par les agents recenseurs devinrent de plus en plus nombreuses, car on comprit très vite que les informations liées à ces recensements constitutionnels pouvaient servir de guide aux prises de décisions législatives. D'un recensement à l'autre, le chiffre global augmentait d'un facteur pratiquement constant, environ 34,6 %. En 1860, la population atteignit 31 440 000 habitants.

« Le questionnaire censitaire s'était étoffé au point que, pour éviter de rendre le dépouillement impossible, le Congrès avait dû voter, en 1850, une loi qui limitait à cent le nombre des questions élémentaires autorisées.

« Néanmoins les recensements devenaient de plus en plus difficiles à exploiter, de plus en plus coûteux aussi. Paradoxalement, il n'existait pas d'organisme permanent chargé de cette tâche majeure. Périodiquement, un "Census Bureau" était installé, pour des sessions de plus en plus longues. A chacune de ces périodes d'activité, ce "Bureau" recrutait, à titre temporaire, des "experts", généralement des fonctionnaires, des militaires ou des universitaires détachés par leurs administrations pour concevoir, organiser et faire préparer physiquement le recensement suivant.

« En 1870 (40 millions d'habitants), on vit poindre une timide tentative destinée à améliorer les méthodes antérieures. Le colonel Charles W. Seaton proposa un dispositif composé d'un cadre rigide, d'une bande de papier qui serpentait entre des rouleaux, afin de faciliter les transcriptions manuelles entre les feuillets établis par les agents recenseurs et les formulaires récapitulatifs centralisés. Un bien mince progrès !

« Le comptage de 1880 fut un cauchemar : la population des États-Unis avait atteint 50 262 000 habitants ; sept ans allaient être nécessaires pour dépouiller et exploiter les informations recueillies.

« En 1890, le blocage serait total. Les décideurs économiques et législatifs ne pourraient plus disposer en temps utile des informations qui leur seraient nécessaires et les règles constitutionnelles ne seraient plus respectées. Une évolution radicale devenait donc indispensable » (R. Ligonnière [1]).

La première machine statistique à cartes perforées

Cette histoire a donc commencé en 1889, lorsque le Bureau américain de recensement, ainsi confronté au délicat problème d'analyse en temps raisonnable d'un ensemble d'informations statistiques portant sur des individus de plus en plus nombreux, a organisé un concours, dans le but de trouver un inventeur capable de mettre au point un système statistique artificiel précis, fiable et rapide pour le prochain recensement de 1890.

Le lauréat fut le jeune ingénieur Hermann Hollerith (1869-1929), qui avait inventé, en 1884, une machine statistique capable de compter électriquement les unités grâce à un système de perforations dans des cartes de papier fort, et où le passage du courant au travers d'une perforation faisait avancer d'une graduation l'aiguille d'un totalisateur.

On ne saurait mieux présenter l'usage pratique de cette machine que par cette description (citée par R. Moreau [4]), qu'en fit E. Cheysson dans le numéro du 8 juillet 1893 de *La Science moderne* :

« Le problème consistait donc à combiner, sur une fiche rectangulaire de 12 centimètres sur 6 (la carte empruntée à Joseph-Marie Jacquard), les 210 cases nécessaires pour recevoir toutes les inscriptions possibles, chacune de ces inscriptions étant figurée par un signe conventionnel très bref qui en tient lieu.

« C'est une véritable notation algébrique ou chimique dans laquelle une lettre remplace un nom : ***m*** signifie masculin ; ***w*** féminin ; ***rk*** roumain-catholique ; ***gk*** grec-catholique ; ***dt*** allemand ; ***sk*** serbo-croate ; ***o*** ouvrier ; ***An*** illettré ; ***cr*** crétin ; ***gs*** divorcé ; et ainsi de suite...

« C'est sur les fiches ainsi disposées que l'on perce, à l'aide d'une sorte de pantographe, des trous correspondant aux données qui se rapportent à chacun des individus recensés, de telle sorte que les trous dont chaque fiche est percée définissent exactement l'individu auquel s'applique la fiche. Toutes les réponses du recensé se trouvant transcrites dans une langue précise que comprend la machine, on peut maintenant livrer les cartes à cet appareil...

« Si l'on veut trier toutes les cartes présentant la même donnée, par exemple celles de tous les illettrés *An,* pour les soumettre à une analyse spéciale, on n'a pas à en faire péniblement le triage à la main. Ici encore l'électricité va simplifier l'opération...

« A côté de la machine à compter se trouve un casier à boîtes profondes (*sorting box*), dont chacune est fermée par un couvercle léger. Ce couvercle est mis en communication électrique avec le tube qui, sur le plateau fixe, correspond aux illettrés *An,* et se soulève automatiquement quand l'aiguille de la *machine à compter* s'engage dans ce tube à travers un trou de la carte. L'employé voit alors tout son casier fermé, sauf une boîte largement ouverte, dans laquelle il n'a qu'à placer la carte ainsi triée automatiquement...

« Maintenant que l'on a vu le rôle de la machine et de la carte, on peut aisément s'imaginer l'ensemble de l'opération. Toutes les feuilles de ménage, directement parvenues au bureau central, sont confiées à des employés spéciaux qui les complètent par leur traduction en signes conventionnels. Après un contrôle de ce travail, elles passent aux employés qui perforent les cartes, puis à d'autres qui contrôlent cette perforation. Les cartes perforées sont livrées à la machine et au *sorting box* qui les comptent et les appareillent par série. Une même carte subit les manipulations successives que lui assigne le chef de service. Ainsi l'on peut d'abord, avec les compteurs, dénombrer les recensés d'après le lieu de naissance, la situation de propriétaire ou non, les infirmités ; puis, avec le *sorting box,* constituer des paquets correspondant aux deux sexes et aux dizaines d'âge.

Chacun de ces paquets peut lui-même être soumis aux compteurs qui donneront sa décomposition numérique au point de vue de l'état civil, de la culture intellectuelle et de la situation d'ouvriers ou de patrons. Ils peuvent ensuite être classés par le *sorting box* en divers paquets par profession. Enfin, dans un dernier passage, chacun de ces paquets déjà classés par âge, par sexe et par profession, peut l'être par état civil, par situation d'ouvriers, de patrons ou de domestiques.

« On voit que le directeur de recensement dispose librement de ces combinaisons qu'il peut varier à l'infini. Il est maître d'interroger ses cartes sous tel aspect qui bon lui semble et de grouper leurs réponses à son gré...

« Ce système a en outre le tort de donner plus de renseignements qu'on n'en peut publier. Si l'on tenait à les utiliser tous, un seul recensement fournirait de quoi remplir une grande bibliothèque. On est donc obligé d'en garder la plus grande partie à l'état de documents manuscrits et de se borner à publier les chiffres globaux ou récapitulatifs afférents à de vastes circonscriptions, sinon même au pays tout entier...

« Enfin – et cette considération est à son actif – une telle organisation n'est possible qu'avec la centralisation du dépouillement. »

Ainsi la machine d'Hollerith se composait-elle d'une *perforatrice à main*, sorte de pantographe grâce auquel on perforait les données individuelles sur des cartes suivant un code préétabli. Elle comprenait en outre une sorte de *tabulatrice*, constituée elle-même d'un dispositif de lecture, composé à son tour d'une plaque à godets, contenant du mercure, et d'une tête mobile munie d'autant d'aiguilles que de positions possibles de perforations (les aiguilles ne pouvant venir au contact du mercure qu'au travers des perforations). Il y avait aussi une batterie de compteurs à cadrans commandés par des électro-aimants, ainsi qu'un groupe de 26 casiers de tri, fermés par des couvercles commandés également par des électro-aimants. Chaque carte était placée à la main sous la tête d'exploration. Celle-ci abaissée, les aiguilles fermaient des circuits et faisaient avancer d'une unité les compteurs auxquels elles correspondaient. L'un de ces circuits comprenait celui d'un casier de tri qui s'ouvrait. La carte y était jetée, et le couvercle refermé à la main. L'opération comprenait donc à la fois un *comptage* et un *tri*, le tri préparant les cartes pour un nouveau comptage dans un autre ordre (cf. J. Favier et R. Thomelin).

Autant dire que la machine d'Hollerith a constitué le véritable ancêtre des machines mécanographiques connues sous le nom de *tabulatrices*, ainsi appelées « parce qu'elles permettaient de présenter les résultats sous forme de tableaux ». Le *sorting box*, quant à lui, fut l'ancêtre des *trieuses mécanographiques*, qui « étaient des machines effectuant sur les objets représentables par les codes des cartes mécanographiques des opérations de comparaison se ramenant à des problèmes de tri ». On notera enfin qu'« en souvenir des cartes utilisées par Hollerith, les cartes mécanographiques qui servaient encore il n'y a pas si longtemps à entrer des données sur ordinateur furent appelées quelquefois *cartes d'Hollerith*, bien que leur format fut différent de celui des cartes initiales » (R. Moreau [4]).

Naissance et développement de la mécanographie statistico-comptable

Quoique très rudimentaire, la machine d'Hollerith nécessita tout de même moins de la moitié du temps requis pour la même tâche par tous les systèmes concurrents de l'époque. Elle connut pour cela un grand succès, car elle fut utilisée non seulement lors des recensements de 1890 et de 1900, mais aussi, selon diverses améliorations, dès 1891, dans la comptabilité de la Central Railroad, compagnie de chemins de fer de New York, ainsi que dans plusieurs compagnies d'assurances.

En 1896, Hollerith quitta cependant l'Administration américaine pour fonder sa propre société à Washington DC : la Tabulating Machine Company qui, par le succès considérable qu'elle devait bientôt recueillir, allait contribuer à faire connaître son équipement partout dans le monde. En 1903, la société d'Hollerith lancera d'ailleurs sur le marché les premières trieuses et les premières tabulatrices véritablement automatiques.

On notera au passage qu'en 1911, celle-ci fusionnera avec la Computing Scale Co. (alors spécialisée dans la production de balances à bascule automatique), ainsi qu'avec l'International Time Recording Co. (spécialisée, elle, dans la production d'horloges), le tout pour donner naissance à la Computing Tabulating Recording Co. (CTR) qui innovera dans ce domaine, dès 1914, avec la production de l'imprimante à crémaillères d'Hollerith. On observera aussi qu'en 1913, y sera engagé Thomas Watson (1874-1956), anciennement employé chez NCR et qui, après avoir été le directeur général de la CTR à partir de 1914, en deviendra le président en 1924, pour débaptiser la CTR et donner dès cette année-là à l'ensemble du groupe le nom d'International Business Machine Corporation, mieux connu par la suite sous le sigle d'IBM.

Parmi toutes les réalisations techniques les plus significatives de l'histoire mécanographique d'IBM, citons :

1. La tabulatrice imprimante (1920).
2. Le futur format standard des cartes IBM à 80 colonnes et du système de perforations rectangulaires (1928).
3. La tabulatrice à soustraction directe (1928).
4. La perforatrice récapitulative et la vérificatrice (1930).
5. La tabulatrice à facturer (1931).
6. La tabulatrice alphabétique et la multiplicatrice (1932).
7. La reproductrice (1933).
8. L'interclasseuse comparatrice (1937).
9. La calculatrice entièrement électronique (1946) ; etc.

Cependant, dès 1905, l'US Census Bureau, qui avait mis à contribution les équipements successifs d'Hollerith depuis 1890, décida de faire construire un équipement sur mesure pour le prochain recensement constitutionnel de 1910 et trouva en l'ingénieur James Legrand Powers (1870-1915) la personne qui serait chargée dorénavant de cette tâche.

Celui-ci, contournant alors les brevets d'Hollerith, produisit en 1907 un lecteur mécanique de cartes couplé à une perforatrice électrique, l'exploration des cartes se faisant par de petites broches pouvant traverser les perforations et appuyer sur des poussoirs. Ce système fut certes purement mécanique, mais il prouva à son tour son efficacité, se révélant même plus fiable que l'exploration électrique du système initial d'Hollerith.

Après avoir obtenu un brevet pour cette invention, Powers inventa en 1909 une tabulatrice semi-automatique avec compteurs imprimants. Mais il fut tenté à son tour par l'aventure individuelle, et fonda lui aussi, dès 1911, une société spécialisée, l'Accounting And Tabulating Machines Co. (ATM) qui installa progressivement des usines en Amérique, puis en Angleterre et en France, et concurrença très vite le groupe issu de la société d'Hollerith. Parmi ses innovations, on notera en particulier l'invention du système d'*impression alphanumérique* en 1925.

En 1927, les brevets Powers furent concédés à la Remington Rand Inc., issue elle-même dès cette année-là de la fusion de l'ATM de Powers avec la Remington Typewriter Co. (spécialisée dans la production de machines à écrire), la Dalton Adding Machine Co. (qui produisait des additionneuses à touches), le Rand Kardex Library Bureau (spécialisé dans la production de systèmes de classement) et quelques autres sociétés de moindre importance, avec James H. Rand (1886-1968) à la tête du groupe.

Précisons qu'en 1950, la Remington Rand Inc. acquit l'EMC (Eckert-Mauchly Computer Corporation), fondée en 1948 sous le nom d'Electronic Control Company (ECC) par John P. Eckert et John W. Mauchly – inventeurs du gros calculateur analytique électronique nommé ENIAC –, et qui prit ensuite le nom (autrefois bien connu) d'UNIVAC Division.

En 1955, la Remington Rand Inc. fusionna à son tour avec la Sperry Gyroscope Co. pour devenir le groupe Sperry-Rand, avant de changer de nom une fois encore et de s'appeler Sperry Corporation.

Enfin, dès 1987, la même fusionna de nouveau, mais avec la Burroughs Corporation cette fois. (Cette dernière avait été fondée en 1886 à Saint Louis, dans le Missouri, par William Seward Burroughs (inventeur de la première additionneuse imprimante commerciale à touches), sous le nom d'American Arithmometer Co. Elle déménagea ensuite à Detroit en 1905, avant de changer son nom en Burroughs Adding Machine Co., lui-même modifié dès 1952 en Burroughs Corporation.)

Et c'est ainsi que naquit finalement le groupe connu de nos jours sous le nom d'Unisys.

Mais l'histoire de Powers n'en fut pas terminée pour autant. En Europe, ses brevets furent concédés à la Samas, qui devint la compagnie Samas-Powers. Cette dernière fusionna à son tour en 1959 avec la société anglaise BTM, qui exploitait des brevets IBM. De là vint l'International Computers and Tabulators Ltd (ICT) qui racheta par la suite les départements de calcul électronique EMI de la firme anglaise Ferranti, avant de donner naissance elle-même, par fusion, au groupe actuellement connu sous le nom d'ICL (International Computer Limited).

Autre étape importante franchie dès le début du XXe siècle dans le domaine de l'industrie mécanographique : désireux de répondre aux besoins de la compagnie d'assurances qui l'employait, l'ingénieur norvégien Fredrick Rosing Bull (1882-1925) inventa en 1919 et construisit en 1921 une tabulatrice originale comportant de nouvelles caractéristiques. C'était une machine statistique électromécanique à sélecteur de cartes, dont le système fut breveté en 1924, et qui fut commercialisée dès 1925 en Norvège, au Danemark, en Finlande et en Suisse.

A sa mort, F. R. Bull légua ses brevets à l'Institut du Cancer d'Oslo, où il était soigné. Les brevets furent rachetés en 1928 par la société suisse Egli de Zurich (spécialisée jusque-là dans la production et la commercialisation de calculatrices à multiplication directe comme la *Millionnaire,* ou à division directe comme la *Madas*). Celle-ci entreprit aussitôt la production de machines mécanographiques à cartes perforées. En 1931, la société, alors connue dès cette année-là sous la dénomination d'Egli-Bull, vint s'installer à Paris, en plus de ses représentations de Zurich et de Bruxelles.

Puis, en 1933, désormais sous contrôle entièrement français, la branche hexagonale prit le nom de Compagnie des Machines Bull, et entreprit dès lors une fabrication en série, faisant breveter de nouvelles machines telle la tabulatrice à cycles indépendants (1934). En 1964, elle s'associa à l'américaine General Electric Co., avant de s'en détacher en 1970. Elle s'attacha dès la même année à Honeywell jusqu'en 1976, où elle prit le nom de CII-Honeywell Bull, avant de devenir, après maintes et maintes péripéties, le groupe Bull.

Parmi les innovations techniques apportées par cette société dans le domaine de la mécanographie, mentionnons : la tabulatrice à 3 totalisateurs de 10 chiffres (1931) ; le dispositif d'impression de K.-A. Knutsen, qui, aux crémaillères à translation, substituera un dispositif composé de roues porte-caractères à rotation continue permettant l'impression de 120 lignes à la minute ; le Bloc d'impression alphanumérique (1934) ; etc.

La mécanographie : autre étape importante dans l'histoire technico-commerciale des ordinateurs

On voit donc désormais à quel point l'histoire de la mécanographie a constitué une étape importante dans l'histoire commerciale des ordinateurs, car elle a vu naître et se développer quelques grandes compagnies industrielles, devenues, depuis, membres du club des plus importants constructeurs d'ordinateurs : IBM, Unisys, Bull, ICL, etc.

Et c'est bien ce domaine qui a créé également les véritables conditions d'un marché pour les machines de traitement automatique de l'information.

Et de fait, les inventions précédentes ont été à l'origine de toute une lignée de machines à cartes perforées (tabulatrices, vérificatrices, calculatrices, perforatrices récapitulatives, interclasseuses, etc.), que l'on a vues, depuis, se développer considérablement et qui ont émergé peu à peu du simple domaine de la statistique pour devenir applicables non seulement à toutes sortes de travaux comptables, mais aussi à certains calculs de type scientifique.

Sans entrer dans des détails fastidieux, précisons, avec J. Favier et R. Thomelin (dont nous mettons la citation à l'imparfait), que « l'originalité des machines à cartes perforées tenait [autrefois] dans leur capacité à lire elles-mêmes des documents, préalablement établis sous forme de cartes et portant les données codifiées en perforations.

« Deux caractères particuliers en avaient résulté, quant à leur utilisation :

«– la rapidité d'exécution des travaux, permettant, entre autres, d'entreprendre, sans dépense prohibitive, le dépouillement de masses énormes de documents (application aux statistiques nationales) ;

«– l'aptitude à effectuer automatiquement les *classements*.

« Les travaux de la comptabilité et de la statistique nécessitaient en effet des *calculs*, des *transcriptions*, et des *classements* ».

« [A la base du système, au moins à son stade avancé,] se trouvait la transcription de chaque donnée ou de chaque groupe de données correspondant à un fait comptable ou statistique, sur un document de forme invariable, la carte, où les chiffres et les lettres étaient traduits suivant un certain code par une série de perforations.

« Cette transcription initiale unique présentait un double avantage :

« 1. Elle réalisait, par la carte, l'indépendance matérielle des données ou des groupes de données et la possibilité du classement dans un ordre quelconque.

« 2. Elle permettait, par les perforations, un fonctionnement automatique des machines capables de les lire.

« Effectuées à l'aide d'une *poinçonneuse* (ou *perforatrice*) – machine à clavier permettant d'atteindre une grande vitesse d'exécution –, la transcription unique présentait cependant un grave danger, car une erreur de frappe faussait tous les travaux ultérieurs. C'est pourquoi la frappe était répétée par une autre opératrice sur une seconde machine, la *vérificatrice*, qui se bloquait si la nouvelle frappe ne correspondait pas exactement à la première. On avait ainsi la certitude morale que les données avaient été correctement transcrites, la suite des opérations *devant* permettre d'obtenir des résultats exacts, avec une rapidité généralement beaucoup plus grande.

« Différentes machines entraient alors en jeu, sans autre intervention que l'approvisionnement en cartes, la mise en marche et une certaine surveillance du bon fonctionnement.

« Ce furent :

« 1. Deux machines fondamentales : la *trieuse* qui classait les cartes dans l'ordre désiré ; la *tabulatrice*, véritable machine comptable automatique, qui effectuait les opérations arithmétiques simples sur des groupes de cartes (sommations par exemple) et qui imprimait sur papier, dans leur forme définitive, les pièces et les états comptables.

« 2. Différentes machines auxiliaires, parmi lesquelles : la *reproductrice* qui reproduisait les données d'un jeu de cartes sur un autre jeu ; la *perforatrice récapitulative*, machine connectée à la tabulatrice, qui perforait sur des cartes vierges les totaux calculés par la tabulatrice ; la *calculatrice* qui effectuait toutes les opérations arithmétiques désirées sur chaque carte ; l'*interclasseuse* qui complétait les fonctions de la trieuse, et qui permettait en particulier de fusionner rapidement deux jeux de cartes préalablement triés dans le même ordre ; et enfin la *traductrice* qui imprimait "en clair", sur la carte elle-même, la traduction des perforations » (J. Favier et R. Thomelin).

Voilà donc brièvement, et à la nuance technique près, les principes généraux de la méthode mécanographique, autrefois développée, surtout depuis l'entre-deux-guerres, jusqu'aux années 1950, pour répondre selon la souplesse du système de programmation au moyen des cartes perforées à tous les besoins de la statistique comme à ceux de la comptabilité générale, de la comptabilité tiers, de la comptabilité analytique, de la comptabilité industrielle, de la comptabilité matières, de la paye du personnel, etc.

Aussi, grâce à une évolution vouant ses équipements à une automatisation, à une fiabilité et à une rapidité sans cesse accrues, la mécanographie a-t-elle joué un rôle notoire dans le sens des innovations techniques.

D'où ce bilan inspiré de celui de R. Ligonnière. On peut dire en effet que la mécanographie :

1. a joué un rôle social très important, autant au niveau de l'emploi que des mœurs, en ouvrant de plus en plus aux femmes les ateliers et les bureaux (comme le firent d'ailleurs dès la seconde moitié du XIXe siècle les secteurs des machines à écrire et des machines comptables) ;

2. a constitué (avec naturellement les secteurs des machines à calculer, des machines à écrire, des additionneuses à touches, des caisses enregistreuses, des machines comptables, de la téléphonie, de la télégraphie, etc.) un puissant levier économique, mis en évidence par la montée en puissance de sociétés telles que IBM, Remington-Rand, Bull, qui en ont fait leur fer de lance, ainsi que par l'essor de compagnies telles que NCR (caisses enregistreuses), Burroughs (machines comptables et à calculer), Bell (téléphonie), Ferranti (ingénierie électrique), etc., qui les ont rejointes à leur tour ;

3. a ouvert la voie à de nouveaux rapports entre les États, la société et les individus, la possibilité ayant été donnée de constituer désormais de grands fichiers de certaines parties de la population en vue de plusieurs actions sociales ;

4. a révélé au monde qu'il existait une demande et donc un marché en matière de traitement numérique artificiel de l'information ;

5. a permis, conceptuellement, grâce aux initiatives des membres de la communauté scientifique, mais surtout en raison de ses propres limitations structurelles, qu'en changeant radicalement de cap, on pouvait envisager une autre voie au potentiel illimité, pour la résolution par machine d'une très vaste catégorie de problèmes de type exécutable.

Quant à la carte perforée, elle a ainsi constitué le premier support universel de l'information lisible par des moyens artificiels : « Concue comme un support d'information traité par des moyens mécaniques ou électriques... ; triomphante jusqu'en 1945, elle a ensuite survécu jusqu'au seuil de la décennie 1960, s'effaçant progressivement devant l'alliance de plus en plus étroite des calculateurs électroniques et des supports magnétiques, ceux-ci sous forme de bandes, de disques, de disquettes » (R. Ligonnière [1]).

Limitations structurelles des machines mécanographiques

Mais dans la route qui devait mener à l'ordinateur, cette voie se heurta cependant à de graves blocages conceptuels : *les machines mécanographiques n'exécutaient, en effet, les traitements séquentiels que d'une manière semi-automatique.*

Dès le début des années 1930, la difficulté a été ressentie par certains scientifiques, comme l'astronome britannique Leslie John Comrie (1893-

1950) ou comme l'astronome américain Wallace John Eckert (1902-1950). Confrontés alors à des problèmes de type mathématique, nécessitant l'exécution de tâches répétitives portant sur des quantités importantes de données, ceux-ci contournèrent l'obstacle en connectant (sous l'influence des travaux de l'ingénieur espagnol Leonardo Torres y Quevedo) plusieurs machines à cartes, et en prenant la sortie de l'une comme entrée de l'autre.

Et c'est ainsi qu'ils réalisèrent, par des moyens électromécaniques, le concept de la machine à différences de Charles Babbage, dont nous avons déjà parlé plus haut (voir p. 534-535). C'est ce que l'on appela les *Différence Tabulators.* Les dispositifs qui en résultèrent furent donc les premiers systèmes électromécaniques capables de lire des cartes perforées, et pouvant effectuer des séquences d'opérations enchaînées et imprimer les résultats correspondants, sans aucune intervention humaine.

Malgré cela, cette voie demeura encore et toujours bloquée. Et cela pour deux raisons au moins :

1. Les *opérations s'effectuaient, non pas dans l'ordre de la logique des problèmes, mais en fonction de contraintes purement techniques.*

2. Sauf en cas d'erreur, il était impossible à ces machines de modifier automatiquement une séquence d'opérations, une fois le processus déclenché ; en d'autres termes, *ces machines étaient incapables de retrouver une instruction déterminée du programme pour modifier d'elles-mêmes le déroulement des opérations.*

C'est donc bien en changeant complètement de direction, en allant justement du côté de Babbage, non plus vers sa machine à différences, mais plutôt dans le sens de ses idées les plus ambitieuses que le problème allait trouver sa solution. Mais il aura fallu les développer selon une théorie très élaborée du raisonnement abstrait, à partir de tout l'acquis réalisé en mathématiques et en logique symbolique, en bénéficiant dans le même temps de toute l'avance de la physique, de la science des automates artificiels et de la technologie, pour que l'on parvînt finalement à surmonter les handicaps et que l'on vît émerger, lentement mais sûrement, le concept des ordinateurs actuels...

La Machine Analytique de Babbage : véritable ancêtre de l'ordinateur

En fait, Hollerith n'a pas été le premier à mettre en application le système de programmation au moyen des cartes perforées dans une machine de type numérique. Le mathématicien anglais Charles Babbage l'avait fait beaucoup mieux que lui et un demi-siècle avant lui. Ce fait est d'autant plus important à souligner que ce savant a été en réalité, pour ainsi dire, le véritable « grand-père » des ordinateurs d'aujourd'hui.

Progressant bien au-delà du plan de construction de sa machine à différences, celui-ci se proposa d'étendre considérablement les possibilités du calcul arithmétique artificiel. Et jusqu'à sa disparition, il se consacra corps et âme à la réalisation d'une machine à calculer fort élaborée à laquelle il donna le nom de *Machine Analytique* (en anglais : *Analytical Engine*).

Pour se faire une idée bien nette de la forte impression exercée par cette machine sur les contemporains et les successeurs immédiats de l'inventeur, écoutons ce que Maurice d'Ocagne expliquait à ce sujet en 1905 :

« Avec la machine dont il va être maintenant question, il semble qu'on entre dans le domaine de la féerie. Dans la pensée de son inventeur, elle était destinée à effectuer n'importe quelle suite d'opérations arithmétiques sur n'importe quels nombres, en aussi grande quantité qu'on le suppose, et à en fournir le résultat tout imprimé avec l'indication, au moyen des signes de l'algèbre, de toute la suite des opérations effectuées.

« Au premier abord, l'esprit est effrayé par les termes mêmes d'un tel problème et n'ose entrevoir la possibilité de sa solution. C'est pourtant sur la recherche d'une telle solution que, dès 1834, Charles Babbage concentrait tous ses efforts pour arriver, en quelques années, à vaincre, théoriquement au moins, toutes les difficultés de la question. »

Ne sourions pas : il y avait de quoi être très impressionné à l'époque par l'idée même d'une machine de ce type.

Dessinée de manière théorique de 1834 à 1836, la machine de Babbage, munie d'un mécanisme de commande à picots mobiles implantés sur un cylindre modifiable, et composée en outre de 1 000 registres de 50 chiffres doubles, avait en effet été structurellement conçue pour exécuter automatiquement des séquences d'opérations enchaînées, de nature quelconque, arithmétiques ou algébriques, sur mille nombres de 50 chiffres à la fois. Autant dire que la puissance du mécanisme de la *Machine Analytique* était censée recouvrir tout le domaine des relations numériques et algébriques.

Babbage exprima lui-même son étonnement face à ses propres découvertes et ses conceptions, dans la lettre qu'il adressa en mai 1835 à son ami le statisticien A. Quetelet : « Depuis six mois, je travaille sur les plans d'une machine plus puissante que la première [la machine à différences]. Je suis moi-même surpris par le pouvoir qu'il est possible de conférer à cette nouvelle mécanique. Il y a un an à peine, je n'aurais jamais imaginé un tel résultat possible. »

Mais à quelques modifications de détail près, l'architecture générale de la *Machine Analytique* fut définitivement arrêtée quelque cinq ans plus tard.

« Dès 1842, explique M. d'Ocagne, une première description de la machine a, en effet, pu être donnée, d'après Babbage, par le général Menabrea, alors capitaine du génie piémontais, dans la *Bibliothèque universelle de Genève* (XLI, p. 352). Il y a lieu, à ce propos, de mentionner un fait curieux que le général Menabrea porta à la connaissance de l'Académie des sciences de Paris, lorsqu'en 1884, il l'entretint de la machine (cf. CRAS, 2e semaine 1884, p. 179). Son mémoire avait été traduit en anglais dans les *Taylor's Scientific Memoirs* (cf. vol. III, Londres, 1843), et le traducteur, qui n'avait signé que des initiales L.A.L., y avait ajouté des notes indiquant une remarquable pénétration d'esprit et une haute culture mathématique, en même temps qu'une pleine intelligence du sujet. Intrigué, le capitaine Menabrea pria Babbage de lui dévoiler le secret de ces initiales.

« Quelle ne fut pas sa surprise lorsque Babbage lui livra le nom de lady Ada Lovelace, la fille unique de lord Byron ? On ne saurait guère imaginer de plus singulier contraste que celui offert avec son père par cette fille de poète s'appliquant à l'étude si exacte et si ardue des machines à calculer. »

Cela est d'autant plus singulier, en effet, que, par la magie du verbe et de la métaphore, les formules mathématiques les plus arides et les descriptions techniques les plus rebutantes devenaient, sous la plume de cette mathématicienne-là, les plus exquis des poèmes algorithmiques : « Nous pouvons dire, expliquera-t-elle dans ce texte, que la Machine Analytique tissera des motifs algébriques, tout comme les métiers Jacquard tissent des fleurs et des feuilles. »

Ada Augusta Byron, comtesse de Lovelace (1815-1852), fut d'ailleurs la première tisseuse d'instructions codées sur cartes perforées : elle avait élaboré un certain nombre de programmes en vue de les introduire un jour dans la machine de son illustre ami et maître à penser, sur la base d'un langage commun avec l'*Analytical Engine,* fourni justement à cette dernière par le système de perforation des cartes qui avait été inventé par Basile Bouchon puis perfectionné par Joseph-Marie Jacquard.

« C'était une femme d'une capacité certaine et elle dominait nettement son sujet. Si la *Machine Analytique* avait été construite, elle aurait été avec raison qualifiée pour le poste de mathématicien en chef » (M.V. Wilkes).

Mais la figure rhétorique ne suffisant plus, Ada Lovelace devait ajouter dans son extrême précision, en une sorte de remise des pendules à l'heure, et par une acuité tout à fait étonnante des problèmes épistémologiques à venir, que « la *Machine Analytique* n'a nullement la prétention de créer quelque chose par elle-même. Elle peut exécuter tout ce que nous saurons lui ordonner d'exécuter. Elle peut suivre une *analyse* ; mais elle n'a pas la faculté d'imaginer des relations *analytiques* ou des vérités. Son rôle est de nous aider à effectuer ce que nous savons déjà dominer ».

Il faut dire que, dans la pensée même de son inventeur, et selon sa propre terminologie, la machine de Babbage était munie :

1. D'un dispositif d'entrée et de sortie (*input/output*).

2. D'un organe de mise en fonctionnement de la machine (pour lequel Babbage n'avait pas trouvé de terme) comportant le transfert des nombres d'un dispositif à l'autre, afin de les placer dans leur séquence correcte : c'était l'*organe de commande* (ou *unité de contrôle*) de la machine.

3. D'un « magasin » (*store*), système de mémorisation des nombres permettant de conserver les résultats intermédiaires ou finaux des calculs effectués : c'était la *mémoire* de la machine, destinée à recevoir les nombres soumis au calcul et à stocker ceux obtenus comme résultats de calcul.

4. D'un « moulin » (*mill*), dispositif chargé d'exécuter les opérations sur les nombres introduits dans la Machine Analytique : c'était l'*unité arithmétique* de la machine, où les nombres étaient combinés mécaniquement suivant les règles voulues ; c'était donc, en d'autres termes, l'*organe de traitement* chargé d'exécuter les calculs en mettant en œuvre les données introduites dans la machine, pour les transformer en vue de l'obtention des résultats du calcul envisagé.

5. Et enfin d'un mécanisme permettant d'assurer l'impression des résultats (*printing device*).

En cela, la machine de Babbage a donc bien constitué, au moins sur papier, le véritable précurseur des ordinateurs actuels.

Dans l'histoire du calcul numérique automatique et séquentiel, la grande synthèse aura été ainsi réalisée pour la première fois par ce mécanicien et inventeur de génie, qui aura su non seulement profiter des progrès accomplis dans le domaine de la mécanisation du calcul arithmétique (contributions de Leibniz, de Leupold, de Stanhope, de Thomas de Colmar, etc.), mais bénéficier aussi et surtout du savoir-faire des grands techniciens de l'automatisme mécanique du siècle des Lumières (Von Knaus, Vaucanson, Jaquet-Droz, Kintzig, etc.), ainsi que de l'acquis du grand expert en matière de programmation de l'époque, Joseph-Marie Jacquard.

Avec un peu plus d'un siècle d'avance, à une époque où de telles conceptions étaient difficilement compréhensibles, Babbage aura donc de la sorte défini très clairement les principaux organes et les fonctions des *calculateurs analytiques* (voir p. 562-563).

Ne nécessitant aucune intervention humaine dans le déroulement des séquences d'opérations, la machine de Babbage est donc ainsi venue synthétiser à la fois le concept de calculateur numérique automatique et séquentiel avec celui de l'automate non cyclique régi par un système souple de programmation et muni d'une commande modifiable, indépendante de la structure matérielle des mécanismes internes correspondants.

Mieux, Babbage a défini, également pour la première fois de l'histoire, les véritables précurseurs des calculateurs universels actuels : les *calculateurs analytiques multifonction* non pas spécialisés dans la résolution d'une classe spécifique de problèmes, mais structurellement conçus pour traiter une catégorie assez vaste de problèmes de type exécutable.

Nous verrons cependant la différence fondamentale qui existe entre la structure de l'ordinateur actuel et celle de la machine de Babbage.

En revenant à la *Machine Analytique* : « Dans le "magasin", précise M.V. Wilkes [2], Babbage proposait d'utiliser des roues montées en colonnes, chaque roue pouvant se fixer à une position quelconque prise parmi dix, et par conséquent emmagasiner des chiffres (*digits*) décimaux un par un. Lorsque les nombres devaient être transférés du magasin à une autre partie de la machine, un train d'engrenages était couplé avec des dents ménagées dans les roues, et chaque engrenage fonctionnait jusqu'à ce que la roue ait atteint sa position de zéro. Le mouvement était transmis par des tiges à l'unité arithmétique où, grâce à un autre engrenage, une des roues de registre était amenée à sa position correcte. Babbage consacra beaucoup de temps à l'étude de l'unité arithmétique, en particulier au problème du transfert des dizaines, qui doit se faire aussi rapidement que possible.

« Pour l'organe de commande, Babbage proposait une adaptation du mécanisme utilisé dans un métier Jacquard destiné à la fabrication de tissus à motifs compliqués... Avant chaque passage de la navette, un ensemble de fils de chaîne choisis d'après le motif à réaliser doit être soulevé afin que la navette puisse passer par-dessous. Les différents fils passent à travers des œillets qui sont reliés par des cordes à un jeu de crochets disposés sur un cadre, plusieurs fils étant attachés à chaque crochet ; par conséquent, un quelconque des groupes de fils de chaîne peut être soulevé lorsqu'on manœuvre le crochet correspondant. La manœuvre des crochets se fait au moyen d'un jeu de barres horizontales qui se soulèvent juste avant le passage de la navette.

« Les crochets qui doivent être soulevés à chaque passage de la navette sont particularisés au moyen de trous perforés dans un jeu de cartes, à raison d'une carte par passage. Les cartes sont fixées ensemble par des boucles de façon à former une chaîne continue, et passent sur un tambour à section carrée. Juste avant le passage de la navette, le tambour se déplace en bloc d'un côté, de sorte qu'une des cartes se trouve appliquée contre une matrice de tiges horizontales. Il y a une tige associée à chaque crochet. Dans les faces de chaque tambour, sont ménagés des trous, de sorte que seules les tiges qui viennent au contact de la carte se déplacent ; les tiges qui viennent en face des trous perforés dans les cartes restent en position. Les tiges qui se déplacent sont couplées avec les crochets correspondants et les mettent hors de portée de la barre qui se soulève. Après le passage de la navette, le tambour revient à sa position normale et tourne de façon à présenter une nouvelle carte à la matrice des tiges. »

Autre caractéristique frappante de la *Machine Analytique* : la manière d'après laquelle Babbage avait traité les calculs de type « conditionnel ».

« Babbage, explique M.V. Wilkes [2], introduisit cette question en racontant qu'un jour, un des mathématiciens italiens, le professeur Mosotti, vint le voir et lui présenta la difficulté suivante : "Il me dit qu'il était tout prêt à admettre que la puissance du mécanisme recouvrait tout le domaine des relations numériques et algébriques. Mais il ajouta qu'il n'avait aucune idée de la manière dont la machine pouvait poser un acte de discrimination exigé parfois pendant un *développement analytique* (c'est-à-dire un calcul numérique), lorsque deux ou plusieurs processus différents se présentent. Ce qui est vrai dans bien des cas, en particulier lorsque le processus correct ne peut être connu avant que la partie précédente du calcul n'ait été complètement effectuée. Je lui demandai alors si la solution d'une équation à coefficients numériques d'un degré quelconque, par les procédés usuels et très fastidieux, représentait un type de la difficulté qu'il m'exposait. Il reconnut immédiatement que c'était un exemple tout à fait typique."

« Babbage avait en tête une méthode semblable à celle qui est connue sous le nom de méthode de Horner. Il montra que *le choix* entre *deux processus opératoires* dépend du fait suivant : *savoir si certaines quantités calculées apparaissent comme positives ou comme négatives.* Si une certaine quantité apparaît comme négative, ce sera parce qu'un nombre aura été soustrait d'un nombre plus petit. C'est ce qui arrive, par exemple, dans une machine à 20 chiffres si on soustrait 511 de 423, soit :

00000	00000	00000	00423
00000	00000	00000	00511
99999	99999	99999	99912

« L'effet de la transmission des dizaines est que les 9 apparaissent successivement dans les ordres situés à gauche des chiffres significatifs. Les 9, dans ces conditions, se propagent jusqu'à l'extrême gauche du registre et iraient plus loin si la capacité du registre était plus grande.

« Babbage fit remarquer que le mouvement du levier de transmission qui provoquerait le passage du 9e au 21e ordre, si cet ordre existait, peut être utilisé pour déclencher tout autre effet qu'on peut désirer. Puisque ce levier n'agit que si le résultat est négatif, le fait de savoir si cet effet désiré se produira ou non est *conditionnel* par rapport au signe du nombre calculé. Dans le choix de l'effet provoqué par une opération conditionnelle, Babbage prouva encore sa remarquable sûreté de jugement. Il décida que cet effet serait de faire avancer ou retourner à leur position initiale les cartes des mécanismes de Jacquard, et cela jusqu'à un degré spécifié (probablement par un nombre inscrit dans le registre ou "perforé" sur une des cartes mobiles). Si les cartes avancent d'un rang, une partie du programme sera sautée. De cette façon, un cycle d'opérations peut être répété jusqu'à ce que la réponse à une extrémité change de signe ; alors un nouveau cycle peut être déclenché. Dans l'exemple donné par Babbage, le nombre dont le signe change est un de ceux qui interviennent normalement dans le calcul.

« Lady Lovelace donne un exemple plus compliqué dans lequel le nombre qui change de signe est un nombre introduit spécialement à cet effet. L'exemple est le calcul de *nombres de Bernoulli* à partir d'une formule de récurrence (programme assurément très ambitieux). Dans le calcul du **n**-ième nombre de Bernoulli, $\mathbf{B_n}$, un certain cycle d'opérations doit être accompli $(\mathbf{n} + \mathbf{1})$ fois. On s'arrange pour qu'au début du calcul de $\mathbf{B_n}$, un certain registre-mémoire contienne le nombre **n**, et on inclut, dans le programme, des opérations qui consistent à retirer 1 du nombre inscrit dans ce registre, chaque fois que le cycle est accompli. Ainsi, à la fin des répétitions, le nombre est zéro et après la répétition suivante, il est devenu négatif. Par conséquent, une opération conditionnelle placée à la fin du cycle aura pour effet que la machine s'attaquera à la partie suivante du calcul après $(\mathbf{n} + \mathbf{1})$ répétitions du cycle, au lieu de répéter ce cycle une fois de plus. Le fait de placer dans un registre-mémoire un nombre utilisé uniquement pour compter est une caractéristique essentielle de la technique utilisée dans la préparation des programmes des ordinateurs modernes. »

Autrement dit, dans l'esprit de Babbage, sa machine devait être munie des possibilités de ce que nous appelons aujourd'hui le *branchement conditionnel* : un programme quelconque pourrait à certains moments se dérouler selon une procédure voulue (suivant la valeur d'un paramètre par exemple), la machine pouvant exécuter automatiquement un calcul de type répétitif sans avoir à reprogrammer autant de fois la procédure de base correspondante.

Autre possibilité dont fut dotée la machine de Babbage : celle de faire appel à une courte séquence d'instructions auxiliaires, qu'elle pouvait exécuter avant de revenir au programme principal. C'est ce que l'on appelle aujourd'hui la mise en œuvre de *sous-routines* (en anglais : *subroutines*).

On mesure donc bien désormais l'audace et l'avance que les conceptions de Babbage ont eues sur leur époque.

Pourquoi Babbage n'a-t-il pas découvert l'ordinateur ?

En dehors de la question (résolue à l'encadré, p. 603-604) de savoir par quel mécanisme de pensée Babbage est parvenu à une synthèse aussi puissante et à des idées aussi révolutionnaires que les siennes, une interrogation s'impose donc désormais : si celui-ci est parvenu à un tel degré d'abstraction et de généralité, qu'est-ce qui l'a empêché de découvrir l'ordinateur ?

Car, en fait, si ce grand génie a presque trouvé l'ordinateur, il ne l'a toutefois jamais inventé. Et il y a au moins trois raisons à cela :

– l'acquis technologique et le savoir-faire lié à la mise en pratique de l'outillage technique, bien qu'en pleine constitution et en pleine évolution, ne furent pas encore suffisamment éprouvés à l'époque de Babbage au point d'être à la hauteur de ses propres conceptions ;

– Babbage ne sut jamais vraiment détacher la description de sa machine de sa propre structure mathématique ; autrement dit, il ne s'était jamais orienté vers une séparation bien nette du dispositif physique de sa machine et de l'étude structurelle correspondante, qu'il convenait d'aborder sous la forme d'une théorie hypothético-déductive formalisée (voir p. 587-589) ;
– les mathématiques et la logique n'étaient pas encore suffisamment développées en son temps pour lui permettre de concevoir la notion essentielle de *programme exprimant symboliquement un algorithme de résolution d'une classe de problèmes* (voir p. 601-631) ;
– enfin, d'un point de vue proprement technique, la mémoire de sa *Machine Analytique* était beaucoup trop limitée pour permettre d'enregistrer physiquement toutes les instructions d'un programme donné (l'idée de *programme enregistré* étant d'ailleurs peu intéressante dans le cas d'une machine comme la sienne qui avait une mémoire interne purement mécanique, donc trop lente ; voir p. 676-689).

La machine de Babbage : véritable défi au savoir-faire technique

Cela dit, en revenant à la concrétisation des idées contenues dans la *Machine Analytique*, on imagine aisément les difficultés techniques éprouvées par Babbage, à qui rendit hommage en ces termes en 1914 l'ingénieur espagnol Leonardo Torres y Quevedo (1852-1936), qui eut en vue et sut toujours apprécier à leur juste valeur les travaux de son illustre prédécesseur :

« Le grand nombre de mécanismes à considérer, expliqua-t-il, les multiples connexions qu'il faut établir entre eux, la nécessité d'avoir des dispositifs qui permettent d'altérer à chaque moment des connexions, la difficulté de combiner le tout sans que les mécanismes se gênent les uns les autres, et sans que les frottements empêchent les mouvements, beaucoup d'autres difficultés pratiques qu'on pourrait citer encore rendent le problème presque inabordable.

« Il a fallu le génie mécanique de Babbage pour l'attaquer, et encore, bien que pour le résoudre il ait dépensé sans compter son intelligence, son travail, son argent et celui de son pays, il n'a pas obtenu des résultats encourageants.

« Babbage avait, quand il entreprit le projet de la machine analytique, une préparation théorique et pratique tout à fait exceptionnelle... Il a élaboré un système de notations mécaniques, système qui représente un travail énorme, pour pouvoir se débrouiller dans ses dessins.

« Il a étudié un grand nombre de solutions, il a fait en somme, de cette œuvre, l'œuvre de sa vie, et il y a travaillé sans relâche pendant trente ans. Mais malgré ses grands mérites, incontestables et incontestés, malgré son intelligence, son dévouement et sa constance, il a échoué. Ses dessins et ses modèles sont conservés au Musée de Kensington, mais il est à craindre qu'ils ne soient jamais utiles à personne... »

Toutefois, comme le relate Maurice d'Ocagne : « Grâce aux subsides mis à sa disposition par la libéralité de la reine Victoria, et qu'il grossit encore au moyen d'une partie de sa fortune personnelle, Babbage put faire fabriquer les pièces qui devaient entrer dans la composition de sa machine.

« Malheureusement, la mort le surprit alors qu'il avait à peine entamé le montage de ces pièces, et elles sont restées éparses entre les mains de son fils, général dans l'armée anglaise, qui en a fait don au South-Kensington Museum [aujourd'hui appelé Science Museum] de Londres, où on peut toujours les voir.

« Le général [Henry P.] Babbage a, en outre, réuni en un fort volume tous les documents qu'il a pu recueillir au sujet de la machine projetée par son père.

« Se trouvera-t-il quelque jour un mécanicien, d'une sagacité spéciale, qui, en s'aidant de cette description, achèvera l'œuvre interrompue de Babbage ?

« La question fut portée devant l'Association britannique pour l'avancement des sciences, qui confia son étude à une commission composée des savants les plus qualifiés [à savoir, selon le rapport de l'époque : Cayley, Farr, Pole, Glaisher, Fuller, Kennedy, Clifford et Merrifield].

« Cette commission constata que la partie actuellement montée ne constitue qu'une petite portion du moulin [l'organe de traitement], suffisante pourtant pour faire saisir le procédé employé par Babbage pour effectuer mécaniquement l'addition et la soustraction ; que les pièces non montées comprennent des manivelles et des roues en métal à canon, montées sur des axes d'acier, et, en plus grand nombre, des roues faites d'un alliage d'étain et de zinc, obtenues par moulage et dont les moules existent aussi ; que l'on possède enfin une grande quantité de dessins propres à faire saisir tous les mouvements particuliers essentiels au jeu de la machine, mais qui auraient besoin d'être complétés par des dessins d'exécution.

« Toutefois, la commission estima que ce qui restait à faire exigerait un temps et des frais (évalués au bas mot à 250 000 F [en francs de l'époque bien entendu]) qui ne permettaient pas à l'Association d'assumer la charge de parfaire l'œuvre de Babbage. »

Ajoutons que la conclusion des experts fut que la *Machine Analytique* était « un extraordinaire monument de génie inventif, mais qui resterait à jamais une simple possibilité théorique ».

« Ne peut-on, au moins, espérer, se décourageait encore M. d'Ocagne en 1905, que les principes imaginés par le savant mécanicien anglais recevront un jour une application de moindre ampleur, pourtant encore intéressante, telle que serait celle qui viserait le calcul des déterminants si précieux pour la résolution des systèmes d'équations du premier degré à plusieurs inconnues ? »

Cette question est aujourd'hui si élémentaire qu'elle pourrait porter à sourire. Il convient toutefois de s'en abstenir, car Maurice d'Ocagne savait de quoi il parlait, puisque, en tant que grand spécialiste du « calcul simplifié par les procédés mécaniques et graphiques », il en avait absolument exploré tous les coins et les recoins de l'époque. Et en ce temps-là, le calcul d'un simple déterminant présentait encore une difficulté telle que sa mécanisation et à plus forte raison son automatisation relevaient encore des paris les plus insensés.

La question ainsi soulevée à propos de la construction d'un modèle de la machine de Babbage ne présente évidemment plus d'intérêt en cette fin de XXe siècle, si ce n'est un intérêt historique, puisque ce concept a été, depuis, non seulement réalisé par des moyens mécaniques, électromécaniques ou électroniques, mais largement surpassé aussi par les actuelles petites filles ordinatrices de la *Machine Analytique*.

Hommage à un grand savant qui consacra son existence au développement de la science

Il n'empêche qu'avec le recul, nous mesurons aujourd'hui l'importance de tout premier plan du rôle que Charles Babbage a joué dans l'histoire de l'informatique.

Triste destin que celui de ce génie d'envergure exceptionnelle, qui, sans jamais y parvenir, consacra ainsi toute son existence au seul et unique objet de faire une réalité physique d'une structure révolutionnaire sortie de sa propre imagination. Une structure qui, moins d'un siècle plus tard, allait, en germant dans d'autres esprits, se révéler d'une extrême fécondité.

Et pourtant, au crépuscule de son existence, et en une vision étonnamment prophétique, Babbage s'écriera malgré tout : « Si je pouvais vivre quelques années de plus, la *Machine Analytique* existerait et son exemple se répandrait sur la terre entière. »

Et il ajoutera, d'une manière encore plus pathétique en s'adressant à ceux du futur qui prendront le relais : « Si quelque homme, non rebuté par mon exemple, doit un jour réaliser une machine renfermant en elle-même tous les principes de l'analyse mathématique, je n'ai aucune crainte à avoir pour ma mémoire, car lui seul sera pleinement capable d'apprécier la nature de mes efforts et la valeur des résultats auxquels je suis parvenu. »

On ne pouvait, assurément, rendre d'hommage plus authentique à cet inventeur extraordinaire qu'en reproduisant ici dans leur intégralité les termes mêmes de son propre testament.

Le premier continuateur de l'œuvre de Babbage

Après la mort de l'inventeur, Henry P. Babbage tenta de poursuivre l'œuvre de son père : les travaux débutèrent en 1880 et s'achevèrent en 1910 par le montage d'une partie de la Machine, à savoir l'organe de traitement (le « moulin ») et le dispositif d'impression.

Mais, à défaut de moyens financiers et de savoir-faire technique en matière de technologie mécanique, ces travaux furent définitivement suspendus[1].

1. Signalons tout de même qu'à l'occasion de la célébration du bicentenaire de la naissance de Charles Babbage (1791-1871), le Science Museum de Londres a fait construire, en 1991, un modèle complet et opérationnel de la *Machine Analytique* par des moyens purement mécaniques, en suivant pour cela les plans de l'inventeur et en n'utilisant que des éléments techniques du temps de celui-ci. C'est une machine dont les dimensions sont assez impressionnantes (environ 2 mètres de hauteur), que l'on peut voir fonctionner en toute fiabilité dans l'exécution de diverses opérations arithmétiques ou mathématiques. (Ce qui, soit dit au passage, rejette formellement et définitivement la thèse, longtemps admise, qui mettait en avant les prétendues insuffisances de la technologie mécanique du XIXe siècle ; technologie que Babbage avait d'ailleurs largement contribué lui-même à faire avancer.)

Percy Ludgate : deuxième continuateur de l'œuvre de Babbage

Les idées de Babbage ne furent cependant pas abandonnées, comme l'explique R. Ligonnière [1] : « Environ soixante années après l'établissement des plans de 1840 par Babbage et à l'époque même où son fils Henry abandonnait ses travaux, un Irlandais annonça un nouveau projet de machine analytique. Percy E. Ludgate (1883-1922), de Dublin, était comptable plutôt que mathématicien, bien qu'il eût de solides connaissances en ce domaine. Est-ce à cette formation, ou bien à une disposition naturelle, qu'il faut attribuer le pragmatisme et le sens de la mesure dont il fit preuve ? Ludgate montra également, en mettant à profit les progrès faits en un demi-siècle par les machines à calculer, qu'on pouvait heureusement associer imagination et raison. Ludgate travailla six ans sur son projet de machine à calculer. Tout au début, il ignorait les conceptions de Babbage. Lorsqu'il en eut connaissance, il étudia soigneusement les textes disponibles, reconnut le génie de son prédécesseur, mais s'attacha à proposer une solution moins ambitieuse et plus évoluée mécaniquement. En février 1909, Ludgate, qui ne pouvait travailler à son projet que pendant ses moments de loisir, rédigea un mémoire, exposant ses idées en quatorze pages. Malheureusement, les plans détaillés qu'il fit établir ont été perdus. Voici les principales caractéristiques de son projet :

« – Remplacement des différentes cartes perforées et des différents lecteurs de Babbage par un rouleau de papier perforé unique contenant les instructions et les données du problème à traiter. Cela signifiait que chaque type de programme d'exploitation figurerait sur un rouleau différent.

« – Équipement de la machine avec deux claviers numériques à dix touches. Le premier clavier permettrait d'entrer en machine des données ou des instructions, sans avoir à établir au préalable un ruban de papier perforé, une souplesse intéressante dans le cas de calculs relativement simples et courts. Le deuxième clavier permettrait à l'opérateur de communiquer avec l'unité de contrôle de la machine. C'était la préfiguration des "pupitres" ou "consoles" qui allaient suivre, dès les machines à relais, trente ans plus tard. Lorsqu'elle était dirigée par le clavier, la machine pouvait perforer un mémento sur ruban de papier, afin de savoir traiter, par la suite, le même problème.

«– Spécialisation des opérations routinières auxiliaires : des sous-programmes spécialisés furent assignés à des cylindres particuliers. Exemple : cylindre diviseur, cylindre logarithmique, etc.

«– Simplification des opérations arithmétiques au moyen de règles et de tables d'inspiration logarithmique. Cela s'appliquait particulièrement à la multiplication pour laquelle Ludgate approcha d'un mode de calcul direct, au lieu de procéder par additions répétées, comme le prévoyait Babbage.

«– Restitution des résultats, soit par impression décimale sur papier, soit par perforation d'un ruban papier, utilisable ultérieurement dans un autre programme.

« Ces diverses dispositions simplifiaient de façon considérable la machine analytique imaginée par Charles Babbage. Comme Ludgate se limita, en outre, à une capacité de 192 variables de 20 chiffres, il en résulterait un calculateur théoriquement transportable grâce à ses dimensions incroyablement réduites : 66 centimètres de longueur, 61 centimètres de largeur, 51 centimètres de hauteur.

« Un moteur électrique devait assurer à l'axe primaire de la machine une cadence de trois rotations par seconde.

« Les performances prévues par Ludgate étaient de trois secondes pour l'addition et la soustraction, de dix secondes pour la multiplication de deux facteurs de 20 chiffres. La division, très lente, organisée par un cylindre auxiliaire, aurait pu atteindre 90 secondes.

« L'inventeur avait tenu à ce que sa machine puisse être utilisable par un opérateur, certes instruit de son fonctionnement, mais non nécessairement mathématicien. L'usage du calculateur aurait été facilité par le libre accès à une bibliothèque de programmes sur rubans perforés, classés et identifiés par des inscriptions en clair.

« En 1914, Ludgate rédigea un second texte, qui figure dans un ouvrage collectif publié à l'occasion du tricentenaire de l'invention des logarithmes (et des bâtonnets multiplicateurs) de John Néper. L'auteur y brossa un historique concis mais élogieux des travaux de Babbage et mentionna ses propres recherches, indiquant qu'*il n'avait pas pu encore entreprendre la construction de sa machine*...

« [Mais cela n'enlève rien au mérite de Ludgate, qui] avait défini d'excellentes orientations techniques et réalisé un adroit compromis entre les contraintes mathématiques et la complexité mécanique. Si sa machine analytique avait été construite dans les années 1920, elle aurait... [probablement] contribué à accélérer l'expression des concepts [techniques] de base des ordinateurs modernes. »

Torres y Quevedo : grand continuateur de l'œuvre de Babbage

Ainsi l'invention de Babbage est-elle longtemps demeurée un défi au savoir-faire technique, d'aucuns étant même allés jusqu'à considérer cette idée comme une pure vue de l'esprit d'un savant excentrique.

Cela a duré en fait jusqu'en 1914, lorsque l'Espagnol Leonardo Torres y Quevedo, penché alors sur le problème, y apporta les premières solutions.

Mais celui-ci n'y est pas arrivé sans en avoir eu préalablement, lui aussi, une vision quelque peu pessimiste, ou du moins réservée (voir p. 556) :

« Un autre triomphera peut-être un jour là où Babbage a échoué, dit-il, mais la chose ne paraît pas aisée, et il serait téméraire, à mon avis, de suivre ses pas, tant que nous ne serons pas en possession de principes mécaniques nouveaux qui nous donnent l'espoir de vaincre les difficultés de la route. »

Plus tard, le même déclarera cependant :

« Les difficultés d'une solution purement mécanique me paraissaient insurmontables, du moins avec les moyens dont je pouvais disposer. Pour mieux dire, tant que, dans mes études sur les machines à calculer, je n'ai envisagé que des solutions mécaniques, je partageais l'opinion générale ; je ne croyais pas possible de résoudre le problème des calculs mécaniques avec toute la généralité qu'il comporte, tel que je l'ai examiné ici. C'est l'étude du télékine qui m'a mis sur la voie de ces nouvelles machines et des études d'automatique dont je viens de parler. »

Et c'est là que Torres, établissant alors les avantages des relais électromagnétiques, expliqua les avantages pratiques des machines fondées sur la technologie électromécanique.

La démonstration électromécanique de Torres

Et de fait, il mit à contribution les procédés mécaniques employés par son prédécesseur, qu'il combina aux propriétés de l'électricité, spécialement des électro-aimants, mettant au point en des schémas détaillés un ensemble de composants bien appropriés permettant d'effectuer les opérations arithmétiques élémentaires, prouvant désormais que la *Machine Analytique* était parfaitement réalisable par des moyens électromécaniques.

« Mon père, racontera son fils Gonzalo en 1953, ne construisit pas une machine analytique, mais il établit les principes – semblables en plusieurs points à ceux adoptés dans les machines modernes [l'auteur parle des tout premiers ordinateurs électroniques, qui venaient alors de voir le jour] – dans le mémoire mentionné (cf. L. Torres y Quevedo [1]) et il construisit un appareil de démonstration... qui calculait la valeur de la formule $\alpha = (p \times q) - B$, pour de tout petits nombres.

« C'était une machine analytique élémentaire ; elle fut exposée à Paris en 1914. Elle avait sa mémoire, toute petite, nullement comparable à celles dont on parle à ce colloque [les ordinateurs]. Il construisit d'ailleurs un arithmomètre électromécanique, absolument automatique..., qui se composait d'une machine à écrire et de divers appareils : inscripteur, totalisateur, multiplicateur, comparateur, coordinateur. On tape un nombre sur la machine à écrire, par exemple 12 347 qui est le dividende d'une division ; on tape ensuite le signe de la division (deux points), puis le diviseur, par exemple 60. Alors la machine commence à fonctionner et quand elle a fini, elle écrit toute seule le signe d'égalité et à la suite le résultat, quotient 205, reste 47.

« La machine possède un appareil qui compare le diviseur avec ce qui reste à chaque instant du dividende, et, quand celui-ci est plus petit, elle ne retranche plus le diviseur, mais elle fait avancer le chariot d'un pas » (G. Torres-Quevedo).

Cependant, malgré les contributions essentielles du génial continuateur de l'œuvre Babbage, la *Machine Analytique* ne fut toujours pas réalisée de manière complète au début de ces années 1920.

Il a donc fallu attendre la Seconde Guerre mondiale pour que le besoin d'un tel calculateur se fît ressentir. Et c'est alors, par une avance suffisante de la technologie, couplée à des progrès beaucoup plus importants de la logique symbolique et des mathématiques, que le rêve de Babbage est enfin devenu réalité dans un environnement devenu dès lors parfaitement adapté...

De la machine de Babbage au développement du calcul analytique

Et de fait, durant les années 1930-1940, le besoin de faire exécuter des calculs puissants par machine s'était imposé comme une nécessité absolue.

Autrement dit, à cause de la très nette insuffisance des calculatrices numériques classiques, des limitations structurelles de la méthode analogique de calcul et du blocage de la méthode mécanographique de traitement de l'information face à des problèmes scientifiques devenus de plus en plus complexes, le besoin de disposer de machines beaucoup plus adaptées se fit sans cesse grandissant entre les deux guerres, mettant désormais, dès les années 1930, certains chercheurs sur la voie tracée un siècle plus tôt par Charles Babbage : la réalisation d'un véritable *calculateur analytique.*

Qu'est-ce qu'un calculateur analytique ?

Avant de poursuivre, il convient donc de préciser d'abord ce que l'on entend par ce vocabulaire.

On remarquera que cette expression est aussi ancienne que la machine de Babbage elle-même. Et pourtant, elle demeure encore totalement inédite, puisque les historiens de l'informatique n'ont jamais eu l'idée d'en faire tout l'usage qu'elle méritait.

Le mot en question provient du grec *analusis,* issu de *analuein,* qui veut dire « délier ». Étymologiquement, l'*analyse* est donc l'action de délier, de résoudre un tout en ses parties, et même en ses parties les plus élémentaires.

Ce n'est donc rien d'autre que la *méthode analytique* utilisée en mathématiques et par laquelle « on ramène le problème proposé à un second, celui-ci à un troisième, et ainsi de suite jusqu'à ce que l'on parvienne à un problème que l'on sache résoudre » (J.-M. Duhamel, *Méthodes dans les sciences de raisonnement,* I, p. 51).

Or, c'est précisément le sens même de l'*analyse numérique,* si essentielle dans le domaine du calcul numérique automatique, qui a pour objet d'étudier les méthodes pratiques de résolution numérique des problèmes mathématiques et de les affiner par des techniques appropriées.

Autant dire, comme l'explique Condillac, qu'« *analyser,* c'est décomposer, comparer et saisir les rapports... L'analyse est donc la décomposition entière d'un objet, et la distribution des parties dans l'ordre où la génération devient facile » (Art de penser, *Œuvres philosophiques,* I, p. 410).

Cette méthode est donc en nette opposition avec la méthode synthétique, qui consiste à partir d'un problème que l'on sait résoudre, à déduire de sa solution celle de l'avant-dernier problème, auquel on ramène le premier, de celle-ci celle du précédent, et ainsi de suite jusqu'à ce qu'on arrive au problème proposé dont on obtient la solution (cf. J.-M. Duhamel, *op. cit.*).

Or, *Analytique,* c'est exactement le terme que Babbage avait choisi pour désigner sa machine, qui constitua bien évidemment le premier calculateur analytique jamais conçu par l'esprit d'un homme. Et c'est bien de ce terme que Torres y Quevedo, à la suite de Babbage, continuera d'user dans ses *Essais pour l'Automatique,* lors de son étude des « principes généraux appliqués aux machines analytiques ».

Autrement dit, même si Babbage ne l'avait pas tout à fait exprimé en ces termes, il avait inventé ce qu'il convient d'appeler le *calcul analytique,* à savoir une activité :

1. Qui débute par une recherche préliminaire partant d'un problème donné de type exécutable, pour le ramener à un autre, puis à un autre encore, et ainsi de suite, en vue de la détermination de l'ensemble des règles et des procédures mathématiques nécessaires à sa résolution.

2. Qui a pour but de mettre en œuvre ces règles et ces procédures sous la forme d'un programme d'instructions dans une machine adaptée.

3. Et qui s'achève par la résolution du problème envisagé par la machine elle-même, qui, sous les ordres du programme, exécute automatiquement les séquences d'instructions, rigoureusement dans l'ordre des diverses étapes élémentaires de la procédure ainsi déterminée.

En termes d'automates, on peut donc poser, pour les calculateurs fondés sur ce type d'activité, la définition générale que voici :

Un calculateur analytique est un automate numérique, séquentiel et programmable :

– qui est régi par un système souple de programmation ;

– qui est muni d'une commande modifiable indépendante de la structure matérielle des dispositifs internes de la machine ;

– et qui ne nécessite aucune intervention humaine dans le déroulement complet des séquences d'instructions de programme qui y sont exécutées.

La définition générale qui vient d'être ainsi exprimée (en termes très modernes) caractérise donc bien la machine de Babbage. Elle permet ainsi d'en dégager le véritable concept en une sorte de structure algébrique indépendante de toute technologie mise en œuvre.

Faisant apparaître très clairement la puissance de la synthèse effectuée par Charles Babbage, elle rend du coup la distinction plus intelligible entre cette machine et les jacquemarts, les horloges astronomiques, les carillons automatiques ou les automates androïdes de Vaucanson ou de Jaquet-Droz, et permet, en outre, de mieux saisir la différence essentielle qui existe entre la *Machine Analytique* et les automates de calcul, rigides et non flexibles, des catégories classique, comptable, mécanographique, analogique ou apparentée à la machine à différences (voir p. 531 *sq.*).

L'influence incontestable de Babbage sur les recherches de l'entre-deux-guerres

En revenant à l'histoire du calcul analytique, quoi que l'on ait pu alléguer (et cela sans doute pour se glorifier soi-même, ou pour mieux mettre en avant, dans un élan chauvin ou pas toujours non désintéressé, une réalisation locale ou nationale), il faut bien remarquer que toutes les recherches conduites durant ces années-là n'ont pas pu ne pas avoir été influencées d'une manière ou d'une autre par les travaux de Charles Babbage, des idées comme les siennes ne s'improvisant certainement pas.

On observera d'ailleurs que la majorité des traités et des articles relatifs au calcul numérique par des procédés artificiels, mécaniques ou autres, publiés depuis le XIXe et le début du XXe siècle, qui servirent alors sans aucun doute à ces différents chercheurs, tantôt de manuels d'initiation, tantôt de sources d'information ou d'inspiration au sujet de théories déjà développées sur le calcul automatique, mentionnaient ou décrivaient plus ou moins largement, en des termes très élogieux et selon des bibliographies souvent détaillées, les idées mêmes de la *Machine Analytique* de Babbage.

Parmi ces publications, il convient de citer :

– l'ouvrage français (autrefois bien connu et publié plusieurs fois depuis 1893) de M. d'Ocagne ;

– celui de L. Jacob, paru en 1911 ;

– l'important fascicule intitulé *Numerisches Rechnen* de R. Mehmke, de Stuttgart, paru en 1902 à Leipzig dans l'*Encyklopädie der mathematischen Wissenschaften*, puis traduit en français par M. d'Ocagne en 1909 dans le tome I (fascicule 4) de l'*Encyclopédie des sciences mathématiques* ;

– les publications, également bien connues, de Leonardo Torres y Quevedo publiées en 1913 et en 1920 non seulement dans le périodique de la *Real Academia de Ciencias Exactas, Fisicas y Naturales* de Madrid, mais aussi dans le *Bulletin de la société d'encouragement pour l'industrie nationale* de Paris ;

– l'ouvrage collectif sous la direction de E.M. Horsburgh, publié en 1914, simultanément à Édimbourg et à Londres, à l'occasion du tricentenaire des découvertes de Néper, et qui, très connu à l'époque sous le titre de *Modern Instruments and Methods of Calculation*, faisait un tour complet de la question selon plusieurs mentions et descriptions de la *Machine Analytique* de Babbage ;

– tous les articles publiés à ce sujet dans les *Comptes rendus* de l'Académie des sciences de Paris ;

– tous ceux publiés sur le même sujet dans les R. Taylor's *Scientific Memoirs* ;

– sans parler naturellement des publications de Babbage lui-même, ni du mémoire de L.F. Menabrea, traduit en anglais par Ada Lovelace.

Et il n'est pas jusqu'à l'écrivain américain Edgar A. Poe (1809-1849) qui n'y ait fait allusion dans ses œuvres au grand retentissement, par exemple dans ses *Tales of the Grotesque and Arabesque* (« Contes grotesques et arabesques », ou « Histoires grotesques et sérieuses »), qu'il publia en 1840.

Quant au logicien, philosophe et économiste anglais W.S. Jevons (1835-1882), réalisateur du premier dispositif mécanique de l'inférence logique, il fit en ces termes un éloge de l'invention en question qui n'est sûrement pas passé inaperçu :

« C'est au profond génie de Babbage, dit-il, que l'on doit le plus grand progrès du calcul mécanique par la concrétisation dans la machine des principes du calcul des différences...

« Dans son projet de *Machine Analytique,* Babbage a montré ensuite qu'un appareil mécanique est susceptible, en théorie du moins, d'entrer en compétition avec le travail des mathématiciens les plus exercés dans toutes les branches de leur science.

« L'esprit semble alors apte à imprimer quelques-uns de ses plus hauts attributs à la matière et à créer son propre rival avec les roues et les leviers d'une machine insensible » (cf. *Philosophical Transactions,* 160/1870, p. 497-518).

Le doute n'est donc plus permis : les chercheurs, allemands, français, anglais, américains et autres, qui, durant les années 1930, tentèrent de réaliser un calculateur analytique, furent tous, directement ou indirectement, mis au courant des travaux de Babbage.

Couffignal : continuateur de l'œuvre de Babbage et de Torres y Quevedo

Parmi ces chercheurs figure d'abord un ingénieur français, comme le signale cette intéressante information, que donnait M. d'Ocagne dans le *Larousse mensuel illustré* de juin 1937, dans un article débutant par le résumé d'une situation que nous connaissons déjà :

« Torres, hanté par le souvenir de ce lamentable échec d'un projet si séduisant, s'attela à son tour au problème dont il conçut une solution non pas strictement mécanique, mais électromécanique, que les circonstances ne lui ont pas laissé le temps de réaliser.

« Il en a toutefois construit un modèle partiel que nous avons pu voir en 1920, à Paris, à l'exposition organisée pour célébrer le centenaire de l'invention de l'arithmomètre de Thomas de Colmar.

« Une solution purement mécanique du problème de Babbage, plus simple que celle de ce premier inventeur, a été imaginée depuis lors par Couffignal, aujourd'hui professeur à l'École des ingénieurs mécaniciens de Brest. Elle est actuellement en voie de réalisation. »

Disciple de Maurice d'Ocagne, et influencé naturellement par les travaux de Babbage et de Torres y Quevedo, Louis Couffignal (1902-1966) avait été, il est vrai, l'un des premiers scientifiques de la période de l'entre-deux-guerres à se pencher très attentivement sur le problème en question.

Ses travaux débutèrent vers 1930, et déjà dans une première note publiée cette année-là, il évoqua le problème général d'une « machine universelle » avec enchaînement mécanique des séquences de calculs.

Mais ses recherches ne prirent un tournant décisif dans cette direction-là qu'à partir de 1933, lorsqu'il acheva sa première publication importante sur « les machines à calculer, leur principe et leur évolution », où il procéda à une revue très détaillée et même à une classification alors inédite de toutes les machines calculatrices existantes ou ayant déjà existé.

Ces travaux trouvèrent ensuite leur pleine expression en débouchant, dès 1937, sur une solution théorique complète du problème de Babbage, avec de très nettes améliorations apportées aux concepts initiaux, faisant de Couffignal un audacieux novateur dans ce domaine.

Dans sa thèse de doctorat, présentée en 1938, il définit alors de manière très précise les fonctions caractéristiques des mécanismes correspondants en développant dans le même temps l'idée (déjà préconisée dans une publication datée de 1936) de mettre à contribution la numération binaire.

Et c'est ainsi qu'il donna dès cette année-là les plans de construction d'un calculateur analytique, fondé sur une technique électromécanique et reposant non pas sur une base décimale, mais plutôt sur une base binaire (voir p. 469-477).

En 1939, à la demande des Services de la Défense, le Centre national de la recherche scientifique (CNRS) créa un laboratoire de calcul mécanique destiné à l'étude et aux travaux de construction de machines à calculer, dont la direction fut confiée justement à Louis Couffignal. Mais les circonstances se trouvèrent bientôt peu favorables à ses activités, tous les ponts se trouvant désormais coupés avec les services correspondants chez les Alliés.

Bref, Couffignal s'apprêtait à concrétiser matériellement le rêve de Babbage, quand soudain éclata la Seconde Guerre mondiale, venue, avec l'Occupation allemande, bouleverser tous ses projets et renvoyer du coup celui de son propre calculateur aux calandes grecques.

Et pourtant, après la guerre, dès 1950, Couffignal parviendra quand même à réaliser une machine du même type, pour l'Institut Blaise-Pascal, avec la collaboration technique de la compagnie Logabax : ce sera un calculateur analytique binaire de type multifonction, mais fondé cette fois sur la technologie électronique.

Cependant, malgré toute l'impression qu'il fit, et en dépit de tout le succès qu'il recueillit au Congrès de cybernétique tenu à Paris cette année-là, le calculateur de Couffignal n'avait déjà plus, à vrai dire, le caractère spectaculaire que les machines de sa catégorie avaient présenté juste avant et immédiatement après la fin de la Seconde Guerre mondiale : le concept correspondant était alors très dépassé par les premières machines munies de la structure ordinatrice, qui, en ce début de la décennie 1950, avaient vu le jour depuis déjà quelques années.

Zuse : pionnier allemand du calcul analytique

Un autre pionnier de l'informatique fut l'ingénieur allemand Konrad Zuse (né en 1910). De 1936 à 1939, il s'était employé à concevoir et à construire des calculateurs analytiques, mécaniques et binaires. Ses recherches débouchèrent alors successivement sur la construction de deux calculateurs, appelés Z1 et Z2 (d'après l'initiale de son nom), destinés à la résolution des équations algébriques.

Mais ces deux machines ne restèrent qu'à l'état expérimental.

En 1941, Zuse construisit effectivement un calculateur du même type, mais avec des moyens électromécaniques, selon la technique des relais électromagnétiques, et structurellement conçu pour un usage relativement plus étendu : ce fut le Z3, qui ne fonctionna cependant jamais correctement, et qui manqua toujours de fiabilité.

Ce calculateur fut suivi lui-même par la production du Z4, en 1944, machine analytique également électromécanique, capable – théoriquement du moins – d'exécuter automatiquement n'importe quelle séquence d'opérations enchaînées.

Mais à cause de la guerre, ces machines ne furent jamais connues en dehors de l'Allemagne nazie, les trois premières ayant d'ailleurs été détruites par des bombardements alliés. Quant à la quatrième, elle ne put devenir réellement opérationnelle à cause de la débâcle allemande de 1945.

Toutefois, dès 1948, Zuse entreprendra la construction de nouvelles machines, avant de fonder, en 1950, sa propre société, la Zuse Kg, qui sera spécialisée à partir de ce moment-là dans la production d'ordinateurs électroniques.

Hitler n'ayant, semble-t-il, pas accordé d'intérêt aux travaux de Zuse, les initiatives de celui-ci sont restées, du moins pendant la guerre, sans pratiquement de reconnaissance officielle, et ont probablement été conduites sans subventions.

L'inventeur avait, paraît-il, tout essayé pour intéresser les universités allemandes : vaines tentatives, selon lui, personne ne croyant vraiment à l'avenir de la voie qu'il avait voulu ainsi tracer à la recherche fondamentale de son pays.

Zuse raconte qu'un constructeur de machines à calculer qu'il avait sollicité pour en obtenir des subsides lui avait déclaré « qu'il était admirable qu'un jeune homme passe autant de temps et fournisse autant d'efforts pour développer des idées nouvelles en matière de calcul ». La conclusion de l'industriel fut donc « qu'il lui adressait tous ses vœux pour l'heureux aboutissement de ses recherches, mais que, malheureusement, toutes les techniques possibles en matière de machines à calculer avaient déjà été découvertes et exploitées et que c'était là un domaine où les idées nouvelles n'avaient plus leur place » (anecdote rapportée par K. Zuse [1], citée par R. Ligonnière, in : *Ordinateurs*, 20 septembre 1982, p. 44).

Avec le recul, on mesurera donc bien jusqu'où sera allée l'acuité de cet homme-là, et surtout combien, sans le savoir, celui-ci aura eu du bon sens et de la raison !

On ne saura sans doute jamais si les nazis ont ou non mesuré les enjeux du calcul analytique et s'ils ont projeté les perspectives de l'avenir de l'informatique. Ce que l'on sait, en revanche, c'est jusqu'à quel point le Reichsführer et son abominable Gestapo ont annihilé et stérilisé le milieu scientifique allemand.

Et fort heureusement pour nous, d'ailleurs, sinon les mille ans prévus pour la barbarie du IIIe Reich dureraient encore ! On frémit à l'idée du scénario catastrophe qui se serait produit si Zuse et ses collègues férus de calcul analytique avaient réellement obtenu le soutien efficace qu'ils attendaient des autorités de leur nation...

Stibitz : pionnier américain du calcul analytique

Aux États-Unis, les premières tentatives significatives dans cette même direction furent entreprises par George Robert Stibitz (né en 1904), physicien et ingénieur attaché aux laboratoires de la Bell Telephone (Bell Labs), dans le New Jersey.

Celui-ci fut à l'origine inspiré par un domaine, certes modeste sur le plan conceptuel, mais où, techniquement, le calcul ne souffrait d'aucune erreur, à savoir : le pari sur les champs de courses, comme l'explique J. Tricot :

« C'est, historiquement, la légalisation en juillet 1929 du pari mutuel en Grande-Bretagne qui entraîna la mise au point du premier additionneur (ou *totalisator,* selon l'expression anglo-saxonne de l'époque) réellement fiable.

« Rappelons qu'au contraire du pari simple, le pari mutuel implique l'addition, au fur et à mesure que sont engagés des paris sur la même course, ou même tout à fait hors de celui-ci, dans les communes environnantes. Il faut donc qu'à un instant donné soit affiché partout où il est possible de parier, le nombre de paris engagés sur chaque cheval, et sur la course elle-même (faute de quoi, des escroqueries, comme celle qui fait le scénario d'un film de G.R. Hill, *L'Arnaque,* avec Paul Newmann et Robert Redford, auraient été possibles).

« La technique du téléphone (à relais électromagnétiques, comme les sonnettes d'appartement avant l'arrivée de l'électronique) fut naturellement utilisée, couplée avec des additionneurs à billes d'acier tombant dans un tube de verre (technique qui rappelle celle des gares de triage où chaque bille représenterait un wagon, encore employée en France, justement pour sa fiabilité).

« Mais en janvier 1930, la British Thompson Houston faisait fonctionner un totalisateur purement électrique, sans billes, transportable d'un champ de course à un autre, capable d'enregistrer des paris sur six chevaux à raison de 12 000 à la minute ! Conçu en fait aux États-Unis (à Baltimore en 1928), il fut le premier produit de l'American Totalisator Co., qui en installa un modèle en usage réel à partir de 1933 sur le célèbre champ de courses d'Arlington Park...

« Ces totalisateurs n'avaient qu'une faible puissance de calcul. Mais ils marchaient bien, et la technique téléphonique donna des idées à certains, dont un remarquable ingénieur des Bell Telephone Laboratories, George Stibitz qui, grâce aux relais téléphoniques, conçut [en 1937] les premiers circuits binaires (0 = fermé, 1 = ouvert) permettant l'addition, la multiplication, la division, la conversion binaire-décimal et réciproquement[1], puis les opérations sur les nombres complexes (qui utilisent i, la racine de – 1, ou j, comme l'appellent les électriciens pour représenter le comportement du courant alternatif). Il y avait une application immédiatement et logiquement utile, la conception de réseaux téléphoniques : le téléphone s'auto-servait. » (Cf. SV, n° 741, juin 1979, p. 114 *sq.*)

Et c'est ainsi que Stibitz fut amené à construire, à l'aide de relais téléphoniques, un *additionneur binaire,* constituant en fait le premier véritable calculateur binaire électromécanique.

Comme le relate R. Moreau [4] : « Stibitz construisit son additionneur

---

1. Ce faisant, comme l'explique R. Moreau [4], Stibitz « reprenait les idées d'un grand logicien irlandais George Boole (1815-1864), qui réduisit la logique à des systèmes algébriques très simples, connus aujourd'hui sous le nom d'*algèbre de Boole.* Cette algèbre utilise deux chiffres – le 1 (un), qui désigne l'ensemble de tous les objets, et le 0 (zéro), l'ensemble vide –, ainsi que deux opérations : le « ou » et le « et », que l'on peut encore appeler l'addition et la multiplication booléennes. Elle eut peu de succès au moment de sa publication, mais elle prit un grand intérêt pratique lorsque l'on essaya de réaliser des calculateurs [analytiques]. En effet, si l'on code les données en binaire, celles-ci peuvent être représentées par des chaînes de contacts ouverts (0) ou fermés (1) et l'on peut utiliser l'algèbre de Boole pour modéliser le calcul. D'où le succès de ce type de codage » (voir p. 469-477, 677-678 et 709-710 ; voir aussi encadré, p. 607-614).

chez lui, pendant un week-end, en utilisant quelques relais jetés au rebut, deux ampoules et des morceaux d'un pot à tabac. Les relais étaient câblés de telle façon que les deux ampoules s'allumaient pour indiquer que la somme était un 1, et qu'elles restaient éteintes si la somme était 0. C'était pendant l'été 1937.

« Ce premier appareil permettant de traiter des éléments codés en binaire inaugurait donc bien l'ère des machines [de traitement numérique automatique de l'information] dont les unités arithmétiques et logiques, comme les mémoires, seraient construites à partir d'éléments pouvant prendre l'un ou l'autre de deux états physiques stables.

« Pendant ses loisirs, Stibitz réalisa aussi des [dispositifs] multiplicateurs et des [dispositifs] diviseurs. Il déclara alors à ses employeurs qu'il pourrait construire un calculateur [analytique] qui coûterait environ 50 000 dollars, soit à peu près 300 000 F (en francs 1980). Il lui fut d'abord répondu que jamais personne ne dépenserait une pareille somme pour faire des calculs.

« Mais Stibitz sut convaincre les Bell Labs de l'intérêt de réaliser un calculateur pouvant effectuer des opérations sur des nombres complexes.

« Un ingénieur, Sam B. Williams, qui dut inculquer à Stibitz des éléments de la théorie des nombres, lui fut alors adjoint, et tous deux présentèrent à la fin de 1939 le *Complex Calculator,* plus tard appelé le *Bell Labs Relay Computer, Model I* [ou désigné encore sous le nom de *Bell Telephone Labs Computer, Model I*], qui fut sans doute le premier calculateur [analytique] binaire dont l'existence fut connue dans le monde.

« L'entrée des données se faisait par télétype. La mémoire, ainsi d'ailleurs que les blocs de calcul, était constituée de relais téléphoniques, dont le nombre total fut 400. »

Concepts informatiques inaugurés par les laboratoires de la Bell Telephone

Ce faisant, Stibitz et les Bell Labs avaient inauguré toute une série de concepts du futur domaine informatique. En voici quelques-uns :

« [Sachant que les laboratoires de la Bell Telephone ont utilisé immédiatement leur premier calculateur pour leurs propres besoins,] Deux autres groupes des Bell Labs, ayant également de longs calculs à faire, connectèrent chacun un télétype au *Complex Calculator.* Ce fut sans doute la première réalisation de ce que nous appelons aujourd'hui un *système de communication des données.* Le partage de la machine se faisait de la façon suivante : le premier télétype à demander accès était le premier servi, c'est-à-dire que le *Complex Calculator* se mettait à la disposition du premier télétype dont il recevait un appel. Quand son travail était terminé, celui des deux autres télétypes qui attendait depuis le plus longtemps pouvait alors lancer son calcul, etc. (C'est le système appelé souvent *FIFO,* de *First In, First Out,* traduit en français par "Premier Appelant, Premier Servi".)

« Mais il y eut mieux. En septembre 1940, depuis le Dartmouth College à Hanover, dans le New Hampshire, où avait lieu le Congrès de l'American

Mathematical Society[1], Stibitz connecta un télétype à la machine de la Bell située à New York, en utilisant pour cela le réseau télégraphique. Les participants pouvaient depuis Hanover lancer un travail sur le *Complex Calculator* et la réponse leur parvenait en moins d'une minute. Ce fut certainement la première utilisation d'un *travail à distance* (en anglais : *remote job entry*) et la naissance de la *télématique*.

« Dès 1939, l'on pouvait donc pressentir le rôle extrêmement important que joueraient un jour les télécommunications en informatique.

« Stibitz inventera également, dès avant 1942, l'*arithmétique flottante*, qui permet à la machine, si les nombres sur lesquels porte le calcul deviennent trop grands, de les diviser par 10, par 100, par 1 000, etc., et de se rappeler ensuite ces opérations pour indiquer le résultat exact [voir chapitre 27, p. 380]. Elle est employée pratiquement sur tous les ordinateurs actuels... » (R. Moreau [4]).

Ainsi George Stibitz, grand pionnier de l'informatique américaine, fut-il l'un des premiers de l'histoire à finaliser un dispositif physique, opérationnel et fiable, structurellement conçu en tant que calculateur analytique, quoique doté d'une fonction bien spécifique (voir définition, p. 563).

Les possibilités de son premier calculateur furent cependant très limitées puisque celui-ci, justement à cause de la spécificité de sa structure calculatoire, ne pouvait effectuer que les quatre opérations élémentaires sur des nombres complexes.

« Aussi Stibitz [dont les travaux, qui portèrent alors sur les questions essentielles du changement de programme selon des séquences prédéterminées, et sur la détection des erreurs dans les calculs, trouvèrent leur financement à cause de la Seconde Guerre mondiale] réalisa-t-il un nouveau calculateur [structurellement conçu pour effectuer des tâches plus étendues et] qui pouvait "au moins évaluer des expressions polynominales" en exécutant des instructions qui lui étaient communiquées cette fois à l'aide d'une bande de papier perforé empruntée aux télétypes. Ce fut le *Bell Labs Relay Computer, Model II,* appelé encore *Relay Interpolator,* qui fut construit et mis en opération en 1942 [et qui fonctionnera jusqu'en 1961]. Pour faire ces calculs, le *Model II* avait [cependant] une forme très limitée d'instruction conditionnelle qui ne permettait donc pas de le considérer comme un calculateur [analytique] multifonction. Il en alla de même pour son successeur, le *Bell Labs Relay Computer, Model III* [encore connu sous le nom de *Ballistic Computer,* qui, commencé en 1942, puis achevé en juin 1944, fut destiné au contrôle de tir. Sachant vérifier ses résultats à 100 % et consulter automatiquement des tables préenregistrées sur bande perforée, il servira jusqu'en 1958 aux Laboratoires de Recherche de l'US Navy]. Le premier calculateur [analytique] multifonction de cette série fut [en fait] le *Bell Labs Relay Computer, Model V.* Réalisé en 1946, celui-ci utilisait

1. Notons au passage que deux grandes figures de l'histoire de l'informatique assisteront à ce congrès : John W. Mauchly et Norbert Wiener. Le premier sera bientôt l'un des artisans de l'ENIAC, premier calculateur analytique multifonction entièrement électronique, et se trouvera un peu plus tard à l'origine de l'UNIVAC I, premier ordinateur commercial de l'histoire ; et l'autre – dont l'ouvrage, publié en 1948 à Paris, sera destiné à jouer un rôle considérable dans « le champ entier de la théorie de la commande et de la communication, tant dans la machine que dans l'animal » – inventera le mot *cybernétique* dans son acception actuelle, ainsi définie par le titre même de cet ouvrage.

environ 9 000 relais, pesait à peu près dix tonnes, et occupait une surface au sol de 105 mètres carrés. L'addition de deux nombres de 7 chiffres décimaux durait 300 millisecondes, leur multiplication une seconde, leur division 2,2 secondes » (R. Moreau [4]).

Les besoins engendrés par la Seconde Guerre mondiale

En revenant au début des années 1940, le développement du calcul analytique ne prit, en fait, son essor véritable que durant la guerre, en raison des nécessités scientifiques et militaires engendrées par elle. Et cela notamment à cause :

1. De l'importance essentielle et de l'urgence à parvenir à une analyse cryptographique efficace des communications secrètes opérées par les Allemands et les Japonais. (Il s'agissait en fait de parvenir à une méthode simple, fiable, rapide et efficace, en vue de percer le secret des communications chiffrées ennemies dont on ne possédait la clef du code ni par une approche intuitive ni par une étude analytique non artificielle.)
2. Du souci de parvenir à des calculs d'une plus grande précision que les calculateurs analogiques, par exemple en vue d'un pointage beaucoup plus efficace des canons (voir p. 524-528).
3. Du besoin de plus en plus grand de résoudre des problèmes de simulation.
4. Et enfin de la nécessité, alors impérieuse, de résoudre des problèmes aussi complexes que ceux qui concernent le radar dans des interceptions aériennes.

Lorsque le rêve de Babbage est devenu réalité

On remarquera d'ailleurs qu'en dehors du *Bell Labs Relay Computer, Model V* (réalisé en 1946), toutes les machines que nous venons de mentionner avaient été structurellement conçues pour n'exécuter qu'une seule catégorie particulière d'opérations.

Ainsi les premiers calculateurs de Zuse – si tant est qu'ils aient un jour fonctionné correctement – ne savaient-ils résoudre que des équations algébriques. Quant au premier calculateur de Stibitz, il ne savait effectuer que des calculs sur les nombres complexes.

On en est donc peu à peu arrivé à se poser le problème suivant : au lieu de construire autant de calculateurs à fonction spécifique, ne pourrait-on concevoir plutôt une machine bien plus générale qui serait capable de résoudre une très vaste catégorie de problèmes ?

C'est exactement la question de l'*universalité calculatoire*, qu'avait envisagée, un siècle plus tôt, le mathématicien anglais Charles Babbage. Une question qui, en se posant de nouveau en ces temps difficiles de la Seconde Guerre mondiale, allait permettre de concevoir et de construire des *calculateurs analytiques multifonction*, c'est-à-dire structurellement conçus pour réaliser une large catégorie d'opérations de type exécutable.

En 1937, Howard Hathaway Aiken (1900-1973), professeur de physique à l'université de Harvard (Cambridge, Massachusetts), fut confronté à des problèmes mathématiques complexes dont la résolution par des moyens humains nécessiterait pour le moins un travail très laborieux. Il entreprit alors, dès l'année suivante, le projet de construction d'une machine capable d'effectuer, sans aucune intervention humaine et jusqu'au terme de leur programme d'instructions, des séquences d'opérations enchaînées relevant de problèmes mathématiques de nature quelconque.

Entre-temps, il lui était clairement apparu que les techniques artificielles mises en œuvre dans les machines à cartes perforées de la mécanographie comptable ou statistique devaient lui permettre de construire physiquement une telle machine. Quant au concept de base d'un tel calculateur, il le trouva sans aucun doute chez Babbage (Aiken y faisant lui-même référence, en effet, dans l'introduction historique de l'article qu'il rédigea dans ce but le 4 novembre 1937 ; cf. Aiken et Hopper).

Les premières recherches furent effectuées sur les fonds propres de l'université, mais on s'aperçut très vite qu'il fallait des subventions beaucoup plus considérables pour pouvoir réaliser ces plans.

Aiken prit alors contact avec Thomas Watson, président d'IBM, qui accepta avec enthousiasme de financer le projet et qui le fit bénéficier, du coup, de l'acquis, de l'assistance, de l'expérience et des compétences techniques de la Compagnie dans le domaine de ses activités de l'époque, affectant spécialement pour cela trois de ses meilleurs ingénieurs et techniciens : C.D. Lake, F.E. Hamilton et B.M. Durface.

Et c'est ainsi qu'en un beau jour de janvier 1943, le rêve de Babbage est enfin devenu réalité, par des moyens électromécaniques. Il se concrétisa, de fait, dans la réalisation de la machine appelée IBM ASCC (*IBM Automatic Sequence Controlled Calculator*, « Calculateur automatique à fonctionnement séquentiel »).

Mieux connue sous le nom de *Harvard Mark I*, la machine projetée par Aiken venait tout juste de prendre naissance à Endicott, dans les laboratoires d'IBM, où elle allait demeurer pendant quelque temps pour être soumise à divers essais.

Ce fut donc le *premier calculateur analytique multifonction entièrement finalisé, opérationnel et fiable de l'histoire.*

Démonté, puis transporté à Cambridge, le calculateur fut remonté ensuite dans les sous-sols du laboratoire Cruft, à l'université de Harvard, et ne devint opérationnel qu'en mai 1944.

La machine de Harvard-IBM

Le principe de fonctionnement du *Harvard Mark I* était essentiellement mécanique, mais il mettait en œuvre des relais et des embrayages commandés par des électro-aimants.

Les mécanismes et les dispositifs de la machine étaient conduits et synchronisés dans leur ensemble par un engrenage connecté à un système mécanique couvrant la quasi-totalité de la longueur du dispositif.

Le calculateur mesurait 16 mètres de longueur, 2,60 mètres de hauteur et 0,60 mètre de profondeur. Il avait pour poids total 5 tonnes, et se composait de près de 750 000 pièces différentes, dont plus de 1 000 roulements à billes, un peu plus de 850 kilomètres de fils électriques, avec

175 000 connexions électriques, sans oublier les 3 millions de points de soudure qui y furent réalisés.

Cette impressionnante machine se composait sur sa longueur :

1. De deux panneaux constitués chacun de plusieurs commutateurs rotatifs (semblables d'une certaine manière à ceux de nos cuisinières électriques) comportant chacun les dix positions de 0 à 9, sur lesquels on inscrivait manuellement les données numériques et les constantes des problèmes à traiter. L'ensemble permettait d'inscrire 60 constantes à la fois avec 23 chiffres pour chacune. Et ces constantes pouvaient être utilisées par la machine dans le déroulement d'un calcul. Toutefois, leur valeur ne pouvait être modifiée par la machine sans intervention humaine.

2. D'une série de panneaux, où se trouvaient groupés 72 compteurs permettant de garder les nombres en réserve. Chacun pouvait contenir un nombre de 23 chiffres, et était équipé d'un système de transfert des dizaines ainsi que d'un système de report anticipé. C'était l'ensemble des accumulateurs de la *mémoire* de la machine, ceux-ci servant à la fois d'emplacement de stockage des résultats intermédiaires à utiliser plus loin dans les calculs et de machines complètes à additionner ou à soustraire.

3. D'un certain nombre de panneaux, spécialement conçus pour effectuer les opérations de multiplication et de division.

4. D'un certain nombre d'autres panneaux, destinés au calcul des fonctions sin x, log x et 10^x, permettant d'en déduire, au besoin, les valeurs des autres fonctions trigonométriques, logarithmiques et exponentielles.

5. Puis d'autres panneaux encore, comprenant des dispositifs donnant la possibilité de prendre les valeurs précalculées de fonctions, conservées sur des rubans perforés, et permettant l'interpolation.

6. De l'*organe de commande,* qui lisait sur des bandes perforées, à 24 positions sur la largeur, les « groupes d'instruction » (*instruction lines*) des programmes à exécuter dans la machine. Guidées par des cylindres, ces bandes perforées passaient devant un dispositif de lecture muni de 24 pointes créant des contacts électriques au passage des trous ; et, suivant l'arrangement choisi pour les perforations des bandes, le système commandait alors l'enchaînement des séquences ainsi programmées pour l'exécution d'un calcul. Ajoutons que chaque rangée de la bande perforée pouvait comporter trois groupes de huit perforations correspondant à une instruction du type : « Prendre le nombre du dispositif I, puis son correspondant du dispositif II et exécuter l'opération au moyen du dispositif III ».

A l'entrée, la machine se composait de deux distributeurs de cartes perforées et d'une perforatrice, et, à la sortie, de deux machines à écrire électriques, destinées à fournir, sur ordre de l'organe de commande, l'inscription des résultats définitifs des calculs exécutés.

Précisons aussi que le calculateur comprenait une horloge de synchronisation, dont l'unité de temps était égale à 3/200 de seconde, et que ses performances étaient tout à fait remarquables pour l'époque : 0,3 seconde pour une addition ; environ 6 secondes pour une multiplication ; 11,4 secondes en moyenne pour une division ; 1 minute pour le calcul du sinus ; 1,12 minute pour la détermination de l'exponentielle décimale ; et 1,84 minute pour le calcul du logarithme décimal.

Cependant, malgré la connaissance qu'il avait eue des travaux de Babbage, Aiken n'avait rien prévu pour les branchements conditionnels.

Il y remédiera cependant un peu plus tard en incorporant à sa machine un organe de commande à séquence auxiliaire.

Signalons enfin que dans ses résultats de calculs, cette machine avait un taux de fiabilité éminemment supérieur à l'ENIAC, dont il sera question ci-après, mais qu'elle était en revanche beaucoup moins rapide que ce calculateur électronique.

Quant à ses pannes, ceux qui en suivirent personnellement le fonctionnement pendant plusieurs mois, constatèrent, qu'en un travail de vingt-quatre heures sur vingt-quatre, celles-ci se produisaient au rythme d'une fois par semaine, et que la réparation des mécanismes défectueux prenait quelques minutes dans le meilleur des cas, une vingtaine pour la moyenne, et quelques heures dans la plus mauvaise situation (cf. J. Pérès, L. Brillouin et L. Couffignal).

Pendant les derniers mois de la guerre, le *Harvard Mark I* fut mis à contribution pour les besoins exclusifs de l'US Navy, en vue de résoudre des problèmes balistiques. (Mais naturellement, il fut employé par la suite pour la résolution d'une catégorie beaucoup plus vaste de problèmes, et ce jusqu'en 1959, où il s'éteignit à jamais.)

Les autres calculateurs d'Aiken

Mais entre-temps, Howard Aiken forma un laboratoire de calcul, où il construisit d'autres machines non seulement pour l'US Navy, mais aussi pour l'US Air Force, etc. Des machines qu'il fit successivement connaître sous les noms de *Mark II, Mark III* et *Mark IV*.

Comme l'explique R. Moreau [4] :

« La première idée du *Mark II* remontait à 1944, mais ce calculateur ne fut entièrement réalisé qu'en 1947. Cette machine, qui était décimale, traitait des nombres ayant dix chiffres décimaux. Elle avait, entre autres caractéristiques intéressantes, celle d'utiliser le premier *code BCD*[1].

« Le *Mark II*, autre caractéristique intéressante, utilisait une *virgule flottante câblée* : ce fut donc la deuxième machine à le faire après celle des Bell Labs.

« Le *Mark II* fut suivi par le *Mark III* (1949), qui abandonna l'électromécanique pour l'électronique, technologie qui, comme nous le verrons, était déjà bien connue en 1949. Il est à noter que ce calculateur avait eu l'une des premières *mémoires à tambour*.

---

1. « Quel est en effet le problème ? Considérons le nombre 27. Il faut coder ce nombre à l'aide d'un alphabet binaire pour le faire figurer dans les registres du calculateur s'ils sont composés d'éléments pouvant prendre l'un ou l'autre de deux états stables (relais, diodes, etc.). Deux types de codage sont alors possibles. Depuis le *Mark II*, dans les machines décimales, chaque chiffre décimal est représenté par un code d'au moins 4 bits [c'est-à-dire de 4 chiffres binaires au minimum]. Le code utilisé le plus souvent au début fut le *Décimal Codé Binaire* (DCB), mieux connu sous le nom anglais de *Binary Coded Decimal* (BCD). 27 s'écrit alors 0010 0111, puisque 0010 code le nombre 2 en DCB et 0111 code le nombre 7. Les opérations sont alors effectuées par le calculateur comme s'il travaillait sur des chiffres décimaux. Dans les machines binaires chaque nombre décimal est converti en son équivalent binaire, 27 devient 11011, et la machine travaille sur les nombres ainsi convertis en base 2. Le *Mark II* était donc une machine décimale utilisant le DCB » (Moreau [4]).

« Puis vint le *Mark IV* (1952), qui eut une des toutes premières *mémoires à ferrites.* »

Limitations du calcul électromécanique

Ainsi, dans l'histoire du calcul numérique automatique, le *Mark I* de l'université de Harvard a-t-il été le premier calculateur analytique multifonction entièrement finalisé, mis au point par des moyens électromécaniques.

La technologie correspondante, qui n'aura produit en somme que des machines volumineuses, coûteuses et peu performantes, se sera avérée cependant beaucoup trop limitée pour permettre de progresser plus notablement en matière de calcul analytique et de traitement artificiel des données.

Dans ce domaine, l'étape la plus importante aura donc été franchie grâce au développement de l'électronique.

La révolution électronique

L'histoire de l'électronique a commencé avec les travaux préparatoires nécessaires, marqués successivement par les contributions des Allemands Heinrich Geissler (1815-1879), Julius Plücker (1801-1868) et Johann Hittorf (1824-1914). Et elle s'est bien poursuivie grâce aux travaux de l'Anglais William Crookes (1832-1919), du Français Jean Perrin (1870-1942), de l'Anglais Joseph Thomson (1856-1940), et de l'Irlandais George Stoney (1826-1911). Ces recherches, il est vrai, ont permis le développement de la physique de ces particules appelées *électrons.*

Mais en dehors de la découverte de l'oscillographe à rayons cathodiques, faite en 1897 par l'Allemand Karl Ferdinand Braun (1850-1918), l'histoire de la *technologie électronique* proprement dite a débuté en fait en 1883, lorsque l'inventeur américain Thomas E. Edison (1847-1931) découvrit qu'à l'intérieur d'un tube à vide le courant peut passer d'une électrode chaude à une électrode froide (l'inverse n'étant pas vrai), et qu'en y envoyant du courant sur un filament métallique, celui-ci, par échauffement, expulse des électrons libres.

L'étape suivante fut franchie grâce au physicien anglais John A. Fleming (1849-1945), qui, dans le but de parvenir à la détection des oscillations radio-électriques, eut l'idée, en 1904, de mettre à profit l'effet dit « thermo-ionique » d'Edison à l'intérieur d'un tube à vide en y plaçant une petite plaque métallique électrisée positivement. Les électrons libres alors expulsés par le filament métallique chauffé se précipitèrent tous sur la plaque et provoquèrent ainsi la *génération d'un courant électrique.*

Et c'est ainsi que fut inventée la *valve de Fleming,* mieux connue par la suite sous le nom de *diode.*

Celle-ci fut suivie de la découverte de la *triode,* réalisée en 1907 par l'Américain Lee de Forest (1873-1961) qui eut l'idée d'intercaler une troisième électrode à l'intérieur du tube, entre la plaque et le filament ; ce qui eut pour effet, notamment, d'*amplifier les courants reçus.*

Et c'est donc bien ce qui a ouvert la voie au développement des tubes électroniques, rendant désormais possible celui des récepteurs de radiodiffusion, ainsi que l'essor de l'industrie radiophonique.

Naissance et développement du calcul électronique

Mais on s'aperçut progressivement que l'on pouvait mettre également ces *tubes à vide* en application pour la *commutation* de signaux électriques.

Et c'est ainsi que la voie fut ouverte aussi au développement du *calcul électronique*, surtout lorsqu'on découvrit qu'au lieu de mettre des relais électromagnétiques à contribution, il était possible d'effectuer des calculs arithmétiques au moyen de tubes électroniques.

Et c'est en établissant à l'avance un codage des informations circulant dans les machines que l'on est arrivé à des calculateurs électroniques de type *numérique*.

Entre-temps, les Anglais W. H. Eccles et F. W. Jordan découvrirent le fameux *flip-flop*. C'était un dispositif à deux triodes possédant la propriété particulière que toute impulsion reçue à l'une des entrées faisait basculer chacune des deux triodes dans l'état inverse. Autrement dit, le *flip-flop* fut un dispositif électronique bistable[1]. Réalisée en 1919, cette découverte permit donc de réaliser les *premiers circuits électroniques binaires*.

Ce qui veut dire qu'en montant et en faisant fonctionner tous les circuits appropriés, on se rendit compte qu'il était dès lors possible d'effectuer, comme avec les relais électromagnétiques, toutes les opérations arithmétiques au moyen d'un système bistable composé de deux tubes à vide. En établissant le codage de l'information sur la base d'un *code binaire* (ensemble de règles permettant de représenter les données d'une manière biunivoque, sous une forme discrète réduite à deux grandeurs représentées conventionnellement par les deux chiffres 0 et 1), la technique a alors donné naissance aux *calculateurs binaires*. Et comme la commodité du système binaire est devenue chaque jour plus évidente, c'est donc ainsi que l'on a adopté et développé peu à peu les techniques du *calcul binaire électronique* (voir chapitre 31).

Mais pour y parvenir, il a fallu surmonter cette difficulté. Les données de départ étant fournies à la machine dans une expression décimale, il était en effet nécessaire d'avoir un dispositif de traduction décimal-binaire à l'entrée, et un dispositif de traduction binaire-décimal à la sortie. Cette nécessité est devenue d'autant plus grande que les machines en question (les calculateurs analytiques, puis les ordinateurs électroniques) exécutaient des calculs séquentiels de plus en plus complexes impliquant un nombre de plus en plus important d'étapes intermédiaires.

---

1. Et de fait, en prenant un multivibrateur d'un type particulier et en remplaçant ses condensateurs shuntés par des contre-batteries, on réalise un dispositif à positions d'équilibre stable : dans une position, un des deux tubes est au zéro, tandis que l'autre est en tension maximale ; dans l'autre position, c'est l'inverse, le premier tube allant au maximum, et l'autre au zéro ; de sorte qu'une impulsion électrique fasse basculer le système d'une condition à l'autre.

Ainsi, grâce à l'électronique, que les machines fussent binaires ou non, les opérations se firent-elles désormais beaucoup plus simplement à l'aide des circuits électroniques, selon une avance technologique de plus en plus grande apportant chaque jour une amélioration très notable à leur nature, à leur fiabilité, à leur sécurité, à leur vitesse, à leur dimension et à leurs performances.

Dans le domaine du calcul artificiel, l'électronique a donc permis non seulement d'apporter des solutions simples, élégantes et très efficaces à tous les problèmes, élémentaires ou complexes, posés depuis des siècles, mais d'outrepasser aussi et surtout les capacités si limitées des calculatrices ordinaires et des calculateurs analytiques munis de la structure de Babbage.

Mais en retour, cette technologie a peu à peu obligé les ingénieurs et les techniciens à réviser complètement la conception et la structure des machines, et donc à y apporter une modification radicale quant à la nature des organes et des composants correspondants.

Constituant sans aucun doute l'un des événements les plus marquants du XXe siècle, l'apparition et l'essor du calcul électronique ont donc donné naissance à des techniques complètement nouvelles, où l'électricité n'apparut plus seulement comme une source d'énergie, ni simplement comme un agent moteur destiné à faciliter certaines manœuvres : *en l'utilisant directement, grâce au développement de la théorie de l'information, on en fit désormais un moyen très efficace de traitement artificiel automatique de l'information, ainsi qu'un véritable support de communication.*

Et c'est justement par cette fonction toute nouvelle que l'on a pu créer et développer cette discipline à part entière, à la fois distincte de l'électricité et de l'électrotechnique, que l'on appelle l'*électronique.*

Suivant les besoins les plus divers, et par ses multiples utilisations possibles, cette technologie ouvrit alors la voie à toutes sortes de conceptions et de réalisations, permettant à l'humanité d'entrevoir des horizons extrêmement vastes, où la solution de problèmes inimaginables, ou longtemps considérés comme insolubles, allait bientôt devenir une réalité quotidienne : invention du radar, essor des moyens de communication, développement de la radio, de la télévision et des télécommunications, construction d'avions supersoniques et de fusées, etc.

Mais en bénéficiant de l'acquis de plusieurs siècles de progrès réalisés en mathématiques et en logique symbolique, ainsi que dans les domaines de l'automatisme, de la programmation, des processus de commande automatique et des techniques de traitement numérique artificiel de l'information, cette technologie révolutionnaire a donné aussi et surtout la possibilité de parvenir à des conceptions et à des réalisations de plus en plus audacieuses, parmi lesquelles figurent naturellement les machines ordinatrices électroniques actuelles, dont elle aura d'ailleurs facilité et la naissance et l'explosion.

Mais en retour, il y a eu *effet d'entraînement,* car aujourd'hui ce sont les besoins engendrés par l'essor de l'informatique (au sens le plus élargi du terme) qui constituent l'un des principaux moteurs des progrès de l'électronique...

Les premières applications de l'électronique au calcul artificiel automatique

En revenant à l'époque des balbutiements, les premières tentatives mettant en application cette technologie furent entreprises aux États-Unis en 1939, à l'Iowa State College, lorsque John Vincent Atanasoff (né en 1903) et Clifford Berry (1916-1963) réalisèrent (quoique sans jamais l'achever) un petit calculateur numérique binaire. Appelé ABC (Atanasoff-Berry Computer), il fut structurellement conçu pour la résolution des systèmes d'équations linéaires. Et, particularité intéressante, il utilisait (partiellement du moins) des composants électroniques. Mais cette machine, qui fut de conception très rudimentaire dans ses structures physiques et logiques, ne fut pas, à proprement parler, un calculateur analytique (celle-ci n'ayant pas été programmable). De plus, elle ne fonctionna jamais correctement.

Une autre tentative dans le même sens fut entreprise à peu près simultanément, et vraisemblablement de manière indépendante, en 1941, en Allemagne, à la Berlin Technisches Universität, lorsque l'ingénieur Helmut Schreyer chercha à produire (sans pourtant jamais la réaliser) une version électronique d'un des calculateurs que Konrad Zuse avait tenté de finaliser par des moyens électromécaniques.

Autres tentatives encore dans la même direction : la calculatrice expérimentale électronique « quatre opérations » mise au point en 1942 par J. Desch, H.E. Kniess et H. Mumma dans les laboratoires de NCR à Dayton, dans l'Ohio ; et le multiplicateur expérimental électronique élaboré à peu près à la même époque par B. E. Phelps dans les laboratoires d'IBM à Endicott aux États-Unis.

Les Colossus anglais : premiers calculateurs cryptanalytiques entièrement électroniques

Mais en fait, la première grande avance dans ce domaine a été réalisée en Grande-Bretagne un peu avant la fin de la Seconde Guerre mondiale, à Bletchley Park, lorsqu'une équipe de la British Code and Cipher School (École britannique du chiffre et des codes), sous la direction de M. H. A. Newman et de T. H. Flowers, construisit les puissantes machines à déchiffrer les codes, connues sous le nom de *Colossus* (cf. R. Ligonnière, in : InPr, n° 24, juin-juillet 1984, p. 97 *sq.* ; voir aussi Good ; Lavington [2] ; Metropolis, Howlett et Rota ; Michie ; Randell [1]).

Produites dans le plus grand secret militaire, dès 1943, ces machines furent des calculateurs analytiques binaires entièrement électroniques, structurellement conçus pour résoudre des problèmes logiques, en vue de rétablir en clair le texte des libellés et de reconstituer les procédés, ainsi que la ou les clefs des codes des systèmes de chiffrement allemands. L'objectif visé était en effet de prendre de vitesse toute l'avance acquise par les troupes nazies dans le domaine des machines cryptographiques, parmi lesquelles figuraient les tristement célèbres *Enigma* (voir fig. 32.1).

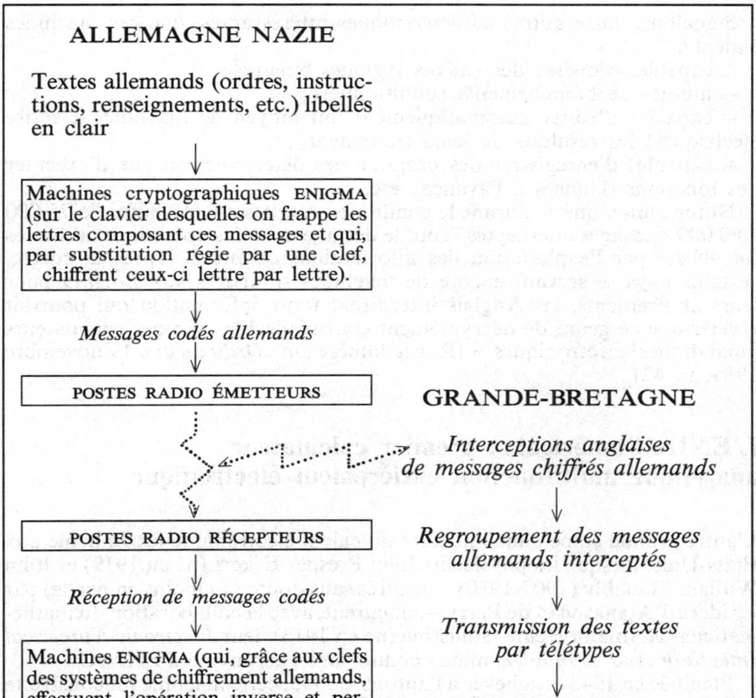

Fig. 32.1 – *La guerre du chiffre par radios et calculateurs électroniques interposés, à la fin de la Seconde Guerre mondiale.* Tableau adapté par l'auteur d'après R. Ligonnière [1].

Signalons, entre autres caractéristiques intéressantes, que ces machines étaient :
– capables d'opérer des calculs logiques binaires ;
– munies de branchements conditionnels ;
– capables d'éditer automatiquement (au moyen de machines à écrire électriques) les résultats de leurs traitements ;
– capables d'enregistrer des programmes déterminés en vue d'exécuter des fonctions données à l'avance ; etc.

Notons aussi que « durant le conflit, les Anglais ont déchiffré de 75 000 à 80 000 messages interceptés. Tout le déroulement des opérations militaires fut affecté par l'exploitation des informations obtenues. Après la guerre, certains pays se servant encore de machines similaires aux *Enigma* pour leurs chiffrements, les Anglais interdirent toute information qui pourrait révéler que ce genre de décryptement était réalisable avec des calculateurs [analytiques] électroniques » (R. Ligonnière ; in : *Ordinateurs,* 19 novembre 1984, p. 42).

L'ENIAC américain : premier calculateur analytique multifonction entièrement électronique

L'autre grande étape dans l'histoire du calcul électronique fut franchie aux États-Unis, lorsque les physiciens John Presper Eckert (né en 1919) et John William Mauchly (1907-1980) – inspirés sans doute (au moins en partie) par les idées d'Atanasoff et de Berry – conçurent, avec la collaboration du mathématicien Hermann Heine Goldstine (né en 1913), leur *Electronic Numerical Integrator And Computer,* mieux connu sous l'acronyme d'ENIAC.

Planifiée en 1943 et achevée à l'automne 1945, cette machine fut construite à la Moore School of Electrical Engineering, à l'université de Pennsylvanie. La mise en mémoire et le calcul étant réalisés au moyen de circuits électroniques et la machine étant elle-même structurellement conçue pour exécuter une vaste catégorie d'opérations, l'ENIAC fut donc bien *le premier calculateur analytique multifonction entièrement électronique et opérationnel de l'histoire.*

C'était une machine très impressionnante, qui pesait 30 tonnes et occupait une surface au sol de 72 mètres carrés. Disposée en une sorte de U de 6 mètres de largeur et de 12 mètres de longueur, elle était composée d'une quarantaine de panneaux métalliques de 3 mètres de hauteur, de 60 centimètres de largeur et de 30 centimètres de profondeur, avec une multitude d'interrupteurs et de lampes témoins.

Entièrement électronique, elle comportait un ensemble de 18 000 tubes à vide, consommant 200 kilowatts quand la machine était en marche. De sorte que l'on avait été obligé de ménager une conduite de ventilation et de refroidissement dans la pièce contenant les milliers de tubes électroniques. La machine comprenait en outre 10 000 condensateurs, 6 000 commutateurs de plusieurs types différents, ainsi que 1 500 relais. Et elle était faite de 50 000 résistances, selon un montage du tout avoisinant les 500 000 soudures.

Il y avait aussi un lecteur capable de lire des cartes perforées selon un traitement de 120 cartes par minute, et par l'intermédiaire duquel on pouvait fournir des données au calculateur. Quant à la sortie des résultats de calcul, elle se faisait, soit par l'intermédiaire d'une perforatrice de cartes, opérant à l'allure de 100 cartes à la minute, soit, à l'arrêt des accumulateurs, par lecture directe de l'affichage des nombres inscrits au moyen de petites lampes témoins situées sur le panneau frontal des accumulateurs. Mais l'entrée pouvait se faire également, selon la nature des données considérées, par trois panneaux mobiles, que l'on pouvait alors connecter à diverses parties bien définies de la machine suivant la tâche que l'on voulait faire accomplir au calculateur. Ces panneaux constituaient eux-mêmes des « tables de fonctions » destinées à recevoir les instructions de programme à exécuter.

Composé de 1 456 commutateurs à cadrans, chacun de ces tableaux de commande pouvait enregistrer jusqu'à 104 informations à 14 positions numériques. Mais cette inscription, qui ne pouvait être que manuelle, exigeait de la part de l'opérateur humain l'introduction chiffre par chiffre de chacun des nombres constituant une donnée ou un élément de codification d'une instruction.

Et, comme il fallait introduire toutes les données et les instructions dans les trois panneaux à la fois, on était donc obligé de procéder au positionnement de 4 368 commutateurs avant de mettre en route le calculateur. Et il fallait absolument tout dicter à la machine avant le lancement des opérations et procéder à tous les réglages appropriés si l'on voulait voir s'exécuter une procédure particulière non prévue par les instructions du programme initial.

A ces manipulations fastidieuses, il fallait ajouter le temps assez long nécessité par un changement de programme et par la préparation du suivant, puisqu'il fallait modifier à la fois les lignes de liaison, les fiches des tableaux de connexion et la position des commutateurs. D'où une source considérable d'erreurs.

Qui plus est, la machine tombait souvent en panne et ne calculait pas toujours juste. Les inventeurs de l'ENIAC eux-mêmes avoueront par la suite qu'en incluant les erreurs humaines, leur machine ne leur fournissait de résultat correct que 20 fois sur 100.

Il n'empêche que cette machine a apporté une démonstration de tout premier plan, prouvant que les tubes électroniques pouvaient être utilisés dans l'exécution d'une vaste catégorie de calculs.

Et pour son époque, l'ENIAC présenta des performances tout à fait remarquables, selon une rapidité jamais égalée. Ainsi une addition se faisait-elle en 200 microsecondes (200 millionièmes de seconde), une multiplication (de dix chiffres par dix chiffres) en 2,8 millisecondes et une division (avec dix chiffres au quotient) en 6 millisecondes.

D'où le slogan qui fit la gloire du calculateur : « l'ENIAC est capable de calculer la trajectoire d'un obus de grand canon de marine en moins de temps que l'obus n'en mettrait pour atteindre son but ! »

Et, caractéristique loin d'être négligeable, cette machine travaillait mille fois plus rapidement que le calculateur *Harvard Mark I*, qui mettait 1/3 de seconde là où l'ENIAC n'en mettait que 1/3000 de seconde.

A côté de cette qualité, exceptionnelle pour l'époque, il n'y avait donc que son manque de fiabilité, ses pannes et son défaut de sécurité de fonctionnement. Des défauts que, naturellement, l'avance technologique allait bientôt corriger...

Limitations structurelles des calculateurs analytiques précédents

Ni le *Harvard Mark I*, ni l'ENIAC, ni aucun des calculateurs précédents ne furent cependant des ordinateurs, au sens véritable du terme. Il s'agissait encore de calculateurs structurellement apparentés à la *Machine Analytique* de Babbage.

Toutes ces machines, en effet, ne furent pas asservies, en ce sens que leur *système de programmation* était *externe.* En d'autres termes, leur dispositif de stockage des instructions était distinct de leur mémoire interne, laquelle n'était destinée qu'à conserver les données reçues et traitées.

Aussi les séquences d'instructions étaient-elles exécutées indépendamment des résultats de calcul, *aucun événement survenu pendant le traitement des opérations ne pouvant en modifier le déroulement.*

Autant dire qu'*une fois le processus déclenché, ces calculateurs étaient incapables de retrouver automatiquement une instruction déterminée du programme pour modifier d'eux-mêmes l'exécution des séquences en cours.* La présence de l'opérateur humain était donc nécessaire pour prendre toutes les décisions opportunes.

Assurément, la solution était de concevoir un automate numérique séquentiel, programmable et multifonction dont le système de programmation serait placé dans la mémoire interne, et qui serait donc capable de traiter les instructions au même titre que les données. C'est ce que l'on appelle la solution du *programme enregistré.* Une solution très simple en apparence, mais pour laquelle il aura fallu accéder à l'une des plus ultimes abstractions mathématiques de l'époque.

Le premier calculateur analytique multifonction opérationnel à programme enregistré

Dès le milieu des années 1940, certains ingénieurs ont pressenti l'importance essentielle du programme enregistré, d'aucuns soulignant avec raison les grands avantages qu'il y aurait à tirer de l'idée de mémoriser les instructions dans les mémoires internes de la machine, à laquelle on pourrait ainsi conférer une très grande souplesse d'exploitation.

Ainsi cette idée fut-elle proposée, dès 1945, à Howard Aiken par Robert R. Seeber, mathématicien diplômé de l'université de Harvard, faisant partie jusque-là de l'équipe du *Mark I.*

Mais Aiken fut violemment hostile à cette idée. Des différends de plus en plus nombreux opposèrent alors les deux hommes, de sorte que Seeber fut conduit à quitter l'équipe de Harvard pour se mettre désormais au service de la compagnie IBM. Il faut dire qu'IBM projetait dès cette année-là de construire un calculateur analytique plus puissant, plus performant et de plus grande envergure que la machine d'Aiken, grâce à l'acquis et au développement technologique.

Et c'est ainsi, sous la direction de Wallace J. Eckert, astronome de la Columbia University, et avec la collaboration de Frank E. Hamilton et de R. R. Seeber, que naquit en août 1947 la machine géante à laquelle fut donné le nom de SSEC (*Selective Sequence Electronic Calculator*).

Le calculateur fut inauguré publiquement le 27 janvier 1948 par Thomas Watson, président d'IBM, qui dédia le nouveau calculateur « à la Science mondiale » en y faisant apposer la plaque portant cette inscription : « Cette machine apportera l'assistance voulue aux scientifiques des instituts de recherche, du gouvernement et de l'industrie, pour lui permettre d'explorer les produits de la pensée humaine jusqu'aux limites du temps, de l'espace et des conditions physiques. »

Et le fait est que le SSEC a été largement exploité pour des problèmes d'astronomie. Il produisit une table des éphémérides lunaires plus précise que tout ce qui avait été réalisé jusque-là. Il permit en particulier une tabulation de 12 heures en 12 heures des variations en latitude, en longitude et en parallaxe de l'horizon lunaire. Ce sont d'ailleurs ces éléments qui servirent de base, vingt ans plus tard, lors de la préparation du projet « Apollo », pour déterminer les conditions de l'arrivée des premiers hommes sur la Lune, prévue pour le 20 juillet 1969 (cf. R. Ligonnière, in : *Ordinateurs*, 24 septembre 1984, p. 38 *sq.*).

Techniquement, la machine fut une sorte de compromis entre le souhait des uns de mettre en œuvre des composants électroniques, compte tenu de leurs performances démontrées par l'ENIAC, et les préférences des autres pour l'usage des relais électromagnétiques, en raison de leur grande fiabilité prouvée par l'expérience du *Mark I*. Sa finalisation provient en effet de l'idée d'employer des tubes à vide dans l'organe de commande, dans le dispositif de calcul et dans une mémoire de capacité de 160 caractères, et de celle de mettre en œuvre des relais électromagnétiques pour le reste, par exemple dans la mémoire (électromagnétique) à accès direct que l'on dota d'une capacité de 3 000 caractères.

Notons au passage qu'il y eut aussi des lecteurs de rubans perforés de capacité totale de 300 000 caractères, des lecteurs de tables d'une capacité totale de 100 000 caractères, etc.

En négligeant tous les détails techniques peu profitables à notre propos, on peut dire que les divers éléments mis en jeu dans cette machine ont sans aucun doute apporté à la compagnie IBM – qui venait ainsi de se lancer véritablement dans la course de ce qui allait être bientôt le marché des ordinateurs – les fruits d'une solide expérience technique dont elle allait tirer profit dans un proche avenir, et qu'elle allait mettre en application pendant un certain temps dans la construction de calculateurs analytiques et d'ordinateurs.

Pour l'époque, le SSEC fut doté d'une vitesse exceptionnelle, exécutant en effet 60 000 multiplications de deux nombres à 14 chiffres en 20 minutes à peine, soit dans le même laps de temps que celui que mettrait un calculateur humain bien exercé pour n'en effectuer qu'une seule. Au terme de plusieurs mois de programmation, un problème de physique comprenant 9 millions d'opérations élémentaires fut même traité sur cette machine en 103 heures, alors que le calcul correspondant aurait exigé près d'un siècle de traitement sur une machine à calculer de bureau.

Une publicité de l'époque proclamait du reste que le SSEC était 250 fois plus rapide que la machine de Harvard, quoique des estimations plus fiables n'ont donné que la valeur d'une centaine à ce rapport.

La vitesse du SSEC demeurait toutefois inférieure à celle de l'ENIAC, dont la technologie était tout électronique. Mais sa capacité de mémoire et surtout sa fiabilité jouant en sa faveur, d'aucuns préférèrent y faire effectuer de grands calculs algébriques plutôt que de les confier à l'ENIAC avec ses pannes et ses multiples sources d'erreurs.

Toujours est-il que la machine d'IBM travaillait selon des instructions à quatre adresses (dont une servait pour l'enregistrement du résultat et l'autre pour l'instruction suivante), ces instructions étant extraites elles-mêmes de la mémoire par groupes de deux.

Elle pouvait, de plus, modifier automatiquement une séquence d'instructions en fonction du signe d'un résultat, ou déterminer encore l'adresse d'une instruction à venir.

Elle était munie, en outre, de la possibilité de *branchements conditionnels*, et avait la capacité de faire appel à de courtes séquences d'instructions auxiliaires, qu'elle pouvait exécuter avant de revenir au programme principal ; en termes modernes, elle pouvait mettre en œuvre des *sous-routines* (cf. B. Randell, p. 219 *sq.*).

Mieux encore, elle avait un *programme enregistré* : le SSEC d'IBM fut incontestablement le premier calculateur analytique multifonction opérationnel de l'histoire à être muni de la possibilité de traiter et d'exécuter des instructions préenregistrées, pouvant par conséquent les traiter au même titre que des données (cf. C. J. Bashe, L. R. Johnson, J. H. Palmer et E. W. Pugh).

Le SSEC d'IBM : le premier « presque ordinateur » de l'histoire

Bref, cette machine était capable de retrouver automatiquement une instruction déterminée d'un programme pour modifier d'elle-même l'exécution des séquences en cours, sans que la présence d'un opérateur humain fût nécessaire pour la prise des décisions opportunes.

Autrement dit, *le Selective Sequence Electronic Calculator d'IBM fut le premier « presque ordinateur » de l'histoire.*

Pourquoi « presque » ?

D'abord parce que cette machine, qui a certes marqué une étape importante dans l'histoire des calculateurs analytiques, est toujours demeurée une machine de transition.

Autre raison : elle avait suivi en réalité la ligne directe tracée par le calculateur *Mark I* de Harvard.

De plus, en dehors de son grave *défaut de manque de synchronisation* dans le déroulement des opérations de calcul, elle fut, en son temps, *totalement anachronique,* à cause de sa technologie mixte combinant des éléments électromécaniques à divers éléments électroniques.

Ce ne sont là, cependant, que des défauts relativement mineurs en comparaison de ces inconvénients autrement plus graves : elle était – y compris pour ses créateurs et ses opérateurs – d'une *extraordinaire complexité,* à la fois dans son utilisation, dans sa conception, dans sa construction et dans son architecture.

Il faut dire que le SSEC comportait des *incohérences logiques considérables.* De sorte que, malgré ses avantages et toutes ses performances, il était souvent préférable – en raison même des difficultés de sa programmation – de faire exécuter ses calculs sur l'ENIAC ou même sur le *Mark I* que sur cette machine complexe et anachronique.

Et c'est pourquoi toutes les machines que la compagnie IBM a construites après ce calculateur ont été conçues et élaborées plutôt d'après la *structure ordinatrice* dégagée, dès 1945, de la théorie établie par le mathématicien John von Neumann (voir p. 631-646).

De la simple vue de l'esprit au concept pleinement justifié

A ce propos, on s'est souvent posé la question de savoir si les concepteurs du SSEC d'IBM avaient tiré ou non leur idée d'enregistrer le programme dans la mémoire interne de leur calculateur analytique du fameux rapport que ce mathématicien avait publié cette année-là.

En fait, la question n'a absolument aucune importance, et l'on peut même dire qu'il s'agit d'un faux débat. Car, après tout, cela est bien plausible, l'idée d'un programme enregistré a fort bien pu émerger chez W.J. Eckert, R.R. Seeber et F.E. Hamilton indépendamment de toute influence extérieure.

Mais (et c'est là le point le plus important à souligner), cette idée ne leur est venue que d'une manière empirique, visant avant tout à apporter au produit de leurs réflexions une amélioration d'ordre essentiellement technique.

Autant dire que chez ces ingénieurs et ces mathématiciens, ce concept est toujours demeuré au stade de la simple vue de l'esprit, la structure correspondante n'ayant en effet jamais été concrétisée à l'appui d'une véritable justification théorique. De sorte qu'il ne leur a jamais été possible de tirer profit de tout le potentiel offert par la découverte capitale du programme enregistré. Bref, les réalisateurs de l'IBM SSEC étaient toujours restés enfermés dans les idées, déjà vieilles, de Charles Babbage.

C'est pourquoi, contrairement à ce qui est souvent proclamé, le SSEC d'IBM ne peut ni ne doit être classé dans la famille des ordinateurs. C'était en réalité une version électronico-électromécanique de la machine analytique de Babbage, à laquelle on avait, certes, apporté une très nette amélioration technique, mais en conservant les caractéristiques de la programmation externe, avec naturellement tous les inconvénients qui en sont inhérents.

On ne peut pas ne pas songer dans ces conditions à cette célèbre réflexion que fit un jour Andrew D. Booth, l'un des pionniers de l'informatique anglaise, à propos de la découverte en 1919 du fameux *flip-flop* d'Eccles et Jordan :

« A partir de cette date, s'était-il exclamé, à n'importe quel moment, un ordinateur moderne aurait pu être construit... Quant aux mémoires magnétiques nécessaires, il faut se souvenir que l'enregistreur magnétique du Danois Valdemar Poulsen existait depuis vingt-cinq ans déjà et que la suggestion de base pour la création d'une mémoire magnétique avait été formulée par l'Anglais Oberlin Smith en 1888. »

Ce que cet homme-là (dont les contributions furent, au demeurant, d'une importance respectable) n'a sans doute jamais compris – et que bon nombre de nos contemporains, pas forcément néophytes, n'ont toujours pas bien saisi –, c'est qu'il ne suffit pas de posséder l'ensemble des ingrédients nécessaires, ni même de disposer de toute la technologie appropriée pour pouvoir élaborer et mettre au point un dispositif artificiel aussi révolutionnaire que l'ordinateur. Encore faut-il posséder les aptitudes mathématiques et la démarche scientifique indispensables pour être à même de justifier pleinement et rigoureusement, d'une manière théorique et formalisée, le concept à la base de la structure correspondante.

Or, c'est justement ce qui fait toute la différence entre le simple « bricolage technique » et le vrai travail de professionnel, qui résulte de la mise en pratique d'un concept bien étudié, élaboré et mûrement réfléchi, au sein d'un système physique muni d'une structure logique et mathématique bien établie.

En revenant donc aux concepteurs du SSEC d'IBM, malgré leur idée révolutionnaire de mettre en œuvre le concept de programme enregistré, mais en raison même du cloisonnement dans lequel ils avaient enfermé celui-ci dans des contraintes purement techniques, ils avaient fait de leur machine un dispositif logiquement incohérent.

Une idée, aussi ingénieuse soit-elle, même si elle émerge de l'esprit le plus fertile, et bien qu'elle soit concrétisée par le technicien le plus fécond et le plus ingénieux qui soit, ne saurait connaître tout l'épanouissement qu'elle mérite ni permettre d'en cueillir tous les fruits, à défaut d'étude théorique préalablement conduite de manière complète.

En effet, « la théorie... a pour mission de faire une classification et une synthèse des résultats obtenus, d'en présenter un tableau rationnel permettant non seulement d'interpréter ce qui est connu, mais aussi, dans la mesure du possible, de prévoir ce qui est encore inconnu » (L. de Broglie, *Sur les sentiers de la science,* p. 14).

« Les théories mathématiques n'ont pas pour objet de nous révéler la véritable nature des choses ; ce serait là une prétention déraisonnable. Leur but unique est de coordonner les lois physiques que l'expérience nous fait connaître, mais que sans le secours des mathématiques nous ne pourrions même pas énoncer » (H. Poincaré, *Leçons sur la théorie mathématique de la lumière,* Préface, I).

Les mécaniciens grecs, ne l'oublions pas, avaient, certes, possédé tous les éléments techniques pour fabriquer une machine à calculer. Mais s'ils ne l'ont jamais fait, c'est d'abord et avant tout parce qu'ils n'avaient possédé ni l'outil numéral (à savoir une représentation numérique aussi parfaite que la numération d'origine indienne) ni, à plus forte raison, l'instrument mathématique approprié à la justification théorique, nécessaire à la construction des modèles physiques correspondants.

A défaut de ces outillages intellectuels et en l'absence de toute théorie mécanique avancée, ils s'étaient trouvés non seulement dans l'impossibilité d'appréhender un tel concept, mais aussi et surtout dans l'incapacité mentale d'en entrevoir simplement les horizons.

Telle est, à n'en pas douter, l'une des raisons qui expliquent qu'une invention donnée se produise à telle époque précise plutôt qu'à telle autre de date antérieure.

La conception de la « machine » : le chemin parcouru

Et pourtant, la vérité fondamentale qui vient d'être énoncée n'était pas si nouvelle à l'époque de l'immédiat après-guerre, puisqu'elle avait été formulée avec force et conviction près d'un siècle auparavant.

Que de chemin parcouru depuis le mathématicien Gaspard Monge (1746-1818) qui, dans son cours à l'École Polytechnique, avait, en 1808, donné des machines cette définition, aujourd'hui considérée comme la caractéristique d'un cas d'espèce très spécifique : « Ce sont des engins destinés à plier les forces de la nature, les poids, le vent, l'eau et la traction animale aux travaux que l'homme a voulus » (cf. L. Couffignal [8]).

Depuis la découverte de la machine à vapeur et par suite de l'évolution des systèmes des corps matériels en mouvement, il s'était développé en Europe une tendance visant à détacher progressivement la description d'une machine de sa propre théorie. Autrement dit, dès la fin du XVIIIe siècle, les études s'étaient orientées vers une séparation de plus en plus nette des dispositifs physiques et de leurs propres structures mathématiques.

Et dès 1864, la conviction fut établie, avec Haton de La Goupillère, que l'« invention » d'une machine ne pouvait être que la mise en application d'une théorie scientifique, pleinement justifiée, à un assemblage de mécanismes particuliers.

Mais c'est avec F. Reuleaux, que l'on a proposé dès 1877 une classification des différents éléments mécaniques sous la forme d'une théorie déductive formalisée.

La conception en resta cependant à désigner sous le nom de « machine » tout mécanisme soumis à la force de la résistance des matériaux.

Ce qui, toutefois, n'empêchera pas Koenigs de déclarer avec raison, dès 1905, que « le machinisme est une véritable zoologie artificielle où le créateur est l'homme lui-même, guidé par une large et mystérieuse intuition » (cf. L. Couffignal [8]).

Le premier pas important vers les conceptions modernes fut franchi, en fait, dès 1893, lorsque Maurice d'Ocagne découvrit la fameuse collection de machines à calculer du Conservatoire des arts et métiers, ainsi que la non moins importante collection du général Sebert (aujourd'hui entre les mains de la compagnie IBM). Ne pouvant alors rattacher ces machines à aucune théorie de la mécanique de l'époque, il eut l'idée fort intéressante de les ranger dans diverses catégories qu'il élabora en une véritable hiérarchie. Ce faisant, il emprunta ses critères à la classification biologique, parlant désormais, dès la réédition de son *Calcul simplifié,* en 1905, d'une « anatomie comparée des machines à calculer », dépouillant par là même les calculatrices mécaniques de la spécificité qui conférait jadis à chacune d'elles un caractère de bizarrerie et de curiosité singulière. Ce furent là sans aucun doute les prémisses d'une théorie axiomatique des machines à calculer mécaniques.

Et c'est ainsi que l'étude des machines est apparue désormais comme une discipline pouvant être rationnelle, objective et donc scientifique.

De fait, comme le souligne L. Couffignal, « l'étude de cette classe de machines... [avait été ainsi placée] dans la ligne de pensée de Reuleaux, pour qui, dans une machine à vapeur, la vapeur ne fait pas partie de la machine ».

Mais alors, en considérant le cas d'une fusée, où le fluide est justement le seul élément interne en mouvement, comment peut-on affirmer que ce fluide fait ou ne fait pas partie lui-même de la machine ?

Assurément, autant que le fluide, la délimitation des machines de cette classe ne pouvait, en l'état, selon les seules conceptions classiques, que demeurer aussi insaisissable que l'éther des espaces que ces fusées sont censées explorer.

Pour surmonter le problème, il aura donc fallu l'élaboration d'une véritable théorie mathématique, avec ses axiomes, ses critères, ses définitions, ses déductions, ses démonstrations, ses théorèmes, ses corollaires et ses propres conclusions (voir encadré, p. 601-631). Car, « comme l'anatomie comparée, guidée par le principe d'identité de plan, discerne sous leur pittoresque variété les organes homologues, l'axiomatique, en décelant les analogies formelles, révèle des correspondances insoupçonnées entre divers domaines d'une même science, et même des parentés entre des sciences qui semblaient étrangères » (R. Blanché [3], p. 69).

D'où, en un sens rigoureusement mathématique, grâce à la contribution des logiciens et des mathématiciens du XXe siècle, l'édification d'une théorie axiomatique très générale ayant pour objet l'étude d'êtres mathématiques abstraits désignés justement sous le nom de *machines*.

Entre-temps, surtout depuis la fin des années 1930, on est parvenu à l'idée que l'impact de l'homme consistait aussi et essentiellement à munir ses machines d'une finalité. Les études cybernétiques sont venues ensuite pour préciser toutes les notions de base et poser dès lors, pour les dispositifs artificiels, cette définition très générale : *une machine est un dispositif physique finalisé par l'homme, dont le but est de remplacer celui-ci dans l'exécution d'une action.*

D'ailleurs, qu'est-ce qu'une machine sinon un ensemble d'organes matériels disposés de manière à obliger les forces mécaniques à agir *en vue d'une fin prédéterminée* ? C'est, en d'autres termes, l'idée de dispositif physique appliquée à certaines opérations et qui emporte logiquement avec elle celle de fin, comme l'idée de cause celle d'effet (cf. L. Bounoure, *Déterminisme et finalité,* p. 254).

Bref, selon la formule de L. Couffignal et M.-P. Schutzenberger, on en est arrivé finalement à concevoir la machine comme « un assemblage d'êtres inanimés, organisé de manière à remplacer l'être humain dans l'exécution d'un ensemble d'opérations définies par l'homme lui-même [en vue de la réalisation d'un objectif à atteindre] ».

Et c'est ainsi que l'on a élaboré puis fabriqué, au cours des générations, selon un degré de complexité variant en fonction de la finalité poursuivie :

1. Des *machines-outils,* qui, dans leur fonction essentielle, permettent, à partir d'une énergie fournie de l'extérieur, d'agir directement sur des matériaux déterminés.

2. Des *machines énergétiques,* qui mettent en application dans leur fonctionnement une certaine quantité d'énergie, tout en agissant sur la matière.

3. Des *machines-véhicules,* qui servent au transport d'objets ou de personnes en agissant également sur la matière.

4. Des *machines motrices,* qui se servent de l'énergie comme une matière d'œuvre en la mettant en application dans des moteurs, dans des générateurs, dans des transporteurs, etc.

5. Des *machines élaboratrices,* qui modifient la nature physique, chimique ou biologique d'un corps par action exercée sur les constituants de la matière.

6. Des *machines transformatrices d'informations,* tirant leur énergie d'une source extérieure, qui reçoivent au départ des actions physiques bien déterminées, exprimées sous la forme de « données », et qui leur appliquent un certain nombre de transformations en vue de fournir des « résultats » (machines dont les calculatrices classiques, les calculateurs analogiques, les calculateurs analytiques et les ordinateurs constituent des modèles parmi tant d'autres).

Du machinisme à la zoologie des automates artificiels

Pour parvenir à la révolution informatique, il aura donc fallu d'abord que fût réalisée celle des *automates artificiels* du XXe siècle.

Or, cette contribution plus qu'essentielle, ce domaine et bien d'autres la doivent en premier lieu à l'Espagnol Leonardo Torres y Quevedo.

Car celui-ci ne fut pas seulement pionnier dans le secteur des calculateurs analytiques (en en établissant, comme il l'a fait sur un plan technique, l'ensemble des principes généraux), mais il fut également, dans un domaine beaucoup plus général, l'initiateur des théories modernes sur l'*Automatique*.

C'est bien lui en effet qui établit pour la première fois, d'une manière systématique, très large et très détaillée, la possibilité théorique de construire des automates artificiels, avec une acuité tout à fait étonnante sur bon nombre de machines modernes du même nom (voir p. 612).

Écoutons Torres exposer lui-même quelques-uns des résultats de ses théories révolutionnaires, selon des conceptions tout à fait audacieuses pour une date telle que 1914 :

« Ces automates auront des *sens* : des thermomètres, des boussoles, des dynamomètres, des manomètres..., des appareils sensibles aux circonstances qui doivent avoir une influence sur leur marche.

« L'*impression reçue* par chacun de ces appareils se traduit en général par un mouvement, par exemple le déplacement d'une aiguille sur un cercle gradué.

« Ces automates auront des *membres* : les machines ou les appareils capables d'exécuter les opérations dont ils seront chargés. La commande peut être faite par quelque moyen très simple, même s'il s'agit d'opérations compliquées ; cela se voit dans certaines horloges, qui, par un déclenchement analogue à celui d'un réveil-matin, mettent en marche des marionnettes qui exécutent divers mouvements.

« Ces automates auront l'*énergie nécessaire* : les accumulateurs, les courants d'eau, les réservoirs à air comprimé qui fourniront aux moteurs l'aliment nécessaire pour marcher et faire marcher les machines destinées à exécuter les opérations voulues.

« Il faut en outre – et c'est là principalement le but de l'Automatique – que les automates soient capables de *discernement*, qu'ils puissent à chaque moment, en tenant compte des impressions qu'ils reçoivent, ou même de celles qu'ils ont reçues auparavant, *commander* l'opération voulue. Il faut que les automates *imitent les gestes vivants* en *réglant* leurs actes d'après leurs impressions, en *adaptant* leur conduite aux circonstances.

« La construction des appareils qui jouent le rôle des sens n'offre en théorie aucune difficulté. On invente chaque jour de nouveaux appareils destinés à mesurer et à enregistrer les variations des éléments qui interviennent dans les phénomènes du monde physique, celles qui ne peuvent pas être mesurées aujourd'hui seront mesurées demain, ou du moins... il n'y a aucune raison pour affirmer qu'il ne sera pas ainsi.

« On peut faire la même remarque relativement aux machines qui doivent exécuter le travail dont sera chargé l'automate. Personne certainement ne signalera les limites aux progrès de la Mécanique ; personne ne se refusera à admettre qu'on puisse inventer une machine qui réalise une opération déterminée.

« Il n'en est pas de même quand on se demande s'il sera possible de construire un automate qui, pour déterminer sa manière d'agir, *pèse les circonstances de l'environnement*. On estime, je crois, que la chose peut se faire dans quelques cas très simples : on pense qu'il est possible d'automatiser les opérations mécaniques, purement manuelles, d'un ouvrier, tandis qu'au contraire, les opérations qui exigent des facultés mentales ne pourront jamais être exécutées mécaniquement. Cette distinction n'a aucune valeur car, sauf dans le cas de mouvements réflexes, dont nous n'avons pas à nous occuper ici, dans toutes les actions humaines interviennent les *facultés mentales*...

« A un point de vue purement théorique..., il est toujours possible de construire un automate dont tous les actes dépendent de certaines circonstances, plus ou moins nombreuses, suivant des règles qu'on peut imposer arbitrairement au moment et au moyen de la construction. Ces règles devront être évidemment telles qu'elles suffisent pour déterminer, en toute occasion, sans aucune incertitude, la conduite de l'automate.

« Ce problème pourrait être résolu par mille chemins différents, mais – pour me faire plus facilement comprendre – au lieu de m'en tenir à de pures abstractions, j'indiquerai une méthode électromécanique qui peut donner, ce me semble, la solution générale du problème... »

[Le principe dont il s'agit est celui « de la méthode électromécanique qui permet de faire, au moyen de plusieurs commutateurs échelonnés, qu'une concurrence quelconque de circonstances, dont l'évaluation de chacune d'elles produit le déplacement d'un des commutateurs, active un électro-aimant dont le mouvement de l'armature déclenche l'action correspondante à la concurrence des circonstances qu'on considère » (G. Torres-Quevedo).]

« On peut, ajoutera Torres y Quevedo, augmenter à volonté le nombre des commutateurs et le nombre de plots conjugués avec chacun d'eux. Autrement dit, on peut augmenter indéfiniment le nombre de cas particuliers que l'automate aura à considérer pour régler ses actions ; on peut compliquer à plaisir sa vie de relation.

« Et cela sans la moindre difficulté théorique. Il n'y a aucune différence essentielle entre la machine la plus simple et l'automate le plus compliqué ; l'un comme l'autre se réduisent à un système matériel soumis aux lois physiques qui dérivent de sa composition ; mais, quand ces lois sont compliquées, quand il faut faire un raisonnement important pour déduire de ces lois les manœuvres correspondantes, la machine qui les exécuterait aurait l'air de faire elle-même le raisonnement et c'est là ce qui égare généralement le jugement des personnes qui s'occupent de cette question. »

Ce sont, assurément, les théories développées sur ces bases essentielles qui, conjointement au développement des mathématiques et de la logique symbolique, permettront non seulement la réalisation des ordinateurs (qui ne sont autres, que des automates d'un type particulier), mais aussi l'essor de la science des robots et des autres automates artificiels que nous connaissons aujourd'hui dans les domaines de la cybernétique et de l'intelligence artificielle[1]...

Le chemin parcouru jusqu'à l'apparition des ordinateurs

Pour mieux saisir les enjeux véritables de la découverte scientifique du concept des ordinateurs, il nous faut procéder maintenant à une récapitulation rapide des connaissances acquises depuis plusieurs siècles dans le domaine des automates artificiels et dans celui du calcul automatique, qui ont permis de déboucher finalement sur l'ère des ordinateurs.

Cette histoire, bien évidemment, est intimement liée d'abord au développement de ce que l'on appelle le *calcul,* dans le sens générique du terme, à savoir *la mise en œuvre d'un ensemble de règles et de procédures arithmétiques, mathématiques ou logiques bien définies portant sur les éléments d'un ensemble adapté, en vue d'obtenir une certaine classe d'êtres mathématiques constituant le résultat.*

Mais elle concerne aussi et surtout la recherche permanente d'une simplification des procédés de calcul, en vue de les remplacer par des procédures visant à entretenir des mouvements de pensée motivés par l'économie et n'exigeant, pour se poursuivre, aucune intervention volontaire ni réflexogène de la part du calculateur humain.

---

1. On voit donc bien jusqu'à quel point la contribution de Torres aura été capitale quant à l'évolution des mentalités vis-à-vis de la machine et surtout de l'automate artificiel.

Et l'on mesure du coup l'immensité du chemin parcouru depuis le *Discours de la méthode* de René Descartes (5e partie), dont les idées sont justement résumées ainsi par Torres y Quevedo :

« Il admet sans difficulté qu'on puisse considérer le corps d'un animal comme une machine qui, ayant été faite des mains de Dieu, est incomparablement mieux ordonnée et a en soi des mouvements plus admirables qu'aucune de celles qui peuvent être inventées par les hommes.

« Il ajoute que, "s'il y avait de telles machines qui eussent les organes et la figure extérieure d'un singe ou de quelque autre animal sans raison, nous n'aurions aucun moyen pour reconnaître qu'elles ne seraient pas en tout de même nature que ces animaux".

« Mais Descartes refuse, même à la Toute-Puissance divine, la faculté de construire des automates capables d'imiter les actions humaines qui sont guidées par la raison.

« Il juge métaphysiquement impossible, par exemple, qu'un automate puisse user de paroles ni d'autres signes "pour répondre au sens de tout ce qui se dira en sa présence, ainsi que les hommes les plus hébétés peuvent faire".

« Il admet volontiers que l'automate puisse parler, mais il ne conçoit pas qu'il puisse parler raisonnablement...

« [En fait], Descartes... a été égaré par cette idée que l'automate, pour répondre raisonnablement, serait obligé de faire lui-même le raisonnement, tandis que dans ce cas, comme dans tous les autres, *c'est son constructeur qui raisonnerait pour lui.* »

Ajoutons, toutefois, qu'aujourd'hui la réalité des découvertes cybernétiques et informatiques tend à surpasser les fictions scientifiques de Torres y Quevedo (voir p. 676-689 et 769-763).

Cette histoire est donc liée, en somme, à la recherche constante de l'automatisme de la pensée humaine, d'où a émergé peu à peu l'idée de substituer des *algorithmes de calcul* aux vieux artifices calculatoires qui exigeaient réflexion, astuce et intelligence au cours du déroulement des opérations.

Et c'est de là que sont venues les innombrables « recettes » arithmétiques et mathématiques (dont la plus fameuse est l'algorithme d'Euclide de la détermination du plus grand commun diviseur) qui ont jalonné l'histoire de ces disciplines depuis l'époque de Sumer, de Thèbes, de Babylone, d'Athènes, de Bagdad ou de Cordoue jusqu'à l'époque de la civilisation contemporaine.

Il s'agit, bien sûr, de recettes issues des propriétés mathématiques les plus diverses, dont l'étude générale a débouché finalement, par une sorte d'abstraction ultime, à la théorie générale des *algorithmes*. Théorie qui, rappelons-le, s'emploie aujourd'hui à analyser et à étudier *toute succession finie d'opérations élémentaires à effectuer pas à pas, dans un enchaînement strict et rigoureux, en vue de résoudre les problèmes d'une certaine classe.*

Un autre mécanisme ayant constitué dans ce mouvement un fil conducteur important est lié cette fois à un besoin fondamental éprouvé depuis longtemps par les savants et les praticiens du calcul numérique ou mathématique, qui sont constamment interrompus dans leurs réflexions profondes par les contingences d'un calcul répétitif ou fastidieux.

Ce besoin est évidemment exprimé par le désir profond de faire accomplir ces diverses tâches intellectuelles par des machines spécialement conçues dans ce but.

Et c'est ainsi que l'on a développé et construit toute une variété de *calculatrices* spécialisées dans la pratique des quatre opérations de l'arithmétique, avant même de concevoir et de finaliser toutes sortes de dispositifs artificiels capables de recevoir des données, de leur appliquer certaines transformations, inhérentes à leur structure et à leur propre fonctionnement, en vue d'obtenir tous les résultats voulus.

Mais le bénéfice le plus essentiel que l'on aura tiré de ces développements aura été finalement de se mettre sur la voie des *calculateurs numériques* : des machines transformatrices d'informations où les données reçues et traitées sont représentées par un phénomène physique variable et discontinu, exprimable d'une manière biunivoque sous une forme *discrète,* c'est-à-dire au moyen de chiffres et de symboles répondant aux règles très précises d'un ensemble appelé code.

Pour parvenir à l'idée de l'ordinateur, il aura fallu toutefois s'orienter avant tout vers l'idée d'une machine qui « accomplit le travail de l'homme tout en contrôlant ses propres opérations et en corrigeant même ses propres erreurs » (Gardellini, *cit.* P. Foulquié).

Et dans cette voie, les acquisitions fondamentales ont été :

1. Celles – liées d'abord au désir d'imiter les hommes et les animaux, puis peu à peu détachées du contexte originel pour être mises en application dans les organisations les plus diverses, dans le but d'éliminer toute intervention humaine dans le déroulement des opérations à enchaînements – de la science et des *techniques de l'automatisme*, depuis les réalisations des mécaniciens grecs et arabes jusqu'à celles des experts occidentaux du XXe siècle.

2. Celles ensuite de la *modélisation de certains processus de l'intelligence humaine*, parties d'observations à différents niveaux de la réalité matérielle et destinées à recevoir par la suite des bases logiques et mathématiques, dans le sens le plus général et le plus abstrait.

3. Celles des systèmes conçus d'abord comme des ensembles d'organes munis de règles de commande, réalisés mécaniquement pour la première fois par les inventeurs européens du siècle des Lumières (Vaucanson, Von Knaus, Jaquet-Droz, etc.) et auxquels les mathématiques devaient donner plus tard un statut plus formel et beaucoup plus rigoureux.

Et c'est ainsi, dans la voie du calcul artificiel automatique, que l'on est parvenu à la réalisation de plusieurs *calculatrices automatiques,* spécialisées d'abord dans les opérations arithmétiques ou comptables.

Celles-ci présentèrent toutefois un défaut majeur, puisque celui qui avait à effectuer une séquence d'opérations enchaînées était obligé d'intervenir plusieurs fois de suite : en dehors des données, il lui fallait transcrire successivement à la main tous les résultats intermédiaires et les réinscrire de nouveau, étape après étape, dans la machine.

Cette voie-là n'aura donc pas été la bonne, l'automatisme à acquérir devant être plutôt de nature *séquentielle* : il fallait retenir certains concepts que mettent en œuvre les horloges astronomiques, les jacquemarts et les carillons automatiques, par exemple.

Et c'est de là qu'est venue l'idée des *calculateurs automatiques et séquentiels,* capables d'exécuter, avec le minimum d'intervention humaine, des séquences d'opérations enchaînées, suivant un processus fixé à l'avance par un organe de commande.

Il fallait cependant éviter les *calculateurs à instructeur fixe, non modifiable,* qui, comme la machine à différences de Babbage, avaient un organe de commande intégré aux mécanismes internes. Manquant de souplesse, de tels systèmes ne savaient effectuer qu'un seul type d'opération (celle pour laquelle ils avaient été structurellement conçus) ; de plus, toute modification des séquences à exécuter exigeait un réglage préliminaire du dispositif de commande.

Mais il fallait contourner aussi la direction des *calculateurs à instructeur modifiable, dont la commande n'était pas indépendante de la structure matérielle du dispositif interne,* comme ces calculatrices électromécaniques classiques de la première moitié du XXe siècle (de type *Monroe, Mercedes-Euklid* ou *Supermetal*), ou de la catégorie des machines comptables automatiques multiregistres à chiffrage intermédiaire (de type *Logabax*) des années 1930 et 1940, ou encore comme les calculettes non programmables des types « quatre opérations », « économique », ou « scientifique », démunis de système de programmation.

La direction à prendre était plutôt celle des *calculateurs programmables,* où les instructions fournies à l'exécution des séquences sont régies par un système souple de programmation, établi lui-même à partir d'un « langage » constituant un moyen de communication entre l'homme et la machine.

Mais il fallait éviter aussi la structure des *calculateurs programmables à traitement complet semi-automatique,* qui nécessitent une ou plusieurs interventions humaines dans l'exécution d'un programme dans sa totalité, et où il est impossible de modifier automatiquement une séquence d'opérations, une fois le processus déclenché. Il fallait donc contourner la voie des tabulatrices et des calculatrices mécanographiques à cartes perforées de la première moitié du XXe siècle, qui était complètement bloquée, les opérations s'effectuant en fonction de contraintes purement techniques (et non suivant la logique des problèmes).

Autant dire que la recherche devait s'orienter vers des machines capables de retrouver une instruction déterminée du programme pour modifier d'elles-mêmes le déroulement des opérations.

Il était donc nécessaire de prendre la direction des *calculateurs programmables, à traitement complet entièrement automatique* : machines capables de résoudre un problème d'une manière entièrement automatique, à condition bien sûr de recevoir le programme approprié ; un programme élaboré lui-même à l'avance par une sorte d'*analyse* préliminaire des caractéristiques du problème, effectuée de telle sorte que les instructions correspondantes puissent donner aux dispositifs internes des ordres précisant très exactement les différentes étapes élémentaires de la résolution du problème envisagé.

Et c'est ainsi que l'on est parvenu à la conceptions des calculateurs analytiques, qui n'est autre que celle des *machines numériques automatiques et séquentielles programmables.* Calculateurs dont on sait qu'ils sont munis des divers organes fonctionnels suivants :

1. Un dipositif d'*entrée/sortie,* permettant de maintenir le contact avec le milieu extérieur à partir d'un langage préétabli, où l'entrée convertit en informations codées les données introduites dans la machine, et dont la sortie fournit des résultats, c'est-à-dire des informations exploitables de diverses manières.
2. Un dispositif de *stockage des instructions de programme,* en vue de leur exécution par la machine.
3. Un *organe de commande,* ordonnateur et superviseur de l'exécution des séquences prévues par les instructions successives du programme fourni à la machine.
4. Une *mémoire,* dont l'objet est de conserver notamment les résultats des calculs intermédiaires ou terminaux.
5. Un *organe de traitement,* qui ordonne les données introduites, transforme leurs représentations respectives, puis les transfère automatiquement vers la mémoire de la machine.

C'est donc exactement la voie qui fut tracée pour la première fois de l'histoire par le mathématicien anglais Charles Babbage.

Mais il aura fallu bifurquer une fois de plus, car les *calculateurs analytiques* munis de la même structure que sa machine impliquaient des systèmes de programmation externe.

Et c'est de la nécessité de surmonter cette limitation structurelle qu'a émergé peu à peu l'idée de *programme enregistré,* dont la conséquence fondamentale a été de parvenir à des machines programmables capables de traiter leurs instructions au même titre que les données soumises, autrement dit aux *ordinateurs.*

On mesure donc à quel point l'histoire de l'informatique a été d'une complexité inouïe, révélant ainsi une démarche qui, bien plus que l'histoire universelle des chiffres, ressemble à l'allure titubante d'un ivrogne (voir fig. 33.2 A à 33.2 D).

Mais, pour pouvoir couronner toutes ces recherches et tirer par conséquent tous les avantages de ce concept fondamental, il fallait parvenir avant tout, par une véritable théorie mathématique, à l'idée essentielle de *machine universelle,* en une structure logique éminemment plus générale et plus abstraite que celle, bien particulière, des calculateurs analytiques multifonction dont il a été question jusqu'ici.

Les enjeux de la découverte scientifique du concept de programme enregistré

Autant mettre l'accent dans ces conditions sur la difficulté considérable qu'il y eut à l'époque des pionniers de l'informatique à parvenir à la découverte scientifique, c'est-à-dire à la justification théorique, rigoureuse et indiscutable, de l'idée de programme enregistré. Une idée dont l'apparente simplicité nous fait aujourd'hui complètement oublier qu'elle fut loin d'être évidente il y a seulement un demi-siècle, dissimulant en effet des questions d'une incroyable complexité.

En voici, rétrospectivement, l'enjeu fondamental présenté d'abord d'un point de vue technique, selon les explications de R. Moreau [4] :

« Enregistrer un programme [dans la mémoire interne d'un calculateur analytique] revenait à changer [radicalement] la dimension du traitement. [En revenant à l'époque de l'ENIAC,] Il faut se rappeler que, jusque-là, les programmes étaient lus directement par l'unité de traitement sur la bande perforée ou sur la pile de cartes mécanographiques placées à l'entrée de la machine. Comme du temps de Jacquard ou de Babbage, il fallait donc, pour exécuter une partie du programme, réintroduire à la main la partie de la bande perforée ou le paquet de cartes correspondant. L'enregistrement dans une mémoire à accès direct des programmes à exécuter éliminait complètement ces inconvénients et accélérait le traitement.

« Ensuite, dès les premiers calculateurs [analytiques], la notion d'instruction s'était précisée. Or, nous savons que tout traitement algorithmique se ramène à l'exécution de séquences d'opérations arithmétiques ou logiques [voir p. 676 *sq.*]. Chacune de ces opérations est indiquée à la machine par [ce qu'il est convenu d'appeler] une *instruction machine.* Une telle instruction, que nous dirons *élémentaire* – pour la différencier de celles utilisées dans les langages de programmation évolués –, est communiquée à la machine sous forme d'un code numérique. Le plus souvent, un premier nombre indique quelle opération elle doit effectuer, un deuxième nombre la position où se trouvent en mémoire les opérandes (quantités sur lesquelles porte l'opération), et enfin un troisième nombre donne l'endroit exact de la mémoire où devront être placés les résultats. Ces trois nombres sont placés les uns à côté des autres dans l'instruction. L'instruction se présente donc comme un seul nombre et revêt la forme d'une donnée. L'augmentation des capacités de mémoire ouvrait donc la perspective de mettre également les instructions en mémoire.

« Cette solution présentait de nombreux avantages. Un premier résultait de l'accélération des calculs. En effet [dans une machine analytique de type électronique], le transfert entre la mémoire et l'unité de calcul n'emprunte que des voies électriques, alors qu'une lecture à l'entrée de la machine, sur une carte perforée par exemple, utilise des procédés mécaniques beaucoup plus lents.

« Un autre avantage, essentiel celui-là, résultait de ce que les instructions

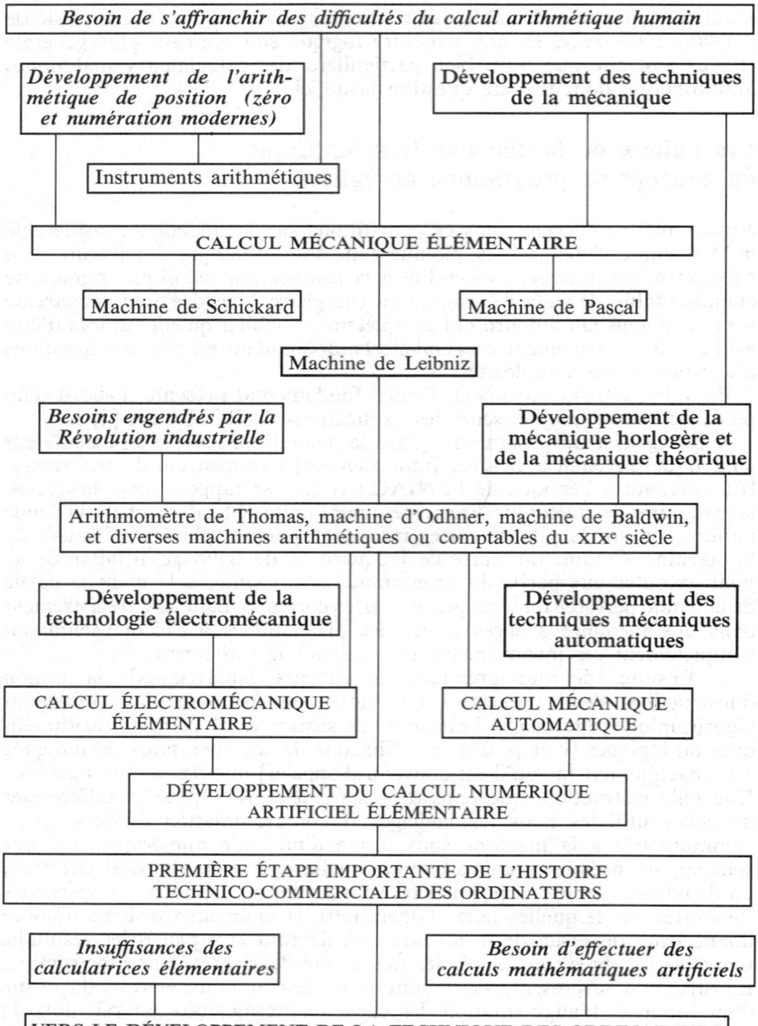

Fig. 32.2 A*

* Dans ce tableau et les trois suivants, les textes en italique indiquent soit des besoins, soit des limitations structurelles, soit des développements scientifiques (mathématiques, logiques, etc.), tandis que les textes en romain gras se rapportent aux techniques (mécanique, etc.) qui ont rencontré le calcul analytique avant que celui-ci ne débouche sur le développement de l'informatique.

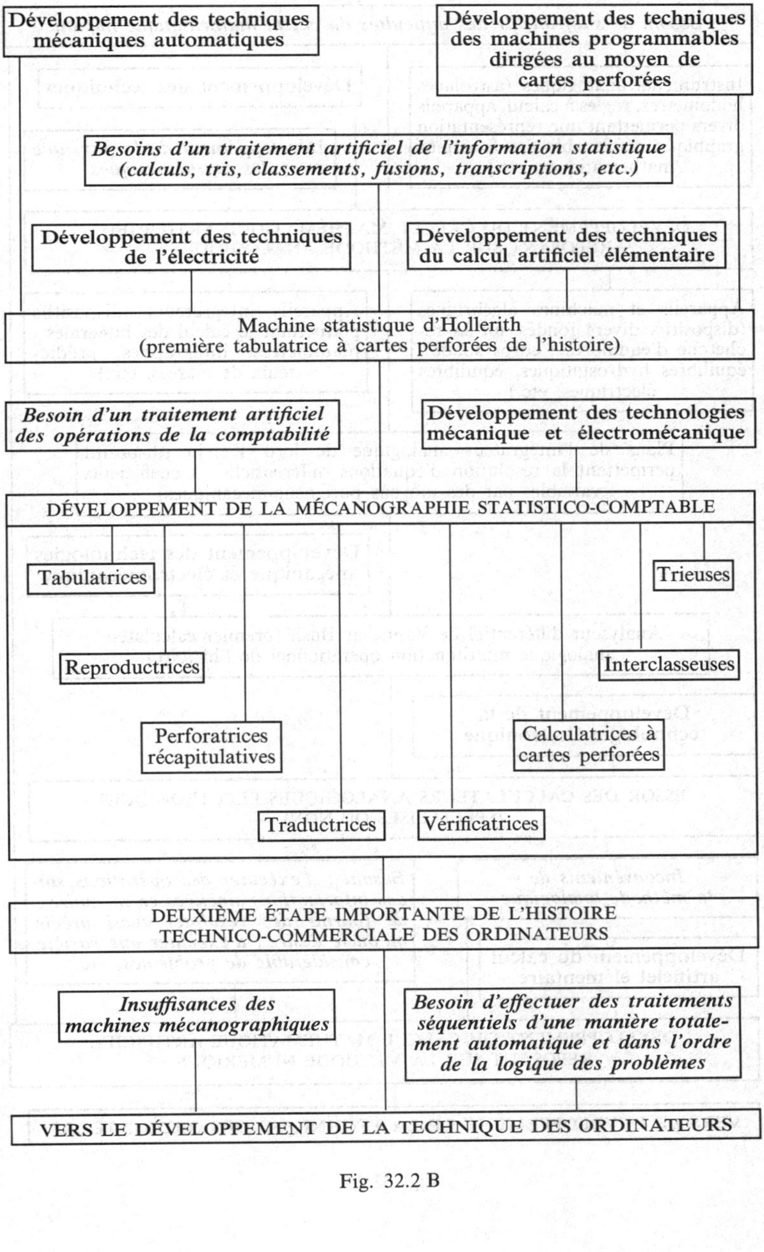
Développement des techniques mécaniques automatiques
Développement des techniques des machines programmables dirigées au moyen de cartes perforées
Besoins d'un traitement artificiel de l'information statistique (calculs, tris, classements, fusions, transcriptions, etc.)
Développement des techniques de l'électricité
Développement des techniques du calcul artificiel élémentaire
Machine statistique d'Hollerith (première tabulatrice à cartes perforées de l'histoire)
Besoin d'un traitement artificiel des opérations de la comptabilité
Développement des technologies mécanique et électromécanique
DÉVELOPPEMENT DE LA MÉCANOGRAPHIE STATISTICO-COMPTABLE
Tabulatrices
Trieuses
Reproductrices
Interclasseuses
Perforatrices récapitulatives
Calculatrices à cartes perforées
Traductrices
Vérificatrices
DEUXIÈME ÉTAPE IMPORTANTE DE L'HISTOIRE TECHNICO-COMMERCIALE DES ORDINATEURS
Insuffisances des machines mécanographiques
Besoin d'effectuer des traitements séquentiels d'une manière totalement automatique et dans l'ordre de la logique des problèmes
VERS LE DÉVELOPPEMENT DE LA TECHNIQUE DES ORDINATEURS

Fig. 32.2 B

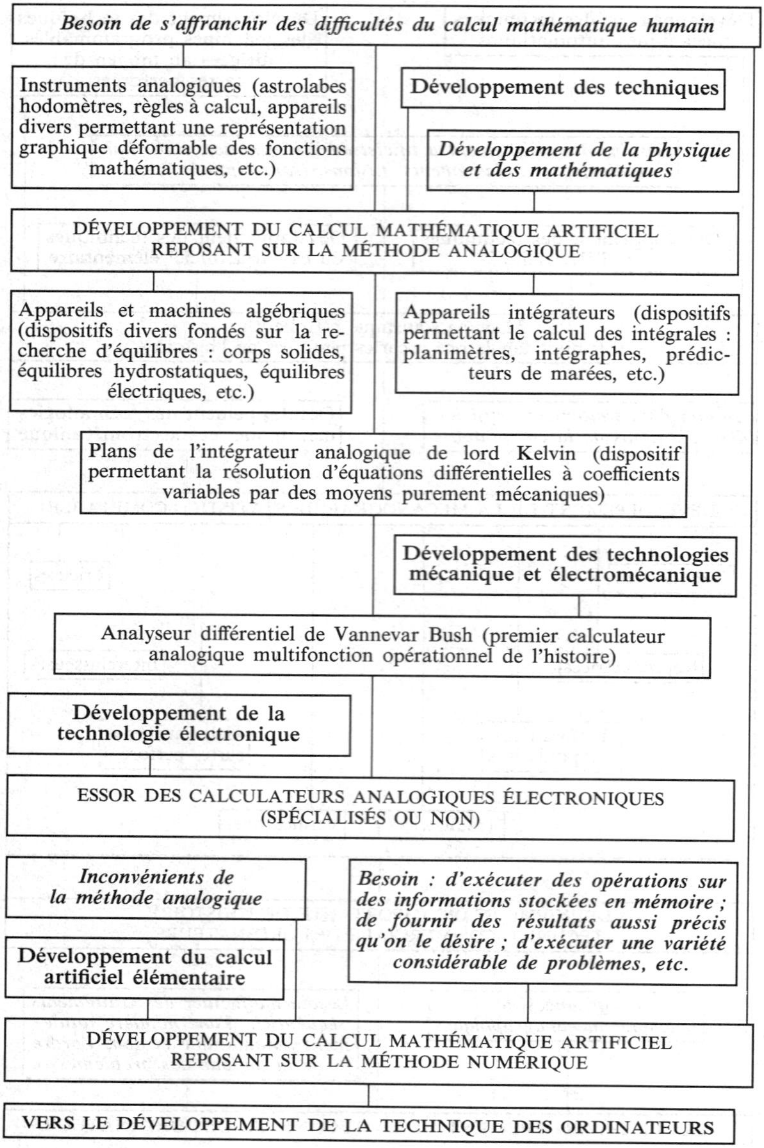
Besoin de s'affranchir des difficultés du calcul mathématique humain
Instruments analogiques (astrolabes hodomètres, règles à calcul, appareils divers permettant une représentation graphique déformable des fonctions mathématiques, etc.)
Développement des techniques
Développement de la physique et des mathématiques
DÉVELOPPEMENT DU CALCUL MATHÉMATIQUE ARTIFICIEL REPOSANT SUR LA MÉTHODE ANALOGIQUE
Appareils et machines algébriques (dispositifs divers fondés sur la recherche d'équilibres : corps solides, équilibres hydrostatiques, équilibres électriques, etc.)
Appareils intégrateurs (dispositifs permettant le calcul des intégrales : planimètres, intégraphes, prédicteurs de marées, etc.)
Plans de l'intégrateur analogique de lord Kelvin (dispositif permettant la résolution d'équations différentielles à coefficients variables par des moyens purement mécaniques)
Développement des technologies mécanique et électromécanique
Analyseur différentiel de Vannevar Bush (premier calculateur analogique multifonction opérationnel de l'histoire)
Développement de la technologie électronique
ESSOR DES CALCULATEURS ANALOGIQUES ÉLECTRONIQUES (SPÉCIALISÉS OU NON)
Inconvénients de la méthode analogique
Besoin : d'exécuter des opérations sur des informations stockées en mémoire ; de fournir des résultats aussi précis qu'on le désire ; d'exécuter une variété considérable de problèmes, etc.
Développement du calcul artificiel élémentaire
DÉVELOPPEMENT DU CALCUL MATHÉMATIQUE ARTIFICIEL REPOSANT SUR LA MÉTHODE NUMÉRIQUE
VERS LE DÉVELOPPEMENT DE LA TECHNIQUE DES ORDINATEURS

Fig. 32.2 C

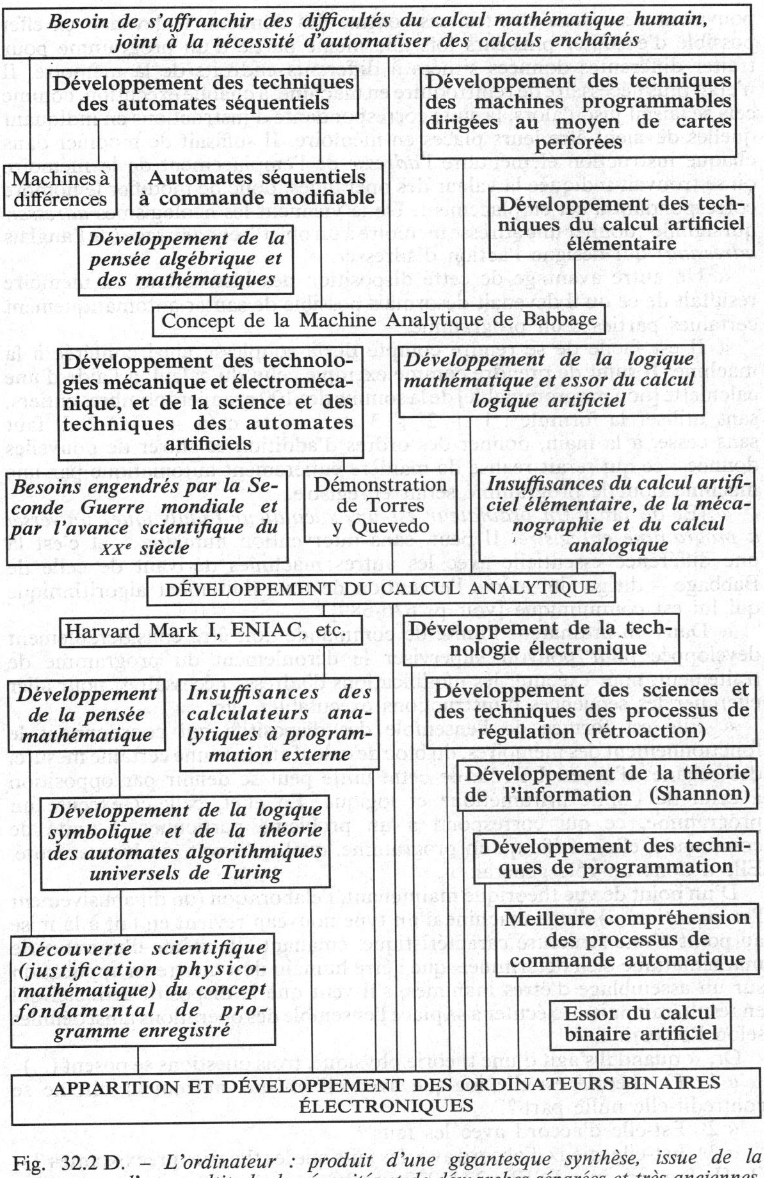

Fig. 32.2 D. – *L'ordinateur : produit d'une gigantesque synthèse, issue de la convergence d'une multitude de nécessités et de démarches séparées et très anciennes.*

pouvaient désormais être traitées comme des données. Il devenait en effet possible d'exécuter plusieurs fois une même partie d'un programme pour traiter différentes données situées à différents endroits de la mémoire. Il n'était plus nécessaire de réintroduire en machine, à chaque exécution, comme cela se faisait jusqu'alors, la suite correspondante d'instructions en indiquant quelles devaient être leurs places en mémoire. Il suffisait de modifier dans chaque instruction élémentaire l'*adresse* de l'emplacement de la mémoire où se trouvait indiquée la valeur des opérandes, donc de modifier le nombre correspondant à cet emplacement. De là viennent les néologismes *adresser,* qui signifie "donner une adresse mémoire à un objet", et *adressage* (de l'anglais *adressing*) qui désigne l'action d'adresser.

« Un autre avantage de cette disposition des instructions en mémoire résultait de ce qu'il devenait désormais possible de sauter automatiquement certaines parties d'un programme.

« Il est facile de se rendre compte de la souplesse ainsi conférée à la machine. Il suffit de prendre comme exemple celui du calcul, à l'aide d'une calculette [non programmable] de la somme des 100 premiers nombres entiers, sans utiliser la formule : $1 + 2 + 3 + ... n = n (n + 1) / 2$. Il faut sans cesse, à la main, donner des ordres d'addition et entrer de nouvelles données, ce qui serait réalisé de manière entièrement automatique par une machine dont le programme serait enregistré...

« [Et de fait,] *Un ordinateur est un calculateur [analytique] universel à programme enregistré.* Il peut, sans intervention humaine – et c'est là une différence essentielle avec les autres machines dérivant de celle de Babbage – diriger lui-même l'exécution de tout traitement algorithmique qui lui est communiqué [voir p. 676-689].

« Dans un ordinateur l'unité de commande doit être considérablement développée pour pouvoir superviser le déroulement du programme de traitement, pour exécuter les modifications d'adresse nécessaires, pour aller chercher les séquences d'instructions exécutables, etc.

« Elle est formée de l'ensemble des dispositifs qui coordonnent le fonctionnement des mémoires, du bloc de calcul et, dans une certaine mesure, des organes d'accès. Le rôle de cette unité peut se définir par opposition à celui de l'unité arithmétique et logique. En effet, celle-ci exécute un programme, ce qui correspond à un problème particulier. L'unité de commande, elle, vérifie qu'un programme, quel qu'il soit, est bien exécuté. Elle a donc un rôle général. »

D'un point de vue théorique maintenant, l'élaboration (on dit abusivement l'« invention ») d'une machine d'un type nouveau revient en fait à la mise au point d'une structure caractéristique, émanant elle-même d'une théorie mathématique bien déterminée, que l'être humain doit mettre en application sur un assemblage d'êtres inanimés, s'il veut que le dispositif artificiel qui en résulterait puisse exécuter à sa place l'ensemble des opérations ainsi définies selon l'objectif fixé.

Or, « quand il s'agit d'une théorie physique, trois questions se posent (...) :

« 1° La théorie est-elle logique avec elle-même, autrement dit, ne se contredit-elle nulle part ?

« 2° Est-elle d'accord avec les faits ?

« 3° Est-elle mieux d'accord avec les faits que les théories préexistantes ? » (J. Hadamard, in : BSFP, 22/1922, p. 96).

Cela veut donc dire que la théorie en question doit être complète, non redondante et non contradictoire pour pouvoir mener jusqu'à son terme la finalisation du dispositif artificiel envisagé et pour que celui-ci ne comporte aucune sorte d'incohérence ni d'incompatibilité.

Aussi faut-il constituer une science déductive formalisée au moyen d'un système d'axiomes d'où toute la suite des propositions serait déduite.

Mais il est nécessaire, du coup, de faire abstraction de l'expérience et des réalités matérielles pour pouvoir se donner un tel système d'axiomes, les seules conditions exigées étant alors que ces axiomes soient :

1. *Indépendants,* autrement dit qu'ils ne puissent en aucun cas se déduire les uns des autres.
2. *Cohérents,* c'est-à-dire formant un ensemble complet.
3. Et enfin *compatibles,* en ce sens qu'ils ne doivent jamais se contredire les uns avec les autres.

Bref, pour pouvoir parvenir *scientifiquement* au concept de l'ordinateur, il fallut donc :

1. Établir mathématiquement la preuve de l'existence de telles machines « universelles ».
2. Démontrer, toujours mathématiquement, qu'en conservant les organes et les principales fonctions d'un calculateur analytique multifonction, mais en intégrant les programmes correspondants dans sa mémoire interne, on réalise en fait un modèle physique de telles machines universelles.

Il s'agissait, en d'autres termes, d'élaborer pour la théorie des machines de cette classe un *système hypothético-déductif*, dont la seule loi est celle de la cohérence logique, abstraction faite de toute application aux objets empiriques et indépendamment de toute interprétation subjective.

On comprend mieux maintenant que les perspectives de cette découverte fondamentale n'aient pu être entrevues que par une avance théorique appropriée, sous les pressions les plus diverses.

Mettant ainsi en jeu de très délicates questions de mathématiques et surtout de logique formelle symbolique, les problèmes qu'il s'agissait de surmonter dans la mise au point de la structure mise en jeu par le concept de programme enregistré surpassaient donc bien, et de très loin, les simples vues d'esprit d'ingénieurs et de techniciens : ils relevaient surtout des compétences de théoriciens et de mathématiciens de grande culture et de solide formation scientifique (voir encadré ci-après).

LES MÉCANISMES DE PENSÉE QUI ONT PERMIS LE DÉBLOCAGE ET L'EXPLOSION DE L'INFORMATIQUE

Assurément, *ce n'est pas en perfectionnant le boulier-compteur que l'on a inventé l'ordinateur !*

Comme pour l'histoire de la bougie et de l'électricité, cette présentation très structurée de l'histoire montre bien que l'apparition des ordinateurs n'a pas constitué l'étape ultime d'une évolution uniforme et linéaire qui n'aurait débuté que par l'invention de cet instrument de calcul très rudimentaire.

Autant mettre l'accent une fois de plus sur la complexité, la non-linéarité, la non-indépendance et les interactions caractéristiques des composantes de la science fondamentale actuelle, dont l'informatique fait bien évidemment partie.

Car, à l'instar de toutes les grandes réalisations de notre époque (machine à vapeur, automobile, chemin de fer, aviation, photographie, cinématographe, téléphone, télévision, vidéo, télécommunications, etc.), cet événement est l'aboutissement d'une évolution infiniment complexe et multiforme, dont le fruit, constitué de la formidable convergence d'une multitude de démarches séparées et fort anciennes, n'a vu le jour qu'au milieu du XXe siècle (voir fig. 32.2 A à 32.2 D).

On notera donc en particulier que si l'expérience technique et l'évolution technologique ont, certes, joué un rôle important dans cette histoire, elles n'en ont pas constitué pour autant les seuls éléments déterminants, celles-ci ayant été nécessaires, mais non suffisantes.

Et de fait, de tous les mécanismes de pensée qui ont permis le déblocage et l'explosion du calcul numérique automatique pour déboucher finalement sur la naissance et l'essor de la science et des techniques des ordinateurs, le développement de la pensée mathématique et des concepts de base de la logique contemporaine figurent sans aucun doute parmi les premiers et les plus fondamentaux. Sans vouloir compliquer l'exposé qui suit par des considérations hautement abstraites et particulièrement délicates, nous allons donc ci-après revenir une fois de plus à ces domaines, afin de mieux faire saisir l'importance capitale des mécanismes intellectuels concernés.

Premier mécanisme fondamental : le zéro et la numération de position

Au risque de nous répéter, il convient de souligner d'abord que cette réalisation ne saurait s'expliquer en dehors de la numération de position d'origine indienne, dont la découverte, parmi ses innombrables conséquences fondamentales, a permis de préciser et d'unifier bon nombre de concepts apparemment distincts, et d'édifier par conséquent sur ces bases des théories générales, jusque-là inconcevables.

Et dans cette très importante innovation, on ne saurait jamais exagérer l'importance essentielle de la découverte du zéro, qui n'a pas seulement permis d'exprimer le vide des positions manquantes dans l'écriture positionnelle des nombres, ni livré qu'un vocable, un graphisme ou un symbole. Elle a donné naissance aussi et surtout à une notion comprise à la fois comme un concept numéral et un opérateur arithmétique, et comme un nombre à part entière égal à l'inverse de l'infini mathématique et appartenant simultanément à l'ensemble des entiers, à celui des fractions, à celui des nombres réels, à celui des nombres complexes, et ainsi de suite, de généralisation en généralisation (voir chapitres 27, 28 et 30).

Ce concept fondamental est donc bien situé au point de convergence de toutes les branches mathématiques actuelles : arithmétiques des entiers et des fractions, algèbre des grandeurs scalaires ou vectorielles, calcul tensoriel, calcul matriciel, analyse numérique, analyse infinitésimale, calcul différentiel et intégral, théorie des ensembles, structures algébriques ou topologiques, etc. Et il joue naturellement un rôle aussi fondamental dans toutes les autres disciplines scientifiques, depuis la physique, l'astronomie, l'astrophysique, la statistique, l'économie ou l'économétrie jusqu'à la biologie, la chimie, la génétique, la linguistique, l'informatique, la robotique et la cybernétique.

Bref, la découverte capitale du zéro a conféré à l'esprit humain un potentiel d'une puissance tout à fait extraordinaire. Nulle autre création humaine n'aura, comme celle-là, exercé une pareille influence sur le développement de l'intelligence de l'homme. (Voir **Zéro*, Dictionnaire, p. 3.)

Deuxième mécanisme fondamental :
le développement de la pensée algébrique

Un autre outillage fondamental, sans lequel l'idée même d'un ordinateur ne saurait être envisagée, est le résultat de plusieurs siècles de développement de la pensée symbolique. Il est constitué en particulier par le passage de l'arithmétique ordinaire à l'algèbre des grandeurs et par celui de la représentation des nombres spécifiques à la notation littérale des inconnues et des constantes indéterminées, qui ont ainsi marqué l'un des premiers passages du raisonnement individuel au raisonnement collectif (voir chapitres 29 et 30).

Or, c'est précisément par un tel mécanisme de pensée que le mathématicien anglais Charles Babbage – dont la fameuse *Machine Analytique* a constitué le véritable ancêtre des ordinateurs actuels – est parvenu à une synthèse aussi puissante et à des idées aussi révolutionnaires que les siennes (voir p. 550 *sq.*).

Et de fait, il y a bien une analogie frappante entre l'histoire du calcul artificiel et celle de l'algèbre.

Dans le calcul artificiel, l'absence de conception générale a longtemps réduit ce domaine à la création de toute une variété de machines aux fonctions bien spécifiques, fondées sur des procédures établies au hasard pour effectuer des opérations arithmétiques ou mathématiques très particulières. Et de même que la découverte de la notation littérale a créé l'algèbre moderne, de même les concepts mis en jeu dans la *Machine Analytique* de Babbage ont ouvert une ère totalement nouvelle dans l'histoire du calcul par des moyens artificiels.

En somme, l'étape ainsi franchie par Babbage, autrement dit la découverte du *calcul analytique*, aura été aux calculatrices numériques à fonction particulière issues de structures individuelles un peu ce que le passage de l'arithmétique des entiers à l'algèbre des grandeurs avait été aux opérations et aux notations de l'arithmétique ordinaire.

Mais naturellement, cette révolution n'a pas été suffisante pour parvenir à la conception des ordinateurs ; il aura fallu franchir une étape supplémentaire, sur laquelle nous reviendrons un peu plus loin.

Il n'empêche que la symbolique déployée dans la machine de Babbage a correspondu à un premier stade de généralité de conception.

Même si celle-ci se place à un niveau éminemment inférieur à l'universalité véritable des fonctions calculatoires de l'ordinateur, l'idée même de la généralité conférée à la *Machine Analytique* ne saurait s'expliquer, en effet, sans une abstraction conduite dans l'esprit de Babbage à un degré supérieur.

Car pour y arriver, il avait bien fallu à Babbage détacher mentalement, dans chacun des concepts dont il avait effectué la synthèse complète, la propriété spécifique, strictement individuelle, pour la considérer isolément et la combiner avec d'autres propriétés qu'il avait abstraites de la même façon de leur propre contexte.

Quel rapport pouvait-on percevoir, en effet, dans la conception non encore génératrice de l'expérience mécanique de l'époque, entre un jacquemart, une horloge ou un carillon automatique et un automate du type de ceux de Vaucanson, de Von Knaus ou de Jaquet-Droz ? Quel point commun pouvait-on saisir entre un automate de la catégorie des métiers à tisser de Jacquard avec des calculatrices mécaniques à fonction très particulière, non automatiques et non encore techniquement évoluées de surcroît ? Aucun et pour personne, si ce n'est pour Babbage, dont l'esprit avait su séparer ce qui n'était pas encore séparé ni même séparable dans la réalité.

Il est vrai que « l'abstraction proprement dite commence avec la conscience de la ressemblance et de la différence. Abstraire, c'est distinguer le caractère commun à plusieurs objets ou le caractère différentiel d'un objet » (A. Burloud, *Pensée conceptuelle*, p. 163). Et qui dit *abstraction* dit aussi *généralisation* : « C'est le propre de notre esprit [généralisateur d'aujourd'hui] de former des propositions générales de la connaissance des particulières » (Descartes, *2e Rép.*, IX, 111).

Et comme l'abstraction et la généralisation vont de pair, il en est résulté chez Babbage une sorte d'algébrisation des concepts fontamentaux du calcul mécanique. Et c'est ce qui a produit peu à peu chez lui, sous l'emprise des difficultés du calcul humain et par la prise de conscience de la nette insuffisance des machines à calculer ordinaires, le désir de passer de la variété considérable de tous ces donnés spécifiques à un construit de beaucoup plus grande envergure visant dans son esprit à une certaine idée de l'universel. C'est donc bien parce que son raisonnement mathématique avait été très abstrait (bien sûr selon le degré de généralité que l'on pouvait avoir à l'époque), que Babbage, en bon mathématicien qu'il fut, avait cherché à concevoir une machine capable de s'élever très au-dessus de la spécificité de telle ou telle opération pour être en mesure d'aborder et de résoudre toutes sortes de problèmes, en une vaste catégorie, indépendante des natures proprement individuelles (voir p. 552 *sq.*).

Se fondant alors sur le nombre illimité d'opérations qu'il pouvait faire exécuter par sa machine, sur le nombre également illimité de cartes variables qu'il pouvait mettre à contribution pour commander son *calculateur analytique,* ainsi que sur la facilité avec laquelle il était capable de construire et de mettre en œuvre des branchements conditionnels à partir de séquences élémentaires, et enfin du fait que l'organe de traitement ainsi que l'entrée et la sortie étaient automatiques, il déclara en vertu des aptitudes ainsi acquises : « Il apparaît que la totalité des conditions qui permet à une machine *finie* d'effectuer des calculs d'étendue *illimitée,* est remplie dans la Machine Analytique... J'ai converti l'infinité d'espace, qui était requise par les conditions du problème, en une infinité de temps. » La citation parle d'elle-même de manière si éloquente qu'il n'est guère besoin d'y ajouter de commentaire.

Troisième mécanisme fondamental : le développement de la pensée logique

Un autre mécanisme intellectuel indispensable au développement des théories du raisonnement, et par conséquent à l'essor des concepts informatiques et cybernétiques, aura constitué naturellement le résultat de plusieurs siècles d'évolution de la logique.

Sans aborder ici tous les détails relatifs à cette science, il convient donc de rappeler à ce propos quelques jalons essentiels et quelques idées maîtresses.

Précisons d'abord qu'étymologiquement, la *logique* (en tant que substantif) provient de l'expression grecque *logikê technê* (« art ou science du discours, du raisonnement »), issue elle-même de *logikos* (« qui se rapporte au *logos* », c'est-à-dire « qui concerne la parole, la raison ou le raisonnement »).

Aussi la logique concerne-t-elle tous les processus intellectuels de l'être pensant, sans lesquels aucune connaissance ne serait possible – qu'il s'agisse des processus de la pensée vulgaire, courante et spontanée, ou de ceux de la pensée scientifique, pesée et bien réfléchie.

Contrairement donc à la *psychologie* (qui se fixe pour objectif l'étude des réalités de fait de la vie psychique, autrement dit celles des fonctions intellectuelles), la *logique,* elle, a pour objet d'étudier les produits mêmes de ces fonctions, c'est-à-dire ceux de l'activité mentale.

Tandis que le psychologue procède selon le point de vue génétique en s'efforçant de retracer la formation des fonctions ou des structures mentales à partir du constat objectif de faits psychiques, le logicien, lui, se penche sur ces structures et en étudie les fondements, la validité et les opérations qu'elles mettent en jeu (cf. A. Cuvillier).

Dans un même ordre d'idées, il ne faut donc pas confondre l'ordre *rationnel* et l'ordre *logique,* bien que l'un de ces mots ait la même racine en grec que l'autre en latin. Le premier terme provient en effet du latin *ratio,* qui signifie « raison », et l'autre du grec *logos,* qui veut dire « parole, discours, raison, raisonnement ». L'*ordre rationnel* tient aux choses considérées en elles-mêmes, alors que l'*ordre logique* tient à la construction des propositions, aux formes et à l'ordre du langage qui est pour nous l'instrument de la pensée et le moyen de la manifester (cf. A. Cournot, *Enchaînement des idées fondamentales,* I, p. 64).

La logique a été présentée, du reste, comme « l'art de bien conduire sa raison dans la connaissance des choses, tant pour s'instruire soi-même que pour instruire les autres », cet art consistant lui-même « dans les réflexions que les hommes ont faites sur les quatre principales opérations de leur esprit, [à savoir :] *concevoir, juger, raisonner* et *ordonner* ».

Tel est du moins le point de vue développé en 1662 dans la *Logique de Port-Royal* (Introduction), qui reprend ainsi les concepts de la scolastique du Moyen Age en tenant compte dans le même temps des idées de Bacon et de Descartes (cf. Arnauld et Nicole).

Cette interprétation de la logique remonte en fait au philosophe grec Aristote (–384/–322), qui s'était préoccupé essentiellement de découvrir les lois générales de la pensée et de déterminer les procédés que doit suivre l'esprit pour établir la vérité dans les différents domaines du savoir, et dont l'*Organon* – qui s'employa à rapprocher de la grammaire les mécanismes fondamentaux de la logique et à les unir étroitement au langage – avait donné les principes et les éléments fondamentaux de la *logique formelle classique* (théories du syllogisme, de la déduction et de l'induction).

Mais, à proprement parler, la logique est une science, en ce sens qu'elle appartient au domaine de la connaissance raisonnée et qu'elle est relative à un objet déterminé.

Et de fait, au sens de la philosophie classique, la *logique* est la science des formes et des lois de la pensée, dont l'objet est « de déterminer, parmi les opérations intellectuelles tendant à la connaissance du vrai, lesquelles sont valides et lesquelles ne le sont pas » (A. Lalande, *Vocabulaire technique et critique de la philosophie*).

Or, « la vérité peut être considérée comme l'accord de la pensée avec elle-même et comme l'accord de la pensée avec les choses » (E. Bloncourt, in : GLE, 6, p. 815). De ce point de vue, on peut donc dire que la logique philosophique classique est une science normative, dont la finalité est en somme la connaissance du vrai.

Ainsi comprise, la logique englobe donc une *logique formelle,* indépendante de toute détermination concrète, « qui nous apprend à disposer nos raisonnements de manière que leur vérité ou leur fausseté soit manifestée d'après leur forme » (Whewhell, *De la construction de la science,* p. 104).

Aussi cette logique-là fait-elle « abstraction de la vérité ou de la fausseté matérielle des propositions énoncées, c'est-à-dire de leur conformité avec le réel : elle ne se préoccupe pas de savoir, par exemple, si les Français sont ou ne sont pas loyaux, si les Bretons sont ou ne sont pas français. Elle ne considère que la vérité formelle du raisonnement, c'est-à-dire la valeur de sa forme, la cohérence des propositions entre elles : « Le syllogisme tire sa force conclusionnelle de ce que disent les prémisses, mais non pas de ce qu'elles valent » (Pradines, *Psychologie,* III, p. 129). Son rôle consiste donc uniquement à déterminer si, les deux premières propositions étant admises, on doit admettre la conclusion » (P. Foulquié [1]).

La logique formelle classique est donc, pour ainsi dire, le rapport logique « qui, faisant abstraction de la matière de la pensée, c'est-à-dire de l'objet dont elle s'occupe, n'en étudie que les *formes* en vue de déterminer les formes de raisonnement qui sont correctes et celles qui ne le sont pas » (P. Foulquié [2]).

Or, comme l'explique E. Bloncourt (*op. cit.*) :

« L'homme qui pense est un homme qui juge et qui raisonne ; mais juger et raisonner sont des opérations qui ne peuvent s'effectuer que grâce à des concepts, ou idées générales et abstraites qui en constituent les éléments fondamentaux.

« La théorie du *concept* a donc, dans la logique formelle, une importance capitale.

« Le logicien [au sens classique du terme] considère le concept au point de vue de son extension et de sa compréhension.

« La *compréhension* est l'ensemble des qualités qui caractérisent l'objet du concept. L'*extension* est l'ensemble des êtres qui ont les mêmes qualités. L'extension est donc en raison inverse de la compréhension.

« Par exemple, l'extension du concept "vertébré" est plus grande que celle du concept "chien", mais la compréhension du concept "chien" est plus grande que celle du concept "vertébré".

« Le *jugement* est un enchaînement de concepts. Mais le logicien considère le jugement formulé au moyen de termes, expressions verbales des concepts, dont l'ensemble constitue une *proposition* comprenant un sujet et un attribut, ou *prédicat,* reliés par une copule, le verbe "être", verbe auquel il ne faut donner aucune signification d'existence.

« Le logicien considère les propositions au point de vue de la qualité (elles sont affirmatives ou négatives) et au point de vue de la quantité (elles sont universelles ou particulières). Exemples : "le temps est beau" (proposition affirmative) ; "le temps n'est pas beau" (proposition négative) ; "tous les hommes sont mortels" (proposition universelle) ; "quelques hommes sont sages" (proposition particulière).

« Les rapports exprimés dans les propositions sont des rapports attributifs de convenance, d'inhérence, d'inclusion ou d'exclusion entre le sujet et l'attribut.

« Un enchaînement de jugements constitue un *raisonnement*. Grâce à la raison, qui, pour Aristote, joue un rôle essentiel, on passe des principes à des conséquences, dont la nécessité et l'universalité ne peuvent pas être contestées.

« La raison permet les *inférences,* ou raisonnements caractérisant la connaissance qualifiée de "discursive", par opposition à la connaissance qui résulterait d'une intuition.

« Il y a des *raisonnements immédiats,* permettant de passer sans intermédiaire des données à la conclusion, et des *raisonnements médiats,* recourant à un intermédiaire dont la conclusion est justifiée par sa conformité au principe d'identité ou de non-contradiction.

« Le type du raisonnement médiat est le *syllogisme.* C'est un raisonnement tel que, deux choses étant posées, une troisième en résulte nécessairement.

« Un syllogisme est composé de trois propositions, dont les deux premières sont les *prémisses,* et la troisième, la *conclusion*. La première de ces prémisses, qui contient le terme ayant la plus grande extension, s'appelle la *majeure* ; la seconde, qui contient le terme ayant la plus petite extension, est la *mineure.* Il y a, en outre, un moyen terme, grâce auquel la conclusion est valable et qui sert de lien entre les deux prémisses.

« Exemple : "Tous les hommes sont mortels" (majeure) ; or, Socrate est un homme (mineure) ; donc Socrate est mortel (conclusion). »

« La conclusion étant impliquée dans les prémisses, le *raisonnement syllogistique* ne peut que la formuler à coup sûr. Cette conclusion est vraie, d'une vérité indiscutable.

« Mais le raisonnement syllogistique, qui est une *déduction formelle,* n'a point la fécondité de la déduction mathématique, qui est une *démonstration* au terme de laquelle la connaissance s'est enrichie.

« La logique formelle, dont la valeur n'a rien de comparable avec celle de la logique du savant, appliquée dans le domaine de la science, a, pendant toute l'Antiquité, réduit la science à une *tabula logica,* à des combinaisons de concepts, conformément aux seules règles de la syllogistique. Pendant le Moyen Age, la scolastique a poursuivi les discussions spéculatives de la logique formelle, et ce ne fut qu'avec Bacon et Descartes qu'une nouvelle logique fut créée, correspondant à une nouvelle conception de la science.

« Depuis lors, la logique a connu de nouvelles transformations, et c'est ainsi qu'il convient de citer : la *logique symbolique,* la *logistique,* la *logique de la science,* la *logique intuitionniste,* les *logiques polyvalentes* et la *logique dialectique,* éloignées, certes, de la logique formelle d'Aristote et de la scolastique, mais ayant avec elles un rapport certain de filiation » (E. Bloncourt, *op. cit.*).

Et c'est ainsi que la logique a évolué, d'un côté vers une logique philosophique bien plus générale ayant pour objet l'étude des processus intellectuels conformes aux lois de la pensée rationnelle, et de l'autre vers des logiques mathématiques, selon des conceptions éminemment plus abstraites.

Ainsi comprise, la logique philosophique en est donc venue finalement à englober aussi : la *méthodologie* (qui constitue une logique relative aux sciences particulières, et qui permet de s'élever au-dessus de la connaissance vulgaire et d'organiser le savoir scientifique) ; l'*épistémologie* (qui a pour objet l'étude critique des principes, des règles, des hypothèses, des méthodes et des conclusions des diverses sciences, en vue d'établir leur validité et leur portée objective) ; et la *logique spéciale* ou *théorie de la connaissance* (qui a pour objet de déterminer les conditions, la valeur et les limites de la connaissance humaine).

Quatrième mécanisme fondamental : de la logique classique à une logique algébrique et binaire

Mais, pour pouvoir parvenir à ces *automates logiques* que sont les ordinateurs, il aura fallu d'abord que la logique algébrique (ou algèbre logique) connaisse son plein développement.

Cette histoire a donc commencé durant l'Antiquité, lorsque des philosophes grecs tels Socrate et Aristote ont défini le syllogisme (règle de type : « Si... alors », dont il vient d'être question), élaborant ainsi l'un des fondements de la logique mathématique et du raisonnement déductif.

« Quand trois termes sont entre eux dans des rapports tels que le *mineur* soit contenu dans la totalité du *moyen*, et le moyen contenu ou non contenu dans la totalité du *majeur*, alors il y a nécessairement entre les extrêmes un *syllogisme* parfait ». Telle est l'explication que donna Aristote à propos de ce processus mental par lequel de deux propositions données, on tire une troisième qui s'y trouve implicitement incluse.

Comme on le voit, le syllogisme n'est donc rien d'autre qu'une opération. Ce mot dérive d'ailleurs du grec *sullogismos* (issu de *sullegein,* « rassembler »), qui signifie mot à mot : « compte, calcul, raisonnement ».

Mais, à ce stade, la route était encore longue pour que ces « opérations » rejoignissent finalement l'abstraction des calculs et des raisonnements actuels : il fallait (en paraphrasant George Boole) que leur validité en tant que calculs ne dépendît plus de l'interprétation des symboles en eux-mêmes mais seulement des lois présidant à leurs combinaisons ; il fallait, en d'autres termes, que nul système d'interprétation n'affectât les relations admises par ces lois.

Il a donc fallu attendre le pas important franchi par le mathématicien et philosophe allemand Gottfried Wilhelm Leibniz (1646-1716) qui entreprit l'une des premières études approfondies sur l'arithmétique binaire (calculs en numération de position de base 2) et élabora dans le même temps les premières bases de la pensée symbolique actuelle (voir chapitres 30 et 31).

C'est précisément ce qu'explique Georges Bouligand qui établit d'abord ce court parallèle entre les contributions de Descartes et de Leibniz :

« Apprendre à décider par lui-même, librement et sainement, dans tout domaine, voilà l'idéal de Descartes ; d'où son aspiration à une *méthode universelle* qui doit, à tout propos, rejoindre celle de la science générale des opérations et, en première ligne, l'algèbre qui devient le moteur de la géométrie, de la mécanique, de la physique.

« Même programme chez Leibniz, mais avec l'ambition d'organiser des champs opératoires plus larges. Il envisage même d'emblée de créer, sur le plan de la recherche, la méthode universelle entrevue par Descartes. A cette fin, il propose une *symbolique permanente,* applicable d'abord à la logique, doctrine de la preuve. Mais qu'il s'agisse de raisonner ou d'inventer, il entend réduire les combinaisons d'idées à des combinaisons de leurs symboles et les opérations mentales, déjà pratiquées aux âges lointains ("comment opérer pour... ?"), à des opérations de type mathématique. D'où le soin apporté à la notation qui ressort notamment de ses *Règles du calcul infinitésimal,* outil incomparable (demeuré tel) de la physique des milieux continus. L'œuvre s'est amplifiée, l'intérêt de la symbolique s'est doublé par le recours à la numération binaire, qui permet de réduire aux chiffres 0 et 1, répétés à satiété, l'écriture de tout nombre exprimant le résultat d'une mesure (longueur, durée) de type expérimental ou de type théorique. Ce n'est pas alors, pour unique bénéfice, la rencontre du déterminant et du subtil mécanisme opératoire qu'il représente » (cf. F. Gillot).

Avec le recul, on est donc à même de mesurer maintenant toute l'influence que Leibniz aura exercée à long terme sur la constitution et sur l'évolution même de la pensée symbolique contemporaine.

Mais il aura fallu, pour y parvenir, franchir une étape intermédiaire, tout aussi capitale, dont nous sommes redevables à la contribution fondamentale du mathématicien britannique George Boole (1815-1864), l'un des promoteurs de la logique mathématique moderne. Car c'est bien lui qui aura permis de réaliser, d'une certaine manière, le *Programme de Leibniz* et la symbolique dont celui-ci avait rêvé.

« Jusqu'au XIXe siècle, explique en effet W.S. Jevons, la logique est restée en substance telle qu'elle avait été forgée par Aristote deux mille deux cents ans auparavant. Si la science de la quantité en était restée au même état stationnaire depuis l'époque de Pythagore ou d'Euclide, il est certain que nous n'aurions pas connu la machine arithmétique de Pascal ni la machine à différences de Babbage [ni, à plus forte raison, l'ordinateur]. Et je me hasarde à regarder la machine logique ici décrite[1] comme le résultat et l'indication d'une profonde réforme de la logique aussi bien que l'extension de la partie du savoir réalisée au cours du XIXe siècle par une lignée d'auteurs anglais parmi lesquels nous citerons spécialement Jeremie Bentham, George Bentham, Augustus De Morgan, Archbishop Thomson, William Hamilton [ainsi que Venn et Lewis Carroll], et l'éminent membre de la Royal Society, George Boole.

« Le résultat de leurs efforts a été de provoquer une brèche dans la suprématie de la logique aristotélicienne et nous apporte... un système de déduction logique quasi infiniment plus général et plus efficace que ce que les auteurs anciens avaient trouvé. L'ancien syllogisme était bien peu susceptible d'une transposition en un acte mécanique à cause de son caractère naïf et

1. Il s'agit de son *Piano logique,* construit en 1869, en une « Réalisation mécanique de l'inférence logique », qui constitua précisément l'objet de son article ainsi intitulé et publié en 1870 dans PTRSL, n° 160, p. 497-518.

en quelque sorte grossier. C'est seulement lorsque nous fondons notre système sur les lois fondamentales de la pensée..., que nous arrivons à un procédé de déduction concrétisable par une machine assujettie à des mouvements simples et uniformes.

« Ce progrès dans la doctrine logique est dû à George Boole bien plus qu'aux logiciens que nous venons de citer. Au cours de son *Analyse mathématique de la Logique* (1847) et dans son travail plus remarquable encore sur les *Lois de la Pensée* (Londres, 1854), il posa pour la première fois le problème de la logique dans toute sa généralité : étant donné certaines prémisses ou conditions, déterminer les attributs d'une classe d'objets soumis à ces conditions. Tel était le problème général que l'ancienne logique avait seulement résolu dans quelques cas isolés : les dix-neuf modes du syllogisme, les *sorites*, les *dilemmes*, le *syllogisme disjonctif* et quelques autres formes.

« Incontestablement, Boole a montré qu'*il est possible, à l'aide de symboles mathématiques, de déduire non seulement les conclusions de tous les anciens modes de raisonnement, mais aussi un nombre illimité d'autres conclusions.* Enfin, Boole a montré qu'il est possible de déduire d'une série de prémisses ou conditions, si étendue et complexe qu'elle soit, une conclusion calculable par la même méthode » (cf. F. Gillot).

Autre contribution fondamentale de Boole : celle d'avoir enveloppé les processus de la logique des propositions dans les opérations d'un véritable calcul algébrique. Et c'est précisément ce que l'on appelle l'*algèbre de Boole*.

Dans ses *calculs propositionnels*, il a en effet adopté une conception hautement abstraite de l'algèbre, absolument indépendante des notions de nombre et de grandeur. Et il n'a considéré comme opérandes que des propositions logiques, sans aucune autre spécification de leur nature et sans l'intervention d'un quelconque système d'interprétation, sa logique ne se préoccupant alors que des relations admises par les lois présidant à leurs combinaisons.

Et c'est en partant du seul critère de la véracité ou de la non-véracité de ces propositions, et en convenant de désigner par un 1 toute proposition vraie et par un 0 toute proposition fausse, puis par x et y des propositions de nature quelconque, qu'il a alors imaginé des relations et des opérations telles que la négation, la conjonction, la disjonction, etc. Il permit donc dès lors de mettre en évidence, sur ces propositions, d'importantes règles de calcul avec des propriétés tout à fait semblables à celles de l'arithmétique et de l'algèbre ordinaires.

« Un temps viendra, ajoutera judicieusement W.S. Jevons, où les résultats évidents des admirables recherches de feu le Dr Boole seront appréciées à leur juste valeur... Sans aucun doute, la vie de Boole marque un tournant dans la science du raisonnement humain... Il faudra bien reconnaître que Boole a découvert une forme vraie et générale de la logique et a donné, pour l'essentiel, à cette science la forme qu'elle aura maintenant à jamais » (cf. F. Gillot).

Il s'agissait là, assurément, d'une généralisation très poussée des notions fondamentales de la logique élémentaire, dont la réalisation avait été ainsi effectuée au point de concours entre :

1. L'acquisition de l'idée généralisatrice du nombre (voir chapitre 27).
2. L'acquisition de la notation littérale et du calcul algébrique, généralisations respectives de la notation numérique et du calcul chiffré ordinaires (voir chapitres 28, 29 et 30).
3. Et enfin l'acquisition de la notion de système de numération de base ***m***, qui constitue elle-même l'idée la plus générale que l'on puisse se faire d'une numération de position munie d'un zéro et possédant la même structure que notre numération décimale actuelle (voir chapitres 28 et 31).

Cinquième mécanisme fondamental : le développement du calcul logique artificiel

Et c'est de là qu'a germé peu à peu l'idée de mécaniser, voire d'automatiser les opérations mêmes d'une logique ainsi transformée par Boole en un véritable mode de calcul de type algébrique.

Du reste, comme le dit Alain, « puisqu'une machine à compter est possible, une machine à raisonner est possible. Et l'algèbre est déjà une machine à raisonner ; vous tournez la manivelle, et vous obtenez sans fatigue un résultat auquel la pensée n'arriverait qu'avec des peines infinies » (*Propos*, p. 732, La Pléiade).

C'est d'ailleurs exactement ce que soulignait W.S. Jevons, dans son article cité ci-dessus, dans le but de justifier l'existence de son *Piano logique*.

Première *machine logique* jamais réalisée dans l'histoire, ce dispositif fut en effet conçu pour résoudre des problèmes complexes de nature syllogistique plus rapidement que l'esprit humain, sans autre intervention que la pression sur des touches semblables à celles d'un piano, correspondant aux termes et aux opérations sur des propositions données sous forme d'équations logiques.

Après avoir donné quelques jalons de l'histoire du calcul mécanique et en mettant bien en évidence les possibilités de la *Machine Analytique* de Babbage, fort bien connue à cette époque (1870), Jevons ajouta ceci en expliquant bien les causes qui ont poussé les logiciens (à commencer par lui-même) à s'embarquer dans la recherche de réponses concrètes à ce besoin fondamental :

« Il est très remarquable que, lorsque nous nous tournons vers la science apparentée [au calcul et aux mathématiques], la logique, nous ne rencontrions aucune aide ou aucun dispositif mécanique. Toutefois, les travaux de logique abondent en expressions métaphoriques impliquant le sentiment que notre puissance de raisonnement demande une telle assistance, même au cours des opérations les plus abstraites de la pensée.

« Au XVe siècle ou même avant, les travaux de logique du plus grand parmi les logiciens étaient communément appelés *Organum* ou "instrument" et, pendant plusieurs siècles, la logique elle-même a été définie [comme] l'*ars instrumentalis dirigens mentem nostram in cognitionem omnium intelligibilium* [approximativement : l'"art instrumental dirigé par notre esprit en vue de la connaissance de l'intelligible"]...

« Il est rare, en effet, qu'une invention soit faite sans qu'une anticipation en soit formulée tôt ou tard ; mais jusqu'ici, j'ignore totalement si une tentative antérieure a eu lieu en ce qui concerne l'invention ou la construction d'une machine effectuant les opérations de l'inférence logique ; et c'est seulement, je crois, dans les écrits satiriques de Swift qu'une allusion à une vraie *machine à raisonner* se rencontre.

« La seule raison que je puisse attribuer à cette totale incapacité des logiciens à concevoir un instrument logique réel est la grande imperfection des doctrines qu'ils acceptent...

« La machine logique que j'ai à décrire n'est pas un simple modèle destiné à concrétiser les formes fixes du syllogisme. Elle est une *machine analytique* d'un caractère exempt de complications, capable d'effectuer l'analyse complète du problème logique qu'on lui pose.

« En exprimant les prémisses ou données d'un argument sur un clavier représentant les termes, conjonctions, verbe et arrêt d'une proposition, la machine est amenée à faire une telle comparaison des prémisses de sorte qu'elle peut renvoyer une réponse adéquate logiquement déduite ; elle est donc chargée d'une certaine quantité d'information qui se trouve restituée ensuite sous la forme logique désirée.

« Le processus réel de l'inférence logique est ainsi réduit à un acte purement mécanique. Nous arrivons bien à une machine concrétisant les *Lois de la Pensée* [de George Boole] qui réalise l'idée vague d'un *organon* ou logique instrumentale agitée pendant des siècles dans l'esprit des logiciens » (cf. F. Gillot).

Le début et la suite de l'histoire des machines logiques sont résumés très brièvement ci-après.

Repères chronologiques

XIIe siècle. Les magiciens et les devins arabes (au moins depuis Abū'l 'Abbas As Sibti, natif de Ceuta) font usage de « tableaux circulaires de l'univers » (*zā'irjat al 'alam*), sortes de « machines à penser les événements » en des cercles concentriques contenant les lettres arabes et leurs diverses valeurs numériques permettant d'opérer toutes les combinaisons possibles en vue d'établir des correspondances symboliques et mystiques. Il s'agit des premiers *instruments combinatoires* (voir chapitre 25, p. 286-291).

1275. Dans son *Ars Magna, compendiosa inveniendi veritatem,* Raymond Lulle propose un schéma de « syllogistique mécanique », sorte d'instrument combinatoire visiblement inspiré des *zā'irjat* arabes, consistant, selon ses propres termes, en une « méthode universelle destinée à prouver les vérités de la foi ».

1666. Dans sa *Dissertatio de arte combinatoria,* le philosophe allemand G.W. Leibniz, inspiré par les idées de Lulle, forme le projet d'un système universel de notation fondé sur la désignation de toutes les idées élémentaires recensées constituant la base des connaissances humaines, par des symboles de type algébrique, en vue d'obtenir une sorte d'« alphabet de pensées » permettant toutes les combinaisons possibles : ce sera sa tentative de construction d'une *lingua characteristica universalis,* à laquelle s'ajoutera par la suite une méthode de raisonnement mathématique, anticipant ainsi la conception moderne du calcul logique.

1810. Le savant et logicien anglais Charles Stanhope construit son *Demonstrator* : ce sera le premier instrument destiné à aider (manuellement) l'homme dans la résolution de problèmes de logique aristotélicienne.

1847-1854. George Boole publie sa *Mathematical Analysis of Logic* (où il définit son *algèbre logique ou binaire*), puis ses *Laws of Thought.*

1869. W.S. Jevons réalise son *Piano logique,* première machine conçue pour résoudre des problèmes logiques de nature syllogistique, et « capable de fournir une réponse à n'importe quelle question qui peut lui être fournie en ce qui concerne les combinaisons possibles qui forment une classe quelconque ».

1881. Le logicien américain Allan Marquand construit une machine logique encore plus perfectionnée et de capacité plus grande que celle de Jevons.

1886. Le logicien américain Charles Peirce pressent la relation d'isomorphisme qui existe entre l'algèbre de Boole et les circuits de commutation électriques (comme en témoigne une lettre datée du 30 décembre de cette année-là, adressée à son ancien élève Allan Marquand).

1903. Le logicien italien Annibale Pastore construit une machine à raisonner reposant sur les règles du syllogisme, effectuant des rotations physiques et composée d'un arrangement de trois poulies (l'une représentant le sujet, la deuxième le prédicat et la troisième le terme).

1910. L'Espagnol Leonardo Torres y Quevedo construit son *automate joueur d'échecs,* dispositif entièrement automatique finalisé par des moyens électro-mécaniques. Muni de palpeurs électriques lui permettant de connaître la position des pièces sur l'échiquier et d'un bras mécanique escamotable pouvant déplacer ses propres pièces, le système de programmation de cet automate conduira toujours à l'échec et mat en fin de partie (sur un jeu comprenant trois pièces : un roi pour le partenaire humain, un roi et une tour pour la machine). Sachant dévisager le fraudeur humain (en allumant une lampe à la première puis à la deuxième tentative de fraude, et en bloquant la partie à la troisième tentative), ce joueur d'échecs sera donc ainsi *le premier automate logique capable de prendre de lui-même certaines décisions.*

1936. L'Américain Benjamin Burack construit une machine logique électrique destinée à résoudre des syllogismes complexes.

1943. Dans le plus grand secret militaire, les Anglais construisent leurs premiers *Colossus,* puissants calculateurs électroniques, spécialement conçus pour résoudre des problèmes logiques, en vue de déchiffrer les codes secrets émis par les machines cryptographiques des troupes nazies. Ces calculateurs sont structurellement conçus pour opérer des calculs logiques en mode binaire, et sont munis de branchements conditionnels (voir p. 578-580).

1946. Les Américains Theodore A. Kalin et William Burkhart construisent un petit *calculateur de vérités logiques,* électrique et programmable, muni de la possibilité de transférer automatiquement des données de l'une à l'autre de ses parties et possédant un organe de commande automatique supervisant les séquences d'opérations logiques (cf. R. Ligonnière [3]).

De l'algèbre de Boole à la théorie de la commutation

Les logiciens qui construisirent les premières machines logiques, depuis Jevons et Marquand jusqu'à Pastore et à bien d'autres encore, n'imaginèrent pas un instant que leurs inventions allaient trouver un jour une quelconque application pratique. Il s'agissait essentiellement d'appareils mettant en application sous une forme concrète les éléments d'enseignements théoriques et qui n'étaient destinés, en fait, qu'à des étudiants d'universités.

Il n'en est pas moins vrai que ces inventeurs avaient ainsi ouvert la voie à des possibilités jamais entrevues par l'esprit humain : celles de conférer à une machine l'aptitude d'effectuer par elle-même un raisonnement. Possibilités qui allaient un jour se révéler très fécondes, puisqu'elles allaient conduire, une fois combinées à des théories élaborées du raisonnement à l'idée d'automatiser les calculs et les traitements, à la réalisation technique des *ordinateurs,* puis, plus tard, à celle des *systèmes experts.*

Quant aux idées théoriques de Boole, il faudra attendre le XXe siècle, avec l'avance des techniques électriques et une meilleure connaissance des phénomènes électromagnétiques et électroniques, pour assister enfin aux applications pratiques de ses découvertes fondamentales. A commencer par les travaux du physicien américain Claude E. Shannon, qui prouvera, en 1937, dans sa thèse (*A Symbolic Analysis of relays and switching circuits,* « De l'analyse symbolique des relais et des circuits de commutation »), que les règles de l'algèbre de Boole peuvent être mises en application dans des réseaux électriques et que l'on peut effectuer les opérations fondamentales de cette algèbre-là dans des circuits. Découverte fondamentale qui, jointe à la connaissance que l'on aura alors des systèmes physiques à deux états (magnétisation, perforation, passage de courant, etc.), eux-mêmes symbolisés par les deux chiffres 0 et 1, constituera alors un pas essentiel vers la réalisation technique de *supports d'information* destinés à être mis en application, d'abord dans des calculateurs analytiques, avant même d'être mis en œuvre dans des ordinateurs.

Ainsi, pour parvenir à la *réalisation technique des ordinateurs,* il aura fallu d'abord que la logique fût détachée de son contexte purement philosophique, et qu'elle fût abstraite des idées d'Aristote et de la scolastique médiévale, avec leurs langages et leurs modes de pensée bien spécifiques, non formellement structurés et beaucoup trop centrés sur les éléments de la réalité matérielle, pour accéder finalement au stade de la logique de Boole.

Mais pour parvenir à la *conception* même et à la *théorie des ordinateurs,* il aura fallu que la logique de Boole fût à son tour généralisée considérablement pour accéder au stade de la *logique symbolique,* qui « substitue au langage ordinaire, toujours imprécis, un système de symboles possédant un sens précis, bien déterminé », et qui « s'applique non plus seulement aux rapports d'inclusion ou d'inhérence, mais à toutes les relations logiques possibles » (A. Cuvillier).

Sixième mécanisme fondamental : de l'algèbre classique à la théorie des ensembles

D'où cet autre mécanisme intellectuel essentiel, constitué par la conception et le langage ensemblistes qui font aujourd'hui partie intégrante de la pensée et de l'expression spontanée des mathématiciens et des informaticiens.

Et il n'est pas jusqu'à la psychologie infantile qui n'ait recours à ce mode de pensée pour mettre en évidence, comme dans les travaux de Piaget, le rôle fondamental de la théorie des groupes, de la logique des classes et plus généralement des processus ensemblistes dans la formation et le développement de la pensée rationnelle chez l'enfant.

Ces idées sont développées aujourd'hui en une théorie très abstraite, qui généralise d'une manière encore plus considérable les calculs portant sur les nombres entiers, sur les grandeurs ou sur les propositions, ainsi donc que tous les calculs portant, spécifiquement, sur telle ou telle classe d'êtres mathématiques.

Dans ce qu'il est convenu d'appeler les *calculs ensemblistes,* on a en effet adopté une conception hautement abstraite de l'algèbre, d'une manière totalement indépendante de la nature des éléments mis en jeu, en ne considérant que des ensembles sans aucune autre spécification.

Et c'est ainsi que l'on est parvenu à une algèbre éminemment générale : l'*algèbre des parties d'un ensemble*, où l'on a défini entre les sous-ensembles correspondants des relations comme l'inclusion et l'identité, ainsi que des opérations telles que la réunion, la différence, l'intersection, etc. Celles-ci sont donc en quelque sorte aux ensembles ce que sont respectivement aux nombres et aux grandeurs les relations ou les opérations d'inégalité, d'égalité, d'addition, de soustraction, de multiplication, etc. Quant au zéro de ces calculs-là, ce n'est autre que l'*ensemble vide* : celui qui ne comporte aucun élément et dont le « nombre des éléments » (on dit plutôt le *cardinal* de cet ensemble) est justement égal à zéro.

C'est au mathématicien allemand d'origine russe Georg Cantor (1845-1918) que nous devons ces contributions essentielles, dont le développement (en plus des apports fondamentaux de Babbage, de Boole et des autres) aura été plus qu'indispensable à la constitution des concepts qui nous intéressent ici.

L'*algèbre ensembliste* ne constitue toutefois qu'une partie de la *théorie des ensembles*, laquelle comprend, en outre, l'étude des relations entre éléments ou parties d'un ensemble (relations d'équivalence, d'ordre, etc.), ainsi que les notions de graphes et de correspondances (fonctions ou applications d'un ensemble vers un autre ou vers lui-même, cardinaux finis ou transfinis, etc.).

Quant à l'*algèbre générale* (dans le sens le plus actuel du terme), elle s'emploie aujourd'hui à étudier les différentes opérations – appelées *lois de composition interne* – entre les éléments d'un même ensemble (généralisations des opérations arithmétiques, algébriques ou logiques ordinaires), et à mettre en évidence par là même ce que l'on appelle des *structures algébriques* (par exemple les structures de groupe, d'anneau, de corps, d'idéal, etc.).

Et l'on observera que, dans ce cadre très général, l'*algèbre logique* de Boole n'est autre qu'un cas particulier de celle des parties d'un ensemble.

Les opérations fondamentales de l'algèbre de Boole sont en effet :

1. L'*addition logique* (qui, à deux propositions données, fait correspondre leur disjonction, c'est-à-dire la proposition formée par l'une *ou* l'autre des deux).
2. La *multiplication logique* (qui, à deux propositions données, fait correspondre leur conjonction, c'est-à-dire la proposition formée par l'une *et* l'autre des deux).
3. Et la *négation logique* (qui, à une proposition donnée, vraie ou fausse, fait correspondre son contraire).

Or, en considérant l'ensemble des parties d'un ensemble (ce dernier étant envisagé lui-même comme un « tout », c'est-à-dire plus précisément comme l'ensemble de référence), il est possible de construire sur cette base une algèbre que l'on peut alors identifier à l'algèbre de Boole.

Il suffit pour cela de considérer d'abord les propositions logiques que l'on peut former à partir de ce que l'on appelle la *fonction caractéristique* d'un sous-ensemble. C'est une fonction qui, à un élément de l'ensemble de référence, fait correspondre un 1 ou un 0 selon que celui-ci appartient ou non au sous-ensemble considéré (le 1 correspondant alors à une proposition vraie, et le 0 à une proposition fausse). On identifiera ensuite les opérations d'addition, de multiplication et de négation logiques respectivement avec des opérations ensemblistes, que l'on pourra définir de la manière suivante sur les parties d'un tel ensemble référentiel : la *réunion* (qui, à deux parties données, fait correspondre l'ensemble des éléments appartenant à l'une *ou* à l'autre de ces deux parties) ; l'*intersection* (qui, à deux parties données, fait correspondre l'ensemble des éléments appartenant à l'une *et* à l'autre de ces deux parties) ; et la *complémentation* (qui, à une partie donnée, fait correspondre son « complémentaire », c'est-à-dire l'ensemble composé des éléments qui ne lui appartiennent pas).

Et c'est justement ce qui a donné lieu à l'étude des *chaînes de contact* des circuits électriques ou électroniques, dont les structures se sont trouvées à la base de la construction des calculateurs automatiques et des ordinateurs binaires ainsi que de l'organisation des langages, des codes et des symbolismes binaires correspondants.

Notons qu'une des structures envisagées par cette algèbre générale est celle de *treillis,* qui constitue, à un degré nettement supérieur, une généralisation de l'algèbre binaire de Boole (structure à laquelle on donne d'ailleurs le nom de *treillis de Boole*). Mais celle-ci comprend, en outre, des algèbres de plusieurs autres natures (tels les *treillis libres,* les *treillis modulaires,* etc.), que l'on utilise notamment, dans le domaine des applications, pour simplifier la transmission et l'exécution de programmes opérationnels (comme l'étude de l'ensemble des signaux électriques, longs ou brefs, que l'on peut engendrer par des cames fixées sur un arbre mobile, dispositif dont on connaît la grande difficulté de construction).

Après les opérations internes, l'introduction des *lois de composition externe* a conduit à envisager la structure d'*espace vectoriel,* généralisation du calcul vectoriel classique et constituant la base sur laquelle on a édifié la théorie des applications linéaires d'un espace vectoriel vers lui-même ou vers un autre espace vectoriel, dont une traduction analytique a constitué à son tour une généralisation très poussée du *calcul matriciel.*

La *topologie générale,* quant à elle, grâce à la notion de *voisinage* sur un ensemble donné (qui a permis de définir très précisément les notions de *limite,* de *convergence* et de *continuité*), elle est venue généraliser considérablement le domaine de l'analyse mathématique par l'introduction de la structure d'*espace topologique*. C'est une branche dont on a tiré des conséquences et des applications aussi multiples qu'importantes, tant en mathématiques qu'en physique : géométries ponctuelles, géométries affines, géométries métriques, géométries projectives, espaces vectoriels topologiques, différentiation, théorie de la mesure, espaces normés, intégration, théorie des probabilités, etc.

A son tour, la récente *théorie des catégories* (élaborée dès 1950 à partir de l'*algèbre homologique* et de la *topologie algébrique*) a considérablement généralisé la théorie des ensembles et a ouvert des perspectives nouvelles, encore plus remarquablement élargies.

Cette énumération ne fournit naturellement que les titres de quelques-uns des innombrables chapitres sur lesquels les mathématiques contemporaines jettent un jour nouveau et combien passionnant pour celui qui veut bien s'en donner la peine. Elle est toutefois amplement suffisante pour permettre de mesurer à quel point ces conceptions toutes nouvelles, ainsi marquées par une importance de plus en plus grande accordée à la théorie des ensembles, ont complètement bouleversé l'esprit même de la science mathématique.

Bref, on en est arrivé ainsi à « une science dont l'objet est d'étudier les relations qui peuvent exister entre certains êtres abstraits définis sous les seules conditions que leurs définitions n'entraînent pas de contradiction et [accessoirement] qu'ils soient utiles dans d'autres parties des sciences » (Bouveresse, Itard et Sallé).

Autrement dit, la science mathématique contemporaine est caractérisée par une algébrisation de plus en plus prononcée de ses symboles et de ses divers concepts, et par une pensée qui ne se soucie plus de la réalité ou de la non-réalité physique des choses, mais qui se préoccupe plutôt d'une recherche permanente de l'unité et de la non-contradiction des théories qui la composent. Et c'est précisément en cela que la *vérité mathématique* se distingue fondamentalement aujourd'hui de la *réalité physique*.

Et de fait, comme l'explique Théodule Ribot, « l'histoire des sciences mathématiques est en partie celle de l'invention et de l'emploi de symboles à complexité croissante... Aux choses considérées comme dénombrables ont été substitués d'abord les mots ; puis des signes particuliers, les chiffres ; plus tard, avec l'invention de l'algèbre, les lettres remplacent les chiffres ou du moins leur fonction et leur rôle dans les problèmes à résoudre ; plus tard encore, à la considération des figures géométriques, se substitue celle de leurs équations ; enfin, aux calculs sur les quantités infinitésimales, sur les quantités négatives, les nombres imaginaires, correspond l'emploi de symboles nouveaux » (*Évolution des idées générales,* p. 164).

Autant parler, dans cette tendance vers l'abstraction ultime, de l'emploi de symboles orientés progressivement vers leur plus haut degré de généralité : des symboles dont les ordinateurs feront, pour ainsi dire, une manipulation permanente, selon l'aptitude qui leur aura été conférée précisément par l'avance de la pensée mathématique pure.

« Pour qui ne serait pas familier avec leur passé, les mathématiques du XXe siècle pourraient paraître en proie à une étrange contradiction. Un courant irrésistible les entraîne vers un formalisme et vers une abstraction de plus en plus épurée du réel ; une autre vocation, non moins impérative, les pousse à coller de plus en plus avec l'expérience... Nous ne voyons pas là [cependant] l'annonce d'une prochaine scission, mais plutôt la systole et la diastole qui assurent la persistance de la circulation » (F. Le Lionnais, in : *50 ans de découvertes,* p. 182).

Il faut y voir en effet une manifestation de plus du fameux *effet d'entraînement,* caractéristique de la science fondamentale, qui assure à celle-ci l'apport de toute l'oxygène et de tous les globules nécessaires à sa survie, à son développement et à son propre avenir.

Or, justement à propos de l'avenir des mathématiques, Henri Poincaré a déclaré un jour : « Il y a eu autrefois des prophètes de malheur. Ils répétaient que tous les problèmes étaient résolus, et qu'après eux, il n'y aurait plus qu'à glaner... Mais les pessimistes se sont toujours trouvés forcés de reculer... de sorte qu'à présent, je crois bien qu'il n'y en a plus. »

Depuis longtemps, il est vrai, on a laissé croire que les mathématiques étaient « stabilisées » et que l'édifice était à son point culminant, alors que leur évolution et leur remise en cause sont permanentes.

Et c'est là que prennent tout leur sens ces mots de Voltaire en forme de boutade : « Les théories sont comme les souris, elles passent par quatre-vingt-dix-neuf trous, mais le centième les arrête. »

En retour, par toutes les crises qu'il provoque inévitablement, par les profondes réflexions qui en découlent, et par l'expérience et la maturation des concepts considérés, ce centième trou perturbateur de l'ordre des choses est un véritable facteur de progrès.

C'est, du reste, ce qui a permis de préciser et de développer la logique mathématique, les théories de la déduction et de la démonstration, et plus généralement les théories du raisonnement abstrait. Et c'est ce qui, par là même, a permis de faire progresser très notablement le domaine de la logique mathématique et d'établir les fondements ainsi que l'unité des mathématiques contemporaines.

D'ailleurs, c'est de là que l'on a peu à peu développé les *constructions axiomatiques,* avec leurs *systèmes hypothético-déductifs,* dont voici, en raccourci, le fond et la démarche fondamentale :

« Au début du XIXe siècle, l'axiome est conçu comme une vérité évidente et nécessaire par elle-même, qui n'a pas besoin d'être fondée, et qui sera le fondement d'une déduction qui lui empruntera son caractère de nécessité, procurant une vérité absolue. A ce moment, le *postulat* se distingue de l'axiome en ce que son évidence n'est pas reconnue ; il n'est qu'une hypothèse. On crée des géométries non euclidiennes en niant l'hypothèse du postulat d'Euclide, et en la remplaçant par d'autres hypothèses. Mais entraîné par le succès, on s'aperçoit qu'on peut créer d'autres géométries nouvelles en niant certains axiomes d'Euclide considérés jusqu'alors comme évidents (les géométries non archimédiennes, par exemple), et ainsi tous les axiomes apparaissent révisables, axiomes et postulats se confondent, il ne reste plus qu'un système d'hypothèses dont on n'exige plus qu'elles soient évidentes, mais seulement qu'elles soient compatibles entre elles, c'est-à-dire que leurs conséquences ne conduisent pas à des énoncés contradictoires ; c'est le *critère de la consistance interne.* La vérité *inconditionnelle,* déduite de l'évidence, fait alors place désormais à la vérité *conditionnelle* d'un système hypothético-déductif » (J. Ullmo, *La Pensée scientifique moderne,* p. 190-191).

Or, c'est précisément ce qui s'est produit avec la théorie des ensembles. Celle-ci n'est pas due seulement à G. Cantor, ce dernier ayant eu, en effet, pour précurseurs d'abord les mathématiciens de la fin du siècle des Lumières (qui avaient pressenti la nécessité d'une construction rigoureuse de l'ensemble des nombres réels), et ensuite et surtout les mathématiciens Bernhard Bolzano (1781-1848), Karl Weierstrass (1815-1897) et Richard Dedekind (1831-1916), qui avaient développé les premiers la théorie des ensembles de points.

Toutefois, comme le dit Nicolas Bourbaki, « c'est au génie de Cantor qu'est due la création de la théorie des ensembles telle qu'on l'entend aujourd'hui ».

Cette théorie n'a cependant pas eu que des défenseurs ; elle a trouvé en des mathématiciens comme Leopold Kronecker et Henri Poincaré ses plus acharnés adversaires. Et cela tout particulièrement lorsque le coup le plus sérieux fut porté à son prestige par la découverte des fameux « paradoxes » (tel celui formulé en 1905 par Bertrand Russell de l'*ensemble des ensembles qui ne s'appartiennent pas à eux-mêmes,* qui fait aboutir à la conclusion contradictoire que cet ensemble est à la fois un élément de lui-même et un élément étranger à lui-même). Ce fut alors la crise la plus grave de l'histoire des mathématiques, les détracteurs des idées de Cantor ayant tiré prétexte de la présence de telles antinomies pour rejeter en bloc la théorie des ensembles.

La crise fut toutefois surmontée peu à peu par une étude très approfondie des causes précises et de la nature exacte des antinomies ainsi décelées, avant de déboucher sur leur élimination définitive par la détermination du formalisme approprié. (Et cela surtout à la suite de la publication, dès 1910, des *Principia Mathematica* de Bertrand Russell et Alfred N. Whitehead, qui s'étaient attachés, entre autres, à examiner en profondeur la nature des axiomes sur lesquels on avait fondé la théorie des ensembles, et donc toutes les mathématiques.)

Il faut dire, selon cette métaphore d'Alain Bouvier, que « si l'on veut qu'une maison soit solide, avant de la construire, il faut s'assurer que ses fondations sont suffisantes. Mais l'exemple de la tour de Pise est là pour prouver que, dans certains cas, les fondations elles-mêmes peuvent ne pas suffire à assurer l'équilibre de l'édifice. Pour bien faire, il faudrait construire des "préfondations" destinées à soutenir les fonctions et étudier en détail les techniques de construction pour les perfectionner au maximum. La base de toute la mathématique contemporaine est la théorie des ensembles ; mais la théorie des ensembles elle-même n'est pas construite définitivement. On ignore si elle est ou non contradictoire ».

Or, c'est justement sur ce point qu'a été provoquée une autre crise à propos des fondements des mathématiques par la découverte de ce que l'on a appelé l'*axiome du choix*. Et c'est ce qui nous conduit à dire quelques mots du mathématicien allemand David Hilbert (1862-1942) et du logicien et mathématicien américain d'origine autrichienne Kurt Gödel (né en 1906).

C'est Hilbert qui s'était écrié un jour : « Du paradis que Cantor a créé pour nous, nul ne doit pouvoir nous chasser. » C'était, il est vrai, l'un des plus ardents défenseurs des idées de Cantor. Ses premiers travaux sur la « théorie des invariants » furent déjà révolutionnaires par la simplicité même de son exposé faisant la synthèse et généralisant les notions déjà acquises dans ce domaine, mais où les masses de calcul permettaient difficilement de dégager des idées générales. Il étudia ensuite la théorie des équations intégrales. Mais c'est en 1899 qu'il publia son œuvre la plus importante, ses *Grundlagen der Geometrie* (« Fondements de la géométrie »), où il développa les principes de la géométrie élémentaire à partir d'un certain nombre d'axiomes.

Ainsi l'axiomatique fut-elle créée par Cantor pour les ensembles et par Hilbert pour la géométrie, jetant ainsi des idées nouvelles que de nombreux mathématiciens devaient reprendre par la suite pour les affiner et les améliorer en vue d'entreprendre une construction cohérente des mathématiques.

A la base de la conception de Hilbert, « on trouve la conviction que les symboles et les opérations sur ces symboles constituent le noyau central irréductible des mathématiques. La réalisabilité d'un système axiomatique ne peut être établie dans tous les cas par la méthode qui consiste à en exhiber une réalisation. D'où la nécessité de recourir à une démonstration de consistance, c'est-à-dire à une démonstration du fait qu'aucune contradiction ne peut être déduite des axiomes. Tel est le problème qui deviendra chez Hilbert le problème central et auquel s'identifiera en quelque sorte le problème dit "du fondement des mathématiques" : donner, pour chaque branche des mathématiques, une démonstration du fait que les procédés de démonstration qui y sont admis ne produiront jamais à la fois, comme théorèmes, une proposition et sa négation. Pour réaliser ce programme, Hilbert constitue ce qu'il appelle une "théorie de la démonstration". Le principe en est le suivant : toute théorie mathématique peut être mise aujourd'hui sous la forme d'un système rigoureusement formalisé, c'est-à-dire d'un ensemble de formules qui ne se distinguent des formules mathématiques habituelles que par le fait qu'en plus des symboles ordinaires elles comportent certains symboles logiques. Une démonstration est une suite de formules symboliques dont chacune ou bien est un axiome, ou bien est obtenue à partir de formules précédentes à l'aide de la règle d'inférence préalablement spécifiée. D'où la possibilité de faire des démonstrations elles-mêmes l'objet d'une étude mathématique : à la mathématique ordinaire, ainsi formalisée, vient s'ajouter une métamathématique, dans laquelle les démarches de la première sont considérées uniquement en tant qu'elles représentent des opérations sur des formes écrites » (Bouveresse, Itard et Sallé).

On en est donc arrivé à développer de la sorte une nouvelle discipline, la *métamathématique,* ayant justement pour objet l'étude du fondement des mathématiques ainsi que la nature même des démonstrations, et utilisant non pas le langage formalisé des mathématiques, mais le langage courant qui se prête peu ou mal à une telle formalisation. C'est une branche mathématique qui non seulement permet de « *décider* ce que c'est qu'une démonstration, et [de] bâtir de toutes pièces une *théorie de la démonstration* », mais qui est aussi « destinée à fournir aux mathématiciens les règles de maniement des symboles abréviateurs des mathématiques et de leurs *critères déductifs* » (A. Bouvier).

Ainsi Hilbert a-t-il été le pionnier dans le domaine de l'axiomatisation de la géométrie et dans l'établissement de la notion de *décidabilité* en tant que critère d'un système hypothético-déductif non contradictoire et complet. Kurt Gödel, lui, l'a été dans le domaine encore plus général des fondements de la théorie des ensembles, avec pour contribution la notion d'*indécidabilité* d'une proposition par rapport à un système hypothético-déductif non contradictoire. En 1931, il provoqua une véritable révolution dans le monde des logiciens en établissant qu'*une arithmétique non contradictoire ne saurait former un système complet, car elle comporte nécessairement une formule indécidable* ; autrement dit que cette arithmétique ne peut contenir la démonstration formelle de sa propre non-contradiction. C'est ce que l'on appelle l'*axiome du choix,* qui établit ainsi l'impossibilité de fournir formellement la preuve de la non-contradiction d'un tel système sans recourir à des moyens plus puissants que ceux dont dispose le système lui-même. D'où la possibilité d'ajouter indifféremment cet axiome ou sa négation aux fondements de la théorie des ensembles. Et comme on a trouvé d'autres hypothèses indécidables, on s'est donc trouvé dans la possibilité de construire plusieurs théories des ensembles, selon que les systèmes d'axiomes adoptés comprennent ou non ces affirmations ou leurs contraires.

Conséquence pratique de la découverte de Gödel : *quelles que soient la valeur et la souplesse d'une théorie générale, il subsisterait toujours des propositions particulières supposées vraies dont on ne pourrait jamais fournir la démonstration.*

On voit donc ainsi comment la logique est venue perturber les conceptions traditionnelles – non seulement dans l'acception de la vérité mathématique, mais aussi dans l'appréhension du raisonnement mathématique –, pour provoquer dès lors un mouvement de remise en question permanent visant à réaliser l'unité des mathématiques.

Mais à son tour, la logique a subi, au contact des mathématiques, une profonde évolution conceptuelle, qui allait en particulier tapisser le lit de la science informatique actuelle...

Septième mécanisme fondamental : de la logique philosophique aux logiques mathématiques

En revenant donc à la logique classique, elle apparaît, selon la définition de Piaget, comme « l'étude de la connaissance vraie, envisagée en ses formes les plus générales ».

Or, c'est ce qui constitue aussi – mais en un sens beaucoup plus abstrait – la perspective de la *logique mathématique élémentaire* (ou *calcul des prédicats du premier ordre*) qui, à partir d'une théorie élaborée de la quantification sur les éléments d'un ensemble quelconque, consiste en une théorie des propositions valides pour des choses quelconques dans un monde quelconque.

Ces rapports ne concernent toutefois que la logique dite *bivalente,* qui ne reconnaît que deux valeurs (le *vrai* et le *faux*), en se fondant sur le principe du *tiers exclu* d'après lequel entre deux propositions contradictoires (« P est vrai » et « P n'est pas vrai »), il n'y a pas d'autre alternative possible, de sorte que si l'une est vraie l'autre est nécessairement fausse. Autrement dit, dans cette logique, de deux propositions qui sont identiques dans leurs termes, mais qui ne diffèrent que par leur qualité de véracité ou de non-véracité, l'une est vraie et l'autre obligatoirement fausse ; mais elles ne peuvent être ni vraies à la fois, ni fausses à la fois.

Rappelons que le *principe d'identité* (« ce qui est, est ; ce qui n'est pas, n'est pas »), dont dérivent le principe du tiers exclu et celui de la contradiction, et le *principe de la raison suffisante* (à savoir, selon cette explication de Leibniz, que « jamais rien n'arrive, sans qu'il y ait une cause ou du moins une raison déterminante »), forment ce que l'on appelle les *principes rationnels classiques.* Ils constituent les principes régulateurs de toute activité rationnelle de l'esprit (au sens traditionnel), notamment dans la recherche de la raison et de la cause des choses, et se trouvent par conséquent à la base même des connaissances classiques.

Toutefois, le développement de la *relativité* a conduit à remettre en cause certains de ces principes premiers, en une tendance visant à relativiser les théories de la raison, en limitant par exemple la validité du tiers exclu, considéré traditionnellement comme un principe universel. Celui-ci ne répondait pas, en effet, à toutes les situations qui peuvent se présenter dans le domaine scientifique ou dans celui de la vie quotidienne. Tel est le cas par exemple des propositions dont on ne peut affirmer, ni qu'elles sont vraies ni qu'elles sont fausses, et qui relèvent ainsi de la notion d'*indécidabilité.*

D'où, à côté de l'*indécidable,* des acceptions de plus en plus étendues pour le *non-vrai,* comme par exemple le *douteux,* l'*impossible,* le *non-nécessaire,* l'*indéterminé,* etc.

C'est donc pour tenter de remédier à ces difficultés que les logiciens contemporains ont développé les *logiques plurivalentes,* fondées sur la reconnaissance de plusieurs valeurs logiques, par rejet du principe du tiers exclu, qui tient justement pour impossible l'existence de plus de deux de ces valeurs. Parmi elles, on peut mentionner la *logique trivalente* de J.-L. Destouches et P. Destouches-Février (qui est celle du vrai, du faux et de l'impossible), la logique également *à trois valeurs* édifiée par H. Reichenbach (qui ne reconnaît que le vrai, le faux et l'indéterminé), celle de J. Lukasiewicz (qui envisage le vrai, le faux et le possible ou « contingent »), etc.

Philosophiquement, on est donc passé de la sorte d'un *rationalisme classique,* faisant de la contradiction une difficulté insurmontable, à un *rationalisme relativiste* voyant, au contraire, en celle-ci un stimulant et même une condition de progrès susceptible de permettre de réaliser une synthèse voulue.

Partagé entre la théorie corpusculaire et la théorie ondulatoire, contradictoires selon la conception logique classique, Louis de Broglie, par une telle démarche, est ainsi parvenu à la synthèse qui devait lui permettre de développer sa mécanique ondulatoire :

« Il est toutefois capital de le remarquer, explique-t-il, "contradiction" est ici un terme impropre. La contradiction de : *le phénomène lumineux consiste dans une ondulation,* est : *le phénomène lumineux ne consiste pas dans une ondulation,* et la synthèse de ces deux propositions antithétiques est impossible ; par suite, le principe de contradiction conserve toute sa valeur. On ne peut faire la synthèse que de propositions différentes comme : "la lumière est faite d'ondulations" et "la lumière est faite de corpuscules". »

Cela souligne donc bien comment, dans le rationalisme relativiste (que l'on peut appeler aussi le *rationalisme modal*), la pensée humaine est soumise à une évolution constante, où les acquisitions nouvelles se répercutent jusque dans les données les plus primitives (contrairement, donc, au rationalisme classique qui tient pour l'immutabilité de la raison). Le cas de Louis de Broglie, par exemple, montre bien que la raison parvient à s'accommoder de l'indéterminisme quantique qui viole un de ses principes essentiels, le principe de la raison suffisante (cf. P. Foulquié).

Mais chez les mathématiciens et les théoriciens de la logique contemporaine, l'élargissement de cette science est allé beaucoup plus loin, s'orientant dès lors dans une infinité de directions possibles[1].

Et c'est ce qui a conduit certains logiciens comme S. Kanger, S. Krippe et J. Hintikka à développer la théorie mathématique des *logiques modales*, qui envisage des *logiques à n valeurs* par l'introduction de ($n - 2$) valeurs intermédiaires entre le vrai et le faux (logiques plurivalentes dont la logique classique avec son principe de l'alternative constitue d'ailleurs le cas particulier où $n = 2$), voire des *logiques à une infinité de valeurs entre le vrai et le faux*. (Notons bien que ces logiques ont conduit à des applications importantes, en particulier dans les domaines de la logique épistémique et de la sémantique et pragmatique linguistiques, ainsi que dans celui de la physique, où chaque théorie, qui requiert sa logique modale propre, appose sa marque sur la structure formelle correspondante.)

Et puis, dans plusieurs autres directions, de même que l'on a été amené à envisager en mathématiques une pluralité de géométries et de théories des ensembles, de même on a été conduit à élaborer une pluralité de théories logiques, en faisant abstraction du coup de la nature même du langage et de l'activité réelle de l'esprit, par la constitution de *systèmes hypothético-déductifs* à partir d'ensembles d'axiomes choisis de manière arbitraire, mais soumis à la seule obligation de satisfaire le *critère de la cohérence interne*.

Ainsi est-on parvenu à des mathématiques et à des logiques formalisées, où « au critère de l'évidence des principes et des théorèmes d'une théorie déductive se substitue le critère de la cohérence d'un système d'axiomes, exprimé sous forme de relations entre des symboles [de nature quelconque] » (L. Rougier, *Traité de la connaissance*, p. 34).

Or, c'est justement ce qui caractérise la démarche du logicien contemporain, dont l'esprit tend à cette cohérence-là par la constitution d'une suite de pensées formant un tout logique, c'est-à-dire un ensemble rationnellement ordonné en une sorte de « coordination dans la composition » (cf. Lamouche, in : *Logique de la simplicité*, p. 162).

Autant dire qu'« il n'y a pas de constantes logiques. En logique, comme en toute théorie déductive, on doit libérer les symboles de tout sens intuitif préalable : ils ne seront rien de plus que des signes assujettis à se combiner selon les règles que posent, par décret, les propositions premières [c'est-à-dire les axiomes]... Vide [de toute réalité concrète] comme la mathématique, la logique devient aussi,

1. Ce sont là les contributions fondamentales des mathématiciens et des logiciens du XXe siècle, parmi lesquels figurent G. Frege, G. Peano, B. Russell, A.N. Whitehead, D. Hilbert, E. Zermelo, E. Steinitz, R. Carnap, E. Artin, K. Gödel, E. Post, S.C. Kleene, A. Turing, A. Church, A. Markov, P.S. Novikov, et bien d'autres encore, sans oublier naturellement les mathématiciens français H. Cartan, C. Chevalley, J. Delsarte, J. Dieudonné et A. Weil, qui s'étaient constitués durant les années 1930 en un groupe que nous connaissons aujourd'hui sous le pseudonyme collectif de Nicolas Bourbaki.

comme elle, arbitraire. Chacun peut construire la sienne – ou les siennes – à sa guise : tout ce qui est exigé, c'est que le système ne soit pas contradictoire [autrement dit qu'il ne soit pas logiquement incohérent], et qu'il soit nettement explicité » (R. Blanché [1], p. 116-117).

On voit bien dans ces conditions comment le XIXe et surtout le XXe siècle ont progressivement détaché la logique de sa propre mère, la philosophie, pour l'attacher chaque jour davantage à la science et à la pensée mathématiques.

Et le phénomène est d'autant plus intéressant à observer que la logique philosophique contemporaine, avec sa « philosophie de la logique », tend aujourd'hui à se restructurer pour se concentrer de manière préférentielle sur telle ou telle partie de cette nouvelle logique générale en fonction des développements philosophiques et épistémologiques auxquelles celle-ci peut donner lieu.

Huitième mécanisme fondamental : le développement du calcul symbolique

« C'est dire si la logique est devenue plus mathématique et les mathématiques plus logiques.

« La conséquence est qu'il est maintenant impossible de tracer une ligne de démarcation entre les deux ; en fait, les deux n'en font qu'un. Elles diffèrent comme un enfant diffère d'un homme ; la logique est la jeunesse des mathématiques et les mathématiques la virilité [nous dirions plutôt le sang neuf] de la logique » (B. Russell, p. 231).

Or, c'est justement ce qui a conduit à ce que l'on appelait autrefois la *logistique* (du grec *logistikos,* « qui concerne le calcul », de *logismos,* « calcul », et de *logistikê technê,* « art du calcul »).

Il s'agit de cet art de l'organisation d'un calcul en étapes successives, un peu comme le fut la logistique du maréchal des logis ou encore l'art militaire du même nom qui a pour objet d'organiser le mouvement des troupes et du matériel. C'est une science en relation très étroite avec ce que l'on appelle aujourd'hui la *logique symbolique,* « discipline qui, au lieu de partir du langage [ou de l'activité mentale], comme la logique formelle [classique], établit un système... de symboles..., calqués sur les formes de la pensée et les combine, suivant des règles constituant son axiomatique, en faisant complètement abstraction de leur sens » (P. Foulquié [2]).

Le raccourci suivant nous permettra de mieux saisir le phénomène et de mesurer du coup tout le chemin parcouru depuis la logique d'Aristote :

« A l'origine, la logique est une réflexion sur les opérations effectives de la pensée. Elle analyse nos raisonnements usuels, tels qu'ils se présentent dans leur expression verbale, pour en dégager les règles qui assurent leur validité. Maintenant, de même que notre géométrie n'est plus *géo-,* ni même nécessairement *métrie,* de même la logique a rompu le lien qui l'attachait trop strictement au *logos.* A la limite, elle délaisse le *logos-raison* et même le *logos-langage,* pour ne plus s'attacher qu'au *logos-calcul.* Elle fait abstraction aussi du sens logique de ses symboles, pour ne s'occuper que de la manière de les combiner et de transformer ces combinaisons » (R. Blanché [2], p. 14).

Et c'est précisément cette tendance à l'abstraction ultime que les diverses disciplines appelées *logique inductive, logique dialectique, logique épistémique, logique de l'invention, logique de la science,* etc., qui œuvraient autrefois séparément et en ordre dispersé, tendent à être unifiées dans une logique éminemment plus générale ayant pour objet l'étude des mécanismes et des structures de la pensée rationnelle.

Et dans l'une des innombrables perspectives ainsi offertes au développement de la connaissance rationnelle, on en est arrivé précisément à l'un des plus puissants leviers que les mathématiques et la logique contemporaines aient fournis à la constitution et à l'évolution de la science et des techniques de l'informatique. Car, c'est bien au travers de toutes ces extensions et ces généralisations successives, que les logiciens du XXe siècle ont développé en définitive la *théorie des algorithmes,* qui a non seulement permis, dès le milieu des années 1940, la découverte scientifique et la justification théorique du *concept de programme enregistré,* mais qui a constitué aussi et surtout la base fondamentale de l'élaboration des langages et des méthodes de programmation d'aujourd'hui ; théorie qui, d'ailleurs, sert encore d'élément essentiel à la conception et à l'évolution théoriques des concepts informatiques actuels.

Précisons que la *démarche algorithmique* est, pour ainsi dire, une technique du calcul de la pensée, en une sorte de généralisation très poussée du raisonnement classique. Elle correspond à une *logique entièrement formalisée reposant sur un système d'axiomes cohérents, dont les opérations portent exclusivement sur des symboles totalement indépendants de la nature des réalités qu'ils sont censés traduire.* Il s'agit donc d'une logique où les termes des propositions sont eux-mêmes des propositions formalisées, et où les rapports existant entre les propositions sont exprimés au moyen d'*algorithmes,* c'est-à-dire à l'aide de suites finies de symboles et de procédés calculatoires (voir p. 625 *sq.*).

Autant dire que la *logique symbolique* est une science où la pensée humaine est nécessaire, d'une part pour établir le système des axiomes (c'est-à-dire l'ensemble des propositions de départ), ainsi que les règles et les procédures qui régissent les différents rapports entre ces propositions, et d'autre part pour vérifier la cohérence, la compatibilité et l'indépendance des axiomes ainsi posés. Mais la pensée n'y est plus nécessaire dès lors qu'est établi un algorithme, celui-ci pouvant en effet être exécuté sous la forme d'un programme par une machine spécialement adaptée à cet usage, à savoir l'ordinateur.

Parmi les branches les plus importantes et les plus fécondes de la logique contemporaine, ajoutons également : la *théorie des modèles,* la *théorie des fonctions récursives,* la *logique combinatoire,* la *logique cellulaire,* la *théorie des automates et des langages formels,* les *logiques connexionnistes,* etc., qui ont jeté un jour combien nouveau et joué un rôle décisif dans le domaine des constructions mathématiques, ainsi que dans le développement de la cybernétique, de l'intelligence artificielle et de la linguistique contemporaine.

Précisons que la *théorie des automates* (abstraits) régit notamment l'enchaînement des opérations nécessaires à la résolution, étape par étape, des problèmes logiques ou arithmétiques d'une certaine classe. Elle fournit en outre des modèles mathématiques dont la structure est applicable aux machines de traitement de l'information, ainsi que des procédures et méthodes de calcul à mettre en œuvre sur l'automate séquentiel de plus bas niveau d'analyse, nécessaire à la résolution d'un problème correspondant à un volume donné...

On saisit donc mieux les mécanismes de pensée qui se seront avérés indispensables à la constitution et à l'évolution de la science informatique.

Autant parler dans ces conditions de l'évolution de cette activité spontanée de l'être humain qu'est le *raisonnement* avec sa *pensée déductive.* Les processus intellectuels dont il s'agit ont été développés par suite des innombrables réflexions critiques sur la connaissance et l'expérience que l'homme a acquises au fil des siècles. Ils ont débouché par la suite sur le développement de diverses sciences, techniques et procédures qui ont fourni à la raison, non seulement des moyens pour la prémunir des erreurs et des incohérences, mais aussi de puissants leviers pour lui permettre d'effectuer en toute fiabilité les diverses opérations nécessitées par des activités ayant ou non un rapport avec la réalité. Ce sont donc des processus que les développements actuels permettent de modéliser, au moins jusqu'à un certain point, fixé pour l'instant par l'état actuel de la science et de la technologie.

A la base de ces processus, il y a donc des mécanismes de pensée dont l'objet est d'établir justement le type de « rapport logique » qui existe entre les éléments constituant le raisonnement.

Dans l'histoire des pensées philosophique et mathématique, ce furent donc :

– d'abord la *logique formelle classique,* depuis Aristote jusqu'aux penseurs des temps modernes, en passant par les philosophes de la scolastique médiévale,

– puis, sous une forme abstraite éminemment plus générale et plus perfectionnée, la *logique symbolique actuelle,* depuis Leibniz et Boole jusqu'aux élaborations les plus poussées des logiciens contemporains.

Il existe naturellement entre ces deux démarches une différence radicale mettant en opposition le caractère très spécifique de l'une avec l'ultime généralité de l'autre.

Rappelons, en effet, que « la *logique formelle* [*classique*] fait abstraction de la vérité des propositions, c'est-à-dire de leur conformité avec le réel. Elle ne s'occupe que de la vérité formelle, c'est-à-dire de la légitimité de la forme, de la cohérence du raisonnement. Mais elle ne doute pas de la vérité réelle des règles qui assurent cette cohérence, de la vérité de son axiomatique : ces règles sont considérées comme la loi de tout esprit et de toute pensée ; par suite, leur vérité est une vérité réelle et non purement formelle » (P. Foulquié [1]).

Au contraire dans la *logique symbolique,* « la vérité est purement formelle. On n'affirme pas que ***a*** est vrai, mais que *si* ***a*** *est vrai,* ***b*** *aussi est vrai* ; bien plus, le conditionnement de ***a*** par ***b*** dépend de règles ou d'axiomes librement posés. Ces axiomes, comme les propositions [symboliques]... et les fonctions propositionnelles, ne constituent pas [au sens de la logique formelle classique] des propositions proprement dites : ils n'énoncent rien qui soit susceptible de vérité ou de fausseté réelles. Ce ne sont que des matrices ou des moules à propositions, et ils ne deviennent vrais ou faux que par la matière qu'on y coule, c'est-à-dire par la signification donnée aux symboles qui, par eux-mêmes, ne signifient rien » (P. Foulquié [1]) (voir aussi R. Blanché [3], p. 63).

Cela veut dire que l'œuvre principale et essentielle des théoriciens de la logique symbolique contemporaine a été de constituer une sorte d'*idéographie logique* hautement abstraite permettant un *traitement logique,* autrement dit un *calcul symbolique.*

« Cette symbolique présente un double intérêt :

« 1. Elle substitue au langage courant, toujours imprécis, un système de symboles possédant un sens précis, bien déterminé.

« 2. Elle s'applique non plus seulement, comme dans l'ancienne logique formelle, aux rapports d'inclusion ou d'inhérence, mais à toutes les relations logiques possibles » (A. Cuvillier).

Dans le domaine qui nous intéresse, ce fait sera rendu encore plus évident par cette comparaison relative à l'évolution de la pensée logico-mathématique depuis Babbage et Boole jusqu'à l'ère des ordinateurs.

Conceptuellement, pour parvenir aux idées de Babbage, il a fallu que soit effectuée préalablement l'abstraction nécessaire pour permettre :

a. De faire passer les règles de l'arithmétique ordinaire à celles de l'*algèbre des grandeurs* (algèbre bien plus générale portant désormais sur des grandeurs sans plus se préoccuper de la nature spécifique des éléments mis en jeu).

b. D'accéder au stade d'une logique déductive dépendant des règles de la logique formelle classique.

Pour parvenir aux idées de Boole, il a fallu que soit effectuée préalablement l'abstraction nécessaire pour permettre :

α. De faire passer les règles du raisonnement déductif ordinaire à celles de l'*algèbre des propositions* (algèbre logique constituant un élargissement considérable des pensées logique et algébrique classiques, entièrement indépendante de la notion de nombre et de grandeur, portant désormais sur des propositions quelconques, sans plus se préoccuper de leur nature spécifique ni de leurs différentes interprétations possibles).

β. D'accéder au stade d'une logique éminemment plus générale que celle de Babbage.

Et pour parvenir aux idées de base d'un ordinateur, il a fallu que soit effectuée préalablement l'abstraction nécessaire pour permettre :

1. De faire passer les règles des deux algèbres précédentes à celles de l'*algèbre ensembliste* (algèbre éminemment plus générale que les deux autres, la plus générale possible, portant désormais sur des ensembles, sans plus se préoccuper de la nature spécifique – nombres, grandeurs, propositions, ou autres – des êtres mathématiques ainsi mis en jeu).
2. D'accéder au stade d'une *logique symbolique* hautement abstraite, reposant sur une manipulation constante de symboles à complexité variable dans un ensemble de nature quelconque.
3. De détacher un dispositif artificiel de ses réalités physiques, afin de pouvoir dégager une structure abstraite, en une théorie hypothético-déductive régie par des règles logiques de portée très générale.

Et c'est précisément parce que ces symboles-là seront devenus les plus généraux possibles que l'on aura pu doter ses ordinateurs, à la fois de leurs innombrables possibilités et de toute leur universalité dans le domaine du calcul.

La révolution annoncée par les découvertes fondamentales d'Alan Turing

En fait, la grande avance théorique qui a permis le déblocage et l'explosion de l'informatique fut réalisée un peu avant la Seconde Guerre mondiale, lorsque le mathématicien et logicien britannique Alan Mathison Turing (1912-1954) publia son fameux article (daté de 1936) : « Sur les nombres calculables et leur application au problème de la décidabilité », dans lequel il définit rigoureusement la notion d'*algorithme* et introduisit le concept essentiel de machine portant son nom et celui d'*automate algorithmique universel.*

Percées conceptuelles de tout premier ordre, les découvertes de Turing ont en effet constitué une contribution décisive aux bases logiques et aux développements de la science informatique.

Pour mieux cerner les véritables circonstances qui ont conduit cet homme, alors à peine âgé de vingt-quatre ans, à produire des concepts si féconds et à provoquer bientôt une véritable révolution, il convient de retracer brièvement les principales étapes de son existence avant l'événement de 1936.

Écoutons pour cela M. Vajou :

« Alan Turing est un enfant issu d'une élite rigide de fonctionnaires de l'Empire des Indes que l'éloignement de ses parents, à chaque automne, relègue dans le désert d'un pensionnat.

« Il traduit longtemps ses carences affectives par une difficulté à communiquer et par un goût précoce de "l'abstrait".

« Fasciné par les notations symboliques, il s'arrête à chaque lampadaire pour en déchiffrer le numéro de série.

« Turing, adolescent maladroit, s'adapte mal au système élitaire et glacé des Public Schools britanniques.

« Il cherche refuge dans "l'amour des sciences". Un amour assez mal vu, non seulement parce que les expériences de chimie entreprises par Alan sur des réchauds à thé peuvent être horriblement odorantes, mais surtout parce qu'à cette époque, les seules valeurs nobles reconnues dans les Public Schools anglaises sont les "valeurs classiques".

« D'ailleurs, surnommé le "Math Brain" [le "cerveau mathématique"] à Sherborne School, Alan s'adonne au plaisir solitaire de la lecture d'ouvrages de mathématiques de haut niveau. Il néglige le programme officiel et rend des copies incroyablement brouillonnes. Et même en mathématiques, il n'obtient que des résultats médiocres. Un cancre donc, bien mal parti.

« Mais l'amitié d'un camarade plus âgé d'un an va tout à coup le faire sortir de sa coquille, de sa solitude affective et de sa grisaille intellectuelle. En un an, Turing remonte le peloton dans toutes les matières et parvient même, dans la dernière ligne droite, à décrocher une bourse au prestigieux King's College de Cambridge.

« Cambridge, c'est à l'époque, avec Göttingen en Allemagne, le plus important centre de recherche en mathématique du monde. Des hommes comme Neumann, Hardy, Russell sont à la fois de remarquables enseignants et des chercheurs en prise directe sur les développements mondiaux de leur discipline.

« L'étudiant de première année de mathématiques, à Cambridge, entre en fait, non pas dans une institution scolaire, mais dans un club de création intellectuelle. Ses membres les plus anciens savent initier les nouveaux venus aux grands enjeux mathématiques du moment.

« Cette méthode devait être particulièrement bien adaptée à Alan Turing, puisqu'on le voit bientôt acharné à la lecture d'un ouvrage de Von Neumann qui fait appel aux développements les plus récents des mathématiques pour prouver la cohérence logique de la toute jeune théorie de la mécanique quantique.

« Mais ce qu'apporte Cambridge à Turing, ce n'est pas seulement la sensation fortifiante d'être au cœur même de la créativité mathématique de son époque. C'est aussi ce climat de libéralisme particulier à King's College.

« King's, sous l'autorité de Keynes l'économiste et de Forster le romancier, est devenu, dans une Angleterre encore très puritaine, le pôle de rayonnement d'une pensée "libérale-libertaire" qui met à la fois l'accent sur la liberté individuelle de choisir sa propre morale et sur la nécessité d'une organisation sociale plus rationnelle. Alan se pénètre de ces idées.

« Cambridge fournit à Turing les armes logiques pour mener à bien le travail à paraître dans les *computable numbers* ("nombres calculables") et lui permet d'identifier une cible intellectuelle immédiate (celle du problème de la *décidabilité*).

« C'est King's College qui enseigne à Alan le devoir moral de "devenir ce que l'on est". Intellectuellement, cela signifie pour Alan s'autoriser, sans la caution de quiconque, à travailler à la formalisation de "machines intelligentes", avec secondairement "une application au problème de la décidabilité". En fait, c'est bien cette question de la "mécanisation de l'intelligence" qui est le foyer constant de la créativité intellectuelle et pratique d'Alan Turing » (M. Vajou).

C'est donc bien dans ces circonstances, dans ce climat et dans cet environnement que Turing fut amené à définir rigoureusement la notion d'algorithme et à développer pour la première fois de l'histoire le concept d'automate algorithmique universel.

Qu'est-ce qu'un algorithme ?

Intuitivement, *un algorithme est une succession finie de règles élémentaires, régies par une prescription précise et uniforme, permettant d'effectuer pas à pas, dans un enchaînement strict et rigoureux, certaines opérations de type exécutable, en vue de la résolution des problèmes appartenant à une même classe.*

Un exemple très élémentaire d'algorithme nous est donné par la « recette de cuisine ».

Mais il y a aussi le procédé de la multiplication et celui de la détermination du quotient de la division d'un nombre par un autre, ainsi que celui qui permet de trouver le plus grand commun diviseur (PGCD) ou le plus petit commun multiple (PPCM) de deux nombres entiers.

L'idée d'algorithme, c'est en fait celle de *méthode,* qui « est toujours celle d'une direction définissable et régulièrement suivie dans une opération de l'esprit » (M. Bernès, in : *Vocabulaire* de Lalande). Inversement, une méthode, c'est (comme les méthodes d'apprentissage de piano, d'anglais, etc.) un algorithme destiné à assurer économiquement un résultat déterminé.

D'ailleurs qu'est-ce qu'une méthode de raisonnement sinon un *algorithme* ? C'est une procédure qui est, pour ainsi dire, exécutable mécaniquement (au sens propre comme au figuré) et sans réflexion, mais qui constitue le reflet d'une activité déployée sur un plan réfléchi et déterminé d'avance.

C'est, comme le dit Paul Valéry, « l'intention de diminuer l'effort de chaque fois, et de substituer un traitement uniforme (parfois une manière d'automatisme) à l'obligation d'inventer une solution pour chaque problème... Chercher une méthode, c'est chercher un système d'opérations extériorisables qui fasse mieux que l'esprit le travail de l'esprit » (*Variété* IV, p. 220).

En psychologie, on utilise d'ailleurs de nombreux algorithmes sous la forme de procédures applicables chacune à une classe déterminée de problèmes psychologiques, et assurant d'obtenir la solution (ou, au besoin, la certitude qu'il n'y a pas de solution) en un nombre fini d'étapes (si grand que soit ce nombre, en théorie du moins). Dans certains cas, l'algorithme se réduit alors à un « calcul », dans d'autres, il correspond plutôt à un programme opératoire, et dans d'autres enfin, il désigne un ensemble de règles : ce qui, du point de vue de la logique symbolique contemporaine, est strictement pareil. On distingue également les algorithmes d'identification, qui permettent de reconnaître une classe de problèmes psychologiques, et les algorithmes de résolution qui permettent d'y apporter le remède (cf. H. Piéron).

La même notion est utilisée en psychopédagogie, notamment dans les techniques de l'enseignement programmé, qui consistent « à présenter à l'élève la matière à enseigner sous forme fragmentée en éléments, et à travers une série de questions auxquelles, en principe, l'élève doit pouvoir trouver de lui-même, en tout ou partie, la bonne réponse ; il peut alors passer à la question suivante. « L'élève peut donc, en principe, apprendre seul, en se contrôlant à chaque pas et à son propre rythme.

« Selon le mode d'enchaînement, et de présentation des items, le mode de correction des erreurs, etc., on distingue toute une variété [d'algorithmes, c'est-à-dire] de types de programmes » (H. Piéron).

Autres exemples : le procédé de l'extraction des racines carrées, les algorithmes de calcul pour la détermination des intégrales, etc.

Mais naturellement il en existe de beaucoup plus complexes : il y a ceux que l'on met à contribution, par exemple, pour construire certaines figures géométriques, ceux que l'on utilise pour déterminer l'appartenance d'un nombre à une classe numérique définie par une relation caractéristique, ceux encore qui permettent de calculer les valeurs d'une fonction suivant les valeurs de ses différents arguments, etc.

Autant dire d'une manière générale (en anticipant sur la suite) que *la définition ou l'énoncé d'un algorithme doit délimiter très exactement la classe de problèmes à laquelle il correspond, et comporter toutes les règles et les étapes élémentaires nécessaires, afin de permettre une résolution certaine des problèmes de cette classe.*

Toutes ces considérations nous amènent donc à parler de la théorie mathématique que Turing a élaborée à partir de la notion d'algorithme et des êtres mathématiques connus sous le nom de *machines de Turing.*

Qu'est-ce qu'une machine de Turing ?

Par définition, une « machine de Turing » est un *dispositif mathématique abstrait, capable de lire et d'écrire des informations unitaires, au stade le plus élémentaire de leur analyse logique, sur une bande idéale potentiellement infinie, en procédant pour cela case par case.*

Il s'agit donc, en d'autres termes, d'un dispositif abstrait appelé « machine » (par simple terminologie de convention) procédant par séquences d'opérations élémentaires, et fonctionnant d'une manière discontinue, étape par étape.

C'est un dispositif qui est muni :

1. D'un *répertoire fini* de symboles.
2. D'une *bande potentiellement infinie,* c'est-à-dire extensible à volonté, divisée en cases successives qui peuvent elles-mêmes, soit rester vides, soit contenir chacune un seul symbole à la fois, puisé dans ce répertoire.
3. D'un *dispositif d'effaçage,* capable de supprimer un symbole figurant dans une case.
4. D'un *dispositif de lecture et d'écriture,* mobile par rapport à la bande, et capable de lire une seule case ou d'écrire sur une case vierge unique.
5. D'un *dispositif d'entraînement,* capable soit de rester en position immobile, soit de déplacer la bande d'une case en avant ou d'une case en arrière.
6. D'une *table de comportement* (on dit aussi *table de configuration* ou *table de situation*), qui, à chaque étape du fonctionnement de la machine, définit une situation (comprenant à la fois l'état interne de celle-ci, le contenu de la bande lors de l'étape en question, et la case traitée, repérée par son symbole caractéristique), laquelle détermine à son tour la situation de l'étape suivante.
7. D'une *unité de commande* (en fait, le niveau fonctionnel du dispositif abstrait), capable d'interpréter la signification des symboles de la table de comportement, pour se mettre et mettre la machine dans les divers états convenus ; cette unité est donc susceptible d'ordonner au dispositif approprié une action dépendant de la nature de l'instruction envisagée.

Lors de chacune de ces étapes :

– le comportement de la machine est donc déterminé à la fois par l'état présent de l'unité de commande et par le symbole situé dans la case où se trouve positionné le dispositif de lecture et d'écriture ;

– l'unité de commande peut elle-même, ou bien conserver son état initial, ou bien le modifier ;

– la machine est capable soit de rester en position immobile, soit de déplacer la bande d'une case en avant ou d'une case en arrière ;

– la machine peut lire, écrire ou effacer un symbole dans une case donnée, soit pour le remplacer par un autre, soit pour ne rien changer et ne rien mettre à la place.

La contribution essentielle de Turing : la théorie des automates algorithmiques universels

De telles *machines idéales* sont donc en mesure de modifier d'elles-mêmes leur état interne et sont capables de lire et d'écrire des informations élémentaires en réalisant ce qu'il est convenu d'appeler un traitement séquentiel.

Autrement dit (en termes très actuels), *les machines de Turing simulent les procédures de traitement de l'information à leur niveau le plus analytique, décrivant ainsi ce qui doit être écrit, lu, transféré, modifié pour opérer un traitement, et donnant par la même occasion la succession des états internes correspondants* (cf. J. Bureau).

Il existe naturellement une infinité de machines de Turing, chacune définissant (justement par le nombre de ses états et par l'étendue de son répertoire de symboles) la structure d'une famille bien déterminée de dispositifs artificiels (comme par exemple la machine de Pascal, les machines à différences, les calculatrices mécanographiques à cartes perforées, la machine analytique de Babbage, le piano logique de Jevons, les machines cryptanalytiques anglaises appelées Colossus, et bien d'autres encore, parmi lesquelles, on le sait, figurent les ordinateurs, qui en sont les modèles physiques les plus généraux possibles).

Les concepts ainsi définis par Turing ont permis d'élucider la fonction des *automates algorithmiques* (modèles mathématiques de machines capables de traiter des algorithmes d'une manière automatique et séquentielle) et ont donné lieu à de nombreux développements au sein de la théorie des algorithmes.

Mais ils posèrent au début le problème de la *calculabilité* des fonctions mathématiques, à savoir (d'une manière essentiellement intuitive, c'est-à-dire non formalisable d'un point de vue mathématique) : une fonction *humainement calculable* est-elle *artificiellement calculable ?* Autrement dit, s'il existe un algorithme approprié qui permette de calculer une fonction donnée, celle-ci est-elle calculable par une machine de Turing ? En d'autres termes encore, l'algorithme en question peut-il être exécuté sur une machine de ce type ?

Ce problème a été surmonté (partiellement à l'époque d'avant-guerre mais de manière complète il y a seulement quelques décennies) grâce à une théorie logique établissant que les diverses définitions mathématiques (notamment celles de Gödel, de Church, de Turing, de Kleene, de Post, de Markov, etc.) données à la notion d'*algorithme* aboutissent toutes rigoureusement à la même classe de fonctions, à savoir celle des fonctions dites *récursives*[1].

Autrement dit, la classe des fonctions récursives est totalement indépendante du choix de la définition du concept d'algorithme.

Aussi est-il peu à peu apparu que chaque algorithme définit lui-même une classe particulière de fonctions de type récursif, délimitant par conséquent une certaine catégorie bien déterminée de problèmes.

De telles considérations amenèrent le logicien Alonzo Church à émettre, dès 1936, sa thèse (communément admise de nos jours, aucune exception n'étant venue la contredire depuis) que la notion de fonction récursive n'est autre que la formalisation mathématique de la notion de fonction humainement calculable.

On admit donc désormais que toute fonction récursive est humainement calculable, et inversement. Thèse que Turing compléta la même année par celle de l'équivalence des notions de calculabilité artificielle et de fonction récursive. Conclusion : *toute fonction humainement calculable, l'est aussi par une machine de Turing ; et réciproquement.*

Par suite, pour qu'un problème donné puisse être pris en charge par un automate de type algorithmique, il faut qu'il existe un algorithme conduisant à la solution (dont l'écriture est théoriquement convenable) et qu'il existe au moins une machine de Turing capable de traiter cet algorithme.

Il est donc clairement apparu dans ces conditions qu'une machine de Turing est d'autant plus « puissante » que sa capacité à résoudre des problèmes complexes est plus forte, ce qui se traduit formellement par le nombre des états qu'elle peut prendre et par la richesse du répertoire de ses symboles de base.

Aussi deux machines de Turing possédant le même nombre d'états et le même répertoire de symboles réagissent-elles de la même manière lorsqu'elles sont confrontées aux mêmes données : on dit alors qu'elles sont équivalentes, ou encore qu'elles ont la même structure, cette relation d'équivalence définissant d'ailleurs la famille des machines de Turing correspondantes.

Et lorsque cette structure se réduit à une seule classe de problèmes, c'est-à-dire

1. Il s'agit là d'une notion logique fondamentale, mais très délicate, relevant de questions mathématiques extrêmement complexes. Il ne saurait donc être question de la définir ici. Il ne sera d'ailleurs même pas nécessaire de le faire, compte tenu de notre présentation. Du reste, la définition correspondante importe peu ici, pourvu que l'on sache que de telles fonctions existent et qu'elles forment une classe bien déterminée, mathématiquement dénombrable.

à un seul algorithme de résolution, on dit que les machines de Turing correspondantes sont *spécialisées* dans le type de calcul défini justement par cet algorithme.

D'où l'idée de combiner plusieurs machines de Turing simples, spécialisées chacune dans un type de problème particulier, sous la direction d'une machine maîtresse qui impliquerait dans ses propres procédures le fonctionnement de chacune de ces machines élémentaires.

Et c'est ainsi que les travaux d'Alan Turing se sont trouvés couronnés par la découverte scientifique du concept de *machine universelle* : un dispositif idéal dont Turing a montré qu'il caractérise une famille de machines abstraites capables d'exécuter, d'une manière totalement automatique, n'importe quel algorithme.

Autant dire qu'*une machine de Turing universelle est un automate logique programmable capable d'exécuter tout calcul de nature symbolique.* C'est donc *une machine capable d'effectuer automatiquement des calculs de toutes sortes sur des données quelconques exprimables au moyen de symboles abstraits.*

En d'autres termes, les machines universelles de Turing sont des *automates algorithmiques universels.* Ce sont des machines *manipulatrices de symboles* munies d'une *structure très générale* et capables par conséquent de résoudre une très vaste catégorie de problèmes, dont la solution est exprimable, précisément, sous la forme d'un algorithme.

Conséquence fondamentale : *on peut concevoir au moins une machine de Turing universelle capable de simuler toutes les autres machines de Turing selon un programme approprié.* Corollaire : une telle machine universelle est capable de garder en mémoire les représentations matérielles de toutes sortes d'informations et de les transformer, à condition, bien sûr, d'avoir été programmée à cet effet.

La machine universelle de Turing : modèle mathématique des ordinateurs à venir

« A ce propos, comme le souligne D. Andler, le lecteur se demande sans doute à quel monde appartiennent les machines de Turing : celui de l'ingénieur, de l'informaticien, ou bien à celui du logicien et du mathématicien ?

« En quoi la notion de machine de Turing ou de fonction calculable par une machine de Turing est-elle moins abstraite et moins mathématique que celle de fonction récursive ?

« La réponse est double : une machine de Turing est bien un objet mathématique, mais c'est aussi, non pas bien sûr une machine concrète, ni même un plan de machine, mais un *schéma fonctionnel* de machine abstraite.

« Autrement dit, une machine de Turing est à toute une famille de machines concrètes ce que le principe, ou plutôt la fonction "tire-bouchon" est à tous les types concevables de tire-bouchons.

« Le vrai coup de génie de Turing, c'est peut-être d'avoir inventé quelque chose qui soit à la fois le schéma abstrait d'un outil révolutionnaire et le concept mathématique qui permet d'en faire l'analyse : la théorie et son application se trouvent d'emblée unifiées.

« C'est un peu comme si Archimède avait inventé à la fois le principe du levier et le levier lui-même – mais la comparaison est boîteuse et la percée de Turing n'a peut-être aucun équivalent dans l'histoire des sciences et des techniques. »

Toujours est-il que les travaux de Turing ont eu pour effet, d'un point de vue logico-mathématique, de poser la question de la *décidabilité* et d'en mettre les résultats en rapport direct avec le critère de la calculabilité : une question que le mathématicien allemand David Hilbert, on l'a vu, avait déjà soulevée en 1929, en se fixant pour programme la détermination d'une méthode permettant, sans apporter de démonstration, de décider si oui ou non une proposition mathématique est valide (voir p. 617-618).

Or, c'est justement à un résultat contraire que Turing est parvenu dans sa théorie, montrant en effet que même lorsqu'une prescription est fixée et bien définie pour la résolution des problèmes d'une classe, il en existe certains qui ne peuvent être résolus.

Autrement dit, certains problèmes, pourtant parfaitement « bien posés », peuvent ne relever d'aucun algorithme se terminant en un nombre fini d'opérations. C'est ce que l'on appelle les problèmes *non calculables,* ou encore *indécidables,* selon la terminologie de l'importante découverte du logicien autrichien Kurt Gödel, réalisée au début des années 1930 sur l'indécidabilité de certaines théories générales axiomatisées.

Pour mieux saisir les notions ainsi mises en jeu, rappelons et complétons brièvement ce que nous avons déjà évoqué plus haut à ce sujet. Dès le départ, un système logico-mathématique suppose vraies un certain nombre de propositions, à savoir les axiomes, portant sur des êtres mathématiques abstraits, dont les propriétés sont définies en fait par ces axiomes. Déterminant de nouveaux objets, ou proposant de nouvelles propriétés, on cherche donc, dans ce système, à démontrer au moyen de raisonnements logiques la véracité ou la fausseté de certaines propositions. Puis on adopte comme « théorèmes », utilisables par la suite, toutes celles dont la véracité est ainsi établie, de sorte que soit formée une théorie hypothético-déductive, selon une chaîne de déduction logique reliant un théorème donné au système d'axiomes adopté.

Or, justement, Kurt Gödel a montré en 1931 qu'il n'en était pas de même pour l'arithmétique, car dans un tel système, il y a au moins une des propositions qui soit *indécidable,* c'est-à-dire dont on ne peut démontrer ni la véracité ni la fausseté (voir p. 618).

Transposé dans la théorie des machines de Turing, le résultat de Gödel sur l'indécidabilité s'énonce donc ainsi : il ne peut exister un programme universel U, qui soit capable de répondre, en un nombre fini d'opérations, à la question suivante, relativement à un programme P quelconque : *le programme P s'arrêtera-t-il au bout d'un nombre fini d'opérations* ? Car si un tel programme existait, on aboutirait à une contradiction logique en l'appliquant simplement à lui-même.

Autrement dit, *il est impossible de concevoir un programme général permettant de prévoir à l'avance si oui ou non la machine arrêtera les calculs pour un programme P quelconque* (cf. J. C. Simon).

Mathématiquement, les découvertes de Turing avaient ainsi précisé les résultats de Gödel, en ce sens qu'elles avaient montré qu'en assimilant un raisonnement mathématique à un calcul symbolique, c'est-à-dire à un processus exécutable sur une machine de Turing, on ne pourrait jamais trouver une séquence logique d'opérations élémentaires suffisamment générale qui permettrait de décider si un théorème donné est démontrable ou non.

Sur le plan philosophique, cette découverte enferma cependant nombre de scientifiques (et non des moindres) dans un lyrisme qui eut des conséquences désastreuses pendant un certain temps. Dans leur enthousiasme, il est vrai, les savants de cette époque avaient conclu que toute opération de la pensée humaine pouvait être décrite par un algorithme, et donc que tout processus intellectuel, ainsi assimilé abusivement à un processus calculatoire, était exécutable sur une machine de Turing (voir p. 686-689 et 753-763).

En fait, on sait aujourd'hui (mais on ne l'a définitivement montré que depuis les années 1950) que les problèmes dont la solution est exprimable sous la forme d'un algorithme ne constituent qu'une classe très particulière de processus intellectuels (à savoir ceux qui sont de nature calculatoire), et qu'il existe même une variété considérable de problèmes inaccessibles aux machines de Turing (et donc aux ordinateurs, qui, comme le prouvera ultérieurement le mathématicien John von Neumann, ne sont autres que des modèles finis de l'automate algorithmique universel de Turing ; voir p. 685-686).

Néanmoins, la découverte de Turing – qui constitua sans aucun doute une contribution essentielle au développement de la logique symbolique – était destinée à exercer une influence extraordinaire sur les progrès du calcul automatique. Moins de dix ans plus tard, *avec une avance technologique et un savoir-faire technique suffisants,* elle allait en effet fournir les bases mêmes de la justification théorique du concept de programme enregistré et permettre de produire toute la révolution informatique de la deuxième moitié du XXe siècle. *Elle allait permettre en effet de construire pour la première fois de l'histoire des machines capables de décrire et de modéliser certains processus complexes de l'intelligence humaine, en effectuant pour cela les opérations logiques élémentaires et en manipulant des symboles exprimables sous la forme de codes numériques...*

Qui a inventé l'ordinateur ?

Après la contribution essentielle d'Alan Turing (voir p. 624-631), la grande avance suivante fut réalisée aux États-Unis, à la fin de la Seconde Guerre mondiale, surtout grâce à la synthèse fondamentale du mathématicien américain d'origine hongroise John von Neumann.

Pour bien le comprendre, il faut revenir un instant à l'ENIAC, car ce sont les difficultés et les inconvénients de cette machine qui auront servi, en somme, de catalyseur à des recherches dont l'issue allait déboucher sur ce tournant décisif de l'histoire du calcul automatique.

Ce calculateur analytique électronique, on l'a vu, souffrait d'un défaut majeur : son système de programmation était externe. Aussi les séquences d'instructions étaient-elles exécutées indépendamment des résultats de calcul, aucun événement survenu pendant le traitement des opérations ne pouvant en modifier le déroulement. Autrement dit, une fois le processus déclenché, la machine était incapable de retrouver automatiquement une instruction déterminée du programme pour modifier d'elle-même l'exécution des séquences en cours : la présence de l'opérateur humain était donc nécessaire pour prendre toutes les décisions opportunes. Qui plus est, à chaque fois que l'on désirait lui faire exécuter une nouvelle séquence d'opérations, il fallait changer le programme par une modification radicale du système bien complexe des tableaux de connexions électriques, la machine ne devenant opérationnelle qu'au terme d'un travail manuel, long et fastidieux (voir p. 580-582).

Or, avant même l'achèvement de la construction de l'ENIAC, le groupe de la Moore School de l'université de Pennsylvanie (alors dirigé par John P. Eckert et John W. Mauchly, et comprenant, entre autres, les mathématiciens Arthur Burks et Hermann H. Goldstine) prit clairement conscience des améliorations à apporter au calculateur et chercha dès lors à remédier aux défauts conceptuels et aux imperfections de la machine.

Et dès 1944, on entreprit le projet de construire un nouveau calculateur analytique, auquel on donna désormais le nom de *Electronic Discrete Variable Automatic Computer* (EDVAC).

Puis, des nombreuses sessions de travail qui furent consacrées à la nouvelle machine, et où furent abordés à la fois les problèmes techniques et les problèmes théoriques, émergea alors peu à peu la solution du *programme enregistré*.

Cette solution allait permettre en effet d'éviter d'avoir à modifier l'état du calculateur pour chaque problème envisagé et allait du coup doter le système de programmation de l'aptitude de s'automodifier, les programmes, alors enregistrés dans la mémoire interne, travaillant désormais sur eux-mêmes autant que sur les données soumises. Cette idée qui devait sous peu s'avérer très féconde, préconisait donc la mise en œuvre d'un système de représentation des données et des instructions au moyen de symboles exprimables sous la forme de codes numériques, que la machine devait lire, interpréter et exécuter.

C'est précisément ce qui fut décrit, entre autres caractéristiques, dans le *First draft of a report on EDVAC* (« Essai préliminaire d'un rapport sur l'EDVAC »), publié le 30 juin 1945, sous la signature de John von Neumann. Rapport qui avait été destiné d'abord à une trentaine d'experts bien désignés dans le monde.

Assurément, la paternité de cette découverte fondamentale aura fait couler autant d'encre qu'elle aura donné lieu à des vexations multiples, à des querelles malsaines et à d'inutiles controverses.

Car, c'est justement la diffusion de ce rapport qui fut à l'origine d'une farouche polémique qui brouilla définitivement les inventeurs de l'ENIAC avec John von Neumann.

Cette querelle, rappelons-le, fut provoquée par John P. Eckert et John W. Mauchly qui avaient estimé (bien à tort) que le mérite de la découverte du concept de programme enregistré, certes alors réalisée sur le produit même de leur invention, leur revenait de plein droit.

Ceux-ci décidèrent donc d'abord de déposer une demande de brevet pour leur ENIAC. Par la suite, en raison de la mise à contribution de certains concepts de cette machine dans des calculateurs produits par la société Honeywell, un procès fut fait à cette dernière par le groupe Sperry-Rand qui avait racheté la compagnie fondée par Eckert et Mauchly pour en faire le département appelé désormais UNIVAC Division.

Le 19 octobre 1973, la cour de Minneapolis, qui reconnut bien à Eckert et à Mauchly la paternité de l'invention de l'ENIAC, mais qui leur refusa (légitimement) le titre d'inventeurs de l'ordinateur, rendit alors un verdict bien surprenant. Elle attribua en effet l'honneur de cette invention à John Atanasoff, simplement pour le petit calculateur binaire électronique que ce dernier avait construit, durant les années 1930, à l'Iowa State College, et qui d'un point de vue technique avait exercé une certaine influence sur les idées de John Mauchly ; un calculateur qui, paradoxalement, avait été très rudimentaire et non opérationnel, et qui, de surcroît, n'avait même pas été muni de la structure de calculateur analytique (voir p. 578).

Ce malheureux épisode de l'histoire de l'informatique est, en fait, caractéristique d'un certain état d'esprit du moment, qui, par absence manifeste de réflexion épistémologique et à défaut de démarche scientifique (mais pouvait-il en être autrement à cette époque où l'informatique n'était pas encore constituée en discipline scientifique digne de ce nom ?), n'avait pas toujours bien mesuré les véritables enjeux de cette découverte capitale, tels que nous venons de les faire apprécier à leur juste valeur, à l'appui d'une présentation pluridisciplinaire, très structurée de l'histoire de cette science.

Mais il permet aussi de mesurer jusqu'à quel point l'imprécision et l'équivoque du mot anglais *computer* ont provoqué de ravages dans la conception des choses aux États-Unis et en Grande-Bretagne.

Comme on le verra au tableau de la figure 33.1 du chapitre 33, la vaste étendue du champ sémantique que l'usage séculaire a conférée à ce mot (et qui va du boulier-compteur au système expert, en passant par les calculatrices ordinaires et les machines ou instruments analogiques) donne, en effet, toutes les libertés possibles à la dialectique et à ses argumentations les plus diverses. Et il suffit, pour cette raison, que quelqu'un ait mis au point, à un moment donné de l'histoire, un dispositif de calcul artificiel d'un genre nouveau pour qu'il soit aussitôt proclamé *inventeur du premier computer de l'histoire.* Et comme, dans l'esprit du public anglo-saxon, l'expression *electronic computer* est devenue peu à peu synonyme d'ordinateur, une foule de ces « inventeurs de premier *computer* » (pour peu que leur dispositif ait possédé quelques éléments destinés à être mis à contribution dans les ordinateurs, ou même simplement qu'il ait comporté quelques composants électroniques) se sont mis à se quereller, parfois très violemment, chacun revendiquant la paternité de l'invention de l'ordinateur électronique. D'aucuns sont même allés jusqu'à pousser l'excès en portant l'affaire devant des tribunaux de haute instance.

A leur décharge, il faut dire – et le problème est à peu près du même ordre chez nombre d'historiens français de l'informatique – qu'il est très difficile de saisir le sens véritable d'une histoire comme celle-là si l'on n'utilise dans tous ses jalons qu'un seul terme, à savoir *computer* (ou *calculateur*), qui ne saurait donc jamais permettre de savoir de quoi l'on parle, ni, à plus forte raison, de suivre les progrès véritables réalisés lors des différentes étapes correspondantes. L'histoire de l'informatique devient alors une histoire modulable à volonté, où, justement, l'ambiguïté des termes engendre, au niveau de l'interprétation, des propositions qui ne peuvent être que vraies et fausses à la fois : vraies, parce que chacun des dispositifs envisagés aura bien été le « premier *computer* (ou *calculateur*) » de son genre, mais évidemment fausses parce que celui-ci n'aura pas constitué le « premier ordinateur » de l'histoire (voir chapitre 33).

Autant mettre l'accent dans ces conditions sur la faiblesse évidente des présentations traditionnelles de l'histoire de cette discipline, dont la vision, généralement linéaire et réductionniste, à cause d'un vocabulaire ambigu et toujours très imprécis, masque souvent la réalité des faits et des événements de l'histoire.

Assurément, la relation d'une histoire comme celle de l'informatique ne saurait être le produit d'une improvisation : pour une présentation convenable de ses différentes étapes, elle exige d'une part que les faits soient coordonnés dans un esprit pluridisciplinaire, selon une classification rationnelle bien établie des divers concepts correspondants, et d'autre part que l'on dispose des mots appropriés pour bien en faire mesurer toute la progression.

Ajoutons qu'une telle présentation structurée de l'histoire apporte – si besoin est – la confirmation au fait que les plans, les théories scientifiques, les méthodes mathématiques, ainsi que tous les principes élaborés dans le cadre de l'exercice d'activités intellectuelles, ne sauraient être considérés comme des « inventions brevetables » (puisqu'ils appartiennent au patrimoine scientifique universel), et qu'il ne suffit pas, pour une réalisation comme celle-là, de déposer (comme d'aucuns l'ont fait dans un but non toujours désintéressé) une demande de brevet à l'US Patent Office pour pouvoir en revendiquer, aux yeux de l'histoire, le titre solennel et combien prétentieux d'inventeur de l'ordinateur !

Et pourtant, Von Neumann n'a jamais soutenu par écrit ni même verbalement, qu'il était l'inventeur des machines de ce type.

Et pour cause ! Il avait été suffisamment avisé pour comprendre que dans une telle réalisation, il ne saurait être question de parler d'invention ni à plus forte raison d'inventeur.

Est-il besoin de préciser qu'il s'agit plutôt d'une immense série de découvertes, d'élaborations, de mises au point, de réflexions, de choix, de discernements et de synthèses, effectués par une longue chaîne de savants venus de tous les horizons, avant de déboucher finalement sur ce concept révolutionnaire.

D'ailleurs, tous les prédécesseurs du grand mathématicien, depuis Pascal, Leibniz et Thomas de Colmar jusqu'à Babbage, Boole, Jevons, Torres et Turing, en passant par Archimède, Brahmagupta, Al Khuwārizmī, Al Jazzarī, Fibonacci, Leonard de Vinci, Galilée, Huygens, Schickard, Descartes, Falcon, Vaucanson, Jacquard, Hollerith, Russell, Hilbert, Gödel, Church, Valtat, Couffignal, Stibitz, Atanasoff, Aiken et bien d'autres encore, étaient là, selon l'histoire, pour revendiquer chacun sa part et venir grignoter au passage un fragment de la palme honorifique qui eût été attribuée à John von Neumann ou à tout autre que lui.

Ce qui est certain, en revenant au propos engagé, c'est que le concept de programme enregistré avait été au centre des préoccupations de toute une équipe, placée justement sous la direction d'Eckert et de Mauchly, personnalités dont l'apport sur le plan du savoir-faire en électronique et de l'expérience technique, il faut bien le reconnaître, fut très loin d'être négligeable.

Et il ne fait aucun doute que la part prise par eux dans le développement de l'informatique naissante (depuis l'ENIAC à l'EDVAC, et du BINAC à l'UNIVAC I) aura été plus que décisive dans l'histoire technico-commerciale des ordinateurs.

C'est, objectivement, le moindre des hommages qui leur est dû, eu égard à leurs contributions.

Or, il est clair, comme le fait observer Nick Metropolis, « que le concept de programme enregistré est antérieur à la participation de Von Neumann aux travaux sur l'EDVAC ».

« Dans un travail commun, explique Harry D. Huskey, qui faisait partie de l'équipe, le groupe ENIAC développa le concept de programme enregistré. Les conclusions de ces travaux furent condensés par Von Neumann dans un texte qui, parce qu'il n'était pas encore sous sa forme définitive, ne mentionnait point les autres concepteurs. Ce rapport fut reproduit et mis en circulation sous cette première rédaction. Le résultat fut que [depuis lors] Von Neumann a généralement été reconnu comme l'inventeur de cette idée. »

Mais pour Burks, le rapport concerné aurait été mis en circulation à l'insu même de l'intéressé : « Lors d'une édition définitive, précise-t-il,

Von Neumann aurait certainement accordé aux autres concepteurs le crédit qu'ils méritaient. »

Toujours est-il, comme le dira plus tard John P. Eckert, qu'« un malentendu est résulté de la publication de ce *Draft*... Le Dr von Neumann n'a jamais cherché à le corriger. »

Rétrospectivement, on peut effectivement regretter que John von Neumann, pour aussi « brouillon » que fût le *Draft* en question, mais en raison même de la transmissibilité du caractère *princeps* de cette publication, n'ait pas eu le réflexe, scientifique pour ainsi dire, de citer en référence les nombreuses discussions préliminaires engagées avec Eckert, Mauchly et les autres, qui avaient fait germer en un si brillant esprit une idée si féconde et si puissante.

Mais dans son élan, John Eckert lui-même a su mieux que quiconque rendre à César ce qui lui appartient, et à Dieu ce qui est à Dieu :

« Le Dr von Neumann, a-t-il déclaré, a exposé quelques-unes des idées du Dr Mauchly et de moi-même sous une forme de notation logique semi-mathématique qui lui est propre » (cf. R. Ligonnière).

Parole tout à fait judicieuse, dont le sens ne fut pas, à vrai dire, bien pesé par son auteur. Car c'est justement cette « notation logique semi-mathématique », propre à Von Neumann, qui aura fait toute la différence entre l'apport des uns et les contributions de l'autre.

On se rend compte ainsi jusqu'à quel point les querelles qui ont éclaté sur cette base ont été inutilement provoquées par un malentendu provenant notamment d'une confusion bien nette entre les pures vues de l'esprit de praticiens et les justifications rigoureuses apportées par un théoricien.

Cela rejoint parfaitement ce que nous avons déjà mis en relief et développé plus haut, où la fameuse réflexion d'Andrew Booth n'est pas sans faire penser à celle que John P. Eckert a lancée en 1962, lors d'une interview accordée à un quotidien américain (voir p. 585-586) :

« Ce qui me rend le plus perplexe, c'est que tous les composants de l'ENIAC étaient disponibles dix et peut-être bien quinze ans plus tôt... L'ENIAC aurait pu être inventé dix ou quinze ans auparavant et la véritable question est : pourquoi ne l'a-t-il pas été plus tôt ? »

La réponse est que si les ingrédients avaient été, certes, disponibles, les besoins, le savoir-faire et surtout les développements scientifiques indispensables ne l'avaient pas encore été.

En fait, en reprenant l'histoire à son début, le processus de la découverte a bien débuté par l'idée émise, dès 1944, par Eckert et Mauchly, qui mirent en évidence les avantages à tirer, techniquement, de la mise en mémoire interne des instructions de programme, et donc du traitement de ces instructions au même titre que les données et les résultats de calcul dans le futur calculateur. C'est d'ailleurs ce que ceux-ci ont clairement expliqué dans un rapport daté de septembre 1945 :

« En janvier 1944, un projet de machine à calculer magnétique a été révélé. La caractéristique la plus importante de ce projet reposait sur le fait que les instructions et les tables de fonctions seraient mémorisées sur le même support que les données. L'invention de la mémoire par lignes à retard acoustique faite par Eckert et Mauchly au début de 1944 fournit le moyen de constituer une capacité de mémoire rapide et de grande taille avec un matériel relativement réduit. C'est ainsi que vers juillet 1944 il fut convenu que, dès que le travail en cours sur l'ENIAC le permettrait, le développement et la construction d'une nouvelle machine seraient entrepris. Cette machine fut identifiée par l'acronyme EDVAC...

« Durant la deuxième partie de 1944, et encore à l'heure actuelle, le Dr John von Neumann, conseil auprès du Ballistics Research Laboratory, fut heureusement disponible pour consultations. Il a participé à de nombreuses séances de travail sur les contrôles logiques de l'EDVAC, a mis au point certains codes d'instructions et a testé les systèmes proposés en écrivant les séquences d'instructions nécessaires au traitement de problèmes spécifiques. »

Et c'est ainsi que les physiciens, les ingénieurs et les techniciens du groupe de l'ENIAC s'étaient mis à l'œuvre dès cette année-là, envisageant dès lors la réalisation d'un dispositif de stockage de capacité suffisante pour pouvoir contenir, physiquement, à la fois les instructions de programme et les données des problèmes à traiter.

« Cependant, comme le souligne R. Ligonnière, cette idée était condamnée à rester une vue de l'esprit aussi longtemps que la réalisation d'une mémoire rapide de grande taille serait impossible. »

Cette raison est certes valable mais il y en a une autre beaucoup plus profonde, car même une fois cette réalisation technique devenue possible, l'idée en question aurait, sans conteste, été condamnée encore à demeurer une pure vue de l'esprit si le problème fondamental de la justification théorique n'avait trouvé sa solution (voir p. 582-631).

Il fallait en effet résoudre les problèmes fondamentaux de la logique du calculateur analytique, et surmonter par conséquent les questions relatives à la mise à contribution des circuits et des composants électroniques nécessaires à la réalisation technique des fonctions logiques élémentaires.

Et c'est précisément ce qui a fixé d'une manière très distinctive les limites des compétences de ces ingénieurs et de ces techniciens, mettant en avant, du coup, la nécessité de faire appel aux services d'un théoricien de haut niveau et de forte culture qui saurait prendre en main et résoudre complètement et scientifiquement ces questions fondamentales.

C'est alors qu'est entré en scène un théoricien tout à fait hors du commun, d'une culture considérable et en prise directe sur tous les développements de la science, de la logique et des mathématiques contemporaines : John von Neumann (1903-1957), l'un des plus grands mathématiciens de son temps, qui, pour son extraordinaire rapidité d'esprit, sa faculté de raisonner simplement sur des choses complexes et son étonnante puissance calculatrice naturelle, fut un véritable phénomène. Au point que ses collègues, fort impressionnés, dirent de lui qu'il « n'appartenait pas à l'espèce humaine, mais qu'il y ressemblait seulement ».

Celui-ci « naquit hongrois à Budapest, alors partie de l'Empire austro-hongrois. Dès 1921, et jusqu'à sa mort, il ne cessa de produire, dans tous les domaines des mathématiques, une œuvre considérable : de la théorie des ensembles à la physique quantique, de la théorie des fonctions à la géométrie, du calcul numérique à l'hydrodynamique, il a tout connu, mais est resté célèbre entre autres comme l'inventeur de la théorie des jeux et de son application à l'économie. Émigré aux États-Unis en 1930, il appartint dès 1933 au fameux Institute for Advanced Study [à Princeton], où travailla également Einstein à partir de ces mêmes années. Il en fut le plus jeune membre. Ayant participé avant la guerre aux travaux de recherches sur l'arme nucléaire à Los Alamos, il avait été frappé par la longueur, le volume astronomique de calculs répétitifs qu'il fallait effectuer pour la propagation des réactions en chaîne dans les combustibles nucléaires... Il avait d'ailleurs apporté sa contribution personnelle à ces calculs, étant doué d'une faculté prodigieuse de calcul mental, chose assez rare chez les théoriciens. Fin 1944, Von Neumann, ayant manifesté son intérêt pour les calculateurs automatiques, la Moore School se fit un plaisir de conclure un contrat avec le prestigieux mathématicien, chargé alors de concevoir entièrement un nouveau type de calculateur » (J. Tricot, in : SV, nº 741, juin 1979).

La grande synthèse de John von Neumann

La suite de l'histoire est donc que ce grand mathématicien aux contributions essentielles dans de très nombreuses branches de mathématiques pures et appliquées, et parfaitement au courant de l'essor de la logique symbolique, a marqué profondément de son empreinte la découverte scientifique du concept de programme enregistré.

Selon ces mots de H. H. Goldstine, son rapport préliminaire constitua, en fait, non seulement « une analyse et une synthèse magistrale de toutes les réflexions faites entre l'automne 1944 et le printemps 1945 », mais aussi « le plus important document écrit jusque-là sur le calcul et les calculateurs ». Certes, « tout ce qui figure dans ce rapport ne fut pas imaginé par Von Neumann », mais celui-ci « avait participé à tout ce qu'il y avait eu d'essentiel ».

Esprit d'analyse, mais aussi esprit de synthèse, voilà qui caractérise donc bien ce mathématicien de grande envergure. Car si l'on doit parler de grande synthèse dans le domaine de l'informatique naissante, c'est surtout à John von Neumann qu'on la doit.

C'est bien lui en effet qui aura su transformer en un tout homogène ce mélange plus ou moins confus d'idées différentes, reçues sans esprit critique, qui ne constituait pas, à plus forte raison, un système cohérent.

« De même que le fait le plus simple de la connaissance humaine s'appliquant à un objet complexe se compose de trois actes : 1. vue générale et confuse du tout ; 2. vue distincte et analytique des parties ; 3. recomposition synthétique du tout avec la connaissance que l'on a des parties ; de même l'esprit humain, dans sa démarche, traverse trois états que l'on peut désigner sous les trois noms de syncrétisme, d'analyse et de synthèse, et qui correspondent à ces trois phases de la connaissance » (E. Renan, *Avenir de l'intelligence,* XVI, p. 301).

Autant mettre l'accent, dans ces conditions, sur la complémentarité qui existe entre l'analyse et la synthèse, qui jouent un rôle essentiel dans la constitution et les progrès des disciplines scientifiques :

« Je distingue, disait Diderot, deux moyens de cultiver les sciences : l'un d'augmenter la masse des connaissances par des découvertes, et c'est ainsi qu'on mérite le nom d'*inventeur* ; l'autre de rapprocher les découvertes et de les ordonner entre elles, afin que plus d'hommes soient éclairées, et que chacun participe, selon sa portée, à la lumière de son siècle. »

Cette magnifique pensée de deux cents ans d'avance sur son temps, montre bien que s'il est certes important de délier et de résoudre un *tout* en ses parties, il est tout aussi indispensable, sinon plus fondamental encore pour l'avancement de la science et de la connaissance, de combiner, de poser et de mettre ensemble ces divers fragments épars. Car c'est alors que l'on peut former un autre *tout*, intelligible cette fois par l'esprit curieux ou profond, qui peut procéder dès lors par lui-même à la décomposition de ce *tout* en ses éléments constitutifs, pour former dans sa pensée, avant même de le mettre dans l'esprit des autres, soit le *tout* de la décomposition initiale, soit un autre *tout* associé cette fois à une nouvelle réalité, selon son individualité fonctionnelle propre et sa loi caractéristique d'action et de développement.

Cela nous conduit donc dès à présent à nous interroger sur les véritables raisons du grand retentissement mondial recueilli par le *First draft of a report on EDVAC*, publié par John von Neumann.

Comme l'explique R. Ligonnière, la première raison est « qu'avant cette intervention magistrale, les rapports de travail émis par le groupe de la Moore School se limitaient aux comptes-rendus périodiques exigés par le gouvernement américain, bailleur de fonds. En ce qui concerne l'EDVAC, ces rapports furent courts et très généraux ; les communications établies par Eckert, par exemple, se limitaient généralement à deux pages. [Et il faut bien remarquer que plus tard, même une fois levé le secret militaire sur l'ENIAC et après que les publications techniques sur l'électronique eurent été autorisées, Eckert et Mauchly ont publié beaucoup moins que les mathématiciens Goldstine, Burks et Von Neumann.] Ensuite [et surtout] parce que devant la "concision" excessive des documents officiels, Von Neumann, en bon universitaire, entreprit de décrire complètement les conceptions théoriques nécessaires au contrôle logique d'un système de calcul [analytique]... à grande vitesse. Pour lui, la structure logique était indépendante de la machine elle-même ; elle revêtait une portée universelle.

« Bien plus qu'un réel travail sur l'EDVAC, le mathématicien-logicien décrivit l'ordinateur des années futures, avec les cinq composants majeurs qu'il énumérait ainsi : l'unité arithmétique ; l'unité de contrôle ; la mémoire, pour enregistrer les données numériques et les instructions ; les unités d'entrée ; les unités de sortie » (in : *Ordinateurs,* 29 avril 1985, p. 34 *sq.*).

Ce n'est donc pas un hasard si, aujourd'hui encore, tout le monde désigne les ordinateurs sous le nom de « machines de Von Neumann ».

Comme le disait Claude Bernard : « On étudie les sciences *analytiquement* ; on les enseigne *synthétiquement*... Toutes les fois qu'une science ne peut être enseignée synthétiquement, c'est parce qu'elle n'est pas encore faite ou suffisamment faite. *La science n'est constituée que lorsqu'elle est synthétisée.* Les hommes qui rendent la science ainsi synthétique sont les grands hommes : Newton pour la physique, Lavoisier pour la chimie... » (*Cahier rouge,* p. 102-104). Si Claude Bernard avait vécu à notre époque, il aurait sans aucun doute ajouté à sa liste, pour la science informatique, le nom de John von Neumann dont la synthèse fondamentale a permis le développement de la science des ordinateurs.

Or, comme le dit Paul Valéry dans ses *Regards sur le monde actuel,* « la science a transformé la vie et multiplié la puissance de ceux qui la possédaient. Mais par sa nature même, elle est essentiellement transmissible ; elle se résout nécessairement en méthodes et en recettes universelles. Les moyens qu'elle donne aux uns, tous les autres peuvent l'acquérir. »

Par transposition, donc, l'*Essai préliminaire d'un rapport sur l'EDVAC* fut le premier document scientifique à fournir une base générale et cohérente aux concepts relatifs aux nouveaux systèmes de programmation et aux théories des automates numériques et séquentiels à programme enregistré. Autant dire (et c'est déjà beaucoup) que *grâce à John von Neumann, le concept de l'ordinateur est devenu scientifiquement transmissible et universellement utilisable.*

L'histoire n'aurait donc retenu son nom que pour cela.

Actions et réactions de Turing et de Von Neumann

Et Alan Turing dans tout cela ?

Contrairement à une image fausse qui a souvent prévalu, celui-ci, il convient de le souligner, n'a pas été que le pur théoricien de la logique symbolique que d'aucuns ont décrit unilatéralement : il a, en effet, œuvré aussi en tant que pionnier et praticien de l'informatique naissante.

On sait que dès 1937, il s'était employé à construire un multiplicateur binaire mettant en œuvre une technologie électromécanique.

Mais c'est surtout la guerre qui lui a donné l'occasion de parfaire son expérience dans le domaine du calcul artificiel automatique. Dès 1939, la Seconde Guerre mondiale l'a en effet entraîné vers le domaine des applications militaires et surtout vers la mise en pratique de ses idées théoriques au service des Alliés. A cette époque, il fut engagé par les services secrets britanniques, à Bletchley Park, avec pour mission de participer à la conception de machines cryptanalytiques en vue de déchiffrer les codes ennemis et de s'informer des mouvements de l'armée allemande. Et c'est ainsi que virent le jour, d'abord les machines électromécaniques de la série des *Robinson,* incorporant des relais électromagnétiques de type téléphonique, avant de laisser la place, dès 1943, à la série des machines logiques appelées *Colossus,* utilisant des tubes électroniques et mises au point une fois de plus grâce à ses théories (voir p. 578-580). Sans avoir été directement impliqué dans la construction de ces machines, il avait donc suivi l'expérience de suffisamment près pour acquérir la maîtrise de la technologie électronique et d'incontestables compétences en matière d'ingénierie.

La guerre finie, il se consacra à la mise en pratique plus directe de sa théorie de 1936 : la construction d'un modèle physique de *machine universelle de Turing,* où il allait apprécier tout particulièrement l'alternance des questions théoriques abstraites et des problèmes physiques de leur mise à contribution. Et dès octobre 1945, il présenta un projet au gouvernement, puis rejoignit l'équipe du National Physical Laboratory (NPL) de Teddington, devenant dès lors membre permanent du Scientific Civil Service. Intitulé *Proposals for Development in the Mathematics Division of an Automatic Computing Engine,* le rapport de Turing (référencé sous la cote E882) constituait un projet détaillé pour la construction d'un véritable ordinateur électronique : le *Pilot ACE,* qui n'aura vu le jour, cependant, qu'en 1950, après bien des réductions opérées sur les vues initiales de Turing, alors démissionnaire du NPL depuis 1948. C'était un projet d'autant plus intéressant qu'il introduisait des concepts très nouveaux et très audacieux (cf. B. E. Carpenter et R. W. Dorant).

Or, en effectuant sa gigantesque synthèse, Von Neumann avait été très influencé justement par les idées du grand mathématicien et logicien britannique.

Il faut se rappeler que Von Neumann a rencontré Alan Turing en personne, une première fois lors du séjour effectué par celui-ci à Princeton, de 1937 à 1938, et d'autres fois durant la guerre (surtout en 1943, lorsque Turing vint aux États-Unis travailler aux laboratoires de la Bell Telephone pour la mise au point d'un système de chiffrement des communications stratégiques par téléphone entre les États-Unis et la Grande-Bretagne), et qu'il a connu en profondeur les travaux de ce dernier. Impressionné par les capacités intellectuelles de Turing, il est même allé jusqu'à lui proposer de le prendre comme assistant pendant un an, en se heurtant cependant au refus de l'intéressé qui avait préféré retourner à Cambridge.

La question qui se pose donc est de savoir si Alan Turing est parvenu au concept de programme enregistré avant ou après la publication de Von Neumann.

Remarquons d'abord, pour ce qui concerne les années d'avant-guerre, que l'on a donné de l'histoire des idées de Turing une version très orientée et exagérément en faveur d'une prétendue « vision prospective du développement de l'informatique », visant à mettre en avant une non moins prétendue « compréhension profonde de sa part, dès 1936, des implications de la notion d'ordinateur ».

Certes, dès cette année-là, Alan Turing avait pris peu à peu conscience de l'importance essentielle des concepts qu'il avait élaborés, en accordant une attention toute particulière à l'objet de ses recherches : la *machine universelle*. Et c'est ainsi que progressivement avait germé dans son esprit l'idée que ses êtres mathématiques étaient physiquement modélisables par des machines que l'on pourrait doter de l'aptitude à prendre en charge de multiples tâches d'ordre intellectuel, à la condition bien sûr de parvenir à la composition adéquate de leur table de comportement, autrement dit à l'élaboration appropriée de leurs programmes (voir encadré p. 624 *sq.*).

Mais cela n'implique pas nécessairement qu'il avait ainsi trouvé le concept de programme enregistré. *Encore fallait-il qu'il établît la relation physico-mathématique entre son concept de machine idéale et la réalité bien matérielle des calculateurs analytiques multifonction*. Dans la machine universelle de Turing, les notions de « programme » et d'« information » étaient certes équivalentes, mais on ne l'a su que plus tard, cette équivalence n'ayant existé que potentiellement à l'état virtuel à l'époque d'avant-guerre. Il fallait, pour avancer, traduire la théorie de Turing en termes plus opérationnels, non plus en une compréhension latente, mais suivant une formulation plus concrète, bien plus proche des réalités physiques et techniques que de l'abstraction des vérités mathématiques pures.

Construire une vraie machine universelle, c'était là d'ailleurs le rêve que chacun caressait depuis l'époque de Charles Babbage (voir p. 603-604). La différence avec Turing est que tout le monde s'était engagé dans une voie complètement bloquée, l'idée que l'on s'en était faite jusqu'alors ayant été confuse, parce que non précisée par une étude logico-mathématique.

Chez Turing, au contraire, cette idée a germé et a été développée à la suite d'une théorie solidement établie sur des bases mathématiques ; aussi était-elle destinée à fournir le puissant levier qui allait permettre d'élaborer la preuve de l'équivalence entre le concept de *machine universelle de Turing* et celui de *calculateur analytique universel à programme enregistré.*

Mais les résultats de Turing, certes très prometteurs dès le départ, n'en sont pas moins restés, selon toute vraisemblance, enfouis pendant près d'une décennie dans les neurones et les synapses de leur découvreur comme des idées non encore opérationnelles et dont le savoir-faire et l'expérience techniques de l'époque ne pouvaient encore permettre la réalisation physique.

Si, dans cette histoire, la nécessité de la percée théorique a été bien souvent mise en avant, l'occasion ne saurait donc être plus propice pour souligner cette fois le caractère plus qu'indispensable de l'avance technologique et de la constitution du savoir-faire technique pour faire passer des êtres mathématiques de leur univers bien abstrait à celui même des corps de la matière.

Par ailleurs, d'un point de vue conceptuel, il faut remarquer aussi qu'il existe mathématiquement une infinité de machines de Turing, parmi lesquelles figure évidemment la structure des ordinateurs, mais qui englobent également, parmi tant d'autres, la machine analytique de Babbage, la machine de Jevons, celle de Leibniz et même la calculatrice de Pascal. C'est dire s'il y a imprécision lorsqu'on évoque simplement l'idée de machine de Turing. Aussi lorsqu'on parle de la mise en pratique des idées théoriques de Turing, faut-il bien examiner attentivement la structure dont il s'agit en réalité.

Or, c'est justement la structure très spécifique des machines à déchiffrer des codes qu'il s'agit lorsqu'on dit que les idées de Turing avaient permis de réaliser les *Colossus*. La remarque précédente est d'autant plus fondée que ces calculateurs analytiques avaient été spécialisés à un tel point (et pour cause) qu'il était difficile de les mettre en application pour d'autres tâches ; qui plus est, ils avaient eu un système de programmation externe, donc de nature non ordinatrice.

Quant à l'époque de 1945, on sait que le projet de Turing est postérieur de quelques mois au *Draft* de Von Neumann, daté, lui, du 30 juin de cette même année : rapport auquel Turing fait d'ailleurs expressément référence dans les indications bibliographiques de son projet initial.

D'aucuns ont appuyé l'indépendance des développements de Turing par rapport à ceux de Von Neumann, arguant du fait – parfaitement exact au demeurant – que Turing avait développé dans son projet des concepts informatiques très audacieux et même très en avance sur ceux préconisés par Von Neumann.

Mais cela ne prouve rien, compte tenu du laps de temps qui sépare le rapport de Turing de celui de Von Neumann.

Certains auteurs ont ajouté que si Turing a fait référence au *Draft* de Von Neumann, c'est surtout pour des raisons tactiques, en vue de l'octroi de subventions pour ce projet qu'il fallait crédibiliser par rapport à une autorité internationale ; projet dont on aurait voulu montrer la nécessité absolue, afin d'éviter au gouvernement de Sa Majesté de prendre quelque retard sur les amis et non moins rivaux d'outre-Atlantique.

Cela n'est certes pas exclu, mais relève tout de même du domaine conjectural, cette idée n'ayant jamais reçu de confirmation.

D'ailleurs, pourquoi Turing aurait-il attendu neuf ans, et précisément la fin de l'année 1945, pour produire un plan d'ordinateur ? Et pour quelles raisons n'a-t-on jamais trouvé d'autres plans semblables signés Turing parmi les archives britanniques, autrefois jalousement gardées et aujourd'hui bien connues, de la Seconde Guerre mondiale ?

Si tant est que l'idée de programme enregistré lui soit venue pendant la guerre, pour quelle raison ne l'a-t-on pas mise en application dans les calculateurs analytiques du type *Colossus* ? Si tel avait été le cas, Turing aurait certainement convaincu ses supérieurs hiérarchiques des avantages à tirer de sa découverte et on en aurait fait des ordinateurs spécialisés dans le déchiffrement des codes secrets, qui auraient été éminemment plus efficaces que les machines de Babbage ainsi spécifiquement conçues pour les mêmes tâches.

A notre avis, l'hypothèse la plus plausible est celle, pour ainsi dire, du *mouvement de balancier* : Von Neumann influencé par l'étude théorique de la machine universelle de Turing, et Turing influencé à son tour par la démonstration de Von Neumann établissant l'équivalence mathématique du concept de programme enregistré avec celui de machine universelle de Turing. Cette hypothèse permet en effet d'imaginer un Turing alors totalement maître de ses vues, de sa technique et surtout de ses théories, doté de capacités intellectuelles si extraordinaires et d'un esprit d'une vivacité telle que les résultats de Von Neumann avaient provoqué chez lui l'étincelle en un laps de temps très court, au point de déboucher sur des conséquences non prévues par Von Neumann et beaucoup plus avancées encore que les idées de ce dernier. (Car Turing avait alors introduit des concepts aussi nouveaux et aussi audacieux que les *hiérarchies de sous-routines, l'empilage, l'emploi de langages évolués, le concept de la microprogrammation,* etc.)

Dans ce domaine, l'influence de Turing est cependant restée cloisonnée à l'intérieur des côtes de la petite Angleterre, et plus encore entre les quatre murs du club très fermé des services secrets du Chiffre britannique, alors que Von Neumann, en divulguant les résultats de ses recherches, en a fait un élément scientifiquement transmissible et potentiellement utilisable par les savants du monde entier.

Et le fait est que le *Draft* de Von Neumann a presque aussitôt inspiré de manière décisive toutes les recherches effectuées dans le domaine du calcul automatique, au point d'avoir rendu presque complètement désuètes, en fort peu de temps, toutes les orientations prises à cette époque en direction des idées de Babbage.

Et si les idées de Turing de 1942 à 1944 ont bien permis aux Alliés de gagner à la fois la bataille de l'Atlantique et celle de la cryptanalyse, c'est le même secret d'État qui a emprisonné jusqu'en 1975 la plus grande partie de ses ingénieuses et fructueuses découvertes.

De la machine universelle de Turing et des calculateurs analytiques classiques aux ordinateurs

Il n'en est pas moins vrai, en procédant à une récapitulation, que la contribution de Turing a été fondamentale dans cette histoire, ses travaux ayant constitué la source d'inspiration la plus essentielle pour

Von Neumann. Pour justifier mathématiquement le concept de programme enregistré, ce dernier s'était employé à replacer la structure des calculateurs analytiques dans le cadre très général de la théorie des machines de Turing et à apporter alors la preuve de l'équivalence de cette structure avec celle de l'automate algorithmique universel.

Et c'est précisément en cela que fut effectuée la synthèse fondamentale de John von Neumann, qui procéda ainsi à la construction du *tout* avec les divers morceaux qu'il reçut, mais qui n'en furent pas les éléments véritables, puisqu'ils s'étaient présentés à lui en ordre totalement dispersé. Et peu importe (en dépit de ses détracteurs) si Von Neumann n'est guère parvenu à cette époque au concept de l'automate auto-reproducteur, car d'autres allaient le faire après lui ; mais s'ils y sont parvenus, c'est surtout sur les bases qu'il avait solidement établies.

Von Neumann démontra mathématiquement, en effet, qu'en enregistrant un programme dans la mémoire d'un calculateur analytique structurellement conçu pour exécuter une vaste catégorie d'opérations, on obtenait un calculateur d'un type complètement nouveau ayant les propriétés de la machine universelle idéale de Turing, celui-ci traitant alors désormais ses instructions au même titre que des données.

La contribution essentielle apportée par Von Neumann fut donc de démontrer qu'un calculateur numérique automatique séquentiel et programmable muni d'un programme enregistré n'est autre qu'un modèle fini (autrement dit un dispositif artificiel finalisé) de l'automate algorithmique universel de Turing (en tant que structure mathématique abstraite), et que, réciproquement, la machine universelle de Turing caractérise la famille des calculateurs analytiques universels à programme enregistré.

Car c'est justement cette *structure ordinatrice* qui, en éliminant le principal défaut structurel des machines de Babbage (leur non-asservissement dû à leur système de programmation externe), a fait passer de la famille des calculateurs analytiques à celle des *machines de Von Neumann* ou *ordinateurs*. La structure correspondante réalisa ainsi – et c'est là que réside tout le progrès réalisé – la synthèse entre les organes et les fonctions techniques des calculateurs analytiques et les propriétés mathématiques et logiques de la machine universelle idéale de Turing.

Autant dire que l'on est parvenu alors à des automates logiques artificiels révolutionnaires, capables d'exécuter, sans aucune intervention humaine, toutes sortes d'algorithmes de type exécutable, dans la limite des capacités physiques des machines de ce type.

Naturellement, le concept de machine universelle de Turing comportait déjà – mais il fallait en établir les corollaires – les principales caractéristiques des futures machines ordinatrices, à savoir :

1. Une mémoire de grande capacité.
2. Un ensemble limité d'instructions très précises.
3. Des programmes constituant chacun la traduction, en termes compréhensibles par la machine, d'un algorithme de résolution d'une classe de problèmes.
4. Un fonctionnement automatique et séquentiel.
5. Le caractère de machine manipulatrice de symboles.
6. L'aptitude à résoudre une très vaste catégorie de problèmes.

7. La faculté de simuler toute autre machine de Turing selon un programme approprié ; etc.

Autant dire que *la notion mathématique d'automate algorithmique universel de Turing était destinée à fournir le modèle théorique de tout ordinateur à venir.*

Elle correspond d'ailleurs aujourd'hui au niveau le plus bas d'analyse auquel on puisse réduire un traitement sur ordinateur. Autrement dit, une opération donnée ne peut être exécutée sur un ordinateur que s'il peut être démontré mathématiquement qu'il existe une machine de Turing capable de la réaliser (voir encadré p. 601-631).

Est-il besoin d'ajouter qu'une machine donnée ne peut être un ordinateur que si l'on peut démontrer qu'elle est structurellement équivalente à l'automate algorithmique universel de Turing. Aussi tous les ordinateurs, en étant équivalents à la machine universelle de Turing, sont-ils bien équivalents entre eux et forment-ils une famille au sens mathématique du terme.

Et c'est donc bien cette même structure qui a conféré désormais aux calculateurs analytiques une souplesse quasi illimitée, leur permettant, selon l'avance technologique appropriée, d'exécuter une variété de plus en plus vaste de tâches différentes, selon les modalités d'emploi suivantes, qui en constituèrent dès lors l'une des principales propriétés (voir p. 676-689) :

a. Tout programme approprié comprend l'ensemble des instructions nécessaires à l'exécution du calcul envisagé.

b. Simplement par le chargement d'un programme donné dans la mémoire interne, la machine, une fois le processus déclenché, exécute d'elle-même, l'une après l'autre, chacune des instructions élémentaires du programme envisagé, selon une procédure qui va de la première jusqu'à la production du résultat final du calcul entrepris.

c. Tout programme exécuté reste conservé dans la mémoire de la machine au moins jusqu'à la fin des opérations.

d. Tout programme fourni à la machine est entièrement indépendant des données et peut, une fois le travail terminé, être exécuté par la suite autant de fois qu'on le désire, sur des paramètres identiques ou totalement différents.

Nous sommes aujourd'hui tellement coutumiers de ce type de procédures que nous ne songeons plus à l'importance de leur découverte. Mais on se convaincra du caractère tout à fait révolutionnaire de ces modalités d'usage en songeant simplement à l'emploi si incommode de ces anciennes machines à écrire totalement dépourvues de mémoire et de système de programmation, ainsi qu'aux vieilles calculatrices mécaniques de bureau : aussitôt qu'une tâche était accomplie, pour en reprendre la moindre donnée ou y modifier quelque paramètre, il fallait alors tout recommencer à zéro.

Les premiers véritables ordinateurs de l'histoire

Issu de la convergence de diverses nécessités et de démarches séparées fort anciennes, réalisant ainsi la synthèse complète d'un océan d'inventions et d'innovations venues de tous les horizons, cet événement, qui coïncida ainsi à quelques semaines près avec la fin de la Seconde Guerre mondiale, a donc été considérable, car il a marqué les vrais débuts de l'ère des ordinateurs.

Et de fait, les idées du *Draft* de Von Neumann ont été d'une fécondité telle que, dès la fin 1945, on a assisté des deux côtés de l'Atlantique, à une course effrenée aux ordinateurs électroniques et binaires (cette base ayant été préconisée avec tout le reste).

Forts de l'expérience, mais déçus par la publication du *Draft,* Eckert et Mauchly quittèrent le groupe de la Moore School pour aller fonder, en mars 1946, leur propre société, l'Electronic Control Company (qui allait devenir, dès 1948, l'Eckert and Mauchly Computer Corporation). Et à partir de 1947 jusqu'en 1949, ils construisirent leur BINAC (*Binary Automatic Computer*) : *le premier ordinateur électronique jamais construit aux États-Unis*. Destiné à un constructeur d'avions, cet ordinateur fut toutefois restreint dans ses applications, ses fonctions se limitant à des tâches relatives à un système de contrôle des missiles.

Pendant ce temps, Von Neumann retourna à Princeton, rapidement imité en cela par Hermann H. Goldstine. Ils se lancèrent tous les deux, de 1946 à 1951, dans la réalisation d'une machine appelée *IAS Computer* (du nom de l'Institute of Advanced Study), qui, inaugurée en 1952, fut *le premier ordinateur scientifique américain*, utilisé pour des problèmes complexes impliquant des concepts de mathématiques pures.

Les travaux se poursuivirent cependant sur l'EDVAC, mais à une allure beaucoup plus lente que prévue. La construction de l'ordinateur marqua une pause en 1949 pour n'être achevée finalement que deux ans plus tard et ne déboucher sur la livraison du calculateur qu'en fin 1951 au Ballistics Research Laboratory, où il servit jusqu'en 1962.

A l'American National Bureau of Standards, à Washington DC, on construisit de même une machine de Von Neumann appelée *Standard Eastern Automatic Computer* (SEAC), qui, opérationnelle en avril 1950, fut *le premier ordinateur américain non spécialisé*.

Autre réalisation fondée sur les plans de Von Neumann : le *Whirlwind I* (ou « tourbillon ») du MIT, conçu et finalisé de 1946 à 1951 sous la direction de Jay W. Forrester. Ce fut *le premier ordinateur américain structurellement conçu pour résoudre une vaste catégorie de problèmes selon des simulations en temps réel*. Installé en 1951 pour le compte de l'US Air Defense, il fut muni, en outre, d'une mémoire à tore magnétique, d'une imprimante graphique, d'un système d'interaction à distance, d'un système de communication à travers une ligne téléphonique, d'une documentation automatique à travers une ligne téléphonique, d'une documentation automatique et d'un langage de programmation plus facile à utiliser que les langages-machines, etc.

Quant au *premier ordinateur commercialisé aux États-Unis,* ce fut l'UNIVAC I, conçu et réalisé en 1951 par Eckert et Mauchly, dont la compagnie fut absorbée par Remington Rand pour y devenir l'UNIVAC Division. Livrée à l'US Census Bureau, cette machine, qui fut donc la première d'usage non militaire, marqua dès lors le début de l'ère de l'informatique industrielle. Et c'est bien elle qui attira de manière spectaculaire l'attention du public sur les possibilités des ordinateurs, servant, sur la chaîne de télévision CBS, aux sondages pour les élections présidentielles de 1952 et prévoyant assez correctement la victoire de D. Eisenhower.

Terminons par le *Defence Calculator,* commandé par le Département américain de la Défense à l'époque de la guerre de Corée, mais qui ne fut inauguré qu'en avril 1953 : mieux connu sous le nom de IBM 701, ce fut *le premier* (véritable) *ordinateur électronique d'IBM (c'est-à-dire construit selon les plans de Von Neumann)* ; il fut dans le même temps le premier de toute une longue série de machines de cette compagnie.

Ce n'est cependant pas aux États-Unis que fonctionnèrent les premières machines de Von Neumann.

La toute première d'entre elles le fut en Grande-Bretagne, à l'université de Manchester : il s'agit de la MADM (*Manchester Automatic Digital Machine*), conçue dès 1946 sous la direction de Tom Kilburn et Frederic C. Williams, puis mise en fonctionnement à partir du 21 juin 1948. Elle fut toutefois très limitée et peu performante, n'étant qu'un modèle expérimental, dont on allait étendre les possibilités en 1949 avant d'en lancer dès 1951 des versions commercialisées sous la responsabilité de la firme anglaise Ferrandi Ltd.

Mais *le premier ordinateur non spécialisé opérationnel du monde,* construit donc d'après les plans de Von Neumann, fonctionnant correctement et employé régulièrement, fut l'EDSAC (*Electronic Delay Storage Automatic Calculator*). Il fut conçu dès le début de 1947 sous la direction de Maurice V. Wilkes et mis en opération le 6 mai 1949 à l'université anglaise de Cambridge, où il fut utilisé jusqu'en juillet 1958. Cette machine comportait déjà des concepts intéressants : traduction en langage-machine des instructions introduites sous forme symbolique ; chargement automatique du programme dans la mémoire centrale ; etc. L'EDSAC fut commercialisé dès 1950 sous une forme améliorée par la J. Lyons Company de Londres, sous le nom de LEO Computer (*Lyons Electronic Office*).

Quant au *Pilot ACE* du National Physical Laboratory (NPL), il fut construit en 1950 sur les plans de Turing, mais selon des vues beaucoup moins ambitieuses que les idées exposées dans le projet initial de 1945. Il fut destiné principalement à l'aéronautique.

Il ne saurait être question pour nous d'aller plus loin dans ces considérations, car il s'agit là déjà d'une toute autre histoire, concernant l'évolution conceptuelle, théorique et technologique ainsi que l'élargissement du champ des ordinateurs actuels.

Et il n'y a pas que la place qui nous empêche d'aller plus loin : les nombreux ouvrages cités en référence bibliographique le font déjà si bien qu'il serait inutile de faire doublon avec eux.

Ces premières réalisations, en tout cas, marquèrent le début d'une ère totalement nouvelle, caractérisée par une cascade de progrès technologiques et d'avances conceptuelles, stimulés les uns par les autres grâce à l'effet d'entraînement réciproque.

C'était le début d'une révolution profonde dans l'histoire de la civilisation, où les frontières de l'imaginable allaient chaque jour se trouver reculées aux horizons les plus lointains...

ORIGINES ET DÉVELOPPEMENT DES CALCULATRICES ÉLECTRONIQUES DE POCHE

Nul n'a jamais osé imaginer il y a seulement quelques décennies qu'un ordinateur tiendrait un jour dans le creux d'une main. C'est pourtant une réalité en cette fin de XXe siècle, grâce à l'avènement des calculettes ordinatrices. Nous ne saurions donc clore la rubrique du calcul artificiel sans en relater brièvement les principales étapes historiques.

Depuis une vingtaine d'années, des calculatrices électroniques minuscules (que l'on désigne sous le nom de *calculettes,* à cause de leur taille réduite) ont envahi le marché international. Sans jamais faire la moindre erreur et selon une précision tout à fait extraordinaire, celles-ci sont capables d'effectuer des calculs portant sur des centaines de chiffres et de résoudre des problèmes très complexes.

Pour comprendre ce qui a permis de doter ces petites machines de leur étonnante capacité, de leur performance, de leur vitesse et de leur puissance, il convient de se tourner vers les progrès récents de la technologie électronique, grâce auxquels elles doivent une grande part de leur essor et de leur développement.

Cet encadré constituera donc en quelque sorte la suite et la fin de l'histoire des calculatrices classiques et permettra par la même occasion de se faire une petite idée de l'évolution technologique des ordinateurs électroniques, que nous n'avons pas abordée dans le cadre du présent ouvrage.

Les calculatrices électroniques de la première génération

Cette histoire a commencé en fait au début des années 1940, lorsque furent construites les premières calculatrices électroniques de type classique.

L'une des premières fut la calculatrice expérimentale électronique « quatre opérations » mise au point en 1942 par J. Desch, H. E. Kniess et H. Mumma dans les laboratoires de NCR à Dayton, dans l'Ohio, aux États-Unis. Celle-ci, cependant, n'a été suivie d'un produit réellement commercial qu'une dizaine d'années plus tard, notamment par la production des fameuses *National Computronic* et *National Multitronic.*

Fondées sur l'emploi des *tubes à vide* (dont la fonction essentielle était de commuter des signaux électriques pour permettre d'effectuer les opérations arithmétiques élémentaires), ces calculatrices furent alors des milliers de fois plus rapides que les machines à calculer électromécaniques des années 1930 et 1940.

Mais cette technologie s'est avérée en fin de compte insuffisante et peu fiable : les lampes étaient fragiles, encombrantes, consommatrices d'énergie électrique, dissipatrices de chaleur à évacuer, et très coûteuses de surcroît.

Les calculatrices électroniques de la deuxième génération

Le pas suivant fut franchi aux États-Unis à la fin des années 1950, grâce à une découverte réalisée en décembre 1947, dans les laboratoires de la Bell Telephone, au New Jersey : le *transistor,* semi-conducteur permettant de diminuer très notablement la durée du trajet parcouru par les impulsions électriques dans un circuit, et de dissiper par conséquent beaucoup moins de chaleur.

Mettant en œuvre la technique des *circuits « imprimés »* (qui combine plusieurs transistors à divers condensateurs, résistances et autres éléments électriques discrets), les calculatrices électroniques « quatre opérations » de cette deuxième génération passèrent ainsi de la taille d'une armoire à celle d'une valise. Et elles furent plus rapides, éminemment plus fiables et beaucoup moins coûteuses à la production que les précédentes.

La première calculatrice fondée sur cette technologie fut l'*Anita,* fabriquée en 1959 par la firme anglaise Bell Punch and Co., et mise sur le marché international à partir de 1963. Munie d'un clavier complet et d'un viseur unique servant successivement à la lecture des données et des résultats, elle possédait en outre douze tubes à néon, rangés côte à côte, dans lesquels apparaissaient les chiffres lumineux de ces données ou de ces résultats.

En 1961, apparut la *Friden 130* qui possédait un clavier réduit, avec un tube cathodique du même type que celui des téléviseurs, sur l'écran duquel apparaissaient simultanément les données et les résultats.

Plusieurs machines de ce type furent construites et commercialisées, faisant dès lors les beaux jours de l'industrie des calculatrices de bureau jusqu'à la fin des années 1960.

Par leur silence total (et c'était quelque chose lorsqu'on avait à subir toute une journée le bruit infernal des anciennes machines mécaniques ou électromécaniques) et par l'instantanéité pratique de leur fonctionnement, ces machines constituèrent presque l'idéal souhaité à l'époque par leurs utilisateurs.

Mais celles-ci demeuraient encore relativement chères et imposantes, leur taille équivalant approximativement à celle des caisses enregistreuses des boutiques de détail et des débits de boisson.

Les calculatrices électroniques de la troisième génération

Entre-temps, un grand progrès fut accompli en 1958 dans le domaine des semi-conducteurs grâce à la découverte du *circuit intégré* par Jack Kilby, ingénieur américain employé depuis cette année-là chez Texas Instruments (qui figurait alors parmi les firmes électroniques engagées dans le mouvement de miniaturisation et de standardisation lancé par les militaires et qui s'était assuré une prééminence notable en devenant la première entreprise du monde à fabriquer à grande échelle des transistors au silicium).

Éliminant l'emploi de transistors discrets et de connecteurs mécaniques dans les circuits électroniques, l'innovation eut alors des conséquences très importantes car elle fit désormais tenir des centaines, voire des milliers de transistors et de condensateurs dans un boîtier occupant un espace extrêmement restreint.

On notera au passage que les programmes Mercury, Gemini et Apollo, qui ont vu leur achèvement dans l'envoi des premiers hommes sur la Lune, n'auraient probablement pas été possibles sans cette contribution fondamentale, qui valut d'ailleurs à son auteur la National Medal of Sciences.

Solide formé d'un métal semi-conducteur, le *circuit intégré* comprend des zones de type différent qui lui permettent d'assurer une fonction donnée (amplification, opération logique, commutation) dans un montage électrique.

Dans le domaine du calcul artificiel automatique, cette technologie permit donc en définitive de réduire considérablement la dimension ainsi que le coût des machines, débouchant dès lors sur l'apparition des premières *calculatrices électroniques de poche* : une innovation promise à l'extraordinaire destinée que l'on sait.

Les premières calculettes

La première calculatrice électronique de poche de l'histoire vit le jour dans le courant des années 1960 dans les laboratoires de la société Texas Instruments. Les recherches avaient débuté en 1965, sur ordre de Patrick Haggerty, alors chef exécutif de cette firme, pour déboucher à la fin de l'année 1966 sur la production du premier modèle expérimental (actuellement conservé au National Museum of American History, à la Smithsonian Institution de Washington DC).

Ce fut alors l'étincelle destinée à déclencher bientôt une véritable révolution dans le domaine des calculatrices classiques. En 1967, le principe et les divers composants de la petite machine furent minutieusement décrits par Jack Kilby, avec la collaboration de Jerry Merryman et de James Van Tassel en vue d'une demande de brevet pour le *Miniature Electronic Calculator,* comme on baptisa alors le prototype. Déposé officiellement en 1972, le brevet fut accordé en fin de compte à Texas Instruments par l'US Patent Office sous le numéro 3 819 921. (Communication personnelle de R. Ligonnière.)

Texas Instruments ne fut cependant pas la première firme à commercialiser des calculatrices de ce type ni même la première à les produire massivement.

Le premier modèle commercial fut une calculette quatre opérations d'un poids de 2 onces 1/2 et d'un prix de 150 dollars, lancée le 14 avril 1971, sous le nom de *Pocketronic,* par l'Universal Data Machine Co., établie dans un entrepôt de Chicago. Utilisant des circuits intégrés du type MOS (semi-conducteurs à oxyde métallique), achetés justement à Texas Instruments, cette compagnie procéda, dès le début des années 1970, au montage de 5 000 à 6 000 calculettes par semaine, qu'elle commercialisa par l'intermédiaire des Department Stores américains.

En réalité, ce n'est qu'à partir de 1972, que Texas Instruments s'est lancée dans la course, avec la commercialisation de son premier produit grand public : la *Datamath.*

Mais depuis cette époque-là, toute la concurrence s'était mise à emboîter le pas à l'une comme à l'autre. Et les années qui suivirent firent subir un grand bond en avant à l'industrie des calculettes, lui faisant franchir dans le même temps les étapes successives d'une miniaturisation de plus en plus poussée, selon une réduction de prix allant régulièrement dans le même sens.

Du circuit intégré au microprocesseur

L'étape ultime de cette avance technologique fut franchie grâce à la mise au point du *microprocesseur* en 1971, circuit intégré très évolué, réalisé sur un très faible volume, muni à la fois d'une mémoire, d'un dispositif d'entrée et sortie, d'un organe de traitement et d'un système de programmation, et que l'on peut spécialiser dans l'exécution de tâches d'un certain type.

Largement exploitée dès 1976, lorsque fut mise au point la fabrication de masse des composants de très haute densité (technologie dite de la VLSI, ou *Very Large Scale Integration,* aujourd'hui en évolution permanente), cette importante innovation trouva alors de très nombreux domaines d'applications : machines à laver, automobiles, ordinateurs, micro-ordinateurs, robots industriels, etc. Il était en effet devenu possible d'inclure désormais jusqu'à plusieurs dizaines de milliers (voire des centaines de milliers) de positions de mémoire sur un circuit occupant un espace inférieur à celui d'un petit ongle. Son potentiel révolutionna dès lors une multitude d'activités, allant jusqu'à bouleverser la vie la plus quotidienne de plusieurs millions de consommateurs.

Les procédés de visualisation numérique des calculettes

Une autre amélioration apportée aux calculatrices électroniques de poche concerne les procédés de *visualisation des chiffres.* Sur les calculatrices électroniques de bureau des années 1960, cet affichage numérique se faisait par *luminescence* au moyen d'un certain nombre de tubes électroniques : chaque tube comportait dix électrodes ayant respectivement la forme des chiffres de 0 à 9 ; celles-ci possédaient toutes la même anode, mais chacune était connectée à une broche distincte. Aussi l'affichage se faisait-il par une décharge électrique, qui, portant l'électrode voulue à un certain potentiel, créait une luminescence autour du chiffre ainsi parcouru par le courant électrique.

Mais avec l'apparition des premières calculettes, la technique a changé radicalement, les chiffres apparaissant désormais dans les voyants lumineux grâce au procédé dit LED (*Light Emitting Diode*), c'est-à-dire suivant un semi-conducteur, qui, placé sous tension, émet de la lumière.

Toutefois, dès le milieu des années 1970, les constructeurs ont opté pour la technique, beaucoup plus avantageuse et plus économique, de la visualisation dite LCD (*Liquid Crystal Display*), mieux connue sous le nom d'*affichage par cristaux liquides,* qui, sous l'effet d'un très faible champ électrique, fait passer le liquide cristallin de l'état transparent à l'état opaque.

Naissance et développement des calculettes imprimantes

Une autre amélioration a été de munir ces machines d'une *imprimante,* celle-ci permettant évidemment une conservation permanente des opérations intermédiaires et des résultats de calculs, ce qui, dans un grand nombre de professions actuelles, est absolument indispensable.

La technique mise en œuvre fut d'abord électromécanique. Mais on se libéra par la suite de l'incommodité d'emploi, ainsi, du reste, que des contraintes de poids et d'encombrement, inhérentes aux dispositifs fondés sur cette technologie.

L'une des innovations marquantes dans ce domaine a été constituée par le développement des *imprimantes thermiques.* Une tête imprimante transmet en effet de la chaleur à un papier imprégné de solution chimique qui reproduit instantanément des caractères d'écriture ou de numération clairs et distincts. Supprimant ainsi le recours aux rubans encreurs, cette technique a donc du coup rendu les dispositifs plus silencieux et plus fiables.

Premières évolutions structurelles des calculettes

Sur le plan de la structure calculatoire, ces machines demeurèrent toutefois très limitées pendant un certain temps.

Avec leurs touches, reliées chacune à un microprocesseur spécialisé, celles-ci permettaient certes d'effectuer en toute sécurité et à très grande vitesse les quatre opérations arithmétiques élémentaires. Certaines donnaient même la possibilité d'élever au carré ou au cube, d'extraire des racines carrées ou cubiques ou de calculer les inverses des nombres. Mais elles se rangeaient encore dans la catégorie des machines à calculer « traditionnelles », étant toujours incapables d'exécuter le moindre calcul complexe, que ce fût dans le domaine comptable, statistique, financier, ou, à plus forte raison, dans le domaine physique ou mathématique.

Avec une avance scientifique et technique suffisante, les constructeurs ont eu alors l'idée d'ajouter à ces machines un certain nombre de touches correspondant à des fonctions supplémentaires : des fonctions dont les algorithmes, pré-enregistrés dans les circuits internes des machines, permirent désormais d'effectuer des calculs tels que les pourcentages, les intérêts, simples ou composés, les annuités, les fonctions trigonométriques, les logarithmes ou les fonctions exponentielles.

Ce fut alors la naissance des calculettes du genre *statistique, financier* ou *scientifique,* spécialement adaptées aux besoins de leurs utilisateurs et de plus en plus munies de la fonction de mémorisation des constantes fondamentales (comme π ou e, par exemple).

Et c'est ainsi que la calculatrice électronique de poche en est venue non seulement à reléguer aux antiquités la calculatrice cylindrique portative mécanique appelée *Curta,* ainsi que les imposantes machines à calculer de bureau, mais à abolir définitivement aussi le règne sans partage des tables de logarithmes et des règles à calcul, tant prisées (ou tant redoutées) par des générations d'étudiants, de mathématiciens, de physiciens, d'astronomes, d'ingénieurs, d'architectes, de techniciens et de dessinateurs industriels (voir p. 512 *sq.* et 522 *sq.*).

Les premières calculettes programmables

Malgré toutes ces améliorations, aucune de ces machines ne put cependant prétendre appartenir à la famille des ordinateurs électroniques, celles-ci ne sachant alors résoudre qu'une catégorie très limitée de problèmes : ceux, justement, pour lesquelles on les avait structurellement conçues.

Quant à leurs caractéristiques techniques, elles se réduisaient à un dispositif d'*entrée* (le clavier à touches), un dispositif de *sortie* (l'écran de visualisation des chiffres, complété quelquefois par une imprimante) et une *unité arithmétique*, organe de traitement monté autour de microprocesseurs intégrés aux circuits et chargé d'exécuter des calculs bien déterminés.

Ces machines n'avaient cependant pas de mémoire. Qui plus est, elles manquaient de souplesse, puisqu'elles exigeaient, dans le cas de calculs enchaînés ou répétitifs, de nombreuses interventions de la part de l'opérateur humain.

Remplissant certes amplement les besoins du calcul courant, individuel, comptable ou financier, permettant même parfois de faire quelques calculs un peu plus compliqués, elles demeuraient, en revanche, incapables d'effectuer des *calculs mathématiques* tels que la détermination des racines d'un polynôme, le calcul d'un déterminant, le calcul des coefficients d'une série de Fourier, etc. Calculs confiés jusque-là à de gros calculateurs analytiques ou à des ordinateurs, ou encore à des instruments de type analogique plus ou moins spécialisées, comme le compas de proportion, la règle à calcul, le planimètre, l'intégraphe, l'intégrateur à roulettes, etc.

Au lieu de construire autant de calculettes spécialisées qu'il y a de tâches à accomplir, pourquoi ne pas concevoir une sorte de *calculette multifonction* qui serait structurellement conçue pour exécuter toutes sortes de calculs mathématiques ? C'est exactement ce que l'on s'est dit en fin 1972 à Cuppertino, en Californie, dans les laboratoires de la société Hewlett Packard. Et c'est ainsi qu'est née la première *calculatrice électronique programmable portative* de l'histoire.

Les calculettes issues de cette importante innovation furent alors munies :

1. D'un dispositif d'entrée/sortie.
2. D'un dispositif de stockage des instructions de programmes exécutables par la machine.
3. D'une mémoire interne permettant de conserver les résultats intermédiaires ou terminaux des calculs effectués.
4. D'un organe de commande supervisant et ordonnant l'exécution des calculs prévus par les instructions de programmes.
5. D'un organe de traitement qui met en œuvre les données introduites dans la machine pour les transformer en vue de l'obtention des résultats du calcul envisagé, et qui exécute aussitôt les opérations de transfert qui s'imposent.

La naissance des calculettes ordinatrices

Les calculatrices qui virent le jour sur cette base ne furent cependant pas des ordinateurs, au sens véritable du terme. Elles étaient certes programmables, mais leur système de programmation était externe : aussi n'avaient-elles pas la faculté de retrouver une instruction déterminée du programme en exécution pour modifier d'elles-mêmes le déroulement des opérations.

Il a fallu attendre les années 1975 et 1976, pour voir apparaître, successivement chez Sharp, puis chez Hewlett Packard et tous les autres, les premières calculatrices programmables munies d'un programme enregistré, fonctionnant au moyen de véritables langages informatiques et donnant la possibilité de créer soi-même de nouvelles fonctions.

Grâce à ce progrès, on en est donc arrivé à des *machines portatives universelles en matière de calcul mathématique.* Comprenant un dispositif d'entrée/sortie, un organe de commande, une fonction de mémorisation et un organe de traitement, ces calculatrices furent dotées dès lors de la possibilité de programmer les diverses phases consécutives d'un calcul et de traiter les instructions correspondantes au même titre que des données. Autant dire que l'on est arrivé de la sorte à la réalisation de véritables *petits ordinateurs* (dans le sens véritable du terme) spécialisés dans la fonction-calcul mathématique, à peine plus grands qu'un petit portefeuille, mais presque aussi performants dans ce domaine que les grosses machines du même nom. Ce fut donc la naissance des premières *calculettes ordinatrices.*

Ces calculettes furent munies dès lors des possibilités de branchement conditionnel. Autrement dit, un programme quelconque peut, à certains moments, se dérouler selon une procédure voulue (par exemple suivant la valeur d'un paramètre ou d'un résultat intermédiaire), et même effectuer automatiquement un calcul de type répétitif sans que l'on ait à reprogrammer de nouveau la machine autant de fois l'opération concernée qu'il y a de répétitions.

Ajoutons, pour terminer, ces quelques améliorations techniques, apportées, parmi tant d'autres, au fil des ans, à ces petits appareils : indicateurs signalant à l'écran les opérations en attente ; indicateurs permettant de savoir le nom de la donnée à introduire (notamment pour les changements de repère, les statistiques à deux variables) ; indicateurs de fréquence ; indicateurs de toutes les informations nécessaires à la compréhension des calculs ; systèmes de menus à fenêtres ; niveaux multiples de programmation ; possibilité de gestion de fichiers avec messages alphabétiques, voire alphanumériques ; menus arborescents à fenêtres ; etc.

Pour doter les calculettes d'une telle universalité dans le domaine du calcul mathématique, on a certes bénéficié du savoir-faire technique et de la grande avance technologique réalisée jusque-là dans le domaine de l'électronique, mais on s'est inspiré surtout de la structure des ordinateurs électroniques, dont nous dégagerons au chapitre suivant les principales caractéristiques, par une définition très générale...

Chapitre 33

POURQUOI L'ORDINATEUR S'APPELLE-T-IL AINSI ?

« Machine numérique », « machine mathématique », « machine automatique », « machine numérique automatique », « intégrateur et calculateur numérique électronique », « calculateur automatique à valeurs discrètes », « calculateur à séquences contrôlées automatiquement », « calculateur scientifique », « automate de calcul », « calculateur électronique automatique binaire », etc. C'est donc ainsi que furent nommés les gros calculateurs analytiques et les ordinateurs, lors de leurs premières apparitions durant les années 1940 et 1950.

Remplacées souvent par leurs acronymes respectifs (ENIAC, EDVAC, SEAC, BINAC, UNIVAC, EDSAC, etc.), ces diverses désignations ne sont pas sans trahir les difficultés terminologiques que l'apparition de ces machines avait posées à leurs concepteurs qui avaient alors cherché leurs mots pour exprimer l'important événement venant tout juste de se produire dans leurs laboratoires (voir p. 642-646). Ces terminologies bien individualisées cherchaient, il est vrai, à désigner des machines dont les activités, devenues plus complexes, relevaient d'une structure beaucoup plus générale que celles des calculatrices ordinaires, et très différente de celle des calculateurs analogiques (voir p. 522-528).

Mais évidemment de telles expressions demeuraient complètement inadaptées, celles-ci ne permettant pas de faire une distinction bien nette entre les calculateurs analytiques munis de la structure de Babbage et les machines ordinatrices de Von Neumann.

A cette époque charnière, et pour cause, l'informatique alors balbutiante n'était pas encore constituée en science à part entière, se distinguant alors à peine du domaine du calcul automatique classique. Et elle ne pouvait pas l'être tant qu'une terminologie adéquate et des définitions appropriées ne seraient pas mises au point pour ses concepts fondamentaux. Selon ce parallèle, elle en était au stade où les chimistes désignaient encore l'*acide sulfurique,* l'*alcool cyclohexylique* et l'*hydrocarbonate de cuivre* par des expressions aussi vagues et aussi peu structurées que les vocables « vitriol », « esprit-de-vin » et « vert-de-gris » de la langue ordinaire.

Pour atteindre son stade actuel de véritable discipline scientifique, il lui fallait donc commencer par abandonner de telles désignations pour établir un langage propre se distinguant suffisamment du vocabulaire du calcul classique, selon des définitions précises, mais surtout caractéristiques. L'objectif à atteindre était en effet de permettre une bonne délimitation des concepts désignés et de rendre compte des diverses décompositions possibles de ses réalités techniques et de ses vérités théoriques en éléments simples et, grâce aux vertus linguistiques, de porter à la découverte, et par conséquent au progrès.

Et pourtant, lorsqu'on se pose aujourd'hui, à propos de l'ordinateur, la question *quid sit,* « qu'est-ce ? », on ne peut vraiment pas dire que les termes et les définitions qui lui sont attribués permettent d'en saisir la quiddité, c'est-à-dire l'essence profonde. Car si l'on se place à l'échelle mondiale on observe que, malgré l'avance spectaculaire qui la caractérise, l'informatique ne dispose toujours pas, au moins dans le cas de l'ordinateur et de ses principales activités, des terminologies les plus satisfaisantes, ni même des meilleures définitions qui soient. Aussi est-il très difficile de délimiter les contours exacts de cette science par rapport aux développements actuels, qui offrent chaque jour les perspectives d'un champ de plus en plus élargi.

Les insuffisances des définitions actuelles de l'ordinateur

En laissant de côté pour l'instant les problèmes terminologiques et en s'en tenant aux publications classiques ou officielles, on constate en effet que les définitions données à l'ordinateur ne permettent ni de saisir la structure caractéristique des machines de ce type, ni, à plus forte raison, de se rendre compte de la révolution opérée depuis la Seconde Guerre mondiale dans le domaine du calcul artificiel.

Mais jugeons-en plutôt sur les exemples suivants, qui reflètent bien la situation actuelle :

DÉFINITION 1. « Un *ordinateur* est un ensemble électronique de calcul qui permet d'effectuer de très nombreuses opérations en un temps très court... Ceci nous permet d'ailleurs de classer les différents types d'ordinateurs : les *ordinateurs digitaux,* utilisant principalement le calcul binaire, sont capables de traiter des opérations simples et répétitives ; les *ordinateurs analogiques* [!], employés pour les calculs scientifiques, font circuler l'information dans des circuits complexes[1] » (*Nouvelle Encyclopédie du Livre d'or,* Éd. des Deux Coqs d'or, Paris, 1974).

---

1. Plusieurs commentaires s'imposent. On remarquera d'abord cette confusion manifeste entre le terme générique de « calculateur » avec le mot « ordinateur », dont la signification, très précise, s'attache à une structure bien déterminée. On observera aussi qu'une expression comme *ordinateur digital* (ou « numérique », pour éviter l'anglicisme) est redondante, puisqu'un ordinateur est par définition une machine numérique. Quant à l'expression *ordinateur analogique,* elle est purement et simplement antinomique, puisqu'une machine donnée, en l'occurrence l'ordinateur, ne peut être analogique et numérique à la fois. On notera, par ailleurs, qu'il existe une multitude d'« ensembles de calcul qui effectuent de nombreuses opérations en un temps très court », mais qui ne sont pas pour autant des ordinateurs. Cette phrase est donc très imprécise. L'expression « ensemble électronique de calcul », quant à elle, enferme visiblement la définition (et par conséquent la discipline) à la seule technologie électronique. Nous y reviendrons en détail à l'encadré, p. 676-689.

DÉFINITION 2. « Basically, a *computer* is a collection of electronic circuitry arranged so that it can respond in a predictable way to any impulse or input it is given... » (P. Rodwell).

DÉFINITION 3. « Un *ordinateur* est une machine électronique programmée de traitement de l'information digitale » (*Grande Encyclopédie Larousse,* 1975).

DÉFINITION 4. « *Ordinateur* : équipement informatique de traitement automatique de données comprenant les organes nécessaires à son fonctionnement autonome » (Arrêté ministériel français du 30 décembre 1983 relatif à l'enrichissement du vocabulaire informatique).

DÉFINITION 5. « *Computer* : a programmable electronic device that can store, retrieve, and process data » (cf. WEBST).

DÉFINITION 6. « *Computer* : an electronic device designed to execute a sequence of mathematical or logical operations automatically, without human intervention » (N. Mac Lellan Edwards).

DÉFINITION 7. « *Computer* : a device that receives, processes, and presents information. The two basic types of computers are analog and digital. Although generally not regarded as such, the most prevalent *computer* is the simple mechanical analog computer, in which gears, levers, ratchets, and pawls perform mathematical operations. The general public has become much more aware of the digital computer with the rapid proliferation of the hand-held calculator and a large variety of intelligent devices, ranging from typewriters to washing machines » (S. T. Parker).

DÉFINITION 8. « *Ordinateur* : machine automatique qui permet d'effectuer, dans le cadre des programmes de structure préétablis, des ensembles d'opérations arithmétiques, logiques ou comptables » (définition de l'Académie française du 20 avril 1967).

DÉFINITION 9. « *Computer* : an automatic, electronic machine capable of carrying out arithmetic or logic operations on data » (J. Giarratano).

DÉFINITION 10. « Les *ordinateurs* sont des machines à calculer numériques, à conduite entièrement automatique, permettant d'effectuer des opérations arithmétiques ou algébriques (calculs divers, recherche des solutions d'un système d'équations, etc.) et de traiter des informations non mathématiques » (*Encyclopédie générale Hachette,* 1976).

DÉFINITION 11. « *Computer* : an electronic device for performing highspeed arithmetical and logical operations, composed of five basic components – arithmetical-logic unit, control unit, input and output devices, and memory : data is received, transmitted, stored, processed, and output with minimal human intervention... » (cf. WEBSTC).

Ces exemples montrent donc bien à quel point les définitions données actuellement à l'ordinateur sont insuffisantes, imprécises et fort peu représentatives. Celles-ci consistent en effet :

a. Soit en des énoncés vagues et incomplets, lorsqu'il ne s'agit pas de propositions confuses et erronées.

b. Soit en de simples descriptions fonctionnelles non caractéristiques.

c. Soit en des propositions redondantes ou réductionnistes, qui introduisent en outre une confusion entre des principes théoriques et des éléments proprement techniques et technologiques. Autrement dit, ces propositions ne font aucune séparation entre les descriptions des machines et les structures mathématiques des dispositifs physiques correspondants.

Les défaillances des désignations actuelles de l'ordinateur

A côté du problème posé par l'imprécision des définitions, il y a aussi celui, encore plus épineux, que posent les terminologies souvent défaillantes encore utilisées de nos jours pour désigner ce type de machines.

Ainsi l'une de ces terminologies met-elle en œuvre la notion vague de « calculateur ». On la retrouve notamment :

– en Italie et en Espagne (quoique beaucoup plus rarement ces dernières années), avec l'usage des mots respectifs *calcolatore* et *calculadór* ;
– en Allemagne, avec *Rechner* (« calculateur »), *Rechenanlagen* (« équipement de calcul »), *Rechenmaschinen* (« machine à calculer ») ou *Rechenautomat* (« automate de calcul ») ;
– en Suède, avec *beräkningsmaskin* ou *räknemaskin* (de *räkna,* « calculer » et de *maskin,* « machine ») ;
– en Finlande, avec *laskukone* (de *laskea,* « calculer », et de *kone,* « machine ») ;
– dans certains pays arabes, avec *ḥasub* (mot à mot : « calculateur ») ;
– en Israël, avec *mekhashev* (« calculateur ») ; etc.

Une autre terminologie couramment employée est celle construite autour de la notion, également inadaptée, de « machine de traitement de l'information ». On la retrouve notamment :

– en Allemagne, avec l'usage du mot *Datenverarbeitungsanlagen* (de *Daten,* « donnée, information », de *Verarbeitungs,* « traitement », et de *Anlagen,* « équipement ») ;
– au Danemark, avec *datamaskin* (de *data,* « donnée », et de *maskin,* « machine ») ;
– en Suède, avec *dator* (néologisme signifiant littéralement : « traiteur de données », formé au moyen d'un suffixe actif à partir de *data*) ;
– en Finlande, avec *tietokone* (de *tieto,* « donnée, information », et de *kone,* « machine ») ; etc.

Le problème est d'autant plus crucial que l'on fait parfois un usage simultané de toutes ces désignations mal choisies, imprécises et non caractéristiques.

C'est le cas de l'Allemagne, par exemple, où, de ce point de vue, la situation est quasi désespérée, comme on le verra sur la liste des termes ci-après, encore préconisés par l'Association allemande de normalisation (cf. DIN, 44 300, octobre 1985, Teil 5, § 1 et 2) :

– *Rechner* (« calculateur ») ;
– *Elektrorechner* (« calculateur électronique ») ;
– *Rechenanlagen* (« équipement de calcul ») ;
– *Rechenautomat* (« automate de calcul ») ;
– *Speicherprogrammierte* (« magasin à programmes ») ;
– *Datenverarbeitungsanlagen* (« équipement de traitement de l'information »), etc.

Conscients du problème, les Allemands ont, certes, contourné la difficulté en prenant l'habitude, depuis quelques années, de désigner l'ordinateur par un décalque pur et simple du mot anglais correspondant.

Et c'est exactement ce que l'on a fait dans plusieurs autres pays, comme en Italie et dans les Pays-Bas, où, sous l'emprise de difficultés du même ordre, on en est arrivé à l'adoption du mot *computer*.

En Espagne, mais surtout dans les pays d'Amérique latine, le même mot a été tourné en *computadór,* quasiment identique au mot *computador,* actuellement employé au Portugal et au Brésil. En Russie, il a été adapté de même à la forme *kompioter*, tandis qu'au Japon il a été tourné en *computa*.

En Pologne, il a été transformé en *komputerów* ; en Israël, on a formé le décalque hébraïque *kumputer* ; dans les pays du Proche-Orient, il a été arabisé quelquefois en *kumbiuter* ; etc.

Ces solutions de facilité n'ont eu, cependant, pour effet que de faire reculer le problème, l'anglicisme ne pouvant donner lieu, dans les langues considérées, qu'à une morphologie non conforme du verbe, de l'adjectif et du substantif, pour exprimer les principales activités théoriques ou pratiques de l'ordinateur. D'où des néologismes mal formés, lorsqu'il ne s'agit pas de l'adoption de termes vagues du langage ordinaire.

Notons que certains auteurs de langue française en sont arrivés eux aussi au même type de néologisme :

« Du robot et du *computeur,* ne craignons pas de répéter que ce sont des dispositifs de production » (H. Lefebvre, *La Vie quotidienne dans le monde moderne,* p. 130).

Ce vocable, dont l'emploi, en France, remonte surtout aux années 1960 et 1970, a cependant complètement disparu de l'usage, puisqu'il a été remplacé définitivement par le terme, parfaitement adapté, d'*ordinateur,* sur lequel nous reviendrons.

Et l'on observera avec intérêt que les Espagnols en ont adopté dans leur propre langue le correspondant étymologique, puisqu'ils désignent de plus en plus ce type de machines par le mot *ordenador* (pluriel : *ordenadores*).

Ces quelques versions d'un même passage résumeront donc parfaitement la situation (en nous excusant tout de même de citer nos propres publications, n'ayant rien trouvé d'autre pour en donner meilleure illustration[1]) :

1. Pays-Bas. Désignation : *computer.*

1988 : « We zouden ons, ... kunnen voorstellen dat we op een ander grondegetal overgaan : het grondegetal 12, bijvoorbeeld, of het grondegetal 2, dat gebruikt in de electronische *computers,* die gewoonlijk volgens een fysich systeem werken dat slechts twee fases kent... » (G. Ifrah, *De Wereld van het Getal*, Servire, Katwijk aan Zee, 1988).

2. Portugal et Brésil (ainsi que les autres pays d'Amérique latine). Désignation : *computador.*

---

1. Traduction commune aux textes ci-après signés G. Ifrah :

« Certes,... on pourrait imaginer de retenir une autre base : la base 12 par exemple, ou encore la base 2, comme on l'a fait à l'usage des *ordinateurs* électroniques actuels, qui ne connaissent généralement que des systèmes physiques à deux états. »

1989 : « Evidentemente, ... poder-se-ia ter imaginado uma outra base : a base doze, por exemplo, ou ainda a base dois, como acontece com os actuais *computadores* eletrônicos, que em geral só conhecem sistemas físicos em dois estados... » (G. Ifrah, *Os Números, a história de uma grande invençao,* Editora Golbo, Rio de Janeiro, 1989).

3. Pologne. Désignation : *komputerów.*

1990 : « Oczywiście, ... można by się oprzeć na innej bazie, na przykład na bazie 12 lub też na bazie 2, co istotnie uczyniono na użytek *komputerów,* ponieważ one rozróżniają tylko dwa stany fizyczne... » (G. Ifrah, *Dzieje liczby, czyli historia wielkiego wynalazku,* Ossolineum, Wroclaw, Varsovie, 1990).

4. Italie. Désignations : *elaboratore, computer.*

1989 : « Certo, ... si potrebbe immaginare di prendere in considerazione un'altra base : per esempio la base 12, o anche la 2, com'è stato fatto per gli attuali *elaboratori* elettronici che di solito utilizzano solo sistemi fisici a due stati... » (G. Ifrah, *Storia universale dei numeri,* A. Mondadori, Milan, 1989).

1986 : « Senza istruzioni il *computer* è comme una scatola vuota. Non è in grado di fare nulla. Il programma quindi è un insieme logico di istruzioni, che portano il *computer* a risolvere il problema prefissato o ad eseguire il compito assegnato » (C. Sottocorona).

5. Espagne. Désignation : *ordenador.*

1987 : « Ciertamente, ... se podría pensar en otra base : la base 12 por ejemplo, o incluso la base 2, como se ha hecho para los *ordenadores* electrónicos actuales que, generalmente, sólo conocen sistemas físicos de dos estados... » (G. Ifrah, *Las Cifras, Historia de una Gran invencion,* Alianza Editorial, Madrid, 1987).

Caractérisations des terminologies actuelles de l'ordinateur

Ainsi, outre le fait que l'ordinateur n'est presque nulle part délimité avec précision, le problème est aggravé par des terminologies totalement défaillantes, qui, le cas du vocabulaire français mis à part, consistent :

1. Soit en des désignations multiples mettant à contribution toutes sortes d'expressions vagues et imprécises, voire insuffisantes et réductionnistes, telles que « calculateur », « équipement de calcul », « machine à calculer », « automate de calcul », « équipement de traitement des données », « machine de traitement des données », « magasin à programmes », « calculateur électronique », etc.

2. Soit en une désignation, certes, unique, mais dont le champ sémantique est beaucoup trop vaste pour s'appliquer de manière caractéristique aux machines de ce type, comme aux États-Unis et en Grande-Bretagne où l'on emploie un mot aussi imprécis que *computer* (voir p. 660-666).

3. Soit encore en un décalque du mot anglais *computer.*

Situation terminologique en France et dans les pays francophones

C'est, en revanche, dans une excellente situation que l'on se trouve en France et dans les pays francophones, où la terminologie employée met en œuvre :

1. Une désignation unique, puisque ces machines ne sont appelées que par le nom d'*ordinateurs.*

2. Un mot possédant une sémantique réduite à un seul sens (précisément celui de l'ordinateur).

3. Un mot complètement sorti du champ lexical courant, l'usage de ce mot étant aujourd'hui complètement désuet pour tous les autres sens.

4. Un mot correspondant à un concept dont les contours se trouvent délimités par une définition précise, rigoureuse et parfaitement caractéristique, telle que nous la donnons à l'encadré, p. 676-689.

5. Un mot, enfin, dont le champ sémantique, comme on le verra plus loin, est parfaitement conforme au concept, à la structure, à l'organisation et aux activités caractéristiques des machines ainsi désignées (voir p. 699 *sq.*).

Autant dire qu'en la matière la terminologie française de l'ordinateur est la meilleure du monde.

Ce n'est cependant pas le cas – il s'en faut – du vocabulaire mis à contribution dans cette même langue pour désigner les activités théoriques ou physiques de l'ordinateur. De sorte que l'anglais, malgré toutes les ambiguïtés de son vocabulaire de base, possède un avantage certain sur la terminologie française, puisqu'il dispose de termes tels que *to compute* (verbe), *computable* (adjectif), *computability* (substantif), *computation* (nom d'action), *to computerize* (verbe), *computerizable* (adjectif), *computerization* (nom d'action), etc., faisant ainsi apparaître une très nette cohérence avec la forme du mot *computer*, qui appartient évidemment à leur famille étymologique.

On se rendra mieux compte de la situation sur les traductions ci-après que donnent des termes anglo-saxons précédents tous les dictionnaires d'informatique anglais-français actuels :

Compute (to), verbe exprimant l'action de calculer, d'estimer, d'évaluer, de traiter.

Computerize (to), verbe exprimant l'action d'automatiser, de prendre en charge sur ordinateur, d'informatiser.

Computable, adjectif exprimant l'état de ce qui est calculable, de ce qui est traitable.

Computerizable, adjectif exprimant l'état de ce qui est une composition automatisable.

Computability, substantif exprimant la propriété de la calculabilité.

Computerizability, substantif désignant la propriété exprimant qu'une composition donnée est automatisable.

Computing, nom générique du calcul, du traitement, de l'informatique.

Computing machinery, matériel de calcul, équipement informatique.

Computation, substantif exprimant l'action du calcul, de l'estimation, de l'évaluation.

Computerized, adjectif exprimant l'état de ce qui est automatisé ou de ce qui est assisté par ordinateur (en parlant d'une composition).

Computerization, substantif exprimant l'action du déroulement de l'automatisation d'une composition, celle de l'informatisation ; etc.

D'où curieusement cette double situation paradoxale :

– d'un côté, l'emploi d'un terme très imprécis pour désigner l'ordinateur (à savoir : *computer*, synonyme de « calculateur »), mais selon une cohérence formelle parfaite pour la désignation des actions ou des états liés à cette notion ;

– et de l'autre, l'usage d'un terme parfaitement adapté (*ordinateur*), mais selon une incohérence formelle totale pour les noms des activités correspondantes, la terminologie correspondante mettant en œuvre des vocables tels que *calcul, calculer, calculable,* etc., sémantiquement apparentés à l'anglais *computer* et comportant par conséquent toutes les équivoques qui en sont inhérentes (voir p. 665 *sq.*).

Autrement dit, les termes français mis à contribution pour exprimer les sens correspondants ne sont pas seulement éloignés, formellement et étymologiquement, du mot *ordinateur* ; ils sont également et surtout beaucoup trop vagues et imprécis pour ne s'appliquer qu'au seul cas des activités de l'ordinateur.

De sorte que d'aucuns en sont arrivés à employer des expressions aussi peu élégantes et aussi inadaptées que « fonction non computable », « computation », « computer un problème », « problème computérisable », etc.

1977 : « Une commande *automatique* se détermine dans les ordinateurs, machines spécifiques traitant l'information. Cette nouvelle espèce de machines stocke ou "mémorise" de l'information, opère des calculs et des opérations logiques, et sans crainte de franglisciser, puisque le mot est né latin, je désignerai par le terme de *computation* ces opérations qui dépassent le calcul proprement dit... L'appareil est donc *computant* (traitant l'information)... » (E. Morin, p. 237-239).

Le problème terminologique français est donc bien, dans ce cas, de la même nature que les difficultés causées aux États-Unis et en Grande-Bretagne par le choix du mot *computer*...

« Computer », ou les difficultés d'une terminologie inadaptée

Naturellement, depuis l'apparition des ordinateurs, les Anglais et les Américains ont été confrontés eux aussi à la plupart des problèmes terminologiques précédents.

Mais depuis la Conférence internationale de l'ISO (International Standard Organization) de 1974, on a préconisé l'abandon de termes et d'expressions aussi vagues que *calculator* ou que *data processing machine* (machine à traiter l'information), la recommandation ayant été faite de ne plus employer désormais que le mot *computer* comme désignation unique de l'ordinateur (cf. *ISO Vocabulary of Data Processing*, Technical Committee 97, subcommittee 1, ISO 2381/I, 15 décembre 1974).

Aussi, lorsqu'on parcourt aujourd'hui une publication anglaise ou américaine, ce mot ne semble-t-il faire aucun doute sur sa véritable destination :

1982 : « Although a great care is taken in the *computer industry* today to distinguish between the terms "calculator" and "computer", the meaning of each was undergoing rapid evolution in the late 1940s... In the early 1950s, the term *computer* came to be understood to denote a stored-program, electronic digital machine... While it is probably no more appropriate to call the ENIAC (which had a manually plugged program) a *computer* than to call those machines calculators, the term "computer" is used here because it was part of the part of the full name given to the machine : *Electronic Numerical Integrator and Computer* » (C. J. Bashe).

1986 : « This calculator, which was in every sense a *computer...* » (C. J. Bashe, L. R. Johnson, J. H. Palmer, E. W. Pugh).

Et pourtant, le problème est encore loin d'être résolu. Le champ sémantique de ce mot est en effet beaucoup trop vaste pour caractériser l'ordinateur, le vocabulaire courant l'appliquant dans une multitude de sens, allant du calculateur humain au système expert, en passant par le boulier-compteur, la calculatrice ordinaire, le microprocesseur et l'astrolabe. D'où une ambiguïté considérable lorsqu'on passe d'une publication à l'autre, voire d'un paragraphe à l'autre dans un même ouvrage.

Conséquence : lorsqu'il s'agit de questions relatives à l'histoire de l'informatique, bien des discussions stériles s'installent, et de faux débats s'éternisent inutilement ; et tout cela parce que des penseurs d'écoles ou d'horizons différents mettent sous les mêmes mots des sens complètement opposés (voir p. 631 *sq.*).

Pour bien comprendre la situation, il nous faut donc retracer brièvement l'histoire du mot *computer*[1].

Les mots de la famille correspondante (*to compute, computable, computation*, etc.) tirent, en fait, leur lointaine origine du verbe latin *computare,* issu de la combinaison *cum-putare*[2], qui signifie « faire le compte, compter, calculer, évaluer », dont dérive d'ailleurs le verbe français *computer*, autrefois employé dans ce sens.

+ Ier siècle : *Computare quantum,* « calculer combien » (Pline l'Ancien, *Naturalis historia,* IX, 118).

+ Ier siècle : *Computare quid studia referant,* « calculer ce que les études peuvent rapporter » (Quintilien, *Institutio oratoria,* I, 12, 17).

+ IIe siècle : *Computare suos annos,* « compter (le nombre de) ses années » (Juvénal, *Saturae,* X, 245).

1560-1595 : « Socrates, pour n'avoir sceu *computer* les suffrages de sa tribu » (Montaigne, *Essais,* IV, 133).

1667 : « Two dayes, as we *compute* the dayes of Heav'n » (J. Milton, *The Paradise Lost,* VI, 685).

1776-1788 : « Its most ordinary breadth may be *computed* at about one mile and a half » (E. Gibbon, *History of the Decline and Fall of the Roman Empire,* I, 17, 434).

1802 : « On *compute* ["On compte le temps"] encore par les ères julienne, grégorienne, etc. » (Chateaubriand, *Le Génie du christianisme,* I, 4, 1).

---

1. Pour toutes les étymologies qui suivent (langues française, latine, anglaise, italienne, allemande, etc.), voir les références données à la figure 33.5 J, p. 703.

2. Cette combinaison signifie littéralement « compter par élagage », ce qui prouve que le mot *computer* constitue une survivance de la pratique de l'entaille préhistorique (voir chapitre 16, p. 469).

Du verbe *computare* naîtra le substantif *computus,* signifiant proprement « compte, calcul, nombre total », mais qui acquerra également le sens de *comput* ou « calcul du temps » (en allusion particulière au comput ecclésiastique ayant pour objet essentiel de déterminer les dates des fêtes mobiles de l'Église).

+ IVe siècle : *Discere computo,* « l'enseignement du calcul [ecclésiastique] » (Firmicus Maternus, *Matheseos Libri,* VIII, 1, 12).

1751 : « *Comput,* s. m., signifie proprement "calcul", mais ce mot s'applique particulièrement aux calculs chronologiques, nécessaires pour construire un calendrier, c'est-à-dire pour déterminer le cycle solaire, le nombre d'or, les épactes, les fêtes mobiles, etc. » (Diderot, *Encyclopédie,* article « Comput », p. 783).

On forgera aussi l'adjectif *computabilis,* exprimant l'état de « ce qui peut être calculé », dont dérivera l'adjectif anglais *computable,* ainsi que ses équivalents français *computable* et italien *computabile.*

1646 : « Our forefathers... who attaining unto 8 or 900 years, had not their Climacters *computable* by digits » (Th. Browne, *Pseudodoxia Epidemica or Enquiries into very many received tenents,* IV, 12, p. 218).

1977 : « Je constate, j'enregistre le retard de l'autre : ce retard n'est encore qu'une entité mathématique *computable* (je regarde ma montre plusieurs fois) » (R. Barthes, *Fragments d'un discours amoureux,* p. 47).

On formera également le substantif *computatio* exprimant l'action du compte, du calcul ou du comput du temps. En dériveront les mots anglais et français *computation,* l'espagnol *computación* et l'italien *computazione.*

+ Ier siècle : *Romana computatione,* « un compte à la manière romaine » (Pline l'Ancien, *Naturalis historia,* II, 247).

Quant au comptable et au maître de calcul, ils seront désignés, dès l'époque impériale de Rome, par le mot *computator,* remplacé dès le Moyen Age par *computarius.* Et c'est de ce dernier terme que dérivera justement le mot anglais *computer* dans le sens de l'« homme exercé dans l'art du calcul », du « calculateur humain », ou encore de la « personne employée dans un observatoire pour y effectuer des calculs astronomiques ».

+ IVe siècle : *Computatores siderum,* littéralement : « ceux qui comptent les étoiles », c'est-à-dire « les astronomes » (saint Augustin, *Epistolae,* 199, 34).

Mais avec la révolution industrielle du XIXe siècle, qui assistera au développement du calcul artificiel, numérique ou analogique, puis avec les développements considérables du calcul automatique au XXe siècle, le mot *computer* en viendra peu à peu à sortir de son sens purement humain pour désigner désormais tout « appareil conçu pour la résolution de problèmes arithmétiques, comptables, mathématiques ou physiques ».

Et c'est précisément dans cette situation que l'on se trouve encore outre-Manche et outre-Atlantique, où cette définition est toujours officiellement en vigueur à côté de l'acception d'« ordinateur ».

Aussi le mot *computer* peut-il désigner indifféremment, chez les journalistes, chez les écrivains, chez les historiens et chez n'importe qui, une très vaste catégorie de dispositifs, à savoir : un ordinateur, un calculateur analytique muni de la structure de Babbage, une calculatrice à cartes perforées, un instrument de calcul de type numérique, un calculateur analogique, une machine à calculer classique, un instrument arithmétique, etc.

De même, le verbe *to compute* peut non seulement désigner l'action de calculer (concrètement, par écrit ou par machine), mais décrire aussi les activités d'un ordinateur ou d'un calculateur, voire de n'importe quelle machine à calculer. Quant aux mots *computable, computation, computing,* etc., ils se réfèrent tantôt au calcul humain, tantôt au calcul analogique, tantôt au traitement d'un problème sur ordinateur.

Les exemples suivants, extraits de diverses publications relativement récentes, sont assez éloquents à cet égard (voir chapitre 32 pour l'histoire des divers dispositifs considérés) :

1. Mots employés dans le sens de « calculateur humain » :
1704 : « A very skilful *computer* » (J. Swift, *A Tale of a Tub,* VII).

2. Mots utilisés dans le sens de « personne employée dans un observatoire pour y effectuer des calculs astronomiques » :
1646 : « The Calendars of these *computers* » (Th. Browne, *Pseudodoxia Epidemica or Enquiries into very many receired tenants,* VI, 6, p. 289).
1855 : « To pay the expenses of a *computer* for reducing his observations » (Brewster, *Memoirs of the Life of Earl Newton,* I, II, 17, p. 162).

3. Mots utilisés dans le sens de « personne employée dans un centre spécialisé en matière de calcul » :
1922 : « A myriad of *computers* are at work upon the wheather of the part of the map where each sits, but each *computer* attends only to one equation or part of an equation » (Richardson, *Wheather prediction,* p. 220).

4. Mots employés dans le sens du « calcul humain » (c'est-à-dire du calcul sans l'intervention d'une machine) :
1973 : « Since Napier's invention of logarithms in 1614, astronomers had been relying on logarithms tables in performing their lengthy *computations* » (Eames et Eames, p. 54).
1985 : « When *written computation* ["calcul écrit"] with Hindu-Arabic figures was becoming general » (G. Ifrah, *From One to Zero,* trad. L. Bair, Viking Penguin Inc., New York, 1985).

5. Mot employé dans le sens de « calculateur », pour désigner tout spécialement des calculatrices ordinaires (voir p. 495 et 535) :
1984 : « It [Schickard's machine] deserves a place as the first true *digital computer* » (D. de Solla Price [4]).
1984 : « Some of the techniques improved by Babbage and Scheutz... contributed much toward the later commercial perfection of the mechanical *computing machines* » (D. de Solla Price [4]).

6. Mots employés dans le sens de « calculateur », pour désigner tout spécialement des instruments astronomiques, et plus généralement des appareils analogiques (voir p. 522 *sq.*) :
1984 : « It is more accurate to think of them [these Greek astronomical instruments] as the first true *computing machines...* At about the same time, early in the eleventh century, there began to appear a number of designs for other planetary *computers...* Galileo's compass... was probably the most widely used scientific *computing device* of the 17th and 18th centuries... Al Bīrūnī's geared calendar *computer* ["astrolabe"] of *ca.* 1000 AD showed the places of the sun and moon in the zodiac » (D. de Solla Price [4]).

7. Mot employé dans le sens de « calculateur », pour désigner tout spécialement des calculateurs analogiques (voir p. 524 *sq.*) :

1973 : « To handle such differential equations, Vannevar Bush built, in 1930, the first *automatic computer* that was general enough to solve a wide variety of problems » (Eames et Eames).

8. Mots employés dans le sens de « calcul au moyen d'une calculatrice mécanographique à cartes perforées » (voir p. 547 *sq.*) :

1930 : « Super *computing machines* shown. Columbia Experts build device equal to 100 mathematicians. One does 12 problems. Another determines frequency and one *computes* squares. New statistical machines with the mental power of 100 skilled mathematicians in solving even highly complex algebraic problems were demonstrated yesterday for the first time before a group of psychologists, educational research workers and statisticians in the laboratories of the Columbia University Statistical Bureau in Hamilton Hall. One of the tabulators exhibited can work out... » (*New York World,* 1er mars 1930).

1973 : « He made a speciality of putting commercial *computing machinery* to scientific use, and introduced Hollerith equipment to nautical Almanach Office » (B. Randell, [1], p. 127).

9. Mots employés dans le sens de « calculateur », pour désigner tout spécialement des calculateurs analytiques munis de la structure de Babbage :

1973 : « Babbage has arrived at the concept of a general-purpose digital *computer* [voir p. 553]... The Harvard Mark I has been referred to as the first electromechanical *computer* [voir p. 571]... ENIAC was the first general-purpose electronic *computer* » (B. Randell [1], p. 1, 8).

1981 : « Konrad Zuse, the inventor of the world's first fully functional programmable digital *computer* [voir p. 566]... The ENIAC, the first fully functional operational electronic *computer* to be developed [voir p. 580]... » (M. Zientara, « History of Computing », in : *Computer World's*).

1985 : « Babbage, the inventor of the first universal digital *computer,* was brilliant... » (L. Froelich, in : *Datamation,* 15 mars 1985).

10. Mots employés dans le sens de « calculateur », pour désigner tout spécialement des ordinateurs :

1973 : EDSAC was the first practical stored program *computer* to become operational [voir p. 646] » (B. Randell [1], p. 187).

11. Mots employés dans le sens d'« ordinateur » :

1985 : « It is not up to us to say whether *computers* are bad or good for us » (S. Turkle, in : *The Computer in Society,* DEC).

1973 : « By devising this scheme, he took an important step into the zone that separated the calculator of those days from the concept of the *computer* » (Eames et Eames).

12. Mots employés dans différentes acceptions dans le corps d'un même texte :

1982 : « The basic technology of the electrical *analog computer* ["calculateur analogique"] was also applied to the control of coast-defense artillery ; a number of *computers* ["calculateurs analogiques"] for this use were delivered to the Army... The same basic methods were also applied to bombarding and navigational *computations* ["calculs"] in aircrafts... Not all Bell [Laboratories] contributions to the *computer art* [s'agit-il du "calcul" au sens générique du terme, ou de la "science des ordinateurs" ?] during World War II involved the use of analog techniques. In 1937, George R. Stibitz, a research mathematician at Bell Labs, conceived the idea of employing for purposes of *computation* ["calcul"] the circuit elements regularly used for such things as counting, registration, and logical purposes in large dial central offices. The first Stibitz *computer* [dans le sens de "calculateur analytique"] was designed to handle the multiplication and division of complex numbers, and it was placed in regular *computer service* [département spécialisé dans le "calcul"] at the beginning of 1940 [voir p. 567 *sq.*]. It proved a great improvement over the desk calculators ["calculatrices de bureau"] it replaced, although it was very slow compared to modern electronic *computers* ["ordinateurs" électroniques] » (W. C. Higgins, B. D. Holbrook et J. W. Elming, in : AHC, 4-3/1982, p. 218-235).

1986 : « One day last week... Eckert and 500 *computer* enthusiasts [dans le sens d'"ordinateur"] gathered at a ... party... to celebrate the 40th aniversary of the dedication of ENIAC : the first all-electronic digital *computer* ["calculateur", dans le sens de "calculateur analytique muni de la structure de Babbage"] » (in : *Time,* 24 février 1986).

13. Mot employé dans un sens totalement ambigu :

1981 : « *Computers* go back at least 5,000 years ago » (M. Zientara, *op. cit*).

On voit donc jusqu'où peut conduire l'imprécision totale du mot *computer* : introduire, par exemple, l'idée que l'ordinateur existe au moins depuis 5 000 ans ! Dans un champ pareil, il est vrai, la sémantique, par la vaste étendue qui lui a été ainsi conférée par l'usage séculaire, donne toutes les libertés possibles à la dialectique et à ses interprétations les plus diverses (voir fig. 33.1 ; voir aussi chapitre 32, p. 631 *sq.*)

L'origine de ces difficultés terminologiques et l'urgence d'une solution à ce problème

Ainsi le terme *computer* sert-il inlassablement, depuis un temps immémorial, de mot passe-partout aux Anglais et aux Américains, qui le mettent tout particulièrement en application dans une domaine où, curieusement, le symbole et le signal, qui en sont les rois, ne sauraient admettre d'autre caractère que l'univocité, c'est-à-dire celui de ne posséder qu'un sens et seulement celui-là.

Sans vouloir porter injure aux dignes représentants de ces grandes nations, ni porter d'attaque envers des esprits forts, au demeurant très cultivés, dont nous sommes redevables d'un grand nombre de contributions essentielles dans de nombreux domaines, il convient d'insister sur le fait que « la langue est un instrument à penser. Les esprits que nous appelons paresseux, somnolents, inertes, sont vraisemblablement surtout incultes, en ce sens qu'ils n'ont qu'un petit nombre de mots et d'expressions, et c'est un trait de vulgarité bien frappant que l'emploi d'un mot à tout faire » (Alain, *Humanités,* p. 242).

Mais que dire alors des Français et de tous les autres, qui continuent à employer des vocables aussi vagues que *calcul, calculer,* etc. pour désigner non seulement des activités propres à l'ordinateur, mais aussi une variété

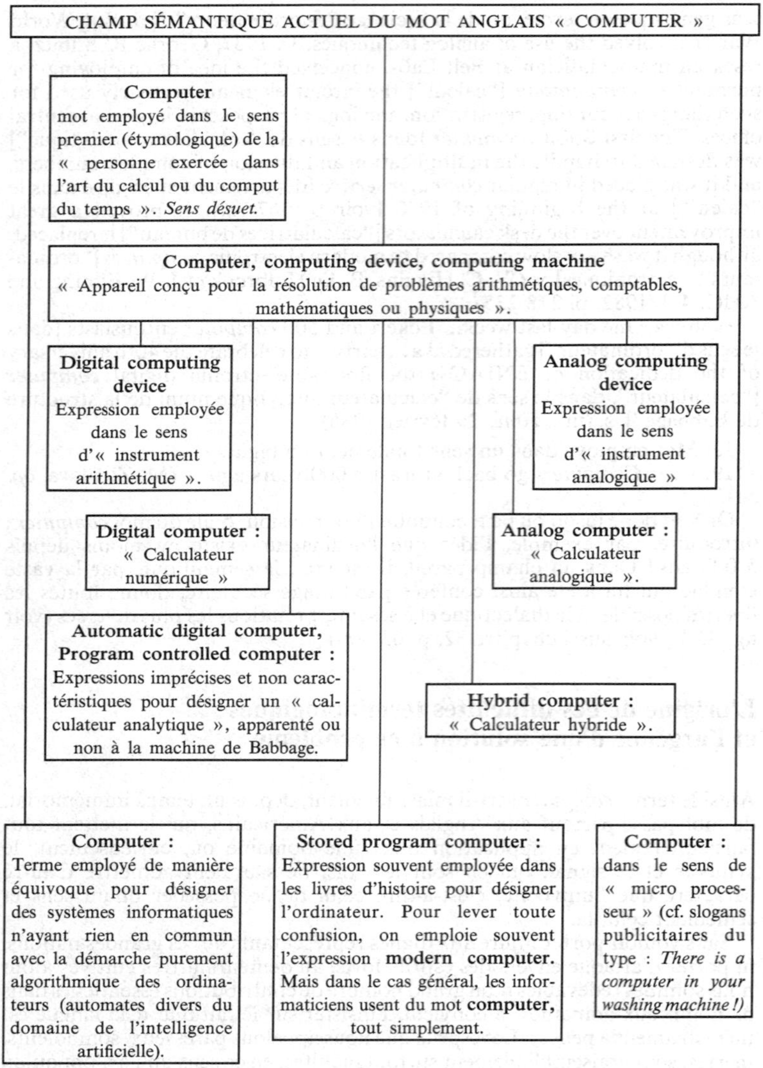

Fig. 33.1. – *Ambiguïtés d'un terme inadapté* (voir fig. 33.5 J, p. 703).

considérable de processus intellectuels, arithmétiques, algébriques, mathématiques ou logiques, liés ou non à des dispositifs artificiels (voir p. 659).

Ce problème provient, en réalité, du fait que le mot *computer* et ceux de sa famille appartiennent à une sorte de *méta-vocabulaire,* qui ne met donc à contribution que des mots au sens générique, possédant par conséquent une signification totalement imprécise. Et le problème est évidemment identique en France et dans les pays francophones, où le mot « calcul » (en anglais : *computation* ou *calculation*), avec ses dérivés « calculer » (*to compute, to calculate*), « calculable » (*computable, calculable*), « calculateur » (*computer, calculator*), etc., qui font partie du même *méta-langage,* désignent à la fois tout et rien de spécifique dans le domaine opératoire.

La raison est que le mot « calcul » désigne, par définition, la mise en œuvre d'un ensemble de règles et de procédures bien définies portant sur les éléments d'un ensemble adapté, en vue de l'obtention d'une certaine classe d'êtres mathématiques qui en constituent le *résultat* (voir chapitre 30).

Quant au mot « calculateur » (*computer*), il désigne, conformément à l'étymologie, selon un sens également générique, tout dispositif physique capable de recevoir des données, de leur appliquer certaines transformations, inhérentes à la structure correspondante, en vue de l'obtention des résultats voulus (voir chapitre 32).

Certes, si l'on s'en tient au sens qui vient d'être défini, l'ordinateur est bien un calculateur. Mais inversement, un calculateur n'est pas forcément un ordinateur.

La Pascaline, la machine de Leibniz, l'arithmomètre de Thomas, les calculatrices de Monroe ou de Hamann, les machines à différences, la machine analytique de Babbage, l'analyseur différentiel de Vannevar Bush, l'ENIAC, ou le *Harvard Mark I* : autant de dispositifs qui furent structurellement conçus pour effectuer des calculs, mais qui ne furent pas pour autant des ordinateurs. La raison est que la structure calculatoire conférée à chacune de ces machines fut, soit spécifique à l'exécution de certaines opérations très particulières, soit encore (malgré leur généralité relative) d'une portée très inférieure à celle des ordinateurs.

Et de fait, l'ordinateur, qui effectue des calculs de type symbolique (c'est-à-dire sur des symboles à complexité variable dont l'abstraction est portée au maximum), appartient à la famille des calculateurs munis de la structure calculatoire la plus générale possible.

Ce qui veut dire, en revenant au problème terminologique, que l'on ne saurait niveler par le bas, comme le font allégrement les Anglais et les Américains, qui affectent unilatéralement d'un même terme des machines dotées d'une structure très particulière ou d'un degré de généralité moindre et des machines munies de l'universalité calculatoire.

Aussi faut-il disposer de termes particuliers, au sens univoque, non seulement pour désigner l'ordinateur en tant que dispositif artificiel finalisé, mais aussi pour nommer chacun des états ou des activités, physiques ou théoriques, liés à ce type de machine.

La pensée a, en effet, besoin d'un *mot-levier* pour pouvoir fixer clairement les idées et les concepts, et être à même de progresser plus notablement dans le domaine concerné.

Soulignons une fois de plus que cette condition n'est évidemment pas remplie par le terme très équivoque de *computer*, qui, par son essence même, évoque tout, mais ne rend compte de rien, et ne porte, à vrai dire, ni à la découverte ni au progrès.

Il ne fait d'ailleurs aucun doute que l'usage d'un terme aussi inadapté constitue un blocage à l'avancement de la connaissance et aux progrès de la science informatique. Et ce blocage est tout à fait comparable à celui que provoqua, dans le domaine des opérations et des mathématiques, la pratique des vieux abaques à jetons : le calcul et la science modernes ne purent en effet s'épanouir pleinement et se développer sans entraves qu'une fois qu'ils eurent terrassé leur coriace et redoutable adversaire (voir chapitres 26, 27, 29 et 30).

« La langue d'un peuple donne son vocabulaire, et le vocabulaire est une table assez fidèle de toutes les connaissances de ce peuple : sur la seule comparaison du vocabulaire d'une nation en différents temps, on se formerait une idée de ses progrès » (Diderot, *Encyclopédie,* t. V, p. 637 a et b).

Le problème est aujourd'hui d'autant plus crucial que l'informatique ne se réduit plus à la seule science des ordinateurs. Elle est en train de subir une évolution considérable laissant entrevoir les perspectives d'une informatique très élargie, qui annonce déjà celle du IIIe millénaire.

« La science de la conception et de la programmation des ordinateurs [c'est-à-dire ce qu'il convient d'appeler désormais "l'informatique classique"] apparaît [en effet] comme une branche d'un champ beaucoup plus vaste du savoir, dont le profil épistémologique est bien individualisé par rapport aux autres sciences et que nous désignons sous le nom d'*intelligence artificielle,* ou science de la reproduction artificielle des processus intellectuels de toutes natures, formalisables ou non » (G. Verroust, *Conférence* du 14 janvier 1993 à l'université Paris VI).

Dans cette perspective élargie, tout ordinateur apparaît certes comme *machine informatique,* mais inversement, une machine informatique n'est déjà plus obligatoirement un ordinateur. Et de fait, grâce à une grande avance théorique, qui a permis d'élaborer de puissants outils mathématiques. il est devenu aujourd'hui possible de concevoir des machines informatiques capables de résoudre des classes de problèmes inaccessibles aux ordinateurs (voir fig. 33.7, p. 714 ; voir aussi p. 712-715 et 753-763).

D'où une urgence d'autant plus accrue pour la recherche de solutions à ces différentes questions terminologiques.

Le plus grave est que les Anglais et les Américains, à défaut de terme approprié, continuent encore à user du mot *computer* pour désigner des automates d'un type complètement nouveau qui n'ont plus rien à voir avec l'ordinateur, et dont la démarche n'est déjà plus celle, purement algorithmique, des machines ordinatrices.

Certes, le mot *computer* et les termes de sa famille sont profondément ancrés dans les traditions anglo-américaines. Mais conserver leur usage serait s'enfermer dans les aléas de l'ambigu et de l'équivoque. Plus grave encore, ce serait enfermer l'avenir même de la discipline informatique.

La langue, ne l'oublions pas, est un instrument à penser. Quant au langage d'une science, c'est incontestablement un instrument de conceptualisation ; et il ne devient pour celle-ci un levier susceptible d'engendrer le progrès qu'à la condition qu'il soit lui-même fondé sur des définitions appropriées et sur une structure rationnelle des choses désignées.

Une solution à ce problème eût été de vider le mot *computer* et ceux de sa famille de toutes leurs significations passées (laissant désormais aux mots *calculator, to calculate, calculable, calculation,* etc. tout leur sens générique avec leurs différents vestiges historiques). On n'aurait donc plus conservé que leur signification actuelle en relation univoque avec le concept et les activités de l'ordinateur, faisant dès lors de *computer* la traduction stricte de notre mot *ordinateur*. Cette solution eût donc permis alors d'éviter l'emploi d'expressions aussi redondantes et anachroniques que « digital computer », « stored program computer », « analog computer », etc., les abandonnant désormais à l'usage du terme générique de *calculator (analog calculator, digital calculator, programmable calculator, stored program calculator,* etc.).

Mais, pour intéressante qu'elle soit, cette idée est totalement irréaliste, car dans l'esprit du public, toujours maître de la situation, le mot *computer* et ses cousins évoqueront toujours (et pour cause !) la notion de « calculateurs », avec toutes leurs ambiguïtés et leurs imprécisions caractéristiques. Ils continueront donc pendant longtemps à répercuter leurs échos contradictoires dans l'esprit d'un mathématicien, d'un physicien, d'un journaliste, d'un écrivain, d'un historien, d'un philosophe et de tout autre représentant des nations anglaise et américaine.

N'oublions pas, en effet, que dans toute langue, les mots ont beaucoup de mal à évacuer les diverses acceptions et significations qui leur auront été attribuées au fil des siècles et des générations.

Bref, le despote, bien décourageant, semble indétrônable !

Et pourtant, la solution existe bel et bien. Comme le disait Albert Camus, « chaque équivoque, chaque malentendu suscite la mort ; le langage clair, le mot simple peut seul sauver de cette mort » (*L'homme révolté,* p. 350).

Des termes parfaitement adaptés : le mot français « ordinateur » et ceux de sa famille

« Que diriez-vous d'*ordinateur* ? C'est un mot correctement formé, qui se trouve même dans le Littré comme adjectif désignant Dieu qui met de l'ordre dans le monde. Un mot de ce genre a l'avantage de donner aisément un verbe, *ordiner,* un nom d'action, *ordination*. L'inconvénient est que *ordination* désigne une cérémonie religieuse ; mais les deux champs de signification (religion et comptabilité) sont si éloignés et la cérémonie d'ordination connue, je crois, de si peu de personnes, que l'inconvénient est peut-être mineur. D'ailleurs votre machine serait *ordinateur* (et non ordination) et ce mot est tout à fait sorti de l'usage théologique... »

Tels sont les termes mêmes de la lettre datée du 16 mai 1955 que Jacques Perret, philologue, alors professeur à la Sorbonne, avait fait parvenir à la compagnie IBM France, qui avait en effet éprouvé le besoin de doter ses calculateurs automatiques et séquentiels à programme enregistré d'un terme français bien plus adapté à leur polyvalence de fonctions que les terminologies traditionnelles, qui désignaient encore ces automates logiques par les termes imprécis et non caractéristiques de « calculateurs » ou de « machines de traitement de l'information ».

Et c'est ainsi qu'est né le sens moderne du mot « ordinateur » en tant que désignation française des automates algorithmiques universels.

Pendant un certain temps, ce terme demeura cependant la propriété exclusive d'IBM France.

Mais face au succès de cette terminologie, dû, comme nous le verrons, à sa parfaite adéquation, la protection légale du mot fut levée, IBM l'abandonnant dès lors au domaine public...

Mais si l'intuition de Jacques Perret a été excellente, elle n'a cependant jamais reçu, à notre connaissance, de justification étymologique, en dehors de ce qui est spécifié dans la lettre ci-dessus.

Aussi nous a-t-il semblé intéressant d'approfondir la question afin de compléter cette contribution essentielle.

Ce mot a d'abord l'avantage d'être français. Il est de plus formé correctement, à la fois comme substantif et comme adjectif déclinable (*ordinateur, ordinatrice*).

Il est étymologiquement apparenté au mot *ordonnateur,* qui est lui aussi employé tantôt comme nom, tantôt comme adjectif (pour les références, voir fig. 33.5 J, p. 703).

Ces deux mots sont, cependant, connus surtout pour leur appartenance au champ lexical religieux.

Employé dans ce sens au moins depuis le XVIIIe siècle (Diderot), le mot *ordonnateur* désigne en effet « Dieu qui met de l'ordre dans le monde », ou encore « Dieu en tant qu'Organisateur et Architecte Suprême » :

1746 : « Ce fut là qu'il annonça la doctrine d'un dieu *ordonnateur* du monde et protecteur des hommes, sous le nom d'Amida » (Diderot, *Opinion des anciens philosophes,* « Japonais »).

1788 : « Aristote n'a pas hésité à reconnaître Dieu comme première cause du mouvement ; et Platon comme l'unique *ordonnateur* de l'univers » (Barthélemy, *Voyage du jeune Anacharsis en Grèce...,* chapitre 79).

1802 : « Je m'élance dans les espaces pour y trouver l'*ordonnateur* de tant de mondes » (Chateaubriand, *Le Génie du christianisme,* I, 6, 1).

Quant au terme d'*ordinateur,* il désigne, au moins depuis l'époque de Louis XIV, « celui qui confère un ordre de l'Église » :

1704 : « Quel crime c'est... de reconnaître pour les Églises celles qui ne peuvent pas rapporter la suite de leurs pasteurs aux apôtres comme de leurs *ordinateurs* » (Bossuet, *2e Instruction sur les passages,* dissert. sur Grotius, 21).

On remarquera donc, au passage, que la liturgie a donné au mot *ordinateur* un sens beaucoup plus faible qu'*ordonnateur,* le premier représentant un être humain et l'autre la puissance divine.

Le champ sémantique de ces mots ne s'est cependant pas réduit, au cours des âges, qu'à leur sens liturgique ou religieux. Bien au contraire !

Ainsi dès le XVIIIe siècle, le mot *ordonnateur* est-il fréquemment employé pour désigner l'« organisateur » :

1761 : « Un bel ordre du tout, qui marque le concert des parties et l'unité d'intention de l'*ordonnateur* » (J.-J. Rousseau, *La Nouvelle Héloïse,* V, 2).

Vers 1850 : « Une surprise avait été arrangée par les *ordonnateurs* de la fête » (G. de Nerval).

Depuis Boisté (1829), le même mot se trouve employé aussi pour désigner l'officier public chargé d'accompagner et de diriger les convois mortuaires :

1921 : « Observez l'*ordonnateur* des Pompes funèbres ; c'est un roi des signes ; il n'est que cela. Il sait marcher, regarder, baisser les yeux, nommer, selon le cercle humain, selon les parentés et selon les dignités » (Alain, *Propos,* 9 avril 1921, « Un ministre des signes »).

On le trouve employé également, depuis Furetière (1690), dans le sens de l'autorité compétente pour décider le paiement d'une dépense publique engagée et liquidée :

1846 : « Ce rez-de-chaussée était occupé tout entier par monsieur le baron Hulot d'Evry, commissaire *ordonnateur* sous la République, ancien intendant-général d'armée » (H. de Balzac, *La Cousine Bette,* La Pléiade, t. VI, p. 136).

Mais il ne s'agit là que de sens figurés du mot *ordonnateur,* dont la signification propre (au moins depuis A. Thierry, 1504) est « celui qui gouverne, qui ordonne, qui arrange, qui met en ordre, qui dispose ou qui règle selon un ordre préétabli ».

1840 : « Entre les deux fenêtres, l'*ordonnateur* du logis a placé un poêle en faïence blanche dans une niche horriblement riche » (Balzac, *Pierrette,* La Pléiade, t. III, p. 680).

Depuis Diderot (1784), le mot étant pris comme adjectif, *ordonnateur* signifie aussi « ce qui a pour fin de ranger, d'ordonner, de mettre dans un ordre satisfaisant » :

1914-1919 : « Qu'on ne me parle pas... du manteau d'Arlequin. Il était, certes, ce manteau, fait de pièces et de morceaux, mais d'excellents morceaux et de piècles admirables. L'esprit *ordonnateur,* par la suite, remettait chaque chose à sa place » (G. Duhamel, *La Pesée des âmes,* IX).

XXe siècle : « Cet art limpide qu'est la boxe, où l'intelligence inspiratrice et *ordonnatrice* affleure sous chaque geste, peut donner aux écrivains une bonne leçon » (H. de Montherlant).

Et dans ce sens propre, les adjectifs *ordonnateur (-trice)* et *ordinateur (-trice)* sont considérés alors comme synonymes :

1746 : « Il pensait que la cause universelle, *ordinatrice* et première était bonne » (Diderot, *Opinion des anciens philosophes,* « Pythagorisme »).

Dans leur sens religieux, ces termes tirent leur origine commune du latin *ordinator,* employé dans ce champ lexical par les auteurs chrétiens depuis le IVe siècle de notre ère ; et cela :

1. Soit dans le sens de « celui qui règle, qui ordonne, qui organise », en parlant de Dieu :

+ IVe siècle : [*Deus*] *formator et ordinator,* « [Dieu en tant que] Créateur et Ordonnateur » (*Vulgata, editio approbata a Sixto V et Clemente VIII papis,* version officielle de la Bible, *Isaias,* 44, 8 ; traduit de l'hébreu par saint Jérôme).

2. Soit dans le sens de « celui qui ordonne un prêtre ou un évêque » :

+ IVe siècle : *Ordinator clerici* (saint Augustin, *Contra epistulum Parmeniani,* I, 12, 19 ; *Corpus Scriptorum Ecclasiasticorum Latinorum,* 51).

Notons qu'à partir du + Ve siècle, ce mot a acquis également le sens de « celui qui confère une mission religieuse », que l'on retrouve notamment chez le pape Léon le Grand (cf. Leo Magnus, *Epistulae,* 9 pr. ; Migne, *Patrologie latine,* p. 54).

Mais le champ sémantique du mot *ordinator* n'a pas toujours été que liturgique et religieux (ce sens étant d'ailleurs lui-même d'époque relativement tardive) ; il a été employé dès avant l'époque impériale de Rome dans un champ de significations beaucoup plus étendu, à savoir :

1. Le sens de « celui qui règle, qui ordonne », que l'on trouve par exemple chez Sénèque le Philosophe (– 4/+ 65), dans son *Epistulae ad Lucium* (109, 14 ; cf. éd. Hense, 1898).

2. Le sens de « celui qui met de l'ordre, qui clarifie » :

+ IVe siècle : *Ordinatores uini*, « Ceux qui tirent le vin d'un tonneau pour le clarifier » (*Vulgata,* op. cit., *Isaias,* 48, 12).

3. Celui de « administrateur, ordonnateur, organisateur, régisseur, intendant », attesté par exemple au + VIe siècle chez Grégoire de Tours dans son *Historia Francorum* ou « Histoire des Francs » (4, 5 ; 9, 41 ; cf. éd. Arndt, in : *Monumenta Germaniae historica*, Merou, I).

4. Le sens de « celui qui fixe les taxes », que l'on trouve également au + VIe siècle chez Cassiodore (*Variae,* 9, 10, 15 ; cf. éd. Mommsen, in : *Monumenta Germaniae historica*, Auct. ant. XII).

5. Celui de « chef » ou de « supérieur », attesté au + XIIe siècle chez saint Bernard (*Epustulae*, 66 ; cf. éd. Leclercq, Talbot et Rochais, *Opera Omnia,* Rome 1957) ; etc.

Telle est donc l'origine du mot *ordinateur,* dont l'étymologie révèle ainsi un sens apparemment concordant avec l'organisation, les activités et la structure des ordinateurs d'aujourd'hui (voir p. 676-689).

Mais si le choix de ce terme s'est avéré excellent quant à la désignation du dispositif physique lui-même, il n'en est pas allé de même pour les mots utilisés dans la langue française pour exprimer les activités physiques ou théoriques liées aux machines de ce type. D'où de nombreuses ambiguïtés, comme on l'a déjà souligné plus haut (voir p. 659-660 et 667).

Or, s'il est des mots parfaitement susceptibles d'apporter une solution à ce problème, et que l'on trouve justement en fouillant la langue française, ce sont bien les termes *ordiner, ordinable, ordinabilité* et *ordination*, qui appartiennent à la famille étymologique du mot *ordinateur* et qui possèdent l'avantage supplémentaire d'être aujourd'hui complètement sortis du vocabulaire courant de cette langue.

Malgré la proposition fort intéressante de Jacques Perret, les informaticiens français, bien qu'adoptant le mot *ordinateur,* ont toujours évité leur usage, sans doute à cause de la connotation religieuse qui les a entachés depuis que la cérémonie par laquelle on confère les ordres sacrés, et spécialement la prêtrise, a été baptisée *ordination.*

Il est vrai que dans ce sens, proprement liturgique, l'*ordination* est l'« acte par lequel est administré le sacrement d'un ordre de l'Église ».

1536 : « Il reste d'exposer par quelques circonstances on ordonnoit les ministres de l'Église ancienne après les avoir eleus ; les Latins ont appelé cela *ordination* ou consécration » (Calvin, *Institution de la religion chrestienne,* p. 867).

1778 : « L'*ordination* conférée à un homme contre son gré et son consentement est nulle de plein droit » (Diderot, *Encyclopédie,* XXIII, 915).

1834 : « Chaque séminariste devait passer par cinq *ordinations* : la tonsure, les ordres moindres, le sous-diaconat, le diaconat et le sacerdoce » (Sainte-Beuve, *Volupté,* XXIV).

Comme pour *ordinateur,* le champ sémantique de ce mot ne s'est cependant pas réduit, au cours des âges, qu'à son sens liturgique ou religieux.

Sa signification première prouve, bien au contraire, que ce sens est tardif et qu'il correspond à une acception très particulière issue d'un champ sémantique beaucoup plus étendu.

Ainsi, dès la fin du Moyen Age, l'*ordination* exprime-t-elle l'idée d'« ordre », de « rang », de « disposition », d'« arrangement », etc.

XIVe siècle : « Les causes seront délivrées à l'*ordination* des présentations » (*Ordonnance des rois de France,* t. V, p. 135).

D'où aussi le sens de l'action correspondante, à savoir celui de « mettre en ordre », de « grouper », de « disposer », d'« arranger », etc.

1746 : « Chacune de ses faces [d'une idole] est un symbole de ses attributs relatifs à l'*ordination* et au gouvernement du monde » (Diderot, *Opinion des anciens philosophes,* « Malabares »).

Et il est à noter qu'en psychologie le même mot désigne l'opération par laquelle un sujet met, dans un ordre déterminé, des stimulus, des objets ou des concepts, à partir de critères simples ou combinés, en les rangeant de proche en proche, dans un ordre croissant ou décroissant, selon la consigne.

1957 : « On croit pouvoir distinguer dans l'intelligence des enfants de sept-huit ans des structures de sériation $A < B < C$..., construites par tâtonnements successifs. Or, la logique caractérise ces sériations comme une *ordination* de relations asymétriques, connexes et transitives » (J. Piaget [10], p. 61).

C'est d'ailleurs dans un sens voisin qu'il faut comprendre l'*ordination* des échelles dans le domaine de la psychologie contemporaine (cf. H. Piéron). On réalise, en effet, une échelle sur un ensemble fini lorsqu'on munit celui-ci d'une relation d'ordre total à partir de laquelle on réalise des classes ordonnées d'observables (c'est notamment le cas lorsqu'on attribue des notes classant des élèves lors d'un examen) ; on parle alors de l'*ordination* des classes de cette échelle *ordinale*, et de l'ensemble de départ qui se trouve ainsi *ordiné.* (Et si l'ensemble d'arrivée est muni d'une structure d'ordre total, c'est-à-dire plus forte, on peut dès lors définir des métriques ; et si l'on peut en outre définir les différences entre les classes et ordonner ces différences, c'est alors que l'on a affaire à des *hyper-ordinations* de classes et à des échelles *hyper-ordinales*.)

Le verbe correspondant à l'action de l'*ordination* est donc bien *ordiner,* dont le sens non religieux est celui de « mettre en ordre ». Quant à l'adjectif qui en exprime l'état, il se dit *ordinable,* signifiant « ce qui peut être mis en ordre ».

Le sens de ces mots semble donc parfaitement convenir au but fixé. Et c'est exactement ce que révèle l'étude sémantique des termes latins dont ils dérivent respectivement (voir p. 699-710).

Or, en revenant au mot *ordinateur*, il convient de noter qu'à partir du milieu des années 1950, à l'époque où ce mot était encore une désignation à l'usage exclusif d'IBM, certains concurrents avaient imaginé de contourner la propriété juridique en adoptant le mot *ordonateur* (avec un seul « n ») pour désigner certains de leurs propres équipements. Ce fut le cas de la compagnie Bull, qui désigna vers 1958 un organe distributeur connecté à son ordinateur nommé « Gamma tambour » et à divers dispositifs périphériques.

Le plus étonnant est qu'un demi-siècle auparavant quelqu'un d'autre avait usé pratiquement du même terme pour désigner l'un des dispositifs caractéristiques de la *Machine Analytique* de Babbage, véritable ancêtre de l'ordinateur.

Écoutons justement pour cela ce qu'expliquait Maurice d'Ocagne dans l'édition de 1905 de son *Calcul simplifié* (voir chapitre 32, p. 550 *sq.*) :

« Le jeu de la machine [de Babbage] peut être indiqué comme suit : les nombres donnés sont puisés dans le magasin [c'est-à-dire dans la mémoire] sur les colonnes où ils avaient été inscrits (qui toutes sont remises à zéro) et transportés dans le moulin [l'unité de calcul], où l'opération s'effectue. Le résultat de l'opération est ensuite reporté [ou, comme on dirait aujourd'hui, transféré] dans le magasin, sur la colonne désignée d'avance à cet effet. Cela suppose que la machine est disposée mécaniquement :

« 1. Pour aller prendre ou reporter les nombres sur les colonnes voulues.

« 2. Pour les soumettre à l'opération demandée.

« Il faut donc qu'il y ait dans cette machine un organe variable, qu'on pourra appeler l'*ordonnateur* [avec deux "n" cette fois].

« Cet ordonnateur mécanique est réalisé tout simplement au moyen de feuilles de carton ajourées du genre de celles qui interviennent dans le métier de Jacquard, ainsi que dans cet ingénieux appareil appelé *mélotrope* qui, adapté au clavier d'un piano, permet de faire fonctionner celui-ci mécaniquement ainsi qu'un orgue de Barbarie, par la rotation d'une manivelle.

« De même que, dans ce dernier cas, les trous percés dans le carton constituent une notation musicale spéciale, de même, dans la machine de Babbage, ces trous constituent une sorte de notation algébrique, et l'on conçoit que l'on puisse déterminer *a priori* leur disposition en vue d'une certaine opération à effectuer.

« On conçoit aussi que cette notation algébrique réalisée matériellement puisse être transmise à la partie imprimante de la machine de façon à amener sur celle-ci le signe correspondant de l'écriture algébrique courante. »

Aux yeux de M. d'Ocagne, l'*ordonnateur* de Babbage n'était donc rien d'autre que l'*organe de commande* (*ou unité de contrôle*) de sa machine : organe programmable (au moyen de cartes perforées) chargé à la fois de superviser et d'ordonner l'exécution des calculs prévus justement par les ordres et les instructions de programmes.

Or, n'était-ce pas là justement l'un des organes fonctionnels caractéristiques de l'*ordinateur*, machine que Jacques Perret, exactement cinquante ans plus tard, allait désigner pour la première fois de l'histoire sous ce nom étymologiquement apparenté à l'*ordonnateur* ?

Étonnante rencontre à un demi-siècle d'intervalle entre un grand spécialiste du calcul mécanique et un philologue, qui, par deux voies et à deux époques différentes, sont ainsi parvenus à des terminologies semblables pour désigner deux machines, certes dotées de structures bien distinctes, mais non moins munies d'organes fonctionnels identiques (unités d'entrée et de sortie, unité de contrôle, mémoire, unité arithmétique et imprimante), et dont la première fut incontestablement l'ancêtre de l'autre.

Cela n'est cependant pas le fait du hasard, mais plutôt le fruit d'une langue d'origine latine, riche et subtile, véritable miroir d'une poésie et d'une littérature de grande beauté et d'incomparable fécondité, et témoin en même temps de plusieurs siècles d'évolution d'une pensée limpide, profonde et rationnelle ; une langue qui, fouillée, telle une vieille bâtisse, dans les moindres recoins de ses mots les plus désemplis par l'usage et par la vétusté, finit toujours par fournir à la pensée le corps et la forteresse où s'incarner.

Mais la remarque ne s'applique évidemment pas seulement au cas de la langue française : elle est parfaitement transposable aussi à l'anglais, à l'italien, à l'espagnol, à l'allemand, à l'arabe, à l'hébreu, au chinois et à toutes les langues élaborées du monde qui possèdent un riche patrimoine et témoignent d'un rayonnement culturel de portée internationale.

Conditions essentielles de l'épanouissement d'une discipline scientifique

Il est vrai que « tous les moyens de l'esprit sont enfermés dans le langage, et qui n'a pas réfléchi sur le langage n'a pas réfléchi du tout » (Alain, *Propos sur l'éducation,* LXVI).

« Un homme qui ne connaît que les choses est un homme sans idées. C'est dans le langage que se trouvent les idées » (Alain, *Humanités,* p. 217).

« L'homme ne perçoit et ne connaît, ne se perçoit et ne se connaît qu'autant qu'il construit le langage ; la représentation ne prend valeur objective qu'autant qu'elle se fait langage... Le langage est un des instruments spirituels qui transforment le monde chaotique des sensations en monde des objets et des représentations » (H. Delacroix, *Le Langage et la Pensée,* p. 31-32 et 126).

Or, les représentations sont le fruit même d'une conception mentale, qui, à partir du donné, élabore un construit que l'on appelle un concept, consistant lui-même en une représentation mentale abstraite et générale.

Et c'est pourquoi « les concepts... ne sont plus des images, mais des symboles » (H. Bergson, *L'Évolution créatrice,* p. 161).

D'où l'importance essentielle du vocabulaire mis en œuvre, car, du langage au concept, il y a le mot qui sert à l'exprimer, et qui est lui-même un symbole : c'est en quelque sorte un signe qui, en vertu d'une convention arbitraire, sert à désigner un être, une chose ou une action.

« Le son vocal [structuré en phonèmes]... a pour tâche... non plus même de *représenter* proprement la vie..., mais... de la *symboliser,* c'est-à-dire de fournir un signe artificiel, qui ne la représente que dans une transposition emblématique. Tout le *symbolisme* – avec l'extension sans pareille qu'il prendra dans le langage ordinaire et scientifique, dans l'art et dans le mythe – se trouve donc inauguré dans ce travail de l'institution de la voix, laquelle est vraiment le premier et fondamental symbolisme des espèces vivantes » (M. Pradines, *Traité de psychologie,* II, p. 223-224).

« Qu'est-ce donc en définitive que le concept ? C'est la... nature intelligible reçue des sens grâce à l'abstraction et portée par l'esprit au-dedans de lui au suprême degré d'immatérialité » (J. Maritain, *Réflexions sur l'intelligence,* p. 327).

C'est pourquoi « dès que la science s'est constituée..., aussitôt son symbolisme approprié est apparu, et aussitôt il s'est dégagé du symbolisme linguistique » (M. Pradines, *op. cit.,* II, p. 494-495).

D'ailleurs, « le symbolisme intellectuel, qui constitue la science, abroge précisément la qualité sensible et affective qui est la matière de l'art » (H. Delacroix, *Psychologie de l'art,* p. 450).

Et c'est ce qui explique qu'en science, l'ambiguïté n'a guère de place, contrairement donc à l'art, où pour chaque chose considérée il est posé « que le sens n'en est jamais fixé et qu'il doit sans cesse se conquérir » (S. de Beauvoir, *Pour une morale de l'ambiguïté,* p. 180).

D'où, dans une discipline qui se veut scientifique, la nécessité de déterminer pour chaque notion considérée un terme non équivoque et de délimiter avec précision le sens de cette notion, afin de réaliser un mariage harmonieux entre une définition et un vocabulaire parfaitement adaptés.

« Qu'est-ce qu'une bonne définition ? Pour le philosophe, ou pour le savant, c'est une définition qui s'applique à tous les objets définis et qui ne s'applique qu'à eux seuls » (H. Poincaré, *Science et Méthode,* p. 123).

Nous raisonnons d'ailleurs avec beaucoup plus de sûreté, de rapidité et d'efficacité lorsque, négligeant les désignations vagues et imprécises du verbiage courant et oubliant les choses de la réalité matérielle, nous opérons directement sur les symboles représentant ces choses au sein d'un langage cohérent et bien structuré.

Autrement dit, bien qu'une science soit totalement indépendante de la langue dans laquelle elle s'exprime, une terminologie concise et cohérente, définie au sein d'un champ sémantique très précis et à l'appui de définitions rigoureuses, régies elles-mêmes par une classification rationnelle des choses désignées, constitue une condition indispensable à son épanouissement.

Il faut donc que cette science dispose d'un vocabulaire non ambigu, non réductionniste et parfaitement adapté, répondant à des définitions aussi claires et aussi générales que possible, correspondant elles-mêmes à des énoncés réciproques qui tiennent compte à la fois du passé et du présent, sans toutefois bloquer l'avenir : un vocabulaire comportant les genres et les différences spécifiques, et permettant de reconnaître à coup sûr la ou les notions concernées.

C'est alors que l'on pourra véritablement saisir le caractère essentiel d'une telle science ; en un mot, appréhender son essence, sa quiddité, sa compréhension, ce qu'elle est et ce vers quoi elle tend.

C'est donc bien à la question relative à l'ordinateur et à ses principales activités, que nous voulons répondre dans l'encadré qui suit, afin de donner aux mots servant à les désigner la signification précise qui s'impose.

QU'EST-CE QU'UN ORDINATEUR ?

Un ordinateur n'est pas forcément une machine électronique

Avec des définitions comme celles que nous avons passées en revue au début de la présente annexe, on imagine difficilement la caractérisation des ordinateurs mis en œuvre dans les équipements sous-marins, par exemple, ou, plus généralement, celle des ordinateurs qui ne font pas intervenir la technologie électronique, dont on envisage déjà sérieusement les possibilités pour un avenir qui n'est plus éloigné (cf. G. Verroust [3]).

Rappelons que, contrairement à ce que l'on croit souvent, *un ordinateur n'est pas nécessairement une machine électronique.*

Pour en construire un modèle physique, il suffit en effet de disposer d'un moyen qui permette de réaliser un certain nombre de fonctions élémentaires, à savoir (voir chapitre 32) :

- les fonctions logiques minimales soumises aux règles de l'algèbre de Boole ;
- la fonction de mémorisation ;
- et la fonction de manipulation et de transmission de codes.

Et évidemment, ces fonctions pourraient être réalisées par des technologiques très diverses.

Ainsi peut-on sans difficulté construire des *ordinateurs mécaniques* : il suffit pour cela de faire appel aux techniques de l'horlogerie et de la timonerie.

On peut construire également des *ordinateurs électromécaniques* : dans ce cas, il faut mettre en œuvre la technique et la logique des relais électromagnétiques.

Mais l'histoire du calcul analytique prouve que, d'un point de vue purement technique, la mémoire des ordinateurs mécaniques serait beaucoup trop limitée pour permettre d'enregistrer matériellement toutes les instructions d'un programme à la fois, et que l'idée même d'un programme enregistré en mémoire interne serait peu intéressante dans ce cas, un dispositif de mémorisation fondé sur une telle technologie étant trop peu commode parce que d'accès fort lent. Quant aux ordinateurs électromécaniques, ils effectueraient leurs calculs d'une manière également peu rapide, sans parler du prix qu'ils coûteraient, ni des dimensions considérables que leur structure exigerait (voir p. 550-575).

En revanche, on a construit des *ordinateurs pneumatiques* pour les besoins spécifiques des sous-marins et des engins spatiaux, à cause de leur complète insensibilité aux influences cosmiques, électriques et magnétiques. Ce sont des systèmes composés d'air (ou de gaz) comprimé, d'eau ou d'huile, qui font appel à des jets d'air (ou de gaz), de sorte que les décisions logiques sont prises par l'intermédiaire de robinets et d'aiguillages à fluides, les résultats des opérations effectuées s'affichant alors grâce à des dispositifs manométriques.

On pourrait construire également des *ordinateurs opto-électroniques* ou même *opto-optiques,* où la lumière serait commandée par des circuits électroniques ou optiques réalisant les fonctions voulues[1].

On envisage même – mais, semble-t-il, pour un avenir moins immédiat – la réalisation d'*ordinateurs biochimiques,* dont la logique mettrait en œuvre l'activité d'enzymes, par exemple.

Bref, *la structure de l'ordinateur est entièrement indépendante de la technologie qui y est mise en œuvre.*

C'est toutefois l'électronique qui a donné la possibilité de réaliser les ordinateurs les plus performants à ce jour.

Mais cela n'est devenu possible que grâce à l'avance technologique qui a permis la mise au point du *microprocesseur* (en 1971), circuit intégré très évolué, réalisé sur un très faible volume, muni à la fois d'une mémoire, d'un dispositif d'entrée et sortie, d'un organe de traitement et d'un système de programmation, et que l'on peut spécialiser dans l'exécution de tâches d'un certain type. C'est cette avance qui a permis à son tour le développement de la technologie dite de la VLSI (ou *Very Large Scale Integration*), avec sa fabrication de masse de composants de très haute intégration, largement exploitée depuis 1976, révolutionnant alors une multitude d'activités, allant jusqu'à bouleverser la vie la plus quotidienne de millions de consommateurs. Il est en effet devenu possible d'inclure désormais jusqu'à plusieurs dizaines de milliers (voire des centaines

1. Signalons qu'en 1990, la compagnie américaine ATT a réalisé un ordinateur fonctionnant à la lumière, composé de 32 commutateurs optiques et de 8 diodes laser. Les transistors optiques (S-SEED, ou *Symmetric-self-electro-Optic Effect Devices*) réfléchissent, en la modifiant à grande vitesse, la quantité de lumière émise par un faisceau laser et peuvent ainsi manipuler et transmettre les éléments d'un code binaire à des milliards d'unités par seconde. Les rayons laser pouvant se croiser sans interférence, on peut réaliser des circuits plats (cf. D. Frémy et M. Frémy, *Quid 1994*, Robert Laffont, Paris).

de milliers) de positions de mémoire sur un circuit occupant un espace inférieur à celui d'un petit ongle (voir p. 647-652).

Une machine ordinatrice n'est pas nécessairement un ordinateur binaire

A côté de la confusion qui est faite entre le concept de l'ordinateur et la technologie électronique, il en existe une autre, également très répandue dans le public, qui tend à faire croire qu'un ordinateur est forcément une *machine binaire*.

En fait, toute autre base peut convenir à la conception et à la finalisation d'un ordinateur. Et il n'y a aujourd'hui aucune difficulté technique à construire (et c'est déjà fait) des *ordinateurs de base 3,* ou des ordinateurs fondés sur n'importe quelle autre base (4, 5, 8, 10, 16, etc.)

C'est toutefois pour des raisons de commodité et de vitesse, et surtout à cause de la facilité qu'il y a à réaliser des systèmes physiques à deux états (perforation, passage de courant, magnétisation, etc.) que l'on a préféré généralement s'en tenir – au moins jusqu'à ce jour – à l'emploi d'*ordinateurs binaires* (voir chapitre 31 ; voir aussi fig. 32.2 D du chapitre 32, p. 599).

L'ordination : plus qu'un simple calcul sur les nombres

Les ordinateurs savent bien évidemment effectuer toutes sortes de calculs, depuis les plus élémentaires jusqu'aux opérations les plus complexes. Ce sont toutefois beaucoup plus que de simples « machines à calculer », au sens arithmétique du mot, dont la structure calculatoire est considérablement restreinte par rapport à celle, très générale, des ordinateurs.

Ce qui veut dire que les ordinateurs sont bien plus que de simples « moulins à nombres », puisque les calculs qu'ils effectuent sont de nature symbolique (voir chapitre 32, p. 601 *sq.*).

Ordination et traitement artificiel de l'information

Une autre manière de voir les choses est de dire que l'ordinateur est une *machine de traitement de l'information*. C'est en effet une machine capable d'appliquer aux données les plus diverses, exprimables au moyen d'un code numérique, un certain nombre de transformations selon des règles et des procédures bien définies, en vue de parvenir à la solution des problèmes d'une même classe.

Mais il convient de souligner qu'inversement, une machine de ce type n'est pas forcément un ordinateur.

Les vieux équipements mécanographiques faisaient, en effet, eux aussi du traitement de l'information. Mais ils n'étaient pas pour autant des ordinateurs, leurs procédures s'effectuant selon des contraintes purement techniques plutôt qu'en suivant la logique des problèmes ; quant à leur fonctionnement, il était semi-automatique au lieu d'être entièrement automatique (voir chapitre 32, p. 547 *sq.*).

Autrement dit, les ordinateurs sont bien plus que de simples machines de traitement de l'information. Ce qui, soulignons-le, met donc bien en évidence l'insuffisance de toutes les terminologies qui mettent cette idée à contribution (le suédois *dator*, l'allemand *Datenverarbeitungsanlagen*, le finnois *tietokone*, etc. ; voir p. 656 *sq.*).

De même, les calculateurs analogiques d'autrefois effectuaient bien des traitements de l'information, mais n'étaient pas des ordinateurs pour autant, leur nature comme leurs procédés étant complètement différents (voir p. 522 *sq.*).

En fait, les ordinateurs s'opposent radicalement aux calculateurs analogiques, où l'information reçue et traitée est représentée par une grandeur physique variable et continue évoluant au sein d'un système obéissant à des lois physico-mathématiques équivalentes à celles du phénomène étudié. Ce qui veut dire que, dans ces calculateurs, le traitement donne un modèle physique des informations introduites, dont on recueille le résultat par une mesure au terme de l'évolution correspondante. Aussi les machines de ce type manquent-elles de précision. Elles sont, de plus, incapables de mémoriser leurs résultats. Et, ne pouvant être des machines générales, elles ne savent résoudre qu'une catégorie très limitée de problèmes (voir p. 526 *sq.*).

En revanche, un ordinateur est une *machine numérique,* puisque l'information qu'il reçoit et traite est représentée par une grandeur physique variable et discontinue, elle-même exprimable, d'une manière biunivoque, sous une forme discrète, au moyen de chiffres et de symboles divers, selon des règles très précises formant un ensemble appelé *code* (voir p. 527 *sq.*).

Or, en traitant leurs informations de la sorte, les ordinateurs sont donc à la fois capables :

– d'effectuer des opérations très complexes sur des informations stockées en mémoire ;
– de fournir des résultats aussi précis qu'on le désire ;
– et d'effectuer une très vaste catégorie d'opérations.

Ordiner, c'est manipuler des symboles très généraux

Bref, les ordinateurs manipulent toutes sortes d'informations, sous réserve que celles-ci soient représentables sous forme de symboles, eux-mêmes exprimables au moyen de codes numériques.

Autant dire que les ordinateurs sont des machines manipulatrices de symboles, effectuant diverses opérations sur des *chaînes de caractères* (mots, phrases, nombres, etc.), c'est-à-dire sur des suites formées de lettres alphabétiques, de chiffres et de symboles divers.

Ce sont donc *les machines de traitement de l'information les plus générales qui soient,* puisque les symboles en question, qui sont ceux de l'algèbre des ensembles et de la logique symbolique, sont les plus abstraits qui soient.

D'où l'universalité calculatoire des ordinateurs, qui sont en mesure d'aborder des questions de toutes sortes : tris, fusions, gestion, calculs mathématiques, traitements les plus divers, allant du simple traitement de texte à la synthèse de l'image ou de la parole, en passant par la résolution de certains problèmes relatifs à la reconnaissance des caractères ou des formes (voir chapitre 32, p. 485-487 et 601 *sq.*).

L'ordinatorisation n'est pas une « fabrication » d'informations

S'il est donc un vocable mal choisi pour désigner l'ordinateur, c'est sans aucun doute le mot italien *elaboratore,* formé d'après l'expression *macchina de elaborazione de dati,* « machine à élaborer l'information », actuellement utilisé en Italie (voir p. 658).

1981 : « La flessibilità operativa introdotta dal programma memorizzato di Von Neumann consente al calcolatore di diventare uno strumento non piú riservato a ristrette cerchie di matematici e scienziati, ma adatto a risolvere piú svariati problemi di ordine amministrativo, produttivo ed economico. Il calcolatore diventa coso "*elaboratore*" per la sua capacità non solo di eseguire operazioni aritmetiche ad alta velicità, ma suppratutto di *elaborare* qualsiasi tipo di informazione... L'*elaboratore* elettronico numerico non è solo una macchina che esegue calcoli, è un congegno che lavora una materia prima particolare :

migliaia o milioni d'informazioni. Le organizza, le transforma, le elabora, dando vita a informazioni di nuovo tipo in tempi ridottissimi – dell'ordine del millesimo o millionesimo di secondo – permessi dai dispositivi elettronici impiegati. È cioè una "*fabbrica*" *di informazioni,* che svolge compiti mai in passato da nessun'altra macchina... » (*Tre secoli di elaborazione dei dati,* sous la dir. de R. De Prà, IBM Italie, Milan, 1981, p. 6).

Cette désignation est manifestement ambiguë et même, disons-le, contraire à la réalité des faits. Car, comme le souligne P. Morvan, « de même que les machines énergétiques ne créent pas l'énergie, mais simplement la transforment en fournissant, par exemple, de l'énergie mécanique ordonnée à partir d'énergie calorifique désordonnée, de même l'ordinateur ne crée pas l'information : il l'*ordonne* ».

Ordiner, c'est ordonner et transformer des informations

Autrement dit, loin d'être des machines à créer ou à fabriquer de l'information, les ordinateurs sont des *machines ordonnatrices et transformatrices d'informations,* puisque la représentation de l'information qui en sort n'est autre que celle de l'information qui y a été introduite après avoir subi toutes sortes de tris, de classements, de fusions, de calculs, d'assemblages, de compilations, etc.

Cela conduit donc à s'interroger sur la véritable signification de cette notion fondamentale qu'est l'*information.* Car le problème ainsi soulevé provient d'une absence totale de définition générale pour ce concept, et de la confusion qui est faite couramment entre la notion d'information (au sens le plus général du terme) et celles, très particulières, de *renseignement* et d'*enrichissement de la connaissance* (voir chapitre 34).

L'ordinabilité : plus qu'une simple programmabilité

En fait, l'ordinateur est une *machine programmable.* Et c'est ce qui lui confère une très grande souplesse d'exploitation.

C'est toutefois beaucoup plus qu'une simple machine programmable : on sait qu'il a existé de nombreuses machines programmables qui n'ont pas été pour autant des ordinateurs (voir chapitre 32, p. 536 *sq.*).

L'ordinateur, rappelons-le, comporte au minimum les organes suivants : un dispositif d'*entrée/sortie* ; une *mémoire,* qui permet notamment de stocker les résultats, intermédiaires ou finaux, des traitements ; un *organe de commande* (appelé *unité de contrôle*), qui supervise et ordonne l'exécution des séquences prévues par les instructions d'un programme donné ; et un *organe de traitement* (ou *unité arithmético-logique*), qui opère automatiquement toutes les transformations voulues sur les représentations symboliques des données introduites dans la machine, et exécute toutes les opérations de transfert qui s'imposent.

Mais il convient de noter que ces éléments ne suffisent pas à caractériser l'ordinateur. On sait en effet que la *Machine Analytique* de Babbage, ainsi que les calculateurs analytiques de la Seconde Guerre mondiale (comme le *Harvard Mark I* et l'ENIAC) en étaient dotés sans être pour autant des ordinateurs (voir chapitre 32, p. 550-582).

Les ordinateurs : plus que de simples automates séquentiels

Par ailleurs, l'ordinateur est une machine capable d'effectuer automatiquement, et donc sans aucune intervention humaine, des séquences d'opérations enchaînées, suivant un processus fixé à l'avance par un organe de commande. Autrement dit, il sait effectuer des traitements dans lesquels chaque opération en précède une autre et en suit une autre, sans que jamais deux d'entre elles soient réalisées simultanément.

Mais, inversement, un dispositif automatique qui répond à cette définition n'est pas forcément un ordinateur. C'est notamment le cas des jacquemarts de la fin du Moyen Age, ainsi que des automates androïdes du XVIIIe siècle et de la *Machine Analytique* de Babbage (voir chapitre 32, p. 530 *sq.*).

Nature très générale de la séquentialité caractéristique de l'ordinatorisation

C'est en fait dans la nature même du système des instructions de programme que se situe toute la différence entre un ordinateur et un automate séquentiel ordinaire (voir p. 591-600 et 631 *sq.*).

Une *instruction d'ordinateur* est une commande logique à laquelle la machine doit obéir et qui, parmi plusieurs autres éléments, figure dans l'une des mémoires internes de cette machine. C'est en fait une chaîne de caractères qui réunit, en langage-machine, tous les éléments codifiés de l'ordre à exécuter qu'elle définit. A l'appel d'une instruction, les signaux qui composent cette chaîne de caractères sont mémorisés dans un registre appelé *mémoire d'ordre* (ou *mémoire de commande*). Aussi, dès que celle-ci est admise dans les circuits de commande, l'instruction devient-elle un *ordre exécutable*, chaque élément étant interprété par un décodeur logique dont les signaux stimulent l'organe gouverné.

Comme l'explique J. Bureau, « l'exécution d'une instruction fait appel plusieurs fois de suite à la mémoire, puisqu'il faut : en extraire l'opérateur en cause, en extraire plusieurs opérandes, y ranger le résultat. L'organisation dans le temps de tout ce travail, qui fait intervenir à plusieurs reprises la même mémoire, dont la sollicitation ne peut être multiple au même instant, est asservie à une *cadence* dont la période est élaborée par un *distributeur de phases.* La fin d'une phase de calcul enclenche le début de la suivante. L'*enchaînement des instructions* consiste dans cette succession, sans chevauchement ».

Dans les calculateurs analytiques munis de la *structure de Babbage,* c'est -à-dire dont le système de programmation est externe, cet enchaînement est « tel que, le programme étant déposé sur un support continu séquentiel, la première phase engendre un signal qui agit sur le lecteur de programme et le fait progresser d'une instruction. Celle-ci est introduite dans la mémoire d'ordre, et la succession des phases d'exécution commence. Lorsque toutes les phases sont exécutées, la périodicité des instructions avance d'une unité » (J. Bureau).

Dans les ordinateurs, en revanche, dont on dit qu'ils sont munis de la *structure de Von Neumann,* laquelle fait intervenir le concept de programme enregistré, l'enchaînement est « tel que le programme (donc la série des instructions) soit placé dans la mémoire centrale au même titre que les données. *Ce type d'enchaînement n'a donc plus de structure séquentielle rigoureuse.* Les instructions sont appelées comme les données. La mémoire centrale est dite *banalisée.* Dans cette structure, il faut assumer la fonction d'appel de l'instruction suivante. Ce rôle peut être confié à l'instruction précédente du programme. Ainsi chaque instruction du programme appelle-t-elle celle qui doit lui succéder. Une telle organisation est appelée *organisation séquentielle générale* [ou "structure de séquence généralisée"]. La mémoire d'ordre possède alors une adresse spéciale pour l'instruction suivante. Cette adresse est envoyée sur le décodeur d'adresse de la mémoire. Elle est trouvée, et l'instruction correspondante, lue, vient remplacer la précédente dans la mémoire d'ordre. Elle possède aussi l'adresse de l'instruction qui la suivra, etc. Dans une organisation dite "séquentielle normale", l'adresse de l'instruction suivante est formée par un circuit de comptage appelé *compteur ordinal.* Le compteur progresse d'une unité à chaque exécution d'instruction. L'initiation d'un programme est donc faite manuellement en introduisant l'adresse de la première instruction. En revanche, la structure de Von Neumann réalise bien les alternatives de la programmation. Lorsqu'une alternative se présente, il faut donc discriminer laquelle des deux adresses il faut prendre en considération. C'est [par conséquent, dans le cas d'un ordinateur, contrairement aux calculateurs analytiques munis de la structure de Babbage] un circuit logique qui prendra cette décision. L'instruction correspondant à la présence d'une alternative (donc à l'obligation d'une décision de choix) est appelée *rupture de séquence...* » (J. Bureau).

Bref, les ordinateurs ne sont pas munis seulement de la possibilité d'exécuter sans intervention humaine toute séquence d'opérations enchaînées conduisant à un résultat prévu ; ils sont dotés aussi de l'aptitude à prendre un certain nombre de décisions, en sautant par exemple d'une instruction à l'autre.

Et comme ce sont des automates logiques, ils possèdent en outre les possibilités de ce que l'on appelle la « rupture de séquence » ou *branchement conditionnel.*

Autrement dit, un programme donné peut, à certains moments, se dérouler selon une procédure voulue (suivant la valeur d'un paramètre ou d'un résultat intermédiaire par exemple), et même exécuter automatiquement un traitement de type répétitif sans que l'on ait à réintroduire dans la machine autant de fois l'ordre d'exécution de la procédure de base correspondante.

Autre possibilité dont l'ordinateur est doté : celle de faire appel à une courte séquence d'instructions auxiliaires, que la machine peut exécuter à partir de n'importe quel point d'un programme avant de revenir au programme principal ; c'est la mise en œuvre de ce que l'on appelle des *sous-routines.*

Mieux encore : l'ordinateur est un système capable d'évoluer vers un état déterminé en utilisant des informations permettant d'adapter les moyens au but à atteindre.

Pour se faire une idée de l'absence d'un tel effet, il suffit de songer aux orgues de Barbarie, machines programmables capables d'effectuer des séquences d'opérations enchaînées selon un processus fixé à l'avance, mais non munies de l'effet de la rétroactivité. De telles machines ne reçoivent en effet aucune information au cours du déroulement de leurs programmes et n'ont aucune possibilité d'adaptation. Il en fut de même de l'ENIAC et du *Harvard Mark I*, dont le système de programmation était externe : les séquences étaient exécutées indépendamment des résultats, de sorte qu'aucun événement survenu lors d'un traitement en exécution ne pouvait en modifier le déroulement ; aussi la présence de l'opérateur humain était-elle nécessaire pour prendre toutes les décisions opportunes.

En d'autres termes, les ordinateurs sont des machines dotées d'un *effet rétroactif généralisé,* en ce sens qu'ils ont la faculté de modifier leurs activités internes en fonction des effets produits sur le milieu extérieur ; et ils ont en particulier la possibilité de retrouver une instruction déterminée du programme en exécution pour modifier d'eux-mêmes le déroulement de la procédure. C'est ce que les Anglo-Saxons appellent le *feedback.*

Programmabilité caractéristique des ordinateurs

Ce qui caractérise donc un ordinateur, c'est que les instructions de programmes soient enregistrées dans la mémoire interne et qu'elles y soient traitées au même titre que des données.

Et c'est ce qui, en raison même de la structure logique dont il est doté, lui donne la possibilité – en effectuant seulement les opérations logiques élémentaires – d'aborder et de résoudre, dans la limite de ses propres capacités physiques, toutes sortes de problèmes dont la solution est exprimable sous la forme d'un algorithme (voir p. 625 *sq.*).

Mais, il faut mettre correctement en œuvre ces opérations pour pouvoir aborder convenablement un problème donné : c'est le rôle du *programme,* qui n'est autre que la traduction, en termes compréhensibles par la machine, d'un algorithme de résolution d'une classe de problèmes (voir p. 642 *sq.*). Autrement dit, un algorithme est fourni à un ordinateur sous la forme d'un programme, qui régit lui-même ce que l'on appelle une *procédure algorithmique.* C'est donc une séquence d'instructions bien déterminées définissant à la machine l'enchaînement strict des opérations élémentaires à lui faire exécuter automatiquement. Aussi l'élaboration de ces programmes (qui nécessite évidemment des connaissances poussées en mathématiques et en logique symbolique) suppose-t-elle l'existence préalable d'un *langage,* l'un des moyens de communication entre l'opérateur humain et la machine.

L'élaboration d'un programme d'ordinateur débute par une phase d'*analyse* du problème à résoudre, où l'on exprime les étapes successives de la résolution correspondante sous une forme algorithmique, afin de rendre celles-ci susceptibles d'un traitement automatique. L'étape suivante consiste en une phase de programmation proprement dite, où l'on décompose chaque algorithme envisagé en une suite d'opérations élémentaires exécutables par l'ordinateur et où l'on code cette suite dans un langage de programmation. Le programme est alors écrit une fois pour toutes, indépendamment des données sur lesquelles il porte, ce qui permet de l'utiliser sur plusieurs jeux de données différents, mais qui nécessite que tous les cas possibles soient prévus à cet effet. Programme et jeu de données sont transcrits sur un support lisible par l'ordinateur, par exemple sur des disquettes, à l'aide de dispositifs de saisie d'informations. L'écriture du programme est ensuite interprétée par un lecteur connecté à l'ordinateur, son contenu étant traduit dans le langage interne de la machine, appelé *langage-machine,* et stocké en mémoire. L'ordinateur peut alors exécuter le programme, qui contient notamment des instructions capables de lire le jeu des données sur le lecteur approprié, de traiter ces données en conservant en mémoire les résultats intermédiaires et de fournir les résultats sur une imprimante (cf. P. Morvan).

La compétence de l'homme jointe à la performance de l'ordinateur

Si l'on veut mesurer la révolution informatique d'aujourd'hui, il suffit donc de procéder à une comparaison de l'histoire de cette discipline avec celle de la physique atomique, où « la substitution du mot *complémentaire* au mot *contradictoire* » a représenté « un tournant [décisif] de la pensée physique » (F. Gonseth [2], p. 165).

« La seule manière de sortir des difficultés concernant la matière, c'était en effet d'admettre que l'aspect corpusculaire de la matière et son aspect ondulatoire, tels qu'ils se révèlent dans des catégories différentes d'expériences, sont deux aspects *complémentaires* (le mot est de M. Bohr) d'une même réalité » (L. de Broglie, *Matière et Lumière,* p. 100).

Et de fait, s'il est aujourd'hui une réalité unique, formée par deux plans d'existence – qui, bien qu'apparemment incompatibles, doivent cependant être tous deux retenus pour une représentation adéquate de l'activité humaine contemporaine –, c'est bien celle qui s'affirme dans l'union, ou plus exactement dans la *complémentarité entre l'homme et la machine.*

Il aura donc fallu beaucoup de temps et beaucoup de réflexion, après bien des errements et des erreurs de jugement, pour comprendre enfin que « Machine et homme sont *complémentaires* ; elle enregistre prodigieusement, mais se montre incapable d'accéder au sens et d'inventer ; l'être humain enregistre mal, ou peu, mais il sait rendre ses enregistrements significatifs et inventifs dans la visée d'une fin. L'homme donc, loin d'être aliéné par la machine, y retrouve son propre fonctionnement prolongé et revenant vers soi pour se relancer, par l'invention, vers des intégrations nouvelles » (H. Van der Leer, in : *Diogène,* 30 avril 1960, p. 19).

Un développement tout à fait intéressant dans ce sens, auquel nous assistons depuis quelques années, est d'ailleurs celui qui met en jeu une sorte d'interaction entre l'homme et l'ordinateur, concrétisant ainsi la notion de couple *performance-compétence.*

Les ordinateurs sont en effet capables de traiter des problèmes de plus en plus complexes, selon une rapidité de plus en plus accrue et une fiabilité de plus en plus orientée vers le maximum.

Ce qui veut dire que la machine, ainsi munie de la capacité d'exécuter des opérations à des vitesses très au-delà des capacités physiques de l'être humain, est dotée de la *performance.*

L'ordinateur n'ayant en revanche aucune vision ni intuition du monde extérieur, c'est l'homme qui doit lui fournir la connaissance qui lui fait défaut, afin de pouvoir en tirer tout le profit possible.

Autant dire que l'homme, qui sait ce qu'il veut et qui est donc conscient de la finalité poursuivie, doit opérer pour cela un raisonnement sur les opérations qu'il lui est impossible d'effectuer par lui-même, en raison des limitations de ses propres possibilités. Il doit élaborer par conséquent l'algorithme approprié à leur exécution sur la machine. Autrement dit, c'est donc bien à l'homme que revient la *compétence.*

Ainsi n'importe quel mathématicien sait-il calculer les dix mille premières décimales du nombre π, puisque la marche à suivre lui est acquise : aussi a-t-il bien la *compétence* nécessaire pour résoudre la question sans aucune difficulté théorique. Il est cependant arrêté par des calculs inextricables qu'il lui faudrait des années, voire des décennies, pour mener à bien. Il est donc limité, non seulement par ses propres capacités physiques et par la durée de sa vie, mais aussi par le manque de performance de son système cérébral qui se perd inévitablement dans un nombre considérable d'opérations portant chacune sur des milliers d'informations à la fois. Mais qu'il dote son ordinateur de la *compétence nécessaire* et il pourra obtenir de lui toute la *performance suffisante* à la résolution du problème considéré (voir chapitre 32, p. 479-497).

Cette complémentarité entre l'homme et la machine se traduit donc de la sorte par une recherche humaine visant à déterminer les algorithmes les mieux adaptés à la résolution des problèmes considérés, en vue de mettre au point des procédures optimales, qui, fournies à la machine, la doteraient de toute la compétence nécessaire pour apporter à l'homme la réponse à ses questions d'une manière très efficace.

Autant dire que le facteur humain est et reste le maître du jeu, par sa maîtrise de tous les éléments qualitatifs, intellectuels, affectifs, voire subjectifs, qui le caractérisent.

Et de fait, en conférant ces aptitudes aux ordinateurs, on les a dotés de la possibilité de se charger de tout ce qui, dans les tâches intellectuelles, relève de l'automatisme.

Autrement dit, en confiant à l'ordinateur toutes les opérations de nature algorithmique, l'homme s'affranchit des activités de nature calculatoire et de leur caractère fastidieux et répétitif, pour ne plus se consacrer qu'à celles qui ne concernent plus que le couple compétence-performance.

Or, l'une de ces possibilités est fournie par l'*apprentissage* d'un type de problèmes par la machine. Les développements récents de la logique mathématique et des méthodes de programmation permettent en effet d'élaborer pour cela un algorithme de base pouvant conférer à l'ordinateur la possibilité de construire par lui-même de nouveaux programmes au fur et à mesure de son expérience. Il s'agit donc, en d'autres termes, de la construction de *programmes évolutifs,* bénéficiant de l'acquis de programmes antérieurs, et correspondant ainsi à une *acquisition hiérarchisée de connaissances.* C'est un peu comme si, dans un jeu d'échecs, l'ordinateur mémorisait les coups de son adversaire dans un programme enregistré à l'avance dans sa mémoire interne, en vue d'y parer dans toute partie à venir.

On mesure donc mieux dans ces conditions le degré atteint par la science des ordinateurs d'aujourd'hui. Et nous n'en sommes pas encore au terme de cette évolution.

Mais il ne faut pas exiger de l'ordinateur plus que ce qu'il peut donner. S'il se trompe quelquefois, ce n'est sûrement pas sa faute : ou bien les données introduites sont erronées, ou bien l'algorithme de résolution à l'origine du programme comporte une erreur quelque part. Quant à la validité des résultats obtenus, elle est directement liée à celle des données fournies.

Ce qui est certain, en tout cas, c'est que l'ordinateur n'est qu'une machine et ne vaut que ce que vaut l'esprit de celui ou de celle qui lui fournit la compétence voulue.

D'un autre côté, « si nous croyons que la machine abîme l'homme c'est que, peut-être, nous manquons un peu de recul pour juger les effets de transformation aussi rapides. Que sont les cent années de l'histoire de la machine en regard des deux cent mille années de l'histoire de l'homme ? » (A. de Saint-Exupéry, *Terre des hommes,* p. 58).

A vrai dire, loin d'abîmer l'homme, la machine (lorsqu'elle n'est pas meurtière, et en dehors des problèmes de situations individuelles engendrés par son extension dans les entreprises d'aujourd'hui) lui a permis notamment d'améliorer considérablement son mode de vie et ses conditions d'existence.

Et « il y a même de nombreux cas où la machine a élevé le travail à un degré de qualification supérieur... [Ainsi,] Le travail du paysan qui utilise des machines agricoles est plus varié et demande plus d'intelligence que celui de ses ancêtres » (H. de Man, *L'Ère des masses...*, p. 73).

Mais ne nous égarons pas dans des considérations philosophiques et revenons à l'objectif essentiel : la délimitation exacte des contours de la science des ordinateurs, autrement dit la définition précise des machines de ce type, que tous les développements précédents contiennent certes à l'état virtuel, mais qui n'en résument souvent qu'une partie restreinte.

Définition générale des ordinateurs

Les propriétés précédentes ne constituent jamais, il est vrai, que de simples conséquences logiques de la définition des ordinateurs, dont voici d'ailleurs les premiers énoncés généraux, parfaitement caractéristiques[1] :

DÉFINITION 1. *Un ordinateur est un modèle fini d'automate algorithmique universel* (cf. G. Verroust [1]).

DÉFINITION 2. *Un ordinateur est un calculateur analytique universel à programme enregistré* (cf. R. Moreau [4]).

Pour qu'une machine donnée soit un ordinateur, il est donc nécessaire et suffisant que sa structure soit mathématiquement équivalente à l'une ou à l'autre de ces deux propositions.

Autrement dit, en récapitulant d'une autre manière les conséquences de l'une ou l'autre de ces définitions, un ordinateur est à la fois :

1. Une machine automatique, fonctionnant par conséquent de manière autonome.

1. Pour mieux saisir la portée historique des propriétés de l'ordinateur, il est recommandé au lecteur de se reporter au chapitre 32, qui, au travers d'une histoire structurée et pluridisciplinaire du calcul artificiel, permet de saisir sur pièces l'origine et l'évolution des concepts correspondants. On y trouvera en outre à la p. 624 *sq.* tous les détails au sujet de la machine universelle de Turing, modèle théorique des ordinateurs, et de ses principales propriétés en relation avec la théorie des automates algorithmiques.

2. Une machine séquentielle, procédant donc de manière discontinue, étape par étape, c'est-à-dire par séquences d'opérations élémentaires.
3. Une machine capable de modifier d'elle-même son état interne.
4. Une machine capable d'évoluer vers un état déterminé en utilisant des informations qui permettent d'adapter les moyens au but à atteindre.
5. Une machine manipulatrice de symboles de nature très générale.
6. Un automate logique capable d'exécuter tout calcul de nature symbolique, et donc d'effectuer des opérations de toutes sortes sur des données quelconques exprimables au moyen de symboles généraux.
7. Une machine capable d'exécuter, de manière totalement automatique, n'importe quel algorithme, dans les limites de ses capacités physiques.
8. Une machine capable de résoudre une très vaste catégorie de problèmes dont la solution est exprimable sous la forme d'un algorithme.
9. Une machine programmable capable de garder en mémoire toutes sortes d'informations exprimables sous une forme discrète, de les ordonner et de les transformer, à condition d'avoir été programmée à cet effet.
10. Un automate programmable régi par un programme enregistré dans sa mémoire interne et où les instructions sont traitées au même titre que des données.
11. Un automate programmable dont les programmes constituent chacun la traduction, en termes compréhensibles par la machine, d'un algorithme de résolution d'une classe de problèmes ; etc.

En résumé, suivant cet autre énoncé caractéristique (dont on peut établir l'équivalence avec celui des deux premières définitions) :

DÉFINITION 3. *Un ordinateur est un automate artificiel constitué d'un dispositif d'entrée/sortie, d'une mémoire, d'un organe de traitement capable d'opérer toutes sortes de transformations sur des données exprimées sous forme de chaînes de caractères (représentations matérielles d'informations codées) et qui, dans la limite de ses capacités physiques, permet d'exécuter tout calcul de type symbolique (et donc de résoudre tout problème dont la solution est exprimable sous la forme d'un algorithme), sous la direction d'un organe de commande régi par des programmes enregistrés en mémoire (manipulant par conséquent les instructions à exécuter de la même manière que les données à traiter).*

Telle est donc la définition la plus intelligible, la plus précise et la plus générale que l'on puisse donner aujourd'hui d'un ordinateur.

C'est, pour ainsi dire, une définition algébrique indépendante de toute technologie et de toute spécificité propre à telle ou telle machine particulière, donc potentiellement applicable à tous les ordinateurs.

Le mythe du « cerveau électronique » et de la « machine pensante »

L'ordinateur n'est donc évidemment pas un « cerveau électronique », ni à plus forte raison une « machine à penser ».

Ce sont là sans aucun doute des vocables impropres et très mal choisis, quelquefois employés de nos jours (comme en Chine, où l'ordinateur se dit encore *dian-nao*, mot à mot : « cerveau électrique »), qui introduisent une dangereuse idée tendant à assimiler abusivement le calcul et le raisonnement logique à tous les modes de pensée de l'« être pensant ».

Issues d'un certain lyrisme des années 1930 et 1940 lié à des conceptions très mécanistes de l'être humain, de telles terminologies ont eu des effets désastreux en débouchant sur cette idée simpliste et totalement erronée que le large public se fait encore de l'ordinateur, à savoir celle d'une machine douée d'une pensée inductrice et créatrice, munie de la faculté de prendre toutes sortes d'initiatives, et à laquelle l'homme pourrait confier tous ses problèmes sans exception et obtenir d'elle toutes les solutions quasi instantanément (!) D'où, chez certaines personnes douées d'une imagination vagabonde le développement de l'idée de « cerveaux électroniques » géants capables de développer leur autonomie, de se doter d'une véritable conscience et même d'un certain psychisme, pour s'emparer des fonctions du gouvernement, abolir la démocratie et exterminer tous les représentants de l'espèce humaine.

On ne peut pas ne pas évoquer dans ces conditions l'extravagance (qui ne constitue certainement pas un cas unique d'espèce) de cet auteur d'encyclopédie, relativement récente, de vulgarisation scientifique destinée à la jeunesse, qui conclut en ces termes son article consacré aux ordinateurs :

« Un jour, c'était en l'an 2025, on avait décidé de confier à l'ordinateur lui-même la préparation du programme. La nuit, la surveillance était relâchée : l'ordinateur établit le programme, le transmit, toujours de nuit, à d'autres ordinateurs, et tous les périphériques se mirent à transmettre, le lendemain matin, de nouvelles instructions... aux entreprises. C'est depuis ce temps que l'humanité est passée sous le contrôle des ordinateurs » (*Nouvelle Encyclopédie du Livre d'or,* Éd. des Deux Coqs d'or, Paris, 1974).

On pense du coup à *1984* (*Nineteen Eighty-Four*), célèbre roman de science-fiction publié en 1949 par le journaliste et écrivain anglais Eric Arthur Blaise, mieux connu sous le nom de George Orwell. Il s'agit d'une horrible et dramatique vision d'un certain monde totalitaire de demain, où il est question du fameux Big Brother, chef suprême du Parti, « dont le regard vous fixe de quelque côté qu'on le considère ». C'est un monde où l'on trouve « partout des télécrans qui scrutent vos gestes, vos réflexes et votre visage, afin de renseigner la police de la pensée », elle-même concrétisée par un « cerveau électronique » géant, plus intelligent que l'être humain et gouvernant le monde en tyran absolu.

En fait, le mythe du « cerveau électronique » et de la « machine pensante » s'est développé bien avant les premiers ordinateurs, avant même la Seconde Guerre mondiale, en particulier avec l'essor des machines logiques à effectuer des syllogismes. Mais il s'est épanoui surtout depuis la publication en 1930 de *Brain* (« Cerveau »), pièce en trois actes de Lyonel Britton introduisant, sans doute pour la première fois, l'idée d'un « cerveau » de type électronique : « Une chose froide, obscure, morte, rampant sur le monde. Tout le savoir de l'humanité était fourni au cerveau, où il faisait l'objet de combinaisons grâce à des connexions logiques, si bien que le cerveau pouvait donner des réponses, objectives, sans trace d'émotion, à toutes les questions, y compris les problèmes de morale et de politique. Pendant des siècles, il grandit en puissance de sorte qu'il devint le maître de l'humanité » (M. Gardner [1]).

Depuis la pièce de Britton, on a vu se multiplier de tels cerveaux électroniques géants dans un grand nombre de nouvelles et de romans d'anticipation.

Le mythe du cerveau artificiel n'était cependant pas nouveau. Il était sans doute aussi ancien que l'époque des premiers développements des automates androïdes, comme le montre la légende du fameux *Golem* (automate qui aurait été construit en 1580, et qui aurait reçu le souffle de vie grâce au nom même de Yahwé, par Rabbi Yéhudah ben Loew de Prague) ; légende que l'on retrouvera par la suite dans la tradition d'Hoffmann et des contes fantastiques d'Europe centrale, à laquelle se rattachera d'ailleurs le roman intitulé « Le Golem » de l'écrivain allemand Gustav Meyrink, paru en 1905.

Mais ce fantasme s'était développé tout particulièrement dès 1899, avec la publication des *Fantastic Fables* (« Fables fantastiques ») d'Ambrose Bierce, où, dans l'un de ses contes macabres, il est question d'un terrifiant robot joueur d'échecs qui étrangle son inventeur après avoir perdu la partie.

Le mouvement s'était ensuite amplifié considérablement dès 1921, depuis la première représentation de *RUR* (*Rossum's Universal Robot*), drame d'anticipation de l'écrivain tchèque Karel Čapek (lire : Karel Tchapek), dont l'action se situe dans les temps futurs dans l'île d'un dénommé Rossum (mot tiré du tchèque *rozum,* qui signifie « raison ») où se trouve une fabrique d'ouvriers artificiels, c'est-à-dire de robots (néologisme formé à partir du tchèque *robota,* « travail »), créés par le neveu de Rossum à partir de la matière vivante dont celui-ci détenait le secret...

Mais le mouvement n'atteignit son apogée qu'après la Seconde Guerre mondiale, avec l'avènement des gros calculateurs analytiques. Et cela tout particulièrement lorsque fut construite la très impressionnante machine SSEC, que la compagnie IBM fit exposer dès la fin de 1947 dans les vitrines d'une importante avenue de New York. Ce calculateur, mis hors de fonctionnement en 1952, n'a eu en somme qu'une vie très brève. Ce laps de temps fut toutefois largement suffisant pour exercer sur le public une très forte impression psychologique. Des milliers de curieux se pressaient en effet chaque jour devant les vitrines de l'exposition pour regarder clignoter les multiples lampes du calculateur. D'où de nombreux articles à sensation dans la presse américaine et internationale, ainsi que plusieurs reportages dans les films d'actualité, qui ne manquèrent pas de susciter à l'époque des émotions fortes au sein du public non averti.

Le plus curieux est que cette machine continue aujourd'hui à exercer une certaine influence sur les réalisateurs de films de science-fiction, qui usent encore inconsciemment de la vision, aujourd'hui très dépassée, que ce calculateur offrait à l'époque, pour décrire leurs cabines spatiales et leurs immenses salles équipées d'ordinateurs à lampes clignotantes.

En faisant descendre le calcul scientifique artificiel dans la rue, cette grande compagnie avait ainsi, involontairement, contribué au développement du mythe populaire du « cerveau électronique ».

Mais cette compagnie n'a évidemment pas été la seule responsable du développement de ce mouvement lyrique et dangereux : nombre de pionniers de l'informatique naissante y ont pris leur propre part de responsabilité, en tentant d'établir, selon un anthropomorphisme téméraire, un parallèle très étroit entre les circuits des calculateurs électroniques de l'époque avec les cellules nerveuses et les composants neurologiques d'un cerveau vivant.

N'est-ce pas, en effet, le fameux Leslie John Comrie qui, dans un article publié dans l'*American Weekly* du 14 octobre 1944, a employé une expression et émis une réflexion dont les effets ont été plus que désastreux sur l'opinion publique de l'époque ?

« Le robot de Harvard, super cerveau, écrivit-il à propos du *Mark I* et de sa toute petite mémoire à bandes perforées, sera capable de résoudre des problèmes que l'homme n'a aucun espoir d'aborder en physique, en électronique, en structure atomique et même, qui sait, de fournir un jour la solution au problème de l'origine de l'humanité » (!)

On voit donc jusqu'à quel point des vocables mal choisis dès le départ ont conduit à des exagérations et à des affirmations non raisonnées, fondées sur des assimilations qui avaient identifié abusivement la métaphore à la réalité.

L'intelligence relative des machines à ordiner

Notons bien qu'une certaine « intelligence » – limitée certes, en comparaison de l'infinie complexité des activités cérébrales de l'être humain et même de l'animal – a été conférée aux ordinateurs, mais avec, en plus, des performances qui outrepassent les possibilités mêmes des êtres vivants.

Leur supériorité est d'ailleurs évidente sur une multitude d'appareils et de dispositifs artificiels tels que le marteau-piqueur, la machine à écrire ou même l'automobile : instruments et machines que l'homme a, certes, créés dans le but d'être avantageusement remplacé dans l'exécution de certaines tâches particulières, mais qui ne sont après tout que des dispositifs qui prolongent l'action manuelle en obéissant aveuglément aux volontés dictées par le cerveau humain.

Les ordinateurs, en revanche, savent effectuer automatiquement, à partir des données qui leur sont fournies, des opérations qui ont exigé depuis la nuit des temps la mise en œuvre exclusive de la pensée consciente de l'être humain. Ce faisant, ils se substituent à l'homme dans l'accomplissement de certaines tâches intellectuelles, dont le résultat, qui n'est produit que par eux, reste généralement ignoré avant l'achèvement du travail entrepris.

Ils permettent en outre de faire face à des problèmes fort complexes, qui sont très au-delà des capacités physiques de l'être pensant.

Enfin (et c'est peut-être là l'un de leurs grands intérêts sur le plan humain) en déchargeant l'homme du pesant fardeau du calcul et des tâches répétitives et fastidieuses, ils lui permettent de se consacrer plus efficacement à des tâches plus nobles de la pensée, le laissant ainsi tout à ses raisonnements, à ses initiatives et à ses propres décisions.

Mais les limites des ordinateurs sont tout aussi claires : *ils ne savent résoudre que des problèmes de nature algorithmique,* c'est-à-dire ceux, justement, dont la solution n'est exprimable que sous la forme d'un algorithme.

Aussi les ordinateurs ne font-ils que ce qui leur est dicté, dans une stricte obéissance et sans aucun discernement, quel qu'en soit le bien-fondé ou l'absurdité.

Quant aux opérations que ces manœuvres exécutent, ils les effectuent d'une tout autre manière que nous : sans volonté, ni conscience, ni sentiment, ni intuition, ni pensée inductrice (voir p. 753-763).

Proposition d'enrichissement de la langue française

Nous avons donc désormais le moyen de parvenir, dans la langue française, à une terminologie bien adaptée et en parfaite harmonie avec la désignation de l'ordinateur, qui puisse, du coup, rendre compte de la véritable nature algorithmique des machines de ce type[1] ainsi que des activités théoriques et des procédures physiques correspondantes.

Car de même que le mot *ordinateur* – qui implique ainsi une structure calculatoire extrêmement générale – a été substitué au terme très imprécis de « calculateur », les mots *ordiner*, *ordinable*, *ordinabilité* et *ordination* peuvent et doivent remplacer les termes ambigus de « calculer », « calculable », « calculabilité » et « calcul », selon les définitions caractéristiques qui suivent[2] :

1. Nous le devons, d'une part à la présentation structurée de l'histoire universelle du calcul artificiel, telle qu'elle est donnée au chapitre 32 ; d'autre part à l'étude étymologique du début du présent chapitre, et enfin à la définition précise que nous venons de dégager de l'ordinateur selon toutes les considérations développées à l'encadré précédent. Nous verrons plus loin comment, par une étude encore plus élargie, la solution que nous préconisons est parfaitement extensible à l'ensemble des langues d'origine latine et qu'il s'en dégage même une sorte de structure linguistico-algébrique potentiellement applicable à l'ensemble des langues scientifiques du monde.

2. Rappelons qu'intuitivement un *algorithme* est une succession finie de règles élémentaires, régie par une prescription précise et uniforme, permettant d'effectuer pas à pas, dans un enchaînement strict et rigoureux, certaines opérations de type exécutable, en vue de la résolution des problèmes appartenant à une même classe.

Ordiner : verbe signifiant l'action de mettre sous la forme symbolique d'un algorithme.

Ordinable : adjectif exprimant l'état de ce que l'on peut mettre sous la forme symbolique d'un algorithme.

Ordinabilité : nom exprimant la propriété de ce que l'on peut mettre sous la forme symbolique d'un algorithme.

Ordination : nom exprimant l'action de mettre sous la forme symbolique d'un algorithme.

Ces mots seraient donc, en quelque sorte, les équivalents des vocables anglais actuels *to compute, computable, computability* et *computation*, à cette différence près qu'ici le degré de précision et d'adaptabilité serait infiniment supérieur au leur.

Cela nous conduit donc à envisager le problème de l'*ordinabilité* des fonctions mathématiques, qui n'est autre que celui de leur *calculabilité* tel qu'il a été nommé et posé par les logiciens du XXe siècle (voir p. 626 *sq.*).

Une fonction est *ordinable* s'il existe un algorithme approprié qui permette d'en réaliser l'ordination ; autrement dit, un problème est ordinable s'il existe un algorithme conduisant à sa solution.

Or, on sait que toutes les définitions données à la notion d'*algorithme* (celles de Gödel, de Church, de Turing, de Kleene, de Post, de Markov, etc.) aboutissent rigoureusement à la même classe de fonctions mathématiques (à savoir celle des fonctions dites *récursives* ; voir p. 628).

Il va donc de soi que l'opération de l'ordination, telle que nous venons de la définir, est totalement indépendante du choix de la définition adoptée pour la notion d'algorithme.

Aussi (en considérant l'hypothèse de Church, transposée dans cette terminologie, et selon laquelle toute fonction ordinable est récursive, et inversement) l'ordination définit-elle une classe particulière de fonctions. Elle détermine par conséquent une certaine classe de problèmes, caractérisée justement par un même algorithme.

Ce qui veut dire que l'énoncé d'un algorithme doit délimiter très exactement la *classe* de problèmes à laquelle il correspond, et comporter toutes les règles et les *étapes élémentaires* nécessaires, afin de permettre une résolution certaine des problèmes correspondants.

Il est donc évident que, par leur caractère d'*automates algorithmiques universels*, les ordinateurs, même s'ils sont capables d'aborder une très vaste catégorie de problèmes, *ne savent résoudre que des problèmes de type ordinable.*

Autrement dit, le but d'une ordination est d'élaborer l'ensemble des règles d'un algorithme pour permettre la résolution des problèmes d'une même classe. L'ordination d'un problème, c'est donc aussi une *opération*, non pas un processus intellectuel indéfini visant à résoudre des problèmes de toutes natures, mais une activité dont l'objet est de résoudre des problèmes de type algorithmique, et seulement de ce type-là.

Et comme une opération, c'est l'application d'un opérateur à ses opérandes, l'ordination est donc bien un « calcul », conformément au sens et à l'étymologie précisés ci-dessus. Mais il s'agit d'un calcul purement symbolique : c'est le calcul le plus général et le plus abstrait qui soit. En le désignant par le terme propre d'*ordination*, on permet donc de le distinguer de tous les calculs ordinaires, dont le degré de généralité est éminemment inférieur.

Le sens extrêmement précis que nous venons de donner à ce terme exprime donc à la fois l'acte d'élaborer des procédures à mettre en œuvre en vue de l'exécution de l'*opus,* c'est-à-dire de l'« ouvrage » proposé, et, par extension, l'acte même de la mise en œuvre des procédures ainsi méthodiquement ordonnées à l'obtention du résultat correspondant au but poursuivi.

Autant dire qu'un concept est *ordinationnel* s'il est adapté aux opérations logiques et rationnelles de l'ordination.

Quant à une opération, elle est dite *ordinatoire* si elle est de nature algorithmique.

Ordiner un problème, c'est donc non seulement l'action d'exprimer, par une sorte d'analyse préliminaire, la solution de ce problème sous une forme algorithmique (lorsque cela est possible, bien entendu), mais aussi, par extension, celle de la mise en œuvre de l'ensemble des règles ainsi établies pour sa résolution.

Nous en arrivons donc ainsi au problème de la *décidabilité,* que les travaux de Turing avaient mis en rapport direct avec le critère de ce que nous appelons ici l'*ordinabilité* (voir chapitre 32, p. 628).

Rappelons que certains problèmes, pourtant parfaitement « bien posés », peuvent ne relever d'aucun algorithme se terminant en un nombre fini d'opérations. C'est ce que l'on appelle les problèmes *indécidables,* selon la terminologie de l'importante découverte du logicien autrichien Kurt Gödel, réalisée au début des années 1930 sur l'indécidabilité de certaines théories générales axiomatisées (voir chapitre 32, p. 629-630). Et c'est justement pourquoi nous pouvons qualifier ces problèmes de *non ordinables.*

Rappelons aussi cette conséquence de la découverte de Gödel : quelles que soient la valeur et la souplesse d'une théorie générale, il subsisterait toujours des propositions particulières supposées vraies dont on ne pourrait jamais fournir la démonstration.

En d'autres termes, dans des systèmes tels que l'arithmétique, il y a au moins une des propositions qui soit *indécidable,* c'est-à-dire dont on ne puisse démontrer ni la véracité ni la fausseté.

Transposé dans la théorie des ordinateurs, le résultat de Gödel sur l'indécidabilité s'énonce donc ainsi :

Il ne peut exister un programme universel U, qui soit capable de répondre, en un nombre fini d'opérations, à la question suivante (concernant un programme P quelconque) : *le programme P s'arrêtera-t-il au bout d'un nombre fini d'opérations* ?

Cela veut dire qu'il est impossible de concevoir un programme général qui permettrait de prévoir à l'avance si oui ou non la machine arrêtera ses traitements pour un programme P quelconque.

Car si un tel programme existait, en l'appliquant à lui-même on aboutirait à une contradiction logique.

Autrement dit, selon les découvertes de Turing, en assimilant un raisonnement mathématique à une ordination, c'est-à-dire à un processus théoriquement exécutable sur ordinateur, on ne pourrait jamais trouver une séquence logique d'opérations élémentaires suffisamment générale qui permettrait de décider si un théorème donné est démontrable ou non.

Ce problème, n'étant pas exprimable sous la forme d'un algorithme, n'est donc pas ordinable.

La transition étant ainsi faite, nous pouvons étendre la terminologie précédente aux activités physiques de l'ordinateur, en posant ceci par définition :

Ordinatoriser : verbe signifiant l'action de mettre en exécution une procédure algorithmique, c'est-à-dire celle d'exécuter sur ordinateur, et, par extension, celle de soumettre à la direction ou à l'action d'un ordinateur, de manière à modifier, à transformer, à manipuler, etc. (Par exemple : ordinatoriser un problème, un processus, une entreprise, un enseignement, une création, un robot, une conduite, etc.)

Ordinatorisable : adjectif exprimant l'état de ce qui peut être exécuté, manipulé ou conduit sur ordinateur, ou qui peut être gouverné par un ordinateur.

Ordinatorisabilité : substantif exprimant la propriété de ce qui peut être exécuté, manipulé ou conduit sur ordinateur, ou qui peut être gouverné par un ordinateur.

Ordinatorisation : substantif exprimant l'action de mettre en exécution une procédure algorithmique, c'est-à-dire celle d'exécuter sur ordinateur, et, par extension, celle de soumettre à la direction ou à l'action d'un ordinateur, de manière à modifier, à transformer, à manipuler, etc. L'ordinatorisation n'est donc autre que l'exécution physique de l'ordination. C'est en somme l'exécution de l'action d'un calcul symbolique artificiel.

Ces mots seraient donc, en quelque sorte, les équivalents des termes anglais actuels *to computerize, computerizable, computerizability* et *computerization*, mais une fois de plus selon un degré de précision et d'adaptabilité infiniment supérieur au leur.

Or, on remarquera que cette terminologie complémentaire peut être également très utile pour exprimer en termes simples la différence qui existe entre les problèmes décidables et ceux que l'on qualifie habituellement de *traitables* (ou d'*exécutables*) *sur ordinateur*.

Il existe en effet des problèmes dont la solution est, certes, exprimable sous une forme algorithmique, mais qui n'est pas exécutable en pratique sur un ordinateur, en ce sens qu'il n'existe aucun algorithme permettant de parvenir à la solution cherchée sans un nombre prohibitif d'opérations élémentaires.

Un exemple simple est celui de la détermination de l'ensemble total des combinaisons qu'il est possible de former sur un jeu d'échecs : c'est la question du jeu d'échecs généralisé, qui constitue bien un problème ordinable, mais qui, en réalité, n'est pas *ordinatorisable*. Pour résoudre un tel problème, il faudrait en effet un ordinateur muni d'une mémoire ayant les dimensions de l'univers tout entier, en raison du nombre gigantesque des instructions élémentaires du programme correspondant, et à cause de l'immensité du facteur temps nécessité par leur exécution.

C'est pourquoi un problème ordinable ne peut être ordinatorisé par une machine ordinatrice que dans la limite de ses propres capacités physiques.

Rejoignant au passage le terme d'*ordinogramme* (terme adapté et bien structuré désignant la représentation graphique d'un algorithme), la nomenclature ainsi introduite est donc parfaitement extensible à la désignation de plusieurs autres concepts en rapport direct ou indirect avec l'ordinateur (voir p. 699-710).

Et l'on notera que cette même structure terminologique s'adapte fort bien au domaine particulier des calculatrices électroniques portatives (voir chapitre 32, p. 647-652).

En effet :

– tandis que les calculatrices ordinaires des types « quatre opérations », « économique », « statistique », « scientifique » non munies d'un système de programmation, seraient nommées *calculettes élémentaires*, ou tout simplement *calculettes*,

– et alors que les calculatrices munies de la structure de Babbage (c'est-à-dire dotées d'un système de programmation externe) s'appelleraient *calculettes programmables*,

– on pourrait désigner sous le nom de *calculettes ordinatrices* toutes les calculatrices programmables munies d'un programme enregistré, fonctionnant donc au moyen de véritables langages informatiques et donnant la possibilité de créer soi-même de nouvelles fonctions.

Grâce à cette terminologie très précise, on aurait donc ainsi la possibilité de distinguer ces dernières de toutes les autres calculatrices, et de comprendre sans difficulté qu'il s'agit, dans leur cas, de véritables petits ordinateurs spécialisés dans les fonctions du calcul mathématique...

Conditions générales pour parvenir à une excellente désignation de l'ordinateur

En abordant maintenant, à l'échelle internationale, la question relative à la désignation de l'ordinateur et de ses activités théoriques et physiques, il apparaît désormais clairement que pour résoudre ce problème convenablement, il est nécessaire de parvenir à une terminologie qui satisfasse les conditions définies par le tableau de la figure 33.2.

Il faudra donc trouver pour cela une nomenclature parfaitement cohérente et possédant une sémantique en harmonie complète avec la désignation choisie pour la machine ordinatrice.

Aussi faudra-t-il déterminer d'abord une désignation unique pour le concept de l'*ordinateur,* qui corresponde à la fois :

1. A un mot possédant une sémantique réduite à ce seul sens.
2. A un mot complètement sorti du champ lexical courant, dans la langue considérée (son usage devant être complètement désuet pour tous les sens anciens).
3. A un mot dont le champ sémantique serait parfaitement conforme au concept, à la structure, à l'organisation et aux activités caractéristiques des machines ainsi désignées.

Autant dire qu'*une telle nomenclature serait comparable à cette refonte complète du vocabulaire, opérée par les chimistes français de la fin du siècle des Lumières, qui, en remplaçant les vocables vagues et non structurés du langage ordinaire, avaient permis d'exprimer, sans équivoque possible, la constitution des corps chimiques et de les situer rationnellement les uns par rapport aux autres.*

Inutile d'ajouter que cette solution est susceptible de fournir la base à l'élaboration d'une véritable terminologie internationale, adaptable aux particularités de chaque langue considérée et en harmonie parfaite avec toutes les autres langues informatiques du monde.

Proposition de solution au problème terminologique anglo-américain

Or, il est intéressant d'observer que des correspondants des mots français *ordiner, ordinable, ordinabilité, ordination* et *ordinateur* se retrouvent en anglais dans des sens étymologiques parfaitement concordants.

Aussi, plutôt que de continuer à utiliser des termes aussi inadaptés que *computer, computation, computable,* etc., la meilleure solution, pour l'anglais, serait-elle d'adopter le vocabulaire défini par la famille : *ordinator* (pour le sujet), *to ordine* (pour le verbe d'action), *ordinable* (pour l'adjectif d'état), *ordinability* (pour le substantif de la propriété) et *ordination* (pour le substantif de l'action) (voir fig. 33.3).

Et notons bien qu'il ne s'agirait pas là d'emprunts au français, par une sorte d'expansion voulue et de domination culturelle de la langue de Voltaire sur les autres, mais bien de mots authentiquement anglais, attestés chez les auteurs de la plus pure et de la plus belle littérature anglo-saxonne des XVIIe, XVIIIe et XIXe siècles.

Voici d'ailleurs quelques exemples de définitions à l'appui de quelques citations en version originale, d'après des recoupements effectués, pour les sens propres, dans l'*Oxford English Dictionary*, compte tenu aussi des indications fournies par le Smith, le Wyld et le Webster's (cf. fig. 33.6 J).

1. *Ordination* :

« – Arrangement, disposition or methodical arrangement...
« – Arrangements in classes...
« – Disposal in the right place...
« – Classification in orders...
« – Natural sequence or succession...
« – The action or fact of ordaining, ordering, arranging, or disposing in ranks, ... or in numerical series or alphabetic order...
« – The condition of being ordered or arranged...
« – The action or fact of putting in order, of arranging, of making ready, of preparing, of putting in a logical sequence...
« – The action or fact of setting in proper order or position, of keeping in due order...
« – The action or fact of regulating, of governing, of directing, of managing, of conducting...
« – The action or fact of settling the order or course of...
« – The action or fact of setting up something to continue in a certain order...
« – The action or fact of establishing or founding by ordinance...
« – The action or fact of setting up a material structure... or something immaterial or abstract...
« – The action or fact of putting in order for a purpose...
« – The action or fact of ordering, of commanding...
« – The action or fact of determining, of resolving (a problem)...
« – The action or fact of ordering a thing to be made... »

1656 : « I would not have any man think I deliver the forms above for a true and exact *ordination* of names » (Th. Hobbes, *Elements of Philosophy,* éd. 1839, p. 28).

1658 : « Disposing his trees like his armies in regular *ordination* » (Th. Browne, *The Garden of Cyrus,* I, p. 36).

1678 : « Whatsoever has such a Natural *Ordination* to, or Connexion with, the well or ill Being of Mankind » (Norris, *Coll. Misc.*, 1699, p. 184, cit. *Oxf. Engl. Dict.*).

1819-1824 : « The first detachment of three columns took its station, ... the second's *ordination* was also in three columns » (Lord Byron, *Don Juan,* VII, 1).

2. *Ordinable* :

« – Capable of being ordained, ordered, or directed *to* an end, purpose, or destiny » (obsolete).

1677 : « The knowledge... is not much *ordinable* or applicable to the use and benefit of the Man that knows them » (M. Hale, *The Primitive Origination of Mankind*, I, 1, cit. *Oxf. Engl. Dict.*).

3. *Ordinability* :

« – The quality of being ordinable ;

« – The quality or capability of being ordained or directed *to* an end or purpose » (obsolete).

1677 : « That God is the prime efficient cause of the material entitative act of sin, may be demonstrated... from the *ordinability* of all evil to some good » (Gale, *Crt. Gentiles,* IV, 484, cit. *Oxf. Engl. Dict.*).

4. *Ordinator* :

« – One who ordains, orders, regulates, directs, or governs » (obsolete).

1615 : « The wise *Ordinator* of all things » (Th. Adams, *Two Sonnes,* p. 83, cit. *Oxf. Engl. Dict.*).

1615 : « Nature and her Ordinator, God » (Th. Adams, *Enq. Sickness,* II, Wks, 1861, I, 424, cit. *Oxf. Engl. Dict.*)

1680 : « The necessity of an universal *ordinator* of the second causes both to their own ends... and... to that of the Universe » (H. Dodwell, *Two Letters of Advice*, p. 162).

1818 : « His name signified the *Ordinator* or *Regulator*, as it does still in the modern Coptic » (R. P. Knight, *An Inquiry into the Symbolic Language of Ancien Art and Mythology*, 1876, 127).

Ainsi ces mots sont-ils authentiquement anglais, très correctement formés et parfaitement cohérents. Ils possèdent un champ lexical beaucoup plus vaste que celui de la liturgie. Ils sont, pour la plupart, sortis du vocabulaire courant. Et ils sont munis d'une sémantique totalement conforme à la définition générale donnée plus haut, à la structure et à la logique des algorithmes et des ordinateurs.

Comme leurs homologues français, ces mots sont donc parfaitement susceptibles d'engendrer une terminologie cohérente et adaptée à la désignation de l'ordinateur et de ses activités, selon toutes les extensions voulues, comme dans la liste des termes techniques de la figure 33.3.

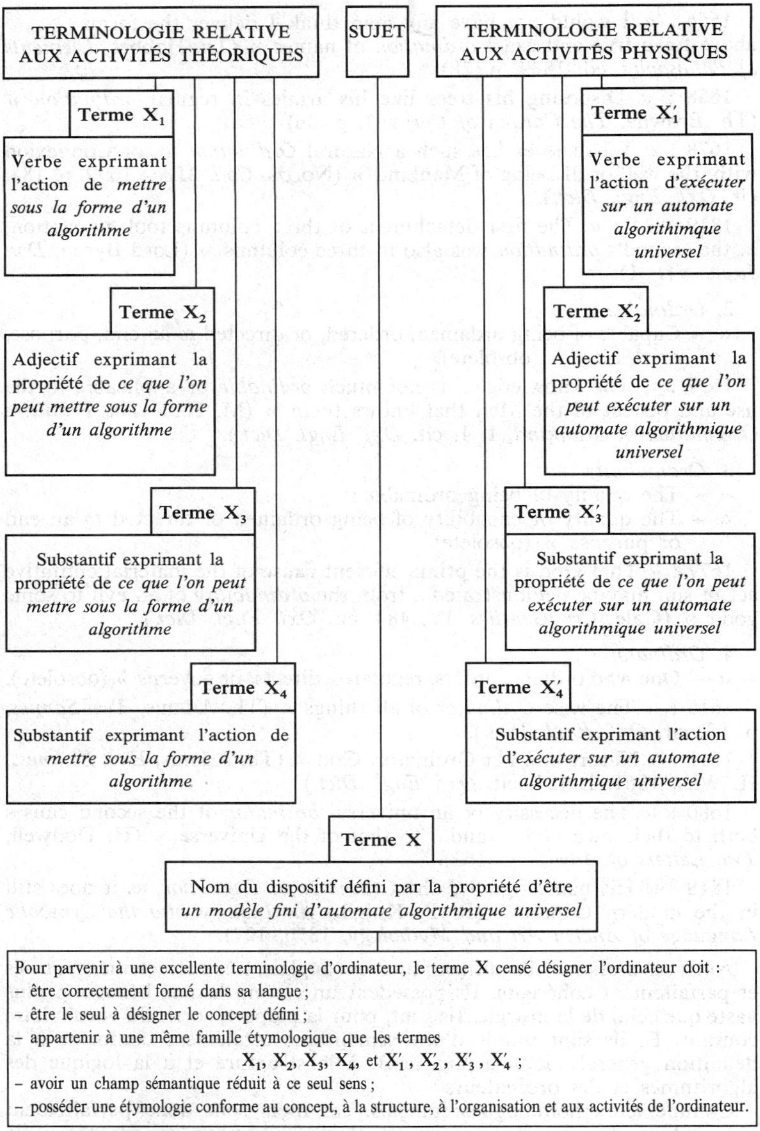

Fig. 33.2 – *Comment désigner correctement l'ordinateur et ses principales activités conformément à une structure langage-pensée rigoureuse.*

TERMINOLOGIE RELATIVE AUX ACTIVITÉS THÉORIQUES	SUJET	TERMINOLOGIE RELATIVE AUX ACTIVITÉS PHYSIQUES
to ordine		to ordinatorize
ordinable		ordinatorizable
ordinability		ordinatorizability
ordination		ordinatorization

Ordinator

Nom du dispositif défini par la propriété d'être un *modèle fini d'automate algorithmique universel.*

TERMINOLOGIE TECHNIQUE DÉRIVÉE

absolute value ordinator	ordinator image processing
adress ordination	ordinator instruction
asynchronous ordinator	ordinator interface unit
compiling ordinator	ordinator language
interactive ordinating	ordinator learning
microordinator	ordinator-limited
ordinating	ordinator network
ordinating amplifier	ordinator operator
ordinating element	ordinator-oriented language
ordinating output microfilm	ordinator programm
ordinating system	ordinator programmer
ordinational research	ordinator run
ordinational stability	ordinator security
ordinator-aided design	ordinator-sensitive language
ordinator-aided instruction	ordinator science
ordinator animation	ordinator simulator
ordinator applications analyst	ordinator system
ordinator-assisted instruction	ordinator typesetting
ordinator center	ordinator word
ordinator circuit	ordinatorized word processing
ordinator classification	ordine mode
ordinator code	ordinogram (ordinator diagram)
ordinator graphics	serial ordinator
ordinator engineering	parallel ordinator
ordinator configuration	ordineuronal machine, etc.

Fig. 33.3. – *Solution préconisée pour le problème terminologique anglo-américain.*

Choix de mots européens ayant la même origine que leurs correspondants français et anglais

FRANÇAIS	ITALIEN	ESPAGNOL	PORTUGAIS
ordiner	ordinare	ordenar	ordenar
ordinable	ordinabile	ordenable	ordenavel
ordinabilité	ordinabilità	ordenabilidad	ordenabilidad
ordination	ordinazióne	ordenación	ordenação
ordinateur	ordinatóre	ordenador	ordenador
ANGLAIS	**ALLEMAND**	**NÉERLANDAIS**	**SUÉDOIS**
ordine (to)	ordinieren	ordineren	ordinera
ordinable	ordinierbar	ordinerbar	ordinerbar
ordinability	Ordinierbarkeit	ordinerbarheit	ordinerbarhet
ordination	Ordination	ordination	ordination
ordinator	Ordinator	ordinator	ordinator

Exemple de définitions en version originale
(Cas de l'italien pour les sens propres non liturgiques, d'après S. Battaglia)

Ordinazióne : « Operazione che ha lo scopo di mettere ordine in una realtà determinata, di sistemarla secondo un criterio prefissato, per lo più funzionale e razionale... Capacità di attuare une fine ; disposizione a operare a un determinato fine o a farvi pervenire altri... Richiamo alla mente, al pensiero... Regolazione modulata... Organizzazione..., ordinamento... Prescrizione di regola... Redazione di una regola... »

Ordinatóre : « Che organizza razionalmente, in modo logico, consequenziale, sistematico, i concetti, i pensieri, le idee e determina un equilibrato rapporto fra le facoltà dell'uomo... Capace di classificare secondo criteri logici le cose... Che governa... Che guida... Che presiede... Che dirige... Che dispone... Che prepara... Che organizza... Che prescrive... Che impartisce un ordine... Che indirizza verso un fine ; che suscita o provoca un determinato effeto ; che costituisce una forza ispiratrice, un punto di riferimento, il suggerimento, la causa di fermenti e di attività intelletuali, culturali, artistiche... Che costituisce il mezzo per attuare una sistemazione metodologica... Classificator, compilatore di un elenco, catalogatore... Numeratore... Progettatore... Costruttore... Che contiene e communica un'ordinanza... Che amministra, che conferisce gli ordini... Che macchina, che trama, che ordisce... Che dispone, che distribuisce con ordine e con armonia di proporzioni e di forme... Che commissiona, che fa esguire un lavoro, un'opera ; che chiede in acquisto un prodotto... »

Fig. 33.4

Proposition de solution aux problèmes terminologiques européens

La solution ainsi préconisée serait d'autant plus intéressante qu'elle serait extensible à l'ensemble des pays européens.

Remarquons en effet que des correspondants des mots ordiner (*to ordine*), ordinable (*ordinable*), ordinabilité (*ordinability*), ordination (*ordination*) et ordinateur (*ordinator*) sont parfaitement attestés aussi, sous des formes semblables, en italien, en espagnol, en portugais, en roumain, et même en allemand, en néerlandais, en danois, en suédois, en norvégien, etc., et qu'ils possèdent tous, dans chacune des langues considérées, des sens étymologiques parfaitement concordants avec ceux de leurs homologues français et anglais respectifs (fig. 33.4 et 33.5 J).

Autant dire que les mêmes solutions qu'en français et en anglais peuvent être appliquées également à l'italien, à l'espagnol, au portugais, au roumain, à l'allemand, au néerlandais, au suédois, au danois, au norvégien, etc. (voir fig. 33.6).

Ainsi, pour l'italien, dont on a déjà montré la complète inadaptation du mot *elaboratore,* il convient d'adopter l'excellente solution offerte par les mots *ordinatóre, ordinare, ordinabile, ordinabilità* et *ordinazione*.

Justification étymologique du vocabulaire précédent : la famille du mot latin « ordinator »

Ces mots proviennent tous, il est vrai, des termes latins de la famille du mot *ordinator.*

Le verbe « ordiner » (comme chacun de ses correspondants, anglais, allemand, italien, espagnol, etc.) dérive en effet d'*ordinare,* « mettre en ordre », qui est issu lui-même d'*ordo, ordinis,* « ordre », « rang », « groupe », « classe », « file (de soldats) », « classe sociale », « succession », « suite », « arrangement », « séquence », « disposition régulière », etc. De même, l'adjectif « ordinable » provient de *ordinabilis,* « ce qui peut être mis en ordre », tandis que le substantif « ordinabilité » dérive de *ordinabilitas,* qui exprime la propriété de « ce qui peut être mis en ordre ». Quant au mot « ordination », il est issu de *ordinatio,* « mise en ordre », « classement », « groupement », « organisation logique », « ordre conforme à la raison », etc.

Et l'on notera que la signification liturgique de ces mots ne s'est formée que tardivement, puisque pour l'« ordination » comprise dans ce sens, on a longtemps employé le mot *consecratio* ou *benedictio* :

+ Iᵉʳ siècle : quid *ordinatio* civilius ? ... quam turpe, si *ordinatio* eversione... mutetur, « Qu'est-ce qui révèle mieux l'homme d'État que l'art d'organiser ? ... quelle honte si au lieu d'organiser on détruit... » (Pline le Jeune, *Epistulae,* 8, 24, 8).

Bref, comme on le verra en consultant les tableaux des figures 33.5 A à 33.5 I (qui fournissent les diverses significations des termes latins dont ces différents mots sont issus, avec, en regard de chaque sens indiqué, le

CHAMP SÉMANTIQUE DES MOTS DE LA FAMILLE DU TERME LATIN D'« ORDINATOR »			
Termes latins	Significations littérales	Auteurs	Siècles
Ordo,	« ordre »	Vitruve	– Ier
ordinis	« rang, ordinal »	Pline I	+ Ier
(nom m.)	« règle, prescription »	Properce	– Ier
	« classe, groupe »	Ovide	– Ier
	« arrangement »	Avianus	– IVe
	« suite, série, file »	Virgile	– Ier
	« commandement »	Tertullien	+ IIe
	« séquence, enchaînement »	Salluste	– Ier

Fig. 33.5 A

Termes latins	Significations littérales	Auteurs	Siècles
Ordinare,	« ordonner »	Martial	+ IIe
ordino	« mettre en ordre »	Ovide	– Ier
(verbe)	« remettre de l'ordre »	Quintilien	+ Ier
	« remettre en ordre »	Apulée	+ IIe
	« régler »	Avianus	+ IVe
	« arranger, classer, grouper »	Térence	+ IIe
	« enchaîner »	Accius	– Ier
	« organiser avec ordre »	St Augustin	+ IVe
	« commander, prescrire »	Salluste	– Ier
	« organiser en vue d'opérer pas à pas »	Tertullien	+ IIe
	« enchaîner point par point »	Horace	– Ier
	« mettre en ordre pour procéder étape par étape »	Cicéron	– Ier
	« procéder en toute logique »	Juvénal	+ IIe
	Dérivés français : *ordiner, ordonner* ; anglais : *to ordine, to ordain* ; italien : *ordinare* ; espagnol : *ordenar* ; portugais : *ordenar* ; allemand : *ordinieren* ; néerlandais : *ordineren* ; suédois : *ordinera* ; danois : *ordinere* (voir fig. 33.5 J).		

Fig. 33.5 B

Termes latins	Significations littérales	Auteurs	Siècles
Ordinate,	« avec ordre »	Vitruve	– Ier
in ordine	« avec régularité »	Tertullien	+ IIe
(adverbe)	« régulièrement »	Auguste	– Ier
	« selon la série »	Suétone	+ Ier
	« en toute logique »	Tite-Live	– Ier
	« point par point, pas à pas »	Cicéron	– Ier

Fig. 33.5 C

CHAMP SÉMANTIQUE DES MOTS DE LA FAMILLE DU TERME LATIN D'« ORDINATOR »			
Termes latins	**Significations littérales**	**Auteurs**	**Siècles**
Ordinabilis (adjectif)	« qui peut être rangé »	Accius	– Ier
	« qui peut être classé »	Suétone	+ Ier
	« qui peut être ordonné »	Vitruve	– Ier
	« qui peut être mis en ordre »	Pline I	+ Ier
	« qui peut être organisé »	Boetius	+ Ve
	« qui peut être gouverné »	Properce	– Ier
	Dérivés français : *ordinable, ordonnable* : anglais : *ordinable* ; italien : *ordinabile* : espagnol : *ordenable* ; portugais : *ordenavel* ; allemand : *ordinierbar* ; néerlandais : *ordinerbar* ; suédois : *ordinerbar* (voir fig. 33.5 J).		

Fig. 33.5 D

Termes latins	Significations littérales	Auteurs	Siècles
Ordinatio (substantif f.)	« bon arrangement »	Vitruve	– Ier
	« mise en ordre »	Suétone	+ Ier
	« prescription ordonnée »	Tertullien	+ IIe
	« organisation ordonnée »	Horace	– Ier
	« disposition conforme »	Salvien	+ Ve
	« arrangement convenable »	Martial	+ Ier
	« arrangement méthodique »	Avianus	+ IVe
	« disposition régulière »	Pline I	+ Ier
	« succession régulière »	Martial	+ Ier
	« distribution régulière »	Cicéron	– Ier
	« oragnisation régulière »	Tite-Live	– Ier
	« disposition rigoureuse »	Pline II	+ Ier
	« ordre conforme à la raison »	St Augustin	+ IVe
	« ordre logique »	St Cyprien	+ IIIe
	« groupement logique »	Térence	+ IIe
	« organisation logique »	Juvénal	+ IIe
	« mise en ordre logique »	Pétrone	+ Ier
	« mise en ordre pour un procédé étape par étape »	Cicéron	– Ier
	« transmission d'un ordre »	Stace	+ Ier
	« exécution des ordres »	Salluste	– Ier
	Dérivés français : *ordination, ordonnation* ; anglais : *ordination* ; italien : *ordinazióne* ; espagnol : *ordenación* ; portugais : *ordenação* ; allemand : *Ordination* ; néerlandais : *ordination* ; suédois : *ordination* ; danois : *ordination* ; norvégien : *ordination* (voir fig. 33.5 J).		

Fig. 33.5 E

Termes latins	Significations littérales	Auteurs	Siècles
ordinatus (adjectif)	« ordonné » « régulier »	Sénèque Apulée	+ Ier + IIe

Fig. 33.5 F

Termes latins	Significations littérales	Auteurs	Siècles
Ordinativus (adjectif)	« qui marque l'ordre » « qui marque la succession »	Tertullien Tertullien	+ IIe + IIe

Fig. 33.5 G

Termes latins	Significations littérales	Auteurs	Siècles
Ordinator (nom m.)	« celui qui règle » « celui qui met en ordre » « celui qui met de l'ordre » « celui qui organise » « celui qui régule » « celui qui ordonne » « Ordonnateur [= Dieu] » « celui qui commande » « celui qui gouverne » « celui qui donne des ordres » « celui qui prescrit des instr. »	Sénèque Apulée Suétone Salluste Pline I Vitruve St Jérôme Cicéron Horace Tertullien Lucilius	+ Ier + IIe + Ier − Ier + Ier − Ier + IVe − Ier − Ier + IIe + Ier
	Dérivés français : *ordinateur, ordonnateur* ; anglais : *ordinator* ; italien : *ordinatore* ; espagnol : *ordenadór* ; portugais : *ordenador* ; allemand : *Ordinator* ; néerlandais : *ordinator* ; suédois : *ordinator.*		

Fig. 33.5 H

Références aux œuvres latines

Accius, *Prometheus* ; Apulée, *Metamorphoseon libri* ; Auguste, *Res Gestae divi Augusti* ; Augustin (St), *De Ordine* ; Avianus, *Fabulae* ; Boetius, *De institutione musica* ; Cicéron, *De inventione* ; Cicéron, *De divinatione* ; Cicéron, *De legibus* ; Cyprien (St), *Ad Novatianum* ; Horace, *Ars poetica* ; Horace, *Epistolae* ; Jérôme (St), *Vulgata...* ; Juvénal, *Saturae* ; Lucilius, *Saturae* ; Macrobe, *Saturnalia* ; Martial, *Epigrammata* ; Ovide, *Ars amatoria* ; Pétrone, *Satiricon* ; Pline I (l'Ancien), *Naturalis Historia* ; Pline II (le Jeune), *Epistulae* ; Properce, *Elegiarum libri* ; Quintilien, *Institutio oratoria* ; Salluste, *Historiae* ; Salvien, *De gubernatione Dei* ; Sénèque (le Philosophe), *De Providentia* ; Stace, *Achilleis* ; Suétone, *De viris illustribus* ; Suétone, *De grammaticis et rhetoribus* ; Térence, *Eunuchus* ; Tertullien, *Apologeticum* ; Tertullien, *De anima* ; Tite-Live, *Ab Urbe condita libri* ; Virgile, *Bucolica* ; Vitruve, *De architectura*.

Fig. 33.5 I

SOURCES DES ÉTYMOLOGIES

Pour le latin classique :

R. Estienne, *Thesaurus Linguae Latinae*, Lyon, 1573 ; A. Ernout et A. Meillet, *Dictionnaire étymologique de la langue latine*, Klincksieck, Paris, 1939 ; F. Gaffiot, *Dictionnaire illustré latin-français*, Hachette, Paris.

Pour le latin postclassique :

B. Blaise, *Dictionnaire latin-français des auteurs chrétiens*, revu et enrichi par H. Chirat, Brepols, Turnhout, 1954.

Pour le latin médiéval :

B. Blaise, *Dictionnaire latin-français des auteurs du Moyen Age*, Brepols, Turnhout, 1975 ; C.-D. Du Cange, *Glossarium and scriptores mediae et infimae latinitatis*, Paris, 1678 (rééd. Paris, 1937-1938).

Pour le français :

O. Bloch et W. von Wartburg, *Dictionnaire étymologique de la langue française*, 5e éd., 1968 ; *Grand Larousse de la langue française*, 6 vol., Larousse, Paris, 1971 ; P. Robert, *Dictionnaire alphabétique et analogique de la langue française*, 2e éd. revue et enrichie par A. Rey, Paris, 1985 ; E. Littré, *Dictionnaire de la langue française*, Gallimard-Hachette, Paris, 1971.

Pour l'anglais :

The Oxford English Dictionary, A New English Dictionary on Historical Principles, founded on the materials collected by the Philological Society, Clarendon Press, Oxford, 1933, et éd. 1961 ; W. Smith, *A Latin-English Dictionary*, John Murray, Londres, 1851 (1re éd.), 1926 (25e éd.) ; Webster's *Ninth New Collegiate Dictionary*, Merriam-Webster Inc., 1984 ; Webster's *New World Dictionary of Computer Terms* (sous la dir. de L. Daruy et L. Boston), Simon and Schuster Inc., New York, 1986 ; H. C. Wyld, *The Universal Dictionary of the English Language*, Routledge and Kegan Paul Ltd, Londres 1953.

Pour l'italien classique :

S. Battaglia, *Grande Dizionario della lingua italiana*, Turin, 1961 s.

Pour l'espagnol :

J. Corominas, *Diccionario crítico etimológico de la Lengua Castellana*, Francke, Berna.

Pour l'allemand :

J. Grimm et W. Grimm, *Deutsches Wörterbuch*, Verlag von S. Hirzel, Leipzig, 1889 ; G. Wahrig, *Deutsches Wörterbuch*, Brockhaus Wiesbaden, Deutsche Verlags Austalt., Stuttgart, 1982.

Pour le suédois :

Ordbok över Svenska språket, utgiven av svenska Akademien, Lund, Lindstedts univ.-Bokhandel, 1952 ; T. Hammar, *Svensk-Fransk Ordbok*, Esselte Studium, Herzogs, Nacka, 1976.

Pour le danois :

A. Blinkenberg et M. Thiele, *Dansk-Fransk Ordborg*, H. Hagerup, Copenhague, 1937 ; V. Dahlerup, *Ordbog over det Dansk Sprog*, Gyldendalske Boghandel, Nordisk Forlag, Copenhague, 934 ; A. Kroge, H. Schou, J. Windelfels-Hansen et H. Schelde, *Fransk-Dansk Ordborg*, Hagerup, Copenhague, 1964.

Pour le norvégien : T. Knudsen et A. Sommerfelt, *Norsk Riksmålsordbok*, Forlagt, av. H. Aschehoug & Co, Oslo, 1947.

Fig. 33.5 J

nom et l'époque de l'auteur latin qui en a fait usage), les idées suivantes sont très clairement exprimées dans cette famille latine (voir fig. 33.5 J) :

1. ***L'idée de suite, de série et de succession :***
– en tant que nom de notion : *ordo, ordinis,* « file, suite, série, succession » ;
– en tant qu'adverbe : *ordinate, in ordine,* « selon la série, suivant la succession » ; *ordinarie,* « successivement » ;
– en tant qu'adjectif : *ordinativus,* « qui marque la succession ».

2. ***L'idée d'ordre et d'ordonnation :***
– en tant que nom de notion : *ordo, ordinis,* « ordre » ;
– en tant que verbe : *ordinare, ordino,* « ordonner, mettre en ordre, remettre de l'ordre » ;
– en tant qu'adverbe : *ordinate, in ordine,* « avec ordre » ;
– en tant qu'adjectif : *ordinabilis,* « qui peut être mis en ordre, qui peut être ordonné », « qui est ordonnable » ;
– en tant que substantif exprimant une action ou le résultat d'une action : *ordinatio,* « mise en ordre, ordonnation » ;
– en tant que substantif désignant un sujet : *ordinator,* « celui qui met en ordre, qui met de l'ordre, qui ordonne ».

3. ***L'idée de classement, de groupement et d'arrangement :***
– en tant que nom de notion : *ordo, ordinis,* « classe, groupe » ;
– en tant que verbe : *ordinare,* « arranger, classer, grouper » ;
– en tant qu'adjectif : *ordinabilis,* « qui peut être rangé, qui peut être classé » ;
– en tant que substantif exprimant une action ou le résultat d'une action : *ordinatio,* « arrangement, classement, groupement ».

4. ***L'idée de rang dans un ensemble hiérarchisé :***
– en tant que nom de notion : *ordo, ordinis,* « rang, ordinal » ;
– en tant que verbe : *ordinare, ordino,* « assigner un rang, affecter d'un ordinal, numéroter » ;
– en tant qu'adverbe : *ordinate, in ordine,* « selon le rang » ;
– en tant que substantif exprimant une action ou le résultat d'une action : *ordinatio,* « assignation d'un ordinal ».

5. ***L'idée de règle, de prescription et de distribution :***
– en tant que nom de notion : *ordo, ordinis,* « règle, prescription » ;
– en tant que verbe : *ordinare, ordino,* « régler, disposer » ;
– en tant qu'adjectif : *ordinabilis,* « qui peut être prescrit » ;
– en tant que substantif exprimant une action ou le résultat d'une action : *ordinatio,* « disposition, distribution, prescription » ;
– en tant que substantif désignant un sujet : *ordinator,* « celui qui règle, qui régit, qui dispose, qui distribue ».

6. ***L'idée d'organisation, de hiérarchisation et de régulation :***
– en tant que nom de notion : *ordo, ordinis,* « bon ordre » ;
– en tant que verbe : *ordinare,* « organiser avec ordre, prescrire » ;
– en tant qu'adverbe : *ordinate, in ordine,* « avec régularité, régulièrement » ; *ordinabiliter,* « en due forme » ;
– en tant qu'adjectif ; *ordinarius,* « conforme à la règle » ; *ordinatus* « régulier » ; *ordinabilis,* « qui peut être organisé » ;

– en tant que substantif exprimant une action ou le résultat d'une action : *ordinatio,* « prescription ordonnée, distribution régulière, disposition conforme, disposition rigoureuse, organisation ordonnée, mise en disposition régulière, arrangement convenable » ;
– en tant que substantif désignant un sujet : *ordinator,* « organisateur, celui qui règle, celui qui régule, régulateur ».

7. ***L'idée d'enchaînement :***
– en tant que nom de notion : *ordo, ordinis,* « enchaînement » ;
– en tant que verbe, *ordinare, ordino,* « enchaîner, relier étape après étape, enchaîner point par point ».

8. ***L'idée de séquence :***
– en tant que nom de notion : *ordo, ordinis,* « suite, série, file, séquence » ;
– en tant que verbe : *ordinare, ordino,* « organiser en vue de procéder étape par étape, d'opérer pas à pas », « mise en ordre pour effectuer une opération étape après étape » ;
– en tant que substantif exprimant une action ou le résultat d'une action : *ordinatio,* « organisation préliminaire à un procédé étape par étape, à une séquence étape par étape, à un enchaînement point par point ».

9. ***L'idée d'ordre, d'instruction et de commande :***
– en tant que nom de notion : *ordo, ordinis,* « ordre, commandement, injonction » ;
– en tant que verbe : *ordinare,* « ordonner, prescrire, commander » ;
– en tant qu'adjectif : *ordinabilis,* « qui peut être ordonné, qui peut être gouverné, qui est gouvernable » ;
– en tant que substantif exprimant une action ou le résultat d'une action : *ordinatio,* « transmission d'un ordre, exécution des ordres » ;
– en tant que substantif désignant un sujet : *ordinator,* « celui qui ordonne, qui donne des ordres, qui gouverne, qui commande, qui préside, qui prescrit des instructions ».

10. ***L'idée d'ordonnancement et (implicitement celle) d'algorithme :***
– en tant que nom de notion : *ordo, ordinis,* « prescription, règle, enchaînement, séquence, étape par étape, pas à pas, point par point, ordre logique, ordre conforme à la raison, groupement logique » ;
– en tant que verbe : *ordinare, ordino,* « ordonner, mettre en ordre, assigner un rang, régler, arranger, classer, grouper, disposer, organiser avec ordre, prescrire, enchaîner, relier étape après étape, procéder étape par étape, opérer pas à pas, prescrire une opération à effectuer étape après étape, procéder en toute logique » ;
– en tant qu'adjectif : *ordinabilis,* « qui peut être mis en ordre, qui peut être ordonné, qui peut être organisé, qui peut être prescrit, qui peut être rangé, qui peut être classé » ;
– en tant que substantif exprimant une action ou un résultat : *ordinatio,* « mise en ordre, assignation d'un rang, prescription ordonnée, distribution régulière, disposition conforme, disposition rigoureuse, organisation ordonnée, disposition régulière, arrangement convenable, procédé étape par étape, mise en ordre logique, organisation logique, opération pas à pas, prescription ordonnée d'une opération à effectuer étape par étape ».

11. ***L'idée de logique :***
– en tant que nom de notion : *ordo, ordinis,* « ordre conforme à la raison, ordre rationnel » ;
– en tant que verbe : *ordinare, ordino,* « procéder en toute logique » ;
– en tant qu'adverbe : *ordinate, in ordine,* « en toute logique, logiquement, rationnellement » ;
– en tant que substantif exprimant une action ou le résultat d'une action : *ordinatio,* « ordre logique, ordre conforme à la raison, groupement logique, mise en ordre logique, organisation logique ».

Une sémantique parfaitement conforme aux concepts de l'ordinateur

En revenant au domaine de l'informatique, on constate donc bien que les diverses significations qui viennent d'être ainsi dégagées de la famille du mot latin *ordinator* sont très clairement mises en œuvre dans les machines que l'on appelle justement les « ordinateurs », puisque l'on y trouve toutes les idées suivantes à la fois :

1. ***L'idée de suite, de série et de succession***
L'ordinateur est en effet capable de recevoir, d'interpréter, de transformer et de garder en mémoire des *chaînes* de symboles, c'est-à-dire des *suites* formées de représentations matérielles de différentes sortes (chiffres, caractères, signes les plus divers), à condition bien sûr d'avoir été programmé par une *série* d'instructions bien déterminées.

2. ***L'idée d'ordre et d'ordonnation***
En effet, les ordinateurs *ordonnent* l'information qu'ils reçoivent, en lui faisant subir toutes sortes de transformations (tris, classements, fusions, calculs, etc.), avant de lui donner la forme d'un résultat. Autrement dit, ce sont des *machines ordonnatrices d'informations.* Et c'est justement en cela que l'on peut dire que les ordinateurs effectuent du traitement de l'information, mais dans le sens le plus général du terme, ces opérations ayant pour objet de donner aux informations ainsi ordonnées une forme directement utilisable en compréhension, ou encore synthétiquement, graphiquement, en transmission, etc.

3. ***L'idée de classement, de groupement et d'arrangement***
L'idée de classement ou de groupement est celle que l'on met en application dans les opérations de *tri*, par exemple lorsqu'on répartit des articles en groupes suivant des règles établies. D'une manière générale, une telle opération consiste à classer un ensemble d'informations de telle manière que, lorsqu'on énumère tous les éléments envisagés suivant une certaine succession, une *relation d'ordre* (inférieur, supérieur, etc.) se trouve systématiquement vérifiée pour tout couple d'éléments *se succédant* dans l'*ordre* adopté.

Quant à l'idée d'arrangement, on la retrouve dans le traitement même des données : en effet, l'ordinateur, lorsqu'il reçoit des données (c'est-à-dire des représentations sous formes de chaînes de caractères), opère sur elles des transformations en modifiant l'agencement des chaînes correspondantes pour en faire de nouvelles chaînes de caractères. Autrement dit, la machine dispose les données reçues suivant d'autres arrangements, avant même de livrer les nouvelles représentations sous forme de résultats.

Notons que l'idée de *classe* se retrouve également dans le domaine de la programmation, du fait que chaque programme constitue une méthode de résolution d'une certaine *classe de problèmes.*

4. ***L'idée de rang dans un ensemble hiérarchisé***

Cette idée, qui est par exemple celle de l'affectation d'un rang, n'est autre que l'assignation d'un *ordinal,* c'est-à-dire celle du numérotage. Elle consiste à attribuer un numéro (nombre à un ou à plusieurs chiffres) à chacun des éléments d'un ensemble donné.

Dans un ordinateur, elle se trouve généralisée par celle de l'*adresse,* suite de caractères (constituant un nom, un label ou un numéro) qui permet d'identifier (pour un mot, une page, une piste de disque, etc.) un emplacement dans une mémoire ou dans tout autre ensemble d'éléments physiques supportant l'information.

5. ***L'idée de règle, de prescription et de distribution***

Cette idée se retrouve notamment dans l'établissement du *code,* ensemble de *règles précises* permettant de représenter les informations d'une manière biunivoque sous une forme discrète, c'est-à-dire sous la forme de suites de symboles représentant des lettres, des chiffres ou des signes divers. On la retrouve aussi dans les opérations de *codage,* qui consistent à représenter un ensemble d'informations à l'aide d'un code, ce qui revient à assurer une *distribution* de mots, de nombres ou de suites de signes aux diverses informations considérées.

On la retrouve également dans un *distributeur* (en anglais : *dispatcher*), programme fonctionnel dont l'objet est d'allouer du temps de processeur (c'est-à-dire de l'organe interpréteur et exécuteur d'instructions) aux tâches ou aux travaux prêts à être exécutés.

Notons enfin que dans le concept de l'ordinateur l'idée de règle s'affirme de l'une ou l'autre des deux manières suivantes :

– d'abord en tant que *règle impérative* prescrivant la marche à suivre pour l'obtention d'un résultat ; et c'est de ce type de règle qu'il s'agit lorsqu'on élabore un algorithme de résolution d'une classe de problèmes ;

– et ensuite en tant que *règle directive* indiquant comment s'y prendre pour assurer un bon résultat ; et c'est de ce type de règle qu'il s'agit lorsqu'on cherche à optimiser un programme lors de son élaboration.

6. ***L'idée d'organisation, de hiérarchisation et de régulation***

L'idée d'organisation est exprimée dans celle de *structure,* qui n'est autre qu'une manière d'organiser et de représenter les informations reçues ou traitées. En langage de programmation, la même idée est mise en œuvre dans la *hiérarchisation* des données, qui vise à coordonner les informations en vue de l'obtention du résultat.

Mais il y a aussi l'idée de régularité, qui est évidemment le fait d'être conforme à la *règle,* en l'occurrence celle du fonctionnement interne de la machine et celle de son *rythme régulier.* C'est également le fait d'être conforme aux ordres donnés par les instructions et aux règles et aux *prescriptions* dictées par les algorithmes fournis à la machine sous forme de programmes.

Or, qui dit « rythmer », dit aussi *réguler*, surtout lorsqu'il s'agit du fonctionnement de la machine, qu'exprime en effet la notion de *régulateur* : et c'est justement cette possibilité d'*autorégulation* que possède l'ordinateur, puisqu'il est doué de l'aptitude à « régulariser son action par le jeu des écarts mêmes de cette action » (P. de Latil, *La Pensée artificielle,* p. 54). Autrement dit, l'ordinateur, sans l'intervention d'un régulateur externe, est capable d'assurer lui-même la régularité de son fonctionnement par *rétroaction* (ou *feedback*) de l'effet sur la cause.

7. ***L'idée d'enchaînement***

C'est l'idée exprimée par le *chaînage,* par exemple, qui correspond non seulement à la méthode de mémorisation dans laquelle chaque enregistrement contient une zone indiquant l'adresse de l'enregistrement suivant, mais aussi à la méthode d'exploitation dans laquelle le traitement d'un élément prépare le traitement de l'élément suivant.

8. ***L'idée de séquence***

L'ordinateur est, en effet, une machine séquentielle, procédant donc étape par étape, c'est-à-dire par séquences d'opérations élémentaires. Mais à l'opposé de toutes les machines munies de cette propriété, la séquentialité de l'ordinateur est généralisée (voir p. 681 *sq.*).

L'idée de séquence est aussi celle d'une suite d'informations régie par la succession des emplacements physiques qui la contiennent.

9. ***L'idée d'ordre, d'instruction et de commande***

Dans un ordinateur, cette idée se manifeste par l'action qui consiste à donner un *ordre* à l'ensemble ou à une partie de la machine.

Rappelons en effet que l'*exécution* d'une opération élémentaire d'un traitement est *ordonnée* par une *instruction,* qui est elle-même exprimée sous la forme d'une suite de symboles selon les règles du code de base que la machine peut interpréter et exécuter. La séquence des instructions nécessaires à l'exécution d'un traitement constitue le programme. Les instructions sont interprétées et communiquées à l'*organe de commande* (ou unité de contrôle) qui transmet les *ordres* correspondants à l'organe de traitement et à la mémoire pour déclencher aussitôt les diverses opérations voulues. On voit donc comment l'idée d'ordre et de commande est exprimée ici par les instructions, appelées justement des *ordres* ; ce ne sont autres que des suites de symboles, qui deviennent *exécutoires* aussitôt après leur transfert dans les *circuits de commande* de l'ordinateur.

Autrement dit, *l'instruction de programme est une information ordinatrice et ordonnatrice, faisant de l'ordinateur une machine ordinante.*

On notera par ailleurs que, si l'organe de traitement est l'*ordonnateur* des informations qui entrent et circulent à l'intérieur de la machine, l'organe de commande, lui, est l'*ordonnateur* des instructions destinées à être exécutées par la machine ; c'est lui qui *commande,* qui *gouverne,* qui *ordonne,* qui *supervise* et qui *prescrit des instructions* pour l'exécution des séquences prévues par les programmes fournis à l'ordinateur.

10. ***L'idée d'ordonnancement et d'algorithme***

En tant qu'automate algorithmique universel, l'ordinateur est en effet une machine capable de résoudre une très vaste catégorie de problèmes : ceux, justement, dont la solution est exprimable sous une forme algorithmique.

Or, c'est précisément au travers du concept de l'algorithme que l'on retrouve l'idée d'ordonnancement, ainsi que toutes celles que nous venons de passer en revue : *succession*, *règle*, *prescription*, *enchaînement pas à pas*, problèmes appartenant à une même *classe*, etc.

D'ailleurs, l'idée de l'ordonnancement, n'est-ce pas aussi une autre manière d'exprimer l'idée de la *programmation ordinatrice* ?

Quant à la notion de programme, n'est-ce pas aussi la traduction, en langage compréhensible par la machine, d'un algorithme de résolution d'une classe de problèmes ? C'est en effet un algorithme fourni à la machine sous la forme d'une séquence d'instructions qui lui définit l'enchaînement strict des opérations élémentaires à exécuter.

11. ***L'idée de logique***

La logique, dans le sens classique du terme, c'est ce qui appartient communément au *langage rationnel* des humains ou qui relève d'un processus intellectuel conforme aux lois de la *pensée rationnelle*.

Mais c'est aussi l'art de raisonner et de réfléchir sur la pensée spontanée et d'établir les formes du *discours rationnel*. Il s'agit donc de la discipline qui se fixe pour objet la détermination des procédés généraux d'établissement et de démonstration de la vérité dans les différents domaines du savoir.

Dans la pensée mathématique contemporaine, une logique consiste en un système hypothético-déductif qui part d'un groupe d'axiomes arbitrairement choisis, indépendamment de leur véracité et de leur réalité matérielle, ceux-ci n'étant soumis qu'à l'obligation de satisfaire le critère de la cohérence interne. La logique mathématique est donc, de ce point de vue, une *théorie du raisonnement abstrait*, qui permet alors d'accéder au *calcul symbolique*, mais qui exclut de la sorte tout processus psychologique mis en œuvre dans les logiques ordinaires (voir chapitre 32, p. 601-631).

Et c'est justement de ce type de calcul qu'exécutent les ordinateurs. Quant à la logique la plus élémentaire qui y est mise en œuvre, c'est celle qui a été développée après les travaux de Boole sous la forme d'une algèbre binaire (ou *calcul logique à deux valeurs*) et d'une théorie des relations et de la quantification.

Dans un ordinateur, les *fonctions logiques* sont : l'inclusion (ou « implication ») ; la disjonction (fonction « *ou* », ou « addition logique », appelée encore « réunion ») ; la conjonction (fonction « *et* », ou « multiplication logique », appelée encore « intersection ») ; l'inversion (fonction « *non* », ou « négation logique », appelée encore « complémentation ») ; l'exclusion (fonction « *ou* exclusif », ou « différence symétrique ») ; etc. Ces diverses fonctions ne peuvent prendre qu'un nombre fini de valeurs (par exemple 0 et 1, dans le cas d'un ordinateur binaire).

Notons aussi que la logique mise à contribution dans les ordinateurs électroniques n'est autre que celle qui met en application des *circuits logiques* et des composants susceptibles d'effectuer des *opérations logiques* élémentaires, et donc de réaliser matériellement les fonctions logiques précédentes.

Aussi une *machine logique* est-elle un ensemble complet de circuits logiques mis en association avec des systèmes d'enregistrement appelés mémoires et des moyens de communication avec l'homme appelés unités d'entrée/sortie. Les dispositifs d'*entrée* et *sortie* permettent en effet à une telle machine de maintenir le contact avec le milieu extérieur à partir d'un langage préétabli, l'entrée convertissant en informations codées les données introduites, tandis que la sortie fournit à ce même milieu extérieur des informations exploitables de diverses manières.

Et c'est en cela que l'ordinateur est une machine logique capable d'exécuter toutes sortes de calculs logiques, selon des relations de nature symbolique. D'où l'idée de *conception* ou de *structure logique* d'un ordinateur, qui désigne, soit la détermination, sous forme d'une étude théorique préalable des fonctions logiques à y mettre en œuvre, soit la configuration fonctionnelle de la logique réalisée dans l'ordinateur envisagé.

Isomorphisme langage-pensée garantissant la légitimité totale des vocabulaires proposés

Cela justifie donc pleinement l'ensemble de nos propositions en garantissant du coup leur totale légitimité, de n'importe quel point de vue (fig. 33.6).

Tout argument contraire à l'adoption de tels vocabulaires à l'échelle internationale trouvera donc ici sa pierre d'achoppement, car il ne saurait exister de meilleure terminologie.

Philosophiquement, l'idée est d'ailleurs fort intéressante, puisque, là aussi, une synthèse extraordinaire, d'ordre sémantique cette fois, aura été opérée après plusieurs siècles d'histoire pour parvenir aux concepts de l'ordinateur. Et de fait, il y aura eu synthèse des idées exprimées justement par tous les mots de la famille étymologique du terme latin de l'*ordinateur*.

Il est vrai que le langage fournit à l'esprit tous les leviers nécessités par ses réflexions et ses progressions. Notons d'ailleurs que « dans la vie de la pensée, c'est toujours dans les vieilles outres du langage qu'il faut mettre le vin nouveau de l'esprit » (F. Gonseth [3], p. 43). Ce qui veut dire, à l'adresse de tous les hésitants, comme de tous les traditionalistes agrippés à leurs vocables inadaptés, que « remplir un mot ancien d'un sens nouveau, dont l'usage ou la vétusté l'avaient vidé..., ce n'est pas innover, c'est [surtout] rajeunir. On enrichit les langues en les fouillant » (J. Joubert, *Pensées*, p. 200). Or, c'est exactement ce que nous avons fait dans le cadre du présent chapitre, l'objectif visé étant, non pas celui d'apporter une contribution à une seule langue, mais – ambition suprême – à toutes les langues scientifiques du monde.

Voie de solution pour les langues d'origine non latine

Notons, du reste, que même dans le cas des langues qui ne dérivent pas du latin on peut trouver une excellente solution, puisque la structure linguistique, dégagée à figure 33.3 est applicable non seulement aux langues d'origine latine ou ayant eu un rapport avec elle, mais aussi à toute autre langue, de l'arabe au japonais, et de l'hébreu au farsi, au coréen, au hongrois, au finnois, au grec ou au chinois.

Il suffit pour cela d'y chercher une famille de termes possédant une étymologie conforme au concept, à la structure, à l'organisation et aux

	ANGLAIS	
ordine (to)		ordinatorize (to)
ordinable		ordinatorizable
ordinability	ordinator	ordinatorizability
ordination		ordinatorization
	FRANÇAIS	
ordiner		ordinatoriser
ordinable		ordinatorisable
ordinabilité	ordinateur	ordinatorisabilité
ordination		ordinatorisation
	ITALIEN	
ordinare		ordinatorizare
ordinabile		ordinatorizabile
ordinabilità	ordinatóre	ordinatorizabilità
ordinazióne		ordinatorizaziòne
	ESPAGNOL	
ordenar		ordenadorizar
ordenable		ordenadorizable
ordenabilidad	ordenador	ordenadorizabilidad
ordenación		ordenadorización
	PORTUGAIS	
ordenar		ordenadorizar
ordenavel		ordenadorisavel
ordenabilidad	ordenador	ordenadorisabilidad
ordenação		ordenadorisação
	ALLEMAND	
ordinieren		ordinatorisieren
ordinierbar		ordinatorisierbar
ordinierbarkeit	ordinator	ordinatorisierbarkeit
ordinierung[1]		ordinatorisierung
	NÉERLANDAIS	
ordineren		ordinatoriseren
ordinerbar		ordinatoriserbar
ordinerbarheit	ordinator	ordinatoriserbarheit
ordinereng[1]		ordinatorisereng
	SUÉDOIS, DANOIS ET NORVÉGIEN	
ordinera		ordinatorisera
ordinerbar		ordinatoriserbar
ordinerbarhet	ordinator	ordinatoriserbarhet
ordinering[1]		ordinatorisering

Fig. 33.6. – *Solutions préconisées pour les problèmes terminologiques européens, relativement à la désignation de l'ordinateur et de ses principales activités.*

1. Au lieu de la forme *Ordination*, moins adaptée, selon nous, que celle que nous préconisons.

activités de l'ordinateur, et d'adopter les mots ou de forger les néologismes qui conviennent.

Ce serait donc une famille sémantiquement équivalente (ou presque) à celle du mot latin *ordinator*, où l'on trouverait exprimées les idées suivantes : succession, ordre, classement, groupement, arrangement, rang dans un ensemble hiérarchisé, règle, distribution, organisation, régularité, régulation, enchaînement, séquence, commande, ordonnancement, logique, etc. (voir figure 33.2).

Au-delà des ordinateurs : les automates artificiels de l'informatique élargie[1]

L'informatique ne se réduit cependant plus aujourd'hui qu'à la seule science des ordinateurs. « En dépassant les limitations structurelles des systèmes logiques, de nombreux chercheurs provenant des disciplines les plus diverses (psychologues, informaticiens, cybernéticiens, neurobiologistes, etc.) travaillant [en effet depuis plusieurs années] à concevoir et à réaliser de nouveaux types de systèmes intelligents fonctionnant sur le modèle des cerveaux vivants... C'est un domaine de recherche qui ne fait aucune hypothèse de départ sur la nature de l'intelligence, qu'on se propose d'ailleurs de mieux connaître aussi. On en est au point où l'homme construit des automates complexes..., dont on peut étudier et prévoir le fonctionnement global, mais dans lesquels aucun moyen de calcul ne permet de connaître à un instant donné l'état interne de tel ou tel composant... Philosophiquement, c'est donc un dépassement [du calcul et] de la pensée mécaniste vers la logique dialectique... » (G. Verroust [4]).

De fait, l'informatique trouve chaque jour de nouvelles extensions grâce au développement de ce que l'on appelle la *cybernétique générale* et l'*intelligence artificielle*.

Sans vouloir entrer dans les détails de ce domaine complexe, il convient d'en dire quelques mots afin de donner une petite idée de cette évolution qui laisse déjà entrevoir les perspectives extraordinaires de l'informatique élargie du IIIe millénaire.

Parmi les réalisations déjà significatives dans le domaine proprement cybernétique (et marquées par des recherches actives en cours), citons d'abord les automates logiques plus ou moins complexes appelés *robots,* qui sont chargés d'exécuter des tâches déterminées à la place de l'homme et que l'on a dotés de l'aptitude à s'adapter à leur propre environnement.

Leur science et leurs techniques forment d'ailleurs ce que l'on appelle la *robotique*.

« La plupart des robots actuels sont formés d'un manipulateur (bras articulé terminé par une pince) et d'un système de commande (généralement à base de microprocesseur). Ils sont quelquefois dotés d'une certaine mobilité (en étant par exemple montés sur roues).

---

1. Les informations qui suivent doivent beaucoup aux communications personnelles de Gérard Verroust, à qui nous adressons une fois de plus nos plus vifs remerciements pour les observations dont il a bien voulu nous faire profiter (cf. Bibliographie ; G. Verroust [1], [2] et [3]).

« Les robots se caractérisent par leur automaticité (aptitude à reproduire des mouvements sans intervention de l'homme), leur versatilité (aptitude à effectuer des actions diversifiées), leur auto-adaptativité (aptitude à tenir compte du milieu extérieur) sans compter des caractéristiques de force, de souplesse, de dextérité, etc.

« On distingue généralement trois générations de robots :

« 1. Les *robots à apprentissage*, qui mémorisent les mouvements qui leur ont été imprimés, puis les reproduisent fidèlement.

« 2. Les *robots programmés*, qui effectuent les mouvements commandés par leur ordinateur de commande.

« 3. Les *robots auto-adaptatifs*, qui prennent en compte leur environnement grâce à des capteurs de proximité, des retours à l'effort, voire l'utilisation de caméras de télévision.

« Les robots ont actuellement trois grands domaines d'utilisation : *les milieux hostiles* (nucléaire, espace, milieux sous-marins) ; *le secteur médical*, notamment pour l'assistance aux handicapés physiques ; *l'industrie*, avec le développement des robots dits "industriels" de présentation et d'alimentation de machines-outils, de soudure, de peinture, d'assemblage, etc. » (P. Morvan).

Un autre domaine concerné par cette même évolution est celui des *systèmes experts,* dont les recherches visent à élargir les possibilités des ordinateurs, surtout dans le domaine du raisonnement.

Rappelons qu'un système expert est un *système artificiel de raisonnement universel* qui, à partir d'informations formelles initiales et en se référant à un ensemble de connaissances préalablement acquises, construit automatiquement, par des processus de type *heuristique*[1], un programme pour répondre à une question donnée.

La limitation théorique actuelle de ces systèmes provient du fait qu'ils travaillent sur des données formalisées. Leurs performances sont, en outre, limitées par le caractère purement séquentiel des ordinateurs sur lesquels on les fait fonctionner.

(Toutefois, des progrès importants sont à espérer dans ce domaine de l'utilisation de machines informatiques parallèles ou en réseau, dirigées par des données spécialement conçues à cet effet.)

On a envisagé aussi la réalisation d'*automates cellulaires parallèles,* constitués par l'interconnexion d'un grand nombre de circuits électroniques identiques parallèles, appelés « cellules », qui sont à la fois photosensibles et mémorisants. Ces dispositifs sont théoriquement destinés à étudier et à simuler les phénomènes de vision et de perception, dans le but de résoudre des problèmes de reconnaissance de formes.

Mentionnons enfin, parmi tant d'autres perspectives, les *automates* (ou *réseaux*) *neuronaux.* Simulant le système nerveux, ils sont constitués d'un très grand nombre d'organes élémentaires appelés « neurones », ayant des fonctions de mémorisation, de transmission et d'intercorrélation très complexes, reliés entre eux par un réseau d'interconnexions effectrices ou

1. Adjectif construit d'après le grec *heuriskein,* « trouver », et qui, opposé au sens d'*algorithmique,* exprime « ce qui sert à la découverte, qui concerne la recherche, qui consiste à faire chercher ».

CYBERNÉTIQUE GÉNÉRALE
Science et techniques des processus de direction et de commande automatique, au sein de systèmes automatiques d'acquisition et de traitement de données

INTELLIGENCE ARTIFICIELLE
Science et techniques de réalisation artificielle de diverses catégories de processus de l'intelligence

INFORMATIQUE
(au sens le plus élargi)

Terminologie déjà utilisée ou préconisée :
– en français : *informatique* (mot introduit en 1962 par Philippe Dreyfus et formé à partir des termes *information* et *automatique*) ;
– en anglais : *informatics* (plus simple que *information processing*) ;
– en allemand : *Informatiks* (plus simple que *Dataverarbeitungs*) ;
– en espagnol : *informatica* (plus simple que *tratamiento de información*) ;
– en italien : *informatica* ; etc.

Systèmes informatiques

Dispositifs physiques, munis de systèmes de direction et de commande automatique, réalisant artificiellement un ou plusieurs processus, intellectuels ou non, au moyen de systèmes automatiques d'acquisition et de traitement de l'information.

Désignations génériques préconisées :
– en français : *machine informatique* (ou *système informatique*) ;
– en anglais : *informatical machine* (ou *informatical system*) ;
– en allemand : *Informatiksmaschinen* (ou *Informatiksysteme*) ;
– en italien : *macchina informatica* (ou *sistemo informatico*) ; etc.

Ordinateurs

Automates neuronaux, connexionnistes, etc.

Robots

Diverses classes d'automates plus ou moins complexes[1]

1. Parmi ces classes figurent celles des **automates mixtes**, machines formées en couplant un ou plusieurs automates à un ou plusieurs autres ayant ou non la même nature (par exemple, les machines qui résultent du couplement d'un ordinateur avec un ou plusieurs automates neuronaux ou connexionnistes, et que l'on peut désigner sous le nom de **machines ordinoneuronales** ou **ordinoconnexionnistes**).

Fig. 33.7. – *Les machines de l'informatique élargie.*

inhibitrices, et permettant de renforcer ou d'atténuer l'information mémorisée et transmise.

Il convient donc de remarquer que les *automates neuronaux* sont des systèmes adaptatifs qui s'auto-organisent en fonction des impressions reçues antérieurement. On doit les soumettre par conséquent à un apprentissage préliminaire.

Aussi ne programme-t-on pas un automate neuronal : *on le conditionne.* Alors qu'un ordinateur ne se trompe pas si l'algorithme qui lui est soumis est exact et les données conformes, *un tel automate commet normalement un certain taux d'erreurs.* Et quand il se trompe, on agit sur lui par une série d'entrées inhibitrices, dans le but de réduire le taux d'erreurs au bout d'un certain temps.

Dans le comportement d'un automate neuronal, on peut donc établir à un moment donné une relation entre : le taux d'erreurs commises, le nombre d'apprentissages antérieurs, la complexité du problème posé, et le nombre des neurones interconnectés. Mais au bout d'un certain temps d'apprentissage, on atteint la limite « intellectuelle » asymptotique du système (cf. G. Verroust [2], [3] ; E. Davalo et P. Naïm).

Les applications potentielles de ce nouveau domaine sont notamment : le traitement automatique des langues naturelles, la reconnaissance des formes, la lecture de textes manuscrits, la réalisation d'interfaces homme-machine, l'exploration de milieux inconnus, etc.

On espère aussi l'obtention par ce moyen d'une plus grande vitesse pour l'exécution de certaines opérations.

Mais, naturellement, l'étude et la réalisation de ce type d'automates exige une avance théorique et l'élaboration de puissants outils mathématiques appropriés (logiques à seuil, systèmes majoritaires, etc.), ainsi que des progrès techniques très conséquents ; ce qui, selon G. Verroust, ne constitue plus aujourd'hui un obstacle infranchissable.

Autant dire qu'il est devenu possible d'envisager des machines informatiques capables de résoudre des classes de problèmes inaccessibles aux automates logiques et donc aux ordinateurs.

Certes, selon cette désignation générique parfaitement adaptée, l'ordinateur est une *machine informatique* particulière, que l'on peut à juste raison qualifier d'*ordinatrice*. Mais il est tout aussi clair qu'actuellement, une machine informatique n'est plus forcément un ordinateur : elle peut être notamment *neuronale, connexionniste*, etc., voire *mixte* par le couplement de deux ou plusieurs machines informatiques de même nature ou de natures différentes, ordinatrices ou non. Et s'il s'agit d'un ordinateur couplé à un automate neuronal ou connexionniste, nous pouvons dire qu'il s'agit d'une machine informatique *ordino-neuronale* ou *ordino-connexionniste.*

On voit donc comment les expressions préconisées sont parfaitement adaptées à la désignation, avec ou sans spécification particulière, de tous les dispositifs de cette science révolutionnaire qui se profile à l'horizon (fig. 33.7).

Bref, en reprenant la formule d'Alain, tous les moyens de l'esprit sont enfermés dans le langage. Mais, « la signification des mots ne réside pas en eux de façon prédestinée : elle leur vient de ce que nous savons en faire » (F. Gonseth [1], p. 42).

Chapitre 34

L'INFORMATION, TROISIÈME DIMENSION UNIVERSELLE

Après avoir tant parlé de geste, de nombre, de langage, de langue, d'écriture, d'inscription, de chiffre, de signe, de symbole, d'instruction, de calcul, de donnée, de résultat, de code, de traitement, d'ordinateur, de cybernétique et d'informatique, nous ne saurions achever cet ouvrage sans nous interroger sur la véritable signification de cette notion fondamentale qu'est l'*information*.

Or, lorsqu'on se pose aujourd'hui la question « qu'est-ce que l'information ? », on ne peut vraiment pas dire que les définitions attribuées permettent de saisir l'essence profonde de cette notion qui nous est pourtant si familière.

Il suffit de parcourir les publications, spécialisées ou non, françaises ou étrangères, officielles ou non, pour s'apercevoir que cette notion est en réalité si mal définie qu'il nous est très difficile, pour ne pas dire impossible, de nous en faire une idée bien nette, tant les définitions correspondantes sont contradictoires.

Quel est en effet le rapport qui existe entre les informations entrant et sortant des ordinateurs et celles qui circulent dans les cellules des organismes vivants ?

Et qu'y a-t-il de commun entre ces informations-là et celles que reçoivent les animaux ?

Sont-ce réellement, comme on pourrait le penser, des *renseignements* semblables à ceux que transmettent les médias ou que collectent les magistrats et les inspecteurs de police ?

Mais alors, si tant est qu'un rapport soit établi, comment concevoir dans ces conditions qu'il y ait un *enrichissement de la connaissance* chez un animal, une machine ou une cellule qui reçoit une information ?

Et quel rapport existe-t-il entre ces mêmes informations et ce qui est mis en forme, dans le domaine social, en économie ou en politique, pour être communiqué au public ?

Quant aux domaines littéraire, historique, philosophique, épistémologique et scientifique, où, comme ailleurs, l'information est omniprésente, sous quelle forme celle-ci intervient-elle dans la mémorisation des faits du passé, et dans la formation et dans la transmission du savoir, de la science et de la connaissance ?

Et de quelle nature est l'« information » traitée par les ordinateurs, les robots ou les automates de l'intelligence artificielle, ou convoyée encore par des moyens de communication tels que le télégraphe, la radio, la télévision ou le téléphone ? S'agit-il du sens de ce que nous disons et de ce que nous pensons ?

Autant de questions troublantes, qui montrent jusqu'à quel point peut aller la divergence des points de vue relatifs à cette notion.

De sorte que l'on en arrive à se demander naïvement s'il existe réellement un rapport entre ces différentes sortes d'« informations » : celles des journalistes de la presse écrite, de la radio ou de la télévision ; celles des enquêteurs et des services des Renseignements généraux ; celles encore employées dans les domaines de la biologie, de la médecine et de la génétique ; et celles mises à contribution dans les machines cybernétiques ou informatiques.

L'information : véritable caméléon conceptuel de la théorie de la connaissance

Et pourtant – et c'est là le caractère le plus surprenant d'une notion comme celle-ci –, malgré toutes les contradictions apparentes, tout le monde a raison et possède au moins un sens conforme à la réalité de ce que l'on appelle communément l'*information*.

Mais jugeons-en plutôt sur les diverses citations très instructives suivantes, que nous avons volontairement disposées dans cet ordre, afin de mieux faire saisir, au travers de l'évolution conceptuelle correspondante, l'extrême généralité de la définition que nous nous proposons de dégager ci-après.

Information, renseignement et enrichissement de la connaissance

CITATION 1. « *Information* : élément de connaissance relatif à un sujet plus ou moins connu » (A. de Monzie, A. Fèvre et Bercier, in : *Encyclopédie française*, article « Cybernétique », Paris 1937-1959).

CITATION 2. « *Information* : renseignement, nouvelle donnée par un journal, par la radio ou la télévision » (*Petit Larousse*).

CITATION 3. « Une *information,* c'est un message, un renseignement ; c'est quelque chose qui peut nous apporter des connaissances » (*Le Grand Livre des techniques,* Paris, 1978).

CITATION 4. « *Information* : renseignement dépassant le sens d'un simple indice et allant vers la constatation d'un fait » (P. Conso et P. Poulain).

CITATION 5. « *Information* : action d'informer, de mettre au courant d'événements, renseignement que l'on communique... ; renseignement que l'on obtient sur une personne ou sur une chose... ; ensemble des connaissances acquises sur quelqu'un ou sur quelque chose... » (*Grand Larousse encyclopédique*).

CITATION 6. « Au sens général, on entend par *information* la mise en forme et la communication à un public de données touchant aux domaines les plus divers (politique, social, économique d'abord, mais aussi scientifique et littéraire » (*Alpha Encyclopédie,* Éd. de la Grange-Batelière, Paris 1973).

CITATION 7. « *Information* : élément de connaissance susceptible d'être représenté à l'aide de conventions pour être conservé, traité ou communiqué » (Arrêté ministériel français du 22/12/1981, relatif à l'enrichissement du vocabulaire de l'informatique).

« Information » et point de vue réductionniste

CITATION 8. « Une *information* est une formule écrite susceptible d'apporter une connaissance... Je trie parmi les sources de renseignements et ne donne le nom d'*information* qu'aux *renseignements que je peux écrire.* Tout ce qui peut se mesurer peut être écrit : je peux relever la suite de valeurs fournie par l'appareil de mesure. Je refuse le nom d'information à certains modes d'acquisition de la connaissance que je ne peux décrire explicitement. L'animal auquel on apprend certains actes par le jeu de réflexes conditionnés reçoit autre chose que des informations [*sic* !]. De même le bébé qui dans son berceau fait l'apprentissage du monde sensible qui l'entoure, par les yeux et le toucher [*sic* !]. Je ne nie pas l'existence de tels modes d'acquisition de la connaissance, je me contente de leur réserver un autre nom qu'information » (J. Arsac [1]).

Réductrice, cette remarque est très révélatrice de la confusion qui règne depuis toujours autour de la notion d'information.

Assurément, comme le disait G. Berger, « pour dépasser les vues étroites des spécialistes..., rien ne vaut le colloque entre hommes d'expérience ayant des formations et des responsabilités différentes... Et de cette confrontation entre les vues personnelles d'hommes compétents se dégagera une vision commune qui ne sera pas de confusion, mais de complémentarité » (in : *Encyclopédie française,* XX, 54, 13).

Cela est d'autant plus vrai que la concertation et la pluridisciplinarité prodigueraient sans aucun doute à ces experts aux vues réductionnistes l'enseignement très enrichissant que le langage humain n'est pas une chose arbitraire ; ce n'est pas une simple convention que l'on peut modeler à loisir, au gré de la fantaisie ou de la convenance individuelles : c'est, au contraire, un système d'expression verbale, propre non pas à un homme isolé, ni même à une catégorie particulière d'individus, mais à tout un peuple ou à tout un pays. Ce qui veut dire que dans l'esprit, « les mots... sont engagés dans des rapports psychologiques et, sauf pour le grammairien, ils n'ont pas d'indépendance existante et isolée » (H. Delacroix [1], p. 432). Ils « contiennent dans leurs significations, non pas tout ce qu'on peut savoir, mais tout ce qu'on sait, c'est-à-dire la théorie du sens commun et comme la sagesse de la nation touchant les faits qu'ils représentent » (Lafaye, *Synonyme,* Introduction, LXX).

Information et données élémentaires

CITATION 9. « L'*information* est une suite de caractères, éventuellement susceptible d'apporter une connaissance nouvelle, suivant la personne qui en prend connaissance » (J. Arsac [2]).

CITATION 10. « Support des connaissances et des communications humaines, l'*information* apparaît comme un fait élémentaire se présentant sous la forme d'un ensemble d'éléments numériques, alphabétiques, voire symboliques, auquel on va pouvoir donner un sens grâce à une définition ou plus simplement par référence à une table » (Boulenger).

CITATION 11. « *Information* : ensemble de données élémentaires fournies à un être vivant, et particulièrement à l'homme (sensations), ou à certaines machines, par le milieu extérieur » (H. Piéron).

Organismes vivants et information

CITATION 12. « Les organismes vivants contemporains possèdent en commun trois caractéristiques qui permettent de les définir : capacité de transmettre une *information* donnée avec une certaine marge d'erreur ; conversion d'énergie et de matière pour former des structures complexes ; processus physicochimiques se développant en milieu aqueux, mais dans des volumes finis. Aussi s'accorde-t-on à penser que la *vie* doit son origine aux premiers systèmes qui furent capables de présenter, préserver et transférer une *information.* Pour qui veut retrouver ces processus ancestraux, le problème est de deux ordres : imaginer une *information primitive,* puis montrer – par l'expérience – que cette *information* peut être transférée dans des conditions simples » (A. Brack, *Supports et transferts d'informations prébiotiques,* in : M.-V. Locquin, p. 253).

Information, informatique et cybernétique

CITATION 13. « *Information* : data that has been processed by a computer and produced as output in a form meaningful to a user » (WEBSTC).

CITATION 14. « *Information* : the meaning assigned to a data item, using known conventions. Example : 2 is a data item ; when 2 is defined as representing February, the second month of the year, then 2 becomes information » (P. E. Burton).

CITATION 15. « *Information* (in data processing and office machines) : the meaning that a human being assigns to data by means of the conventions applied to that data. *Data* : a representation of facts, concepts, or instructions, in a formalized manner suitable for communication, interpretation, or *processing* by human beings or by *automatic* means » (ISO, 2382/1-1984, E/F, 01.01.02).

CITATION 15 BIS. « *Information* (en traitement des données et en machines de bureau : signification attribuée à des données à l'aide de conventions s'appliquant à ces données. *Donnée* : fait, notion ou instruction représenté sous une forme conventionnelle convenant à la communication, à l'interprétation ou au *traitement* par des moyens humains ou *automatiques* » (Norme AFNOR ISO, 2382/1-1984, E/F, 01.01.02 ; traduction intégrale du texte anglais de la citation 15, p. 720).

CITATION 16. « *Information* : substance de données intelligibles de toute nature. C'est en particulier un concept qui couvre toute formulation abstraite, susceptible de refléter et de décrire un élément – situation, propriété, événement – d'un système structuré quelconque » (J. Bureau).

L'information : facteur quantitatif et mathématisable

CITATION 17. « *Information* (en cybernétique) : facteur quantitatif désignant la position d'un système et, éventuellement, transmis par ce système à un autre » (*Grand Larousse encyclopédique*).

CITATION 18. « L'*information* est définie comme l'incertitude qui est résolue par l'apparition d'un signal. Elle est inversement proportionnelle à la probabilité d'apparition de ce signal » (R. Escarpit).

CITATION 19. « Une *information* désigne, par définition, un ou plusieurs événements possibles parmi un ensemble d'événements possibles » (D. Durand).

CITATION 20. « L'*information* portée par un système est le rapport des réponses possibles de ce système avant et après qu'il l'ait reçue » (G. Verroust [2]).

CITATION 21. « L'*information*, au sens de la cybernétique [et plus généralement de l'informatique], n'a pas de rapport direct avec le contenu ou la signification des messages. C'est ce que soulignent tous les spécialistes, à commencer par Claude E. Shannon [initiateur de la théorie quantitative de l'information] : *il n'y a pas de rapport entre le point de vue sémantique et celui de l'ingénieur.* Il faut en effet noter que l'information cybernétique ne s'occupe pas de ce que “nous disons” dans nos messages, mais plutôt de ce que nous pourrions dire : ce qui intéresse notre théorie [quantitative], c'est le *choix*, c'est la variété des messages possibles... On peut seulement étudier comment variera l'information du destinataire après qu'il *aura* reçu le message » (G.-T. Guilbaud).

CITATION 22. « L'*information* reçoit [en cybernétique] une définition purement statistique, d'où sont exclus tous les éléments humains : sens moral, importance scientifique, qualité artistique, et même valeur spéculative en bourse, renseignement politique, social ou financier. Aucune de ces données, essentielles dans la signification courante du mot “information”, n'entre en ligne de compte dans notre définition. Nous distinguons arbitrairement l'information de : science, savoir, connaissance » (L. Brillouin, cit. G.-T. Guilbaud).

Information : action physique, acte psychique

CITATION 23. « La cybernétique appelle *information* toute action physique qui s'accompagne d'une action psychique. Cette définition couvre la signification usuelle du terme "information", à savoir : renseignement, élément de connaissance relatif au milieu extérieur. Mais elle déborde cette signification. Pour distinguer dans la terminologie l'action psychique qui constitue une information, et préciser l'usage du mot information lui-même, on appellera *information* l'ensemble d'un support et d'une sémantique » (L. Couffignal [8]).

CITATION 24. « Une information comprend deux éléments : l'un est un phénomène physique, que l'on appellera le *support* de l'information ; l'autre est un phénomène psychologique que l'on appellera la *sémantique* de l'information » (L. Couffignal et M.-P. Schutzenberger).

Information : aspect sémantique et aspect syntaxique

CITATION 25. « Tout message peut être étudié sous deux aspects :

« – celui de sa *signification*, c'est-à-dire des idées qu'il transmet, et que l'on appelle son *contenu sémantique* ;

« – celui de sa *structure*, c'est-à-dire des règles grammaticales utilisées pour le construire, et qui forment l'*aspect syntaxique*.

« Ces deux aspects sont fondamentalement distincts dans la mesure où un même message peut être rédigé en français ou en chinois, ce qui fait appel à des syntaxes différentes, tout en conservant le même sens.

« L'*information*, au sens de l'informatique, étant ce qui forme le support des connaissances, il s'ensuit que l'informatique ne s'intéresse qu'aux aspects syntaxiques, à l'exclusion des aspects sémantiques.

« Par conséquent, deux messages ayant un même sens et rédigés respectivement en chinois et en français sont considérés, du point de vue de l'informatique, comme deux messages distincts.

« En simplifiant, on peut dire que, pour une langue déterminée, un dictionnaire permet de connaître la sémantique de la langue, alors que la grammaire décrit la syntaxe (règles de conjugaison, accord des participes, règles du pluriel des mots, etc.).

« De façon plus générale, étant donné un ensemble d'éléments, l'informatique ne s'intéresse qu'aux règles permettant de combiner ces éléments entre eux, c'est-à-dire aux structures syntaxiques définies sur cet ensemble et aux règles opératoires permettant de passer d'une structure à une autre, en faisant systématiquement abstraction de toute sémantique » (J. Hebenstreit, article "Informatique", *Encyclopaedia Universalis*).

Information : représentation et interprétations

CITATION 26. « Une information est le couple formé :

« – d'une *représentation matérielle* ;

« – et d'une ou de plusieurs *interprétations* possibles » (J. C. Simon).

Comment concilier l'inconciliable ?

On voit donc bien, au travers de ces différents énoncés, comment la notion d'information, pour devenir totalement opérationnelle dans sa mise en application dans les domaines de la cybernétique et de l'informatique, a dû être peu à peu dépouillée de toutes les considérations relatives à ses réalités cognitives et renseignantes pour devenir une sorte de concept quantifiable et mesurable, selon des définitions comme celles des citations 17 à 20 ci-dessus.

Mais naturellement, le concept général de l'information dépasse très largement l'aspect purement quantitatif considéré par les cybernéticiens et les informaticiens, qui ont longtemps cru pouvoir réduire cette notion à une simple mesure mathématique.

Comment réunir sous un même concept une notion qui concerne un acte psychique (à savoir le renseignement, l'élément de connaissance relatif au milieu extérieur, etc.) avec une autre, de nature apparemment contradictoire, touchant une action physique, palpable et parfaitement mesurable ?

C'était assurément s'attaquer au problème de la quadrature du cercle, ou plutôt au « plus vicieux des caméléons conceptuels », selon cette célèbre formule désabusée de l'Américain Von Foerster qui avait consacré de nombreuses années d'études à cette notion si décourageante.

Pour parvenir à la solution du problème, il a donc fallu envisager la notion d'information bien au-delà des réalités très spécifiques de certains domaines particuliers et en étendre la vision à un champ conceptuel beaucoup plus élargi.

Il a donc fallu comprendre que « l'*information shannonienne* [c'est-à-dire le point de vue purement quantitatif des cybernéticiens et des informaticiens] n'est que la partie imergée d'un profond iceberg » et « qu'une véritable théorie [générale] de l'information ne peut être que *méta-informationnelle*, c'est-à-dire [qu'elle] ne peut se développer qu'intégrée, articulée et "dépassée" au sein d'une théorie complexe de l'organisation » (E. Morin, p. 317).

« Nous [les cybernéticiens] avons fait fausse route », reconnaîtra d'ailleurs L. Brillouin, « en considérant séparément l'information. Il est [en effet] indispensable de toujours examiner l'ensemble : *information* plus *néguentropie* [voir p. 730]. »

En fait, la seule manière de se sortir de ces difficultés a été de se libérer de l'idée faisant des deux concepts précédents des notions contradictoires, pour admettre finalement qu'il s'agit plutôt de deux *notions complémentaires*. Autrement dit, pour appréhender l'essence profonde de ce concept apparemment insaisissable, il fallait avant tout prendre conscience du fait que l'aspect physique et l'aspect psychique de l'information constituent les deux composantes insécables d'une seule et même réalité, telles les deux faces d'une médaille que l'on ne saurait dissocier sans abîmer l'ouvrage.

Et c'est donc ainsi que l'on est parvenu peu à peu à des définitions comme celles reproduites aux citations 21 à 25, et tout particulièrement à celle de J.C. Simon[1] (citation 26, p. 722), qui, bien qu'incomplète, tend incontestablement à un degré de généralité supérieur.

Origine étymologique de l'« information »

Une telle acception des choses est d'ailleurs d'autant plus proche de la conception générale de l'information que ces deux aspects complémentaires apparaissent déjà dans l'étymologie même du mot *information* (pour les sources étymologiques, voir chapitre 33, fig. 33.5 J, p. 703).

Issu du latin *informatio,* le sens de ce terme correspond à l'action du verbe *informare,* « informer », dont l'une des significations est justement celle de « concevoir », d'« expliquer », d'« esquisser », de « faire comprendre », de « faire connaître » et de « faire prendre connaissance ».

Et c'est de là que proviennent les acceptions communes de la notion d'information, à savoir celles :

1. Du « renseignement sur quelque chose ou sur quelqu'un », dans le sens de « prendre ou recueillir des informations », d'« accumuler des informations (en vue de leur archivage par exemple) », de « réunir des informations confidentielles », etc.

2. De l'« action d'informer ou de s'informer », dans le sens de « renseigner », de « mettre au courant » ou de « prendre des renseignements sur quelqu'un ou sur quelque chose (enquête, examen, investigation, etc.) ».

3. De l'« action d'informer », dans le sens de l'acte qui consiste à donner ou à faire prendre connaissance, à renseigner, à enseigner, à instruire, à notifier, à prévenir, à apprendre, à avertir, à aviser, à éclairer, à éclaircir, etc.

4. Du « renseignement ou événement, ou ensemble de renseignements ou d'événements qu'on porte à la connaissance de quelqu'un ou d'un public » (annonces, avis, nouvelles, informations politiques, sociales, économiques, bulletins d'informations, informations de la presse écrite ou d'un journal parlé ou télévisé, etc.).

5. De l'« action de renseigner le public, l'opinion » (information gouvernementale, agence d'information, techniques de l'information de la radio, de la presse, de la télévision, etc.).

Mais le sens le plus absolu du mot *information* (sens étymologique véritable) est celui qui est contenu, par exemple, dans une expression religieuse telle que la *Grâce divine informante,* « qui donne une forme à ce qui n'en a pas », et que l'on retrouve dans une phrase comme *l'âme informe le corps,* qui exprime que l'« âme est la forme même du corps ».

---

1. Nous profitons de l'occasion pour adresser nos plus vifs remerciements à Jean-Claude Simon (qui a eu l'obligeance de mettre à notre disposition ses principales publications, avec les textes de ses cours et de ses conférences, qui nous ont beaucoup inspiré dans nos propres réflexions). Les mêmes remerciements vont à Erik Lambert et à Gérard Verroust, qui, par leurs observations et leurs critiques, ont été les plus précieux collaborateurs.

« Le principe immatériel était l'être éternel qui *informe* ; la matière était l'être éternel qui est *informé* » (Diderot, *Opinion des anciens philosophes,* « Égyptiens »).

« On ne perd pas la foi, elle cesse d'*informer* la vie, voilà tout » (G. Bernanos, *Journal d'un curé de campagne,* p. 151).

« Esprit scientifique, avons-nous dit. Mieux vaudrait dire peut-être "esprit *informé* par la science" » (J. Ullmo, in : F. Le Lionnais).

Étymologiquement, ce sens – dans ce qui paraît en être la conception originelle – provient du latin *informatio,* qui exprime l'action de « façonner », de « donner une forme », d'« apporter une forme », de « réaliser dans une forme sensible », etc.

Ce terme dérive lui-même de l'expression *in-formatio,* formée de la combinaison de la préposition latine *in* (employée ici, non pas dans un sens privatif comme dans *informis,* « qui n'a aucune forme, qui est informe », mais plutôt dans celui qui marque « un mouvement vers », un peu comme le *in* anglais qui en dérive) et du mot *formatio,* qui signifie « formation, confection, composition, le fait d'être informé (dans le sens originel qui vient d'être défini) », ainsi que l'action de « former », d'« organiser », de « structurer », d'« instituer », etc.

Informatique et transformations

A la signification d'*in-formatique* correspond donc bien le sens du terme latin *formaticum, formatica,* le « formage », qui exprime tout particulièrement l'action de « former », de « régler » et de « structurer » selon une organisation particulière. C'est donc le sens du mot français *formage,* qui correspond notamment à l'action que l'on accomplissait autrefois en effectuant le formage des plumes métalliques (ce mot dérivant, en effet, comme son cousin, le « fromage », du latin *formaticum*) :

« Les dernières opérations nécessaires pour arriver à parfaire une plume métallique s'accomplissent dans l'ordre suivant : 1° découpage ; 2° perçage ; 3° marquage ; 4° recuit ; 5° *formage* ; 6° trempe... » (*Journal officiel* du 18 août 1875, p. 6925, 1re col.).

Autant dire que la combinaison latine de *in-formatica,* dans le sens du « formage » et de la « structuration », selon un « mouvement vers » (précisé justement par la préposition *in*), exprime l'idée de la « formation d'une nouvelle structure à partir d'un groupement d'éléments », et par conséquent celle de la *transformation* d'un tel groupement, en vue de former une entité nouvelle. Elle exprime donc, en somme, l'idée de la transformation d'une information en une autre information. Le sens de cette expression (qui est certes fictive, mais parfaitement conforme aux règles de la syntaxe latine) rejoint donc bien, en toute régularité, la signification du néologisme *informatique,* créé par Philippe Dreyfus en 1962 à partir des mots *informa(-tion)* et *(automa-)tique.*

Et de fait, l'informatique est la discipline qui s'applique à étudier et à définir des opérations, et où l'on opère des *transformations* sur des combinaisons de symboles très généraux représentant diverses informations en de nouvelles combinaisons de symboles, elles-mêmes porteuses d'informations.

Les deux composantes insécables de l'information

Quant au mot *informare,* il provient d'*informo,* « façonner, mettre en forme », constitué d'après le mot *forma,* qui veut dire « forme », « ensemble des traits extérieurs qui caractérisent un être ou un objet », ou encore « figure, image, idée, configuration, symbole ou représentation formelle d'un objet concret ou abstrait ». Autrement dit, l'*information,* c'est le fait de donner à un objet ou à un être une apparence, un aspect sensible, résultant de la structure de ses parties, pour rendre cet être ou cet objet identifiable. Ce qui veut dire que l'information correspond à la manière dont on structure une *forme* en vue de l'obtention d'un effet selon une organisation conforme à une norme donnée.

Informer, c'est donc aussi modeler une forme, façonner une expression sensible, un peu comme on constitue une idée ou une pensée selon une organisation signifiante, c'est-à-dire suivant un arrangement intelligible, ou du moins perceptible, en vue de son acquisition, de son interprétation, voire de sa compréhension et de sa prise de connaissance.

Cela confirme donc bien que l'idée d'information implique à la fois :

– celle d'une *forme,* c'est-à-dire d'une *représentation matérielle*, organisée de telle sorte que puissent se façonner les contours de ce qui est ainsi représenté pour lui donner toute son originalité et sa spécificité ;

– et celle d'une acquisition, voire d'une compréhension, réalisée par la perception de cette même forme, de son interprétation et de sa prise de connaissance par un récepteur, selon des règles et des lois déterminées par un code préétabli.

Information et signe linguistique

Ainsi compris, le concept de l'information présente donc une analogie structurale avec la notion de *signe* (au sens linguistique du terme), qui est à la base de toute science du langage.

En effet, comme l'expliquaient déjà au XVIIIe siècle les grammairiens de la *Logique de Port-Royal*, le *signe* enferme deux idées, l'une de *la chose qu'il représente*, l'autre de la *chose représentée*, et sa nature consiste à *exciter* la première par la seconde (cf. Arnauld et Nicole, Introduction, I, 4).

Plus précisément, selon la définition donnée en 1910 par Ferdinand de Saussure, dans son *Cours de linguistique générale*, un *signe* est un couple formé d'un *signifiant* et d'un *signifié.*

C'est donc un couple formé d'un fait sensible (phonétique, optique, etc.) et de ce que ce fait évoque. Autant dire (mais ce n'est pas ici la place de le développer) que le caractère d'un signe est arbitraire.

Quant à ce qui assortit le signifiant au signifié et le signifié au signifiant, ce n'est autre justement que ce que l'on appelle le *rapport de signification*, ou tout simplement la *signification* qui y correspond.

Il convient cependant de faire une distinction bien nette entre le *signe* et le *signal.* Car « le signal provoque une certaine *réaction* mais ne comporte aucune relation de signification. La communication des animaux se réduit habituellement à des signaux ; dans le langage humain, la forme impérative peut fonctionner à la matière d'un signal : mais il est possible de comprendre la phrase “Fermez la porte !” sans pour autant accomplir l'action indiquée : le signe a opéré, non le signal » (O. Ducrot et T. Todorov).

On notera d'ailleurs que la signification d'un signe n'a de sens que si elle est régie par l'existence d'un *code préalablement établi,* dont les règles permettent la combinaison des signifiants et l'intelligibilité des messages. Autrement dit, la signification d'un signe n'existe que dans le cadre d'un « ensemble de possibilités déjà prévues et préparées » (R. Jakobson) ; un ensemble sur lequel on opère « des transformations convenues, habituellement terme à terme, et réversibles » (C. Cherry), selon des règles qui ne constituent rien d'autre que le code en question.

Et c'est du reste ce qui explique que, lors d'un échange de messages verbaux entre les membres d'une communauté linguistique, « le spectateur détaché et extérieur se comporte comme un cryptanalyste qui reçoit des messages dont il n'est pas le destinataire et dont il ne connaît pas le code. C'est en scrutant les messages qu'il s'efforce de dégager le code... Aussi longtemps que le chercheur ignore les signifiés d'une langue donnée, et n'a d'accès qu'aux signifiants, il doit se résoudre, bon gré mal gré, à faire appel à ses qualités de détective, et à tirer des données externes le maximum de renseignements qu'elles peuvent lui fournir sur la structure de la langue... Mais si le linguiste est familiarisé avec le code, c'est-à-dire s'il maîtrise le système des transformations par le moyen duquel un ensemble de signifiants est converti en un ensemble de signifiés, alors il devient superflu de jouer les Sherlock Holmes, à moins que le chercheur ne désire précisément déterminer jusqu'à quel point cette procédure artificielle peut fournir des données sûres » (R. Jakobson, p. 92-93).

Qu'est-ce que l'information ?

En revenant à présent au concept de l'information, cette analogie structurale avec la notion de signe linguistique nous permet donc de poser cette définition de portée très générale :

DÉFINITION GÉNÉRALE DE L'INFORMATION

Une information est un couple constitué :

– d'un formant,

– et d'un formé,

dont la nature, événementielle, consiste en un changement d'état qui, par l'occurrence du formant, active le formé selon les règles fixées par un code préétabli.

La première composante d'une information concerne donc ce qui *façonne* et *structure* cette information, tandis que l'autre concerne ce qui y est *façonné* et *structuré.*

Par définition, un *formant* est une représentation matérielle, un élément proprement physique : un son, une odeur, une parole, un dessin, une photo, une suite de caractères d'écritures sur une feuille de papier ou sur tout autre support, une succession de signaux recueillis par un microphone ou par un récepteur radio ou télévision, etc.

Aussi une information ne peut-elle exister que si elle possède un *formant,* car elle doit être *perçue*, par perception justement de la représentation matérielle qui en constitue le formant.

Quant au formé d'une information, ce n'est autre que ce que nous appellerons le *champ interprétatif* de celle-ci, c'est-à-dire l'*ensemble des interprétations* correspondantes.

Aussi une information ne peut-elle exister que si elle possède un *formé,* car elle doit être *reçue,* justement par un récepteur qui doit en interpréter et en saisir la représentation matérielle, dans le cadre fixé par les règles d'un *code* préétabli.

D'où cette autre manière de voir les choses :

AUTRE ÉNONCÉ DE LA DÉFINITION GÉNÉRALE DE L'INFORMATION

Une information est un couple constitué :

– d'une représentation matérielle (qui en constitue le formant),

– et d'un ensemble d'interprétations (qui en constitue le formé),

dont la nature, événementielle, consiste en un changement d'état qui, par l'occurrence de cette représentation matérielle, provoque l'activation du champ interprétatif correspondant, selon les règles fixées par un code préétabli.

Information et règles du code correspondant

On remarquera donc, avec E. Morin, que « l'information, même oubliée et perdue, peut, à condition de demeurer inscrite, se régénérer, si elle trouve l'appareil génératif ad hoc. Si l'on retrouve l'inscription perdue, si l'on reconstitue le *code,* comme Champollion déchiffrant les hiéroglyphes grâce à la pierre de Rosette, alors le message, endormi pendant des millénaires, s'éveille. Les manuscrits de la mer Morte revivent ; les inscriptions mayas parlent. Et ces textes arrachés à la mort vont même jusqu'à connaître une nouvelle vie, une nouvelle néguentropie, en entrant dans nos bibliothèques, en étant reproduits, imprimés, traduits, photocopiés, commentés. Sur un mode nouveau, celui de la culture historique (et non plus celui de la croyance mythique), le même processus continue : *celui de la transformation d'information en néguentropie et de néguentropie en information* ».

En fait, c'est par son formant, autrement dit par sa représentation matérielle à l'aide des caractères de l'écriture correspondante, qu'une telle information peut être recopiée à loisir sur les supports les plus divers, et qu'elle peut être transmise indépendamment du facteur spatio-temporel. Et c'est par la conservation de ce même formant que, même oubliée et perdue, cette information peut se régénérer si elle trouve l'« appareil génératif » approprié. La condition de sa régénération est donc qu'elle trouve un déchiffreur, qui, en perçant la clef du *code* de l'écriture correspondante, donnera désormais à tout lecteur qui lui succédera la possibilité de faire activer, dans son propre psychisme, le formé par le formant de cette même information.

Or c'est précisément en cela que se manifeste l'analogie structurale entre la notion de signe linguistique et le concept général que nous venons de définir, l'information pouvant d'ailleurs rejoindre le langage et la comunication selon tous les messages, gestuels, écrits ou verbaux qui y correspondent.

Et c'est bien de ce type d'information particulière qu'il s'agit lorsqu'on parle de cette notion comme « un ensemble de signes reçus et interprétés dans le système complexe d'une langue » (J. C. Simon).

Information, transmission et pérennité

Mais, évidemment, une information de nature quelconque n'est pas forcément de ce type-là. Toujours est-il que, par son essence même, le formant est celle des deux composantes de l'information qui confère à celle-ci toute sa structure et son organisation, seuls concepts dont on peut assurer la transmission et la pérennité, et sans lesquels on ne saurait imaginer d'information.

Information, forme et organisation

D'ailleurs, « le concept d'organisation est le concept fondamental qui rend l'information intelligible, l'installe au cœur de la *physis*, brise son isolement, reconnaît sa relative autonomie. Les traits les plus remarquables et les plus étranges de l'information ne peuvent se comprendre qu'en passant par l'idée d'organisation » (E. Morin).

La théorie générale de l'information englobe donc en cela la *Gestalt-theorie*, ou « théorie de la forme », qui s'applique à étudier des organisations dans lesquelles les propriétés des parties (ou des processus partiels) dépendent de la représentation formelle du tout, et par conséquent de sa structure considérée comme une donnée première (cf. P. Guillaume [1]). Cette discipline est en quelque sorte une théorie des formants d'information visant à interpréter le monde physique, biologique et mental et à permettre notamment de mesurer les effets physiques ou psychiques des représentations matérielles les plus diverses : figures géométriques, mélodies musicales, actes intelligents, formes de raisonnements, etc.

Information, système et structure

Et de fait, le formant, en façonnant l'apparence, l'aspect sensible, la conformation et le contour de l'information qu'il représente, lui donne une *structure* qui la rend identifiable dans toute son originalité et sa spécificité : c'est donc une *entité organisée* comme un *tout cohérent,* en fonction de ses constituants formels seuls, indépendamment donc des éléments façonnés. Sous cet angle, la notion générale de l'information rejoint donc bien les conceptions du structuralisme et de la systémique, ainsi, du reste, que celles de l'ethnologie et de la théorie de la connaissance contemporaines.

Information et néguentropie

Il apparaît, de plus, clairement dans ces conditions qu'un rapport très étroit lie le concept général de l'information à la notion d'*entropie* (du grec *entropia*, « conversion, retour en arrière »), qui est une fonction mathématique exprimant le principe de la dégradation de l'énergie.

Cette notion, rappelons-le, est fondamentale en physique, puisqu'elle concerne le second principe de la thermodynamique contemporaine, qui postule, que pour un système isolé, l'entropie ne peut que croître. Mais on la retrouve également, en une acceptation plus étendue, dans des domaines aussi variés que la statistique, la biologie, la génétique, l'anthropologie et l'anthropo-sociologie (ou génétique des populations), où elle exprime le principe de la dégradation d'une structure, c'est-à-dire d'un ordre établi, impliquant par conséquent l'idée de désordre et de dispersion.

D'où, par une sorte de changement de signe (au sens algébrique du terme), la notion de *néguentropie*, qui n'est autre, pour un système donné, qu'une « mesure de son organisation » (O. Costa de Beauregard, p. 67).

Par extension, dans le langage philosophique, le mot *entropie* désigne donc la « dégradation » elle-même, tandis que la *néguentropie* devient synonyme d'« organisation ».

Autrement dit, *l'information n'est autre que de la néguentropie*, c'est-à-dire une « structure ordonnée », qui n'est autre (selon nos propres termes) que l'organisation du système façonné par le formant correspondant.

L'information, dimension universelle après la matière et l'énergie

Il s'agit là sans aucun doute, comme le souligne Michel Serres (cité par E. Morin), de la plus grande découverte de l'histoire, tant en théorie de la connaissance qu'en théorie de la matière. Car, c'est bien cette relation étroite et les interactions existant entre information et néguentropie qui *font apparaître l'information comme la troisième dimension universelle après la matière et l'énergie.*

Information, système vivant et auto-organisation

Autant dire que par la néguentropie qui la constitue, l'information est à la source même de ce type particulier d'organisation que l'on appelle la *vie* (voir plus haut, citation 12). D'ailleurs « ce qui caractérise la vie, c'est son [auto-]organisation. Et toute trace d'organisation sera un critérium suffisant pour affirmer qu'il y a vie » (J. Piveteau, in : *Revue de synthèse*, juillet 1951, p. 170). En effet, « le caractère fondamental et spécifique des organismes vivants [est]... celui de se bâtir eux-mêmes *du dedans*, par leur fonctionnement et leurs constitutions propres et non par un être étranger œuvrant comme constructeur... [Autrement dit, à l'inverse des machines industrielles,] *l'organisme vivant fonctionne dès le début*... [, tandis que] les machines industrielles... ne peuvent fonctionner qu'une fois *achevées*, quand leur organisation [conférée par l'homme] est complète » (G. Matisse, *Le rameau vivant du monde*, III, p. 6-7).

Et il faut bien remarquer que « si nous assimilons la vie à un phénomène d'auto-organisation de la matière évoluant vers des états de plus en plus complexes alors, dans des circonstances bien déterminées et qui ne semblent pas d'une rareté exceptionnelle, la vie, elle, est prévisible dans l'univers. Elle y constitue un phénomène aussi naturel que la chute des corps graves » (I. Prigogine et I. Stengers).

Information biologique et origine de la Vie

Selon ce saisissant raccourci, mais conformément aux thèses communément admises, l'histoire a commencé il y a près de quinze milliards d'années lorsque survint le *big-bang*. Cette gigantesque explosion cosmique produisit un grand nombre de nuages gazeux à très haute température, dont l'hydrogène (corps simple destiné à devenir l'élément le plus abondant de l'Univers) devait émerger par la suite. Quelques centaines de millions d'années plus tard, l'oxygène fut fabriqué à son tour dans les étoiles lors de réactions thermonucléaires à des millions de degrés. Et c'est finalement d'une combinaison chimique de ces deux éléments que, sous certaines conditions, l'eau est née dans le cosmos voici près de douze milliards d'années, sous forme d'une vapeur d'eau, que le froid des espaces interstellaires devait ensuite transformer en glace. De ce formidable chaos originel naquirent aussi les planètes de notre galaxie il y a environ 4,5 milliards d'années. Parmi elles la Terre, dont le magma recélant déjà des molécules d'eau libéra la substance sous forme de vapeur d'eau par suite du dégazage dû au refroidissement et à la formation des roches. Et puis, sous des conditions tout à fait favorables, cette vapeur se condensa en pluies diluviennes. Et c'est ainsi que l'eau liquide fit son apparition pour la première fois sur notre planète : une eau liquide – que notre planète est aujourd'hui la seule connue du système solaire à en posséder –, dont l'accumulation a fini par former les tout premiers océans de la terre et qui, par les propriétés caractéristiques dues à ses trois états, joua dès lors un rôle déterminant dans le modelage de la structure de notre monde physique et biologique. Par sa force potentielle, par son action chimique et par son travail d'érosion, de transport des matières arrachées et de sédimentation, l'eau façonna donc d'abord les paysages, œuvrant en véritable architecte de la terre. Pendant longtemps, les estuaires marins n'eurent toutefois ni algues ni poissons, et les terres restèrent arides et désertes. Mais une *structure toute nouvelle* s'organisa un jour au sein des eaux après une série de circonstances naturelles : puisant des éléments environnants toute l'énergie nécessaire, une partie de la matière inanimée devint matière vivante sous forme d'êtres unicellulaires comparables à nos actuelles bactéries. Cela se produisit voici 3,5 milliards d'années : *la vie venait de naître sur terre,* par suite d'échanges chimiques et de phénomènes physiques liés très complexes (cf. G. Ifrah [6]).

Dans des conditions favorables, la matière avait ainsi engendré des informations totalement inédites, dont l'effet, par suite de leur préservation et de leur transfert, avait été de former dès lors des néguentropies d'un type complètement nouveau, destinées à constituer celles des *systèmes vivants.* Ce furent donc des informations biologiques particulières, dont la structure des formants allait désormais conférer aux systèmes résultants (en particulier grâce à l'aptitude à conserver l'énergie et la matière) le pouvoir de s'auto-organiser, de régénérer des parties perdues, d'assimiler des matières non vivantes, de se multiplier, et, par là même, de nier toute entropie et tout mouvement en sens inverse.

Nature événementielle de l'information

Mais l'information, lorsqu'elle est transmise, est un phénomène de nature *événementielle,* en ce sens qu'il s'agit d'une forme dont l'apparition constitue une éventualité. C'est alors un événement qui, lorsqu'il se réalise, se manifeste dans l'action d'établir un rapport entre le formant et le formé, selon les règles fixées par un code préétabli, par suite de l'occurrence du formant correspondant. Sa réalisation, qui appartient au domaine du possible, est donc bien caractérisée par son indétermination et son imprévisibilité au niveau du récepteur. Aussi l'établissement de ce rapport n'est-il qu'un événement parmi tant d'autres possibles. C'est donc bien (au sens mathématique) un événement dont l'incertitude se mesure précisément par la probabilité d'occurrence du formant. Et c'est justement dans cette acception que la notion d'information a donné lieu à une théorie abstraite considérant l'information en termes quantitatifs, dans le cadre de la théorie des probabilités appliquée à la notion d'entropie mathématique.

Information et communication

Mais, naturellement, comme on l'a déjà souligné, le concept de l'information va très au-delà de cet aspect purement quantitatif des choses. Car cette conception très générale de l'information est non seulement conforme à une théorie mathématique très abstraite, mais aussi à toutes les acceptions possibles relativement à la notion de transmission et de communication.

Est-il besoin de rappeler que *c'est la composante matérielle d'une information, et celle-là seulement, qui fait l'objet d'une communication* (verbalement, par livres, par images, ou par tout autre système de transmission). Car ce n'est pas le « sens » d'une information que l'on transmet, mais plutôt sa représentation matérielle, qui, par son essence même, est de nature physique. Autrement dit, on n'en convoie que le formant, qui se manifeste dans une ligne téléphonique, par exemple, sous la forme de signaux électriques, tandis que dans une missive ou une publication, il se présente sous la forme d'une suite de caractères manuscrits ou imprimés. Et ce n'est qu'à l'arrivée que ces représentations matérielles prennent un « sens », à condition, bien sûr, qu'un récepteur, humain ou artificiel, soit là pour les percevoir et les acquérir et, au besoin, pour les traiter et les communiquer.

Information et structures interprétatrices d'un récepteur humain ou artificiel

Or, lorsqu'une information est transmise et reçue, il s'opère, au niveau du récepteur, une *saisie* de la représentation correspondante, puis son *identification* par des organes ou des dispositifs appropriés, pour déboucher sur l'accomplissement d'un acte qui fait assortir le formant au formé et le formé au formant, par une sorte d'*activation* de ce qui est justement structuré dans une telle représentation matériel. En d'autres termes, outre son aspect formel, sensible, voire esthétique, qu'il fournit de l'information dont il constitue le support, le formant, par son occurrence même au niveau du destinataire, active le formé de l'information ainsi convoyée. Et c'est là qu'interviennent alors les *fonctions* ou *structures interprétatrices du récepteur*, qui traduisent, pour ainsi dire, le « sens » de la structure du formant reçu, selon les règles d'un *code préétabli.*

Les processus informatifs chez l'être humain

D'où, chez l'être humain, le déclenchement de ce que l'on peut appeler un *processus informatif*, avec son enrichissement potentiel de la connaissance, qui s'accompagne ou non d'un état émotionnel. C'est un processus dont l'effet peut être celui d'un *renseignement*, et que les *facultés cognitives* de l'homme, en le recevant, enregistrent dans la mémoire parmi les innombrables représentations matérielles d'informations déjà acquises antérieurement, et qu'elles transforment en les combinant à d'autres représentations mémorisées pour constituer de nouveaux formants, susceptibles dès lors d'être communiqués à autrui par l'intermédiaire d'un ou de plusieurs canaux de transmission.

Et c'est en cela que le concept général de l'information rejoint la notion de renseignement, ainsi que celles de l'acquisition, de la formation et de la transmission du savoir, de la science et de la connaissance.

Mais évidemment, ces représentations ne peuvent avoir de « sens » que si un être vivant ou une machine est capable de les interpréter, grâce à des aptitudes appropriées ou à des dispositifs artificiels spécialement conçus dans ce but.

Chez l'homme, ces représentations sont perçues par les *organes des sens* pour être répercutées aussitôt dans le cerveau, dont les facultés intellectuelles procèdent à une interprétation non univoque, qui dépend de l'environnement du sujet, de ses propres acquisitions et de l'état psychologique, voire émotionnel, du moment.

Et l'être humain les reçoit et les mémorise dès les premiers instants de sa propre existence, aussitôt qu'il est formé en fœtus, bien que ses toutes nouvelles structures ne lui permettent pas encore d'en saisir la signification véritable.

Il convient de souligner aussi qu'une même représentation d'information peut donner lieu, au stade des fonctions arrivées à maturité, à une multitude d'interprétations chez un même individu : il suffit en effet de songer à ce que l'on fait quelquefois, à différents niveaux d'interprétation, de nos actes, de nos paroles ou de nos écrits.

Ainsi la consultation d'un dictionnaire montre-t-elle qu'un même mot possède souvent plusieurs sens qui varient selon le contexte. Il suffit, pour s'en convaincre, de songer à l'étendue considérable du champ sémantique du mot anglais *computer* (voir chapitre 33, fig. 33.1, p. 660-666). Et ce qui est vrai de l'aspect morphologique l'est encore davantage pour la phrase et pour le discours. Dans son étude *S/Z* de la *Sarrazine* de Balzac, Roland Barthes montre ainsi qu'il en existe cinq niveaux d'interprétations, auxquels il donne le nom de « lexies », suivant les cinq *codes* correspondants.

Mais il est tout aussi clair que la réception d'une même représentation matérielle par des personnes distinctes peut engendrer une multitude de compréhensions différentes.

Tout cela suppose toutefois que le récepteur humain soit doté d'organes des sens fonctionnant en toute régularité et qu'il possède des facultés psychologiques et des capacités d'identification, ainsi que des structures interprétatrices et cognitives parfaitement adaptées, répondant à un développement tout à fait normal en milieu social dès la naissance.

R. L. Gregory raconte ainsi la triste histoire d'un aveugle de naissance qui recouvre pourtant la vue à l'âge de 52 ans :

« S.B. était un aveugle actif et intelligent. Il faisait des promenades à bicyclette avec un ami qui lui tenait l'épaule pour le guider : il se passait souvent de sa canne blanche traditionnelle. Il aimait confectionner différents objets avec des instruments simples. Toute sa vie, il essaya de se représenter le monde de la vision ; il avait l'habitude de laver la voiture de son beau-frère en imaginant la forme de façon aussi vive que possible. Il attendait avec passion le jour où il pourrait voir.

« Finalement, on tenta l'opération et elle réussit.

« Mais en dépit de ce succès, l'histoire s'acheva en tragédie. Au moment où on enleva les bandages pour la première fois depuis qu'il n'était plus aveugle, il entendit la voix du chirurgien. Il se tourna de ce côté, mais ne perçut rien qu'une forme vague. Il comprit que cela devait être un visage à cause de la voix, mais il ne pouvait le voir. Il ne vit pas tout d'un coup le monde des objets tel que nous le voyons lorsque nous ouvrons les yeux. Au bout de quelques jours, il fut enfin capable d'utiliser ses yeux. Il se mit à parcourir les couloirs de l'hôpital sans avoir recours au toucher... Il se levait à l'aurore, et regardait passer les autos et les camions. Il se montrait ravi de ses progrès...

« A sa sortie de l'hôpital, nous l'emmenâmes à Londres et lui montrâmes différentes choses qu'il ne connaissait pas par le toucher, mais il paraissait étrangement abattu. Il utilisait les connaissances qu'il avait antérieurement acquises grâce au toucher ainsi que les renseignements qu'on lui avait donnés pour l'aider à nommer les objets. Il y réussissait surtout en identifiant leurs traits caractéristiques. Mais la dépression s'accentua, se généralisa, il abandonna progressivement la vie active et mourut au bout de trois ans. »

Autre exemple caractéristique : celui des enfants sauvages, qui, élevés par des animaux loin des êtres humains, sont dans l'incapacité quasi totale de se comporter comme les hommes et d'apprendre à maîtriser les règles du code du langage humain.

Un cas célèbre est celui de ces deux « enfants-loups » que l'on avait capturés en octobre 1920 à Midnapore, en Inde. C'étaient deux fillettes de quatre et huit ans, nommées Amala et Kamala, vivant dans une caverne avec des loups. Elles couraient à quatre pattes, ignoraient tout du langage des hommes et exprimaient leur détresse à l'imitation des loups par des hurlements. Elles furent confiées à des missionnaires, qui s'efforcèrent en vain de leur apprendre des mots et la démarche humaine. Sans parvenir à s'adapter à la vie des hommes, elles moururent assez rapidement, la plus jeune dès 1920 et l'aînée en 1928 (cf. N. Sillamy).

Cela montre à quel point est essentiel le développement d'un être humain en milieu social dès sa naissance, car c'est bien ce facteur qui détermine la spécificité des caractères individuels, qui permet de compléter les structures organiques fondamentales et qui fournit les excitants nécessaires aux fonctions et aux aptitudes arrivées à maturité.

Et il ne fait aucun doute qu'à défaut de ce facteur indispensable, les facultés psychologiques humaines et les structures interprétatrices, si nécessaires à l'acquisition et à la compréhension des informations, seraient totalement inadaptées, voire atrophiées, bien qu'existantes potentiellement à l'état virtuel.

Information, cellules vivantes et code génétique

En passant maintenant à un domaine où, à première vue, l'information qui y est étudiée semble n'avoir aucun rapport avec celles de notre univers quotidien, on observe que des processus du même type que ceux que nous avons entrevus plus haut se produisent à l'*échelon génétique*, précisément au niveau de l'information reçue et transmise par les cellules vivantes, *dont le rôle est essentiel dans la constitution, dans la régulation et dans le maintien de la vie, ainsi que dans la transmission des caractères héréditaires.*

Rappelons que les *gènes*, responsables des processus héréditaires, sont des segments de chromosomes portés par une macro-molécule d'*acide désoxyribonucléique*, autrement dit par une molécule de ce que l'on appelle l'ADN, qui se présente sous la forme caractéristique d'une double hélice, où sont enchâssées des séquences de nucléotides.

La nature de ces nucléotides varie selon les bases azotées dont ils sont constitués, à savoir : l'*adénine* (représentée conventionnellement par la lettre A), la *thymine* (T), la *guanine* (G) et la *cytosine* (C).

Autrement dit, ces bases se comportent comme les lettres d'un alphabet à quatre signes (A, T, G, C), dont les arrangements en séquences sont structurellement analogues à des mots et à des suites de mots, selon une organisation que l'on appelle le *code génétique*. Et l'on sait que chaque caractère héréditaire est *codé* sous la forme d'une structure particulière, correspondant à une représentation formelle sur un petit segment d'ADN au moyen d'une suite de lettres de l'*alphabet génétique* précédent, dont la traduction produit une protéine ; une protéine dont la nature dépend du caractère héréditaire envisagé.

L'ADN est présent à la fois dans le noyau et le cytoplasme de la cellule vivante, en même temps qu'un autre acide nucléique, l'ARN (*acide ribonucléique*), dont la molécule se compose elle aussi d'une chaîne de nucléotides, formés chacun d'une base, d'un phosphate et d'un sucre.

Or, pour s'entretenir et pour se reproduire, les cellules ont besoin de protéine, dont la synthèse constitue justement un élément essentiel de la vie de l'organisme humain. Et l'on sait que cette synthèse protéique s'effectue dans le cytoplasme de la cellule grâce à l'intervention d'un ARN dit « messager », sorte de porteur d'*informations génétiques.*

Mais écoutons d'abord un expert en la matière. Même s'il s'agit d'une explication technique, elle nous donne bien une idée de l'importance du rôle tenu par les acides nucléiques dans la synthèse protéique et nous permet de nous faire une première idée de la notion d'information telle qu'elle est mise à contribution dans le domaine de la génétique :

« L'ADN sert de moule (*template*), pour la formation de trois types d'ARN. Plusieurs segments de l'ARN ribosomal (ARN-r) se complexifient avec des protéines pour former les deux parties du ribosome. L'ARN messager (ARN-m), porteur du code transcrit de l'ADN, passe par un ribosome où le code est traduit par la formation d'un polypeptide par l'addition d'acides aminés spécifiques amenés au ribosome par des ARN de transfert (ARN-t) qui portent des triplets de bases complémentaires à celles de la chaîne de l'ARN-m » (M. Sleigh, *L'origine et l'évolution primitives des cellules*, in : M.-V. Locquin, p. 133).

En clair, la synthèse protéique nécessite l'intervention d'un ARN messager, puisque c'est sur lui qu'est recopiée la structure de la représentation matérielle de l'information considérée. L'ARN messager véhicule ensuite cette représentation pour la transmettre à une autre cellule, et y donner lieu à la production de la protéine en question.

Grâce à l'ARN messager, il y a donc bien transmission d'une *information génétique*, dont l'acquisition, puis l'interprétation auront pour conséquence de déclencher l'effet voulu.

Autrement dit, l'information ainsi transmise est bien composée d'un *formant* (la représentation codée du caractère héréditaire considéré) et d'un *formé* (qui n'est autre que le champ interprétatif de la séquence des « lettres-bases » constituant cette représentation codée), *et dont la nature, événementielle, consiste bien en un changement d'état qui, par l'occurrence du formant, active le formé, selon les règles fixées par le code génétique.*

Le formant, aussitôt saisi par les éléments appropriés de la deuxième cellule, est donc identifié, puis interprété, assortissant la structure du formant aux interprétations correspondantes, déclenchant dès lors le processus destiné à conduire à la production de la protéine.

Démarche universaliste de notre définition

On voit donc désormais comment, grâce à la définition ci-dessus, on atteint, en une démarche totalement unificatrice, le degré de généralité maximum dans l'acception même de la notion d'information.

Applicable à tous les domaines, cette définition permettra en effet à chacun d'y retrouver l'objet de ses préoccupations, depuis la génétique, la cybernétique, l'informatique, l'intelligence artificielle et les télécommunications jusqu'aux appareils médiatique et judiciaire, en passant par la philosophie, la psychologie et la théorie de la connaissance, donnant aux uns la possibilité de n'en étudier que la structure des formants d'information et aux autres celle d'établir à leur guise tous les rapports voulus entre formants et formés, ou de déclencher à partir de ces mises en relation tous les actes informatifs, renseignants ou cognitifs projetés.

C'est donc, pour ainsi dire, un *énoncé algébrique*, faisant abstraction de toutes les propriétés de l'information qui ne concernent, en somme, que des propriétés très particulières de cette notion absolument générale : des propriétés spécifiques dont on s'est acccommodé pour définir l'information et qui, à défaut de conception générale, ont souvent empêché d'avoir une vision bien nette d'un concept dont on a pourtant soupçonné depuis longtemps déjà la véritable dimension universelle.

Information et avenir de l'informatique

Terminons par ces représentations d'information que les ordinateurs et plus généralement les machines informatiques reçoivent sous forme de données et sur lesquelles ils opèrent des transformations : ce sont en fait des chaînes de symboles (chiffres, caractères et signes graphiques divers), que l'on prend parmi ceux d'un alphabet fini convenu à l'avance, et qui sont eux-mêmes représentés au sein des machines par des suites de signaux régies par des règles précises formant un ensemble appelé *code.*

Pourvu qu'on lui fournisse les instructions appropriées, un ordinateur est donc capable d'effectuer n'importe quelle transformation sur un *formant* codé et de l'enregistrer sous la forme d'une suite appropriée de symboles. Cela veut dire qu'en codant ainsi les représentations des informations qu'on lui fournit, l'ordinateur, grâce aux structures dont il est doté et selon le programme approprié, les identifie et les interprète dans son langage, puis les manipule et les transforme en leur donnant une nouvelle forme, qui n'est autre que celle de la représentation du résultat. L'ordinateur conserve ensuite cette dernière dans sa mémoire avant de la livrer au milieu extérieur en vue des diverses interprétations possibles que l'homme peut y apporter.

Bref, les ordinateurs « interprètent des chaînes de caractères, soit comme des *données,* qu'il s'agit de transformer, soit comme des *instructions,* qui donneront lieu à des actions bien définies dans la machine, et fourniront des *résultats*, eux aussi représentés par des chaînes de caractères, interprétés à leur tour par l'observateur humain » (J.C. Simon).

La notion de *quantité d'information,* quant à elle, n'est autre, par définition, que *le volume de mémoire occupé par une représentation, évalué dans un système prenant une représentation-étalon comme unité de mesure* (cf. J. C. Simon).

Il s'agit donc d'une notion extrêmement précise, totalement indépendante des interprétations possibles, constituant la mesure de la représentation matérielle d'une information, c'est-à-dire celle de son formant, son seul élément observable, quantifiable et mesurable.

En reprenant l'énoncé de G. Verroust (voir citation 20, p. 721), mais en l'adaptant à ce vocabulaire et à son acception, il apparaît donc clairement que la *quantité d'information portée par un système* possède la propriété caractéristique d'être *égale au rapport du nombre d'états possibles de ce système avant et après qu'il ait reçu l'ensemble des représentations d'information correspondantes.*

Et c'est en cela que la notion générale de l'information finit par rejoindre la théorie quantitative formulée en 1948 par Claude E. Shannon : théorie où l'information est traitée comme une grandeur observable et mesurable, en vue d'obtenir le rendement maximal d'un système physique de transmission, constitué d'un émetteur, d'un canal de transmission et d'un récepteur, afin de réduire au minimum le coût de cette même transmission. Et c'est précisément la raison pour laquelle le contenu du formé des informations ne fait guère partie des préoccupations essentielles de l'informaticien, du cybernéticien ou de l'ingénieur des télécommunications.

En revenant aux structures interprétatrices des dispositifs artificiels, on a doté les machines informatiques de capteurs physiques capables d'interpréter les phénomènes du monde extérieur (un peu comme le microphone capte des ondes de pression reproduisant des sons pour les transformer en signaux électriques, ou encore comme une caméra de télévision capte des intensités lumineuses pour les transformer en images). Aussi ces capteurs reçoivent-ils des représentations d'information que l'être humain peut interpréter dans un certain nombre de cas et qui font de plus en plus l'objet d'identifications et d'interprétations automatiques par des machines informatiques, suivant une opération que l'on appelle la « reconnaissance des formes ».

Autant dire que les systèmes informatiques seront dotés de plus en plus de facultés cognitives et de structures interprétatrices adaptées à la reconnaissance et à l'interprétation de « signes », au sens linguistique du terme. « En ce sens, comme le souligne J.C. Simon, ils introduisent un changement révolutionnaire dans la manipulation, la transmission, l'interprétation des représentations. Ils deviennent des partenaires des hommes. »

Conclusion

INTELLIGENCE, SCIENCE ET AVENIR DE L'HOMME

Information, savoir et connaissance

De l'information à la formation et à la transmission du savoir, de la science et de la connaissance, il n'y a évidemment qu'un pas que l'humanité a su progressivement mais allégrement franchir depuis qu'elle s'est constituée en *espèce pensante* sachant prendre connaissance, donner connaissance et accumuler des connaissances*.

Savoir, c'est avoir de la pénétration pour les formes et pour les structures, que ce soit à propos de la nature et de l'univers matériel ou de l'espèce humaine avec tout ce qui la concerne. Le savoir touche par conséquent à toutes les formes de la connaissance.

Donc « *connaître,* c'est... être d'une certaine manière autre chose que ce qu'on est ; c'est devenir autre chose que soi » (J. Maritain[1]).

En revanche, lorsqu'il s'agit de soi, connaître, c'est se faire une idée juste de ce que l'on est, de ce qu'est son être moral, de ce qui constitue son tempérament et son caractère, et surtout avoir conscience de ses propres capacités intellectuelles, c'est-à-dire de ses forces aussi bien que de ses faiblesses.

« La grandeur de l'homme est grande en ce qu'il se connaît misérable. Un arbre ne se connaît pas misérable. C'est donc être misérable que de [se] connaître misérable. Mais c'est être grand que de connaître qu'on est misérable » (Pascal[2]).

Toutefois, « à trop [vouloir] *se connaître,* on risque de s'empêcher d'être » (J. Rostand[3]).

Il est vrai que « *connaître,* c'est pénétrer l'être jusqu'à coïncider

* Pour le dénouement de cette *véritable histoire de l'intelligence humaine,* nous n'avons rien trouvé de mieux que de donner la parole à de grands auteurs pour nous permettre de nous faire une idée – en une sorte de *mosaïque composée d'une centaine de citations, coordonnées, structurées et complétées* – de ce qui fait l'intelligence de l'homme, selon ses propres dispositions à la science et à la connaissance, dans une optique résolument tournée vers l'avenir et englobant à la fois la psychologie, la philosophie et l'histoire. Aussi, par souci de clarté, et surtout pour ne pas interrompre le fil conducteur de ces pensées profondes, avons-nous préféré regrouper toutes les références correspondantes (voir Sources des citations, p. 764).

intérieurement avec lui par la pensée, et à voir fondée en lui la série multiple de toutes ses apparences » (J. Vialatoux[4]).

Mais « il faut dire..., en toute rigueur, que la connaissance est indéfinissable... Vouloir “connaître la connaissance”, c'est chercher à voir son propre regard. Pour savoir ce que c'est que la vision, il faut regarder les objets, puis réfléchir ; il ne faut pas fermer les yeux » (G. Berger[5]).

En fait, « la connaissance est à la fois distance et fusion » (J. Wahl[6]). Et c'est pourquoi le savoir et la connaissance sont les résultantes de l'*information-structure* et de sa *transmission.*

Langage et pensée

Aussi les hommes vivant en société ont-ils développé d'abord la faculté d'exprimer leurs pensées, en commençant naturellement par cette « institution sociale d'un type particulier [aux manifestations très diverses], fondée sur l'utilisation de la *parole* pour la communication des pensées », à savoir le *langage,* qui « repose sur l'association de *contenus de pensée* à des *sons* produits par la parole » (J. Perrot[7]).

Or, comme le disait Platon[8], « la pensée, c'est la parole intérieure ». Autrement dit, selon le point de vue d'Egger[9], ce serait « la vie de la conscience », à ceci près que « *connaître,* ce n'est pas avoir quelque chose dans la conscience, *c'est avoir conscience de quelque chose* » (H. Duméry[10]).

Langage et espèce humaine

Ce qui est certain, en tout cas, c'est que la parole est inséparable de l'ensemble des opérations de la *pensée* et de la *raison* humaines.

Car « la parole a été donnée à l'homme pour expliquer ses pensées ; et, tout ainsi que les pensées sont les portraits des choses, de même les paroles sont-elles les portraits de nos pensées » (Molière[11]).

Il est vrai qu'« il existe entre la pensée et le langage deux mouvements réciproques... tantôt c'est la *pensée* qui cherche dans le langage une forme qui lui réponde, et tantôt le *langage* qui cherche dans la pensée une action qui l'égale » (L. Lavelle[12]).

Mais le langage, c'est aussi et surtout un moyen de communication, qui permet d'établir des rapports entre les humains, selon un *code préétabli.*

« C'est [cependant] une grande illusion de croire que, lorsque deux êtres entrent en communication l'un avec l'autre, ils se communiquent l'un à l'autre ce qu'ils ont déjà. Ce qu'ils se communiquent, c'est seulement le pouvoir d'acquérir l'un par l'autre ce qu'ils n'ont encore ni l'un ni l'autre » (L. Lavelle[13]).

Toutefois, « la science de la communication des idées... doit apprendre... à exprimer chaque *idée* de la manière la plus *nette* possible » (D'Alembert[14]).

Écriture et civilisation

Or, « si l'on peut dire que c'est le *Langage* qui fait l'*Homme,* on doit ajouter que c'est l'*écriture* qui fait le *civilisé* » (H. Piéron[15]). Et c'est justement pourquoi l'*Histoire* ne remonte pas à la Préhistoire, mais plutôt à l'époque des premiers *documents écrits* de l'histoire, qui ont fait d'ailleurs eux-mêmes les vrais débuts de ce que l'on appelle la *Civilisation.*

Écriture et facteur spatio-temporel

L'*écriture* est un système conventionnel mettant en association des *signes graphiques* aux diverses réalisations phoniques de la parole, et qui se réalise, comme le langage articulé, sous des formes très diverses (voir chapitre 28).

Née du besoin même de fixer la pensée, *fugitive* par sa nature même, son invention a donc permis à l'humanité non seulement d'assurer aux paroles données leur conservation et leur transmission, mais aussi de leur faire traverser l'espace et le temps.

Et c'est en cela que l'écriture est une grande invention, puisqu'elle défie ces incontournables facteurs, surtout le *temps,* qui « avance irréversiblement, rythmant l'évolution et la transformation de tout ce que contient l'Univers » (J. Matricon et J. Roumette[16]).

Et c'est bien vrai qu'« il n'est rien de plus précieux que le temps, puisqu'il est le prix de l'éternité » (Bourdaloue[17]).

« Ceux qui s'en remettent à l'action du temps montrent par là même qu'ils ne connaissent pas le prix du temps » (P. Peeters[18]).

Écriture et monde des idées

Mais l'*écriture* est aussi et essentiellement un moyen d'accéder directement au monde des idées et d'appréhender la *pensée* pour l'ordonner et l'organiser en la transcrivant. C'est « une discipline de la pensée qui lui donne plus de fermeté et plus de constance ; elle l'empêche de demeurer à l'état de velléité et de rêve et de se contenter de ces lueurs intermittentes qui suffisent aux plus timides ou aux plus légers » (L. Lavelle[12]).

Autrement dit, ce n'est pas la parole que l'écriture garde, « mais la pensée, qu'elle nous oblige toujours à ressusciter, à éprouver, à prolonger, à élargir indéfiniment » (L. Lavelle[12]).

Écriture et culture

Aussi, par l'étude et par la réflexion que permettent le langage et l'écriture, l'homme a-t-il peu à peu accédé à cette formation sociale et intellectuelle que l'on appelle la *culture,* et qui est liée en somme à une forme de culture et de civilisation.

Certes, « la culture, c'est ce qui reste quand on a tout oublié » (E. Herriot[21]). Mais « la culture est bien autre chose que l'instruction. Les poètes y sont aussi nécessaires que les géomètres » (Alain[22]).

Culture et universalité

Et, en fait, « il n'y a vraiment de culture que lorsque l'esprit s'élargit à la *dimension de l'universel* » (J. Leclercq[23]).

D'ailleurs, « qu'est-ce qu'un *esprit cultivé* ? C'est celui qui a traversé un grand nombre d'apprentissages de la réflexion, et qui peut regarder d'un grand nombre de points de vue. La culture est proportionnelle à la quantité des catégories dont dispose une intelligence » (H.-F. Amiel[24]).

Culture et tolérance

Et de fait, comme le dit Alain[19], « l'universel, c'est la pensée même ». Et c'est pourquoi la *culture*, au sens le plus élevé du terme, se défie de tout nationalisme étroit et de toute doctrine patriotique érigée en idéologie politique. Elle respecte au contraire le légitime droit à la différence de toute culture particulière, par la vertu de sa véritable nature, à savoir la *tolérance*, qui consiste à laisser aux autres la liberté d'exprimer des opinions que l'on peut juger contraires aux siennes, et de vivre conformément à ces opinions et à leurs philosophies. La tolérance ne peut toutefois s'exercer qu'à la condition que la réciproque soit vraie et que soient écartés tout intégrisme et tout prosélytisme. Et « il faut bien distinguer l'*esprit de tolérance*, qui consiste à ne persécuter personne, avec l'*esprit d'indifférence* », dont l'insensibilité a tendance à traiter toutes les idées sur le même pied d'égalité (cf. D'Alembert[20]).

Telles sont, en l'occurrence, les idées fondamentales de la *modernité* selon leur *humanisme* caractéristique.

Qu'est-ce que l'intelligence ?

Est-il besoin de souligner que si l'humanité a su faire preuve de savoir, et, mieux, de science et de culture, selon toutes leurs dispositions à l'avance et à la connaissance, c'est naturellement, et avant tout, au développement de son *intelligence* qu'elle le doit, et particulièrement aux progrès de son esprit, de sa raison et de son entendement.

Compter, dénombrer, mesurer, calculer, peser, supputer, méditer, considérer, réfléchir, croire, opiner, tâtonner, raisonner, déduire, induire, inventer, découvrir, imaginer, mémoriser, abstraire, élaborer, créer, faire preuve d'intuition ou de sentiment, généraliser, particulariser, deviner, choisir, discerner, déterminer... Autant de facettes de ces diverses facultés liées à l'intelligence de l'homme, et de ces activités intellectuelles, ou proprement rationnelles, s'exerçant par des idées générales aussi bien que particulières, que l'on appelle la *pensée humaine.*

Et c'est précisément en cela que les possibilités du langage et de la pensée rejoignent parfaitement celles de l'*intellect,* qui n'est autre que « l'aptitude à engendrer et à manier des idées abstraites exprimées par des mots » (C. Spearman[25]).

Mais « être intelligent, ce n'est pas seulement être raisonnable ; c'est ajouter à la raison cette facilité, cette souplesse qui permet de se jouer parmi les êtres, les pénétrer souvent mieux qu'ils ne se connaissent » (J. Guitton[26]).

« Méfiez-vous de ces maîtres qui se plaignent toujours que leurs élèves soient bêtes. Qu'ils ne s'en prennent qu'à eux-mêmes ! Qui croit à l'intelligence des autres la provoque et la fait naître. Qui en doute et s'en défie la rend timide jusqu'à la détruire » (J. Guéhenno[27]).

C'est que l'intelligence est « la faculté de s'adapter de manière rapide et rationnelle à des circonstances modifiées » (G. Morf[28]). Et qui ne croit guère à l'intelligence de ses élèves ou de ses collaborateurs risque d'annihiler leurs aptitudes et leurs potentialités intellectuelles jusqu'à briser en eux toute faculté de se mettre et de se trouver en harmonie avec le milieu humain aussi bien que dans le milieu naturel.

Mais l'intelligence, parmi ses différents pôles, c'est aussi « la capacité de résoudre par la pensée des problèmes nouveaux » (E. Claparède[29]).

Et c'est pourquoi « l'intelligence est *discernement* et *choix*. Non pas adaptation en vertu d'un automatisme préétabli, mais pensée de la situation, solution de la difficulté, la difficulté ayant été vue et la solution ensuite, ou bien la solution ayant été vue dans la difficulté même » (H. Delacroix[30]).

Or, « l'intelligence procède aussi par *tâtonnements*. Son travail n'est qu'une suite d'essais et d'éliminations. Mais, au lieu de tenter des actions qui n'aboutiront pas..., l'intelligence fait des essais en pensée et reconnaît en pensée qu'ils échouent. Elle réduit à un petit nombre les entreprises effectives ; [par un *raisonnement inductif,*] elle s'engage dans celles qui ont des chances de réussir... ; [et par un *raisonnement déductif,*] elle découvre parfois la seule qui puisse réussir... Les procédés de l'intelligence sont [donc] ceux de la *sélection,* mais d'une sélection qui tue les idées et les hypothèses au lieu de tuer des vivants » (E. Goblot[31]).

Rappelons à ce propos que « l'*induction,* c'est le passage de cas particuliers à l'universel » (Aristote[32]). Et il est « évident que c'est nécessairement l'*intuition* qui nous fait connaître les principes, car c'est de cette façon que la sensation elle-même produit en nous l'*universel* » (Aristote[33]).

Quant à la *déduction,* c'« est le mouvement de l'esprit qui va d'intuition en intuition de façon à unir par un lien évident et nécessaire les deux termes extrêmes d'une série » (Ch. Serrus[34]). Autrement dit, « la déduction fournit l'*intelligibilité,* non la certitude ; l'induction, méthodiquement conduite, la *certitude,* non l'intelligibilité. La vraie science résulte de leur collaboration » (G. Heymans[35]).

Notons d'ailleurs que « le raisonnement inductif est beaucoup moins facile à analyser [que le raisonnement déductif]. S'appuyant sur l'analogie et sur l'intuition, faisant appel à l'esprit de finesse plus qu'à l'esprit de géométrie, il cherche à *deviner* ce qui n'est pas encore connu, de façon à établir des principes nouveaux qui pourront servir de bases à de nouvelles déductions » (L. de Broglie[95]).

Autant dire qu'« il y a [dans l'intelligence] une tendance active, personnelle, inventive, qui est la raison même de ce qu'elle a de plus essentiel. C'est... [ce que l'on peut appeler] la "raison constituante" par opposition à ce code public de règles constituées et de vérités reconnues qui, si précieux qu'il soit, n'exprime à chaque instant que l'acquis imparfait de la civilisation » (A. Lalande[37]).

En effet, alors que la *raison constituée* « consiste dans les principes ou normes, plus ou moins variables avec le temps et les personnes (quoique tendant à la limite vers l'unité), sur lesquels reposent nos raisonnements », la *raison constituante,* elle, n'est autre que « la faculté, immuable et identique en tout, de former, grâce à la perception des rapports, des principes universels et nécessaires » (P. Foulquié[38]).

Du reste, « l'intelligence est toujours l'art de fabriquer des *systèmes d'abstraction,* en présence d'une situation ou d'un univers, et de les insérer dans cette situation ou dans cet univers. Définition qui s'applique à l'intelligence pratique aussi bien qu'à l'intelligence théorique » (H. Delacroix[39]).

Il est vrai que « l'*intelligence théorique* tire de l'expérience particulière des notions et des lois générales ; ensuite, elle se réfère à ces notions ou lois générales pour résoudre les cas nouveaux qui se présentent ; elle est conceptuelle, discursive. [En revanche,] L'*intelligence pratique* est intuitive : c'est dans le cas concret lui-même qu'elle voit la solution cherchée » (P. Foulquié[38]).

Abstractions, inventions et découvertes

Il faut dire que « la vie pratique, qui semble d'abord le règne du concret et du singulier, puisqu'elle met en présence les individus et les circonstances particulières, est en réalité le règne de l'abstrait et du général, parce qu'elle est faite de représentations distinctes et de manières d'agir typiques » (J. Segond[40]).

Toutefois, « l'*abstraction* proprement dite commence avec la conscience de la ressemblance et de la différence. Abstraire, c'est distinguer le caractère commun à plusieurs objets ou le caractère différentiel d'un objet » (A. Burloud[41]).

Ce qui signifie, en une acception encore plus précise, que « l'abstraction, non pas vulgaire et arbitraire, mais scientifique, doit découvrir des *caractères qui soient les substituts d'un groupe*..., qui en tiennent lieu et permettent de le penser » (Th. Ribot[42]).

Or c'est justement grâce à la fertilité de l'esprit et de l'imagination, dont le travail s'exerce au moyen de toutes ces facultés et au travers de ces différentes abstractions, que l'humanité a réalisé toutes ses *découvertes* et ses *inventions,* trouvant, pour les premières, des choses préexistantes mais cachées ou ignorées, ou n'existant encore qu'à l'état latent, ou élaborant, pour les deuxièmes, des choses complètement nouvelles, qui n'existaient pas auparavant ou qui n'existaient qu'à l'état virtuel.

Démarche scientifique et connaissance

Mais, « aucune démarche de la science ne s'effectue à partir d'un état zéro de connaissance, état dans lequel le savant serait en mesure de recevoir des *informations parfaitement épurées,* et disposerait de méthodes parfaitement assurées. Une *démarche scientifique* ne peut s'effectuer qu'à partir d'une certaine situation de connaissance, situation dans laquelle le savant dispose d'un certain *savoir préalable* et d'un certain *langage préconstitué* » (F. Gonseth[43]).

On notera cependant que « l'*idée nouvelle* n'apparaît point chez l'homme en suite d'un travail logique et conscient. Elle surgit, un jour, toute formée, à la suite d'une longue période de gestation qui s'est déroulée dans l'*inconscient* » (A. Vandel[44]). Cela est si vrai que « le caractère essentiel de la *découverte scientifique* est qu'elle ne se fait pas sur commande... L'esprit ne fait la découverte qu'au moment où il n'est occupé à rien » (J. Duclaux[45]).

Technique, savoir et savoir-faire

Mais l'intelligence, c'est aussi, « dans ce qui paraît en être la démarche originelle..., la *faculté de fabriquer des objets artificiels,* en particulier des outils à faire des outils, et d'en varier indéfiniment la fabrication » (H. Bergson[46]).

Et d'ailleurs, « toute *technique,* aussi bien celle de la pierre éclatée que celles qui l'ont suivie, implique au fond quelque chose de ce qui deviendra *savoir,* et de fil en aiguille *science* » (A. Rey[47]).

« [En effet,] Ou la technique se confond avec l'automatisme, et elle commence une chute ; ou elle est *intelligente,* et déjà elle adapte ou améliore ce qu'elle reconstruit. Plus elle contiendra d'*inventions,* plus elle sera *éducative* » (R. Le Senne[48]).

Et c'est là qu'intervient l'*acquis,* lequel, par opposition à la *raison innée,* correspond à ce qui est constitué tout au long de la vie d'un individu ou à ce qui est enfoui dans la *mémoire collective* de l'humanité.

Quant au *savoir-faire,* c'est ce que l'être humain acquiert à la fois par la *connaissance,* par l'*exercice* et par l'*expérience.*

Mais, tout étant lié chez l'homme, « l'*expérience* façonne la raison et la raison façonne l'expérience. Entre le réel et le rationnel il y a donc une mutuelle dépendance, jointe à une indépendance relative, de telle sorte que c'est un problème singulièrement ardu que de savoir ce qui, dans l'élaboration du savoir, est dû à la pression des choses et ce qui est dû aux exigences de l'intelligence » (J. Piaget[49]).

Quoi qu'il en soit, « la *technique...* consiste en un ensemble de *règles,* fondées sur la raison, mais [déterminées par l'intuition, puis] éprouvées par la pratique et devenues la *propriété collective d'une civilisation,* par lesquelles on utilise efficacement un outillage en vue d'un *but* » (A. Siegfried[50]). Et c'est en ce sens qu'elle est : soit *artisanale,* lorsque ces règles sont manuelles ; soit *industrielle,* lorsqu'il s'agit de la fabrication d'outils au moyen de ces dispositifs artificiels appelés *machines.*

Technique et technologie

« Historiquement la *technique* a précédé la *science,* l'homme primitif a connu des techniques... [Mais] la technique ne prendra son essor que du moment où la science interviendra. Alors la technique devra attendre le progrès de la science » (J. Ellul[51]).

Autrement dit, selon ce mot de Siegfried[52], la technique a fini par devenir « un art rationalisé », au point de constituer ce que l'on désigne aujourd'hui sous le nom de *technologie.* Et « ce qui caractérise le plus essentiellement la *technique scientifique,* c'est le fait qu'elle procède de l'expérience, et non de la tradition » (B. Russell[53]).

Science et connaissance

Cela est d'autant plus vrai que « la *science* est connaissance qui devient authentique par le moyen de la *critique* » (S. Bachelard[54]).

Or, précisément, ce qui caractérise « la spécificité de la science, c'est que l'invention s'y fait découverte, et cela grâce à un procédé intellectuel de *vérification* » (L. Brunschvicg[55]). « En un certain sens, l'invention dans la *science théorique* a le caractère d'une découverte, mais c'est une découverte dans le monde de l'esprit » (L. de Broglie[56]).

Sciences et connaissances mathématiques

Et s'il est une science où l'invention possède justement ce caractère-là, dans le sens le plus absolu du terme, c'est bien la *science mathématique.* C'est d'ailleurs « par l'étude des mathématiques, et seulement par elle, que l'on peut se faire une idée juste et approfondie de ce que c'est qu'une science » (A. Comte[57]).

Et, en fait, « sous le nom effectif de *mathématiques*, on désigne un système de connaissances scientifiques, étroitement liées les unes aux autres, fondées sur des notions qui se trouvent dans tous les esprits, portant des *vérités* rigoureuses, que la raison est capable de découvrir sans le secours de l'expérience, et qui, néanmoins, peuvent toujours se confirmer par l'expérience, dans les limites d'approximation que l'expérience comporte » (A. Cournot[58]).

C'est que « les mathématiques expriment *a priori* les conditions de l'intelligibilité en général, et sont elles-mêmes le type de la science parfaitement intelligible et certaine ; mais elles ne sont la connaissance d'aucune partie de la nature » (E. Goblot[59]).

Ce qui veut dire que « les *mathématiques* sont la science de toute chose dont on peut raisonner exactement... Aussi l'intervention des mathématiques dans les *connaissances humaines* prend-elle d'autant plus d'extension que celles-ci deviennent plus exactes et plus précises » (J. Hadamard[60]).

Certes, « les *sciences expérimentales* ne sauraient donner une satisfaction aussi complète – du moins il le semble – mais en revanche, elles seules nous révèlent le monde où nous sommes » (E. Goblot[59]).

D'un autre côté, même si la *science physique* n'est pas une mathématisation des phénomènes physiques, les calculs, les mesures, les opérations et les raisonnements de la mathématique en sont la base essentielle, comme ils le sont pour toute science ayant pour objectif le percement des secrets de la nature. En d'autres termes, la science mathématique constitue « l'instrument le plus puissant que l'esprit humain puisse employer dans la recherche des lois des phénomènes naturels » (A. Comte[57]).

Imagination et simulacre de connaissance

« On a souvent répété que la perfection d'une science se mesure à la quantité de mathématiques qu'elle comporte ; on pourrait dire, inversement, que son imperfection se mesure à la *quantité d'imagination* qu'elle renferme.

C'est une nécessité psychologique. Là où l'esprit humain ne peut constater ou expliquer, il invente, préférant un *simulacre de connaissance* à une absence totale » (Th. Ribot[62]).

Or, de ces simulacres de connaissance, la *numérologie* constitue indubitablement un modèle caractéristique. Les nombres y sont exploités à des fins mercantiles, selon des pratiques et des interprétations parties de rien et ne conduisant qu'à la vacuité. C'est un domaine où règnent assurément le *préjugé* et l'*idée préconçue*, depuis le temps où « les nombres choyés par les mythologies et dotés par elles de significations occultes ont varié avec la longitude et la latitude » (H. Poincaré[61]).

C'est dire à quel point les numérologues, non contents de répandre leur obscurantisme et leur ignorance, exploitent sans scrupule, à leur seul et unique avantage, la naïveté et la misère humaines. Ceux-ci, par ailleurs, sans renoncer un seul instant au confort procuré par la science contemporaine, ont l'audace de porter attaque à ce qu'ils appellent la « science officielle », incapable, selon eux, de saisir la subtilité de la prétendue puissance cachée des nombres, qu'une tradition présumée remonter à Adam et à Abraham leur aurait transmise par voie initiatique !

Il est vrai qu'« au triomphe des œuvres obscures, la prétention des sots conspire avec l'humilité des gens d'esprit » (J. Rostand[67]).

Car tout s'y déroule à l'instar de ses cousines, l'*astrologie* et la *divination* – dont les prédictions, censées provenir d'une inspiration surnaturelle ou d'une connaissance supranaturelle des événements de la vie, ne sont que le produit de l'imagination et des conjectures de certains personnages, doués, il faut bien le reconnaître, des finesses de l'art de la psychologie des rapports habiles. Et, comme elles, *la numérologie est une pseudo-science qui a longtemps retardé les progrès du savoir et de la pensée scientifique.*

En effet, de même que « l'intérêt concret qui s'est attaché aux étoiles particulières a entravé la naissance de l'astronomie », de même « la fascination spéciale, que les nombres pris individuellement ont exercée sur l'esprit humain depuis un temps immémorial, a été l'obstacle principal à l'édification d'une théorie collective des nombres, autrement dit de l'arithmétique » (T. Dantzig[69]). De sorte qu'« il aura fallu un effort intellectuel considérable pour dépouiller les objets et les mots [ainsi que les astres et les nombres] des vertus et des propriétés magiques qui leur furent spontanément associées, pour parvenir finalement à l'idée que nous nous faisons de l'objectivité des phénomènes » (J. Pelseener[72]).

Caractère de la science

« En fait, on connaît *contre* une connaissance antérieure, en détruisant des [doctrines erronées ou des] connaissances mal faites, en surmontant ce qui, dans l'esprit même, fait obstacle à la *spiritualisation* » (G. Bachelard[63]).

D'ailleurs, « toute science n'est rien de plus qu'une *épuration* de la pensée journalière » (A. Einstein[64]). Et de fait, « l'*objet de la science* et la science elle-même diffèrent de l'*objet de l'opinion* et de l'opinion. Car la science porte sur le général et procède par nécessité, et il est impossible que le nécessaire soit autrement que ce qu'il est » (Aristote[65]).

En effet, « la pensée ne revêt le caractère de la science que lorsqu'elle a une valeur universelle... [Ce qui implique donc] qu'une connaissance n'est scientifique qu'autant qu'elle est *valable pour tout esprit* [et qu'elle est *admise par tous les esprits*]. A la science s'oppose l'opinion et même la croyance collective si elle est dépourvue des moyens de se rendre universelle » (E. Goblot[66]).

« Mais... nous ne devons pas oublier que les sciences ont, avant tout, une destination plus directe et plus élevée, celle de satisfaire au besoin qu'éprouve notre intelligence de connaître *les lois des phénomènes* » (A. Comte[57]).

D'où cette différence essentielle qu'il convient de faire entre la *démarche empirique* et la *méthode scientifique.*

« En somme, l'empirisme commence par l'enregistrement des faits évidents, la science dénonce cette évidence pour découvrir les lois cachées. *Il n'y a de science que de ce qui est caché* » (G. Bachelard[68]).

« En résumé, *science, d'où prévoyance ; prévoyance, d'où action* ; telle est la formule très simple qui exprime, d'une manière exacte, la relation générale de la science et de l'*art,* en prenant ces deux expressions dans leur acception totale » (A. Comte[57]).

Science, technique et civilisation

Et c'est précisément en vertu de l'établissement de telles relations avec les autres domaines de l'existence humaine que « la science [ainsi que la technique ont]... transformé la vie et multiplié la puissance de ceux qui la possédaient » (P. Valéry[70]).

Ainsi le développement de l'*électronique* a-t-il, suivant les besoins les plus divers et grâce à ses multiples utilisations possibles, ouvert la voie à toutes sortes de réalisations techniques, permettant à l'humanité d'entrevoir des *horizons extrêmement vastes,* où la solution de *problèmes inimaginables,* ou longtemps considérés comme *insolubles,* allait bientôt devenir une réalité quotidienne : invention du radar, essor des moyens de communication, développement de la radio, de la télévision et des télécommunications, construction d'avions supersoniques et de fusées, etc. De plus, en bénéficiant de l'acquis de plusieurs siècles de progrès réalisés dans les domaines de l'automatisme, de la programmation, des processus de commande automatique et des techniques de traitement de l'information, cette technologie, grâce au développement des mathématiques et de la logique symbolique, a donné la possibilité de parvenir à des conceptions et à des réalisations de plus en plus audacieuses. Réalisations parmi lesquelles figurent naturellement les ordinateurs électroniques actuels, dont cette technologie aura sans aucun doute facilité la naissance et l'explosion. Mais, en retour, il y aura eu *effet d'entraînement,* car ce sont les besoins engendrés par l'essor de l'informatique (au sens le plus élargi du terme) qui constituent actuellement le principal moteur des progrès de l'électronique (voir chapitres 32 et 33).

Il y a certes une différence de nature essentielle entre la *science* et la *technique.* Mais aujourd'hui, l'une ne peut progresser sans le secours de l'autre, *les théories et les modèles scientifiques* étant élaborés par l'une, et *les instruments techniques* étant fournis par l'autre, selon une *interaction* qui caractérise la *science fondamentale* actuelle.

« Mais par sa nature même, elle [la science fondamentale] est essentiellement *transmissible* ; elle se résout nécessairement en *méthodes* et en *recettes universelles.* Les moyens qu'elle donne aux uns, tous les autres peuvent l'acquérir » (P. Valéry[70]).

Et pourtant, « après avoir confondu inopinément la science avec une thaumaturgie, qui résoudrait tous les problèmes posés par un coup de baguette magique, les hommes, déçus, sont tombés dans l'excès contraire, qui fut de voir, dans le progrès technique, l'origine de tous nos maux. C'est imiter ces prêtres d'Athènes, qui, après avoir sacrifié un bœuf, instruisaient le procès du couteau qui l'avait tué et le condamnaient à être jeté dans la mer comme coupable de sa mort » (P.-M. Schuhl[71]).

Certes, « tout ce qui se perfectionne par progrès périt aussi par progrès » (Pascal[2]). Il suffit, pour s'en convaincre, de songer une fois de plus à la lame, fort utile *pour trancher dans le vif* lorsqu'il s'agit du bœuf, mais qui est *criminelle* dès lors qu'il s'agit de l'humain. Assurément, nombre d'inventions modernes possèdent les mêmes tranchants et la même ambivalence, conférant d'un côté *la force et le pouvoir* et joignant de l'autre *l'utile à l'agréable.* Tout dépend évidemment, pour l'usage que l'on en fait, du sentiment que l'on a de sa propre existence et de ses propres actes, sentiment qui, dans le sens moral, s'identifie au devoir. Et en ce sens, il convient d'arrêter l'action le temps que jaillisse la conscience.

Mais en fait, « la science n'apparaît aux individus et aux peuples une menace pour la civilisation, que si individus et peuples se mettent eux-mêmes *en dehors* de la science et de la civilisation, imitant ces sauvages, dont parle Montesquieu, qui, pour satisfaire leur faim, abattent l'arbre, dont ils désiraient cueillir les fruits » (L. Brunschvicg[73]).

Et du reste, « la *pensée scientifique* n'est ni un accompagnement, ni une condition du progrès humain, *c'est le progrès lui-même* » (W.K. Clifford[74]).

Homme et progrès techniques

Il faut dire aussi que « le progrès technique n'est pas une *fin...* La machine... est un *moyen...,* un moyen de favoriser dans l'homme ce qui est essentiellement humain... En d'autres termes..., le progrès technique oblige l'homme à se spécialiser dans l'*humain* » (J. Fourastié[75]).

Autant dire que le progrès technique offre à l'humanité la possibilité de mettre en œuvre, de découvrir et de mettre en valeur ce qu'il peut y avoir de plus valorisant chez l'être humain : son *génie,* en tant qu'esprit remarquablement inventif, cet « ensemble des facultés de l'âme élevées à leur plus haute expression » (V. d'Indy[76]).

Homme et génie humain

Mais, comme le dit Balzac[77], « le génie a cela de bon qu'il ressemble à tout le monde et que personne ne lui ressemble ».

La raison à cela est que « le génie veut l'obstacle, et l'obstacle fait le génie » (R. Rolland[78]). Et c'est pourquoi « tous les hommes ont du génie s'ils sont capables de découvrir leur génie propre. Mais là est le difficile : car nous ne faisons guère que jalouser autrui, l'imiter et chercher à le dépasser, au lieu d'exploiter notre propre fonds » (L. Lavelle[13]). Un fonds que, pourtant, les plus grands génies de l'humanité n'ont exploité qu'*à une infime partie* de ses multiples et étonnantes possibilités.

L'homme et sa mémoire

Mais si le génie est proprement l'aptitude à inventer, la *mémoire,* elle, est la faculté qui permet d'en conserver tous les effets. Elle consiste en un ensemble de fonctions – *fixation, conservation, rappel, reconnaissance* et *localisation* –, grâce auxquelles nous pouvons nous représenter les événements du passé comme des éléments antérieurs dans le temps et qui nous permettent de les fixer, de les mémoriser, de les rappeler et de les reconnaître, soit comme des *souvenirs vécus,* soit encore comme des *faits vécus* par d'autres au cours de l'histoire.

Mémoire et histoire

D'ailleurs, « quand le génie de l'invention s'éteint, le *génie de l'histoire* s'éveille » (J. Barbey d'Aurevilly[80]).

« Nous vivons avant tout par l'imagination et par la mémoire... Ce qu'il y a dans le réel et le présent de richesse et de joie tient surtout à ce qui y survit de passé et s'y dessine d'avenir, à tout ce qu'y insinuent notre imagination et notre mémoire » (Ch. Blondel[81]).

Autant souligner l'importance toute particulière que revêtent la mémoire et l'histoire dans nos comportements présents et dans la compréhension des faits de la civilisation contemporaine.

Histoire et recherche du passé de l'avenir

Bien sûr, « l'histoire est la connaissance du passé humain » (H. Marrou[82]). Et elle « n'est jamais qu'un historien » (J. Barbey d'Aurevilly[80]).

Mais la relation de l'histoire qui, de tous les points de vue, présente le plus d'avantages et d'intérêt, est, non point l'exploration nostalgique ni la simple chronique des temps perdus, mais sans conteste *celle à laquelle l'historien confère une véritable structure par une coordination pertinente des faits qui l'auront produite.* C'est, en d'autres termes, le fruit d'un historien qui, « dans la mesure où il vit historiquement, tend à l'action et cherche le passé de son avenir » (R. Aron[84]). Car, et c'est là tout l'intérêt de l'histoire, « les représentations concrètes du passé sont liées à des volontés tendues vers l'*avenir* » (R. Aron[84]).

Vue sous cet angle, l'histoire a donc bien pour but ultime « de nous fournir une *explication,* c'est-à-dire de démonter sous nos yeux le mécanisme des causes et des effets d'où à chaque moment est sorti un état nouveau de la société humaine » (L. Halphen[86]).

« L'histoire, c'est cela : *un moyen de comprendre et, par là même, d'agir sur le cours des événements.* Non pas en s'appropriant les "leçons du passé", les fameuses leçons du passé que, de les avoir recherchées avec tant de diligence, les militaires eux-mêmes n'ont pas toujours eu à se féliciter. Si l'on entend par là des recettes à succès, il n'y a pas de leçons du passé » (L. Fèbvre[87]).

En fait, « le caractère réel de l'histoire est de prendre part à l'histoire même. *L'idée du passé ne prend un sens et ne constitue une valeur que pour l'homme qui se trouve en soi-même une passion de l'avenir.* L'avenir, par définition, n'a point d'image. L'histoire lui donne les moyens d'être pensé. Elle forme pour l'imagination une table de situations et de catastrophes, une galerie d'ancêtres, un formulaire d'actes, d'expressions, d'attitudes, de décisions, offerts à notre instabilité et à notre incertitude, pour nous aider à devenir » (P. Valéry[88]).

Autant parler de l'histoire comme d'un moyen qui, permettant de mesurer tout le chemin parcouru par l'homme, donne à l'humain l'aptitude de mieux saisir la portée de ses actes et de ses propres entreprises, de ses échecs comme de ses réussites, selon cette possibilité qu'il a en permanence de relier les éléments du passé à ceux du présent, en vue d'une réalisation consciente de son propre avenir.

Car, « l'histoire peut être caractérisée, interprétée ou déchiffrée dans une certaine mesure et quant à certains aspects généraux – pour autant que nous [c'est-à-dire l'homme et la société, qui possède elle-même son histoire propre] réussissions à découvrir en elle des sens ou des directions intelligibles, et des lois qui éclairent les événements sans les nécessiter » (J. Maritain[90]).

En un mot, « l'histoire ne nous dira sans doute pas ce qu'il faut faire, *mais elle nous aidera peut-être à le trouver* » (Fustel de Coulanges[89]).

L'histoire des sciences : un moyen d'agir sur le cours de l'histoire de la science

Et c'est pourquoi l'*histoire des sciences* en tant que riche galerie d'actes, d'idées et de découvertes scientifiques, est susceptible, par une sorte de liaison avec les connaissances actuelles, de se faire révélatrice de la construction de l'avenir même de la science.

En voici un exemple historique tout à fait caractéristique. Vers 1621, on publia une nouvelle édition de l'*Arithmétique* de Diophante, qui contenait un développement de la propriété des nombres de Pythagore, selon laquelle il existe une infinité de nombres entiers **x**, **y** et **z** qui satisfont la relation : $\mathbf{x}^2 + \mathbf{y}^2 = \mathbf{z}^2$.

Un exemplaire de l'ouvrage tomba alors entre les mains du mathématicien français Pierre de Fermat qui, après s'être penché sur la possibilité d'une généralisation du théorème, porta sur l'une des pages du livre la note marginale que voici :

« Il est impossible de partager une troisième puissance en deux troisièmes puissances, une quatrième puissance en deux quatrièmes puissances et, en général, de partager une puissance quelconque de degré supérieur à 2 en deux puissances du même degré. J'ai découvert une preuve vraiment admirable de cette proposition ; mais cette marge est trop petite pour la contenir » (cf. T. Dantzig[69].)

Et c'est ainsi que fut émis le fameux « (dernier) théorème de Fermat », qui allait bientôt éveiller la curiosité du monde savant, et dont l'énigme de la démonstration allait exercer la sagacité des mathématiciens les plus réputés, au point de faire de celle-ci l'« un des plus grands défis posés à l'intelligence humaine ».

(Il s'agissait en effet de démontrer, selon la terminologie actuelle, qu'il n'existe aucun triplet de nombres entiers **x, y, z** satisfaisant la relation $\mathbf{x^n + y^n = z^n}$, où **n** représente un nombre entier supérieur à 2.)

On y apporta, certes, au cours des générations, un certain nombre de démonstrations, *mais seulement dans le cadre de propositions particulières,* personne (avant 1993) n'ayant, à vrai dire, trouvé à la solution du problème un raisonnement de portée tout à fait générale.

Au point que certains généreux mécènes, tel le Dr Wolfskeol en 1908, sont allés jusqu'à offrir des sommes de l'ordre de 100 000 marks à qui trouverait la solution complète de l'énigme.

En dehors de l'anecdote, Euler, Lagrange, Riemann, et bien d'autres grands mathématiciens s'étaient attaqués au problème sans vraiment parvenir à le dominer.

Toutefois, l'Allemand Ernst Eduard Kummer (1810-1893), qui fut l'un d'eux, en essayant de percer l'énigme posée par Fermat, créa de nouveaux êtres mathématiques, à savoir les *idéaux,* qui allaient constituer l'une des créations les plus remarquables, les plus fondamentales et les plus fécondes des mathématiques du XIXe siècle, sans pourtant permettre d'obtenir le moyen de parvenir à la solution complète de l'épineux problème.

Autrement dit, pour tenter d'apporter une solution à un problème n'ayant, en somme, aucun intérêt véritable pour la science mathématique, et sans pour autant atteindre le but poursuivi, Kummer, par la connaissance d'un fait historique et par toute la réflexion qui s'en était suivie, avait ainsi donné naissance à une branche d'une importance considérable et aux conséquences incalculables, destinée à faire franchir un bond prodigieux aux mathématiques contemporaines.

C'est dire, selon cette paraphrase de la formule de J. Guéhenno[98], à quel point *l'exploration des idées du passé peut donner à chacun la possibilité d'aller à l'autel de l'histoire pour y allumer la lampe de l'avenir.*

De l'histoire à la philosophie de l'histoire

Ainsi une philosophie de l'histoire suppose-t-elle « que l'histoire humaine n'est pas une simple somme de faits juxtaposés..., mais qu'elle est dans l'instant et dans la succession une totalité en mouvement vers un état privilégié qui donne le sens à l'ensemble » (M. Merleau-Ponty[92]).

Il convient d'observer, cependant, que « la philosophie de l'histoire, comme l'histoire, comme le permanent, ne sont pour autant que des idéologies, ce sont nos projections. Il n'existe pas de passé, il n'existe pas d'avenir ; en réalité, il existe seulement le présent, et, au fond, c'est en sortant de ce présent que nous constituons toujours l'histoire et que nous nous projetons sous un certain aspect dans l'avenir » (G. Gurvitch[91]).

De la réflexion philosophique à la constitution de l'histoire

Cela, en tout cas, met donc bien en relief l'importance et la nécessité d'une méditation profonde sur les actes accomplis par l'homme et sur les événements par lesquels passe l'humanité. Ce qui, est-il besoin de le souligner, n'est autre que l'objectif visé par la *philosophie** (au sens le plus élevé du terme), dont on connaît le rôle considérable qu'elle a tenu – et qu'elle peut, naturellement, toujours tenir – dans la progression des idées comme dans l'évolution de la science et des techniques, en raison justement de son caractère universaliste et pluridisciplinaire.

Réflexions sur les ordinateurs et l'intelligence artificielle

Et s'il est, en cette aube de IIIe millénaire, un domaine où la réflexion philosophique s'impose de manière absolue, en vue d'une recherche efficace et d'une implication positive des choses à voir et à faire, c'est bien celui des *ordinateurs* et de l'*intelligence artificielle*.

Qu'en est-il exactement des possibilités des ordinateurs actuels ? Ceux-ci constituent-ils, oui ou non, des « machines à tout faire » ? S'agit-il de machines conçues à l'image du cerveau humain, de machines aptes à exécuter toutes sortes de tâches relevant de l'intelligence humaine ? Dans le cas contraire, ne pourra-t-on pas élaborer un jour des programmes qui les doteraient de la possibilité de se comporter de la même manière que les êtres humains dans la résolution des problèmes ?

Autant d'interrogations qu'il est parfaitement légitime de se poser dans la conclusion générale d'un ouvrage comme celui-ci, au terme de cette longue évolution intellectuelle, scientifique et technique que constituent l'épopée du calcul humain et l'histoire de ses diverses réalisations artificielles, dont nous venons de suivre justement les principales étapes (voir chapitres 27 à 33).

---

* Nous ne pouvons pas ne pas rendre ici un hommage particulier à P. Foulquié, pour son remarquable *Dictionnaire du langage philosophique* (voir Bibliographie, p. 806), qui, tel un *Littré* ou un *Robert* du langage et des concepts de la philosophie, nous a tant guidé et tant inspiré sur ce plan tout au long du présent ouvrage, et dont les explications, toujours concises mais limpides, sont assorties de nombreuses et pertinentes citations d'auteurs.

Mais naturellement, cela n'enlève rien à la contribution de tous les autres ouvrages que nous avons consultés dans ce domaine (Balmes, Boutroux, Cuvillier, Julia, Russell, etc.) et dont nous avons également beaucoup profité.

Ce que les ordinateurs savent faire

Bien que ces questions aient été abordées en détail aux chapitres 32 et 33, il n'est pas inutile de rappeler ici que ce qui caractérise les ordinateurs, c'est surtout leur *universalité* dans le domaine du calcul, due à leur programmabilité distinctive faisant que les instructions de programme y soient enregistrées dans la mémoire interne et qu'elles y soient traitées au même titre que des données (voir p. 685 *sq.*).

A la condition d'élaborer les programme qui conviennent, ceux-ci sont en effet en mesure d'aborder une variété considérable de problèmes allant très au-delà des simples questions relatives au calcul arithmétique ordinaire : calculs mathématiques, tris, fusions, gestions, traitements de textes, traitements graphique, traitement de l'image, synthèse de la parole, reconnaissance des formes, conceptions ou enseignements assistés, traductions automatiques, compositions musicales, aide aux créations graphiques ou artistiques, animations d'images, images de synthèse, commandes de machines-outils, etc.

Autrement dit, grâce à des programmes appropriés – qui expriment chacun symboliquement un « algorithme » de résolution d'une classe de problèmes –, ils peuvent exécuter des tâches extrêmement variées, parfois très complexes, par un enchaînement de séries d'opérations élémentaires, qu'ils réalisent aujourd'hui à très grande vitesse et par des moyens totalement automatiques (voir p. 625 *sq.*).

En d'autres termes encore, les ordinateurs – qui sont donc éminemment plus puissants, plus compétents et plus performants que n'importe quel calculateur numérique – constituent les machines de traitement automatique de l'information les plus générales qui soient.

Les « calculs » que ceux-ci effectuent portent, il est vrai, non pas sur des chiffres, mais sur des symboles de nature quelconque ; des symboles susceptibles donc de traduire toute autre réalité que celles, très particulières, de l'univers des nombres. Ce qui veut dire que les ordinateurs sont des machines manipulatrices de symboles très généraux, reposant sur une organisation préalable des « traitements » en étapes successives, selon une sorte de technique du « calcul de la pensée », en une généralisation très poussée de la logique classique.

A vrai dire, les activités comme la structure des ordinateurs ne reposent pas sur les règles de la logique formelle classique ; elles sont régies, bien au contraire, par celles d'une logique éminemment plus générale : la *logique symbolique* contemporaine. Logique qui – au lieu de partir du langage courant, toujours imprécis, pour ne s'appliquer qu'aux rapports particuliers de l'inclusion ou de l'inhérence – établit un système de symboles au sens très précis, mais de nature quelconque, en s'appliquant à tous les rapports logiques possibles (voir p. 621 *sq.*).

Elles reposent donc sur une sorte d'abstraction ultime de la logique d'Aristote, autrement dit sur des processus intellectuels où les symboles sont combinés suivant les règles d'un *code préétabli* et où n'intervient jamais la signification concrète ou individuelle des symboles envisagés.

En clair, la démarche des ordinateurs correspond à une forme supérieure de ce que nous appelons communément le « raisonnement » (voir p. 601 *sq.*).

Le *raisonnement*, précisons-le, est une opération de la pensée consistant en un enchaînement logique de rapports ayant pour objectif d'aboutir à une fin. C'est donc bien la mise en œuvre de procédures destinées à faire subir des transformations à des données en vue de l'obtention d'un *résultat*. C'est une opération dont la finalité dépend par conséquent de la nature des données considérées.

Dans le cas très particulier du raisonnement classique, ces rapports logiques ne sont autres que les jugements, tandis que le résultat n'est autre que la « conclusion ». Aussi la qualité d'un raisonnement y est-elle fonction de ses prémisses.

Mais dans le cas d'un ordinateur, ce raisonnement n'est ni de type analogique ni de type inductif, en ce sens que celui-ci ne part pas d'un cas particulier pour aboutir à un autre cas particulier et qu'il n'extrapole jamais d'un cas particulier à la généralité. Ce raisonnement s'effectue, au contraire, en une sorte d'extension considérable de la déduction classique, par un passage du général au particulier.

Et c'est précisément en cela que le raisonnement des ordinateurs rejoint structurellement l'idée de calcul et de processus calculatoire, puisque les algorithmes que ceux-ci mettent à contribution donnent lieu à des procédures de caractère mécanique, donc artificiellement modélisables, qui, en mettant en œuvre des règles de transformation, applicables à des données quelconques (exprimables sous forme symbolique au moyen d'un code), aboutissent nécessairement – théoriquement du moins – à un résultat.

Bref, le *calcul symbolique* ainsi effectué de manière artificielle par les ordinateurs est le plus abstrait et le plus général qui soit.

Or, dans ces caractéristiques générales, on retrouve effectivement des traits que possède l'intelligence humaine. Car « celle-ci, dans ses formes abstraites, s'exerce bien sur des symboles (et même dans certaines de ses formes concrètes si l'on reconnaît le caractère symbolique des images ou des modèles figurés). Elle procède aussi à des enchaînements de type logique qui se manifestent particulièrement dans le raisonnement » (P. Oléron[79]).

Les ordinateurs sont donc beaucoup moins stupides qu'on ne le dit souvent, puisqu'ils exécutent bien des tâches de type intelligent.

Ajoutons que ces machines sont douées d'*effet rétroactif généralisé*, en ce sens qu'elles ont la faculté de modifier leurs activités internes en fonction des effets produits sur le milieu extérieur. En d'autres termes, les ordinateurs sont capables d'évoluer vers un état déterminé en utilisant des informations permettant d'adapter les moyens au but à atteindre. Ils ont donc en particulier la possibilité de retrouver une instruction déterminée du programme en exécution pour modifier d'eux-mêmes le déroulement de la procédure (voir p. 676 *sq.*).

D'autre part, les développements récents des méthodes de programmation permettent d'élaborer des algorithmes de base pouvant conférer à l'ordinateur la possibilité de construire par lui-même de nouveaux programmes au fur et à mesure de son *expérience*. Il s'agit donc de l'aptitude à construire des *programmes évolutifs*, selon une acquisition hiérarchisée des connaissances bénéficiant de l'expérience de programmes antérieurs. C'est la possibilité donnée à l'ordinateur de recevoir un *apprentissage*, relativement à un type de problèmes, un peu comme si dans un jeu d'échecs l'ordinateur mémorisait les coups de son adversaire dans un programme enregistré à l'avance, en vue d'y parer dans toute partie à venir (voir p. 683 *sq.*).

Enfin, parmi tant d'autres aptitudes, on a conféré à l'ordinateur la possibilité d'effectuer – selon une puissance de traitement considérable permettant d'examiner des millions de cas en quelques secondes – certaines procédures proches de celles qu'utilisent les sujets humains : des procédures mettant en œuvre des programmes qui indiquent, certes, une orientation globale des mouvements possibles, mais qui n'assurent pas automatiquement le succès dans le déroulement des calculs.

Qu'est-ce que l'intelligence artificielle ?

Mais si les activités des ordinateurs sont bien de nature intelligente, ceux-ci n'effectuent pas pour autant l'ensemble des opérations de l'intelligence humaine. Loin de là !

L'interrogation porte donc maintenant sur la nature même de l'« intelligence » des ordinateurs et sur ce qui la différencie réellement de l'intelligence des hommes.

Sans enfermer ce domaine complexe dans une définition étroite, contraignante et susceptible de dépassement rapide, précisons que ce que l'on appelle l'« intelligence artificielle » s'emploie à étudier et à comprendre les processus de l'intelligence humaine et à les reproduire artificiellement par des systèmes de direction et de commande automatique.

Rêvée par l'humanité depuis plusieurs millénaires, amorcée concrètement il y a seulement un demi-siècle, cette aventure, qui n'en est pourtant qu'à ses débuts, a déjà été marquée par des succès spectaculaires.

Mais, revers de la médaille, celle-ci a essuyé aussi des échecs retentissants. Or c'est justement l'absence de réflexion philosophique ou du moins le développement d'une certaine philosophie réduisant le domaine de l'intelligence artificielle à la seule science des ordinateurs, qui explique – au moins en partie – la raison de ces cuisants échecs.

Lorsque la métaphore fut identifiée à la réalité

Dès le début et pendant un certain temps, les découvertes fondamentales à la base de la théorie des automates logiques et de la science des ordinateurs ont, en effet, enfermé nombre de scientifiques (et non des moindres) dans un lyrisme aux conséquences désastreuses.

Dans leur enthousiasme, ces savants crurent d'abord que toute opération de la pensée humaine était exclusivement de nature *calculatoire* (c'est-à-dire *algorithmique*), et donc que tout processus intellectuel était exécutable sur une machine de type ordinateur.

Et comme ils désignèrent sous le nom de *neurones* et de *synapses* des modules qui n'eurent en réalité qu'une très lointaine parenté avec les composants réels, beaucoup plus complexes, d'un encéphale vivant, ils établirent inévitablement, selon un anthropomorphisme simpliste et forcément réducteur, un parallèle très étroit entre les circuits d'un calculateur électronique avec les cellules nerveuses et les composants neurologiques du cerveau vivant.

Et c'est ainsi que l'organe central d'un simple ordinateur électronique fut désormais considéré comme l'équivalent du cerveau humain, le public assimilant dès lors les activités d'un calculateur à celles, éminemment supérieures, de l'esprit humain.

D'où, par identification abusive de la métaphore avec la réalité, et par une sorte de convergence avec le mythe du « cerveau électronique », le développement de l'idée d'une machine prétendument douée de pensée inductrice et créatrice, munie de la faculté de prendre toutes sortes d'initiatives, et à laquelle l'homme pourrait confier tous ses problèmes sans exception pour obtenir d'elle toutes les solutions voulues quasi instantanément (voir p. 686 *sq.*).

Différences fondamentales entre le cerveau humain et l'ordinateur

Certes, le « cerveau » de l'ordinateur possède bien quelques ressemblances avec la structure du système nerveux des êtres vivants, mais, cela ne fait aucun doute, l'analogie est très loin d'être complète.

En effet, comme l'expliquent P. Demarne et M. Rouquerol[83], « tandis que les ordinateurs sont construits avec des matériaux liés surtout à la chimie relativement simple des métaux et des métalloïdes, la physiologie nerveuse, elle, ne peut être étudiée qu'au jour de la chimie complexe des grosses molécules, à savoir la chimie organique. Tandis que le fonctionnement des ordinateurs se comprend en faisant appel à des lois mécaniques et à des phénomènes physiques, le système nerveux ne peut être approché que sous le jour de la *chimie biologique*. D'ailleurs, et bien qu'il existe une continuité scientifique réelle entre le monde physique et le monde chimique, on doit ajouter que, dans un cas, nous nous penchons sur des phénomènes produits dans la *matière inerte*, alors que, dans l'autre, il s'agit de phénomènes nés au sein de la *matière vivante*. Cette différence est évidemment fondamentale. Les mécanismes de la matière inerte sont d'un degré [éminemment] moins complexe que ceux de la matière vivante, surtout en ce qui concerne l'interaction. [Or, si l'on en juge d'après l'état actuel de la science,] la matière vivante se laisse encore difficilement analyser, et lorsqu'on s'attaque au système nerveux on peut dire que c'est la matière vivante la plus noble dont on souhaite percer le secret. A ce stade, chaque cellule semble jouer un rôle particulier ; chaque élément même infime de substance, dans cette cellule ou autour d'elle, peut modifier l'équilibre de l'ensemble [c'est-à-dire de la structure] dont cette cellule fait partie. Ainsi l'ignorance où nous sommes encore des réactions moléculaires précises dont chaque cellule nerveuse est le théâtre nous pousse-t-elle à n'envisager qu'avec une extrême prudence la description – encore précaire et provisoire – du système nerveux. Il y a donc au départ une disproportion considérable entre notre compréhension des ordinateurs et notre compréhension du cerveau humain...

« Pour se faire une idée de la marche de l'esprit humain, il est évidemment indispensable de se pencher sur les travaux des physiologistes, des psychologues et des médecins. Il ressort *grosso modo* de cette documentation, surtout descriptive, plusieurs points essentiels. En premier lieu, l'homme pour penser doit recevoir du monde extérieur un certain nombre de messages, disons qu'il doit enregistrer des informations [voir chapitre 34]. D'une façon ou d'une autre le message résulte de la stimulation matérielle (choc, onde, etc.) d'un ou de plusieurs organes des sens agissant comme des transformateurs mécaniques, optiques, chimiques. Les stimulations y sont traduites en influx nerveux, lui-même transporté jusqu'au cerveau. A ce niveau, l'information "entre" dans le champ de conscience. Un certain nombre d'opérations complexes s'élaborent ; des décisions sont prises "dans" le cerveau ; acheminés par les voies nerveuses des ordres affecteront les muscles intéressés ; ces derniers entreront en action : phase d'extériorisation... » (Demarne et M. Rouquerol[83]).

Bien que ces indications soient schématiques, sommaires et très incomplètes, on se rend compte aisément dans ces conditions de la grande complexité des phénomènes mis en jeu dans le fonctionnement caractéristique du cerveau de l'homme en tant qu'être pensant. Et l'on mesure du coup à quel point est limitée l'analogie structurelle entre l'homme et l'ordinateur, malgré toutes les analogies fonctionnelles que l'on a pu établir jusqu'ici de leurs activités respectives.

En fait, l'ordinateur sait exécuter sans aucune difficulté un certain nombre de tâches fastidieuses ou répétitives, là où l'être humain se bloque invariablement. Et notons bien que ces tâches sont parfois si complexes qu'un seul homme, même en y sacrifiant toute son existence, ne pourrait jamais les réaliser à leur place. C'est dire si les ordinateurs sont munis d'aptitudes et de performances qui, dans bien des cas, outrepassent nettement les possibilités de n'importe quel être vivant.

Mais ces machines ne font que ce qui leur est dicté par les programmes introduits, œuvrant en effet dans une stricte obéissance et sans aucun discernement, quel que soit le bien-fondé ou l'absurdité des données soumises.

Ce que les ordinateurs ne savent pas faire

Quant aux opérations que les ordinateurs exécutent, même si elles sont comparables à certaines tâches intellectuelles de l'être humain, ils les effectuent de manière totalement différente : sans aucune conscience, sans volonté, ni intuition, ni pensée inductive.

L'ordinateur est donc incapable d'effectuer ces processus complexes de la pensée où la raison, l'acte volontaire et le sentiment interfèrent bien souvent dans la conscience humaine. Processus qui impliquent par exemple la connaissance de sa propre existence, de ses actes et du monde extérieur, ou qui mettent en œuvre l'aptitude à actualiser et à réaliser ses propres intentions, selon des besoins, une réflexion et un engagement préalables.

Autant dire que l'ordinateur est une machine incapable d'activité volontaire ou créatrice, dans le sens le plus élevé du terme. C'est une machine routinière et appliquée, dont il ne faut pas attendre le moindre trait de génie. Il s'agit, en bref, selon la formule de P. Demarne et M. Rouquerol[83], d'un *fantastique manœuvre intellectuel,* mais rien de plus.

Ordinateurs et facteur humain

Voilà donc qui devrait rassurer tous ceux qui s'inquiètent déjà de voir l'ordinateur déposséder l'espèce humaine de son esprit d'initiative, de son génie créateur et de sa capacité d'engager à tout instant les processus de l'invention.

« Pour ceux qui craindraient l'intrusion de ces machines dans les domaines les plus relevés de l'activité humaine, l'Art par exemple, rappelons que les moyens mécaniques de dessin, les moyens physicochimiques de reproduction de la réalité, qu'il s'agisse de la photographie ou du cinématographe, n'ont pas encore tué la peinture. Celle-ci a pris une autre forme, c'est tout. Les vrais créateurs ont d'ailleurs bénéficié de cette situation par rapport aux imitateurs » (P. Demarne et M. Rouquerol[83]).

Est-il besoin d'ajouter que dans le domaine des ordinateurs, le facteur humain reste le maître du jeu et demeure le moteur premier de tous les pas franchis, que ce soit d'un point de vue conceptuel ou proprement technique.

Il semble donc bien, en reprenant ce thème autrefois cher à G. Berger[94], que « ces machines nous aideront de plus en plus dans nos recherches, mais elles ne nous dispenseront jamais d'être des hommes. Elles sont semblables aux habitudes. Elles asservissent les faibles, mais elles affranchissent ceux qui ont quelque chose à dire ou à faire ».

Il existe d'ailleurs aujourd'hui une véritable complémentarité entre l'homme et l'ordinateur, qui s'exprime en termes de *compétence* et de *performance*, l'humain fournissant toute la connaissance qui fait tant défaut à la machine, afin de pouvoir en tirer tout le profit possible, et l'ordinateur apportant, en retour, toutes les performances et les capacités physiques, telles la vitesse et la fiabilité, qui font tant défaut à l'homme dans sa manière d'aborder les problèmes. Complémentarité qui se traduit concrètement par une recherche humaine visant à déterminer les algorithmes les mieux adaptés à la résolution des problèmes d'un certain type, et à mettre au point des procédures optimales, qui, fournies à la machine, la doteraient de toute la compétence voulue pour apporter à l'homme la réponse à ses questions d'une manière très efficace (voir p. 683 *sq.*).

De l'informatique classique à l'intelligence artificielle

Mais les limites des ordinateurs sont tout aussi claires : en tant qu'automates algorithmiques universels, ils ne savent, *par définition*, qu'exécuter des processus intellectuels de nature calculatoire (voir p. 676 *sq.*).

Notons d'ailleurs que le calcul et le raisonnement déductif ne forment qu'une classe très particulière de processus intelligents, car la résolution d'un problème n'est pas forcément de cette nature-là. Autrement dit, il existe une vaste catégorie de problèmes dont la solution n'est pas exprimable sous la forme d'un algorithme. Aussi y a-t-il une variété considérable de tâches inaccessibles aux machines ordinatrices.

D'où évidemment la limitation structurelle de ces machines et de leur logique caractéristique.

Et c'est pour tenter de dépasser ces insuffisances que de nombreux chercheurs provenant des disciplines les plus diverses (psychologues, informaticiens, cybernéticiens, neurobiolologistes, etc.) s'emploient depuis quelques décennies à concevoir et à réaliser de nouveaux types de systèmes artificiels fonctionnant sur le modèle des activités des cerveaux vivants.

Cela veut dire, selon ce raccourci, qu'après avoir développé les différentes formes de son intelligence en tant que substance de l'esprit, et après avoir cherché à en « mécaniser » les processus calculatoires avec toutes les formes de raisonnement qui les caractérisent, l'humanité, entrevoyant alors les limitations du calcul symbolique et de la logique formelle correspondante, cherche aujourd'hui à étendre ses investigations vers la modélisation artificielle, sinon de la totalité, du moins d'une partie qu'elle voudrait très appréciable de ses propres activités cérébrales, en s'orientant désormais vers l'élaboration d'organisations techniques et de systèmes théoriques nouveaux.

Et c'est ce qui a donné naissance à cette nouvelle science que l'on appelle l'*intelligence artificielle*, dont le développement est dû non seulement aux progrès de la technologie, mais aussi et surtout à la grande avance et à la fécondité de la pensée mathématique contemporaine (travaux de Thom, de Prigogine, de Mandelbrot, etc.), qui a fourni de nouveaux et de nombreux modèles épistémologiques comme la théorie des catastrophes, la théorie des fractales, etc.

Et de fait, « on en est au point où l'homme conçoit et construit des automates complexes qui échappent aux limitations structurelles de la logique [symbolique, désormais] classique, dont on peut étudier et prévoir le fonctionnement global, mais dans lesquels aucun moyen de calcul ne permet de connaître à un instant donné l'état interne de tel ou tel composant » (G. Verroust[93]).

Les cerveaux artificiels de demain

Cela veut dire que dans un avenir qui ne semble plus très lointain, on parviendra à construire des *automates artificiels* extraordinaires, dont l'« intelligence » sera chaque jour plus grande et plus réelle. Ce seront des « cerveaux » de plus en plus performants, qui pourront simuler une quantité de plus en plus importante d'activités cérébrales de nature non calculatoire et qui seront capables d'exécuter, au service des humains, des tâches de plus en plus complexes et délicates.

Mais il s'agira, selon toute vraisemblance, de cerveaux munis d'une « intelligence » bien différente de la nôtre.

Car, si l'on en juge d'après l'état actuel de nos connaissances, il semble bien que « ces "cerveaux" que l'on construira dans un proche avenir seront des cerveaux esclaves, totalement conditionnés par leurs constructeurs et leurs utilisateurs. Et l'on pourra les ultra-spécialiser, à la manière des cerveaux de ces monstres prodiges (calculateurs ou autres), qui ne savent faire qu'une seule chose, mais qui savent la faire mieux que le commun des mortels, en étant par ailleurs de véritables déficients mentaux [voir p. 481-483] » (G. Verroust[93]).

Il convient donc, semble-t-il, de ne pas s'effrayer des cerveaux artificiels que l'on construira dans les quelques décennies à venir. Car ce seront des « cerveaux » qui déchargeront l'homme de ces tâches complexes unidimensionnelles – irréalisables d'ailleurs sans leur concours –, et qui, somme toute, en relation avec la civilisation contemporaine, procureront plus de liberté, plus de loisirs et plus de lumière aux humains en leur apportant la possibilité de s'épanouir pleinement dans toutes leurs dimensions.

« Cela veut dire aussi que, utilisant sa maîtrise nouvelle des lois les plus complexes de la nature, l'homme lui-même continuera à évoluer individuellement et socialement vers des formes de vie supérieure » (G. Verroust[93]).

De toute manière, en se plaçant dans l'optique de ce futur immédiat, ces « cerveaux » ne seront encore que des machines : des machines sans corps, sans vie, sans vécu, sans institution sociale, sans mémoire collective et dépourvus d'histoire. Construits à partir d'éléments de la matière inerte, ce ne seront encore que des dispositifs artificiels sans existence, n'ayant aucune des activités – assimilation, croissance, reproduction – qui caractérisent fondamentalement les êtres vivants.

Questions à propos d'un avenir plus lointain

Mais en sera-t-il toujours ainsi ? L'humanité parviendra-t-elle un jour à faire la conquête conceptuelle de ses fonctions mentales les plus hautes et à les couler, pour ainsi dire, dans le moule des modélisations artificielles ? Et quand bien même selon cette interrogation touchant à un avenir encore plus lointain, réussira-t-on à réunir ces fonctions en un seul et même cerveau qui serait à la hauteur du nôtre. Y parviendra-t-on par les prodiges d'une technologie (biochimique par exemple) dont nous sommes encore loin de posséder le secret, selon une avance beaucoup plus considérable des mathématiques, et suivant une rencontre, alors réalisée en symbiose, de la science des intelligences artificielles avec les sciences psychologiques, neurophysiologiques, biologiques et génétiques ? Arriverons-nous à construire des êtres vivants munis à la fois d'un corps et d'une intelligence comparable, voire supérieure à la nôtre ?

Bref, l'avenir nous réserve-t-il l'apparition et le développement sur terre de nouveaux dispositifs artificiels constitués en êtres auto-organisateurs et doués d'intelligence au sens de la matière grise la plus noble, qui nous dispenseront ainsi d'être des hommes ?

Il n'est certes pas absurde de l'imaginer, mais à toutes ces questions il est évidemment impossible de répondre dans l'état actuel de nos connaissances.

Mais, si tant est que l'on parvienne un jour à résoudre ces problèmes, la grande difficulté à surmonter serait incontestablement celle de réunir l'ensemble des conditions qui ont fait et permis le développement de l'infinie complexité de l'intelligence de l'homme, laquelle, ne l'oublions pas, est indissociable du corps physique, de sa matière, de sa génétique et de sa vie sociale, en étant liée par ailleurs à la culture, à la mémoire individuelle, à la mémoire collective et à l'histoire même de l'humanité tout entière.

Ce qui est certain, en tout cas – en supposant que la question ne soit pas insurmontable et en mettant de côté les problèmes éthiques et métaphysiques qu'elle comporte –, c'est que, pour s'épanouir, ces développements nécessiteront tant d'efforts intellectuels et la convergence de tant de sciences et de techniques qu'ils devront obligatoirement correspondre à des besoins réels de l'humanité.

Le moule des modélisations artificielles de l'intelligence humaine

En revenant aux enjeux actuels, les problèmes posés par l'intelligence artificielle sont donc de savoir si l'intégralité des activités de l'esprit de l'homme est susceptible d'être simulée ou non par des réalisations artificielles.

Ce sont là sans aucun doute des questions d'une portée considérable pour les générations présentes et à venir, qui touchent d'une manière certaine le problème de l'origine de notre intelligence comme celui de la nature même de l'espèce humaine. Problèmes essentiels que seule une approche philosophique et épistémologique, saine et objective, fondée en tout cas sur des arguments plausibles et une démarche pragmatique, est susceptible de permettre de dégager pour une meilleure appréhension des enjeux de la science fondamentale actuelle et pour mieux permettre d'entrevoir ce qui se prépare pour les générations à venir.

Autant dire qu'il faudra faire la part des choses lorsqu'il s'agira de mesurer objectivement ces enjeux : faire preuve de discernement, c'est-à-dire d'une vision très distinctive entre ce qui est susceptible de constituer une voie particulièrement prometteuse et ce qui ne peut relever que de la pure utopie. (Et cela afin d'éviter, notamment sur un plan financier, que des millions de francs ou de dollars ne soient engloutis dans des recherches conduites dans des voies dont on risquerait de s'apercevoir, mais bien trop tard, qu'elles n'avaient pu mener qu'à des impasses.)

Certes, « une idée anticipée, une hypothèse est... le point de départ nécessaire de tout raisonnement expérimental... Si l'on *expérimentait* sans idée préconçue, on irait à l'aventure. Mais d'un autre côté..., si l'on observait avec des idées préconçues, on ferait de mauvaises observations et l'on serait exposé à prendre les conceptions de son esprit pour la réalité » (Cl. Bernard[36]).

Inversement, il convient de ne pas rejeter en bloc tous les éléments d'une théorie du passé, simplement parce que l'organisation qui en sera résultée aura conduit à un échec.

N'oublions pas en effet que la « structure » n'est autre qu'« une unité possédant sa loi immanente d'action et de développement, ayant une causalité propre et réalisant une individualité fonctionnelle » (R. Mucchielli[96]). Car « en premier lieu, une structure offre un caractère de système. Elle consiste en éléments tels qu'une modification quelconque de l'un entraîne une modification de l'ensemble » (C. Lévi-Strauss[97]).

Autrement dit, il peut exister (et cela s'est vérifié dans un grand nombre de cas) des idées qui, mises à contribution dans certains dispositions particulières, sont impuissantes et tout à fait négligeables, mais qui, transposées au contraire dans des structures très différentes, s'épanouissent et s'avèrent d'une efficacité exemplaire.

Éthique et philosophie de la science

Quant aux problèmes éthiques que les questions ci-dessus ne sont pas sans poser, il conviendra de faire preuve de conscience morale et de vigilance absolue pour une préservation de l'avenir même de l'espèce humaine, et cela pour éviter notamment que certaines sociétés ne développent sur ces bases des eugénismes encore plus épouvantables que ceux dont le XXe siècle a fourni les horribles modèles que l'on sait.

Autrement dit, selon la célèbre formule de Rabelais[85], « science sans conscience, n'est que ruine de l'âme ».

En paraphrasant Albert Einstein[64], il faudra donc bien parvenir à nous mettre d'accord sur quelques propositions éthiques fondamentales. C'est alors – d'autres propositions pouvant en être dérivées – que de telles prémisses éthiques joueront pour la conscience morale des hommes un rôle comparable à celui que jouent les axiomes en mathématiques : ce seront des propositions essentielles que l'on mettra hors de toute discussion et *a fortiori* de toute initiative et de toute action.

En revenant donc, pour conclure, à l'étude visant à la compréhension générale de l'homme et du monde, « philosopher revient, en somme, à ceci : se comporter à l'égard de l'univers comme si rien n'allait de soi » (V. Jankélévitch[99]). Car, *philosopher, c'est se fixer pour objectif celui de connaître l'univers, autant l'univers physique que l'univers mental.*

Du reste, « la *philosophie* est à la fois *savoir* et *sagesse,* une *connaissance* et une *épreuve* : c'est un savoir "compréhensif", qui exige la participation effective et pratique de celui qui réfléchit. En un mot, réfléchir c'est méditer, et la méditation est autant l'histoire d'une conscience que la formation d'un savoir, [et] autant une éthique... qu'une logique » (D. Julia[100]).

Et qui méprise la philosophie et l'histoire se défie de l'intelligence des faits et de l'intelligence tout court ; plus grave, il méprise l'humain et tout ce qui l'entoure...

SOURCES DES CITATIONS

1. J. Maritain, *Les degrés du savoir : distinguer pour les unir,* Desclée De Brouwer, Paris, 1982, p. 218.
2. Pascal, *Pensées et Opuscules,* éd. Brunschvicg, Hachette, Paris, *Pensées 371 et 509.*
3. J. Rostand, *Journal d'un caractère,* Paris, 1931, p. 19.
4. J. Vialatoux, *Le Discours et l'Intuition,* Bloud et Gay, Paris, 1956 p. 14.
5. G. Berger, *Recherche sur les fondements de la connaissance,* Paris, 1941, p. 41-42.
6. J. Wahl, in : *Encyclopédie française,* XIX, 12, 13.
7. J. Perrot [2] (voir Bibliographie, p. 828).
8. Platon, cité par D. Julia (voir Bibliographie, p. 815).
9. V. Egger, *La Parole intérieure,* Baillière, Paris, 1881.
10. H. Duméry, *Critique et Religion,* p. 205.
11. Molière, *Le Mariage forcé,* Paris, 1654, VI.
12. L. Lavelle, *La Parole et l'Écriture,* Artisan du Livre, Paris, 1942, p. 30, 162-163 et 172.
13. L. Lavelle, *L'Erreur de Narcisse,* Grasset, Paris, 1939, p. 42 et 123.
14. D'Alembert, *Discours préliminaire à l'Encyclopédie,* Paris, 1751, p. 42.
15. H. Piéron, *L'Homme, rien que l'Homme,* p. 72.
16. J. Matricon et J. Roumette (voir Bibliographie, p. 822).
17. Bourdaloue, *De la perte du temps,* cité par P. Foulquié [2] (voir Bibliographie, p. 806).
18. P. Peeters, *Sentences intemporelles,* n° 116.
19. Alain, *Propos,* 923, La Pléiade, Gallimard, Paris.
20. D'Alembert, *Maximes diverses,* Tolérance.
21. E. Herriot, cité par P. Foulquié [2] (voir Bibliographie, p. 806).
22. Alain, *Préliminaires à la mythologie,* p. 142.
23. J. Leclercq, *Culture et Personne,* p. 26.
24. H.-F. Amiel, *Fragments d'un journal intime,* éd. E. de Bouvier, Stock, Paris, 1949, (journal du 14 août 1877).
25. C. Spearman, *Aptitudes de l'homme,* p. 182.
26. J. Guitton, *Invitation à la pensée...,* p. 19, cité par P. Foulquié [2] (voir Bibliographie, p.806).
27. J. Guéhenno, *Sur le chemin des hommes,* Grasset, Paris, 1959, p. 28.
28. G. Morf, *Éléments de psychologie,* p. 162.
29. E. Claparède, *Genèse de l'hypothèse,* p. 3.
30. H. Delacroix, *Le Langage et la Pensée,* 2e éd., Alcan, Paris, 1930, p. 118.
31. E. Goblot [2], p. 142 (voir Bibliographie, p. 809).
32. Aristote, *Topiques,* I, 12, trad. Tricot, I, p. 29.
33. Aristote, *Seconds analytiques,* II, 19, trad. Tricot, p. 245-246.
34. Ch. Serrus, *Méthodes de Descartes,* p. 17.
35. G. Heymans, *Psychologie des femmes,* p. 22.
36. Cl. Bernard, *Introduction à l'étude de la médecine expérimentale,* Paris, 1865, I, II, 2.
37. A. Lalande, *La Raison et les normes,* Hachette, Paris, 1949, p. 187.
38. P. Foulquié [2] (voir Bibliographie, p. 806).
39. H. Delacroix, *Les Grandes Formes de la vie mentale,* PUF, Paris, 1934, p. 153.
40. J. Segond, *Traité de psychologie,* p. 179.
41. A. Burloud, p. 163 (voir Bibliographie, p. 793).
42. Th. Ribot, p. 232-233 (voir Bibliographie, p. 832).

43. F. GONSETH, *La Géométrie et le problème de l'espace,* Griffon, Paris, 1978, p. 583.
44. A. VANDEL, *L'Homme et l'évolution,* p. 123.
45. J. DUCLAUX, *L'Homme devant l'univers,* p. 289.
46. H. BERGSON, p. 44 (voir Bibliographie, p. 789).
47. A. REY, *L'Apogée de la science technique grecque : l'essor de la mathématique,* A. Michel, Paris, 1963, p. 6.
48. R. LE SENNE, *Le Devoir,* PUF, Paris, 1949, p. 566.
49. J. PIAGET, cité par P. Foulquié [2] (voir Bibliographie, p. 806).
50. A. SIEGFRIED, *Aspects du XXe siècle,* p. 210-211.
51. J. ELLUL, *La Technique,* p. 5.
52. A. SIEGFRIED, in : *Progrès techniques et progrès moraux,* p. 12, Rencontres de Genève, 1948.
53. B. RUSSELL, *L'Esprit scientifique et la science dans le monde moderne,* J.-B. Janin, Paris, 1947, p. 136.
54. S. BACHELARD, *La Logique de Husserl,* PUF, Paris, 1957, p. 135.
55. L. BRUNSCHVICG, *L'Idéalisme contemporain,* Paris, 1921, p. 163.
56. L. DE BROGLIE, *Continu et Discontinu en physique moderne,* A. Michel, Paris, 1941, p. 81.
57. A. COMTE, *Cours de philosophie positive,* Paris, 1830, I, p. 55, 56, 86 et 99.
58. A. COURNOT, *De l'origine...,* p. 355, cité par P. Foulquié [2] (voir Bibliographie, p. 806).
59. E. GOBLOT, *Essai sur la classification des sciences,* p. 21.
60. J. HADAMARD, in : *Encyclopédie française,* I, 52, 1.
61. H. POINCARÉ [1] (voir Bibliographie, p. 830).
62. TH. RIBOT, *Essai sur l'imagination créatrice,* Alcan, Paris, 1900, p. 201.
63. G. BACHELARD, *Formation de l'esprit scientifique,* Vrin, Paris, 1930, p. 14.
64. A. EINSTEIN, *Conceptions scientifiques,* p. 35 et 66.
65. ARISTOTE, *op. cit.* (n. 33), I, 33, 88 b, trad. Tricot.
66. E. GOBLOT [2], p. 15 (voir Bibliographie, p. 809).
67. J. ROSTAND, *De la Vanité,* p. 14.
68. G. BACHELARD, cité par P. Foulquié [2] (voir Bibliographie, p. 806).
69. T. DANTZIG (voir Bibliographie, p. 799).
70. P. VALÉRY [3] (voir Bibliographie, p. 842).
71. P.-M. SCHUHL (voir Bibliographie, p. 835).
72. J PELSEENER (voir Bibliographie, p. 828).
73. L. BRUNSCHVICG [3] (voir Bibliographie, p. 792).
74. W.K. CLIFFORD, cité par M. Boll (voir Bibliographie, p. 790).
75. J. FOURASTIÉ, *Le Progrès technique et l'évolution économique,* II, p. 247-248.
76. V. d'INDY, *Cours de composition musicale,* p. 15.
77. BALZAC, cité par Alain, *Propos,* 924, La Pléiade, Gallimard, Paris.
78. R. ROLLAND, *L'Humble Vie héroïque,* p. 61.
79. P. OLÉRON, (voir Bibliographie).
80. J. BARBEY D'AUREVILLY, *Les Idées et les Histoires,* Historiens, 4, Amyot, Paris, 1860, I, 3.
81. CH. BLONDEL, *Psychographie de Marcel Proust,* p. 1.
82. H. MARROU, *De la connaissance historique,* Le Seuil, Paris, 1954, p. 32.
83. P. DEMARNE et M. ROUQUEROL (voir Bibliographie, p. 801).
84. R. ARON, *Introduction à la philosophie de l'histoire, essai sur les limites de l'objectivité historique,* Gallimard, Paris, 1938, p. 315.
85. RABELAIS, *Gargantua et Pantagruel,* Lettre de Gargantua à Pantagruel.
86. L. HALPHEN (voir Bibliographie, p. 811).

87. L. FÈBVRE, Avant-propos à Ch. Morazé, *Trois Essais sur histoire et culture,* p. VII.
88. P. VALÉRY [3], p. 19 (voir Bibliographie, p. 842).
89. FUSTEL DE COULANGES, in : *Revue des Deux Mondes,* 15 février 1871, p. 671.
90. J. MARITAIN, *Pour une philosophie de l'histoire,* Le Seuil, Paris, 1959, p. 45.
91. G. GURVITCH, in: *L'Angoisse du temps présent,* p. 164-165, Rencontres de Genève, 1953.
92. M. MERLEAU-PONTY, *Phénoménologie de la perception,* Gallimard, Paris, 1945, p. 165.
93. G. VERROUST [4] (voir Bibliographie, p. 843).
94. G. BERGER, in : *La Nef,* XI, nº 6, p. 22.
95. L. DE BROGLIE, p. 210 (voir Bibliographie, p. 792).
96. R. MUCCHIELLI, in : *La Notion de structure,* p. 344, XXᵉ Semaine internationale de synthèse.
97. C. LÉVI-STRAUSS [2], p. 306 (voir Bibliographie, p. 819).
98. J. GUÉHENNO, *op. cit. (n. 27),* p. 217.
99. V. JANKÉLÉVITCH, *La Mauvaise Conscience,* Aubier-Montaigne, Paris, 1982, p. 3.
100. D. JULIA (voir Bibliographie, p. 815).

BIBLIOGRAPHIE GÉNÉRALE ET ANALYTIQUE

ABRÉVIATIONS

Les titres signalés par un astérisque renvoient aux publications des *Références bibliographiques par auteurs,* p. 783 (numérotées de [1] à [x] lorsqu'il y a plusieurs titres par auteur). Les autres titres concernent des périodiques, des revues ou des publications spécialisées dont les abréviations ne coïncident pas toujours avec celles fixées par l'usage savant.

Par ailleurs, les titres des ouvrages, des revues et des périodiques en langue allemande sont retranscrits tels qu'ils figurent dans leurs publications d'origine, qu'elles soient récentes ou du siècle dernier, avant la réforme de l'orthographe. Ainsi trouvera-t-on quelquefois *aegypten* au lieu d'*ägypten*, *Mittheilungen* au lieu de *Mitteilungen*, *Denkmaeler* au lieu de *Denkmäler,* etc.

Quant aux titres en langue anglaise, nous avons souvent respecté les majuscules et les minuscules de leur titre d'origine.

AA	*The American Anthropologist,* Menasha, Wisc.
AAN	*American Antiquity.*
AANL	*Atti dell'Accademia Pontificia de Nuovi Lincei,* Rome.
AAR	*Acta Archaeologica,* Copenhague.
AAS	*Annales archéologiques syriennes,* Damas.
AASOR	*Annual of the American Schools of Oriental Research,* Cambridge, Mass.
ÄAT	*Ägypten und Altes Testament.*
ABSA	*Annual of the British School at Athens,* Londres.
ACII	* *Appendice al Corpus Inscriptionum Italicorum,* voir GAMURRINI.
ACLHU	*The Annals of the Computation Laboratory of Harvard University,* Cambridge, Mass.
ACT	* *Astronomical Cuneiform Texts,* voir NEUGEBAUER [10].
ACOR	*Acta Orientalia,* Batava.
AD	*American Documentation.*
ADAW	*Abhandlungen der deutschen Akademie der Wissenschaften zu Berlin.*
ADFU	*Ausgrabungen der deutschen Forschungsgemeinschaft in Uruk-Warka,* Berlin.

ADO	*The Annals of the Dudley Observatory,* Albany, N. Y.
ADOGA	*Ausgrabungen der deutschen Orient-Gesellschaft in Abusir.*
ADP	*Archives de Psychologie* (fondées par Claparède et Flournoy), Kundig, Genève.
ADSM	* *An Album of Dated Syriac manuscripts,* voir HATCH.
AEG	*Aegyptus,* Rivista italiana di egittologia e papyrologia, Milan.
AESC	*Annales, Économies, Sociétés et Civilisations,* A. Colin, Paris.
AFD	* *Archives d'une famille de Dilbat,* voir GAUTIER.
AFO	*Archiv für Orientsforschung,* Graz.
ÄGA	*Ägyptologische Abhandlungen,* Wiesbaden.
AGM	*Abhandlungen zur Geschichte der Mathematik,* Leipzig.
AGMNT	*Archiv für Geschichte der Mathematik, der Naturwissenschaften und der Technik.*
AGW	*Abhandlungen der Gesellschaft der Wissenschaften,* mathematisch-physikalische Klasse, Neue Folge, Göttingen.
AHC	*The Annals of the History of Computing,* IEEE, New York.
AHES	*Archiv for History of Exact Sciences.*
AI	* *Arad Inscriptions,* voir AHARONI [3].
AIEE	*American Institute of Electrical Engineers,* New York.
AIHS	*Archives internationales d'Histoire des Sciences,* Hermann, Paris.
AIM	*Artificial Intelligence Magazine.*
AJ	*Accountants Journal.*
AJA	*American Journal of Archaeology,* New York.
AJPH	*American Journal of Philology,* New York.
AJPS	*American Journal of Psychology,* New York.
AJS	*American Journal of Science.*
AJSL	*American Journal of Semitic Languages and Litterature,* Chicago, Ill.
AKK	*Akkadica,* Bruxelles.
AKRG	*Arbeiten der kaiserlich Russischen Gesandtschaft zu Peking,* Berlin.
AM	*American Machinist.*
AMA	*Asia Major,* Leipzig/Londres.
AMI	*Archaeologische Mitteilungen aus Iran,* Neue Folge, Berlin.
AMM	*The American Mathematical Monthly.*
AMP	*Archiv der Mathematik und Physik.*
ANS	*Anatolian Studies,* Londres.
ANTH	*Anthropos,* Göteborg.
ANTHR	*L'Anthropologie,* Paris.
AOAT	*Alter Orient und Altes Testament,* Verlag Butzon und Becker Kevelaer, Neukirchen-Vluyn.
AOR	*Analecta Orientalia,* Rome.
AOS	*American Oriental Series,* New Haven, Conn.
APEL	* *Arabic Papyri in the Egyptian Library,* voir GROHMANN [1].
ARAB	*Arabica,* revue d'études arabes, Leyde.
ARBE	*Annual Report of American Bureau of Ethnology,* Smithsonian Institution, Washington D.C.
ARBS	*Annual Report of the Bureau of the Smithsonian Institution,* Washington D.C.
ARC	*Archeion,* Rome.
ARCH	*Archeologia,* Paris.
ARCHL	*Archaeologia,* Londres.
ARCHN	*Archaeology,* New York.

ARM	*Arménia.*
ARMA	*Archives royales de Mari,* Paris.
AROR	*Archiv Orientálni,* Prague.
Ârya	* *Âryabhatiya of Âryabhata,* voir SHUKLA et SARMA.
AS	*Automata Studies,* Princeton University Press, 1956.
ASAE	*Annales du Service des Antiquités de l'Égypte,* Le Caire.
ASB	*Assyriologische Bibliothek,* Leipzig.
ASE	*Archaeological Survey of Egypt,* Londres.
ASI	*Archaeological Survey of India,* New Delhi.
ASMF	*Annali di Scienze matematiche e fisiche,* Tortolini, Rome.
ASNA	*Annuaire de la Société française de Numismatique et d'Archéologie,* Paris.
ASOR	*American Schools of Oriental Research,* Ann Arbor, Mich.
ASPN	*Annales des Sciences physiques et naturelles,* Société d'Agriculture, d'Histoire naturelle et des Arts utiles de Lyon.
ASR	*Abhandlungen zum schweizerischen Recht,* Berne.
ASS	*Assyriological Studies,* Chicago, Ill.
ASTP	*Archives suisses des Traditions populaires.*
ASTRI	* *L'Astronomie indienne,* voir BILLARD [1].
AT	*Annales des Télécommunications,* Paris.
ATU	**Archaische Texte aus Uruk,* voir FALKENSTEIN [1].
ATU 2	* *Zeichenliste der Archaischen Texte aus Uruk,* voir GREEN et NISSEN.
AUT	*Automatisme,* Dunod, Paris.
BAB	*Bulletin de l'Académie de Belgique,* Bruxelles.
BAE	*Bibliotheca Aegyptiaca,* Bruxelles.
BAMNH	*Bulletin of the American Museum of Naturel History,* New York.
BAMS	*Bulletin of the American Mathematical Society.*
BAPS	*Bulletin de l'Académie polonaise des Sciences,* Varsovie.
BARSB	*Bulletins de l'Académie royale des Sciences et Belles-Lettres de Bruxelles.*
BASOR	*Bulletin of the American Schools of Oriental Research,* The University of Michigan, Ann Arbor, Mich.
BCFM	*Bulletin du Club français de la médaille,* Paris.
BCMS	*Bulletin of the Calcutta Mathematical Society,* Calcutta.
BDSM	*Bulletin des Sciences mathématiques,* Paris.
BEFEO	*Bulletin de l'École française d'Extrême-Orient,* Paris/Hanoi.
BEPh	*Beiträge zur Englischen Philologie,* Leipzig.
BFT	*Blätter für Technikgeschichte,* Springer, Vienne.
BGHD	*Bulletin de Géographie historique et descriptive,* Paris.
BH	* *Beni Hasan,* voir NEWBERRY.
BHI	*Bulletin hispanique,* Bordeaux.
BHR	*Bibliothèque d'Humanisme et de Renaissance,* Droz, Genève.
BIFAO	*Bulletin de l'Institut français des Antiquités orientales,* Le Caire.
BIMA	*Bulletin of the Institute of Mathematical Applications.*
BJRL	*Bulletin of the John Rylands Library,* Manchester.
BLPM	*Bulletin de Liaison des Professeurs de Mathématiques,* Paris.
BLR	*Bell Laboratories Record,* Murray Hill, N. J.
BMA	*Biblioteca Mathematica.*
BMB	*Bulletin for Mathematics and Biophysics.*
BMET	*Bulletin du Musée d'Ethnographie du Trocadéro,* Paris.
BMFRS	*Biographical Memories of Fellows of the Royal Society.*

BMGM	*Bulletin of the Madras Government Museum,* New Series General Section, Madras.
BRAH	*Boletín de la Real Academia de la Historia,* Madrid.
BrSpSi	* *Brahmasphutasiddhânta by Brahmagupta,* voir DVIVEDI [2].
BSA	*Bulletin de la Société d'Anthropologie,* Paris.
BSC	*Bulletin scientifique,* Paris.
BSEIN	*Bulletin de la Société d'Encouragement pour l'Industrie nationale,* Paris.
BSFE	*Bulletin de la Société française d'Égyptologie,* Paris.
BSFP	*Bulletin de la Société française de Philosophie,* Paris.
BSPF	*Bulletin de la Société préhistorique française,* Paris.
BSI	*Biblioteca Sinica,* Paris.
BSM	*Bulletin de la Société mathématique de France,* Paris.
BSMA	*Bulletin des Sciences mathématiques et astronomiques,* Paris.
BSMF	*Bulletino di Bibliografia e di Storia delle Scienze Matematiche e Fisiche,* Rome.
BSMM	*Bulletin de la Société de Médecine mentale,* Paris.
BSNAF	*Bulletin de la Société nationale des Antiquaires de France,* Paris.
BSOAS	*Bulletin of the School of Oriental and African Studies,* Londres.
BST	*Bell System Technology,* Murray Hill, N. J.
CA	*Computers and Automation.*
CAA	*Contributions to American Archaeology,* Carnegie Institution of Washington D.C.
CAAH	*Contributions to American Anthropology and History,* Carnegie Institution of Washington D.C.
CAH	*The Cambridge Ancient History,* Cambridge, 1963.
CAPIB	*Corpus of Arabic and Persian Inscriptions of Bihar,* K. P. Jayaswal Research Institute, Historical Research Series, Patna.
CAW	*Carnegie Institution of Washington D.C.*
CC	* *Caractères chinois,* voir WIEGER.
CDE	Chronique d'Égypte, *Bulletin périodique de la Fondation égyptienne Reine Élisabeth,* Bruxelles.
CENT	*Centaurus,* Copenhague.
CETS	*Comparative Ethnographical Studies.*
CGC	* *A Catalogue of Greek Coins of the British Museum,* voir POOLE.
CHR	*China Review.*
CIC	* *Corpus des Inscriptions du Cambodge,* voir COEDES [5].
CIE	*Corpus Inscriptionum Etruscarum.* Sectionis I, Fasc. 4. I. Tituli, 1970.
CIG	* *Corpus Inscriptionum Graecarum,* voir BOECKH, FRANZ, CURTIUS et KIRCKHOFF.
CII	* *Corpus Inscriptionum Iudaïcorum,* voir FREY.
CIIN	*Corpus Inscriptionum Indicarum,* Londres/Bénarès/Calcutta, 1888-1929.
CIL	*Corpus Inscriptionum Latinarum,* Concilio et autoritate Academiae Litterarum Borussicae, 16 vol., Leipzig/Berlin, 1861-1943.
CIS	*Corpus Inscriptionum Semiticarum,* Paris, 1889-1932.
CJ	*The Computer Journal.*
CJW	* *The Coins of the Jewish War of 66-73 C.E.,* voir KADMAN.
CNAE	*Contributions to North American Ethnology,* Carnegie Institution of Washington D.C.
CNP	*Corpus Nummorum Palaestiniensium,* Jérusalem.
COWA	* *Relative Chronologies in Old World Archaeology,* voir ERICHSEN [3].

CPH	*Classical Philology,* Chicago, Ill.
CPIN	*Le Cabinet des Poinçons de l'Imprimerie nationale,* 3e éd. Paris, 1963.
CR	*Classical Review.*
CRAI	*Comptes rendus des séances de l'Académie des Inscriptions et Belles-Lettres,* Paris.
CRAS	*Comptes rendus des séances de l'Académie des sciences,* Paris.
CRCIM	* *Comptes rendus du deuxième Congrès international de Mathématiques de Paris,* voir DUPORCK.
CRGL	*Comptes rendus du Groupe linguistique d'Études chamito-sémitiques,* Paris.
CRSP	*Comptes rendus de la Société impériale orthodoxe de la Palestine.*
CS	*Computing Surveys.*
CSKBM	*Catalogue of Sanskrit Buddhist Manuscripts in the British Museum,* Londres.
CSMBM	* *Catalogue of Syriac manuscripts in the British Museum,* voir WRIGHT.
CTBM	*Cuneiform Texts from Babylonian Tablets in the British Museum,* Londres 1896 s.
CTF	*Computers and Their Future,* Richard Williams and Partners, Llandudno, 1970.
D	* *Le Temple de Dendara,* voir CHASSINAT [2].
DAA	* *Denkmaeler aus Aegypten und Aethiopien,* voir LEPSIUS [1].
DAB	* *Dictionnaire archéologique de la Bible,* voir COLLECTIF [4].
DAC	*Dictionnaire de l'Académie française,* 2 vol., 6e éd., Firmin-Didot, 1835. 8e éd., Hachette, 1932, 1935.
DAE	*Deutsche Aksoum Expedition,* Berlin.
DAFI	*Cahiers de la Délégation archéologique française en Iran,* Paris.
DAGR	* *Dictionnaire des antiquités grecques et romaines,* voir DAREMBERG et SAGLIO.
DAR	* *Denkmäler des Alten Reiches (außer den Statuen) im Museum von Kairo,* voir BORCHARDT [2].
DAT	* *Dictionnaire archéologique des techniques,* voir COLLECTIF [3].
DB	* *Dictionnaire de la Bible,* voir VIGOUROUX.
DCE	* *Dictionnaire de la civilisation égyptienne,* voir POSENER.
DCG	* *Dictionnaire de la civilisation grecque,* voir DEVAMBEZ.
DCI	* *Dictionnaire de la civilisation indienne,* voir FRÉDÉRIC [1].
DCR	* *Dictionnaire de la civilisation romaine,* voir FREDOUILLE.
DDA	*Le Nouveau Dictionnaire des auteurs,* Coll. « Bouquins », Robert Laffont, Paris, 1994 (nouvelle édition).
DDE	*Le Nouveau Dictionnaire des œuvres,* Coll. « Bouquins », Robert Laffont, Paris, 1994 (nouvelle édition).
DG	* *Demotisches Glossar,* voir ERICHSEN [2].
DgRa	* *De gestis regum Anglorum libri,* voir MALMESBURY.
DI	*Der Islam.*
DJD	*Discoveries in the Judean Desert of Jordan,* Clarendon Press Oxford.
DMG	* *Documents in Mycenaen Greek,* voir VENTRIS et CHADWICK.
DPF	*Dictionnaire des parfums de France,* Sermadiras, Paris.
DR	* *Divination et rationalité,* voir COLLECTIF [5].
DS	*Die Schweiz.*
DSB	* *Dictionary of Scientific Biography,* voir GILLISPIE.
DTV	*Dictionnaire de Trévoux,* 2e éd., 8e vol., Paris, 1771.

E	* *Le Temple d'Edfou,* voir CHASSINAT [1].
EA	*Études asiatiques,* Zurich.
EB	* *Encyclopédie de la Bible,* voir BOTTÉ.
EBOR	*Encyclopédie Bordas,* Paris.
EBR	*Encyclopaedia Britannica,* 14e éd., Londres 1929 s.
EC	*Études crétoises,* Paris.
EDE	*Encyclopédie des dates et des événements,* éd. de la Courtille, Paris, 1977.
EE	* *Epigrafia etrusca,* voir BUONAMICI.
EEG	* *Elementa epigraphica graecae,* voir FRANZ.
EEng	*Electrical Engineering.*
EG	* *Epigraphia greca,* voir GUARDUCCI.
EI	*Epigraphia Indica,* Official publications of the Government of India, Calcutta.
EIS	*Encyclopédie de l'Islam* (sous la dir. de H.A.R. Gibb), 1re éd., Leyde 1908-1938. 2e éd., Maisonneuve, Paris 1970-1992 s.
EJ	*Encyclopaedia Judaïca,* Jérusalem 1971-1972.
EMDDR	*Entwicklung der Mathematik in der DDR,* VEB Deutscher Verlag der Wissenschaften, Berlin, 1974.
EMW	*Enquêtes du Musée de la Vie wallone.*
Eng	*Engineering.*
EP	*Encyclopédie de la Pléiade,* Gallimard, Paris.
EPP	* *L'Écriture et la Psychologie des Peuples,* voir COLLECTIF [2].
ER	*Electrical Revue.*
ERE	*Encyclopaedia of religions and ethics,* 13 vol., Edimbourg/ New York, 1908-1921.
ESIP	* *Écritures. Systèmes idéographiques et Pratiques expressives,* voir CHRISTIN.
ESL	* *L'Espace et la Lettre,* voir COLLECTIF [7].
ESM	*Encyclopédie des Sciences mathématiques,* Gauthier Villars, Paris, 1909.
EST	*Encyclopédie internationale des Sciences et des Techniques,* Presses de la Cité, Paris, 1972.
EU	*Encyclopaedia Universalis,* Paris, 1968-1975.
EUR	*Europe.*
EXP	*Expedition,* Philadelphie.
FAP	*Fontes Atque Pontes, Eine Festgabe für Hellmut Brunner,* in : ÄAT, 5/1983.
FEHP	* *Facsimile of an Egyptian hieratic papyrus,* voir BIRCH.
FIH	* *Das mathematiker Verzeichnis im Fihrist des Ibn Abî Ja'kûb an Nadim,* voir SUTER [1].
FMAM	*Field Museum of Natural History,* Anthropol. Memoirs, Chicago, Ill.
FMS	*Früh mittelalterliche Studien,* Berlin.
GIES	*Glasgow Institution of Engineers and Shipbuilders in Scotland,* Glasgow.
GKS	* *Das Grabdenkmal des Königs S'aḫu-Re',* voir BORCHARDT [1].
Gla	*De sex Arithmeticae practicae specibus,* Henrici Glareani Epitome, Parisiis, 1554.
GLE	*Grand Larousse encyclopédique,* 10 volumes, Larousse, Paris, 1962-1970.
GLF	*Grand Larousse de la Langue française,* 6 vol., Larousse, Paris, 1971.
GLO	*Globus.*

GORILA	* *Recueil des Inscriptions en Linéaire A,* voir GODART et OLIVIER.
Gt	* *Ganitatilaka by Shrîpati,* voir KAPADIA.
GtsS	* *Ganitasârasamgraha by Mahâvîra,* voir RANGACARYA.
HAN	* *Hindu-Arabic Numerals,* voir SMITH et KARPINSKI.
HDM	*Histoire du Monde* (sous la dir. de E. Cavaignac), Paris.
HESP	*Hesperis, Archives berbères et Bulletin de l'Institut des Hautes Études marocaines.*
HF	* *Historical Fragments,* voir LEGRAIN.
HG	* *Hommages à H. G. Güterborck,* voir COLLECTIF [6].
HGC	* *Histoire générale des Civilisations,* voir AYMARD et AUBOYER.
HGE	* *Handbuch der griechischen Epigraphik,* voir LARFELD.
HGR	*Histoire générale des Religions,* Paris.
HGS	* *Histoire générale des sciences,* voir TATON [1].
HIF. 1	*Actes du Colloque sur l'Histoire de l'Informatique en France,* sous la dir. de P. Chatelin, INPG, Grenoble, 1988.
HIF. 2	*Actes du 2e Colloque sur l'Histoire de l'Informatique en France,* sous la dir. de P. Chatelin et P.-E. Mounier-Kuhn, Paris, 1990.
HLCT	*Haverford Library Collection of Cuneiform Tablets,* New Haven, Conn.
HLH	* *Hommages à Léon Herrmann,* voir COLLECTIF [1].
HM	* *L'histoire et ses méthodes,* voir SAMARAN.
HMA	*Historia Mathematica.*
HMAI	*Handbook of Middle American Indians,* Austin, Tex.
HNE	* *Handbuch der Nordsemitischen Epigraphik,* voir LIDZBARSKI.
HOR	*Handbuch der Orientalistik,* Leyde/Cologne.
HP	* *Hieratische Paläographie,* voir MÖLLER.
HPMBS	* *The History and Palaeography of Mauryan Brahmi Script,* voir UPASAK.
HUCA	*Hebrew Union College Annual,* publ. sous la dir. de S. H. Blank, Hebrew Union College, Jewish Institute of Religion.
IA	*Indian Antiquary, A journal of Oriental Research,* Bombay.
IAF	*Interface AFCET,* Association française pour la Cybernétique économique et technique, Paris.
IDERIC	*Institut d'études et de recherches interethniques et interculturelles,* Nice.
IEEE	*The Institute of Electrical and Electronics Engineers Inc.,* New York.
IEJ	*Israel Exploration Journal,* Jérusalem.
IESIS	* *Indian Epigraphy and South Indian Scripts,* voir SIVARAMAMURTI.
IHE	* *Las Inscripciones hebraïcas de España,* voir CANTERA et MILLAS.
IHQ	*Indian Historical Quarterly,* Calcutta.
IJES	*International Journal Environmental Studies.*
IJHS	*Indian Journal of History of Science.*
ILN	*Illustrated London News,* Londres.
IMCC	* *Listes générales des Inscriptions et des Monuments du Champa et du Cambodge,* voir COEDES et PARMENTIER.
INEP	* *Indian Epigraphy,* voir SIRCAR.
INM	*Indian Notes and Monographs.*
InPr	*L'Informatique professionnelle,* Paris.
INSA	* *Die Inschriften Asarhaddons,* König von Assyrien, voir BORGER.

IOS	*Israel Oriental Studies.*
IP	* *Indische Palaeography,* voir BÜHLER.
IR	*Inscription Reveal, Documents from the Time of the Bible, the Mishna and the Talmud,* Israel Museum, Jérusalem, 1973, 2e éd.
ISCC	* *Inscriptions sanskrites du Champa et du Cambodge,* voir BARTH et BERGAIGNE.
IS	*Isis,* revue d'histoire des sciences.
JA	*Journal asiatique,* Société asiatique, Paris.
JAI	*Journal of the Anthropological Institute of Great Britain.*
JAOA	*Journal of the American Ordnance Association.*
JAOS	*Journal of the American Oriental Society,* Baltimore, Md.
JAP	*Journal of Applied Psychology,* Wonester.
JASA	*Journal of the American Statistical Association.*
JASB	*Journal of the Asiatic Society of Bengal,* Calculta.
JB	* *Jinwen bián,* voir RONG GEN.
JBRAS	*Journal of the Bombay Branch of the Royal Asiatic Society,* Bombay.
JCS	*Journal of Cuneiform Studies,* New Haven, Conn.
JDM	*Jahresbericht der deutschen Mathematiker Vereingung.*
JEA	*Journal of Egyptian Archaeology,* Londres.
JFI	*Journal of the Franklin Institute.*
JFM	*Jahrbuch über die Fortschritte der Mathematik.*
JHS	*Journal of Hellenic Studies,* Londres.
JIA	*Journal of the Institute of Actuaries.*
JIEE	*Journal of the Institue of Electrical Engineering.*
JJS	*Journal of Jewish Studies,* Londres.
JNES	*Journal of the Near Eastern Studies,* The University of Chicago Press, Chicago, Ill.
JOSA	*Journal of the Optical Society of America.*
JPAS	*Journal and Proceedings of the Asiatic Society of Bengal,* Calculta.
JRAM	*Journal für die reine und angewandte Mathematik.*
JRAS	*Journal of the Royal Asiatic Society,* Londres.
JRASB	*Journal of the Royal Asiatic Society of Bengal.*
JRASBb	*Journal of the Royal Asiatic Society,* Bombay Branch (Abrév. désignant le même périodique : JBRAS.).
JRASI	*Journal of the Royal Asiatic Society of Great Britain and Ireland,* Londres.
JRSA	*Journal of the Royal Society of Arts,* Londres.
JRSS	*Journal of the Royal Statistical Society.*
JSA	*Journal de la Société des américanistes,* Paris.
JSI	*Journal of Scientific Instruments,* Londres.
JSO	*Journal de la Société orientale d'Allemagne.*
KAI	* *Kanaanaïsche und Aramaïsche Inschriften,* voir DONNER et RÖLLIG.
KaV	*The Kashmirian Atharva-Veda. Reproduced by chromophotography from the manuscript in the university Library at Tübingen,* Baltimore, 1901.
KR	* *The Brooklyn Museum Aramaïc Papyri,* voir KRAELING.
KS	* *Keilschriften Sargon's König von Assyrien,* voir LYON.
LAA	*Annals of Archaeology and Anthropology,* University of Liverpool.
Lal	* *Lalitavistara Sûtra,* voir LAL MITRA.
LAT	*Latomus,* Bruxelles.

Laur	*Pet. Laurembergi Rostochiensis Institutiones arithmeticae,* Hambourg, 1636.
LBAT	* *Late Babylonian astronomical und related Texts,* voir PINCHES et Strasmaier.
LBDL	* *Late Old Babylonian Documents and Letters,* voir FINKELSTEIN.
LEV	*Levant.*
Lîl	* *Lîlâvatî by Bhâskara II,* voir DVIVEDI [3].
LOE	* *The Legacy of Egypt,* voir HARRIS.
Lok	* *Lokavibhâga,* voir ANONYME [3].
MA	*Mathematische Annalen.*
MAA	* *Les Mathématiques arabes,* voir YOUSCHKEVITCH [2].
MACH	*Machriq,* Bagdad.
MAF	*Mémorial de l'Artillerie française,* Paris.
MAGW	*Mitteilungen der anthropologischen Gesellschaft in Wien,* Vienne.
MAPS	*Memoirs of the American Philosophical Society,* Philadelphie.
MAR	* *Die Mathematiker und Astronomen der Araber und ihre Werke,* voir SUTER [2].
MARB	*Mémoires de l'Académie royale de Bruxelles.*
MARI	*Mari. Annales de Recherches interdisciplinaires,* éd. Recherche sur les civilisations, Paris.
MAS	*Memoirs of the Astronomical Society.*
MCM	*Memoirs of the Carnegie Museum,* Washington D.C.
MCT	* *Mathematical cuneiform texts,* voir NEUGEBAUER et SACHS.
MDP	– *Mémoires de la Mission archéologique en Susianne* (t. 1-5). – *Mémoires de la Délégation en Perse* (t. 6 à 13). – *Mémoires de la Mission archéologique en Perse* (t. 14-30). – *Mémoires de la Mission archéologique en Iran* (t. 31-40). – *Mémoires de la Délégation archéologique en Iran* (t. 41 et suivants).
MDT	*Mémoires de Trévoux.*
MFO	*Mélanges de la Faculté orientale,* Beyrouth.
MG	*Morgenländische Gesellschaft.*
MGA	*The Mathematical Gazette.*
MIOG	*Mittheilungen des Instituts für österreischiche Geschichtsforschung,* Innsbruck.
MM	*Mitteilungen für Münzsammler,* Francfort.
MMA	*Memoirs of the Museum of Anthropology,* Ann Arbor, Mich.
MMO	*Museum Monographs,* The University Museum, Philadelphie, Penn.
MNRAS	*Monthly Notes of the Royal Astronomical Society.*
MP	*Michigan Papyri,* Ann Arbor, Mich.
MPB	*Mathematisch-physikalische Bibliothek,* Leipzig.
MPCI	* *Mémoire sur la propagation des chiffres indiens,* voir WOEPCKE [2].
MSA	*Mémoires de la Société d'Anthropologie,* Paris.
MSPR	*Mittheilungen aus der Sammlung der Papyrus Rainer.*
MT	*Mathematics Teacher.*
MTAC	*Mathematical Tables and other Aids to Computation.*
MTI	*Mathematik Tijdschrift.*
MUS	*Mélanges de l'université Saint-Joseph,* Beyrouth.
N	* *Le Nabatéen,* voir CANTINEAU.
NA	*Nature,* Londres.
NADG	*Neues Archiv der Gesellschaft für ältere deutsche Geschichtskunde zur Beförderung einer Gesamtausgabe der Quellen deutscher Geschichte des Mittelalters,* Hanovre.

NAM	*Nouvelles Annales de Mathématiques,* Paris.
NAT	*La Nature,* Paris.
NAW	*Nieuw Archief voor Wiskunde.*
NAWG	*Nachrichten der Akademie der Wissenschaften zu Göttingen* (philosophisch-historische Klasse), Göttingen.
NC	*Numismatic Chronicle,* Londres.
NCEAM	* *Notices sur les caractères étrangers anciens et modernes,* voir FOSSEY.
NEM	*Notices et Extraits des Manuscrits de la Bibliothèque nationale,* Paris.
NMM	*National Mathematics Magazine.*
NNM	*Numismatical Notes and Monographs,* New York.
Nott	*Christophori Nottnagelii Professoris Wittebergensis Institutionum mathematicarum,* Pars I, Wittebergae, 1645.
NS	*The New Scientist.*
NYT	*The New York Times.*
NZ	*Numismatische Zeitschrift,* Vienne.
OE	*L'Onde électrique,* Paris.
OED	*The Oxford English Dictionary,* A New English Dictionary on Historical Principles, founded on the materials collected by the Philological Society, Clarendon Press, Oxford, 1933, et éd. 1961.
OIP	*Oriental Institute Publications,* University of Chicago Press.
OÖSP	*Ordbok över Svenska språket, utgiven av svenska Akademien,* Lund, Lindstedts univ.-Bokhandel, 1952.
OR	*Orientalia,* Pontificio Istituto Biblico, Rome.
OT	*Ostasiens in Tokio,* Tôkyô.
PA	*Popular Astronomy.*
PACM	*Proceedings of the Association for Computing Machinery,* Pittsburgh, Mass.
PEJCC	*Proceedings Eastern Joint Computer Conference, IRE, december 1951,* New York, 1951.
PEQ	*Palestine Exploration Quarterly,* Londres.
PFT	* *Persepolis Fortification Tablets,* voir HALLOCK.
PGIFAO	*Papyrus grecs de l'Institut français d'Archéologie orientale,* Le Caire.
PGP	* *Paläographie der Griechischen Papyri,* voir SEIDER.
PHYS	*Physis,* Buenos Aires.
PI	* *The Paleography of India,* voir OJHA.
PIB	* *Palaeographia Iberica,* voir BURNAM [1].
PLMS	*Proceedings of the London Mathematical Society,* Londres.
PLO	*Porta Linguarum Orientalum,* Berlin.
PLS	*Pour la Science,* Paris.
PM	* *The Palace of Minos,* voir EVANS [1].
PMA	*Periodico matematico.*
PMAE	*Papers of the Peabody Museum of American Archaeology and Ethnology,* Harvard University, Cambridge, Mass.
PnSi	* *The Pañcasiddhantika of Varaha Mihira,* voir NEUGEBAUER et PINGREE.
PPS	*Proceedings of the Prehistoric Society.*
PR	*Physical Review.*
PRMS	* *Topographical Bibliography of Ancient Egyptian Hieroglyph Texts, Reliefs and Paintings,* voir PORTER et MOSS.
PRS	*Proceedings of the Royal Society,* Londres.

PRU	* *Le Palais royal d'Ugarit,* voir SCHAEFFER.
PSBA	*Proceedings of the Society of Biblical Archaeology,* Londres.
PSREP	*Publications de la Société royale égyptienne de papyrologie,* Le Caire.
PSSC	*Proceedings of the Seminar on Scientific Computation, november 1949,* IBM Corporation, New York, 1950.
PTRSL	*Philosophical Transactions of the Royal Society of London,* Londres.
PUMC	* *Papyri in the University of Michigan Collection,* voir GARETT-WINTER.
QSG	*Quellen und Studien zur Geschichte der Mathematik, Astronomie und Physik,* Berlin.
RA	*Revue d'Assyriologie et d'Archéologie orientale,* Paris.
RACE	*Real Academia de Ciencias Exactas, Fisicas y Naturales, Revista,* Madrid.
RAR	*Revue archéologique,* Paris.
RARA	* *Rara Arithmetica,* voir D.E. SMITH [1].
RB	*Revue biblique,* Couvent des dominicains, Saint-Étienne.
RBAAS	*Report of the British Association for the Advancement of Science,* Londres.
RCACM	*Report of a Conference on High Speed Automatic Calculating Machinery, 22-25 june 1949,* University Mathematical Laboratory, Cambridge, G.-B., janvier 1950.
RCAE	*Reports of the Cambridge Anthropological Expedition to Torres Straits* (sous la dir. de A. C. Haddon) ; vol. 3 : *Linguistics* (sous la dir. de S.H. Ray), Cambridge, G.-B., 1907.
RdSO	*Rivista degli Studi Orientali,* Rome.
RE	*Revue d'Égyptologie,* Paris.
REC	*Revue des Études celtiques,* Paris.
REDC	*Review of Electronic Digital Computers, Joint AIEE-IRE Computer Conference, 10-12 december 1951,* American Institute of Electrical Engineers, New York, 1952.
REG	*Revue des Études grecques,* Paris.
REI	*Revue des Études islamiques,* Paul Geuthner, Paris.
RES	*Répertoire d'épigraphie sémitique,* publié sous les auspices de l'Académie des Inscriptions et Belles-Lettres, Paris.
RFCB	* *Reproduccion fac similar del codice Borgia,* voir SELER.
RFE	* *Recueil de fac-similés d'écritures du Ve au XVIIe siècle,* voir PROU.
RH	*Revue historique,* Paris.
RHA	*Revue de Haute-Auvergne,* Aurillac.
RHR	*Revue de l'Histoire des Religions,* Paris.
RHS	*Revue d'histoire des sciences.*
RHSA	*Revue d'Histoire des Sciences et de leurs Applications,* Paris.
RMM	*Revue du Monde musulman.*
RN	*Revue numismatique,* Paris.
RR	*The Radio Review.*
RRAL	*Rendiconti della Reale Academia dei Lincei,* Rome.
RSS	*Rivista di Storia della Scienza,* L. S. Olschki, Florence.
RTM	* *The Rock Tombs of Meir,* voir BLACKMAN.
S	* *Aramaïsche Papyrus und Ostraka,* voir SACHAU.
SA	*Sciences et Avenir,* Paris.
SAOC	*Studies in Ancient Oriental Civilizations,* The University of Chicago Press.

SC	*Scientia.*
SCAM	*Scientific American, New York.*
SE	*Studi Etruschi,* Istituto di Studi ed. Italici, Florence.
SEM	*Semitica,* Cahiers publiés par l'Institut d'Études sémitiques de l'université de Paris.
SGKIO	*Studien zur Geschichte und Kultur des islamischen Orients,* Berlin.
SHAW	*Sitzungsberichte der Heidelberger Akademie der Wissenschaften* (philosophisch-historische Klasse), Heidelberg.
SHM	* *Sefer Ha Mispar,* voir SILBERBERG.
SIB	*Scripta Pontificii Instituti Biblici,* Rome.
SIP	* *Elements of South-Indian Paleography,* voir BURNELL.
SiShi	* *Siddhânta-shiromani by Bhâskarâ II,* voir MISRA.
SJ	*Science Journal.*
SKAW	*Sitzungsberichte der kaiserlichen Akademie der Wissenschaften,* philosophisch-historische Klasse, Vienne.
SM.I	* *Scripta Minoa,* vol. 1, voir EVANS [2].
SM.II	* *Scripta Minoa,* vol. 2, voir EVANS et MYRES.
SMA	*Scripta Mathematica.*
SME	*Studi Medievali,* Turin.
SMQ	*School of Mines Quaterly.*
SMS	*Syro-Mesopotamian Studies,* Los Angeles, Calif.
SPA	* *La scrittura proto-elamica,* voir MERIGGI [1].
SPRDS	*Scientific Proceedings of the Royal Dublin Society,* Dublin.
SS	*Schlern Schriften,* Innsbruck.
STM	*Studia Mediterranea,* Pavie.
SUM	*Sumer,* Bagdad.
SûrS	* *Sûryasiddhânta,* voir ANONYME [5].
SV	*Science et Vie,* Paris.
SVM	*Science et Vie Micro,* Paris.
SVSN	*Mémoires de la Société vaudoise des Sciences naturelles.*
SWG	*Schriften der Wissenschaftlichen Gesellschaft in Straßburg.*
TA	* *Tablettes Albertini,* voir COURTOIS, LESCHI, PERRAT et SAUMAGNE.
TAD	*Türk Arkeoloji Dergisi.*
TAIEE	*Transactions of the American Institute of Electrical Engineering.*
TAPS	*Transactions of the American Philosophical Society.*
TASJ	*Transactions of the Asiatic Society of Japan,* Yokohama.
TC	*Technology and Culture,* Austin, Tex.
TCAS	*Transactions published by the Connecticut Academy of Arts and Sciences,* New Haven, Conn.
TDM	*Tour du Monde,* Paris.
TDR	* *Tablettes de Drehem,* voir Genouillac [2].
TEB	* *Tablettes d'époque babylonienne ancienne,* voir BIROT.
Th	*Theophanis Chronographia,* Parisiis, MDCLV.
TIA	* *Thesaurus Inscriptionum Aegyptiacarum,* voir BRUGSCH.
TLE	*Testimonia Linguae Etruscae,* M. Pallortino, 1968.
TLSM	*Transactions of the Literary Society of Madras.*
TMB	* *Textes mathématiques de Babylone,* voir THUREAU-DANGIN [8].
TMIE	*Travaux et mémoires de l'Institut d'Ethnologie de Paris.*
TMS	* *Textes mathématiques de Suse,* voir BRUINS et RUTTEN.
TRAR	* *Trattati d'aritmetica,* voir BONCOMPAGNI.
TRIA	*Transactions of the Royal Irish Academy.*

TSA	* *Tablettes sumériennes archaïques,* voir GENOUILLAC [1].
TSM	*Taylor's Scientific Memoirs,* Londres.
TsT	* *Trishâtika by Shrîdharâchârya,* voir DVIVEDI [1].
TTKY	*Türk Tarih Kurumu Yayinlarindan, Veröffentlichungen der türkischen historischen Gesellschaft.* Ankara.
TUTA	* *Tablettes d'Uruk à l'usage des prêtres du temple d'Anu au temps des Séleucides,* voir THUREAU-DANGIN [6].
TZG	*Trierer Zeitschrift zur Geschichte und Kunst des Trierer Landes und seiner Nachbargebiete.*
UAA	* *Urkunden des Aegyptischen Altertums,* voir Steindorff.
UCAE	*University of California Publication of American Archaeology and Ethnology,* Berkeley, Calif.
UMN	*Unterrichtsblätter für Mathematik und Naturwissenschaften.*
URK	* *Hieroglyphische Urkunden der griechisch-römischen Zeit,* voir SETHE [4].
URK.I	* *Urkunden des alten Reichs,* voir SETHE [5].
URK.IV	* *Urkunden der 18. Dyn.,* voir SETHE et HELCK.
UVB	*Vorläufiger Bericht über von dem deutschen Archäologischen Institut und der deutschen Orient-Gesellschaft aus Mitteln der deutschen Forschungsgemeinschaft unternommenen Ausgrabungen in Uruk-Warka,* Berlin.
VIAT	*Viator. Medieval and Renaissance Studies,* California Press.
VL	*Visible Language.*
WEBST	*Webster's Ninth New Collegiate Dictionary,* Merriam-Webster Inc., 1984.
WEBSTC	*Webster's New Word Dictionary of Computer Terms,* sous la dir. de L. Darcy et L. Boston, Simon and Schuster Inc., New York, 1986.
WKP	*Wochenschrift für klassische Philologie.*
WM	*World of mathematics.*
YI	* *Xiao dun yin xu wenzi : yi biān,* voir DONG ZUOBIN.
YOS	*Yale Oriental Series,* New Haven, Conn.
ZA	*Zeitschrift für Assyriologie,* Berlin.
ZÄS	*Zeitschrift für Ägyptische Sprache und Altertumskunde, Berlin.*
ZDMG	*Zeitschrift der Deutschen Morgenländischen Gesellschaft,* Wiesbaden.
ZDP	*Zeitschrift des Deutschen Palästina-Vereins,* Leipzig-Wiesbaden, 1878-1949.
ZE	*Zeitschrift für Ethnologie,* Brunswick.
ZKM	*Zeitschrift für die Kunde des Morgenlandes,* Göttingen.
ZMP	*Zeitschrift für Mathematik und Physik,* historisch-literarische Abteilung.
ZNZ	*Zbornik za Narodni Zivot i Obicaje juznih Slavena,* Zagreb.
ZOV	*Zeitschrift für österreischiche Volkskunde,* Vienne.
ZRP	*Zeitschrift für Romanische Philologie,* Tübingen.

RÉFÉRENCES BIBLIOGRAPHIQUES PAR AUTEURS

Les titres des périodiques, des revues et des publications spécialisés sont abrégés par leurs sigles respectifs (exemple : le *Journal asiatique* est abrégé en JA) : voir *Abréviations*, p. 776.

Lorsqu'il y a plusieurs titres par auteur, nous les avons souvent classés, par ordre pédagogique, de [1] à [x]. Numéros que l'on retrouvera en lieu et place du titre dans les *Références bibliographiques par thèmes.*

ABBOT (N.), in : JRAS, 1938, p. 277-280.

ABOUL-SOUF (A.), « Tell-es-Sawwan, Excavations at the 4th Season, Spring 1967 », in : SUM, 24/1968, p. 3 *sq.*

ADLER (H.), BORMANN (J.), KAMMERER (W.), KERNER (I.O.), et LEHMANN (N.J.), « Mathematische Maschinen », in : EMDDR.

AGGOULA (B.), « Remarques sur les inscriptions ḥatréennes », in : MUS, 47/1972.

AGHAYAN (E.), « Mesrop Maschtots et la création de l'alphabet arménien », in : ARM, janvier 1984, p. 10-13.

AHARONI (Y.)

[1] « Hebrew ostraca from Tel Arad », in : IEJ, 16/1966, p. 1-10.

[2] « The Use of Hieratic Numerals in Hebrew Ostraca and the Shekel », in : BASOR, 184/1966, p. 13-19.

[3] *Arad Inscriptions,* The Bialik Institute and the Israel's Exploration Society, Jérusalem, 1975 (Abrév. AI).

AḤMAD (Q.), « A Note on the Art of Composing Chronograms », in : CAPIB, 10/1973, p. 367-374.

AIGRAIN (P.)

[1] « Deux mille ans d'automates », in : SA, hors série, nº 49, septembre 1984.

[2] « De l'organisation au calcul », in : IAF, 27/1985 (janvier).

AIKEN (H.H.), « Proposed automatic calculating machine », in : *IEEE Spectrum,* août 1964, p. 62-69 ; repr. aussi in : RANDELL [1], p. 191-197.

AIKEN (H.H.) et HOPPER (G.H), « The Automatic Sequence Controlled Calculator [ASCC] », in : EEng, 65/1946 p. 384-391, 449-454, 522-528 ; repr. aussi in : RANDELL [1], p. 199-218.

AL ʿAMULI (BEḤA AD DIN), *Khulasat al ḥisāb* (« L'Essence du calcul »), éd. arabo-persane : Calcutta, 1812 ; éd. arabo-allemande : G.H.F. Nesselmann, Berlin, 1843 ; éd. française : A. Marre, Rome, 1864.

AL BĪRŪNĪ
[1] *Chronology of Ancient Nations,* publ. et trad. par E.C. Sachau, Londres, 1879.
[2] *Kitāb fī taḥqiq i mā li'l hind, or Al Bīrūnī's India* (en arabe), Osmania Oriental Publication Bureau, Hyderabad (Andhra Pradesh), 1958 ; trad. anglaise : E.C. Sachau, *Alberuni's India, an Account of the Religion, Philosophy, Litterature, Geography, Chronology, Astronomy, Customs, Laws and Astrology of India about A.D. 1030,* Londres, 1910, 2 vol.

AL DAFFA (A.A.), *The Muslim Contribution to Mathematics,* Humanities Press Atlantic, Highlands, New Jersey, 1977.

ALEXANDER (S.N.), « The National Bureau of Standards Eastern Automatic Computer (SEAC) », in : PEJCC, p. 84-89.

ALFÖLDI-ROSENBAUM (E.), « The Finger Calculus in Antiquity and in the Middle Age », in : FMS, 5/1971, p. 1-9.

AL JAZZARI (Ibn al Razzaz), *Kitāb fī maʿrifat al ḥiyat al handāsiyya* (1206) ; trad. anglaise par D.R. Hill, sous le titre : *The Book of Knowledge of Ingenious Mechanical Devices,* Reidel, Dordrecht, 1974.

AL KARMALI (A.), « Al ʿuqad », in : MACH, 3/1900, p. 119-169.

ALKIM (U.-B.), *L'Anatolie,* Nagel, Genève, Paris, Munich, 1968.

ALLARD (A.)
[1] *Les Plus Anciennes Versions latines du XIIe siècle, issues de l'arithmétique d'Al-Khwārizmī,* Louvain, 1975.
[2] « Ouverture et résistance au calcul indien », in : *Colloque d'histoire des sciences : "Résistance et ouverture aux découvertes",* Louvain, 1976.
[3] *Le « Grand Calcul selon les Indiens » de Maxime Planudes : sa source anonyme de 1252,* thèse de l'université de Louvain 1972, Louvain, 1981.
[4] *Muḥammad ibn Mūsā Al-Khwārizmī, Le calcul indien (algorismus),* Blanchard, Paris, 1992.

ALLETON (V.), *L'Écriture chinoise,* coll. « Que sais-je ? », nº 1374, PUF, Paris, 1970.

ALLIERES (J.), *Les Basques,* coll. « Que sais-je ? », nº 1668, PUF, Paris, 1980.

ALT (F.L.), « A Bell Telephone Laboratories' Computing Machine », in : MTAC, 3/1948, p. 1-13, 69-84.

ALWIS (J. de), *The Sidath' Sangarawa. A Grammar of the Singhalese Language,* Colombo, 1852.

AMIET (P.)
[1] « Il y a cinq mille ans les Élamites inventaient l'écriture », in : ARCH, 12/1966, p. 20-22.
[2] « Glyptique susienne des origines à l'époque des Perses achéménides. Cachets, sceaux-cylindres et empreintes antiques découverts à Suse de 1913 à 1967 », in : MDP, 43-2/1967.
[3] *Bas-reliefs imaginaires de l'Ancien Orient d'après les cachets et les sceaux-cylindres,* Hôtel de la Monnaie, Paris, 1973.
[4] *Les Civilisations antiques du Proche-Orient,* coll. « Que sais-je ? », nº 185, PUF, Paris, 1975.
[5] « Alternance et Dualité. Essai d'interprétation de l'histoire élamite », in : AKK, 15/1979 (nov.-déc.), p. 2-22.

[6] « Comptabilité et écr... archaïque à Suse et en Mésopotamie », in : ESIP, p. 39-44.
[7] *La Glyptique* ...*amienne archaïque*, Éditions du CNRS, Paris, 1961.
[8] *Élam*, A...vers-sur-Oise, 1966.
ANBOUBA (A...) ...ammaw'al », in : DSB, t. 12, p. 91-94.
...Machine universelle », in : SA, hors série, nº 49, septembre-
ANDREWS (E.G.),
[1] « A review of the Bell Laboratories digital computer developments », in : REDC, p. 101-105.
[2] « Telephone Switching and the early Bell Laboratories Computers », in : BST, 42/63, p. 341-353.

ANONYME
[1] *A Grammar of the Panjâbî Language*, Appendix nr 1, Lodiâna, 1851.
[2] *La Calligraphie dans l'art japonais contemporain*, Paris, 1956.
[3] *Lokavibhaga*, P. Balchandra Siddhanta-Shastri, Sholapur, 1962 (Abrév. Lok.).
[4] *Instruments et machines à calculer. Catalogue du musée du Conservatoire national des Arts et Métiers*, Section A, Paris, 1942.
[5] *Sûryasiddhânta*, Bombay, 1955. (Abrév. SûrS.)
[6] *Le Centenaire de NCR*, t. 1 *(1884-1922, L'Ère de la caisse enregistreuse)*, NCR Corporation, 1984.
[7] *Le Centenaire de NCR*, t. 2 *(1923-1951, L'Ère de la machine comptable)* ; t. 3 *(1952-1984, L'Ère de l'ordinateur)*, NCR Corporation, 1984.
[8] *De la machine de Pascal à l'ordinateur : 350 ans d'informatique*, Musée national des Techniques, Paris, 1990.
[9] *Terminologie du traitement de l'information*, IBM France, Paris, 1987.
[10] « A Manual of operation for the Automatic Sequence Controlled Calculator (ASCC) », in : ACLHU, 1/1946.
[11] « Description of a Relay Calculator, in : ACLHU, 14/1949.
[12] « Description of a Magnetic Drum Calculator », in : ACLHU, 25/1952.
[13] « New calculating machine », in : ILN, 26/1855 (30 juin), p. 661.
[14] « The Swedish tabulating machine of Georg and Edvard Scheutz », in : ADO, 1/1866, p. 116-126.
[15] « Charles Babbage », in : NA, 5-106/1871 (9 novembre), p. 28-29.
[16] « The electrical tabulating machine applied to cost accounting », in : AM, 25/1902 (16 août), p. 1073-1075.
[17] « The Burroughs Adding and Listing Machine », in : Eng, 83/1907 (3 mai), p. 580-581.
[18] « IBM Selective Sequence Electronic Calculator », in : MTAC, 3/1948, p. 216-217.
[19] « The Thirsk totalisator », in : ER, 106, nº 2724, p. 268-269.

ANTON (F.), *Art of the Maya*, G.P. Putnam and Sons, New York, 1970.

APOKIN (A.) et MAISTROV (L.E.), *Rasvitie Vyichistltelynih Masin* (en russe), Nauka, Moscou, 1974.

APOSTEL (L.), MANDELBROT (B.) et MORF (A.), *Logique, Langage et Théorie de l'information*, PUF, Paris, 1957.

ARBERRY (A.J.), *Le Soufisme*, Paris, 1952.

ARCHIBALD (R.C.)
[1] « Georg Scheutz, publicist, author, scientific mechanician, and Edvard Scheutz, engineer – Biography and Bibliography », in : MTAC, 2/1947, p. 238-245.

[2] « Martin Wiberg, his tables and his [illegible]nce Engine », in : MTAC, 2/1947, p. 371-373.

ARKOUN (M.), « Chronologie de l'Islām », in : [illegible]

ARNAULD et NICOLE, *Logique de Port-Royal, ou Art* [illegible] [illegible]662), éd. E. Jourdain, Hachette, Paris, 1854.

ARNOLD (E.) (trad. par), *Gulistân,* New York, 1899.

ARROTÇARENA, *Grammaire basque,* Jakin, Biarritz, 1951.

ARSAC (J.)
[1] *La Science informatique,* Dunod, Paris, 1970.
[2] *Les Machines à penser,* Le Seuil, Paris, 1987.

ASHBY (R.)
[1] *An Introduction to Cybernetics,* Chapman/Hall, Londres, 1956.
[2] *Design for a Brain,* Chapman/Hall, Londres, 1960.

ASHURST (G.), *Pioneers of Computing,* Frederic Muller Ltd., Londres, 1983.

AS SULI, *Adab al kutab* (en arabe), Le Caire, *Hégire* 1341 (1922).

ATANASOFF (J.V.), « Computing machine for the solution of large systems of linear algebraic equations », in : RANDELL [1], p. 305-325.

ATANASOFF (J.V.) et BRANDT (A.E.), « Application of punched card equipment to the analysis of complex spectra », in : JOSA, 26-2/1936 (février), p. 83-88.

ATLAN (H.), *L'Organisation biologique et la Théorie de l'information,* Hermann, Paris, 1972.

AUBOYER (J.), « La Monnaie en Inde », in : DAT, t. 2, p. 712.

AUGARTEN (S.), *Bit by Bit : an Illustrated History of Computers,* George Allen and Unwin Ltd, Londres, 1984.

AUSTRIAN (G.D.), *Hermann Hollerith, Forgotten Giant of Information Processing,* Columbia University Press, New York, 1982.

AVIGAD (N.), « A Bulla of Jonathan the High Priest », in : IEJ, 25/1975, p. 8-12.

AYMARD (A.) et AUBOYER (J.), *Histoire générale des civilisations,* t. 1, (« L'Orient et la Grèce antique »), PUF, Paris, 1961. (Abrév. HGC.)

AYMONIER (E.), « Quelques notions sur les inscriptions en vieux khmer », in : JA, avril 1883, p. 441-505.

BABBAGE (Ch.)
[1] « A note respecting the application of machinery to the calculation of astronomical tables », in : mas, 1/1822 (juin), p. 309.
[2] « Letter to M. Quetelet », in : BARSB, 2-5/1835 (mai), p. 124-125.
[3] « On the mathematical powers of the calculating engine » (manuscrit daté de décembre 1837, Museum of the History of Science, Oxford : Buxton MS7), in : RANDELL [1], p. 15-52.
[4] *The Exposition of 1851 ; or, Views of the Industry, the Science and the Government of England,* John Murray, Londres, 1851.
[5] « Note sur la machine suédoise de MM. Scheutz pour calculer les tables mathématiques par la méthode des différences et en imprimer les résultats sur les planches stéréotypes », in : CRAS, 41/1855 (8 octobre), p. 557-560, 41/1856 (28 avril), p. 798-800.
[6] *Passages from the Life of a Philosopher,* Longman Green, Longman, Roberts and Green, Londres, 1864 ; réédité par Augustus M. Kelly, New York, 1969.

BABBAGE (H.P.)
[1] « On the mechanical notation, as exemplified in the Swedish calculating machine of Messrs. Scheutz », in : RBAAS, 1855, p. 203-205.
[2] « On the mechanical arrangements of the analytical engine of the late Charles Babbage F.R.S. », in : RBAAS, 1888, p. 616-617.
[3] (sous la dir. de), *Babbage's Calculating Engines : Being a Collection of Papers Related to them, their History, and Construction,* Spon, Londres, 1889.
[4] « Babbage's Analytical Engine » (1910), in : RANDELL [1], p. 65-69.

BABELON (E.), « Moneta », in : DAGR, p. 1963 *sq.*

BABELON (J.)
[1] *Mayas d'hier et d'aujourd'hui,* Paris, 1967.
[2] In : ARCH, 22/1968, p. 21.

BAGGE (L.M.), « The Early Numerals », in : CR, 20, p. 259-267.

BAILLET (M.), MILIK (J.T.) et DE VAUX (R.), « Les Petites Grottes de Qumrân », in : DJD, III/1961.

BAILLIE (G.-H.), *Clocks and Watches, An Historical Bibliography,* vol. 1, The Holland Press, Londres, 1978.

BAKER (R.), *The Science Reference Library : New and Improved... Inventors and Inventions that have Changed the Modern World,* The British Library Board, Londres, 1976.

BAKHTIAR (L.), *Le Soufisme, Expression de la Quête mystique,* Le Seuil, Paris, 1977.

BAKIS (H.), *IBM : une multinationale régionale,* Presses universitaires de Grenoble, 1977.

BALASINSKI (W.) et MROWKA (S.), « On Algorithms of Arithmetical Operations », in : BAPS, 5/1957, p. 803-804.

BALL (W.W.R.), *A Short Account of the History of Mathematics,* Macmillan and Co, Londres, 1888.

BALMES (R.), *Leçons de philosophie,* Éditions de l'École, Paris, 1965.

BARDEEN (J.) et BRATTAIN (W.H.), « The transistor, a semiconductor triode », in : PR, 74/1948 (juillet), p. 230-231.

BAREAU (A.), « Bouddhisme », in : *Les Religions de l'Inde,* t. 3, Paris, 1966.

BARGUET (P.), « Les dimensions du temple d'Edfou et leurs significations », in : BSFE, 72/1975 (mars).

BARKLEY (V.H.), *Historia Numorum, A Manual of Greek Numismatics,* Clarendon Press, Oxford, 1911.

BARNARD (F.J.), *The Casting-Counter and the Counting-board : a chapter in the History of Numismatics and Early Arithmetic,* Oxford, 1916.

BARNAVI (E.) (sous la dir. de), *Histoire universelle des Juifs, de la Genèse à la fin du XX*e *siècle,* Hachette, Paris, 1992.

BARNETT (R.D.), « The Hieroglyphic Writing of Urartu », in : HG, p. 43 *sq.*

BARR (A.), COHEN (P.) et FEIGENBAUM (E.), (sous la dir. de), *The Handbook of Artificial Intelligence,* William Kaufmann, Los Altos, California, 1981-1982.

BARTH (A.) et BERGAIGNE (A.), « Inscriptions sanskrites du Champa et du Cambodge », in : NEM, 27/1885. (Abrév. ISCC.)

BARTON (G.A.), « Documents from the Temple Archivs of Telloh », in : HLCT, 1918, part I.

BASHE (Ch. J.), « The IBM SSEC in Historical Perspective », in : AHC, 4-4/1982 (octobre), p. 299 *sq.*

BASHE (Ch. J.), JOHNSON (L.R.), PALMER (J.H.) et PUGH (E.W.), *IBM's Early Computers,* Series in the History of Computing edited by I. Bernard Cohen, MIT Press, Cambridge, Mass. / Londres, 1986.

BATTAGLIA (S.), *Grande Dizionario della lingua italiana,* Turin, 1961 s.

BAUDIN (L.), « L'Empire socialiste des Inkas », in : TMIE, 5/1928.

BAUDOUIN (M.), *La Préhistoire par les étoiles,* Paris, 1926.

BAXANDALL (D.)
[1] *Calculating Machines and Instruments,* Revised by J. Pugh, Science Museum, Londres, 1975.
[2] « Calculating Machines in : EBR, p. 545-553.

BAYER, *Historia regni Graecorum Bactriani,* Saint-Pétersbourg, 1738.

BAYLEY (E.C.)
[1] « On the Genealogy of Modern Numerals », in : JRASI, 14/1847, p. 335.
[2] In : JRASBb, XXIII.

BEAUCLAIR (W. de), *Rechnen mit Maschinen. Eine Bildgeschichte der Rechentechnick,* Vieweg und Sohn, Braunschweig, 1968.

BEAUJOUAN (G.)
[1] *Recherches sur l'histoire de l'arithmétique du Moyen Age,* École nationale des chartes, Position des thèses de la promotion 1947, Paris.
[2] « Étude paléographique sur la "rotation" des chiffres et l'emploi des apices du Xe au XIIe siècle », in : RHS, 1/1947, p. 301-313.
[3] « Les soi-disant chiffres grecs ou chaldéens », in : RHS, 3/1950, p. 170-174.
[4] « La science dans l'Occident médiéval chrétien », in : HGS, t. 1, p. 517-534.
[5] « L'enseignement du Quadrivium », in : *Settimane di studio del centro italiano di studi sull'alto medioevo,* Spoleto, 1972, p. 650 *sq.*
[6] « La transformation du Quadrivium », in : *The Renaissance of 12th century, Haskins International Conference,* Cambridge, 1977.

BECHTEL (E.A.), « Finger counting among the Romans in the fourth century », in : CPH, 4/1909, p. 25-31.

BECKER (O.) et HOFFMANN (J.E.), *Geschichte der Mathematik,* Bonn, 1951.

BEDA VENERABILIS [Bède le Vénérable], *De Temporum Ratione. Opera Omnia, tomus primus. Patrologiae cursus completus. Patres latini,* tome XC, éd. de Migne, Paris, 1850.

BELDEN (T.G.) et BELDEN (M.R.), *The Lengthening Shadow : The Life of Thomas J. Watson,* Little, Brown and Co, Boston, 1962.

BELL (E.T.)
[1] *The Development of Mathematics,* McGraw-Hill, New York, 1945.
[2] *Men of Mathematics,* Simon and Schuster, New York, 1965.

BELL (J.D.), *Things Chinese,* New York, 1904.

BENDALL (C.), « Table of numerals », in : CSKBM, 1902.

BENEDICT (P.K.), « Chinese and Thai numeratives », in : JAOS, 65/1945.

BENEDICT (S.R.), *A Comparative Study of the Early Treatises Introducing the Hindu Art of Reckoning into Europe,* Ph. D. Thesis, University of Michigan, Ann Arbor, 1914.

BENOIST (L.), *Signes, Symboles et Mythes,* coll. « Que sais-je ? », n° 1605, PUF, Paris, 1977, 2e éd.

BENSION (A.), *The Zohar in Moslem and Christian Spain,* Londres, 1922.

BENVÉNISTE (E.), *Problèmes de linguistique générale,* Gallimard, Paris ; t. 1, 1966 ; t. 2, 1974.

BERGSON (H.), *L'Évolution créatrice,* Alcan, Paris, 1907.

BERKELEY (E.C.), *Giant Brains or Machines that Think,* John Wiley, New York, 1949.

BERLIN (H.), « El glifo "emblema" de las inscripciones mayas », in : JSA, 47/1958, p. 111-119.

BERNSTEIN (J.), *The Analytical Engine : Computers – Past, Present and Future,* Random House, New York, 1981.

BERTHEVIN (J.J.G.), *Éléments d'arithmétique complémentaire,* Paris, 1823.

BERTHO (C.)

[1] *Télégraphes et Téléphones, De Valmy au microprocesseur,* Hachette, Paris, 1981.

[2] *Histoire des télécommunications,* Ères, Paris, 1984.

BETINI (M.), *Apiaria universae philosophiae, mathematicae,* vol. II (1642), Apiarium XI.

BEZIAU (P.), *Origine des chiffres,* Angers, 1939.

BHARAT (K.T.), *Vedic Mathematics, or « Sixteen Simple Mathematical Problems »,* Delhi, 1970 (2e éd.).

BIERMANN (O.), *Vorlesungen über mathematische Näherungsmethoden,* Brunswick, 1905.

BILLARD (R.)

[1] *L'Astronomie indienne. Investigation des textes sanskrits et des données numériques,* Publications de l'École française d'Extrême-Orient, Paris, 1971. (Abrév. ASTRI.)

[2] « Âryabhata and Indian Astronomy », in : IJHS, vol. 12, n° 2.

BINET (A.), *Psychologie des grands calculateurs et joueurs d'échecs,* Hachette, Paris, 1894.

BIOT (E.), « Note sur la connaissance que les Chinois ont eue de la valeur de position des chiffres », in : JA, déc. 1839, p. 497-502.

BIRCH (S.), *Facsimile of an Egyptian Hieratic Papyrus of the Reign of Ramses II,* at the British Museum, Londres, 1876. (Abrév. FEHP.)

BIROT (M.), *Tablettes d'époque babylonienne ancienne,* Paris, 1970. (Abrév. TEB.)

BISCHOFF (B.), « Paläographie. Mit besonderer Brücksichtigung des deutschen Kulturgebietes », in : DPA, p. 379-451.

BITTEL (K.), *Les Hittites,* Gallimard, Paris, 1976.

BLACKMAN (A.N.), « The Rock Tombs of Meir », vol. 4, ASE, 25/1924. (Abrév. RTM.)

BLAISE (B.)

[1] *Dictionnaire latin-français des auteurs chrétiens,* revu et enrichi par H. Chirat, Brepols, Turnhout, 1954.

[2] *Dictionnaire latin-français des auteurs du Moyen Age,* Brepols, Turnhout, 1975.

BLANCHÉ (R.)

[1] *La Science physique et la réalité,* PUF, Paris, 1948.

[2] *Introduction à la logique contemporaine,* A. Colin, Paris, 1957 ; nouvelle éd. 1970.

[3] *L'Axiomatique,* PUF, Paris, 1965, 3e éd.

BLANCHET (A.), et DIEUDONNÉ (A.), *Manuel de numismatique française,* Picard, Paris, 1930.

BLIN, « Un imbécile calculateur », in : BSMM, janvier 1910.

BLINKENBERG (A.) et THIELE (M.), *Dansk-Fransk Ordborg,* H. Hagerup, Copenhague, 1937.

BLOCH (M.), *Apologie pour l'histoire ou métier d'historien,* A. Colin, Paris, 1949.

BLOCH (O.) et WARTBURG (W. von), *Dictionnaire étymologique de la langue française,* 5e éd., PUF, Paris, 1968.

BLOCH (R.)

[1] « Étrusques et Romains : problèmes et histoire de l'écriture », in : EPP, p. 183-298.

[2] « La Monnaie à Rome », in : DAT, t. 2, p. 718 *sq.*

BLODGETT (J.H.) et SCHULTZ (C.K.), « Herman Hollerith : Data Processing Pioneer », in : AD, 20-3/1969 (juillet), p. 221-226.

BOBYNIN, *Enseignement mathématique,* Paris, 1904, p. 362.

BOCCARDI (J.), *Guide du calculateur,* Paris-Catane, 1902.

BOECKH (A.), FRANZ (J.), CURTIUS (E.) et KIRCHHOFF (A.), *Corpus Inscriptionum Graecarum,* Berlin, 1828-1877. (Abrév. CIG.)

BOHL (V.G. von), *Pribory i masiny dlia mechaniceskago proizvodstva arithmeticeskisch dejstvij* (en russe), Moscou, 1896.

BOLL (M.), *Histoire des mathématiques,* PUF, Paris, 1963.

BOLLÉE (L.), « Sur une nouvelle machine à calculer », in : CRAS, 109/1889, p. 737-739

BONCOMPAGNI (B.), *Trattati d'aritmetica,* Rome, 1857. (Abrév. TRAR.)

[1] vol. I : *Algoritmi de numero indorum.* (Abrév. TRAR. I.)

[2] vol. II : *Ioanni Hispalensis liber algorismi de pratica aritmetrice.* (Abrév. TRAR II.)

BONNYCASTLE (J.), *Introduction to Arithmetic,* Londres, 1810.

BONS (E. de), *Eureka ! An illustrated History of Inventions from the Wheel to the Computer,* Holt, Rinehart and Winston, New York, 1974.

BOOLE (G.)

[1] *The Mathematical Analysis, Being an Essay toward a Calculus of Deductive Reasoning,* Londres, 1847 ; réédition Oxford, New York, 1948.

[2] *The Laws of Thought,* Londres, 1854.

BOORSTIN (D.J.), *Les Découvreurs,* Seghers, Paris, 1986 (rééd. coll. « Bouquins », Robert Laffont, Paris, 1989).

BOOTH (A.D.) et BOOTH (K.H.V.), *Automatic Digital Calculators,* 2e édition, Butterworths, Londres, 1956.

BORCHARDT (L.)

[1] « Das Grabdenkmal des Königs S'aḫu-Re' », vol. 2, ADOGA, 7/1913. (Abrév. GKS.)

[2] *Denkmäler des Alten Reiches (außer den Statuen) im Museum von Kairo,* Nr 1295-1808, Catalogue général des antiquités égyptiennes du musée du Caire, 57, Berlin, 1937. (Abrév. DAR.)

BORDAZ (J.), « The Suberde Excavations in Southwest Turkey. An Interim Report », in : TAD, 17/1969, p. 43-61.

BORGER (R.), « Die Inschriften Asarhaddons, König von Assyrien », in : AFO, 9/1956. (Abrév. INSA.)

BORTOLOTTI (P.), in : BICA, 1875, p. 157.

BOSTANCI (E.), « Beldibi ve Magracikta Yapilam 1967 yaz Mavsimi kazilari ve Yeni Buluntular », in : TAD, 16-1/1968, p. 58 *sq.*

BOTTÉ (L.) (sous la dir. de), *Encyclopédie de la Bible,* Séquoia-Elsevier, Bruxelles, 1967. (Abrév. EB.)

BOTTERO (J.)

[1] *La Religion babylonienne,* PUF, Paris, 1952, p. 59-60.

[2] « Textes économiques et administratifs », in : ARMA, 7/1957, p. 326-341.

[3] « Symptômes, signes, écritures en Mésopotamie ancienne », in : DR, p. 159 *sq.*

[4] « De l'aide-mémoire à l'écriture », in : ESIP, p. 13-37.

BOTTERO (J.), CASSIN (E.) et VERCOUTTER (J.), *The Near East : the Early Civilizations,* Weidenfeld and Nicolson, Londres, 1967.

BOUCHÉ-LECLERCQ (A.), *Histoire de la divination dans l'Antiquité,* Paris, 1879 (rééd. 1963).

BOUCHER (H.), *Organisation et fonctionnement des machines arithmétiques,* préface de F.-H. Raymond, Masson, Paris, 1960.

BOULDING (K.E.), *The Organizational Revolution,* Harper and Row, New York, 1953.

BOULENGER, *Informatique et administration de l'entreprise,* Sirey, Paris, 1968.

BOURDON (B.), *La Perception visuelle de l'espace,* Costes, Paris, 1902.

BOURKE (J.G.), « Medicine-Men of the Apache », in : ARBE, 9/1892, p. 555 *sq.*

BOUTROUX (P.), *L'Idéal scientifique des mathématiciens,* Alcan, Paris, 1922.

BOUVERESSE (J.), ITARD (J.) et SALLÉ (E.), *Histoire des mathématiques,* Larousse, Paris, 1977.

BOUVIER (A.), *La Théorie des ensembles,* PUF, coll. « Que sais-je ? », n° 1363, Paris, 1972, 2ᵉ éd.

BOUYOU-MORENO (J.-P.), *Le Boulier chinois,* chez l'auteur, Paris.

BOWDEN (B.V.)

[1] (sous la dir. de), *Faster than thought,* sir Isaac Pitman and Sons, Londres, 1953.

[2] « He invented the Computer – before its time », in : *Think,* juillet 1960, p. 28-32.

BOWDITCH (C.P.), *The Numeration. Calendar Systems and Astronomical Knowledge of the Maya,* Cambridge, 1910.

BOWERS (D.M.), « The Rough to Today's Technology », in : *Datamation,* septembre 1977.

BOYER (C.B.)

[1] « Fundamental steps in the development of numeration », in : IS, 35/1944, p. 153-169.

[2] *The History of Calculus and its Conceptual Development,* Dover Publications Inc., New York, 1949.

[3] *A History of Mathematics,* John Wiley and Sons, New York, 1968.

BOYS (C.V.), « A new analytical engine », in : NA, 81, n° 2070, juillet 1909, p. 14-15.

BRAEUNIG (F.), *Calcul mental,* Paris, 1882.

BRAIDWOOD (R.J.) et HOWE (B.), « Prehistoric Investigations in Iraqi Kurdistan », in : SAOC, 3/1960.

BRANDEBOURG (V.)
[1] *Méthodes simples de calcul extra-rapide et de calcul mental,* Hachette, Paris-Grenoble, 1926.
[2] « Les calculateurs prodiges et leurs expériences », in : BSA, 65-7/1916, p. 218-245.

BRANDENSTEIN (W.) et MAYRHOFFER (M.), *Handbuch des Altpersischen,* Wiesbaden, 1964.

BREKILIEN (Y.), *Le Breton, langue celtique,* Nature et Bretagne, Quimper, 1976.

BRESNIER, *Cours pratique et théorique de langue arabe,* 2e éd., Alger, 1855.

BRETON (Ph.), *Histoire de l'informatique,* La Découverte, Paris, 1987 ; rééd. Le Seuil, Paris, 1990.

BRETON (P.N.), *Illustrated History of Coins and Tokens Relating to Canada,* Breton and Co., Montréal, 1894.

BREUIL (H.), « La formation de la science préhistorique », in : C. ZERVOS, p. 13-20.

BRÉZILLON (M.), *Dictionnaire de la préhistoire,* Larousse, Paris, 1969.

BRICE (W.C.), « The Writing and System of Proto-Elamite Account Tablets », in : BJRL, 45/1962, p. 15-39.

BRICK (D.B.), DRAPPER (J.S.) et CAULFIELD (H.J.), « Computers in the Military and Space Sciences », in : *IEEE Computer,* octobre 1984.

BRIEUX (A.), « Petit Trésor de souvenirs de Montaigne », in : BHR, 19/1957, p. 265 *sq.*

BRIEUX (A.) et MADDISON (F.), *Répertoire des facteurs d'astrolabes et de leurs œuvres,* 1re partie : *L'Islām* (à paraître).

BRILLOUIN (L.), *La Science et la Théorie de l'information,* Masson, Paris 1959.

BRINKMAN (J.A.), « Mesopotamian chronology of the historical period », in : AM, p. 335-337.

BRION (M.), *Léonard de Vinci,* Paris, 1952.

BROCKELMANN (C.)
[1] *Geschichte der arabischen Literatur.*
[2] *Grundriß der vergleichenden Grammatik der semitischen Sprache,* Hildesheim, 1961 (1re éd., 1908).

BROGLIE (L. de), *Sur les sentiers de la science,* A. Michel, Paris, 1960.

BROMLEY (A.G.), « Charles Babbage's Analytical Engine, 1833 », in : AHC, 4-3/1982 (octobre).

BROOKE, *Ten years in Sarawak,* t. 1, p. 139-140.

BRUGMANN, in : BROCKELMANN [2], II, 2, p. 1-82.

BRUGSCH (H.) (sous la dir. de), *Thesaurus inscriptionum Aegyptiacarum,* Leipzig, 1883 *sq.* (Abrév. TIA.)

BRUINS (E.M.) et RUTTEN (M.), « Textes mathématiques de Suse », in : MDP, 34/1961. (Abrév. TMS.)

BRUNS (H.), *Grundlinien des wissenschaftlichen Rechnens,* Leipzig, 1903.

BRUNSCHVICG (L.),
[1] *La Philosophie de l'esprit,* PUF, Paris, 1949.
[2] *Les Étapes de la philosophie mathématique,* Alcan, Paris, 1912.
[3] *La Physique du vingtième siècle et la philosophie,* Hermann, Paris, 1936.

BRYCE (T.R.), « Burial Fees in the Lycian Sepulchral Inscriptions », in : ANS, 26/1976, p. 175-190.

BUBNOV (N.)
[1] *Gerberti opera mathematica,* Berlin, 1899 ; réimpr. Hildesheim, 1963.
[2] *Arithmetische Selbständigkeit der europaïschen Kultur,* Berlin, 1914.
[3] *L'Origine et l'histoire de nos chiffres* (en russe), Kiev, 1908.

BUCHANAN (B.) et SHORTLIFFE (E.), *Rule-Based Expert Systems...,* Addison-Wesley, Readings, Mass., 1984.

BUDGE (W.)
[1] *The Gods of the Egyptians,* Londres, 1904.
[2] *Osiris and the Egyptian resurrection,* Londres, 1911 ; rééd. New York, 1962.

BÜHLER (G.), *Indische Palaeographie,* Strasbourg, 1896. (Abrév. IP.)

BUONAMICI (G.), *Epigrafia etrusca,* Florence, 1932. (Abrév. EE.)

BUREAU (J.), *Dictionnaire de l'Informatique,* Larousse, Paris, 1972.

BURGESS et WHITNEY. « Translation of the Sûrya-Siddhânta, a text-book of Hindu Astronomy », in : JAOS, vol. 6/1860, p. 141-498.

BURKS (A.W.) et BURKS (A.R.), « The ENIAC : First General-Purpose Electronic Computer », in : AHC, 3-4/1981 (octobre).

BURKS (A.W.), GOLDSTINE (H.H.) et VON NEUMANN (J.), *Preliminary Discussions of the Logical Design of an Electronic Computing Instrument,* Institute for Advanced Study, Princeton, New Jersey, 1947.

BURLAND (C.A.)
[1] *Art and Life in Ancient Mexico,* Bruno Cassirer, Oxford, 1948.
[2] *Magic Books from Mexico,* Penguin Book, Harmondworth (Grande-Bretagne), 1953.

BURLOUD (A.), *La Pensée conceptuelle,* Alcan, Paris, 1927.

BURNAM (R.)
[1] *Palaeographia Iberica, Fac-similés de manuscrits espagnols et portugais du IXe au XVIe siècle,* Paris, 1912-1925. (Abrév. PIB.)
[2] « A group of Spanish manuscripts : codices escorialenses Id2 and Id1 », in : BHI, 22/1920, p. 229-233.

BURNELL (A.C.), *Elements of South-Indian Paleography, from the IVth, to the XVIIth Century AD.* Londres, 1878. (Abrév. SIP.)

BURNEY (C.A.), « A first season of excavations at the urartian citadel of Kayalidere », in : ANS, 16/1966, p. 89 *sq.*

BURTON (P.E.), *A Dictionary of Minicomputing and Microcomputing,* John Wiley and Sons, Chichester, New York, 1982.

BUSH (V.)
[1] « The Differential Analyzer. A new machine for solving differential equations », in : JFI, 212/1931, p. 447-488.
[2] « Instrumental Analysis », in : BAMS, 42/1936, p. 649-669.
[3] *Pieces of the Action,* Morrow, New York, 1970.

BYRD. « A Case of phenomenal Memorizing by a Fuble minded negro », in : JAP, 1920-1921, IV, 202, 206.

CAGNAT (R.)
[1] *Cours d'épigraphie latine,* Paris, 1890.
[2] « Revue des publications épigraphiques relatives à l'antiquité romaine », in : RAR, 3.34/1899, p. 313-320.

CAHEN (C.) et SERJEANT (R.S.), « A fiscal survey of the Medieval Yemen », in : ARAB, 4/1957, p. 23-32.

CAJORI (F.)
[1] *A History of Mathematical Notations,* vol. I, p. 38-41, The Open Court Publishing Company, Chicago, Illinois, 1928 ; t. 1, p. 38-41.
[2] « A Notable Case of Finger Counting in America », in : IS, 8/1926, p. 325-327.

CALANDRI (P.), *De Arithmetica opusculum,* Florence, 1491.

CALDER (R.), *The Evolution of the Machine,* American Heritage/Smithsonian Institution, Washington D.C., 1968.

CALDWELL (R.), *A Comparative Grammar of the Drâvidian or South-Indian Family of Languages,* Londres, 1856.

CALMET (A. Dom), « Recherches sur l'origine des chiffres de l'arithmétique », in : MDT, septembre 1707, p. 1620-1635.

CAMBEL (H.) et BRAIDWOOD (R.J.), « An Early Framing Village in Turkey », in : SCAM, 3/1970, p. 51-57.

CAMERON (G.C.), *Persepolis Treasury Tablets,* The University of Chicago oriental Institute Publications, Chicago, 65/1948.

CAMPBELL (A.D.), *A Grammar of the Teloogoo Language...,* Madras, 1820.

CAMPBELL-KELLY (M.)
[1] « Programming the EDSAC : Early Programming Activity at the University of Cambridge », in : AHC, 2-1/1980 (juillet).
[2] « The Development of Computer Programming in Britain, 1945-1955 », in : AHC, 4-2/1982 (avril).

CAMPOS (F.-P.), *Applications mécano-comptables des machines à totalisateurs multiples,* Étienne Chiron, Paris, 1944.

CANGE (C.-D. du), *Glossarium ad scripttores mediae et infimae latinitatis,* Paris, 1678 (rééd. Paris, 1937-1938).

CANTERA (F.) et MILLAS (J.M.), *Las Inscripciones hebraïcas de España,* Consejo Superior de Investigaciones cientificas, Madrid, 1956. (Abrév. IHE.)

CANTINEAU (G.), *Le Nabatéen,* E. Leroux, Paris, 1930, t. 1. (Abrév. N.)

CANTOR (M.)
[1] *Kulturleben der Völker,* Halle, 1863, p. 132-136.
[2] *Vorlesungen über Geschichte der Mathematik,* 1re éd., Leipzig, 1880.
[3] *Vorlesungen über Geschichte der Mathematik,* 3e éd., Leipzig, 1907, t. 1, p. 133.

CAPELLI (A.), *Lexicon Abbreviaturarum, Dizionario di abbreviature latine ed italiane,* 5e éd., Milan, 1954.

CARATINI (R.), « Histoire universelle. Le Monde antique », in : EBOR, Paris, 1968.

CAREY (F.), *A Grammar of the Burman Language,* Serampore, 1814.

CARPENTER (B.E.) et DORANT (R.W.), « The other Turing Machine », in : CJ, 20-3/1977 (août), p. 269-279.

CARRA DE VAUX (B.)
[1] « Ta'rikh », in : EIS, p. 705-706.
[2] « Sur l'origine des chiffres », in : SC, 21/1917, p. 273-282.

CARRÉ (P.), *Du Tam-Tam au Satellite,* Explora, Presses Pocket, Paris, 1991.

CARRERA (O.), LOISEAU (D.) ET ROUX (O.), *Androïdes, les automates de Jaquet-Droz,* Scriptar, F.-M. Ricci, Lausanne, 1979.

CARROLL (Lewis L.),
[1] *A Survey of Symbolic Logic,* Berkeley, 1918.
[2] *Œuvres*, édition présentée et établie par F. Lacassin, coll. « Bouquins », Robert Laffont, Paris, 1989.

CASANOVA (G.), *L'Algèbre de Boole,* PUF, coll. « Que sais-je ? », n° 1246, Paris, 1972, 3e éd.

CASANOVA (P.), « Alphabets magiques arabes », in : JA, 17-18/1921, p. 37-55 ; 19-20/1922, p. 250-267.

CASARIL (G.), *Rabbi Simeon Bar Yochaï et la Cabbale,* Le Seuil, Paris, 1961.

CASIRI, *Bibliotheca Arabico-Hispana Escurialensis,* Madrid, 1760-1770.

CASO (A.)
[1] *Calendario y escritura de las antiguas culturas de Monte-Albán,* Mexico, 1946.
[2] *Las calendarios prehispánicos,* Universidad Nacional Autónoma, Mexico, 1967.

CASSIN (E.), « La monnaie en Asie occidentale », in : DAT, t. 2, p. 712-715.

CATANEO, *Le pratiche delle dve prime mathematiche,* Venise, 1546.

CAVAIGNAC (E.) (sous la dir. de), *Histoire du Monde,* Paris.

CAVE-BROWN (A.), *La Guerre secrète,* Pygmalion, Paris, 1975.

CERUZZI (P.E.)
[1] «The early Computers of Konrad Zuse, 1935-1945 », in : AHC, 3-3/1981 (juillet).
[2] *Reckoners, The Prehistory of the Digital Computer, 1935-1935,* Greenwood Press, 1983.

CESAREO (O.), « The Relay Interpolator », in : BLR, 23/1946, p. 457-460.

CHABOUILLET (J.M.A.), *Catalogue général et raisonné des camées et pierres gravées de la Bibliothèque impériale,* Paris, 1858.

CHACE (A.B.), *The Rhind Mathematical Papyrus,* Oberlin, Ohio, 1927-1929.

CHADEFAUD (C.), « De l'expression picturale à l'écriture égyptienne », in : ESIP, p. 81-99.

CHALFANT (F.H.), « Chinese Numerals », in : MCM, 4/1906.

CHALMERS (J.), « Maipua and Namaua Numerals », in : JAI, 27/1898, p. 141 *sq.*

CHAMBERLAIN (B.H.), « A Quinary System of Notation Employed in Luchu », in : JAI, 27/1898, p. 338-395.

CHANGEUX (J.-P.), *L'Homme neuronal,* Fayard, Paris, 1983.

CHANTRAINE (P.), *Dictionnaire étymologique de la langue grecque,* Klincksieck, Paris, 1970.

CHAPIN (N.), *An Introduction to Automatic Computers,* Van Nostrand, Princeton, N. J., 1955.

CHAPMAN (S.), « Blaise Pascal (1623-1662) : Tercentenary of the calculating machine », in : NA, 150/1942 (31 octobre), p. 508-509.

CHAPUIS (A.) et DROZ (E.), *Les Automates. Figures artificielles d'hommes et d'animaux. Histoire et technique,* Éditions du Griffon, Neuchâtel, Genève, 1949 ; éd. anglaise : *Automata. A Historical and Technological Study,* V.T. Batsford, Londres, 1958.

CHARCOT et DARBOUX, in : CRAS, 1892 (1er semestre), p. 1329.

CHARTER (J.), *A Grammar of the Cingalese Language,* Colombo, 1815.

CHASE (G.C.) « History of Mechanical Computing Machinery » (1952), in : AHC, 2-3/1980 (juillet).

CHASSINAT (E.)
[1] *Le Temple d'Edfou,* 14 vol., Le Caire, 1897-1960. (Abrév. E.)
[2] *Le Temple de Dendara,* 7 vol., Le Caire, 1934. (Abrév. D.)

CHAUVIN (M.), *Les Surdoués,* Stock, Paris, 1973.

CHAVANNES (E. de), *Les Documents chinois découverts par Aurel Stein,* Oxford, 1913.

CHEN TSU-LUNG, « La monnaie en Chine », in : DAT, t. 2, p. 711-712.

CHENG (D.C.), « The Use of Computing Rods in China », in : AMM, 32/1925, p. 492-499.

CHERRY (C.), *On Human Communication,* New York/Londres, 1957.

CHEVALIER (J.) et GHEERBRANT (A.), *Dictionnaire des symboles,* coll. « Bouquins », Robert Laffont, Paris, 1982.

CHIERA (E.), *They Wrote on Clay,* Chicago, 1938.

CHIVA (M.), *Débiles normaux, débiles pathologiques,* Delachaux et Niestlé, Neuchâtel, 1973.

CHODZKO (A.), *Grammaire persane,* Imprimerie impériale, Paris, 1852.

CHRISTIN (A.-M.) (sous la dir. de), *Écritures. Systèmes idéographiques et pratiques expressives, Actes du Colloque international de l'université Paris-VII,* Le Sycomore, Paris, 1982. (Abrév. ESIP.)

CHUQUET (N.), *Triparty en la science des Nombres* (1484), manuscrit de la Bibliothèque nationale de Paris, publié partiellement par A. Marre, Rome, 1880-1881.

CIRLOT (J.E.), *A Dictionary of Symbols,* Londres, 1962.

CLAIRBORNE (R.), *Le Miracle de l'écriture,* coll. « Les Origines de l'homme », Time-Life Int., Amsterdam, 1975.

CLAPARÈDE (E.), in : *L'Invention,* Centre international de Synthèse, 9e semaine, Alcan, Paris, 1937.

CLARCK (W.E.), *The Âryabhatiya of Âryabhata,* Chicago, 1930.

CODRINGTON, *Melanesian Languages,* p. 211-212.

COE (M.D.), *The Maya Scribe and his World,* The Grolier Club, New York, 1973.

COEDES (G.)
[1] « Les inscriptions malaises de Çrivijaya », in : BEFEO, 30/1930-1931, p. 29-80.
[2] « A propos de l'origine des chiffres arabes », in : BSOAS, 6-2/1931, p. 323-328.
[3] *Les États hindouisés d'Indonésie et d'Indochine,* 3e éd., De Boccard, Paris, 1964.
[4] *Inscriptions du Cambodge, collection de textes et documents sur l'Indochine,* École française d'Extrême-Orient, Paris, 8/1966.
[5] *Corpus des Inscriptions du Cambodge, publiées sous les auspices de l'Académie des Inscriptions et Belles-Lettres,* Paul Geuthner, Paris, 1926. (Abrév. CIC.)

COEDES (G.) et PARMENTIER (H.), *Listes générales des inscriptions et des monuments du Champa et du Cambodge,* École française d'Extrême-Orient, Hanoi, 1923. (Abrév. IMCC.)

COHEN (D.), *Dictionnaire des racines sémitiques ou attestées dans les langues sémitiques,* Paris/La Haye, 1970.

COHEN (I.B.), *Album of Science from Leonardo to Lavoisier, 1450-1800,* Charles Scribner's Sons, New York, 1980.

COHEN (M.)

[1] *La Grande Invention de l'écriture et son évolution,* Imprimerie nationale, Klincksieck, Paris, 1958.

[2] « Traité de langue amharique », in : TMIE, 24/1970, p. 26 *sq.*

COLEBROOKE (H.T.), *Algebra with Arithmetic and Mensuration from the Sanscrit,* Londres, 1817.

COLIN (G.-S.)

[1] « Une nouvelle inscription arabe de Tanger », in : HESP, 5/1924, p. 93-99.

[2] « Ḥisāb al-Djummal », in : EIS (2e éd.), p. 484.

[3] « Ȧbdjad », in : EIS (2e éd., 1954), p. 100.

[4] « De l'origine des chiffres de Fez », in : JA, série XIII, vol. 1 (avril 1933), p. 193-195.

COLLECTIF

[1] « Hommages à Léon Herrmann », in : LAT, 44/1960. (Abrév. HLH.)

[2] *L'Écriture et la psychologie des peuples,* XXIIe *semaine du Congrès du Centre international de Synthèse,* A. Colin, Paris, 1963. (Abrév. EPP.)

[3] *Dictionnaire archéologique des techniques,* Éditions de l'Accueil, Paris, 1963-1964. (Abrév. DAT.)

[4] *Dictionnaire archéologique de la Bible,* F. Hazan, Paris, 1970. (Abrév. DAB.)

[5] *Divination et rationalité,* Le Seuil, Paris, 1974. (Abrév. DR.)

[6] « Hommages à H.G. Güterbock », *Anatolian Studies,* Istanbul, 1974. (Abrév. HG.)

[7] *L'Espace et la lettre,* Cahiers Jussieu (Paris-VII), no 3, Union générale d'Éditions, Paris, 1977. (Abrév. ESL.)

[8] *Mélanges en l'honneur de Charles Morazé,* Privat, Toulouse, 1979.

[9] *Informatique : nouveaux concepts scientifiques, Colloque en l'honneur de Jean-Claude Simon,* Paris, 3-4 octobre 1990.

COLLETTE (J.-P.), *Histoire des mathématiques,* Éditions du Renouveau pédagogique, Montréal, 1973.

COMBE, SAUVAGET et WIET, *Répertoire chronologique d'Épigraphie arabe,* Le Caire, 1931-1956.

COMRIE (L.J.)

[1] « Computing by calculating machines », in : AJ, 45/1927, p. 42-51.

[2] « On the application of the Brunsviga-Dupla calculating machine to double summation with finite differences », in : MNRAS, 88-5/1928 (mars), p. 447-459.

[3] « The application of calculating machines to Astronomical Computing », in : PA, 33/1931 (avril), p. 2-8.

[4] « The application of the Hollerith tabulating machine to Brown's tables of the moon », in : MNRAS, 92-7/1932, p. 694-707.

[5] « The application of commercial calculating machines to scientific computing », in : MTAC, 2/1946, p. 149-159.

[6] « Babbage's dream comes true », in : NA, 158/1946, p. 567-568.

CONANT (L.L.)

[1] *The Number Concept, its Origin and Development,* Simon and Schuster, New York, 1923.

[2] « Counting », in : WM, 1/1956, p. 432-441.

CONNOLLY (J.), *Chronology of Computing in Europe, Africa, Asia and Latin America,* IBM World Trade Corporation, Armonk, New York, sans date.

CONRADY (A.), *Die chinesischen Handschrift-und sonstigen Kleinfunde Sven Hedins in Lou-Lan,* Stockholm, 1920.

CONSO (P.) et POULAIN (P.), *Informatique et gestion de l'entreprise,* Dunod, Paris, 1969.

CONTENAU (G.), « Notes d'iconographie religieuse assyrienne », in : RA, 37/1940, p. 154-165.

CONTENSON (H. de)

[1] « New Correlations between Ras Shamra and al-ʿAmuq », in : BASOR, 172/1963, p. 35-40.

[2] « Tell Ramad, A Village Site of the VIIth and VIth Millennia B.C. », in : ARCHN, 24/1971, p. 278-285.

[3] « Nouvelles données sur le Néolithique précéramique dans la région de Damas (Syrie) d'après les fouilles à Ghoraifé en 1974 », in : BSPF, 73-3/1976, p. 80-82.

COON (C.S.), « Cave Exploration in Iran », in : MMO, 1951, p. 75.

CORDIER (H.), in : BSC, 1881-1895, col. 509.

CORDOLIANI (A.)

[1] « Comput, chronologie, calendriers », in : HM, p. 46 *sq.*

[2] « Contribution à la littérature ecclésiastique au Moyen Age », in : SME, 3a-1/1960, p. 107-137 ; 3a-2/1961, p. 169-208.

COROMINAS (J.), *Diccionario crítico etimológico de la Lengua Castellana,* Francke, Berna.

COSTA DE BEAUREGARD (O.), *Le Second Principe de la Science du temps, entropie, information, irréversibilité,* Le Seuil, Paris, 1963.

CORTADA (J.W.), *Historical Dictionary of Data Processing,* Greenwood Press, 1987.

COSTAZ (L.), *Grammaire syriaque,* Beyrouth, 1964.

COTTREL (L.) (sous la dir. de), *Dictionnaire encyclopédique d'archéologie,* Société d'édition de dictionnaires et d'encyclopédies, Paris, 1962.

COUDERC (P.), *Le Calendrier,* PUF, coll. « Que sais-je ? », n° 203, Paris, 1970.

COUFFIGNAL (L.)

[1] *Les Machines à calculer, leur principe, leur évolution,* Gauthier Villars, Paris, 1933.

[2] « Calcul mécanique : Sur l'emploi de la numération binaire dans les machines à calculer et les instruments nomomécaniques », in : CRAS, 202/1936, p. 1970-1972.

[3] « Sur un problème d'analyse mécanique absraite », in : CRAS, 206/1938, p. 1336-1338.

[4] *Sur l'analyse mécanique : application aux machines à calculer et aux calculs de la mécanique céleste,* thèse présentée à la faculté des sciences de Paris, série A 1772, Gauthier Villars, Paris, 1938.

[5] « Traits caractéristiques de la machine à calculer universelle de l'Institut Blaise Pascal », in : ACLHU, 26/1949, (septembre), p. 374-386.

[6] « Report on the machine of the Institut Blaise Pascal », in : MTAC, 4-32/1950, p. 225-229.

[7] *Information et Cybernétique,* Gauthier Villars, Paris, 1958.

[8] *La Cybernétique,* PUF, Paris, coll. « Que sais-je ? », n° 638, 1963.

[9] *Les Machines à penser,* Les Éditions de Minuit, Paris, 1964.

COUFFIGNAL (L.) et SCHUTZENBERGER (M.P.), « La Cybernétique », in : *Encyclopédie française.*

COURTOIS (C.), LESCHI (L.), PERRAT (C.) et SAUMAGNE (C.), *Tablettes Albertini, Actes privés de l'époque vandale,* Publications du gouvernement général de l'Algérie, Arts et Métiers graphiques, Paris, 1952. (Abrév. TA.)

CRANK (J.), *The Differential Analyzer,* Longmans, Londres, 1947.

CROIX (A.) et QUÉNIART (J.), *La Culture programme,* Roanne, 1993.

CROMBIE (A.-C.), *Histoire des sciences de saint Augustin à Galilée,* Paris, 1959 (2e éd. en angl. : 2 vol., Londres, 1961).

CROUZET (P.), ANDRAUD (P.) et FONT (A.), *Grammaire grecque,* Didier, Paris, 1926.

CRUSIUS (D.A.), *Answeisung zur Rechnen-Kunst,* Halle, 1746.

CUNNINGHAM
[1] In : JRASB, vol. 23.
[2] « Book of Indian Eras », in : JRAS, 1913, p. 627 *sq.*

CURTZE (M.), *Petri Philomeni de Dacia in Algorismum Vulgarem Johannis de Sacrobosco commentarius, una cum Algorismo ipso,* Copenhague, 1897.

CUSHING (F.H.)
[1] « Manual Concepts », in : AA, 5/1892, p. 289 *sq.*
[2] « Zuñi Breadstuff », in : INM, 8/1920, p. 77 *sq.*

CUVILLIER (A.), *Cours de philosophie,* A. Colin, Paris, 1954 (rééd. 1987).

CYRANO (E.), « Les nez de la parfumerie », in : DPF, 1969-1970, p. 87-97.

DAHAN-DALMÉDICO (A.) et PFEIFFER (J.), *Histoire des mathématiques. Routes et Dédales,* Études vivantes, Paris-Montréal, 1982.

DAHLERUP (V.), *Ordbog over det Dansk Sprog,* Gyldendalske Boghandel, Nordisk Forlag, Copenhague, 1934.

DAMAIS (L.-C.), « Études balinaises », in : BEFEO, 50.1/1960, p. 144-152.

DAMEROV (P.) et ENGLUND (R.K.), « Die Zahlzeichensysteme der Archaischen Texte aus Uruk », in : ATU 2, Nr 5/ES (september), Berlin, 1985.

DAMMARTIN (M.), *Typologie ou description détaillée des caractères alphabétiques... à l'usage des sculpteurs, fondeurs, etc., et particulièrement destinée aux peintres en bâtiments,* Paris, 1850.

DANLOUX-DUMESNILS (M.)
[1] *Le Calcul analogique par courants continus,* Dunod, Paris, 1958.
[2] *Esprit et Bon Usage du Système métrique*, A. Blanchard, Paris, 1965.

DANTZIG (T.), *Le Nombre, langage de la science,* A. Blanchard, Paris, 1974 (éd. angl. : The Macmillan Company, New York, 1967).

DAREMBERG (C.) et SAGLIO (E.) (sous la dir. de), *Dictionnaire des antiquités grecques et romaines,* 5 t., 11 vol., Hachette, Paris, 1873-1919. (Abrév. DAGR.)

DASYPODIUS, *Institutionum Mathematicarum,* Strassburg, 1593-1596.

DATTA (B.), « The scope and development of Hindu Ganita », in : IHQ, 5/1929, p. 479-512.

DATTA (B.) et SINGH (A.N.), *History of Hindu Mathematics,* Asia Publ. House, Bombay, 1938 (rééd. 1962).

DAUMAS (F.), *Les Dieux de l'Égypte*, coll. « Que sais-je ? », no 1194, PUF, Paris, 1970, 2e éd.

DAUMAS (M.),
[1] (sous la dir. de), *Histoire générale des techniques,* vol. 5, PUF, Paris, 1979.
[2] *A History of Technology and Invention. Progress Through the Ages. The Expansion of Mechanization 1725-1860,* vol. 3, Crown Publishers Inc., New York, 1979.

DAUZAT (A.), DUBOIS (J.) et MITTERAND (H.), *Dictionnaire étymologique et historique de la langue française,* 4e éd., Larousse, Paris, 1971.

DAVALO (E.) et NAÏM (P.), *Des réseaux de neurones,* Eyrolles, Paris, 1989.

DAVID (W.K.), *David's New Lightning Calculator,* W.K. David, Buffalo, New York, 1881.

DAVIES (H.), *A History of Recorded Sound,* New York, 1978.

DAVIS (R.), « Expert Systems : Where are We ? And where do we go from here ? », in : AIM, 1982 (juillet-août).

DE ALWIS (J.). Voir ALWIS (J. de).

DEBARBAT (S.) et TEN (A.), *Le Mètre et le système métrique,* Paris/Valence, 1993.

DE BEAUCLAIR (W.). Voir BEAUCLAIR (W. de).

DE BONS (E.). Voir BONS (E. de).

DE BROGLIE (L.). Voir BROGLIE (L. de).

DE CHAVANNES (E.). Voir CHAVANNES (E. de).

DE CONTENSON (H.). Voir CONTENSON (H. de).

DECOURDEMANCHE (M.JA.), « Notes sur quatre systèmes turcs de notation numérique secrète », in : JA, 9-14/1899, p. 258 *sq.*

DÉDRON (P.) et ITARD (J.), *Mathématiques et Mathématiciens,* Magnard, Paris, 1959.

DE GALIANA (T.). Voir GALIANA (T. de).

DE GENOUILLAC (H.). Voir GENOUILLAC (H. de).

DE HOLLANDER (J.J.), *Handleiding bij de beoefening der Javaansche Taal en Letterkunde,* Breda, 1848.

DEIMEL (A.)
[1] « Sumerische Grammatik der Archaitischen Texte mit Übungsstücken », in : OR, 9/1924, 43-44, p. 182-198.
[2] *Sumerisches Lexikon,* Scripta Pontificii Instituti Biblici, Rome, 1947.

DELACROIX (H.)
[1] *Le Langage et la Pensée,* Alcan, Paris, 1922.
[2] *Psychologie de l'art,* Alcan, Paris, 1927.

DE LA FUYE (A.). Voir LA FUYE (A. de), BELAIEW (J.-T.), MECQUENEM (R. de) et UNVALA (J.-M.).

DELAMARRE (X.), *Le Vocabulaire indo-européen. Lexique étymologique et thématique,* Maisonneuve, Paris, 1984.

DELAUNAY (C.-E.), « Rapport sur la machine à calculer présentée par M. Wiberg », in : CRAS, 56/1863, p. 330-339.

DE LA VALLÉE-POUSSIN (L.). Voir LA VALLÉE-POUSSIN (L. de).

DÉLÉDICQ (A.), « Numérations et langues africaines », in : BLPM, 27/1981 (janv.), p. 3-9.

DE LONGCHAMP (J.). Voir LONGCHAMP (J. de) et FONTAINES (C.).

DELPHIN (M.), « L'astronomie au Maroc », in : JA, 17/1891.

DE MALMESBURY (G.). Voir MALMESBURY (G. de).

DEMARNE (P.) et ROUQUEROL, *Les Ordinateurs électroniques,* coll. « Que sais-je » n° 832, PUF, Paris, 1961, 2e éd.

DE MECQUENEM (R.). Voir MECQUENEM (R. de).

DEMIÉVILLE (P.), *Matériaux pour l'enseignement élémentaire du chinois,* Paris, 1953.

DE MONFREID (H.). Voir MONFREID (H. de).

DE MONTAIGNE (M.). Voir MONTAIGNE (M. de).

DE MORGAN (A.). Voir MORGAN (A. de).

DE MORIN (H.). Voir MORIN (H. de).

DENNLER (J.G.), « Los nombres indigenas en guarani », in : PHYS, 16/1939.

DEPECKER (L.)

[1] « Cinq notions de télédétection aérospatiale : un exemple de structuration d'un champ terminologique », in : *Meta,* 34-2/1989.

[2] *Introduction à l'étude de la télédétection aérospatiale et de son vocabulaire,* La Documentation française, Paris, 1991.

DE PISE (L.). Voir PISE (L. de).

DE PRAT (D.). Voir PRAT (D. de).

DE RIVERO (M.-E.) et DE TSCHUDI (J.-D.). Voir RIVERO (M.-E. de) et TSCHUDI (J.-D. de).

DERMENGHEM (E.), *Mahomet et la tradition islamique,* Le Seuil, Paris, 1955.

DE ROSNAY (J.). Voir ROSNAY (J. de).

DE ROSNY (L.) Voir ROSNY (L. de).

DE SACY (S.). Voir SACY (S. de).

DE SAINT-EXUPÉRY (A.). Voir SAINT-EXUPÉRY (A. de).

DE SAUSSURE (F.). Voir SAUSSURE (F. de).

DE SCHODT (A.). Voir SCHODT (A. de).

DESGRANGES, *Grammaire sanscrite-française,* t. II, Imprimerie impériale, Paris, 1845.

DESMONDE (W.H.) et BERKLING (K.J.), « The Zuse Z 3 », in : *Datamation,* 12-9/1966, p. 30-31.

DE SOLLA PRICE (D.). Voir SOLLA PRICE (D. de).

DESTOMBES (M.)

[1] « Les chiffres coufiques des instruments astronomiques arabes », in : RSS, 2.3/1960, p. 197-210.

[2] « Un astrolabe carolingien et l'origine de nos chiffres arabes », in : AIHS, 58-59/1962, p. 3-45.

DEVAMBEZ (P.), *Dictionnaire de la civilisation grecque,* F. Hazan, Paris, 1966. (Abrév. DCG.)

DEVAUX (P.)

[1] *Automates et Automatisme,* PUF, Paris, 1941.

[2] *Automates, Automatisme, Automation,* PUF, Paris, 1967.

DE VAUX (R.). Voir VAUX (R. de).

DE WIT (C.). Voir WIT (C. de).

DHOMBRES (J.)

[1] « La fin du siècle des Lumières : un grand élan scientifique », in : *Deux Siècles de France,* sous la dir. de G. Ifrah, in : *Total Information,* 111/1989 (juin), p. 5-12.

[2] *Nombre, Mesure et Continu : épistémologie et histoire*, Fernand Nathan, Paris, 1978.

[3] *Une École révolutionnaire en l'an III. Leçons de mathématiques. Lagrange, Laplace et Monge*, Dunod, Paris, 1992.

[4] « Résistance et adaptations du monde paysan au système métrique issu de la Révolution : les indices d'évolution d'une culture de la quantification », in : CROIX et QUÉNIART, p. 128-142.

DIDEROT (D.), « Arithmétique », in : *Encyclopédie, ou Dictionnaire raisonné des Sciences, des Arts et des Métiers*, vol. 1, p. 680-684, et planche 2 de la partie « Algèbre et Arithmétique » du Recueil des planches, Paris, 1751.

DIOGENE LAERCE, *Vie, Doctrines et sentences des philosophes illustres*, trad. R. Genaille, 2e vol., Garnier, Paris, 1933.

DIRINGER (D.)

[1] *L'alfabeto nella storia della civiltá*, Florence, 1937.

[2] *The Alphabet. A Key to the History of Mankind*, Hutchinson, Londres, 1968 (3e éd.).

DIVIN (M.), *Contes et légendes d'Égypte*, Fernand Nathan, Paris, 1961.

DIXON (R.B.), « The Northern Maidu », in : BAMNH, 17/1905, p. 228 et 271.

DOBLHOFFER (E.), *Le Déchiffrement des écritures*, Arthaud, Paris, 1959.

DOBRIZHOFFER (M.), *Auskunft über die Abiponische Sprache*, J. Platzmann, Leipzig, 1902.

D'OCAGNE (M.). Voir OCAGNE (M. d').

DODGE (B.), *The Fihrist of Al Nadim*, New York, 1970.

DOLS (P.-J.), « La vie chinoise dans la province de Kan-Su », in : ANTH, 12-13/1917-1918, p. 964 *sq.*

DOM CALMET (A.). Voir CALMET (A. Dom).

DOMLUVIL (E.), « Die Kerbstöcke der Schafhirten in der mährischen Walachei », in : ZOV, 10/1904, p. 206-210.

DONG ZUOBIN, *Xiao dun yin xu wenzi : yi bián* (en chinois), Taibei, 1949. (Abrév. YI.)

DONNER (H.) et RÖLLIG (W.), *Kanaanaïsche und Aramaïsche Inschriften*, Wiesbaden, 1962. (Abrév. KAI.)

DORN (B. von), « Über ein drittes in Rußland befindliches Astrolabium mit morgenländischen Inschriften », in : BSC, 9-5/1841, p. 60-73.

DORNSEIFF (F.), *Das Alphabet in Mystik und Magie*, 2e éd., Leipzig-Berlin, 1925.

DOROLLE (M.), *Le Raisonnement par analogie*, PUF, Paris, 1949.

DOSSIN (G.), « Correspondance de Iasmaḫ-Addu », in : ARMA, 5/1952, p. 36-37, lettre no 20.

DOUTTE (E.), *Magie et religion dans l'Afrique du Nord*, Alger, 1909.

DOYON (A.) et LIAIGRE (L.), *Jacques de Vaucanson, mécanicien de génie*, PUF, Paris, 1966.

DRAGONI (A.), *Sul metodo arithmetico degli antichi Romani*, Crémone, 1811.

DREYFUS (H.-L.), *Intelligence artificielle : mythes et limites* (trad. française), Flammarion, Paris, 1984.

DRIOTON (E.) et VANDIER (J.), *L'Égypte*, coll. « Clio » (Introduction aux études historiques, les peuples de l'Orient méditerranéen), 4e éd., Paris, 1962.

DROZ (E.), « From jointed doll to talking robot », in NS, 14/1962, p. 37-40.

DRUMMOND (R.), *Illustrations of the Grammatical Parts of the Guzerattee, Mahratta and English Languages,* Bombay, 1808.

DUBBEY (J.M.), « Charles Babbage and his computers », in : BIMA, 9-3/1973, p. 622-669.

DUBOIS (J.), et collab., *Dictionnaire de linguistique,* PUF, Paris, 1974.

DU CANGE (C.-D.). Voir CANGE (C.-D. du).

DUCROT (O.) et TODOROV (T.), *Dictionnaire encyclopédique des sciences du langage,* Le Seuil, Paris, 1972.

DUHAMEL (G.), *Les Plaisirs et les jeux,* Mercure de France, Paris, 1922, III, 9, p. 123-124.

DUMESNIL (G.), « Note sur la forme des chiffres usuels », in : RAR, 3e série, 16/1890, p. 342-348.

DUMOUTIER (G.), *Manuel militaire franco-tonkinois,* F.H. Schneider, Hanoi, 1888.

DUPINEY DE VOREPIERE (B.), « Monnaies », in : *Encyclopédie,* Paris, 1864.

DUPONT-SOMMER (P.), « La Science hébraïque ancienne », in : HGS, t. 1, p. 141-151.

DUPORCK (E.) (sous la dir. de), *Comptes rendus du deuxième Congrès international de mathématiques de Paris, année 1900,* Paris. (Abrév. CRCIM.)

DURAND (D.), *La Systémique,* PUF, Paris, 1987.

DURAND (J.-M.)
[1] « Espace et écriture en cunéiforme », in : ESIP, p. 51-64.
[2] « A propos du nom de nombre 10 000 à Mari », in : MARI, 3/1984, p. 278-279.
[3] « Questions de chiffres », in : MARI, 5/1987, p. 605-622.

DUVAL (R.), *Traité de grammaire syriaque,* Amsterdam 1969, (1re éd. 1881).

DVIVEDI (S.)
[1] *Trishâtika by Shrîdharâchârya,* Bénarès, 1899. (Abrév. TsT.)
[2] *Brâhmasphutasiddhânta by Brahmagupta,* 8, I (*The Pandit,* vol. 23-24), Medical Hall Press, Bénarès, 1902. (Abrév. BrSpSi.)
[3] *Lîlavâti by Bhâskarâ II,* Bénarès, 1910. (Abrév. Lîl.)
[4] *Siddhântatattvaviveka... by Kamâlakara,* Bénarès, 1935 (nouvelle édition).
[5] *Histoire des mathématiques* (en hindi), Bénarès, 1910.

DVIVEDI (S.) et THIBAUT (G.), *The Pañchasiddhântikâ, the astronomical work of Varâha Mihira,* Bénarès, 1889 ; rééd. Motilal Banarsi Dass, Lahore, 1930.

DYCK (W.), *Katalog Mathematische usw. Instrumente,* Wolf und Sohn, Munich, 1892.

EAMES (Ch.) et EAMES (R.), *A Computer Perspective* (avec la collaboration de G. Fleck), Harvard University Press, Cambridge, Mass., 1973.

ECCLES (W.H.) et JORDAN (F.W.), « A trigger relay utilising three-electrode thermionic vacuum tubes », in : RR, 1/1919, p. 143-146.

ECKERT (J.P.), « In the beginning and to what end », in : CTF, p. 3/4-3/24.

ECKERT (J.P.), MAUCHLY (J.W.), GOLDSTINE (H.H.) et BRAINERD (J.G.), *Description of the ENIAC and Comments on Electronic Digital Computing Machines,* Contract nr W-670-ORD-4926, Moore School of Electrical Engineering, University of Pennsylvania, Philadelphie, Pa, 30 novembre 1945.

ECKERT (W.J.)
[1] *Punched Card Methods in Scientific Computation,* Thomas J. Watson Astronomical Computing Bureau, Columbia University, New York, 1940.
[2] « Electrons and computation » (novembre 1948), in : RANDELL [1], p. 219-228.

ED DEWACHI (S.), « Mosul schools at Ottoman time » (en arabe), in : SUM, 19/1963, p. 48-63.

EDWARDS (D.B.G.), « Computer Developments in Great Britain », in : CTF, p. 1/1-1/21.

EELS (W.C.), « Number systems of the North American Indians », in : AMM, 20/1913, p. 293-298.

EISENLOHR (A.), *Ein mathematisches Handbuch der Alten Ägypter (Papyrus Rhind des British Museum) übersetzt und eklärt,* Leipzig, 1977.

ELIADE (M.), *Traité d'histoire des religions,* Paris, 1949.

ERICHSEN (R.W.)
[1] « Papyrus Harris I », in : BAE, 5/1933.
[2] *Demotisches Glossar,* Copenhague, 1954. (Abrév. DG.)
[3] (sous la dir. de), *Relative Chronologies in Old World Archaeology,* Chicago, 1954. (Abrév. COWA.)

ERMAN (A.) et RANKE (H.), *La Civilisation égyptienne,* Payot, Paris, 1952, p. 664-665.

ERNOUT (A.) et MEILLET (A.), *Dictionnaire étymologique de la langue latine,* Klincksieck, Paris, 1939 ; 4e éd. 1959.

ERPENIUS. *Grammatica Arabica,* Leyde, 1613.

ERRARD DE BAR-LE-DUC (J.), *Premier Livre des Instruments mathématiques méchaniques,* Nancy, 1584 ; rééd. en fac-similé Berger-Levrault, Nancy, 1979.

ESCARPIT (R.), *L'Écrit et la communication,* coll. « Que sais-je ? », no 1546, PUF, Paris, 1978, 2e éd.

ESSIG (J.)
[1] *Douze, notre dix futur,* Dunod, Paris, 1955.
[2] *La Duodécimalité : chimère ou vérité future ?* Conférence du palais de la Découverte (Paris), Publ. série A, no 224, 15 décembre 1956.

ESTIENNE (R.), *Thesaurus Linguae Latinae,* Lyon, 1573.

ESTRIN (G.); « The Electronic Computer at the Institute for Advanced Study », in : MTAC, 7/1953, p. 108.

EUTING (J.), *Nabataïsche Inschriften aus Arabien,* Berlin, 1885.

EVANS (A.)
[1] *The Palace of Minos,* 5 vol., Macmillan, Londres-New York, 1921-1936. (Abrév. PM.)
[2] *Scripta Minoa* (vol. I), Clarendon Press, Oxford 1909. (Abrév. SM.I.)

EVANS et MYRES, *Scripta Minoa* (vol. II), Clarendon Press, Oxford, 1952. (Abrév. SM. II.)

EVES (H.), *An Introduction to the History of Mathematics* (3e éd.), Holt, Rinehart and Winston, New York, 1969.

EWALD (P.), in : NADG, 8/1883, p. 258-357.

EYMARD (P.), « Historique du métier Jacquard », in : ASPN, 3e série, 7/1863, p. 34-56.

FAIRMAN (H.W.), « An introduction to the study of Ptolemaic Signs and their values », in : BIFAO, 43.

FALKENSTEIN (A.)
[1] « Archaische Texte aus Uruk », in : ADFU, 1936.
[2] *Das Sumerische. Handbuch der Orientalistik,* E.J. Brill, Leyde, 1959.

FARAUT (F.-G.), *Astronomie cambodgienne,* F.H. Schneider, Saigon/Phnom Penh, 1910.

FASSBINDER (C.), *Théorie et pratique des approximations numériques,* Paris, 1906.

FAUCHER (R.), *Cours de physique,* Hatier, Paris, 1967.

FAVIER (J.) et THOMELIN (R.), *La Mécanographie. Machines à calculer. Machines comptables. Machines à cartes perforées. Calculatrices,* 6e édition, Éditions de Montligeon, La Chapelle-Montligeon, 1965.

FAYE (P.L.), « Notes on the Southern Maidu », in : UCAE, 20/1923, p. 44 *sq.*

FAYZOULLAIEV (O.), *Mohammed al-Khorazmii,* Tashkent, 1983.

FEKETE (L.), *Die Siyāqat-Schrift in der türkischen Finanzverwaltung,* vol. I, Budapest, 1955.

FELDMAN (A.) et FOLD (P.), *Scientists and Inventors, The People who Made Technology, from Earliest Times to Present Day,* Londres-New York, 1979.

FELLER (J.) (sous la dir. de), *Dictionnaire de la psychologie moderne,* CEPL, Marabout, Paris, 1967.

FELT (D.E.), *Mechanical Arithmetic or the History of the Counting Machine,* Washington Institute, Chicago, Illinois, 1916.

FETTWEIS (E.), « Wie man einstens rechnete », in : MPB, 49/1923.

FÉVRIER (J.-G.), *Histoire de l'écriture,* Payot, Paris, 1959.

FILLIOZAT (J.), *La Science indienne antique,* in : TATON [1], p. 159 *sq.*

FILLIOZAT (P.-S.), *Le Sanskrit,* PUF, Paris, 1992.

FILON (L.N.G.), « The Beginnings of Arithmetic », in : MGA, 12/1925, p. 177.

FINE (O.), *De Arithmetica practica,* Paris, 1544, fol. 11 *v°,* 12 *r°.*

FINKELSTEIN (J.J.), « Late Old Babylonian Documents and Letters », in : YOS, 13/1972. (Abrév. LBDL.)

FINOT (L.), « Note d'épigraphie : les inscriptions de Jaya Parameçvaravatman Ier, roi du Champa », in : BEFEO, 15/1915, p. 39-52.

FISQUET (H.), *Histoire de l'Algérie,* Paris, 1842.

FLAD (J.-P.)
[1] « L'horloge à calcul de l'astronome W. Schickard semble avoir été la première machine à calculer à engrenages propre aux quatre opérations », in : *Chiffres,* 1/1958, p. 143-148.
[2] *Les Trois Premières Machines à calculer : Schickard, Pascal et Leibniz,* Conférence donnée au palais de la Découverte, 8 juin 1963, Paris.

FLECK (G.), *A Computer Perspective :* voir Ch. EAMES et R. EAMES.

FLEET (J.C.), « The Last Words of Aśoka », in : JRAS, 1909 (oct.), p. 981-1016.

FLEISCH (H.), *Traité de philologie arabe,* Beyrouth, 1961.

FOLKERTS (M.), *Boethius' Geometrie, II. Ein Mathematisches Lehrbuch des Mittelalters,* Wiesbaden, Franz Steiner, 1970.

FONT (J.-M.), QUINIOU (J.-C.) et VERROUST (G.), *Les Cerveaux non humains. Introduction à l'informatique,* Denoël, Paris, 1970.

FORBES (R.J.), *Short History of the Art of Distillation,* E.J. Brill, Leyde, 1948.

FORBES (W.), *A Grammar of the Goojratee Language,* Bombay, 1829.

FORMALEONI, *Dei fonti degli errori nella cosmografia e geographia degli Antichi. Storia filosofica e politica della navigazione,* 2 vol., Venise, 1788-1789.

FORRESTER (J.W.), « The digital computation program at the Massachusetts Institute of Technology », in : *Proceedings of the 2nd Symposium on Large-Scale Digital Calculating Machinery,* Harvard University Press, Cambridge, Mass., 1951.

FÖRSTEMANN (E.)

[1] *Die Maya,* Handschrift der Königlichen Bibliothek zu Dresden, Leipzig, 1892.

[2] « Commentary on the maya manuscript in the Royal Library of Dresden », in : PMAE, 6/1906.

FOSSEY (C.), *Notices sur les caractères étrangers anciens et modernes,* 2e éd., Imprimerie nationale, Paris, 1948. (Abrév. NCEAM.)

FOUCAUX (M.), *Grammaire tibétaine,* Imprimerie impériale, Paris, 1858.

FOUCAULT (M.), *Les Mots et les Choses,* Gallimard, Paris, 1966.

FOULQUIÉ (P.)

[1] *Nouveau Précis de philosophie,* éd. de l'École, Paris, 1960.

[2] *Dictionnaire de la langue philosophique,* PUF, Paris, 1982.

FOURSIN (S.), *La Mécanographie comptable,* Paris, 1950.

FOY (N.), *The IBM World,* Methuen, Londres, 1974.

FRANZ (J.), *Elementa epigraphica graecae,* Berlin, 1840. (Abrév. EEG.)

FRÉDÉRIC (L.)

[1] *Dictionnaire de la civilisation indienne,* coll. « Bouquins », Robert Laffont, Paris, 1987. (Abrév. DCI.)

[2] *L'Inde mystique et légendaire,* Éditions du Rocher, Paris, 1994.

[3] *Japon, l'Empire éternel,* Le Félin, Paris, 1985.

[4] *Dictionnaire de Corée,* Le Félin, Paris, 1988.

[5] *Dictionnaire de la civilisation japonaise,* coll. « Bouquins », Robert Laffont, Paris, 1994.

[6] *Japon intime,* Le Félin, Paris, 1986.

[7] *Japon, art et civilisation,* Arts et Métiers graphiques, Paris, 1966.

[8] *Encyclopaedia of Asian civilizations,* 10 vol., J.-M. Place, Paris, 1977-1987.

[9] *Le Lotus,* Le Félin, Paris, 1987.

[10] *L'Inde de l'Islâm,* Arthaud, Paris, 1989.

[11] *Les Dieux du bouddhisme,* Flammarion, Paris, 1992.

FREDOUILLE (J.-C.), *Dictionnaire de la civilisation romaine,* Larousse, Paris, 1968. (Abrév. DCR.)

FRENCH (D.H.), « Excavations at Can Hasan : First Preliminary Report », in : ANS, 20/1970, p. 27.

FREY (J.-B.), *Corpus Inscriptionum Iudaïcorum, Recueil des inscriptions juives qui vont du IIIe siècle avant J.-C. au VIIe siècle de notre ère,* Rome, 1936-1952. (Abrév. CII.)

FREYTAG LÖRINGHOFF (B. von)

[1] « Wiederentdeckung und Rekonstruktion der Ältesten Neuzeitlichen Rechenmaschinen », in : *VDI Nachritchten,* 14, n° 39.4 (décembre 1960).

[2] « Wilhelm Schickard und seine Rechenmaschinen von 1623 », in : M. GRAEF, p. 11-20.

FRIEDLEIN (G.)

[1] *Die Zahlzeichen und das elementare Rechnen der Griechen und Römer und des Christlischen Abendlandes, vor 7. bis 13. Jarhundert,* Erlangen, 1869.

[2] *Boethii de Institutione arithmeticae... accedit Geometria,* Teubner, Leipzig, 1867, p. 373-428.

FRIEDRICH (J.)
[1] *Kleinasiatische Sprachdenkmäler,* Berlin, 1932.
[2] *Hethitische Keilschrift Lesebuch,* Teil I. Lesestücke, Heidelberg, 1960.
[3] *Geschichte der Schrift,* Heidelberg, 1966.

FRIEDRICHS (K.), FISCHER-SCHREIBER (I.), ERHARD (F.K.) et DIENER (M.S.), *Dictionnaire de la sagesse orientale,* coll. « Bouquins », Robert Laffont, Paris, 1989.

FROEHNER (W.), « Le Comput digital », in : ASNA, 8/1884, p. 232-238.

FUJISAWA (R.), « Note on the Mathematics of the Old Japanese School », in : CRCIM, 1902, p. 384.

GABAIN (A.M. von), *Alt Türkische Grammatik,* Otto Harrassowitz, 2e éd., Leipzig, 1950.

GABELENTZ (G. von der), in : AMP, 2.11/1892, p. 213.

GADD (C.J.), « Omens expressed in Numbers », in : JCS, 21/1967, p. 52 *sq.*

GAFFIOT (F.), *Dictionnaire illustré latin-français,* Hachette, Paris.

GALIANA (T. de), *Dictionnaire des découvertes scientifiques,* Larousse, Paris, 1968.

GALLE (A.), *Mathematische Instrumente,* B.G. Teubner, Leipzig, 1912.

GALLENKAMP (C.), *Les Mayas. La Découverte d'une civilisation perdue,* Payot, Paris, 1979.

GALLON (M.), *Recueil des machines et inventions approuvées par l'Académie des Sciences,* vol. IV, Paris, 1730.

GAMKRELIDZE (T.V.) et IVANOV (V.V.), *Indo-Europeans and the Indo-european,* Mouton, Berlin, 1987.

GAMURRINI (G.F.), *Appendice al Corpus Inscriptionum Italicorum,* Florence, 1880. (Abrév. ACII.)

GANDZ (S.)
[1] « The Knots in Hebrew literature », in : IS, 14/1930, p. 189 s.
[2] « The Origin of the Ghubār Numerals », in : IS, 16/1931, p. 393-424.
[3] *Studies in Hebrew Astronomy and Mathematics* (sélection de S. Sternberg), New York, 1970.

GANOR (N.R.), « The Lachich Letters », in : PEQ, 99/1967, p. 74-77.

GARDINER (A.), *Egyptian Grammar (Being an Introduction to the Study of Hieroglyphs),* 2e éd., Oxford University Press, Oxford, 1950.

GARDNER (M.)
[1] « Jeux mathématiques », in : PLS, 10/1978, p. 96-100.
[2] « Logic machines », in : SCAM, 183/1952 (mars), p. 68-73.
[3] *Logic Machines and Diagrams,* McGraw-Hill, New York, 1958 ; trad. française : Dunod, Paris, 1964.

GARELLI (P.), *Le Proche-Orient antique,* t. I, PUF, Paris, 1975.

GARETT-WINTER (J.), *Papyri in the University of Michigan Collection, Miscell. papyri, Michigan Papyri,* vol. III, University of Michigan Studies, Humanistic Series, 40, Ann Arbor, 1936. (Abrév. PUMC.)

GATES (W.), *Codex of Dresden,* Baltimore, 1932.

GAUDEFROY-DEMOMBYNES, *Grammaire de l'arabe classique,* Blachère, Paris, 1952.

GAUTIER (M.J.E.), *Archives d'une famille de Dilbat,* Le Caire, 1908. (Abrév. AFD.)

GELB (I.J.), *The Study of Writing, the Foundations of Grammatology,* 2e éd., Chicago, 1963.

GEMMA-FRISIUS (R.), *Arithmetica practicae methodus facilis,* Peletier, Paris, 1563.

GENDROP (P.)
[1] *Arte prehispánico en Mesoamerica,* Trillas, Mexico, 1970.
[2] *Les Mayas,* coll. « Que sais-je ? », n° 1734, PUF, Paris, 1978.

GENOUILLAC (H. de)
[1] *Tablettes sumériennes archaïques,* Paul Geuthner, Paris, 1909. (Abrév. TSA.)
[2] *Tablettes de Drehem,* Paris, 1911. (Abrév. TDR.)

GÉRARD (A.-M.), *Dictionnaire de la Bible,* coll. « Bouquins », Robert Laffont, Paris, 1989.

GERATY (L.T.), « The Khirbet El-Kôm Bilingual Ostracon », in : BASOR, 220/1975, p. 55-61.

GERNET (J.)
[1] « La Chine, aspects et fonctions psychologiques de l'écriture », in : EPP.
[2] *La Chine ancienne,* coll. « Que sais-je ? », n° 1113, PUF, Paris, 1970, 2e éd.

GERNETH (A.), *Fünfstelling gemeine Logarithmen der Zahlen,* Vienne, 1886.

GERSCHEL (L.)
[1] « Al longue crôye. Autour des comptes à crédit », in : EMW, 8/1959, p. 265-292.
[2] « Comment comptaient les anciens Romains ? », in : HLH, p. 386-397.
[3] « La conquête du nombre. Des modalités du compte aux structures de la pensée », in : AESC, 17/1962, p. 691-714.
[5] « L'Ogam et le Nombre », in : REC, 10/1962-1, p. 127-166.
[4] « L'Ogam et le Nom », in : REC, 10/1962-2, p. 516-557.

GHIRSHMAN (R.), *L'Iran, des origines à l'Islām,* Payot, Paris, 1951.

GIARRATANO (J.C.), *Foundations of Computer Technology,* Howard W. Sams and Co, Indianapolis, 1982.

GIBSON (J.C.L.), *Textbook of Syrian Semitic Inscriptions,* t. 1 *(Hebrew and moabite inscriptions),* Clarendon Press, Oxford, 1971.

GIESING (C.J.), *Neuer Unterricht in der Schnellrechenkunst,* Döbeln, 1884.

GILES (H.A.), *A Chinese-English Dictionary,* Bernard Quaritch, Londres, 1912.

GILLAIN (O.), *La Science égyptienne. L'Arithmétique au Moyen Empire,* Éditions de la Fondation égyptologique Reine Élisabeth, Bruxelles, 1927.

GILLE (B.)
[1] *Les Mécaniciens grecs, la naissance de la technologie,* Le Seuil, Paris, 1980.
[2] *Les Ingénieurs de la Renaissance,* Le Seuil, Paris, 1978.
[3] « Histoire des techniques », in : EP, 1978.

GILLISPIE (C.) (sous la dir. de), *Dictionary of Scientific Biography,* 16 vol., Ch. Scribner's Sons, New York, 1970-1980. (Abrév. DSB.)

GILLOT (F.), *Algèbre et logique, d'après les textes originaux de G. Boole et W.S. Jevons, avec les plans de la machine logique,* A. Blanchard, Paris, 1962.

GINSBURG (J.)
[1] In : BAMS, 23/1917, p. 368.
[2] « Napier on the Napier rods », in : Smith (D.E.) [6], p. 182-185.

GIRARD (R.), *Le Popol-Vuh. Histoire culturelle des Mayas-Quichés,* Payot, Paris, 1972.

GISCARD D'ESTAING (V.-A.), *Le Livre mondial des inventions,* Fixot/Compagnie 12, Paris, 1993.

GLANVILLE (S.R.K.), « The Mathematical Leather Roll in the British Museum », in : JEA, 13/1927, p. 232-239.

GLASER (A.), *History of Binary Numeration,* Tomash Publishers, Philadelphie, Pennsylvanie, 1971.

GLUCK (S.E.), « The Electronic Discrete Variable Automatic Computer (EDVAC) », in : EEng, 72/1953, p. 159-162.

GMÜR (M.), « Schweizerische Bauermarken und Holzurkunden », in : ASR, 1917.

GOBLOT (E.)
[1] *Traité de logique,* A. Colin, Paris, 1918.
[2] *Le Système des sciences,* A. Colin, Paris, 1922.

GODART (L.) et OLIVIER (J.-P.), *Recueil des inscriptions en linéaire A* (vol. 1), EC, 21/1976. (Abrév. GORILA.)

GODRON (G.), « Deux notes d'épigraphie thinite », in : RE, 8/1951, p. 91 *sq.*

GODZIHER (I.), « Le rosaire dans l'Islām », in : RHR, 21/1890, p. 295-300.

GOLDSCHMIDT (V.), *Die Entstehung unseren Ziffern,* Heidelberg, 1932.

GOLDSTEIN (B.R.), « The Astronomical Tables of Levi Ben Gerson », in : TCAS, 45/1974.

GOLDSTINE (H.H.), *The Computer from Pascal to von Neumann,* Princeton University Press, Princeton, New Jersey, 1972.

GOLSTINE (H. H.) et GOLDSTINE (A.), « The Electronic Numerical Intergrator and Computer (ENIAC) », in : MTAC, 2/1946 (juillet), p. 97-110.

GOLDSTINE (H.H.) et VON NEUMANN (J.), « Planning and coding of problems for an electronic computing instrument » (Part 2, vol. 1, 1er avril 1947 ; Part 2, vol. 2, 15 avril 1948 ; Part 2, vol. 3, 16 août 1948), in : Taub, vol. 5, p. 80-235.

GOMEZ-MORENO (M.), « Documentacion Goda en Pizarra », in : BRAH, 1966.

GONDA (J.), in : *Les Religions de l'Inde.*
[1] *Védisme et hindouisme,* Payot, Paris, 1962.
[2] *L'Hindouisme récent,* Payot, Paris, 1965.

GONSETH (F.)
[1] *Qu'est-ce que la logique ?* Hermann, Paris, 1937.
[2] *Philosophie mathématique,* Hermann, Paris, 1939.

GOOD (I.J.)
[1] « Some future social repercussions of computers », in : IJES, 1/1970, p. 67-79.
[2] « Early Work on Computers at Bletchley », in : AHC, 1-1/1979 (juillet).

GOPALAN (R.), *History of the Pallava of Kâñchî,* Madras, 1928.

GORDON (C.H.), « Ugaritic Textbook », in : AOR, 38-7/1965, p. 42-52.

GOSCHKEWITSCH (J.), « Ueber das chinesische Rechenbrett », in : AKRG, 1/1858, p. 293.

GOUDA (J.), *Reflections on the Numerals "One" and "Two" in Ancient Indo-European Language,* Utrecht, 1953.

GOW (J.), *A Short History of Greek Mathematics,* Chelsea, New York, 1968.

GOYON (J.-C.), *Les Dieux gardiens et la genèse des temples,* Bibliothèque d'études, 93, Le Caire, 1985.

GRAEF (M.), *350 Jahre Rechenmaschinen,* Carl Hanser Verlag, Munich, 1973.

GRANET (M.), *La Pensée chinoise,* A. Michel, Paris, 1988.

GRANT (G.B.)
[1] « On a new difference engine », in : AJS, 3e série, 1-8/1871 (août), p. 113-118.
[2] « A new calculating machine », in : AJS, 3e série, 4-8/1874, p. 277-284.

GREEN (M.W.) et NISSEN (H.J.), *Zeichenliste der Archaischen Texte aus Uruk (Archaische Texte aus Uruk,* vol. 2), Forschungsbereich Entwicklung Max Planck Institute für Bildungsforschung, Berlin, 1985.

GRÉGORY (R.-L.), *L'Œil et le Cerveau. Psychologie de la vision,* Hachette, Paris, 1966.

GRIAULE (M.), *Dieu d'eau. Entretiens avec Ogôtemmêli,* Fayard, Paris, 1966.

GRIFFITH (F.L.), « The Rhind mathematical papyrus », in : PSBA, 13/1891, p. 328 *sq.* ; 14/1892, p. 26 *sq.* ; 16/1894, p. 164 *sq.*

GRIMM (J.) et GRIMM (W.), *Deutsches Wörterbuch,* Verlag von S. Hirzel, Leipzig, 1889.

GRMEK (M.-D.), *Les Reflets de la sphygmologie chinoise dans la médecine occidentale,* Paris, 1962.

GROHMANN (A.)
[1] *Arabic Papyri in the Egyptian Library,* vol. 4 (Economic Texts), Le Caire, 1962. (Abrév. APEL.)
[2] *Einführung und Chrestomathie zur arabischen Papiruskunde,* Prague, 1954.

GROTEFEND (H.), *Taschenbuch der Zeitrechnung des deutschen Mittelalters und der Neuzeit,* Hanovre-Leipzig, 1891-1898.

GRUMACH (E.), *Zur Herkunft des altsemitischen Alphabets in Fetschrift für Leo Baeck,* Berlin, 1938.

GUARDUCCI (M.), *Epigraphia greca,* Rome, 1967. (Abrév. EG.)

GUÉRAUD (O.) et JOUGUET (P.), *Un livre d'écolier du IIIe siècle avant J.-C.,* Publications de la Société royale égyptienne de papyrologie, textes et documents, vol. II, Le Caire, 1938.

GUILBAUD (G.-T.), *La Cybernétique,* PUF, Paris, 1954.

GUILLAUME (E.), « Abacus », in : DAGR, p. 1-5.

GUILLAUME (P.)
[1] *La Psychologie de la forme,* Flammarion, Paris, 1939.
[2] *Psychologie animale,* A. Colin, Paris, 1940.

GUITEL (G.)
[1] « Comparaison entre les numérations aztèque et égyptienne », in : AESC, 13/1958, p. 687-705.
[2] « Signification mathématique d'une tablette sumérienne », in : RA, 57/1963, p. 145-150.
[3] « Classification hiérarchisée des numérations écrites », in : AESC, 21/1966, p. 959-981.
[4] *Histoire comparée des numérations écrites,* Flammarion, Paris, 1975.
[5] « Calendrier grégorien, calendrier maya », in : MHCM, p. 283-295.

GUNDERMANN (G.), *Die Zahlzeichen,* Gieβen, 1899.

GUNN (B.)
[1] « Finger Numbering in the Pyramid Texts », in : ZÄS, 57/1922, p. 283 *sq.*
[2] « The Rhind mathematical papyrus », in : JEA, 12/1926, p. 123.

GUNTER (R.T.), *The Astrolabes of the World,* 2 vol., Oxford University Press, Oxford, 1932.

GÜNTHER (S.), « Die quadratischen Irrationalitäten der Alten », in : AGM, 4/1882.

GURJAR (L.V.), *Ancient Indian Mathematics and Vedha,* Poona, 1947.

GUYARD (S.), in : JA, 18-6/1871, p. 106-124.

GUYOU (E.)
[1] In : NAM, 3-8/1889.
[2] *Note sur les approximations numériques,* Paris, 1891.

HABERMAN (C.), « In the Land of Sony, the Abacus is still King », in : NYT, August 6, 1983.

HADAMARD (J.), in : BSFP, 22/1922, p. 96.

HADDON (A.C.), « The Ethnography of the Western Tribes of the Torres Straits », in : JAI, 19/1890, p. 305 *sq.*

HAGA (E.J.), *Understanding Automation,* The Business Press, Elmhurst, Ill., 1965.

HAGER (G.), *Memoria sulle cifre arabiche,* Milan, 1813.

HAGUENAUER (C.), *Morphologie du japonais moderne,* Klincksieck, Paris, 1951.

HAJJI KHALIFA, *Kashf aj junun* (en arabe), éd. Fluegel, (nouvelle éd. Istanbul, 1941).

HALACY (D.), *Charles Babbage, Father of the Computer,* Crowell-Collier, New York, 1970.

HALDANE (J.B.S.), *Science and Indian Culture,* Calcutta, 1966.

HALHED (N.B.), *A Grammar of Bengali Language,* Hoogly in Bengal, 1778.

HALL (F.), *The Sûrya-Siddhânta, or an Ancient System of Hindu Astronomy,* Amsterdam, 1975 (rééd.).

HALL (H.), *The Antiquities of the Exchequer,* Elliott Stock, Londres, 1898.

HALLOCK (R.T.), *Persepolis Fortification Tablets,* The University of Chicago Oriental Institute Publications, 42/1969.

HALPHEN (L.), *Introduction à l'Histoire,* PUF, Paris, 1946.

HALSTED (G.-B.), *On the Foundation and Technique of Arithmetic,* Chicago, 1912.

HAMANN (Ch), *Über Elektrische Rechenmaschinen,* Neu Babelsberg, vers 1932.

HAMBIS (L.)
[1] *Grammaire de la langue mongole écrite,* Maisonneuve, Paris, 1945.
[2] « La Monnaie en Asie centrale et en Haute Asie », in : DAT, t. 2, p. 711.

HAMMAR (T.), *Svensk-Fransk Ordbok,* Esselte Studium, Herzogs, Nacka, 1976.

HAMY (E.T.), « Le Chimpu », in : NAT, 21/1892.

HARMAND (J.)
[1] « Le Laos et les populations sauvages de l'Indochine », in : TDM, 38-2/1879, p. 2-48 ; 39-1/1880, p. 241-314.
[2] « Les races indochinoises », in : MSA, 2-2/1882, p. 338-339.

HARMS (C.), *Das abgekürzte Rechnen und das Rechnen mit abgekürzten Zahlen,* Progr. Oldenburg, 1872.

HARRIS (J.R.) (sous la dir. de), *The Legacy of Egypt,* 2e éd., Oxford, 1971. (Abrév. LOE.)

HARRIS (R.A.), « The Coast and Geodetic Survey Tide Predicting Machine », in : SCAM, 110/1914 (juin), p. 110.

HARSDÖRFFER (G.P.), *Delitae Mathematicae et Physicae,* Nuremberg, 1651.

HART (C.), *Littérature arabe,* Paris, 1902.

HARTREE (D.R.)

[1] « The ENIAC, an electronic calculating engine », in : NA, 157/1946 (20 avril), p. 527.

[2] « The ENIAC, an electronic computing machine », in : NA, 158/1946 (12 octobre), p. 500-506.

[3] *Calculating Machines – Recent and Prospective Developments,* Cambridge University Press, Cambridge, 1947.

[4] *Calculating Instruments and Machines,* University of Illinois Press, 1949.

[5] « Automatic calculating machines », in : MGA, 34-310/1950 (décembre), p. 241-252.

HATCH (H.P.), *An Album of Dated Syriac manuscripts,* Boston, 1946. (Abrév. ADSM.)

HAVELL (E.-B.), *The History of Âryan Rule in India, from the Earliest Times to the Death of Akbar,* Londres, 1918.

HAWTREY (E.C.), « The Lengua Indians of the Paraguayan Chaco », in : JAI, 31/1902, p. 296 *sq.*

HAYASHI (T.), in : NAW, 2-6/1905, p. 325-326.

HAYES (J.R.) (sous la dir. de), *The Genius of Arab Civilization, Source of Renaissance,* MIT Press, Cambridge, Mass., 1975-1978.

HEATH (F.G.), « Pioneers of binary coding », in : JIEE, 7-81/1961, p. 539-541.

HEATH (T.L.), *A History of Greek Mathematics,* 2 vol., Clarendon Press, Oxford, 1921.

HEIMS (S.), *John von Neumann and Norbert Wiener,* MIT Press, Cambridge, Mass., 1980.

HENDERSON (B.W.), *Select Historical Documents of the Middle Age,* Londres, 1892, p. 20 *sq.*

HENNEMAN (A.), *Die Technische Entwicklung der Rechenmaschine,* Verlag Peter Basten, Aix-la-Chapelle, 1953.

HIDEOMI (T.), *Historical Development of Science and Technology in Japan,* Tokyo, 1968.

HIGOUNET (Ch.), *L'Écriture,* coll. « Que sais-je ? », no 653, PUF, Paris, 1969, 2e éd.

HILBERT (D.) et ACKERMANN (W.), *Grundzüge der theoretischen Logik,* Berlin, 1931.

HILL (G.F.)

[1] « On the early use of Arabic numerals in Europe », in : ARCHL, 62/1910, p. 137-190.

[2] *The Development of Arabic Numerals in Europe,* Clarendon Press, Oxford, 1915.

HILTON (A.M.), *Logic Computing Machines, and Automation,* Meridian, Cleveland, Ohio, 1963.

HINCKS (E.), « On the Assyrian Mythology », in : TRIA, 12-2/1855, p. 405 *sq.*

HINZ (W.), « Persia », in : CAH, 1-2, part. 23 ; 2-1, part. 7.

HOCHEIM (A.), *Genügendes über Arithmetik,* t. 2, Halle, 1879.

HOCHSTETTER (E.), et collab., *Herrn von Leibniz' Rechnung mit Null und Eins,* Siemens Aktiengesellschaft, Berlin, 1979.

HODGES (A.), *Alan Turing : Enigma of Intelligence,* Burnett Books, Londres, 1983 ; édition française : Payot, Paris, 1988.

HÖFNER (M.), *Altsüdarabische Grammatik,* Leipzig, 1943.

HOGBEN (L.), *Mathematics in the Making,* Rathbone Books Ltd, Londres, 1960 (trad. fr. : *L'Univers des nombres,* Pont Royal, Paris, 1962).

HOLLERITH (H.)
[1] « An Electrical Tabulating Machine », in : SMQ, 10-3/1889 (avril), p. 238-255.
[2] « The Electrical Tabulating Machine », in : JRSS, 57-4/1894, p. 678-682.

HOLLINGDALE (S.H.), « Charles Babbage and Lady Lovelace – two 19th century Mathematicians », in : BIMA, 2-1/1966, p. 2-15.

HOMEYER (K.), *Die Haus-und Hofmarken,* 2e éd., Berlin, 1890.

HOPKINS (E.W.), *The Religions of India,* Boston, 1898.

HOPPE (E.)
[1] « Das Sexagesimalsystem und die Kreisteilung », in : AMP, 3.15.4/1910, p. 304-313.
[2] « Die Entstehung des Sexagesimalsystems und die Kreisteilung », in : ARCH, 8/1927, p. 448-458.

HOPPER (G.M.)
[1] « The Education of a Computer », in : PACM, 1952.
[2] « Computer Software », in : CTF, p. 7/3-7/26.

HORACE, *Satires,* texte établi et traduit par F. Villeneuve, Les Belles Lettres, Paris, 1932.

HORODEZKY (S.-A.), *La Théorie de la Kabbale de Moïse Cordovero* (en hébreu), Tel-Aviv, 1930-1931.

HORSBURGH (E.M.)
[1] « Calculating machines », in : GIES, 63/1920, p. 117-162.
[2] *Napier Tercentenary Celebration : Handbook of the Exhibition,* Royal Society of Edinburgh, Édimbourg, 1914 ; publié également sous le titre : *Modern Instruments and Methods of Calculation. A Handbook of the Napier Tercentenary Celebration Exibition,* G. Bell and Sons, Londres, 1914 ; rééd. Tomash Publishers, Los Angeles, 1983.

HOTYAT (F.) et DELÉPINE-MESSE (D.), *Dictionnaire encyclopédique de pédagogie moderne,* Labor-F. Nathan, Paris, 1973.

HOUZEAU DE LEHAIE (J.-C.), « Fragments sur le calcul numérique », in : BAB, 2-39 (1875), p. 487-548 ; 2-40/1875, p. 74-139, 455-524.

HOWITT (A.W.), « Australian message sticks and messengers », in : JAI, 18/1889, p. 317-319.

HOYAU (L.A.D.), « Description d'une machine à calculer nommée arithmomètre de l'invention de M. le chevalier Thomas de Colmar », in : BSEIN, novembre 1822, p. 355-365 ; rééd. in : BSEIN, 132/1920, p. 662-670.

HROZNY (B.), « L'Inscription hittite hiéroglyphique "Messerchmidt", *Corpus Inscr. Hett.* VIII », in : AROR, 11/1939, p. 1-16.

HÜBNER (E.), *Exempla scripturae epigraphicae Latinae e Caesaris dictatoris morte ad aetatem Justiniani,* Berlin, 1885.

HUET (P.D.) [Petri Danielis Huetii], *Demonstratio Evangelica ad serenissimum Delphinum,* Parisii, 1690 (rééd. 1769).

HUGUES (T.P.), *Dictionary of Islam,* Londres, 1896.

HULTZSCH (F.), « The Two Inscriptions of the Vaillabhattasvamin Temple of Gwalior », in : EI, 1/1892, p. 155-162.

HUNGER (H.)
[1] « Kryptographische Astrologische Omina », in : AOAT, 1/1969 *(Lišan Mithurti),* p. 133 *sq.*
[2] « Spätbabylonische Texte aus Uruk », in : ADFU, 1-9/1976.

HUNT (G.), « Murray Island, Torres Straits », in : JAI, 28/1899, p. 13 *sq.*

HURD (C.C.)
[1] « The IBM Card Programmed Calculator », in : PSSC, p. 37-41.
[2] « Special issue : IBM 701 », in : AHC, 5-2/1983 (avril).

HUSKEY (H.D.), « Electronic digital computing in the United States », in : RCACM, p. 109-111.

HUSKEY (H.D.) et HUSKEY (V.R.), « Chronology of Computing Devices », in : *IEEE Transactions on Computers,* C 25, nº 12, décembre 1982.

HYADES (M.), « Ethnographie des Fuégiens », in : BSA, 3-10/1887, p. 327 *sq.*

HYMAN (A.), *Charles Babbage, Pioneer of the Computer,* Princeton University Press, Princeton, New Jersey, 1982.

IBN AL BANNA, *Kashf al talkhis* (trad. par A. Marre), in : AANL, 17/1863-1864.

IBN KHALDŪN, *Muqāddimah* (« Prolégomènes »), trad. de Slane.

IDOUX (C.)
[1] « Inscriptions lapidaires », in : BCFM, 19/1959, p. 24-35.
[2] « Quand l'écriture naît sur l'argile », in : BCFM, 19/1959, p. 210 *sq.*

IFRAH (G.)
[1] *Histoire universelle des chiffres,* Seghers, Paris, 1981, ouvrage publié avec le concours du CNRS.
[2] *Les Chiffres, ou l'histoire d'une grande invention,* Robert Laffont, Paris, 1985.
[3] *Le Calcul : de l'abaque à la calculatrice programmable,* Paris, 1987.
[4] *Histoire universelle de la mystique des nombres* (à paraître chez Robert Laffont).
[5] *Histoire des ordinateurs* (à paraître).
[6] *Histoire de l'eau,* affiche illustrée, Paris, 1992.
[7] « Aperçu rapide sur l'histoire des mathématiques », in : C. Bréard et G. Ifrah, *Algèbre linéaire,* Cours de terminales C, D et E, Éditions de l'École, Paris, 1972.
[8] (sous la dir. de), *Deux Siècles de France,* numéro spécial *Total Information,* 111/1989 (juin). Article : « Le système métrique ».

INDRÂJI (B.)
[1] « On Ancient Nagari Numeration, from an inscription at Naneghat », in : JBRAS, 12/1876, p. 404 *sq.*
[2] « The Western Kshatrapas », in : JBRAS, 22/1890, p. 639-662.

IRANI (R.A.K.), « Arabic Numeral Forms », in : CENT, 4/1955-1956, p. 1-13.

IVANOFF (P.), *Maya,* F. Nathan, Paris, 1975.

IYER (R.V.), « The Hindu Abacus », in : SMA, 20/1954, p. 58-63.

JACOB (F.), *La Logique du vivant,* Gallimard, Paris, 1970.

JACOB (L.), *Le Calcul mécanique,* Octave Douin et Fils, Paris, 1911.

JACOBS (H. von), *Das Volk der Siebener-Zähler,* Berlin, 1896.

JACOBY (E.), *Biographie de Henri Mondeux,* 6e éd., Paris, sans date.

JACQUET (E.), « Mode d'expression symbolique des nombres employés par les Indiens, les Tibétains et les Javanais », in : JA, 16/1835 (2e semestre), p. 118-121.

JAKOBSON (R.), *Essais de linguistique générale,* Éditions de Minuit, Paris, 1963.

JANSENN (J.), *Commodity Prices from the Ramessid Period. An Economy Study of the Village Necropohs Workmen at Thebes,* E.J. Brill, Leyde, 1975.

JEKINSON (H.)
[1] « Exchequer Tallies », in : ARCHL, 72/1911, p. 367-380.
[2] « Medieval Tallies, public and private », in : ARCHL, 74/1913, p. 289-351.

JELINEK (J.), *Encyclopédie illustrée de l'homme préhistorique* (trad. française), Gründ, Paris, 1975.

JENSEN (H.), *Die Schrift in Vergangenheit und Gegenwart,* Berlin, 1969.

JÉQUIER (G.), « Matériaux pour servir à l'établissement d'un dictionnaire d'archéologie égyptienne », in : BIFAO, p. 158-160.

JESTIN (R.), *Tablettes sumériennes de Shuruppak, Musée de Stamboul,* Paris, 1937.

JEVONS (W.S.), « On the mechanical performance of logical inference », in : PTRSL, 160-2/1870, p. 497-518, et planches 32-34.

JONES (C.W.), *Bedae opera de temporibus,* Cambridge, 1943, p. 275-276 et 388.

JOHNSON (B.), *The Secret War,* BBC Publications, Londres, 1978.

JOUGLET (R.), « Les paysans », in : EUR, 127/1951.

JOÜON (P.), « Sur les noms de nombre en sémitique », in : MFO, 6/1913, p. 133-139.

JULEY (J.), « The Ballistic Computer », in : BLR 24/1947, p. 5-9 ; repr. in : RANDELL [1], p. 251-255.

JULIA (D.), *Dictionnaire de la philosophie,* Larousse, Paris 1964.

JUVÉNAL, *Satires,* texte établi et traduit par P. de Labriolle et F. Villeneuve, Les Belles Lettres, Paris, 1921.

KADMAN (L.), « The Coins of the Jewish War of 66-73 C.E. », in : CNP, 2-3/1960.

KALMUS (H.), « Animals as mathematicians », in : NA, 202/1964, p. 1156-1160.

KANTOR (H.J.), « The relative chronology of Egypt », in : COWA, p. 10 *sq.*

KAPADIA (H.-R.), *Ganitatilaka by Shrîpati,* Gaikward Sanskrit Series, Baroda, 1935. (Abrév. Gt.)

KAPLONY (P.), « Die Inschriften der ägyptischen Frühzeit », in : ÄGA, 8/1963.

KARPINSKI (L.C.)
[1] *The History of Arithmetic,* Russell and Russell Publ., New York, 1965.
[2] « Hindu Numerals in the Fihrist », in : BMA, Ser. 3, 11/1911, p. 121-124.
[3] *Robert of Chester's Algoritmi de numero Indorum,* New York, 1915.

KASIMIRSKI, *Le Coran* (traduit de l'arabe), Garnier-Flammarion, Paris, 1970.

KAUFMAN (J.T.), « New evidence for hieratic numerals », in : BASOR, 188/1967, p. 67-69.

KAYE (G.R.)
[1] « Notes on Indian Mathematics », in : JPAS, 8/1907, p. 475-508.
[2] In : JPAS, 3/1907, p. 475 *sq.* ; 7/1911, p. 801 *sq.*
[3] « The Use of the Abacus in Ancient India », in : JPAS, 4/1908, p. 293-297.
[4] *Indian Mathematics,* Calcutta-Simla, 1915.
[5] *Hindu Astronomy,* Calcutta, 1924.
[6] In : SC, 15/1914, p. 1-14 ; 24/1918, p. 53 *sq.*
[7] *Bakhshâlî Manuscript – A Study in Medioeval Mathematics,* Lahore, 1924.

KAZEM-ZADEH (H.), « Les Chiffres Siyâk et la comptabilité persane », in : RMM, 30/1913, p. 1-51.

KEIMER (L.), « Bemerkungen zur Schiefertafel von Hierakonpolis (I. Dynastie) », in : AEG, 7/1926.

KENT (R.G.), « Old persian grammar, texts, lexicon », AOS, 1953.

KERKHOF (V.J.), « An inscribed stone weight from Schechem », in : BASOR, 184/1966, p. 20 *sq.*

KERN (H.), *Verspreide Geschriften,* La Haye, 1913-1929.

KEWITSCH (G.)
[1] « Zweifel an der astronomischen und geometrischen Grundlage des 60-Systems », in : ZA, 18/1904, p. 73-95.
[2] « Zur Entstehung des 60-Systems », in : AMP, 3-18-2/1911, p. 165 *sq.*
[3] « Zur Entstehung des 60-Systems », in : ZA, 24/1915, p. 265-283.

KING (L.), *History of Babylon,* Londres, 1936.

KINGSBOROUGH (E.K.), *Antiquities of Mexico,* 3 vol., Londres, 1831-1848.

KIRCHER (A.), *Œdipi Ægyptiaci,* Rome, 1653.

KLEENE (S.C.), « Represents of Events in Nerve Sets and Finite Automata », in : AS.

KLEINWÄCHTER (G.), « The Origin of the Arabic Numerals », in : CHR, 11/1882-1883, p. 379-381 ; 12/1884, p. 28-30.

KLINE (M.), *Mathematical Thought from Ancient to Modern Times,* Oxford University Press, Oxford, New York, 1972.

KNOROZOV (Y.V.), « The Problem of the Study the Maya Hieroglyphic Writing », in : AA, 1946.

KNOTT (C.G.)
[1] « The Abacus and its Historic and Scientific Aspects », in : TASJ, 14/1886.
[2] « The Calculating Machine of the East : the Abacus », in : HORSBURGH [2], éd. 1914, p. 136-154.

KNUDSEN (T.) et SOMMERFELT (A.), *Norsk Riksmålsordbok,* Forlagt av. H. Aschehoug & Co, Oslo, 1947.

KNUTH (D.E.), « Von Neumann's first computer program », in : CS, 2-4/1970, p. 247-260.

KÖBEL, *Ain new geordnet Rechenbiechlin,* Augsburg, 1514.

KOEHLER (O.), « The Ability of Birds to count », in : WM, 1/1956, p. 489 *sq.*

KÖHLER (W.), *L'Intelligence des signes supérieurs,* Alcan, Paris, 1927.

KÖNIG (A.), « Wesen und Verwendung der Rechenpfennige », in : MM, 4/1927.

KORMES (M.), « Leibniz on his calculating machine », in : SMITH (D.E.) [6], p. 182-185.

KORN (G.A.) et KORN (T.M.), *Electronic Analog Computers,* McGraw-Hill, New York, 1952.

KOROSTOVTSEV (M.), « L'hiéroglyphe pour 10 000 », in : BIFAO, 45/1947, p. 81-88.

KOVALEVSKI, *Kratkaïa Grammatîka mongoleskago knijnago iazuika,* Kazan, 1835.

KRAELING (E.), *The Brooklyn Museum Aramaïc Papyri,* New Haven, 1953. (Abrév. KR.)

KRAMER (S.N.), *L'histoire commence à Sumer,* Arthaud, Paris, 1976.

KREICHGAUER (D.), in : ANTH, 20/1925, p. 1193.

KREILING (F.C.), « Leibniz », in : SCAM, 218-5/1968 (mai), p. 94-100.

KRETZSCHMER (F.) et HEINSIUS (E.), « Über einige Darstellung altrömischer Rechenbretter », in : TZG, 20/1951, p. 96-108.

KROGE (A.), SCHOU (H.), WINDELFELS-HANSEN (J.) et SCHELDE (H.), *Fransk-Dansk Ordborg,* Hagerup, Copenhague, 1964.

KUBITSCHEK (W.), « Die Salaminische Rechentafel », in : NZ, 31/1900, p. 393-398.

KUCKUCK (A.), *Die Rechenkunst im sechzehnten Jahrhundert,* Berlin, 1874.

KÜLLRICH (E.), *Die abgekürzte Decimalbruchrechnung,* Progr. Schöneberg, 1898.

KURKJIAN, *Manuel pratique d'arménien,* Éditions Hamaskaïne, Beyrouth.

KYOSUKE (K.C.) et MASHIO (C.), *Abrégé de grammaire Aïno* (en japonais), Tokyo, 1936.

LABADIÉ (J.), « Les calculateurs prodiges ont plus de mémoire que de méthode », in : SV, 376/1949, p. 19-22.

LABAT (R.)

[1] « L'écriture cunéiforme et la civilisation mésopotamienne », in : EPP.

[2] « Elam c. 1 600-1 200 B.C. », in : CAH.

[3] « Elam and Western Persia : c. 1 200-1 000 B.C. », in : CAH.

[4] « Jeux numériques de l'idéographie susienne », in : ASS, 16/1965, p. 257-260.

[5] « Textes littéraires de Suse », in : MDP, 57/1974.

[6] *Manuel d'épigraphie akkadienne,* 5e éd. revue et corrigée par F. Malbran-Labat, Paul Geuthner, Paris, 1976.

LAFAYE (G.), « Micatio », in : DAGR, p. 1889-1890.

LA FUYE (A. de), BELAIEW (J.T.), MECQUENEM (R. de) et UNVALA (J.M.), « Archéologie, Métrologie et Numismatique susiennes », in : MDP, 25/1934, p. 193 *sq.*

LAL MITRA (R.), *Lalitavistara Sûtra,* Calcutta, 1877. (Abrév. Lal.)

LALOU (M.), *Manuel élémentaire de tibétain classique,* Maisonneuve, Paris, 1950.

LAMBERT (Maurice)

[1] « La période présargonique. La vie économique à Shuruppak », in : SUM, 9/1953, p. 198-213.

[2] « La naissance de la bureaucratie », in : RH, 224/1960, p. 1-26.

[3] « Pourquoi l'écriture est née en Mésopotamie », in : ARCH, 12/1966, p. 24-31.

[4] *La Naissance de l'écriture en pays de Sumer,* Socété des Antiquités nationales, Paris, 1976 (janv.).

LAMBERT (Mayer), *Traité de grammaire hébraïque,* E. Leroux, Paris, 1931.

LAMBRICK (S.)
[1] *A Grammar of the Colloquial Singhalese,* part 1, Cotta, 1825.
[2] *A Vocabulary of the Colloquial Singhalese,* 2e éd., Cotta, 1826.

LANGDON (S.)
[1] In : JRAS, 1925, p. 169-173.
[2] In : *Mohenjo-daro and the Indus Valley Civilisation,* 1931, chap. XXIII.

LANGLEY (E.M.), *A Treatise on Computation,* Londres, 1895.

LANGSDORF (A.) et MCCOWN (D.F.), « Tall-i-Bakun », in : OIP, 59/1942.

LARFELD (W.), *Handbuch der griechischen Epigraphik,* 2 vol., Leipzig, 1902-1907. (Abrév. HGE.)

LARMAT (J.), *La Génétique de l'intelligence,* PUF, Paris, 1973.

LAROCHE (E.), *Les Hiéroglyphes hittites,* 1re partie, Éditions du CNRS, Paris, 1960.

LATTER (T.), *A Grammar of the Language of Burmah,* Calcutta, 1845.

LATTIN (H.P.), « The Origins of our Present System of Notation according to the Theories of Nicolas Bubnov », in : IS, 19/1933.

LAURENT (M.H.), « Calcul mental », in : *Grande Encyclopédie Larousse du XIXe siècle,* Paris.

LA VALLÉE-POUSSIN (L. de), *Dynasties et Histoire de l'Inde, de Kanishka aux invasions musulmanes,* Paris, 1935.

LAVINGTON (S.H.)
[1] *A history of Manchester Computers,* National Computing Center Publications, Manchester, 1975.
[2] *Early Bristish Computers,* Manchester University Press, Manchester, 1980.

LAZARD (G.), *Dictionnaire français-persan,* E.J. Brill, Leyde, 1990.

LE BRUN (A.), « Recherches stratigraphiques à l'acropole de Suse », in : DAFI, 1/1971, p. 163-214.

LE BRUN (A.) et VALLAT (F.), « L'origine de l'écriture à Suse », in : DAFI, 8/1978, p. 11-59.

LEECHMAN (J.D.) et HARRINGTON (M.R.), « String Records of the Northwest », in : INM, 9/1921.

LEFEBVRE (G.), *Grammaire de l'égyptien classique,* 2e éd., Institut français d'archéologie orientale, Le Caire, 1956.

LEFLON (J.), *Gerbert,* Saint-Wandrille, 1946.

LEGARD (H.), MCQUAID (F.P.) et SINGER (A.), *From Baker Street to Binary,* McGraw-Hill, New York, 1983.

LE GARFF (A.), *Dictionnaire de l'informatique,* PUF, Paris, 1975.

LEGRAIN (L.), *Historical Fragments,* The University Museum Publications of the Babylonian Section, Philadelphie, 13/1922. (Abrév. HF.)

LEHMANN (H.), *Les Civilisations précolombiennes,* coll. « Que sais-je ? », no 567, PUF, Paris, 1973, 5e éd.

LEHMANN-HAUPT (C.F.), in : ZA, 14/1899, p. 361-376.

LEISEGRAND (H.), *La Gnose,* Paris, 1951.

LELAND LOCKE (L.), *The Ancient Quipo or the Peruvian Knot Record,* The American Museum of Natural History, New York, 1923.

LE LIONNAIS (F.), *Les Grands Courants de la Pensée mathématique,* A. Blanchard, Paris, 1962.

LEMAIRE (A.)
[1] *Inscriptions hébraïques,* éd. du Cerf, Paris, 1977.
[2] « Les Ostraca paléo-hébreux des fouilles de l'Ophel », in : LEV, 10/1978, p. 156-161.

LEMAIRE (A.) et VERNUS (P.)
[1] « L'Ostracon paléo-hébreu n° 6 de Tell Qudeirat (Qadesh-Barnéa) », in : FAP, p. 302-327.
[2] « Les Ostraca paléo-hébreux de Qadesh-Barnéa », in : OR, 49/1980, p. 341-345.

LE-MAUR (C.), *Elementos de Mathematica pura,* Madrid, 1778.

LEMAY (R.), « The Hispanic Origin of our Present Numeral Forms », in : VIAT, 8/1977, p. 435-459.

LEMOINE (J.-G.), « Les anciens procédés de calcul sur les doigts en Orient et en Occident », in : REI, 6/1932, p. 1-58.

LENZEN (H.J.)
[1] In : UVB, 4/1932, p. 25-30 ; 15/1959, p. 20-23 ; 16/1960, p. 48-56 ; 17/1961, p. 29-36 ; 19/1963, p. 17-22 ; 20/1964, p. 22-23 ; 21/1965, p. 29-32 ; 24/1968, p. 22-26.
[2] In : ARCHN, 17/1964, p. 2-128.

LEPRINCE-RINGUET (L.), *L'Aventure de l'électricité,* Flammarion, Paris, 1983.

LEPSIUS (K.R.)
[1] *Denkmaeler aus Aegypten und Aethiopien,* Berlin, 1845-1859. (Abrév. DAA.)
[2] « Über die 6 palmige groβe Elle von 7 kleinen Palmen Länge in dem Mathematischen Handbuch von Eisenlohr », in : ZÄS, 22/1884, p. 6-11.

LEROI-GOURHAN (A.), *Le Geste et la Parole,* Albin Michel, Paris, 1964.

LEROY (C.), *Lettres sur les animaux,* Paris, 1896.

LEROY (C.), « La monnaie en Grèce », in : DAT, t. 2, p. 716-718.

LESETRE (H.), « Kabbale », in : DB, t. 3, col. 1881-1884.

LESKIEN (A.), *Handbuch der altbulgarischen Sprache,* Heidelberg, 1922.

LESLIE (J.), *The Philosophy of Arithmetic,* Archibald Constable and Co, Édimbourg, 1817.

LEUPOLD (J.), *Theatrum Arithmetico-Geometricum,* Leipzig, 1727.

LEVEY (H.) et PETRUCK, *Principles of Hindu Reckoning,* Maddison, Milwaukee, 1965.

LEVIAS (C.), *The Jewish Encyclopedia,* New York, 1905.

LEVI DELLA VIDA (G.)
[1] In : DI, 10/1920, p. 243.
[2] « Appunti e quesiti di Storia letteraria : Numerali greci in documenti arabo-spagnoli », in : RdSO, 14 (1933), p. 281-283.

LÉVI-STRAUSS (C.)
[1] *La Pensée sauvage,* Plon, Paris, 1962.
[2] *Anthropologie structurale,* Plon, Paris, 1958.

LÉVY-BRUHL (L.), *Les Fonctions mentales dans les sociétés inférieures,* 9e éd. PUF, Paris, 1928.

LHOTTE (A.), *Les Chefs-d'œuvre de la peinture égyptienne,* Arts du monde, Hachette, Paris, 1954.

LHOSTE (G.) et PEPE (P.), *Gestion automatisée des entreprises par les machines à cartes perforées,* Dunod, Paris, 1958.

LI (Jin Mieung), *Le Coréen pratique,* Pour l'analyse du folklore, Paris, 1987.

LIBOIS (L.J.), *Genèse et croissance des Télécommunications,* Masson, 1983.

LIDZBARSKI (M.), *Handbuch der Nordsemitischen Epigraphik,* Hildesheim, 1962 (1re éd. 1898). (Abrév. HNE.)

LIEBERMANN (Saul), *Hellenism in Jewish Palestine. Studies in litterary Transmission Beliefs and Manner of Palestine of the First Century B.C.,* Jewish Theological Seminary, New York, 1950.

LIEBERMANN (S.J.)

[1] « Of Clay Pebbles, Hollow Clay Balls, and Writing : A Sumerian View », in : AJA, 84, p. 339-358.

[2] « A Mesopotamian Background for the so-called Aggadic "Measures" of Biblical Hermeneutics ? », in : HUCA, 58/1987, p. 157-223.

LIETZMANN (W.), *Lustiges und Merkwürdiges von Zahlen und Formen,* Breslau, 1922.

LIGONNIÈRE (R.)

[1] *Préhistoire et histoire des ordinateurs,* Robert Laffont, Paris, 1987.

[2] « Les origines de l'informatique anglaise », in : InPr, 24/1984 (juin-juillet) ; 26/1984 (octobre) ; 27/1984 (novembre).

[3] *Nota bene.* – A ces publications, il convient d'ajouter les divers articles que cet auteur a régulièrement publiés sur l'histoire de l'informatique dans la revue *Ordinateurs* depuis 1979.

LINDGREN (U.), *Gerbert von Aurillac und das Quadrivium Untersuchungen zur Bildung im Zeitalter der Ottonen Sudhoffs Archiv,* Wiesbaden 1976.

LIONS (J.L.) (sous la dir. de), « De l'intelligence artificielle aux bio-sciences », *CESTA-AFCET, Colloque Cognitiva, 4-7 juin 1985,* Paris, 1985.

LITHBERG (N.), *Computus med särkild hänsyn till runstaven och den borgerliga Kalendern* (en suédois), Stockholm, 1953.

LITTMANN (E.), « Sabaïsche, griechische und altabessinische Inschriften », in : DAE, 4/1913.

LITTRÉ (E.), *Dictionnaire de la langue française,* Hachette, Paris 1873-1877 ; nouvelle éd. Gallimard-Hachette, Paris, 1971.

LIVINGSTON (A.), *Mystical and Mythological Explanatory Works of Babylonian and Assyrian Scholars,* Clarendon, Oxford, 1986.

LOCKE (L.L.), « The History of Modern Calculating Machines, an American Contribution », in : AMM, 3/1924, p. 422-429.

LOCQUIN (M.-V.)

[1] (sous la dir. de), *Aux origines de la Vie,* Fondation Diderot, Fayard, Paris, 1987.

[2] « Transconscience et langage », in : *Lucidité,* p. 229-259, OM, Paris, 1994.

LOEHR (A.), « Méthodes de calcul du XVIe siècle », in : SS, 9/1925, p. 8.

LOEWY (A.), in : AMP, 3-3/1902.

LÖFFLER (E.), « Die arithmetischen Kenntnisse der Babylonier und das Sexagesimalsystem », in : AMP, 17-2 et 3/1910, p. 135-144.

LOFTUS (W.-K.), *Travels and Researches in Chaldaea and Susiana,* Londres, 1857.

LOMBARD (D.), *La Chine impériale,* coll. « Que sais-je ? », no 1244, PUF, Paris, 1967, 2e éd.

LONGCHAMP (J. de) et FONTAINES (C.), « Petite histoire des parfums », in : *Carrefour,* n° 303, 3 janvier 1962.

LORIA (M.G.), *Guida allo studio della storia delle Matematiche,* Hoepli, Milan, 1916.

LOVELACE (A.A.), « Sketch of the Analytical Engine invented by Charles Babbage », in : TSM, 3/1843, article 29 (signé L.F. Menabrea), p. 666-731.

LUCAS (E.)
[1] *L'Arithmétique amusante,* Paris, 1895.
[2] *Théorie des nombres,* Gauthier Villars, Paris, 1891.

LUCKENBILL (D.D.), in : AJSL, 41/1925, p. 165-173.

LUDGATE (P.E.)
[1] « On a proposed analytical engine », in : SPRDS, 12-9/1909, p. 77-91.
[2] « Automatic calculating engines », in : HORSBURGH [2], éd. 1914, p. 124-127.

LÜROTH (J.), *Vorlesungen über numerisches Rechnen,* Leipzig, 1900.

LYNDON (R.C.), « The Zuse Computer », in MTAC, 2-20/1947, p. 355-359.

LYON (D.G.), « Keilschriften Sargon's König von Assyrien », in : ASB, 5/1883. (Abrév. KS.)

MACGEE (W.J.), « Primitive Numbers », in : ARBE, 19/1897-1898, p. 821-851.

MACKAY (E.J.H.)
[1] « Report on the Excavation of the "A" Cemetery at Kish, Mesopotamia », in : FMAM, 1-2/1925-1929.
[2] « Report on Excavations at Jemdet Nasr, Iraq », in : FMAM, 1-3/1931.
[3] *La Civilisation de l'Indus. Fouilles de Monhenjo Daro et de Harappa,* Paris, 1936.
[4] *Further Excavations at Monhenjo Daro,* 2 vol., Delhi, 1937-1938.

MAC KERRELL (J.), *A Grammar of the Carnátaca Language,* Madras, 1820.

MACKINTOSH, « L'ordinateur de John Atanasoff », in : PLS, Mensuel, 132/1988 (octobre), p. 74-80.

MAC LELLAN EDWARDS (N.), *Office Automation,* Knowledge Industry Publ. Inc., White Plains, 1982.

MAHE (J.P.), « Origine et formation de la langue arménienne », in : ARM, janvier 1984, p. 6-9.

MALASSIS (L.), LEMAIRE (E.) et GRELET (R.), « Bibliographie relative à l'arithmétique, au calcul simplifié et aux instruments à calculer », in : BSEIN, 132/1920 (septembre-octobre), p. 739-757.

MALHERBE (M.), *Les Langages de l'humanité,* Seghers, Paris, 1983.

MALLERY (G.), « Picture writing of the American Indians », in : ARBE, 10/1893, p. 223 *sq.*

MALLON (A.), *Grammaire copte,* Beyrouth, 1956.

MALLOWAN (M.E.L.), *The Development of Cities from Al-Ubaid to the End of Uruk V,* vol. 1, Cambridge, 1967.

MALMBERG (B.), *Le Langage, signe de l'humain,* Picard, Paris, 1979.

MALMESBURY (G. de), *Willielmi monachi Malmesburiensis* [Guillaume de Malmesbury], *De gestis regum Anglorum libri,* Londini, 1596. (Abrév. DgRa.)

MANN, « On the Numeral System of the Yoruba Nation », in : JAI, 16, p. 61.

MARCHAL (R.), « La place de Gerbert dans l'histoire des sciences », in : *Le Millénaire de Gerbert* ; fascicule supplémentaire de la *Revue de Haute-Auvergne,* Aurillac, 1938.

MARCUS (J.), « L'écriture zapotèque », in : PLS, 30/1980, p. 48-63.

MARGENSTERN (M.), *Langage Pascal et logique du premier ordre,* Masson, Paris, 1989.

MARITAIN (J.), *Éléments de philosophie : Petite logique,* 6e éd., Téqui, Paris, 1923.

MARQUARDT (J.), *La Vie privée des Romains,* Paris, 1893.

MARQUES-RIVIERE (J.), *Amulettes, talismans et pentacles,* Payot, Paris, 1972.

MARRE (A.)
[1] *Le Khulasat al ḥisāb de Beḥa ad din al 'Amuli,* Rome, 1864.
[2] « Le Talkhys d'Ibn Albanna », in : AANL, 17/1865.

MARSH (K.), *The Way the New Technology Works,* A Fireside Book Simon and Schuster, New York, 1982.

MARSHACK (A.), *Les Racines de la civilisation. Les Sources cognitives de l'art, du symbole et de la notation chez les premiers hommes,* (trad. de l'anglais), Plon, Paris, 1973.

MARSHALL (J.), *Mohenjo Daro and the Indus Civilization,* 3 vol., Londres, 1931.

MARTIAL, *Épigrammes,* t. 1 (livres I-VII) ; (texte établi et traduit par H.J. Izaac), Les Belles Lettres, Paris, 1930.

MARTIN (E.), *Die Rechenmaschinen und ihre Entwicklungsgeschichte,* Pappenheim, 1925.

MARTIN (H.), *Les Signes numéraux...,* Rome, 1864.

MARTIN (T.C.), « Counting a nation by electricity », in : EEng, 12-184/1891 (11 novembre), p. 521-530.

MARTINET (A.)
[1] « Soixante-dix et la suite », in : *Interlinguistica,* Sprachvergleich und Übersetzung. Festschrift zum 60. Geburstag von M. Wandruska, Hrg von Bausch und Gauger, Max Niemeyer Verlag, Tübingen, 1971.
[2] *Des steppes aux océans : l'indo-européen et les Indo-Européens,* Payot, Paris, 1986.
[3] (sous la dir. de), « Le Langage », in : EP, 1968.
[4] *Éléments de linguistique générale,* 1re éd., A. Colin, Paris, 1960.

MASPÉRO (G.)
[1] *Études de mythologie et d'archéologie égyptiennes,* 8 vol., Paris, 1893-1916.
[2] *Histoire ancienne des peuples de l'Orient classique,* Paris, 1896, vol. 1, p. 323-326.

MASPÉRO (H.)
[1] *Les Documents chinois découverts par Aurel Stein,* Oxford, 1951.
[2] *La Chine antique,* Paris, 1965.

MASSIGNON (L.) et ARNALDEZ (R.), « La science arabe », in : TATON [1], p. 431-471.

MASSON (O.), « La civilisation égéenne. Les écritures crétoises et mycéniennes », in : EPP, p. 93-99.

MATHEWS (R.H.), *A Chinese-English Dictionary,* China Inland Mission and Presbyterian Mission Press, Shanghai, 1931.

MATRICON (J.) et ROUMETTE (J.), *L'Invention du temps,* Presses Pocket, Explora, Paris, 1991.

MAZAHERI (A.), « Les origines persanes de l'arithmétique. L'œuvre de Kushyiar Abu'l Hassan Al-Gili », in : IDERIC, 8/1975.

MCCLELLAN (S.T.), *The Coming Computer Industry Shakeout. Winners, Losers, and Survivors,* John Wiley and Sons, New York, 1984.

MCCORDUCK (P.) *Machines who Think,* Freeman, San Franciso, 1979.

MCCULLOCH (W.S.) et PITTS (W.), « A logical Calculus of the ideas immanent in nervous Activity », in : BMB, 5/1943.

MCPHERSON (J.C.), HAMILTON (F.E.) et SEEBER (R.R), « A Large-Scale General-Purpose Electronic Digital Calculator – The IBM SSEC », in : AHC, 4-2/1982 (octobre).

MECQUENEM (R. de), « Épigraphie proto-élamite », in : MDP, 31/1949.

MEHMKE (M.R.), « Numerisches Rechnen », in : *Encyklopädie der mathematischen Wissenschaften,* Leipzig, 1902.

MEHMKE (M.R.) et D'OCAGNE (M.), « Calculs numériques », in : ESM, t. I, vol. IV, fasc. 2, 1909.

MEHTA (D.D.), *Positive Sciences in the Vedas,* New Delhi, 1974.

MEILLET (A.)

[1] *Altarmenisches Elementarbuch,* Heidelberg, 1913.

[2] *Linguistique historique et linguistique générale,* Honoré Champion, Klincksieck, Paris, 1958.

MEILLET (A.) et COHEN (M.), *Les Langues du monde,* Éditions du CNRS, Paris, 1952.

MELTZER (B.) et MICHIE (D.) (sous la dir. de), *Machine Intelligence,* Edinburgh University Press, Édimbourg, 1972.

MENABREA (L.F.), « Sur la Machine Analytique de Charles Babbage », in : CRAS, 28 juillet 1884, p. 179-182.

MENENDEZ PIDAL (G.), « Los llamados numerales arabes en Occidente », in : BRAH, 145/1959 (oct.-déc.), p. 179-208.

MENNINGER (K.), *Zahlwort und Ziffer : Eine Kulturgeschichte der Zahl,* 2 vol., Vandenhoeck und Ruprecht, Göttingen, 1957 (rééd. 1979 ; éd. angl. : 1 vol., MIT Press, Cambridge, Mass., 1969).

MERIGGI (P.)

[1] *La scrittura proto-elamica,* Academia nazionale dei Lincei, 3 vol., Rome, 1971-1974. (Abrév. SPA.)

[2] « Dicata edidit O Carruba », 2 vol., in : STM, 1979.

MERITT (B.D.), WADE-GERY (H.T.) et MCGREGOR (M.F.), *The Athenian Tribute Lists,* Harvard University Press, Cambridge, Mass., 1939.

MERZBACH (U.C.), *Georg Scheutz and the First Printing Calculator,* Smithsonian Institution Press, Washington D.C., 1977.

MÉTRAUX (A.), *Les Incas,* coll. « Le temps qui court », Le Seuil, Paris, 1961.

METROPOLIS (N.), HOWLETT (J.) et ROTA (G.C.) (sous la dir. de), *A History of Computing in the Twentieth Century,* Academic Press Inc., New York/Londres/Toronto/Sydney/San Francisco, 1980.

MEYER (C.), *Die historische Entwicklung der Handelsmarken in der Schweiz,* Berne, 1905.

MICHAELIS (C.B.), *Grammatica Syriaca,* Rome, 1829.

MICHEL (P.H.), *Traité de l'astrolabe,* Paris, 1947.

MICHIE (D.), « Machines that play and plan », in : SJ, 1968 (octobre), p. 83-88.

MIDONICK (H.), *The Treasury of Mathematics,* Penguin Books, New York, 1965.

MIELI (A.)
[1] *La Science arabe et son rôle dans l'évolution scientifique mondiale,* Leyde, 1938.
[2] *Panorama general de la historia de la Ciencia,* Buenos Aires, 1946-1951.

MILIK (J.T.)
[1] *Dédicaces faites par les dieux,* vol. 1, Paris, 1972.
[2] « Numérotation des feuilles des rouleaux dans le Scriptorium de Qumrân », in : SEM, 27/1977, p. 75-81.

MILLAS VALLICROSA (J.M.)
[1] *Estudios sobre historia de la Ciencia española,* Barcelone, 1949.
[2] *Nuevos estudios sobre historia de la Ciencia española,* Barcelone, 1960.
[3] *Assaig d'historia de les idees fisiques i matematiques a la Catalunya medieval,* vol. 1, Barcelone, 1931.

MILLER (R.A.), *The Japanese Language,* Chicago, 1967.

MINGANA, « Arabic Numerals », in : JRAS, 1937, p. 139-148.

MISRA (B.), *Siddhânta-shiromani by Bhâskarâ II,* vol. I, Calcutta, 1932. (Abrév. SiShi.)

MÖLLER (G.), *Hieratische Palaeographie, Die aegyptische Buchschrift in ihrer Entwicklung von der fünften Dynastie bis zur römischen Kaiserzeit,* 3 vol., Leipzig, 1911-1922. (Abrév. HP.)

MOMMSEN (T.), *Die unteritalischen Dialekte,* Leipzig, 1840.

MONFREID (H. de), *Les Secrets de la mer Rouge,* Paris, 1931, p. 100-101.

MONOD (J.), *Le Hasard et la Nécessité,* Paris, 1970.

MONTAIGNE (M. de), *Essais,* éd. F. Strowski, Bordeaux, 1906-1933.

MONTEIL (V.), *La Pensée arabe,* Seghers, Paris, 1977.

MONTUCLA (J.F.), *Histoire des mathématiques,* Paris An VII (1798) ; rééd. A. Blanchard, Paris, 1968.

MOON (P.), *The Abacus,* Gordon and Breach, New York, 1971.

MOORE (A.M.T.), « The Excavations at Tell Abu Hureyra in Syria : A Preliminary Report », in : PPS, 41/1975, p. 50-77.

MOREAU (R.)
[1] « Les langages de l'informatique », in : SA, hors série, 1969, p. 41-47.
[2] *Introduction à la théorie des langages,* Hachette, Paris, 1975.
[3] « L'ordinateur électronique dans les sciences humaines », in : *Sciences,* 43-44/1966 (mai-août), p. 82-91
[4] *Ainsi naquit l'informatique,* 5e éd., Bordas Informatique, Paris, 1987.
[5] In : PLS, Mensuel, 132/1988 (octobre), p. 80-83.
[6] (sous la dir. de), *Biological Computers or Electronic Brains,* Les Entretiens de Lyon, Springer-Verlag France, Paris, 1990.

MORGAN (A. de), *Arithmetical Books from the Invention of Printing up to the Present Time,* Taylor and Walton, Londres, 1847.

MORIN (E.), *La Méthode,* t.1, Le Seuil, Paris, 1977.

MORIN (H. de), *Les Appareils d'intégration,* Paris, 1913.

MORLEY (F.R.) et MORLEY (S.G.), « The age and provenance of the Leyden Plate », in : CAAH, 5/1939, publ. Nr 509.

MORLEY (S.G.), « An introduction to the study of Maya Hieroglyphs », in : BAMNH, 57/1915.

MORRISSON (Ph.) et MORRISSON (E.)
[1] « Strange life of Charles Babbage », in SCAM, 186/1952 (avril), p. 66-73.
[2] (sous la dir. de), *Charles Babbage and his Calculating Engines : Selected writings by Charles Babbage and others,* Dover Publications, New York, 1961.

MORTENSON (P.), « Excavations at Tepe Guran, Luristan II. Early Village farming Occupation », in : AAR, 34/1964, p. 110-121.

MORVAN (P.), *Dictionnaire de l'informatique,* Larousse, Paris, 1986.

MOSCATI (S.) (sous la dir. de), *An Introduction to the Comparative Grammar of the Semitic Languages,* Wiesbaden, 1969.

MOSCATO (M.) et WITTWER (J.), *La Psychologie du langage*, coll. « Que sais-je ?, n° 1736, PUF, Paris, 1981.

MOSCONI (J.), *Constitution de la théorie des automates,* thèse d'État, université de Paris I, 1989.

MOSELEY (M.), *Irascible Genius – Charles Babbage Inventor,* Hutchinson, Londres, 1964.

MOUNGED
[1] *Dictionnaire arabe-français,* Dar El-Machreq, Beyrouth, 1974.
[2] *Dictionnaire français-arabe,* Dar El-Machreq, Beyrouth, 1974.

MOUNIER-KUHN (P.E.)
[1] « Bull – A Worldwide Company born in Europe », in : AHC, 11-4/1989.
[2] « The Institut Blaise-Pascal (1946-1969) – From Couffignal's Machine to Artificial Intelligence », in : AHC, 11-4/1989.
[3] « Les premiers ordinateurs en France », in : HIF.2.

MOUNIN (G.)
[1] *Histoire de la linguistique, des origines au XXe siècle,* PUF, Paris, 1967.
[2] *Dictionnaire de la linguistique,* PUF, Paris, 1974.

MUGLER (C.), « Abaque », in : DAT, t. 1, p. 19-20.

MULLER (A.), *Les Écritures secrètes,* coll. « Que sais-je ? », n° 116, PUF, Paris, 1971.

MÜLLER (E.), *Histoire de la mystique juive,* Paris, 1950.

MÜLLER (G.F.), *Sammlung russischer Geschichte,* Saint-Pétersbourg, 1758, t. 3, p. 363-364.

MURRA (J.V.), *The Economic Organization of the Inca State,* Chicago, 1956.

MURRAY (F.J.)
[1] *The theory of Mathematical Machines,* 2e édition, King's Crown Press, New York, 1948.
[2] *Mathematical Machines,* vol. 1 (*Digital Computers*), Columbia University Press, New York, 1961.

MUSSET (P.) et LLORET (A.), *Dictionnaire de l'atome,* Larousse, Paris, 1964.

NAGL (A.)
[1] « Die Rechentafel der Alten », in : SKAW, 177/1914.
[2] « Der arithmetische Traktat von Radulph von Laon », in : AGM, 5/1890, p. 98-133.

NAGLER (J.W.), « In memoriam Gustav Tauschek », in : BFT, 1966, p. 1-14.

NASR (S.H.), *Islāmic Science. An Illustrated Study,* World of Islām Festival Publishing Company Ltd, Londres, 1976.

NATUCCI (A.), *Sviluppo storico dell' arithmetica generale et dell' algebra,* Naples, 1955.

NAU (F.), « Notes d'astronomie indienne », in : JA, 10-16/1910, p. 209 *sq.*

NAVEH (J.)
[1] « Dated coins of Alexander Janneus », in : IEJ, 18/1968, p. 20-25.
[2] « The North-Mesopotamian Aramaïc Script-type in the Late Parthian Period », in : IEJ, 2/1972, p. 293-304.

NEEDHAM (J.)
[1] « La science chinoise antique », in : HGS, t. 1, p. 188-192.
[2] « Les sciences en Chine médiévale », in : HGS, t. 1, p. 479-480.
[3] *Science and Civilization in China,* vol. 3 *(Mathematics and the sciences of the Heavens and the Earth),* Cambridge University Press, Cambridge, G.-B., 1959.

NEGEV (A.)
[1] « Arad », in : DAB, p. 24 *sq.*
[2] « Lakhish », in : DAB, p. 172 *sq.*
[3] « Monnaie », in : DAB, p. 207 *sq.*
[4] « Samarie », in : DAB, p. 269 *sq.*

NEHRING (A.) (sous la dir. de), *Reallexikon der indogermanischen Altertumskunde,* 2e éd., Berlin-Leipzig, 1917-1918.

NESSELMANN (G.H.F.), *Die Algebra der Griechen,* Berlin, 1842.

NEUGEBAUER (O.)
[1] « The Rhind Mathematical Papyrus », in : MTI, 1925, p. 66 *sq.*
[2] « Zur Entstehung des Sexagesimalsystems », in : AGW, 13-1/1927.
[3] « Über die Entstehung des Sexagesimalsystems », in : ARCH, 9/1928, p. 209-216.
[4] « Zur ägyptischen Bruchrechnung », in : ZÄS, 64/1929, p. 44-48.
[5] In : RA, 26/1929, p. 43.
[6] *Vorgriechische Mathematik,* Berlin, 1934.
[7] « Mathematische Keilschrift Texte », in : QSG, 1935. (Abrév. MKT, II.)
[8] *The Exact Sciences in Antiquity,* Princeton University Press, Princeton, New Jersey, 1952 (2e éd. 1969).
[9] *A History of Ancient Mathematical Astronomy. Studies in the History of Mathematical and Physical Sciences,* 3 vol., Berlin-Heidelberg-New York, 1975.
[10] *Astronomical Cuneiform Texts, Babylonian Ephemerides of the Seleucid Period for the Motion of the Sun, the Moon and the Planets,* 3 vol., Londres, 1955. (Abrév. ACT.)
[11] « Studies in Byzantine Astronomical Terminology », in : TAPS, 50-2/1960, p. 5.

NEUGEBAUER (O.) et PINGREE (D.), *The Pañcasiddhantika of Varahamihira,* vol. 1 (texte et traduction de D.P.) ; vol. 2 (Commentaire d'O.N. et D.P.), Munksgaard, Copenhague, 1970-1971. (Abrév. PnSi.)

NEUGEBAUER (O.) et SACHS (A.), « Mathematical Cuneiform Texts », in : AOS, 29/1945. (Abrév. MCT.)

NEUMANN (J. von), *First Draft of a Report on the EDVAC,* Contract nr W-670-ORD-4926, Moore School of Electrical Engineering, University of Pennsylvania, Philadelphie, Penn., 30 juin 1945 ; repr. in : Randell [1], p. 355-364.

NEWBERRY (P.E.), *Beni Hasan,* Londres, 1893. (Abrév. BH.)

NEWMAN (M.H.A.)
[1] « General principles of the design of all-purpose computing machines », in : PRS, A 195/1948, p. 271-274.
[2] « Alan Mathison Turing, 1912-1954 », in : BMFRS, 1/1955, p. 253-263.

NICOLADZE (C.), « Arithmomètre à multiplication directe purement électrique », in : CRAS, 186/1928, p. 123-124.

NIEHBUHR (K.), *Beschreibung von Arabien,* Copenhague, 1772 ; trad. fr. Paris 1779.

NINNI (A.P.), *Sui segni prealfabeticci usati anche ora nella numerazione scritta dai pescatori Clodieusi,* Venise, 1889.

NIZAMI
[1] *Khosraw u Sheren,* éd. Vahid, Téhéran, 1313 (Hg) ; cit. par A. Mazaheri.
[2] *Tchahar Maqala,* cit. par A. Mazaheri.

NORDENSKIÖLD (E.)
[1] « The Secret of the Peruvian Quipus », in : CETS, 6-1/1925.
[2] « Calculation with years and months in the Peruvian Quipus », in : CETS, 6-2/1925.
[3] « Le Quipu péruvien du musée du Trocadéro », in : BMET, janvier 1931.

NOTH (M.), « Exkurs über die Zahlzeichen auf den Ostraka », in : ZDP, 50/1927, p. 250-244.

NOUGAYROL (J.), « Textes hépatoscopiques d'époque ancienne », in : RA, 60/1945-1946, p. 65 *sq.*

OCAGNE (M. d')
[1] *Le Calcul simplifié par les procédés mécaniques et graphiques,* 1re éd. Gauthier Villars, Paris, 1893 ; 2e éd., 1905 ; 3e éd. 1928 ; éd. anglaise : *Simplified Calculation,* trad. du français par M.A. Williams et J. Howlett, MIT Press, Cambridge, Mass., 1986.
[2] « Histoire des machines à calculer », in : BSEIN, 132/1920 (septembre), p. 554-569.
[3] « Vue d'ensemble sur les machines à calculer », in : BDSM, 2e série, 4/1922, p. 102-144.
[4] « Torres-Quevedo », in : *Larousse Mensuel,* 364/1937 (juin), p. 727-728.

OJHA (G.H.), *The Paleography of India,* 3e éd., Delhi, 1959. (Abrév. PI.)

OLÉRON (P.), *L'Intelligence,* coll. « Que sais-je ? », no 210, PUF, Paris, 1986.

OLLERIS (A.), *Œuvres de Gerbert,* Paris, 1867.

OLWER (N. d'), « Gerbert en Catalogne », in : *La Catalogne à l'époque romane,* Paris, 1932.

OPPEINHEIM (A.L.)
[1] « An operational Device in Mesopotamian Bureaucracy », in : JNES, 18/1959, p. 121-128.
[2] *Ancient Mesopotamia. A portrait of a dead civilization,* The University of Chicago Press, Chicago-Londres, 1964.

ORE (O.), *Number theory and its history,* McGraw-Hill, New York, 1948.

OZGÜÇ (T.), « Kültepe and its vicinty in the Iron Age », in : TTKY, 5-29/1971.

PACIOLI (L.), *Summa de arithmetica,* Venise, 1494.

PALENCIA (G.A.), *Los Mozarabes de Toledo en los siglos XII e XIII,* Madrid, 1930.

PARKER (R.A.)
[1] « The calendars and chronology », in : LOE, p. 24-26.
[2] *Demotical Mathematical Papyri,* Londres, 1972.

PARKER (S.T.), *Encyclopaedia of Electronic Computers,* McGraw-Hill, New York, 1984.

PARPOLA (A.), KOSKENNIEMI (S.), PARPOLA (S.) et AALTO (P.), *Decipherment of the Proto-Drâvidian Inscriptions of the Indus Civilization,* Copenhague, 1969.

PARROT (A.), *Assur,* Gallimard, Paris, 1961.

PAULYS, *Real-encyklopädie der klassischen Altertumswissenschaft* (pub. par Wissowa), Stuttgart, 1894.

PAYEN (J.), « Les exemplaires de la machine de Pascal », in : RHSA, 16-2/1963 (avril-juin), p. 161-178.

PAYEN (J.F.), *Recherches sur Montaigne,* documents inédits, Techener, Paris, 1856.

PEDERSEN (H.), *Vergleichende Grammatik der keltischen Sprachen,* 2 vol., Göttingen, 1909-1913.

PEET (J.), *A Grammar of the Malayalim Language, as Spoken in the Principalities of Tranvacore and Cochin, and the Districts of North and South Malabar,* Cottayam, 1841.

PEET (T.E.), *The Rhind Mathematical Papyrus* (British Museum 10 057/58), Londres, 1923.

PEIGNOT (J.) et ADAMOFF (G.), *Le Chiffre,* Paris, 1969.

PELEGRIN (M.), *Machines à calculer électroniques arithmétiques et analogiques,* Dunod, Paris, 1959.

PELETARIUS, *Commentaire sur l'arithmétique de Gemma Frisius,* Lyon, 1563.

PELLAT (C.)
[1] *Introduction à l'arabe moderne,* Maisonneuve, Paris, 1956.
[2] « Ḥisāb al ʿakd », in : EIS (2e éd.).
[3] *Textes arabes relatifs à la dactylonomie,* G.P. Maisonneuve et Larose, Paris, 1977.

PELSENEER (J.), *Esquisse du progrès de la pensée mathématique,* Paris, 1965.

PERCHERON (M.), *Le Bouddha et le bouddhisme,* Le Seuil, Paris, 1956.

PERDRIZET (P.), « Isopséphie », in : REG, 17/1904, p. 350-360.

PERELMANN (Y.), *Expériences et problèmes récréatifs,* Moscou, 1974.

PÉRÈS (J.), « Les sciences exactes », in : HDM, 13-3/1930.

PÉRÈS (J.), BRILLOUIN (L.) et COUFFIGNAL (L.), « Les grandes machines mathématiques », in : AT, 2/1948, nº 11, p. 329-346 ; nº 12, p. 376-385.

PERNY (P.), *Grammaire de la langue chinoise,* Maisonneuve et E. Leroux, Paris, 1873.

PERRAT (C.), « Paléographie médiévale », in : HM, 11/1961, p. 585-615.

PERRIAULT (J.), *Éléments pour un dialogue avec l'informaticien,* Mouton, Paris, 1971.

PERROT (J.), « Le gisement natoufien de Mallaha (Eynan), Israël », in : ANTHR, 70/1966, p. 437-484.

PERROT (J.)
[1] (sous la dir. de), *Les Langues dans le monde ancien et moderne,* Éditions du CNRS, Paris, 1981.
[2] *La Linguistique,* coll. « Que sais-je ? », nº 570, PUF, Paris, 1986, 13e éd.

PESCI (G.), in : PMA, 3-1/1903-1904, p. 249-268 ; 3-2/1904-1905, p. 1-21, 49-71.

PETERSON (F.A.), *Le Mexique précolombien,* Payot, Paris, 1961, p. 210 et 277.

PETITOT, *Dictionnaire de la langue Dènè-Dindjié* ; cit. par L. Lévy-Bruhl.

PHELPS (B.E.); « Early Electronic Computer Developments at IBM », in : AHC, 2-3/1980.

PHILIPPE (A.), *Michel Rondet,* Paris, 1949.

PHILLIPS (E.W.), « Binary Calculation », in : JIA, 67/1936, p. 187-221.

PIAGET (J.)
[1] *Le Langage et la pensée chez l'enfant,* Delachaux et Niestlé, Neuchâtel, 1923.
[2] *Le Jugement et le raisonnement chez l'enfant,* Delachaux et Niestlé, Neuchâtel, 1924.
[3] *La Naissance de l'intelligence chez l'enfant,* Delachaux et Niestlé, Neuchâtel, 1936.
[4] *La Construction du réel chez l'enfant,* Delachaux et Niestlé, Neuchâtel, 1937.
[5] *La Représentation du monde chez l'enfant,* Alcan, Paris, 1938.
[6] *La Formation du symbole chez l'enfant,* Delachaux et Niestlé, Neuchâtel, 1945.
[7] *La Représentation de l'espace chez l'enfant,* PUF, Paris, 1948.
[8] *Psychologie de l'intelligence,* A. Colin, Paris, 1947.
[9] (sous la dir. de), « Logique et connaissance scientifique », in : EP, vol. 22, Gallimard, Paris, 1967.
[10] *Biologie et Connaissance,* Gallimard, Paris, 1967.
[11] *Le Structuralisme,* coll. « Que sais-je ? », n° 1311, PUF, Paris, 1970, 9e éd.

PIAGET (J.) et INHELDER (B.)
[1] *La Psychologie de l'enfant,* PUF, Paris, 1966.
[2] *L'Image mentale chez l'enfant,* PUF, Paris, 1966.

PIAGET (J.) et SZEMINSKA, *La Genèse du nombre chez l'enfant,* Delachaux et Niestlé, Neuchâtel, 1941.

PICCARD « Mémoire sur la forme et la provenance des chiffres », in : SVSN, séances du 20 avril et du 4 mai 1859, p. 176 et 184.

PIÉRON (H.), *Vocabulaire de la psychologie,* PUF, Paris 1979.

PIHAN (A.P.)
[1] *Notice sur les divers genres d'écriture des Arabes, des Persans et des Turcs,* Paris, 1856.
[2] *Exposé des signes de numération usités chez les peuples orientaux anciens et modernes,* Paris, 1860.

PILLIVUYT (G.), *Histoire du parfum, de l'Égypte au XIXe siècle,* Denoël, Paris, 1988.

PILORGE (R.), *Comprendre l'informatique,* J. Delmas et Cie, Paris, 1969.

PINCHES (T.G.) et STRASMAIER (J.N.), *Late Babylonian astronomical and related Texts,* Providence, 1965. (Abrév. LBAT.)

PIOTROVSKY (B.), *Ourartou,* Genève-Paris-Munich, 1969.

PISE (L. de) [Fibonacci], *Liber abaci. Scritti di Leonardo Pisano,* publ. par B. Boncompagni, Rome, 1857.

PLAUT (H.), *Japanische Konversations-Grammatik,* 2e éd., Heidelberg, 1936.

PLOTON (Y.) (avec la collaboration de M. BARROIS et de la mission Patrimoine historique du groupe Bull), *Itinéraires,* direction de la Communication Bull, Paris, 1992.

POEBELS (A.), *Grundzüge der sumerischen Grammatik,* Rostock, 1923.

POINCARÉ (H.)
[1] *La science et l'hypothèse,* Flammarion, Paris, 1902.
[2] *Science et méthode,* Flammarion, Paris, 1909.

POMA DE AYALA (G.), *Codex péruvien,* Institut d'ethnologie, 2e éd., Paris, 1963.

POOLE (R.S.), *A Catalogue of Greek Coins of the British Museum. The Ptolemies, Kings of Egypt,* Bologne, 1963. (Abrév. CGC.)

PORADA (E.), *Iran ancien,* Paris, 1963.

PORTER (B.) et MOSS (R.L.B.), *Topographical Bibliography of Ancient Egyptian Hieroglyph Texts, Reliefs and Paintings,* 2e éd., 7 vol., Oxford, 1927-1951. (Abrév. PRMS.)

POSENER (G.) (sous la dir. de), *Dictionnaire de la civilisation égyptienne,* F. Hazan, Paris, 1970. (Abrév. DCE.)

POTT (F.A.), *Die quinäre und vigesimale Zählenmethode bei Völkern aller Weltteile,* Halle, 1847.

POWELL (M.A.)
[1] « Sumerian Area Measures and the Alleged Decimal Substratum. The Sumerian Numeral System », in : ZA, 62.2/1972, p. 165-221.
[2] « Three Problems in the History of Cuneiform Writing : Origins, Direction of Script, Literacy », in : VL, 15.4/1981, p. 419-440.
[3] « The Antecedents of Old Babylonian Place Notation and the Early History of Babylonian Mathematics », in : HMA, 3/1976, p. 417-439.

POWERS (S.), « Tribes in California », in : CNAE, 3/1877, p. 352 *sq.*

POYEN (J.) et POYEN (J.), *Le Langage électronique,* PUF, Paris, 1960.

PRADINES (M.), *Traité de psychologie générale,* PUF, Paris, 1943-1946.

PRAT (D. de), *Traité de tissage au Jacquard,* Ch. Béranger, Paris, Liège, 1921.

PRÄTORIUS (J.), « Compendiosa multiplicatio (1599) » (pub. par Curtze), in : ZMP, 40/1895, p. 7.

PRESCOTT (W.H.), *Les Incas,* Minerva, Genève, 1970.

PREUSS (K.T.), in : ZE, 57/1925, p. 157 *sq.*

PRIEB (O.), *Rechenmaschinen in Büro,* Baden-Baden, 1955.

PRIGOGINE (I.) et STENGERS (I.), *La Nouvelle Alliance,* Gallimard, Paris, 1979.

PRINSEP (J.), « On the Inscriptions of Piyadasi or Asoka », in : JPAS, 1838.

PROSKOURIAKOFF (T.)
[1] *An Album of Maya Architecture,* Carnegie Institution of Washington, publ. nr 558/1946.
[2] « Sculpture and Major Arts of the Maya Lowlands », in : HMAI, 2/1965.

PROU (M.), *Recueil de fac-similés d'écritures du* Ve *au* XVIIe *siècle,* Paris, 1904. (Abrév. RFE.)

PUGH (E.W.), JOHNSON (L.R.) et PALMER (J.H.), *IBM's 360 and Early 370 Systems,* MIT Press, Cambridge, Mass., 1991.

PULLAM (J.M.), *The History of the Abacus,* Hutchinson, Londres, 1968.

PUMPELLY (R.), « Explorations in Turkestan Expedition in 1904 », CAW, 1908.

PYLYSHYN (Z.W.) (sous la dir. de), *Perspectives on the Computer Revolution,* Prentice Hall, Englewood Cliffs, New Jersey, 1970.

QUIBELL (J.E.), *Hierakonpolis,* Bernard Quaritch, Londres, 1900.

RACHET (G.)
[1] *Dictionnaire de l'archéologie,* coll. « Bouquins », R. Laffont, Paris, 1983.

[2] *Civilisations et archéologie de la Grèce pré-hellénique*, Le Rocher, Paris, 1993.

RAETHER, *Theorie und Praxis des Rechenunterrichts*, 1, 6e éd., Breslau, 1920.

RAINEY (A.F.), « The Samaria Ostraca in the light of fresh Evidence », in : PEQ, 99/1967, p. 32-41.

RAMUNNI (J.), *Physique du calcul*, Hachette, Paris, 1989.

RAMUS (P.)
[1] *Scholarum mathematicarum libri unus et triginta*, Bâle, 1569.
[2] *Arithmeticae libri duo, geometriae septem et viginti*, Bâle, 1569.

RANDELL (B.)
[1] *The Origins of Digital Computers, Selected Papers*, Springer-Verlag, Berlin/Heidelberg/New York, 1973.
[2] « Ludgate's analytical engine », in : CJ, 14-3/1971, p. 317-326.
[3] « On Alan Turing and the origins of digital computers », in : B. MELTZER et D. MICHIE, 7, p. 3-20.
[4] « From Analytical Engine to Electronic Digital Computer : the Contributions of Ludgate, Torres, and Bush », in : AHC, 4-4/1982 (octobre).

RANGACARYA (M.), *Ganitasârasamgraha by Mahâvîra*, Madras, 1912.

RANKE (H.), « Das altägyptische Schlangenspiel », in : SHAW, 4/1920, p. 9-14.

RASHED (R.)
[1] « Al Karaji », in : DSB, t. 7, p. 240-246.
[2] *Essai d'histoire des mathématiques par Jean Itard*, A. Blanchard, Paris, 1984.

RASHED (R.) et AḤMED (S.), *Al-Bahir en algèbre d'As-Samaw'al*, publié sous les auspices du ministère de l'Enseignement de la République arabe syrienne, Imp. de l'université de Damas, 1972.

RASK (R.), *Singalesisk Skriftloere*, Colombo, 1821.

RAWLINSON (C.), « Notes on the Early History of Babylonia », in : JRAS, 15/1855, p. 215-259.

RAYMOND (F.H.)
[1] *Calcul analogique. Principes et contributions et théorie générale*, Société de la Revue d'optique, Paris, 1952.
[2] « Les calculatrices numériques universelles », in : MAF, 3e fasc., 1955, 4e fasc., 1956.
[3] *L'Automatique des informations*, Masson, Paris, 1957.
[4] « Deux calculatrices SEA », in : OE, décembre 1960.
[5] *Les Principes des ordinateurs*, PUF, Paris, 1969.

RECORDE (R.), *The Grovnde of Artes*, Londres, 1558.

REGNAULT (J.), *Les Calculateurs prodiges*, Payot, Paris, 1952.

REICHLEN (P.), « Abaque », Calcul, in : DAT, t. 1, p. 18, 188.

REICHMANN (W.J.), *La Fascination des nombres*, Payot, Paris, 1959.

REINACH (S.), *Traité d'épigraphie grecque*, E. Leroux, Paris, 1885.

REINAUD, *Mémoire sur l'Inde*, Paris, 1894.

REISNER (G.A.), *A history of the Giza Necropolis*, t. 1, Londres/Oxford, 1942.

REITMAN (W.) (sous la dir. de), *Artificial Intelligence. Applications for Business*, Albex, Norwood, New Jersey, 1984.

REJEWSKI (M.), « How Polish Mathematicians Deciphered the ENIGMA », in : AHC, 3-3/1981 (juillet).

RENARD (B.), *Le Calcul électronique*, PUF, Paris, 1960.

RENAUD (H.P.J.), in : IS, 18/1932.

RENOU (L.), *Grammaire sanscrite,* Paris, 1930.

RENOU (L.) et FILLIOZAT (J.), *L'Inde classique. Manuel des études indiennes,* Paris/Hanoi, 1953.

RENOU (L.), NITTI (L.) et STCHOUPAK (N.), *Dictionnaire sanskrit-français,* Paris, 1959.

RESWEBER (J.-P.), *La Philosophie du langage,* coll. « Que sais-je ? », nº 1765, PUF, Paris 1985, 2ᵉ éd.

RETI (L.), *Léonard de Vinci,* Robert Laffont, Paris, 1974.

REVEILLAUD (J.B.), *Essai sur les chiffres arabes,* Paris, 1883.

REX (F.J.), « Herman Hollerith, the first "Statistical Engineer" », in : CA, 10-8/1961, p. 10-13.

REYCHMAN (J.) et ZAJACKOWSKI (A.), *Handbuch of ottoman-türkisch Diplomaties,* Paris, 1968.

RHENIUS (C.T.E.), *A Grammar of the Tamil language,* 2ᵉ éd., Madras, 1846.

RIBOT (Th.), *L'Évolution des idées générales,* Alcan, Paris, 1897.

RICHARDS (R.K.)
[1] *Digital Computer Components and Circuits,* Van Nostrand, Princeton, New Jersey, 1957.
[2] *Electronic digital systems,* Wiley, New York, 1966.

RICHARDSON (J.L.), « Digital Reckoning among the Ancients », in : AMM, 23/1916, p. 7-13.

RIEGL (A.), « Die Holzkalender des Mittelalters und der Renaissance », in : MIOG, 9/1888, p. 82-103.

RITCHIE (D.), *The Computer Pioneers,* Simon and Schuster, New York, 1986.

RITTER (H.), « Kleine Mitteilungen und Anzeigen », in : DI, 9/1888, p. 82-103.

RIVERO (M.E. de) et TSCHUDI (J.D. de), *Antiquités péruviennes,* Paris, 1859, p. 95.

RIVET (P.), *Les Cités mayas,* Paris, 1954.

RIVOIRE (J.), *Histoire de la monnaie,* coll. « Que sais-je ? », nº 2237, PUF, Paris, 1985.

ROBERT (P.), *Dictionnaire alphabétique et analogique de la langue française,* 2ᵉ éd. revue et enrichie par A. Rey, Paris, 1985.

RODET (L.)
[1] « Le Souan-pan des Chinois et la banque des argentiers », in : BSM, 8/1880.
[2] « Sur la véritable signification de la notation numérique inventée par Âryabhata », in : JA, 16-7, p. 440-485.

RÖDIGER (A.), « Über die im Orient gebräuchliche Fingersprache für den Ausdruck der Zahlen », in : ZDMG, 1845, p. 112-129.

RODINSON (M.), « Les Sémites et l'alphabet. Les écritures sudarabiques et éthiopiennes », in : EPP.

RODWELL (P.), *The Personal Computer Handbook,* Londres, 1983.

ROGERS (J.T.), *The Story of Mathematics.* Hodder and Stoughton, Londres, 1966.

ROHRBERG (A.)
[1] « Das Rechnen auf dem chinesischen Rechenbrett », in : UMN, 42/1936, p. 34-37.
[2] *Theorie und Praxis der Rechenmaschinen,* Stuttgart, 1954.

RONAN (C.), *The Atlas of Scientific Discovery,* Crescent Books, Quill Publishers, Londres, 1983.

RONG GEN, *Jinwen bián* (en chinois), Beijing, 1959.

ROSE (F.), *L'Intelligence artificielle : histoire d'une science,* Payot, Paris, 1986.

ROSENBERG (J.M.), *The Computer Prophets,* Macmillan and Co, New York, 1969.

RÖSLER (M.), « Das Vigesimalsystem im Romanischen », in : ZRP, 26/1910.

ROSNAY (J. de), *Les Origines de la vie,* Le Seuil, Paris, 1966.

ROSNY (L. de), « Quelques observations sur la langue siamoise et son écriture », in : JA, 1855.

RUCHONNET (C.P.), *Éléments de calcul approximatif,* Lausanne, 1874.

RUELLE (C.E.), « Arithmetica », in : DAGR, p. 425-431.

RUSKA (J.)

[1] « Zur ältesten arabischen Algebra und Rechenkunst », in : SHAW, 2/1917.

[2] « Arabische Texte über das Fingerrechnen », in : DI, 10/1920, p. 87-119.

[3] « Zahl und Null bei Jabir Ibn Hayyan... », in : AGMNT, Bd. IX, 1928.

RUSSELL (B.), *Introduction à la philosophie mathématique,* Paris, 1928 (éd. angl. : *Allen and Unwin,* Londres, 1967).

RUTTEN (M.), *La Science des Chaldéens,* coll. « Que sais-je ? », n° 893, PUF, Paris, 1970, 2ᵉ éd.

RUYER (R.), *La Cybernétique et l'origine de l'information,* Flammarion, Paris, 1954.

SABAN (R.), *Aux sources du langage articulé,* Masson, Paris, 1993.

SACHAU (E.), *Aramaïsche Papyrus und Ostraka (aus einer Jüdischen Militär-Kolonie zu Elephantine),* Leipzig, 1911. (Abrév. S.)

SACY (S. de)

[1] *Grammaire arabe,* t. 1, Paris, 1810.

[2] In : JA, 3/1823.

SADOWSKI (A.), *Die österreichische Rechenmethode in pädagogischer und historischer Beleuchtung,* Progr. Königsberg, 1892.

SAIDAN (A.), « The Earliest Extant Arabic Arithmetic Kitab-al-Fusul fi'l Hisab al-Hind of Abu'l Hassan Ahmad Ibn Ibrahim Al-Uqlidisi », in : IS, 57/1966.

SAINT-EXUPÉRY (A. de), *Le Petit Prince,* Gallimard, Paris, 1946.

SAINTE-FARE GARNOT (J.), « Les hiéroglyphes. L'évolution des écritures égyptiennes », in : EPP, p. 51-71.

SAMARAN (C.) (sous la dir. de), « L'Histoire et ses méthodes », in : EP, 1961. (Abrév. HM.)

SAMBURSKI (S.), « On the Origin and Significance of the term Gematria », in : JJS, 29/1978, p. 35-38.

SANCHEZ PEREZ (J.A.), *La Arithmetica en Roma, en India y en Arabia,* Madrid, 1949.

SANTESMASES (J.G.), *Obra e inventos de Torres Quevedo,* Coleccion Cultura y Ciencia, Instituto de España, Madrid, 1980.

SARMA (K.V.)

[1] *Siddhântadarpana... by Nîlakanthasomayâjin,* The Adyar Library and Research Center, Madras, sans date.

[2] *Drgganita... by Parameshvara,* Hoshiarpur, 1963.
[3] *Grahachâranibandhana by Haridatta,* Mylapore-Madras, 1954.

SARMA (K.V.) et SASTRI (K.S.), *Vâkyapañchâdhyâyi,* Mylapore/Madras, 1962.

SARTON (G.)
[1] *Introduction to the History of Science,* 5 vol., Baltimore, 1927 (t. 1 : *From Homer to Omar Khayyam ;* t. 2 : *From Rabbi ben Ezra to Roger Bacon*).
[2] « The First Explanation of Decimal Fractions and Measures », in : IS, 23/1935, p. 153-245.

SASTRI (B.D.), *Siddhântashiromani by Bhâskarâchârya,* Bénarès, 1929.

SASTRI (K.S.), *The Karanapadhati by Putumanasomayâjin,* Government Press, Trivandrum, 1937 (*Triv. Sanskr. Series,* 126).

SATTERTHWAITE (L.), *Concepts and Structures of Maya Calendrical Arithmetics,* Philadelphia, 1947.

SAUNERON (S)
[1] *L'Égyptologie,* coll. « Que sais-je ? », n° 1312, PUF, Paris, 1968.
[2] « Champollion, in : DCE, p. 44-47.
[3] « Hiéroglyphes », in : DCE, p. 130-134.
[4] « Horus », in : DCE, p. 135 *sq.*
[5] « Isis », in : DCE, p. 140.
[6] « Osiris », in : DCE, p. 204-208.

SAUSSURE (F. de), *Cours de Linguistique générale,* Payot, Genève, 1931 (nouvelle éd. avec critique de Mauro, Payot, 1974).

SCESNEY (F.C.), *The Chinese Abacus,* New York, 1944.

SCHAEFFER (A.), *Le Palais royal d'Ugarit,* coll. « Mission de Ras Shamra », Imprimerie nationale, Paris, 3 vol., 1955-1957. (Abrév. PRU.)

SCHEFFLER (H.), *Die Auflösung der algebraischen und transcendenten Gleichungen,* Brunswick, 1859.

SCHEIL (V.)
[1] « Documents archaïques en écriture proto-élamite », in : MDP, 6/1905.
[2] « Notules », in : RA, 12/1915, p. 158-160.
[3] « Textes de comptabilité proto-élamites », 2 vol., in : MDP, 17-26/1923-1935.

SCHMANDT-BESSERAT (D.)
[1] « An Archaïc Recording system and the origin of writing », in : SMS, 1-2/1977 (juillet).
[2] « Les plus anciens précurseurs de l'écriture », in : PS, 10/1978 (août), p. 12-22.
[3] « Reckoning before Writing », in : ARCHN, 32-3/1979, p. 22-31.
[4] « The Envelopes that Bear the First Writing », in : TC, 21-3/1980 (juillet), p. 357-385.
[5] « From tokens to Tablets : A Re-evaluation of the so-called "Numerical Tablets", in : VL, 15-4/1981, p. 321-344.

SCHMIDL (M.), « Zahl und Zählen in Afrika », in : MAGW, 45/1915, p. 165-209.

SCHMIDT (J.), *Dictionnaire de la mythologie grecque et romaine,* Larousse, Paris, 1965.

SCHNIPPEL (E), « Die englischen Kalenderstäbe », in : BEPH, 5/1926.

SCHODT (A. de), *Le Jeton considéré comme instrument de calcul,* Bruxelles, 1873.

SCHOLEM (G.)
[1] *Les Grands Courants de la mystique juive,* Paris, 1950.
[2] « Guématria », in : EJ, t. 7, p. 369-374.
[3] *Bibliographia Kabbalistica,* Leipzig, 1927.
[4] *Le Début de la Kabbale* (en hébreu), Jérusalem, 1948.
[5] *La Kabbale et sa symbolique,* Paris, 1966.

SCHOTT (S.), « Eine ägyptische Schreibpalette als Rechenbrett », in : NAWG, 1-5/1967, p. 91-113.

SCHRADER (O.), in : RIGA, p. 671.

SCHRANZ (A.G.), *Addiermaschinen einst und jetzt,* Aix-la-Chapelle, 1953.

SCHRIMPF (R.)
[1] « Abaque (Extrême-Orient) », in : DAT, t. 1, p. 17-19.
[2] « Calcul », in : DAT, t. 1, p. 188-191.

SCHROEDER (L. von), *Pythagoras und die Inder,* Leipzig, 1884.

SCHUBERT (H.), *Mathematische Mussestunden,* Leipzig, 1900.

SCHUBRING (W.) et FÜHRER-HEIMENDORF (C.), in : *Les Religions de l'Inde : Bouddhisme, jaïnisme et religions archaïques,* Payot, Paris, 1966.

SCHUHL (P.M.), *Machinisme et philosophie,* PUF, Paris, 1938.

SCHULENBURG (W. von), « Die Knotenzeichen der Müller », in : ZE, 29/1897, p. 491-494.

SCHULER (E. von), « Urartaïsche Inschriften aus Bastam », in : AMI, 3/1970, p. 93 *sq.* ; 5/1972, p. 117 *sq.*

SCHULZE (W.), *Zur Geschichte lateinischer Eigennamen,* Berlin, 1904, p. 48 *sq.*

SCOTT (J.F.), *A History of Mathematics,* Taylor and Francis Ltd, Londres, 1960.

SCOTT (R.B.Y.), « The Scale-Weights from Ophel 1963-1964 », in : PEQ, 97/1965, p. 128-139.

SCRIBA (C.H.), *The Concept of Number : a Chapter in the History of Mathematics with Application of Interest to Teachers,* Bibliographisches Institute, Mannheim-Zurich, 1968, p. 1-50.

SCRIPTURE, in : AJPS, 4/1881 (avril).

SEBERT (H.)
[1] « Rapport fait par M. Sebert, au nom du Comité des arts économiques, sur la machine à calculer, dite arithmomètre, inventée par M. Thomas (de Colmar) et perfectionnée par M. Thomas de Bojano... », in : BSEIN, 1879, p. 393-425.
[2] « Rapport fait par M. Sebert, au nom du Comité des arts économiques, sur les machines à calculer de M. Léon Bollée, du Mans », in : BSEIN, 1895, p. 977-996.

SECRET (F.), *Les Kabbalistes chrétiens de la Renaissance,* Paris, 1964.

SÉDILLOT, *Matériaux pour servir à l'histoire comparée des sciences mathématiques chez les Grecs et les Orientaux,* 2 vol., Paris, 1845-1849.

SEGAL (J.B.), « Some Syriac Inscriptions of the 2nd-3rd century A.D. », in : BSOAS, 16/1954, p. 24-28.

SEIDENBERG (A.), « The Ritual Origin of Counting », in : AHES, 2/1962, p. 1-40.

SEIDER (R.), *Paläographie der Griechischen Papyri,* t. 1, Stuttgart, 1967. (Abrév. PGP.)

SELER (E.), *Reproduccion fac similar del codice Borgia,* Mexico/Buenos Aires, 1963. (Abrév. RFCB.)

SENART (E.)
[1] *Les Inscriptions de Piyadasi,* 2 vol., Paris, 1887.
[2] « The Inscriptions in the Cave at Karle », in : EI, 7/1902, p. 47-74.
[3] « The Inscriptions in the Cave at Nasik », in : EI, 8/1905, p. 59-96.

SER (J.), *La Numération et le calcul des nombres,* Gauthier Villars, Paris, 1944.

SÉROUYA (H.)
[1] *La Kabbale, sa psychologie mystique, sa métaphysique,* Grasset, Paris, 1957.
[2] *Le Mysticisme,* coll. « Que sais-je ? », nº 694, PUF, Paris, 1961, 2e éd.
[3] *Maïmonide,* PUF, Paris, 1963, 2e éd.
[4] *La Kabbale,* coll. « Que sais-je ? », nº 1105, PUF, Paris, 1972, 3e éd.

SERRES (M.), « Ce qui est écrit dans le code » (I. Les Métamorphoses de l'arbre ; II. Vie, information et deuxième principe), in : *Critique,* 289/1971, p. 438-507 et 579-606.

SERRET (J.A.), *Traité d'arithmétique,* Paris, 1887.

SETHE (K.)
[1] « Von Zahlen und Zahlworten bei den alten Ägyptern », in : SWG, 25/1916.
[2] « Eine altägyptische Fingerzahlreim », in : ZÄS, 54/1919, p. 16-39.
[3] « The Rhind mathematical papyrus », in : JDM, 32-2/1925, p. 139 *sq.*
[4] *Hieroglyphische Urkunden der griechisch-römischen Zeit,* Leipzig, 1904-1916. (Abrév. URK.)
[5] *Urkunden des alten Reiches,* 2e éd., 4 fasc., Leipzig, 1932-1933. (Abrév. URK.I.)

SETHE (K.) et HELCK (W.), *Urkunden der 18. Dyn.* (1re éd.), Leipzig, 1905-1908 (rééd. 1930 s). (Abrév. URK.IV.)

SEVE (L.), *Structuralisme et Dialectique,* Éditions sociales, Paris, 1984.

SHAFER (R.), « Lycian numerals », in : AROR, 18/1950, p. 250-261.

SHAH (I.), *Les Soufis et l'ésostérisme,* Payot, Paris, 1972.

SHANNON (C.E.), « A Symbolic Analysis of Relay and Switching Circuits », in : TAIEE, 723/1938.

SHANNON (C.E.) et WEAVER (W.), *The Mathematical Theory of Communication,* University of Illinois Press, Urbana, 1949.

SHERMAN (C.P.), in : MT, XVI (1923), p. 398-401.

SHIGERU (A.), *Shoho kara ikkyu made saishin soroban-jotatsuho* (en japonais), Tokyo, 1954.

SHOOK (E.M.), « Tikal Stela 29 », in : EXP, 2/1960, p. 29-35.

SHUKLA (K.S.) et SARMA (K.V.), *Âryabhatiya of Âryabhata* (*With the commentary of Bhaskara I and Someshvara*), Indian National Science Academy (Delhi), 77/1976. (Abrév. Ârya.)

SILBERBERG (M.), *Sefer Ha Mispar : Das Buch der Zahl, ein hebraïscharithmetisches Werk des Rabbi Abraham Ibn Ezra,* Francfort, 1895. (Abrév. SHM.)

SILLAMY (N.), *Dictionnaire de la psychologie,* Larousse, Paris, 1967.

SIMON (E.), « Über Knotenschriften und ähnliche Knotenschnüre der Riukiu-Inseln », in : AMA, 1/1924, p. 657-667.

SIMON (J.C.)
[1] *La Reconnaissance des formes par algorithmes,* Masson, Paris, 1984.
[2] *L'Informatisation de la société,* La Documentation française, Paris, 1980.

SIMONI-ABBAT (M.), *Les Aztèques,* Paris, 1976.

SIMONS (L.G.), « Two Reckoning Tables », in : SMA, 1/1932, p. 305-308.

SINGER (C.), *A History of Technology,* Clarendon Press, Oxford, 1955-1957.

SIRCAR (D.C.), *Indian Epigraphy,* Delhi, 1965. (Abrév. INEP.)

SIVARAMAMURTI (C.), « Indian Epigraphy and South Indian Scripts », in : BMGM, 3-4/1952. (Abrév. IESIS.)

SKAIST (A.), « A Note on the Bilingual Ostracon from Khirbet el-Kôm », in : IEJ, 28/1978, p. 106-108.

ŠKARPA (F.), « Rabos u Dalmaciji », in : ZNZ, 29-2/1934, p. 169-183.

SMELTZER (D.), *Man and Number,* Adam and Charles Black, Londres, 1958.

SMIRNOFF (W.D.), « Sur une inscription du couvent de Saint-Georges de Khoziba », in : CRSP, 12/1902, p. 26-30.

SMITH (A.H.), *Village and Life in China,* New York, 1899.

SMITH (D.E.)
[1] *Rara Arithmetica,* Boston, 1909. (Abrév. RARA.)
[2] *History of Mathematics,* Dover Publications Inc., New York, 1958.
[3] In : EBR, t. 1, p. 5-7.
[4] « An Ancient English Algorism », in : *Festschrift Moritz Cantor,* Leipzig, 1909.
[5] « Computing jetons », in : NNM, 9/1921.
[6] (sous la dir. de), *A Source Book in Mathematics,* McGraw-Hill, New York, 1929.

SMITH (D.E.) et GINSBURG (Y.), « Rabbi Ben Ezra and the Hindu-Arabic Problem », in : AMM, 25/1918, p. 99-108.

SMITH (D.E.) et KARPINSKI (L.C.), *Hindu-Arabic Numerals,* Ginn and Co Publ., Boston, 1911. (Abrév. HAN.)

SMITH (D.E.) et MIKAMI (Y.), *History of Japanese Mathematics,* The Open Court Publ., Chicago, 1914.

SMITH (D.E.) et SALIH (M.), « The Dust Numerals among the Ancient Arabs », in : AMM, 34/1927, p. 258-260.

SMITH (T.M.), « Some Perspectives on the Early History of Computers », in : Z.W. PYLYSHYN, p. 7-15.

SMITH (V.A.), « Aśoka Notes », in : IA, 37/1908, p. 24 *sq* ; 38/1909 (juin), p. 151-159.

SMITH (W.), *A Latin-English Dictionary,* John Murray, Londres, 1851 (1re éd.) ; 25e éd. 1926.

SMYLY (J.G.), « The Employment of the Alphabet in Greek Logistic », in : *Mélanges Jules Nicole,* Genève, 1905.

SOCIN (A.K.) et BROCKELMANN (K.), *Arabische Grammatik,* 6e éd., in : PLO, 4/1909.

SODEN (E. von), « Grundriss der akkadischen Grammatik », in : ANOR, 33/1952.

SOGLIANO (A.), « Isopsepha Pompeiana », in : RRAL, 10/1901, p. 7 *sq.*

SOLLA PRICE (D. de)
[1] « Portable sundials in Antiquity. Including an Account of a New Example from Aphrodisias », in : CENT, 14/1969, p. 242-266.
[2] « Gears from the Greeks. The Antikythera Mechanism – A Calendar Computer from *ca* 80 BC », in : TAPS, novembre 1974.
[3] *Gears from the Greeks,* Science History Publ., New York, 1975.
[4] « Calculating Machines », in : IEEE Micro, février 1984.

SOMMERFELT (A.), *La Langue et la société,* Oslo, 1938, p. 55, 125, 193.

SOTTAS (H.) et DRIOTON (E.), *Introduction à l'étude des hiéroglyphes,* Paris, 1922.

SOTTOCORONA (C.), *Come si diventa specialista di informatica,* Mondadori, Milan, 1986.

SOUBEYRAN (D.), « Textes mathématiques de Mari », in : RA, 78/1984, p. 19-48.

SOUISSI (M.), « Ḥisāb al-Ghubār », in : EIS (2e éd.).

SOURDEL (D.), *Histoire des Arabes,* coll. « Que sais-je ? », no 1627, PUF, Paris, 1976.

SOURDEL (J.), « Khatt », in : EIS (2e éd.).

SOUSTELLE (J.)

[1] *La Pensée cosmologique des anciens Mexicains,* Paris, 1940.

[2] *La Vie quotidienne des Aztèques, à la veille de la conquête espagnole,* Hachette, Paris, 1955.

[3] *Les Quatre Soleils. Souvenirs et réflexions d'un ethnologue au Mexique,* Plon, Paris 1967.

[4] *Les Aztèques,* coll. « Que sais-je ? », no 1391, PUF, Paris, 1974, 2e éd.

[5] *Les Olmèques,* Paris, 1979.

[6] *L'Univers des Aztèques,* Paris, 1979.

SPEISER (E.A.), *Excavations at Tepe Gawra,* University of Pennsylvania Press, Philadelphie, 1/1935.

SPINDEN (H.J.), *Maya Art and Civilization,* Indian Hills, Col, 1957.

STACK (G.), *A Grammar of the Sindhî Language,* Bombay, 1849.

STAMMLER (W.) (sous la dir. de), *Deutsche Philologie im Aufrid,* t. 1 (2e éd.), Berlin-Bielefeld-Munich, 1957.

STEBLER (F.G.)

[1] « Die Tesseln im Oberwallis oder hölzerne Namensverzeichnisse », in : DS, 1/1897, p. 461 *sq.*

[2] « Die Hauszeichen und Tesseln der Schweiz », in : ASTP, 11/1907, p. 165-205.

STEIN (D.), *Ada, a Life, a Legacy,* MIT Press, Cambridge, Mass., 1985.

STEINDORFF (G.), *Urkunden des Aegyptischen Altertums,* Leipzig, 1904-1916. (Abrév. UAA.)

STEINSCHNEIDER (M.), « Die Mathematik bei den Juden », in : BMA, 1893, p. 69 *sq.*

STEPHAN (E.), « Beiträge zur Psychologie der Bewohner von Neu-Pommern », in : GLO, 88/1905, p. 205 *sq.*

STERN (N.)

[1] « The BINAC : a Case Study in the History of Technology », in : AHC, 1-1/1979 (juillet).

[2] *From ENIAC to UNIVAC, an Apparaisal of the Eckert-Mauchly Computers,* Digital Press, Bedford, MA, 1981.

STERNBERG (R.J.) (sous la dir. de), *Handbook of Human Intelligence,* Cambridge University Press, Cambridge, 1982.

STERNER (M.), *Geschichte der Rechenkunst,* Munich-Leipzig, 1891.

STEWART (C.), *Original Persian Letters and Other Documents,* Londres, 1825.

STIBITZ (G.R.), « The Relay Computers at Bell Laboratories », in : *Datamation,* 13-4/1967 (avril), p. 35-44 ; 5/1967 (mai), p. 45-49.

STIBITZ (G.R.) et LARRIVÉE (J.A.), *Mathematics and Computers,* McGraw-Hill, New York, 1957.

STIENNON (J.), *Paléographie du Moyen Age,* Paris, 1973.

STONE (S.), *Solomon Stone's Marvelous Mental Calculator,* Popular Publishing Co. New York, 1897.

STOY (H.), *Zur Geschichte des Rechenunterrichts,* Iéna, 1876.

STRANDH (S.), *A History of the Machine,* A. and W. Publishers Inc., New York, 1979.

STRESSER-PÉAN (G.), « La science dans l'Amérique précolombienne », in : HGS, t. 1, p. 419-429.

STRUIK (D.J.), « Gerbert d'Aurillac », in : DSB, t. 5, p. 364-366.

STYAZHKIN (N.I.), *From Leibniz to Peano. A Concise History of Mathematical Logic,* Cambridge, Mass., 1968.

SUBTIL (P.)

[1] « Numération égyptienne », in : BLPM, 27/1981 (janvier), p. 11-23.

[2] « Numération babylonienne », in : BLPM, 27/1981 (janvier), p. 25-38.

[3] « Numération chinoise », in : BLPM, 27/1981 (janvier), p. 50.

SULLIVAN-TRAINOR (M.)

[1] « The Precomputer Age. A time line, 500 B.C. to 1946 A.D. », in : *Computerworld,* 160/1986 (3 novembre).

[2] « The Computer Age. A time line, 1946 A.D. to 2000 A.D. », in : *Computerworld,* 160/1986 (3 novembre).

SUTER (H.)

[1] « Das mathematiker Verzeichnis im Fihrist des Ibn Abî Ja'kûb an Nadim », in : ZMP, 37/1892, Supp., p. 1-88. (Abrév. FIH.)

[2] *Die Mathematiker und Astronomen der Araber und ihre Werke,* Leipzig, 1900-1902. (Abrév. MAR.)

[3] « Das Rechenbuch des Abû Zakarija el-Hassar », in : BMA, vol. II (3), p. 15.

SUTTON (A.), *An Introductory Grammar of the Oriya Language,* Calcutta, 1831.

SZEMERÉNI, *Studies in the Indo-European System of Numerals,* Heidelberg, 1960.

SZNYCER (M.), « L'origine de l'alphabet sémitique », in : ESL, p. 79-119.

TANNERY (P.)

[1] « Sur l'étymologie du mot "chiffre" et les prétendues notations pytagoriciennes sur l'origine des chiffres », in : RAR, 1892-1894.

[2] « Prétendues notations pythagoriciennes sur l'origine de nos chiffres », in : *Mémoires scientifiques,* vol. V (1922), p. 8.

[3] *Leçons d'arithmétique théorique et pratique,* Paris, 1900.

TARTAGLIA (N.), *General trattato di numeri et misuri,* Venise, 1556.

TATON (R.)

[1] (sous la dir. de), *Histoire générale des sciences* (4 vol.), PUF, Paris, 1957-1964. (Abrév. HGS.)

[2] *Histoire du calcul,* coll. « Que sais-je ? », n° 198, PUF, Paris, 1969, 5e éd.

[3] « Sur l'invention de la machine arithmétique », in : RHSA, 16/1963, p. 139-160.

TATON (R.) et FLAD (J.-P.), *Le Calcul mécanique,* coll. « Que sais-je ? », n° 367, PUF, Paris, 1963, 2e éd.

TAUB (A.H.) (sous la dir. de), *John von Neumann : Collected Works,* Pergamon, Oxford, 1963.

TAUSCHEK (G.), *Die Lochkarten-Bucchaltungsmaschinen...*, Vienne, novembre 1930.

TAVERNIER (J.-B.), *Voyages en Turquie, en Perse et aux Indes,* Paris, 1712 (1re éd. 1679), 2e partie, p. 326-327.

TAYLOR (C.), *The Alphabet,* Londres, 1883.

TAYLOR (J.), *Lilawati,* Bombay, 1816.

TCHEN YON-SUN, *Je parle chinois,* Librairie d'Amérique et d'Orient, Maisonneuve, Paris, 1958.

TEEPLE (J.E.), « Maya astronomy », in : CAA, Publ., no 403, 1/1931, p. 29-116.

TERRIEN DE LACOUPERIE (A.), « The Old Numerals, the Counting Rods, and the Swan Pan in China », in : NC, 3/1888.

THÉON D'ALEXANDRIE, *Commentaire sur le premier livre de la Composition de Ptolémée,* éd. Halma, chap. IX.

THOMAS (S.), *Computers : their History, Present Applications and Future,* Holt, Rinehart and Winston, New York, 1964.

THOMPSON (J.E.)

[1] « Maya Arithmetics », CAAH, publ., no 528, 7-36/1942.

[2] *The Rise and Fall of Maya Civilization,* University of Oklahoma Press, Norman, 1954.

[3] *Maya Hieroglyphic Writing,* University of Oklahoma Press, Norman, 1960.

[4] « Maya Hieroglyphic Writing », in : HMAI, Indians (Austin), 3/1965.

[5] « A Commentary on the Dresden Codex », in : MAPS, 93/1972.

THOMPSON (R.C.) et MALLOWAN (M.E.L.), « The British Museum Excavations at Niniveh, 1931-1932 », in : LAA, 20/1933, p. 71-186.

THUILLIER (P.), in : *La Recherche,* no 13, juin 1971.

THUREAU-DANGIN (F.)

[1] « L'exaltation d'Ishtar », in : RA, 11/1914, p. 141-158.

[2] « L'origine du système sexagésimal », in : RA, 26/1929, p. 43.

[3] « Une nouvelle tablette mathématique de Warka », in : RA, 31/1934, p. 61-69.

[4] « L'équation du deuxième degré dans la mathématique babylonienne », in : RA, 33/1936, p. 27-48.

[5] *Une relation de la huitième campagne de Sargon,* Paul Geuthner, Paris, 1912.

[6] *Tablettes d'Uruk à l'usage des prêtres du temple d'Anu au temps des Séleucides,* Paris, 1922. (Abrév. TUTA.)

[7] *Esquisse d'une histoire du système sexagésimal,* Paul Geuthner, Paris, 1932.

[8] *Textes mathématiques de Babylone,* Leyde, 1938. (Abrév. TMB.)

TILGHMAN RICHARDS (G.), *The History and Developments of Typewriters,* 2e éd. Science Museum, Londres, 1964.

TILL (W.C.), *Koptische Grammatik,* Leipzig, 1955.

TILTON (K.), *International Diffusion of Technology : The Case of Semi-Conductors,* Brookings Institution, Washington D.C., 1971.

TISCHENDORF (L.F.C.), *Notila editionis Codicis Bibliorum Sinaïtici. Accedit catalogus codicum nuper ex Oriente Petropolin Perlatorum, item Origenis scholia in Proverbia Salomonis, partim nune primum partim secundum atque emendatius edita,* Leipzig, 1860.

TISSERANT (E.), *Specimina Codicum Orientalum,* Rome, 1914.

TOBLER (A.J.), *Excavations at Tepe Gawra,* University of Pennsylvania Press, Philadelphie, 2/1950.

TOD (N.M.)

[1] « The Greek Numeral Notation. Further Notes on the Greek Acrophonic Numerals », in : ABSA, 18/1911-1912, p. 98-132 ; 28/1926-1927, p. 141 *sq.*

[2] « The Macedonian Era », in : ABSA, 23/1918-1919, p. 206-217 ; 24/1919-1921, p. 54-67.

[3] « The Greek Acrophonic Numerals », in : ABSA, 37/1936-1937, p. 236-258.

[4] « Three Greek Numeral Systems », in : JHS, 33/1913, p. 27-34.

[5] « The Alphabetic Numeral System in Attica », in : ABSA, 45/1950, p. 126-139.

TONDRIAU (J.), *Objets tibétains de culte et de magie,* Bruxelles, 1964.

TOOMER (G.J.), « Al Khowarizmi », in : DSB, t. 7, p. 358-365.

TORRES-QUEVEDO (G.)

[1] « Les travaux de l'école espagnole sur l'automatisme », in : *Les Machines à calculer et la Pensée humaine, Colloque international du CNRS, Paris, 8-13 janvier 1951,* Éditions du CNRS, Paris, 1953, p. 361-381.

[2] « Présentation des appareils de Leonardo Torres y Quevedo », in : *Les Machines à calculer et la Pensée humaine, Colloque international du CNRS, Paris, 8-13 janvier 1951,* Éditions du CNRS, Paris, 1953, p. 383-406.

TORRES Y QUEVEDO (L.)

[1] « Ensayos sobre Automatica. Su Definicion. Extension teorica de sus aplicaciones », in : RACE, 12/1913, p. 391-418 ; repr. aussi (en anglais) in : RANDELL, p. 87-105.

[2] « Arithmomètre électromécanique », in : BSEIN, 199/1920 (septembre-octobre), p. 588-589 ; repr. aussi in : RANDELL, p. 107-118.

TOUSTAINT (Dom) et TASSIN (R.H. Dom), in : *Nouveau Traité de diplomatique, par deux religieux bénédictins de la Congrégation de Saint-Maur,* Paris, 1757, chap. « Chiffres », vol. 3, p. 508-533.

TRAHTENBROT (B.A.), *Algorithmes et machines à calculer,* Dunod, Paris, 1963.

TRASK (M.), *The Story of Cybernetics,* Studio Vista, Londres, 1971.

TRENCHANT (J.), *L'Arithmétique... avec l'art de calculer aux jetons,* préface, Michel, Lyon, 1561.

TRICOT (J.)

[1] « L'algèbre des boules », in : SV, 734/1978 (nov.), p. 46-53.

[2] « 1940-1950 : Les premiers ordinateurs à programme enregistré », in : SV, n° 741, juin 1979, p. 114 *sq.*

TROPFKE (J.), *Geschichte der Elementarmathematik in systematischer Darstellung,* Berlin-Leipzig, 1930-1940, 3e éd., t. 1, p. 61 *sq.*

TRUESDELL (L.E.), *The Development of Punch Card Tabulation in the Bureau of the Census 1890-1940,* Department of Commerce, Bureau of the Census, Washington D.C., 1965.

TURCK (J.A.V.), *Origin of Modern Calculating Machines,* The Western Society of Engineers, Chicago, 1921 ; rééd. Arno Press, New York, 1972.

TURING (A.M.)

[1] « On Computable Numbers, with an application to the Entscheidungsproblem », in : PLMS, 2e série, 42/1936, p. 230-267.

[2] *Proposals for Development in the Mathematics Division of an Automatic Computing Engine (A.C.E.),* Rapport E. 882, Executive Committee, National Physical Laboratory, Teddington, Middlesex, 1945.

TURING (S.), *Alan M. Turing,* W. Heffer and Sons, Cambridge, 1959.

TYLOR (E.B.), *Primitiv Culture,* 2 vol., Londres, 1871 (éd. fr. : Paris, 1876).

UFFLER (H.J.), HONORÉ (E.) et TORCHEUX (E;), « Le calculateur universel "ANALAC 101" », in : OE, 405/1960 (décembre), p. 979-994.

ULAM (S.), « John von Neumann 1903-1957 », in : BAMS, 64/1958 (mai), p. 1-49.

UPASAK (C.S.), *The History and Palaeography of Mauryan Brahmi Script,* Nalanda, Patna, 1960. (Abrév. HPMBS.)

VAILLANT (G.), *The Aztecs of Mexico,* Pelican Books (1950). Trad. fr. par G. Stresser-Péan, Payot, Paris, 1951.

VAJOU (M.), « Alan Turing, ou la mécanisation de l'intelligence », in : SA, hors série, n° 49, septembre-octobre 1984.

VALÉRY (P.)

[1] *Variété,* I, Gallimard, Paris, 1924.

[2] *Variété,* IV, Gallimard, Paris, 1939.

[3] *Regards sur le monde actuel,* Stock, Paris, 1931.

VALLAT (F.), « Les tablettes proto-élamites de l'acropole de Suse (Campagne 1972) », in : DAFI, 3/1973, p. 93-104.

VALTAT (R.L.A.), « Calcul mécanique : machine à calculer fondée sur l'emploi de la numération binaire », in : CRAS, 202/1936, p. 1745-1748.

VAN BERCHEM (D.). « Tessères ou calculi ? Essai d'interprétation des jetons romains en plomb ». In : RN, 39/1936, p. 297-315.

VAN BERCHEM (M.), « Notes d'archéologie arabe. Monuments et inscriptions fatimides », in : JA, 1891-1892, p. 80 et 392.

VAN DER WAERDEN (B.L.), *Science Awakening,* Nordhoof, Groningen, 1954, t. 1, p. 47-49.

VANDIER (J.), *La Religion égyptienne,* PUF, Paris, 1949.

VAN HEIJENOORT (J.), *From Frege to Gödel, a Source Book in Mathematical Logic,* 1879-1931, Cambridge, Mass., 1967.

VAN NAME (R.), « On the Abacus of China and Japan », in : JAOS, X, p. CX.

VAUX (R. de), « Titres et fonctionnaires égyptiens à la cour de David et Salomon », in : RB, 48/1939, p. 394-405.

VEDA (Mannen) (sous la dir. de), *Daijiten* (Grand dictionnaire de caractères chinois), 1re éd. 1917 ; nouvelle éd. Kodansha, Tokyo, 1963.

VENTRIS (M.) et CHADWICK (J.), *Documents in Mycenaen Greek,* Cambridge University Press, Londres-New York, 1956. (Abrév. DMG.)

VERBRÜGGE (R.P.D.), « La vie des pionniers chinois en Mongolie », in : ANTH, 20/1925, p. 249 *sq.*

VERCORS, *Les Animaux dénaturés,* A. Michel, Paris, 1952.

VERCOUTTER (J.)

[1] « La Monnaie en Égypte », in : DAT, t. 2, p. 715-716.

[2] *L'Égypte ancienne,* coll. « Que sais-je ? », n° 247, PUF, Paris, 1973, 7e éd.

VERNUS (P.)

[1] « L'Écriture de l'Égypte ancienne », in : ESL, p. 61-77.

[2] « Espace et idéologie dans l'écriture égyptienne », in : ESIP, p. 101-114.

VERROUST (G.)
[1] *Structure d'un automate algorithmique universel : l'ordinateur,* séminaire du CNSNSM, CNRS, Orsay, 1965.
[2] *De la maîtrise du feu à une révolution de l'intelligence,* Conférence du MURS, Paris, décembre 1984.
[3] *La Révolution informationnelle du XXe siècle, une étape fondamentalement nouvelle de l'histoire des hommes,* European Philosophy Conference, 24-28 juin, Athènes, 1985.
[4] « Vers une civilisation de robots qui prendront la place de l'homme sur terre ? », in : SA, automne 1992.

VEZIN (J.), « Un nouveau manuscrit autographe d'Adhémar de Chabannes », in : BSNAF, 1965, p. 50-51.

VIEILLARD (G.), *L'Affaire Bull,* Spag-Chaix, Paris, 1968.

VIEILLE (J.), *Théorie générale des approximations numériques,* Paris, 1854.

VIEYRA (A.), *Les Assyriens,* Le Seuil, Paris, 1961.

VIGNAUD (J.), *Sentir.* Éditions universitaires, Paris, 1982.

VIGNERON (H.)
[1] « Les automates », in : NAT, 13 juin 1914, p. 56-61.
[2] L'arithmomètre de M. Torres y Quevedo », in : NAT, 7 août 1920, p. 89-93.

VIGOUROUX (F.) (sous la dir. de), *Dictionnaire de la Bible,* Paris, 1968.

VILLE (G.), *Dictionnaire d'archéologie,* Larousse, Paris, 1968. (Abrév. DB.)

VISSIÈRE (A.), « Recherches sur l'origine de l'abaque chinois et sur sa dérivation des anciennes fiches à calcul », in : BGHD, 1892, p. 54-80.

VOGEL (K.)
[1] *Die Grundlagen der ägyptischen Arithmetik in ihrem Zusammenhang mit der 2 : n [division de 2 par n] Tabelle der Papyrus Rhind,* Munich, 1929.
[2] *Mohammed ibn Mussa Alchwarizmi's Algorismus,* Aalen, 1963.

VOGT (H.), « Haben die alten Inder den Pythagoreischen Lehrsatz und das Irrationale gekannt ? » in : BMA, 7-3, p. 6-20.

VOIZOT (P.), « Les chiffres arabes et leur origine », in : NAT, 27/1899 (2^e semestre), p. 222.

VON BOHL (V.G.). Voir BOHL (V.G. von).

VON DER GABELENTZ (G. von der). Voir GABELENTZ (G. von der).

VON DORN (B.). Voir DORN (B. von).

VON FREYTAG LÖRINGHOFF (B.). Voir FREYTAG LÖRINGHOFF (B. von).

VON GABAIN (A.M.). Voir GABAIN (A.M. von).

VON JACOBS (H.). Voir JACOBS (H. von).

VON NEUMANN (J.). Voir NEUMANN (J. von).

VON SCHROEDER (L.). Voir SCHROEDER (L. von).

VON SCHULENBURG (W.). Voir SCHULENBURG (W. von).

VON SCHULER (E.). Voir SCHULER (E. von).

VON SODEN (E.). Voir SODEN (E. von).

VOSSIUS (I.)
[1] *Pomponii Meloe libri tres de situ orbis. Cum obss,* Isaaci Vossii Ed. secunda, Franckerae, 1700, 1re éd. 1658.
[2] *De Universae mathesos Natura et constitutione,* J. Blaeu, Amsterdam, 1660, p. 39-40.

WAESCHKE (H.), *Rechnen nach der indischen Methode. Das Rechenbuch des Maximus Planudes,* Halle, 1878.

WAGNER (G.), in : PGIFAO, 2/1971.

WAHRIG (G.), *Deutsches Wörterbuch,* Brockhaus Wiesbaden, Deutsche Verlags Austalt., Stuttgart, 1982.

WALLIS (J.)
[1] *Arithmetica Infinitorum,* Oxford, 1655.
[2] *Opera Mathematica,* Oxford, 1695, t. 2, p. 24.
[3] *A Treatise on Algebra, both Historical and Practical,* Londres, 1685.

WALTER (H.), *Tant qu'il y aura des langues,* Robert Laffont, Paris, 1994.

WANG FANG-YÜ, *Introduction to the Chinese Cursive Script,* New Haven, 1967.

WATCHER (G.), *Naturae et Scripturae Concordia,* Lipsiae et Hafniae, 1752.

WEIDLER (J.F.)
[1] *Spicilegium observationum ad historiam notarum numeralium pertinentium,* Wittembergae, 1755.
[2] *De characteribus numerorum vulgaribus et eorum aetatibus veterum monimentorum fide illustratis.* Dissertatio mathematica critica J.F. Weidlero et G.J. Weidlero, Wittembergae, 1727.

WEIK (M.H.), « The ENIAC Story », in : JAOA, janvier-février 1961, p. 3-7.

WEIL (G.)
[1] *Die Königslöse,* Berlin, 1929.
[2] « Abdjad », in : EIS (1re éd. 1913), I, p. 70.

WEISSENBORN (H.), *Zur Geschichte der Einführung der jetzigen Ziffern in Europa durch Gerbert,* Eine Studie, Berlin, 1892.

WELLS (P.-F.) et BILLOT (M.), *Perfumery Technology,* New York, 1981.

WENSICK (A.J.), « Subha », in : EIS (1re éd.).

WESSELY (J.E.), « Die Zahl neunundneunzig », in : MSPR, 1/1887, p. 113-116.

WEYL-KAILEY (L.), *Victoires sur les maths,* Robert Laffont, Paris, 1985.

WHITEHEAD (A.N.) et RUSSELL (B.), *Principia Mathematica,* 1re éd., Cambridge, G.-B., 1910-1913 ; 2e éd., Cambridge, Mass., 1925-1927.

WIEGER (L.), *Caractères chinois. Étymologie. Graphies. Lexiques,* 7e éd., Taiwan, 1963. (Abrév. CC.)

WIENER (N.), *Cybernetics, or Control and Communication in the Animal and the Machine,* Wiley, New York 1948.

WILHELM (R.), *Le Yi-King, le livre des transformations,* trad. fr. de E. Perrot, Librairie de Médicis, Paris, 1973.

WILKES (M.V.)
[1] « The Design of a Practical High-Speed Computing Machine », in : PRS, A 195/1948, p. 274-279.
[2] « Programme Design for a High-Speed Automatic Calculating Machine », in : JSI, 26/1949 (juin), p. 217-220.
[3] « Automatic Calculating Machines », in : JRSA, 4862/1951, vol. C, p. 56-90.
[4] « The EDSAC Computer », in : REDC, Joint AIEE-IRE Computer Conference, 10-12 dec. 1951, p. 79-83, American Institute of Electrical Engineers, New York, 1952.
[5] *Automatic Digital Calculators,* Methuen, Londres, 1956 ; trad. française Dunod, Paris, 1959.

[6] « Babbage as a Computer Pioneer », in : *Report of Proceedings, Babbage Memorial Meeting, London, 18 Oct. 1971,* British Computer Society, Londres, 1971.

[7] *Memoirs of a Computer Pioneer,* MIT Press, Cambridge, Mass., 1985.

WILKES (M.V.) et RENWICK (W.)

[1] « The EDSAC, an Electronic Calculating Machine », in : JSI, 26/1949 (décembre), p. 385-391.

[2] « The EDSAC (Electronic Delay Storage Automatic Calculator) », in : MTAC, 4/1950, p. 61-65.

WILKINSON (J.G.), *The Manner and Customs of the Ancient Egyptians,* 3 vol., Londres, 1837.

WILKINSON (J.H.), « The Automatic Computing Engine at the National Physical Laboratory », in : PRS, A 195/1948, p. 285-286.

WILLCOX (W.F.)

[1] « John Shaw Billings and federal vital statistics », in : JASA, 21/1926, p. 257-266.

[2] « Herman Hollerith », in : MTAC, 3/1948, p. 62-63.

WILLLIAMS (F.C.) et KILBURN (T.), « Electronic Digital Computers », in : NA, 162/1948 (septembre), p. 487.

WILLIAMS (F.H.), *How to operate the Abacus,* Londres, 1941.

WILLIAMS (L.P.), *Album of Science, the Nineteenth Century,* Charles Scribner's Sons, New York, 1978.

WILLIAMS (M.R.), *A History of Computing Technology,* Prentice-Hall, 1985.

WILLIAMS (T.I.), *A Short History of Twentieth Century Technology, 1900-1950,* Clarendon Press – Oxford University Press, Oxford, New York, 1982.

WILLICHIUS, *Arithmeticae libri tres,* Strasbourg, 1540.

WINKLER (A.), « Siegel und Charakters in der muhammedanischen Zauberei », in : SGKIO, 7/1930.

WINSTON (P.), *Artificial Intelligence,* Addison-Wesley, Reading, Mass., 1982.

WINTER (H.J.J.), « Formative influences in Islāmic sciences », in : AIHS 6/1953, p. 171-192.

WIT (C. de), « A propos des noms de nombre dans les textes d'Edfou », in : CDE, 37/1962, p. 272-290.

WOEPCKE (F.)

[1] *Sur l'Introduction de l'Arithmétique indienne en Occident,* Rome, 1857.

[2] « Mémoire sur la propagation des chiffres indiens », in : JA, 6-1/1863, p. 27-79 ; p. 234-290 ; p. 442-529. (Abrév. MPCI.)

[3] « Sur le mot *kardaga* et sur une méthode indienne pour calculer le sinus », in : NAM, 13/1854, p. 392 *sq.*

[4] « Sur une donnée historique relative à l'emploi des chiffres indiens par les Arabes », in : ASMF, 1855.

WOISIN, *De graecorum notis numeralibus,* Lipsiae, 1886.

WOLF (A.), *Calculating Machines, A History of Science, Technology and Philosophy in the Eighteen Century,* George Allen and Unwin, Londres, 1938.

WOLF (F.), *Theoretisch-praktische Zahlenlehre,* Berlin, 1832.

WOODRUFF (C.E.), « The Evolution of Modern Numerals from Tally Marks », in : AMM, août 1909.

WOOLEY (C.L.), *Ur Excavations : The Royal Cemetery,* Oxford University Press, Londres, 1934.

WRIGHT (W.), *Catalogue of Syriac manuscripts in the British Museum,* 3 vol., Londres, 1870. (Abrév. CSMBM.)

WUTTKE (H.), *Geschichte der Schrift und des Schriftums,* Leipzig, 1872, t. 1, p. 62 *sq.*

WYLD (H.C.), *The Universal Dictionary of the English Language,* Routledge and Kegan Paul Ltd, Londres, 1953.

YAMAMOTO (M.), *Kanjiasobi* [jeux de caractères chinois], Kodansha, Tokyo, 1985.

YELDHAM (F.A.), *The Story of Recknoning in the Middle Ages,* George C. Harrap and Co., Londres, 1926.

YON (M.), *Ratio et les mots de la famille de Reor,* Paris, 1933.

YOSHINO (Y.), *The Japanese Abacus Explained,* Dover Publ. Inc., New York, 1963 (1re éd. Tôkyô, 1937).

YOUSCHKEVITCH (A.P.)

[1] *Geschichte der Mathematik im Mittelalter,* Deutsche Übersetzung, Leipzig, 1964.

[2] *Les Mathématiques arabes,* Vrin, Paris, 1976. (Abrév. MAA.)

YOYOTTE (J.), « Commerce », in : DCE, p. 66 *sq.*

ZANGENMEISTER (K.), *Die Enstehung der römischen Zahlzeichen,* Berlin, 1887.

ZASLAVSKY (C.)

[1] « Black African Traditional Mathematics », in : MT, 63/1970, p. 345-352.

[2] *Africa Counts,* Prindle Webster and Schmidt, Boston, 1973.

ZERVOS (Ch)., *L'Art de l'époque du renne en France,* Paris, 1959.

ZIEGENBALG (B.), *Grammatica damulica,* Halae Saxonum, 1716.

ZUSE (K.)

[1] *Der Computer – Mein Lebenswerk,* Verlag Moderne Industrie, Munich, 1970.

[2] « German Computer Activities », in : CTF, p. 6/13-6/17.

[3] « Installation of the German Computer Z 4 in Zurich in 1950 », in : AHC, 2-3/1980 (juillet).

RÉFÉRENCES BIBLIOGRAPHIQUES PAR THÈMES

Chaque thème donne, par ordre alphabétique, le nom des auteurs qui ont écrit sur le sujet, et que l'on retrouvera dans les *Références bibliographiques par auteurs.*

S'il y a plusieurs titres par auteur, ceux-ci sont souvent classés par ordre pédagogique de [1] à [x]. Le rappel de ce numéro d'ordre figure ici entre crochets en lieu et place du titre.

Les sigles signalés par un astérisque sont référencés dans la liste des *Abréviations,* p. 769.

Les mots en italique renvoient à d'autres entrées de la présente bibliographie thématique en se succédant dans un ordre également pédagogique.

ABAQUES. Anonyme [4]. Apokin et Maistrov. Barnard. Baxandall. Biot. Blanchet et Dieudonné. Bohl (von). Bouyou-Moreno. Brieux. Bruns. Cajori [1]. Cheng Tsu-Lung. Daremberg et Saglio. Datta. Datta et Singh. Dédron et Itard. Fettweis. Friedlein. Guillaume (E.). Guitel. Haberman. Hall. Heath (T.L.). Henderson. Hultzsch. Iyer. Kaye [3]. Knott. König. Kretzschmer et Heinsius. Kubitschek. Kuckuck. Liebermann (S.J.) [1]. Loehr. Mazaheri. Menninger. Moon. Mugler. Nagl. Needham. Payen (J.F.). Pullam. Reichlen. Rodet [1]. Rohrberg. Scesney. Schodt (de). Schrimpf. Shigeru. Simons. Smith [5]. Smith et Karpinski. Smith et Mikami. Smith et Salih. Taton et Flad. Terrien de Lacouperie. Tricot. Van Berchem. Van der Waerden. Van Name. Vissière. Williams (F.H.). Yoshino.

ABAQUES : ARABES. Gandz. Mazaheri. Menninger. Smith et Salih. Souissi. Woepcke. Youschkevitsch. Voir aussi *Abaques indiens.* CHINOIS. Biot. Cheng Tsu-Lung. Guitel. Knott. Menninger. Needham. Schrimpf. Terrien de Lacouperie. Van Name. Vissière. Voir aussi *Bouliers.* EUROPÉENS (Moyen Age et Renaissance). Barnard. Blanchet et Dieudonné. Brieux. Dédron et Itard. Fettweis. Friedlein. Hall. Henderson. König. Loehr. Menninger. Payen (J.F.). Reichlen. Schodt (de). Taton et Flad. Voir aussi *Abaques romains.* GRECS (Antiquité). Daremberg et Saglio. Friedlein. Guitel. Heath (T.L.). Hultzsch. Kretzschmer et Heinsius. Kubitschek. Nagl. Van der Waerden. INDIENS. Allard. Cajori [1]. Datta et Singh. Iyer. Kaye [3]. MÉSOPOTAMIENS. Liebermann (S.J.) [1]. ROMAINS. Cajori. Cantor. Daremberg et Saglio. Friedlein. Guitel. Hultzsch. Kretzschmer et Heinsius. Menninger. Mugler. Nagl. Smith (D.E.) [2], [5]. Voir aussi *Abaques grecs.*

et machines algébriques. DE KANN. Voir *Appareils et machines algébriques.* DE KEMPE. Voir *Appareils et machines algébriques.* DE LALANNE. Voir *Appareils et machines algébriques.* DE LUCAS. Voir *Appareils et machines algébriques.* DE ROUS. Voir Anonyme [4]. Baxandall [1]. Jacob (L.). Ocagne (d'). Voir aussi *Instruments arithmétiques.* DE ROWNING. Voir *Appareils et machines algébriques.* DE WRIGHT. Voir *Appareils et machines algébriques.*

APPAREILS ET MACHINES ALGÉBRIQUES. Anonyme [4]. Baxandall [1]. Jacob (L). Mehmke. Mehmke et d'Ocagne. Ocagne (d'). Santesmases. Torres-Quevedo. Torres y Quevedo. Voir aussi *Calcul analogique (Histoire du).*

ARABE-FRANÇAIS (Dictionnaire d'). Mounged.

ARABES. Voir *Civilisation arabo-islāmique.*

ARANDA (Peuples d'Australie). Gerschel. Sommerfelt.

ARCHÉOLOGIE (Dictionnaire d'). Cottrel. Rachet. Ville.

ARCHÉOLOGIE DE LA BIBLE (Dictionnaire d'). Collectif [4].

ARCHÉOLOGIE DES TECHNIQUES (Dictionnaire d'). Collectif [3].

ARCHIMEDES (Calculatrice nommée. Anonyme [4]. Baxandall [1]. Beauclair. Dyck.

ARGILE (Écriture sur). Amiet. Chiera. Deimel. Falkenstein. Higounet. Idoux. Powell. Labat.

ARITHMAUREL (de Maurel et Jayet). Anonyme [4]. Baxandall [1]. Jacob (L). Mehmke. Mehmke et d'Ocagne. Ocagne (d').

ARITHMÉTIQUE (Histoire de l'). Al 'Amuli. Allard. Boncompagni. Boyer [2]. Bruns. Cajori. Conant. Dantzig. Datta et Singh. Dhombres. Eels. Fettweis. Filon. Gouda. Halsted. Karpinski [1]. Levey et Petruck. Lévy-Bruhl. Lucas. MacGee. Menninger. Natucci. Ore. Schmidl. Scriba. Seidenberg. Smith et Karpinski. Tylor. Zaslavsky. Voir aussi *Calcul approché (Histoire du). Calcul arithmétique (Histoire du). Calcul exact (Histoire du). Mathématiques (Histoire des). Sciences (Histoire des).*

ARITHMÉTIQUE CONCRÈTE. Voir *Abaques. Arithmétique (Histoire de l'). Bouliers. Calcul arithmétique (Histoire du). Calculi (du Proche-Orient). Calculi (latins). Compte digital. Compte digital : à Rome, en Chine, en Égypte, en Europe médiévale, en Inde, en Islām. Cordelettes à nœuds (Systèmes de comptabilité sur des). Entaille (Pratique de l'). Quipu (inca). Ryû-Kyû.*

ARITHMOGRAPHE : DE CLABOR. Anonyme [4]. Baxandall [1]. Jacob (L.). Ocagne (d'). Voir aussi *Instruments arithmétiques.* DE TRONCET. Anonyme [4]. Baxandall [1]. Dyck. Gallon. Jacob (L.). Mehmke. Mehmke et d'Ocagne. Ocagne (d'). Voir aussi *Instruments arithmétiques.*

ARITHMOMÈTRE : DE THOMAS. Anonyme [4], [8]. Baxandall [1]. Beauclair. Booth et Booth. Chase. Eames et Eames. Favier et Thomelin. Galle. Horsburgh. Hoyau. Jacob (L.). Ligonnière [1]. Mehmke. Mehmke et d'Ocagne. Moreau [4]. Ocagne (d'). Prieb. Sebert [1]. Wolf. DE TORRES Y QUEVEDO. Eames et Eames. Jacob (L.). Ocagne (d'). Randell [1], [4]. Santesmases. Torres-Quevedo. Torres y Quevedo [1], [2]. Vigneron. Wilkes [5].

ARROW (Calculatrice nommée). Baxandall [1].

ASCC (Calculateur analytique nommé). Aiken. Aiken et Hopper. Anonyme [10]. Beauclair. Chase. Comrie [6]. Couffignal [9]. Eames et Eames. Hartree [4]. Hopper. Huskey. Ligonnière [1]. Metropolis, Howlett et Rota. Moreau [4]. Pérès, Brillouin et Couffignal. Randell [1]. Tricot [2]. Wilkes [5].

ASTROLABES. Brieux et Maddison. Destombes. Dorn. Gunter. Michel.

BIBLE (Dictionnaire de la). Botté. Collectif [4]. Gerard. Vigouroux.

BINAC (Ordinateur nommé). Beauclair. Eames et Eames. Huskey. Ligonnière [1]. Metropolis, Howlett et Rota. Moreau [4] Stern [1]. Tricot [2].

BIOGRAPHIE : D'ADA LOVELACE. Stein. Voir aussi *Informatique (Histoire de l'). Pionniers de l'informatique.* D'ALAN TURING. Hodges. Turing (S.). Voir aussi *Informatique (Histoire de l'). Pionniers de l'informatique.* DE CHARLES BABBAGE. Ashurst. Dubbey. Halacy. Hyman. Morrisson et Morrisson. Moseley. Rosenberg. Wilkes [6], [7]. Voir aussi *Informatique (Histoire de l'). Pionniers de l'informatique.* DE HERMAN HOLLERITH. Ashurst. Austrian. Blodgett et Schultz. Rosenberg. Voir aussi *Information (Histoire de l'). Pionniers de l'informatique.* DE JOHN VON NEUMANN. Heims. Ulam. Voir aussi *Informatique (Histoire de l'). Pionniers de l'informatique.*

BIOGRAPHIE DES SCIENTIFIQUES. Voir *Histoire des sciences (Dictionnaire biographique de l').*

BOTOCOUDOS (Peuple du Brésil). Tylor.

BOUDDHISME (Encyclopédie du). Friedrichs, Fischer-Schreiber, Erhard et Diener. Voir aussi *Religions de l'Inde.*

BOULIERS. Anonyme [4]. Apokin et Maistrov. Baxandall. Bell. Bohl (von). Bouyou-Moreno. Cordier. Goschkewitsch. Haberman. Haguenauer. Knott. Menninger. Needham. Rodet [1]. Rohrberg. Scesney. Schrimpf. Shigeru. Smith (A.H.). Smith (D.E.) [2]. Smith et Mikami. Terrien de Lacouperie. Tricot [1]. Van Name. Vissière. Williams (F.H.). Yoshino.

BRITANNIC (Calculatrice nommée). Baxandall [1].

BRUNSVIGA (Calculatrice nommée). Anonyme [4]. Baxandall [1]. Beauclair. Comrie. Dyck. Jacob (L.). Ocagne (d'). Taton et Flad.

BUGILAI (Peuple de l'ex-Nouvelle-Guinée). Chalmers.

BULL (Histoire du groupe et des machines). Connolly. *HIF.1. *HIF.2. Ligonnière [1]. Moreau [4]. Mounier-Kuhn. Ploton. Vieillard.

CAISSES ENREGISTREUSES. Anonyme [4], [6]. Baxandall [1]. Beauclair. Jacob (L.). Ocagne (d'). Taton et Flad.

CALCUL ANALOGIQUE (Histoire du). Adler, Bormann, Kammerer, Kerner et Lehmann. Baxandall [1]. Bush. Crank. Danloux-Dumesnils. Dorolle. Dyck. Eames et Eames. Font, Quiniou et Verroust. Galle. Harris. Horsburgh. Huskey et Huskey. Korn et Korn. Mehmke. Morin (de). Ocagne (d'). Pelegrin. Randell. Raymond [1]. Santesmases. Torres-Quevedo. Torres y Quevedo. Uffler, Honoré et Torcheux. Voir aussi *Calculateurs analogiques.*

CALCUL ANALYTIQUE (Histoire du). Adler, Bormann, Kammerer, Kerner et Lehmann. Aiken. Aiken et Hopper. Alt. Andrews. Anonyme [8], [10], [11], [12], [15], [18]. Ashurst. Babbage (Ch.). Babbage (H.P.). Bashe. Bashe, Johnson, Palmer et Pugh. Bernstein. Booth et Booth. Bowden. Boys. Bromley. Burks et Burks. Ceruzzi. Cesareo. Couffignal [3], [4], [5], [6]. Desmonde. Eames et Eames. Eckert. Eckert, Mauchly, Goldstine et Brainerd. Eckert (W.J.) [2]. Edwards. Goldstine et Goldstine. Good. Halacy. Hartree. Hodges. Hurt [1]. Huskey et Huskey. Hyman. Juley. Lavington. Legard, McQuaid et Singer. Ligonnière. Lovelace. Ludgate. Lyndon. McPherson, Hamilton et Seeber. Menabrea. Michie. Moreau [4]. Morrisson et Morrisson. Moseley. Murray. Newman [1]. Ocagne (d'). Pérès, Brillouin et Couffignal. Phelps. Ploton. Randell. Rosenberg. Santesmases. Stibitz. Torres-Quevedo. Torres y Quevedo. Vigneron [2]. Weik. Zuse. Voir aussi *Calculateurs analytiques. Informatique (Histoire de l').*

mécanique (Applications scientifiques du). Mécanographie (Applications scientifiques de la). Informatique (Histoire de l'). Machines à structure de Babbage.

CALCULATEURS CRYPTANALYTIQUES. Voir *Colossus.*

CALCULATEURS PRODIGES. Binet. Blin. Braeunig. Brandebourg (V.) [1] et [2]. Bobynin. Byrd. David. Jacob (L.). Jacoby. Labadié. Laurent. Ocagne (d'). Regnault. Scripture. Stone.

CALCULATRICES DITES CLASSIQUES. Voir *Calcul mécanique (Histoire du). Machines à calculer.*

CALCULATRICES ÉLECTRONIQUES DE POCHE. Ifrah [3].

CALCULI (du Proche-Orient). Aboul-Souf. Amiet [1], [5], [6]. Bordaz. Bostanci. Braidwood et Howe. Cambel et Braidwood. Contenson (de). Coon. French. La Fuye (de). Belaiew. Mecquenem (de) et Unvala. Langsdorf et McCown. Lenzen. Liebermann (S.J.) [1]. Mackay [1], [2]. Moore. Mortenson. Oppenheim. Perrot. Pumpelly. Schmandt-Besserat. Speiser. Thompson et Mallowan. Tobler. Wooley.

CALCULI (latins). Voir *Jetons de calcul.*

CALENDRIERS. Bowditch. Burland. Caso. Cordoliani. Couderc. Cunningham [2]. Förstemann. Frédéric [1], [4], [5], [8]. Gates. Gerschel. Grotefend. Guitel [4], [5]. Kingsborough. Lithberg. Marcus. Matricon et Roumette. Morley. Peterson. Renou et Filliozat. Riegl. Ross. Satterthwaite. Schnippel. Soustelle. Spinden. Stresser-Péan. Teeple. Thompson (J.E.). Vaillant. Voir aussi *Astronomie (Histoire de l').*

CAMBODGE ANCIEN. Voir *Civilisations de l'Asie du Sud-est.*

CATALOGUES DE MACHINES A CALCULER. Anonyme [4], [8]. Baxandall [1]. Dyck. Gallon. Voir aussi *Instruments arithmétiques. Calcul mécanique. Machines à calculer. Calcul analogique. Instruments et machines analogiques.*

CHAMPA. Voir *Civilisations de l'Asie du Sud-Est.*

CHIFFRES. Aggoula. Aharoni. Alwis (de). Al Bīrūnī [2]. Anonyme [1]. Avigad. Aymonier. Bagge. Baillet, Milik et de Vaux. Barnett. Barth et Bergaigne. Barton. Bayley. Beaujouan. Becker et Hoffmann. Beziau. Bharat. Biot. Birch. Birot. Blackman. Bloch. Borchardt. Borger. Bowditch. Brandenstein et Mayrhoffer. Brice. Brieux et Maddison. Brugsch. Bruins et Rutten. Bryce. Bubnov [3]. Bühler. Burland. Buonanicci. Burnam. Burnell. Burney. Cagnat. Cahen et Serjeant. Cajori [1]. Caldwell. Calmet (Dom). Cameron. Campbell. Cantera et Millas. Cantineau. Carey. Carra de Vaux [2]. Chalfant. Charter. Chavannes (de). Chodzko. * CIE. * CIL. * CIS. Coedès. Coedès et Parmentier. Cohen (M.). Colebrooke. Colin. Conrady. Costaz. Crouzet, Andraud et Font. * CSKBM. Cunningham. * DAE. Damais. Daremberg et Saglio. Datta. Datta et Singh. Decourdemanche. De Hollander. Deimel. Desgranges. Destombes. Domluvil. Donner et Röllig. Dong Zuobin. Drioton et Vandier. Drummond. Dupiney de Vorepiere. Durand (J.M.) [2], [3]. Duval. Edgar. *EI. *EIS. Erichsen. Euting. Evans. Evans et Myres. Falkenstein. Fekete. Février. Filliozat (J.). Finkelstein. Finot. Fleet. Folkerts. Forbes. Förstemann. Foucaux. Franz. Frey. Frédéric [1]. Friedrich. Gamurrini. Ganor. Gandz. Gardiner. Garett Winter. Gates. Gautier. Genouillac (de). Geraty. Gerschel. Gibson. Giles. Gmür. Godart et Olivier. Godron. Goldschmidt. Goldstein. Grohmann. Grotefend. Grumach. Guarducci. Guéraud et Jouguet. Guitel [1], [2], [3], [4]. Gundermann. Hager. Haldane. Halhed. Hall (H.). Hallock. Hatch. Hill. Hincks. Hinz. Höfner. Homeyer. Hrozny. Hübner. Huet. Hultzsch. * IA. Ifrah. Indrâji. * IR. Irani. Jacquet. Jekinson. Jensen. Jestin. Jouglet. Kadman. Kantor. Kaplony. Karpinski [2]. Kaufman. * KaV. Kaye. Kazem-Zadeh. Keimer. Kent.

Kerkhof. Kingsborough. Kleinwächter. Knott. Kovalevski. Kraeling. Lambert (Maur.). Lambrick. Langdon. Larfeld. Laroche. Latter. Lattin. Le Brun et Vallat. Lefebvre. Lemaire. Lemaire et Vernus. Lemay. Lidzbarski. Lithberg. Littmann. Luckenbill. Lyon. Mackay [3], [4]. Mac Kerrell. Malherbe. Mallon. Marshall. Martin. Maspéro (H.). Masson. Mathews. Mazaheri. * MDP. Mecquenem (de). Meillet. Menendez Pidal. Menninger. Meriggi. Meyer. Mieli. Milik. Millas Vallicrosa. Mingana. Möller. Mommsen. Müller. Naveh. Needham. Neugebauer. Neugebauer et Sachs. Negev. Ninni. Noth. Nougayrol. Ojha. Ozguç. Parker. Parpola, Koskenniemi, Parpola et Aalto. Peet (J.). Peignot et Adamoff. Perny. Pihan. Pinches et Strasmaier. Piotrovsky. Poebels. Poole. Powell. Prinsep. Prou. Quibell. Rainey. Rashed et Aḥmed. Rask. Rawlinson. Reinach. Reinaud. Reisner. Renou et Filliozat. * RÉS. Reychman et Zajackowski. Rhenius. Riegl. Rodinson. Rong Gen. Rosny (de). Ross. Ruelle. Ruska. Rutten. Sachau. Sacy (de). Sainte-Fare Garnot. Satterthwaite. Sanchez Perez. Sauneron. Scheil. Schnippel. Scholem. Schrimpf. Schroeder (von). Schuler (von). Scott. * SE. Segal. Seider. Seler. Senart. Sethe. Shafer. Sircar. Sivaramamurti. Skaist. Škarpa. Smith (D.E.). Smith (V.A.). Smith et Karpinski. Stebler. Socin et Brockelmann. Soden (von). Solla Price (de). Sottas et Drioton. Soubeyran. Soustelle. Stack. Stewart. Stresser-Péan. Sutton. Taton [1]. Taylor. Terrien de Lacouperie. Thompson (J.E.). Thureau-Dangin. Till. Tischendorf. Tisserant. * TLE. Tod. Tropfke. Upasak. Ventris et Chadwick. Vercoutter. Vissière. Wagner. Wieger. Woepcke. Wright. Wuttke. Yamamoto. Youschkevitch. Ziegenbalg.

CHIFFRES : AKKADIENS (Mésopotamie). Birot. Borger. Finkelstein. Gautier. Luckenbill. Lyon. Nougayrol. Soden (von). Thureau-Dangin [2], [7]. ÂNDHRA (Inde). Bühler. Datta et Singh. Ojha. « ARABES » (Origine et évolution des chiffres dits arabes). Bayley. Beaujouan [1], [2], [4], [5], [6]. Becker et Hoffmann. Beziau. Bharat. Bubnov [2]. Bühler. Calmet (Dom). Carra de Vaux [2]. Coedès [2]. Colebrooke. Datta. Datta et Smith. Destombes [2]. Drummond. Filliozat. Fleet. Folkerts. Gandz. Goldschmidt. Guitel [4]. Hager. Haldane. Hill. Huet. Hultzsch. Indrâji. Karpinski [2]. Kaye. Kleinwächter. Lattin. Lemay. Martin. Mazaheri. Menendez Pidal. Menninger. Mieli. Mingana. Ojha. Prinsep. Peignot et Adamoff. Reinaud. Renou et Filliozat. Sanchez Perez. Schroeder (von). Senart. Sircar. Sivaramamurti. Smith (D.E.) [2]. Smith et Karpinski. Smith (V.A.). Stack. Sutton. Taton [1]. Taylor. Upasak. Woepcke. ARABES (Système numéral alphabétique). Brieux et Maddison. Colin. Decourdemanche. Destombes [1]. Grohmann. Irani. Pihan. Ruska. Socin et Brockelmann. Woepcke. Youschkevitsch. ARABES (Systèmes des administrations). Voir *Chiffres : coptes (Islām), dīwānī, Siyāq.* ARABES (Systèmes d'origine indienne). Voir *Chiffres : « arabes », ghubār, hindi.* ARAMÉENS. Baillet, Milik et Vaux (de). * CIS. Donner et Röllig. Geraty. Kraeling. Milik. Sachau. ARAMÉO-INDIENS. Voir *Chiffres : araméens, kharoshthî, sémitiques occidentaux.* ARMÉNIENS (Système numéral alphabétique). Meillet. Pihan. Voir aussi *Écriture arménienne.* ASSYRO-BABYLONIENS (Système courant). Voir *Chiffres akkadiens.* AZTÈQUES. Burland. Guitel [1], [4]. Kingsborough. Ross. Seler. Soustelle. BABYLONIENS (Système savant). Bruins et Rutten. Garett-Winter. Goldstein. Guitel [4]. Hincks. Irani. Neugebauer [6], [7], [8], [9], [10]. Neugebauer et Sachs. Pinches et Strasmaier. Rawlinson. Rutten. Soubeyran. Thureau-Dangin [3], [4], [6], [7], [8]. Tropfke. Woepcke. Youschkevitch. BALINAIS. Renou et Filliozat. BALINAIS ANCIENS. Voir *Chiffres kawi.* BENGALÎ (Inde). Frédéric [1]. Halhed. Pihan. Renou et Filliozat. BIRMANS. Carey. Datta et Singh. Latter. Malherbe. Pihan. BRÂHMÎ (Inde). Bayley [2]. Bühler. Cunningham. Datta et Singh. Février. Fleet. Hultzsch. Indrâji [1]. Ojha. Prinsep. Renou et Filliozat. Senart. Sircar. Sivaramamurti. Smith (V.A.). Taylor. Upasak. CHÂLUKYA (Inde). Bühler. Datta et Singh. Ojha. CHAM (Champa). Barth et Bergaigne. Coedès. Coedès et Parmentier. Finot. CHINOIS (Système archaïque). Chalfant. Dong Zuobin. Maspéro (H.). Needham. Perny. Rong Gen. Wieger. CHINOIS (Système savant). Biot. Guitel. Knott. Menninger. Needham. Schrimpf. Terrien de Lacouperie. Vissière. CHINOIS (Système traditionnel). Chalfant. Chavannes (de). Giles. Guitel [4]. Maspéro (H.). Mathews. Menninger. Needham. Perny. Pihan. Yamamoto. CHYPRO-MINOENS. Voir *Chiffres crétois*. COPTES (Antiquité). Mallon. Till. COPTES (Islām). Pihan. Sacy (de). CRÉTOIS. Evans. Evans et Myres. Godart et Olivier. Masson. Ventris et Chadwick. CRÉTO-MYCÉNIENS. Voir *Chiffres crétois*. CUNÉIFORMES. Voir *Argile (Écriture sur)*. DEVANÂGARÎ (Inde). voir *Chiffres nâgarî*. DĪWĀNĪ (Islām). Pihan. Sacy (de). ÉGYPTIENS (Système démotique). Erichsen [1], [2]. Parker [2]. ÉGYPTIENS (Système hiératique). Aharoni. Birch. Ganor. Gibson. Kaufman. Kerkhof. Lemaire. Lemaire et Vernus. Möller. Negev. Noth. Rainey. Sainte-Fare Garnot. Sauneron. Scott. ÉGYPTIENS (Système hiéroglyphique). Barguet. Blackman. Borchardt. Brugsch. Chassinat. Drioton et Vandier. Fairman. Gardiner. Godron. Goyon. Guitel [4]. Kantor. Kaplony. Keimer. Lefebvre. Quibell. Reisner. Sauneron. Sethe. Scott. Sottas et Drioton. Vercoutter. Wit (de). ÉTHIOPIENS. Cohen (M.). * DAE. Littmann. Pihan. ÉTRUSQUES. Bloch. Buonamicci. * CIE. Gamurrini. * SE. *TLE. EUROPÉENS (Apices et Algorismes du Moyen Age). Beaujouan [1], [2], [4], [5], [6]. Folkerts. Hill. Smith (D.E.). Smith et Karpinski. Voir aussi *Chiffres « arabes »*. GANGA (Inde). Bühler. Datta et Singh. Ojha. GÉORGIENS (Système numéral alphabétique). Cohen (M.). Février. Friedrich [3]. Jensen. Pihan. GHUBĀR (Arabes occidentaux). Gandz. Karpinski [2]. Menninger. Sanchez Perez. Smith (D.E.) [2]. Smith et Karpinski. Woepcke. Voir aussi *Chiffres « arabes »*. GOTIQUES (Système numéral alphabétique). Cohen (M.). Février Menninger. GRECS (Systèmes acrophoniques). Daremberg et Saglio. Franz. Guarducci. Guitel [4]. Gundermann. Larfeld. Reinach. Tod. GRECS (Systèmes numéral alphabétique). Crouzet, Andraud et Font. Daremberg et Saglio. Edgar. Guéraud et Jouguet. Guarducci. Guitel [4]. Larfeld. Poole. Ruelle. Seider. Solla Price (de). Tischendorf. Tod. Wagner. GUJARÂTÎ (Inde). Drummond. Forbes [W]. Frédéric [1]. Pihan. GUPTA (Inde). Bühler. Datta et Singh. Ojha. Smith et Karpinski. GURÛMUKHÎ (Inde). Datta et Singh. Stack. ḤATRÉENS. Aggoula. Naveh. Voir aussi *Chiffres sémitiques occidentaux*. HÉBRAÏQUES (Système numéral alphabétique). Avigad. Cantera et Millas. Gibson. Frey. * IR. Kadman. Milik. Naveh. Scholem. Tisserant. HÉBRAÏQUES (Système de l'époque perse). Baillet, Milik et de Vaux. Geraty. Kraeling. Milik. Sachau. HÉBRAÏQUES (Système de l'époque royale israélite). Aharoni. Ganor. Gibson. Kaufman. Kerkhof. Lemaire. Lemaire et Vernus. Negev. Noth. Rainey. Scott. HINDI (Arabes orientaux). * EIS. Peignot et Adamoff. Pihan. Sacy (de). Smith et Karpinski. Voir aussi *Chiffres « arabes »*. HITTITES (Système cunéiforme). Friedrich [1], [2]. HITTITES (Système hiéroglyphique). Hrozny. Laroche. Meriggi. Ozguç. INDIENS. Al Bīrūnī [2]. Bayley. Bühler. Burnell. Datta et Singh. Drummond. Filliozat (J.). Fleet. Frédéric [1], [2]. Hultzsch. Indrâji. Jacquet. Kaye. Ojha. Prinsep. Renou et Filliozat. Senart. Sircar. Sivaramamurti. Smith (V.A.). Smith et Karpinski. Stack. Sutton. Upasak. Woepcke. Voir aussi *Chiffres* : *« arabes », ândhra, bengalî, brâhmî, châlukya, ganga, gujarâtî, gupta, gurûmukhî, kaithî, kannara, kharoshthî, kshatrapa, kushâna, maithilî, malayâlam, marâthî, mathurâ, nâgarî, nepâlî, oriyâ, pallava, panjâbî, śhaka, śhârada, śhunga, sindhî, tâkarî, tamil, telugu, valabhî*. INDUSIENS. Voir *Chiffres proto-indiens*. JAVANAIS (modernes). De Hollander. Pihan. JAVANAIS (anciens). Voir *Chiffres kawi*. KAITHÎ (Inde). Datta et Singh. KANNARA (Inde). Burnell. Datta et Singh. Mac Kerrell. Pihan. Renou et Filliozat. KAWI (vieux javanais). Burnell. Damais. Renou et Filliozat. KHAROSHTHÎ (Inde). Bühler. Datta et

Singh. Euting. Fleet. Ojha. Prinsep. Renou et Filliozat. Senart [1]. Smith et Karpinski. Smith (V.A.). KSHATRAPA (Inde). Bühler. Datta et Singh. Ojha. Smith et Karpinski. KUSHÂNA (Inde). Bühler. Datta et Singh. Ojha. Smith et Karpinski. LATINS. Burnam. Cagnat. Daremberg et Saglio. Dupiney de Vorepiere. Guitel [4]. Hübner. Mommsen. Prou. Menninger. Meyer. Voir aussi *Chiffres romains.* LYCIENS. Bryce. Friedrich [1]. Shafer. MAITHILÎ (Inde). Datta et Singh. MALAYÂLAM (Inde). Drummond. Frédéric [1]. Peet (J.). Pihan. Renou et Filliozat. MARÂTHÎ (Inde). Drummond. Frédéric [1]. Pihan. MARIOTES (Mésopotamie). Durand [2], [3]. Soubeyran. MATHURÂ (Inde). Bühler. Datta et Singh. Ojha. MAYA (Système savant). Bowditch. Förstemann. Gates. Guitel [4]. Kingsborough. Satterthwaite. Stresser-Péan. Thompson (J.E.). MÉSOPOTAMIENS. Voir *Mésopotamiens (Chiffres).* MINÉENS. Voir *Chiffres sudarabiques.* MINOENS. Voir *Chiffres crétois.* MONGOLS. Kovalevski. Pihan. NABATÉENS. Cantineau. Lidzbarski. Voir aussi *Chiffres sémitiques occidentaux.* NÂGARÎ (Inde). Bühler. Datta et Singh. Desgranges. Frédéric [1]. Guitel [4]. Ojha. Pihan. Renou et Filliozat. Smith et Karpinski. NEPÂLÎ (Inde et Nepâl). Bendall. Bühler. Datta et Singh. Ojha. Renou et Filliozat. Smith et Karpinski. ORIYÂ (Inde). Frédéric [1]. Pihan. Renou et Filliozat. Sutton. PALLAVA (Inde). Bühler. Datta et Sing. Ojha. PALMYRÉNIENS. Cantineau. Lidzbarski. Voir aussi *Chiffres sémitiques occidentaux.* PANJÂBÎ (Inde). Anonyme [1]. Frédéric [1]. Pihan. PHÉNICIENS. Cantineau. Lidzbarski. Voir aussi *Chiffres sémitiques occidentaux.* PROTO-ÉLAMITES. Brice. Langdon. Le Brun et Vallat. * MDP. Mecquenem (de). Meriggi. Scheil. PROTO-INDIENS. Mackay [3], [4]. Marshall. Parpola, Koskenniemi, Parpola et Aalto. ROMAINS. Burnam. Cagnat. Cajori [1]. * CIL. Conrady. Daremberg et Saglio. Domluvil. Dupiney de Vorepiere. Février. Gerschel. Gmür. Grotefend. Guitel [4]. Hall (H.). Homeyer. Hübner. Mommsen. Prou. Jekinson. Jouglet. Lithberg. Menninger. Meyer. Müller. Ninni. Philippe (A.). Riegl. Schnippel. Škarpa. Stebler. Wuttke. SABÉENS. Voir *Chiffres sudarabiques.* SÉMITIQUES OCCIDENTAUX. Aggoula. Baillet, Milik et de Vaux. Cantineau. * CIS. Datta et Singh. Donner et Röllig. Euting. Fleet. Geraty. Grumach. Kraeling. Lidzbarski. Milik. Naveh. Prinsep. Sachau. Segal. Senart [1]. Skaist. Smith (V.A.). ŚHAKA (Inde). Bühler. Datta et Sing. Ojha. ŚHÂRADÂ (Inde). Datta et Singh. * KaV. Kaye [7]. Pihan. Renou et Filliozat. Smith et Karpinski. ŚHUNGA (Inde). Bühler. Datta et Singh. Indrâji [1]. Renou et Filliozat. Smith et Karpinski. SIAMOIS (Thailande). Voir *Chiffres thai-khmer.* SINDHÎ (Inde). Frédéric [1]. Pihan. Stack. SINGHALAIS. Voir *Chiffres sinhala.* SINHALA (île de Ceylan). Alwis (de). Charter. Frédéric [1]. Lambrick. Pihan. Rask. Renou et Filliozat. SIYĀQ (Empire turc ottoman). Cahen et Serjeant. Decourdemanche. Fekete. Pihan. Reychman et Zajackowski. SIYĀQ (Perse islāmisée). Chodzko. Forbes. Kazem-Zadeh. Pihan. Stewart. SUDARABIQUES. * CIS IV. * RES. Cohen (M.). Février. Höfner. Littmann. Rodinson. SUMÉRIENS. Barton. Birot. Deimel [2]. Falkenstein. Finkelstein. Gautier. Genouillac (de). Guitel [2], [4]. Jestin. Lambert (Maur.). Menninger. Neugebauer [2], [3]. Poebels. Powell. Thureau-Dangin [2], [7]. SYRIAQUES (Système archaïque). Voir aussi *Chiffres sémitiques occidentaux.* SYRIAQUES (Système numéral alphabétique). Cohen (M.). Costaz. Duval. Février. Hatch. Pihan. Wright. TÂKARÎ (Inde). Datta et Singh. TAMIL (Inde). Burnell. Caldwell. Frédéric [1]. Pihan. Renou et Filliozat. Rhenius. Ziegenbalg. TELUGU (Inde). Burnell. Campbell. Datta et Singh. Pihan. Renou et Filliozat. Smith et Karpinski. THAI-KHMER (Asie du Sud-Est). Malherbe. Pihan. Rosny (de). TIBÉTAINS. Foucaux. Pihan. Renou et Filliozat. Smith et Karpinski. URARTÉENS. Barnett. Burney. Piotrovsky. Schuler (von). VALABHÎ (Inde). Bühler. Datta et Singh. Ojha. VIEUX KHMER (Cambodge). Aymonier. Coedès. Finot. Guitel. VIEUX PERSE. Brandenstein et Mayrhoffer. Cameron. Hallock. Hinz. Kent. ZAPOTÈQUES. Caso. Marcus.

CHINE. Voir *Civilisation chinoise.*

CHINOIS (Dictionnaire de langue et d'écriture du). Veda. Wieger.

CHINOIS-ANGLAIS (Dictionnaire). Giles. Mathews.

CHRONOGRAMMES. Aḥmad. Al Bīrūnī [1]. Cantera et Millas. * CAPIB, 10, p. 367-374. Carra de Vaux [1]. Colin.

CIVILISATION : ARABO-ISLĀMIQUE. Aḥmad. Al ʿAmuli. Al Bīrūnī [1]. Al Daffa. Al Jazzārī. Anbouba. Arkoun. Brieux et Maddison. Brockelmann. Casanova. Colin. Dermenghem. Destombes. Dodge. Ed Dewachi. Fayzoullaiev. Godziher. Grohmann. Hart. Hayes. Hugues. Ibn Khaldūn. Irani. Marre. Massignon et Arnaldez. Mazaheri. Mieli. Monteil. Nasr. Niehbuhr. Pellat. Pihan. Rashed. Rashed et Aḥmed. Ruska [1]. Saidan. Sanchez Perez. Smith et Salih. Souissi. Sourdel (D.). Sourdel (J.). Suter. Toomer. Vogel [2]. Weil. Wensick. Winter. Youschkevitch. Voir aussi *Abaques arabes. Alphabet (Histoire de l'). Chiffres : « arabes », arabes (Système numéral alphabétique), arabes (Systèmes d'origine indienne), arabes (Systèmes des administrations), ghubār, hindi, coptes (Islām), dīwānī, Siyāq (Empire turc ottoman), Siyāq (Perse islāmisée). Chronogrammes. Compte digital en Islām. Cordelettes à nœuds (Systèmes de comptabilité sur des). Écriture (Histoire de l'). Écriture arabe. Épigraphie arabe. Islām. Langue arabe. Lettres numérales. Magie, mystique et divination. Mathématiques (Histoire des). Noms de nombre arabes. Paléographie arabe. Religions (Histoire des). Science arabo-islāmique. Sciences (Histoire générale des). Techniques (Histoire des). Sufisme.* AZTÈQUE. Burland. Guitel [1], [4]. Kingsborough. Peterson. Ross. Seler. Simoni-Abat. Soustelle [1], [2], [3], [4], [6]. Vaillant. Voir aussi *Astronomie maya. Calendriers. Chiffres aztèques. Écriture (Histoire de l'). Écriture aztèque. Religions (Histoire des).* BABYLONIENNE. Voir *Abaques mésopotamiens. Archéologie des techniques. Argile (Écriture sur). Astronomie babylonienne. Chiffres : akkadiens, babyloniens (Système savant), mésopotamiens, sumériens. Civilisations mésopotamiennes. Écriture (Histoire de l'). Écriture akkadienne. Épigraphie mésopotamienne. Jeux de graphies savantes. Langue akkadienne. Magie, mystique et divination. Mari (Cité mésopotamienne de). Mathématiques (Histoire des). Noms de nombre akkadiens. Religions (Histoire des). Science mésopotamienne. Sciences (Histoire générale des). Techniques (Histoire des). Sciences et techniques.* CHINOISE. Alleton. Bell. Benedict. Biot. Chalfant. Chavannes (de). Chen Tsu-Lung. Cheng. Conrady. Demieville. Dols. Dong Zuobin. Gernet. Goschkewitsch. Granet. Lombard. Maspéro (H.). Needham. Perny. Rong Gen. Smith (A.H.). Van Name. Verbrugge. Vissière. Wang Fang-Yü. Wieger. Wilhelm. Voir aussi *Abaques chinois. Astronomie chinoise (Histoire de l'). Bouliers. Chiffres : chinois (Système archaïque), chinois (Système savant), chinois (Système traditionnel). Compte digital en Chine. Écriture (Histoire de l'). Écriture chinoise. Épigraphie chinoise. Jeux de graphies savantes. Langue chinoise. Mathématiques (Histoire des). Noms de nombre chinois. Paléographie chinoise. Religions (Histoire des). Science chinoise. Sciences et techniques. Archéologie des techniques. Sciences (Histoire générale des). Techniques (Histoire des).* DE L'INDUS. Mackay [3], [4]. Marshall. Parpola, Koskenniemi, Parpola et Aalto. Voir aussi *Archéologie. Chiffres proto-indiens. Écriture (Histoire de l'). Écriture proto-indienne.* ÉGYPTIENNE. Barguet. Birch. Blackman. Borchardt. Bottero, Cassin et Vercoutter. Brugsch. Budge. Chace. Chassinat. Daumas. Drioton et Vandier. Eisenlohr. Erichsen. Erman et Ranke. Fairman. Gillain. Glanville. Godron. Griffith. Gunn [2]. Harris. Jansenn. Kantor. Kaplony. Keimer. Korostovtsev. Lepsius. Lhotte. Maspéro (G.). Möller. Neugebauer [1], [4]. Newberry. Parker. Peet. Porter et Moss. Posener. Quibell. Ranke. Reisner. Sainte-Fare Garnot. Sauneron. Sethe. Sethe et Helck. Sottas et Drioton. Steindorff. Vandier. Vercoutter. Vernus.

Vogel [1]. Wilkinson. Wit (de). Voir aussi *Archéologie des techniques. Astronomie (Histoire de l'). Chiffres : égyptiens (Système démotique), égyptiens (Système hiératique), égyptiens (Système hiéroglyphique), hébraïques (Système de l'époque royale israélite). Compte digital en Égypte. Écriture (Histoire de l'). Écriture égyptienne (Système démotique). Écriture égyptienne (Système hiératique). Écriture égyptienne (Système hiéroglyphique). Épigraphie égyptienne. Jeux de graphies savantes. Langue égyptienne. Langues du monde. Mathématiques (Histoire des). Noms de nombre égyptiens. Paléographie égyptienne. Religions (Histoire des). Science égyptienne. Sciences et techniques. Sciences (Histoire générale des). Techniques (Histoire des).* ÉGYPTIENNE (Dictionnaire de la). Posener. ÉLAMITE. Voir *Civilisations de l'Iran ancien.* GRECQUE. Barkley. Daremberg et Saglio. Devambez. Franz. Gow. Guarducci. Guéraud et Jouguet. Heath. Larfeld. Leroy. Meritt. Nesselmann. Poole. Rachet. Reinach. Seider. Tod. Wessely. Voir aussi *Abaques grecs (Antiquité). Alphabet (Histoire de l'). Antiquités grecques et romaines. Archéologie des techniques. Astronomie (Histoire de l'). Chiffres grecs (Systèmes acrophoniques). Chiffres grecs (Système numéral alphabétique). Écriture (Histoire de l'). Écriture grecque. Épigraphie grecque. Langue grecque. Langues du monde. Lettres numérales. Magie, mystique et divination. Mathématiques (Histoire des). Noms de nombre grecs. Paléographie grecque. Religions (Histoire des). Science grecque. Sciences et techniques. Sciences (Histoire générale des). Techniques (Histoire des).* GRECQUE (Dictionnaire de la). Daremberg et Saglio. Devambez. HITTITE. Alkim. Bittel. Voir aussi *Archéologie. Archéologie des techniques. Chiffres hittites (Système cunéiforme). Chiffres hittites (Système hiéroglyphique). Écriture (Histoire de l'). Écriture hittite (Système cunéiforme). Écriture hittite (Système hiéroglyphique). Épigraphie hittite. Langues du monde.* INCA. Baudin. Leland Locke. Metraux. Murra. Nordenskiöld. Poma de Ayala. Prescott. Rivero (de) et Tschudi (de). Voir aussi *Cordelettes à nœuds (Systèmes de comptabilité sur des). Quipu (inca).* INDIENNE. Al Bīrūnī [2]. Anonyme [3]. Auboyer. Bayley. Bharat. Billard. Bühler. Burgess et Whitney. Burnell. Clarke. Colebrooke. Datta. Datta et Singh. Drummond. Dvivedi. Dvivedi et Thibaut. Filliozat (J.). Filliozat (P.S.). Fleet. Frédéric [1], [2], [8]. Gurjar. Haldane. Hall (F.). Hopkins. Hultzsch. Indrâji. Jacquet. Kaye. Mehta. Nau. Neugebauer et Pingree. Ojha. Prinsep. Reinaud. Renou. Renou et Filliozat. Rodet [2]. Sarma. Sarma et Sastri. Sastri. Schroeder (von). Senart. Shukla et Sarma. Sircar. Sivaramamurti. Smith (V.A.). Smith (D.E.). Smith et Karpinski. Stack. Sutton. Tavernier. Upasak. Woepcke. Voir aussi *Abaques indiens. Alphabet (Histoire de l'). Astronomie indienne. Bouddhisme. Calcul indien. Chiffres : indiens, « arabes », ândhra, bengalî, brâhmî, châlukya, ganga, gujarâtî, gupta, gurûmukhî, kaithî, kannara, kharoshthî, kshatrapa, kushâna, maithilî, malayâlam, marâthî, mathurâ, nâgarî, nepâlî, oriyâ, pallava, panjâbî, śhaka, śhâradâ, śhunga, sindhî, tâkarî, tamil, telugu, valabhî. Civilisation indienne. Compte digital en Inde. Écriture : bengalî, brâhmî, gujarâtî, kharoshthî, oriyâ, panjâbî. Écriture (Histoire de l'). Écritures indiennes. Épigraphie indienne. Ères indiennes. Hindouisme. Jaina. Langue sanskrite. Langues du monde. Mathématiques (Histoire des). Noms de nombre sanskrits. Paléographie indienne. Religions (Histoire des). Religions de l'Inde. Science indienne. Sciences et techniques. Sciences (Histoire générale des). Techniques (Histoire des). Symboles numériques indiens (Sanskrits).* INDIENNE (Dictionnaire de la). Frédéric [1]. JAPONAISE. Anonyme [2]. Frédéric [3], [5], [6], [7], [8]. Fujisawa. Haguenauer. Hideomi. Miller. Plaut. Smith et Mikami. Van Name. Veda. Yamamoto. Voir aussi *Abaques chinois. Bouliers. Chiffres chinois (Système savant). Chiffres chinois (Système traditionnel). Cordelettes à nœuds (Systèmes de comptabilité sur des). Écriture (Histoire de l'). Jeux de graphies savantes. Langue japonaise. Langues du monde. Mathématiques (Histoire des). Noms de nombre japonais. Paléographie* *japonaise. Ryû-Kyû. Science japonaise.* JAPONAISE (Dictionnaire de la). Frédéric [5]. JUDÉO-HÉBRAÏQUE. Aharoni. Avigad. Barnavi. Cantera et Millas. Dupont-Sommer. * EJ. Frey. Ganor. Geraty. Kadman. Kaufman. Kerkhof. Lemaire. Lemaire et Vernus. Levias. Liebermann (Saul). Liebermann (S.J.) [2]. Milik. Naveh. Negev. Noth. Rainey. Scott. Skaist. Steinschneider. Voir aussi *Alphabet (Histoire de l'). Archéologie de la Bible. Archéologie des techniques. Astronomie (Histoire de l'). Bible. Chiffres : hébraïques (Système numéral alphabétique), hébraïques (Système de l'époque perse), hébraïques (Système de l'époque royale israélite). Chronogrammes. Écriture (Histoire de l'). Épigraphie israélite et judéo-hébraïque. Guématrie. Judaïsme. Kabbale. Langue hébraïque. Langues du monde. Lettres numérales. Magie, mystique et divination. Mathématiques (Histoire des). Noms de nombre hébraïques. Religions (Histoire des). Sciences et techniques. Sciences (Histoire générale des). Techniques (Histoire des).* MAYA. Anton. Babelon. Berlin. Bowditch. Coe. Eliade. Förstemann. Gallenkamp. Gates. Gendrop. Girard. Guitel [4], [5]. Ivanoff. Kingsborough. Knorozov. Morley. Proskouriakoff. Rivet. Satterthwaite. Shook. Spinden. Stresser-Péan. Teeple. Thompson (J.E.). Voir aussi *Astronomie maya. Calendriers. Chiffres maya (Système savant). Écriture (Histoire de l'). Écriture maya. Épigraphie maya. Langues du monde. Religions (Histoire des). Science maya. Sciences et techniques. Sciences (Histoire générale des). Techniques (Histoire des).* OCCIDENTALE (MOYEN AGE EUROPÉEN). Beaujouan. Benedict. Boncompagni. Burnam. Cordoliani. Folkerts. Friedlein. Henderson. Hill. Lindgren. Lithberg. Marchal. Nagl. Olleris. Olwer (d'). Perrat. Prou. Stiennon. Struik. Weissenborn. Yeldham. Voir aussi *Abaques européens (Moyen Age et Renaissance). Abaques romains. Astronomie (Histoire de l'). Chiffres latins. Chiffres européens (Apices et Algorismes du Moyen Age). Compte digital en Europe médiévale. Écriture (Histoire de l'). Jetons de calcul (Abaques européens). Mathématiques (Histoire des). Paléographie latine. Science européenne (Moyen Age et Renaissance). Sciences et techniques. Sciences (Histoire générale des). Techniques (Histoire des).* OLMÈQUE. Soustelle [5]. PHÉNICIENNE. Donner et Röllig. Lidzbarski. ROMAINE. Bloch. Cagnat. Courtois, Leschi, Perrat et Saumagne. Daremberg et Saglio. Dragoni. Fredouille. Gerschel. Hübner. Kretzschmer et Heinsius. Marquardt. Mommsen. Sanchez Perez. Van Berchem. Yon. Zangenmeister. Voir aussi *Abaques romains. Alphabet (Histoire de l'). Antiquités grecques et romaines. Archéologie des techniques. Astronomie (Histoire de l'). Chiffres latins. Chiffres romains. Compte digital à Rome. Écriture (Histoire de l'). Épigraphie latine. Jetons de calcul. Langues du monde. Paléographie latine. Sciences et techniques. Sciences (Histoire générale des). Techniques (Histoire des).* ROMAINE (Dictionnaire de la). Daremberg et Saglio. Fredouille. SUMÉRIENNE. Amiet [4]. Bottero, Cassin et Vercoutter. Oppenheim [2]. Garelli. Kramer. Mallowan. Rachet. Voir aussi *Abaques mésopotamiens. Argile (Écriture sur). Chiffres sumériens. Civilisations mésopotamiennes. Écriture (Histoire de l'). Écriture sumérienne. Épigraphie mésopotamienne. Langue sumérienne. Langues du monde. Noms de nombre sumériens.* URARTÉENNE. Piotrovsky. ZAPOTÈQUE. Caso. Marcus.

CIVILISATIONS : ASIATIQUES (Encyclopédie des). Frédéric [8]. DE L'ASIE DU SUD-EST. Aymonier. Barth et Bergaigne. Coedès. Coedès et Parmentier. Damais. Faraut. Finot. DE L'IRAN ANCIEN. Amiet. Brandenstein et Mayrhoffer. Brice. Cameron. Ghirshman. Hallock. Hinz. Kent. Labat. Le Brun. Le Brun et Vallat. Mecquenem (de). Meriggi. Porada. Rachet. Scheil. Vallat. MÉSO-AMÉRICAINES. Lehmann. Peterson. Stresser-Péan. Voir aussi *Civilisation : aztèque, maya, olmèque, zapotèque.* MÉSOPOTAMIENNES. Amiet. Barton. Birot. Borger. Bottero. Bottero, Cassin et Vercoutter. Brinkman. Bruins et Rutten. Contenau. Damerov et Englund. Deimel. Dossin. Durand. Falkenstein. Finkelstein. Gadd. Garelli. Gautier. Genouillac (de). Hincks. Hunger. Idoux. Jestin. King. Kramer. Labat.

DÉCOUVERTES SCIENTIFIQUES (Dictionnaire des). Galiana (de).

DÉCOUVREURS ET DÉCOUVERTES SCIENTIFIQUES. Baker. Bardeen et Brattain. Boorstin. Cohen (I.B.). Daumas (M.). Eccles et Jordan. Galiana (de). Gallon. Giscard d'Estaing. Ronan. William (L.P.).

DÈNÈ-DINDJIÉ (Indiens du Canada). Lévy-Bruhl. Petitot.

DÉTROIT DE TORRES (Peuples du). Haddon. Lévy-Bruhl.

DICTIONNAIRES ET ENCYCLOPÉDIES. Anonyme [9] *(Terminologie informatique).* Battaglia *(Étymologie de l'italien).* Blaise [1] *(Latin postclassique-français).* Blaise [2] *(Latin médiéval-français).* Blinkenberg et Thiele *(Danois-français).* Bloch et von Wartburg *(Étymologie du français).* Botté *(Bible).* Brézillon *(Préhistoire).* Bureau *(Informatique).* Chantraine *(Grec-français).* Chevalier et Gheerbrant *(Symboles).* Cirlot *(Symboles).* Cohen (D.) *(Racines sémitiques).* Collectif [3] *(Archéologie des techniques).* Collectif [4] *(Archéologie de la Bible).* Corominas *(Étymologie de l'espagnol).* Cortada *(Histoire de l'informatique).* Cottrel *(Archéologie).* * DAC *(Langue de l'Académie française).* Dahlerup *(Étymologie du danois).* Daremberg et Saglio *(Antiquités grecques et romaines).* Dauzat, Dubois et Mitterand *(Étymologie du français).* * DDA *(Auteurs et Littératures).* * DDE *(Œuvres littéraires).* Delamarre *(Vocabulaire indo-européen).* * DTV *(Langue française).* Devambez *(Civilisation grecque).* Dubois *(Linguistique).* Du Cange *(Latin médiéval).* Ducrot et Todorov *(Sciences du langage).* * EBOR *(Encyclopédie générale).* * EBR *(Encyclopédie générale).* * EDE *(Dates et événements).* * EIS *(Islām).* * EJ *(Judaïsme).* * EP *(Encyclopédie générale).* * ERE *(Religions).* * ESM *(Sciences mathématiques).* * EST *(Sciences et techniques).* Estienne *(Étymologie du latin classique).* * EU *(Encyclopédie générale).* Ernout et Meillet *(Latin classique-français).* Feller *(Psychologie).* Foulquié [2] *(Langue philosophique).* Frédéric [1] *(Civilisation indienne).* Frédéric [4] *(Corée).* Frédéric [5] *(Civilisation japonaise).* Frédéric [8] *(Civilisations asiatiques).* Fredouille *(Civilisation romaine).* Friedrichs, Fischer-Schreiber, Erhard et Diener *(Bouddhisme, Hindouisme, Taoisme, Zen).* Gaffiot *(Latin classique-français).* Galiana (de) *(Découvertes scientifiques).* Gérard *(Bible).* Giles *(Chinois-anglais).* Gille *(Histoire des techniques).* Gillispie *(Biographies de l'histoire des sciences).* * GLE *(Encyclopédie générale).* * GLF *(Étymologie du français).* Grimm et Grimm *(Étymologie de l'allemand).* Hammar *(Étymologie du suédois).* Hotyat et Delepine-Messe *(Pédagogie).* Hugues *(Islām).* Jelinek *(Préhistoire).* Julia *(Philosophie).* Knudsen et Sommerfelt *(Étymologie du norvégien).* Kroge, Schou, Windelfels-Hansen et Schelde *(Français-danois).* Lazard *(Français-persan).* Le Garff *(Informatique).* Levias *(Judaïsme).* Littré *(Étymologie du français).* Malherbe *(Langages de l'humanité).* Mathews *(Chinois-anglais).* Morvan *(Informatique).* Mounged *(Arabe-français ; Français-arabe).* Mounin [2] *(Linguistique).* Musset et Lloret *(Atome).* * OED *(Étymologie de l'anglais).* Parker *(Ordinateurs électroniques).* * OÖSP *(Étymologie du suédois).* Paulys et Wisssowa *(Antiquité).* Petitot *(Langue Déné-Dindjié).* Piéron *(Vocabulaire de la psychologie).* Porter et Moss *(Antiquités égyptiennes).* Posener *(Civilisation égyptienne).* Rachet *(Archéologie).* Renou, Nitti et Stchoupak *(Sanskrit-français).* Robert *(Étymologie du français).* Schmidt *(Mythologie grecque et romaine).* Sillamy *(Psychologie).* Smith (W.) *Étymologie de l'anglais).* Veda *(Langue et écriture du chinois).* Vigouroux *(Bible).* Ville *(Archéologie).* Wahrig *(Étymologie de l'allemand).* * WEBST *(Étymologie de l'anglais).* * WEBSTC *(Terminologie informatique).* Wieger *(Langue et écriture du chinois).* Wyld *(Étymologie de l'anglais).*

DICTIONNAIRES ÉTYMOLOGIQUES. Battaglia. Blaise. Blinkenberg et Thiele. Bloch et von Wartburg. Chantraine. Cohen (D.). Corominas. * DAC. Dahlerup. * DTV. Dauzat, Dubois et Mitterand. Delamarre. Du Cange. Ernout et Meillet.

Estienne. Gaffiot. Giles. * GLF. Grimm et Grimm. Hammar. Kroge, Schou, Windelfels-Hansen et Schelde. Knudsen et Sommerfelt. Littré. Mathews. * OED. * OÖSP. Renou, Nitti et Stchoupak. Robert. Smith (W.). Veda. Wahrig. * WEBST. Wieger. Wyld.

DISPOSITIFS DE CALCUL (Antiquité, Moyen Age, Renaissance). Voir *Abaques : arabes, chinois, européens (Moyen Age et Renaissance), grecs (Antiquité), indiens, mésopotamiens, romains. Bouliers. Calcul (Histoire du). Calculi (du Proche-Orient). Jetons de calcul (Abaques européens).*

DIVINATION (Histoire de la). Voir *Magie, Mystique et Divination.*

DOGON (Peuple du Mali). Griaule.

ÉCLAIR (Calculatrice nommée). Anonyme [4]. Baxandall [1]. Beauclair. Taton et Flad.

ÉCRITURE (Histoire de l'). Aghayan. Alleton. Amiet. Bottero [4]. Bottero, Cassin et Vercoutter. Christin. Clairborne. Cohen (M.). Collectif [2], [7]. Diringer. Doblhoffer. Février. Friedrich [3]. Garelli. Gelb. Higounet. Idoux. Kramer. Lambert (Maur.). Oppenheim. Wuttke. Voir aussi *Alphabet (Histoire de l'). Écriture : akkadienne, arménienne, bengalî, brâhmî, chinoise, copte, cyrillique, du vieux perse, égyptienne (système démotique), égyptienne (système hiératique), égyptienne (système hiéroglyphique), étrusque, géorgienne, glagolithique, gotique, gujarâtî, hittite (système cunéiforme), hittite (système hiéroglyphique), kharoshthî, lycienne, maya, oriyâ, panjâbî, proto-élamite, proto-indienne, sindhî, sumérienne, syriaque, ugaritique. Écritures : crétoises, indiennes, mésopotamiennes, sémitiques occidentales, sudarabiques, urartéennes. Épigraphie : arabe, chinoise, crétoise, de l'Asie du Sud-Est, du vieux perse, égyptienne, étrusque, grecque, hittite, indienne, israélite et judéo-hébraïque, latine, lycienne, maya, mésopotamienne, proto-élamite, proto-indienne, sémitique occidentale, urartéenne. Paléographie : arabe, araméenne, égyptienne, européenne (Moyen Age et Renaissance), grecque, indienne, indochinoise, japonaise, latine, maya, syriaque.*

ÉCRITURE : AKKADIENNE. Bottero [4]. Cohen (M.). Collectif [2], [7]. Diringer. Février. Friedrich [3]. Gelb. Higounet. Labat. Soden (von). ARMÉNIENNE. Aghayan. Kurkjian. Mahe. Meillet. AZTÈQUE. Burland. Guitel [1], [4]. Kingsborough. Ross. Seler. Soustelle. BENGALÎ (Inde). Halhed. BRÂHMÎ (Inde). Bühler. Fleet. Hultzsch. Indrâji. Ojha. Prinsep. Renou et Filliozat. Senart. Sircar. Sivaramamurti. Smith (V.A.). Upasak. CHINOISE. Alleton. Chavannes (de). Demieville. Dong Zuobin. Gernet [1]. Maspéro (H.) [1]. Wang Fang-Yü. COPTE. Mallon. Till. CYRILLIQUE. Leskien. DU VIEUX PERSE. Brandenstein et Mayrhoffer. Cameron. Hallock. Hinz. Kent. ÉGYPTIENNE (Système démotique). Erichsen [1], [2]. Parker [1]. ÉGYPTIENNE (Système hiératique). Birch. Ganor. Möller. Sainte-Fare Garnot. Sauneron. ÉGYPTIENNE (Système hiéroglyphique). Blackman. Borchardt. Brugsch. Drioton et Vandier. Gardiner. Godron. Kantor. Kaplony. Keimer. Lefebvre. Quibell. Reisner. Sauneron. Sethe. Scott. Sottas et Drioton. Vercoutter. ÉTRUSQUE. Bloch. Buonamicci. * CIE. Gamurrini. * SE. * TLE. GÉORGIENNE. Cohen (M.). Février. Friedrich [3]. Jensen. GLAGOLITHIQUE. Leskien. GOTIQUE. Cohen (M.). Février. GUJARÂTÎ (Inde). Forbes (W.). HITTITE (Système cunéiforme). Friedrich [1], [2]. HITTITE (Système hiéroglyphique). Hrozny. Laroche. Meriggi. Ozguç. KHAROSHTHÎ (Inde). Datta et Singh. Euting. Fleet. Prinsep. Senart [1]. Smith (V.A.). LYCIENNE. Bryce. Friedrich [1]. Shafer. MAYA. Berlin. Coe. Eliade. Knorozov. Morley. Proskouriakoff. Thompson (J.E.). ORIYÂ (Inde). Sutton. PANJÂBÎ (Inde). Anonyme [1]. PROTO-ÉLAMITE. Brice. Le Brun et Vallat. Mecquenem (de). Meriggi. Scheil. PROTO-INDIENNE. Mackay [3], [4]. Marshall. Parpola, Koskenniemi, Parpola et Aalto. SINDHÎ (Inde). Stack. SUMÉRIENNE. Clairborne. Deimel. Durand [1]. Falkenstein. Labat. Lambert

(Maur.). SYRIAQUE. Costaz. Duval. UGARITIQUE. Schaeffer. ZAPOTÈQUE. Caso. Marcus.

ÉCRITURES : CRÉTOISES. Evans. Evans et Myres. Godart et Oliver. Masson. Rachet. Ventris et Chadwick. INDIENNES. Bayley. Bühler. Burnell. Drummond. Filliozat (J.). Fleet. Frédéric [1], [2]. Hultzsch. Indrâji. Jacquet. Kaye. Ojha. Prinsep. Renou et Filliozat. Senart. Sircar. Sivaramamurti. Smith (V.A.). Stack. Sutton. Upasak. MÉSOPOTAMIENNES. Bottero [4]. Christin. Clairborne. Cohen (M.). Collectif [2], [7]. Deimel. Diringer. Durand [1]. Falkenstein. Février. Finkelstein. Friedrich [3]. Gelb. Higounet. Idoux. Labat. Lambert (Maur.). Soden (von). SECRÈTES. Barguet. Casanova. Chassinat. Contenau. Decourdemanche. Dornseiff. Fairmann. Fekete. Gadd. Goyon. Hunger. Kazem-Zadeh. Labat. Livingston. Lyon. Muller. Pihan. Reychman et Zajackowski. Veda. Wit (de). Yamamoto. SÉMITIQUES OCCIDENTALES. Cohen (M.). Diringer. Février. Friedrich [3]. Gelb. Jensen. Lidzbarski. Sznycer. SUDARABIQUES ; * CIS, IV. * RES. Cohen (M.). Février. Höfner. Littmann. Rodinson. URARTÉENNES. Barnett. Burney. Piotrovsky. Schuler (von).

EDSAC (Ordinateur nommé). Beauclair. Campbell-Kelly. Eames et Eames. Hartree [5]. Lavington [2]. Ligonnière [1]. Metropolis, Howlett et Rota. Moreau [4]. Randell [1]. Tricot [2]. Wilkes [1], [2], [4], [5]. Wilkes et Renwick.

EDVAC (Ordinateur nommé). Eckert (J.P.) Eckert, Mauchly, Goldstine et Brainerd. Gluck. Huskey. Knuth. Ligonnière [1]. Metropolis, Howlett et Rota. Moreau [4]. Neumann (von). Randell [1]. Tricot [2]. Wilkes [5].

ÉGYPTE ISLĀMISÉE. Voir *Civilisation arabo-islāmique.*

ÉGYPTE PHARAONIQUE. Voir *Civilisation égyptienne.*

ÉLAMITES. Voir *Civilisations de l'Iran ancien.*

ÉLECTRICITÉ ET ÉLECTRONIQUE (Histoire). Leprince-Ringuet. Voir aussi *Sciences et techniques. Techniques (Histoire générale des). Informatique.*

ÉLEMA (Peuples de l'ex-Nouvelle-Guinée). Lévy-Bruhl.

EMPIRE TURC OTTOMAN. Voir *Civilisation arabo-islāmique.*

ENCYCLOPÉDIES GÉNÉRALES. * EBOR. * EBR. *EP. * EU. * GLE.

ENIAC (Calculateur analytique nommé). Beauclair. Burks et Burks. Couffignal [9]. Eames et Eames. Eckert (J.P.). Eckert, Mauchly, Goldstine et Brainerd. Goldstine et Goldstine. Hartree [1], [2], [3], [4]. Huskey. Ligonnière [1]. Metropolis, Howlett et Rota. Moreau [4]. Pérès, Brillouin et Couffignal. Randell [1]. Stern [1]. Tricot [2]. Weik. Wilkes [5].

ENTAILLE (Pratique de l'). Cohen (M.). Conrady. Domluvil. Février. Gerschel. Gmür. Grotefend. Hall (H.). Harmand. Homeyer. Jekinson. Jouglet. Lithberg. Menninger. Meyer. Müller. Ninni. Philippe (A.). Riegl. Schnippel. Škarpa. Stebler. Wuttke.

ÉPIGRAPHIE : ARABE. Sourdel (J.). Combe, Sauvaget et Wiet. * CPIN. Van Berchem (M.). CHINOISE. Chavannes (de). Maspéro [1]. CRÉTOISE. Evans. Evans et Myres. Godart et Olivier. Ventris et Chadwick. DE L'ASIE DU SUD-EST. Aymonier. Barth et Bergaigne. Coedès. Coedès et Parmentier. Finot. VIEUX PERSE. Brandenstein et Mayrhoffer. Cameron. Hallock. ÉGYPTIENNE. Blackman. Borchardt. Brugsch. Chassinat. Fairman. Godron. Kaplony. Keimer. Korostovtsev. Lepsius [1]. Sethe. Sethe et Helck. ÉTRUSQUE. Bloch. Buonamici. * CIE. GRECQUE. Barkley. Franz. Guarducci. Kubitschek. Larfeld. Meritt, Wade-Gery et McGregor. Poole. Reinach. Smirnoff. Tod. HITTITE. Friedrich. Hrozny. Ozguç. INDIENNE. Fleet. Hultzsch. Indrâji. Prinsep. Senart. Sircar. Sivaramamurti. ISRAÉLITE ET JUDÉO-HÉBRAÏQUE. Aharoni. Avigad. Baillet, Milik et de Vaux. Cantera et Millas. Frey. Ganor. Gibson. Kadman. Kaufman.

INTÉGRATEURS. Anonyme [4]. Baxandall [1]. Jacob (L.). Mehmke. Mehmke et d'Ocagne. Morin (de). Ocagne (d'). Voir aussi *Calcul analogique.*

INTÉGROMÈTRES. Anonyme [4]. Baxandall [1]. Jacob (L.). Mehmke. Mehmke et d'Ocagne. Morin (de). Ocagne (d'). Voir aussi *Calcul analogique.*

INTELLIGENCE (Philosophie, psychologie et histoire de l'). Balmes. Bergson. Blanché. Bourdon. Brunschvicg [1]. Burloud. Chauvin. Chiva. Cuvillier. Delacroix. Dorolle. Feller. Foulquié. Goblot. Guillaume (P.). Julia. Larmat. Maritain. Oléron. Piaget. Piéron. Pradines. Ribot. Sillamy. Sternberg. Voir aussi *Ethnologie. Philosophie. Préhistoire. Psychologie. Psychologie animale. Psychologie infantile.* Voir aussi Sources des citations de la conclusion, p. 764.

INTELLIGENCE ARTIFICIELLE. Ashby. Barr, Cohen et Feigenbaum. Buchanan et Shortliffe. Changeux. Chapuis et Droz. Collectif [9]. Davalo et Naïm. Davis. Dreyfus. Font, Quiniou et Verroust. Haga. Kleene. Lions. McCulloch et Pitts. Moreau. Reitman. Rose. Simon (J.C.). Torres-Quevedo. Torres y Quevedo. Trask. Verroust [2], [3], [4]. Wiener. Winston.

IRAN ANCIEN Voir *Civilisations de l'Iran ancien.*

IRAN ISLĀMISÉ. Voir *Civilisation arabo-islāmique.*

ISLĀM (Encyclopédie de l'). * EIS. Hugues.

ISOPSÉPHIE. Voir *Guématrie.*

ISRAÉLITES. Voir *Civilisation judéo-hébraïque.*

ITALIEN (Dictionnaire étymologique d'). Battaglia.

JAINA. Schubring et Führer-Heimendorf. Voir aussi *Religions de l'Inde.*

JAPON. Voir *Civilisation japonaise.*

JAPON (Dictionnaire du). Frédéric [3] et [5].

JAVA. Voir *Civilisations de l'Asie du Sud-Est.*

JETONS DE CALCUL (Abaques européens). Barnard. Breton. Brieux. König. Schodt (de). Van Berchem.

JEUX DE GRAPHIES SAVANTES. Barguet. Chassinat. Contenau. Fairman. Goyon. Labat. Livingston. Lyon. Veda. Wit (de). Yamamoto.

JUDAÏSME (Encyclopédie du). * EJ. Levias.

KABBALE. Bension. Casaril. Dornseiff. Horodezky. Lesêtre. Liebermann (Saul). Liebermann (S.J.) [2]. Livingston. Müller (E.). Perdrizet. Scholem. Secret. Serouya.

KHÂS BOLOVEN (Peuple d'Indochine). Harmand.

LANGAGE (et théorie du). Benveniste. Cherry. Delacroix. Dubois. Ducrot et Todorov. Jakobson. Locquin [2]. Malmberg. Martinet. Meillet [2]. Meillet et Cohen. Moscato et Wittwer. Mounin. Perrot (J.). Resweber. Saban. Saussure (de). Walter. Voir aussi *Linguistique historique et générale. Signe linguistique. Information.*

LANGUE : AÏNU. Kyosuke et Mashio. AKKADIENNE. Soden (von). AMHARIQUE (Éthiopie). Cohen (M.) [2]. ANGLAISE. Voir *Anglais (Dictionnaire étymologique d').* ANNAMITE (Viet-nâm ancien). Dumoutier. Fossey. ARABE. Bresnier. Brockelmann [2]. Erpenius. Fleisch. Gaudefroy-Demombynes. Joüon. Mounged. Moscati. Sacy (de). Socin et Brockelmann. ARMÉNIENNE. Aghayan. Kurkjian. Mahe. Meillet [1]. BASQUE. Arrotçarena. BIRMANE. Carey. Latter. BRETONNE. Brekilien. CHINOISE. Dong Zuobin. Giles. Mathews. Perny. Rong Gen. Veda. Wieger. COPTE. Mallon. Till. CORÉENNE. Frédéric [4]. Li. DANOISE. Voir *Danois (Dictionnaire étymologique de).* DÈNÈ-DINDJIÉ. Petitot. DU VIEUX

Hilbert et Ackermann. Hilton. Jevons. Julia. Margenstern. McCulloch et Pitts. Ribot. Russell. Stibitz et Larrivée. Styazhkin. Van Heijenoort. Whitehead et Russell.

MACHINE A DIFFÉRENCES : DE BABBAGE. Anonyme [4]. Babbage (Ch.) [1], [2], [4], [6]. Babbage (H.P.) [3]. Baxandall [1]. Beauclair. Bernstein. Chase. Couffignal [1]. Eames et Eames. Halacy. Horsburgh. Hyman. Jacob (L.). Ligonnière [1]. Ludgate. Morrisson et Morrisson. Moseley. Ocagne (d'). Randell [1]. Wilkes [5]. Williams. DE GRANT. Grant. Haga. DE HAMMANN. Beauclair. Galle. DE LUDGATE. Beauclair. Boys. Ludgate. Randell [1]. Wilkes [5]. William (T.I.). DE MÜLLER. Beauclair. Ligonnière [1]. Stibitz et Larrivée. DE SCHEUTZ. Anonyme [4], [13], [14]. Archibald [1]. Babbage (Ch.) [5]. Babbage. (H.P.) [1]. Baxandall [1]. Beauclair. Bernstein. Chase. Eames et Eames. Jacob (L.). Ligonnière [1]. Merzbach. Randell [1]. Williams (T.I.). DE WIBERG. Anonyme [4]. Archibald [2]. Delaunay. Jacob (L.). Ocagne (d').

MACHINE ANALYTIQUE : DE BABBAGE. Babbage (Ch.) [3], [6]. Babbage (H.P.) [2], [3], [4]. Baxandall [1]. Beauclair. Bernstein. Bowden. Bromley. Chase. Couffignal [9]. Dubbey. Eames et Eames. Halacy. Hartree [4]. Hollingdale. Horsburgh. Hyman. Jacob (L.). Ligonnière [1]. Lovelace. Ludgate. Menabrea. Moreau [4]. Morrisson et Morrisson. Moseley. Ocagne (d'). Randell [1]. Smith (T.M.). Torres y Quevedo. Wilkes [3], [5], [6]. Williams (T.I.). DE LUDGATE. Beauclair. Ligonnière [1]. Ludgate. Randell [2]. Wilkes [5]. William (T.I.).

MACHINE : D'ARZBERGER. Jacob (L.). Ocagne (d'). D'ATANASOFF. Atanasoff. Atanasoff et Brandt. Beauclair. Eames et Eames. Ligonnière [1]. Mackintosh. Randell [1]. Richards [2]. Williams (T.I.). D'AVERY. Chase. D'AZEVEDO. Jacob (L.). Ocagne (d'). DE BAGGE. Jacob (L.). Ocagne (d'). DE BARBOUR. Locke. Turck. DE BORLAND ET HOFFMAN. Jacob (L.). Mehmke. Ocagne (d'). DE BRAUN. Baxandall [1]. Beauclair. Ligonnière [1]. DE BURROUGHS. Anonyme [4], [17]. Baxandall [1]. Beauclair. Chase. Couffignal [9]. Eames et Eames. Favier et Thomelin. Henneman. Jacob (L.). Ocagne (d'). Prieb. Turck. Williams (T.I.). DE CAMPOS. Campos. Couffignal [1].DE CARROLL. Turck. DE CHAPIN. Turck. DE DALTON. Baxandall [1]. Jacob (L.). Ocagne (d'). Taton et Flad. D'EDMONSON. Baxandall [1]. Jacob (L.). Ocagne (d'). DE GERSTEN. Anonyme [4]. Baxandall [1]. Martin (E.). DE GRILLET DE ROVEN. Gallon. Martin (E.). DE HAHN. Anonyme [4]. Baxandall [1]. Gallon. Ligonnière [1]. Martin (E.). Ocagne (d'). DE HARVARD. (Calculateur analytique nommé). Voir *ASCC*. DE HILL. Jacob (L.). Ocagne (d'). Turck. DE HILLERIN DE BOISTISSANDEAU. Gallon. Martin (E.). DE HOLLERITH. Anonyme [4], [16]. Austrian. Beauclair. Bernstein. Blodgett et Schultz. Couffignal [1], [9]. Eames et Eames. Favier et Thomelin. Hollerith. Ligonnière [1]. Martin (T.C.). Moreau [4], Rex. Truesdell. Willcox. Williams (T.I.). DE LEIBNIZ. Anonyme [4], [8]. Baxandall [1]. Beauclair. Booth et Booth. Chase. Eames et Eames. Favier et Thomelin. Flad [2]. Galle. Henneman. Horsburgh. Jacob (L.). Kormes. Kreiling. Leupold. Ligonnière [1]. Martin (E.). Moreau [4]. Ocagne (d'). Smith (T.M.). Williams (T.I.). Wolf. DE LÉPINE. Anonyme [4]. Gallon. Martin (E.). DE LEUPOLD. Anonyme [4]. Baxandall [1]. Gallon. Jacob (L.). Leupold. Ligonnière [1]. Martin (E.). Ocagne (d'). Wolf. DE L'INSTITUT BLAISE-PASCAL. Couffignal [5], [6], [9]. Mounier-Kuhn. Pérès, Brillouin et Couffignal. DE LUDLUM. Turck. DE MAHON. Gallon. Martin (E.). Ocagne (d'). DE MANCHESTER (Ordinateur nommé). Voir *MADM*. DE MAX MAYER. Jacob (L.). Ocagne (d'). Turck.

MACHINE DE MORLAND. Baxandall [1]. Beauclair. Booth et Booth. Horsburg. Ligonnière [1]. Martin (E.). Ocagne (d'). DE MÜLLER. Baxandall [1]. Beauclair. Henneman. Ligonnière [1]. Martin (E.). DE PARMALEE. Turck. DE PASCAL. Anonyme [4], [8]. Baxandall [1]. Beauclair. Booth et Booth.

MACHINES A STRUCTURE DE VON NEUMANN. Bashe, Johnson, Palmer et Pugh. Bernstein. Boucher. Burks, Goldstine et von Neumann. Campbell-Kelly. Chapin. Eames et Eames. Eckert. Edwards. Estrin. Forrester. Gluck. Goldstine et Neumann (von). Hodges. Hurd [2]. Huskey et Huskey. Knuth. Lavington. Legard, McQuaid et Singer. Ligonnière [1]. Metropolis, Howlett et Rota. Moreau [4]. Neumann (von). Ploton. Poyen et Poyen. Pugh, Johnson et Palmer. Randell. Raymond. Stern. Turing [2]. Ulam. Wilkes. Wilkes et Renwick. Wilkinson (J.H.). Williams et Kilburn. Zuse.

MACHINES COMPTABLES. Anonyme [6], [7]. Beauclair. Campos. Chase. Couffignal [1]. Favier et Thomelin. Prieb. Taton et Flad.

MACHINES : DE BALDWIN. Baxandall [1]. Beauclair. Booth et Booth. Chase. Eames et Eames. Jacob (L.). Ocagne (d'). Williams (T.I.). DE BOLLÉE. Anonyme [4], [8]. Baxandall [1]. Beauclair. Bollée. Chase. Eames et Eames. Favier et Thomelin. Henneman. Jacob (L.) Moreau [4]. Mehmke. Mehmke et d'Ocagne. Ocagne (d'). Sebert [2]. Williams (T.I.). DE GRANT. Chase. Grant. Jacob (L.). Ocagne (d'). Williams (T.I.). DE HAMANN. Beauclair. Favier et Thomelin. Galle. Hamann. Henneman. Jacob (L.). Ocagne (d'). Prieb. DE HOPKINS. Baxandall [1]. Jacob (L.). Ocagne (d'). Taton et Flad. DE MONROE. Anonyme [4]. Baxandall [1]. Beauclair. Chase. Jacob (L.). Prieb. Williams (T.I.). DE SELLING. Beauclair. Galle. Jacob (L.). Ocagne (d'). DE STANHOPE. Baxandall [1]. Beauclair. Booth et Booth. Chase. Eames et Eames. Horsburgh. Ligonnière [1]. Ocagne (d'). Wolf. DE TAUSCHEK. Nagler. Tauschek. DE TORRES Y QUEVEDO. Eames et Eames. Jacob (L.). Ocagne (d'). Randell [1], [4]. Santesmases. Torres-Quevedo. Torres y Quevedo [1], [2]. Vigneron. Williams (T.I.). DE TURING. Andler. Carpenter et Dorant. Hodges. Ligonnière [1]. Metropolis, Howlett et Rota. Newman [2]. Randell [3]. Turing (A.M.) [1]. Turing (S.). Vajou. Williams (T.I.). DE ZUSE. Beauclair. Ceruzzi. Eames et Eames. Ligonnière [1]. Lyndon. Metropolis, Howlett et Rota. Williams (T.I.). Zuse D'ODHNER. Anonyme [4], [8]. Baxandall [1]. Beauclair. Booth et Booth. Eames et Eames. Favier et Thomelin. Galle. Henneman. Jacob (L.). Locke. Ocagne (d'). Prieb. Williams (T.I.).

MACHINES LOGIQUES (Histoire des). Eames et Eames. Gardner [2], [3]. Gillot. Good. Hilton. Jevons. Lavington [2]. Ligonnière [2]. Metropolis, Howlett et Rota. Michie. Styazhkin. Williams (T.I.).

MACHINISME. Calder. Gille. Daumas (M.). Schuhl. Strandh.

MADAS (Calculatrice nommée). Anonyme [4]. Baxandall [1]. Beauclair. Dyck. Jacob (L.). Ocagne (d'). Taton et Flad.

MADM (Ordinateur nommé). Lavington [1], [2]. Moreau [4]. Williams (T.I.).

MAGIE, MYSTIQUE ET DIVINATION. Arberry. Bension. Bottero [3]. Bouché-Leclercq. Casanova. Casaril. Chevalier et Gheerbrant. Collectif [5]. Contenau. Dornseiff. Doutté. Frédéric [1], [2]. Haguenauer. Horodezky. Hugues. Leisegrand. Lesêtre. Lévi-Strauss. Lévy-Bruhl. Liebermann (Saul). Liebermann (S.J.) [2]. Livingston. Marquès-Rivière. Müller (E.). Perdrizet. Rutten. Scholem. Secret. Sérouya. Smirnoff. Sogliano. Weil. Wessely. Wilhelm. Zaslavsky.

MAIDU (Indiens de Californie). Cajori. Dixon. Faye. Powers.

MALINKÉ (Peuple du Haut-Sénégal). Zaslavsky.

MARCHANT (Calculatrice nommée). Anonyme [4]. Baxandall [1]. Beauclair. Taton et Flad.

MARI (Cité mésopotamienne de). Bottero. Durand [2], [3]. Rachet. Soubeyran.

MARK I (Calculateur analytique nommé). Voir *ASCC*.

Dennler. Desgranges. Dixon. Domluvil. Dobrizhoffer. Dong Zuobin. Dumoutier. Duval. Eels. Ernout et Meillet. Euting. Falkenstein [2]. Faye. Fleisch. Fossey. Frédéric [4], [5]. Gabain (von). Gaffiot. Gamkrelidze et Ivanov. Gardiner. Gaudefroy-Demombynes. Gerschel. Giles. * GLF. Gordon. Gouda. Guitel [4]. Haddon. Haguenauer. Halhed. Hambis. Hawtrey. Höfner. Howitt. Hunt. Hyades. Joüon. Kent. Kurkjian. Kyosuke et Mashio. Labat. Lalou. Lambert (Mayer). Lazard. Leechman et Harrington. Lefebvre. Leskien. Lévi-Strauss. Lévy-Bruhl. Li. Littmann. Littré. MacGee. Mahe. Mallery. Mallon. Mann. Martinet. Mathews. Meillet. Meillet et Cohen. Menninger. Miller. Morley. Moscati. Needham. Pedersen. Perny. Petitot. Pihan. Plaut. Poebels. Powell. Powers. Renou. Renou, Nitti et Stchoupak. Rong Gen. Sacy (de). Schmidl. Scriba. Seidenberg. Socin et Brockelmann. Soden (von). Sommerfelt. Soustelle. Stephan. Szemeréni. Thompson (J.E.). Thureau-Dangin. Till. Tylor. Vaillant. Veda. Wieger. Zaslavsky.

NOMS DE NOMBRE : AFRICAINS. Délédicq. Schmidl. Zaslavsky. AÏNU. Kyosuke et Mashio. AKKADIENS. Soden (von). AMHARIQUES. Cohen (M.) [2]. ANNAMITES. Dumoutier. Fossey. Pihan. ARABES. Brockelmann [2]. Fleisch. Gaudefroy-Demombynes. Joüon. Moscati. Sacy (de). Socin et Brockelmann. ARMÉNIENS. Aghayan. Kurkjian. Mahe. Meillet [1]. Pihan. BASQUES. Allières. Arrotçarena. BRETONS. Brekilien. CELTIQUES. Pedersen. CHINOIS. Dong Zuobin. Giles. Mathews. Needham. Perny. Rong Gen. Veda. Wieger. COPTES. Mallon. Till. CORÉENS. Frédéric [4]. Li. ÉGYPTIENS. Gardiner. Lefebvre. EN DÈNÈ-DINDJIÉ. Petitot. EN VIEUX BULGARE. Leskien. EN VIEUX PERSE. Brandenstein et Mayrhoffer. Kent. EN VIEUX TURC. Gabain (von). GRECS. Crouzet, Andraud et Font. HÉBRAÏQUES. Cohen (D.). Fleisch. Joüon. Lambert (Mayer). Moscati. INDO-EUROPÉENS. Brugmann. Delamarre. Gamkrelidze et Ivanov. Gouda. Martinet. Meillet. Meillet et Cohen. Szemeréni. JAPONAIS. Frédéric [5]. Haguenauer. Menninger. Miller. Plaut. MONGOLS. Hambis. NABATÉENS. Euting. PERSANS. Chodzko. Lazard. SABÉENS. Höfner. Littmann. SANSKRITS. Desgranges. Renou. Renou, Nitti et Stchoupak. SÉMITIQUES. Brockelmann [2]. Cohen (D.). Cohen (M.) [2]. Fleisch. Gaudefroy-Demombynes. Gordon. Joüon. Lambert (Mayer). Moscati. Soden (von). SUMÉRIENS. Deimel. Falkenstein [2]. Poebels. Powell. Thureau-Dangin. SYRIAQUES. Costaz. Duval. TIBÉTAINS. Lalou. UGARITIQUES. Gordon.

NORVÉGIEN (Dictionnaire étymologique de). Knudsen et Sommerfelt.

NOTATIONS NUMÉRIQUES. Voir *Chiffres. Numérations écrites (Histoire des).*

NUMÉRATIFS. Voir *Noms de nombre : africains, aïnu, akkadiens, amhariques, annamites, arabes, arméniens, basques, bretons, celtiques, chinois, coptes, coréens, égyptiens, en dènè-dindjié, en vieux bulgare, en vieux perse, en vieux turc, grecs, hébraïques, indo-européens, japonais, mongols, nabatéens, persans, sabéens, sanskrits, sémitiques, sumériens, syriaques, tibétains, ugaritiques.*

NUMÉRATIONS ÉCRITES (Histoire des). Bagge. Beziau. Boyer [1]. Cajori [1]. Guitel [1], [2], [3], [4]. Gundermann. Martin. Menninger. Pihan. Pott. Voir aussi *Chiffres : akkadiens, ândhra, arabes (Système numéral alphabétique), arabes (Systèmes d'origine indienne), arabes (Systèmes des administrations), « arabes » (Origine et évolution des chiffres dits arabes), araméens, araméo-indiens, arméniens (Système numéral alphabétique), aztèques, babyloniens (Système savant), balinais, bengalî, birmans, brâhmî, châlukya, cham, chinois (Système archaïque), chinois (Système savant), chinois (Système traditionnel), chypro-minoens, coptes (Antiquité), coptes (Islām), crétois, créto-mycéniens, cunéiformes, dīwānī (Islām), égyptiens (Système démotique), égyptiens (Système hiératique), égyptiens (Système hiéroglyphique), éthiopiens, étrusques, européens (Apices et Algorismes du Moyen Age), ganga, géorgiens (Système numéral*

d'Amérique du Nord). Aranda (d'Australie). Australie (Peuples d'). Banda (de Centrafrique). Basques. Botocoudos (du Brésil). Bugilai (de l'ex-Nouvelle-Guinée). Cambodge ancien (Civilisation du). Civilisation : arabo-islāmique, aztèque, chinoise, de l'Indus, égyptienne, élamite, grecque, hittite, inca, indienne, japonaise, judéo-hébraïque, maya, occidentale (Moyen Age), olmèque, phénicienne, romaine, sumérienne, urartéenne, zapotèque. Civilisations : de l'Asie du Sud-Est, de l'Iran ancien, méso-américaines, mésopotamiennes. Corée. Dayak (de Bornéo). Dènè-dindjié (Indiens du Canada). Détroit de Torrès (Peuples du). Dogon (du Mali). Elema (de l'ex-Nouvelle-Guinée). Esquimaux (du Groenland). Ethnologie. Europe médiévale. Fuégiens (Peuples de la Terre de Feu). Guarani (Indiens d'Amérique du Sud). Havasupai (Indiens de l'Arizona). Indo-Européens (Peuples). Khâs Boloven (Peuple d'Indochine). Laos (Peuples du). Lengua (Peuple du Paraguay). Maidu (Indiens de Californie). Malinké (du Haut-Sénégal). Mélanésiens (Peuples). Miwok (Indiens de Californie). Murray (Peuples des îles). Pacifique (Peuples du). Papou (Peuple de l'ex-Nouvelle-Guinée). Perse. Perse islāmisée. Précolombiens (Peuples). « Primitifs » (Peuples dits). Sémites. Tamanas (de l'Orénoque). Walachei (Indiens de l'Arizona). Walapai (Indiens de l'Arizona). Yakima (Indiens de l'État de Washington). Yebu (du Nigéria). Yoruba (du Nigéria). Zuñis (Indiens du Nouveau-Mexique).

PHILOSOPHIE. Balmes. Bergson. Blanché. Boutroux. Brunschvicg. Burloud. Cuvillier. Delacroix. Diogène Laerce. Dorolle. Foulquié. Goblot. Gonseth. Julia. Maritain. Ribot. Russell. Valéry. Voir aussi Sources des citations de la conclusion, p. 764.

PHILOSOPHIE (Dictionnaire de). Foulquié [2]. Julia.

PHILOSOPHIE DES MATHÉMATIQUES. Blanché. Brunschvicg. Goblot. Gonseth. Poincaré.

PIONNIERS DE L'INFORMATIQUE. Ashurst. Austrian. Blodgett et Schultz. Booth et Booth. Connolly. Halacy. Heims. Hodges. Hyman. Lavington. Ligonnière [1]. Metropolis, Howlett et Rota. Moreau [4]. Morrisson et Morrisson. Moseley. Randell [1]. Ritchie. Rosenberg. Stein. Thomas. Torres-Quevedo. Turing (S.). Ulam. Vajou. Wilkes [6], [7]. Williams (T.I.). Zuse [2]. Voir aussi *Biographie : d'Ada Lovelace, d'Alan Turing, de Charles Babbage, de Herman Hollerith, de John von Neumann.*

PLANIMÈTRES. Anonyme [4]. Baxandall [1]. Jacob (L.). Mehmke. Mehmke et d'Ocagne. Ocagne (d'). Morin (de). Voir aussi *Calcul analogique.*

PODOMÈTRES. Errard de Bar-le-Duc.

PRÉCOLOMBIENS (Peuples). Voir *Civilisations méso-américaines.*

PRÉDICTEURS DE MARÉES. Anonyme [4]. Baxandall [1]. Jacob (L.). Mehmke. Mehmke et d'Ocagne. Morin (de). Ocagne (d'). Voir aussi *Calcul analogique.*

PRÉHISTOIRE. Baudouin. Breuil. Brézillon. Jelinek. Leroi-Gourhan. Marshack. Zervos.

PRÉHISTOIRE (Dictionnaire de la). Brézillon. Jelinek.

« PRIMITIFS » (Peuples dits). Brooke. Chalmers. Codrington. Conant. Cushing. Dobrizhoffer. Eels. Gerschel. Haddon. Hawtrey. Howitt. Hunt. Hyades. Lévi-Strauss. Lévy-Bruhl. MacGee. Schmidl. Sommerfelt. Stephan. Tylor.

PSYCHOLOGIE. Bourdon. Delacroix. Feller. Guillaume (P.) [1]. Oléron. Piaget. Piéron. Pradines. Sillamy. Sternberg.

PSYCHOLOGIE (Dictionnaire de). Feller. Sillamy.

PSYCHOLOGIE (Vocabulaire de la). Piéron.

Psychologie animale. Conant. Dantzig. Guillaume (P.) [2]. Kalmus. Koehler. Köhler. Leroy.

Psychologie infantile. Piaget. Piaget et Inhelder. Piaget et Szeminska.

Quipu (Inca). Baudin. Cajori. Diringer. Hamy. Kreichgauer. Leland Locke. Menninger. Nordenskiöld. Preuss. Reichlen. Rivero (de) et Tschudi (de).

Racines sémitiques (Dictionnaire des). Cohen (D.).

Rapide (Calculatrice nommée). Anonyme [4]. Baxandall [1]. Beauclair. Taton et Flad.

Règles a calcul. Anonyme [4]. Baxandall [1]. Jacob (L.). Mehmke. Mehmke et d'Ocagne. Ocagne (d'). Voir aussi *Calcul analogique*.

Relay Interpolator (Calculateur analytique nommé). Beauclair. Cesareo. Moreau [4]. Metropolis, Howlett et Rota. Randell [1]. Tricot [2]. William (T.I.).

Religions (Dictionnaire des). * ERE.

Religions de l'Inde. Bareau. Frédéric [1], [11]. Friedrichs, Fischer-Schreiber, Erhard et Diener. Gonda. Hopkins. Schubring et Führer-Heimendorf.

Religions (Histoire des). Arberry. Botté. Bottero [1]. Budge. Burland. * DAB. Daumas. Eliade. Frédéric. Friedrichs, Fischer-Schreiber, Erhard et Diener. Gallenkamp. Girard. Godziher. Gonda. * HGR. Hopkins. Hugues. Levi della Vida. Liebermann (Saul). Livingston. Maspéro (G.). Morley. Sauneron. Scholem. Schubring et Führer-Heimendorf. Soustelle. Thompson (J.E.). Tondriau. Vandier. Vigouroux. Wensick.

Réseaux neuronaux. Voir *Automates neuronaux*.

Ryû-kyû (Système de comptabilité employé dans les îles). Février. Frédéric [3], [5], [6], [7], [8]. Menninger. Needham. Simon.

Sanskrit. Filliozat (P.-S.). Renou. Renou et Filliozat. Renou, Nitti et Stchoupak.

Sanskrit-Français (Dictionnaire de). Renou, Nitti et Stchoupak.

Saxonia (Calculatrice nommée). Anonyme [4]. Baxandall [1]. Beauclair. Dyck. Taton et Flad.

Science : arabo-islāmique. Al 'Amuli. Al Bīrūnī [1]. Al Daffa. Anbouba. Dodge. Fayzoullaiev. Hayes. Irani. Marre. Mazaheri. Mieli. Nasr. Rashed. Rashed et Aḥmed. Ruska [1]. Saidan. Sanchez Perez. Suter. Toomer. Vogel [2]. Winter. Youschkevitch. chinoise. Needham. égyptienne. Becker et Hoffmann. Boyer [3]. Cajori [1]. Cantor. Chace. Collette. Dédron et Itard. Eisenlohr. Eves. Gillain. Glanville. Griffith. Gunn. Hogben. Lepsius. Loria. Neugebauer [1], [4], [6], [8], [9]. Parker. Peet. Sarton. Sethe [1], [3]. Vogel [1]. Van der Waerden. européenne (Moyen Age et Renaissance). Beaujouan. Benedict. Boncompagni. Bubnov [1], [2]. Cordoliani. Folkerts. Friedlein. Henderson. Hill. Lindgren. Lithberg. Marchal. Millas Vallicrosa. Nagl. Olleris. Olwer (d'). Sarton. Struik. Tannery. Taton. Weissenborn. Yeldham. grecque. Ball. Becker et Hoffmann. Bell. Boyer [3]. Cantor. Collette. Daremberg et Saglio. Dédron et Itard. Eves. Gow. Heath. Hogben. Loria. Midonick. Montucla. Nesselmann. Pelseneer. Rogers. Sarton. Scott (J.F.). Tannery. Van der Waerden. historique. Bloch (M.). Cuvillier. Foulquié [1] et [2]. Halphen. Valéry. Voir aussi Sources des citations de la conclusion, p. 764. indienne. Al Bīrūnī [2]. Anonyme [3]. Âryabhata. Becker et Hoffmann. Bharat. Billard. Brahmagupta. Burgess et Whitney. Clark. Colebrooke. Collette. Datta. Datta et Singh. Dédron et Itard. Dvivedi. Dvivedi et Thibaut. Eves. Filliozat. Gurjar. Haldane. Hall (F.). Jacquet. Kaye. Loria. Mehta. Nau. Neugebauer et Pingree. Renou et Filliozat. Rodet [2]. Sanchez Perez. Sarma. Sarma et Sastri. Sarton. Sastri.

Schroeder (von). Scott. Shukla et Sharma. Smith (D.E.) [2]. Smith (D.E.) et Karpinski. Taton. Woepcke. JAPONAISE. Frédéric [3], [5], [7], [8]. Fujisawa. Hideomi. MAYA. Bowditch. Förstemann. Gates. Guitel [4], [5]. Kingsborough. Satterthwaite. Spinden. Stresser-Péan. Teeple. Thompson (J.E.). MÉSOPOTAMIENNE. Becker et Hoffman. Boyer [3]. Bruins et Rutten. Cantor. Collette. Dédron et Itard. Eves. Hogben. Hincks. Loria. Neugebauer [6], [7], [8], [9], [10]. Neugebauer et Sachs. Pinches et Strasmaier. Rawlinson. Rutten. Sarton. Soubeyran. Thureau-Dangin [3], [4], [6], [7], [8]. Van der Waerden.

SCIENCES (Histoire générale des). Cohen (I.B.). Collette. Crombie. Mieli. Millas Vallicrosa. Sarton. Taton. Voir aussi *Astronomie (Histoire de l'). Mathématiques (Histoire des). Science : arabo-islāmique, chinoise, égyptienne, européenne (Moyen Age et Renaissance), grecque, indienne, japonaise, maya, mésopotamienne.*

SCIENCES DU LANGAGE. Voir *Linguistique. Linguistique historique et générale. Langage (et théorie du). Signe linguistique.*

SCIENCES ET TECHNIQUES (Encyclopédie des). * EST.

SCIENCES MATHÉMATIQUES (Encyclopédie des). * ESM.

SEAC (Ordinateur nommé). Alexander. Beauclair. Metropolis, Howlett et Rota. Moreau [4]. Williams (T.I.).

SÉMITES. Aggoula. Baillet, Milik et Vaux (de). Brockelmann [2]. Cantineau. Cohen (D.). Cohen (M.) [2]. Diringer. Donner et Röllig. Euting. Février. Fleet. Fleisch. Friedrich [3]. Gaudefroy-Demombynes. Gelb. Geraty. Gibson. Gordon. Grumach. Höfner. Jensen. Joüon. Kraeling. Lambert (Mayer). Lidzbarski. Littmann. Milik. Moscati. Naveh. Prinsep. Rachet. Rodinson. Sachau. Segal. Senart [1]. Schaeffer. Skaist. Smith (V.A.). Soden (von). Sznycer.

SIGNE LINGUISTIQUE. Arnauld et Nicole. Benvéniste. Dubois. Ducrot et Todorov. Jakobson. Malmberg. Martinet [3]. Meillet et Cohen [2]. Mounin. Perrot (J.). Saussure (de). Voir aussi *Langage (et théorie du). Information.*

SIGNES DE NUMÉRATION. Voir *Chiffres. Numérations écrites (Histoire des).*

SSEC (Calculateur analytique nommé). Anonyme [18]. Bashe. Bashe, Johnson, Palmer et Pugh. Beauclair. Eckert (W.J.) [2]. Hartree [4]. McPherson, Hamilton et Seeber. Metropolis, Howlett et Rota. Moreau [4]. Randell [1]. Williams (T.I.).

STRUCTURALISME. Foucault. Lévi-Strauss. Morin. Piaget. Saussure (de).

SUÉDOIS (Dictionnaire étymologique du). *OÖSP.

SUÉDOIS-FRANÇAIS (Dictionnaire de). Hammar.

SUFISME. Arberry. Bakhtiar. * EIS. Hugues. Shah.

SUMATRA. Voir *Civilisations de l'Asie du Sud-Est.*

SUMÉRIENS. Voir *Civilisation sumérienne.*

SYMBOLES (Dictionnaire des). Chevalier et Gheerbrant. Cirlot. Hughes.

SYMBOLES NUMÉRIQUES INDIENS (sanskrits). Al Bīrūnī [2]. Billard. Bühler. Burnell. Datta et Singh. Fleet. Frédéric [1]. Jacquet. Renou et Filliozat. Sircar. Woepcke [1].

SYMBOLIQUE ET MYSTIQUE (Dictionnaire de). Chevalier et Gheerbrant. Cirlot. Hughes.

SYSTÈME MÉTRIQUE. Croix et Quéniart. Danloux-Dumesnils. Debarbart. Dhombres. Ifrah [8].

SYSTÈMES EXPERTS. Buchanan et Shorliffe. Davis. Verroust [2], [3].

REMERCIEMENTS

L'histoire universelle des chiffres et du calcul est en fait celle de l'humanité. C'est en effet celle d'une espèce vivante fort intelligente qui, de la Préhistoire à l'ère des ordinateurs, et selon les nécessités et les démarches les plus variées, a tenté de représenter et de manipuler les nombres de toutes les manières possibles, depuis les éléments et les outils les plus concrets jusqu'aux mécanismes de pensée et aux dispositifs les plus abstraits, suivant les symbolismes les plus divers, de nature mythologique, religieuse, littéraire ou mathématique.

Aussi cette étude couvre-t-elle un domaine immense de l'évolution intellectuelle, psychologique, philosophique, scientifique et technique de l'humanité et se situe-t-elle, par là même, à la charnière des sciences de l'homme.

Et de fait, la réalisation de cette synthèse n'a pas seulement demandé la collaboration de l'archéologue, du préhistorien ou de l'historien des civilisations. Elle a exigé également le concours de l'épigraphiste, de l'archiviste, du paléographe, du philologue, de l'historien des littératures, de l'historien des religions et des mystiques et du déchiffreur de symbolismes. Elle a nécessité aussi l'aide de l'ethnologue, du psychologue, du philosophe, de l'historien de l'économie et de l'historien des sciences et des techniques, voire la collaboration de l'historiographe, du sociologue, du physicien, du biologiste, du généticien, du mathématicien, du logicien, du linguiste, de l'informaticien, de l'expert en sciences de l'information et du théoricien de la connaissance.

Le champ embrassé par cette science pluridisciplinaire est en définitive si vaste et si étendu que nul ne saurait prétendre le parcourir en solitaire sans porter atteinte à sa propre crédibilité.

Cette ambitieuse recherche aurait donc dépassé mes propres possibilités si plusieurs savants et érudits de toutes ces disciplines ne m'avaient généreusement offert leur si précieux concours en me fournissant, d'une manière ou d'une autre, les bases analytiques indispensables à l'épanouissement de la présente synthèse et de sa propre structure. Pour leur aide, leurs conseils, leurs réflexions et leurs critiques, pour leurs diverses communications personnelles et leurs informations de première main, souvent inédites, que tous ces savants et amis trouvent ici l'expression de ma plus profonde gratitude.

Fred AFTALION
Historien de la chimie.

Basile AGGOULA
Directeur de recherche au CNRS. *(Études araméennes, ḥatréennes et sémitiques.)*

Marie-Thérèse d'ALVERNY
Secrétaire générale de la commission bibliographique de l'Union internationale de l'histoire des sciences.

Pierre AMIET
Ancien conservateur en chef du Département des antiquités orientales du musée du Louvre. *(Archéologie et histoire de l'Iran ancien [Élam].)*

Ruth ANTELME
Chargée de mission au Département des antiquités égyptiennes du musée du Louvre. *(Archéologie et histoire de l'Égypte ancienne.)*

Daniel ARNAUD
Directeur d'études à la Ve section de l'École pratique des hautes études. *(Religion assyro-babylonienne.)*

Louis BAZIN
de l'Académie des Inscriptions et Belles-Lettres. Directeur d'études à la IVe section de l'École pratique des hautes études. *(Histoire et philologie turques.)*

Joëlle BEAUCAMP
Chargée de recherche au CNRS. *(Histoire et civilisation de Byzance.)*

Guy BEAUJOUAN
Directeur d'études à la IVe section de l'École pratique des hautes études. Vice-Président de l'Académie internationale d'histoire des sciences. *(Histoire des sciences au Moyen Age.)*

Pierre BECQUELIN
Directeur de recherche au CNRS. *(Archéologie de l'Amérique préhispanique.)*

Roger BILLARD
Directeur d'études à l'École française d'Extrême-Orient. Membre de l'Académie internationale d'histoire des sciences. *(Histoire de l'astronomie indienne.)*

H.M. BLANKENBERG
Directeur du National Museum van speelklok tot pierement d'Utrecht (Pays-Bas).

Joseph BORDOGNA
Directeur de la Moore School of Electrical Engineering, de l'University of Pennsylvania à Philadelphie.

Jean BOTTERO
Directeur d'études à la IVe section de l'École pratique des hautes études. *(Histoire et philologie assyro-babyloniennes.)*

Hamza BOUBAKEUR
Professeur honoraire à l'université d'Alger. Ancien recteur de la Mosquée de Paris. *(Langue arabe et théologie islāmique.)*

Patrice BOURDELAIS
Directeur d'études à l'École des hautes études en sciences sociales. *(Histoire contemporaine.)*

Jean BOUSQUET
Ancien directeur de l'École normale supérieure (rue d'Ulm). *(Histoire et philologie grecques.)*

Alain BRIEUX
Libraire et expert en livres et instruments scientifiques anciens.

Alain BRIOT
Ancien élève de l'Institut national des langues et civilisations orientales.

Dominique BRIQUEL
Professeur à l'université de Dijon. *(Recherches étrusco-italiques.)*

André CAQUOT
de l'Académie des Inscriptions et Belles-Lettres. Professeur au Collège de France *(hébreu et araméen)*. Président de la Société asiatique de Paris.

Charles Olivier CARBONELL
Professeur à l'université Paul-Valéry de Montpellier. Président de la Commission d'histoire de l'historiographie du Comité international des sciences historiques. *(Historiographie et histoire contemporaine.)*

François CARON
Professeur à l'université de Paris IV. *(Histoire de l'économie.)*

Patrice CARRÉ
Historien. Directeur de la collection historique du Centre national d'études des télécommunications (France Télécom).

Françoise de CÉNIVAL
Directeur d'études à la IVe section de l'École pratique des hautes études. *(Démotique et copte.)*

Dominique CHARPIN
Directeur d'études à la IVe section de l'École pratique des hautes études. *(Histoire et philologie mésopotamiennes.)*

Jacques CHAUVIN
Conseiller de l'enseignement technologique. Président d'honneur du Syndicat national des industries de matériels bureautiques et informatiques.

Jean CHEVALIER
Docteur en philosophie et en théologie. Spécialiste des religions, des mystiques et des symboles.

I. Bernard COHEN
Professeur honoraire à l'université de Cambridge (Mass.). Membre de l'Académie internationale d'histoire des sciences. *(Histoire des sciences et des techniques.)*

Alfred CORDOLLIANI
Conservateur à la bibliothèque du Val-de-Grâce.

Marianne CORNEVIN
Historienne de l'Afrique.

Robert CORNEVIN
Secrétaire perpétuel de l'Académie des Sciences d'Outre-Mer.

Claude CROZIET-BRELOT
Égyptologue. Fondatrice de la banque de données *Sirius* sur les textes des pyramides égyptiennes.

Orazio CUPTI
Directeur du Museo nazionale della Scienza e della Tecnica « Leonardo da Vinci » de Milan.

André DANZIN
Ancien Vice-Président directeur général de Thomson CSF. Ancien directeur de l'Institut national de recherche en informatique et en automatique (INRIA). Membre du Club de Rome. Consultant international.

Jean DAUSSET
de l'Académie des Sciences. Prix Nobel de médecine. Professeur honoraire au Collège de France. Président du Mouvement universel de la responsabilité scientifique (MURS).

Bernard DELAVAULT
Ancien bibliothécaire de l'Institut d'études sémitiques du Collège de France.

Pierre DEMARNE

Jean DHOMBRES
Directeur d'études à l'École des hautes études en sciences sociales. *(Histoire des sciences.)*

Jean DIEUDONNÉ
de l'Académie des Sciences. Membre fondateur du groupe Nicolas Bourbaki. *(Mathématiques et histoire des mathématiques.)*

Jean-Marie DURAND
Directeur d'études à la IVe section de l'École pratique des hautes études. *(Travaux épigraphiques et archéologiques sur le Proche-Orient ancien.)*

Essam El Banna
Inspecteur en chef des pyramides de Gizeh. *(Égyptologie.)*

Hanns Feustel
Conservateur en chef du Hessisches Landesmuseum de Darmstadt (Allemagne).

Alfred Fierro
Historien, archiviste paléographe. Conservateur à la Bibliothèque historique de la Ville de Paris.

Jean Filliozat
de l'Académie des Inscriptions et Belles-Lettres. Professeur au Collège de France. *(Langues et littératures de l'Inde.)*

Louis Frédéric
Indianiste. Historien des civilisations asiatiques.

Theo Gantner
Conservateur en chef du Schweizerisches Museum für Volkskunde de Bâle.

Paul Garelli
de l'Académie des Inscriptions et Belles-Lettres. Professeur honoraire au Collège de France. *(Assyriologie.)*

François Genuys
Ancien président de l'AFCET.

Raphaël Giveon
Professeur à l'université de Tel Aviv (Israël). *(Histoire et archéologie de l'Égypte ancienne.)*

Hattiče Gonnet
Chargée de recherche au CNRS. *(Religions hittite et asianiques.)*

Charles E. Greene
Conservateur de la Rare Book Reading Room de la Bibliothèque de l'université de Princeton (New Jersey).

Maurice Gross
Professeur à l'université de Paris VII. Directeur du laboratoire d'Automatique documentaire et linguistique (LADL).

Salaḥ Guerdjouma
Islamologue.

Antoine Guillaumont
de l'Académie des Inscriptions et Belles-Lettres. Professeur honoraire au Collège de France. *(Christianisme et gnoses dans l'Orient préislāmique.)*

Geneviève Guitel
Mathématicienne. Historienne des numérations.

Paul Henry
Chercheur au CNRS.

Albert Jacquard
Ancien chef du Département de génétique des populations à l'Institut national des études démographiques (INED).

Claude Jacques
Directeur d'études à la IVe section de l'École pratique des hautes études. *(Épigraphie et histoire ancienne de l'Asie du Sud-Est.)*

Francis Johannes
Professeur à l'université de Paris VIII (Saint-Denis). *(Histoire et philologie mésopotamiennes.)*

Jean Jolivet
Directeur d'études à la Ve section de l'École pratique des hautes études. *(Religions et philosophies dans le christianisme et l'Islām au Moyen Age.)*

Arie Kindler
Directeur du Kadman Museum de Jérusalem (Israël).

Gérard Klein
Éditeur.

Erik Lambert
Membre fondateur de l'Association internationale de l'histoire des télécommunications et de l'informatique.

Maurice Lambert
Chargé de mission au Département des antiquités orientales du musée du Louvre. *(Assyriologie.)*

W.G. Lambert
Professeur à l'université de Birmingham (G.-B.). *(Assyriologie.)*

Emmanuel Laroche
de l'Académie des Inscriptions et Belles-Lettres. Professeur au Collège de France. *(Langues et civilisations de l'Asie Mineure.)*

Alain Le Brun
Directeur de recherche au CNRS. Membre de la Délégation archéologique française en Iran. *(Archéologie et histoire de l'Iran ancien.)*

Jean Leclant
Secrétaire perpétuel de l'Académie des Inscriptions et Belles-Lettres. Professeur honoraire d'égyptologie au Collège de France.

Henri Lehmann
Professeur honoraire au Museum national d'histoire naturelle. *(Histoire des civilisations précolombiennes d'Amérique centrale.)*

Jean-Claude Lemagny
Conservateur général au Cabinet des estampes et de la photographie de la Bibliothèque nationale de Paris.

André Lemaire
Directeur d'études à la IVe section de l'École pratique des hautes études. *(Philologie et épigraphie hébraïques et araméennes.)*

Robert Ligonnière
Historien de l'informatique.

Jörgen Lund
Conservateur en chef du Tekniska Museet de Stockholm (Suède).

Françis R. Maddison
Conservateur général du Museum of the History of Science d'Oxford (G.-B.).

Jean Mallon
Membre du Comité international de paléographie. *(Paléographie latine.)*

Claus Zoege von Manteuffel
Conservateur en chef du Württembergisches Landesmuseum de Stuttgart.

Maurice Margenstern
Maître de conférence à l'université de Paris-Sud (Orsay). Membre du laboratoire d'informatique théorique et de programmation (Institut Blaise-Pascal). *(Logique, mathématiques et informatique.)*

André Martinet
Professeur honoraire à la Sorbonne (université René-Descartes) et à la Columbia University de New York. Directeur d'études à la IVe section de l'École pratique des hautes études. *(Linguistique générale.)*

Emilia Masson
Chargée de recherche au CNRS. *(Études hittites et chypro-minoennes.)*

Olivier Masson
Directeur d'études à la IVe section de l'École pratique des hautes études. *(Philologie grecque et études chypriotes.)*

Guy Michaud
Directeur honoraire du laboratoire d'ethnopsychologie rattaché au CNRS. Professeur émérite à l'université de Paris X (Nanterre).

Joseph T. MILIK
Directeur de recherche au CNRS. *(Épigraphies sémitiques et paléographie hébraïque.)*

René MOREAU
Historien de l'informatique. Ancien directeur scientifique d'IBM France. Ancien président de l'AFCET.

Pierre-Éric MOUNIER-KUHN
Chargé de mission au CNRS. *(Histoire de l'informatique en France.)*

R.M. NEEDHAM
Chef du laboratoire d'informatique de l'université de Cambridge (G.-B.).

Louis NÉEL
de l'Académie des Sciences. Prix Nobel de physique.

Christian PEYRE
Maître assistant à l'École normale supérieure (rue d'Ulm). *(Archéologie latine.)*

Lionel POILÂNE
Boulanger. Historien.

Jean-Pierre POITEVIN
Ancien directeur du Centre national d'études des télécommunications. Directeur du réseau et de l'exploitation à France Télécom.

Guy RACHET
Historien et archéologue.

Youssef RAGHEB
Chercheur au CNRS.

Jacques RAISON
Chercheur au CNRS.

Roshdi RASHED
Directeur de recherche au CNRS. *(Histoire des sciences et des philosophies.)*

François-Henri RAYMOND
Professeur honoraire au laboratoire d'Automatique du Conservatoire national des Arts et Métiers. *(Automatique, calcul analogique et informatique.)*

Christian ROBIN
Directeur de recherche au CNRS. *(Civilisation et langues sudarabiques.)*

Maxime RODINSON
Directeur d'études à la IVe section de l'École pratique des hautes études. *(Éthiopien et sudarabique.)*

Jacqueline de ROMILLY
de l'Académie Française et de l'Académie des Inscriptions et Belles-Lettres. Professeur honoraire au Collège de France. *(Philologie grecque.)*

Olivier ROUAULT
Sous-directeur de laboratoire au Collège de France. *(Histoire, épigraphie et archéologie du Proche-Orient ancien.)*

Marco SCHUTZENBERGER
de l'Académie des Sciences. *(Logique, mathématiques et informatique.)*

Jacob T. SCHWARTZ
Professeur au Department of Computer Science, Courant Institute, de la New York University. *(Informatique et intelligence artificielle.)*

François SECRET
Directeur d'études à la Ve section de l'École pratique des hautes études. *(Histoire de l'ésotérisme chrétien.)*

Gabrielle SED-RAJNA
Directeur de recherche au CNRS. *(Iconographie biblique.)*

Marie-Rose SÉGUY
Ancien conservateur en chef du Cabinet des manuscrits orientaux de la Bibliothèque nationale de Paris.

Mohammed SIJELMASSI
Possesseur d'un fonds documentaire important relatif à l'histoire des sciences et des techniques arabo-islāmiques.

Jean-Claude SIMON
Professeur émérite à l'université Pierre-et-Marie Curie. Directeur honoraire de l'Institut de programmation. *(Informatique, intelligence artificielle et reconnaissance des formes.)*

Mireille SIMONI-ABBAT
Professeur du Museum national d'histoire naturelle au laboratoire d'ethnologie au Musée de l'homme. *(Histoire des civilisations précolombiennes d'Amérique centrale.)*

Dominique SOURDEL
Professeur honoraire à l'université de Paris IV. *(Histoire de la civilisation arabo-islāmique.)*

Janine SOURDEL
Directeur d'études à la IVe section de l'École pratique des hautes études. *(Paléographie et épigraphie arabes.)*

Georgette SOUSTELLE
Directeur de recherche au CNRS. *(Histoire des civilisations précolombiennes d'Amérique centrale.)*

Jacques SOUSTELLE
Ethnologue sociologue. Directeur d'études à l'École des hautes études en sciences sociales. Ancien sous-directeur du musée de l'Homme. *(Histoire des civilisations précolombiennes d'Amérique.)*

Edgar STRAM
Astronome à l'Observatoire de Meudon.

André STRAUSS
Historien de l'économie. Chargé de recherche au CNRS.

Maurice SZNYCER
Directeur d'études à la IVe section de l'École pratique des hautes études. *(Antiquités et épigraphie nord-sémitiques.)*

René TATON
Directeur de recherche honoraire au CNRS. Membre de l'Académie internationale d'histoire des sciences. *(Histoire des mathématiques.)*

René TAVERNIER
Écrivain. Critique littéraire. Président du PEN Club français et du PEN Club international. Membre d'honneur associé de l'Académie des Sciences, Belles-Lettres et Arts de Lyon. Cofondateur de la revue *Confluences* (créée en 1941 à Lyon).

Javier TEIXIDOR
Directeur de recherche au CNRS. Responsable d'une Unité de recherche associée au Collège de France (URA 1062). *(Études sémitiques.)*

Rabbin Charles TOUATI
Directeur d'études à la Ve section de l'École pratique des hautes études. *(Judaïsme talmudique et rabbinique.)*

Georges VAJDA
Directeur d'études à la Ve section de l'École pratique des hautes études. *(Judaïsme post-biblique.)*

François VALLAT
Directeur de recherche au CNRS. Membre de la Délégation archéologique française en Iran. *(Archéologie et histoire de l'Iran ancien [Élam].)*

Léon VANDERMEERSCH
Directeur d'études à la Ve section de l'École pratique des hautes études. *(Histoire et civilisation de la Chine ancienne.)*

Patrick VERLEY
Historien de l'économie. Maître de conférences à l'université de Paris I.

Pascal VERNUS
Directeur d'études à la IVe section de l'École pratique des hautes études. *(Langues et littératures de l'Égypte ancienne.)*

Gérard VERROUST
Ingénieur principal CNRS. Président de l'Association des informaticiens de langue française. *(Informatique, épistémologie et intelligence artificielle.)*

Remo VESCIA
Consultant aux Affaires culturelles.

Jean VÉZIN
Directeur d'études à la IVe section de l'École pratique des hautes études. *(Paléographie et codicologie.)*

Denis VIALOU
Préhistorien. Professeur au laboratoire de Préhistoire du Museum national d'histoire naturelle à l'Institut de paléontologie humaine.

Henriette WALTER
Professeur de linguistique à l'université de Haute-Bretagne. Directrice du laboratoire de phonologie à la IVe section de l'École pratique des hautes études.

Harry WOOLF
Directeur de l'Institute for Advanced Study de Princeton (New Jersey).

WU QI YU
Docteur ès lettres. *(Philologie chinoise [manuscrits de Dunhuang, VIe-XIIe siècle].)*

Jean YOYOTTE
Professeur au Collège de France. *(Égyptologie.)*

Alain ZIVIE
Directeur de recherche au CNRS. *(Égyptologie.)*

Christiane ZIVIE-COCHE
Directeur d'études à la Ve section de l'École pratique des hautes études. *(Histoire, géographie et religion de l'Égypte ancienne.)*

Je tiens à remercier aussi Françoise GACON pour le soin très méticuleux qu'elle a apporté à la fabrication et à la mise en pages de cet ouvrage et qui, selon toute la compétence et la culture requises, a œuvré non seulement en éditeur, en fabricant et en correcteur, mais aussi et surtout en typographe digne des plus belles traditions de Firmin-Didot et de l'Imprimerie nationale.

Je remercie également les équipes de l'Imprimerie MAURY qui, par leur magnifique travail de composition et d'exécution de la mise en pages, ont fait des deux volumes de cet ouvrage un superbe exemple de réalisation sur le plan typographique.

Mes remerciements s'adressent enfin :

à Robert LAFFONT et à Bernard FIXOT, pour tous les conseils et les encouragements qu'ils m'ont apportés en excellents éditeurs qu'ils sont ;

et tout particulièrement à Guy SCHOELLER, qui a mis sans hésitation tous les moyens au service de cette ambitieuse réalisation et qui, en me faisant l'honneur d'intégrer cet ouvrage à sa prestigieuse et magnifique collection « Bouquins », a rendu possibles toutes les extensions auxquelles la présente édition a donné lieu par rapport à la première version parue chez Seghers en 1981.

G. I.

INDEX

Dans cet index, le tome est indiqué par un chiffre romain, la page par un chiffre arabe. Chaque entrée est représentée par un mot clef relatif soit à une notion, soit à un nom propre (en capitales) et peut se subdiviser en mots secondaires, parfois même en mots troisièmes (entre parenthèses).

Exemple :

Chiffres : I, 15, 18 ; II, 287 ; chinois, I, 623 ; (arithmétiques), I, 626 = Chiffres : I, 15, 18 ; II, 287. Chiffres chinois, I, 623 ; Chiffres chinois arithmétiques, I, 626.

Dans cet index, le tome est indiqué par un chiffre romain, la page par un chiffre arabe. Chaque entrée est représentée par un mot clef relatif, soit à une notion, soit à un nom propre (en capitales) et peut se subdiviser en mots seconds, parfois même en mots troisièmes (entre parenthèses).

Exemple :
Chiffres : **I,** 15, 18 ; **II,** 287 ; chinois, **I,** 623 ; (archaïques), **I,** 636 = Chiffres : **I,** 15, 18 ; **II,** 287 ; Chiffres chinois, **I,** 623 ; Chiffres chinois archaïques, **I,** 636.

A

B

C

D

E

F-G

H

I

J

K

L

M

N

O

P

Q-R

S

T

U-V

W-X-Y-Z

TABLE ANALYTIQUE
ET
TABLE DES ILLUSTRATIONS

TABLE ANALYTIQUE

Tome I

Introduction

D'où viennent les « chiffres » ?
De la longue quête d'une ombre !

Première partie

L'AVENTURE DES CHIFFRES OU L'HISTOIRE D'UNE GRANDE INVENTION

Chapitre 1

L'ethnologie et la psychologie des nombres : pour une explication des origines

Chapitre 2
Le principe de la base
et la naissance des systèmes de numération

Chapitre 3

La main, première « machine à compter »

Chapitre 4

La comptabilité de l'homme de Cro-Magnon

Chapitre 5

La pratique de l'entaille ou la comptabilité des illettrés

Chapitre 6

Des nombres en ficelles

Chapitre 7

Le nombre, la valeur, la monnaie

Chapitre 8

Les chiffres de la civilisation sumérienne

Chapitre 9

L'énigmatique base soixante

Chapitre 10

Les précurseurs de la comptabilité écrite en Élam et en Mésopotamie

Chapitre 11

Déchiffrement d'un système vieux de 5 000 ans

Chapitre 12
Comment calculaient les Sumériens

Chapitre 13
Les numérations mésopotamiennes après l'éclipse des Sumériens

Chapitre 14

Les chiffres de la civilisation des Pharaons

Chapitre 15

Comptes du temps des rois crétois et hittites

Chapitre 16

Les chiffres grecs et romains

Chapitre 17

L'alphabet et la numération

Chapitre 18

L'origine de la numération alphabétique : grecque ou juive ?

Chapitre 19

Autres numérations alphabétiques

Chapitre 20

Chiffres, écritures, magie, mystique et divination

Chapitre 21

Les chiffres de la civilisation chinoise

Chapitre 22

Étonnantes réalisations de la civilisation maya

Chapitre 23
Le stade ultime de la notation numérique

Chapitre 24
(première section)

La civilisation indienne : berceau de la numération moderne

TABLE ANALYTIQUE

Tome II

Première partie (suite)

L'AVENTURE DES CHIFFRES OU L'HISTOIRE D'UNE GRANDE INVENTION

Chapitre 24
(deuxième section)

Dictionnaire des symboles numériques de la civilisation indienne

Liste des rubriques de langue française :

Chapitre 25
Les chiffres et le calcul indiens en Terre d'Islām

Chapitre 26

Les chiffres « indo-arabes »
et les hésitations de l'Europe occidentale

Chapitre 27

Au-delà de la perfection

Deuxième partie

L'ÉPOPÉE DU CALCUL DES CAILLOUX A L'ORDINATEUR

Chapitre 28

Histoire du calcul arithmétique, des écritures et des notations numériques (Récapitulation générale)

Chapitre 32
Histoire du calcul artificiel des origines à l'apparition de l'ordinateur

Chapitre 34

L'information, troisième dimension universelle

Conclusion

Intelligence, science et avenir de l'homme

TABLE DES ILLUSTRATIONS

Tome I

Figures

Chapitre 1

Figures

Chapitre 1 *(suite)*

Chapitre 2

Chapitre 3

Figures

Chapitre 4

Chapitre 5

Chapitre 6

Chapitre 7

Chapitre 8

Figures

Chapitre 8 *(suite)*

Chapitre 9

Chapitre 10

Chapitre 11

Figures

Chapitre 11 *(suite)*

Chapitre 12

Chapitre 13

Figures

Chapitre 13 *(suite)*

Figures

Chapitre 13 *(suite)*

Chapitre 14

Figures

Chapitre 14 *(suite)*

Chapitre 15

Chapitre 16

Figures

Chapitre 16 *(suite)*

Figures

Chapitre 16 *(suite)*

Chapitre 17

Figures

Chapitre 17 *(suite)*

Chapitre 18

Chapitre 19

Figures

Chapitre 20

Chapitre 21

Chapitre 21 *(suite)*

Figures

Chapitre 21 *(suite)*

Chapitre 22

Figures

Chapitre 22 *(suite)*

Chapitre 23

Nota. – D'importance secondaire, les illustrations de ce chapitre n'ont pas été numérotées. Mais, dans cette partie, il est fait un renvoi permanent aux figures du chapitre 28 (tome II) qui donne, lui, tous les tableaux récapitulatifs nécessaires.

Chapitre 24
(première section)

Chapitre 24 *(suite)*

Tome II

Chapitre 24
(deuxième section)

Dictionnaire des symboles numériques de la civilisation indienne

Figures

Chapitre 25

Chapitre 26

Chapitre 27

Chapitre 28
(Chapitre de récapitulation)

Figures

Chapitre 28 *(suite)*

Chapitre 32

Chapitre 33

Aubin Imprimeur
LIGUGÉ, POITIERS

IMPRESSION – FINITION

Achevé d'imprimer en juillet 1994
N° d'édition L 07837 / N° d'impression L 45932
Dépôt légal juillet 1994
Imprimé en France